HENRYK BAUMBACH, HARTMUT SÄNGER, MARTIN HEINZE
(Herausgeber)

Bergbaufolgelandschaften Deutschlands
Geobotanische Aspekte und Rekultivierung

Weissdorn-Verlag Jena 2013

Anschriften der Herausgeber und Autoren: s. Seite 660ff.

Key Words: Braunkohlenbergbau, Steinkohlenbergbau, Kalibergbau, Metallerzbergbau, Kupferschieferbergbau, Uranbergbau, Gipsabbau, Kalksteinbrüche, Kreidebrüche, Kiesabbau, Kulturlandschaft, Halden, Tagebau, Kippen, Steinbrüche, Flora, Vegetation, Sukzession, Renaturierung, Restaurationsökologie, Armleuchteralgen, Modellierung

Zitiervorschlag: BAUMBACH, H., SÄNGER, H. & HEINZE, M. (Hrsg.) (2013): Bergbaufolgelandschaften Deutschlands. Geobotanische Aspekte und Rekultivierung. 668 Seiten. Weissdorn-Verlag Jena.

Redaktionsschluss: Juli 2013

Abbildungsnachweis: Soweit nicht anders angegeben wurden die Abbildungen von den Autoren angefertigt.

Copyright © 2013

Weissdorn-Verlag Jena
Dr. Gerald Hirsch
Wöllnitzer Str. 53, D-07749 Jena
Tel./Fax +49-(0)-3641-396584;
www.weissdorn-verlag.de
eMail: weissdorn-verlag@t-online.de

Alle Rechte vorbehalten. Jegliche Verwendung des Werkes oder einzelner Teile davon ist nur mit schriftlicher Genehmigung des Verlages gestattet.

Redaktion und Gestaltung: Dr. Gerald Hirsch, Angelika Stacke, Stephan Hirsch
Umschlaggestaltung: Sheila Ludwig, Angelika Stacke
Gesamtherstellung: druckhaus köthen GmbH & Co. KG

Printed in Germany

ISBN 978-3-936055-67-2

Inhaltsverzeichnis

Vorwort 15

Einleitung 16

A Braunkohlenbergbau 21

    Einleitung 21

    A1 Das Lausitzer Braunkohlenrevier 22
        1 Abbauverfahren und Verarbeitung der Kohle 24
        2 Vorbergbauliche Landschaft 25
        3 Bergbaufolgelandschaften 26
            3.1 Relief, Substrate, Wärme- und Wasserhaushalt 27
            3.2 Rekultivierungsverfahren und ihre Ergebnisse 28
                I   Anfänge der Rekultivierung 28
                II   Entwicklung von Meliorationsverfahren 28
                III Der Sanierungsbergbau 32
                IV Der aktive Braunkohlenbergbau 33
            3.3 Geobotanische Beschreibung der Bergbaufolgelandschaften
                des Lausitzer Braunkohlenreviers 35
                I   Besiedlung und Vegetationsentwicklung 36
                          a) Vegetationsentwicklung im terrestrischen Bereich 37
                          b) Vegetationsentwicklung im semiaquatischen Bereich 43
                          c) Vegetationsentwicklung im aquatischen Bereich 46
                II   Biotoptypen 51
                III Naturschutzfachliche Bedeutung 64
                IV Bedeutung der Sukzession im
                      Rekultivierungsprozess 66
        4 Literatur 68

    A2 Braunkohlenbergbau in Mitteldeutschland 75
        1 Lage und Entstehung der Mitteldeutschen Braunkohlenreviere 75
        2 Aufgaben und Ziele der bergbaulichen Rekultivierung 80
        3 Standortpotenziale und Nutzungsziele in Bergbaufolgelandschaften ... 82
        4 Einfluss von Lieferbiotopen auf die Besiedlung von Tagebauflächen .. 82
        5 Naturschutzfachliche Bedeutung der Tagebauflächen aus floristisch-
           vegetationskundlicher Sicht 83
        6 Typische Vegetationseinheiten des Offenlandes 87
        7 Waldentwicklung auf Kippenflächen 95
        8 Renaturierungsstrategien in der Bergbaufolgelandschaft 99
        9 Danksagung 101
        10 Literatur 101

A3 Das Rheinische Braunkohlenrevier 109
  1 Einleitung 109
  2 Die Niederrheinische Bucht 110
   2.1 Geologie und Boden 110
   2.2 Naturraum 112
   2.3 Klima 112
   2.4 Vegetation 113
  3 Bergbau und Rekultivierung im Rheinischen Braunkohlenrevier 114
   3.1 Entwicklung der Braunkohlennutzung 114
   3.2 Frühe Rekultivierung 115
   3.3 Landschaftsgestaltung 116
   3.4 Verkippungstechnik 118
   3.5 Begrünungsverfahren und Bodensubstrate 120
    I   Neulandböden aus Löss 122
        a) Chemische Eigenschaften 122
        b) Physikalische Eigenschaften 122
    II Forstkies-Böden 123
        a) Chemische Eigenschaften 123
        b) Physikalische Eigenschaften 123
    III Weitere Rekultivierungssubstrate 124
  4 Flora und Vegetation 125
   4.1 Primäre Sukzession 126
   4.2 Vegetationsentwicklung auf forstlich rekultivierten Flächen -
       Neue Wälder 128
   4.3 Potenziell natürliche Vegetation in der Rekultivierung 135
   4.4 Entwicklung von Kulturbiotopen und besondere
       Artenschutzmaßnahmen 137
   4.5 Flora und bemerkenswerte Arten 140
  5 Literatur 144

A4 Die hessischen Braunkohlenabbaugebiete 148
  1 Entstehung und Abbau der hessischen Braunkohle
    sowie daraus entstandene Folgelandschaften 148
  2 Standortsbedingungen im hessischen Braunkohlenrevier 148
  3 Besiedlung von Halden und Tagebaurestlöchern 148
   3.1 Natürliche Sukzession 148
   3.2 Rekultivierung 151
  4 Literatur 153

B Steinkohlenbergbau 155

Einleitung 155

B1 Das Ruhrrevier 156
  1 Allgemeines 156
   1.1 Geschichte 156
   1.2 Geologie, Naturräumliche Gliederung, Klima 157
   1.3 Haldentypen und Massen 159
   1.4 Schütttechnik, Regeln für die Anlage von Bergehalden 163

  1.5 Begrünung 165
  1.6 Bergbaufolgelandschaft 166
 2 Besiedlung mit Pflanzen 168
  2.1 Biogeographische und naturschutzfachliche Bedeutung der Flora
   auf Bergehalden und Zechenbrachen 168
  2.2 Vegetation und Diasporenangebot der Umgebung 169
  2.3 Natürliche Sukzession 169
   I Zeitliche Gradienten 169
   II Räumliche Gradienten 177
  2.4 Erhalt der Phytodiversität der Bergehalden und Zechenbrachen
   im Ruhrgebiet 178
 3 Danksagung 179
 4 Literatur 179

B2 Das Saarrevier 181
 1 Einleitung 181
 2 Das Saarrevier und seine Geschichte 181
  2.1 Lage und Geologie 181
  2.2 Geschichte der Gewinnung und Nutzung von Steinkohle
   im Saarland 177
  2.3 Techniken des Steinkohlen-Bergbaues im Saarland 187
 3 Halden der Montanindustrie im Saarland 189
  3.1 Steinkohlen-Bergehalden einschließlich der Absinkweiher sowie
   Asche/Schlacken-Halden der Kraftwerke 190
  3.2 Schlacken-Halden der Eisenhütten und Stahlwerke 191
 4 Standortfaktoren der Steinkohlen-Bergehalden im Vergleich zu
  Schlacken- und Asche-Halden 193
  4.1 Haldenformen 193
  4.2 Rohböden und Bodenbildungsprozesse 194
   I Steinkohlen-Bergehalden 194
   II Asche/Schlacken-Halden 197
  4.3 Mikroklima 198
  4.4 Absinkweiher 199
 5 Dynamik der Vegetationsentwicklung auf den
  Steinkohlen-Bergehalden 200
  5.1 Natürliche Vegetation und Spontanbesiedlung 200
  5.2 Rekultivierungsmaßnahmen 201
   I Übererdungen und Boden- bzw. Klima-verbessernde
    Maßnahmen 203
    a) Ohne vorherige Bodenabdeckung mit speziellen Substraten .. 203
    b) FASTROSA(Faul-Stroh-Saat)-Verfahren nach
     SCHIECHTEL 203
    c) SCHIECHTEL-Verfahren mit Steinklee- und Lupinensaat 204
    d) Abgewandeltes SCHIECHTEL-Verfahren in
     Aufspritztechnik 204
    e) Rohboden-Abdeckung mit einem
     Berge/Klärschlamm/Holzresten-Gemisch 204
   II Rekultivierungsbepflanzungen mit Gehölzen 208
 6 Aktuelle Vegetationsbilder und biotische Ausstattung der
  Steinkohlen-Bergehalden und Absinkweiher 219
  6.1 Biotoptypen und Pflanzengesellschaften 221

  6.2 Flora 226
  6.3 Funga 236
    I Funktion und Bedeutung von Pilzen im Lebensraum Halde . 236
    II Pilze auf Montanindustrie-Halden im Saarland 242
 7 Nutzungen der Bergbaufolgelandschaften im Saarland 247
  7.1 Naturschutzfachliche Bedeutung 247
  7.2 Sonstige Nutzungen 248
 8 Danksagung 251
 9 Literatur 251

B3 Steinkohlenreviere in Sachsen 254
 1 Lage, Geologie und natürliche Landschaften 254
 2 Abbau und Verarbeitung der Kohle 254
 3 Folgelandschaften 255
 4 Besiedlung mit Pflanzen 257
  4.1 Vegetation und Diasporenangebot der Umgebung 257
  4.2 Natürliche Sukzession 258
  4.3 Rekultivierung 264
 5 Literatur 265

B4 Weitere Steinkohlenabbaugebiete 267

C Kalibergbau 269

 1 Standorte in Deutschland, Entstehung der Lagerstätten und
  Lagerstättentypen 269
 2 Abbau- und Aufbereitungsverfahren 270
 3 Folgelandschaften 273
  3.1 Kalirückstandshalden 273
  3.2 Salzaustrittsstellen 278
  3.3 Besiedlung mit Pflanzen 278
    I Natürliche Sukzession 279
    II Rekultivierung 285
    III Halden-Wasserbilanzen mittels Lysimeteruntersuchungen 293
    IV Vegetation an den Salzaustrittsstellen 300
    V Vergleich von Rekultivierung und natürlicher Sukzession 304
 4 Literatur 305

D Metallerzbergbau 308

Einleitung 308

D1 Kupferschieferbergbau 311
 1 Geologie des Kupferschiefers, räumliche Verteilung und
  Abbaugebiete 311
 2 Der Mansfelder und Sangerhäuser Kupferschieferbergbau 312

  2.1 Die Lagerstätte 312
  2.2 Montanhistorie und Entstehung der Bergbaufolgelandschaft 313
    I Entwicklung des Bergbaus 313
    II Entwicklung des Hüttenwesens 321
  2.3 Naturraum, Klima und potenzielle natürliche Vegetation 324
  2.4 Abiotische Standortfaktoren der Halden 324
  2.5 Umweltgefährdung durch Halden 329
  2.6 Flora und Vegetation der Halden 330
    I Methodische Vorbemerkungen 330
    II Flora der Kleinhalden des Bergbaus 331
    III Vegetation der Kleinhalden des Bergbaus 333
    IV Flora der Großhalden des Bergbaus 342
    V Vegetation der Großhalden des Bergbaus 345
    VI Flora der Schlackehalden 353
    VII Vegetation der Schlackehalden 353
    VIII Kryptogamen 356
    IX Gefährdete und besonders geschützte Arten auf Halden ... 357
    X Naturschutzfachliche Bedeutung der Halden als
     Wuchsorte der Schwermetallrasen 357
  2.7 Renaturierung und Rekultivierung 358
    I Haldenrenaturierung in der ersten Hälfte des 20. Jh. 358
    II Haldenrekultivierungen ab 1950 359
    III Abdeckung von Halden 363
    IV Handlungsempfehlungen 364
      a) Renaturierung durch gelenkte (geförderte) Sukzession 364
      b) Rekultivierung durch Auftrag kulturfähiger Substrate 365
  2.8 Nutzung der Bergbaufolgelandschaft 365
3 Kupferschieferbergbau außerhalb der Mansfelder und
 Sangerhäuser Mulde 366
4 Danksagung 367
5 Literatur 367

D2 Uranbergbau 372
 1 Allgemeiner Überblick 372
  1.1 Standorte in Deutschland und Beschreibung der Lagerstätten 372
    I Standorte in Deutschland 372
    II Beschreibung der Lagerstätten 376
  1.2 Abbau und Aufbereitung der Erze 378
    I Uranbergbau in Westdeutschland 378
    II Uranbergbau in Ostdeutschland 378
    III Aufbereitung der Erze 379
  1.3 Bergbaufolgelandschaften des Uranbergbaus und ihre
   räumliche Verteilung 381
 2 Bergbaufolgelandschaften des Uranbergbaus aus geobotanischer
  Sicht und hinsichtlich ihrer naturschutzfachlichen Bedeutung 382
  2.1 Naturraum, Klima und potenzielle natürliche Vegetation 382
  2.2 Tagebaue 385
    I Abiotische Standortbedingungen 385
    II Flora und Vegetation 387
    III Naturschutzfachliche Bedeutung 389

	2.3 Halden	390
	I Abiotische Standortbedingungen	390
	II Flora und Vegetation	396
	III Naturschutzfachliche Bedeutung	404
	2.4 Industrielle Absetzanlagen	406
	I Abiotische Standortbedingungen	406
	II Flora und Vegetation	409
	III Naturschutzfachliche Bedeutung	417
3	Sukzession im Bereich von Bergbaufolgestandorten des Uranerzbergbaus	419
4	Aufgaben und Ziele der Sanierung und Rekultivierung	422
5	Literatur	426

D3 Das Freiberger Bergbaugebiet 437

1 Lagerstätte 437
2 Montanhistorie 438
3 Naturräumliche Bedingungen 440
4 Die Elemente der Bergbaufolgelandschaft und ihre floristisch-
  vegetationskundliche Charakterisierung 442
    4.1 Bergehalden 442
    4.2 Schlackehalden 447
    4.3 Tertiäre Schwermetallstandorte 448
    4.4 Das Gewässersystem der Revierwasserlaufanstalt 452
5 Naturschutzfachliche Bedeutung der Bergbaufolgelandschaft 456
    5.1 Bergehalden 456
    5.2 Schlackehalden 459
    5.3 Tertiäre Schwermetallstandorte 460
    5.4 Das Gewässersystem der Revierwasserlaufanstalt 460
6 Rekultivierung 463
7 Literatur 466

E Schieferbergbau 468

E1 Allgemeiner und geologischer Teil 468

1 Bedeutung des Schieferbergbaus in Deutschland 468
2 Zur Geschichte des Schieferbergbaus 468
3 Geologische Betrachtungen am Beispiel Thüringens 469
4 Der Schieferbergbau und seine Folgelandschaften 470
5 Abiotische Standortbedingungen in den
  Bergbaufolgelandschaften des Schieferbergbaues 473
    5.1 Xerotherme Standorte auf Schieferhalden 473
    5.2 Feuchte und trockene Habitate der Halden 474
    5.3 Halden als vielfach nährstoffarme Standorte 475
    5.4 Stollen und andere Grubenräume mit besonderem Klima 476
6 Aufgaben und Ziele der Rekultivierung im Schieferbergbau 476
    6.1 Versuche zur Rekultivierung 476
    6.2 Aktuelle landschaftspflegerisch notwendige Forderungen 477
7 Literatur 477

E2 Schieferbergbau in Thüringen ... 478
1 Schieferbergbaugebiete im Loquitztal und im Gebiet „Steinerne Heide" . 478
1.1 Lage und Charakteristik des Gebietes ... 478
1.2 Geschichtlicher Überblick ... 478
1.3 Klima ... 478
1.4 Böden ... 479
1.5 Typische Lebensräume und ihre Flora und Vegetation ... 480
I Brüche und Restlöcher ... 481
II Halden ... 483
1.6 Sukzession ... 491
1.7 Naturschutzfachliche Aspekte ... 491
2 Schieferbergbau im Schwarzatal ... 494
2.1 Lage und Charakteristik des Gebietes ... 494
2.2 Geologie ... 494
2.3 Geschichtlicher Überblick ... 495
2.4 Klima ... 496
2.5 Böden ... 496
2.6 Schieferbrüche Böhlscheiben ... 496
I Lage und Charakteristik ... 496
II Typische Lebensräume und ihre Flora und Vegetation ... 497
a) Ehemaliger Bruch ... 497
b) Schieferhalden ... 498
2.7 Schieferbruch „Krone" Unterweißbach ... 500
I Lage und Charakteristik ... 500
II Typische Lebensräume und ihre Flora und Vegetation ... 500
a) Ehemaliger Bruch ... 500
b) Halden ... 502
2.8 Naturschutzfachliche Aspekte ... 503
3 Literatur ... 505

E3 Der Schieferbergbau in anderen Regionen Deutschlands ... 507
1 Der Schieferbergbau des Rheinischen Schiefergebirges ... 507
1.1 Der Schieferbergbau an der Mosel ... 507
I Historisches zum „Moselschiefer" ... 507
II Besonderheiten von Landschaft, Flora und Fauna ... 508
1.2 Schieferbergbau im Sauerland/Westfalen ... 509
2 Schieferbergbau im Harz ... 511
3 Schieferbergbau in Sachsen ... 511
4 Danksagung ... 511
5 Literatur ... 512

F Gips- und Anhydrit-, Kalk- und Kreideabbau ... 512

Einleitung ... 512

F1 Das Gipsabbaugebiet im Bereich des Zechsteingürtels am Südharzrand ... 513
1 Geologie und Böden ... 513
2 Naturräumliche Einordnung ... 514

3 Klima 514
4 Abbaustätten 515
5 Bergbaufolgelandschaften 517
    5.1 Allgemeines 517
    5.2 Tagebau am Südhang des Kalkbergs 518
    5.3 Tagebau Ellricher Klippen 522
    5.4 Tagebau Kranichstein 528
6 Literatur 533

F2 Kalkabbaugebiete in Deutschland 533
1 Verbreitung der Kalkgebiete 533
2 Kalksteinbruchtypen 533
3 Die Teillebensräume im Kalksteinabbau 536
4 Sukzession und Vegetationsdynamik in Kalksteinbrüchen 538
5 Naturschutzrelevanz von Kalksteinbrüchen 540
6 Flora 540
    6.1 Artenzahlen 541
    6.2 Der Einfluss des Umfelds 542
    6.3 Vorkommen seltener und gefährdeter Arten 543
7 Vegetation und Sukzession 546
    7.1 Vorkommen seltener und gefährdeter Biotoptypen 547
    7.2 Typische Sukzessionsabläufe 547
    7.3 Bedeutung des Umfelds 548
8 Die Rolle von Isolation und Ausbreitungsvermögen 550
9 Auswirkungen über die Forschung hinaus 552
10 Folgenutzungskonzepte im Kalksteinabbau 553
    10.1 Renaturierung contra Rekultivierung? 553
    10.2 Renaturierungsverfahren 555
11 Literatur 559

F3 Kreideabbau 562
1 Definition 562
2 Kreideabbaugebiete in Deutschland 562
    2.1 Außerhalb Rügens 562
    2.2 Insel Rügen 562
        I   Historisch 563
        II   Aktuell und perspektivisch 563
3 Kreidegewinnung auf Rügen 565
    3.1 Geologische Voraussetzungen 565
    3.2 Technologie der Kreidegewinnung 565
        I   Historische Technologie 565
        II   Moderne Verfahren 566
        III   Bedeutung der Technologien für die
                 Vegetationsentwicklung 567
4 Böden, Mikroklima und Lebensräume 569
    4.1 Böden 569
    4.2 Mikroklima 570
    4.3 Lebensräume und ihre Besiedlung 570

5 Vegetationsentwicklung und Fauna in ausgewählten Kreidebrüchen . 571
    5.1 Strukturtypen 571
        I   Pflanzengesellschaften der aufgelassenen Kreidebrüche .. 571
        II   Seltene und gefährdete Arten 578
    5.2 Naturschutzfachliche Bedeutung 579
    5.3 Natürliche Sukzession 581
        I   Historische Kreidebrüche 581
        II   Aktuelle und aufgelassene Tagebaue 582
    5.4 Auswertung von Zeigerwerten 583
6 Renaturierung, natürliche Sukzession, Pflege 584
7 Literatur 585

G Sand-, Kiessand- und Kiesabbau 587

1 Lagerstätten in der Bundesrepublik 587
    1.1 Bedeutung und Verbreitung 587
    1.2 Entstehung und Eigenschaften 587
2 Terrestrische Lagerstätten in Mecklenburg-Vorpommern 588
    2.1 Lagerstättentypen 588
    2.2 Rohstoffgewinnung 589
    2.3 Standortverhältnisse 589
3 Tagebaufolgelandschaften 592
    3.1 Beschreibung der Vegetationseinheiten 598
    3.2 Naturschutzfachliche Bedeutung 609
    3.3 Wiedernutzbarmachung 615
4 Danksagung 618
5 Literatur 618

H Armleuchteralgen in der Bergbaufolgelandschaft 621

1 Einleitung 621
2 Unterschiede der verschiedenen Restgewässer 621
3 Vergesellschaftung der Armleuchteralgen 623
4 Naturschutzfachliche Bedeutung 623
5 Literatur 624

I Modellierung 625

I1 Möglichkeiten der Modellierung spontaner Sukzessionen in Bergbaufolgelandschaften 625
1 Hintergrund und Ziele der Programmentwicklung 625
2 Grundlagen der Programmentwicklung 626
3 Arbeiten mit RecuSim 627
4 Zusammenfassung 629
5 Kontakt 629
6 Literatur 629

I2 GraS-Modell - Ein Computermodell zur dynamischen Simulation von Landschaftsentwicklungen 630
    1 Hintergrund und Ziele der Programmentwicklung 630
    2 Grundaufbau und Prinzip 630
    3 Ergebnisse der Computer-Simulationen 632
    4 Zusammenfassung und Ausblick 634
    5 Kontakt 634
    6 Literatur 634

I3 Die Potenzielle Natürliche Vegetation als Grundlage der Initialisierung, Begleitung und Bewertung von Sukzessionswegen - eine methodische Studie am Beispiel der Lausitzer Bergbaufolgelandschaft 635
    1 Theoretisches Konzept der Potenziellen Natürlichen Vegetation 635
    2 PNV und Bergbaufolgelandschaft 635
    3 Material und Methode 636
    4 Ergebnisse der PNV-Ableitung 638
        4.1 PNV-Typ Kiefern-Eichen-Kippenwald 638
        4.2 PNV-Typ Eichen-Kippenwald 638
        4.3 PNV-Typ Winterlinden Hainbuchen-Kippenwald 639
    5 Praktische Auswertung der Ergebnisse 639
    6 Literatur 640

I4 Modellgestützte ökologische Wirkungsprognose bei bergbaubedingten Veränderungen der Bodenfeuchte 642
    1 Anforderungen und Zielsetzung 642
    2 Ökologische Wirkungsprognose 643
    3 Monitoring im Bereich „Kirchheller Heide / Hünxer Wald" 643
    4 Fuzzy-regelbasierte Modellierung 646
    5 Aufbau des wissensbasierten Geoinformationssystems 649
    6 Fazit 650
    7 Literatur 651

J Die Arbeitsgemeinschaft Bergbaufolgelandschaften 653

Glossar 656

Die Autoren 660

Stichwortverzeichnis 665

Vorwort

„Alles kommt vom Bergwerk her" heißt es im Erzgebirge. Dass dies noch immer - im wörtlichen wie im übertragenen Sinne - bis heute gilt, wird durch den aktuellen Rohstoffabbau in Deutschland offensichtlich. Die Gewinnung oberflächennaher und untertägiger Rohstoffe hat hier über einen Zeitraum von Jahrhunderten zur Entstehung vielfältiger Bergbaufolgelandschaften geführt und wird unsere Kulturlandschaft auch in Zukunft nachhaltig verändern.

Auf Grund geltender juristischer Rahmenbedingungen, aus Gründen der Gefahrenabwehr oder weil anderweitige gesellschaftliche Interessen dies erfordern, wird die Rekultivierung von Bergbaufolgestandorten in der Bundesrepublik Deutschland noch viele Jahrzehnte ein aktuelles Thema bleiben.

Bergbaufolgelandschaften werden aus geobotanischer Sicht in der Regel als Extrem- oder Sonderstandorte beschrieben und sind deshalb floristisch und vegetationskundlich von besonderem Interesse. Im Ergebnis von zum Teil langjährigen Untersuchungen zur natürlichen Wiederbesiedlung dieser Standorte durch Pflanzen und deren Gesellschaften liegen inzwischen umfangreiche Daten zur Sukzession vor. Eine grundlegende Erkenntnis, zu der zahlreiche Autoren gleichermaßen gelangten, ist die Tatsache, dass natürliche Prozesse der Erstbesiedlung von Rohböden hinsichtlich des Begrünungserfolges vielfach effektiver sind als technische Rekultivierungsmaßnahmen. Aus diesem Grund wird in der Praxis immer öfter die Frage gestellt, wie diese ohnehin ablaufenden natürlichen Prozesse gezielt in Rekultivierungs- und Sanierungsplanungen integriert werden können.

Im vorliegenden Buch haben sich Fachleute aus den unterschiedlichsten Bergbauregionen Deutschlands bemüht, das vorhandene Wissen zu diesen natürlichen Sukzessionsprozessen aus geobotanischer Sicht zusammenzufassen und als „Werkzeug" für eine effiziente Planung von Rekultivierungsmaßnahmen zur Verfügung zu stellen. Zugleich soll eine Lücke auf dem Gebiet der Restaurationsökologie dahingehend geschlossen werden, dass viele praktische Erfahrungen unter wissenschaftlichen Fragestellungen neu bewertet werden.

Möge das Buch einem großen potenziellen Leserkreis (Landschaftsplaner, Biologen, Ökologen, Ingenieure im technischen Umweltschutz, Mitarbeiter in Fachbehörden, Bergbauingenieure, Fachverantwortliche für Bodenschutz, Forstwirte, Mitarbeiter im Naturschutz und vielen anderen Fachleuten) ein wertvoller Ratgeber bei ihrer täglichen Arbeit sein und dazu beitragen, Misserfolge bei technischen Sanierungsmaßnahmen und damit den unwiederbringlichen Verlust von Finanzmitteln zu minimieren oder zu vermeiden.

Mit herzlichem „Glück auf!"

Henryk Baumbach
Hartmut Sänger
Martin Heinze

Für ihre Unterstützung danken die Herausgeber Prof. Helge Schmeisky (Witzenhausen), Andrea Probst (Hettstedt), die das Korrekturlesen des Buchmanuskriptes übernahm, dem Leibniz-Institut für Länderkunde (Leipzig), der Bundesanstalt für Geowissenschaften und Rohstoffe (Hannover) sowie den Kolleginnen und Kollegen der Arbeitsgemeinschaft Bergbaufolgelandschaften e.V.

Einleitung

Der Bergbau als Lieferant von Rohstoffen ist seit Jahrhunderten unabdingbare Voraussetzung für jede industrielle und landwirtschaftliche Tätigkeit. Auch wenn die globale Entwicklung der letzten Jahrzehnte dazu geführt hat, dass in Deutschland aus Kostengründen einzelne Bergbauzweige - wie zum Beispiel der Steinkohlenbergbau - stark an Bedeutung verloren haben oder - wie der Metallerzbergbau - ganz eingestellt wurden, werden andere Bergbauzweige, wie der Abbau von Braunkohle, Kali (Abb. 1) oder mineralischen Massenrohstoffen (Abb. 2), noch für Jahrzehnte eine wichtige Rolle spielen.

Die bergbauliche Tätigkeit verändert die Landschaft zum Teil nur gering und kleinflächig, meist aber tiefgreifend und großflächig. Besonders im Tagebau werden nach kompletter Beräumung des Vorfeldes mit allen gewachsenen Landschaftselementen (einschließlich eventuell vorhandener Siedlungen und Kulturgüter) große Stoffmassen bewegt, es entstehen Kippen und Steilwände sowie am Ende des Abbaus - bedingt durch das Massendefizit - wassergefüllte Restlöcher. Die geochemischen Stoffflüsse und der Wasserhaushalt sind in Tagebaulandschaften meist für Jahrzehnte verändert und auch lange Zeit nach dem aktiven Abbau kann es zu Abrissen, Erdrutschen und großflächigen Erosionen kommen.

Der Eingriff in die Landschaft durch den Tiefbau erscheint auf den ersten Blick weit weniger gravierend. Er hinterlässt vor allem Halden, die beträchtliche Ausmaße erreichen können und oft über Jahrzehnte als Fremdkörper im Landschaftsbild wahrgenommen werden. Allerdings machen sich auch beim Tiefbau die Massendefizite im Untergrund oft durch ausgedehnte Erdsenkungen an der Tagesoberfläche und Veränderungen im Wasserhaushalt der Landschaft bemerkbar.

Die durch den Bergbau geschaffene Bergbaufolgelandschaft ist ein Teil der Kulturlandschaft, sie zeichnet sich aber zumindest in Teilbereichen durch Elemente der Naturlandschaft aus. Hierzu gehören insbesondere Rohbodenflächen mit einer ihnen eigenen Dynamik, die in der Kulturlandschaft außerhalb eines Bergbaugebietes kaum vorkommen und ökologische Nischen für hoch spezialisierte Tier-, Pflanzen- und Pilzarten bieten. So können einige Pflanzenarten und die durch sie gebildeten Gesellschaften, wie z. B. Schwermetallrasen oder Halophytenfluren, heute nur noch auf solchen sekundären Standorten überleben, weil ihre natürlichen Standorte größtenteils zerstört worden sind. Auch die Massenvorkommen einiger Orchideenarten sind aktuell in der mitteldeutschen Braunkohlen-Tagebaulandschaft zu finden.

Unter dem Gesichtspunkt der Biodiversität und der Zulassung von Sukzessionen bieten die Bergbaufolgelandschaften eine Chance für den Naturschutz im Sinne des Prozessschutzes. Sie ermöglichen Forschungen über Bedingungen und Vorgänge in der Naturlandschaft, die in der mitteleuropäischen Kulturlandschaft nicht mehr möglich sind. Diese Forschungen liefern neues Grundlagenwissen über ablaufende Prozesse, aber auch praxisrelevante Erkenntnisse für die Rekultivierung unter Ausnutzung natürlicher Entwicklungen. Um echte Zeitreihen aufstellen zu können, müssen Sukzessionen über lange Zeit beobachtet werden. Die langjährigen Forschungen in der Lausitzer und der Mitteldeutschen Braunkohlenbergbaufolgelandschaft aber auch auf den Halden des Uranerzbergbaus sind Beispiele dafür und zeigen eindringlich, dass solche Projekte auf lange Zeit - generationsübergreifend - ausgerichtet sein müssen.

Dem Naturlandschaftsgedanken gegenüber steht ein legitimer menschlicher Anspruch nach Sicherheit, Schutz, Ordnung, Nutzung, Kultur, Schönheit und Übersichtlichkeit, den die Bergbaufolgelandschaft als Teil der Kulturlandschaft erfüllen soll. In dieser Landschaft müssen die Menschen sicher vor vermeidbaren Naturgewalten (z. B. Erdrutsche, Überschwemmungen, Staubstürme) und

Unfällen (z. B. Abstürze) sein. Bestimmte Ablagerungen sind so zu verwahren, dass sie schädliche Strahlung oder Stoffe (wie Radon, Schwermetalle und leichtlösliche Salze) nicht oder möglichst wenig freisetzen, z. B. bei den Halden des Uran- und Kalibergbaus. Die Verpflichtungen hierfür ergeben sich aus einem komplexen Gesetzeswerk, so unter anderem aus dem Bundesberggesetz (BBG), dem Gesetz über die Umweltverträglichkeitsprüfung (UVPG) und dem Gesetz zum Schutz vor schädlichen Bodenveränderungen und zur Sanierung von Altlasten (BBodSchG). Neu entstehende Bergbaufolgelandschaften werden schon beim Beginn des Bergbaus berücksichtigt und geplant und sind ein wesentlicher Teil der Betriebspläne, der Umweltverträglichkeitsprüfung und des Planfeststellungsverfahrens.

Die Bergbaufolgelandschaft kann, gerade in Gebieten, in denen über sehr lange Zeiträume Bergbau betrieben wurde, auch eine wichtige identitätsstiftende Funktion erfüllen. Zudem ermöglichen alte, gewachsene Bergbaufolgelandschaften auch einen Einblick in die Montanhistorie und die Entwicklung von Abbautechnologien. Deshalb sollte versucht werden, repräsentative Zeugnisse des Bergbaus als Elemente der Kulturlandschaft zu bewahren. Beispiele hierfür sind das Sächsische Erzgebirge, die Kleinhaldenlandschaft des Kupferschieferbergbaus, der Großgerätepark „Ferropolis" bei Bitterfeld, das Oberharzer Wasserregal, aber auch Industriebauten wie die Zeche Zollverein in Essen (letztere beide UNESCO-Welterbe).

Der Boden und die an ihn gebundene Primärproduktion ist unsere nicht vermehrbare Existenzgrundlage. Große Flächen, die durch den Bergbau in Anspruch genommen worden sind, können deshalb nicht vollkommen aus der Nutzung genommen und der Sukzession überlassen werden, sondern sind für eine land- oder forstwirtschaftliche Folgenutzung zu rekultivieren. Um dabei möglichst schnell zu wirtschaftlichen Erträgen zu kommen, sind aktive Maßnahmen wie Melioration, Ansaat und Anpflanzung notwendig. Inwieweit hierbei auch industrielle und andere Abfallstoffe (wie Abwässer, Aschen, Klärschlämme, Komposte) eingesetzt werden können, muss - auch im Hinblick auf die eventuelle Freisetzung von Schadstoffen - durch Gefäß- und Freilandvegetationsversuche kritisch untersucht werden.

Die natürliche Sukzessionsdynamik sollte zweckmäßigerweise in die Rekultivierung eingebunden und nur soweit verhindert werden, wie es ein vernünftiger, standortangepasster Anbau von Kulturpflanzen erfordert.

Da die Sukzession stark vom Diasporenangebot abhängt, stellt sich die Frage, ob man die Sukzession dem spontanen Lauf überlässt oder ob man versucht, sie durch Einbringen von Diasporen standortgerechter Pflanzen, die die Umgebung nicht liefert, und bei Gehölzen später auch durch Hiebsmaßnahmen zu lenken und zu beschleunigen. Diese gelenkte Sukzession kann schon zur forstlichen Rekultivierung überleiten, wenn man auf diesen Flächen die sich einstellenden Waldgesellschaften später nutzen will.

Das richtige Verhältnis zwischen Renaturierung (Zulassung von Sukzessionen, Schwerpunkt Naturschutz), der land- und forstwirtschaftlichen Rekultivierung, aber auch einer Nachnutzung der Bergbaufolgelandschaft für Erholungszwecke, stellt ein oft diskutiertes Problem dar. Wie viele Beispiele in dieser Publikation zeigen, sind alle drei Ziele berechtigt und lassen sich in den meisten Bergbaufolgelandschaften in einem räumlichen Nebeneinander erreichen.

Bei der Landschaftsgestaltung ist neben der sachlichen, objektiven Seite auch immer die emotionale, subjektive, manchmal fast irrationale Seite zu bedenken. Die Landschaft, in die der Mensch hineingeboren worden ist und in der er seine Kindheit und Jugend verbracht hat, liebt er und möchte sie erhalten. Dazu kommt, dass der Mensch ursprünglich aus der Savanne kommt und sich vermutlich deshalb in einer savannenartigen Landschaft mit Wechsel von Wald, Freiflächen, Hecken und Einzelbäumen und mit Ausblicken wohl fühlt.

Alle die genannten Aspekte sind bei der Gestaltung der Bergbaufolgelandschaft zu

Einleitung

beachten. Die Schwerpunkte und Ziele sind nach der Art des Bergbaus, der Landschaftsausstattung, der Landschaftsgeschichte und -tradition, dem Wissensstand und den persönlichen, wirtschaftlichen und politischen Interessen der Bewohner räumlich und zeitlich verschieden. Dabei treten Konflikte zwischen unterschiedlichen Interessengruppen - Bergbaubetreibende, Politik, Verwaltung, Landwirtschaft, Forstwirtschaft und Naturschutz - auf, die gelöst werden müssen. Hier kann eine interdisziplinäre Zusammenarbeit, wie sie zum Beispiel in der Arbeitsgemeinschaft Bergbaufolgelandschaften e. V. praktiziert wird, helfen, fachliche Kompetenz zusammenzuführen und praktikable Lösungen zu entwickeln.

An diesem Fachbuch haben insgesamt 33 Autoren mitgewirkt, die allesamt Kenner ihres „Reviers" sind. Je nach Fachrichtung und persönlichen Interessen der Autoren, aber auch geschuldet der zum Teil sehr unterschiedlichen Verfügbarkeit von Daten, variiert die Schwerpunktsetzung in den einzelnen Kapiteln.

Die Auswahl der behandelten Bergbaufolgelandschaften erfolgte im Hinblick auf ihre Größe, Einzigartigkeit und Sanierungslast sowie die ökonomische Bedeutung des aktiven Bergbaus und ist damit zum Teil subjektiv. Nicht für alle Gebiete, die ursprünglich behandelt werden sollten, konnten geeignete Bearbeiter gefunden werden. Das Buch versteht sich deshalb nicht als abschließende Darstellung. Weitere Bergbauzweige mit ihren Folgelandschaften warten auf eine Bearbeitung. Auch in den im Buch vorgestellten Gebieten wird die Entwicklung weitergehen und in einigen Jahren oder Jahrzehnten eine kritische Überprüfung der hier getroffenen Aussagen erfordern.

In einem speziellen Teil werden die Bergbaufolgelandschaften von sieben Bergbauzweigen in 16 Kapiteln vorgestellt und in einem allgemeinen Teil verschiedene Ansätze zur Modellierung von Sukzessionen aufgezeigt.

Die einzelnen Kapitel umfassen eine Beschreibung

- der Standorte des Bergbauzweiges und ihrer räumlichen Verteilung in Deutschland,
- der entstehenden Bergbaufolgelandschaften,
- der typischen abiotischen Standortbedingungen in diesen Bergbaufolgelandschaften,
- der geobotanischen Aspekte (typische Flora und Vegetation, Sukzessionsfolgen und Sukzessionsschemata soweit verfügbar),
- der naturschutzfachlichen Bedeutung dieser Standorte aus floristisch-vegetationskundlicher Sicht,

sowie die Darstellung der Aufgaben und Ziele der Rekultivierung in den jeweiligen Bergbaufolgelandschaften und einen Vergleich von Rekultivierungsmaßnahmen mit dem Potenzial natürlicher Sukzessionsfolgen.

Zwei Kapitel zur Bedeutung von Bergbaugewässern als Lebensräume für Armleuchteralgen sowie ein Beitrag zur Arbeitsgemeinschaft Bergbaufolgelandschaften e. V. runden das Buch ab. Bergbaufachliche und geobotanische Begriffe werden im Glossar erläutert.

Einleitung

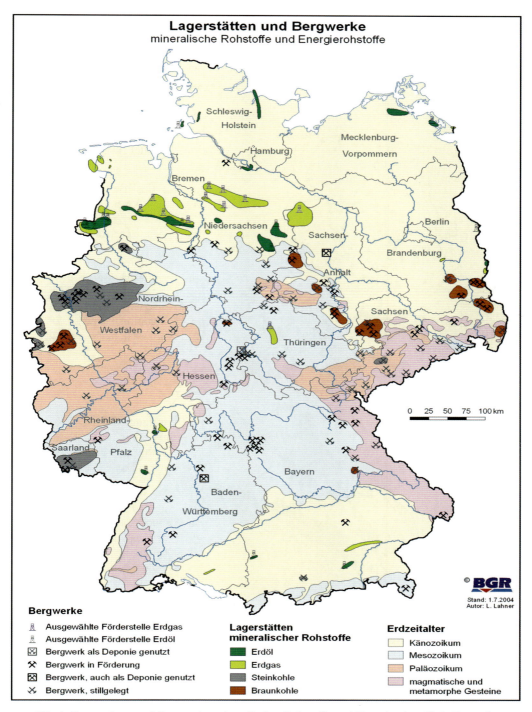

Abb. 1: Lagerstätten und Bergwerke mineralischer Rohstoffe und Energierohstoffe in Deutschland (Stand 2004, Quelle: Bundesanstalt für Geowissenschaften und Rohstoffe).

Einleitung

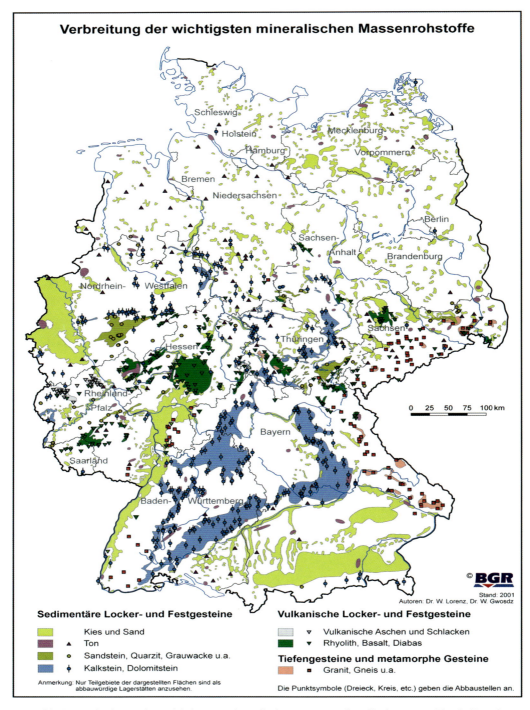

Abb. 2: Verbreitung der wichtigsten mineralischen Massenrohstoffe in Deutschland (Stand 2001, Quelle: Bundesanstalt für Geowissenschaften und Rohstoffe).

A Braunkohlenbergbau

Einleitung

MARTIN HEINZE

Braunkohle hat sich aus Sümpfen und Sumpfwäldern an der Küste und in Innenbecken während der verschiedenen Stufen des Tertiärs gebildet. Lagerstätten finden sich im bayerischen Molassebecken bei Penzberg und bei Schwandorf und Nabburg, in der Niederrheinischen Bucht, in der Wetterau, im Westerwald, in den nordhessisch-südniedersächsischen Tertiärsenken, im subherzynen Becken (z. B. Helmstedt) und Thüringer Becken, im östlichen Harzvorland, in der Leipziger Tieflandsbucht und in der Nieder- und Oberlausitz (HENNINGSEN & KATZUNG 2006). Die Kohlenqualitäten sind unterschiedlich. Der Quantität und Qualität der Lagerstätten entsprechend entwickelten sich verarbeitende Industrien: Kraftwerke, Brikettfabriken, Schwelereien, Kokereien und Hydrierwerke. Eine Besonderheit weisen manche Kohlen im subherzynen Becken auf: Die dortigen Senken sind durch Wanderung oder Auslaugung der liegenden zechsteinzeitlichen Salze entstanden (HENNINGSEN & KATZUNG 2006). Salzlösungen drangen in die Kohlenlagerstätten ein, so dass sich Salzkohlen bildeten.

Die kleineren Braunkohlenvorkommen im Südteil Deutschlands erlangten örtliche bis regionale, die großen Vorkommen in der Niederrheinischen Bucht, in der Leipziger Tieflandsbucht und in der Lausitz überregionale Bedeutung. Auch kleinste Vorkommen wurden abgebaut, z. B. bei Bendeleben am Kyffhäusergebirge, in der Thüringischen Rhön oder bei Halle (WEISE 2005, BRINGEZU et al. 2005, OELKE 2009). In der Anfangszeit der Braunkohlengewinnung, wenn die oberflächig ausstreichenden Flöze mit Fortschreiten des Abbaus unter dem Deckgebirge verschwanden und dorthin verfolgt wurden, und unter Basaltdecken in Hessen wurde die Kohle untertägig abgebaut. Weit überwiegend fand und findet der Abbau der Kohle aber im Tagebaubetrieb statt. Der übertägige Bergbau erzeugt beim Aufschluss Hochkippen, während des Betriebes großflächige Innenkippen und zum Schluss Hohlformen, die nach dem Ende des aktiven Bergbaus sich mit Wasser füllen und zu Seen entwickeln. Insbesondere die großflächigen Tagebaue greifen ökologisch, ökonomisch und kulturell tief in die Landschaft ein. Die Gestaltung der Folgelandschaft, ihre Wiederbesiedlung mit Pflanzen, Tieren und Menschen und ihre Wiedernutzbarmachung ist ein Problemkomplex, an dem schon seit vielen Jahrzehnten wissenschaftlich und praktisch mit Erfolg gearbeitet wird, siehe z. B. KRUMMSDORF (2007). Als Ergebnis entstanden und entstehen große land- und forstwirtschaftliche Nutzflächen, z. B. in der Niederrheinischen Bucht, in Mitteldeutschland und in der Lausitz, und Seenlandschaften, z. B. südlich von Leipzig, bei Bitterfeld, in der Lausitz und bei Schwandorf, die zunehmend für Erholung und Freizeitaktivitäten genutzt werden. In neuerer Zeit werden auch Flächen der spontanen Sukzession überlassen, um Pflanzen und Tieren, die in unserer intensiv genutzten Kulturlandschaft in ihrem Bestand bedroht sind, geeignete Sekundärbiotope zu bieten und damit ihre Existenz zu sichern, die Biodiversität zu bewahren und zu fördern. Immer wieder auftauchende Probleme in der Folgelandschaft sind die Standsicherheit der Kippen, insbesondere bei ansteigendem Niveau des Grundwassers und des Wassers der Seen, nachdem das Wasser aus den Tagebauen nicht mehr abgepumpt wird, Erosionsgefahr an den Böschungen der Kippen, vor allem der Hochkippen, die Nährstoffarmut der stark verwitterten tertiären Abraumsubstrate und die Versauerung sulfidhaltiger Abraumsubstrate und Wässer.

Für die in diesem Kapitel nicht behandelten **bayerischen Braunkohlenreviere** sei auf GLORIA (1966), GOERGEN et al. (1981), HÖßLIN (1980), LIEBL (1978, 1980), NILLE (1976, 1978), OERTEL (1985), für das **Helmstedter Revier** auf CORNELIUS (1980), BODE (1983), HAUSMANN et al. (1982), HAUSMANN & UEBERSCHAAR (1985) und das **Wetterauer Revier** auf KAMMER (1989), KAMMER & TINZ (1989) und LINGEMANN (1989a, b) verwiesen.

Literatur

BODE, E. (1983): Käfer (Coleoptera, Hexapoda) forstlich rekultivierter Kippen und Halden des Braunkohlentagebaugebietes bei Helmstedt (Bundesrepublik Deutschland, Niedersachsen). Braunschw. Naturk. Schr. **1**: 579-589.

BRINGEZU, H., OELKE, E., RAABE, D. (2005): Braunkohlenbergbau in und um Halle (Saale). Beitr. Regional- u. Landeskultur Sachsen-Anhalt **37**: 221-269.

CORNELIUS, K. (1980): Rekultivierungsmaßnahmen unter erschwerten Bedingungen bei den Braunschweigischen Kohlen-Bergwerken in Helmstedt. Braunkohle **32**: 125-127.

GLORIA, H. G. (1966): Untersuchungen zur Frage der Rekultivierung des Braunkohlenbergbaugebietes von Wackersdorf. Diss., Fakultät f. Bergbau u. Hüttenwesen, TU Berlin.

GOERGEN, H., STOLL, R.-D., REPPEKUS, C. (1981): Die Gesamtrekultivierung des Tagebaufeldes Rauberweiher der Bayerischen Braunkohlen-Industrie AG Schwandorf. Braunkohle **2**: 3-7.

HAUSMANN, R., RÖMMER, H., NILLE, B. (1982): Rekultivierung bei der Braunschweigischen Braunkohle-Bergwerke AG. Braunkohle **34**: 324-329.

HAUSMANN, R., UEBERSCHAAR, H.-J. (1985): Braunkohlenabbau im Helmstedter Revier. Braunkohle **37**: 331-337.

HENNINGSEN, D., KATZUNG, G. (2006): Einführung in die Geologie Deutschlands. 7. Aufl., Stuttgart.

HÖßLIN, W. V. (1980): Technische und rechtliche Probleme bei der Schaffung von Tagebauseen der Bayerischen Braunkohlen-Industrie AG in Schwandorf. Braunkohle **9**: 273-277.

KAMMER, R. (1989): Der Abbau des Wetterauer Braunkohlenvorkommens. Braunkohle **41**: 81-85.

-, TINZ, W. (1989): Die Rekultivierung der abgebauten Flächen im Wetterauer Braunkohlenabbaugebiet durch die Preussen Elektra. Braunkohle **41**: 85-88.

KRUMMSDORF, A. (Hrsg.) (2007): Ökologie in Landschaftsgestaltung, Tagebau-Rekultivierung und Landeskultur/Umweltschutz. Beucha

LIEBL, E. (1978): Die Lagerstättenverhältnisse in den Tagebauen der Bayerischen Braunkohlen-Industrie AG und ihr Einfluß auf die Rekultivierungsmaßnahmen. Braunkohle **5**: 121-127.

- (1980): Böschungs- und Ufergestaltung im Bereich der Tagebauseen der Bayerischen Braunkohlen-Industrie AG Schwandorf. Braunkohle **9**: 267-273.

LINGEMANN, H. (1989a): Die Geologie des Horloffgrabens - Tektonik und Schichtaufbau der Wetterauer Braunkohlenlagerstätten. Braunkohle **41**: 76-80.

- (1989b): Braunkohlenbergbau und Naturschutz in der Wetterau. Braunkohle **41**: 88-91.

NILLE, B. (1976): Ertragskundliche Untersuchungen von Aufforstungsbeständen im Rekultivierungsgebiet der Bayerischen Braunkohlen-Industrie AG in Wackersdorf/Oberpfalz. Forstw. Cbl. **95**: 197-210.

- (1978): Aufschluß schwer kultivierbarer Böden bei der Bayerischen Braunkohlen-Industrie AG. Braunkohle **30**: 103-106.

OELKE, E. (2009): Der Braunkohlenbergbau bei Halle-Dölau (Sachsen-Anhalt). Hercynia N. F. **42**: 153-165.

OERTEL, F. (1985): Braunkohlenbergbau in Bayern. Braunkohle **37**: 362-368.

WEISE, G. (2005): Braunkohlevorkommen in der Thüringischen Rhön und ihre Nutzung. Geowiss. Mitt. Thür. **12**: 105-135.

A1 Das Lausitzer Braunkohlenrevier

WERNER PIETSCH & KARL PREUßNER

Das Lausitzer Braunkohlenrevier ist flächenmäßig das größte in Deutschland und erstreckt sich südlich von Berlin ca. 100 km ost-west und ca. 50 km nord-süd (Abb. 3). Der erste Kohlefund wird auf das Jahr 1789 datiert. Die Braunkohle ist im Tertiär vor ca. 17 Mio. Jahren (Miozän) entstanden. Es werden mindestens 4 Flöze unterschieden, von denen das erste bereits fast vollständig abgebaut und das zweite derzeit wirtschaftliche Grundlage ist. Als Exklave rechnet man auch das Oberlausitzer Braunkohlevorkommen zwischen Görlitz und Zittau zum Lausitzer Revier. Allerdings ist die Geologie hier anders. Während die Kohleflöze der Niederlausitz horizontal großflächig recht gleichmäßig ausgebildet sind, finden wir die Braunkohle der Oberlausitz in so genannten Beckenlagerstätten mit geringerer Ausdehnung, aber größerer Mächtigkeit (DREBENSTEDT 1998). Im 19. Jahrhundert hat der sich entwickelnde Braunkohlenbergbau wesentlich zur Industrialisierung der Lausitz beigetragen. Vor allem die Glasindustrie hat davon profitiert. Im 20. Jahrhundert wurde die Braunkohle zunehmend in Großtagebauen abgebaut und die Eisen- sowie chemische

Industrie entwickelten sich. Nach dem 2. Weltkrieg wurde die Lausitz das Energiezentrum der DDR. Braunkohle wurde in zahllosen Kraftwerken verstromt und zu Briketts für den Hausbrand gepresst. Allein im Verantwortungsbereich des Braunkohlenkombinates Senftenberg bestanden 1989 neben 17 Tagebauen 23 Brikettfabriken und 17 Grubenkraftwerke. Hinzu kommen die Großkraftwerke, wie Lübbenau, Vetschau, Jänschwalde, Trattendorf und Boxberg (SCHULZ 2000). In Schwarze Pumpe entstand 1964 das größte Gaskombinat der Welt auf Braunkohlenbasis.

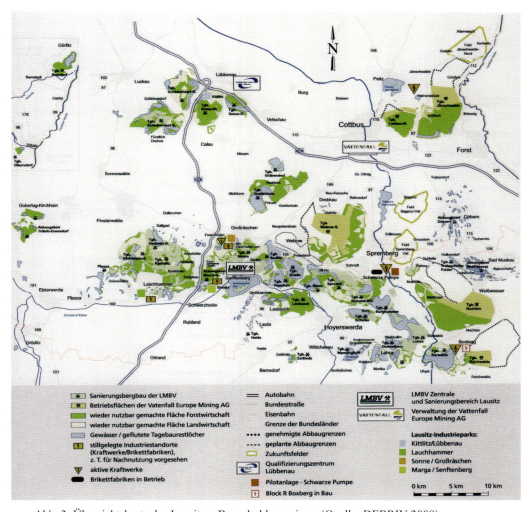

Abb. 3: Übersichtskarte des Lausitzer Braunkohlenrevieres (Quelle: DEBRIV 2008).

Ab 1952 wurde in Lauchhammer sogar Hochofen-Koks aus Braunkohle erzeugt (Braunkohlen-Hochtemperatur-Koks, BHT-Koks). Dazu hatten Prof. ERICH RAMMLER und Dr. GEORG BILKENROTH ein besonders festes und mit bestimmtem Wassergehalt hergestelltes Feinstkornbrikett erzeugt und es mittels indirekter Beheizung in Vertikalkammeröfen verkokt. Tagebau schloss sich an Tagebau und die Inanspruchnahme der Umwelt erreichte bis dahin nicht gekannte Dimensionen. Nach der Wiedervereinigung Deutschlands im Jahre 1990 wurde die Braunkohlenförderung drastisch reduziert, die meisten Tagebaue geschlossen und saniert. Von rund 200 Mio. t 1989 sank die Braunkohleförderung bis 1992 auf die Hälfte und bis 1998 noch einmal um die Hälfte auf 50 Mio. t (SCHOSSIG et al. 2007).

Aktiven Braunkohlenbergbau betreibt heute nur noch die Vattenfall Europe Mining AG in Cottbus mit den 5 Tagebauen Jänschwalde, Cottbus-Nord, Welzow-Süd, Nochten und Reichwalde. Bei einer Fördermenge von knapp 60 Mio. t pro Jahr werden jährlich ca. 500 ha Land in Anspruch genommen. Das hebt sich deutlich ab vom enormen Flächenverbrauch zu DDR-Zeiten. Von 1965 bis 1989 wurden 38 T ha Land in Anspruch genommen, während in der gleichen Zeit nur 26 T ha wieder nutzbar gemacht werden konnten. So lag die Landinanspruchnahme allein im Jahr 1989 bei 1.880 ha. Im gleichen Jahr sind 1.032 ha wieder nutzbar gemacht worden (SCHOSSIG et al. 2007).

Die volkseigenen Bergbaubetriebe bereiteten die Rekultivierung durch Schüttung, Planierung und Melioration vor. Dann wurden die Flächen an einen Folgenutzer, bei Forstflächen an den Staatlichen Forstwirtschaftsbetrieb und bei Landwirtschaftsflächen an ein Volkseigenes Gut oder eine Landwirtschaftliche Produktionsgenossenschaft (LPG) zur Rekultivierung übergeben.

Heute erfolgt die Rekultivierung der entstehenden Kippen durch den Bergbau treibenden Vattenfall selbst unmittelbar nach Fertigstellung als kontinuierlicher Prozess.

1 Abbauverfahren und Verarbeitung der Kohle

Der Braunkohlenbergbau in der Lausitz begann mit kleinen offenen Gruben an den Stellen, an denen das Braunkohlenflöz oberirdisch ausstreicht. In der Mitte des 19. Jh. entwickelte sich der Untertagebau, weil die Kohle mit den damaligen Mitteln oberirdisch nicht mehr erreichbar war. Beim Pfeilerbruchbau werden schmale Kohlepfeiler stehengelassen. Nach der Beendigung des Abbaues stürzen die Hohlräume unkontrolliert ein und an der Oberfläche entstehen sogenannte Bruchfelder.

Zu Beginn des 20. Jahrhunderts waren die kleinen Gruben nicht mehr in der Lage, den wachsenden Bedarf an Braunkohle zu decken. Die technische Entwicklung von Baggern für den Abtrag der immer mächtiger werdenden Abraumschichten ermöglichte den Übergang zu Großtagebauen. Mit der Erfindung der ersten Abraumförderbrücke 1924 im Tagebau Plessa bei Lauchhammer wurde die technologische Grundlage für die heutige Förderung von Braunkohle gelegt. Von diesem Zeitpunkt an konnte man auch das tiefer liegende 2. Lausitzer Flöz erreichen. Leider sind dabei die meisten bis dahin rekultivierten Flächen wieder in Anspruch genommen worden (insgesamt fast 10.000 ha).

Braunkohlentagebaue in der Lausitz bestehen heute aus drei miteinander verknüpften Arbeitsbereichen: dem Vorschnitt-Absetzer-Betrieb, dem Abraumförderbrückenbetrieb und dem Grubenbetrieb. Der Vorschnitt trägt mit Schaufelrad- oder Eimerkettenbaggern die oberen Abraumschichten ab. Diese werden mit einer Bandanlage auf die Kippenseite befördert und mit Absetzern als oberste Schicht auf der Kippe abgesetzt. Damit schafft der Vorschnitt-Absetzer-Betrieb die entscheidenden Voraussetzungen für die Rekultivierung. Die Abraumförderbrücke trägt mit den daran angeschlossenen Eimerkettenbaggern den verbleibenden Abraum bis auf das Kohleflöz ab, transportiert ihn im Innern auf kürzestem Wege zur Kippenseite und verstürzt ihn dort. Der Grubenbetrieb fördert mit mehreren Schaufelrad- bzw. Eimerkettenbaggern die von der Förderbrücke freigelegte Kohle und gibt sie auf eine Bandanlage, die aus dem Tagebau herausführt. An der Oberfläche wird die Kohle in Züge verladen oder die Bandanlage geht direkt bis ins nahe gelegene Kraftwerk (Abb. 4).

97 % der Braunkohle wird in Kraftwerken verstromt, d. h. in großen Heizkesseln verbrannt. Der dabei entstehende Wasserdampf steht unter Druck und treibt riesige Turbinen an, die Strom erzeugen. 2008 hat Vattenfall aus 57 Mio. t Braunkohle 52 TWh Strom erzeugt. Nur 1,5 Mio. t Braunkohle gehen noch in die Veredlung. Bis 1990 war die Braunkohleveredlung ein wichtiger Industrie-

zweig. Hauptprodukt waren die Braunkohlenbriketts. Bis zu 26 Mio. t pro Jahr, das sind 13 % der geförderten Braunkohle, wurden zu Briketts, auch für den individuellen Hausbrand, verpresst. Das Gaskombinat Schwarze Pumpe und die Braunkohlenveredlung Lauchhammer erzeugten 1989 6,2 Mio. m³ Stadtgas. Das waren 90 % des Gesamtverbrauchs in der DDR. Dabei entstanden jährlich ca. 2 Mio. t BHT- Koks, der unter anderem für die Roheisenerzeugung in Niederschachtöfen und für die Zementherstellung eingesetzt wurde. Zwischen den beiden Weltkriegen wurde nach dem Fischer-Tropsch-Verfahren auch Benzin aus Braunkohle hergestellt. Heute spielt die Veredlung nur noch eine untergeordnete Rolle (SCHOSSIG et al. 2007).

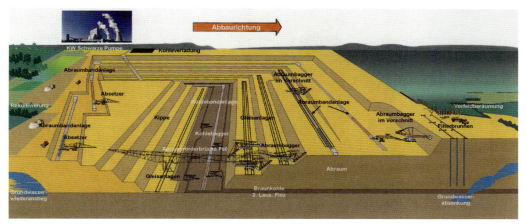

Abb. 4: Technologisches Schema des Braunkohlentagebaus Welzow-Süd (Quelle: VATTENFALL 2006).

So sind 2008 von Vattenfall 0,84 Mio. t Braunkohlenstaub, 0,46 Mio. t Braunkohlenbrikett und 0,23 Mio. t Wirbelschichtbraunkohle erzeugt worden (VATTENFALL 2009).

2 Vorbergbauliche Landschaft

Die Landschaft der Niederlausitz ist von der Eiszeit geformt. Das flach wellige Gelände hat Höhen von 50 bis 100 m über NN, in den Endmoränenzügen werden auch 150 m überragt. Klimatisch liegt das Gebiet im Übergangsbereich zwischen atlantischem Einfluss im Nordwesten, kontinentalem im Osten und hochcollinem im Süden und wird als pseudomaritim beeinflusstes Lausitzer Klima der Großklimaform „phi" bezeichnet. Die Jahresmitteltemperatur liegt bei 8,5 °C mit kalten Wintern und warm-trockenen Sommern. Der Jahresniederschlag nimmt von Nordwesten nach Südosten zu und beträgt 550 bis 650 mm (GROßER 2003).

Der Ursprung des Braunkohlenabbaus in der Lausitz liegt im Grenzbereich zwischen dem Niederlausitzer Landrücken und dem südlich anschließenden Lausitzer Urstromtal. Dabei handelt es sich um Ablagerungen der Saale-Eiszeit. Entsprechend werden die Oberflächen von Geschiebesanden und -lehmen bestimmt. Durch die Auflast des Inlandeises können die tertiären Schichten am Rande der Endmoräne, wie im Muskauer Faltenbogen, aufgepresst und aufgefaltet sein, so dass auch die Kohle an die Oberfläche tritt. Im Urstromtal herrschen fluviatile Sande vor, begleitet von holozänen organischen Ablagerungen. Ursprünglich waren die Niederungen von zahlreichen Mooren durchzogen, worauf auch der Name Lausitz zurückgeht.

Die Potentielle Natürliche Vegetation wird von Kiefern-Eichenwäldern bestimmt, die in den Flußauen von Erlenwäldern abgelöst werden. Je nach Feuchtestufe und Nährstoffangebot gehen die Heidekraut-Kiefernwälder in Blaubeer-Kiefern-Traubeneichenwälder oder Waldreitgras-Winterlinden-Hainbuchenwälder über. Im Urstromtal finden sich auch Sternmieren-Stieleichen-Hainbuchenwälder und Pfeifengras-Moorbirken-Stieleichenwälder (HOFMANN & POMMER 2005). Die vom wirtschaftenden Menschen geschaffenen Forste, die die Lausitz heute bestimmen, bestehen zu ca. 80 % aus Wald-Kiefer (*Pinus sylvestris*). Stiel- und Traubeneiche (*Quercus robur*, *Quercus petraea*) machen weniger als 10 % aus. Dafür ergänzen Neubürger wie Robinie (*Robinia pseudoacacia*) und Roteiche (*Quercus rubra*) die Landschaft mit fest etablierten Populationen. Eine Besonderheit ist die Lausitzer Tieflandsfichte, eine an Spätfröste angepasste Lokalrasse, die hier die Grenze der nördlichen Verbreitung der Fichte (*Picea abies*) markiert.

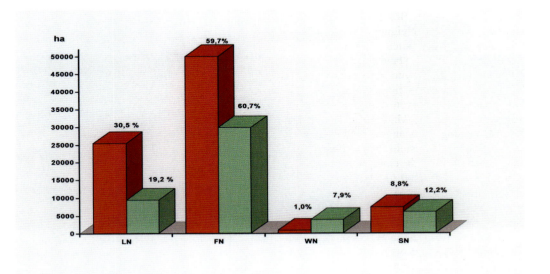

Abb. 5: Flächenbilanz im Lausitzer Revier 2007 nach Nutzungsarten, Stand kumulativ 31.12.2007 (Quelle: VATTENFALL 2008).

3 Bergbaufolgelandschaften

Im Lausitzer Braunkohlenrevier sind seit den Anfängen im 19. Jahrhundert bis zum Jahre 2007 vom Bergbau 83.500 ha Land in Anspruch genommen worden. Davon sind 49.100 ha, also 59 % wieder nutzbar gemacht. Den größten Anteil in der Bergbaufolgelandschaft hat die forstwirtschaftliche Rekultivierung mit 61 %, gefolgt von 19 % landwirtschaftlicher Rekultivierung (Abb. 5).

Nach Auslauf aller heute genehmigten Tagebaue werden 97.000 ha wieder nutzbar gemachte Flächen vorhanden sein, von denen 52 % Wald sind. Auf 27 % der Fläche werden Seen durch die Flutung der Tagebaurestlöcher entstehen (VATTENFALL 2008). Dieser Landschaftswandel ist bereits heute zu sehen und wird durch das Entstehen des Lausitzer Seenlandes charakterisiert.

3.1 Relief, Substrate, Wärme- und Wasserhaushalt

Entsprechend der Geologie, der Tagebautechnologie und der Rekultivierung entstehen sehr unterschiedliche Bergbaufolgelandschaften. Die beim Aufschluss eines Tagebaus erforderlichen Außenhalden überragen die umgebende Landschaft meist um ca. 30 m. Vielfach sind aus Gründen der Platzersparnis sehr steile Böschungen geschüttet worden. Ab einer Neigung von 1:4 (25 % Steigung) werden auch Böschungen aus sandigen Substraten standsicher, wobei alle 10 m Höhe eine Berme zum Abfangen des Niederschlagswassers eingebaut wird.

Die Innenkippen folgen dem Fortschritt des Tagebaus, wobei im Allgemeinen ein stufenloser Übergang zum angrenzenden gewachsenen Boden hergestellt wird. Innenkippen sind meist flach mit einer Generalneigung von mindestens 1: 200 (0,5 % Steigung), um eine Vorflut einrichten zu können. Durch Rückwärtsschüttung des Absetzers kann auch ein bewegteres Relief gestaltet werden, indem bis ca. 15 m hohe Hügel auf die Tiefschüttung aufgesetzt werden. Abhängig ist das vor allem von der Massenbilanz und der Standsicherheit. Das Massendefizit durch Außenhalde und entnommene Kohle wird bis zum Restloch am Ende des Tagebaus vor sich her geschoben. Die Restlöcher werden dann zu Tagebauseen geflutet. Die Flutung erfolgt bevorzugt mit Fremdwasser aus der fließenden Welle von Spree, Schwarzer Elster und Neiße, weil sonst die Gefahr besteht, dass mit dem aufgehenden Grundwasser zuviel Säure eingetragen wird. Dieses entstammt den tertiären Substraten, die durch die Verkippung an die Oberfläche gekommen sind und dabei mit Luft und Wasser angereichert werden. Dadurch setzen die Schwefelminerale Markasit und Pyrit Schwefel frei, der zu Schwefelsäure wird. Diese Säure würde mit dem Grundwasseranstrom in den Restsee verfrachtet.

Bestimmend für die Gestaltung der Bergbaufolgelandschaft und die Qualität der Rekultivierung sind vor allem die Substrate in der Abschlussschüttung, d. h. in den obersten 2 m der Kippe. Sie unterscheiden sich zunächst nach der geologischen Herkunft. Zwischen tertiären und quartären Substraten bestehen erhebliche Unterschiede. Häufig haben tertiäre Substrate einen hohem Schwefelgehalt und damit einhergehend eine höhere Azidität. Weiterhin sind sie oft kohlehaltig, was sie bei Austrocknung extrem Wasser abweisend macht. Kalkgehalt und Textur bestimmen darüber hinaus die Eignung für die Rekultivierung. Das Landesbergamt Brandenburg hat die Kippsubstrate in 4 Kategorien eingeordnet, wonach die Eignung für die Rekultivierung bewertet werden kann. So sind quartäre, bindige Substrate, wie Geschiebemergel, am besten und tertiäre, extrem bindige (Ton) bzw. extrem skelettchaltige Substrate (Schotter) am schlechtesten geeignet (LANDESBERGAMT BRANDENBURG 2001) (Tab. 1).

Tab. 1: Kategorien der Kipp-Substrate im Lausitzer Revier
(aus „Richtlinie des Landesbergamtes Brandenburg für die Wiedernutzbarmachung bergbaulich in Anspruch genommener Bodenflächen" vom 15. Juni 2001)

1a	- quartäre, bindige Substrate (überwiegend Geschiebemergel)
1b	- quartäre, bindige Mischsubstrate (Sand/Geschiebemergel)
2a	- quartäre, schwach bindige Substrate (bindige Beimengungen)
2b	- tertiäre und quartäre, sandige Substrate und Mischsubstrate (kohlefrei bis sehr schwach kohlehaltig)
3a	- tertiäre und tertiär-quartäre, kiesig sandige Substrate bzw. Mischsubstrate (schwach bis mittel kohlehaltig)
3b	- tertiäre und tertiär-quartäre, bindige Substrate bzw. Mischsubstrate (meistens stark oder sehr stark kohlehaltig)
4a	- quartäre und tertiäre, extrem bindige Substrate (Tone)
4b	- quartäre, tertiäre und prätertiäre, extrem skelettchaltige Substrate (Schotter)

Da der Tagebau bis unter das Kohleflöz entwässert werden muss, sind auch die Kippen zunächst extrem grundwasserfern. Erst mit zunehmendem Abstand der Bergbaufolgelandschaft zum aktiven Tagebau kann das Grundwasser allmählich wieder ansteigen. Aus Gründen der Standsicherheit wird von der Bergaufsicht eine mindestens 2 m mächtige Überdeckung über dem künftigen Grundwasserstand verlangt. Dabei müssen Sackungen und Setzungen berücksichtigt werden. Bis auf wenige Ausnahmen sind deshalb rekultivierte Kippen grundwasserferne Standorte, bei denen der Grundwasserflurabstand selten geringer als 2 m ist.

Geschüttete sandige Kippen haben zunächst ein hohes Porenvolumen und eine gute Durchlüftung. Beim Versturz bindiger Substrate wie Lehme, Schluffe und Tone kann es zu Verdichtungen und damit schlechter Durchlüftung sowie Staunässe kommen. Die Kippenoberfläche ist zunächst ein Extremstandort, der von Sonne und Wind ausgehagert wird. Im Sommer heizen sich dunkle Oberflächen auf bis zu 60 °C auf und im Winter kann es zu Frostschäden kommen (SCHERZER 2001). Erosion durch Wind erzeugt an jungen Pflanzen Schäden wie von einem Sandstrahlgebläse. Nur eine rasche Bedeckung der Oberfläche mit einer Vegetation kann diese Faktoren mindern.

3.2 Rekultivierungsverfahren und ihre Ergebnisse

I Anfänge der Rekultivierung

Die Rekultivierung im Lausitzer Revier hat verschiedene Entwicklungsstufen durchlaufen. Die Anfänge rechnet man um 1900. So genannte Werksgärtner begannen, Kippen zu gestalten und zu begrünen. Später kamen ausgebildete Forstleute mit planmäßigen Aufforstungen der immer größer werdenden Kippenareale. Die erste bekannte Kiefernaufforstung wird dem Förster VON STUEMER in der Grube Ilse der Ilse Bergbau AG im Jahre 1903 zugeschrieben (STEINHUBER 2005). 1929 schrieb Rudolf HEUSON, Forstverwalter der Niederlausitzer Kohlewerke Zschipkau, das erste Handbuch über „Praktische Kulturvorschläge für Kippen, Bruchfelder, Dünen und Ödländereien". Es war die Zeit des Experimentierens mit den verschiedensten Methoden und vor allem Pflanzen. Die Boden verbessernde Wirkung von Erlen (*Alnus glutinosa*, *Alnus incana*) und Leguminosen, wie Robinie, Lupine und Luzerne, wurde erkannt und genutzt (HEUSOHN 1929, Schreibweise des Namens ab 1939 HEUSON) (PREUßNER 1997).

Begrenzender Faktor war das Wissen um die chemischen und physikalischen Eigenschaften der Kippsubstrate. Bekannt war die Kulturfeindlichkeit von Alaun, womit man die im Boden entstehenden Schwefelsalze (z. B. Kalium-Aluminium-Sulfat) bezeichnete. Als Ausweg wurde nur das Liegenlassen über 10 bis 15 Jahre gesehen. In Ausnahmefällen wurde auch die Oberfläche aufgewertet, indem man Sand ins Pflanzloch eingemischt oder auch Teichschlämme aufgetragen hat. Neben Aufforstungen wurde mit landwirtschaftlicher Rekultivierung experimentiert. Es entstanden mehr oder weniger erfolgreich Obstplantagen, Weidenheger oder auch Parkanlagen. Von besonderem wissenschaftlichen Interesse sind die wenigen erhalten gebliebenen Rekultivierungsflächen aus der Zeit zwischen den beiden Weltkriegen, die heute über 80 Jahre alt sein können (Abb. 6). Dazu gehört ein Kiefernbestand in der Grube Waidmannsheil bei Annahütte aus dem Jahre 1936, in dem 1997 erfolgreich ein Unterbau aus Traubeneiche (*Quercus petraea*), Rotbuche (*Fagus sylvatica*), Hainbuche (*Carpinus betulus*), Winterlinde (*Tilia cordata*) und Spitzahorn (*Acer platanoides*) angelegt wurde (ERTLE et al. 2004).

II Entwicklung von Meliorationsverfahren

Nach dem 2. Weltkrieg sah man sich großen Rückständen bei der Rekultivierung der Bergbauflächen gegenüber. In der DDR wurde deshalb die Rekultivierungsforschung an der Humboldt-Universität Berlin mit einer Außenstelle in Finsterwalde intensiviert. Im Mittelpunkt standen die Melioration kulturfeindlicher tertiärer Substrate und die landwirtschaftliche Rekultivierung. Die tertiären Kippsubstrate enthalten Kohle und Schwefelminerale (Pyrit, Markasit) und haben oft sehr niedrige pH-Werte bis unter 3. Bahnbrechend ist das Domsdorfer Verfahren, bei dem das Säurepotential aus den Schwefelmineralien auf der Grundlage einer Säure-Basen-Bilanz dauerhaft mit Kalk gebunden wird (KATZUR 1998). Im Ergebnis sind große Kippenflächen erfolgreich mit Düngekalken oder auch Kraftwerksaschen für eine land- und forstwirtschaftliche Nutzung melioriert worden.

Das Hauptproblem bleibt dabei die richtige Bemessung der Kalkmengen für tertiärquartäre Gemenge, bei denen der Kalkbedarf kleinflächig stark wechseln kann. Deshalb endete die Meliorationsphase mit einer so genannten Testsaat, meist aus Waldstaudenroggen, die auch kleinflächig Erfolg oder Misserfolg der Melioration nachweisen konnte und Schlussfolgerungen zur Nachmelioration zuließ.

Für die landwirtschaftliche Rekultivierung wurden die am besten geeigneten Kippenoberflächen ausgewählt, vor allem quartäre Geschiebelehme und -mergel. Standen diese nicht zur Verfügung, wurden auch kohlehaltige bindige Substrate melioriert, Tone aufgetragen und eingearbeitet oder Reinaschekippen genutzt. Zeitweilig spielte auch die Verregnung von Industrieabwässern als Rekultivierungsmethode eine Rolle (KATZUR 1965).

Mit speziell entwickelten Fruchtfolgen für eine Rekultivierungsdauer von bis zu 16 Jahren, konnten nach einer Anlaufrotation von 8 Jahren bereits nennenswerte Erträge erzielt werden. Bestimmende Pflanze dieser Fruchtfolgen war die Luzerne, im Wechsel mit Klee, Gräsern und Getreide (GUNSCHERA & HAUBOLD-ROSAR 2009) (Tab. 2).

Abb. 6: Kippenwaldlandschaft im Tagebau Welzow-Süd mit Kiefern aus der Erstaufforstung um 1925 (Foto: K. Preußner, 2010).

Braunkohlenbergbau

Tab. 2: Richtfruchtfolge der landwirtschaftlichen Rekultivierung (nach GUNSCHERA 1996)

Rekultivierungsjahr	Fruchtart
1	Steinklee bzw. Steinklee/Knaulgras oder Knaulgras/Roggendeckfrucht
2	Winterweizen
3	Winterroggen
4	Luzerne/Gras
5	Luzerne/Gras
6	Luzerne/Gras
7	Luzerne/Gras
8	Silomais, anschließend Winterweizen oder Winterroggen
9	Wintergerste oder Winterraps, anschließend Winterroggen
10	Feldgras
11	Winterweizen oder Winterroggen
12	Wintergerste oder Winterroggen
13	Luzerne/Gras
14	Luzerne/Gras
15	Luzerne/Gras
16	Luzerne/Gras

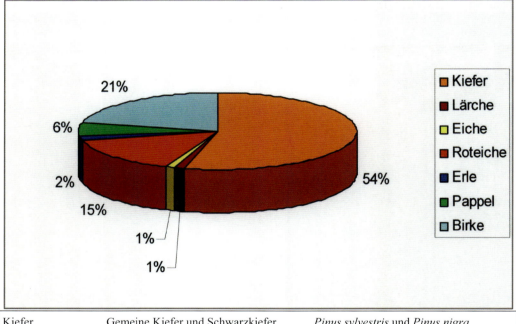

Kiefer	Gemeine Kiefer und Schwarzkiefer	*Pinus sylvestris* und *Pinus nigra*
Lärche	Europäische Lärche	*Larix decidua*
Eiche	Trauben- und Stieleiche	*Quercus petraea* und *Qu. robur*
Roteiche/Robinie		*Qu. rubra* und *Robinia pseudoacacia*
Erle	Schwarz- und Grauerle	*Alnus glutinosa* und *A. incana*
Pappel	Balsampappelhybride	*Populus* spec.
Birke	Hänge-Birke	*Betula pendula*

Abb. 7: Historische Baumartenverteilung bei der forstlichen Rekultivierung im Lausitzer Revier von den Anfängen bis 1990, ca. 21.000 ha (dies sind nur die 1990 noch vorhandenen von ca. 31.000 ha bis dahin aufgeforsteten Kippen) (PREUßNER 1998).

Die forstliche Rekultivierung war flächenmäßig nach wie vor bestimmend, musste aber zunehmend mit ungünstigen Bedingungen, wie tertiär- quartären Substrat- Gemengen bzw. Böschungen fertig werden Bestimmende Baumart war die Wald-Kiefer, mit Hänge-Birke (*Betula pendula*), Roteiche, Robinie, Pappel (*Populus* spec.) und Erle ergänzt (PREUßNER 1998) (Abb. 7). Voraussetzung für den Erfolg der forstlichen Rekultivierung war ein Düngungsregime, das von der Grunddüngung vor der Aufforstung mit Nachdüngungen bis zum 7. Kulturjahr die Versorgung der Pflanzen mit den Grundnährstoffen Stickstoff, Phosphor und Kalium (N/P/K) sichert (HEINSDORF 1992). Unter normalen Bedingungen entwickeln sich die Kippenwälder im Laufe von 20 bis 30 Jahren zu wuchsfreudigen Forstökosystemen. Die einsetzende Bodenentwicklung mit einer Nadel- oder Streuauflage führt zu ersten Nährstoffkreisläufen. Die Bodenvegetation wird zunehmend von waldtypischen Arten bestimmt und die Waldbäume erreichen hohe Zuwächse, die oft über dem Durchschnitt der umgebenden Waldbestände auf gewachsenem Boden liegen. Reinbestände verfügen mit zunehmendem Alter über ein hohes Waldentwicklungspotential, z. B. durch Laubholzunterbau in Kiefernreinbeständen (BÖCKER et. al. 2007) (Abb. 8).

Als besonderes Problem hat sich inzwischen der Wurzelschwamm (*Heterobasidion annosum*) erwiesen, der Kiefernstangenhölzer auf kalkmeliorierten Standorten befällt und größere Sterbelücken verursachen kann. Überhöhte pH-Werte schaffen eine Prädisposition, die bei einer bestimmten, nicht zu geringen, nutzbaren Feldkapazität des Substrates zum Zeitpunkt der ersten Durchforstung den Befall begünstigt (KNOCHE & ERTLE 2007).

Abb. 8: Rekultivierungslandschaft mit Birkenaufforstung aus den 1960er Jahren und Nachpflanzungen mit Roteiche, Tagebau Greifenhain (Foto: K. Preußner, 2010).

III Der Sanierungsbergbau

Eine dritte Entwicklungsetappe beginnt mit der politischen Wende und der Wiedervereinigung Deutschlands 1990. Die Fördermenge an Braunkohle hatte mit 200 Mio. t im Jahre 1989 ihren Höhepunkt erreicht. Innerhalb von nur 10 Jahren sank die Förderung auf ein Viertel. Von 22 aktiven Tagebauen wurden 17 stillgelegt. Der Lausitzer und Mitteldeutschen Bergbauverwaltungsgesellschaft (LMBV) fiel die Aufgabe zu, die großen Kippenflächen und Restlöcher zu sanieren. Parallel lief ein Programm der Sanierung von Industriebrachen. Bis 2009 sind 8,8 Milliarden Euro aus der öffentlichen Hand in die Sanierung geflossen. Die Aufgaben sind nach gegenwärtigen Schätzungen nicht vor dem Jahr 2040 abgeschlossen (LMBV 2010).

Das Problem des Sanierungsbergbaus besteht darin, dass die ursprünglichen Planungen zur Kippengestaltung mehr oder weniger abrupt unterbrochen wurden und nur noch in Sonderfällen Massenbewegungen möglich sind. Damit kann die Kippenoberfläche nicht optimal gestaltet und vor allem die Qualität der Substrate kaum noch beeinflusst werden. Im Mittelpunkt der Tätigkeit der LMBV steht zunächst die Herstellung der Sicherheit, was häufig mit Eingriffen in vorhandene Rekultivierungen bzw. Flächen mit fortgeschrittener Sukzession verbunden ist.

An der Kippenoberfläche stehen zu 60 % tertiäre bzw. quartär-tertiäre Gemenge aus Sanden und Lehmsanden an. Diese werden melioriert, indem Spatenfräsen langfristig wirkende Naturkalke bis in 1 m Tiefe einarbeiten. Die anschließende Begrünung mit Gräsern, Kleearten, Lupine und Luzerne schützt vor Erosion und Staubaustrag und initiiert die Humusbildung (LMBV 2009). Eine solche Schutzpflanzendecke mindert auch die Extreme der Freifläche gegenüber den Forstpflanzen. Auf dieser Grundlage erfolgt die forstliche oder landwirtschaftliche Rekultivierung ähnlich wie im aktiven Bergbau.

Abb. 9: Renaturierungsflächen der LMBV und Aufforstungen mit Gemeiner Kiefer, Roteiche und Balsampappelhybriden im Lausitzer Seenland bei Senftenberg (Foto: K. Preußner, 2010).

In vielen Sanierungsplänen wird die Rekultivierung der Sukzession überlassen, um bereits begonnene natürliche Entwicklungen zu nutzen. So entstanden große zusammenhängende Renaturierungsflächen als Naturschutzvorrangflächen, wie z. B. „Sielmanns Naturlandschaft Wanninchen". Solche Renaturierungsflächen sind ausgezeichnete Studienobjekte für die natürlichen Abläufe bei der Wiederbesiedlung eines völlig vegetationslosen Gebietes, in dem sich auch noch kein Boden entwickelt hat. Grundsätzlich führt die Sukzession zu Wald, je nach Diasporenangebot aus Hänge-Birke, Kiefer, Aspe (*Populus tremula*) und Erle, aber auch Lärche (*Larix decidua*), Linde (*Tilia* spec.), Ahorn (*Acer* spec.) und Robinie, im Zeitraum von 8 bis 30 Jahren (JENTSCH 2009) (Abb. 9).

IV Der aktive Braunkohlenbergbau

In den aktiven Tagebauen der Lausitz hat die selektive Gewinnung kulturfreundlicher Substrate für die Rekultivierung oberste Priorität. Mit dem Vorschnitt- Absetzer- Betrieb werden kulturfreundliche Substrate an die Oberfläche gebracht, gleichgültig, ob sie sich vor dem Bergbau an der Geländeoberfläche oder in tieferen Schichten (z. B. Geschiebelehme) befanden. Nur noch in Ausnahmefällen ist eine Grundmelioration mit höheren Kalkmengen erforderlich. Deshalb sind die neu entstehenden Kippen nur in geringem Umfang Extrem- oder Sonderstandorte im Sinne dieses Buches. Die Größe der Flächen erfordert eine rasche Begrünung und G-staltung mit Saaten und Pflanzungen, um den Prozess des „Wieder in Kultur Nehmens" für die Gesellschaft rasch einzuleiten. Das dazu notwendige Wissen über die natürlichen Abläufe der Sukzession ist, wie auch dieses Buch zeigt, ausreichend vorhanden. In der landwirtschaftlichen Rekultivierung wird auf die in den Endmoränenzügen anstehenden quartären Geschiebelehme und -mergel gesetzt. Die Fruchtfolgen sind weiter entwickelt worden und sollen nach 7 Jahren eine vorgegebene Bodenfruchtbarkeit erreichen (GUNSCHERA & HAUBOLD-ROSAR 2009).

Abb. 10: Forstliche Rekultivierung mit Traubeneiche und Winterlinde im Tagebau Welzow-Süd von Vattenfall (Foto: K. Preußner, 2008).

Die forstliche Rekultivierung bleibt flächenmäßig bestimmend. Der Rekultivierungsprozess beginnt mit der Schutzpflanzendecke aus Leguminosen und anderen krautigen Pflanzen. Aufgeforstet wird mit ein- bis zweijährigen Sämlingen bei relativ hohen Pflanzdichten (8 bis 12 T Stück je Hektar). Ziel ist eine rasche Bodenbedeckung und „Schließen der Dickung". Erst dann sind die Extreme der Freifläche überwunden und das Ökosystem Wald kann sich nach seinen eigenen Gesetzmäßigkeiten entwickeln (RÖSLER & PREUßNER 2009).

Neben der Kiefer wird jetzt in Anlehnung an das natürliche Waldbild stärker auf die Trauben- und Stieleiche gesetzt. Das Verhältnis Laub- zu Nadelholz ist mit 50 zu 50 % optimal. Pionierbaumarten, wie Hänge-Birke, Erle und Pappel, aber auch Roteiche und Robinie sind für die Rekultivierung unverzichtbar. Sie machen fast ein Drittel der Aufforstungen aus. Umso wichtiger sind Mischbaumarten, wie Linde, Ahorn, Hainbuche, Esche (*Fraxinus excelsior*) und Rotbuche, die bereits ca. 10 % ausmachen. Zwei Drittel der Aufforstungen werden als Mischpflanzungen angelegt, wobei Pionierbaumarten mit den angestrebten Klimax-Baumarten gemischt werden (HUFF 2007) (Abb. 10, 11).

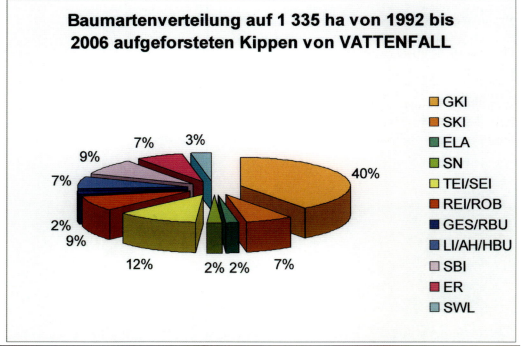

GKI	Gemeine Kiefer	*Pinus sylvestris*
SKI	Schwarzkiefer	*Pinus nigra*
ELA	Europäische Lärche	*Larix decidua*
SN	Sonstige Nadelbaumarten (vor allem Gemeine Fichte und Douglasie	
TEI/SEI	Trauben- und Stieleiche	*Quercus petraea* und *Qu. robur*
REI/ROB	Roteiche und Robinie	*Qu. rubra* und *Robinia pseudoacacia*
GES/RBU	Gemeine Esche und Rotbuche	*Fraxinus excelsior* und *Fagus sylvatica*
LI/AH/HBU	Winterlinde, Bergahorn, Hainbuche	*Tilia cordata*, *Acer pseudoplatanus* und *Carpinus betulus*
SBI	Sandbirke (Hängebirke)	*Betula pendula*
ER	Schwarz- und Grauerle	*Alnus glutinosa* und *A. incana*
SWL	Sonstige Weichlaubbaumarten (vor allem Pappeln, Weiden und Eberesche)	

Abb. 11: Baumartenverteilung bei der forstlichen Rekultivierung im aktiven Bergbau des Lausitzer Revieres von 1992 bis 2006 auf 1335 ha (Quelle: HUFF 2007).

Auch vom aktiven Bergbau wird zunehmend die Herrichtung von Renaturierungsflächen erwartet. Bei den Anwohnern der Tagebauregion gibt es aber keine Akzeptanz, größere Flächen einfach der Sukzession zu überlassen. Besser sind kleinflächige Strukturen, bei denen der Naturschutz in die land- und forstwirtschaftliche Rekultivierung integriert ist. Dazu dient besonders die Schaffung von Sonderbiotopen, mit Totholz aus dem Vorfeld, Findlingspackungen, kleinflächigem Substratwechsel, auch mit armen Sanden, sowie die artenreiche Gestaltung von Waldrändern und Windschutzstreifen.

3.3 Geobotanische Beschreibung der Bergbaufolgelandschaften des Lausitzer Braunkohlenreviers

Zur Bergbaufolgelandschaft gehören sowohl die terrestrischen Bereiche der Halden, Kippen und Offenlandschaften als auch die semiaquatischen und aquatischen Bereiche der Tagebauseen und Restgewässer (GROßER 1998, KATZUR 1997, MEINHARDT 1997). Auf den terrestrischen Standorten stehen anfänglich zumeist Rohbodensubstrate an, die bisher niemals von einer Vegetation besiedelt waren und je nach ihrer geologischen Herkunft eine unterschiedliche physikalisch-chemische Beschaffenheit aufweisen (Abb. 12-14).

Kurze Zeit nach dem Ausbringen der Rohbodensubstrate erfolgt eine Beeinflussung durch abiotische Faktoren, wie Wind, Regen, Sonneneinstrahlung und Erosion, aber auch durch biotische Faktoren, insbesondere durch den Eintrag von Diasporen aus der Bergbaunachbarlandschaft. Je nach dem Vorhandensein optimaler edaphischer Bedingungen, wie der Gehalt an Nährstoffen und an organischer Substanz, Feuchtigkeit, Licht und Temperatur beginnt eine Besiedlung durch Pflanzen und Tiere. Diese wird allerdings von den durch die Pyritverwitterung verursachten extremen Standortsverhältnissen stark eingeschränkt. Es herrschen eine sehr hohe Azidität, hoher Salzgehalt, durch erhöhte Mengen an Eisen und Sulfat bedingt, sowie Mangel an Nährstoffen und an organischer Substanz. Je nach dem Anteil an Substraten tertiärer Herkunft besitzen die Rohböden ein unterschiedlich hohes Säurepotenzial.

Abb. 12: Blick in den Tagebau Jänschwalde; im Profil sichtbar: Kulturbodenschicht, quartäre Substrate, tertiäre Substrate sowie Kohleflöz (Foto: W. Pietsch).

I Besiedlung und Vegetationsentwicklung

In Abhängigkeit von der zeitlichen Abfolge der einzelnen Tagebaue im Lausitzer Revier sind die Kippenflächen und Standorte unterschiedlich alt. Manche Flächen wurden bereits vor über 50 bis 80 Jahren angelegt, während andere dagegen gerade erst geschüttet werden. Für die Besiedlung besteht so ein zeitlicher Unterschied von mehreren Jahrzehnten, oft bis zu 80 Jahren und mehr. Während sich auf den Flächen des Altbergbaus bereits bestimmte Vegetationsformen bis hin zum Wald etabliert haben, beginnt auf anderen Flächen gerade erst die Primärbesiedlung.

Seit 1952 wurden die edaphischen Verhältnisse und die Vegetationsentwicklung der Kippen, Halden und Restlöcher im Lausitzer Braunkohlenrevier untersucht. Auf der Grundlage von 2850 pflanzensoziologischen Aufnahmen und zahlreichen Publikationen sowie Diplomarbeiten ist es möglich, die geobotanischen Verhältnisse der Bergbaufolgelandschaften umfassend darzustellen (PIETSCH 1965, 1988, 1991, 1993, 1996, 1998a, b, c, 1999, 2008; JENTSCH 1975, 2006, 2009). Die Auswertung von über mehrere Jahrzehnte durchgeführten Langzeituntersuchungen auf Dauerbeobachtungsflächen liefert uns wesentliche Erkenntnisse (PIETSCH 1998c; WEYER et al. 2009; JENTSCH 2010).

Die gegenwärtige Vegetation auf den Flächen der Bergbaulandschaften zeigt uns einen zeitlichen Querschnitt der Vegetationsentwicklung und lässt Rückschlüsse auf die Sukzession der Vegetation ziehen. Sie reichen von einfachen Initialstadien über Vegetationsmosaike bis hin zu höher organisierten Vegetationseinheiten unterschiedlichen Alters und lassen sich aus der oft über Jahrzehnte lang stattgefundenen Vegetationsentwicklung erklären (MÜELLER-DOMBOIS & ELLENBERG 1974/2002).

Wir unterscheiden verschiedene Sukzessionsreihen und Stadien der Vegetationsentwicklung in Abhängigkeit von abiotischen und biotischen Faktoren, insbesondere der physi-

Abb. 13: Tagebau Schlabendorf, Restloch F, Rohbodensubstrat quartärer Herkunft (Foto: W. Pietsch).

Abb. 14: 60-jähriges, unbewachsenes Kippsubstrat tertiärer Herkunft (Tagebau Kleinleipisch) (Foto: W. Pietsch).

kalisch-chemischen Beschaffenheit der Substrate in zeitlicher Abfolge eines ökosystemaren Prozesses (WALI & PEMBLE 1982; DIERSCHKE 1994; MÜLLER 1999).
Die Artenstruktur besitzt eine hohe Zeigerwertfunktion gegenüber der Beschaffenheit der Bodensubstrate und den jeweiligen Standortsverhältnissen (PIETSCH 1979c; RUHNOW 1997, SCHÖTZ et al. 1998; SCHÖTZ & PIETSCH 2000). Sie ermöglicht eine wertvolle Prognose über die weitere Sukzessionsfolge und die Entwicklung des Standortes. Auch unter den extremen Bedingungen der Bergbaufolgelandschaft des Lausitzer Braunkohlenreviers ist die Anwendbarkeit der Zeigerwerte sensu ELLENBERG et al. (1992) bedingt möglich. Es besteht eine enge Beziehung zur Ansiedlung und Primärsukzession der Bodenfauna auf jungen Kippböden (DUNGER 1998; DUNGER & WANNER 1999).

a) Vegetationsentwicklung im terrestrischen Bereich

Spontanvegetation - Vegetation der Zufälligen

Die Erstbesiedlung erfolgt zunächst durch Arten, deren Samen zufällig auf die Rohbodenflächen gelangen. Alles keimt auf, was sich auf den Flächen eingebracht hat. Es entsteht eine spontane Vegetation der Zufälligen. Je nach den Standortsverhältnissen kann sie sehr artenreich (bis zu 78 Arten) sein, oder eine Besiedlung unterbleibt über viele Jahre völlig. Auf Sandstandorten ist sie geringer als auf reicheren Substraten mit Geschiebemergel oder auf Ascheböden.
Die Verfügbarkeit an Diasporen bestimmt die Besiedlung. Die Arten, die sich zuerst einfinden, bestimmen zunächst das Bild der Vegetation. Sie können eine Pioniervegetation entwickeln, in der sich später ansiedelnde Arten, die eigentlich standortspezifisch sind, nicht entfalten können. Sie verschwinden wieder oder bleiben als Restbestand in der vorhandenen Vegetation erhalten.

Auf sandig bis kiesigen Substraten frisch geschütteter Flächen kann es zur großflächigen Ausbreitung von Monodominanzbeständen einjähriger, ruderaler Arten wie Kali-Salzkraut (*Salsola kali*) und Schmalflügliger Wanzensame (*Corispermum leptopterum*) kommen. Sie entfalten charakteristische Initialstadien auf Rohböden mit erhöhten Leitfähigkeitswerten. Später werden sie durch andere Arten ersetzt (Abb. 15).

Die Vegetationsentwicklung wird durch verschiedene Mechanismen gekennzeichnet, die zu unterschiedlichen Zeiten wirksam werden. Die bereits auf den Flächen vorhandenen Arten besitzen gegenüber einwandernden Arten zunächst einen Konkurrenzvorteil, der erst wieder nach dem Auftreten von Störungen, z. B. durch Erosion, ausgeglichen werden kann (ENDLICH 1997). Unterbleiben die Störungen, kann das zur Folge haben, dass die ursprünglichen Arten eine weitere Sukzession verzögern und nicht beschleunigen. Die Vegetationsentwicklung wird gehemmt (Inhibition bzw. Tolerance).

Initialbestände können aber auch einen Ausgangspunkt für eine weitere Vegetationsentwicklung darstellen und die Standortsverhältnisse für nachfolgende Arten vorbereiten und positiv gestalten (Fascilitation). Durch die Arten wird so eine Sukzession ausgelöst.

Die Heterogenität der Kippsubstrate führt zu einem Mosaik unterschiedlicher Arten- und Vegetationsstrukturen und deren Vernetzung miteinander, die zunächst schwerlich eine lineare Sukzession erkennen lassen. Erst durch die Auswertung von Langzeituntersuchungen lässt sich später, oft nach einigen Jahrzehnten, ein Trend der Vegetationsentwicklung erkennen. Bei der Erstbesiedlungsvegetation handelt es sich um licht- und wärmeliebende Arten mit einem gewissen Nährstoffanspruch der Segetal- und Ruderalvegetation der Artemisietea, Chenopodietea, Secalinetea, der Schlagflurvegetation der Epilobietea und der weniger anspruchsvollen Silbergras- und Mauerpfeffer-reichen Pionierfluren der Corynephoretea und Sedo-Scleranthetea.

Oft kommt es zur Herausbildung von edaphisch bedingten Dauer-Pionierstadien (TÜXEN 1975).

Abb. 15: Pioniervegetation mit Schmalflügligem Wanzensamen auf frisch geschütteten quartären Sanden (Tagebau Lohsa) (Foto: W. Pietsch).

Vegetationsentwicklung auf kohlefreien Substraten quartärer Herkunft

Von den Pionierstadien der Primärvegetation verläuft bereits in kurzer Zeit eine progressive Sukzession über Silbergrasfluren und Sandtrockenrasen, nieder- und hochwüchsige Grasfluren in Richtung Heidekraut-reicher Zwergstrauchheiden und Ginsterfluren bis zu lockeren Gehölzbeständen, insbesondere einem Birken-Kieferngehölz mit Heidekraut (*Calluna vulgaris*) und Drahtschmiele (*Avenella flexuosa*) im Unterwuchs. Die Vegetationsentwicklung führt über mehrere Sukzessionsstadien in Richtung naturnaher Vegetation der Bergbaunachbarlandschaft. Sie wird gekennzeichnet durch Veränderungen in der Artenstruktur, der Gesamtartenzahl, dem Deckungsgrad der Arten und der Vegetation, der Verteilung der Wuchs- und Lebensformen sowie durch Veränderungen in den Zeigerwertstufen der jeweiligen Sukzessionsstadien. Innerhalb von 30 Jahren erfolgte am Beispiel des NSG „Insel im Senftenberger See" eine Sukzession der Vegetation von Silbergrasfluren bis zu einem lockeren Birken-Kiefern-Vorwaldstadium wie es durch Langzeituntersuchungen auf ausgewählten Dauerbeobachtungsflächen festgestellt wurde (PIETSCH 1990, 1991, 1998a, PIETSCH & SCHÖTZ 1999).

Während der ersten 5 bis 8 Jahre wird die Gesamtartenzahl durch Vertreter der Ruderal-, Segetal- und Schlagflurvegetation (Artemisietea, Chenopodietea, Secalinetea, Epilobietea) bestimmt. In den folgenden Jahren ist eine Zunahme der Arten der Silbergrasflur und der Sandtrockenrasen (Corynephoretea, Sedo-Scleranthetea) festzustellen, verbunden mit einem Rückgang der höherwüchsigen Vertreter der Ruderalvegetation (Abb. 16-17).

Der Gesamtdeckungsgrad wird jetzt durch Arten der Sandtrockenrasen bestimmt: Silbergras (*Corynephorus canescens*), Sand-Strohblume (*Helichrysum arenarium*), Kleiner Sauerampfer (*Rumex acetosella*), Berg-Jasione (*Jasione montana*), Rot-Straußgras (*Agrostis capillaris*), Schmalrispiges Straußgras (*Agrostis vinealis*), Kleines Filzkraut (*Filago minima*) und Frühlings-Spark (*Spergula morisonii*).

Abb. 16: Silbergras-Pionierfluren an der Außenkippe Bärwalde Tagebau Lohsa (Foto: W. Pietsch).

Abb. 17: Sand-Trockenrasen mit Sand-Strohblume in der Außenkippe Bärwalde (Foto: W. Pietsch).

Später wird die Vegetation von Heidekraut durchdrungen, das zu Dominanzbeständen führt. Weitere Arten der Magerrasen und Zwergstrauchheiden (Nardo-Callunetea) dringen ein und führen in eine Heidekraut-reiche Zwergstrauch- und Ginsterflur: Heidekraut, Haar-Ginster (*Genista pilosa*), Besenginster (*Cytisus scoparius*), Rot-Straußgras, Sumpf-Rispengras (*Poa palustris*), Rot-Schwingel (*Festuca rubra*), Borstgras (*Nardus stricta*) und Dreizahn (*Danthonia decumbens*).

Nach 15 bis 20 Jahren entwickeln sich schließlich lockere Heidekraut- und Schwingel-reiche Kiefern-Birken-Gehölze mit Hänge-Birke, Wald-Kiefer, Stieleiche (*Quercus robur*), Land-Reitgras (*Calamagrostis epigejos*), Draht-Schmiele, Rot-Schwingel, Preiselbeere (*Vaccinium vitis-idaea*) und Besenginster. Im Unterwuchs finden sich aber immer noch Arten der vorangegangenen Sukzessionsstadien der Silbergrasfluren und Sandtrockenrasen, wie z. B. Silbergras, Sand-Strohblume, Berg-Jasione, Rot-Straußgras und verschiedene Schwingel-Arten. Eine ähnliche primäre Sukzession beschreibt WOLF (1985) auf kiesig-sandigen Rohböden im Rheinischen Braunkohlenrevier.

Nach 25 bis 30 Jahren sind verschiedentlich Orchideen-reiche Stadien an besonders lichtexponierten Standorten der Vorwaldstadien festzustellen: Braunrote Sitter (*Epipactis atrorubens*), Breitblättrige Sitter (*E. helleborine*), Helm-Knabenkraut (*Orchis militaris*), Großes Zweiblatt (*Listera ovata*) und Steifblättriges Fingerknabenkraut (*Dactylorhiza incarnata*).

Auf sauren Rohhumusstandorten kommt es zur Ausbildung Wintergrün (*Pyrola*)- reicher Birken-Kieferngehölze mit den Arten Birngrün (*Orthilia secunda*), Moosauge (*Moneses uniflora*), Grünblättriges Wintergrün (*Pyrola chlorantha*), Kleines Wintergrün (*P. minor*) und vereinzelt auch Winterlieb (*Chimaphila umbellata*).

Auf Vernässungsflächen verläuft die Vegetationsentwicklung von Sandtrockenrasen zu an Pfeifengras (*Molinia caerulea*) und Glocken-Heide (*Erica tetralix*) reichen Feuchtheiden (Abb. 18). Charakteristische Arten sind Pfeifengras, Glockenheide, Spitzblütige Binse (*Juncus acutiflorus*), Flatter-Binse (*J. effu-*

sus), Gewöhnlicher Wassernabel (*Hydrocotyle vulgaris*), Schmalblättriges Wollgras (*Eriophorum angustifolium*), Glieder-Binse (*Juncus articulatus*), Schnabel-Segge (*Carex rostrata*) und Rundblättriger Sonnentau (*Drosera rotundifolia*). Später entwickeln sich daraus Birken-Kiefern-Gehölze mit dominantem Auftreten von Pfeifengras, Heidekraut und Glockenheide im Unterwuchs; häufig findet sich auch die Moor-Birke (*Betula pubescens*) ein (PIETSCH 1998a, b; HEMPEL 2001).

Abb. 18: Pfeifengras-Bestände besiedeln Senken innerhalb einer Silbergras-Pionierflur (Außenkippe Bärwalde) (Foto: W. Pietsch).

Vegetationsentwicklung auf sandig-fraktionierten Substraten tertiärer Herkunft

Je nach dem Anteil tertiärer Massen an den Kippsubstraten und Rohböden unterbleibt jahrzehntelang jegliche Vegetationsentwicklung oder es bilden sich Monodominanzbestände aus, die über Jahrzehnte die einzige Vegetation darstellen. Solche Arten sind Land-Reitgras, Gewöhnliches Schilf (*Phragmites australis*), Flatterbinse, Pfeifengras, Silbergras, Huflattich (*Tussilago farfara*) und verschiedene Brombeer-Arten (*Rubus* spec.). Sie entwickeln typische Dauerpionierstadien in denen eine Entwicklung weiterer Sukzessionsabläufe unterbleibt (GRÄTZ 1999; PIETSCH & SCHÖTZ 1999; TASSLER 1998). So ist auch auf dem kohlereichen Kipp- (Kohle-) Sand der 7-jährigen Tertiärkippe Jänschwalde nach DAGEFÖRDE (1998) in der Beobachtungszeit von 1995 bis 1997 keinerlei Vegetationsentwicklung zu verzeichnen.

Das Schilf ist befähigt, mit bis zu 30 Meter langen oberirdischen Ausläufern, den sog. Legehalmen, große Flächen von tertiären Substraten zu überziehen. An den Nodien bilden sich Wurzeln, die sich im Rohboden befestigen und mit diesem teilweise in Kontakt treten. Die Sprosse stehen mit der eigentlichen Hauptpflanze, die sich außerhalb des tertiären Kippenstandortes befindet, in Verbindung. Es handelt sich um eine Ausbreitung, die als Polycormonsukzession bezeichnet wird und zur Vegetationsentwicklung auf tertiären Substraten führt (PIETSCH & SCHÖTZ 1999).

Auf diese Weise werden größere Flächen von Substraten tertiärer Herkunft mit einem Geflecht von Ausläufern überzogen, wie es eindrucksvoll im NSG „Sukzessionslandschaft Nebendorf" zu beobachten ist (Abb. 19). Trockene Flächen mit Kipp-Kohlesanden tertiärer Herkunft bleiben überwiegend unbewachsen.

Abb. 19: Schilf als Erstbesiedler tertiärer Kippsubstrate einer Absetzerkippe im Tagebau Greifenhain (Foto: W. Pietsch).

Vegetationsentwicklung auf kohlehaltigen, lehmig-tonigen, bindigen Geschiebemergel reichen Substraten

Als Folge eines höheren Nährstoffgehaltes und basenreicher Anteile der Kippsubstrate (pH-Wert 6,5 bis 7,8) kommt es zur Ausbildung einer artenreichen Spontanvegetation mit wuchskräftigen Pflanzen einer Grünlandvegetation Molinio-Arrhenateretea (R.Tx. 1937). Später entsteht eine durch Glatthafer (*Arrhenatherum elatius*) dominierte Hochgrasflur, in der zahlreiche blühende Kräuter einen besonders eindrucksvollen Vegetationstyp zusammensetzen. Neben dem Glatthafer sind es Wiesen-Labkraut (*Galium mollugo*), Echtes Labkraut (*G. verum*), Hornklee (*Lotus corniculatus*), Wiesen-Margarite (*Leucanthemum vulgare*), Rasen-Schmiele (*Deschampsia caespitosa*), Rispen-Sauerampfer (*Rumex thyrsiflorus*), Weiß-Klee (*Trifolium repens*), Wald-Klee (*T. alpestre*), Feld-Klee (*T. campestre*), Pechnelke (*Lychnis viscaria*) und Kuckucks-Lichtnelke (*Lychnis flos-cuculi*).

Später durchdringen Weiden-Arten (*Salix* spp.) die Glatthaferflur und führen sie in ein lockeres Weidengebüsch über, wie es im NSG „Sukzessionslandschaft Nebendorf" zu beobachten ist (JENTSCH 1994; STEPHAN 1996; PIETSCH & SCHÖTZ 1999).

Vegetationsentwicklung auf kohlearmen, basenreichen Substraten und Ascheböden

Verschiedene ruderale Arten bilden eine wiesenartige Vegetation, die sich im Verlaufe mehrerer Jahre (oft bis zu 20 Jahren) zu dichten mehrjährigen Staudenfluren entwickeln. Diese Arten sind bereits in der Spontanvegetation anzutreffen, während Arten der Sandtrockenflur von Anfang an kaum vorhanden sind und wegen der Konkurrenz der höherwüchsigen Vegetation an einer weiteren Ausbreitung behindert werden.

Die artenreiche ruderale Staudenflur entwickelt sich zu einem Dauerstadium und bleibt so über mehrere Jahrzehnte erhalten; eine Weiterentwicklung der Vegetation unterbleibt. Selbst ein Aufkommen von Gehölzarten, wie Wald-Kiefer und Stiel-Eiche, sowie Gewöhnliche Robinie (*Robinia pseudoacacia*) waren nach zwei Jahrzehnten am Beispiel der Schlabendorfer Felder nicht festzustellen (JENTSCH 2009).

Die Staudenfluren werden von folgenden Arten zusammengesetzt: Rainfarn (*Tanacetum vulgare*), Weißer Gänsefuß (*Chenopodium album*), Weißer Steinklee (*Melilotus albus*), Gewöhnlicher Beifuß (*Artemisia vulgaris*), Natternkopf (*Echium vulgare*), Acker-Kratzdistel (*Cirsium arvense*), Gewöhnliche Wegwarte (*Cichorium intybus*), Gewöhnlicher Hornklee (*Lotus corniculatus*), Gewöhnliche Quecke (*Elytrigia repens*), Schmalblättriger Doppelsame (*Diplotaxis tenuifolia*), Kanadisches Berufskraut (*Conyza canadensis*), Rispen-Flockenblume (*Centaurea stoebe*) und verschiedene Nachtkerzen-Arten (*Oenothera* spp.), wie Rotstänglige

Nachtkerze (*O. rubricaulis*), Kleinblütige Nachtkerze (*O. parviflora*), Sand-Nachtkerze (*O. ammophila*) und Chicago-Nachtkerze (*O. chicaginensis*).

Diese Staudenfluren fallen neben der hohen Gesamtartenzahl vor allem durch ihre besondere Blütenpracht auf, wodurch sie sich von den meisten anderen Sukzessionsstadien unterscheiden. Nachtkerzenfluren sind nach PIETSCH (1999) besonders häufig auf den Aschekippen und auf Schotterflächen ehemaliger Grubenbahntrassen in den Lausitzer Bergbaufolgelandschaften großflächig verbreitet.

b) Vegetationsentwicklung im semiaquatischen Bereich

Es handelt sich um eine Vegetation, die auf den Grenzbereich zwischen Land und Wasser spezialisiert und an die Schwankungen des Wasserspiegels angepasst ist (CRONK & FENNESSY 2001). Die Vegetationsentwicklung wird von der jährlichen Überflutung und der Herkunft der Rohbodensubstrate bestimmt. Das von den terrestrischen Standorten bekannte Pionierstadium der Spontanvegetation mit einer Vielzahl zufälliger Arten unterbleibt. Vielmehr bilden sich Siedlungen einzelner Arten heraus, die sich nach ihrer Etablierung zu artenarmen Dominanzbeständen entwickeln. Diese verändern sich auf Grundwasser beeinflussten tertiären Substraten in ihrer Vegetationsstruktur kaum und bleiben über viele Jahrzehnte hin erhalten und erreichen eine Bedeckung von bis zu 90 %. Solche Einartbestände werden von Schmalblättrigem Wollgras, Schnabel-Segge, Zwiebel-Binse (*Juncus bulbosus*), Flatter-Binse und Knäuel-Binse (*J. conglomeratus*) sowie von den Röhrichtarten Schilf, Breitblättriger Rohrkolben (*Typha latifolia*) und Gewöhnliche Teichsimse (*Schoenoplectus lacustris*) gebildet (Abb. 20, 21).

Am Senftenberger See tritt zunächst die Zwiebel-Binse als Pionierbesiedler der Ufer- und Flachwasserbereiche auf und entfaltet großflächig dichte Matten, die über Jahrzehnte bestehen bleiben, ohne von anderen Arten durchdrungen zu werden (PIETSCH 1973, 1990; SCHRÖDER 1996; TREMEL 1996).

Abb. 20: Schmalblättriges Wollgras besitzt die Fähigkeit zur Besiedlung von Substraten wuchsfeindlicher Beschaffenheit (extrem sauer, extrem hoher Eisen-, Sulfat- und Elektrolytgehalt, rotbraune Wasserfärbung); Restloch 107 im Altbergbaugebiet Plessa (Foto: W. Pietsch).

Abb. 21: Schmalblättriges Wollgras besiedelt die Uferbereiche eines sauren Restgewässers (Restloch 108 im Altbergbaugebiet Plessa) (Foto: W. Pietsch).

Abb. 22: Initialstadium sekundärer Moorbildung: Pfeifengras-Randsumpf-Vegetation im Uferbereich eines sauren Restgewässers (Restloch 108 im Altbergbaugebiet Plessa) (Foto: W. Pietsch).

Abb. 23: Ausbildungen der Schnabelsegge (*Carex rostrata*) im Flachwasserbereich eines sauren Restgewässers (Restloch 108) (Foto: W. Pietsch).

Andere Uferbereiche werden von den Röhrichtarten Schilf, Breitblättriger Rohrkolben, Teichsimse oder Flatter-Binse in dichten Dominanzbeständen besiedelt. Es kommt zur Herausbildung von Vegetationsmosaiken, in denen sich Arten benachbarter Bestände umwachsen, ohne sich zu durchdringen (ELLENBERG 1996, PIETSCH 1965.) Solche Dominanzbestände sind heute nach 40 Jahren immer noch großflächig im südlichen Bereich der Insel im Senftenberger See vorhanden (Abb. 24).

Grundwasser beeinflusste tertiäre Substrate bleiben längere Zeit unbewachsen. Nur Schnabel-Segge, Pfeifengras und Schmalblättriges Wollgras sind zur Bildung von Einartbeständen befähigt und erreichen nach einigen Jahren eine sehr hohe Vegetationsbedeckung.

Auf Grundwasser beeinflussten Substraten quartärer Herkunft verläuft eine Sukzession von Initialstadien mit Kleinseggen-Arten zu großflächigen Ausbildungen verschiedener Seggen-Arten, wie Schnabel-Segge, Faden-Segge (*Carex lasiocarpa*), Bleiche Segge (*Carex canescens*) sowie Glockenheidereiche Feuchtheiden, in denen Pfeifengras eine bedeutende Rolle einnimmt (PIETSCH 1998a, c; OTTO 2000) (Abb. 22, 23). Im Verlaufe der Entwicklung bleiben die Einartbestände über Jahrzehnte erhalten oder es erfolgt eine Zunahme an weiteren Arten der Kleinseggen-Vegetation (Scheuchzerio-Caricetea). Es bilden sich dann Initialstadien von Heide- und Zwischenmooren heraus, die am Beispiel des Lugteiches bei Grünewald bis zu hochmoorartigen Ausbildungen innerhalb eines sauren Zwischenmoores führen (PIETSCH 1988). Charakteristische Arten sind Papillentragendes Torfmoos (*Sphagnum papillosum*), Glocken-Heide, Moosbeere (*Vaccinium oxycoccus*), Rosmarinheide (*Andromeda polifolia*), Fadensegge, Mittlerer Sonnentau (*Drosera intermedia*) und Rundblättriger Sonnentau. In zeitweilig überfluteten Uferbereichen siedeln sich auf sandigem Substrat Arten der azidophilen Ufergesellschaften an, wie Pillenfarn (*Pilularia globulifera*), Vielstängeliges Sumpfried (*Eleocharis multicaulis*) und Froschkraut

(*Luronium natans*). Von besonderer Bedeutung für den Artenschutz sind Bestände der Borsten-Schmiele (*Deschampia setacea*) als Initialstadium eines Seggen-Borstenschmielen-Rasens (Carici-Deschampsietum setaceae) an Restlöchern bei Wiednitz.

c) Vegetationsentwicklung im aquatischen Bereich

Die pflanzliche Besiedlung und Entwicklung der Vegetation wird bei allen 242 untersuchten Tagebaugewässern der Lausitzer Bergbaufolgelandschaften zunächst durch den Chemismus des Wasserkörpers beim Grundwasserwiederanstieg und der Beschaffenheit der Gewässer-Rohböden und Kippsubstrate sowie der Morphometrie der Gewässer bestimmt (HERBST 1966; PIETSCH 1973, 1979c, 1996). Es gibt Tagebaugewässer des Altbergbaus, die bereits vor vielen Jahrzehnten entstanden sind und solche, die gerade erst entstehen und sich in einem juvenilen Zustand befinden. Bei der Mehrzahl der Gewässer stehen Substrate tertiärer Herkunft an, die im Verlaufe der Pyritverwitterung zu extrem sauren Wasserkörpern führen. Nur in wenigen, vor allem im Bereich der Schlabendorfer Felder entstandenen Tagebauseen, verursachen kalkmergelhaltige Substrate, reich an Geschiebemergel, eine schwach saure bis schwach alkalische Wasserbeschaffenheit. Während in den sauren Gewässern aufgrund der besonderen Standortsverhältnisse eine Besiedlung über Jahrzehnte hin unterbleibt, erfolgt in den Gewässern der zweiten Gruppe relativ rasch eine Vegetationsentwicklung durch echte Wasserpflanzenarten.

Die Besiedlung und Vegetationsentwicklung werden durch folgende Vorgänge bestimmt:

- Veränderungen der chemischen Beschaffenheit der Wasserkörper und Gewässerrohböden auf der Grundlage eines sich abspielenden Geneseprozesses. Sie werden bestimmt durch die Morphometrie der Gewässer (Größe, Volumen, Tiefe und Gestaltung der Uferbereiche) und durch die geologische Herkunft der Rohböden.
- Veränderungen der Wasserqualität durch Einleiten nährstoffreichen Oberflächenwassers geeigneter Vorfluter, meist im Zusammenhang mit der Flutung der Tagebaurestlöcher.
- Veränderungen der Beschaffenheit der Gewässersedimente und Rohböden durch Böschungsrutschungen und Erosion von fein- bis mittelsandig fraktioniertem Material quartärer Herkunft der anstehenden Ufer- und Kippenbereiche. Die wuchsfeindlichen Eisenhydroxid-Ablagerungen in den sauren Gewässern werden durch das eingebrachte Material überdeckt und gegenüber dem Wasserkörper isoliert. Es werden wichtige Voraussetzungen zur Besiedlung von isoetiden Arten der Strandlings-Gesellschaften (Littorelletea) geschaffen.

Die letzten beiden Vorgänge verkürzen den ablaufenden Geneseprozeß erheblich und beschleunigen die Vegetationsentwicklung.

Vegetationsentwicklung in sauren Tagebaugewässern

Die sauren Gewässer unterliegen einem Metamorphoseprozeß, der durch die Vorgänge der Pyritverwitterung bestimmt wird und aus einem Initialstadium heraus über eine Frühstufe mit extremen Standortsverhältnissen über eine Übergangsstufe hin zu einem Alterungsstadium abläuft (PIETSCH 1970, 1973; UHLMANN 1977). Mit fortschreitendem Geneseprozeß nehmen die aquatischen Makrophytenarten (der Wasser- und Sumpfpflanzen sowie der Röhrichte) zu. Die Vorkommen der Wasserpflanzenarten werden durch die pH-abhängige Löslichkeitsverteilung der C-Verbindungen, dem Gehalt an freier und gebundener Kohlensäure (CO_2 und HCO_3) und durch die Beschaffenheit von Wasserkörper und Gewässersediment des jeweiligen Genesestadiums bestimmt (PIETSCH 1965, 1979a, 1995, 1998b, d; PIETSCH et al. 1998; WEYER et al. 2009).

Die hydrochemische Beschaffenheit der Wasserkörper wird durch die Vorgänge der Pyritverwitterung bestimmt. Prozesse der Schwefel-Oxidation, der Eisenoxidation und der Eisenhydrolyse führen zur Erhöhung der Azidität durch Freisetzung freier Mineralsäure, insbesondere freier Schwefelsäure, sowie zu 2-wertigem Eisen und schließlich zur Abscheidung von Eisen(III)hydroxid-Niederschlag auf den Gewässerrohböden. Das Wasser ist zunächst extrem sauer (pH-Werte von 1,9 bis 2,9), durch freie Mineralsäure (bis 12,8 mval/l) bedingt, reich an freier Kohlensäure (CO_2) mit aggressiven Eigenschaften. Der hohe Sulfatgehalt (bis 2400 mg/l SO_4) verursacht eine hohe Gesamthärte im „sehr harten Bereich" (bis 108 °dH), die ausschließlich aus Nichtkarbonathärte besteht.

Im Verlaufe eines Geneseprozesses erfolgt eine Veränderung der hydrochemischen Beschaffenheit als Folge stattfindender physikochemischer und biologischer Fällungs- und Löslichkeitsprozesse (EVANGELOU 1998, PIETSCH 1996).

Es handelt sich dabei um folgende Vorgänge:

- Der Vorgang der Abscheidung von Eisen(III)hydroxid führt zur Abnahme des 2-wertigen Eisengehaltes.
- Der Prozess des Abbindens der freien Mineralsäure führt zur Verminderung der Azidität und zur Veränderung des pH-Wertes aus dem extrem sauren in den schwach sauren Bereich.
- Der Prozeß des Abbindens freier Kohlensäure (CO_2) an den Eisenhydroxid-Niederschlag führt zur Verminderung des CO_2-Gehaltes und seiner aggressiven Eigenschaften.
- Der Vorgang der Sulfateliminierung führt durch Ausfällen an $CaSO_4$ zur Abnahme des Sulfatgehaltes und der Gesamthärte.

In den extrem sauren Gewässern des Initialstadiums unterbleibt zunächst jegliche Besiedlung. Nur im Uferbereich finden sich erste Röhrichtbestände ein (Abb. 24, 25).

Echte Wasserpflanzen der Klasse der Laichkräuter und Schwimmblatt-Gesellschaften (Potametea), der Strandlings-Gesellschaften (Littorelletea) und Wasserlinsen-Vegetation (Lemnetea) fehlen völlig aufgrund der aggressiven Eigenschaften und der hohen Azidität sowie dem Mangel an gebundener Kohlensäure. Die amphibische Zwiebel-Binse ist die Pionierpflanze der sauren Gewässer der Frühstufe; sie entfaltet als Erstbesiedler dichte mattenartige Einartbestände und dringt bis in 6 m Wassertiefe vor. Die Art ist befähigt, die im Wasser gelöste freie Kohlensäure (CO_2) als C-Quelle

Abb. 24: Historische Aufnahme aus der Zeit der Erstbesiedlung der Uferbereiche durch Röhrichte am Senftenberger See um 1970 (Foto: W. Pietsch).

Braunkohlenbergbau

Abb. 25: Flachwasserbereich mit dichtem, hochwüchsigem Schilfröhricht im Süd-Schlauch am Senftenberger See (1997) (Foto: W. Pietsch).

Abb. 26: Dichte, flutende Rasen der Zwiebel-Binse füllen den gesamten Wasserkörper bis in 6 m Tiefe; durch Rückgang des Wasserspiegels sichtbar (Süd-Schlauch im Senftenberger See) (Foto: W. Pietsch).

zur Assimilation zu verwenden und ist nicht auf das Vorhandensein von gebundener Kohlensäure (Bikarbonat) angewiesen. Außerdem schützt sie sich vor dem Eindringen des gelösten 2-wertigen Eisens in die Pflanze durch die Fähigkeit zur Eisenplaques-Bildung im Wurzelraum. Hinzu kommt die Fähigkeit zur vegetativen Ausbreitung durch Ausläufer und die Bildung von Wurzelbulbillen (PIETSCH 1965, 1970, 1996; CHABBI et al. 1996, 1998; SCHRÖDER 1996).

Erst durch den fortschreitenden Geneseprozeß werden Verhältnisse geschaffen, die eine Ansiedlung echter Wasserpflanzen ermöglichen. Am Beispiel des Senftenberger Sees kommt es nach 40 Jahren durch den Einfluß der Erosion zum Überdecken der Eisenhydroxid-Ablagerungen und durch das Einleiten nährstoffreichen Oberflächenwassers der Schwarzen Elster zur Abnahme der Azidität und zur Veränderung des pH-Wertes in den schwach sauren bis schwach alkalischen Bereich. Es erfolgt ein charakteristischer Wandel der Artenstruktur und der Vegetationsentwicklung (PIETSCH 1990, 1998a, b, d; WEYER et al. 2009). Auf sandigen Substraten entstehen Strandlingsrasen und Nadelbinsenfluren, wie sie gegenwärtig in der Bergbaunachbarlandschaft noch reichlich vorhanden sind. Außerdem entwickeln sich Laichkraut- und an Armleuchter-Algen reiche Bestände, wie sie für mesotrophe Gewässer im nördlichen Brandenburg charakteristisch, dort aber bereits teilweise gefährdet sind. Über einen Zeitraum von 20 Jahren wird die Entwicklung der Limnologie, der Vegetation und der Libellenfauna älterer Restgewässer im westlichen Faltenbogen durch HEYM & HIEKEL (1988) beschrieben.

Folgende typische Vegetationsstadien sind zu unterscheiden:

Makrophytenfreie Gewässer des Initialstadiums und der Frühstufe

Aufgrund der durch die Pyrit-Verwitterung bedingten extremen Azidität mit pH-Werten von 1,8 bis 2,1, sehr hohem Gehalt an freier Mineralsäure und teilweise mächtigen Eisenhydroxid-Ablagerungen sind die Standorte makrophytenfrei.

- Zwiebel-Binsen-Dominanzbestände als Erstbesiedlungsvegetation der Gewässer der Frühstufe

Die Erstbesiedlungsvegetation wird durch die Zwiebelbinse als Pionierpflanze eingeleitet. Sie bildet dichte, ausgedehnte monodominante Rasen im Uferbereich und großflächig ausgebildete unterseeische Matten in bis zu 6 m Tiefe und ist ein Vertreter der azidophilen Ufergesellschaften der Ordnung der Zwiebel-Binsen-Gesellschaften (Juncetalia bulbosi Pietsch 1971) innerhalb der Klasse der Strandlingsgesellschaften (Littorelletea uniflorae Br.-Bl. et R. Tx.1943) (Abb. 26).

Röhricht-reiche Gewässer

Individuenreiche Einartbestände von Schilf, Teichsimse, Schmalblättrigem Rohrkolben (*Typha angustifolia*) und Breitblättrigem Rohrkolben (*Typha latifolia*) siedeln auf dicken Eisenhydroxid-reichen Schlammdecken oder am sandigen Uferbereich der Gewässer der Frühstufe, meistens von dichten Zwiebel-Binsen-Beständen durchsetzt. Lockere Röhrichtbestände, aus verschiedenen Arten zusammengesetzt, bewachsen die Litoralbereiche der Tagebaugewässer der Übergangsstufe.

- Verschiedenblättriges Tausendblatt-reiche Zwiebel-Binsen-Gewässer

Der gesamte Wasserkörper wird von dichten flutenden Beständen der Zwiebel-Binse und Verschiedenblättrigem Tausendblatt (*Myriophyllum heterophyllum*) ausgefüllt (PIETSCH & JENTSCH 1984). Es handelt sich um kleine Restgewässer der Übergangsstufe mit pH-Werten im sauren Bereich, die reich an zweiwertigem Eisen, Calcium und Sulfat sind. Der Gewässerboden besteht überwiegend aus eisenhydroxid-reichen Ablagerungen, die das ursprünglich sandige Rohbodensubstrat des Gewässers überziehen.

- Laichkraut-reiche Zwiebel-Binsen-Gewässer

Schwimmendes Laichkraut (*Potamogeton natans*) und flutende Bestände der Zwiebelbinse bilden eine charakteristische Vegetation in Restgewässern der Übergangsstufe mit bereits verminderter Azidität der Wasserkörper.

- Seerosen- und Laichkraut-reiche Zwiebel-Binsen-Gewässer

Weiße Seerose (*Nymphaea alba*) und Alpen-Laichkraut (*Potamogeton alpinus*) bilden zusammen mit der Zwiebel-Binse und Schwimmendem und Knöterichblättrigem Laichkraut (*Potamogeton polygonifolius*) eine dichte, flutende Vegetation, die die Becken kleinerer Restgewässer völlig ausfüllt und in Gewässern der Altersstufe verbreitet ist.

- Wasserschlauch- und Igelkolben-reiche Zwiebel-Binsen-Gewässer

Mittlerer Wasserschlauch (*Utricularia intermedia*) und Zwerg-Igelkolben (*Sparganium natans*) kennzeichnen eisen- und nährstoffarme Restgewässer der Altersstufe und kleinere Restgewässer von geringer Wassertiefe der Bruchfeldgebiete im Bereich des Muskauer Faltenbogens.

- Torfmoos-reiche Zwiebel-Binsen-Gewässer

Flutende Torfmoose (*Sphagnum cuspidatum*, *Sph. obesum* und *Sph. inundatum*) bilden zusammen mit der Zwiebel-Binse eine dichte, flutende Vegetation, die kennzeichnend für Gewässer der Übergangsstufe und einem erhöhten Gehalt an Ammonium, Eisen und an gelöster organischer Substanz ist. Im Uferbereich bilden die Torfmoose zusammen mit Röhrichtarten, insbesondere Schilf, charakteristische Bestände, die sich in Richtung saurer Zwischenmoore entwickeln können (PIETSCH 1970, 1998b; HEYM 1971; HEYM & HIEKEL 1988; REIẞMANN & PAULO 2010).

- Nadelbinsen- und Strandlings-reiche Gewässer

Nadelbinse (*Eleocharis acicularis*), Strandling (*Littorella uniflora*) und Wasserpfeffer-Tännel (*Elatine hydropiper*) kennzeichnen Restgewässer der Altersstufe und flache Litoralbereiche von Tagebauseen mit einer schwach sauren bis schwach alkalischen Wasserbeschaffenheit und einem sehr geringen Gehalt an gelöster organischer Substanz. Die Litoralbereiche besitzen ein feinsandig- bis kiesig fraktioniertes Bodensubstrat. Eisenhydroxid-Ablagerungen fehlen oder sind durch mächtige sandige Massen als Folge von Erosionsprozessen, einschließlich Böschungsrutschungen, isoliert, wie z. B. im Senftenberger See.

- Laichkraut- und Tausendblatt-reiche Gewässer

Flutende Bestände von Ähren-Tausendblatt (*Myriophyllum spicatum*), Krausem Laichkraut (*Potamogeton crispus*), Spiegelndem Laichkraut (*P. lucens*), Knoten-Laichkraut (*P. nodosus*), Stumpfblättrigem Laichkraut (*P. obtusifolius*), Alpen-Laichkraut, Wasserpest (*Elodea canadensis*), Mittlerem Nixkraut (*Najas intermedia*), Hornkraut (*Ceratophyllum demersum*) und Wasserfeder (*Hottonia palustris*) charakterisieren Gewässer der Altersstufe oder solche, die durch Flutung mit Oberflächenwasser langjährig behandelt wurden. Die Zwiebel-Binse fehlt.

- Armleuchter-Algen (*Chara-*) reiche Gewässer

Chara-reiche Dominanzbestände sind von aus mehreren Arten gebildeten Mischbeständen zu unterscheiden. Steifhaarige Armleuchteralge (*Chara hispida*), Gegensätzliche Armleuchteralge (*Ch. contraria*), Brauns Armleuchteralge (*Ch. braunii*) und Feine Armleuchteralge (*Ch. virgata*) bilden artenarme Dominanzbestände oder bis in 4 m Tiefe reichende lockere Unterwasserrasen auf einem kalk-mergelhaltigen Gewässersubstrat, ausgesprochen arm an Eisen. Es handelt sich um Gewässer der Altersstufe oder um eine Pioniervegetation in Gewässern mit mergelhaltigen Substraten. Brauns-Armleuchteralge siedelt auch auf durch Erosion entstandenen sandigen Substraten innerhalb von Strandlings-Rasen und Nadelbinsenfluren, wie z. B. im Senftenberger See (WEYER et al. 2009).

Vegetationsentwicklung in Tagebauseen neutraler bis alkalischer Beschaffenheit

Tagebaugewässer, die bereits in der Phase der Entstehung eine schwach saure bis alkalische Beschaffenheit aufweisen, sind im Lausitzer Braunkohlenrevier selten, so zum Beispiel im Luckau-Calauer-Becken mit dem Stoßdorfer und Schönfelder See (ILLIG 2008). In jüngster Zeit werden zur Schüttung und Gestaltung der Restgewässer und Speicherbecken Massen quartärer Herkunft eingesetzt, die einen Kontakt zu pyrithaltigen, tertiären Substraten unterbinden. Es entstehen eisenarme Wasserkörper mit einer schwach sauren bis schwach alkalischen Beschaffenheit. In ihnen bilden Armleuchteralgen in unterschiedlich dichten Beständen die Primärvegetation auf den überwiegend sandigen, teilweise auch mergelhaltigen Rohbodensubstraten. Zwiebel-Binsen-Rasen fehlen diesen Ausbildungen. Der für die sauren Tagebauseen charakteristische Geneseprozeß findet nicht statt. Vielmehr finden sich jetzt Armleuchteralgen als Rohbodenpioniere ein, die vor der Bergbautätigkeit in der Lausitz, mangels geeigneter Siedlungsgewässer nicht oder kaum vorhanden waren (PIETSCH 2011). Kennzeichnende Arten sind Steifborstige Armleuchteralge (*Chara hispida*), Gegensätzliche Armleuchteralge (*Chara contraria*), Stachelspitzige Glanzleuchteralge (*Nitella mucronata*), Verwachsenfrüchtige Glanzleuchteralge (*Nitella syncarpa*) und Stern-Glanzleuchteralge (*Nitellopsis obtusa*). Die zurzeit bekannten Vorkommen beschränken sich auf Gewässer im Raum Lohsa (Speicherbecken Dreiweibern, Speicherbecken Lohsa, Silbersee und Friedersdorfer See).

Durch den Braunkohlenbergbau sind in der Lausitz während der letzten Jahrzehnte überhaupt erst geeignete Habitate entstanden, in denen die Vertreter der Charetalia hispidae sich entwickeln können. Die Vorkommen sind stabil, solange sich die physikalisch-chemischen Verhältnisse im Wasserkörper und Gewässersubstrat nicht grundlegend verändern.

In Abhängigkeit von der Morphometrie der Gewässer findet eine Sukzession der Wasserpflanzenvegetation statt. Flutende Laichkraut- (*Potamogeton-*) und Tausendblatt (*Myriophyllum-*) Arten durchsetzen und verdrängen die Armleuchteralgen-Bestände und entfalten eigene charakteristische Wasserpflanzen-Gesellschaften wie z. B. die Tausendblatt-Laichkraut-Gesellschaft (Myriophyllo-Potametum). Häufig breitet sich auch die Wasserpest in dichten Rasen aus.

II Biotoptypen

Die Bergbaufolgelandschaften des Lausitzer Braunkohlenreviers sind stark vom Menschen geprägte Biotope, die vom Zeitpunkt ihrer Entstehung an durch Rohböden charakterisiert werden. Die ausgedehnten Flächen der Absetzer- und Brückenkippen sind zunächst vegetationslos und zeichnen sich durch Rohböden unterschiedlicher geologischer Herkunft aus, die durch geringe biologische Aktivität und Nährstoffarmut gekennzeichnet werden. Die Erstbesiedlungsvegetation, die Sukzessionsabfolge und Sukzessionsgeschwindigkeit sind abhängig von den jeweils vorherrschenden Standortsbedingungen (Bodenart, Bodenfeuchte, Nährstoff- und Basengehalt, Mikroklima, Licht, Windexposition) und dem in der näheren und weiteren Umgebung vorhandenen Artenbestand der Bergbaunachbarlandschaften, inkl. dem Diasporengehalt im Boden.

Wie Langzeituntersuchungen zeigen, nähern sich ältere Sukzessionsstadien vielfach den naturnäheren Grünland-, Heiden-, Feuchtheiden-, Gebüsch- und Waldformationen. So lassen sich vegetationsfreie und vegetationsarme Biotope von vegetations- und artenreicheren Biotopen der älteren oft bis 80 Jahre alten Flächen der Bergbaufolgelandschaft unterscheiden.

Die Beschreibung der Biotoptypen erfolgt unter Berücksichtigung der nach § 32 BrbgNatSchG geschützten Biotope und der Lebensraumtypen der FFH-Richtlinie (LUA 2007).

Anthropogene Rohbodenstandorte, Rohbodenbiotope

Es sind die großen Kippenflächen der Offenlandschaften, als Absetzer- oder Brückenkippe entstanden, die zunächst keiner direkten Nutzung unterliegen.

Vegetationsarme oder nur lückig bewachsene Rohboden- und Ruderalbereiche bieten konkurrenzschwachen Arten Ansiedlungsmöglichkeiten, die sich in naturnahen Biotopen nicht gegen andere Arten durchsetzen können. Der Anteil von im vorliegenden Naturraum ursprünglich nicht heimischen Pflanzenarten (Archaeophyten, Neophyten) ist in diesen Biotopen besonders hoch. Dabei handelt es sich vielfach um Arten mit einer kurzen Entwicklungsdauer und effektiven Ausbreitungsmechanismen, typische Pionierpflanzen. Folgende Biotope lassen sich unterscheiden:

- Vegetationsfreie und -arme Rohbodenstandorte (Deckungsgrad < 10 %)

Es handelt sich um anthropogene Rohbodenflächen ohne oder mit nur einem sehr schütteren Pflanzenbewuchs. Je nach der physikalisch-chemischen Beschaffenheit des Ausgangsmaterials und den vorhandenen Diasporen erfolgt die Erstbesiedlung von Rohbodenstandorten durch unterschiedliche Pionierpflanzen. Meist handelt es sich um Arten der annuellen Ruderalgesellschaften (Sisymbrietea) und Ackerwildkräuter als Störungs- seltener als Stickstoffzeiger oder auf reinen Sandböden um Arten der Sandtrockenrasen (Sedo-Scleranthetea). Bei der Besiedlung von zuvor vegetationslosen Standorten handelt es sich oft um nicht stabile Bestände, die zunächst von einer oder wenigen Arten besiedelt werden. Die Sukzession kann je nach Substratbeschaffenheit zu Sandtrockenrasen, ruderalen Halbtrockenrasen oder ruderalen Staudengesellschaften und später zu Gebüschen und Vorwäldern führen.

Auf trockenen, nährstoffarmen kiesig-sandigen, oberflächlich verfestigten Rohböden, durch ein unterschiedlich hohes Säurepotenzial gekennzeichnet, können vegetationsarme Stadien aber auch über Jahrzehnte erhalten bleiben. Einen Überblick über die Anfangsstadien der Sukzession auf extremen Rohbodenstandorten im Lausitzer Revier geben PIETSCH & SCHÖTZ (1999), FELINKS (2000) und WIEGLEB & FELINKS (2001).

Je nach der physikalischen Beschaffenheit unterscheiden wir nach LUA Brandenburg (2007):

Vegetationsfreie und -arme Sand-, Kies- und Schotterflächen sowie Flächen auf bindigem oder tonigem kohlereichem Substrat.

Landreitgrasfluren

Das Landreitgras (*Calamagrostis epigejos*) breitet sich durch Rhizome großflächig auf den Rohbodensubstraten aus und bildet ausgedehnte Dominanzbestände, die sich über Jahrzehnte erhalten können (Abb. 27).

Abb. 27: Landreitgras-Dominanzbestand am Fuße einer Kippe tertiären Ursprungs im Tagebau Spreetal/Bluno (Foto: W. Pietsch).

Die Art ist äußerst konkurrenzstark und verträgt auch Überflutungen bis zu 50 cm über eine längere Zeit. Andere Arten vermögen sich in den dichten Beständen kaum anzusiedeln. Strategien und Verbreitung auf anthropogenen Standorten werden durch REBELE (1996) und REBELE & LEHMANN (1994, 2001) ausführlich untersucht. Landreitgrasfluren gehören innerhalb des Verbandes der Queckenreichen Halbtrockenrasen (Convolvulo-Agropyrion repentis Görs 1966) zum Rubo-Calamagrostietum epigeji Coste (1974) 1975.

Ruderale Pionierrasen, Halbtrockenrasen und Queckenfluren (Spontanvegetation)

Es ist eine Vegetation aus von Gräsern beherrschter Pionierrasen, die als Rhizomgeophyten große Flächen in der Offenlandschaft relativ schnell besiedeln.

Kennzeichnende Pflanzenarten: Gewöhnliche Quecke (*Elytrigia repens*), Wehrlose Trespe (*Bromus inermis*), Acker-Schachtelhalm (*Equisetum arvense*); weitere Begleiter sind Knäuelgras (*Dactylis glomerata*), Glatthafer und Schafgarbe.

Charakteristische Ausbildungen sind:
- Pfeilkresse-Quecken-Pionierrasen (Lepidodrabae-Agropyretum repentis Th. Müller et Görs 1969) auf trocken-lehmigen Böden.
- Quecken-Huflattich-Flur (Agropyro repentis-Tussilagetum farfarae Pass. 1989) auf frischen lehmigen Böden mit Huflattich, Kletten-Labkraut (*Galium aparine*), Kratzbeere (*Rubus caesius*) und Großem Knorpellattich (*Chondrilla juncea*).

Diese ruderalen und halbruderalen Queckentrockenrasen werden innerhalb der Klasse Beifuß- und Distelgesellschaften (Artemisietea vulgaris Lohm. et al. ex v. Rochow 1951 em. Dengler 1997) zur Ordnung der ruderalen Queckenrasen (Agropyretalia repentis Oberdorfer et al. ex Th. Müller et Görs 1969 und dem Verband Convolvulo-Agropyrion repentis Görs 1966) gestellt.

- Einjährige Ruderalfluren (Sisymbrietea)

Die Vegetation wird von einjährigen Arten (Therophyten) bestimmt, unter denen sich zahlreiche Archaeophyten und Neophyten befinden (JENTSCH 2009). Die annuellen Arten besiedeln mäßig nährstoffreiche, offene, frisch geschüttete Kippenflächen und gehören zur typischen Spontanvegetation.

Kennzeichnende Arten sind: Steife Rauke (*Sisymbrium altissimum*), Wege-Rauke (*Sisymbrium officinalis*), Kanadisches Berufkraut (*Conyza canadensis*), Dach-Trespe (*Bromus tectorum*), Weiche Trespe (*B. hordeaceus*), Zwerg-Storchschnabel (*Geranium pusillum*), Dach-Pippau (*Crepis tectorum*), Kompaß-Lattich (*Lactuca serriola*), Sophienrauke (*Descurainia sophia*) und Mäuse-Gerste (*Hordeum murinum*).

Die Vegetation gehört in die Klasse der Sisymbrietea Korneck 1974 und die Ordnung Sisymbrietalia J. Tx. in Lohm. et al. 1962 und lässt sich in folgende Verbände als Biotop-Untertypen gliedern: Wegraukenfluren (Sisymbrion officinalis), Trespen-Mäusegersten-Fluren (Bromo-Hordeion murini), Wegmalven-Fluren (Malvion neglectae), Gänsefuß-Melden-Pionierfluren (Atriplicion nitentis) und Ukraine-Salzkraut-Fluren (Salsoletum ruthenicae).

- Zwei- und mehrjährige ruderale Stauden- und Distelfluren (Artemisietea)

Nach der Pionierbesiedlung stellen sich auf mäßig stickstoffreichen Kippenflächen mehr oder weniger geschlossene Staudenbestände von zwei- und mehrjährigen Hemikryptophyten ein, die sehr unterschiedliche Vegetationsstrukturen entwickeln.

Auf sandigen Substraten dominieren meist Wärme liebende Arten wie Esels-Distel (*Onopordum acanthium*), Nickende Distel (*Carduus nutans*) und Natternkopf. Steinige Böden werden von Weißem Steinklee, Sichel-Luzerne (*Medicago falcata*), Tüpfel-Johanniskraut (*Hypericum perforatum*) und Wilder Möhre (*Daucus carota*) besiedelt.

Kennzeichnende Arten sind: Gewöhnlicher Beifuß, Glatthafer, Wiesen-Kerbel (*Anthriscus sylvestris*), Knäuelgras, Acker-Kratzdistel, Lanzett-Kratzdistel (*Cirsium vulgare*), Gewöhnliches Leinkraut (*Linaria vulgaris*), Wiesen-Löwenzahn (*Taraxacum officinale*), Gewöhnliche Quecke, Schwarznessel (*Ballota nigra*) und Falsche Strandkamille (*Tripleurospermum perforatum*).

Die ausdauernden Ruderalgesellschaften werden in der Klasse Artemisietea vulgaris Lohm. et al. in R. Tx. 1950 zusammengefasst und gehören zur Ordnung Onopordetalia Br.-Bl. et R. Tx.1944.

Sie lassen sich folgenden Biotop-Untertypen, bzw. Verbänden zuordnen: Xerotherme Distelfluren (Onopordion acanthii), Möhren-Steinklee-Fluren (Dauco-Melilotion), Ausdauernde Klettenfluren (Arction lappae) und Kanada-Goldruten-Bestände (*Solidago canadensis*-Bestände).

Eine ähnliche Vegetation mit attraktiven Pflanzenarten in der Blühperiode wird von skelettreichen Böden der Aufschüttungskörper verschiedener Halden des Uranerzbergbaus beschrieben (SÄNGER 1993, 2003). Die Natternkopf-Steinklee-Gesellschaft (Echio-Melilotetum R.Tx. 1947) und die Möhren-Bitterkraut-Gesellschaft (Dauco-Picridetum Görs 1966) bilden charakteristische Sukzessionsstadien.

- Sonstige Spontanvegetation auf Sekundärstandorten

In den Bergbaufolgelandschaften können sich Pflanzenbestände entwickeln, die sich weder Trockenrasen, typischen Ruderal-Gesellschaften noch anderen Biotopen, z. B. Grünlandgesellschaften oder Zwergstrauchheiden, zuordnen lassen. Sie werden je nach den dominierenden Arten wie folgt gegliedert:

- **Von Moosen dominierte Bestände**, zumeist aus einzelnen oder auch mehreren Moosarten zusammengesetzt. Vereinzelt treten auch höhere Pflanzen auf. Kennzeichnende Arten sind Silbermoos (*Bryum argenteum*), Haartragendes Bürstenmoos (*Polytrichum piliferum*), Wacholder-Bürstenmoos (*Polytrichum juniperinum*) und Purpurstieliger Hornzahn (*Ceratodon purpureus*).

- **Von Gräsern dominierte Bestände** einzelner oder verschiedener Süß- und Sauergräser, wie Seggen-Feuchtbereiche mit Sumpf-Segge (*Carex acutiformis*) und Behaarter Segge (*C. hirta*); Seggen-Trockenbereiche mit Behaarter Segge, Sand-Segge (*C. arenaria*), Früher Segge *C. praecox*) und Binsenbestände mit Flatter-Binse, Zarter Binse (*J. inflexus*) und Blaugrüner Binse (*J. tenuis*).

Abb. 28: Hochwüchsige Bestände der Flatterbinse im staunassen Bereich eines kleinen Restgewässers (Altbergbaugebiet Plessa) (Foto: W. Pietsch).

Auf staunassen Standorten sind ausgedehnte Binsenfluren mit bis zu 1,40 m Wuchshöhen im gesamten Gebiet der Bergbaufolgelandschaft ausgebildet. Flatter-Binse und Knäuel-Binse (*Juncus conglomeratus*) überziehen als Pionierpflanzen mit ihren Dominanzbeständen große Flächen von feuchten bis nassen Eisenhydroxid-Ablagerungen (PIETSCH 1965, 1998b; UCHTMANN et al. 1998). Die von Binsen dominierten Bestände lassen sich dem Juncetum effusi-conglomerati zuordnen, das typisch für staunasse Sekundärstandorte in der Lausitz ist. Sie werden unter der Bezeichnung „Nassgallen" von GROßER (1955, 1966) als charakteristische Vegetation der Heidegewässer der Lausitz beschrieben (Abb. 28).

Abb. 29: Kippenhang tertiären Ursprungs von dichtem Schilfbestand überwachsen (Koyne) (Foto: W. Pietsch).

- Landröhrichte auf Sekundärstandorten
Im terrestrischen Bereich wachsen Röhrichtbestände in zeitweise mit Wasser gefüllten Senken von Brücken- und Absetzerkippen, auf lehmigen Substraten von Kippenflächen und auch im Bereich von Hangwasseraustritten wachsen unterschiedlich dichte Röhrichtbestände ohne Kontakt zu Gewässern, wie Schilf, Rohrkolben oder Rohrglanzgras (*Phalaris arundinacea*). Es handelt sich dabei um artenarme Schilf- und Rohrkolben-Röhrichte, die je nach den Feuchtigkeits- und Nährstoffverhältnissen und der Substratbeschaffenheit verschiedene Arten in der Bodenschicht aufweisen. Landröhrichte weisen gegenüber den Wasserröhrichten meistens Arten der Sandtrockenrasen, Gras- und Krautfluren im Unterwuchs auf. An Standorten mit erhöhtem Anteil an tertiären Massen fehlen meist jegliche Begleitarten. Landröhrichte zeichnen sich durch die Ausbildung von bis zu 30 langen oberirdischen Kriechtrieben aus (Abb. 29).

Im weiteren Sukzessionsverlauf kann es durch das klonale Wachstum zu einer Verdichtung der Bestände kommen. Durch Bodenverdichtung ist ein kleinräumiger Wasseranstau möglich. In den dabei entstehenden kleinen Tümpeln kommt es dann zur Ausbildung von Kleinröhrichten mit Froschlöffel (*Alisma plantago-aquatica*), Schwimmendem Laichkraut (*Potamogeton natans*), Flutendem Schwaden (*Glyceria fluitans*), Weißem Straußgras (*Agrostis stolonifera*), Flatter-Binse und Knäuel-Binse. Außerdem sind Land-Reitgras, Acker-Kratzdistel, Acker-Schachtelhalm, Huflattich und erste Gehölzarten, wie Birke, Grau-Weide (*Salix cinerea*), Ohr-Weide (*Salix aurita*), Bruch-Weide (*Salix fragilis*) und Schwarz-Erle (*Alnus glutinosa*) vorhanden. Während der Sommermonate sind Arten der Zweizahnfluren (Bidentetea tripartitae R. Tx., Lohm. et Prsg. in R. Tx. 1950) ausgebildet, wie Dreiteiliger Zweizahn (*Bidens tripartitus*), Schwarzfrüchtiger Zweizahn (*Bidens frondosus*), Strand-Ampfer (*Rumex maritimus*), Verbrecher-Hahnenfuß (*Ranunculus sceleratus*) und Kröten-Binse (*Juncus bufonius*).

Kurzrasige Grasfluren

- <u>Sandtrockenrasen</u> (einschließlich offener Sandstandorte und Borstgrasrasen trockener Ausprägung)
Sandtrockenrasen sind auf sandigen Kippenflächen der Lausitzer Bergbaufolgelandschaften ein charakteristisches und weit verbreitetes Biotop mit vielen Pionierarten einer typischen Erstbesiedlungsvegetation. Es

sind überwiegend kurzrasige Grasfluren auf basenarmen, sandigen Substraten, entweder großflächig oder auch mosaikartig im Wechsel mit anderen Biotopen ausgebildet. Der häufigste Erstbesiedler ist das Silbergras, das zunächst in artenarmen Dominanzbeständen großflächig lückige Rasen entfaltet. Im Verlaufe der weiteren Sukzession dringen dann weitere Arten der Sandtrockenrasen ein und es erfolgt eine Entwicklung in Richtung artenreicher Sandtrockenrasen. Diese werden wiederum von der Besenheide durchdrungen und entwickeln sich zu Zwergstrauchheiden weiter, wie sie in der Bergbaufolgelandschaft kleinflächig weit verbreitet sind. Vegetationskundlich gehören diese Ausbildungen der Kippenstandorte Brandenburgs der Klasse der Silbergras-Pionierrasen (Koelerio-Corynephoretea Klika in Klika et Novak 1941) an und lassen sich verschiedenen Verbänden zuordnen:

- Silbergrasreiche Pionierfluren (Corynephorion canescentis Klika 1934)

Silbergrasreiche Pionierfluren (Spergulo morisonii-Corynephoretum canescentis Tx. 1928 em. Libb.1933) kommen oft in enger räumlicher Verzahnung mit noch fast vegetationslosen Sandflächen der Kippenstandorte vor. Sie können aufgrund der extremen Standortsverhältnisse auch ohne Nutzung über längere Zeit stabil erhalten bleiben. Meistens kommt es jedoch durch das Eindringen höherwüchsiger und konkurrenzkräftiger Arten, insbesondere Gräser und Stauden, zu einer Veränderung der Vegetationsstruktur. Kennzeichnende Arten sind Silbergras, Frühlingsspark, Bauernsenf (*Teesdalia nudicaulis*) und Sand-Segge als Pionierbesiedler auf bisher vegetationslosen Kippenflächen (PIETSCH 1996, 1998c, 1999; KRAUSE 1996; MÖCKEL 1998). Durch GEHLKEN (2010) werden soziologische Aufnahmen eines Federschwingelrasens (Filagini-Vulpietum myuros Ober. 1938) und *Filago minima*-Gesellschaften aus dem Lausitzer Revier von tertiären bzw. pleistozänen Sanden mitgeteilt. Der Federschwingel (*Vulpia myuros*) tritt stets gemeinsam mit dem Kleinen Filzkraut und der Roten Schuppenmiere (*Spergularia rubra*) auf. Federschwingel und Kleines Filzkraut besitzen nach BENKERT et al. (1996) ihre ostdeutschen Verbreitungsschwerpunkte in der Lausitz. Hier bestehen nach GEHLKEN (2010) auch engere Verflechtungen zu Schuppenmieren-Trittgesellschaften und Silbergrasfluren.

- Grasnelken-Fluren und Blauschillergras-Rasen (Armerion elongatae)

Es sind ältere, artenreichere Trockenrasenstadien mit einer meist dichten Grasbedeckung, insbesondere durch den Schafschwingel (*Festuca ovina* agg.), die an gestörten Stellen mosaikartig mit den Silbergrasfluren stehen; sie werden den Grasnelkenfluren des Verbandes Armerion elongatae Krausch 1961 zugeordnet. Besonders charakteristisch sind Heidenelken-Grasnelken-Bestände (Diantho deltoides-Armerietum elongatae Krausch 1959), die auf basenärmeren Standorten der mehr atlantisch getönten südlichen Bereiche der Lausitzer Bergbaufolgelandschaften zu finden sind (PIETSCH 1999).

Kennzeichnende Arten sind Heide-Nelke (*Dianthus deltoides*), Gewöhnliche Grasnelke (*Armeria elongata*) Sand-Strohblume, Kleines Habichtskraut (*Hieracium pilosella*), Scharfer Mauerpfeffer (*Sedum acre*), Kleiner Sauerampfer und Rot-Straußgras.

- Kleinschmielen-Pionierfluren und Thymian-Schafschwingelrasen (Thero-Airion)

In diese für den subatlantisch getönten Bereich Süd-Brandenburgs charakteristische Vegetation der Kleinschmielen-Fluren (Thero-Airion R. Tx. 1951 ex Oberd. 1957) gehören auch die Pionierrasen des Schmalrispigen Straußgrases (Agrostietum vinealis Kob. 1930 corr. Kratzert u. Dengler 1999). Die Art bildet kleinflächig Dominanzbestände auf verdichteten Sandstandorten älterer Bergbauflächen und zeichnet sich durch das Auftreten verschiedener Moose und Flechten aus. Solche sind: *Polytrichum piliferum, P. juniperinum, Ceratodon purpureum, Rhacomitrium canescens, Bryum argenteum* und *Cladonia* spec.

- Borstgrasrasen trockener Ausbildung (Nardetalia strictae)

Es handelt sich um eine Vegetation von stark subatlantischer Verbreitung, die sich auch nach der Bergbautätigkeit wieder, zunächst noch fragmentarisch, an trockenen, sandigen Standorten in der Bergbaufolgelandschaft entwickelt hat (HORN & SCHMID 1999). Die trockenen Borstgrasrasen gehören in den Verband der Hundsveilchen-Borstgrasrasen (Violo caninae-Nardion strictae Schwick. 1944 em. Ellenb. 1978), innerhalb der Klasse der Borstgras-Gesellschaften (Nardetalia strictae Oberd. ex Prsg. 1949).

Kennzeichnende Arten sind: Borstgras, Hunds-Veilchen (*Viola canina*), Katzenpfötchen (*Antennaria dioica*), Mondraute (*Botrychium lunaria*), Ästiger Rautenfarn (*Botrychium matricarifolia*), Rot-Straußgras, Echter Ehrenpreis (*Veronica officinalis*) und Tüpfel-Johanniskraut. Ähnliche Vegetationsverhältnisse werden auch aus ehemaligen Braunkohlengebieten Sachsen-Anhalts beschrieben (TISCHEW & LEBENDER 2003).

- Rotstraußgrasfluren auf Trockenstandorten

Es sind durch ARNDT (1960) beschriebene artenarme Grasfluren mit Dominanzbeständen des Rot-Straußgrases auf seit längerer Zeit festgelegten, nicht rekultivierten Kippenflächen (PIETSCH 1999). Eine auffällige Ähnlichkeit zu Vegetationsbeständen der Kleinschmielen-Fluren, insbesondere zu den Pionierfluren des Schmalrispigen Straußgrases ist festzustellen (Abb. 30).

Zwergstrauchheiden und Nadelgebüsche (Nardo-Callunetea)

Es sind unbewaldete, von Zwergsträuchern und Besenginster geprägte Biotope, trockener, nährstoffarmer Sandstandorte sowie saurer, feuchter Anmoor- und Moorstandorte, die zu den Besonderheiten der Bergbaufolgelandschaft der Lausitz gehören (Klasse der Zwergstrauchheiden und Ginsterheiden, Nardo-Callunetea Prsg. 1949). Zwergstrauchheiden sind ein Teil der Naturlandschaft im südlichen Brandenburg und auch Bestandteil der Lausitzer Bergbaufolgelandschaft, besonders in den Bereichen des Sanierungsbergbaus. Zwergstrauchheiden kommen oft verzahnt mit Sandtrockenheiden und trockenen birken- und kiefernreichen Vorwäldern, in feuchten Verlandungsbereichen auch mit Arten saurer Zwischenmoorvegetation oder Borstgrasrasen vor (DIETRICH 1997; PIETSCH 2008; RÄTZE 1997).

Abb. 30: Rotstraußgras-Pionierflur auf sandigem Quartärsubstrat im Tagebau Bärwalde (Foto: W. Pietsch).

- Feuchtheiden (Ericion tetralicis)

Es handelt sich um eine Vegetation mit atlantisch-subatlantischer Prägung auf anmoorigen Sandböden; um fragmentarische Bestände der Glockenheide-Flur, die mit verschiedenen Arten der sauren Heidemoore (Ordnung Erico-Sphagnetalia papillosi Schwickerath 1940 em. Br.-Bl. 1949) vergesellschaftet ist. Die Ausbildungen gehören zum Verband der Glockenheide-Vegetation (Ericion tetralicis Schwickerath 1933), der in Brandenburg weitestgehend auf die Niederlausitz beschränkt ist (PIETSCH 1985, 2008). Glockenheidereiche Feuchtheiden sind in der Lausitz sekundär auf Wuchsbereiche des Pfeifengrasreichen Birken-Stieleichen Waldes (Betulo-Quercetum molinietosum) ausgewichen. Sie stellen Initialstadien für pfeifengrasreiche Vorwälder von Birken-Stieleichenwäldern dar, die typisch für feuchte Standorte der Bergbaufolgelandschaft des Lausitzer Braunkohlereviers sind.

Kennzeichnende Arten sind: Glockenheide, Besenheide, Torfmoos (*Sphagnum fallax*), Steifes Widertonmoos (*Polytrichum strictum*), Rundblättriger Sonnentau, Schmalblättriges Wollgras, Moorbärlapp (*Lycopodiella inundata*), Moosbeere, Kriech-Weide (*Salix repens*), Blutwurz (*Potentilla erecta*), Pfeifengras sowie Arten der feuchten Borstgrasrasen. Diese Bestände sind empfindlich gegenüber Nährstoffeinträgen und Beschattung durch aufkommende Gehölze.

- Trockene Sandheiden (Genistion pilosae)

Es sind niedrigwüchsige Bestände mit vorherrschendem Heidekraut, die auf den Flächen der Offenlandschaften oft mosaikartig im Wechsel mit verschiedenen Ausbildungen der Trockenrasenvegetation ausgebildet sind (PIETSCH 1996, 1998c, 2008, DIETRICH 1997; RÄTZE 1997). Aufgrund ihrer subatlantischen Prägung gehören die Zwergstrauchheiden der Lausitzer Kippenflächen innerhalb des Verbandes (Genistion pilosae Duvign. em. Schubert 1995) der Ginster-Heidekraut-Heide (Genisto pilosae-Callunetum J. Braun 1915) an (Abb. 31).

Kennzeichnende Arten sind: Besenheide, Behaarter Ginster, Besenginster, Heidelbeere, Draht-Schmiele, Dreizahn, Silbergras, Rauhblatt-Schwingel (*Festuca brevipila*), Sand-Schwingel (*Festuca psammophila*), Rot-

Abb. 31: Heidekraut-Bestände (*Calluna vulgaris*) und Reste eines vorangegangenen Sandtrockenrasens (Außenkippe Bärwalde) (Foto: W. Pietsch).

Straußgras, Gewöhnliches Ruchgras (*Anthoxanthum odoratum*), Kleiner Sauerampfer, Zypressen-Wolfsmilch (*Euphorbia cyparissias*), Pillen-Segge (*Carex pilulifera*), Kleines Habichtskraut, Gewöhnliches Ferkelkraut (*Hypochoeris radicata*) und Gewöhnliche Hainsimse (*Luzula campestris*).

- Besenginsterheiden (Genisto-Callunion)

Hierher gehören die vom Besenginster geprägten Flächen auf mäßig trockenen, schwach sauren Standorten; häufig großflächig an Hanglagen der Kippen ausgebildet. Die Besenginsterheiden stehen fast immer in Kontakt zu Trockenrasen- bzw. Heidegesellschaften, in die sie im Verlaufe der Sukzession später eindringen und diese überwachsen (DIETRICH 1997; PIETSCH 2008; RÄTZE 1997). Die Ausbildungen gehören zum Ulici-Sarothamnion Doing. ex. H. E. Weber (Abb. 32).

Sekundäre Moorbildungen in der Bergbaufolgelandschaft

Zwischenmoorvegetation

Im Ufer- und Verlandungsbereich von Tagebaurestlöchern sowie in Senken mit verdichtetem Bodensubstrat innerhalb der Kippenflächen bilden sich Initialstadien von Sümpfen und sauren Zwischenmooren, die wir in die Biotopklasse der Moore und Sümpfe einordnen (UCHTMANN et al. 1998). Diese haben den Charakter von entstehenden Verlandungs- und Versumpfungsmooren. Die Flächen werden oft nur von einzelnen typischen Arten geprägt, natürliche Vegetationseinheiten entstehen meist nur kleinflächig oder gar nicht.

Die häufigsten Bestände sind Kleinseggen-Hundstraußgras-Rasen (Carici canescentis-Agrostidetum), Schmalblättriges Wollgras-Torfmoos-Rasen (*Eriophorum angustifolium-Sphagnum recurvum*-Ges.), Schnabel-Seggen-Ried (Caricetum rostratae), Faden-Seggen-Sumpf (Caricetum lasiocarpae) und Pfeifengras-Randsumpf (*Molinia caerulea*-Randsumpf). Rundblättriger Sonnentau, Wassernabel, Glieder-Binse, Moosbeere und Schmalblättriges Wollgras sowie Grau-Segge (*Carex canescens*), Igel-Segge (*Carex echinata*) und Braun-Segge (*Carex nigra*) sind weitere vorkommende Arten (Abb. 24).

Abb. 32: Besenginsterflur überzieht den Hang einer Kippe im Tagebau Kostebrau (Foto: W. Pietsch).

In einigen seltenen Fällen können auch an angeschnittenen Quell- und Schichtwasserhorizonten in der Bergbaufolgelandschaft sumpfähnliche Bestände eines Quellmoores entstehen. Sie zeichnen sich durch das Auftreten des gefährdeten Bunten Schachtelhalmes (*Equisetum variegatum*) und des Riesen-Schachtelhalmes (*Equisetum telmateia*) aus (ILLIG 1974, 1977, JENTSCH 2009).

Solche durch Torfmoose (*Sphagnum*) gebildete Bestände auf feuchten, sauren Sandstandorten in der Bergbaufolgelandschaft lassen sich in den Verband des Weißen Schnabelriedes (Rhynchosporion albae Koch 1926) innerhalb der Klasse der sauren Zwischenmoor-Gesellschaften (Scheuchzerio-Caricetea nigrae Nordh.1936 em. R. Tx. 1937) einordnen.

Kennzeichnende Arten sind: Großes Torfmoos (*Sphagnum fallax*), Spieß-Torfmoos (*S. cuspidatum*)**,** Papillentragendes Torfmoos (*S. papillosum*), Grau-Segge, Faden-Segge, Schnabel-Segge, Mittelblättriger Sonnentau, Rundblättriger Sonnentau, Schmalblättriges Wollgras, Glieder-Binse, Zwiebel-Binse, Moosbeere, Kriech-Weide und das häufig dominant auftretende Pfeifengras.

Vorwälder, Pionierwälder in der Bergbaufolgelandschaft

Kippenwälder

In der Bergbaufolgelandschaft sind Gehölzbestände unter der Bezeichnung „Kippenwälder" großflächig verbreitet und bilden eine charakteristische Vegetation, die sich in der Sukzessionsfolge an die Waldgesellschaften der Umgebung annähert. Es lassen sich Gehölzbestände ohne jegliche weitere Arten in der Boden- und Krautschicht von solchen mit artenreichem und dichtem Unterwuchs unterscheiden. Während die erste Gruppe oft 50 bis 80 Jahre alte und ältere Bestände auf tertiären Substraten umfasst, sind die Ausbildungen der zweiten Gruppe auf quartären Sanden entwickelt und oft erst 25 bis 30 Jahre alt.

Je nach der geologischen Herkunft, dem Gehalt an Kohlesubstrat und an Produkten der Pyritverwitterung, wie Säurepotential und Elektrolytgehalt der Bodenlösung, der Kippsubstrate und Rohböden und dem Feuchtigkeits- und Nährstoffgehalt der Standorte lassen sich verschiedene Sukzessionsserien von Kippenwäldern unterscheiden. Ein weiteres wichtiges Kriterium ist das Vorhandensein naturnaher Heide- und Waldflächen, die entsprechende Diasporen liefern können.

In ältere Sukzessionsstadien der Silbergras-Pionierfluren, Trockenrasen, Zwergstrauchheiden, Feuchtheiden, Röhrichtbeständen und der Zwischenmoor-Initiale dringen verschiedene Gehölzarten ein, wie Hänge-Birke, Kiefer, Stieleiche, Pappel, Robinie, Moor-Birke, Schwarz-Erle und verschiedene Weiden (*Salix*-) Arten. Es entstehen die ersten Initiale eines Vorwaldstadiums, die nach der jeweils vorherrschenden Baumart benannt werden.

Vorwald-Initialstadium.

Die Boden- und Krautschicht wird noch vollkommen von den Arten der Offenlandvegetation gebildet. Die Vorwälder werden nach der jeweils vorherrschenden Vegetation der Boden- und Krautschicht benannt. So unterscheiden sich Trockenrasenarten-, Heidekraut-, Pfeifengras-, Sandreitgras-, Straußgras-, Schwingel-reiche Birken-Vorwälder bzw. Kiefern-Vorwälder.

Im Verlauf der weiteren Sukzession nehmen im **Frühstadium** die Arten der Sand-Pionierfluren und Trockenrasen zugunsten von Arten der Heidevegetation ab; der Deckungsgrad der Gehölzarten hat sich erhöht, ebenso wie seine Wuchshöhe.

Später kommt es im **Übergangsstadium** zum Eindringen von Waldarten, während der Anteil der Arten der Offenlandbiotope allmählich zurückgeht.

Schließlich bestimmen die charakteristischen Arten der Waldvegetation das Bild der Boden- und Krautschicht und die Arten der Offenlandbiotope sind stark zurückgegangen, während Vertreter der Sand-Trockenrasen bereits fast vollkommen verschwunden sind. Wuchshöhe, Kronenschluss und die Artenstruktur im Unterwuchs dieser Sukzessionsstadien haben bereits eine auffällige Annäherung an die Waldvegetation der Bergbaunachbarlandschaften erreicht. Außerdem hat sich bereits Jungwuchs der bestimmenden Gehölzarten in der Strauchschicht gebildet. In diesem Falle ist das **Altersstadium** erreicht. Es haben sich auch charakteristische Moos- und Flechten-Arten in der Bodenschicht eingefunden.

Ähnlich der Sukzession auf den Rohbodensubstraten der Offenlandschaften verläuft die weitere Sukzession auf den der Pionier- und Vorwälder auf den Kippen. Es gibt Sukzessionsreihen, die auf dem Initial- bzw. Frühstadium, auch nach vielen Jahrzehnten, stehen bleiben und andere, die mit einer raschen Sukzessionsfolge alle Stadien der Sukzessionsentwicklung innerhalb kurzer Zeit von 30 bis 40 Jahren bis zum Altersstadium durchlaufen.

Vorwälder trockener Standorte

Auf trockenen Kippenflächen quartärer Herkunft entwickeln sich aus Trockenrasen oder Heiden spontan Vorwälder trockener Standorte. Besonders verbreitet sind Habichtskraut (*Hieracium*-)reiche lockere Birken- bzw. Birken-Zitterpappel-Vorwälder mit dichten Beständen von Kleinem und Florentiner Habichtskraut (*Hieracium pilosella*, *H. piloselloides*). Sie werden von KLEINKNECHT (2001) als Hieracio piloselloidis-Betuletum pendulae aus der Bergbaufolgelandschaft im Südraum Leipzigs beschrieben. Naturgemäß ist schon wegen des großen Samendargebots aus angrenzenden Forstflächen in der Mehrzahl der Standorte die Kiefer vorherrschende Baumart; aber auch Hänge-Birken und Espen spielen als Pionierbaumarten eine wesentliche Rolle. Es entstehen keine eigenen Vegetationseinheiten; es handelt sich vielmehr um Durchdringungsstadien der Pflanzengemeinschaften der Offenlandbiotope, wie Trockenrasen bzw. Heiden, mit Arten von Wald-Gesellschaften, wie z. B. Stieleichen-Birken-Wald oder Birken-Kiefernwald. So entstehen im Initial- bzw. Frühstadium Birken-Vorwälder mit dominierendem Heidekraut, Kiefern-Vorwälder mit dominierenden Trockenrasenarten oder mit dominierendem Heidekraut.

Wie von PIETSCH (1990, 1998a, c, 2008) und RÄTZE (1997) an der Außenkippe Bärwalde im Tagebau Lohsa IV festgestellt, dringen verschiedene Gehölzarten, insbes. Hänge-Birke, Kiefer, Stieleiche in Ausbildungen der Sandtrockenrasen, der Zwergstrauch-Heiden, Pfeifengras- und Glockenheide-Fluren ein (Abb. 31).

Handelt es sich zunächst nur um einzelne Individuen verschiedener Gehölzarten, einem Initialstadium eines Vorwaldes, so bildet sich im Verlauf weiterer 3 bis 5 Jahre bereits ein lockeres Gehölzstadium heraus, das als Frühstadium die bisherige Vegetation überwächst. Es entstehen so Heidekraut-, Pfeifengras-, Land-Reitgras-reiche Birken-Kieferngehölze. Im Unterwuchs geht der Anteil von Arten der Silbergras-Pionierfluren und Sandtrockenrasen zurück und wird durch Vertreter der Zwergstrauchheiden verdrängt. Nach 12 bis 15 Jahren finden sich im Übergangsstadium Waldarten der Birken-Kiefern-Wälder bzw. des Stieleichen-Birkenwaldes ein, wie Draht-Schmiele, Glattes Habichtskraut (*Hieracium laevigatum*), Savoyer Habichtskraut (*Hieracium sabaudum*), Gemeines Habichtskraut (*Hieracium lachenalii*), Pillen-Segge (*Carex pilulifera*), Heide-Segge (*Carex ericetorum*), Wald-Zwenke (*Brachypodium sylvaticum*), Wiesen-Wachtelweizen (*Melampyrum pratense*), Wald-Erdbeere (*Fragaria vesca*), Hain-Rispengras (*Poa nemoralis*) sowie Gemeiner und Dorniger Wurmfarn (*Dryopteris filix-mas, D. carthusiana*).

Bemerkenswert für Kippenwälder älterer Stadien ist das Vorkommen von Wintergrün-Arten, wie Birngrün, Kleines Wintergrün, Rundblättriges Wintergrün (*Pyrola rotundifolia*), Einblütiges Wintergrün und Moosauge. An besonders Wärme begünstigten Standorten treten verschiedene Orchideen-Arten in großen Beständen auf, wie Braunroter Sitter, Breitblättriger Sitter und Großes Zweiblatt. Ähnliche Vegetationsverhältnisse werden auch aus dem Mitteldeutschen Braunkohlenrevier durch HEYDE & KRUG (2000), TISCHEW (2004) und TISCHEW et al. (2009) beschrieben.

Außerdem treten in der Kraut- bzw. Strauchschicht Jungpflanzen von Gehölzarten des Klimaxstadiums auf, wie Stieleiche, Faulbaum und Eberesche (*Sorbus aucuparia*). Nach insgesamt 30 bis 40 Jahren ist der Anteil an Arten der Offenbiotope stark zurückgegangen und Vertreter der Waldarten bestimmen den Deckungsgrad der Boden- und Krautschicht, so z. B. die Draht-Schmiele, Heidelbeere, Gemeiner und Dorniger Wurmfarn und Schmalblättrige Hainsimse (*Luzula luzuloides*).

Eine nahezu ideale Sukzessionsfolge über einen Zeitraum von 40 Jahren lässt sich in der Offenlandschaft des NSG „Insel im Senftenberger See" verfolgen (FISCHER et al 1982; PIETSCH 1991, 1996, 1998a, c; PIETSCH & SCHÖTZ 1999; WEYER et al. 2009). Es findet eine Primärsukzession in Richtung Eichenmischwälder bodensaurer Standorte der Ordnung Quercetalia robori-petraeae R. Tx. (1931) 1937 in der Pfeifengras-reichen Ausbildung, dem Pfeifengras-Birken-Stieleichen-Wald (Querco-Betuletum molinietosum) statt. Neben dem Pfeifengras bestimmen Adlerfarn (*Pteridium aquilinum*), Heidelbeere (*Vaccinium myrtillus*) und Dorniger Wurmfarn die Vegetation im Unterwuchs. Artenarme Pfeifengras-Adlerfarn-reiche Birken-Kiefer-Stieleichen Wälder sind in der Lausitzer Heide eine weit verbreitete Waldformation. An reicheren Standorten treten neben der Stieleiche und der Hänge-Birke in der Strauchschicht Faulbaum (*Frangula alnus*), Brombeere (*Rubus fruticosus*) und Eberesche auf. In der Krautschicht dominiert das Honiggras (*Holcus mollis*).

Weitere Arten sind Pillen-Segge, Rot-Straußgras, Gemeines Habichtskraut, Draht-Schmiele und Ruchgras (*Anthoxanthum odoratum*).

Die Vegetationsentwicklung auf der Außenhalde Buckow des Tagebaues Seese-West wurde von JENTSCH (2010) in der Zeit von 1960 bis 2009 untersucht. Nach acht Jahren erschienen die ersten Gehölze, die nach 30 Jahren Bestandesschluß (96 % Deckungsgrad) erreichten. Dominante Arten sind Schwarz-Erle und Hänge-Birke, während die Kiefer sich erst später einfindet. Gegenwärtig haben die Bäume eine Höhe von 20 m erreicht. Schafschwingel und Rot-Straußgras bestimmen gemeinsam mit Land-Reitgras die Feldschicht, während der Anteil der Drahtschmiele zurückgegangen ist. Die Erlensamen stammten von Aufforstungen in der Umgebung.

Auf Kippsubstraten tertiärer Herkunft, wie tertiäre Sande oder Schluffe, unterbleibt über Jahrzehnte oft jegliche Vegetationsentwicklung. Es gibt keine Silbergras-Pionierfluren und Trockenrasen, geschweige denn Zwergstrauchheiden und Grasfluren. Vereinzelt treten Huflattich und Land-Reitgras in wenigen Exemplaren auf. Umso erstaunlicher ist die Tatsache, dass sich nach einigen Jahren bzw. Jahrzehnten Kiefer, Hänge-Birke oder Robinie auf diesen Flächen einfinden und auch etablieren können. Es entsteht ein aus Kiefern-, Birken- oder Robinien-Jungwuchs zusammengesetztes Initialstadium einer Gebüschvegetation, in der es zunächst keinerlei Arten einer Boden- oder Krautschicht gibt. Es handelt sich um ein Rohboden-Biotop der Offenlandschaft, das von einigen Gehölzarten besiedelt ist. Im Verlaufe der weiteren Entwicklung erreichen die Arten nach 20 bis 30 Jahren Wuchshöhen bis 6 Metern. Als Folge von Erosionsprozessen kann es auf der Oberfläche der Rohböden zur Ablagerung von sandig-fraktionierten Verwitterungsprodukten und einer Auflage aus Feinsand kommen, die eine Ansiedlung einer Silbergras-Pionierflur auf den oberen Zentimetern ermöglichen. Außerdem haben sich Land-Reitgras und Brombeere in wenigen Individuen angesiedelt. Nach 40 bis 50 Jahren ist ein sehr lückiger Pionierwald entstanden, der nur von Hänge-Birke oder Kiefer geprägt wird. Eine lockere Boden- oder Krautschicht hat sich nicht entwickelt. Die Besiedlung des tertiären Rohbodenbiotopes ist im Initialstadium stehen geblieben. Birke und Kiefer haben sich bis zu 8 m hohen Bäumen entwickelt; eine Sukzessionsfolge in der Kraut- und Strauchschicht hat nicht stattgefunden.

Je geringer der Anteil an tertiärem Material der Rohböden ist, desto eher findet eine Sukzessionsfolge statt. So entwickeln sich bereits auf Mischsubstraten Land-Reitgras-, Brombeer- oder Adlerfarn-reiche Birken- oder Kiefer-Pionierwälder (SCHÖTZ & PIETSCH 2000).

Generell lässt sich feststellen, dass auf den Kippenflächen quartärer Beschaffenheit sehr rasch eine Primärsukzession in Richtung Pionierwald stattfindet. Erste Pioniergehölze in der Initial- bzw. Frühstufe etablieren sich schon nach 3 bis 5 Jahren. Bereits nach 15 bis 30 Jahren sind schon charakteristische Pionierwaldstrukturen des Übergangsstadiums ausgebildet, die sich durch einen hohen Anteil an Waldarten und einen starken Rückgang der Arten der Offenlandschaft auszeichnen. Nach 40 bis 50 Jahren hat sich in der Altersstufe eine Artenstruktur entwickelt, die den Wäldern der Bergbaunachbarlandschaft bereits sehr ähnlich ist.

Als Schlussgesellschaften der potenziell-natürlichen Vegetation ist der Birken-Stieleichenwald in der Pfeifengras-reichen Ausbildung (Betulo-Quercetum roboris molinietosum) in feuchten Sandgebieten ausgebildet; meist in Dornigen Wurmfarn-reiche Kiefernforste umgewandelt. Seltener ist auf nährstoffreicheren Sandböden der Birken-Trauben-Eichen-Buchenwald (Betulo-Quercetum petraea) ausgebildet. Auf bodensauren, relativ nährstoffarmen Sandstandorten verläuft die Primärsukzession in Richtung Beerkraut-Kiefernwald und Reitgras-Kiefernwald. Für das Mitteldeutsche Braunkohlenrevier werden durch LORENZ (2004) und LORENZ et al. (2009) Sukzessionsserien von Pionierwäldern auf Kippenstandorten unterschiedlicher Substrateigenschaften beschrieben und in Altersklassen untergliedert. Allerdings fehlen dort die für die Lausitz charakteristischen Heidelandschaften und Feuchtheide-Biotope, deren Sukzessionsserien zu Pionierwäldern einem zeitlich anderen Ablauf unterliegen.

Pionierwälder feuchter Standorte

Auf grundwasserbeeinflussten oder durch Bodenverdichtung entstandenen staunassen, sauren Sandstandorten von Pionierfluren der Offenlandbiotope, wie Verlandungsbereiche von Restlöchern, Spülsandflächen oder Senken von Brücken- und Absetzerkippen, entwickeln sich Gehölze aus Weiden- und Pappelarten; weitere Arten sind Hängebirke, Moorbirke und Schwarzerle. Besonders ausgeprägt sind Initialstadien von Pionierwäldern in Flatter-Binsenfluren, Pionierröhrichten und in den Zwiebelbinsen-Rasen am Senftenberger See und Kabelbaggerteich (PIETSCH 1965; TREMEL 1996) sowie in den Wollgras (*Eriophorum angustifolium*)-Beständen und Seggenriedern im Altbergbaugebiet Plessa und im NSG „Welkteich" (KELLER 2000; OTTO 2000; HEMPEL 2001) und außerdem in Pionierröhricht-reichen Standorten im NSG „Sukzessionslandschaft Nebendorf".

Bereits nach 10 bis 15 Jahren haben sich Frühstufen eines Vorwaldes herausgebildet, wie Moorbirken-, Erlen-, Eschen-, oder Weiden-Vorwald. Obwohl die Gehölzarten teilweise schon beachtliche Wuchshöhen erreicht haben, besteht die Krautschicht noch überwiegend aus der Artenstruktur wie zu Besiedlungsbeginn. Eigene Kennarten eines Erlenbruchwaldes, bzw. eines Moorbirken-Waldes sind zunächst nur in geringer Abundanz vertreten, wie Bittersüßer Nachtschatten (*Solanum dulcamara*), Sumpf-Reitgras (*Calamagrostis canescens*), Sumpffarn (*Thelypteris palustris*), Kammfarn (*Dryopteris cristata*), Winkel-Segge (*Carex remota*), Langährige Segge (*Carex elongata*) und Gilbweiderich (*Lysimachia vulgaris*).

Die Vegetationsentwicklung verläuft in Richtung eines Erlen-Moorbirken-Bruchwaldes [Verband: Alnion glutinosae Malc. 1929 (Meijer Drees 1936)], der je nach den Standortsverhältnissen und den dominierenden Arten der Krautschicht in verschiedene Gesellschaften aufgeteilt werden kann.

Auf sehr sauren, nährstoffarmen, moorigen bis anmoorigen Substraten erfolgt nach PASSARGE (1999) eine Entwicklung in Richtung Birken-Moorwälder (Carici-Betuletum pubescentis Steffen em. Pass. 1968), in der Ausbildung eines Schnabelseggen- bzw. eines Pfeifengras-Moorbirkenwaldes, in denen Pfeifengras, Schnabelsegge, Grausegge und Schmalblättriges Wollgras in der Krautschicht vorhanden sind. Kiefer, Ohr-Weide und Faulbaum sind weitere Gehölzarten.

Gewässerbiotope - Grubengewässer, Abgrabungsseen

Hierher gehören alle künstlichen, durch Abbau verschiedener Mineralien entstandene, dauerhaft Wasser führenden Gewässer mit unterschiedlicher Größe, Struktur, Trophie und hydrochemischer Beschaffenheit. Gegenüber natürlichen Gewässern haben Gruben- und Abgrabungsseen meist steile und unausgeglichene Ufer.

- <u>Tagebauseen und Tagebaurestlöcher</u>
(Gewässer nach Braunkohleabbau)

Alle Tagebauseen und Restlöcher des Braunkohleabbaus der Bergbaufolgelandschaften des Lausitzer Braunkohlenrevieres gehören zu diesem Biotoptyp. Ältere Restgewässer, Grubengewässer mit Verlandungszonen gleichen oft natürlichen Stillgewässern mit ähnlichen Trophieverhältnissen und bilden in den Altmoränengebieten Brandenburgs neben den Teichen und Heideseen die einzigen größeren Wasserflächen. Sie nehmen bereits den Charakter ganzer Seenlandschaften ein (Lausitzer Seenlandschaft, Hoyerswerdaer Seenlandschaft).

Je nach dem Genesestadium lassen sich verschiedene Vegetationsstadien unterscheiden, die folgenden pflanzensoziologischen Einheiten als Biotop-Untertypen zuzuordnen sind:

- **Grubengewässer mit einer flutenden und untergetauchten Vegetation der Europäischen Zwiebelbinsen-Rasen** (Juncetalia bulbosi Pietsch 1971) in sauren, elektrolytreichen Gewässern der Frühstufe (HEYM 1971, HEYM & HIEKEL 1988; PIETSCH 1973, 1979c, 1985, 1998b) (FFH-LRT 3120); Lebensraumtypen nach der Flora-Fauna-Habitat-Richtlinie (LUA 2007).

- Grubengewässer mit einer Vegetation des Magnopotamions (FFH-LRT 3150) Wurzelnde Wasserpflanzen-Gesellschaften, Laichkraut- und Seerosen-Gesellschaften (Potamogetonetea pectinati R. Tx. et Prsg.1942).

- Grubengewässer mit einer Vegetation der Littorelletea (FFH-LRT 3130) Europäische Strandlings-Gesellschaften; isoetide Grundsprossvegetation auf sandigen, nährstoffarmen Substraten der Gewässer der Übergangs- und Altersstufe (Littorelletea uniflorae Br.-Bl. et R. Tx. 1943, Littorelletalia uniflorae W. Koch 1926).

- Grubengewässer mit Armleuchteralgen (FFH-LRT 3140) Armleuchteralgen-Rasen auf sandig-lehmigen und mergelhaltigen Substraten in Gewässern mit neutraler bis schwach alkalischer Beschaffenheit oder Gewässern der Altersstufe ehemaliger saurer Tagebauseen (Charetea fragilis Fukarek ex Krausch 1964).

- Röhrichte, Großseggenrieder und Binsenfluren in Gewässern der Frühstufe bis Altersstufe auf fast sämtlichen Rohbodensubstraten; hohe Toleranz gegenüber der Beschaffenheit von Wasserkörper und Gewässersedimenten (Phragmitetea australis R. Tx. et Prsg.1942) (PIETSCH 1979b, c, 1998b, d; WEYER et al. 2009).

- Kurzlebige Pioniervegetation wechselnasser Uferbereiche; Zwergbinsen-Vegetation (Isoeto-Nanojuncetea Br.-Bl. et Tx. 1937, Cyperetalia fusci Pietsch 1963) und Vertreter der azidophilen Ufervegetation, wie Nadelbinsenfluren und Pillenfarn-Rasen (Eleocharition acicularis Pietsch 1973 und Apio-Pilularion globuliferae Pietsch 1973).

III Naturschutzfachliche Bedeutung

Die Lausitzer Bergbaufolgelandschaften zeichnen sich durch das Vorkommen zahlreicher vom Aussterben bedrohter und gefährdeter Pflanzenarten aus (BÖHNERT et al. 2001; JENTSCH 2009; KLEMM 1966; KLEMM & ILLIG 1989; KLENKE 2010; MÖCKEL 1998; PIETSCH 1977; SCHULZ 1999; WIEDEMANN 1998a, b; WIEGLEB et al. 2000). Die Offenlandschaften und Tagebaugewässer sind hervorragende Pionierstandorte für konkurrenzschwache Arten, die in der Bergbaunachbarlandschaft noch vorhanden sind, aber in anderen Bereichen Brandenburgs bereits stark zurückgegangen sind oder gänzlich fehlen. Insgesamt werden bisher 152 gefährdete höhere Pflanzenarten der Roten Liste Brandenburgs erfasst und den Gefährdungskategorien zugeordnet. Danach gehören 4 Arten zur Kategorie „Ausgestorben und verschollen", 14 Arten zur Kategorie „vom Aussterben bedroht", 38 Arten zur Kategorie „stark gefährdet" und 48 Arten zur Kategorie „gefährdet" an. Besonders auffällig ist der hohe Anteil von Arten aus dem semiaquatischen und aquatischen Bereich. Es sind Vertreter der azidophilen Ufergesellschaften (Juncetalia bulbosi) und der Wasserpflanzen-Gesellschaften, der Strandlingsrasen und Laichkraut-Gesellschaften (Littorelletea, Potamogetonetea). Im terrestrischen Bereich gehören dazu Arten der Silbergrasfluren (Corynephoretea), der Sandtrockenrasen (Sedo-Festucetea), der Heidekraut-reichen Magerrasen (Nardo-Callunetea), der Glockenheide-reichen Feuchtheiden (Ericetalia tetralicis) und der Orchideen-reichen Kiefern-Birkenwälder. In unterschiedlichen Zeitfolgen entwickeln sich verschiedene Biotoptypen mit einem Arteninventar, das in der Roten Liste mit den Kategorien „vom Aussterben bedroht" bzw. „stark gefährdet" einzuordnen ist. Besonders ausgeprägt sind die Verhältnisse im NSG „Insel im Senftenberger See". Aus naturschutzfachlicher Sicht sind die Nachweise von verschiedenen Gefäßpflanzenarten und vier Armleuchteralgen der Roten Listen Brandenburgs (RISTOW et al. 2006, SCHMIDT et al. 1995) nach einem Zeitraum von 39 Jahren besonders beeindruckend (PIETSCH 1998b, c; WEYER et al. 2009). Allein im aquatischen Bereich sind im Senftenberger See vier floristische Besonderheiten festzustellen. Das Knoten-Laichkraut (*Potamogeton nodosus*) kommt in Ostdeutschland (BENKERT et al. 1996) nur im Bereich großer Fluss- und Stromauen vor. Die Art ist in Ostdeutschland selten, in Brandenburg ist sie als „vom Aussterben bedroht" eingestuft (RISTOW et al. 2006). Ein weiterer Nachweis wird durch JENTSCH (2009) angegeben.

In Brandenburg ist der Strandling ebenfalls „vom Aussterben bedroht" eingestuft. Die Vorkommen in Tagebauseen der Lausitz, insbesondere die im Uferbereich der Insel im Senftenberger See, sind wahrscheinlich die größten in Brandenburg. Diese Vorkommen sind als FFH-Gebiet gesichert. Der Senftenberger See ist als FFH-Gebiet DE-4550-302/ Insel im Senftenberger See (890,94 ha) ausgewiesen. Neben verschiedenen terrestrischen ist auch der aquatische Lebensraumtyp „3130 - oligo- bis mesotrophe stehende Gewässer mit Vegetation der Littorelletea und/oder der Isoeto-Nanojuncetea" angegeben (MLUV 2008, LUA 2002).

Die dritte floristische Besonderheit ist das Vorkommen von Brauns Armleuchteralge (*Chara braunii*). Die Art hat in Deutschland ihren Verbreitungsschwerpunkt in Fischteichen. Nach SCHMIDT et al. (1995) galt sie in Brandenburg als „ausgestorben". In jüngster Zeit wurde sie auch hier wieder mehrfach in Fischteichen nachgewiesen (PETZOLD 2004, PIETSCH 2004).

Außerdem siedeln zwei Arten der azidophilen Ufergesellschaften (Eleocharition multicaulis, Juncetalia bulbosi) in flachen, zeitweiligen Wasserspiegelschwankungen unterworfenen Uferbereichen von 40 bis 50 Jahre alten Restgewässern. Das Vielstenglige Sumpfried und die Borsten-Schmiele werden in der Roten Liste als „vom Aussterben bedroht" geführt, sind aber in den Bergbaunachbarlandschaften der Lausitzer Niederungen noch mehrfach vorhanden (PIETSCH 1978, 1998b; RENNWALD 2000, S. 303).

Auf bindigen, lehmig-tonigen Substraten der Litoralbereiche älterer Tagebaurestgewässer haben sich zwei Arten oft großflächig entwickelt, die als „stark gefährdet" eingestuft werden (PIETSCH 1990). Es sind der Pillenfarn und der Zwerg-Igelkolben, die in der Lausitz in Fischteichen sowie in Lehm- und Tongruben und Torfstichen vorkommen.

Besonders wertvoll sind einjährige Arten von Zwergbinsen-Gesellschaften (Cyperetalia fusci), die in der Roten Liste als „vom Aussterben bedroht" wie Eiförmiges Sumpfried (*Eleocharis ovata*) und als „stark gefährdet" eingestuft werden, wie Zyperngras-Segge (*Carex cyperoides*), Borsten-Simse (*Isolepis setacea*), Wasserpfeffer-Tännel und Sand-Binse (*Juncus tenageia*). Es handelt sich um zeitweise trocken fallende, sandige bis schwach humose, flache Uferbereiche und Buchten besiedelnde Arten der für Teichböden charakteristischen Tännel-Sumpfried-Vegetation (Elatini-Eleocharition ovatae). Ausbildungen sind vom Knappensee, Senftenberger See und Geierswalder See bekannt.

Im terrestrischen Bereich sind es Arten der Silbergrasfluren, der Sandtrockenrasen und vor allem die Feuchtheiden mit zahlreichen Vertretern des atlantischen Florenelementes, orchideenreiche Stadien der Birken-Kieferngehölze und auch wintergrünreiche Ausbildungen auf humosen bodensauren Standorten, die in der Roten Liste erfasst sind. Besonders reich an gefährdeten Arten sind Vorkommen innerhalb von Heidekraut-Ginsterfluren, Heidekraut-Borstgras-Rasen und Pfeifengras-Glockenheide-Beständen.

Bei der Mehrzahl der von JENTSCH (2009) als „vom Aussterben bedroht" und „stark gefährdet" aufgeführten Arten besteht der Verdacht, dass sie aus Ansaaten benachbarter Flächen stammen. Das gilt besonders für das Täuschende Habichtskraut (*Hieracium fallax*) und die Kornrade (*Agrosthemma githago*), die mehrfach in der lückigen Vegetation älterer Kippenflächen angetroffen wurden. Flachblättrige Mannstreu (*Eryngium planum*) und Wiesen-Kümmel (*Carum carvi*) wurden nur in Ansaaten beobachtet. Bemerkenswert ist das Vorkommen des Katzenpfötchens im Neuen Lugteich in der Folgelandschaft des Tagebau Welzow (REIßMANN & PAULO 2010).

Von den „stark gefährdeten Arten" sind viele seit den 1970er Jahren verschollen, da ihre Biotope durch Sanierungsarbeiten zerstört wurden. Die Färber-Scharte (*Serratula tinctoria*) wird von JENTSCH (2009) noch für den Tagebaurand bei Groß-Beuchow angegeben. Bemerkenswert sind dennoch das oft massenhafte Vorkommen von Ästigem Rautenfarn, Mond-Rautenfarn, Gewöhnlicher Natternzunge, Glocken-Heide, Zierlichem Tausendgüldenkraut (*Centaurium pulchellum*), Faden-Segge (*Juncus filiformis*), Schlankem Augentrost (*Euphrasia micrantha*) und Teufelsabbiss (*Succisa pratensis*) innerhalb von Heidekraut-Borstgras-Rasen (Nardo-Callunetea) (HORN & SCHMID 1999). Kleinflächig bilden die Wintergrün-Arten Birngrün, Moosauge und Grünblütiges Wintergrün charakteristische Vegetationsmosaike in lockeren Kieferngehölzen. Eine besondere Zierde sind die Vorkommen von Braunrotem Sitter, Geflecktem Knabenkraut (*Dactylorhiza maculata*), Breitblättrigem Knabenkraut (*D. majalis*) und Steifblättrigem Knabenkraut. Eine Besonderheit ist das Vorkommen des Sand-Tragants (*Astragalus arenarius*) innerhalb von Sand-Trockenrasen (REIßMANN & PAULO 2010, JENTSCH 2009).

Die in der Bergbaufolgelandschaft geschaffenen neuen Lebensräume für Pflanzenarten sind wertvolle und in bestimmten Ausbildungen nach dem § 32 BrbgNatSchG „geschützte Biotope", wie Spontanvegetation auf Sekundärstandorten, sekundäre Moorbildungen in der Bergbaufolgelandschaft und Grubengewässer und Abgrabungsseen.

Vegetationsarme Rohbodenbereiche bieten konkurrenzschwachen Arten Möglichkeiten zur Ansiedlung, während sie sich in Biotopen der Bergbaunachbarlandschaft nicht gegen höherwüchsige Arten durchsetzen können, und deshalb dort gefährdet sind. Die geschützten Biotope der Bergbaufolgelandschaft sind Initiale und Ersatzflächen für gefährdete Standorte der naturnahen Vegetation der Lausitz. Mittel- bis langfristig entwickeln sich Heiden, Feuchtheiden, saure Zwischenmoore, Birken- und Kiefern-reiche Pionierwälder bis hin zu Laubmischwäldern. Im aquatischen Bereich sind es die Tagebauseen und Restgewässer in denen sich eine Wasserpflanzenvegetation herausbildet. Es sind die Gewässer der Übergangs- und Altersstufe ehemals saurer Tagebaugewässer mit Unterwasser-Laichkraut-Gesellschaften, isoetiden Grundsprossgewächsen der Strandlingsrasen und Nadelbinsenfluren sowie Armleuchteralgenbeständen. Besonders wertvoll sind wechselnasse Standorte mit sandigem Bodensubstrat, z. B. Bootsanlegestellen an Tagebauseen wie Knappensee, Senftenberger See, Geierswalder und Eggsdorfer See, für die Ansiedlung von Vertretern der therophytischen Zwergbinsen-Gesellschaften des Verbandes der Tännel-Sumpfried-Gesellschaften (Elatini-Eleocharition ovatae Pietsch 1973) innerhalb der Ordnung des Braunen Zyperngrases (Cyperetalia fusci Pietsch 1963).

Zur pflanzengeographischen Besonderheit der Lausitz zählt das atlantische Florenelement mit den atlantisch-subatlantisch verbreiteten Arten und ihren Gesellschaften der azidophilen Ufervegetation und der atlantisch getönten Heiden und Heidemoore (PIETSCH 1977, 1986; HEMPEL & PIETSCH 1984). Die Bergbaufolgelandschaft bietet wieder neue Lebensräume mit Biotopen, die ein Vorkommen der Arten des atlantischen Florenelementes ermöglichen. Da gegenwärtig noch zahlreiche Standorte in der Bergbaunachbarlandschaft vorhanden sind, ist von einem entsprechendem Diasporenmaterial zur Wiederbesiedlung von Biotopen in der Bergbaufolgelandschaft auszugehen, wie es das plötzliche massenhafte Auftreten von Strandling und Pillenfarn am Senftenberger See zeigt (PIETSCH 1990; WEYER et al. 2009).

IV Bedeutung der Sukzession im Rekultivierungsprozess (Naturnahe Begrünung als Alternative zur herkömmlichen Rekultivierung)

Als Alternative zur herkömmlichen Rekultivierung wurden verschiedene Verfahren und Vorhaben entwickelt, die in Kooperation mit den Einrichtungen des Aktiven Bergbaus, vertreten durch die LAUBAG bzw. Vattenfall Europe Mining & Generation einerseits und der Lausitzer und Mitteldeutschen Bergbau Verwaltungsgesellschaft mbh (LMBV) andererseits und der BTU-Cottbus durchgeführt wurden. Durch die Unterstützung der Deutschen Forschungsgemeinschaft und dem Ministerium für Forschung, Bildung und Kultur Brandenburg wurden zahlreiche Forschungsprojekte gewährleistet, wie unter anderem das BTUC Innovationskolleg „Ökologisches Entwicklungspotential der Bergbaufolgelandschaften im Lausitzer Braunkohlenrevier" (HÜTTL et al. 2000). Das Verbundprojekt

„Niederlausitzer Bergbaufolgelandschaft: Erarbeitung von Leitbildern und Handlungskonzepten für die verantwortliche

Gestaltung und nachhaltige Entwicklung ihrer naturnahen Bereiche" (LENAB) wurde durch das BMBF gefördert. Außerdem wurde das BMBF Forschungsprojekt „Entwicklung der Biodiversität im Gefüge von Ökologie, Ökonomie und Soziologie" an der BTU Cottbus (2007-2010) im Rahmen des Forschungsverbundes SUBICON (Successional Change and Biodiversity Conservation) gefördert und realisiert. Es wurden Verfahren zur Verwendung geeigneter Saatgutmischungen für Zwischenbegrünungen durchgeführt, die aufgrund der Standortangepasstheit des Saatgutes Aussicht auf Erfolg haben.

Bisher wurden oft billige Saatgutmischungen eingesetzt, die wegen Standortunangepasstheit nicht angehen und zu hohen Folgekosten nach Böschungsrutschungen führen. Es erfolgten bergbauspezifische Ansaaten mit autochthonem Saatgut. Auf erosionsgefährdeten Standorten kann die Vegetationsentwicklung durch naturnahe Begrünungsmethoden beschleunigt werden (TISCHEW & KIRMER 2003, KIRMER & TISCHEW 2006).

Im Tagebau Schlabendorf-Nord wurden Aussaatversuche mit Silbergras und Windhalm (*Apera spica-venti*) durchgeführt. Auf den jungen Flächen im Tagebau Seese-West konnten nur die Silbergras-Flächen nach 3 Jahren eine positive Entwicklung erreichen (JENTSCH 2009). Als geeignete Methoden der Begrünung haben sich Initialsetzungen durch Pflanzungen, Mähguteinbringung und Oberbodeneinbringung erwiesen. Potenziale der Renaturierung und Initialsetzung wurden an folgenden Beispielen durchgeführt:

- Silbergrasfluren und Trockenrasen (BAURIEGEL et al. 2000);
- Zwergstrauchheiden (BLUMRICH 2000, LANDECK et al. 2007);
- Kleinseggen, Wollgras- und Röhrichtbestände (PIETSCH et al. 1998; UCHTMANN et al. 1998; OTTO 2000);
- Röhrichtbestände im Ballenpflanzverfahren und Stecklingsvermehrung (SCHÖTZ & PIETSCH 2002; PIETSCH & SCHÖTZ 2004).

Bei den Versuchen, Zwergstrauchheiden mit verschiedenen Methoden zu etablieren, erwies sich die Verbringung von Heideoberboden als die erfolgreichste. Bei dieser Methode bleibt das Mykorrhiza-Potenzial in der Rhizosphäre der Heidekrautbestände erhalten.

Für die Bergbaufolgelandschaft des Tagebaues Jänschwalde sind 15 % des gesamten ehemaligen Abbaufeldes für Renaturierungszwecke vorgesehen; 50 % wird Wald, die anderen Teile sind für intensive Nutzung vorgesehen. In der Bergbaufolgelandschaft sollen Potenziale genutzt werden, die in der umgebenden Kulturlandschaft nicht mehr vorhanden sind. Ziel ist es, eine spezialisierte Flora und Fauna anzusiedeln, die in der bewirtschafteten und stark frequentierten Landschaft größtenteils schon verdrängt ist. Auf einem Areal von zunächst 1.200 ha Fläche soll durch die Fa. NAGOLA (sorb. „auf der Heide") ein Landschaftsmosaik aus Heide, Wildkräutern, Gräsern und Wiesenblumen geschaffen werden (KRAUSE 2010). Eine Kombination von spontanen Besiedlungsprozessen mit naturnahen Begrünungsmethoden führen zur Entwicklung von struktur- und artenreichen Vegetationsmosaiken, die die biologische Vielfalt erhöhen und naturschutzfachliche und ästhetische Bestrebungen rechtfertigen (GRÄTZ 1999).

Für viele Pflanzenarten stellt die Bergbaufolgelandschaft inzwischen das Hauptverbreitungsgebiet in den jeweiligen Landschaftsräumen dar. Es handelt sich dabei oft um kleinflächige Biotope, die gegenüber äußeren Einflüssen stark gefährdet sind und außerdem durch fortschreitende Sukzession verdrängt werden. Durch Sanierungsmaßnahmen wurden bereits wertvolle Biotope während der 1970er und Anfang der 1990er Jahre, in denen sich langfristig eine wertvolle Vegetation entwickelt hatte, vernichtet. Im Sinne von BROZIO (1998) und DURKA et al. (1997, 1999) sind deshalb Sukzessionsflächen zu schaffen, die aufgrund ihrer Lage, Größe und Verschiedenheit der edaphischen Verhältnisse sowie aufgrund des räumlichen Verbundes als Lieferbiotope eine Einflussnahme auf die Entwicklungsrichtung und -geschwindigkeit zulassen. Es ergibt sich die Notwendigkeit, neue Lebensräume, Vorrangflächen durch gezielte Schüttungsmaßnahmen zu schaffen, die den Charakter und die naturschutzfachliche Wertigkeit der neuen Landschaft bestimmen. Die besonderen Standorte übernehmen landschaftsökologische Teilfunktion und tragen zur Besiedlungsfähigkeit der Bergbaufolgelandschaft durch zahlreiche seltene Pflanzen- und Tierarten bei und schaffen Möglichkeiten für die Wiederansiedlung regional typischer oder seltener und gefährdeter Pflanzenarten.

Durch BROZIO (1998) erfolgt die Einrichtung und Entwicklung ökologischer Vorranggebiete in der Bergbaufolgelandschaft des Tagebaues Nochten als NSG „Innenkippe Nochten". Die Innenkippe ist ein Untersuchungsobjekt zur natürlichen Sukzession und zur gezielten und beschleunigten Entwicklung von Ökosystemen auf Kipprohböden. Grundwasserabhängige Waldgesellschaften und Moorökosysteme können nach BROZIO nur in ausgewählten Bereichen, bei Mooren nur in Initialstadien, angesiedelt werden. Naturschutzrelevante Landschaftselemente werden von MÖCKEL (1998) zur Gestaltung der Bergbaufolgelandschaft des ehemaligen Tagebaues Schlabendorf-Nord beschrieben.

Ein Musterbeispiel für die Schaffung ökologischer Vorrangflächen bei der Gestaltung von Bergbaufolgelandschaften ist das NSG „Naturparadies Grünhaus". Aus einem Teil des ehemaligen Tagebau Kleinleipisch wurde eine neue Landschaft als Rückzugsort und Ausbreitungszentrum für gefährdete Pflanzen- und Tierarten geschaffen und mit einem Monitoringsystem versehen (LANDECK 1996; LANDECK et al. 2007; MÜLLER et al. 2001; WIEDEMANN 1998a, b; WÖLLECKE et al. 2007).

Ein Naturschutz-Großprojekt „Lausitzer Seenland" ist im Raum Hoyerswerda - Bergen geplant, aber durch Rutschungen und Grundbrüche im ehemaligen Tagebau Spreetal stark beeinträchtigt.

In der Bergbaufolgelandschaft des Tagebaues Welzow-Süd entstehen ebenfalls zahlreiche neue Lebensräume; durch gezielte Substratverkippung werden neue Geotope hergestellt und gewünschte Reliefformen geschaffen. So entstand der Neue Lugteich mit Trocken- und Feuchtbiotopen und den dazu gehörigen Pflanzenarten (KENDZIA et al. 2008; REIßMANN & PAULO 2010). Hier werden günstige abiotische Voraussetzungen für Entwicklungsprozesse von Kippenökosystemen geschaffen.

4 Literatur

ARNDT, A. (1960): Selbstbegrünung einer Halde in der Niederlausitz. Mitt. Flor.-Soz. Arbeitsgem. N. F. **8**: 347-349.

BAURIEGEL, E., KRAUSE, M., WIEGLEB, G. (2000): Experimentelle Untersuchungen zur Initialensetzung von Trockenrasen in der Nierlausitzer Bergbaufolgelandschaft. In: WIEGLEB, G., BRÖRING, U., MRZILJAK, J., SCHULZ, F. (Hrsg.): Naturschutz in Bergbaufolgelandschaften. Landschaftsanalyse und Leitbildentwicklung: 177-201, Heidelberg.

BENKERT, D. (1982): Verbreitungskarten brandenburgischer Pflanzenarten. Ophioglossaceae und Pyrolaceae. Gleditschia **9**: 77-107.

-, FUKAREK, F., KORSCH, H. (1996) (Hrsg.): Verbreitungsatlas der Farn- und Blütenpflanzen Ostdeutschlands. Jena.

BLUMRICH, H. (2000): Potentiale der Renaturierung und Initialentsetzung von Zwergstrauchheiden in der Niederlausitzer Bergbaufolgelandschaft. In: WIEGLEB, G., BRÖRING, U., MRZILJAK, J., SCHULZ, F. (Hrsg.): Naturschutz in Bergbaufolgelandschaften. Landschaftsanalyse und Leitbildentwicklung: 202-216, Heidelberg.

BÖCKER, L., ERTLE, C., STÄHR, F., PREUßNER, K., KATZUR, J. (2007): Rekultivierung mit Gemeiner Kiefer in der Bergbaufolgelandschaft des Lausitzer Braunkohlenrevieres. Eberswalder Forstl. Schr. **32**: 440-445.

BÖHNERT W., GUTTE, P., SCHMIDT, P. A. (2001): Verzeichnis und Rote Liste der Pflanzengesellschaften Sachsens. Materialien zu Naturschutz und Landschaftspflege. Hrsg.: LfUG, Dresden.

BROZIO, F. (1998): Naturschutz in der Bergbauregion Weißwasser. In: PFLUG, W. (Hrsg.): Braunkohlentagebau und Rekultivierung: 687-696, Berlin.

CHABBI, A., PIETSCH, W., HÜTTL, R. F. (1996): The role of *Juncus bulbosus* L. as a pionier of open pit lakes in the Lusatian mining area. Proceedings of the 4th International Symposium of the Earth`s Surface: 373-378.

CHABBI, A., PIETSCH, W., WIEHE, W., HÜTTL, R. F. (1998): Survival strategies of *Juncus bulbosus* L. under extreme phytotoxic conditions in acid mine lakes in the Lusatian Mining Distrikt, Germany. Int. J. Ecol. Environm. Sci. **24**: 271-292.

CRONK, J. K., FENNESSY, M. S. (2001): Wetland plants - Biology and Ecology. London.

DAGEFÖRDE, A. (1998): Spontane Vegetationsentwicklung auf nicht meliorierten Kippen des Braunkohlentagebaus. In: BUNGART, R., HÜTTL, R. F. (Hrsg.): Landnutzung auf Kippenflächen - Erkenntnisse aus einem anwendungsorientierten Forschungsvorhaben im Lausitzer Braunkohlenrevier. Cottbuser Schriften **2**: 207-225.

DIERSCHKE, H. (1994): Pflanzensoziologie - Grundlagen und Methoden. Stuttgart.

DIETRICH, F. (1997): Untersuchungen über die physikalisch-chemische Beschaffenheit quartärer Kippsubstrate in Beziehung zur Sukzession von Silbergrasfluren, Sandtrockenrasen und Besenginsterheiden am Beispiel der Bergbaufolgelandschaft im Tagebau Lohsa IV, Außenkippe Bärwalde. Dipl.-Arb., BTU, Cottbus.

DREBENSTEDT, C. (1998): Planungsgrundlagen der Wiedernutzbarmachung. In: PFLUG, W. (Hrsg.): Braunkohlentagebau und Rekultivierung: 487-512, Berlin.

DUNGER, W. (1998): Immigration, Ansiedlung und Primärsukzession der Bodenfauna auf jungen Kippböden. In: PFLUG, W. (Hrsg.): Braunkohlentagebau und Rekultivierung: 635-644, Berlin.

-, WANNER, M. (1999): Ansiedlung und Primärsukzession der Bodenfauna auf Tagebaukippen – Ergebnisse und theoretische Ansätze. Verh. Ges. Ökol. 29: 201-211.

DURKA, W., ALTMOOS, M., HENLE, K. (1997): Naturschutz in Bergbaufolgelandschaften des Südraumes Leipzig unter besonderer Berücksichtigung spontaner Sukzession. UFZ-Bericht **22**.

DURKA, W., ALTMOOS, M., HENLE, K. (1999): Naturschutz und Landschaftspflege in Bergbaufolgelandschaften. Konzepte zur Optimierung eines Netzes von Vorrangflächen. Schr. R. Dt. Rat Landespfl. **70**: 81-92.

ELLENBERG, H. (1996): Vegetation Mitteleuropas mit den Alpen. 5. Aufl., Stuttgart.

-, WEBER, H. E., DÜLL, R., WIRTH, V., WERNER, W., PAULIßEN, D. (1992): Zeigerwerte von Pflanzen in Mitteleuropa. 2. Aufl., Scripta Geobotanica **18**.

ENDLICH, P. (1997): Auswirkungen der Erosion auf die Sukzession der Vegetation verschiedener Kippsubstrate am Beispiel der Bergbaufolgelandschaft NSG „Sukzessionslandschaft Nebendorf". Dipl.-Arb., BTU, Cottbus.

ERTLE, C., KNOCHE, D., LANDECK, I., BÖCKER, L. (2004): Umbau nicht standortgerechter, junger Kiefern- sowie älterer Birken- und Kiefernerstaufforstungen auf Kippen und Halden der Niederlausitz in horizontal und vertikal strukturierte Mischbestände mit hoher funktionaler Wertigkeit, BMBF Forschungsprojekt (FKZ: 0339770), Abschlussbericht des Forschungsinstitutes für Bergbaufolgelandschaften e. V. Finsterwalde.

EVANGELOU, V. P. (1998): Environmental soil and water chemistry - Principles and applications. New York.

FELINKS. B. (2000): Primärsukzession von Phytozönosen in der Bergbaufolgelandschaft. Diss., BTU Cottbus.

FISCHER, W., GROßER, K. H., MANSIK, K.-H., WEGENER, U. (1982): Die Naturschutzgebiete der Bezirke Potsdam, Frankfurt (Oder) und Cottbus sowie der Hauptstadt der DDR, Berlin. In: WEINITSCHKE, H. (Hrsg.): Handbuch der Naturschutzgebiete der DDR. 3. Aufl., Leipzig.

GEHLKEN, B. (2010): Beitrag zur Abgrenzung und Untergliederung des Filagini-Vulpietum myuros Oberd. 1938. Tuexenia **30**: 271-288.

GRÄTZ, C. (1999): Kleinräumige vegetationskundliche und standörtliche Untersuchungen auf der Innenkippe des Tagebaues Cottbus-Nord. Dipl.-Arb., Humboldt-Universität, BTU, Berlin, Cottbus.

GROßER, K.-H. (1955): Vegetationsuntersuchungen an Heidemooren und Heidesümpfen in der Oberförsterei Weißwasser. Wiss. Z. Humboldt Univ. Berlin, Math.-Nat. Reihe **4/5**: 401-415.

- (1966): Altteicher Moor und Große Jeseritzen. Brandenbg. Naturschutzgeb. Folge **1**.

- (1985): Die Auswirkungen des Braunkohlenbergbaues auf die Naturschutzobjekte im Bezirk Cottbus. Naturschutzarbeit Berlin u. Brandenburg **21**: 65-78.

- (1998): Der Naturraum und seine Umgebung. In: PFLUG, W. (Hrsg.): Braunkohlentagebau und Rekultivierung: 461-474, Berlin.

- (2003): Wandlungen im Waldbild der Muskauer Heide. Z. Oberlausitz. Ges. Wiss. Görlitz N. F. **5/6**: 93-118.

GUNSCHERA, G. (1996): Landwirtschaftliche Rekultivierung von Kippenflächen des Braunkohlenbergbaus - Empfehlungen und Richtwerte. Unveröff. Manuskr., Forschungsinstitut für Bergbaufolgelandschaften e. V. Finsterwalde.

-, HAUBOLD-ROSAR, M. (2009): Düngempfehlungen für die Landwirtschaftliche Rekultivierung von Kippenflächen. Schr. R. FIB **1**.

HEINSDORF, D. (1992): Untersuchungen zur Düngebedürftigkeit von Forstkulturen auf Kipprohböden der Niederlausitz. Diss. B, TU Dresden/Tharandt.

HEMPEL, N. (2001): Untersuchungen an Standorten des Pfeifengrases (*Molinia caerulea* Moench) in Feuchtbereichen der Bergbaufolgelandschaft des Lausitzer Braunkohlen-Reviers. Dipl.-Arb., TU Dresden.

HEMPEL, W., PIETSCH, W. (1984): Verbreitungskarten sächsischer Leitpflanzen. 5. Reihe. Ber. Arbeitsgemein. Sächs. Bot. N. F. **12**: 1-48.

HERBST, H. V. (1966): Limnologische Untersuchungen von Tagebaugewässern in den Rekultivierungsgebieten der Braunkohle-Industrie im Kölner Raum. Ministerium für Ernährung, Landwirtschaft und Forsten, Nordrhein-Westfalen.

HEUSOHN (ab 1939 HEUSON), R. (1929): Praktische Kulturvorschläge für Kippen, Bruchfelder, Dünen und Ödländereien. Neudamm.

HEYDE, K., KRUG, H. (2000): Orchideen in der Braunkohlen-Bergbaufolgelandschaft. LMBV - Lausitzer und Mitteldeutsche Bergbau-Verwaltungsgesellschaft mbH (Hrsg.).

HEYM, W.-D. (1971): Die Vegetationsverhältnisse älterer Bergbau-Restgewässer im westlichen Muskauer Faltenbogen. Abh. Ber. Naturkundemus. Görlitz **46**: 1-40.

-, HIEKEL, S. (1988): Entwicklung, Vegetation und Libellenfauna älterer Restgewässer im westlichen Muskauer Faltenbogen. Natur u. Landschaft Bezirk Cottbus **10**: 36-58.

HOFMANN, G., POMMER, U. (2005): Potentielle Natürliche Vegetation von Brandenburg und Berlin mit Karte im Maßstab 1:200.000. Eberswalder Forstl. Schr. R. **24**.

HORN, K. & SCHMID, M. (1999): Ein Neufund der Ästigen Mondraute (*Botrychium matricarifolium*) im ehemaligen Braunkohlentagebaugebiet bei Hoyerswerda. Sächs. Florist. Mitt. **5**: 3-7.

HUFF, K. (2007): Baumartenwahl und Herleitung von Aufforstungstypen für die forstliche Rekultivierung von Kippenstandorten im Lausitzer Braunkohlenrevier. Dipl.-Arb., Studiengang Forstwirtschaft, Hochschule für Angew. Kunst u. Wissenschaft Göttingen.

ILLIG, H. (1974): Der Riesenschachtelhalm (*Equisetum telmatica* Ehrh.) bei Luckau. Niederlaus. Florist. Mitt. **7**: 49-53.

- (1977): Seltene Pflanzenarten im Bereich des Tagebaus Schlabendorf-Nord. Biol. Stud. Luckau **6**: 66-67.

- (2008): Über Armleuchteralgen (Charophyceae) in der nordwestlichen Niederlausitz, mit einem Erstnachweis von *Chara canescens* Desv. et Loisel.1810. Biol. Stud. Luckau **37**: 64-69.

JÄGER, E. J., WERNER, K. (Hrsg.) (2005): Exkursionsflora von Deutschland. Gefäßpflanzen: Kritischer Band. 10. bearb. Aufl., Heidelberg.

JENTSCH, H. (1975): Zur Pflanzenbesiedlung von Kippenflächen im Niederlausitzer Braunkohlegebiet. Naturschutzarbeit Berlin u. Brandenburg **2/3**: 35-39.

- (1994): Das Naturschutzgebiet „Sukzessionslandschaft Nebendorf". Natursch. Landschaftspfl. Brandenburg **1**: 29-32.

- (2006): Zur Wiederbesiedlung ehemaliger Tagebauflächen in der Niederlausitz. Biol. Stud. Luckau **35**: 21-31.

- (2009): Die spontan und anthropogen beeinflusste Vegetationsentwicklung in den Bergbaufolgelandschaften Schlabendorf und Seese. Biol. Stud. Luckau **38**: 14-35.

- (2010): Die Entwicklung der Vegetation auf der Außenhalde Buckow bei Calau in mehr als 40 Jahren. Natur u. Landschaft Niederlausitz **29**: 27-33.

KATZUR, J. (1965): Untersuchungen über die Rekultivierung von Tertiärkippen unter Verwendung phenolhaltiger Kokereiabwässer. Diss., Humboldt-Universität Berlin.

- (1997): Bergbaufolgelandschaften in der Lausitz - Naturraumpotentiale und Naturressourcen im Braunkohlenrevier. Naturschutz u. Landschaftsplanung **29**: 114-121.

- (1998): Melioration schwefelhaltiger Kippböden. In: PFLUG, W. (Hrsg.): Braunkohlentagebau und Rekultivierung: 559-572, Berlin.

KELLER, J. (2000): Untersuchungen zur Besiedlung ökologisch extremer Standorte semiaquatischer Bereiche durch Schnabel-Segge (*Carex rostrata* Stokes) in der Bergbaufolgelandschaft als Grundlage zukünftiger Sanierungsarbeiten im Lausitzer Braunkohlerevier. Dipl.-Arb., BTU, Cottbus.

KENDZIA, K., REIßMANN, R., NEUMANN, T. (2008): Gezielte Entwicklung von naturschutzfachlich bedeutsamen Feuchtbiotopen mit natürlicher Speisung in der Lausitzer Bergbaufolgelandschaft. World of Mining **60**: 89-95.

KIRMER, A., TISCHEW, S. (2006): Handbuch naturnahe Begrünung von Rohböden. Wiesbaden.

KLEINKNECHT, U. (2001): Birken-Zitterpappel-Vorwälder der Bergbaufolgelandschaft des Leipziger Südraums (Hieracio piloselloidis-Betuletum pendulae ass. nov.). Tuexenia **21**: 39-50.

KLEMM, G. (1966): Zur pflanzlichen Besiedlung von Abraumkippen und -halden des Braunkohlenbergbaus. Hercynia N. F. **3**: 31-51.

-, ILLIG, H. (1989): Gefährdete Pflanzengesellschaften der Niederlausitz. Natur u. Landschaft Bezirk Cottbus Sonderheft: 1-86.

KLENKE, F. (2010): Naurschutzgebiete in Sachsen. Sächsisches Staatsministerium für Umwelt und Landwirtschaft (Hrsg.), Dresden.

KNOCHE, D., ERTLE, C. (2007): Ursachen und Verlauf des Wurzelschwammbefalls von Kiefernbeständen auf Kippenstandorten - Entwicklung eines Bewertungsschemas zur Einschätzung der Prädisposition von Kippenstandorten und von Behandlungsempfehlungen für die betroffenen Kiefernbestände. Abschlussbericht, Forschungsinstitut für Bergbaufolgelandschaften e.V. Finsterwalde.

KRAUSE, B. (2010): Vom Glück der Pechnelke - Warten auf das erste Kippenblühen. Akzente (Vattenfall-Magazin) **15**: 31-35.

KRAUSE, M. (1996): Klassifizierung ausgewählter Kippbodensubstrate in Beziehung zur Vegetationsstruktur am Beispiel der Bergbaufolgelandschaft im Tagebau Greifenhain. Dipl.-Arb., BTU Cottbus.

LANDECK, I. (1996): Diasporenangebot im Umland der Tagebaue des Untersuchungsgebietes und die Wiederbesiedlung der Kippen und Halden durch Flora und Wirbellose (Käfer, Ameisen, Spinnen, Libellen, Heuschrecken). Tagungsband des BMBF-Förderprojektes „Schaffung ökologischer Vorrangsflächen bei der Gestaltung der Bergbaufolgelandschaft", Forschungsinstitut für Bergbaufolgelandschaften e.V. Finsterwalde: 93-127.

-, KNOCHE, D., LEIBERG, C. (2007): Monitoringkonzepte am Beispiel der Bergbaufolgelandschaft „Naturparadies Grünhaus". Arbeitsbericht 2007. Deutsche Bundesstiftung Umwelt, Osnabrück.

LANDESBERGAMT BRANDENBURG (2001): Richtlinie für die Wiedernutzbarmachung bergbaulich in Anspruch genommener Bodenflächen vom 15. Juni 2001.

LUA (LANDESUMWELTAMT BRANDENBURG) (2002): Lebensräume und Arten der FFH-Richtlinie in Brandenburg. Naturschutz und Landschaftspflege in Brandenburg **11**, 175 S.

- (2007): Biotopkartierung Brandenburg **Bd. 2**: Beschreibung der Biotoptypen unter besonderer Berücksichtigung der nach §32 BbgNatSchG geschützten Biotope und der Lebensraumtypen des Anhangs I der FFH-Richtlinie. 3. Aufl., Potsdam.

LMBV (2009): Rekultivierung von Bergbaufolgelandschaften - Nachhaltige Bergbausanierung. Lausitzer und Mitteldeutsche Bergbauverwaltungsgesellschaft (LMBV), Senftenberg.

- (2010): Presseinformation vom 12. Mai 2010. Lausitzer und Mitteldeutsche Bergbauverwaltungsgesellschaft (LMBV), Senftenberg.

LORENZ, A. (2004): Waldentwicklung auf Kippenflächen: Ein Überblick über das gesamte ostdeutsche Braunkohlenrevier. In: TISCHEW, S. (Hrsg.): Renaturierung nach dem Braunkohleabbau: 188-201, Wiesbaden.

-, TISCHEW, S., MAHN, E.-G. (2009): Analyse der Sukzessionsdynamik spontan entwickelter Wälder auf Kippenflächen der ehemaligen ostdeutschen Braunkohlengebiete als Grundlage für Renaturierungskonzepte. Forstarchiv **80**: 151-162.

MEINHARDT, C. (1997): Landschaften nach dem Tagebau. Berichte aus der ökologischen Forschung. Bundesministerium für Bildung, Wissenschaft, Forschung und Technologie. Balingen.

MLUV (MINISTERIUM FÜR LÄNDLICHE ENTWICKLUNG, UMWELT UND VERBRAUCHERSCHUTZ) (2008): Natura 2000: Flora-Fauna-Habitat (FFH)-Gebiete. www.mlur.brandenburg.de/cms/media.php/2338/ffhliste.pdf

MÖCKEL, R. (1998): Naturschutz auf Kippen des Braunkohlenbergbaues in der Niederlausitz. In: PFLUG, W. (Hrsg.): Braunkohlentagebau und Rekultivierung: 706-720, Berlin.

MUELLER-DOMBOIS, D., ELLENBERG, H. (1974): Aims and methods of vegetation ecology. New York.

MÜLLER, J. (1999): Sukzession als systemarer Prozeß. In: KOEHLER, H., MATHES K., BREKLING, B. (Hrsg.): Bodenökologie interdisziplinär: 55-67, Berlin.

MÜLLER, L., WIEDEMANN, D., LANDECK, I. (2001): Schutzwürdigkeitsgutachten für das geplante Naturschutzgebiet „Bergbaufolgelandschaft Grünhaus". Lausitzer und Mitteldeutsche Bergbau-Verwaltungsgesellschaft mbH, Brieske.

OTTO, H. (2000): Untersuchungen zur Besiedlung ökologisch extremer Standorte semiaquatischer Bereiche durch Schmalblättriges Wollgras (*Eriophorum angustifolium* HONCK.) in der Bergbaufolgelandschaft als Beitrag für zukünftige Sanierungsarbeiten im Lausitzer Braunkohlerevier. Dipl.-Arb., BTU Cottbus.

PASSARGE, H. (1999): Pflanzengesellschaften Ostdeutschlands 2, II. Helocyperosa und Caespitosa. Berlin.

PETZOLD, S. (2004): Brauns Armleuchteralge (*Chara braunii* GMEL. 1826) in den Lakomaer und Peitzer Teichen. Verh. Bot. Ver. Berlin Brandenburg **137**: 547-553.

PFLUG, W. (1998): Braunkohlentagebau und Rekultivierung - Landschaftsökologie, Folgenutzung, Naturschutz. Berlin.

PIETSCH, W. (1965): Die Erstbesiedlungsvegetation eines Tagebausees - Synökologische

Untersuchungen im Lausitzer Braunkohlenrevier. Limnologica **3**: 177-222.

- (1970): Ökophysiologische Untersuchungen an Tagebaugewässern der Lausitz. Habilschrift, Fakultät f. Bau-, Wasser- u. Forstwesen, TU Dresden.
- (1973): Vegetationsentwicklung und Gewässergenese in den Tagebauseen des Lausitzer Braunkohlen-Reviers. Arch. Naturschutz u. Landschaftsforsch. **13**: 187-217.
- (1977): Das atlantische Florenelement in der Lausitz - seine Gefährdung und Erhaltung. Niederlaus. Florist. Mitt. **8**: 2-19.
- (1978): Zur Soziologie, Ökologie und Bioindikation der *Eleocharis multicaulis*-Bestände der Lausitz. Gleditschia **6**: 209-264.
- (1979a): Zur hydrochemischen Situation der Tagebauseen des Lausitzer Braunkohlen-Reviers. Arch. Naturschutz u. Landschaftsforsch. **19**: 97-115.
- (1979b): Klassifizierung und Nutzungsmöglichkeiten der Tagebaugewässer des Lausitzer Braunkohlen-Reviers. Arch. Naturschutz u. Landschaftsforsch. **19**: 187-215.
- (1979c): Zur Vegetationsentwicklung in den Tagebaugewässern des Lausitzer Braunkohlen-Reviers. Natur u. Landschaft Bezirk Cottbus **2**: 71-83.
- (1985): Vegetation und Standortsverhältnisse der Heidemoore der Lausitz. Verh. Zool.-Bot. Ges. Österreich **123**: 75-98; Festschrift für Prof. G. Wendelberger, Wien.
- (1986): Soziologisches und ökologisches Verhalten von *Luronium natans* (L.) Rafin und *Potamogeton polygonifolius* Pourr. in der Lausitz. Abh. Mus. Münster **48**: 263-280.
- (1988): Vegetationskundliche Untersuchungen im NSG „Welkteich". Naturschutzarbeit Berlin u. Brandenburg **24**: 82-95.
- (1990): Erfahrungen über die Wiederbesiedlung von Bergbaufolgelandschaften durch Arten des Atlantischen Florenelementes. Abh. Ber. Naturkundemus. Görlitz **64**: 65-68.
- (1991): Landschaftsgestaltung im Bezirk Cottbus, dargestellt am Beispiel des Senftenberger Sees. Abh. Sächs. Akad. Wiss. Leipzig, Math.-Nat. Klasse **57**: 29-38.
- (1993): Restoration of green environments and harmonious landscapes in the Lusatian Lignite area in Germany, based on the ecological situation. XVth International Botanical Congress, Yokohama, Japan, Pacifico, 28. Aug.-3. Sept. 1993, 2.9.1: 1-16.
- (1995): Makrophyten als Zeiger für die Abgrabungsseen des Lausitzer Braunkohlenrevieres in Abhängigkeit vom Chemismus des Wasserkörpers und der Sedimentbeschaffenheit. Limnologie aktuell **7**: 53-65.
- (1996): Recolonization and development of vegetation on mine spoils following brown coal mining in Lusatia. Water, Air and Soil Pollution **91**: 1-15.
- (1998a): Sukzession der Vegetation im NSG „Insel im Senftenberger See" (1970-1996). Ber. Inst. Landschafts- u. Pflanzenökologie Univ. Hohenheim **Beiheft 5**: 54-68.
- (1998b): Besiedlung und Vegetationsentwicklung in Tagebaugewässern in Abhängigkeit von der Gewässergenese. In: PFLUG, W. (Hrsg.): Braunkohlentagebau und Rekultivierung: 663-676, Berlin.
- (1998c): Naturschutzgebiete zum Studium der Sukzession der Vegetation in der Bergbaufolgelandschaft. In: PFLUG, W. (Hrsg.): Braunkohlentagebau und Rekultivierung: 677-686, Berlin.
- (1998d): Colonization and development of vegetation in mining lakes of the Lusatian Lignite Area in dependence on water genesis. In: GELLER, W., KLAPPER, H., SALOMONS, W. (Hrsg.): Acidic mining lakes, acid mine drainage, Limnology and Reclamation. Berlin, Heidelberg, Springer-Verlag: 169-193.
- (1999): Ausgewählte Sukzessionsstadien der Vegetationsentwicklung in der Bergbaufolgelandschaft des Lausitzer Braunkohlenreviers. Abh. Naturwiss. Verein Bremen **44**: 593-605.
- (2004): Zur Verbreitung, Soziologie und Ökologie von *Chara braunii* GMELIN im südlichen Brandenburg. Verh. Bot. Ver. Berlin Brandenburg: **137**: 537-544.
- (2008): Vegetationsentwicklung in der Offenlandschaft des Lausitzer Braunkohlenreviers am Beispiel der Außenkippe Bärwalde. Ber. Inst. Landschafts- u. Pflanzenökologie Univ. Hohenheim **17**: 133-148.
- (2011): Die Characeen der Lausitz im Wandel der Jahrzehnte. Natur u. Landschaft in der Niederlausitz. In Vorbereitung zum Druck.
-, CHABBI, A., UCHTMANN, H., HÜTTL, R. F. (1998): Mechanisms of pioneer vegetation in the aquatic area of post-mining lakes in the Lusatian lignite mining district. International Conference on Restoration Ecology 25.-30. August, Groningen.
-, JENTSCH, H. (1984): Zur Soziologie und Ökologie von *Myriophyllum heterophyllum* MICH. in Mitteleuropa. Gleditschia **12**: 303-335.
-, SCHÖTZ, A. (1999): Vegetationsentwicklung auf Kipprohböden der Offenlandschaft - Rolle für die Bioindikation. In: HÜTTL, R. F., KLEM, D.,

WEBER, E. (Hrsg.): Rekultivierung von Bergbaufolgelandschaften: 101-117, Berlin.

-, SCHÖTZ, A. (2004): Constructed wetlands - ein Beitrag zur Behandlung extrem saurer Tagebaugewässer. In: NIXDORF, B., DENEKE, R. (Hrsg.): Grundlagen und Maßnahmen zur biogenen Alkalisierung von sauren Tagebauseen: 175-198, Berlin.

PREUẞNER, K. (1997): Rudolf Heuson - Ein Beitrag zur Geschichte der forstlichen Rekultivierung in der Lausitz. In: Forstliche Rekultivierung in der Bergbaufolgelandschaft - Jahrestagung 1996 der Schutzgemeinschaft Deutscher Wald. Lausitzer Braunkohle Aktiengesellschaft (Hrsg.).

- (1998): Wälder und Forste auf Kippenstandorten. In: PFLUG, W. (Hrsg.): Braunkohlentagebau und Rekultivierung: 600-609, Berlin.

RÄTZE, T. (1997): Untersuchungen über die physikalisch-chemische Beschaffenheit von Kippsubstraten *Calluna vulgaris*-reicher Standorte am Beispiel der Bergbaufolgelandschaft im Tagebau Lohsa IV, Außenkippe Bärwalde. Dipl.-Arb., BTU Cottbus.

REBELE, F. (1996): *Calamagrostis epigejos* (L.) Roth. auf anthropogenen Standorten - ein Überblick. Verh. Ges. Ökol. **26**: 753-763.

-, LEHMANN, C. (1994): Zum Potential sexueller Fortpflanzung bei *Calamagrostis epigejos* (L.) ROTH. Verh. Ges. Ökol. **23**: 445-450.

-, LEHMANN, C. (2001): Biological Flora of Central Europe: *Calamagrostis epigejos* (L.) Roth. Flora **196**: 325-344.

REIẞMANN, R., PAULO, C. (2010): Gestaltung besonderer Lebensräume in der Folgelandschaft von Braunkohlentagebauen am Beispiel Welzow-Süd. 61. Berg- und Hüttentag Freiberg, Juni 2010. Unveröff. Manuskr.

RENNWALD, E. (2000): Verzeichnis und Rote Liste der Pflanzengesellschaften Deutschlands. Schr. R. Vegetationskunde **35**.

RISTOW, M., HERRMANN, A., ILLIG, H., KLÄGE, H.-C., KLEMM, G., KUMMER, V., MACHATZI, B., RÄTZEL, S., SCHWARZ, R., ZIMMERMANN, F. (2006): Liste und Rote Liste der etablierten Gefäßpflanzen Brandenburgs. Natursch. Landschaftspfl. Brandenburg **15**: 163 S.

RÖSLER, M., PREUẞNER, K. (2009): Die forstliche Rekultivierung als Beitrag zum Waldumbau in der Lausitz. World of Mining **61**: 308-316.

RUHNOW, L. (1997): Physikalisch-chemische Beschaffenheit unterschiedlich alter Kippsubstrate in Beziehung zur Vegetationsstruktur im Tagebau Spreetal, Teilbereich Bluno. Dipl.-Arb., BTU, Cottbus.

SÄNGER, H. (1993): Die Flora und Vegetation im Uranbergbaurevier Ronneburg - Pflanzensoziologische Untersuchungen an Extremstandorten. Ökologie und Umweltsicherung **5/1993**.

- (2003): Raum-Zeit-Dynamik von Flora und Vegetation auf Halden des Uranbergbaus. Ökologie u. Umweltsicherung **23/2003**.

SCHERZER, J. (2001): Der Wasserhaushalt von Kiefernforsten auf Kippböden der Niederlausitz. Cottbuser Schr. Bodenschutz u. Rekultivierung **16**.

SCHMIDT, D., WEYER, K. VAN DE, KRAUSE, W., KIES, L., GARNIEL, A., GEISSLER, U., GUTOWSKI, A., SAMIETZ, R., SCHÜTZ, W., VAHLE, H., VÖGE, M., WOLFF, P., MELZER, A. (1995): Rote Liste der Armleuchteralgen (Charophyceae) Deutschlands. Schr. R. Vegetationskunde **28**: 547-576.

SCHOSSIG, W., KÖBBEL, W., NESTLER, P., SPERLING, D., STEINMETZ, R. (2007): Bergbau in der Niederlausitz. Band 1. Förderverein Kulturlandschaft Niederlausitz e.V. (Hrsg.), 3. Aufl.

SCHÖTZ, A., PIETSCH, W. (2000): Standortzeiger Vegetation - Sukzession der Vegetation auf Kipprohböden und deren Indikatorfunktion. In: HÜTTL, R. F., WEBER, E., KLEM, D. (Hrsg.): Ökologisches Entwicklungspotential der Bergbaufolgelandschaften im Niederlausitzer Braunkohlerevier: 91-105, Stuttgart.

SCHÖTZ, A., PIETSCH, W. (2002): Möglichkeiten zur Behandlung saurer Grubenwässer mit „Constructed Wetlands"- Übersicht zu den wichtigsten Verfahren auf der Grundlage einer Literaturrecherche. In: DENEKE, R., NIXDORF, B. (Hrsg.): Tagungsband „Biogene Alkalinisierung". Aktuelle Reihe 3/02. Cottbus, BTU: 65-70.

SCHÖTZ, A., PIETSCH, W., HÜTTL, R. F. (1998): Succession series of post-mining landscapes in Lusatia (Germany) - Evaluation of indicator values. In: SJÖGREN, E., VAN DER MAAREL, E., POKARZHEVSKAYA, G. (Hrsg.): Vegetation science in retrospect and perspective. Studies in Plant Ecology **20**: 22-25.

SCHRÖDER, U. (1996): Untersuchung und Bewertung der Gewässersedimente der *Juncus bulbosus*-Vegetation und deren Biomasseproduktion im Flachwasserbereich von unterschiedlich alten Tagebaugewässern im Lausitzer Braunkohlenrevier. Dipl.-Arb., BTU, Cottbus.

SCHULZ, D. (1999): Rote Liste der Farn- und Samenpflanzen. Materialien zu Naturschutz und Landschaftspflege. Sächsisches Landesamt für Umwelt und Geologie (Hrsg.), Dresden.

SCHULZ, F. (2000): Drei Jahrhunderte Lausitzer Braunkohlenbergbau -Illustrierte Zeittafel-. Bautzen.

STEINHUBER, U. (2005): Einhundert Jahre bergbauliche Rekultivierung in der Lausitz. Diss., Philosophische Fakultät, Palacký Universität Olomouc.

STEPHAN, V. (1996): Physikalisch-chemische Beschaffenheit ausgewählter Kippsubstrate in Beziehung zur Sukzession der Vegetation am Beispiel der Bergbaufolgelandschaft im Tagebau Greifenhain. Dipl.-Arb., BTU, Cottbus.

TASSLER, B. (1998): Untersuchungen zum Zusammenhang von Kippbodeneigenschaften und dem Vorkommen dominanter Pflanzenarten im Tagebau Spreetal / Bluno. Dipl.-Arb., BTU, Cottbus.

TISCHEW, S. (Hrsg.) (2004): Renaturierung nach dem Braunkohleabbau. Wiesbaden.

-, KIRMER, A. (2003): Entwicklung der Biodiversität in Tagebaufolgelandschaften: Spontane und initiierte Besiedlungsprozesse. Nova Acta Leopoldina **87**: 249-286.

-, LEBENDER, A. (2003): Verbreitung, standortökologische Bindung und Populationsentwicklung der Natternzungengewächse (Ophioglossaceae) in ehemaligen Braunkohleabbaugebieten Sachsen-Anhalts. Mitt. florist. Kart. Sachsen-Anhalt **8**: 3-18.

-, WIEGLEB, G., KIRMER, A., OELERICH, H.-M., LORENZ, A. (2009): Renaturierung von Tagebaufolgeflächen. In: ZERBE, S., WIEGLEB, G. (Hrsg.): Renaturierung von Ökosystemen in Mitteleuropa: 349-388, Heidelberg.

TREMEL, T. (1996): Untersuchung und Bewertung der Gewässersedimente von Schilfbeständen und deren Wachstumsleistung im semiaquatischen Bereich unterschiedlich alter Tagebaugewässer als Beitrag für zukünftige Sanierungsarbeiten im Lausitzer Braunkohlerevier. Dipl.-Arb., BTU Cottbus.

TÜXEN, R. (1975): Dauer-Pioniergesellschaften als Grenzfall der Initialgesellschaften. In: SCHMIDT, W. (Hrsg.): Sukzessionsforschung. Ber. Internat. Sympos. Internat. Verein. Vegetationsk.: 13-30, Vaduz.

UCHTMANN, H., CHABBI, A., PIETSCH, W. (1998): Besiedlung und Vegetationsentwicklung des Wasser-Land-Übergangsbereiches. In: LENAB-Bericht, Teilprojekt 2. BTU, Cottbus.

UHLMANN, D. (1977): Möglichkeiten und Grenzen einer Degenerierung geschädigter Ökosysteme. Ber. Sächs. Akad. Wiss. Leipzig **112**.

VATTENFALL (2006): Grundlagen der Tagebauführung im Lausitzer Revier. Hrsg.: Vattenfall Europe Mining AG, Cottbus.

- (2008): Offizielle Statistik. Vattenfall Europe Mining AG, Cottbus.

- (2009): Zahlen und Fakten 2008. Vattenfall Europe Mining & Generation AG, Cottbus.

WALI, M., PEMBLE, R. M. (1982): Ecological studies on the revegetation process of surface coal mined areas in North Dakota. 3. Soil and vegetation development on abandoned mines. Minerals Research Contract Report. United States Department of the Interior, Bureau of Mines, Washington, D. C.

WEYER, K. VAN DE, NEUMANN, J., PIETSCH, W., PÄTZOLT, J., TIGGES, P. (2009): Die Makrophyten des Senftenberger Sees. Natursch. Landschaftspfl. Brandenburg **18**: 88-95.

WIEDEMANN, D. (1998a): Gestaltung eines Kippenstandortes für den Naturschutz. In: PFLUG, W. (Hrsg.): Braunkohlentagebau und Rekultivierung: 697-705, Berlin.

- (1998b): Entwicklung ausgewählter Wirbeltierarten in Bergbaufolgelandschaften. In: PFLUG, W. (Hrsg.): Braunkohlentagebau und Rekultivierung: 645-653, Berlin.

WIEGLEB, G., BRÖRING, U., MRZILJAK, J., SCHULZ, F. (2000): Naturschutz in Bergbaufolgelandschaften - Landschaftsanalyse und Leitbildentwicklung. Heidelberg.

WIEGLEB, G., FELINKS, B. (2001): Predictability of early stages of primary succession in postmining landscapes of Lower Lusatia, Germany. J. Appl. Veg. Sci. **4**: 5-18.

WOLF, G. (1985): Primäre Sukzession auf kiesigsandigen Rohböden im Rheinischen Braunkohlenrevier. Schr. R. Vegetationskunde **16**: 46-81.

WÖLLECKE, J., ANDERS, K., DURKA, W., ELMER, M., WANNER, M., WIEGLEB, G. (2007): Landschaft im Wandel - Natürliche und anthropogene Besiedlung der Niederlausitzer Bergbaufolgelandschaft. Aachen.

A2 Braunkohlenbergbau in Mitteldeutschland

ANITA KIRMER, ANTJE LORENZ, ANNETT BAASCH & SABINE TISCHEW

1 Lage und Entstehung der Mitteldeutschen Braunkohlenreviere

Das mitteldeutsche Braunkohlenrevier ist eines der bedeutendsten Abbaugebiete in Ostdeutschland (GERSTNER et al. 2002). Es erstreckt sich von Altenburg im Süden bis Gräfenhainichen im Norden sowie von der Elbe im Osten bis nach Niedersachsen (Helmstedter Revier) im Westen (BERKNER 1997, Abb. 33). Bis zum Jahre 1997 wurden auf einer Fläche von 512 km² ca. sechs Milliarden Tonnen Braunkohle gefördert und ca. 15 km³ Abraum bewegt (BERKNER 1998). Dies entspricht in etwa der Massenbewegung einer pleistozänen Inlandeisüberfahrung (MÜLLER & EIßMANN 1991).

Das Revier liegt im Einflussbereich des Mitteldeutschen Trockengebietes und weist mittlere jährliche Niederschlagshöhen zwischen 450 und 550 mm und Jahresmitteltemperaturen zwischen 8,4 °C und 9,9 °C auf (DÖRING et al. 1995). Die flachwellige Kulturlandschaft erreicht Höhen zwischen 90 m ü. NN im Norden (Gräfenhainichen) und 200 m ü. NN im Süden (Altenburg).

Der Ursprung der mitteldeutschen Braunkohlelagerstätten liegt im beginnenden Tertiär, das durch ein weltweit weitgehend homogenes subtropisches Klima geprägt war (KLAUS 1987, BERKNER 2006). Die Landschaft bestand aus Sumpfmooren mit offenen Wasserflächen, Grasmooren, Bruchwaldmooren und Wäldern mit Mammutbäumen, Sumpfzypressen, Baumfarnen und Magnolien. In den ausgedehnten Mooren zersetzten sich die abgestorbenen Pflanzenteile zu Torf. Die zunehmende Mächtigkeit der überlagernden Sedimente führte über Verdichtungen und Auspressen von Wasser zur Weichbraunkohle, die zahlreiche Fossileinschlüsse und oft gut erkennbare Holzstrukturen enthält. Die Kohleflöze der mitteldeutschen Braunkohlenreviere entstanden im Eozän (Geiseltal: vor 45 Mio. Jahren, KNOCHENHAUER 1996), im Oligozän (Weiße-Elster-Becken: vor 38 Mio. Jahren) und im Miozän (Bitterfeld: vor 25 Mio. Jahren, EIßMANN 1994).

Die erste urkundliche Erwähnung der Braunkohlengewinnung im Gebiet war im Jahr 1382 in Lieskau bei Halle/Saale (BILKENROTH & SNYDER 1998). Bis Mitte des 19. Jh. wurde die Braunkohle vorzugsweise aus „Bauerngruben" gewonnen, die in der Regel im Winterhalbjahr betrieben wurden. Als diese oberflächennahen Flöze erschöpft waren, begann man die Braunkohle unter Tage abzubauen (BERKNER 2004). Mit Beginn des Industriezeitalters kam es zu einem starken Aufschwung des Braunkohlenbergbaus; Tiefbauschachtanlagen prägten vielerorts das Landschaftsbild, und auch der Abbau im Tagebaubetrieb nahm immer mehr zu. Ab 1910 herrschte der Tagebaubetrieb vor, und ab 1929 wurden Großgeräte eingesetzt. Mit der großindustriellen Phase gingen die ersten Orts- und Gewässerverlegungen einher. Der Höhepunkt der Braunkohlengewinnung lag zwischen 1960 und 1980. Insgesamt kam es durch den Abbau von Braunkohle im Mitteldeutschen Raum zur Zerstörung von 126 Siedlungen und zur Umsiedlung von 51.200 Menschen (BERKNER 2001). Großflächige Absenkungsmaßnahmen des oberflächennah anstehenden Grundwassers wurden notwendig, die im Einflussbereich der Tagebaue eine nachhaltige Veränderung der hydrologischen Verhältnisse bewirkten. Wasserhebungen von zeitweise bis zu 500 Mio. m³ pro Jahr begleiteten die Kohlenförderung bis 1989 und führten in Mitteldeutschland zu einem Wasserdefizit von 5,7 Mrd. m³ im Jahre 1990 (LMBV 2001). Braunkohle war in der Deutschen Demokratischen Republik der Hauptenergieträger, und im Jahr 1989 wurde der Primärenergieverbrauch noch zu 68 % aus Braunkohle gedeckt. In den alten Ländern betrug der Braunkohlenanteil nur 8 % (DEBRIV 1996).

Im Zuge der politischen Veränderungen begann 1990 eine umfassende wirtschaftliche Umstrukturierung des gesamten ostdeutschen Braunkohlenabbaus, wobei 32 von 39 Tagebauen abrupt stillgelegt wurden (STEINHUBER 2005). Während im Mitteldeutschen Revier 1989 noch 105,7 Mio. t Braunkohle gefördert wurden, sank die Förderquote bis 1998 infol-

Braunkohlenbergbau

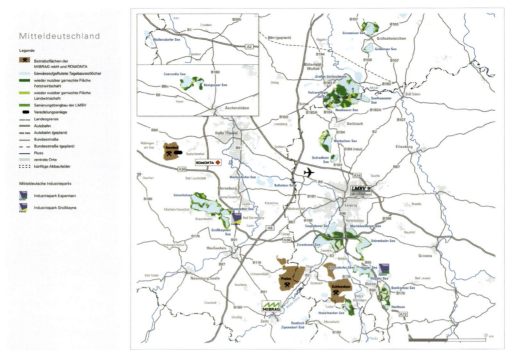

Abb. 33: Übersicht über die Mitteldeutsche Bergbaufolgelandschaft (Sanierungsstand: 2010). Karte mit freundlicher Genehmigung der LMBV.

ge der massiven Stilllegungen auf 13,6 Mio. t (DEBRIV 2009).

Nach BERKNER (1998) wird das Mitteldeutsche Braunkohlenrevier in vier große Kernreviere unterteilt: das Bitterfeld-Delitzscher Revier, das Geiseltaler Revier, das Zeitz-Weißenfels-Hohenmölsener Revier und der Südraum Leipzig. Daneben existieren noch vier weitere Gebiete, wo sich der Abbau auf einen oder wenige kleine Tagebaue beschränkte: Halle (Merseburg-Ost), Röblingen (Amsdorf), Aschersleben-Nachterstädt und Harbke (Wulfersdorf). Aktuell existieren in Mitteldeutschland noch drei aktive Tagebaue: Amsdorf (jährliche Fördermenge ca. 0,5 Mio. t, Betreiber: ROMONTA AG, Abbauende 2025), Profen und Vereinigtes Schleenhain (jährliche Fördermenge jeweils ca. 10 Mio. t, Betreiber: Mitteldeutsche Braunkohlengesellschaft mbH, Abbauende 2034 bzw. 2040).

Bitterfeld-Delitzscher Revier

Das Bitterfeld-Delitzscher Revier ist der zentrale Teil der mitteldeutschen Braunkohlenlagerstätte (FLB 2003) und liegt im Südosten des Landes Sachsen-Anhalt und im Nordwesten des Landes Sachsen. In Sachsen-Anhalt beinhaltet es den Süden des Landkreises Anhalt-Bitterfeld und den Westen des Landkreises Wittenberg. Während im Südwesten auf fruchtbarem Löß intensive Landwirtschaft betrieben wird (Köthener und Hallesches Ackerland, Leipziger Land), befindet sich im Zentrum ein dicht besiedelter und stark industrialisierter Raum, der bis in die 1990er Jahre durch eine enorme Umweltbelastung aufgrund von Bergbau und Chemieindustrie international für Aufsehen sorgte („Bitterfelder Silbersee").

Im Norden und Osten herrschen dagegen sandige Substrate vor, auf denen sich die Heiden und Wälder der Mosigkauer und Düben-Dahlener Heide etabliert haben (SCHÖNFELDER et al. 2004, GRIMMER 2006). Regionalgeographisch gehört der Raum zur Halle-Wittenberger Scholle (RADZINSKI 1996). Auf dem etwa 10 m mächtigen Bitterfelder Flözkomplex befindet sich der Bitterfelder Decktonkomplex, über dem pleistozäne Kiese, Schotter und Sande der Elster-,

Saale- und Weichselkaltzeit abgelagert wurden (GRIMMER 2006). Darauf sedimentierten im Holozän durch die rezenten Flussläufe Auenlehme und -kiese. In der Regel beträgt die Deckschicht über den Kohleflözen zwischen 40 und 60 m (GRIMMER 2006).

Der Braunkohlenbergbau im Bitterfelder Revier ist etwa 200 Jahre alt. Anfang des 20. Jh. wurden die ersten Großtagebaue aufgeschlossen, die zum Teil bis in die 1950er Jahre in Betrieb waren (LMBV 2009a, FLB 2003). Mit Beginn der 1950er und 1960er Jahre konzentrierte sich die Kohlegewinnung auf wenige Hochleistungstagebaue. Die Flöze wurden bei Bitterfeld in den Tagebauen Holzweißig, Goitzsche, Muldenstein, Köckern, Sandersdorf, Wolfen, Löbnitz und Rösa abgebaut. In nördlicher Richtung erstreckte sich der Abbau bis in den Bereich um die Ortslage Gräfenhainichen (Tagebaue Golpa und Gröbern) und in südlicher Richtung bis in den Randbereich der Stadt Leipzig (Tagebaue Breitenfeld und Delitzsch-SW). 1993 wurde der Kohlenabbau im Revier vollständig eingestellt.

Abb. 34: Tagebaugebiet Goitzsche und Muldestausee (links: Überblick 1991, rechts: Großer Goitzsche-See [= Bernsteinsee] 2009). Fotos mit freundlicher Genehmigung der LMBV.

Das Tagebaugebiet Goitzsche ist mit 60 km² das größte Abbaugebiet im Bitterfelder Revier (LMBV 2009a). Zwischen 1993 und 2006 wurde es zum Landschafts- und Erholungspark Goitzsche entwickelt. Die Flutung der Restlöcher mit Muldewasser begann im Jahr 1998. Durch das Jahrhunderthochwasser im August 2002 wurde der für das Jahr 2006 geplante Endpegelstand praktisch über Nacht erreicht, da ein Dammbruch an der Mulde den Pegelstand innerhalb von zwei Tagen um sieben Meter ansteigen ließ (RÖPER 2009). Die restlichen Sanierungsarbeiten am 13,3 km² großen Goitzschesee waren 2006 abgeschlossen (Abb. 34).

Geiseltaler Revier

Das ca. 90 km² große Geiseltalrevier befindet sich in einem vormals überwiegend landwirtschaftlich genutzten Gebiet auf der Querfurter Platte (REICHHOFF et al. 2001). Es grenzt an die Stadt Merseburg an und nimmt einen Großteil des Landkreises Saalekreis ein. In der regionalgeologischen Gliederung Sachsen-Anhalts wird das Gebiet der Thüringischen Senke zugeordnet (RADZINSKI 1996). In kesselartigen Strukturen haben sich Flöze mit 60 bis 80 m, teilweise sogar 120 m Mächtigkeit gebildet (BILKENROTH & SNYDER 1998).

Eine Besonderheit des Geiseltalrevieres ist die große Vielfalt von sehr gut erhaltenen Pflanzen- und Tierfossilien aus dem Tertiär (BILKENROTH & SNYDER 1998, LMBV 2009b). Die Funde sind im Geiseltal-Museum in Halle/Saale ausgestellt, so zum Beispiel das im Jahre 1933 von Bergleuten entdeckte, vollständige Skelett eines Urpferdes, das vor rund 45 Millionen Jahren im Geiseltal gelebt hat.

Der Kohleabbau begann im 17. Jh. im Raum Mücheln. Eine ausführliche Abhandlung der Geschichte des Mitteldeutschen Braunkohlenabbaus ist in BILKENROTH & SNYDER (1998) zu finden. Mit Beginn des 20. Jh.

entstanden die ersten Großtagebaue, deren Aufschlussmassen auf insgesamt sechs Großhalden mit 15 bis 75 m Höhe und einer Gesamtfläche von ca. 5,5 km² verteilt wurden (z. B. die Halden Klobikau, Blösien und Pfännerhall; vertiefende Angaben siehe FLB 2003). Der hohe Bitumengehalt und die hohe Ausbeute an Schwelteer machte die Braunkohle zu einem idealen Rohstoff für die chemische Industrie. Aus dem ehemals landwirtschaftlich geprägten Geiseltal entwickelte sich eine von Bergbau und Chemieindustrie dominierte Industrieregion. Allein im Tagebau Mücheln wurden zwischen 1949 und 1993 über eine Milliarde Tonnen Braunkohle gefördert und fast eine Milliarde Tonne Abraum bewegt (LMBV 2009b). Anfang der 1990er Jahre wurde der Braunkohlenabbau im Geiseltal eingestellt.

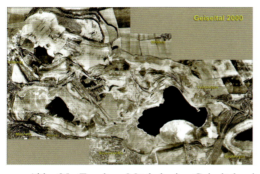 

Abb. 35: Tagebau Mücheln im Geiseltalrevier (Sanierungsstand links: 2000, rechts: 2009); Fotos mit freundlicher Genehmigung der LMBV.

Es erfolgten umfassende Sanierungsarbeiten, und die verbleibenden Hohlformen wurden mit Fremdwasser geflutet (z. B. Runstädter See, Kayna-Süd). In das riesige Restloch im ehemaligen Tagebau Mücheln wurde zwischen 2003 und 2010 über eine 17 km lange Leitung Saalewasser eingeleitet. Die Wasserschüttung betrug etwa 70 Millionen m³ pro Jahr. Der Geiseltalsee ist mit 18,4 km² Wasserfläche und 78 m Tiefe der größte künstliche See Deutschlands (Abb. 35).

Zeitz-Weißenfels-Hohenmölsener Revier

Das Zeitz-Weißenfels-Hohenmölsener-Revier liegt im Burgenlandkreis zwischen den Städten Zeitz und Weißenfels im Bereich der Lützen-Hohenmölsener Platte. Die flach abfallende Ebene mit fruchtbarem Lößboden wird intensiv landwirtschaftlich genutzt. Im Süden erreicht das Gebiet das Zeitzer Buntsandsteinplateau und im Osten wird es vom Tal der Weißen Elster begrenzt (REICHHOFF et al. 2001). In der regionalgeologischen Gliederung Sachsen-Anhalts liegt es innerhalb der Thüringischen Senke im Bereich der Naumburger Mulde (RADZINSKI 1996). Das vorherrschende Substrat ist weichselkaltzeitlicher Löß mit 3-10 m Mächtigkeit, darunter befindet sich eine 6-8 m mächtige Schicht aus saalekaltzeitlichem Geschiebemergel. Eine ausführliche Beschreibung der Deckschichten über der Kohle ist in REHBERG (2003) nachzulesen.

Die Anfänge des Braunkohlenabbaus im Zeitz-Weißenfels-Hohenmölsener-Revier liegen um 1718 (BILKENROTH & SNYDER 1998). Bis etwa 1850 wurde die Braunkohle in kleineren Tagebauen von 10 bis 15 m Tiefe abgebaut. Begünstigt durch das Vorhandensein hochwertiger Schwelkohle entwickelte sich ab Mitte des 19. Jh. eine wirtschaftlich sehr erfolgreiche chemische Industrie. Durch den steigenden Brennstoffbedarf wurden zwischen 1850 und 1920 immer größere und leistungsfähigere Tagebaue aufgeschlossen. Seit 1920 wird die Braunkohle in Großtagebauen gewonnen, was auch in dieser Region das Landschaftsbild nachhaltig veränderte.

Bemerkenswert ist der Fund eines Goldschatzes in einem germanischen Frauengrab aus dem ersten Jahrhundert nach Christus, der

2006 bei archäologischen Untersuchungen im Tagebauvorfeld Profen gefunden wurde (MIBRAG 2009c). Die wertvollsten Fundstücke sind im Landesmuseum für Vorgeschichte in Halle ausgestellt.

Im seit 1941 aktiven Tagebau Profen wird noch bis 2034 Braunkohle abgebaut werden (GERSTNER et al. 2002) (Abb. 36). Der Tagebau hat eine Fördermenge von etwa 9-10 Millionen Tonnen Rohbraunkohle pro Jahr; dafür werden jährlich 32-35 Millionen Tonnen Abraum bewegt und 45-50 Millionen m³ Wasser gehoben (MIBRAG 2009a).

Abb. 36: Aktiver Tagebau Profen (Fotos: C. Bedeschinski, mit freundlicher Genehmigung der MIBRAG).

Südraum Leipzig

Das Revier Südraum Leipzig liegt im Dreieck Leipzig-Borna-Altenburg und gehört zum größten Teil zum Landkreis Leipzig im Freistaat Sachsen (BERKNER 2004). Der Südosten des Gebietes liegt im Landkreis Altenburger Land im Freistaat Thüringen. Die Region gehört naturräumlich zur Leipziger Tieflandsbucht und regionalgeologisch zum Zentrum des Weiße-Elster-Beckens. Der Südraum Leipzig ist eine alte Kulturlandschaft, die durch eine 1000jährige landwirtschaftliche Nutzung der sehr fruchtbaren Böden geprägt wurde. Das oberflächennahe Substrat besteht vorwiegend aus bis zu 1 m mächtigem, weichseleiszeitlichem Sandlöß über saalekaltzeitlichem Geschiebelehm und Geschiebemergel (BIEN 2008). Eine ausführliche Beschreibung der Schichtenfolge ist in BERKNER (2004) nachzulesen.

Die ersten Aufzeichnungen zum Abbau von Braunkohle sind für Meuselwitz im Jahr 1672 nachgewiesen (BERKNER 2004). Alleine im Altenburger Land waren im 19. Jh. 56 Gruben in Betrieb, davon 37 im Tagebau und 19 im Tiefbau. Im gesamten Südraum kam es mit Beginn des 20. Jh. durch den Aufschluss von Großtagebauen und den Aufschwung der Braunkohleindustrie zu tief greifenden Auswirkungen auf das Landschaftsbild. Die kleinteilige Kulturlandschaft wurde nahezu vollständig umgestaltet. Bisher fielen dem Bergbau im Südraum Leipzig etwa 70 Siedlungen mit über 24.000 betroffenen Bewohnern zum Opfer (RING 2001).

Im thüringischen Teil des Südraumes Leipzig wurde der Abbau von Braunkohle bereits im Jahr 1977 eingestellt (TLUG 2009). 1989 produzierten im Altenburger Land noch fünf Brikettfabriken, die bis zum Jahr 2000 alle geschlossen wurden. Im sächsischen Teil wurden im Zuge der politischen Wende zwischen 1990 und 1993 fast alle Tagebaue (z. B. Peres, Groitzscher Dreieck, Cospuden, Borna-Ost, Witznitz) und Veredlungsbetriebe stillgelegt (BERKNER 2004). Übrig blieb der seit 1941 bestehende Tagebau Schleenhain, in welchem noch bis 2040 etwa 11 Millionen Tonnen Braunkohle pro Jahr gefördert werden sollen (MIBRAG 2009b). Nach 1990 entstand im Südraum Leipzig eine der größten Landschaftsbaustellen Europas. Die aus dem Abbau resultierenden Hohlformen füllen sich aktuell durch den Wiederanstieg des Grundwassers und durch Fremdflutung. Die gesamte Seelandschaft wird eine Gesamtfläche von ca. 70 km² erreichen, wobei der Flutungsprozess erst 2060 abgeschlossen sein

Braunkohlenbergbau

wird (BERKNER 2004). In Verbindung mit den Flüssen Pleiße und Weiße Elster und dem Wasserwegenetz in Leipzig entsteht im Südraum-Revier ein großräumiger Gewässerverbund - das Leipziger Neuseenland - der vielfältige Nutzungsmöglichkeiten für Naherholung, Tourismus und Naturschutz bieten wird (Abb. 37).

Abb. 37: Das Leipziger Neuseenland: links oben: Störmthaler See (2009), rechts oben: Cospudener See (2007), unten: Wassertouristisches Nutzungskonzept im Neuseenland. Fotos mit freundlicher Genehmigung der LMBV; Karte genehmigt durch den grünen Ring Leipzig und das kommunale Forum Südraum Leipzig.

2 Aufgaben und Ziele der bergbaulichen Rekultivierung

Seit 1994 ist die Lausitzer und Mitteldeutsche Bergbau-Verwaltungsgesellschaft mbH (LMBV) im Auftrag des Bundes und der ostdeutschen Länder für die Wiedernutzbarmachung der nicht privatisierten Braunkohlengebiete verantwortlich. 1995 lagen fast 100.000 ha bergbaulich beanspruchte Fläche im Lausitzer und Mitteldeutschen Revier in ihrem Verantwortungsbereich (LMBV 2010). Bis in die 1990er Jahre erfolgte die Rekultivierung hauptsächlich nach land- und forstwirtschaftlichen Gesichtspunkten. Allerdings wurde diese Zielstellung infolge fehlender Geldmittel auf weniger als der Hälfte der Flächen verwirklicht (AHLHEIM 1997). Im Zeitraum 1990 bis 2007 wurden in Ostdeutschland rund 14.760 Hektar an Landwirtschafts- und Forstflächen rekultiviert und mehrere tausend Hektar der natürlichen Entwicklung überlassen (LMBV 2009c). Dafür wurden von Bund und Ländern rund 7,5 Milliarden Euro zur Verfügung gestellt; zwischen 2008 und 2012 sind weitere 1,025 Milliarden Euro geplant (Drucksache 16/8969, LMBV 2010).

Im Bundesberggesetz ist nach dem Abbau von Bodenschätzen eine Wiedernutzbarmachung der Oberfläche vorgeschrieben. Nach § 4 (4) wird die Wiedernutzbarmachung als eine ordnungsgemäße Gestaltung der vom Bergbau in Anspruch genommenen Oberfläche unter Beachtung des öffentlichen Interesses definiert. Damit verbunden sind die Gefahrenabwehr im Bereich der stillgelegten Bergbaubetriebe sowie die Wiederherstellung eines ausgeglichenen, sich weitgehend selbst regulierenden Wasserhaushaltes.

Erst seit der Jahrhundertwende werden zunehmend auch naturschutzfachliche Zielstellungen in die Sanierungsplanung einbezogen. In den aktuellen Braunkohlenplänen, welche die Festlegungen zum Abbau der Braunkohle sowie zur Wiedernutzbarmachung der abgebauten Tagebaue (Sanierungsrahmenplanung) enthalten, werden heute ca. 10 % bis 15 % der Gesamtfläche als Renaturierungsflächen (ehemals Vorrangflächen für Natur und Landschaft) ausgewiesen.

Strukturvielfalt im Tagebau Roßbach (Juni 2008).

Vielgestaltiges Ufer im Tagebau Kayna-Süd (Juni 2008).

Kleingewässer mit Röhrichtgürtel im Tagebau Mücheln, Bereich Innenkippe (Juli 2002).

30 Jahre alte Rohbodenflächen mit Birken-Sukzession im Tagebau Kayna-Süd (Juni 2008).

Abb. 38: Beispiele für spontane Vegetationsentwicklung im Geiseltalrevier (Fotos: A. Kirmer).

3 Standortpotenziale und Nutzungsziele in Bergbaufolgelandschaften

In einem vom Bundesamt für Naturschutz geförderten Vorhaben wird darauf hingewiesen, dass sich die ökologische Wirksamkeit von Sanierungsmaßnahmen durch den Einsatz einer Vielzahl von Instrumenten verbessern lässt (ABRESCH et al. 2000). Der Handlungsspielraum für eine Entscheidung zugunsten eines stark minimierten Sanierungsaufwands und somit für ein verstärktes Zulassen natürlicher Entwicklungsprozesse ist dabei größer als angenommen und stellt ein bedeutendes volkswirtschaftliches Potenzial für Einsparungen dar.

Großflächigkeit, Dynamik, Nährstoffarmut und eine sehr hohe Standortheterogenität sind charakteristische Merkmale für ehemalige Tagebaue. Diese besonderen Bedingungen ermöglichen die Entwicklung von naturschutzfachlich wertvollen Biotopen, wie z. B. Steilufer, Abbrüche, Rohbodenbereiche oder weiherartige Klein(st)gewässer (Abb. 38) und sind oft Gratisprodukte der Abbautätigkeit (z. B. ALTMOOS & DURKA 1998, SCHULZ & WIEGLEB 2000, TISCHEW & KIRMER 2007).

Wesentliche Einflussfaktoren in Bezug auf die räumliche Heterogenität der Vegetations- und Biotopmuster sind die Mischungsverhältnisse der Substrate aus den unterschiedlichen geologischen Schichten und der Wasserhaushalt. In Mitteldeutschland entstand in den unsanierten Bereichen durch Primärsukzession eine äußerst strukturreiche Landschaft, die vielen in unserer intensiv genutzten Kulturlandschaft selten gewordenen Pflanzen- und Tierarten Rückzugsgebiete oder neue Siedlungsplätze bietet (z. B. HEYDE 1996, THURM et al. 1996, DURKA et al. 1997, MAYER & GROßE 1997, GEIßLER-STROBEL et al. 1997, FROMM et al. 1998, WIEDEMANN 1998, PIETSCH 1998, KLAUS 1998, LEBENDER et al. 1999, SCHÖNBRODT 1999, MANN 2001, TISCHEW & LEBENDER 2003). Aber auch in rekultivierten Bereichen, die lange Zeit sich selber überlassen wurden, konnten naturschutzfachlich wertvolle Pflanzenarten einwandern; vor allem dann, wenn extreme Standortbedingungen die Vegetationsentwicklung erschweren (MANN 2004).

4 Einfluss von Lieferbiotopen auf die Besiedlung von Tagebauflächen

Aufgrund der spezifischen Charakteristika von Bergbaufolgelandschaften (großflächige Störung, sterile Substrate), kommt den Vernetzungs- und Austauschbeziehungen mit dem Umland eine große Bedeutung zu (KIRMER et al. 2008). Neben Ruderalfluren in der unmittelbaren Umgebung der Tagebaurestlöcher sind vor allem auch benachbarte Abbauflächen wichtige Lieferbiotope in der ersten Besiedlungsphase (PRACH 1987, SÄNGER 2003, TISCHEW et al. 2004a).

Für einen hohen Prozentsatz der über weite Distanzen in ehemalige Tagebaue eingewanderten Pflanzenarten ist anhand der Verbreitungszentren im Umland und der landschaftsökologischen Situation neben der Ausbreitung über Vögel auch eine Ausbreitung über Windereignisse (z. B. Starkwinde, Thermik) anzunehmen (ASH et al. 1994, KIRMER et al. 2008, KIRMER & TISCHEW 2009). Durch allmähliche Akkumulationsprozesse besiedeln in mittelfristigen Zeiträumen neben weit verbreiteten Arten auch seltene Arten aus der Umgebung die Restlöcher. Viele dieser im Tagebauumland seltenen Arten (z. B. *Orchidaceae, Pyrolaceae, Ophioglossaceae*) zeichnen sich nach BONN & POSCHLOD (1998) durch winzige Diasporen mit extrem langsamen Fallgeschwindigkeiten aus. Bei den Orchideen ist die Kleinsamigkeit zusätzlich mit einem segelartigen Aufbau verknüpft, so dass sie bei vertikalen Luftbewegungen leicht in höhere Luftschichten gelangen und große Distanzen zurücklegen können (BURROWS 1975). Auch populationsgenetische Untersuchungen weisen darauf hin, dass die Einwanderung von Orchideen in Tagebaue aus Lieferbiotopen in größerer Entfernung kein Einzelereignis ist (z. B. ESFELD et al. 2008, STARK et al. 2007).

In Sachsen-Anhalt fanden zwischen 1999 und 2002 in zehn ausgewählten Tagebaubereichen Untersuchungen zum Einwanderungsverhalten von Pflanzen statt (KIRMER et al. 2008, KIRMER & TISCHEW 2009). Da vor 1989 die Tagebaubereiche bei der floristischen Kartierung ausgespart wurden, war es möglich, das nächste Vorkommen der in den Tagebaubereichen vorkommenden Pflanzenarten im Umland zu bestimmen. Alle zehn Untersuchungsflächen haben sich weitgehend ohne menschlichen Einfluss besiedelt. Die Flächen sind zwischen 14 und 55 Jahre alt und zwischen 0,6 und 2,6 km² groß. Sie haben eine breite Standortamplitude: pH 3-7, Kohlegehalt 0,25-65 %, trocken bis nass (detaillierte Methodik in KIRMER et al. 2008).

Tab. 3: Untersuchungen zum nächsten Vorkommen der in die untersuchten Tagebaubereiche spontan eingewanderten Arten auf Grundlage der Floristischen Kartierung Sachsen-Anhalts und Sachsens (Datenbank Höhere Pflanzen Sachsen-Anhalt, Landesamt für Umweltschutz Sachsen-Anhalt Halle, Arbeitsstand 1998; Datenbank Flora von Sachsen, Sächsisches Landesamt für Umwelt und Geologie Dresden, Arbeitsstand 1999).

	< 3 km	3-10 km	10-17 km	> 17 km
Geiseltalrevier und Zeitz-Weißenfels-Hohenmölsener Revier (n = 5)				
nächstes Vorkommen der Arten (%)	64,7	29,8	3,9	1,6
± *Standardabweichung*	*5,4*	*3,5*	*2,1*	*0,6*
Bitterfeld-Delitzscher Revier (n = 5)				
nächstes Vorkommen der Arten (%)	88,9	8,8	1,0	1,3
± *Standardabweichung*	*2,7*	*2,3*	*0,6*	*0,7*

Aufgrund der intensiven ackerbaulichen Nutzung (ca. 70 % der Fläche) und dem hohen Anteil an Siedlungs- und Industrieflächen haben das Geiseltalrevier und das Zeitz-Weißenfels-Hohenmölsener-Revier eine geringe Artenvielfalt im Umland. Die durchschnittliche Artenzahl in den betroffenen Meßtischblattquadranten liegt bei 264 (±35, n=5). Infolge der offenen Ackerlandschaft besteht in Hauptwindrichtung (SW) aber eine gute Durchgängigkeit zum arten- und strukturreichen Saale-Unstrut-Triasland, das aufgrund der vielen Hanglagen zusätzlich günstige thermische Verhältnisse für die Verwirbelung von Samen in höhere Luftschichten bietet.

Das Bitterfeld-Delitzscher Revier ist dagegen durch eine geringe ackerbauliche Nutzung (ca. 25 %) und einen hohen Anteil an besiedlungsrelevanten Strukturen (z. B. Wald, Wiesen, Heiden) gekennzeichnet. Hier liegt die mittlere Artenzahl der betroffenen Messtischblattquadranten bei 642 (± 70, n=5). Entsprechend dieser unterschiedlichen Landschaftsstrukturen des Umlandes zeigen sich unterschiedliche Trends bei den Einwanderungsprozessen (Tab. 3). Im arten- und strukturarmen Geiseltal- und Zeitz-Weißenfels-Hohenmölsener-Revier haben ca. 35 % der Tagebauarten ihre nächsten Vorkommen in mehr als 3 km Entfernung. Dagegen sind im Bitterfeld-Delitzscher Revier für fast 90 % der Tagebauarten die Lieferbiotope bereits in der unmittelbaren strukturreichen Umgebung vorhanden.

In Bergbaufolgelandschaften ist das Vorhandensein großflächig offener, konkurrenzarmer Standorte mit einer hohen Nischenvielfalt ein entscheidender Besiedlungsvorteil und kann als primäre Ursache für die hohen Etablierungsraten auf den Tagebaufolgeflächen angesehen werden. Da die großen Restlöcher als riesige Diasporenfallen in der Landschaft wirken, akkumulierten sich im Laufe der Zeit immer mehr Pflanzenarten im Tagebau, deren nächste Vorkommen in bis zu 17 km Entfernung liegen können.

5 Naturschutzfachliche Bedeutung der Tagebauflächen aus floristisch-vegetationskundlicher Sicht

Zwischen 1994 und 2002 wurden in verschiedenen Forschungsprojekten in der Mitteldeutschen Bergbaufolgelandschaft (HERBST & MAHN 1998, FBM 1999, FLB 2003, FWB 2004) etwa 3300 Vegetationsaufnahmen auf einer Flächengröße zwischen 1 m² und 600 m² erstellt. Eine Analyse dieses Datenpools zeigt einen beeindruckend hohen Besiedlungsstand (Abb. 39). In den Aufnahmen wurden 841 höhere Pflanzenarten nachgewiesen, davon weisen 25 % einen Gefährdungsstatus nach der Roten Liste Sachsen-Anhalts (FRANK et al. 2004), der Roten Liste Sachsens (SCHULZ 1999), der Roten Liste Deutschlands (KORNECK et al. 1996) auf und/oder sind nach Bundesartenschutzverordnung (BArtSchV 1999) geschützt. Ein ähnliches Ergebnis ist aus der Bergbaufolgelandschaft Brandenburgs bekannt (TISCHEW et al. 2009). Insgesamt traten in den untersuchten mitteldeutschen Tagebauen 210 gefährdete und geschützte Pflanzenarten auf. Die meisten konnten im Bitterfeld-Delitzscher Revier nachgewiesen werden.

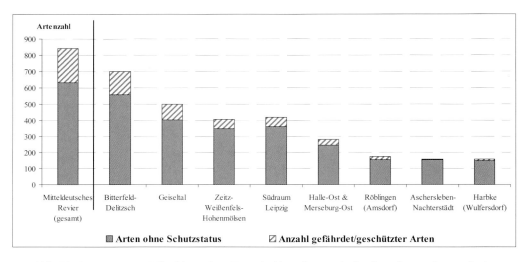

Abb. 39: Im gesamten Mitteldeutschen Braunkohlerevier sowie in den vier großen und vier kleinen Teilrevieren zwischen 1994 und 2002 registrierte höhere Pflanzenarten mit und ohne Schutzstatus.

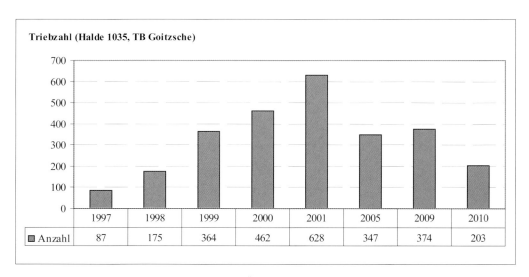

Abb. 40: Entwicklung der Population des Ästigen Rautenfarns (*Botrychium matricariifolium*) auf der Halde 1035 im Tagebaugebiet Goitzsche zwischen 1997 und 2010 (nach TISCHEW & LEBENDER 2003, STÖLZNER 2009, STÖLZNER, unveröff.).

Für einige der gefährdeten Pflanzenarten stellt die Bergbaufolgelandschaft inzwischen das Hauptverbreitungsgebiet in den entsprechenden Landschaftsräumen dar. Diese Arten konnten aufgrund des geringen Konkurrenzdruckes auf den Tagebauflächen oft außergewöhnlich große Populationen aufbauen (ESFELD et al. 2008, BAASCH & SEPPELT 2004, OELERICH 2004, TISCHEW & LEBENDER 2003). In Sachsen-Anhalt betrifft dies z. B. die Sumpf-Sitter (*Epipactis palustris*), das Steifblättrige Knabenkraut (*Dactylorhiza incarnata*) und die Natterzungenfarne (*Ophioglossaceae*) (Abb. 40). Zum Beispiel wurden auf der Halde 1035 im Tagebaugebiet Goitzsche bei einer Begehung im Jahr 2001 628 Triebe des Ästigen Rautenfarns (*Botrychium matricariifolium*) gezählt (TISCHEW & LEBENDER 2003). Auf der Halde lag die Gehölzdeckung zwischen 1997 und 2001 bei ca. 5-10 %. Seit 2001 nahm die Gehölzdeckung immer mehr zu und lag 2010 bei fast 30 % (STÖLZNER, unveröff. Daten). Im Gegenzug ging die Population des Ästigen Rautenfarns, der auf offene, konkurrenzarme Standorte angewiesen ist (TISCHEW & LEBENDER 2004), allmählich zurück (siehe Abb. 41).

Steifblättriges Knabenkraut, Restschlauch Pirkau (A. Albrecht, Juni 2000).

Sumpf-Sitter, Tagebau Mücheln, Innenkippe (A. Kirmer, Juni 2009).

Mond-Raute, Tagebau Roßbach (A. Lebender, Juni 2001).

Abb. 41: Rote Liste Arten in der Mitteldeutschen Bergbaufolgelandschaft.

Weitere Beispiele für Pflanzenarten, die in der Bergbaufolgelandschaft Rückzugsstandorte gefunden haben, sind die Stumpfkantige Hundsrauke (*Erucastrum nasturtiifolium*) und die Acker-Spatzenzunge (*Thymelaea passerina*), die beide im Jahr 2000 mit sehr individuenreichen Populationen im Geiseltalrevier (*Thymelaea*: Tagebau Mücheln/Innenkippe; *Erucastrum*: Tagebau Kayna-Süd) entdeckt wurden (MANN 2001). Beide Arten wurden bis 2004 in der Roten Liste Sachsen-Anhalts als verschollen geführt (FRANK et al. 1992). Aufgrund der Funde im Geiseltal sind beide Arten in der neuen Roten Liste von Sachsen-Anhalt nicht mehr vertreten (FRANK et al. 2004).

Für eine floristisch-vegetationskundliche Auswertung wurden aus dem Gesamtdatensatz ca. 1500 Flächen ausgewählt, für welche eine Altersangabe vorliegt und die sich über spontane Sukzession ohne menschlichen Einfluss besiedelt haben. Die in diesen Aufnahmen vorhandenen Arten wurden nach der Datenbank von FRANK et al. (1990) in folgende Artengruppen eingeteilt: (1) Süßwasser- und Moorvegetation, (2) Salzwasser- und Meeresstrandvegetation, (3) Krautige Vegetation oft gestörter Plätze („Ruderalvegetation"), (4) Steinfluren und alpine Rasen, (5) Anthropo-zoogene Heiden und Wiesen: Nardo-Callunetea, Sedo-Sclerenthetea, Festuco-Brometea, Molinio-Arrhenatheretea, (6) Waldnahe Staudenfluren und Gebüsche, (7) Nadelwälder und verwandte Gesellschaften und (8) Laubwälder und verwandte Gesellschaften.

Tab. 4: Prozentuale Anteile der innerhalb einer Altersklasse vorkommenden Arten in der Bergbaufolgelandschaft Sachsen-Anhalts, eingeteilt in 10 soziologisch-ökologische Artengruppen nach FRANK et al. (1990); n = Anzahl der in die Analyse einbezogenen Vegetationsaufnahmen.

Altersklasse	n	Süßwasser + Moor	Salzwasser + Strand	Ruderalvegetation	Steinfluren + alpine Rasen	Nardo-Callunetea	Sedo-Sclerenthetea	Festuco-Brometea	Molinio-Arrhenatheretea	Waldnahe Staudenfluren + Gebüsche	Nadelwälder	Laubwälder
Deckung, Anteile in %												
0-15	328	9,9	1,0	**31,0**	0,4	2,9	**8,0**	3,2	14,4	17,0	0,5	11,8
16-30	582	10,1	0,6	16,9	0,3	1,1	**16,7**	2,2	13,6	20,2	1,9	16,3
31-45	354	11,3	0,0	15,8	0,5	0,4	2,9	1,9	15,1	20,5	2,1	29,4
46-60	125	14,0	2,3	25,0	0,2	0,4	0,9	2,2	16,2	12,6	2,6	23,6
>60	120	2,5	0,1	19,6	0,6	0,3	0,9	1,7	14,6	10,0	**2,9**	**46,8**
Artenzahl, Anteile in %												
0-15	328	3,4	1,8	**51,1**	0,9	1,0	5,9	4,9	15,3	8,4	0,8	6,5
16-30	582	3,9	0,8	33,4	1,1	1,6	**9,9**	5,4	18,8	11,0	1,5	12,6
31-45	354	6,7	0,3	32,7	1,2	0,8	3,4	5,1	19,5	10,0	2,3	18,1
46-60	125	5,6	0,6	29,8	0,9	1,1	2,2	3,8	21,0	10,4	3,1	21,6
>60	120	2,2	0,2	24,7	1,0	0,8	1,1	3,3	18,4	9,6	**3,7**	**35,0**

Während einige Artengruppen in der Bergbaufolgelandschaft nur eine untergeordnete Rolle spielen (z. B. Salzwasser- und Meeresstrandvegetation, Steinfluren und alpine Rasen, Nadelwälder), haben andere Artengruppen Schwerpunkte in unterschiedlichen Altersstadien (Tab. 4). Auf den 0 bis 15 Jahre alten Flächen dominieren in der Regel Arten der Ruderalgesellschaften mit einem Anteil von 30 % an der Gesamtdeckung und 50 % an der Artenzahl. Auf den über 60 Jahre alten Flächen reduziert sich der Deckungsanteil der Ruderalarten auf 20 % und auch ihr Anteil an der Artenzahl geht auf 25 % zurück. Dafür kommt es zu einer allmählichen Akkumulation von Arten der Laubwälder; besonders in der Alterklasse über 60 Jahre.

In den frühen Altersstadien unter 30 Jahren haben die Arten der Sandtrockenrasen (Sedo-Sclerenthetea) ihren Schwerpunkt (Tab. 4). Im weiteren Sukzessionsverlauf sind sowohl Deckungen als auch Artenzahlen dieser Artengruppe rückläufig. Auf den über 60 Jahre alten Flächen ist diese Artengruppe dann nur noch auf besonders extremen Standorten (sauer, trocken, nährstoffarm) zu finden („Dauerpionierstadien" - TISCHEW et al. 2004b).

Grünlandarten feuchter bis mittlerer Standorte (Molinio-Arrhenatheretea) kommen dagegen in allen Altersklassen in ähnlichen Anteilen vor (Tab. 4).

Mit zunehmendem Alter - und oft auch durch die Wiederherstellung der ursprünglichen Grundwasserstände - verlieren viele Extremstandorte allmählich ihren besiedlungsfeindlichen Charakter. Dies führt zur Entwicklung von Biotopmosaiken aus Rohbodenflächen, Gras-/Krautfluren, Gebüschstadien und Pionierwäldern, die vielen Pflanzen-, aber auch vielen Tierarten einen Lebensraum bieten (Abb. 42).

Mosaik aus stark kohlehaltigem Rohboden, lückigen Land-Reitgrasbeständen und Birken-Vorwäldern (Juni 2009).

Mosaik aus Schilfröhricht, feuchten Gras- und Krautfluren, feuchten Birkenvorwäldern und offenen Wasserflächen (April 2009).

Abb. 42: Biotopmosaike im Tagebau Roßbach, Geiseltalrevier (Fotos: A. Kirmer).

6 Typische Vegetationseinheiten des Offenlandes

Eine Auswertung der ca. 3300 Vegetationsaufnahmen, die zwischen 1994 und 2002 entstanden sind, mittels verschiedener Klassifikationsverfahren zeigte, dass eine Zuordnung zu bereits beschriebenen Pflanzengesellschaften in vielen Fällen nicht sinnvoll ist (JAKOB et al. 2003, FLB 2003). Vor allem in den frühen Besiedlungsstadien haben Zufallsereignisse, die umgebenden Diasporenquellen sowie artspezifische Eigenschaften wie Ausbreitungsmechanismen und Lebensformen einen maßgeblichen Einfluss auf die Zusammensetzung der Vegetation. Erst im weiteren Sukzessionsverlauf gewinnt der Standort immer mehr an Bedeutung: abiotische Standortfaktoren und zunehmende Konkurrenz tragen dann allmählich zur Stabilisierung der Bestände bei (z. B. BAASCH et al. 2009, LORENZ et al. 2009). Vor allem im mittleren ökologischen Bereich sind die frühen Sukzessionsstadien durch hohe Artenzahlen und eine sehr geringe Stetigkeit der einzelnen Arten gekennzeichnet (JAKOB et al. 2003). Häufig ist eine Charakterisierung der verschiedenen Vegetationseinheiten erst durch die Kombination von Stetigkeit und mittlerer Artmächtigkeit möglich. Im Folgenden werden die häufigsten Vegetationseinheiten der mitteldeutschen Bergbaufolgelandschaft kurz charakterisiert. Eine ausführlichere Beschreibung ist im Abschlussbericht des Forschungsverbundprojektes „Landschaftsentwicklung Mitteldeutsches Braunkohlenrevier" (FLB 2003) sowie in HUTH et al. (2004) zu finden.

Pionierfluren

Bei den Pionierfluren handelt es sich größtenteils um kurzlebige Übergangsgesellschaften ohne charakteristische Arten. Typisch sind lückige, offene Bestände, für die nicht die gemeinsamen Arten, sondern vorrangig die Strukturmerkmale verbindend sind: ein hoher Anteil an vegetationsfreier Fläche (Ø ca. 60 %), eine niedrigwüchsige Krautschicht und kein oder lediglich ein sehr geringes Gehölzaufkommen (FLB 2003). Die Flächen sind mit durchschnittlich 18 Arten in den Vegetationsaufnahmen relativ artenreich, aber die Arten erreichen nur geringe Stetigkeiten. Das mittlere Alter liegt bei 10 Jahren. Mit größeren Stetigkeiten treten das Land-Reitgras (*Calamagrostis epigejos*) sowie einige ausdauernde Ruderalarten wie Huflattich (*Tussilago farfara*), Acker-Kratzdistel (*Cirsium arvense*), Gewöhnlicher Löwenzahn (*Taraxacum officinale*), Gewöhnlicher Beifuß (*Artemisia vulgare*), Gewöhnliche Nachtkerze (*Oenothera biennis*), Wilde Möhre (*Daucus carota*), Gewöhnliches Bitterkraut (*Picris hieracioides*) und Echtes Johanniskraut (*Hypericum perforatum*) auf (FLB 2003). Dazu kommen einige Arten kurzlebiger thermophiler Ruderalfluren wie Kanadidisches Berufkraut (*Conyza canadensis*), Dach-Trespe (*Bromus tectorum*), Weiche Trespe (*Bromus hordeaceus*), Quendel-Sandkraut (*Arenaria serpyllifolia*) und Scharfes Berufkraut (*Erigeron acris*).

Die salzbeeinflussten Pionierfluren der Tagebaue Merseburg/Ost und Amsdorf sind durch das Auftreten von salztoleranten Arten wie der Strand-Aster (*Aster tripolium*), dem Gewöhnlichen Salzschwaden (*Puccinellia distans*), der Flügelsamigen Schuppenmiere (*Spergularia media*), der Roten Schuppenmiere (*Spergularia rubra*), der Mähnen-Gerste (*Hordeum jubatum*) und dem Roten Gänsefuß (*Chenopodium rubrum*) gekennzeichnet (FLB 2003).

Mosaik aus kryptogamenreichen Silbergras-Pionierfluren und Rohbodenflächen im Tagebau Goitzsche, Bitterfeld-Delitzscher Revier (A. Baasch, August 2008).

Besiedlung von sandig-kiesigem Rohboden mit Kleinem Filzkraut und Acker-Filzkraut im Tagebau Kayna-Süd, Geiseltalrevier (A. Kirmer, Juni 2008).

Abb. 43: Pionierfluren in der Mitteldeutschen Bergbaufolgelandschaft.

Auf den sauren, nährstoffarmen und trockenen Substraten im Bitterfeld-Delitzscher Revier leitet das gut an diese Extrembedingungen angepasste Silbergras (*Corynephorus canescens*) die Besiedlung der lockeren, frisch entstandenen Sandflächen ein (TISCHEW et al. 2004b). Es entstehen zunächst artenarme Silbergras-Pionierfluren [Spergulo-Corynephoretum canescenti typicum Tx. (1928) 1955]. Liegen besonders extreme Verhältnisse vor (sehr niedrige pH-Werte in Verbindung mit Aluminiumkonzentrationen im phytotoxischen Bereich), können sich Dauerpionierstadien bilden (TISCHEW et al. 2004b, TISCHEW & MANN 2004). Die Silbergras-Pionierfluren haben deshalb eine weite Altersspanne von drei bis 88 Jahren. Neben dem Silbergras tritt häufig das sich über Ausläufer ausbreitende Kleine Habichtskraut (*Hieracium pilosella*) auf. Auf vollständig festgelegten Substraten kommt es zur Ausbildung von moos- und flechtenreichen Silbergras-Pionierfluren [Spergulo-Corynephoretum canescenti cladonietosum Tx. (1928) 1955]. Dieses Abbaustadium ist durch eine dichte Kryptogamenschicht gekennzeichnet, die sich überwiegend aus dem Purpurstieligem Hornzahnmoos (*Ceratodon purpureus*) und dem Glashaar-Haarmützenmoos (*Polytrichum piliferum*) sowie verschiedenen Flechten der Gattung *Cladonia* zusammensetzt (TISCHEW et al. 2004b) (Abb. 43 links).

Im Geiseltalrevier kommt das Silbergras nicht vor. Dort besiedeln sich die frischen Sand- und Kiesflächen vorwiegend durch den Kleinen Ampfer (*Rumex acetosella*), den Mäuseschwanz-Federschwingel (*Vulpia myuros*), den Hasen-Klee (*Trifolium arvense*), das Sprossende Nelkenköpfchen (*Petrorhagia prolifera*) (FLB 2003) sowie durch das Kleine Filzkraut (*Filago minima*) und das Acker-Filzkraut (*Filago arvensis*) (Abb. 43 rechts).

Sandtrockenrasen

Die Vorkommen der Sandtrockenrasen beschränken sich auf das Bitterfeld-Delitzscher Revier (Tagebaugebiet Goitzsche, Tagebaue Muldenstein, Köckern, Gröbern, Bergwitzsee, Golpa-Nord und Altmöhlau) (FLB 2003). Dort werden die artenarmen Silbergras-Pionierfluren auf besiedlungsfreundlicheren Substraten (höhere pH-Werte, bessere Nährstoffverfügbarkeit, ausgeglichener Wasserhaushalt) bei entsprechenden Lieferbiotopen in der Umgebung durch die Sandstrohblumen-Silbergras-Gesellschaft [Subassoziation von *Helichrysum arenarium* des Spergulo morisonii-Corynephoretum canescentis (R.Tx. 1928) Libb. 1933] abgelöst (FROMM et al. 2002, BAASCH et al. 2010; Abb. 44 rechts). Je nach Standortbedingungen ist diese Entwicklung nach vier bis ca. 40 Jahren abgeschlossen. Neben dem Silbergras als Charakterart treten einige Trockenrasenarten der Klasse Koelerio-Corynephoretea Klika in Klika et Novák 1941 mit großer Stetigkeit auf, so z. B. die Sandstrohblume (*Helichrysum arenarium*), das Sandknöpfchen (*Jasione montana*), das Kleine Filzkraut und der Kleine Sauerampfer. Als etwas anspruchsvollere Arten gesellen sich die Wiesen-Schafgarbe (*Achillea millefolium*), das Gewöhnliche Ferkelkraut (*Hypochaeris radicata*), die Gewöhnliche Nachtkerze und das Echte Johanniskraut hinzu. Die Bestände weisen eine reiche Moos- und Flechtenschicht auf (Abb. 44 links).

Auf gut besiedlungsfähigen Substraten (z. B. quartäre Sande) kommt es zu einer rasch voranschreitenden Verbuschung mit Besenginster (*Cytisus scoparius*), Hänge-Birke (*Betula pendula*) und Wald-Kiefer (*Pinus sylvestris*).

Gras- und Krautfluren

Ausdauernde Gras- und Krautfluren nehmen in der Mitteldeutschen Bergbaufolgelandschaft einen großen Flächenanteil ein (HUTH et al. 2004). Sie sind eine in sich sehr heterogene Gruppe, die sowohl sehr artenarme als auch sehr artenreiche Vegetationstypen umfasst. In den Vegetationsaufnahmen liegen die Artenzahlen zwischen fünf und 36 Arten (FLB 2003). Die Zusammensetzung der Vegetation ist sehr vielgestaltig und hängt vor allem vom vorliegenden Substrat ab. Die Gras- und Krautfluren können in drei Gruppen unterteilt werden: Dominanz kurzlebiger Arten, Dominanz ausdauernder Arten, Dominanz von Land-Reitgras.

Kryptogamenreicher Sandtrockenrasen (April 1994).

Sandstrohblumen-Silbergras-Gesellschaft (Juni 1999).

Abb. 44: Sandtrockenrasen im Tagebau Goitzsche, Bitterfeld-Delitzscher Revier (Fotos: A. Kirmer).

Gras- und Krautfluren mit kurzlebigen Arten

Die lückigen Gras- und Krautfluren sind durch die Dominanz kurzlebiger krautiger Arten charakterisiert und stellen ein Übergangsstadium zwischen Rohböden und ausdauernden Gras- und Krautfluren dar (HUTH et al. 2004). Die auftretenden Arten gehören überwiegend zum Verband der Möhren-Steinklee-Gesellschaften (Dauco-Melilotion Görs 1966). Typische Arten sind der Hopfenklee (*Medicago lupulina*), der Weiße Steinklee (*Melilotus albus*), der Echte Steinklee (*Melilotus officinalis*), das Gewöhnliche Bitterkraut, der Gewöhnliche Natternkopf

(*Echium vulgare*), die Gewöhnliche Nachtkerze und die Wilde Möhre. Extreme Standortbedingungen (Trockenheit, Nährstoffarmut, hoher Kohlegehalt) verzögern dabei die Entwicklung zu ausdauernden Gras- und Krautfluren.

Auf trockenen, sandigen Standorten können Dach-Trespen-Ruderalfluren (Linario vulgaris-Brometum tectorum Knapp 1961) ausgebildet sein. Als charakteristische Arten kommen das Quendel-Sandkraut, die Dach-Trespe, das Kanadische Berufskraut, der Dach-Pippau (*Crepis tectorum*) und die Hohe Rauke (*Sisymbrium altissimum*) vor. Lokal sind den Kleinschmielen-Pioniergesellschaften (Thero-Airion R.Tx.1951) nahestehende Ausprägungen mit Nelken-Haferschmiele (*Aira caryophyllea*), Triften-Knäuel (*Scleranthus polycarpos*), Zwerg-Filzkraut, Rotem Straußgras (*Agrostis capillaris*), Kleinem Habichtskraut, Mäuseschwanz-Federschwingel und Roter Schuppenmiere zu beobachten. Durch den lückigen Bewuchs haben die Flächen eine besondere Bedeutung als Lebensraum für spezialisierte und zum Teil gefährdete bzw. geschützte Tiere (z. B. Heuschrecken, Laufkäfer, HUTH et al. 2004).

Gras- und Krautfluren mit ausdauernden Arten

Die ausdauernden Gras- und Krautfluren werden überwiegend durch hochwüchsige Arten des Offenlandes geprägt (HUTH et al. 2004). Sie sind hinsichtlich Struktur und Artenzusammensetzung sehr heterogen und können sich entlang einer weiten Standortamplitude mit entsprechender Differenzierung bereits nach wenigen Jahren etablieren. Nur die Besiedlung von stark sauren, stark tonigen oder stark kohlehaltigen Standorten kann bis zu 80 Jahre dauern. Die meisten Gras- und Krautfluren entwickeln sich im Sukzessionsverlauf zu Vorwäldern, wobei die Dauer der einzelnen Stadien sowohl von den Standortfaktoren als auch von der Krautschichtdeckung abhängt. Eine dichte Krautschicht behindert die Ansiedlung von Gehölzen. Ebenso besiedeln sich sehr trockene oder stark kohlehaltige, hydrophobe Standorte nur sehr verzögert mit Gehölzen. Unter diesen Standortbedingungen sind auch auf 30 bis 80 Jahre alten Flächen noch Gras- und Krautfluren vorhanden (FLB 2003).

Ausdauernde, niedrigwüchsige Gras- und Krautflur (Juni 2008).

Magerraseninitiale mit Wimper-Perlgras (Juni 2008).

Abb. 45: Ausdauernde Gras- und Krautfluren im Tagebau Kayna-Süd, Geiseltalrevier (Fotos: A. Kirmer).

Die höchsten Stetigkeiten erreichen das Land-Reitgras und das Gewöhnliche Bitterkraut (FLB 2003). Zusätzlich zu den bei den annuellen Gras- und Krautfluren genannten Arten, die für den Verband der Möhren-Steinklee-Gesellschaften typisch sind, treten häufig das Platthalm-Rispengras (*Poa compressa*), die Wiesen-Schafgarbe, der Spitz-Wegerich (*Plantago lanceolata*), das Echte Johanniskraut, der Rispen-Sauerampfer (*Rumex thyrsiflorus*) und der Wiesen-Löwenzahn mit höheren Stetigkeiten auf. Bei besseren

Substratbedingungen (Geschiebemergel, bessere Wasserversorgung) können sich auch Frischwiesenarten (Verband Arrhenatherion elatioris W. Koch 1926) wie z. B. der Glatthafer (*Arrhenatherum elatius*), der Pastinak (*Pastinaca sativa*), das Wiesen-Labkraut und das Gewöhnliche Kreuzblümchen (*Polygala vulgaris*) erfolgreich etablieren (Abb. 45).

Die ausdauernden Gras- und Krautfluren des Geiseltalreviers zeichnen sich durch eine Gruppe von Arten aus, die auf stark braunkohlehaltigen, zum Teil auch salzhaltigen Substraten entweder ihren Schwerpunkt haben oder dort zumindest höhere Stetigkeiten aufweisen: Durchwachsenblättriges Gipskraut (*Gypsophila perfoliata*), Schwarzwurzel-Gipskraut (*Gypsophila scorzonerifolia*), Schmalblättriger Doppelsame (*Diplotaxis tenuifolia*), Riesen-Straußgras (*Agrostis gigantea*), Gelber Wau (*Reseda lutea*), Dürrwurz (*Inula conyzae*) und Gold-Distel (*Carlina vulgaris*). Die Bestände stehen der Assoziation der Gesellschaft des Durchwachsenblättrigen Gipskrautes (Gypsophilo-perfoliatae-Diplotaxietum tenuifoliae Klotz 1981) nahe (FLB 2003).

Auf basenreichen, trockenen und nährstoffarmen Substraten können Initialstadien von Trocken- und Halbtrockenrasen (Klasse der Festuco-Brometea Br. Bl. et R. Tx. 1943) ausgebildet sein. Charakteristische Arten sind das Echte Labkraut (*Galium verum*), die Kleine Pimpernelle (*Pimpinella saxifraga*), die Karthäuser Nelke (*Dianthus carthusianorum*), der Kleine Wiesenknopf (*Sanguisorba minor*), die Gold-Distel und die Zypressen-Wolfsmilch (*Euphorbia cyparissias*), wobei sich nicht immer alle Arten auf den Flächen etablieren können. Mit höheren Stetigkeiten kommen das Florentiner Habichtskraut, der Österreichische Lein (*Linum austriacum*), das Kleine Habichtskraut, der Purgier-Lein (*Linum catharticum*), die Rispen-Flockenblume (*Centaurea stoebe*), das Echte Johanniskraut und der Hopfenklee vor. Manche Arten sind auf einen oder wenige Tagebaue begrenzt; im Tagebau Kayna-Süd (Geiseltalrevier) bildet zum Beispiel das Wimper-Perlgras (*Melica ciliata*) ausgedehnte Bestände (Abb. 45 rechts).

Dichter Land-Reitgrasbestand auf Geschiebelehm im Tagebau Kayna-Süd, Geiseltalrevier (A. Kirmer, Oktober 1999).

Lückiger Land-Reitgrasbestand auf trockenen, sauren und sanddominiertem Substrat im Tagebaugebiet Goitzsche, Bitterfeld-Delitzscher Revier (A. Baasch, August 2008).

Abb. 46: Dichte und lückige Land-Reitgrasbestände im Mitteldeutschen Braunkohlenrevier.

Gras- und Krautfluren mit Dominanz von Land-Reitgras

Das Land-Reitgras ist die am weitesten verbreitete und häufigste Pflanzenart in der Mitteldeutschen Bergbaufolgelandschaft (BAASCH et al. 2004, HUTH et al. 2004). Da es sich sehr effektiv vegetativ ausbreitet und eine weite ökologische Amplitude hat, kann es sich auf unterschiedlichsten terrestrischen Standorten erfolgreich etablieren und ist in der Lage, Dominanzbestände aufzubauen (Abb. 46). Der zeitliche Verbreitungsschwerpunkt von

Landreitgrasbeständen liegt auf Standorten mittleren Alters (15 bis 45 Jahre) (BAASCH et al. 2004). Die daraus resultierenden Dominanzbestände können längerfristig stabile Sukzessionsstadien bilden (siehe auch PRACH 1987). Erst durch zunehmende Beschattung oder längere Überstauung geht das Land-Reitgras allmählich zurück (KIRMER et al. 2004).

Von Land-Reitgras dominierte, dichte Gras- und Krautfluren besitzen nur eine geringe floristische Bedeutung (HUTH et al. 2004). Die Fauna ist jedoch zum Teil sehr artenreich, mit einer Reihe naturschutzfachlich relevanter Artengruppen (z. B. Heuschrecken, Laufkäfer, Spinnen, Zikaden). Gefährdete Tierarten kommen dabei vor allem in den feuchten, strukturreichen sowie den trockenen, lückigeren Land-Reitgrasbeständen vor, die vor allem im Bitterfeld-Delitzscher Revier zu finden sind (HUTH et al. 2004) (Abb. 46 rechts). Aufgrund der vorherrschenden extremen Standortbedingungen (sauer, trocken, nährstoffarm) ist das Land-Reitgras dort zumeist nicht in der Lage, langfristig stabile, dichte Dominanzbestände zu bilden (siehe auch JAKOB et al. 1996, BAASCH et al. 2009, SÜSS et al. 2010), und Arten der Sandtrockenrasen sind durchaus in der Lage, in diese Bestände einzuwandern.

Niedermoorinitiale und Sümpfe

Niedermoorinitiale und Sümpfe treten in der Mitteldeutschen Bergbaufolgelandschaft meist nur kleinflächig auf (HUTH et al. 2004). Typische Ausprägungen sind erst auf über 20 Jahre alten Flächen zu finden; im Durchschnitt sind die Flächen ca. 40 Jahre alt. Ihre Entwicklung hängt vom Wasserstand am jeweiligen Standort ab (stabil, temporär schwankend, Grundwasseranstieg oder Überflutung) und ist nicht verallgemeinerbar. Im Geiseltalrevier und im Südraum Leipzig kommen Niedermoorinitiale und Sümpfe fast ausschließlich auf neutralen bis schwach basischen Substraten vor. Im Bitterfeld-Delitzscher Revier sind sie auch auf wassergesättigten, sauren Tertiärsubstraten zu finden.

Im Sukzessionsverlauf kommt es zu einer vielfältig ausgeprägten Kombination von Pflanzenarten der Flachmoore, Röhrichte und Gras- und Krautfluren nasser bis frischer Standorte sowie von standortunspezifischen Pionierarten aus früheren Sukzessionsstadien (HUTH et al. 2004). Das Vorkommen der Arten ist durch Nährstoff- und Konkurrenzarmut, Diasporenverfügbarkeit und Firstcomer-Effekte bedingt, dabei sind Übergänge zu (wechsel-)feuchten Gras- und Krautfluren fließend.

Bunter Schachtelhalm im Naturschutzgebiet Restloch Zechau (H. Korsch, Juli 2002).

Braunmoosreicher Sumpf mit Gelber Spargelerbse und Steifblättrigem Knabenkraut im Restschlauch Pirkau (A. Kirmer, Juni 2001).

Abb. 47: Niedermoorinitiale und Sümpfe im Zeitz-Weißenfels-Hohenmölsener Revier.

Typische Arten sind: Glieder-Binse (*Juncus articulatus*), Flatter-Binse (*Juncus effusus*), Blaugrüne Binse (*Juncus inflexus*), Sumpf-Kratzdistel (*Cirsium palustre*), Gemeine Sumpfsimse (*Eleocharis palustris*), Sumpf-Sitter, Sumpf-Schachtelhalm (*Equisetum palustre*), Wasserdost (*Eupatorium cannabinum*), Ufer-Wolfstrapp (*Lycopus europaeus*), Schilf (*Phragmites australis*) und Grau-Weide (*Salix cinerea*) (HUTH et al. 2004). Selten, aber mit Schwerpunkt in diesen Vegetationstypen, treten Schmalblättriges Wollgras (*Eriophorum angustifolium*), Steifblättriges Knabenkraut, Zierliches Tausendgüldenkraut (*Centaurium pulchellum*), Wassernabel (*Hydrocotyle vulgaris*) und verschiedene Torfmoose (*Sphagnum* spp.) auf.

Die Schachtelhalm-Sümpfe sind durch eine hohe Abundanz von Schachtelhalm-Arten auf dichten Moospolstern gekennzeichnet. Besonders im Restloch Zechau (Südraum Leipzig) entwickelten sich ausgeprägte Kalkflachmoore mit einer Braunmoostorfschicht (KRUMMSDORF et al. 1998). Auf größeren Flächen dominieren hier Sumpf-Schachtelhalm, Bunter Schachtelhalm (*Equisetum variegatum*, Abb. 47 links), Teich-Schachtelhalm (*Equisetum fluviatile*), Winter-Schachtelhalm (*Equisetum hyemale*) und Ästiger Schachtelhalm (*Equisetum ramosissimum*) (vgl. SYKORA 1978, THOMAS 1989, KORSCH 1994). Im Bitterfeld-Delitzscher Revier wurden im ehemaligen Tagebau Muldenstein von Sumpf-Schachtelhalm und Buntem Schachtelhalm dominierte Bestände gefunden, die sowohl auf wasserüberstauten Flächen unter überwiegend anaeroben Bedingungen als auch auf wechselfeuchten Standorten unter überwiegend aeroben Bedingungen vorkommen (HUTH et al. 2004).

Die spezifischen Standortbedingungen in der Bergbaufolgelandschaft führen öfter zu periodischem und kleinräumigem Wechsel zwischen aeroben und anaeroben Verhältnissen. Niedermoore werden sich am wahrscheinlichsten aus den torfmoosreichen Moorinitialen entwickeln, die gelegentlich im Uferbereich von Tagebaugewässern auf sauren Tertiärsanden zu finden sind, wie z. B. am Ufer des Bergwitzsees und der Gniester Seen (Bitterfeld-Delitzscher Revier). Im Südraum Leipzig sind aus der Region Borna vereinzelte kleine Torfmoosbestände bekannt (HUTH et al. 2004).

Bei geringer Wasserführung oder zeitweiliger Austrocknung siedeln sich verstärkt Hänge-Birken und Grauweiden an (HUTH et al. 2004). Standorte mit aeroben Bodenverhältnissen entwickeln sich im Sukzessionsverlauf zu Grauweidengebüschen, ähnlich dem Salicetum cinereae Zolyomi 1931, oder zu feuchten bis nassen Birken-Weiden-Pionierwäldern (HEYDE 1996). Bei dauerhaft hohem Wasserstand können sich dagegen kaum Gehölze etablieren (HUTH et al. 2004). Hier besteht die Gefahr, dass die Moor- und Sumpfvegetation durch die Ausbreitung von Großröhrichtarten verdrängt wird. Dieser Prozess wird durch Nährstoffeinträge aus dem Umland beschleunigt. Generell werden sich durch den flutungsbedingten Wasseranstieg verstärkt Niedermoorinitiale und Sümpfe entwickeln.

Röhrichte

Röhrichte kommen in der Mitteldeutschen Bergbaufolgelandschaft vor allem im Bereich von flach überstauten Innenkippenbereichen, entlang von Tagebaugewässern und im Bereich von Hangwasseraustritten und Quellen vor. Sie bestehen überwiegend aus Schilf oder Rohrkolben-Arten (*Typha* spp.) (FLB 2003). Eine Besonderheit der Bergbaufolgelandschaft sind die zum Teil ausgedehnten Landröhrichte auf nassen bis wechselfeuchten, aber auch länger austrocknenden Standorten (Abb. 48, HUTH et al. 2004). Sie sind sowohl im landseitigen Bereich der Ufer von Gewässern als auch fernab von Gewässern zu finden. Am häufigsten sind Schilf-Landröhrichte. Durch ihr besonders weit reichendes ober- und unterirdisches Ausläuferwachstum können sie sich schnell ausbreiten. So wurden z. B. oberirdische Kriechtriebe mit Längen bis zu 20 m gefunden (Abb. 48 oben rechts).

Da die Röhrichtarten über effektive Fernausbreitungsmechanismen verfügen, kommt es auf feuchten bis nassen Standorten sehr schnell zur Etablierung lückiger und z. T. artenreicher Röhrichte (lediglich Substrate mit sehr niedrigen pH-Werten <3,4 werden gemieden). Im weiteren Sukzessionsverlauf kommt es durch das rasche klonale Wachstum zu einer Verdichtung und Artenverar-

Wasserröhricht am Ufer des Runstädter Sees, Tagebau Großkayna (Juni 2007).

Schilfausläufer auf stark braunkohlehaltigem Substrat im Tagebau Mücheln/Südfeld (Juni 2006).

Besiedlung des Ufers mit Schmalblättrigem Rohrkolben (*Typha angustifolia*), Tagebau Kayna-Süd (Juni 2008).

Landröhricht im Tagebau Mücheln/Südfeld (Juni 2006).

Abb. 48: Verschiedene Röhrichte im Geiseltalrevier (Fotos: A. Kirmer).

mung der Röhrichte. Bei einer Wassertiefe bis 1 m bilden sich dichte, bis 2 m lückige Röhrichtbestände (ELLENBERG 1996, HASLAM 1972). Der Schwerpunkt der Röhrichtentwicklung liegt auf 15–45 Jahre alten Standorten. Vor allem in landseitige Uferröhrichte und feuchte Landröhrichte wandern rasch Gehölze ein, so dass langfristig eine Entwicklungstendenz zu Feuchtgebüschen zu beobachten ist (HUTH et al. 2004).

Flächige Röhrichte in und an Gewässern gehören meist zur Ordnung der Süßwasserröhrichte und Großseggenriede (Phragmitetalia australis W. Koch 1926) (HUTH et al. 2004). Am häufigsten sind das Schilfröhricht (Phragmitetum australis Schmale 1939) und das Schmalblattrohrkolben-Röhricht [Typhetum angustifoliae (Allorge 1922) Pignatti 1953] ausgebildet. Seltener treten Breitblattrohrkolben-Röhrichte [Typhetum latifoliae (Soó 1927) Nowinski 1930], Salzteichsimsen-Röhrichte [Scirpetum tabernaemontani Soó (1927) 1947] sowie von Binsen dominierte Bestände (Flatter-Binse, Glieder-Binse) auf. Selten und meist kleinflächig entwickelten sich Kleinröhrichte, insbesondere das Sumpfsimsen-Kleinröhricht (Eleocharitetum palustris Ubrizsy 1948). In Verlandungsröhrichten kommen häufig Arten der Seggenriede sowie der Niedermoorinitialen und Sümpfe vor. Landröhrichte sind dagegen meist relativ licht und mit Arten der Gras- und Krautfluren durchsetzt.

Charakteristische Arten der Röhrichte sind das Schilf, der Breitblättrige Rohrkolben (*Typha latifolia*), der Schmalblättrige Rohrkolben (*Typha angustifolia*), die Salz-Teichsimse (*Schoenoplectus tabernaemontani*), die Gemeine Strandsimse (*Bolboschoenus maritimus*), die Gemeine Sumpfsimse, die Glieder-Binse, die Flatter-Binse, die Blaugrüne Binse und die Knäuel-Binse (*Juncus conglomeratus*). Als Begleiter kommen häufig das Land-Reitgras, die Hänge-Birke, die Acker-Kratzdistel, der Huflattich, der Acker-Schachtelhalm (*Equisetum arvense*) und die Grau-Weide vor. An seltenen Arten treten der Sumpf-Sitter, das Echte Tausendgüldenkraut (*Centaurium erythraea*), die Fuchs-Segge (*Carex vulpina*), das Große Flohkraut (*Pulicaria dysenterica*) und das Zierliche Tausendgüldenkraut auf (HUTH et al. 2004). Auch gefährdete und seltene Tierarten finden in Röhrichten Nahrungs- und Bruthabitate (z. B. Libellen wie Winterlibelle, Fledermaus-Azurjungfer, Kleine Mosaikjungfer, Vögel wie Große Rohrdommel, Zwergdommel, Rohrweihe, Tüpfelralle, Blaukehlchen) (HUTH & OELERICH 2004).

7 Waldentwicklung auf Kippenflächen

Pionierwälder entwickeln sich in der Bergbaufolgelandschaft unter sehr vielfältigen Standortbedingungen. Selbst unter extremen Standortbedingungen ist eine Entwicklung initialer Waldstadien möglich (vgl. auch KLEINKNECHT 2001). Zu den Erstbesiedlern gehören fast immer anemochore Pioniergehölze wie Hänge-Birke (*Betula pendula*), Zitter-Pappel (*Populus tremula*) und verschiedene Weiden-Arten (*Salix* spp.). Die Hänge-Birke ist in allen Gehölzschichten der Pionierwälder die dominierende Baumart. Sie weist eine sehr breite ökologische Amplitude auf und wächst sowohl auf tonigen als auch sandigen Substraten (KLEINKNECHT 2001, LORENZ et al. 2009). Auch Standorte mit sehr niedrigen pH-Werten können durch sie besiedelt werden, sofern eine günstige Bodenfeuchte durch hohes Speichervermögen der Substrate gegeben ist (vgl. auch HARKE 1996, KLEINKNECHT 2001, LORENZ et al. 2009). Sobald größere Bäume vorhanden sind, werden zunehmend über Tiere ausgebreitete Gehölze wie Stiel-Eiche (*Quercus robur*), Weißdorn-Arten (*Crataegus* spp.), Roter Hartriegel (*Cornus sanguinea*) und Liguster (*Ligustrum vulgare*) eingetragen. Die Krautschicht wird dabei oft noch von Arten des Offenlandes geprägt (vgl. auch DURKA et al. 1997). Als erste typische Begleiter in der Krautschicht treten unter anderem das Gemeine Habichtskraut (*Hieracium lachenalii*), die Wald-Zwenke (*Brachypodium sylvaticum*) oder die Wald-Erdbeere (*Fragaria vesca*) auf. Seltener sind das Große Zweiblatt (*Listera ovata*), der Braunrote Sitter (*Epipactis atrorubens*) oder das Maiglöckchen (*Convallaria majalis*) zu finden.

Für die spontane Waldentwicklung auf Kippenflächen des ehemaligen Braunkohlenbergbaus wurden mittels statistischer Verfahren drei standörtlich differenzierte Sukzessionsserien klassifiziert. Über die Methode der Chronosequenzanalyse sind dabei Waldstadien mit einem Alter zwischen 10 und 100 Jahren eingegangen (n = 104). Die Serien stehen für drei Standortgruppen, die sich durch einen unterschiedlichen Grad der Besiedlungsfreundlichkeit auszeichnen (Abb. 49: TISCHEW & LORENZ 2005, LORENZ et al. 2009). Je weniger extrem ein Standort hinsichtlich des Bodensäuregrades, der Nährstoffverfügbarkeit sowie der Bodenfeuchte ist, um so schneller verläuft die Entwicklung der Pionierwälder in den ersten 60 Jahren zu reiferen Entwicklungsstadien. Zu Beginn der Waldentwicklung spielen jedoch auch Faktoren wie kleinräumige Nischenverfügbarkeit und Konkurrenzarmut der Standorte sowie das Diasporenangebot im Tagebauumfeld und die Fähigkeit zur Fernausbreitung eine bedeutende Rolle. Erst ab einem Alter von etwa 30 Jahren gewinnen Substrateigenschaften stärker an Gewicht (WIEGLEB & FELINKS 2001, JAKOB et al. 2003, LORENZ et al. 2009). Lediglich besonders extreme Standorte mit sehr niedrigen pH-Werten und/oder hohen Kohlegehalten wirken bereits zu Beginn der Waldentwicklung stark differenzierend auf die Besiedlungsprozesse (vgl. auch TISCHEW 1996). Kohle ist in der Lage, Stickstoffverbindungen zu sorbieren und teilweise irreversibel zu binden. Dies führt zu einer extrem schlechten Nährstoffverfügbarkeit.

Braunkohlenbergbau

Sukzessions-serie	Serie A Extremstandorte	Serie B mesotrophe Standorte	Serie C mesotrophe bis reiche Standorte
Substrat-eigenschaften	- tertiäre Sande oder Schluffe - extrem niedrige pH-Werte und/oder hohe bis sehr hohe Kohleschluffgehalte - sehr geringe Nährstoffverfügbarkeit	- Mischsubstrate aus tertiären und quartären Materialien - niedrige bis mittlere pH-Werte - niedrige bis mittlere Nährstoffverfügbarkeit	- quartäre Substrate oder Mischsubstrate - mittlere bis hohe pH-Werte - mittlere bis hohe Nährstoffverfügbarkeit
10 - 30 Jahre	A-1 Initiale Offenland-Gebüsch-Stadien mit Birke und/oder Kiefer 	B-1 Initiale Birken-Pionierwälder, Überspringen oder schnelles Durchlaufen des Gras-Kraut-Stadiums 	C-1 Initiale Birken-Pionierwälder mit paralleler Entwicklung der Krautschicht 
>30 - 60 Jahre	A-2 Sehr lückige Pionierwälder mit Birke und/oder Kiefer 	B-2 Birken-Pionierwälder ohne Akkumulation von Intermediär-/Klimaxbaumarten 	C-2 Birken-Pionierwälder mit initialer Akkumulation von Waldbodenarten und Intermediär-/Klimaxbaumarten in der Strauchschicht 
>60 - 100 Jahre	A-3 Langfristig lückige Pionierwälder mit Birke und/oder Kiefer 	B-3 Birken-Pionierwälder mit einigen Waldbodenarten und initialer Akkumulation von Intermediär-/Klimaxbaumarten in der Strauch- und Baumschicht 	C-3 Birken-Pionierwälder mit Akkumulation von Waldbodenarten und Intermediär-/Klimaxbaumarten in der Strauch- und Baumschicht 

Abb. 49: Waldentwicklungsstadien in der Bergbaufolgelandschaft in Abhängigkeit vom Alter und von der Standorttrophie (verändert nach LORENZ et al. 2009).

Stark kohlehaltige Substrate wirken zudem für Pflanzen sehr trocken, da die Kohlebeimengungen 20 bis 50 % des Bodenwassers nicht pflanzenverfügbar binden (KOPP 1960, THUM 1975).
Die drei Sukzessionsserien wurden für Extremstandorte, mesotrophe Standorte sowie mesotrophe bis reiche Standorte klassifiziert. Die signifikant höheren Kohlegehalte auf Extremstandorten führen aufgrund stark verzögerter Vegetationsentwicklung zu langfristig persistenten sowie lückigen Pionierwäldern (Abb. 49: LORENZ 2004, LORENZ et al. 2009). Für die 60 bis 100 Jahre alten Extremstandorte lagen die Kohlegehalte im Mittel bei 25 Volumenprozent, im Extremfall sogar bei ca. 40 Volumenprozent. Selbst nach einer Entwicklungsdauer von mehr als 60 Jahren befinden sich Pionierwälder auf Extremstandorten noch immer in einem frühen Sukzessionsstadium, ohne dass es Anzeichen für eine Entwicklung zu reiferen Waldstadien gibt (LORENZ et al. 2009). Eine Akkumulation von Intermediär- und Klimaxbaumarten in der Strauch- und Baumschicht war selbst für 60 bis 100 Jahre alte Pionierwälder auf Extremstandorten nicht zu verzeichnen.

Ebenso fehlen anspruchsvolle Waldbodenarten reiferer Waldstadien. Nach einer Entwicklungsdauer von 60 bis 100 Jahren erreichen diese Wälder eine mittlere Baumschichtdeckung von etwa 30 %. Durch den niedrigen Schlussgrad der Baumschicht bieten diese Pionierwälder ökologische Nischen für eine Reihe lichtbedürftiger, konkurrenzschwacher Pflanzenarten (z. B. Arten der Natternzungen- und Wintergrüngewächse, LEBENDER et al. 1999, TISCHEW & LEBENDER 2004). Je nach Fortschritt der Bodenentwicklung müssen diese Wälder mehrere Pionierwaldzyklen durchlaufen, bis eine Entwicklung zu reiferen Waldstadien möglich ist (vgl. auch TISCHEW 1996).
Die Pionierwälder auf mesotrophen bis reichen Standorten unterliegen dem schnellsten Sukzessionsfortschritt (Abb. 49). Mesotrophe bis reiche Standorte sind zumeist durch Quartärsubstrate oder quartäre Mischsubstrate geprägt und weisen mittlere bis hohe pH-Werte sowie eine mittlere bis hohe Nährstoffverfügbarkeit auf. Der Sukzessionsfortschritt der ältesten Waldstadien dieser Standortgruppe wird auch durch signifikant niedrigere Kohlegehalte sowie signifikant

höhere Auflagen basischer Flugstäube der Braunkohle verarbeitenden Industrie aus der Zeit vor 1990 gefördert. Flugascheauflagen bewirken eine generelle Erhöhung des Nährstoffangebotes, insbesondere der basischen Ionen, wie beispielsweise Magnesium-Ionen (vgl. THOMASIUS et al. 1997, SELENT et al. 1999). Gleichzeitig traten im Altersstadium 60 bis 100 Jahre im Vergleich zu Extremstandorten signifikant höhere Humushorizonte auf. Dies kann als stärkere biogene Umsetzung der Pflanzenbestände gewertet werden, da sich die Zahl der Bodenmikroorganismen infolge günstigerer Substratbedingungen erhöht (z. B. DUNGER 1998b). Rückkopplungsprozesse zwischen der Pflanzen- und der Bodenentwicklung können durch autogene Nährstoffanreicherung zu einer Aufwertung der Standorte führen (TILMAN 1988, LEUSCHNER 1994).

In 60 bis 100 Jahre alten Wäldern erreicht die mittlere Baumschichtdeckung etwa 70 % und ist damit mit dem Kronenschluss naturnaher Klimaxwälder im Stadium der Optimalphase vergleichbar (z. B. FALIŃSKI 1986, WOLF 1991, HEINKEN 1995). Auch in ehemaligen Altbergbaugebieten im mittleren Hessen erreichten artenreiche Kippenwälder bei vergleichbarem Flächenalter ebenfalls 60 % Baumschichtdeckung (KNAPP 1974). Auf Standorten mit hoher Trophie nähert sich der Faktor Licht im Altersstadium 60 bis 100 Jahre demzufolge deutlich den Verhältnissen rezenter bzw. historisch alter Wälder an (WULF & KELM 1994, WULF 2003).

Tab. 5 gibt eine Übersicht der bereits in die Tagebaue eingewanderten, krautigen Waldbodenarten. Die Diasporen der Arten früher und mittlerer Pionierwaldstadien werden effektiv über weite Entfernungen durch Wind oder Tiere ausgebreitet. Arten mit weniger effektiven Fernausbreitungsmechanismen (Selbstausbreitung oder Ameisenausbreitung) sind vorrangig auf Kippen des Altbergbaus vertreten. Indikatorarten für alte Wälder (PETERKEN 1994, WULF 1995, WULF 2003) weisen dabei ein niedriges Vorkommen auf. Lediglich in Birken-Pionierwäldern, die unmittelbar an alte Wälder angrenzen oder auf Kippstandorten mit humosem Mutterbodenauftrag, in dem mit hoher Wahrscheinlichkeit auch Diasporen von Waldbodenarten enthalten waren, sind sie bereits vertreten. Es wird voraussichtlich lange Zeiträume in Anspruch nehmen, bis Arten älterer Wälder auch isoliert liegende Standorte besiedeln können. Der Erhalt von alten Wäldern in der Umgebung von Kippenflächen ist deshalb eine wichtige Voraussetzung für die Entwicklung artenreicher Wälder in Bergbaufolgelandschaften (vgl. auch BENKWITZ et al. 2002).

Tab. 5: Frequenz ausgewählter Waldarten der Krautschicht in frühen und reiferen Pionierwaldstadien unter Berücksichtigung ihrer Ausbreitungsstrategie sowie Zuordnung zu Zeigerarten historisch alter Wälder sowie rezenter Wälder (aus LORENZ et al. 2009, verändert nach TISCHEW & LORENZ 2005).

A: Anzahl der Funde (n = 104),
B: Frequenz in Pionierwäldern < 60 Jahre in % (n = 86),
C: Frequenz in Pionierwäldern > 60 Jahre in % (n = 18),
D: Ausbreitungsstrategie (MÜLLER-SCHNEIDER 1986, BONN et al. 2000):
  a - anemochor, z_{epi} - epizoochor, z_{endo} - endozoochor, z_{dyso} – dysochor, m - myrmecochor, s - autochor, ? - Ausbreitungsstrategie nicht bekannt,
E: Fernausbreitungskapazität (VERHEYEN et al. 2003, FREY & LÖSCH 1998),
  fern - Fernausbreitung;   - keine Fernausbreitungskapazität,
F: Indikatorarten rezenter und historisch alter Wälder (WULF 1995, WULF 2003).

		A	B	C	D	E	F
Glattes Habichtskraut	*Hieracium laevigatum*	40	39.5	33.3	a	fern	
Savoyer Habichtskraut	*Hieracium sabaudum*	76	74.4	66.7	a	fern	
Gemeines Habichtskraut	*Hieracium lachenalii*	54	55.8	33.3	a	fern	a

Braunkohlenbergbau

		A	B	C	D	E	F
Wald-Erdbeere	*Fragaria vesca*	37	29.1	66.7	z_{endo}	fern	
Schlängel-Schmiele	*Deschampsia flexuosa*	27	26.7	22.2	a, z_{epi}	fern	r
Hain-Rispengras	*Poa nemoralis*	27	25.6	27.8	a, z_{epi}	fern	a
Wald-Habichtskraut	*Hieracium murorum*	20	19.8	16.7	a	fern	
Braunroter Sitter	*Epipactis atrorubens*	22	18.6	33.3	a	fern	
Kleines Wintergrün	*Pyrola minor*	18	15.1	27.8	a	fern	
Wald-Zwenke	*Brachypodium sylvaticum*	26	12.8	83.3	a, z_{epi}	fern	a
Birngrün	*Orthilia secunda*	16	12.8	27.8	a	fern	
Gemeine Goldrute	*Solidago virgaurea*	10	10.5	5.6	a, z_{epi}	fern	
Pillen-Segge	*Carex pilulifera*	10	10.5	5.6	a, z_{epi}, m	-	a
Wiesen-Wachtelweizen	*Melampyrum pratense*	9	8.1	11.1	m	-	a
Großes Zweiblatt	*Listera ovata*	6	7.0	0	a	fern	
Wald-Knaulgras	*Dactylis polygama*	6	5.8	5.6	a, z_{epi}	fern	
Berg-Weidenröschen	*Epilobium montanum*	5	4.7	5.6	a	fern	
Berg-Segge	*Carex montana*	5	3.5	11.1	a, z_{epi}, m	- / fern	
Gemeiner Wurmfarn	*Dryopteris filix-mas*	4	2.3	11.1	a	fern	
Dorniger Wurmfarn	*Dryopteris carthusiana*	3	2.3	5.6	a	fern	a
Buchenspargel	*Monotropa hypophegea*	3	2.3	5.6	?	?	
Zittergras-Segge	*Carex brizoides*	2	1.2	5.6	a, z_{epi}	fern	
Wald-Reitgras	*Calamagrostis arundinacea*	1	1.2	0	a, z_{epi}	fern	
Dolden-Habichtskraut	*Hieracium umbellatum*	1	1.2	0	a	fern	
Weiches Honiggras	*Holcus mollis*	1	1.2	0	a, z_{epi}	fern	
Grünblütiges Wintergrün	*Pyrola chlorantha*	1	1.2	0	a	fern	
Giersch	*Aegopodium podagraria*	2	1.2	5.6	s	-	r
Rundblättriges Wintergrün	*Pyrola rotundifolia*	1	0	5.6	a	fern	
Wald-Flattergras	*Milium effusum*	1	0	5.6	m, z_{epi}	- / fern	a
Vielblütige Weißwurz	*Polygonatum multiflorum*	1	0	5.6	z_{epi}	-	a
Knoten-Braunwurz	*Scrophularia nodosa*	1	0	5.6	s	-	
Wald-Ziest	*Stachys sylvatica*	1	0	5.6	z_{epi}	fern	a
Busch-Windröschen	*Anemone nemorosa*	1	0	5.6	s, m	-	a
Verschiedenblättr. Schwingel	*Festuca heterophylla*	1	0	5.6	a, z_{epi}	fern	
Nesselblättrige Glockenblume	*Campanula trachelium*	2	0	11.1	s	-	a
Großes Hexenkraut	*Circaea lutetiana*	2	0	11.1	z_{epi}	fern	a
Haar-Hainsimse	*Luzula pilosa*	2	0	11.1	m	-	a

		A	B	C	D	E	F
Nickendes Perlgras	*Melica nutans*	2	0	11.1	m	-	a
Sanikel	*Sanicula europaea*	2	0	11.1	z_{epi}	fern	a
Echte Sternmiere	*Stellaria holostea*	2	0	11.1	z_{epi}	?	a
Efeu	*Hedera helix*	3	1,2	11.1	z_{endo}	fern	
Maiglöckchen	*Convallaria majalis*	4	1.2	16.7	s, z_{endo}	- / fern	a
Gemeine Waldrebe	*Clematis vitalba*	5	2.3	16.7	a, z_{epi}	fern	
Zweiblättrige Schattenblume	*Maianthemum bifolium*	3	0	16.7	z_{dyso}	-	a
Riesen-Schwingel	*Festuca gigantea*	4	0	22.2	a, z_{epi}	fern	a
Dreinervige Nabelmiere	*Moehringia trinervia*	4	0	22.2	m	-	a
Preiselbeere	*Vaccinium vitis-idaea*	7	3.5	22.2	z_{endo}	- / fern	
Heidelbeere	*Vaccinium myrtillus*	10	5.8	27.8	z_{endo}	- / fern	a
Hain-Veilchen / Wald-Veilchen	*Viola riviniana / reichenbachiana*	15	7.0	50.0	s, m	-	a

8 Renaturierungsstrategien in der Bergbaufolgelandschaft

Der Abbau von Rohstoffen im Tagebauverfahren bedingt einen tief greifenden Landschafts- und Strukturwandel in den betroffenen Regionen. In der Abbauphase hat vor allem der Braunkohlenabbau mit den tagebauübergreifenden Grundwasserabsenkungstrichtern, der Zerstörung oder Beeinträchtigung von ausgedehnten naturnahen Auenökosystemen sowie Wäldern und Elementen der Kulturlandschaft aus der Sicht des Naturschutzes überwiegend negative landschaftsökologische Folgen. Vor allem der Eingriff in Ökosysteme mit langen Entwicklungszeiten (alte Wälder, Moore) oder in die Dynamik von Auensystemen ist nicht oder nur in sehr langen Zeiträumen wieder ausgleichbar (z. B. PLACHTER 1991). Oft ist es zudem schwierig, traditionelle Landnutzungen (z. B. Wanderschäferei) nach der langen Abbauphase wieder aufzugreifen. Es ist deshalb eine wichtige Aufgabe, nach dem Abbauprozess auf der Grundlage der vorhandenen Potenziale eine nachhaltige Entwicklung der Bergbaufolgelandschaft zu unterstützen sowie von den Betreibern des Abbaus und den Sanierungsgesellschaften auch einzufordern. Um diesen Prozess zu erleichtern, müssen die für Bergbaufolgelandschaften charakteristischen Schutzgüter aus naturschutzfachlicher Sicht neu bewertet werden (Tab. 6). Wenn die vorhandenen Potenziale der Bergbaufolgelandschaft entsprechend genutzt werden, eröffnet sich die Möglichkeit, wenigstens einen Teil der negativen Folgen des Abbaus auszugleichen.

Im Hinblick auf die landwirtschaftliche und forstwirtschaftliche Rekultivierung von Kippenflächen erfolgten seit Beginn der 1960er Jahre zahlreiche Untersuchungen über die Bodensystematik, die chemische und physikalische Beschaffenheit der Kippenböden (z. B. BRÜNING et al. 1965, WÜNSCHE 1976, WÜNSCHE et al. 1981, WÜNSCHE & ALTERMANN 1990, KNAUF & MÖBES 1995, HEILMANN et al. 1995, WÜNSCHE et al. 1998, KATZUR et al. 1998) sowie die Bodenentwicklung im Hinblick auf Humus- und Nährstoffbilanzen (THOMASIUS et al. 1997, HAUBOLD et al. 1998, HAUBOLD-ROSAR 1998, SCHNEIDER et al. 2000). Untersuchungen seit Beginn der 1990er Jahre konzentrieren sich vermehrt auf die Untersuchung bodenbildender Prozesse unter Berücksichtung von Bodenorganismen (z. B. DUNGER 1991, 1998a, b, KÖGEL-KNABNER et al. 1997, KÖGEL-KNABNER & RUMPEL 2000, BESCH-FROTSCHER et al. 2002).

Tab. 6: Unterschiedliche Bewertung von Schutzgütern in der Bergbaufolgelandschaft (verändert nach TISCHEW et al. 2009).

Schutzgut	spezieller Aspekt	konventionelle Bewertung	neue Bewertungsaspekte aus naturschutzfachlicher Sicht
Boden	Relief und Beweglichkeit	Erosionsgefahr, Böschungen mit einheitlichen Neigungen herstellen und durch rasche Begrünung festlegen	Nach Herstellung der bergmännischen Sicherheit geomorphologische Dynamik erhalten (Prozessschutz!), Steilwände als Habitate spezialisierter Tiere
Oberflächengewässer	Güte	Gefahr durch Versauerung, Neutralisierung notwendig	Saure Gewässer als Lebensraum spezialisierter Arten, biogene Neutralisation nutzen
Tiere	Habitatansprüche	kaum Objekt des Interesses	Lebensraum für Spezialisten vegetationsarmer Bereiche
	Flächengröße	kaum Objekt des Interesses	große ungestörte Gebiete, Refugien für Arten mit großen und komplexen Raumansprüchen
Pflanzen	Standortansprüche der Arten	Standorte werden entsprechend der gewünschten Arten verändert (Kalkung, Düngung)	Lebensraum für Spezialisten nährstoffarmer, z. T. auch saurer Standorte
	Vegetation	kaum Objekt des Interesses, Abwertende Verwendung der Begriffe Pioniervegetation, Magerrasen und Pionierwälder	Biotopmosaike erhöhen die Biodiversität im Naturraum; Arten mit spezifischen Standortansprüchen müssen in der Kulturlandschaft mühsam durch Pflegemaßnahmen erhalten werden
Landschaft	Landschaftsbild	Mondlandschaft, Wüste, Unland, Heilung durch Rekultivierung notwendig	Strukturvielfalt, Wildnis, bizarre Formen, Nutzung des landschaftsästhetischen Potenzials für Naturtourismus

Indes ist die Wiederherstellung der Bodenfruchtbarkeit (LMBV 2009c) vor allem für landwirtschaftliche Folgenutzungen von großer Bedeutung. Flächen, die für die Folgenutzung Naturschutz oder Tourismus vorgesehen sind, sollten demgegenüber nicht grundmelioriert werden, damit die für seltene Tier- und Pflanzenarten wichtigen nährstoffarmen Standorte nicht verloren gehen. Auch auf unreifen, aber besiedlungsfähigen Rohböden können über spontane Prozesse oder durch den Einsatz alternativer Renaturierungsmaßnahmen wertvolle Biotopmosaike entwickelt werden. Generell sollten spontane Besiedlungsprozesse viel stärker in die Sanierungsplanung integriert werden oder die Vegetationsentwicklung durch naturnahe Methoden beschleunigt werden. Indem gezielt Substrate verkippt oder bestimmte Reliefformen belassen oder hergestellt werden (z. B. Mulden, Schüttrippen, Flachwasserbereiche), können in der Endphase des Abbaus günstige abiotische Rahmenbedingungen für vielfältige und dynamische Entwicklungsprozesse geschaffen werden (FELINKS et al. 2004, TISCHEW & KIRMER 2007). Wichtig ist die Auswahl von geeigneten Sukzessionsflächen, die hinsichtlich Größe, Lage, Substrat- und Reliefheterogenität sowie räumlichem und/oder funktionalem Verbund zu Lieferbiotopen in bestimmtem Umfang eine Einflussnahme auf die Entwicklungsrichtung und -geschwindigkeit zulassen (DURKA et al. 1997, ALTMOOS & DURKA

1998, ALTMOOS et al. 2001, TISCHEW et al. 2009). Bei Flächen mit einer stark verzögerten Entwicklungsprognose kann eine Lage im siedlungsferneren Bereich zu einer Konfliktminimierung mit Anwohnern führen. Langfristig gliedern sich auch Flächen mit einer langsam fortschreitenden Vegetationsentwicklung in den Landschaftsraum ein und führen zu einer Bereicherung des Landschaftsbildes (Biotopmosaike, seltene (Rohboden-)Arten) (z. B. TISCHEW et al. 2009).

Auf erosionsgefährdeten Standorten oder in der Nähe von Ortslagen kann die Vegetationsentwicklung durch naturnahe Begrünungsmethoden eingeleitet und beschleunigt werden. Als naturnahe Methoden gelten z. B. der Auftrag von samenreichem Mahdgut aus dem Naturraum, die Ansaat von Samengemischen, die durch Drusch, Bürsten oder Saugen auf vergleichbaren Standorten in der Umgebung gewonnen wurden oder die Ansaat von autochthonen Arten aus regionaler Vermehrung (Übersicht und Beschreibung siehe KIRMER & TISCHEW 2006). Seit Anfang der 1990er Jahre werden in der mitteldeutschen Bergbaufolgelandschaft erfolgreich naturnahe Begrünungsmethoden eingesetzt (siehe z. B. MAHN & TISCHEW 1995, KIRMER & MAHN 2001, KIRMER 2004, KIRMER et al. 2009, BAASCH et al. 2012, KIRMER et al. 2012). Diese Methoden eignen sich zur Entwicklung von Erholungslandschaften und können auch bei der Etablierung von Wäldern auf Kippenflächen eingesetzt werden (z. B. LORENZ & TISCHEW 2004, TISCHEW et al. 2009).

Die Einbeziehung von natürlichen Prozessen in die Sanierungsplanung bietet nicht nur ökologische sondern auch ökonomische Vorteile (ABRESCH et al. 2000). Die Verwendung von standortangepassten Arten aus dem Naturraum erhöht den langfristigen Besiedlungserfolg und führt zu einem nachhaltigen Erosionsschutz (TISCHEW et al. 2009). Durch die Kombination von spontanen Besiedlungsprozessen mit naturnahen Begrünungsmethoden können sich struktur- und artenreiche Vegetationsbestände entwickeln, die sowohl naturschutzfachlichen als auch ästhetischen Ansprüchen genügen und die biologische Vielfalt im Landschaftraum erhöhen.

9 Danksagung

Unsere Forschung in der Mitteldeutschen Bergbaufolgelandschaft wurde durch die Deutsche Bundesstiftung Umwelt, das Bundesministerium für Bildung und Forschung, das Land Sachsen-Anhalt und die Lausitzer und Mitteldeutsche Bergbauverwaltungsgesellschaft sowie den Kooperationsprogrammen CADSES und CENTRAL EUROPE der Europäischen Union finanziert (FKZ 03268, 0339647, 0339747, 3B071, 1CE052P3 und 26858-33/2). Wir danken der Lausitzer und Mitteldeutschen Bergbauverwaltungsgesellschaft mbH (LMBV) und der Mitteldeutschen Braunkohlengesellschaft mbH (MIBRAG) für ihre Kooperation und allen Projektmitarbeitern, die zwischen 1994 und 2011 in diesen Forschungsprojekten mitgearbeitet haben, für ihren engagierten Einsatz. Des Weiteren danken wir allen Kolleginnen und Kollegen, die Fotos und Daten zur Verfügung gestellt haben.

10 Literatur

ABRESCH, J.-P., GASSNER, E., KORFF, J. V. (2000): Naturschutz und Braunkohlensanierung. Angewandte Landschaftsökologie 27. Bundesamt für Naturschutz, Bonn Bad Godesberg.

AHLHEIM, M. (1997): Kosten und Nutzen von Rekultivierungsmaßnahmen. In: ARNDT, U., BÖCKER, R., KOHLER, A. (Hrsg.): Abbau von Bodenschätzen und Wiederherstellung der Landschaft: 47-64, Ostfildern.

ALTMOOS, M., DURKA, W. (1998): Prozessschutz in Bergbaufolgelandschaften. Eine Naturschutzstrategie am Beispiel des Südraumes Leipzig. Naturschutz und Landschaftsplanung **30**: 291-297.

ALTMOOS, M., DZIOCK, F., FELINKS, B., HENLE, K., BELLMANN, A., KLAUS, D., KRUG, H., BESCH-FROTSCHER, W., GOJ, H. (2001): Vorrangflächen für den Naturschutz - ein Netzwerk für die Bergbaufolgelandschaft im Südraum Leipzig. UFZ-Bericht.

ASH, H. J., GEMMELL, R. P., BRADSHAW, A. D. (1994): The Introduction of Native Plant-Species on Industrial-Waste Heaps - a Test of Immigration and Other Factors Affecting Primary Succession. J. Appl. Ecol. **31**: 74-84.

BAASCH, A., SEPPELT, M. (2004): Orchideen (Orchidaceae). In: TISCHEW, S. (Hrsg.):

Renaturierung nach dem Braunkohleabbau: 74-85, Wiesbaden.

BAASCH, A., KIRMER, A., TISCHEW, S. (2012): Nine years of vegetation development in a postmining site: effects of spontaneous and assisted site recovery. J. Appl. Ecol. **49**: 251-260

BAASCH, A., TISCHEW, S., BRUELHEIDE, H. (2009): Insights into succession processes by temporally repeated habitat models: Results from a long-term study in a post-mining landscape. J. Veg. Sci. **20**: 629-638.

BAASCH, A., TISCHEW, S., BRUELHEIDE, H. (2010): Twelve years of succession on sandy substrates in a post-mining landscape: A Markov chain analysis. Ecol. Appl. **20**: 1136-1142.

BAASCH, A., TISCHEW, S., JAKOB, S. (2004): Naturschutzfachlich problematische Arten: Möglichkeiten und Grenzen des Managements am Beispiel des Land-Reitgrases. In: TISCHEW, S. (Hrsg.): Renaturierung nach dem Braunkohleabbau: 123-130, Wiesbaden.

BARTSCHV (1999): Bundesartenschutzverordnung: Verordnung zum Schutz wildlebender Tier- und Pflanzenarten vom 14. Oktober 1999 (BGBl. I S. 1955) zuletzt geändert durch Verordnung vom 21.12.1999 (BGBl. I S. 2843).

BENKWITZ, S., TISCHEW, S., LEBENDER, A. (2002): „Arche Noah" für Pflanzen? Zur Bedeutung von Altwaldresten für die Wiederbesiedlungsprozesse im Tagebaugebiet Goitsche. Hercynia N. F. **35**: 181-214.

BERKNER, A. (1997): Braunkohlenbergbau und Landschaftsveränderungen in Mitteldeutschland. In: VDI Bezirksverein Leipzig (Hrsg.): Beiträge zur Wirtschaftsregion Leipzig-Halle. Regionale Festschrift zum Deutschen Ingenieurtag 1997 in Leipzig.

- (1998): Naturraum und ausgewählte Geofaktoren im mitteldeutschen Förderraum - Ausgangszustand, bergbauliche Veränderungen, Zielvorstellungen. In: PFLUG, W. (Hrsg.): Braunkohlentagebau und Rekultivierung: 767-779, Berlin.

- (2001): Braunkohlenbergbau und Siedlungsentwicklung in Mitteldeutschland. Gratwanderung zwischen Aufschwung, Zerstörung und neuen Chancen. In: Dachverein Mitteldeutsche Straße der Braunkohle (Hrsg.): Braunkohlenbergbau und Siedlungen: 8-19, Leipzig.

- (2004): Der Braunkohlenbergbau im Südraum Leipzig. Bergbaumonographie. Sächsisches Landesamt für Umwelt und Geologie (LfUG), Dresden.

- (2006): Braunkohle im Osten Deutschlands. Tec **21**: 4-7.

BESCH-FROTSCHER, W., FELINKS, B., FRANZKE, F., MACHULLA, G., MICHAEL, A., ABO-RADY, M. (2002): Erfassung und Bewertung der zukünftigen Landflächen in der Bergbaufolgelandschaft hinsichtlich ihrer Standortfunktion für natürliche Vegetation. Unveröff. Abschlussbericht eines F+E-Vorhabens des LFUG (Az 13-8802.3524/30).

BIEN, A. (2008): Sanierung und Revitalisierung von Bergbaufolgelandschaften im Südraum Leipzig. Examensarb., Technische Universität Dresden, GRIN Verlag.

BILKENROTH, K.-D., SNYDER, D. O. (1998): Der Mitteldeutsche Braunkohlenbergbau - Geschichte, Gegenwart und Zukunft. Veröffentlichung zum Montanhistorischen Festkolloquium vom 11. bis zum 13. Juni 1998 in Borken. Mitteldeutsche Braunkohlengesellschaft mbH, Zeitz.

BONN, S., POSCHLOD, P. (1998): Ausbreitungsbiologie der Pflanzen Mitteleuropas: Grundlagen und kulturhistorische Aspekte. Wiesbaden.

BONN, S., POSCHLOD, P., TACKENBERG, O. (2000): Diasporus - a database for diaspore dispersal - concept and applications in case studies for risk assessment. Ökologie u. Naturschutz **9**: 85-97.

BRÜNING, E., UNGER, H., DUNGER, W. (1965): Untersuchungen zur Frage der biologischen Aktivierung alttertiärer Rohbodenkippen des Braunkohlentagebaus in Abhängigkeit von Bodenmelioration und Rekultivierung. Z. Landeskultur **6**(6): 9-38.

BURROWS, F. M. (1975): Wind-borne seed and fruit movement. New Phytol. **75**: 647-664.

DEBRIV (1996): Braunkohle 1994/1995. Bundesverband Braunkohle, Köln, Senftenberg.

- (2009): Braunkohle - ein Industriezweig stellt sich vor. Bundesverband Braunkohle, Köln, Senftenberg.

DÖRING, J., JÖRN, M., MÜLLER, J. (1995): Klimatische Kennzeichnung des mitteldeutschen Schwarzerdegebietes. In: KÖRSCHENS, M., MAHN, E.-G. (Hrsg.): Strategien zur Regeneration belasteter Agrarökosysteme des mitteldeutschen Schwarzerdegebietes: 534-567, Stuttgart.

DRUCKSACHE 16/8969 (2008): Antwort der Bundesregierung vom 24.4.2008 auf die Kleine Anfrage der Abgeordneten Dr. Dagmar Enkelmann, Dr. Barbara Höll, Monika Knoche, weiterer Abgeordneter und der Fraktion DIE LINKE: Fortführung der Braunkohle-Sanierung in den Ländern Brandenburg, Sachsen-Anhalt, Sachsen und Thüringen in den Jahren 2008 bis 2012.

http://dipbt.bundestag.de/dip21/btd/16/089/1608969.pdf (Stand: 11.03.2001).

DUNGER, W. (1991): Zur Primärsukzession humiphager Tiergruppen auf Bergbauflächen. Zool. Jhrb. Syst. **118**: 423-447.

- (1998a): Ergebnisse langjähriger Untersuchungen zur faunistischen Besiedlung von Kippenböden. In: PFLUG, W. (Hrsg.): Braunkohlentagebau und Rekultivierung: 625-634, Berlin.

- (1998b): Immigration, Ansiedlung und Primärsukzession der Bodenfauna auf jungen Kippböden. In: PFLUG, W. (Hrsg.): Braunkohlentagebau und Rekultivierung: 635-644, Berlin.

DURKA, W., ALTMOOS, M., HENLE, K. (1997): Naturschutz in Bergbaufolgelandschaften des Südraumes Leipzig unter besonderer Berücksichtigung spontaner Sukzession. UFZ-Bericht 22,

EIßMANN, L. (1994): Leitfaden der Geologie des Präquartärs im Saale-Elbe-Gebiet. Altenburger Naturwiss. Forsch. **7**: 11-46.

ELLENBERG, H. (1996): Vegetation Mitteleuropas mit den Alpen. 5. Aufl., Stuttgart (Hohenheim).

ESFELD, K., HENSEN, I., WESCHE, K., JAKOB, S., TISCHEW, S., BLATTNER, F. R. (2008): Molecular data indicate multiple independent colonizations of former lignite mining areas in Eastern Germany by *Epipactis palustris* (Orchidaceae). Biodiversity and Conservation **17**: 2441-2453.

FALIŃSKI, J. B. (1986): Vegetation dynamics in temperate lowlands primeval forest. Ecological studies in Bialowieza Forest. Geobotany **8**: 1-537.

FBM (1999): Konzepte für die Erhaltung, Gestaltung und Vernetzung wertvoller Biotope und Sukzessionsflächen in ausgewählten Tagebausystemen. Unveröff. Abschlussbericht, Forschungsverbund Braunkohlenfolgelandschaften Mitteldeutschlands (FBM), Bundesministerium für Bildung und Forschung, FKZ 0339747.

FELINKS, B., BESCH-FROTSCHER, W., FRENZKE, F., MACHULLA, G. (2004): Erfassung und Bewertung der zukünftigen Landflächen in der Bergbaufolgelandschaft hinsichtlich ihrer Standortfunktionen für natürliche Vegetation. UFZ-Bericht.

FLB (2003): Analyse, Bewertung und Prognose der Landschaftsentwicklung in Tagebauregionen des Mitteldeutschen Braunkohlenreviers. Unveröff. Abschlussbericht, Forschungsverbund Landschaftsentwicklung Mitteldeutsches Braunkohlenrevier (FLB), Bundesministerium für Bildung und Forschung, FKZ 0339747.

FRANK, D., HERDAM, H., JAGE, H., JOHN, H., KISON, H.-U., KORSCH, H., STOLLE, J. (2004): Rote Liste der Farn- und Blütenpflanzen (Pteridophyta et Spermatophyta) des Landes Sachsen-Anhalt. Ber. Landesamt Umweltschutz Sachsen-Anhalt **39**: 91-110.

FRANK, D., HERDAM, H., JAGE, H., KLOTZ, S., RATEY, F., WEGENER, U., WEINERT, E., WESTUS, W. (1992): Rote Liste der Farn- und Blütenpflanzen des Landes Sachsen-Anhalt. Ber. Landesamt Umweltschutz Sachsen-Anhalt **1**: 44-63.

FRANK, D., KLOTZ, S., WESTHUS, W. (1990): Biologisch-ökologische Daten zur Flora der DDR. Wiss. Beitr. Univ. Halle, Reihe P 41 (32).

FREY, W., LÖSCH, R. (1998): Lehrbuch der Geobotanik - Pflanze und Vegetation in Raum und Zeit. Ulm.

FROMM, A., JAKOB, S., TISCHEW, S. (2002): Sandtrockenrasen in der Bergbaufolgelandschaft - Syntaxonomische und experimentelle Ansätze. Naturschutz u. Landschaftsplanung **34**: 41-45.

FROMM, A., MAHN, E.-G., TISCHEW, S. (1998): Zwergbinsen-Gesellschaften in ehemaligen Braunkohlentagebauen der Goitsche. Vegetationsdynamik grundwasserferner Kleingewässer. Naturschutz u. Landschaftsplanung **30**: 393-399.

FWB (2004): Analyse, Prognose und Lenkung der Waldentwicklung auf Sukzessionsflächen der Mitteldeutschen und Lausitzer Braunkohlenreviere. Unveröff. Abschlussber., Forschungsverbund Waldentwicklung in Bergbaufolgelandschaften (FWB), Bundesministerium für Bildung und Forschung, FKZ 0339770,

GEIßLER-STROBEL, S., GRAS, J., HERBST, F. (1997): Bergbaufolgelandschaft und Naturschutz in den östlichen Bundesländern - Defizite und Lösungsansätze, dargestellt am Beispiel der Tagebauregion Goitzsche bei Bitterfeld. Natur u. Landschaft **72**: 235-238.

GERSTNER, S., JANSEN, S., SÜßER, M., LÜBBERT, C. (2002): Nachhaltige Erholungsnutzung und Tourismus in Bergbaufolgelandschaften - Grundlagenband. Ergebnisse aus dem F+E-Vorhaben 89987400 des Bundesamtes für Naturschutz. BfN-Skripten, Bonn Bad Godesberg.

GRIMMER, S. (2006): Sackungsprozesse in natürlichen Lockergesteinsfolgen infolge Grundwasserwiederanstiegs. Diss., Martin-Luther-Universität Halle-Wittenberg,

HARKE, H. (1996): Struktur und Dynamik der Birkenvorwälder im ehemaligen Braunkohlentagebau Goitsche bei Delitzsch. Dipl.-Arb.,

Inst. f. Geobotanik, Martin-Luther-Universität Halle-Wittenberg.

HASLAM, S. M. (1972): Biological Flora of the British Isles. *Phragmites communis* Trin. J. Ecol. **60**: 585-610.

HAUBOLD, W., KATZUR, J., OEHME, W.-D. (1998): Das Niederlausitzer Braunkohlenrevier: Bodensubstrate, landwirtschaftliche und forstwirtschaftliche Rekultivierung - Standortkundliche Grundlagen. In: PFLUG, W. (Hrsg.): Braunkohlentagebau und Rekultivierung: 536-558, Berlin.

HAUBOLD-ROSAR, M. (1998): Das Niederlausitzer Braunkohlenrevier: Bodensubstrate, landwirtschaftliche und forstwirtschaftliche Rekultivierung - Bodenentwicklung. In: PFLUG, W. (Hrsg.): Braunkohlentagebau und Rekultivierung: 573-588, Berlin.

HEILMANN, H., JOISTEN, H., WEISE, A., ABO-RADY, M., BRÄUNIG, A. (1995): Natürliche und anthropogene Böden der Bergbaufolgelandschaft im Raum Leipzig (Exkursionsführer). Mitt. Dt. Bodenkundl. Ges. **77**: 279-310.

HEINKEN, T. (1995): Naturnahe Laub- und Nadelwälder grundwasserferner Standorte im niedersächsischen Tiefland: Gliederung, Standorte, Dynamik. Diss., Universität Göttingen,

HERBST, F., MAHN, E.-G. (1998): Modelluntersuchungen zur Gestaltung von Bergbaufolgelandschaften auf der Basis spontaner und gelenkter Sukzessionen unter Berücksichtigung von Aspekten des Naturschutzes am Beispiel des Braunkohlentagebaus Goitzsche. Unveröff. Abschlußbericht, Deutsche Bundesstiftung Umwelt, FKZ 03268.

HEYDE, K. (1996): Populations- und standortökologische Untersuchungen an *Epipactis palustris* (L.) Crantz und *Dactylorhiza incarnata* (L.) Soo auf Folgeflächen des Braunkohlentagebaues südlich von Leipzig. Dipl.-Arb., Institut für Geobotanik, Martin-Luther-Universität Halle-Wittenberg.

HUTH, J., OELERICH, H. M. (2004): Vögel. In: TISCHEW, S. (Hrsg.): Renaturierung nach dem Braunkohleabbau: 96-103, Wiesbaden.

HUTH, J., OELERICH, H.-M., REUTER, M., TISCHEW, S. (2004): Biotoptypen in der Bergbaufolgelandschaft. In: TISCHEW, S. (Hrsg.): Renaturierung nach dem Braunkohleabbau: 31-68, Wiesbaden.

JAKOB, S., KIRMER, A., TISCHEW, S. (2003): Sind Standortfaktoren ein Filter für die Biodiversität? - Eine Studie am Beispiel der Bergbaufolgelandschaft. Nova Acta Leopoldina **87**: 351-359.

JAKOB, S., TISCHEW, S., MAHN, E.-G. (1996): Zur Rolle von *Calamagrostis epigejos* (L.) Roth in den Sandtrockenrasen des Braunkohlentagebaues „Goitzsche" (bei Delitzsch). Verh. Ges. Ökol. **26**: 797-806.

KATZUR, J., BÖCKER, L., STÄHR, F., LANDECK, I. (1998): Zustand, Entwicklung und Behandlung von Waldökosystemen auf Kippenstandorten des Lausitzer Braunkohlenreviers als Beitrag zur Gestaltung ökologisch stabiler, multifunktional nutzbarer Bergbaufolgelandschaften. Unveröff. Abschlußbericht, Deutsche Bundesstiftung Umwelt, FKZ 067333.

KIRMER, A. (2004): Methodische Grundlagen und Ergebnisse initiierter Vegetationsentwicklung auf xerothermen Extremstandorten des ehemaligen Braunkohlentagebaus in Sachsen-Anhalt. Dissertationes Botanicae **385**.

-, LORENZ, A., TISCHEW, S. (2009): Renaturierung über Initialensetzungen – naturnahe Methoden zur Beschleunigung der Vegetationsentwicklung. In: ZERBE, S., WIEGLEB, G. (Hrsg.): Renaturierung von Ökosystemen in Mitteleuropa: 372-380, Heidelberg.

-, MAHN, E.-G. (2001): Spontaneous and initiated succession on unvegetated slopes in the abandoned lignite strip mining area of Goitsche, Germany. J. Veg. Sci. **4**: 19-27.

-, TISCHEW, S. (Hrsg.) (2006): Handbuch naturnahe Begrünung von Rohböden. Wiesbaden.

-, TISCHEW, S. (2009) Spontane Besiedlung von Bergbaufolgelandschaften - Chancen und Perspektiven für den Naturschutz. Artenschutzreport **25**: 38-41.

-, BAASCH, A., TISCHEW, S. (2012): Sowing of low and high diversity seed mixtures in ecological restoration of surface mined-land. Appl. Veg. Sc. **15**: 198-207.

-, WITTIG, C., TISCHEW, S. (2004): Auswirkungen des Wasseranstiegs auf ausgewählte Pflanzenarten und Vegetationseinheiten. In: TISCHEW, S. (Hrsg.) Renaturierung nach dem Braunkohleabbau: 213-221, Wiesbaden.

-, TISCHEW, S., OZINGA, W. A., VON LAMPE, M., BAASCH, A., VAN GROENENDAEL, J. M. (2008): Importance of regional species pools and functional traits in colonisation processes: predicting re-colonisation after large-scale destruction of ecosystems. J. Appl. Ecol. **45**: 1523-1530.

KLAUS, D. (1998): Spezielle naturschutzfachliche Aspekte. In: PFLUG, W. (Hrsg.): Braunkohlentagebau und Rekultivierung: 900-915, Berlin.

KLAUS, W. (1987): Einführung in die Paläobotanik. Fossile Pflanzenwelt und Rohstoffbildung. Band I Grundlagen, Kohlebildung, Arbeitsmethoden/Palynologie. Wien.

KLEINKNECHT, U. (2001): Primäre Gehölzsukzession in der Bergbaufolgelandschaft des Leipziger Südraums. Dissertationes Botanicae **358**.

KNAPP, R. (1974): Artenreiche Waldentwicklungsstadien ehemaliger Bergbaugebiete im mittleren Hessen. Oberhess. naturwiss. Z. **41**: 81-84.

KNAUF, C., MÖBES, A. (1995): Zur Gliederung von anthropogenen Böden in Sachsen-Anhalt. Mitt. Geol. Sachsen-Anhalt **1**: 105-113.

KNOCHENHAUER, G. (1996): Der Braunkohlenbergbau im Geiseltal. In: Dachverband Bergbaufolgelandschaft e.V.; Vereine und Initiativen in bergbaubetroffenen Regionen; Stiftung Bauhaus. Jahrbuch Bergbaufolgelandschaft: 36-43, Wittenberg.

KÖGEL-KNABNER, I., RUMPEL, C. (2000): Bestimmung und Charakterisierung der organischen Substanz in braunkohlehaltigen aschemeliorierten Kippenböden unter Wald. In: BROLL, G., DUNGER, W., KEPLIN, B., TOPP, W. (Hrsg.): Rekultivierung in Bergbaufolgelandschaften. Bodenorganismen, bodenökologische Prozesse und Standortentwicklung: 261-284. Geowissenschaften & Umwelt, Bd. 4. Berlin.

KÖGEL-KNABNER, I., RUMPEL, C., HÜTTL, R. F. (1997): Humusbildung und Bodenentwicklung auf rekultivierten Flächen des Braunkohlentagebaus der Niederlausitz. Karlsruher Schr. Geographie u. Geoökologie **7**: 25-32.

KOPP, E. (1960): Der Einfluss der organischen kohleartigen Beimengungen auf den Kulturwert der pleistozänen und miozänen Deckgebirgsmassen der Niederlausitzer Tagebaue. Inaugural-Dissertation, Landwirtschaftlich-gärtnerische Fakultät, Institut für Bodenkunde und Pflanzenernährung, Humboldt-Universität, Berlin.

KORNECK, D., SCHNITTLER, M., VOLLMER, I. (1996): Rote Liste der Farn- und Blütenpflanzen (Pteridophyta et Spermatophyta) Deutschlands. Schr. R. Vegetationskunde **28**: 21-287.

KORSCH, H. (1994): Die Kalkflachmoore Thüringens. Flora, Vegetation und Dynamik. Haussknechtia Beih. **4**: 1-123.

KRUMMSDORF, A., HÖSER, N., SYKORA, W. (1998): Naturschutzgebiet Tagebau Zechau im Kreis Altenburg in Thüringen. In: PFLUG, W. (Hrsg.): Braunkohlentagebau und Rekultivierung: 916-925, Berlin.

LEBENDER, A., TISCHEW, S., HEYDE, K. (1999): Populations- und standortökologische Untersuchungen an Ophioglossaceen in der mitteldeutschen Tagebaufolgelandschaft. Natur u. Landschaft **12**: 523-529.

LEUSCHNER, C. (1994): Walddynamik auf Sandböden in der Lüneburger Heide (NW-Deutschland): Ursachen, Mechanismen und die Rolle der Ressourcen. Habil., Universität Göttingen,

LMBV (2001): Nach der Kohle kommt das Wasser. Lausitzer und Mitteldeutsche Bergbau-Verwaltungsgesellschaft mbH (Hrsg.), Berlin.

- (2009a): Holzweißig/Goitzsche/Rösa. Lausitzer und Mitteldeutsche Bergbau-Verwaltungsgesellschaft mbH (Hrsg.). Wandlungen und Perspektiven. Mitteldeutsches Braunkohlenrevier 01.

- (2009b): Geiseltal. Lausitzer und Mitteldeutsche Bergbau-Verwaltungsgesellschaft mbH (Hrsg.). Mitteldeutsches Braunkohlenrevier 03.

- (2009c): Rekultivierung von Bergbaufolgelandschaften - Nachhaltige Bergbausanierung. Lausitzer und Mitteldeutsche Bergbau-Verwaltungsgesellschaft mbH (Hrsg.), Berlin.

- (2010): Zwei Jahrzehnte Braunkohlesanierung - eine Zwischenbilanz. Lausitzer und Mitteldeutsche Bergbau-Verwaltungsgesellschaft mbH (Hrsg.), Berlin.

LORENZ, A. (2004): Initiierung einer naturnahen Waldentwicklung über Birken- und Birken-Kiefernsaaten. In: TISCHEW, S. (Hrsg.): Renaturierung nach dem Braunkohleabbau: 263-272. Wiesbaden.

-, TISCHEW, S. (2004): Strategien einer naturnahen Entwicklung von Bergbaufolgelandschaften. In: TISCHEW, S. (Hrsg.): Renaturierung nach dem Braunkohleabbau: 283-294. Wiesbaden.

-, TISCHEW, S., MAHN, E.-G. (2009): Analyse der Sukzessionsdynamik spontan entwickelter Wälder auf Kippenflächen der ehemaligen ostdeutschen Braunkohlengebiete als Grundlage für Renaturierungskonzepte. Forstarchiv **80**: 151-162.

MAHN, E.-G., TISCHEW, S. (1995): Spontane und gelenkte Sukzessionen in Braunkohlentagebauen - eine Alternative zu traditionellen Rekultivierungsmaßnahmen? Verh. Ges. Ökol. **24**: 585-562.

MANN, S. (2001): Seltene Pflanzenarten in den Braunkohlentagebaurestlöchern des Geiseltals - *Thymelaea passerina* und *Erucastrum nasturtiifolium*. Mitt. florist. Kart. Sachsen-Anhalt **6**: 25-30.

- (2004): Überblick über die naturschutzfachlich wertvollen Pflanzenarten. In: TISCHEW, S. (Hrsg.): Renaturierung nach dem Braunkohleabbau: 69-74, Wiesbaden.

MAYER, F., GROßE, W.-R. (1997): Sukzession oder Habitatmanagement? Aspekte des Artenschutzes bei der Rekultivierung ostdeutscher Braunkohlentagebaue - dargestellt am Beispiel der Amphibien. Natur u. Landschaft **5**: 227-234.

MIBRAG (2009a): Tagebau Profen – Besucherinformation. Faltblatt der Mitteldeutschen Braunkohlengesellschaft mbH, Zeitz.

- (2009b): Tagebau Vereinigtes Schleenhain - Besucherinformation. Faltblatt der Mitteldeutschen Braunkohlengesellschaft mbH, Zeitz.

- (2009c): MIBRAG regional 2009. Nachrichten aus und für Mitteldeutschland. Broschüre der Mitteldeutschen Braunkohlengesellschaft mbH, Zeitz.

MÜLLER, A., EIßMANN, L. (1991): Die geologischen Bedingungen der Bergbaufolgelandschaft im Raum Leipzig. In: HÄNSEL, C. (Hrsg.): Umweltgestaltung in der Bergbaufolgelandschaft. Sonderband Abhandl. Sächs. Akad. d. Wiss. zu Leipzig: 39-45.

MÜLLER-SCHNEIDER, P. (1986): Verbreitungsbiologie der Blütenpflanzen Graubündens. Veröff. Geobot. Inst. ETH., Stiftung Rübel **85**: 5-263.

OELERICH, H.-M. (2004): Heuschrecken (Saltatoria). In: TISCHEW, S. (Hrsg.): Renaturierung nach dem Braunkohleabbau: 108-115, Wiesbaden.

PETERKEN, G. F. (1994): The definition, evaluation and management of ancient woodlands in Great Britain. NNA-Ber. **3/94**: 102-114.

PIETSCH, W. (1998): Besiedlung und Vegetationsentwicklung in Tagebaugewässern in Abhängigkeit von der Gewässergenese. In: PFLUG, W. (Hrsg.): Braunkohlentagebau und Rekultivierung: 663-676, Berlin.

PLACHTER, H. (1991): Naturschutz. Stuttgart.

PRACH, K. (1987): Succession of vegetation on dumps from strip coal mining. Folia Geobot. Phytotaxon. **22**: 339-354.

RADZINSKI, K.-H. (1996): Erdgeschichtlicher Rückblick. Tätigkeitsbericht 1993 bis 1995 für das Geologische Landesamt Sachsen-Anhalt: 11-18.

REHBERG, K. (2003): Industrielle Beeinflussung des tiefen Grundwassers durch Phenole und Sulfate in der Region Zeitz, Sachsen-Anhalt. Diss., Martin-Luther-Universität Halle-Wittenberg. UFZ-Bericht **10**.

REICHHOFF, L., KUGLER, H., REFIOR, K., WARTHEMANN, G. (2001): Die Landschaftsgliederung Sachsen-Anhalts (Stand: 01.01.2001). Ein Beitrag zur Fortschreibung des Landschaftsprogramms des Landes Sachsen-Anhalt. Unveröff. Studie im Auftrag des Landesamtes für Umweltschutz Sachsen-Anhalt, Halle.

RING, I. (2001): Nachhaltige Entwicklung in Industrie- und Bergbauregionen. Forum Geoökol. **12**: 16-18.

RÖPER, C. (2009): Das Landschaftsschutzgebiet (LSG) „Südliche Goitzsche". Naturschutz im Land Sachsen-Anhalt **46**: 10-16.

SÄNGER, H. (2003): Raum-Zeit-Dynamik von Flora und Vegetation auf Halden des Uranbergbaus. Ökologie u. Umweltsicherung **23/2003**.

SCHNEIDER, H., BRÄUNIG, A., WÜNSCHE, M. (2000): Eigenschaften und Entwicklung von forst- und landwirtschaftlich rekultivierten Kipp-Schluffen - Fallstudie an einer Braunkohlen-Bergbaufolgelandschaft südlich von Leipzig. Trierer Bodenkdl. Schr. **1**: 79-84.

SCHÖNBRODT, M. (1999): Ein individuenreicher Standort von *Ophris apifera* Huds. in Halle (Saale). Mitt. florist. Kart. Sachsen-Anhalt **4**: 75-76.

SCHÖNFELDER, G., GRÄNITZ, F., PORADA, H. T. (2004): Bitterfeld und das untere Muldetal - eine landeskundliche Bestandsaufnahme im Raum Bitterfeld, Wolfen, Jeßnitz (Anhalt), Raguhn, Gräfenhainichen und Brehna. Böhlau Verlag.

SCHULZ, D. (1999): Rote Liste der Farn- und Samenpflanzen. Materialien zu Naturschutz und Landschaftspflege. Sächsisches Landesamt für Umwelt und Geologie (Hrsg.), Dresden.

SCHULZ, F., WIEGLEB, G. (2000): Developmental options of natural habitats in a post-mining landscape. Land Degradation and Development **11**: 99-110.

SELENT, H., THOMASIUS, H., WÜNSCHE, M., BRÄUNIG, A. (1999): Wald- und Forstökosysteme auf Kippen des Braunkohlenbergbaus in Mitteldeutschland - ihre Entstehung, Dynamik, Produktivität und Bewirtschaftung. Forst u. Holz **54**: 231-236.

STARK, C., GÜTH, M., DURKA, W. (2007): Der Beitrag von anthropogenen Habitaten zur Erhaltung der genetischen Vielfalt von wildlebenden Tier- und Pflanzenpopulationen am Beispiel der Bergbaufolgelandschaft. In: BRÖRING, U., WANNER, M. (Hrsg.): Entwicklung der Biodiversität im Gefüge von Ökologie und Sozioökonomie: 135-153. Eigenverlag BTU Cottbus, Aktuelle Reihe der Fakultät Umweltwissenschaften und Verfahrenstechnik.

STEINHUBER, U. (2005): Einhundert Jahre bergbauliche Rekultivierung in der Lausitz. Diss., Philosophische Fakultät, Palacký Universität, Olomouc.

STÖLZNER, N. (2009): Populationsbiologische Untersuchungen von Ophioglossaceen im Kontext der Waldentwicklung auf der Tonhalde der Tagebaufolgelandschaft Goitzsche. Dipl.-Arb., Fachbereich 1, Hochschule Anhalt (FH), Bernburg.

SÜSS, K., STORM, C., SCHWABE, A. (2010): Sukzessionslinien in basenreicher offener Sandvegetation des Binnenlandes: Ergebnisse aus Untersuchungen von Dauerbeobachtungsflächen. Tuexenia **30**: 289-318.

SYKORA, W. (1978): Bunter Schachtelhalm, *Equisetum variegatum*, in Ostthüringen, ein neuer bemerkenswerter Pflanzenstandort im ausgekohlten Tagebau Zechau bei Altenburg. Abh. Ber. Mauritianum Altenburg **10**: 151-155.

THOMAS, R. (1989): Untersuchungen zur Flora im Braunkohlentagebau-Restloch Zechau-Leesen. Dipl.-Arb., Math.-Nat. Fakultät, FB Biologie, Universität Leipzig.

THOMASIUS, H., WÜNSCHE, M., BRÄUNIG, A., SELENT, H. (1997): Zustand, Entwicklung und multifunktionale Wirkung von Wald- und Forstökosystemen auf Kippen und Halden des Mitteldeutschen Braunkohlenbergbaus in Abhängigkeit vom Geotop, von der Rekultivierungsart und der waldbaulichen Behandlung. Unveröff. Abschlussbericht, Deutsche Bundesstiftung Umwelt, FKZ 05168, Osnabrück.

THUM, J. (1975): Boden-Pflanze-Beziehung auf forstlich genutzten Kippen des Braunkohlenreviers südlich von Leipzig. Diss., Akademie d. Landwirtschaftswiss., Berlin.

THURM, K., KLAUS, D., KRUG, H. (1996): Naturschutz und Bergbau im Südraum Leipzig. In: Sächsische Akademie für Natur und Umwelt (Hrsg.): Naturschutz in Bergbauregionen: 27-43.

TILMAN, D. (1988): Plant strategies and the dynamics and structure of plant communities. Monogr. Pop. Biol. Princeton, New Jersey.

TISCHEW, S. (1996): Analyse von Mechanismen der Gehölzsukzession auf Braunkohlentagebaukippen Verh. Ges. Ökol. (Berlin) **26**: 407-416.

-, KIRMER, A. (2007): Implementation of basic studies in the ecological restoration of surface-mined land. Restoration Ecology **15**: 321-325.

-, LEBENDER, A. (2003): Verbreitung, standortökologische Bindung und Populationsentwicklung der Natternzungengewächse (*Ophioglossaceae*) in ehemaligen Braunkohleabbaugebieten Sachsen-Anhalts. Mitt. florist. Kart. Sachsen-Anhalt **8**: 3-18.

-, LEBENDER, A. (2004): Natternzungenfarne (*Ophioglossaceae*): standörtliche Bindung, Verbreitung und Stellung im Sukzessionsverlauf. In: TISCHEW, S. (Hrsg.): Renaturierung nach dem Braunkohleabbau: 85-95, Wiesbaden.

-, LORENZ, A. (2005): Spontaneous development of peri-urban woodlands in lignite mining areas of Eastern Germany. In: KOWARIK, I., KÖRNER, S. (Hrsg.): Wild Urban Woodlands: 166-180, Berlin.

-, MANN, S. (2004): Substratabhängige zeitliche und räumliche Differenzierung der Entwicklung von Rohboden-Pioniergesellschaften. In: TISCHEW, S. (Hrsg.): Renaturierung nach dem Braunkohleabbau: 173-176, Wiesbaden.

-, BAASCH, A., KIRMER, A. (2004b): Substratabhängige zeitliche und räumliche Differenzierung der Entwicklung von Silbergras-Pionierfluren und Sandtrockenrasen. In: TISCHEW, S. (Hrsg.): Renaturierung nach dem Braunkohleabbau: 176-182. Wiesbaden.

-, KIRMER, A., BENKWITZ, S. (2004a): Besiedlungsprozesse durch Pflanzen. In: TISCHEW, S. (Hrsg.): Renaturierung nach dem Braunkohleabbau: 147-161, Wiesbaden.

-, WIEGLEB, G., KIRMER, A., OELERICH, H.-M., LORENZ, A. (2009): Renaturierung von Tagebaufolgeflächen. In: ZERBE, S., WIEGLEB, G. (Hrsg.): Renaturierung von Ökosystemen in Mitteleuropa: 349-388, Heidelberg.

TLUG (2009): Umweltbilanz Thüringen 1989-2009. Thüringer Landesanstalt für Umwelt und Geologie (TLUG), Jena.

VERHEYEN, K., BOSSUYT, O., HERMY, M. (2003): Herbaceous plant community structure of ancient and recent forests in two contrasting forest types. Basic Appl. Ecol. **4**: 537-546.

WIEDEMANN, D. (1998): Gestaltung eines Kippenstandortes für den Naturschutz. In: PFLUG, W. (Hrsg.): Braunkohlentagebau und Rekultivierung: 697-705, Berlin.

WIEGLEB, G., FELINKS, B. (2001): Predictability of early stages of primary succession in post-mining landscapes of Lower Lusatia, Germany. J. Appl. Veg. Sci. **4**: 5-18.

WOLF, G. (1991): Vegetationskundliche Dauerbeobachtung auf Probestreifen am Beispiel der Naturwaldzelle „Oberm Jägerkreuz". Schr. R. Vegetationskunde **21**: 185-208.

WULF, M. (1995): Historisch alte Wälder als Orientierungshilfe zur Waldvermehrung. LÖBF-Mitt. **4**: 62-70.

- (2003): Preference of plant species for woodlands with differing habitat continuities. Flora **198**: 444-460.

-, KELM, H.-J. (1994): Zur Bedeutung „historisch alter Wälder" für den Naturschutz – Untersuchungen naturnaher Wälder im Elbe-Weser-Dreieck. NNA-Ber. **7/3** (Bedeutung historisch alter Wälder für den Naturschutz): 15-49.

WÜNSCHE, M. (1976): Die Bewertung der Abraumsubstrate für die Wiederurbarmachung im Braunkohlenrevier südlich von Leipzig. Neue Bergbautechnik **6**: 382-387.

-, ALTERMANN, M. (1990): Zur Klassifikation der Kippenböden in den Braunkohlenrevieren des Mitteldeutschen Raumes. Mitt. Dt. Bodenkundl. Ges. **62**: 163-166.

-, VOGLER, E. KNAUF, C. (1998): Bodenkundliche Kennzeichnung der Abraumsubstrate und Bewertung der Kippenböden für die Rekultivierung. In: PFLUG, W. (Hrsg.): Braunkohlentagebau und Rekultivierung: 780-796. Berlin.

-, OEHME, W. D., HAUBOLDT, W., KNAUF, C., SCHMIDT, K. E., FROBENIUS, A., ALTERMANN, M. (1981): Die Klassifikation der Böden auf Kippen und Halden in den Braunkohlenrevieren der Deutschen Demokratischen Republik. Neue Bergbautechnik **11**: 42-48.

A3 Das Rheinische Braunkohlenrevier

Ulf Dworschak

1 Einleitung

Im äußersten Westen Deutschlands, im Städtedreieck zwischen Köln, Aachen und Mönchengladbach, befindet sich eines der weltweit größten Braunkohlenvorkommen mit geschätzten 55 Mrd. Tonnen Vorrat (Abb. 50). Rund 30 Mrd. Tonnen davon gelten als wirtschaftlich gewinnbar. Seit den Frühzeiten der Industrialisierung wird hier Braunkohle abgebaut. In derzeit drei Großtagebauen werden nach den bestehenden Genehmigungen noch bis gegen Ende der ersten Hälfte des 21. Jahrhunderts jährlich rund 100 Mio. Tonnen Braunkohle gewonnen. Daraus wird in den Großkraftwerken der RWE Power AG rund 1/8 der öffentlichen Stromversorgung in Deutschland erzeugt, das ist die Hälfte des Stromverbrauchs in Nordrhein-Westfalen.

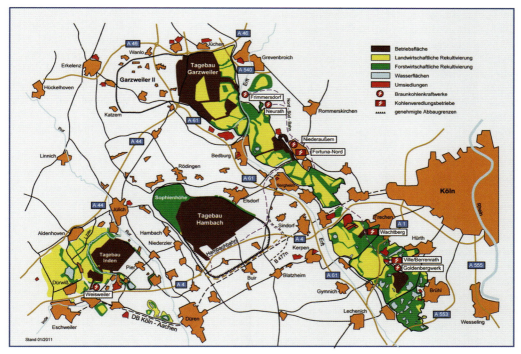

Abb. 50: Das Rheinische Braunkohlenrevier (RWE Power).

Die Braunkohle findet sich teils mehrere hundert Meter tief unter lockeren Sedimentschichten aus Sand, Kies und Ton. Daher wird sie nicht untertägig abgebaut wie die Steinkohle im Festgestein des einstigen Aachener Reviers und im Ruhrgebiet, sondern im offenen Tagebau. Bis 2010 wurden über 300 km² für den Tagebau in Anspruch genommen, etwa 90 km² davon waren aktuelle Betriebsflächen. Der Rest, also rund 210 km², sind bereits wieder rekultivierte Landschaften mit Feldern, Wäldern, Seen und Flüssen (Abb. 51).

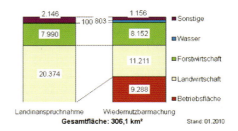

Abb. 51: Gegenüberstellung der Flächennutzung vor und nach dem Tagebau im Rheinischen Braunkohlenrevier (Flächenangaben in Hektar, Stand 01.2010).

2 Die Niederrheinische Bucht

Das Rheinische Braunkohlenrevier liegt linksrheinisch im südlichen Teil des Naturraums Niederrheinische oder auch Kölner Bucht.

2.1 Geologie und Boden

Die Niederrheinische Bucht ist eine Tertiär-Senke und als nach Südosten zulaufendes Becken in das Rheinische Schiefergebirge eingebrochen. Der Beginn dieser Senkungsbewegung reicht in das jüngere Paläozoikum (Perm) zurück. Der Haupteinbruch erfolgte im Tertiär, seither bildet die Niederrheinische Bucht ein Sedimentationsbecken, das sich nach Nordwesten zum Meer öffnet und im Süden vom Rheinischen Schiefergebirge umfasst wird (HENNINGSEN & KATZUNG 1992). Durch das kontinuierliche Absinken haben sich über dem Grundgebirge Sedimentschichten von bis zu 1.200 m Mächtigkeit abgelagert. Entsprechend der Senkungsgeschwindigkeiten und Meeresspiegelschwankungen kam es zu verschiedenen Transgressionen. Im Ober-Oligozän drang das Meer am weitesten vor und die südliche Küstenlinie reichte bis zum heutigen Bonn (JEDICKE & JEDICKE 1992). Während des Miozäns bildete sich nach Regression des Meeres ein ausgedehnter Küstensumpf, in dem unter kontinuierlichem Absinken mehrere hundert Meter mächtige Torfschichten entstanden. Bei weiterem Absinken kam es im oberen Pliozän zu einer letzten Transgression, die aber die südliche Bucht nicht mehr erreichte. Die Torfschichten wurden im ausgehenden Tertiär zunächst mit verschiedenen marinen und terrestrischen Feinsedimenten und dann im Quartär von den Terrassenschottern überdeckt - mächtigen Schmelzwasser- und Moränenablagerungen des Ur-Rheins und der Ur-Maas. Darüber folgt eine Schicht aus Löss und Flugsanden mit Mächtigkeiten von wenigen Dezimetern bis zu zwanzig Metern. Im Wesentlichen sind es Lösse aus der letzten und vorletzten Vereisung, der Weichsel- und der Saale-Kaltzeit. Das Vorkommen älterer Lösse ist nicht sicher (VON DER HOCHT 1990, VON DER HOCHT & WINTER 1998). Unter dem Druck der Deckgebirge begann der Inkohlungsprozess, der zur Bildung der heutigen Braunkohlenflöze führte. Diese erreichen im Raum Bergheim in der östlichen Erftscholle die größte Mächtigkeit mit nahezu hundert Metern (KLEINEBECKEL 1986) (Abb. 52)

Im Zuge der Senkungsbewegungen zerbrach die Sedimentationsebene in mehrere Schollen, die gegeneinander schräggestellt und unterschiedlich tief abgesunken sind. In Längsrichtung der Bucht sind der Rur-Rand und der Erftsprung die Hauptbruchlinien in der südlichen Niederrheinischen Bucht (Abb. 53). Zwischen ihnen liegt die Erftscholle, in der die Braunkohle bis zu 600 m am tiefsten abgesunken ist. Die Ville bildet ein schmales Band, das sich als geologischer Horst zwischen der Kölner- und der Erft-Scholle 80 bis 100 m über die Umgebung heraus hebt. Hier stehen die miozänen Braunkohlenflöze erosionsdiskordant oberflächennah an. So ist dieser Raum zwischen Brühl und Frechen auch die Keimzelle der Braunkohlengewinnung (KLEINEBECKEL 1986).

Aus den teilweise mächtigen Lössschichten haben sich in der Bördelandschaft überwiegend gut basenversorgte Parabraunerden entwickelt (MAAS & MÜCKENHAUSEN 1971). Diese zeichnen sich durch hohe Schluffgehalte um 80 % aus. Bei Bodendichten um 1,55 g/cm³ Boden sind die nutzbaren Feldkapazitäten dieser Böden mit über 20 Vol.-% sehr hoch. Die pH-Werte liegen im entkalkten Oberboden im schwach sauren Bereich und steigen im unverwitterten Rohlöss bis über den neutralen Bereich an. Bei landwirtschaftlicher Nutzung schwanken die Gehalte an organischer Substanz im Oberboden zwischen 1,5 – 2,0 % (DUMBECK 1996).

In den obersten Schichten der Hauptterrasse sind im Zuge von Bodenbildungen im älteren Pleistozän mit Eisen- und Manganoxiden verbackene Horizonte entstanden. Wo nur geringe Lössüberdeckungen auftreten, haben sich an dieser Schicht - verstärkt durch Tonverlagerung im Zusammenhang mit der Bodenentwicklung aus Löss - wasserstauende Verdichtungshorizonte herausgebildet. Dies führte zur Ausprägung von nur schwach basenhaltigen Pseudogleyböden (HEIDE & WICHTMANN 1960, PFLUG 1975) aus entkalktem Lösslehm.

Braunkohlenbergbau

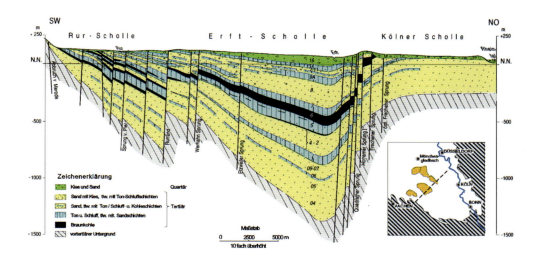

Abb. 52: Querschnitt durch die geologische Schichtung in der Niederrheinischen Bucht (RWE Power).

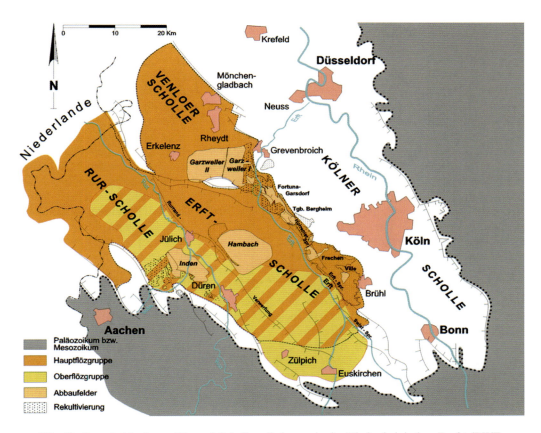

Abb. 53: Braunkohlenlagerstätte und Schollengliederung in der Niederrheinischen Bucht (RWE Power).

2.2 Naturraum

Die Niederrheinische Bucht ist der südwestlichste Teil des Norddeutschen Tieflands, das nach Süden hin von den Zentraleuropäischen Mittelgebirgen abgegrenzt wird. Sie ist eine weitgehend ebene Beckenlandschaft, die trichterförmig in das Mittelgebirge greift. Sie fällt von etwa 200 m NN am Gebirgsrand auf rund 90 m NN im Nordwesten bei Erkelenz und auf unter 40 m NN in der Gegend von Düsseldorf im Nordosten ab. Sie ist geprägt von den mächtigen Schottern der Flussterrassen, die großflächig mit Löss überdeckt sind. Etwa auf der Höhe zwischen Geilenkirchen im Westen und Neuss im Osten streicht die Lössüberdeckung aus. Diese Linie markiert den Übergang nach Norden in das Niederrheinische Tiefland (PAFFEN et. al. 1963). Der Höhenrücken der Ville unterteilt die Niederrheinische Bucht in Längsrichtung auf etwa 50 km vom Südosten bei Bonn bis nach Grevenbroich im Nordwesten. Östlich der Ville liegt die Köln-Bonner Rheinebene mit den Nieder- und Mittelterrassen des Rheins. Westlich erstrecken sich die Hauptterrassenlandschaften mit den großen Lössplatten der Jülicher und Zülpicher Börde (GLÄSSER 1978). Abgesehen von den Stufen an den Schollenrändern sind diese Lössplatten nahezu vollkommen eben. Nur am Nordrand treten stärker reliefierte, von Trockenmulden durchzogene Bereiche auf. Das Rheinische Braunkohlenrevier erstreckt sich auf die naturräumlichen Haupteinheiten der Ville und der fruchtbaren Ebenen der Jülicher und der Zülpicher Börde mit ihren überwiegend nährstoffreichen und gut basenversorgten Parabraunerden (TRAUTMANN 1973). Diese Böden erreichen Bodenzahlen um 80-85. Durch das günstige Klima liegen die daraus abgeleiteten Ackerzahlen in der Spitze bei über 90. Diese leistungsfähigen Böden sind die Grundlage eines hochertragreichen Ackerbaus, der die Landschaft prägt. Auf der Ville und in einer Plateaulage zwischen der Jülicher und der Zülpicher Börde - der sogenannten Bürge - ist diese Lössbedeckung allerdings nur geringmächtig: zwischen wenigen Dezimetern und maximal zwei Metern. Hier haben sich durch Wasserstau charakterisierte Pseudogley-Böden entwickelt, die gegenüber den Parabraunerden aus ackerbaulicher Sicht viel geringwertiger sind. Daher sind in der Bürge und der Ville die letzten Wälder der Niederrheinischen Bucht westlich des Rheins erhalten geblieben. Die Bördelandschaft wird in Längsrichtung der Bucht von den Flüssen Rur und Erft durchflossen. In ihren flachen Auemulden haben sich über den Terrassenschottern verschiedene Aueböden aus holozänen Lehmen, Sanden und Tonen gebildet. Neben Resten von Auwäldern war hier ursprünglich Grünlandwirtschaft vorherrschend. Innerhalb der Lösslandschaft sind die Flüsse Rur und Erft - nach ihrem Austritt aus dem Mittelgebirge und seinen Randzonen - als kiesgeprägte Tieflandsflüsse charakterisiert.

2.3 Klima

Die Niederrheinische Bucht befindet sich im Bereich des Übergangsklimas der gemäßigten Zone. Es herrscht ein schwach binnenländisch abgewandeltes maritimes Klima vor (TRAUTMANN 1973). Die Winter sind mild und die Sommer mäßig warm. Im Bereich der Bördelandschaft liegt die Jahresdurchschnittstemperatur bei 9,5 °C. An 260 Tagen herrschen Tagesmitteltemperaturen von mindestens 5 °C und die Wachstumsperiode ist mit rund 147 Tagen mit Tagesmitteln über 10 °C vergleichsweise lang. Nur in der Niederterrassenlandschaft der Köln-Bonner Rheinebene ist es noch wärmer. Wärmster Monat mit Durchschnittstemperaturen knapp unter 18 °C ist der Juli, kältester der Januar, mit Durchschnittstemperaturen zwischen 1,5 und 2,0 °C. Die Winter sind mild mit weniger als 70 Frosttagen pro Jahr (Tagesminima < 0 °C), wobei allerdings bereits ab Mitte September bis in den Mai hinein Fröste auftreten können (HUMMELSHEIM 1986). Im Bereich der Zülpicher Börde, zwischen Zülpich und Euskirchen, erreichen die mittleren jährlichen Niederschläge im Windschatten der Eifel ihr Minimum bei unter 600 mm. Nach Norden hin lässt dieser Einfluss nach und die jährlichen Niederschläge steigen auf über 750 mm/a nördlich von Grevenbroich (HAEUPLER et al. 2003). Die maximalen durchschnittlichen monatlichen Niederschläge liegen im Sommer im Juli mit Werten bis an die 80 mm. Die trockensten Monate sind Februar und März mit Monatsmitteln um 40 mm. In der geschützten Lage, eingesenkt in die umgebenden Mittelgebirge, herrscht eine relative Windschwäche mit mittleren Windstärken unter 3 Beaufort. Die vorherrschende Windrichtung ist West-Südwest mit einem kleineren Nebenmaximum aus Südost.

2.4 Vegetation

TRAUTMANN (1973) gibt in seiner Vegetationskarte im Maßstab 1:200 000 für das Blatt Köln im Bereich der Lössplatten der Jülicher und Zülpicher Börde den Maiglöckchen-Perlgras-Buchenwald [Melico-Fagetum = Galio odorati-Fagetum convallarietosum (LANUV, 2010)] als die großflächig dominierende potenzielle natürliche Vegetation (pnV) auf den gut bis mittel basenversorgten Parabraunerden an. Das sind reiche Buchenwälder, die heute als regionale Ausprägung zum Waldmeister-Buchenwald (Galio odorati-Fagetum) gezählt werden, mit Maiglöckchen (*Convallaria majalis*) als Trennart der Tieflagenwälder.

Als Kontaktgesellschaft hierzu tritt auf ärmeren Böden der Flattergras-Traubeneichen-Buchenwald stellenweise auch in der Börde auf [Milio-Fagetum = Maianthemo-Fagetum (LANUV 2010): dem Luzulo-Fagetum zugeordnete Einheit (BfN 2010)] (WEDECK 1975; siehe auch PFLUG 1998). Am Rand der lössgeprägten Niederrheinischen Bucht im Bereich von Sandlössen, auf den rechtsrheinischen Heideterrassen und im weiter nördlich angrenzenden Niederrheinischen Tiefland dominiert diese ärmere Ausprägung der Buchenwälder.

Auf den pseudovergleyten Standorten der Bürge, der Ville und kleinflächig in der südlichen Jülicher Börde kartiert TRAUTMANN (1973) den Maiglöckchen-Stieleichen-Hainbuchenwald der Niederrheinischen Bucht [Stellario-Carpinetum, *Convallaria*-Rasse (LOHMEYER 1973) = Stellario holosteae-Carpinetum betuli convallarietosum (LANUV 2010)]. Er bildet vielfach - beispielsweise in der südlichen Ville - ein Mosaik mit den feuchten Eichen-Buchenwäldern des Flachlandes, in denen regelmäßig Pfeifengras (*Molinia caerulea*) als Feuchtezeiger auftritt [Fago-Quercetum molinietosum (TRAUTMANN 1973) = Periclymeno-Fagetum molinietosum (LANUV 2010): dem Luzulo-Fagetum zugeordnete Einheit (BfN 2010)].

In der Ruraue werden Traubenkirschen-Erlen-Eschen-Auenwälder als pnV dargestellt und in der Erftaue Hartholzauen der Eichen-Ulmen-Wälder. Kleinflächig kommen im ganzen Gebiet noch weitere Kartiereinheiten der pnV vor.

TRAUTMANN (1973) widmet auch der Frage nach der Abgrenzung der Eichen- und Buchenwälder breiten Raum. Zu Beginn des 20. Jh. war man noch davon ausgegangen, dass im Tiefland natürlicherweise die Eiche die dominierende Baumart sei (z. B. HAUSRATH 1907). Seither hat sich die Erkenntnis durchgesetzt, dass bei den zur Zeit herrschenden klimatischen Bedingungen doch die Buche auch im Flachland die dominierende Klimax-Baumart ist und Eiche, insbesondere Traubeneiche, lediglich auf den wärmsten Standorten zur Dominanz gelangen kann. Zumindest in der Niederrheinischen Bucht sind solche Zonen - wenn überhaupt - höchstens in der Erfttrockenmulde in der Zülpicher Börde eng begrenzt zu finden. Aber selbst hier sind Niederschläge und Luftfeuchte durch die maritime Klimatönung noch so ausgeglichen, dass Eichenwälder auf den mittleren Böden in der pnV keine Rolle spielen (TRAUTMANN 1973). Wo sie auftreten, sind sie durch die Jahrtausende alte Nutzungsgeschichte als Mittel- und Niederwälder gefördert.

Auf den staunassen Pseudogleyen tritt der Stieleichen-Hainbuchenwald edaphisch bedingt an die Stelle der Buchenwälder. Allerdings zeigt die Erfahrung, dass sich die Stieleiche (*Quercus robur*) auch hier praktisch nicht verjüngen lässt. Ob das extreme Aufkommen von Brombeere (*Rubus fruticosus* agg.) und Adlerfarn (*Pteridium aquilinum*), das die Eichenverjüngung unterdrückt, eine Folge der Stickstoffeinträge ist, sei dahin gestellt. Jedenfalls zeigen die Versuche mit mittelwaldartiger Bewirtschaftung solch alter Stieleichen-Hainbuchenwälder, dass sich die Eiche weder auf den reicheren noch auf den nährstoffarmen Standorten erfolgreich verjüngen konnte (DWORSCHAK 1995).

Insgesamt scheint die Eiche, die auch während der mittelalterlichen Wirtschaft schon bewusst gepflanzt wurde (HESMER 1958), durch die Nutzung des Menschen selbst im Bereich der Bürgewälder über ihre natürliche Konkurrenzkraft hinaus gefördert worden zu sein. Sowohl die dort potenziell natürlichen Perlgras-, als auch die Flattergras-Traubeneichen-Buchenwälder wurden durch die Mittelwaldwirtschaft in Stieleichen-Hainbuchenwälder umgewandelt (WEDECK 1975).

Praktisch alle Buchenwaldstandorte sind heute Ackerland. Diese Entwicklung reicht schon in die früheste Phase der neolithischen Besiedlung zurück, in eine Zeit, als die ersten Ackerbauern begannen, die Eichen-Ulmenwälder des nacheiszeitlichen Atlantikums zu roden (ROZSNYAY 1994) und die Entwicklung der Vegetation zu beeinflussen, in einer Zeit also, als die Buche (*Fagus sylvatica*) gerade erst aus ihren eiszeitlichen Refugien im Mittelmeerraum heraus die Besiedlung Mitteleuropas begann (POTT 1995). Diese frühe Siedlungsgeschichte konnte im Jahr 2009 erstmals auch für den linksrheinischen Teil der Bördelandschaft belegt werden. Hier wurde nördlich von Düren bei Arnoldsweiler am Südrand der großen Bürgewälder im Zusammenhang mit dem Fortschreiten des Tagebaus Hambach eine 7.200 Jahre alte, jungsteinzeitliche Siedlung früher Ackerbauern entdeckt. Diese Rodungstätigkeit erreichte ihren Höhepunkt im frühen Mittelalter. Seither sind die als potenzielle Buchenwälder beschriebenen Standorte waldfrei. An ihre Stelle sind hochertragreiche Ackerlandschaften getreten. Aus den ehemaligen Auwäldern sind überwiegend Wiesen und Weiden geworden. Die verbliebenen Wälder im Bereich der Bürge sind zuletzt Mitte des 19. Jh. auf die heutigen Restflächen zurückgedrängt worden.

3 Bergbau und Rekultivierung im Rheinischen Braunkohlenrevier

3.1 Entwicklung der Braunkohlennutzung

Die Ursprünge der Braunkohlennutzung im Rheinischen Revier lassen sich nicht mehr genau rekonstruieren. Bekannt waren ihre Vorkommen schon früh: Im Gebiet um Frechen, westlich von Köln, gab es seit dem Mittelalter eine bedeutende Töpferwarenproduktion. Bei der Tongewinnung musste man zwangsläufig auch auf Braunkohle stoßen. Ob schon in dieser Zeit ihre mögliche Verwendung als Brennmaterial bekannt war, ist nicht belegt; der erste schriftliche Hinweis darauf wird um 1500 datiert (BUSCHMANN et al. 2008). Im 17. Jh. wurde Braunkohle als Farberde unter dem Namen „Köllnische Umbra" gehandelt. Einen rasanten Aufschwung als Brennmaterial nahm die Braunkohle in der vorindustriellen Phase seit dem beginnenden 18. Jh.. Damals bezeichnete man Braunkohle noch als Torf, dessen Abbau das normale Recht eines jeden Grundeigentümers war. Diese gewannen in offenen Gruben, den sogenannten Kuhlen, oder in kleinen Untertagebauen, den Tummelbauen, die stark wasserhaltige Braunkohle, stampften sie und formten daraus in Eimern sogenannte „Klütten", die man an der Luft trocknen ließ. Seit dem Beginn des 19. Jh., zunächst unter französischer, dann unter preußischer Verwaltung wurde Braunkohle zum „regalen Mineral", also ein dem „König" zustehender Bodenschatz (von lat. regis: des Königs). Die Berechtigung zum Abbau war nicht mehr das Recht des Grundeigentümers, sondern wurde vom Staat vergeben. Das schaffte die rechtliche Grundlage zur Bildung von Bergwerksgesellschaften, die unabhängig vom Grundeigentum größere Abbauprojekte mit hohem Investitionsbedarf beginnen konnten. Zunächst empfanden die rheinischen Torfgräber diese staatliche Regulierung zwar als Zumutung, doch mit dem Einsetzen der Industrialisierung begann der großtechnische Abbau der Braunkohle (KLEINEBECKEL 1986). Die von Hand betriebenen Tummel- und Kuhlenbaue der vorindustriellen Epoche wurden durch immer größere Tagebaue abgelöst. Das erforderte den Transport zunehmender Abraummassen. Um die Jahrhundertwende zum 20. Jh. wurden die ersten dampfbetriebenen Eimerkettenbagger eingeführt und in den 1930er Jahren wurde der Schaufelradbagger entwickelt. Seither ist die kontinuierliche Tagebautechnik mit Schaufelradbagger, Bandanlage und Absetzer die wesentliche Tagebautechnik im Rheinischen Revier (NIEMANN-DELIUS & STOLL 2009). Durch die Erfindung der Brikettpresse stand ab dem letzten Viertel des 19. Jh. ein leicht transportierbarer hochwertiger Brennstoff aus Braunkohle für Industrie und Hausbrand zur Verfügung, der rasant wachsenden Absatz fand, nicht zuletzt auch durch den einsetzenden Eisenbahnbau, der den Transport zu entfernten Absatzmärkten ermöglichte. War zunächst also die Braunkohle als Brennstoff das wesentliche Produkt, so wurde doch schon im Jahr 1892 das erste braunkohlenbetriebene Elektrizitätswerk bei Frechen in Betrieb genommen. Und 1914 ging auf dem Knappsacker Hügel westlich von Hürth bei Köln mit dem Goldenbergwerk das erste große Braunkohlenkraftwerk der RWE AG ans Netz (KLEINEBECKEL 1986).

3.2 Frühe Rekultivierung

Die kleinen Gruben der ersten Tage der Braunkohlennutzung wurden mit Sicherheit, wie sonst auch Lehm-, Mergel- und Tongruben in der Region, nach dem Abbau sich selbst überlassen. Doch schon 1766 ist in einem Pachtvertrag für eine „Klütten Koull", also eine Braunkohlengrube, die Verpflichtung geregelt, die Grube nach Beendigung des Abbaus mit Erlenstecklingen aufzuforsten. Bereits 1784 wurde dann die Wiedernutzbarmachung der ehemaligen Abbaue durch kurfürstliches Dekret verordnet. Seit dem Inkrafttreten des allgemeinen Berggesetzes für Preußen im Jahr 1865 wacht die Bergbehörde über die ordnungsgemäße Wiedernutzbarmachung der ausgekohlten Flächen. Entsprechend dem in der ersten Hälfte des 19. Jh. noch vergleichsweise geringen Flächenfortschritt der Tagebaue wuchs die Rekultivierung zunächst nur langsam. Bis 1930 lag die erfasste Fläche land- und forstwirtschaftlicher Rekultivierung bei 810 ha (JACOBY et al. 2000) (Abb. 54). Die genaue Aufteilung dieser Flächen ist nicht ganz klar. Einen Anhalt bieten DILLA (1992) und RHEINBRAUN AG (1998), nach denen seinerzeit 206 ha Landwirtschaft und 570 ha Forstflächen rekultiviert waren. Mit der technischen Entwicklung stieg auch der Flächenfortschritt der Tagebaue. Gleichzeitig kam es während des zweiten Weltkrieges zu erheblichen Rekultivierungsrückständen.

Abb. 54: Frühe Aufforstung im Rheinischen Revier (Archiv RWE Power).

So lagen um 1950 gut 2.000 ha unrekultiviert - vor allem im Südrevier - und mussten nach Inkrafttreten des Gesetzes „...über die Gesamtplanung im Rheinischen Braunkohlenrevier" vom 25.04.1950 - kurz „Braunkohlengesetz" - zügig wieder nutzbar gemacht werden. Etwa seit 1960 sind Flächeninanspruchnahme und Wiedernutzbarmachung bei annähernd konstanter Betriebsfläche im Gleichgewicht: Die Rekultivierungsfläche steigt kontinuierlich um durchschnittlich 330 ha/a. Die in der Frühphase rekultivierten Flächen sind heute nicht mehr erhalten, weil sie zumeist in Bereichen lagen, die ein weiteres Mal - für tiefer liegende Kohle - überbaggert oder mit neuem Abraum überdeckt wurden. Die ältesten erhaltenen rekultivierten Flächen des rheinischen Bergbaus stammen aus dem ersten Drittel des 20. Jh. Rekultivierte Wälder aus dieser Zeit, die seither kontinuierlich forstlich-waldbaulich entwickelt wurden, finden sich im Süden des Reviers, südwestlich von Brühl und südlich des Villenhofer Maars: Hier wachsen Buchen-, Buchen-Eichenmischwälder und andere, die um 1930 entstanden sind.

Die ältesten erhaltenen Halden sind in Frechen die Halde der Grube Carl, die schon 1906 fertig gestellt war (BUSCHMANN et al. 2008) und im Westrevier bei Eschweiler die Halde Weisweiler aus den Jahren 1909-1916. Sie liegt heute mitten in der Ortschaft und ist bebaut. Die Halde Eschweiler - etwas weiter westlich - wurde zwischen 1917 und 1937 aufgeschüttet. Im Norden des Reviers ist die Güratherr Höhe aus der zweiten Hälfte der 1930er Jahre die älteste Rekultivierungsfläche.

3.3 Landschaftsgestaltung

Diese ältesten erhaltenen Halden wurden als Tafelberge mit aufgeforsteten Böschungen und ebenen Ackerflächen auf dem Plateau gestaltet. Sie sind streng geometrisch: Die gleichförmigen Böschungen sind in Stufen von ebenen Absätzen, den Bermen, unterbrochen, auf denen das Wasser gesammelt und abgeleitet wird. Die Form richtete sich danach, das größte Kippvolumen auf geringster Fläche standsicher unterzubringen; gestalterische Fragen spielten keine Rolle.

Der Typus des Tafelberges für die Aufhaldung von Abraummassen blieb bis in die 1970er Jahre Standard. Die höchste dieser Halden ist die Vollrather Höhe, eine Außenhalde des Tagebaus Garzweiler bei Grevenbroich. Sie erhebt sich mit 187 m NN über 100 m über das Gelände. Die größte und höchste Außenhalde im Rheinischen Revier ist die Sophienhöhe. Sie wurde zwischen 1978 und 1990 beim Aufschluss des Tagebaus Hambach aufgeschüttet. Sie ist 300 m NN hoch und ragt 200 m über das Gelände auf. Auch hier war in den ersten Planungen noch eine landwirtschaftliche Nutzung auf dem ebenen Plateau vorgesehen. Da der Tagebau Hambach aber großflächig die Wälder der Bürge beansprucht, wurde diese Planung aufgegeben und die Sophienhöhe insgesamt als Waldlandschaft mit einer bewaldeten welligen Hochfläche rekultiviert. Die Böschungssysteme sind aber noch traditionell technisch gestaltet. Allerdings wurden hier zur Erhöhung der landschaftlichen Vielfalt erstmals Ausbuchtungen mit veränderten Bermenbreiten und variierenden Böschungsneigungen hergestellt. An die Südböschung der Sophienhöhe lehnt sich die Innenkippe des Tagebaus an. Aufgrund des Einfallens des Flözes in Abbaurichtung übersteigen die Abraummassen das bereits ausgekohlte Volumen, weswegen die Innenkippe ebenfalls bis zu 200 m über Gelände aufragt und die Außenhalde nach Süden fortsetzt (Abb. 55). Bei der Gestaltung dieser „überhöhten Innenkippe" wurde der Schritt zum naturnah gestalteten Landschaftsbauwerk konsequent vollzogen. Anstelle der strengen technischen Gliederung der Böschungssysteme sind organisch geschwungene Linien getreten, die die Reliefvielfalt steigern.

Schon in den ersten Jahren wurden im rheinischen Revier auch landwirtschaftliche Flächen wiederhergestellt, wenn auch zunächst nur in geringem Umfang. Doch ab den 1950er Jahren wanderte der Tagebauschwerpunkt aus den Waldgebieten der südlichen Ville in die weiter nördlich gelegenen Ackerfluren (DILLA 1992). Dadurch gewann die Wiedernutzbarmachung ertragreicher Ackerlandschaften Vorrang. Die Ackerflächen wurden von Anfang an nahezu vollkommen eben angelegt und bis in die 1970er Jahre wurden

Braunkohlenbergbau

Abb. 55: Die Außenhalde Sophienhöhe und die im Vordergrund daran anschließende überhöhte Innenkippe des Tagebaus Hambach. Während die Außenhalde im Hintergrund noch in einheitliche Bermen und Böschungen gegliedert ist, wurde bei der überhöhten Innenkippe der Schritt zum frei gestalteten Landschaftsbauwerk konsequent vollzogen (RWE Power).

die Gewanne und Ackerschläge ohne gestalterischen Anspruch streng geometrisch und rechtwinklig unterteilt. Vor allem auf den Plateauflächen der Halden wurden entlang der Wege vielfach Pappelreihen als Windschutz gepflanzt, die die Landschaft stark kammerten. Erstmals mit der großen Rekultivierungswelle ab 1950 unter dem Einfluss des Braunkohlengesetzes wurde die Gestaltung der Bergbaufolgelandschaft einem gesteuerten Planungsprozess unter Abwägung der vielfältigen Ansprüche unterzogen (VON KRIES 1965). Im Südrevier bei Brühl entstand so bis in die 1960er Jahre das Wald-Seengebiet als Wald- und Erholungslandschaft für den Köln-Bonner Ballungsraum. Allerdings wurden hier noch im Wesentlichen die mehr oder minder zufälligen Gegebenheiten am Ende des Abbaus nachträglich überplant. Der erste Tagebau, bei dem die Landschaftsgestaltung bereits Teil der Tagebauplanung war, ist der Tagebau Berrenrath. Hier wurde seinerzeit von Prof. OLSCHOWY (1993) erstmals ein Generalplan für die Herstellung einer modernen Kulturlandschaft erstellt. In diesen Plan sind die unterschiedlichen Nutzungsansprüche, Fragen der Landschaftsästhetik und landschaftsökologische Aspekte eingeflossen. Seither ist die Gestaltung der Bergbaufolgelandschaft in abgestufter Detailschärfe von Beginn an ein wesentlicher Bestandteil der verschiedenen Planungsstufen des Braunkohlenabbaus im Rheinland und hat entscheidenden Einfluss auf die Tagebauführung (KNAUFF 1998, ZÜSCHER 1998, SCHMIDT 2009). Gestaltungsprinzip ist die Wiederherstellung einer multifunktionalen Landschaft (STÜRMER 1990, LÖGTERS & DWORSCHAK 2004): optimal gegliederte Ackerfluren durchzogen von Grünzügen mit halboffenen Lebensräumen und Waldflächen in Verbindung mit größeren Waldbereichen oder Landschaftsseen. Die Grünzüge nehmen in aller Regel als Trockenmulden oder als Bäche das Oberflächenwasser auf und verknüpfen die Landschaft mit dem Umland.

Abb. 56: Früher Abraumbetrieb mit der Bahn (Foto: Archiv RWE Power).

3.4 Verkippungstechnik

Je nach Herstellungszeit, technischer Ausstattung des einzelnen Tagebaus und den geologischen Verhältnissen im unmittelbaren Vorfeld variierten die Verfahren und verkippten Böden. Der Abraumtransport erfolgte zunächst mit Fuhrwerken und ab dem ausgehenden 19. Jh. mit Schmalspurbahnen (Abb. 56).

Das Material wurde anfänglich von Hand auf der Kippe verteilt. 1916 wurde erstmals das aus den Abraumwagen abgekippte Material mit einem Kippenpflug vom Zug aus über die Böschungskante gedrückt (BUSCHMANN et al. 2008). Dieses Verfahren kam im Bereich des Tagebaus Frimmersdorf bis in die 1960er Jahre zum Einsatz: Beispielsweise auf der forstlich rekultivierten Vollrather Höhe und in landwirtschaftlich rekultivierten Kippenbereichen. Parallel wurden verschiedene Geräte zum trockenen Verstürzen des angelieferten Materials konstruiert, aus denen nach Einführung der kontinuierlichen Tagebautechnik die heutigen Absetzer entwickelt wurden. Als besonders kostengünstiges Verfahren zur Verkippung des Abraums etablierte sich in den 1920er Jahren der Spülversatz, bei dem der Abraum mit Wasser vermischt, hydraulisch transportiert und in bereits ausgekohlten Bereichen in sogenannten Spülkippen abgelagert wurde.

Systematische landwirtschaftliche Rekultivierung auf größeren Flächen setzte erst in den 1950er Jahren ein. Spätestens seit 1960 wird dafür speziell selektierter kalkreicher Löss aufgetragen (VON DER HOCHT 1990). Im sogenannten Lössabkommen wurde 1961 vom Wirtschaftsministerium des Landes NRW festgelegt, dass der Löss für die landwirtschaftliche Rekultivierung im nördlichen Rekultivierungsgebiet mit den großen Lössvorkommen in mindestens 2 m Mächtigkeit aufzutragen sei. Im lössärmeren Süden wurde der Lössauftrag auf mindestens 1 m festgelegt. Im letzteren Gebiet, nach Norden begrenzt durch die Autobahn 4 zwischen Aachen und Köln, erfolgte der Lössauftrag bis in die 1980er Jahre auf etwa 1.200 ha im Spülversatz (Abb. 57). Das führt zwar einerseits zu einer optimal schonenden Ablagerung des Löss ohne jede Druckbelastung, andererseits kommt es aber zu einer Reihe von Nachteilen: Beim Einspülen und Sedimentieren entmischen sich die Kornfraktionen; auf den vollkommen ebenen Flächen müssen zur Erreichung eines Mindestgefälles zur sicheren Oberflächenentwässerung erhebliche Massen umplaniert werden; die Polderdämme stören den Flächenzuschnitt; die Auftragsmächtigkeit ist auf 1 m beschränkt. Nachdem diese Flächen entsprechend dem Lössabkommen fertig gestellt waren, wurde dieses Vorgehen eingestellt.

landwirtschaftlichen Rekultivierung drei wesentliche Arten der Herstellung der Flächen: I) Löss im Nassauftrag, II) trockener Auftrag mit dem Großabsetzer und III) trockener Auftrag im Sonderbetrieb mit Kleinabsetzern. Darüber hinaus ist es immer wieder - vor allem beim Abschluss von Rekultivierungen - notwendig, kleine Flächen mit verschiedensten Verfahren, beispielsweise im LKW-Betrieb, zu schließen.

Abb. 58: Moderne trockene Verkippung des Rekultivierungssubstrates mit dem Großabsetzer. Der Materialauftrag erfolgt mit verringerter Leistung und reduzierter Abwurfhöhe auf dem sogenannten Rohplanum. Dieses besteht aus durchlässigem Material, um Stauhorizonte unter der Rekultivierungsschicht zu verhindern (RWE Power).

Abb. 57: Lössauftrag im Spülversatz. Ein Verfahren, das noch bis in die 1980er Jahre eingesetzt wurde (RWE Power).

Heute ist in Forst- und Landwirtschaft der trockene Materialauftrag mit dem Großabsetzer der Standard (Abb. 58). Im Normalfall geschieht dies im kontinuierlichen Abbauprozess mit den Großgeräten der Tagebaue mit einem Fördervolumen von bis zu 240.000 [fest m³]/d (DREBENSTEDT 2009). In einigen Tagebauen wird insbesondere zur Herstellung landwirtschaftlicher Nutzflächen zusätzlicher Löss aus anderen Tagebauen antransportiert. Dieser wird dann mit wesentlich kleineren Geräten und mit geringerer Leistung im Sonderbetrieb aufgetragen. Es gibt also bei der

Da die landwirtschaftlichen Flächen maschinenbefahrbar sein müssen, werden sie nach der Verkippung planiert. Um aus Gründen des Bodenschutzes Verdichtungen zu vermeiden, erfolgt dies nur bei geeigneter Witterung und geringer Bodenfeuchte, vorzugsweise mit besonderen Raupen mit breiten Fahrwerken und geringem Gewicht. In der forstlichen Rekultivierung dominiert der trockene Auftrag mit dem Großabsetzer. Als Besonderheit wurde bei der Herstellung der Sophienhöhe der Löss im Vorfeld der Außenhalde im Sonderbetrieb mit kleinem Gerät aufgenommen und mit einem Kleinabsetzer auf dem Plateau verkippt. Mit dieser Technik ließ sich das Material so gleichmäßig auftragen, dass ein nachträgliches Planieren unterbleiben konnte.

Nach diesen Erfahrungen wurde auch mit dem planierungsfreien Verkippen mit dem Großabsetzer in Ebene und Böschung erfolgreich experimentiert. Seither wird zur Vermeidung von Verdichtungen bei der forstlichen Rekultivierung auf ein flächiges Einplanieren verzichtet.

3.5 Begrünungsverfahren und Bodensubstrate

Bis in die 1920er Jahre war die Böschungssicherung mit wurzelintensiven Baumarten eine Hauptaufgabe der Rekultivierung - vielfach mit Robinie (DILLA 1973; SCHÖLMERICH 1998). In den 1930er Jahren begann dann die systematische forstliche Rekultivierung. Angeregt durch die Forschungsarbeiten von HEUSON (1929) aus dem Lausitzer Revier startete man mit Versuchen zur Waldbegründung (JACOBY et al. 2000). In dieser Phase des „forstlichen Experimentierens" war man sich noch unsicher über die standörtliche Eignung der Baumarten, daher pflanzte man zur Risikostreuung eine Vielzahl verschiedener Arten. Nach dem Krieg lagen ca. 2.000 ha unrekultivierte Flächen mit den unterschiedlichsten Bodensubstraten vor. Damals versuchte man, diese Flächen zunächst durch Begründung eines Vorwaldes aus Pappel und Erle in Kultur zu bringen. In dieser „Pappel-Phase" der Rekultivierung (DILLA 1973) wollte man die unbekannten Böden sich erst einmal entwickeln lassen und rasch eine erste Holznutzung ermöglichen, um die Wälder dann auf etwas sichererer Grundlage umzubauen. Allerdings deutete sich damals bereits an, dass nicht alle Substrate des Abraums für eine erfolgreiche Begrünung geeignet sind. Daher wurden gegen Ende der 1950er Jahre die Abraumsubstrate auf ihre Eignung für die Wiedernutzbarmachung aus bodenkundlicher und pflanzenbaulicher Sicht wissenschaftlich untersucht (HEIDE 1958, WITTICH 1959). HEIDE (1958) stellte klar, dass als Ausgangssubstrat für die landwirtschaftliche Rekultivierung nur die als Braunerden mit hohem und mittlerem Basengehalt entwickelten Böden in Frage kämen. Für die forstliche Rekultivierung sind diese hochwertigen Böden natürlich auch geeignet, aber wegen der geringeren Ansprüche können hier ebenso entkalkter Lösslehm und Mischung aus Löss und Lösslehm mit den darunter liegenden Kiesen und Sanden der pleistozänen Terrassen verwendet werden. Diese Mischsubstrate prägen seither als sogenannter „Forstkies" die forstliche Rekultivierung. Sie ermöglichen vor allem auf Böschungen, wo reiner Löss/Lösslehm durch Erosion abgetragen würde, eine erfolgreiche Etablierung der Vegetation. Diese Erkenntnisse wurden im Jahre 1967 für die forstliche Rekultivierung und 1973 auch für die landwirtschaftliche in zwei bergbehördlichen Richtlinien umfassend festgeschrieben (ZÜSCHER 1998). Hier wurde auch festgelegt, dass das Rohplanum, auf das das rekultivierungsfähige Substrat aufgetragen wird, in den obersten zwei Metern aus durchlässigem Material hergestellt werden muss, damit sich am Fuße der Rekultivierungsschicht keine wasserstauenden Horizonte bilden. Für die landwirtschaftliche Rekultivierung wurden hier die wesentlichen Punkte des Lössabkommens von 1961 übernommen. Um in den weiten, ebenen Ackerflächen einerseits Erosion des Lösses zu vermeiden und andererseits eine sichere Oberflächenentwässerung zu gewährleisten, ist ein Generalgefälle von 1:67 (1,5 %) festgelegt. Für die forstliche Rekultivierung ist entsprechend der Rekultivierungsrichtlinie in ebenen Lagen vorzugsweise reiner Löss oder Lösslehm mit ebenfalls 2 m Mächtigkeit aufzutragen. An Böschungen und bei Fehlen ausreichender Lössmengen werden die Forstkiesmischungen verwendet, die mindestens 4 m mächtig aufzutragen sind. Dabei ist ein Löss-/Lösslehmanteil von mindestens 25 % einzuhalten - vorzugsweise mehr. In steilen Böschungen kann der Lössgehalt auf 20 % abgesenkt werden, wenn es wegen der Standsicherheit erforderlich ist. Die Rekultivierungsrichtlinien wurden mehrfach fortgeschrieben und den neueren Erkenntnissen angepasst. Beispielsweise wurde zur Erhöhung der standörtlichen Vielfalt in den Bereichen für forstliche Rekultivierung zugelassen, kleinflächig verschiedene, sogar kulturfeindliche Substrate einzusetzen: beispielsweise Ton, Sand, Kies, auch tertiäre Substrate. Seit der „Phase des Forstkieses" erfolgt die Aufforstung unmittelbar mit den Waldbäumen der Zielbestockung: also Eichen und Buchen mit ihren heimischen Mischbaumarten auf rund 80 % der Fläche. Zur waldbaulichen Differenzierung werden darüber hinaus wirtschaftlich interessante Baumarten gepflanzt: vorzugsweise Douglasie (*Pseudotsuga menziesii*) und Roteiche (*Quercus rubra*). Pappeln (*Populus* x*canadensis*) und Schwarzerlen (*Alnus glutinosa*) dienen in Zeitmischung als Schirmbaumarten für die heranwachsenden Bestände (MÖHLENBRUCH & ROSENLAND 1992). Zwischen die Pflanzreihen werden häufig Lupine (*Lupinus polyphyllos*) und Waldstaudenroggen (*Secale multicaule*) gesät: Lupine bedeckt rasch den Boden, ohne dabei die Gehölze zu verdämmen, und der Waldstaudenroggen bietet schon in der Frühphase, noch bevor der Pappel-Erlen-Schirm wirksam wird, einen Wind- und Sonnenschutz für die Jungpflanzen (Abb. 59). Unsystematisch erfolgt zwischen den Kulturen manchmal noch die Aussaat von einigen Wildäsungspflanzen wie z. B. Buchweizen, Markstammkohl und Sonnenblume. Die Böden sind allgemein so gut nährstoffversorgt, dass keine standardmäßige Düngung erfolgt.

Abb. 59: Junge Aufforstung: Zwischen die Pflanzreihen (hier Ahorn) wurden Lupine und Waldstaudenroggen gesät, um die Jungpflanzen zu ummanteln und gleichzeitig verdämmende Kräuter zurückzudrängen (RWE Power).

Über die landwirtschaftliche Zwischenbewirtschaftung - also die Phase der Bewirtschaftung durch die Rekultivierungsabteilung des Bergbautreibenden - in der Zeit vor 1960 ist wenig bekannt. Seither ist der Ablauf annähernd gleich: Zunächst werden die frischen Flächen mit Luzerne eingesät und diese für drei Jahre kultiviert. Danach erfolgt ein Umbruch und über Getreideanbau in vier Jahren der Aufbau einer Fruchtfolge, die es ermöglicht, die Flächen nach dieser Zeit an die Landwirte der Region zurückzugeben. Vorrangiges Ziel der Zwischenbewirtschaftung ist die Entwicklung eines nachhaltig leistungsfähigen Ackerbodens. Deswegen werden bodenschonende Verfahren eingesetzt: kombinierte Geräte zur Verringerung der Überfahrten, Breitreifen, besondere Pflugtechniken zur Vermeidung von Pflugsohlen oder sogar pfluglose Bewirtschaftung. Zuckerrübe - die Haupt-Marktfrucht der Bördelandschaft - wird wegen der ungünstigen Erntezeit und der hohen Abfuhrgewichte in der Zwischenbewirtschaftung aus Gründen des Bodenschutzes nur kleinflächig zu Demonstrationszwecken angebaut (SIHORSCH 1992). Während der Zwischenbewirtschaftung wird durch gezielte Düngergaben ein Nährstoffdepot im Boden aufgebaut. In jüngerer Zeit werden die Flächen vielfach auch mit organischen Düngern beaufschlagt, um rascher Humus aufzubauen und das Bodenleben anzuregen.

I Neulandböden aus Löss

a) Chemische Eigenschaften

Entsprechend der Variabilität der Lösslagerstätte variieren auch die aus ihnen verkippten Rekultivierungssubstrate. Es sind Mischsubstrate aus dem humosen Oberboden, dem Lösslehm der Parabraunerden und den kalkreichen unverwitterten Lössschichten der Weichselzeit in unterschiedlichen Anteilen - entsprechend der Verhältnisse an der Abbaukante (DUMBECK 1996). Für die landwirtschaftliche Rekultivierung wird unverwitterter Löss mit seinen teils hohen Carbonatgehalten gezielt selektiert (VON DER HOCHT 1990). Diese Substrate enthalten 4,5 % - 11,0 % Carbonat und reagieren daher schwach alkalisch (pH_{H_2O}-Werte 7,5-8,0). Bei Einsatz von entkalktem Lösslehm für die forstliche Rekultivierung sind die Substrate zumeist schwach sauer bei pH-Werten um 5,0-6,0. Die pflanzenverfügbaren Nährstoffgehalte des umgelagerten Lösses an Phosphor und Kalium sind sehr gering: um 3 mg P_2O_5/100 g Boden und 5 mg K_2O/100 g Boden. Da der humose Oberboden beim Verschneiden mit dem Schaufelrad stark verdünnt wird, sind auch die Ausgangsgehalte an organischer Substanz und Stickstoff äußerst gering: $C_t \approx 0,3$ %; $N_t \approx 0,02$ % - 0,05 %. Die Kationenaustauschkapazität liegt abhängig vom Tonanteil und den geringen C_t-Gehalten bei Werten zwischen 80-120 mmol/kg (DUMBECK 1996). Die Böden aus carbonatreichem Löss sind somit zwar prinzipiell nährstoffarm im Vergleich mit den Ackerböden des Umlandes, aber dennoch bodenchemisch äußerst günstige Wuchsstandorte. Im Bereich der Ackerflächen können die zunächst fehlenden Nährstoffe durch Düngung einfach substituiert werden. Dabei muss die Phosphatfestlegung bei hohen Calciumcarbonatgehalten berücksichtigt werden (DUMBECK 1996). Für die forstliche Rekultivierung sind sowohl kalkreiche Lösse als auch entkalkter Lösslehm trotz der im Prinzip niedrigen Nährstoffgehalte in aller Regel ausreichend für einen guten bis sehr guten Wuchs. Bedarfsweise erfolgt eine einzelstammweise Initialdüngung mit z. B. Thomaskali oder einem N-P-K+Mg-Volldünger.

b) Physikalische Eigenschaften

Die bodenphysikalischen Eigenschaften der Rekultivierungssubstrate hängen von der Bodenart, also der Korngrößenverteilung, und den Ablagerungsbedingungen ab. Die Bodenart des verkippten Lösses ist - ebenso wie die chemischen Eigenschaften - abhängig von den Ausgangssubstraten: Sie kann prinzipiell zwischen ton-, schluff- und sandreich mit unterschiedlichen Steingehalten schwanken. Großflächig werden für die landwirtschaftliche Rekultivierung aber durch die selektive Gewinnung Substrate hergestellt, die sich zu rund 80 % aus Schluff, 17 % Ton und 3 % Sand zusammensetzen (DUMBECK 1996). Solche lehmigen Schluffe bieten beste Voraussetzungen für äußerst günstige Porenvolumina und somit sehr günstige Wasser- und Luftversorgung. Diese sind jedoch stark abhängig von der Lagerungsdichte und damit von den mechanischen Belastungen des Rekultivierungssubstrates im Laufe der Verkippung und der weiteren Behandlung. So wird in den Rekultivierungsrichtlinien gefordert, bereits bei der Verkippung mit dem Absetzer das Material mit möglichst minimaler Abwurfhöhe und möglichst gleichmäßig, also mit minimaler Rippenhöhe, aufzutragen. Für das anschließende Einplanieren wird gefordert, dass dieses erst erfolgen darf, wenn der Löss genügend abgetrocknet ist und auch dann nur bei trockener Witterung mit geeigneten bodenschonenden Verfahren. Diese Vorsicht ist notwendig, weil vielfältige Untersuchungen gezeigt haben, dass die Rekultivierungsböden aus Löss und seinen Mischungen besonders verdichtungsgefährdet sind (WINTER 1990, 1992, DUMBECK 1992). Bei der Umlagerung wird das bestehende Bodengefüge zerstört und die schluffigen Substrate liegen in der Folge meist im Kohärentgefüge vor. Durch Planierungen können diese Böden bis zum Plattengefüge verdichtet werden. Untersuchungen zeigen, dass der Hauptverdichtungshorizont nach unsachgemäßem Planieren bei 40-80 cm Tiefe liegt. Die Porenvolumina - vor allem die der Mittel- und Grobporen - sind gegenüber ordnungsgemäß hergestellten Flächen um rund 5 Vol.-% niedriger und die Bodenrohdichten liegen deutlich über 1,6 g/cm³ Boden (DUMBECK 1996). Bei diesen Werten können Regenwürmer praktisch nicht mehr in den Boden eindringen (RUSHTON 1986). Die Verdichtung vermindert die Luftleitfähigkeit und erhöht die Eindringwiderstände. Beides wirkt sich negativ auf die Durchwurzelung - ausgedrückt als Wurzellängendichte - aus. Gerade die Wurzellängendichte im Unterboden (40-100 cm) hat sich aber als das entscheidende Kriterium für die landwirtschaftliche Ertragsbildung erwiesen (VORDERBRÜGGE 1989). Bei optimaler Rekultivierung liegen die Gesamtporenvolumina rekultivierter Lössböden bei über 40 Vol.-% und die Trockenrohdichten erreichen maximal bis zu 1,6 g/cm³ Boden, meist liegen sie darunter, oftmals sogar unter den Werten vergleichbarer Altlandböden. Die nutzbaren Feldkapazitäten sind dann hoch bis sehr hoch mit Werten zwischen 20-25 (-28) Vol.-% (SCHNEIDER 1992, DUMBECK 1996). Entsprechend sind diese Böden in ihrem Ertragspotenzial mit den Altlandböden der Region vergleichbar.

II Forstkies-Böden

a) Chemische Eigenschaften

Die Forstkiesmischungen werden mit dem Schaufelradbagger an der Abbaukante hergestellt: Dabei wird der Löss oder Lösslehm mit den darunter lagernden quartären Terrassenschottern verschnitten. Die Terrassenschotter tragen nach den Angaben von HEIDE (1958) nicht viel Pflanzenverwertbares bei: Das Material ist schwach sauer mit pH_{KCl}-Werten zwischen 4,7 und 5,8 (geschätzt ungefähr $pH_{H_2O} \approx 6$), hat äußerst geringe Gehalte von austauschbaren Nährstoffen (P_2O_5 und K_2O jeweils < 2 mg/100 g Boden) und eine sehr geringe Kationenaustauschkapazität um 25 mmol/kg. Der pH-Wert und der Nährstoffgehalt der Forstkiesmischungen sind also im Wesentlichen positiv mit dem Gehalt an beigemischten Löss/Lösslehm korreliert (DILLA & MÖHLENBRUCH 1998). Der pH-Wert kann entsprechend sehr weit von sauer bis schwach alkalisch schwanken. Die pflanzenverfügbaren Nährstoffgehalte sind meist so gering, wie für den verkippten Löss bereits dargestellt: also sehr niedrige Kalium-, Phosphor-, Kohlenstoff- und Stickstoffgehalte. Da beispielsweise im Bereich des Tagebaus Hambach im Vorfeld überwiegend die pseudovergleyten Böden der Bürgewälder anstehen, haben die hier hergestellten Forstkiesmischungen typischerweise geringe Carbonatgehalte um 0,5 % und pH-Werte zwischen 4,7 und 5,2 (Quartilabstand gemessen in H_2O). Dafür liegen hier die pflanzenverfügbaren Nährstoffgehalte geringfügig höher, K_2O oft über 5 bis zu 10 mg/100 g Boden, und die Ausgangsgehalte an organischem Kohlenstoff liegen oft um 0,5 %. Eine plausible Erklärung ist, dass die hier verschnittenen Böden aus alten Waldstandorten stammen und daher der Humusgehalt der Ausgangsmaterialien höher ist als in den vormals ackerbaulich genutzten Lössböden.

b) Physikalische Eigenschaften

Entsprechend der variablen Mischungsanteile aus Kiesen und Sanden der Hauptterrassen, die typischerweise nur wenige Prozent abschlämmbarer Teilchen enthalten, und dem überlagernden Löss bzw. Lösslehm sind die Forstkiesböden vielfältiger zusammengesetzt als die Böden aus Löss, mit großen Spannen der einzelnen Kornfraktionen: Der Skelettanteil (Grobkorn mit Durchmesser > 2 mm) kann im Extrem zwischen unter 10 bis über 50 % schwanken. Der Tongehalt im Feinboden schwankt zwischen 2 und 14 %, der Schluffanteil von 6 bis knapp 40 % und der Sandgehalt entsprechend zwischen 50 und 90 %. Dennoch liegen die Korngrößenanteile in der Hälfte aller untersuchten Standorte in überschaubareren Grenzen: die Tongehalte des Feinbodens liegen typischerweise bei 7-11 % und der Schluffgehalt bei 12-20 %: Es handelt sich also meist um mittellehmige Sande mit geschätzten nutzbaren Feldkapazitäten um 13 Vol.-%.

Wie für die Lössböden bereits beschrieben, sind auch die Forstkiesböden sehr verdichtungsgefährdet. Bei Lössgehalten von 30 % im Forstkies konnten durch Planieren Dichten von > 2 g/cm³ erreicht werden. Das entspricht praktisch einem Erdbeton, der nicht mehr zu durchwurzeln ist. Bei bodenschonendem Planieren und nachfolgendem Aufreißen sind aber günstige Bodenverhältnisse auch in diesen kiesigen Böden mit Porenanteilen um 30 Vol.-% sichergestellt (WINTER 1990). Da die forstlichen Flächen aber nicht flächig maschinenbefahrbar sein müssen, kann man ganz auf das Planieren verzichten. So entstehen lockere Böden mit Porenvolumina um 35 Vol.-% mit einem reich gegliederten Mikrorelief aus Rippen und Mulden.

Abb. 60: Tertiärer Sand auf der Sophienhöhe: Sonderstandort zur Erhöhung der standörtlichen Vielfalt in der Rekultivierung.

III Weitere Rekultivierungssubstrate

Nach der Rekultivierungsrichtlinie ist es möglich, kleinflächig auch andere Substrate als Löss, Lösslehm und pleistozäne Terrassenschotter einzusetzen. Vielfach werden beispielsweise sorptionsschwache quartäre Kiese und Sande verkippt, um nährstoffarme trockenwarme Sonderstandorte zu erzeugen.

Um wechselfeuchte Lebensräume mit ephemeren Kleinstgewässern, Tümpeln und Weihern zu schaffen, wird reiner Ton oder Lehm verkippt. Vor allem auf der Sophienhöhe sind Sonderstandorte aus tertiärem Sand mit hohen Sulfidgehalten hergestellt worden. Diese Böden sind zumeist extrem nährstoffarm und im Falle der Tertiärmaterialien auch stark sauer. Typischerweise sind diese Sonderstandorte als „Sukzessionsflächen" ausgewiesen, in denen die weitere Entwicklung des Bewuchses sich selbst überlassen werden soll (Abb. 60).

Entsprechend der langen Geschichte des Braunkohlenabbaus gibt es aus der Frühzeit der Rekultivierung Bereiche mit den verschiedensten Verkippungssubstraten. Im Südrevier sind das häufig Böden mit hohen Anteilen verschiedener Aschen und Schlacken aus der Braunkohleverbrennung, die hier teilweise bewusst deponiert oder als Immissionen eingetragen wurden. Solche Böden sind vielfach tief schwarz. Mancherorts enthalten sie Kohlenreste, Tonknollen und andere tertiäre Substrate. In einigen Bereichen treten der Liegendton unter der abgebauten Kohle und Reste der Kohle offen zu Tage (BAUER 1963).

4 Flora und Vegetation

Primäre Sukzession, also die Besiedlung von Rohböden, auf denen es keine Reste einer vorherigen Besiedlung mit Pflanzen gibt, tritt im Rheinischen Revier selten auf. Das mag verwundern, denn man würde annehmen, dass es sich bei den verkippten Materialien um sterile Rohböden handelt. Aber beim Abbau der Substrate wird praktisch immer der humose Oberboden mit eingemischt. Die oberste 20 cm dicke Bodenschicht macht mindestens 4 % der maximal 5 m mächtigen Substratschicht aus, die der Bagger beispielsweise im Tagebau Hambach als Forstkies gewinnt. Nimmt man eine homogene Mischung dieser Substrate an - und davon kann man ausgehen - entstammen also 4 % des Substrates in den obersten 20 cm der umgelagerten Böden derselben Schicht des ursprünglichen Bodens. Das scheint nicht viel, ist aber, auf die Gesamtfläche betrachtet, eine enorme Menge an Biomasse, die in den Oberboden der Rekultivierung übertragen wird. Da im Abbaugebiet des Tagebaus Hambach große Waldbereiche liegen, treten auf den hier gewonnen Forstkiesböden eine ganze Reihe typischer Schlagpflanzen unmittelbar auf: allen voran verschiedene Binsen (*Juncus* spec.), die offenbar enorme Samenbänke aufbauen (BORCHERS et al. 1998), und der Besenginster (*Cytisus scoparius*), der auf den frisch verkippten Flächen sofort keimt und entsprechend seiner Wuchsdynamik meist schon im dritten Jahr aspektbestimmend wird. Aber auch eine ganze Reihe weiterer Waldarten werden übertragen: So findet man auf frisch rekultivierten Flächen immer wieder Flattergras (*Milium effusum*), Hain-Rispengras (*Poa nemoralis*), Waldsegge (*Carex sylvatica*), Knotige Braunwurz (*Scrophularia nodosa*) oder Salbei-Gamander (*Teucrium scorodonia*) und viele Brombeeren. An feuchten Stellen in Gräben wachsen oftmals schon in der ersten Vegetationsperiode die bereits erwähnten Binsen oder auch Rasenschmiele (*Deschampsia caespitosa*) und beispielsweise Wolfstrapp (*Lycopus europaeus*).

Auf ehemals landwirtschaftlich genutzten Böden und bei großen Lössmächtigkeiten ist das übertragene Artenpotenzial entsprechend der Vorbewirtschaftung und der stärkeren Verdünnung des Oberbodens meist viel kleiner. Dennoch findet auch hier meist eine Übertragung von Arten mit besonders großen Diasporenreservoirs statt: Anders ist beispielsweise das spontane Auftreten großer Bestände von Weißem Gänsefuß (*Chenopodium album* s. l.), Geruchloser Kamille (*Tripleurospermum perforatum*) oder Gewöhnlichem Erdrauch (*Fumaria officinalis*) auf frisch rekultivierten Böden unmittelbar nach der Verkippung und oftmals weit ab vom Altland kaum zu erklären. In Forstkiesböden, die aus ehemals landwirtschaftlichen Bereichen gewonnen wurden, hat WOLF (1998) neben den bereits genannten Arten noch weitere Ackerwildkräuter beobachtet, die regelmäßig mit dem Boden verbracht wurden: Vogelknöterich (*Polygonum aviculare*), Echte Kamille (*Matricaria recutita*), Acker-Schachtelhalm (*Equisetum arvense*) und Kriechende Quecke (*Elymus repens*). Insofern sind die Formen spontaner Besiedlung im Rheinischen Revier überwiegend Mischformen aus primärer und sekundärer Sukzession.

Auf den rekultivierten Flächen entwickelt sich die Pflanzendecke unter vier wesentlichen Rahmenbedingungen:

1. Bodenart
2. Anteil von Diasporen aus dem verkippten Substrat
3. Eintrag von Diasporen
4. gepflanzte Bäume und eingesäte Arten

Vor allem der Neueintrag von Diasporen ist dabei stark vom Zufall gesteuert: Abhängig von der Jahreszeit während der Verkippung, den Feuchtigkeits-, Temperatur- und Windverhältnissen während und nach der Verkippung und der Vegetation in der umgebenden Landschaft sind die Startbedingungen der Entwicklung sehr verschieden. In einem Fall können beispielsweise Hänge-Birken (*Betula pendula*) und Weiden (*Salix* spec.) schon im ersten Jahr einfliegen und direkt zur Keimung kommen, in anderen Jahren fehlen sie vollkommen, dafür fliegen Land-Reitgras (*Calamagrostis epigejos*) oder Kratzdisteln (*Cirsium* spec.) ein, oder aus den Samen, die mit dem rekultivierten Boden übertragen wurden, entwickelt sich Besenginster. Entsprechend unterschiedlich sind die Aspekte der Flächen nach drei bis vier Jahren: in einem Fall ein Birken-Weiden-Gebüsch, im nächsten eine Land-Reitgras-Steppe, ausgedehnte Distelbestände oder ein Ginstergebüsch. Teils sind die Grenzen solcher Teilflächen wie abgeschnitten - entsprechend der Verkippungsstände.

4.1 Primäre Sukzession

Primäre Sukzessionen finden heutzutage nur kleinflächig auf Sonderstandorten statt, wo sterile Materialen verkippt wurden. Großflächig haben solche Besiedlungen wohl am ehesten im Südrevier stattgefunden. Hier sind in einigen Gruben nach Beendigung der Tagebaue auf den Liegendtonen unter der Kohle und auf Kohleresten großflächig primäre Sukzessionen zu beobachten gewesen. BAUER (1963) beschreibt die Vegetation solcher Standorte im Bereich des Tagebaus Ville:

„Auf extrem Kohlestaubböden war Huflattich (*Tussilago farfara*) der stürmische Erstbesiedler der ersten Jahre. Nur Land-Reitgras konnte sich hier noch etablieren und zwar inselhaft von Standorten ausgehend, bei denen in 10 – 50 cm Tiefe bereits Ton anstand."

Auf den groben Kiesböden, die er untersuchte, gelangten zunächst anspruchslose Ruderalpflanzen zu Dominanz, z. B. Quendel-Sandkraut (*Arenaria serpyllifolia*), Taube Trespe (*Bromus sterilis*), Gemeiner Beifuß (*Artemisia vulgaris*) und Land-Reitgras. BAUER (1963) betont, dass seine Beobachtungen zeigten, dass die Besiedlung nicht in Phasen erfolgte, sondern dass nach dem Inhibition-Modell (siehe z. B. KREBS 1985) alle Arten zufällig verteilt gleichzeitig auftraten und sich dann von diesen Punkten aus in die Fläche ausbreiteten.

Auf besonders dicht gelagertem, kohlehaltigem tertiärem Ton beobachtete BAUER (1963) das flächige Auftreten des Riesen-Schachtelhalms (*Equisetum telmateia*) als nahezu einzigem Besiedler. Auf Tonböden traten ansonsten in der ersten Besiedlung wieder Huflattich, Binsen-Arten und z. B. auch die Hasenfuß-Segge (*Carex ovalis*) hervor.

Nach der ersten Phase, in denen Therophyten zunächst aspektbestimmend waren, breiteten sich die gleichzeitig gekeimten ausdauernden Rhizom- und Horstpflanzen in die Fläche hinein aus und die Vegetationsdecke schloss sich. Vor allem Land-Reitgras hatte so, zunächst als Primärbesiedler und im weiteren Verlauf auch neu angeflogen sekundär, die übrige Vegetation verdrängt.

Letztlich setzten sich aber auf allen diesen Flächen die wahrscheinlich schon in der Frühphase angeflogenen Birken, Weiden und Espen (*Populus tremula*) durch und bildeten einen lockeren Vorwald, in dessen Schatten die Dominanz des Land-Reitgrases abnahm und sich viele der Kräuter und Gräser aus der ersten Rekultivierungsphase sowie neue Arten einfanden.

Auf einer 6.000 m² großen Fläche mit tertiären Rohböden im Aufschlussgraben des Tagebaus Bergheim wurden von der damaligen Bundesanstalt für Naturschutz und Landschaftsökologie über 20 Jahre umfangreiche Beobachtungen der Sukzession betrieben (WOLF 1985). Die Kiesbodenflächen waren mit $pH_{(H2O)}$-Werten um 5-6 schwach sauer, nur die reinen Tertiärsandflächen waren stark sauer mit pH$_{H_2O}$-Werten um 4. Insgesamt waren diese Substrate extrem nährstoffarm mit K$_2$O-Gehalten um 2 mg/100 g Boden und P$_2$O$_5$-Gehalten < 1 mg/100 g Boden. Auf diesen extremen Standorten in einer tiefen Geländemulde wurde die Entwicklung der Vegetation äußerst detailliert erfasst. Zusammenfassend konnten drei Entwicklungsstadien differenziert werden (WOLF 1985):

1. Therophyten-Stadium (1. bis 4. Vegetationsperiode)
   Einjährige Arten dominierten. Diese waren teils nur ein bis zwei Jahre präsent, andere überdauerten in die folgenden Entwicklungsabschnitte.
   Bemerkenswert: Ausdauernde Arten siedelten sich gleichzeitig an!

2. Geophyten-Hemikryptophyten-Stadium (3. bis 13. Vegetationsperiode)
   Wurzelknospen- und Rhizom-Geophyten erlangten die Vorherrschaft. Später wurde der Horst-Geophyt Rauhblättriger Schafschwingel (*Festuca brevipila*) dominierend, der aus Ansaaten in angrenzenden Böschungsbereichen auf die Versuchsfläche gelangte. Einige Therophyten hatten nach wie vor relativ hohe Deckungswerte. Auffällig war das Hornzahnmoos (*Ceratodon purpureus*), das in dieser Zeit bis zu 75 % Deckung erreichte. Die bereits in der ersten Phase angeflogenen Hänge-Birken erreichten Höhen bis 5 m.

3. Moos- und flechtenreiches Phanerophyten-Stadium (10. Vegetationsperiode bis Untersuchungsende)
   Die Birken erreichten Höhen über 10 m, Espe und Robinie (*Robinia pseudacacia*) bildeten dichte Sprosskolonien und Gestreifter Ginster (*Cytisus striatus*) aus Saat in der Nachbarschaft, trat truppweise auf. Auffällig war eine fast neunzigprozentige Bedeckung der Fläche mit Moos und Flechten. Die Moose, hier vor allem das Kaktusmoos (*Campylopus introflexus*), schienen in starker Wasserkonkurrenz zu den Kräutern zu stehen. Lediglich einige Arten der Sandmagerrasen konnten sich behaupten.
   Die Pflanzendecke spiegelte kleinräumige Standortsdifferenzierungen wider: In kleinen Erosionsrinnen und vor allem im Traufbereich der Gehölze war der Bewuchs mit Gräsern und Kräutern dichter.

Auffällig war der Einfluss der Tiere auf diese Vegetationsentwicklung: Außerhalb des eingezäunten Untersuchungsareals war der Boden durch die Beweidung fast blank.

Vor allem die von BAUER (1963) geschilderten Entwicklungen lassen sich auch heute noch auf den Sonderstandorten mit kiesigsandigen oder tonigen Böden in der Rekultivierung beobachten. Auch hier bilden sich häufig Land-Reitgras-Steppen, die extrem artenarm sind und erstaunlich stabil sein können und erst durch das Aufwachsen von Gehölzen in deren Schatten zurückgedrängt werden. Auf lehmigen und tonigen Böden werden meist nach etwa 15 Jahren Birken, Weiden und Espen aspektbestimmend und bilden einen Vorwald.

Auch einige besondere Beobachtungen BAUERS (1963) haben sich seither wiederholt, z. B. siedelte sich auf einer verdichteten Tonfläche, die als Sonderstandort im rekultivierten Tagebau Fortuna nördlich des Peringsmaares angelegt wurde, ebenfalls Riesenschachtelhalm an, der hier als Kümmerform neben Huflattich fast der einzige Besiedler ist. Die von BAUER dargestellten großen Vorkommen der Sumpf-Stendelwurz (*Epipactis palustris*) sind aber seither nicht mehr aufgetreten.

Neu im Gebiet ist etwa seit den 1980er Jahren das Schmalblättrige Greiskraut (*Senecio inaequidens*). In den ersten Jahren der Vegetationsentwicklung ist es mancherorts ganzjährig mit seinen gelben Blüten aspektbestimmend. Im Zuge der weiteren Entwicklung wird es aber auf ruderale Standorte zurückgedrängt und tritt dann nur noch vereinzelt auf.

WOLF (1998) hat seit 1984 auf der Sophienhöhe erneut primäre Sukzession beobachtet. Er untersuchte die spontane Besiedlung von tertiären Sand- und Tonböden sowie quartärem kiesigen Sand und Forstkies. Die Vegetationsbedeckung hing in den ersten Jahren stark vom Boden ab. Tertiärer, saurer Sand war - und ist es bis heute - nahezu vegetationslos. Nur dort, wo durch Niederschlag ausgewaschener Sand vom Wind aufgehäuft wurde, bildet Silbergras (*Corynephorus canescens*) aus einer Ansaat Bulte, die nun weiter als Sandfang dienen und sich so langsam ausdehnen. Auf quartärem Kies und Sand war die Vegetationsentwicklung schon rascher, aber nach vier Jahren erreichte die Vegetation auch hier gerade 15 % Deckung. Auf Ton waren das damals immerhin 30 % und auf Forstkies sogar 60 %. Mittlerweile hat sich auf all diesen Flächen eine geschlossene Vegetation gebildet:

i) auf den Tonböden einerseits eine Land-Reitgras-Steppe und andererseits ein Birken-Weiden-Vorwald;

ii) auf den Kiesböden ebenfalls eine Land-Reitgras-Steppe im Wechsel mit Ginstergebüschen, hier sind vereinzelt Kiefern angeflogen und

iii) auf den Forstkiesböden geschlossene Weidenbestände mit Birken.

In den ersten vier Jahren siedelten sich - wie es letztlich schon BAUER (1963) beschrieben hat - gleichermaßen kurzlebige und ausdauernde Gräser und Kräuter sowie Bäume und Sträucher an. Entsprechend ihrer Wuchsdynamik bestimmten zunächst kurzlebige Pflanzen den Aspekt: Einjähriges Rispengras (*Poa annua*), Kanadisches Berufkraut (*Conyza canadensis*), Vogelknöterich und Klebriges Greiskraut (*Senecio viscosus*). Sie wurden dann von den langlebigen, sich meist vegetativ ausbreitenden Arten Land-Reitgras und Huflattich verdrängt. Nach etwa 5 bis 10 Jahren wurden Bäume und Sträucher dominant (WOLF 1998).

Insgesamt zeigen die Beobachtungen, dass im Rheinischen Braunkohlenrevier selbst auf extrem armen Kies-, Sand- und Tonböden durch spontane Besiedlung im Zuge einer primären Sukzession nach etwa zwanzig Jahren ein Vorwald aus überwiegend Birken, Weiden und Espen entsteht, teils wandern auch Robinie und Balsampappel (*Populus balsamifera*) ein. Diese Wälder bilden lichte Bestände, in deren Unterwuchs lichtliebende Arten magerer Offenstandorte überdauern. Bisher sind all diese Bestände kaum älter als vierzig bis fünfzig Jahre, so dass diese erste Waldphase noch in keinem Fall durch eigendynamische Entwicklung abgelöst wurde.

Auf manchen dieser Standorte ist allerdings mittlerweile Kiefer aus dem Umland eingewandert, so dass zu vermuten ist, dass in der nächsten Waldgeneration auf solchen Extremstandorten die Kiefer eine Rolle spielen wird.

4.2 Vegetationsentwicklung auf forstlich rekultivierten Flächen - Neue Wälder

JACOBY (1968) stellt die ersten Beobachtungen der spontanen Vegetation in forstlich rekultivierten Buchenbeständen dar. Er untersuchte im Jahr 1965 junge Buchenkulturen aus der Pflanzperiode 1960/61 auf unterschiedlich alten Rekultivierungsstandorten mit verschiedenen Bodensubstraten. Teils handelte es sich um Buchenneupflanzungen auf älteren Pappelrekultivierungen. Die spontane Krautvegetation dieser Kulturflächen war waldfern und durch das Vorherrschen von Land-Reitgras, Ruderalarten wie Kratzdisteln und Huflattich sowie Glatthafer (*Arrhenatherum elatius*) als Wiesenart charakterisiert.

BAUER (1970) beschreibt die Vegetation älterer rekultivierter Wälder im Südrevier. Auf kiesig-sandigen, armen, staunassen Böden findet sie unter Buchen Wald-Hainsimse (*Luzula sylvatica*) und Kleines Wintergrün (*Pyrola minor*) als säuretolerante Rohhumusbewohner. Sie weisen nach ihrer Darstellung auf eine Entwicklung zum Hainsimsen-Buchenwald hin. Auf mit Kiefern bestockten Flächen vergleichbarer Standorte fand sie ein

„z. T. noch wesentlich typischeres Bild bezüglich der Entwicklung zum Luzulo-Fagetum".

Auf Mischböden mit einem höheren Anteil an Schluff und Ton findet sie eine reichere, bereits von typischen Waldarten der Region bestimmte Krautflora:

„In den älteren Beständen kann man einen bis zu 5 cm mächtigen mineralisierten Mullhorizont (vgl. BAUER 1963) feststellen mit einem milden, nährstoffreichen Dauerhumus. In diesen Wäldern verschwinden bald die Rohbodenpioniere (nach dichtem Kronenschluss) wie Land-Reitgras, Huflattich, Nachtkerze (*Oenothera biennis*) etc. Es treten typische Arten des Fagion-Verbandes auf wie Maiglöckchen, Wald-Veilchen (*Viola reichenbachiana*), Zweiblatt (*Listera ovata*), Waldzwenke (*Brachypodium sylvaticum*), Schattenblume (*Maianthemum bifolium*), Buschwindröschen (*Anemone nemorosa*), Vielblütige Weißwurz (*Polygonatum multiflorum*) und Sanikel (*Sanicula europaea*). Die feuchte Ausbildung charakterisieren Arten wie Großes Hexenkraut (*Circaea lutetiana*), Waldsegge, Rasenschmiele und Kleinblütiges Springkraut (*Impatiens parviflora*)." (BAUER 1970).

Dies interpretiert sie als klaren Hinweis, dass die weitere Entwicklung zu Buchenwäldern des Typus eines Flattergras-Traubeneichen-Buchenwaldes bzw. auf reicheren Standorten zum Maiglöckchen-Perlgras-Buchenwald geht.

NAGLER & WEDECK (1993) beschreiben die Vegetation zwanzig- bis dreißigjähriger rekultivierter Wälder auf der Vollrather Höhe. Dort untersuchten sie Pappelaufforstungen mit Schwarz-Erle, Robinie, Berg-Ulme (*Ulmus glabra*), Berg-Ahorn (*Acer pseudoplatanus*) oder Eichen als Mischbaumarten. Diese stockten einerseits auf stark sandig-kiesigen Standorten und andererseits auf Lösslehm. Darüberhinaus untersuchten sie einen Buchenbestand ohne weitere Arten auf Lösslehm. Auf den trockensten sandigen Standorten traten mit Nelken-Haferschmiele (*Aira cariophyllea*), Büschel-Nelke (*Dianthus armeria*), Silbergras, Glashaar-Haarmützenmoos (*Polytrichum piliferum*) und anderen eine ganze Reihe waldfremder, säuretoleranter, licht- und wärmeliebender Arten der Trockenrasen auf. Auf den Lösslehmstandorten fanden sie hingegen zahlreiche Feuchtigkeitszeiger: unter anderem Kratzbeere (*Rubus caesius*), Huflattich, Großes Hexenkraut, Großblütiges Springkraut (*Impatiens noli-tangere*). Sie vergleichen diese reale Vegetation mit dem von ihnen als potenzielle natürliche Vegetation erwarteten Maiglöckchen-Perlgras-Buchenwald auf Lösslehm bzw. Eichen-Buchenwald auf den sandig-kiesigen Standorten. Dabei kommen sie zu dem Schluss, dass auf beiden Standortgruppen die gepflanzte Baumschicht nicht der pnV entspricht und infolge der lichten Bestände eine untypisch stark ausgeprägte Strauchschicht auftritt. Auf den sandig-kiesigen Standorten tritt Wurmfarn (*Dryopteris filix-mas*) vereinzelt als einzige Waldart auf. Auf den Lössstandorten findet sich bereits eine größere Zahl von Waldarten, unter ihnen einige Feuchtezeiger und anspruchsvollere Arten bis hin zu Einblütigem Perlgras (*Melica uniflora*). Insgesamt jedoch fehlen die typischen Waldarten fast ganz beziehungsweise noch zum größten Teil. Die Autoren schließen daraus, dass: „[die] Waldbestände in ihrer Artenzusammensetzung noch nicht als naturnah oder ökologisch ausgewogen anzusprechen [sind]."

WITTIG et. al. (1985) und WITTIG (1998) untersuchten gezielt Buchenstandorte im rekultivierten Südrevier und verglichen sie mit Buchenaltwäldern in der Umgebung. In der Krautschicht der rekultivierten Standorte bildeten Arten der Buchen- und Edellaubmischwälder und der sommergrünen Laubmischwälder mit über fünf Arten je Aufnahme die größte Gruppe, gefolgt von einer fast gleich starken Gruppe ruderaler Arten; Arten der Waldschläge und -verlichtungen traten mit je zwei Arten „immer noch erwähnenswert auf". In den Buchenwäldern auf Altland waren die echten Waldarten dagegen doppelt so artenreich vertreten und Ruderalisierungszeiger mit durchschnittlich nur drei Arten wesentlich seltener. WITTIG (1998) vergleicht diese Vegetation mit der eines Flattergras-Traubeneichen-Buchenwaldes, der nach TRAUTMANN (1973) die potenziell natürliche Vegetation auf diesen Standorten ist. Er kommt zu dem Schluss, dass die Wälder der Rekultivierungsflächen keinerlei Übereinstimmung mit dieser pnV hätten. Eine größere Übereinstimmung habe die Artenzusammensetzung mit der des Maiglöckchen-Perlgras-Buchenwaldes. Da aber das charakterisierende Perlgras weitgehend fehlt, sei eine pflanzensoziologische Zuordnung zum derzeitigen Zeitpunkt noch nicht möglich. Beim Vergleich der Erstaufnahmen aus dem Jahr 1983 mit der Folgeaufnahmen 1994 war die Zahl der Arten naturnaher Buchenwälder unverändert und der Anteil von im weiteren Sinn ruderalen Arten gleichbleibend hoch, der Anteil von Verlichtungszeigern hatte sogar zugenommen. Deswegen kommt WITTIG (1998) zu dem Schluss, dass die ursprünglich als positiv bewertete Entwicklung in Richtung auf ein intaktes Waldökosystem zumindest in den hier untersuchten 10 Jahren nicht weiter gelaufen sei und auch 50-70 Jahre nach Einstellung des Tagebaus noch keine Renaturierung erfolgt sei.

Repräsentative Untersuchung forstlich rekultivierter Standorte

Um neben diesen punktuellen Betrachtungen die reale Vegetation rekultivierter Wälder im Rheinischen Revier in ihrer ganzen Bandbreite zu beschreiben, wurden in eigenen Untersuchungen über das ganze Revier verteilte Vegetationsaufnahmen nach Braun-Blanquet durchgeführt: 1997 200 Aufnahmen (à 100 m²) in den jüngeren Rekultivierungen des aktiven Reviers und 1999 weitere 200 Aufnahmen (à 300-400 m²) in den alten Rekultivierungen des Südreviers. Diese wurden nach einem Zufallsschema so verteilt, dass sie die Gesamtfläche der forstlichen Rekultivierung widerspiegeln. Anhand ihres Artenbestandes in der Krautschicht wurden diese Vegetationsaufnahmen dann mit TWINSPAN (HILL 2011) analysiert. Parallel wurden Umweltparameter erhoben, die zur Erklärung der Artenzusammensetzung der spontanen Vegetation interpretiert wurden. Dies waren: I) die Bodenart nach Fingerprobe und der Skelettanteil (Korngröße über 2 mm) sowie die daraus geschätzte nutzbare Feldkapazität des Bodens, II) der pH-Wert des Bodens, III) die Exposition und Hangneigung, IV) das Rekultivierungsalter und V) die Hauptbaumart der Aufforstung. Die Entwicklungszustände dieser Standorte wurden dann teils als Pseudo-Zeitreihen dargestellt. Hauptziel der Analyse war es, mit objektiven statistischen Verfahren den Grad der Übereinstimmung der Artenzusammensetzung in den Vegetationsaufnahmen zu ermitteln. Die so gebildeten Gruppen von Standorten, mit weitgehend übereinstimmender Zusammensetzung der Krautflora wurden dann auf Ähnlichkeiten der erhobenen Umweltparameter untersucht. So können die wesentlichen ökologischen Faktoren, die mit der Artenzusammensetzung korrelieren, beschrieben und als mögliche Kausalfaktoren interpretiert werden.

Die untersuchten Flächen waren zwischen 3 und 74 Jahren alt. Die Artenzahlen zeigten einen typischen Verlauf für Waldflächen mit einem Maximum in der Altersklasse 0-10 Jahre. Zwischen 20 und 30 Jahren sind die Artenzahlen am geringsten: das ist die Phase, in der die jungen Bäume eine dicht geschlossene Kronenschicht ausbilden. Im weiteren Verlauf steigt die Artenzahl dann wieder an, ohne die Maxima der ersten Phase zu erreichen. Ähnlich verläuft auch die Deckung der Krautschicht in diesen Wäldern, wobei hier eine Zunahme der Deckung in den Altersklassen 35 und 45 zu erkennen ist, die wahrscheinlich auch auf Durchforstungsmaßnahmen zurückgeht (Abb. 61).

a)

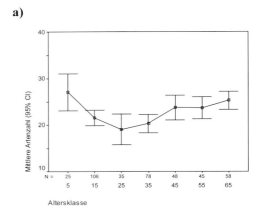

b)

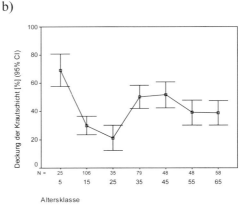

Abb. 61 a, b: Artenzahlen (a) und prozentuale Deckung (b) in verschieden alten rekultivierten Wäldern. Angegeben sind Mittelwerte und das 95 % Konfidenz-Intervall.

In den jüngsten Flächen war die Anzahl von Therophyten und Chamaephyten in der Krautschicht am größten; diese nimmt dann über alle Altersklassen ab, während der Anteil an Jungpflanzen der Bäume und Sträucher steigt. Der Anteil der Hemikryptophyten und der Geophyten war in allen Altersklassen annähernd gleich (Abb. 62)

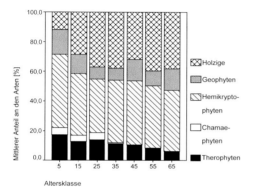

Abb. 62: Anteile der Lebensformtypen an den Arten der Krautschicht in verschieden alten rekultivierten Wäldern (Holzige: = Nanophanero- und Phanerophyten).

Die Deckung der Vegetation mit Arten aus den soziologischen Gruppen (nach ELLENBERG et al. 1991) ist in den Altersklassen sehr unterschiedlich. In der Klasse 0-10 Jahre dominieren Arten oft gestörter Plätze, der Wiesen und Weiden und der Schläge. Diese treten in den weiteren Altersklassen immer weiter zurück, während der Deckungsgrad der Waldarten kontinuierlich zunimmt und in den Alterklassen > 50 Jahre Werte über 40 % erreicht (Abb. 63a). Die zahlenmäßige Zusammensetzung der Krautflora folgt einem ähnlichen Muster. Die Offenlandarten haben am Anfang ihr Maximum und nehmen rasch ab, während der Anteil der Waldarten kontinuierlich auf über 60 % in den Altersklassen über 50-jährig steigt (Abb. 63b).

Durch TWINSPAN werden die Standorte nach ihrer Artähnlichkeit in aufeinanderfolgenden Schritten in jeweils zwei Gruppen (binär) aufgespalten, die mit 0 und 1 bezeichnet werden. Nach beispielsweise vier Schritten sind dann Cluster von Standorten gebildet worden, die mit einer vierstelligen binären Codierung bezeichnet werden: z. B.

0110. Die Einstellungen wurden so gewählt, dass bei einer Auftrennung keine Cluster mit weniger als 10 Standorten entstehen; daher wurde beispielsweise das Cluster 110 mit nur 18 Standorten im vierten Schritt nicht mehr unterteilt. Im Falle dieser Untersuchung trennte die erste Aufspaltung anhand der Artenzusammensetzung unterschiedlich alte Standorte (0...: Median 47 Jahre; 1...: Median 14 Jahre) (Abb. 63). Die älteren Standorte sind durch das stete Auftreten von Wald-Zwenke charakterisiert (Tab. 7).

a)
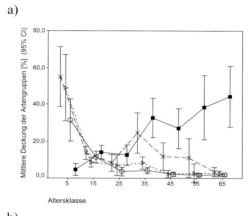

b)
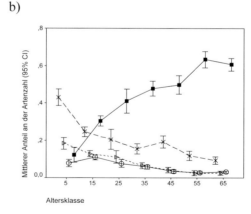

Abb. 63 a, b: Deckung (a) und Anteil an der Gesamtartenzahl (b) der Arten verschiedener soziologischer Gruppen (nach ELLENBERG et al. 1991) in verschieden alten rekultivierten Wäldern. Angegeben sind Mittelwerte und das 95 % Konfidenz-Intervall.
✕: Ruderalarten; ▷: Arten der Wiesen und Weiden; ○: Schlagpflanzen; ■: Waldarten.

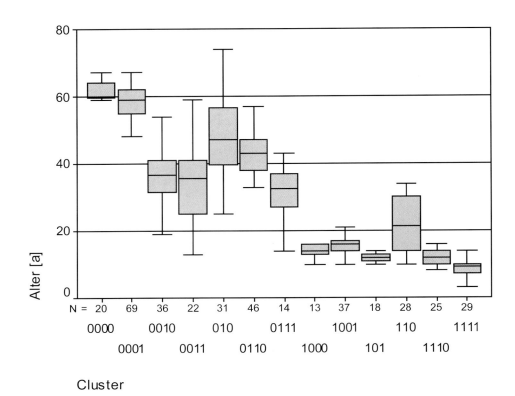

Abb. 64: Altersverteilung der Standorte in den Clustern hoher Artähnlichkeit nach TWINSPAN (HILL 2011). Angegeben sind Spannweiten, Quartile (Boxen) und der Median (weitere Erläuterung siehe Text).

Die nächste Aufspaltung der an erster Stelle mit 0 bezeichneten älteren Untersuchungsflächen trennt Standorte mit unterschiedlichen gepflanzten Baumarten: und zwar überwiegend mit Buche und auch Eiche aufgeforstete Flächen einerseits (Cluster 00..) und vorwiegend mit Pappel, Nadelholz oder auch Edellaubholz aufgeforstete Flächen andererseits (Cluster 01..) (Abb. 64). Die mit den standortheimischen Hauptbaumarten Buche und Eiche aufgeforsteten älteren Flächen sind durch das Auftreten von Gehölzkeimlingen der Bäume unserer sommergrünen Laubwälder in der Krautschicht charakterisiert. Im Gegensatz dazu sind die „Pappel"-Standorte durch die Ruderal- und Segetalarten Große Brennnessel (*Urtica dioica*), Acker-Kratzdistel (*Cirsium arvense*) und Gewöhnlicher Hohlzahn (*Galeopsis tetrahit*) als verlichtete, waldferne Stadien der Vegetationsentwicklung charakterisiert (Tab. 7). Dies zeigt sich auch, wenn man die Deckung der Krautvegetation in verschieden alten Rekultivierungswäldern getrennt nach der gepflanzten Hauptbaumart darstellt (Abb. 65). Während unter heimischen Wald-Laubbäumen die Krautschicht nach ihrem Minimum während der Dickungsphase nur noch Deckungswerte bis 40 % erreicht, steigt ihre Deckung unter Pappel und Fremdländern (z. B. Robinie) in den älteren Stadien wieder auf die Ausgangswerte bei Beginn der Aufforstung.

Die dritte Aufspaltung anhand der Artenzusammensetzung trennt innerhalb des Clusters mit den älteren Buchen- und Eichen-Aufforstungen (Cluster 00..) nochmals nach dem Alter. Die ältesten Bestände mit einem Alter um 60 Jahre werden von den Flächen mit einem Alter um 35 Jahre unterschieden.

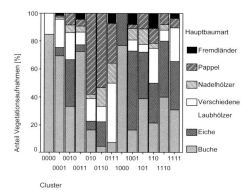

Abb. 65: Anteile der Hauptbaumarten auf den Standorten in den Clustern großer Artähnlichkeit nach TWINSPAN (HILL 2011).

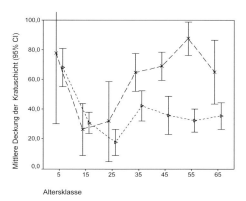

Abb. 66: Deckung der Krautschicht in verschieden alten Rekultivierungswäldern im Rheinischen Revier unterschieden nach der gepflanzten Hauptbaumart. Angegeben sind Mittelwerte und das 95 %-Konfidenz-Intervall: . — — ✗ — —: Bestände aus Pappeln und anderen nicht-heimischen Laubhölzern; - - ▷- -: Bestände aus heimischen Laubgehölzen.

Diese jüngeren Standorte sind insgesamt artenärmer als die älteren und von diesen mehr durch das Fehlen von Winter-Linden-Keimlingen (*Tilia cordata*), Großem Hexenkraut und Kleinblütigem Springkraut unterschieden als durch das Vorhandensein eigener charakterisierender Arten. Auf den ältesten mit Buchen aufgeforsteten Flächen (Cluster 0000) treten mit Maiglöckchen, Busch-Windröschen und Hain- und Wald-Veilchen die prägenden Arten der alten Wälder in der Niederrheinischen Bucht in hoher Stetigkeit auf und sind in der statistischen Auswertung als charakterisierend für diese Vegetationsbestände herausgestellt. Diese Entwicklung zu Waldlebensräumen wird durch faunistische Beobachtungen bestätigt. Beispielsweise konnte im rekultivierten Südrevier eine vollständige Specht-Zönose mit den anspruchsvollen Altwaldarten Mittel- und Schwarzspecht nachgewiesen werden.

In der Gruppe der jüngeren forstlichen Rekultivierung, die in der ersten Trennung dem Cluster 1... zugeordnet wird, fasst die zweite Aufteilung im Cluster 10.. drei Standortgruppen zusammen, die durch das Vorkommen von Flattergras und Besenginster charakterisiert werden. In diesen Clustern sind überwiegend die Standorte im rekultivierten Tagebau Hambach zusammengefasst (Abb. 68) mit dem geschilderten Effekt der Übertragung von Diasporen aus dem Altwald durch Einmischen des Altwaldbodens in das Rekultivierungssubstrat. In diesen jungen Rekultivierungen treten zumindest vereinzelt auch schon die für die ältesten Bestände charakteristischen Waldarten auf.

Tab. 7 (nächste Seite): Ergebnis der TWINSPAN-Analyse der Vegetationsdaten aus rekultivierten Wäldern im Rheinischen Braunkohlenrevier. Dargestellt sind in den Spalten die Cluster (binäre Codierung) der Standorte großer Artähnlichkeit und in den Zeilen die Arten. Schwarz hinterlegt sind die diagnostischen Arten der ersten Aufspaltung I... bzw. 0... Dunkelgrau die der zweiten, mittelgrau der dritten und hellgrau der vierten Aufspaltung. Angegeben ist die Stetigkeit der Art in den Aufnahmen des jeweiligen Clusters. V : >80 – 100 %; IV: >60-80 %; III: >40-60 %; II: >20-40 %; I: >10-20 %; +: >5-10 %; r: <= 5 % (siehe DIERSCHKE 1994).

Braunkohlenbergbau

Cluster	0000	0001	0010	0011	010	0110	0111	1000	1001	101	110	1110	1111
N	20	69	36	22	31	46	14	13	37	18	28	25	29
Brachypodium sylvaticum	V	V	IV	II	V	V	II	.	+	+	I	.	.
Lupinus polyphyllus	.	.	+	II	.	r	II	V	IV	V	II	V	V
Senecio inaequidens	.	.	r	.	.	+	II	III	IV	II	III	III	IV
Taraxacum officinale agg.	+	I	II	I	I	+	I	IV	III	IV	IV	IV	V
Festuca rubra	.	.	.	I	.	r	.	II	III	II	IV	III	IV
Fagus sylvatica	V	V	III	IV	+	r	II	III	I	I	I	I	+
Quercus rubra	II	III	V	IV	+	+	II	+	II	+	I	r	.
Fraxinus excelsior	IV	IV	III	III	I	I	.	II	I	.	II	I	r
Acer pseudoplatanus	IV	IV	IV	IV	III	I	II	.	II	+	II	+	I
Urtica dioica	II	III	+	r	V	IV	III	.	+	III	III	III	II
Galeopsis tetrahit	+	r	II	r	III	III	II	.	+	+	.	.	.
Eupatorium cannabinum	.	r	r	.	II	IV	I	.	.	I	r	II	.
Myosotis arvensis	.	r	+	I	I	II	III	+	I	+	V	III	IV
Poa trivialis	.	I	+	I	II	II	III	II	III	I	V	V	V
Vicia tetrasperma	.	.	.	.	.	.	.	+	I	+	I	IV	III
Cirsium arvense	.	.	.	.	.	III	II	.	II	IV	I	V	V
Milium effusum	II	+	.	.	II	r	.	III	III	II	.	.	.
Cytisus scoparius	I	r	I	.	r	I	+	+	III	II	.	.	+
Tilia cordata	V	III	+	r	II	r	+	+	I	.	I	I	+
Circaea lutetiana	IV	V	.	.	V	III	.	.	.	.	.	.	.
Impatiens parviflora	II	IV	r	.	IV	+	I	.	.	.	.	.	.
Festuca gigantea	+	II	+	.	III	+	+	.	r	I	.	.	r
Convallaria majalis	IV	I	.	.	III	+	.	.	r	.	.	.	.
Calamagrostis epigejos	I	II	V	II	I	III	III	III	IV	IV	III	V	IV
Poa nemoralis	III	V	V	II	III	IV	II	II	IV	II	II	II	I
Carpinus betulus	III	III	II	I	I	+	+	+	III	+	II	II	I
Epilobium angustifolium	.	r	.	.	I	I	.	I	II	IV	I	III	III
Senecio ovatus	+	I	r	+	II	III	.	.	r	II	.	r	.
Prunus serotina	I	II	IV	I	+	II	II	II	II	.	III	+	.
Rubus fruticosus agg.	IV	V	IV	III	V	V	V	II	III	III	IV	I	II
Tussilago farfara	.	.	.	.	r	r	.	II	I	III	+	IV	IV
Vicia sativa	.	.	.	.	.	.	.	II	I	.	+	IV	III
Cirsium vulgare	.	r	+	.	r	I	+	.	I	II	I	I	V
Anemone nemorosa	IV	r	.	.	r	.	.	+	+	I	.	.	.
Viola riviniana/reichenbachiana	IV	II	+	.	II	+	I	+	I	+	r	.	.
Geranium robertianum	I	III	+	r	III	II	II	.	r	.	I	r	.
Cornus sanguinea	I	III	II	III	III	IV	III	II	II	II	IV	III	III
Fragaria vesca	III	IV	IV	II	III	III	III	.	I	.	III	II	I
Ligustrum vulgare	.	.	r	III	+	+	+	.	r	+	II	+	.
Rubus caesius	I	II	II	+	IV	IV	I	.	r	.	II	I	+
Elymus repens	.	r	.	r	.	.	.	IV	I	I	I	II	IV
Viburnum opulus	II	II	+	I	r	+	I	III	I	+	II	r	+
Equisetum arvense	I	I	I	+	II	II	I	II	+	II	II	III	II
Cerastium holosteoides	.	.	.	.	.	.	+	.	II	+	I	I	IV

Die Standortcluster unterschieden sich beispielsweise bezüglich der pH-Werte (Abb. 67). Vor allem die Standorte der Cluster 11.. hatten gegenüber den übrigen Flächen einen überwiegend höheren pH-Wert. Gleichzeitig waren dies auch die Standorte mit den höchsten nutzbaren Feldkapazitäten. In diesen Clustern sind zur Hälfte und darüber hinaus junge Standorte aus den Rekultivierungsbereichen der Tagebau Frechen, Fortuna, Frimmersdorf und Garzweiler zusammengefasst (Abb. 68). In diesen Gebieten wurde großflächig der carbonatreiche Löss aus den mächtigen Lösslagerstätten des Nordreviers verkippt. Auch die Forstflächen sind überwiegend mit diesem Löss hergestellt worden. Das erklärt die hohen pH-Werte und nutzbaren Feldkapazitäten. Aber da diese Faktoren mit der regionalen Herkunft so stark korrelieren (räumliche Autokorrelation), kann nicht unterschieden werden, ob die Ähnlichkeit der Artenzusammensetzung bereits eine Folge der Anpassung der Vegetation an die Standortbedingungen ist, oder einfach ein Ergebnis der räumlichen Nähe und der gleichartigen Ausgangsbedingungen.

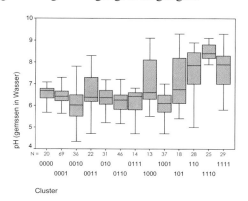

Abb. 67: Verteilung der pH-Werte an den Standorten in den Clustern hoher Artähnlichkeit nach TWINSPAN (HILL 2011). Angegeben sind Spannweiten, Quartile (Boxen) und der Median.

Ein Vergleich der mittleren Ellenberg-Zeigerwerte der Standorte in den Ähnlichkeitsclustern zeigt, dass die Lichtzahl als einzige nahezu perfekt mit der Anordnung der Cluster korreliert (Abb. 69). Über die räumliche Autokorrelation hinaus scheint also das Lichtangebot, das vom Alter der Standorte und von der vorherrschenden Baumart abhängt, die Entwicklung der Artenzusammensetzung der Vegetation an den rekultivierten Standorten wesentlich zu bestimmen.

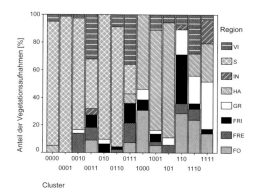

Abb. 68: Regionale Zuordnung der Standorte in den Clustern hoher Artähnlichkeit nach TWINSPAN (HILL 2011). VI = Tgb. Ville, S = Südrevier, IN= Tgb. Inden, HA = Tgb. Hambach, GR = Tgb. Garzweiler, FRI=Tgb. Frimmersdorf, FRE = Tgb. Frechen, FO=Tgb. Fortuna.

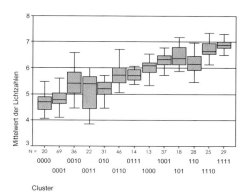

Abb. 69: Verteilung der mittleren Lichtzahlen (nach ELLENBERG et al. 1991) der Standorte in den Clustern hoher Artähnlichkeit nach TWINSPAN (HILL 2011).

4.3 Potenziell natürliche Vegetation

Bei der Interpretation der realen Vegetation wurde schon auf die von den verschiedenen Autoren angenommene potenziell natürliche Vegetation hingewiesen. TRAUTMANN (1973) ging nach seiner Kenntnis der zu erwartenden Böden in den rekultivierten Gebieten von zwei wesentlichen Einheiten der pnV aus: auf kiesig-sandigen Rekultivierungsböden aus

Quartär-Material der Flattergras-Trauben-eichen-Buchenwald als ärmere Variante und auf den reinen Lössstandorten reiche Buchenwälder vom Typ des Maiglöckchen-Perlgras-Buchenwaldes. STRATMANN (1985) wies nach, dass die untersuchten Buchenbestände im Südrevier sowohl auf lehmigen als auch auf sandigen Forstkiesböden in der Wuchsleistung erheblich über den aus der Forstwissenschaft bekannten so genannten Ertragstafelwerten liegen: Die dominanten Buchen in diesen Beständen erreichten mit 30 Jahren Höhen von 17 m. Die untersuchten Eichenbestände deckten die Altersverteilung nicht so gut ab und es konnte mangels Beständen auch nicht zwischen Traubeneiche (*Quercus petraea*) und Stieleiche unterschieden werden. Die hier untersuchten Bestände hatten bis zu einem Alter von 30 Jahren forstwirtschaftliche Ertragsklassen zwischen I.0 und III.5, während die wenigen älteren Bestände über I.0 lagen. Dabei scheint im Mischbestand die Traubeneiche leicht vor der Stieleiche zu liegen. Beim Vergleich mit den Buchenbeständen zeigte sich, dass schon in 22-23 Jahre alten Beständen die Buche deutlich vorwüchsig wird. Das spricht ganz klar dafür, dass praktisch alle rekultivierten Standorte buchenfähig sind und die Eiche hier in der natürlichen Konkurrenz unterlegen ist. PFLUG (1998) schätzt das Wuchspotenzial auf den rekultivierten Standorten auf Basis der Darstellungen von WEDECK (1975) schlechter ein. Auf Forstkiesstandorten mit geringen Lössbeimischungen, vor allem in Hanglage, nimmt er in Folge der geringen Wasserkapazität Wälder mit niedrigem Ertragspotenzial vom Typ des trockenen Buchen-Eichenwaldes [Fago-Quercetum = Luzulo-Fagetum (BfN, 2010)] als pnV an. Er geht davon aus, dass das Ertragspotenzial der rekultivierten Wälder auf der Sophienhöhe viel geringer ist als das der Stieleichen-Hainbuchen-, Flattergras-Buchen- und Perlgras-Buchenwälder der ursprünglichen Landschaft. Daher fordert er, den Lössanteil im Forstkies auch in den Böschungen über die nach der Rekultivierungsrichtlinie minimal geforderten Werte zu erhöhen.

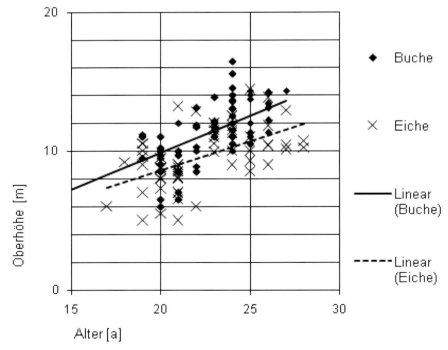

Abb. 70: Wuchsleistung von Eichen und Buchen auf forstlich rekultivierten Standorten, Dargestellt sind die Oberhöhen (= Wuchshöhe der dominierenden Bäume) in Abhängigkeit vom Alter.

Eine aktuelle Forsteinrichtung der rekultivierten Bestände der RWE Power AG zeigt, dass sich die Wuchsleistungen von Eiche und Buche selbst auf den ärmeren Forstkiesstandorten der Böschungen der Sophienhöhe auf lehmigem Sand heute wesentlich besser darstellen, als von PFLUG (1998) erwartet. Sämtliche Buchen und Eichenbestände liegen deutlich über den aus der Forstwissenschaft bekannten Erwartungswerten. Die dominanten Bäume in diesen Buchenbeständen erreichen im Alter von 25 Jahren Höhen zwischen 10-14 m und liegen damit genau in dem bereits von STRATMANN (1985) festgestellten Bereich. Und auch nach dieser aktuellen Forsteinrichtung überwipfeln die Buchen die Eichen (Abb. 70), so dass die Annahme von Buchenwäldern als pnV bestätigt wird. Die rekultivierten Waldstandorte sind als sehr ertragsstark zu bewerten.

Das bestätigt die Erwartung TRAUTMANNS (1973), dass sich die potenziell natürliche Vegetation großflächig in der Spanne von reichen Buchenwäldern des Waldmeister-Buchenwaldes einerseits und ärmeren Buchenwäldern vom Typ des Hainsimsen-Buchenwaldes andererseits einstellen wird. Standörtliche Grundlage dafür sind die verkippten Böden: einerseits reiner Löss und andererseits die Forstkiesmischungen mit ihrer weiten Spanne von sehr lehmigen bis hin zu sandigen Varianten. Modifiziert wird dies durch die Exposition mit stärkster Insolation auf steilen südwest orientierten Böschungen (HUMMELSHEIM 1986).

Wie die Untersuchungen der realen Vegetation in rekultivierten Wäldern zeigen, kann sich innerhalb von 60 Jahren eine Krautschicht ausbilden, die im Wesentlichen von den in den natürlichen Wäldern vorkommenden Arten geprägt wird: Vor allem die schon von TRAUTMANN (1973) für die Maiglöckchen-Perlgras-Buchenwälder der Niederrheinischen Bucht als typisch vorgestellten mesotraphenten Arten Hain-Rispengras, Wald-Veilchen, Busch-Windröschen und Flattergras werden hier charakterisierend. Als Art der Tieflagenwälder tritt - wie im Umland - das Maiglöckchen auf und als typischer Zeiger frischer Standorte das Große Hexenkraut. Als Vertreter der nährstoffreicheren Standorte ist vor allem Wald-Segge in den forstlichen Rekultivierungen weit verbreitet. Charakterart der älteren Laubmischwälder in der Rekultivierung der Niederrheinischen Bucht ist die Wald-Zwenke, die die Standorte als insgesamt frisch und mäßig nährstoffreich bis nährstoffreich charakterisiert. Die Entwicklungstendenz weist klar darauf hin, dass die in den ersten Jahrzehnten noch relativ hohen Anteile von „Störungszeigern" sukzessiv abnehmen. Dabei dürfte der Lichtfaktor entscheidend sein, der die Arten der ersten Besiedlungsphasen langsam zurückdrängt. Die Feuchtigkeit der Standorte ist wahrscheinlich der stärkste Standortfaktor, der zu einer bereits stellenweise beobachtbaren Differenzierung der Vegetation führt. Der Nährstoffgehalt und die Bodenreaktion sind sicherlich langsamer wirkende Faktoren, die erst über komplexe Konkurrenzmechanismen indirekt wirksam werden und so zu einer weiteren Differenzierung der Vegetation führen werden.

4.4 Entwicklung von Kulturbiotopen und besondere Artenschutzmaßnahmen

Zu einer vielfältigen Landschaft gehören neben den beschriebenen Wäldern auch die vielfältigen anthropogenen Lebensräume einer traditionellen Kulturlandschaft: Wiesen, Obstwiesen, Weiden und Ackerland. Die Ackerstandorte sind dabei aus vegetationskundlicher Sicht relativ uninteressant. Ihre wesentliche Bedeutung als Lebensraumelement der Kulturlandschaft haben sie für die Tiere der Feldflur: Hase, Feldlerche, Rebhuhn, Wachtel (ALBRECHT et al. 2005, HACKSTEIN 2009, FORSCHUNGSSTELLE REKULTIVIERUNG 2010a). Auffällig ist, dass gerade die großflächigen Feldfluren während des Luzerneanbaus Ansiedlungsschwerpunkte für viele der heute selten gewordenen Feldbewohner sind. Beispielsweise brüten hier rund 80 Brutpaare der Grauammer. Diese hat in Nordrhein-Westfalen einen beispiellosen Niedergang hinter sich und ist mittlerweile in der Warburger Börde ganz ausgestorben; aktuell geht man insgesamt von nur noch etwa 150-200 Brutpaaren in ganz NRW aus (HILLE 2009).

Die Gestaltung der rekultivierten Feldflur als Lebensraum wird seit vielen Jahren wissenschaftlich begleitet (ALBRECHT et. al. 1994, 1998). Insbesondere die Bedeutung von Grünzügen, Feldrainen und Blüh- und Brachestreifen als Lebensraum und vernetzende Elemente wurde intensiv untersucht. Heute werden diese Strukturen umfangreich im Rahmen der Rekultivierung angelegt und gepflegt. Dabei stellte sich schon früh die Frage, wie solche Landschaftselemente am besten geschaffen werden. Anfang der 1990er Jahre gab es zum Vergleich einige Flächen aus Ansaat mit handelsüblichen, blütenreichen Wiesenmischungen und Flächen, die durch Sukzession und unregelmäßiges mechanisches Offenhalten entstanden waren. Letztere stellten sich sehr einheitlich und artenarm dar: Land-Reitgrasbestände mit Huflattich, Schmalblättrigem Greiskraut und vereinzelt Löwenzahn (*Taraxacum officinalis* agg.), die über viele Jahre stabil blieben. Die angesäten Wiesen waren dagegen wesentlich artenreicher, von typischen Wiesengräsern dominiert und ähnelten so viel stärker echten Wiesen und Weiden. Damals begannen die ersten Versuche mit der Ansaat von Feldrainen und größeren Wiesenflächen mit dem Ziel der Etablierung artenreicher, regionaltypischer Grünlandbestände. Bald erwies sich, dass Handelssaatgut vielfach nicht dem natürlichen genetischen Potenzial der Region entspricht. Daher erfolgten schon früh erste Versuche mit Heublumen und Mähgutübertragung. In Zusammenarbeit der Universität Bonn und einer Initiative von Saatgutproduzenten und der Rekultivierungsabteilung von RWE Power (Abb. 71) wurde heimisches Wildpflanzensaatgut gewonnen und vermehrt, so dass heute im Handel zertifiziertes Wildpflanzensaatgut für das Norddeutsche Tiefland zur Verfügung steht.

GASCHICK (2009) und LANG (2009) verglichen im Rahmen ihrer Diplomarbeiten verschieden hergestellte Wiesen und Raine. Leitbild für diese Wiesen und Raine sind Glatthaferwiesen als typische Ersatzgesellschaft auf den reichen Buchenwaldstandorten der Niederrheinischen Bucht. Dabei wurde mit den unterschiedlichsten Saatgutzusammenstellungen experimentiert, orientiert an den Vegetationsbeschreibungen von KLAPP (1965). Der Krautanteil variierte von nur 1,5 bis über 70 % und der Massenanteil der Grassamen entsprechend zwischen 15 und 98 % bei einem Leguminosenanteil von unter 1 % bis 21 %. Die Aussaatstärke wurde ebenfalls von 7-20 g/m² stark variiert. Diese Flächen wurden dann teilweise sehr unterschiedlich gepflegt:

regelmäßig oder unregelmäßig gemulcht und gemäht oder mit Schafen beweidet.

Abb. 71: Vermehrung heimischer Wildkräuter auf rekultivierten Ackerflächen im Rheinischen Revier.

Die angesäten Wiesenflächen haben sich im Einzelfall sehr unterschiedlich entwickelt. Dabei lässt sich kaum ein zu verallgemeinerndes System erkennen: Krautreiches Saatgut führt im einen Fall zu krautreichen Wiesen, im anderen nicht; wenig Saatgut führt ebenso zu geschlossenen Beständen wie viel; Arten, die sich auf einer Fläche etablierten, erscheinen auf einer anderen nicht und ein und dasselbe Saatgut kann zu Beständen mit doppelt soviel Arten führen. Allgemein kann man jedoch sagen, dass sich auf allen Flächen krautreiche, von Gräsern dominierte Pflanzenbestände entwickelt haben, die zu 60-80 % von den „erwünschten" Arten der Molinio-Arrhenatheretea gebildet werden. Die Gesamtartenzahlen lagen auf Wiesenflächen im Mittel bei 35 und auf Rainen um 24 (GASCHICK 2009). Im Mittel haben sich zwar weniger als die Hälfte der ausgesäten Arten auch tatsächlich etabliert, im Gegenzug sind aber durchschnittlich 55 % der Arten spontan eingewandert, insbesondere Kräuter der Zielgesellschaft. Das ist besonders bemerkenswert, wenn man diese Wiesen mit den durch

Sukzession entstandenen artenarmen, monotonen Land-Reitgrasbeständen vergleicht, in denen praktisch keine weitere Besiedlung erfolgt. Die Ansaatflächen bieten also offenbar ein günstiges Millieu für die Etablierung standortangepasster heimischer Sippen.

Auffällig unterschiedlich dazu verhalten sich die mit frischem Wiesenheu beimpften Flächen (Abb. 72). Hier war die Etablierungsrate erheblich höher, dafür sind aber viel weniger Arten spontan eingewandert (maximal 33 %). Das könnte natürlich auch daran liegen, dass die Spenderflächen gut doppelt so artenreich waren wie die Ansaatmischungen und man daher nicht mehr unterscheiden kann, ob sich eine Art tatsächlich aus dem Heu oder doch spontan etabliert hatte. Auffällig ist auch, dass auf den Flächen mit Mähgutübertragung der Anteil von „unerwünschten" Arten bei höchstens 10 % niedriger liegt als in den Ansaatflächen. Durch dieses Verfahren sind in allen Fällen sehr krautreiche Bestände entstanden mit Artenzahlen um 23; nur in diesen Flächen konnten die Kräuter sogar höhere Deckungsgrade als die Gräser erreichen. Insgesamt ist dies ein sehr geeignetes Verfahren, um landschaftstypische Grünlandgesellschaften zu initiieren. Gleichzeitig wird so das regionale genetische Potenzial in die rekultivierte Landschaft übertragen. Da diese Flächen ohnehin gemäht werden müssen, können sie auch kostengünstig als Spenderflächen für neu angelegte Raine und Wiesen bei fortschreitender Rekultivierung dienen.

Abb. 72: Blütenreicher Wegerain aus Heudruschsaat im Tagebau Inden.

Ähnlich wie die Mähgut-Übertragung funktioniert das Ausbringen von Altwaldboden. WEDECK (1975) forderte bereits in seinem vegetationskundlichen Gutachten für den Tagebau Hambach, die Entwicklung von Wäldern durch die Etablierung der entsprechenden Waldbodenpflanzen zu fördern. Er schlug dazu vor, Waldboden in der Rekultivierung auszubringen. Mitte der 1980er Jahre wurde dann eine Waldbodenversuchsfläche auf der Sophienhöhe eingerichtet und floristisch und faunistisch untersucht (WOLF 1989,

GLÜCK 1989). WOLF (1998) beurteilt die Wirkung dieser Maßnahmen sehr positiv:

„Auf Forstkies-Probeflächen, die mit humosem Oberboden […] geimpft wurden und wo sich dadurch standortangepasste Schlagpflanzen eingestellt hatten, wurde eine sogar 23mal höhere oberirdische Phytomasseausbildung erreicht. […] Die Impfung mit Oberboden […] führte […] zu einem größeren Höhenwachstum der gepflanzten Buchen. Dabei wirken vermutlich auch die mit dem humosen Waldboden eingebrachten Mykorrhizapilze mit."

Ähnlich positiv wurden zunächst auch die Erfolge bei der Ansiedlung von Laufkäfern auf diesen Flächen beurteilt (GLÜCK 1989) und später wurde auf den Waldbodenflächen auch ein wesentlich höherer Besatz mit Regenwürmern nachgewiesen (TOPP et al. 1992, TOPP 1998). Allerdings weisen letztere Autoren darauf hin, dass die Waldlaufkäfer, die übertragen wurden, sich nicht dauerhaft etablieren konnten. Andererseits findet eine dynamische spontane Besiedlung statt, die unabhängig von den Waldbodenverbringungen nach etwa 25 Jahren zu einer von Waldarten dominierten artenreichen Laufkäferzönose führte (KAPPES & TOPP 2007). Bodenmikrobiologische Untersuchungen zeigten, dass zwar die mikrobielle Biomasse nach Waldbodenauftrag erhöht war, aber eine Steigerung der mikrobiellen Aktivität konnte nicht eindeutig nachgewiesen werden. Auf den reinen Forstkiesflächen wurde sogar eine eher höhere Biomasse der saprophagen Bodenmesofauna gefunden als auf den mit Waldboden geimpften Flächen. Insgesamt zeigte der Vergleich mit konventionell rekultivierten und behandelten Flächen, dass langfristig die zunächst positiven Effekte der Waldbodenverbringung auch durch eine mineralische Düngung erreicht werden können (BÄNSCH 1998). Das bestätigen eigene ertragskundliche Erhebungen auf diesen Vergleichsflächen, die ein gleichwertiges Höhenwachstum der Buchen auch ohne Waldbodenauftrag belegen. Der eingangs genannten ganzheitlichen These von WOLF (1998) über die Wirkung von Waldbodenverbringungen steht also die These entgegen, dass der Waldbodenauftrag einfach eine organische Düngung darstellt. Unbestreitbar bleibt aber der Effekt der Verbringung von Diasporen ausbreitungsschwacher Waldpflanzen. Daher wird entlang der Wege auf der forstlich rekultivierten Sophienhöhe und der überhöhten Innenkippe kontinuierlich Waldboden ausgebracht (Abb. 73).

Auf solchen Waldbodenverbringungen findet man beispielsweise Scharbockskraut (*Ranunculus ficaria*), Busch-Windröschen, Maiglöckchen, Kleines Immergrün (*Vinca minor*), Vielblütige Weißwurz, Wald-Veilchen oder eine Vielzahl von Brombeer-Arten. Damit ist es möglich, wesentliche Anteile des genetischen Potenzials des Altwaldes in die Rekultivierung zu transferieren.

Daneben werden auch die Waldbäume des Hambacher Waldes beerntet und dann wieder in der Rekultivierung gepflanzt oder seltene Straucharten wie Echte Mispel (*Mespilus germanica*) oder Gewöhnlicher Seidelbast (*Daphne mezereum*) aktiv umgesiedelt.

4.5 Flora und bemerkenswerte Arten

Bei der ersten Bestandsaufnahme der nachgewiesenen Pflanzenarten im Rheinischen Braunkohlenrevier lagen aus einer Reihe von Diplomarbeiten und Beobachtungen von Pflanzenfreunden für 740 Sippen Nachweise vor (ALBRECHT et al. 2005). Mittlerweile sind rund 1070 Pflanzenarten in den rekultivierten Gebieten des Rheinischen Braunkohlenreviers nachgewiesen (FORSCHUNGSSTELLE REKULTIVIERUNG 2010b). Das sind über 40 % mehr Arten, die im Zuge gezielterer Nachsuche in nur fünf Jahren gefunden wurden. Zum Vergleich: Für ganz Nordrhein-Westfalen werden etwa 1900 Sippen angenommen, und für den Naturraum Niederrheinische Bucht geht man von rund 1400 heimischen Sippen aus (WOLFF-STRAUB et al. 1999). Verglichen mit der Flora Deutschlands sind in der Rekultivierung im Rheinschen Braunkohlenrevier die Anteile von krautigen Arten oft gestörter Plätze (definiert nach ELLENBERG et al. 1991) erhöht und die der anthropogenen Wiesen und Weiden verringert. Interessanterweise sind auch die Anteile der Arten der Laubwälder und verwandter Gebüsche erhöht (ALBRECHT et al. 2005). Im Wesentlichen dürfte das die

Abb. 73: Waldbodenverbringung auf die forstlich rekultivierte Halde des Tagebaus Hambach. Mit Hydraulikbaggern wird der im Vorfeld gewonnene humose Oberboden aus dem Altwald entlang der Wege in der Rekultivierung wieder ausgestreut.

Flächenbilanz der rekultivierten Landschaft widerspiegeln. Die Gesamtartenvielfalt der Flora in der Rekultivierung kann als ein Maß für die Biodiversität betrachtet werden. Die floristische Kartierung Nordrhein-Westfalens (HAEUPLER et al. 2003) bietet hierzu einen Vergleich. Hier sind die Artenzahlen der Flora für Messtischblattquadranten angegeben; diese haben eine Größe von ca. 3.000 ha (ALBRECHT et al. 2005). Für diese Messtischblattquadranten liegen die Artenzahlen im Bereich der Bürgewälder zwischen 450 und 520 Arten, die maximalen Artenzahlen liegen um 700. Für den am besten untersuchten rekultivierten Bereich, die Sophienhöhe, sind mittlerweile auf rund 1.200 ha über 730 Arten nachgewiesen. Wenn man davon die Neophyten und häufig kultivierten Arten, die möglicherweise als Gartenflüchtlinge oder durch Ansaaten eingebracht wurden, abzieht, bedeutet das, dass mindestens 600 heimische Sippen nachgewiesen sind. Das ist eine vergleichsweise sehr hohe Diversität der Flora. Immer wieder finden sich in der Rekultivierung auch besondere und andernorts seltene Arten ein. Geradezu legendär sind mittlerweile die Orchideenvorkommen. Insgesamt sind 18 Orchideenarten in den Rekultivierungsgebieten des Rheinischen Braunkohlenreviers nachgewiesen (ALBRECHT et al. 2005, TILLMANNS 2008).

Die typische Rekultivierungsorchidee ist die Breitblättrige Stendelwurz (*Epipactis helleborine*), die in den forstlichen Rekultivierungen als Charakterart der Buchen- und Edellaubmischwälder eine der stetesten Krautpflanzen ist. Nicht ganz so großflächig, aber immer noch sehr weit verbreitet ist das Zweiblatt, das oft große Bestände bildet. Von den selteneren Arten ist Bienen-Ragwurz (*Ophrys apifera*) die verbreitetste in der Rekultivierung. Sie tritt aktuell meist auf rekultivierten Standorten aus den 1980er Jahren auf. Hier besiedelt diese Art lichte forstliche Rekultivierungen unter Pappel, Eichen u. a. und Säume auf Standorten mit pH-Werten von 4-6, die teilweise nahezu carbonatfrei sind (ERB 2003). Allen Standorten gemeinsam ist, dass die Böden relativ stark verdichtet sind. An denselben Standorten findet man auch vereinzelt Vorkommen von Pyramiden-Spitzorchis (*Anacamptis pyramidalis*), sie gilt nach der Roten Liste (RL) in der Niederrheinischen Bucht (NRBU) als ausgestorben (RL NRBU 0). Eine echte Besonderheit auf rekultivierten Flächen sind die Vorkommen des Übersehenen Knabenkrautes (*Dactylorhiza praetermissa*) (RL NRBU 2), das an mehreren Standorten auf Tonböden vorkommt, und zwar sowohl in der Nominatform als auch in der Unterart *junialis* (SCZEPANSKI & ROLF 2008) (Abb. 74). Interessant ist, dass es gelungen ist, diese Art äußerst erfolgreich umzusiedeln: Im Bankett eines Weges wuchsen ca. 30 Exemplare; als dieser Weg ertüchtigt werden musste, wurden diese an zwei Standorte in der Rekultivierung umgesiedelt. Hier sind mittlerweile Bestände mit einmal über 50 und im anderen Fall weit über 150 Exemplaren entstanden. In den zurückliegenden Jahren konnte auch das Schwertblättrige Waldvögelein (*Cephalanthera longifolia*) (RL NRBU 0) in der Rekultivierung an drei Standorten nachgewiesen werden.

Abb. 74: Großer Bestand des Übersehenen Knabenkrautes (*Dactylorhiza praetermissa*) in einem ehemaligen Tagebau im Rheinischen Braunkohlenrevier.

Auf forstlich rekultivierten Flächen treten als Besonderheit auch die Wintergrüngewächse Rundblättriges Wintergrün (*Pyrola rotundifolia*) (RL NRBU 2) und Kleines Wintergrün (RL NRBU 3) vereinzelt auf. Man kann wohl annehmen, dass die relative Nährstoffarmut und die oftmals noch nicht gesättigten Pflanzengesellschaften die Ansiedlung der zumeist konkurrenzschwachen Orchideen begünstigen. Ihre staubfeinen Samen werden

Abb. 75: Aspektbestimmender Zottiger Klappertopf auf einem Wegerain aus Heudruschsaat im rekultivierten Tagebau Inden.

sehr weit verdriftet. Gleiches gilt auch für Sporenpflanzen. So wurden in den letzten Jahren auch einige in der Region seltene Farngewächse nachgewiesen: unter ihnen Hirschzungenfarn (*Asplenium scolopendrium*) (RL NRBU 2) und Gelappter Schildfarn (*Polystichum aculeatum*) (RL NRBU 0), die beide in natürlichen Hangschuttwäldern vorkommen. Offensichtlich haben sie hier an den kiesigen Böschungen der rekultivierten Halden geeignete Lebensraumbedingungen gefunden. Auf Tonboden konnte die Europäische Teufelsklaue (*Huperzia selago*) (RL NRBU 0) wieder neu für die Niederrheinische Bucht nachgewiesen werden. Die relative Nährstoffarmut der Rekultivierungsböden dürfte auch die Begründung für das Vorkommen einer Reihe parasitischer Arten sein. Als Waldarten sind beispielsweise Nestwurz (*Neottia nidus-avis*) (RL NRBU 3) und der Buchenspargel (*Monotropa hypophegea*) stellenweise häufig. In den Wiesen und Rainen tritt in den letzten Jahren als Halbparasit der Zottige Klappertopf (*Rhinanthus alectorolophus*) (RL NRBU 0) teilweise aspektbestimmend auf (Abb. 75), und zwar sowohl offensichtlich spontan in einer Wiesenfläche, in der lediglich eine initiale Grassaat erfolgte, als auch systematisch dort, wo Mähgut verbracht wurde. Dieses Mähgut stammt von Wiesen am Rhein bei Üdesheim, die schon seit vielen Jahren durch den Rhein-Kreis Neuss gepflegt werden und wo eines der letzten Vorkommen der Art in der Region ist. Bei einer der letzten Mähgutaktionen wurde in Zusammenarbeit mit der Biostation des Rhein-Kreises Neuss Material von anderen Wiesen gewonnen, auf denen die parasitische Nelken-Sommerwurz (*Orobanche caryophyllacea*) (RL NRBU 1) vorkommt. Diese Art wurde mittlerweile auch auf den mit diesem Mähgut hergestellten Rainen im rekultivierten Tagebau Inden gefunden. Ansonsten ist die Kleine Sommerwurz (*Orobanche minor*) (RL NRBU 2) die in den Wiesen der Rekultivierung weit verbreitete Art. Aber auch unter den Segetal- und Ruderalarten findet sich in der rekultivierten Landschaft die eine oder andere bemerkenswerte Art ein: z. B. Acker-Ziest (*Stachys arvensis*, RL NRBU 2), Acker-Lichtnelke (*Silene noctiflora*, RL NRBU 2) und der Acker-Klettenkerbel (*Torilis arvensis*, RL NRBU 0). Schon seit den Untersuchungen BAUERS (1963) ist das große Artenschutzpotential der Tümpel und Seen, Schlammböden und feuchter Ufer und Gräben bekannt. An seltenen Wasserpflanzen findet man beispielsweise Wasserfeder (*Hottonia palustris*, RL NRBU 2), Froschbiss (*Hydrocharis morsus-ranae*, RL NRBU 3) (Abb. 76), Verkannter Wasserschlauch (*Utricularia australis*, RL NRBU 2), Quirliges Tausendblatt (*Myriophyllum verticillatum*, RL NRBU 2) und Ähriges Tausendblatt (*M. spicatum*, RL NRBU 3). Als seltene Pflanzen der Uferzone treten beispielsweise Nadel-Sumpfbinse (*Eleocharis acicularis*, RL NRBU 2) und Zungen-Hahnenfuß (*Ranunculus lingua*, RL NRBU 0) auf, und an Schlammflächen entlang von Gräben wurden Knotiges Mastkraut (*Sagina nodosa*, RL NRBU 1) und Gottes-Gnadenkraut (*Gratiola officinalis*, RL NRBU 1) gefunden.

Abb. 76: Froschbiss in einem Feuchtgebiet auf der Sophienhöhe, der rekultivierten Außenhalde des Tagebaus Hambach.

5 Literatur

ALBRECHT, C., DWORSCHAK, U., ESSER, T., KLEIN, H., WEGLAU, J. (2005): Tiere und Pflanzen in der Rekultivierung. Acta Biol. Benrodis Suppl. **10**: 235 S.

ALBRECHT, C., ESSER, T., WEGLAU, J. (1994): Untersuchungen zur Wiederbesiedlung unterschiedlich strukturierter Feldraine durch ausgewählte Arthropodengruppen [Araneae, Isopoda, Carabidae, Heteroptera, Lepidoptera (Diurna) und Saltatoria] im landwirtschaftlichen Rekultivierungsgebiet des Braunkohlentagebaus „Zukunft-West" bei Jülich. Entom. Mitt. Löbbecke-Mus. **7**: 222 S.

ALBRECHT, C., ESSER, T., WEGLAU, J. (1998): Krautstreifen als Lebensräume in Getreidefeldern - Auswirkungen blütenreicher Streifen auf die Flora und Fauna. Fördergemeinschaft Integrierter Pflanzenbau e.V. (Hrsg.), Münster.

BÄNSCH, C. (1998): Führt Waldbodenverbringung auf Rekultivierungsflächen zu einer nachhaltigen Verbesserung der Bodenqualität? Dipl.-Arb., Universität zu Köln.

BAUER, G. (1970): Die geplanten Naturschutzgebiete im rekultivierten Südrevier des Kölner Braunkohlengebietes - Landschaftsökologisches Gutachten. Landschaftsverband Rheinland (Hrsg.). Beitr. zur Landesentwicklung **15**: 72 S.

BAUER, H. J. (1963): Landschaftsökologische Untersuchungen im ausgekohlten rheinischen Braunkohlenrevier auf der Ville. Arb. Rhein. Landeskunde **19**: 101 S.

BFN (2010): Vegetation > Gesellschaften. Bundesamt für Naturschutz (Hrsg.): http://www.floraweb.de/vegetation/gesellschaften.html. Zugriff 29.10.2010.

BORCHERS, U., MÖSELER, B. M., WOLF, G. (1998): Diasporenreservoir in Fichtenforsten und Eichen-Hainbuchenwäldern - Einsatzmöglichkeiten für forstliche Rekultivierungsflächen. Naturschutz u. Landschaftsplanung **30**: 10-16.

BUSCHMANN, W., GILSON, N., RINN, B. (2008): Braunkohlenbergbau im Rheinland. Wernersche Verlagsgesellschaft, Worms.

DIERSCHKE, H. (1994): Pflanzensoziologie - Grundlagen und Methoden. Stuttgart (Hohenheim).

DILLA, L. (1973): Einst Bagger jetzt Wälder - Rekultivierung des rheinischen Braunkohlenreviers. Umschau **73**: 207-210.

- (1992): Land- und forstwirtschaftliche Rekultivierung im rheinischen Braunkohlenrevier. Forst u. Holz **47**: 27-33.

-, MÖHLENBRUCH, N. (1998): Die Bedeutung von Forstkies und die Entwicklung von Waldböden bei der forstlichen Rekultivierung. Braunkohlentagebau und Rekultivierung. In: PFLUG, W. (Hrsg.): Braunkohlentagebau und Rekultivierung: 248-255, Berlin.

DREBENSTEDT, C. (2009): Kontinuierliche Abbausysteme im Tagebaubetrieb. Der Braunkohlentagebau - Bedeutung, Planung, Betrieb, Technik, Umwelt. In: STOLL, R. D., NIEMANN-DELIUS, CH., DREBENSTEDT, C., MÜLLENSIEFEN, K. (Hrsg.): Der Braunkohlentagebau - Bedeutung, Planung, Betrieb, Technik, Umwelt: 203-260, Berlin.

DUMBECK, G. (1992): Bodenkundliche Aspekte bei der landwirtschaftlichen Rekultivierung im rheinischen Braunkohlenrevier. Braunkohle 9: 8-11.
- (1996): Rekultivierung unterschiedlicher Böden und Substrate. In: BLUME, H.-P., FELIX-HENNINGSEN, P., FISCHER, W. R., FREDE, H.-G., HORN, R., STAHR, K. (Hrsg.): Handbuch der Bodenkunde. Ecomed. Loseblattsammlung, Kap. 8.3.: 1-37.
DWORSCHAK, U. (1995): Vegetationsentwicklung in ehemaligen Mittelwäldern der Niederrheinischen Bucht. Forst u. Holz, 51: 392-395.
ELLENBERG, H., WEBER, H. E., DÜLL, R., WIRTH, V., WERNER, W., PAULIßEN, D. (1991): Zeigerwerte von Pflanzen in Mitteleuropa. Scripta Geobotanica 18: 1-237.
ERB, A. (2003): Ökologie von *Ophrys apifera* in der Rekultivierung. Examensarbeit, Universität zu Köln.
FORSCHUNGSSTELLE REKULTIVIERUNG (2010a): Aktivitäten > Forschung > Lebendige Feldflur: <http://www.forschungsstellerekultivierung.de/50291093800f19107/53566599140d1d420/50291094df0ace801/index.html#50291094e50a73d01>. Zugriff: 29.10.2010.
- (2010b): Tiere & Pflanzen - Gefäßpflanzen. http://www.forschungsstellerekultivierung.de/downloads/gefaepflanzen.pdf.Zugriff: 29.10.2010.
GASCHICK, V. (2009): Neuanlage von Grünland auf ehemaligen Tagebauflächen im rheinischen Braunkohlenrevier - Ein naturschutzfachlicher und vegetationskundlicher Vergleich zweier Impfmethoden. Dipl.-Arb., Universität Oldenburg.
GLÄSSER, E. (1978): Die naturräumlichen Einheiten auf Blatt 122/123 Köln-Aachen. Bundesforschungsanstalt für Landeskunde und Raumordnung (Hrsg.), Bonn-Bad Godesberg. 52 S.
GLÜCK, E. (1989): Waldbodenverbringung: zoologische Aspekte. Natur u. Landschaft 64: 456-458.
HACKSTEIN, M. (2009): Die Feldvogelgemeinschaft des rekultivierten Tagebaus Fortuna-Garsdorf im Rheinischen Braunkohlenrevier. Dipl.-Arb., Westfälische-Wilhelms-Universität, Münster.
HAEUPLER, H., JAGEL, A., SCHUMACHER, W. (2003): Verbreitungsatlas der Farn- und Blütenpflanzen in Nordrhein-Westfalen. Hrsg.: Landesanstalt für Ökologie, Bodenordnung und Forsten NRW, Kleve.
HAUSRATH, H. (1907): Der Deutsche Wald. Aus Natur und Geisteswelt. Leipzig.
HEIDE, G. (1958): Gutachten über die Rekultivierung des Zentraltagebaues Frechen. Unveröff. Gutachten für das Geologische Landesamt NW.
-, WICHTMANN, H. (1960): Gutachten über die Bodenverhältnisse des geplanten Tagebaus Hambach. Unveröff. Gutachten, Geologisches Landesamt Nordrhein-Westfalen (Hrsg.).
HENNINGSEN, D., KATZUNG, G. (1992): Einführung in die Geologie Deutschlands. 4. Aufl., Stuttgart.
HESMER, H. (1958): Wald und Forstwirtschaft in Nordrhein-Westfalen. Bedingtheiten - Geschichte - Zustand. Hannover.
HEUSON, R. (1929): Praktische Kulturvorschläge für Kippen, Bruchfelder, Dünen und Ödländereien. Faksimile, herausgegeben von der Lausitzer Braunkohle AG, Großenhain.
HILL, M. (2011): DECORANA and TWINSPAN. NERC - Centre for Ecology & Hydrology: http://www.ceh.ac.uk/products/software/CEHSoftware-DECORANATWINSPAN.htm. Zugriff: 21.02.2011.
HILLE, B. (2009): Untersuchungen zur Luzerne-Präferenz der Grauammer (*Miliaria calandra*) im landwirtschaftlichen Rekultivierungsgebiet Garzweiler (Rheinisches Braunkohlenrevier) mit Hilfe künstlicher Singwarten. Dipl.-Arb., WestfälischeWilhelms-Universität, Münster.
HUMMELSHEIM, F.-J. (1986): Geländeklimatologische Untersuchungen im Bereich der Sophienhöhe unter Einschluß multivariater Analysemethoden. Diss., Rheinische Friedrich-Wilhelm Universität, Bonn.
JACOBY, H. (1968): Wachstum, Wurzelausbildung und Nährstoffversorgung von Buchenkulturen auf Stanorten mit verschiedenen Bodenarten im rheinischen Braunkohlenrevier. Diss., Georg-August-Universität zu Göttingen, Hann. Münden.
-, HOCKER, R., DILLA, L., MÖHLENBRUCH, N. (2000): Auf dem Weg zur Nachhaltigkeit - Die Geschichte der forstlichen Rekultivierung im rheinischen Braunkohlenrevier. Rheinbraun Informiert. Köln.
JEDICKE, L., JEDICKE, E. (1992): Farbatlas Landschaften und Biotope Deutschlands. Stuttgart (Hohenheim).
KAPPES, H., TOPP, W. (2007): Veränderung der Laufkäfergemeinschaften der Sophienhöhe in den ersten 25 Jahren der Rekultivierung (Coleoptera, Carabidae) - Ergänzender Bericht zur Diplomarbeit von Katrin THELEN. Unveröff. Gutachten, Universität zu Köln.
KLAPP, E. (1965): Grünlandvegetation und Standort - nach Beispielen aus West-, Mittel- und Süddeutschland. Berlin.
KLEINEBECKEL, A. (1986): Unternehmen Braunkohle - Geschichte eines Rohstoffs, eines Reviers, einer Industrie im Rheinland. Hrsg.: Rheinbraun AG, Köln.
KNAUFF, M. (1998): Braunkohlenplanung. Braunkohlentagebau und Rekultivierung. In: PFLUG, W. (Hrsg.): Braunkohlentagebau und Rekultivierung: 19-41, Berlin.

KREBS, J. K. (1985): Ecology. New York.
LANG, S. (2009): Sukzession von Ansaaten auf Kippensubstraten rekultivierter Flächen im Rheinischen Braunkohlenrevier. Dipl.-Arb., Universität Oldenburg.
LANUV (2010): Kartieranleitung in Nordrhein-Westfalen. Landesamt für Natur, Umwelt und Verbraucherschutz Nordrhein-Westfalen (Hrsg.). http://www.naturschutzinformationen-nrw.de/methoden/de/anleitungen/bk/anhang/vt-schluessel/waelder. Zugriff: 29.10.2010.
LÖGTERS, C., DWORSCHAK, U. (2004): Recultivation of opencast mines - Perspectives for the people living in the Rhineland. World of Mining **56**: 126-135.
LOHMEYER, W. (1973): Die Vegetation des Untersuchungsgebietes - Reale Vegetation - Waldgesellschaften. In: TRAUTMANN W. (Hrsg.): Vegetationskarte der Bundesrepublik Deutschland 1:200.000 - Potentielle natürliche Vegetation - Blatt CC 5502 Köln. Schr. R. Vegetationskunde **6**: 17-39.
MAAS, H., MÜCKENHAUSEN, E. (1971): Deutscher Planungsatlas Band I: Nordrhein Westfalen - Lieferung 1. Hannover.
MÖHLENBRUCH, N., ROSENLAND, G. (1992): Waldbau in der Rekultivierung. Forst u. Holz **47**: 30-33.
NAGLER, M., WEDECK, W. (1993): Über den ökologischen Zustand der Waldflächen auf der Hochkippe „Vollrather Höhe" bei Grevenbroich 20-30 Jahre nach der Rekultivierung. Decheniana **146**: 56-81.
NIEMANN-DELIUS, C., STOLL, R. D. (2009): Überblick über die kontinuierliche Tagebautechnik. In: STOLL, R. D., NIEMANN-DELIUS, CH., DREBENSTEDT, C., MÜLLENSIEFEN, K. (Hrsg.): Der Braunkohlentagebau - Bedeutung, Planung, Betrieb, Technik, Umwelt: 57-68, Berlin.
OLSCHOWY, G. (1993): Bergbau und Landschaft - Rekultivierung durch Landschaftspflege und Landschaftsplanung. Hamburg.
PAFFEN, K., SCHÜTTLER, A., MÜLLER-MINY, H. (1963): Die naturräumlichen Einheiten auf Blatt 108/109 Düsseldorf-Erkelenz. Bundesanstalt für Landeskunde und Raumordnung (Hrsg.), Bonn-Bad Godesberg.
PFLUG, W. (1975): Ökologisches Gutachten zum geplanten Braunkohlentagebau Hambach - Teil: Landschaftsökologie. Unveröff. Gutachten, Aachen.
- (1998): Naturraum und Landschaft vor und nach dem Abbau der Braunkohle, dargestellt am Tagebau Hambach in der Niederrheinischen Bucht. In: PFLUG, W. (Hrsg.): Braunkohlentagebau und Rekultivierung: 78-100, Berlin.
POTT, R. (1995): Die Pflanzengesellschaften Deutschlands. 2. Aufl., Stuttgart (Hohenheim).
RHEINBRAUN AG (1998): Forstliche Rekultivierung im rheinischen Revier. 2. Aufl., Brühl.
ROZSNYAY, Z. (1994): Mit den Bandkeramikern begann die Forstgeschichte Mitteleuropas - Durch Waldrodung, Waldweide, Acker- und Siedlungsbau entstand die Kulturlandschaft bereits im 6. Jahrtausend v. Chr. Forst u. Holz **49**: 227-230.
RUSHTON, S. P. (1986): The effects of soil compaction on *Lumbricus terrestris* and its possible implications for populations on land reclaimed from open-cast mining. Pedobiologia **29**: 85-90.
SCHMIDT, R. (2009): Rechtsgrundlagen und Genehmigungsverfahren als Rahmen bergbaulicher Tätigkeit. In: STOLL, R. D., NIEMANN-DELIUS, CH., DREBENSTEDT, C., MÜLLENSIEFEN, K. (Hrsg.): Der Braunkohlentagebau - Bedeutung, Planung, Betrieb, Technik, Umwelt: 429-438, Berlin.
SCHNEIDER, R. (1992): Gefügeentwicklung in Neulandböden aus Löss und Hafenschlick und deren Auswirkungen auf bodenphysikalische und -mechanische Parameter. Bericht aus der Geowissenschaft. Aachen.
SCHÖLMERICH, U. (1998): 70 Jahre forstliche Rekultivierung - Erfahrungen und Folgerungen. In: PFLUG, W. (Hrsg.): Braunkohlentagebau und Rekultivierung: 142-156, Berlin.
SCZEPANSKI, S., ROLF, P. (2008): Das Übersehene Knabenkraut, *Dactylorhiza praetermissa* (Druce) Soó, in Deutschland - ein Beitrag zur Orchidee des Jahres 2008. Ber. AHO **25**: 31-56.
SIHORSCH, W. (1992): Die neue Agrarlandschaft - Landwirtschaft und landwirtschaftliche Rekultivierung im Wandel. Braunkohle **9**: 5-8.
STRATMANN, J. (1985): Ertragskundliche Untersuchungen auf Rekultivierungsflächen im rheinschen Braunkohlengebiet. Braunkohle **37**: 484-491.
STÜRMER, A. (1990): Planung von Oberflächengestaltung und Rekultivierung im Rheinischen Braunkohlenrevier. Braunkohle **12**: 4-11.
TILLMANNS, O. (2008): Von der Kohle zum Knabenkraut - Die Orchideen der Rekultivierung bei Grevenbroich/Rheinland. Ber. AHO **25**: 134-155.
TOPP, W. (1998): Einfluß von Rekultivierungsmaßnahmen auf die Bodenfauna. In: PFLUG, W. (Hrsg.): Braunkohlentagebau und Rekultivierung: 325-336, Berlin.
-, GEMESI, O., GRÜNING, C., TASCH, P., ZHOU, H.-Z. (1992): Forstliche Rekultivierung mit Altwaldboden im Rheinischen Braunkohlenrevier - Die Sukzession der Bodenfauna. Zool. Jb. Syst. **119**: 505-533.
TRAUTMANN, W. (1973): Vegetationskarte der Bundesrepublik Deutschland 1:200.000 - Potentielle natürliche Vegetation - Blatt CC 5502 Köln. Schr. R. Vegetationskunde **6**: 172 S.

VON DER HOCHT, F. (1990): Im Rheinischen Braunkohlenrevier anstehendes, für die Rekultivierung nutzbares Bodenmaterial. Braunkohle **10**: 11-15.

-, WINTER, K. H. (1998): Die Lößlagerstätte, ihre Verwendungsmöglichkeiten und ihre besonderen Eigenschaften bei der Rekultivierung. In: PFLUG, W. (Hrsg.): Braunkohlentagebau und Rekultivierung: 187-198, Berlin.

VON KRIES, O. (1965): Braunkohle und Landschaftsplanung. Raumforschung u. Raumordnung 23: 129-148.

VORDERBRÜGGE, T. (1989): Einfluß des Bodengefüges auf Durchwurzelung und Ertrag bei Getreide - Untersuchungen an rekultivierten Böden und einem langjährigen Bodenbearbeitungsversuch. Giessener Bodenkundl. Abhandl. **5**.

WEDECK, H. (1975): Ökologisches Gutachten zum geplanten Braunkohlentagebau Hambach - Teil: Vegetation. Unveröff. Gutachten, Aachen.

WINTER, K. H. (1990): Bodenmechanische und technische Einflüsse auf die Qualität der Neulandflächen. Braunkohle **10**: 15-23.

- (1992): Neue bodenmechanische Untersuchungen zum Kippen und Planieren landwirtschaftlich zu rekultivierender Flächen. Braunkohle **9**: 12-17.

WITTICH, W. (1959): Gutachten über die Eignung der verschiedenen im Zentraltagebau Frechen anfallenden Arten von Abraum als Waldstandorte und Möglichkeiten für ihre Verbesserung. Unveröff. Gutachten, Hann.-Münden.

WITTIG, R. (1998): Vegetationskundliche Bewertung der Buchenwälder auf den Rekultivierungsflächen des Braunkohlenabbaugebietes Ville. In: PFLUG, W. (Hrsg.): Braunkohlentagebau und Rekultivierung: 256-268, Berlin.

-, GÖDDE, M., NEITE, H., PAPAJEWSKI, W., SCHALL, O. (1985): Die Buchenwälder auf den Rekultivierungsflächen im Rheinischen Braunkohlenrevier. Artenkombination, pflanzensoziologische Stellung und Folgerungen für zukünftige Rekultivierungen. Angew. Bot. **59**: 95-112.

WOLF, G. (Hrsg.) (1985): Primäre Sukzession auf kiesig-sandigen Rohböden im Rheinischen Braunkohlenrevier. Schr. R. Vegetationskunde **16**: 205 S.

- (1989): Probleme der Vegetationsentwicklung auf forstlichen Rekultivierungsflächen im Rheinischen Braunkohlenrevier. Natur u. Landschaft **64**: 451-455.

- (1998): Freie Sukzession und forstliche Rekultivierung. In: PFLUG, W. (Hrsg.): Braunkohlentagebau und Rekultivierung: 289-301, Berlin.

WOLFF-STRAUB, R., BÜSCHER, D., DIEKJOBST, H., FASEL, P., FOERSTER, E., GÖTTE, R., JAGEL, A., KAPLAN, K., KOSLOWSKI, I., KUTZELNIGG, H., RAABE, U., SCHUMACHER, W., VANBERG, C. (1999): Rote Liste der gefährdeten Farn- und Blütenpflanzen (Pteridophyta et Spermatophyta) in Nordrhein-Westfalen. 3. Fassung. LÖBF-Schr. R. **17**: 75-171.

ZÜSCHER, A.-L. (1998): Die Wiedernutzbarmachung im Bergrecht und die Umsetzung im Betrieb. In: PFLUG, W. (Hrsg.): Braunkohlentagebau und Rekultivierung: 42-48, Berlin.

A4 Die hessischen Braunkohlenabbaugebiete

MARTIN HEINZE

1 Entstehung und Abbau der hessischen Braunkohle sowie daraus entstandene Folgelandschaften

Braunkohle hat sich in Hessen in mehreren kleinen Tertiärbecken gebildet. Der rege Vulkanismus während des Tertiärs führte dazu, dass verschiedene Lagerstätten von Basaltdecken überdeckt wurden, so dass sie untertage abgebaut werden mussten, z. B. am Hohen Meissner. Zwischen dem Beginn größeren Braunkohlenabbaus im Jahr 1578 und der Stilllegung der letzten Gruben im Jahr 2003 wurden in Nordhessen insgesamt 94,1 Mio. t Braunkohle (55,7 % der gesamten Fördermenge) im Tiefbau und 74,8 Millionen t (44,3 %) im Tagebau gefördert. Die jährliche nordhessische Fördermenge erreichte selten mehr als 1 % der Braunkohlenfördermenge in Deutschland (1871: 1,8 %, 1920 und 1960: 1 %). Die meisten Mitarbeiter im nordhessischen Braunkohlenbergbau, ungefähr 3800 Personen, waren nach dem Ende des 1. Weltkriegs und um 1960 beschäftigt (STECKHAN 1952, WAITZ VON ESCHEN 2005). Der Tiefbau hinterließ keine größeren Bergehalden (siehe auch SCHÜTZ 1984). Auch beim Tagebau blieben die Abraumhalden und -kippen und Restgewässer klein (Abb. 77), verglichen mit den großflächigen Kippen und Tagebauseen der Reviere in der Niederrheinischen Bucht, in Mitteldeutschland und in der Lausitz. Das führt in Hessen dazu, dass die Einflüsse der umgebenden unverritzten Landschaft auf die Standorte (Klima und Substrate) der terrestrischen Kippen und der Gewässer in den Restlöchern und auf das Lebewesenangebot (Diasporen von Pflanzen, Tiere) für die sukzessive Wiederbesiedlung größer sind als auf den weiträumigen Kippenflächen und Tagebauseen der obengenannten Großreviere.

2 Standortsbedingungen im hessischen Braunkohlenrevier

Für die spontane oder vom Menschen gesteuerte Wiederbesiedlung sind die Standortseigenschaften entscheidend. Das Nordhessische Braunkohlenrevier liegt in der collinen bis montanen Stufe in Meereshöhen zwischen 200 und 754 m (Hoher Meißner). Die mittlere Jahresniederschlagssumme bewegt sich zwischen 550 mm in den Leegebieten der Gebirge und 1000 mm am Hohen Meißner, die Jahresdurchschnittstemperatur liegt um 8 °C in den tieferen Lagen und um 4,5 °C auf dem Hohen Meißner (DEUTSCHER WETTERDIENST 2011). Der Abraum der Tagebaue besteht aus dem sedimentierten Verwitterungsdetritus der jeweils über der Braunkohle hangenden Stufen des Tertiärs, überwiegend aus Ton mit der mineralischen Zusammensetzung Kaolinit (89 %), Illit (7 %) und Montmorillonit (4 %) (nach SEILER 1990, gerundete Werte). Deshalb versickern Oberflächenwässer oft nur langsam. Es bilden sich Staunässe und Oberflächenabflüsse, die zu Erosionen führen. Auf Grund des hohen Kaolinitanteils hat der Ton eine niedrige potenzielle Kationenaustauschkapazität von 14 meq/100 g Boden (SEILER 1990). Die unbehandelten Kippsubstrate reagieren meist wegen des Gehaltes an Pyrit mit pH(KCl)-Werten um 3,0 sehr sauer (LATIF 1993).

3 Besiedlung von Halden und Tagebaurestlöchern

3.1 Natürliche Sukzession

Aufnahmen der spontanen Vegetation auf einer unbehandelten (nicht meliorierten und gedüngten) Abraumhalde aus Tertiärsubstraten ohne Kulturbodenauftrag im Braunkohlentagebau Glimmerode bei Hessisch Lichtenau zeigten ein sehr vielfältiges Artenspektrum (VAN ELSEN & SCHMEISKY 1990). Es geht auf ein kleinflächig stark differenziertes Rohbodenmosaik von pyrithaltigen, versauerten Substraten bis zu Substraten, denen Kalksteine des benachbarten Muschelkalks beigemischt sind, und auf ein reiches Diasporenangebot aus der unverritzten Umgebung (s. o.) und von benachbarten Rekultivierungsversuchsflächen (s. SCHMEISKY 1977, 1979) zurück.

Als charakteristische Pflanzenarten stellten VAN ELSEN & SCHMEISKY (1990) fest:
Rot-Schwingel (*Festuca rubra*) (dominant), weiterhin Rotes Straußgras (*Agrostis capilla-*

ris), Weißes Straußgras (*A. stolonifera*), Rasen-Schmiele (*Deschampsia cespitosa*), Wolliges Honiggras (*Holcus lanatus*), Gewöhnliches Knäuelgras (*Dactylis glomerata*), Gewöhnliches Rispengras (*Poa trivialis*), Schafschwingel (*Festuca ovina* agg.), Kriech-Quecke (*Elymus repens*), Wiesen-Kammgras (*Cynosurus cristatus*), Gewöhnliches Ruchgras (*Anthoxanthum odoratum*), Wiesen-Lieschgras (*Phleum pratense*), Glatthafer

Abb. 77: Sukzession in einem seit 1930 aufgelassenen Braunkohlentagebaurestloch am Kleinen Steinberg bei Hann. Münden (Foto: H. Baumbach, Juni 2009).

(*Arrhenatherum elatius*) und Land-Reitgras (*Calamagrostis epigejos*), Magerrasen-Arten wie Aufrechte Trespe (*Bromus erectus*), Mittleres Zittergras (*Briza media*), Pyramiden-Schillergras (*Koeleria pyramidata*) und Fieder-Zwenke (*Brachypodium pinnatum*), in feuchten Bereichen Gewöhnliches Schilf (*Phragmites australis*), auf der ganzen Fläche Blaugrüne Segge (*Carex flacca*) und Behaarte Segge (*C. hirta*), kleinflächig Grünliche Gelb-Segge (*Carex demissa*), Igel-Segge (*C. echinata*), Bleiche Segge (*C. pallescens*), Hirse-Segge (*C. panicea*) und Wald-Segge (*C. sylvatica*). Auf feuchten Stellen wachsen Blaugrüne Binse (*Juncus inflexus*), Knäuel-Binse (*J. conglomeratus*), Flatter-Binse (*J. effusus*), Gewöhnliche Glieder-Binse (*J. articulatus*) und Spitzblütige Binse (*J. acutiflorus*). Auf der ganzen Halde finden sich Huflattich (*Tussilago farfara*) und Acker-Schachtelhalm (*Equisetum arvense*).

Die nährstoffarmen Bodenverhältnisse zeigen sich am Vorkommen von Arten magerer Standorte: Kleiner Odermennig (*Agrimonia eupatoria*), Rundblättrige Glockenblume (*Campanula rotundifolia*), Stängellose Kratzdistel (*Cirsium acaule*), Gewöhnlicher Wirbeldost (*Clinopodium vulgare*), Herbst-Zeitlose (*Colchicum autumnale*), Großer Augentrost (*Euphrasia officinalis* ssp. *rostkoviana*), Echtes Labkraut (*Galium verum*), Gewöhnliches Habichtskraut (*Hieracium lachenalii*), Glattes Habichtskraut (*H. laevigatum*), Gewöhnliches Ferkelkraut (*Hypochaeris radicata*), Acker-Witwenblume (*Knautia arvensis*), Rauer Löwenzahn (*Leontodon hispidus*), Wiesen-Margerite (*Leucanthemum vulgare*), Purgier-Lein (*Linum catharticum*), Gewöhnlicher Dost (*Origanum vulgare*), Kleine Bibernelle (*Pimpinella saxifraga*), Platthalm-Rispengras (*Poa compressa*), Bitteres Kreuzblümchen (*Polygala amara*), Schopfiges

Kreuzblümchen (*P. comosa*), Großer Klappertopf (*Rhinanthus angustifolius*), Kleiner Wiesenknopf (*Sanguisorba minor*), Gewöhnliche Tauben-Scabiose (*Scabiosa columbaria*). Dazu gesellen sich zahlreiche Fabaceen: Gewöhnlicher Wundklee (*Anthyllis vulneraria*), Gewöhnlicher Hornklee (*Lotus corniculatus*), Kriechende Hauhechel (*Ononis repens*), Zickzack-Klee (*Trifolium medium*), Wiesen-Platterbse (*Lathyrus pratensis*), Hopfen-Klee (*Medicago lupulina*), Hoher Steinklee (*Melilotus altissimus*), Schweden-Klee (*Trifolium hybridum*), Wiesen-Klee (*T. pratense*), Weiß-Klee (*T. repens*), Vogelwicke (*Vicia cracca*), Zaun-Wicke (*V. sepium*) und Viersamige Wicke (*V. tetrasperma*).

Auch seltene Arten, die teilweise auf der hessischen Roten Liste stehen, finden auf der Halde ein Refugium: Gewöhnliche Natternzunge (*Ophioglossum vulgatum*), Fransen-Enzian (*Gentianella ciliata*), Echtes Tausendgüldenkraut (*Centaurium erythraea*), Kümmel-Silge (*Selinum carvifolia*) und die Orchideen Fuchs´ Knabenkraut (*Dactylorhiza fuchsii*), Breitblättriges Knabenkraut (*Dactylorhiza majalis*), Braunrote Stendelwurz (*Epipactis atrorubens*), Sumpf-Stendelwurz (*Epipactis palustris*) und Gewöhnliche Mücken-Händelwurz (*Gymnadenia conopsea*).

Die Magerkeitszeiger wachsen zusammen mit Feuchtezeigern, z. B. Sumpf-Garbe (*Achillea ptarmica*), Gewöhnliche Wald-Engelwurz (*Angelica sylvestris*), Kohl-Kratzdistel (*Cirsium oleraceum*), Sumpf-Kratzdistel (*C. palustre*), Kleinblütiges Weidenröschen (*Epilobium parviflorum*), Rohr-Schwingel (*Festuca arundinacea*), Echtes Mädesüß (*Filipendula ulmaria*), Moor-Labkraut (*Galium uliginosum*), Flutender Schwaden (*Glyceria fluitans*), Acker-Minze (*Mentha arvensis*), Sumpf-Vergißmeinnicht (*Myosotis scorpioides*), Gewöhnliches Schilf (*Phragmites australis*), Vielsamiger Breit-Wegerich (*Plantago major* ssp. *intermedia*), Großer Wiesenknopf (*Sanguisorba officinalis*), Sumpf-Ziest (*Stachys palustris*), Wald-Ziest (*S. sylvatica*), Echter Arznei-Baldrian (*Valeriana officinalis*), sowie in einem Graben Breitblättriger Rohrkolben (*Typha latifolia*) und als Gehölz die Grau-Weide (*Salix cinerea*).

Weiterhin treten mit hoher Stetigkeit folgende Arten auf: Wiesen-Schafgarbe (*Achillea millefolium*), Wiesen-Pippau (*Crepis biennis*), Wilde Möhre (*Daucus carota*), Scharfes Berufkraut (*Erigeron acris*), Wald-Erdbeere (*Fragaria vesca*), Wiesen-Labkraut (*Galium mollugo*), Herbst-Löwenzahn (*Leontodon autumnalis*), Bitterkraut (*Picris hieracioides*), Spitz-Wegerich (*Plantago lanceolata*), Breit-Wegerich (*P. major*), Gänse-Fingerkraut (*Potentilla anserina*), Kriechendes Fingerkraut (*P. reptans*), Kleinblütige Braunelle (*Prunella vulgaris*), Scharfer Hahnenfuß (*Ranunculus acris*), Kriechender Hahnenfuß (*R. repens*), Wiesen-Sauerampfer (*Rumex acetosa*), Raukenblättriges Greiskraut (*Senecio erucifolius*), Jakobs-Greiskraut (*S. jacobaea*), Gewöhnliche Goldrute (*Solidago virgaurea*), Rainfarn (*Tanacetum vulgare*), Löwenzahn (*Taraxacum officinale* agg.) und Gewöhnlicher Klettenkerbel (*Torilis japonica*).

An Gehölzen haben sich Schwarz-Erlen (*Alnus glutinosa*) und Hänge-Birken (*Betula pendula*) sowie Blutroter Hartriegel (*Cornus sanguinea*), Eingriffliger Weißdorn (*Crataegus monogyna*), Faulbaum (*Frangula alnus*), Gemeine Fichte (*Picea abies*), Wald-Kiefer (*Pinus sylvestris*), Zitter-Pappel (*Populus tremula*), Stiel-Eiche (*Quercus robur*), Hunds-Rose (*Rosa canina*), Sal-Weide (*Salix caprea*), Grau-Weide (*S. cinerea*), Eberesche (*Sorbus aucuparia*) und Winter-Linde (*Tilia cordata*) eingefunden.

Die Pflanzenarten sind auf der Halde ungleichmäßig, mosaikartig verteilt. Sie reagieren auf den Säurestatus der Böden. Die Böden unbewachsener Flächen weisen pH-Werte um 3,5 auf, die Böden bewachsener Flächen reagieren neutral bis schwach alkalisch. Außerdem ist wesentlich für die Besiedlung, welche Arten als Erste Fuß fassen konnten (VAN ELSEN & SCHMEISKY 1990).

Die Vegetation benachbarter Flächen auf der Halde, in deren Boden zur Rekultivierung Klärschlamm eingearbeitet wurde, ist geschlossener, aber wesentlich artenärmer.

3.2 Rekultivierung

Die meisten für das Nordhessische Braunkohlenrevier vorliegenden Arbeiten zur Bergbaufolgelandschaft befassen sich hauptsächlich mit Bodenverbesserung und Rekultivierung der Kippen (z. B. LATIF 1993, SCHMEISKY et al. 1990, SCHÜTZ 1984, SEILER 1990, STRIGEL 1984, WAGNER 1989). Sie verfolgen das Ziel, die Flächen zu begrünen, vor Erosion zu schützen und möglichst für Forst- oder Landwirtschaft wieder nutzbar zu machen.

Da kulturfähiges Bodensubstrat für einen vollständigen Überzug der Kippen nicht ausreichend verfügbar war, wurde versucht, auch das tertiäre, teilweise pyrit- und kohlehaltige Substrat durch Meliorationen (Kalkung, Düngung) kulturfähig zu machen. Beispiele sind die Außenkippe Drosenberg bei Borken (LATIF 1993), die Innenkippe im Tagebau Altenburg 4 (WAGNER 1989) und die Innenkippe im Tagebau Haarhausen 2 (SCHMEISKY et al. 1990).

Außenkippe Drosenberg

Die Außenkippe Drosenberg wurde 1951 bis 1961 mit Abraummaterial aufgeschüttet, das beim Aufschluss des Tagebaus Altenburg 4 anfiel und deponiert werden musste. Es entstand eine 120 ha große, 50 m hohe Kippe mit einem Volumen von 25 Mio. m³ Abraummaterial, das zu 80 % aus Ton und zu 20 % aus Sand und Kies besteht. Stellenweise ist Restkohle beigemischt (SCHRÖDER 1978). Der Abraum im Borkener Gebiet enthält im Mittel 0,7 % Schwefel. Davon sind 64 % in Sulfaten, 24 % in Pyrit und 12 % in sonstigen Schwefelverbindungen gebunden (LATIF 1993). Die pH-Werte des Abraums liegen bei 3,0. Mit der Rekultivierung sollte landwirtschaftliche Nutzfläche gewonnen und mittels eines Gehölzbewuchses die Erosion verhindert werden. 29 ha wurden mit Kulturboden („Mutterboden", schluffiger Lehm, pH 5,9…6,6) 0,7 m mächtig überzogen und werden jetzt ohne Probleme als Acker genutzt. Auf die restliche Fläche wurden von 1955 bis 1964 Hängebirke, Bergahorn (*Acer pseudoplatanus*), Robinie (*Robinia pseudoacacia*), Wald-Kiefer und Schwarzerle (*Alnus glutinosa*) in das Abraumsubstrat ohne Kulturbodenüberzug oder -beigabe gepflanzt. Die Bäume entwickelten sich nur langsam. Stellenweise starben sie ab, so dass wieder vegetationsfreie Flächen entstanden. Auf diesen Flächen wurden 1967 bis 1969 4 bis 5 t Kalk/ha in den Boden eingegrubbert. Anschließend wurde eine Grasmischung angesät. Auf Partien mit Kulturbodenresten ging die Saat auf, auf tonigen Bodenpartien fiel sie zu 50 % aus. Im Jahr 1985 wurde der vegetationslose Boden auf 0,46 ha versuchsweise mit einer hochbasischen Asche (pH-Wert 11-13) in einer Dosis von 180-200 t/ha nochmals gekalkt.

Das führte zu folgendem aktuellen Zustand: In den unbehandelten Rohböden schwanken die pH-Werte in allen Tiefen zwischen 2,9 und 3,2. Nur stellenweise erreichen sie in der Zone von 0-15 cm unter Geländeoberfläche Werte zwischen 5,7 und 7,4, vermutlich eine Folge früherer, nicht dokumentierter Meliorationsversuche. Die aufgekalkten Rohböden haben in der Zone von 0-15 cm pH-Werte von 7,0. In der mittleren Zone von 20-30 cm sinken sie auf 3,8 und darunter auf 3,2.

Auf den Rohbodenstandorten haben sich insgesamt 139 Blütenpflanzenarten, davon sechs Gehölze und neun Gräser, angesiedelt (BIEKER & STILLER 1988), darunter auch einige Schwarz-Erlen. Die Deckungsgrade und Artenzahlen nehmen von den vegetationslosen Flächen über die Flächen mit Flechtenbewuchs, Flächen mit Kiefern bis zu den Flächen mit Birken und Gräsern zu. Die häufigsten Gräser sind Roter Schwingel und Schaf-Schwingel.

Als Vegetationseinheiten schieden BIEKER & STILLER (1988) auf der Drosenbergkippe folgende Einheiten aus:

- vegetationslose Flächen
- Flechtenbewuchs
- Grasbewuchs (mit und ohne Baumschicht)
- Birkenbestände
- Kiefernbestände
- landwirtschaftliche Kulturen (Getreide, Raps).

Langzeitbeobachtungen und -dokumentationen müssen zeigen, wie sich die Sukzessionen weiterentwickeln, wenn die Pioniergehölze zusammenbrechen. Von besonderem Interesse ist das künftige Verhalten der

Schwarz-Erle auf den tonigen, aber nährstoffarmen Rohböden, da sie einerseits mit ihrer großen Wurzelenergie auch schlecht durchlüftete, staunasse Böden durchwurzeln und in Symbiose mit dem Strahlenpilz *Frankia alni* Luftstickstoff binden kann, andererseits aber höhere Ansprüche an die Versorgung mit Nährelementen außer Stickstoff stellt, die ihr die vorliegenden Substrate nicht bieten.

Innenkippe im Tagebau Altenburg 4

Auch für die Innenkippe Altenburg 4 stand kein Kulturboden für einen Überzug des sauren, nährstoffarmen Kippsubstrates zur Verfügung, so dass versucht wurde, das Kippsubstrat nach Kalkung und Düngung mit der Saat einer Standardweidemischung (70 kg/ha) auf jeweils einer Probefläche im August 1981, 1982 und 1983 zu begrünen (SCHMEISKY 1982). Die Standardweidemischung bestand aus Deutschem Weidelgras (*Lolium perenne*), Wiesen-Schwingel (*Festuca pratensis*), Lieschgras, Wiesen-Rispengras (*Poa pratensis*), Rot-Schwingel und Weiß-Klee (*Trifolium repens*). Zuvor war 1980 mit 180 kg Zellstoffasche/ha (pH 13,1, Charakteristik der Asche siehe STRIGEL 1984 und WAGNER 1989) und nach der Aussaat mit 150 kg N/ha, 150 kg P_2O_5/ha und 150 kg K_2O/ha gedüngt worden (WAGNER 1989). Nachdem das anfänglich starke Wachstum bis 1984 erheblich abgenommen hatte (von rund 40 auf rund 5 dt/ha), wurde in jenem Jahr auf der gesamten Versuchsfläche ein neuer Düngungsversuch (NPK-Steigerungsversuch) mit insgesamt 96 Parzellen zu je 50 m² angelegt (WAGNER 1989). Er enthielt 2 Ansaatmischungen, die Standardweidemischung (s. o.) und eine Böschungsansaatmischung aus Rotem Straußgras, Schaf-Schwingel, Rot-Schwingel und Wiesen-Rispengras (Saatgutmenge jeder Mischung 70 kg/ha). Die Düngungsvarianten waren 0 (ungedüngt), P1 (55 kg P_2O_5/ha), P2 (110 kg P_2O_5/ha), NP1 (72 kg N/ha, 55 kg P_2O_5/ha), NP2 (135 kg N/ha, 110 kg P_2O_5/ha), NPK1 (72 kg N/ha, 55 kg P_2O_5/ha, 35 kg K_2O/ha) und NPK2 (135 kg N/ha, 110 kg P_2O_5/ha, 70 kg K_2O/ha). Außerdem waren im Versuchsplan noch eine Mahd- und eine Streuvariante und eine Kompostdüngungsvariante mit jährlichen Gaben von 1985 bis 1988 von durchschnittlich 141 kg N/ha, 37 kg P/ha und 170 kg K/ha aufgenommen.

Der Versuch ergab: Neben den mit den Saatmischungen ausgebrachten Arten haben sich bis 1988 weitere 118 Arten spontan angesiedelt. Die ungedüngten Parzellen sind am artenreichsten. Auf ihnen sind die Therophyten vorrangig vertreten. Die zunehmende Düngung vermindert die Artenzahl in der Reihenfolge 0 > Kompost > P > NP. In der gleichen Reihenfolge nehmen der Anteil der Therophyten ab und der Anteil der Hemikryptophyten zu. Auf den NP- und Kompostparzellen dominieren die Arten der Klasse Molinio-Arrhenatheretea, auf den 0- und P-Parzellen kommen auch Arten der Chenopodietea, Secalietea und Plantaginetea vor. Die Ursache für die unterschiedliche Verteilung der Arten liegt hauptsächlich in der Lichtkonkurrenz zwischen solchen Arten, die auf die Düngung mit stärkerem Wachstum reagieren, und solchen Arten, die lichtbedürftig sind, aber im Wachstum nicht mithalten können und deshalb ausgedunkelt werden.

Innenkippe im Tagebau Haarhausen 2

Zwischen Haarhausen im Süden und Nassenerfurth im Norden bei Borken liegt der ausgekohlte Tagebau Haarhausen 2. Er wurde bis 1981 mit Abraum des Nachfolgetagebaus Zimmersrode 1 vollständig verfüllt. Der bis zu 20 m Mächtigkeit verfüllte Abraum ist überwiegend ein tertiärer Ton mit starken Schwefelkieseinlagerungen. Die entstandene Auffüllungsfläche nimmt 12 ha ein. Sie wurde in ein für Landwirtschaft vorgesehenes Areal („Landwirtschaftsfläche", 8,3 ha) und in ein für Gehölze vorgesehenes Areal („Forstfläche", 3,7 ha) unterteilt (s. SCHMEISKY et al. 1990). Von 1983 bis 1985 arbeitete der zuständige Bergbaubetrieb, die Preußen Elektra, auf der gesamten Fläche von 12 ha 200 t Zellstoffasche/ha 0,8 m tief in das Kippsubstrat ein. Diese auch auf der Innenkippe Altenburg 4 eingesetzte hochbasische Asche (pH 13,1; s. o.) stammt vom Zellstoffwerk Bonaforth der Westfälischen Zellstoff AG bei Hannoversch Münden (s. STRIGEL 1984 und WAGNER 1989). Im gleichen Arbeitsgang wurde auf der Forstfläche außerdem eine aufgebrachte dünne Schicht „Mutterboden" (0,1 m) eingearbeitet. Die Landwirtschaftsfläche erhielt 1985 einen 0,5 m mächtigen Kulturbodenüberzug.

Nach der Aschemelioration waren bis 1986 im Abraumsubstrat der Forstfläche die pH-Werte von ursprünglich 3 auf 7 (0-5 cm unter GOF), 6 (20-25 cm unter GOF) und 5 (40-45 cm unter GOF) gestiegen. Der auf die Landwirtschaftsfläche gebrachte Kulturboden hatte über seine gesamte Dicke von 50 cm einen pH-Wert von 6,5. Die Forstfläche erhielt im April 1984 eine Grunddüngung von 24 kg N/ha und 24 kg P_2O_5/ha, im November 1984 eine Folgedüngung von 40 kg N/ha und 40 kg P_2O_5/ha und im April 1985 eine letzte Düngung von 16,5 kg N/ha und 16,5 kg P_2O_5/ha. Die Landwirtschaftsfläche wurde im Juni 1986 mit 30 kg N/ha und 30 kg P_2O_5/ha gedüngt.

Auf das für Gehölze vorgesehene Areal (Forstfläche) wurde im August 1984 Gras gesät, um durch Feststellung von Saatausfällen die Stellen zu finden, auf denen verbliebene Säure im Boden die Pflanzen schädigt und auch eine nachfolgende teure Aufforstung wenig Sinn hätte, und um mit einer raschen Durchwurzelung des Bodens Erosionen zu verhindern und das dichte Tonsubstrat aufzulockern. Die Fläche wurde geteilt und im August 1984 mit einer Saatgutmenge von 60 kg/ha besät, auf der einen Teilfläche mit der Standardgrasmischung „Dauerweide G1", auf der anderen Teilfläche mit der Standardgrasmischung „Böschungssaat". Die Artzusammensetzung der Mischungen gleicht den bei der Innenkippe Altenburg 4 genannten Zusammensetzungen mit dem kleinen Unterschied, dass in Haarhausen 1 die „Böschungssaat" zusätzlich 5 % Deutsches Weidelgras enthielt.

Im Juni 1986 hatte die Dauerweidemischung 1 m Wuchshöhe und eine oberirdische Biomasse von 20 dt/ha erreicht, die Böschungssaat war nur 0,5 m hoch mit einer Biomasse von 5 dt/ha. 1987 hatten sich die Biomasseerträge beider Grasmischungen bei 20 kg/ha angeglichen.

Im Frühjahr 1986 wurden in die Grassaaten Bäume gepflanzt: 80 % Schwarz-Erle, 10 % Hainbuche (*Carpinus betulus*) und jeweils 5 % Berg-Ahorn und Eberesche. Die Schwarz-Erlen waren im Herbst 1986 in der Dauerweide 1,5 m, in der Böschungssaat 1,6 m hoch. Bis zum Herbst 1989 erreichten sie 2,1 bzw. 3,3 m. Der Wachstumsunterschied ist wahrscheinlich eine Folge der Wasser- und möglicherweise auch der Nahrungskonkurrenz.

Die weitere Entwicklung wäre in Langzeitbeobachtungen und -dokumentationen zu begleiten. Im speziellen Fall Haarhausen 2 interessieren insbesondere die spontane Einwanderung von Arten aus der Umgebung sowie das künftige Verhalten der Schwarzerle, denn einerseits bewährt sie sich auf derartigen Standorten wegen ihrer Stickstoffautotrophie und ihres Vermögens, schlecht durchlüftete Böden zu durchwurzeln. Andererseits benötigt sie aber ausreichend Nährstoffe, die ihr das arme Tertiärsubstrat auf lange Zeit nicht bieten kann.

Neben den Kippstandorten gehören die Tagebaurestseen und kleinen Gewässer auf den Kippen zur Bergbaufolgelandschaft Nordhessens. Sie stellen wichtige Sekundärbiotope für den Naturschutz dar, vor allem wenn sie oligotroph sind, aber auch Orte der Erholung. Sowohl die Standortseigenschaften der Gewässer als auch ihre Lebewelt waren schon Gegenstand zahlreicher Untersuchungen, für Hessen z. B. HASELHUHN et al. (1990), DRESCHER (1990) und WESTERMANN (1993). Gewässer als Teil der Braunkohlenbergbaufolgelandschaft werden im Kapitel über das Niederlausitzer Braunkohlenrevier näher besprochen.

4 Literatur

BIEKER, M., STILLER, J. (1988): Vegetations- und bodenkundliche Untersuchungen auf der Dosenbergkippe im Braunkohlenbaugebiet Borken/Kassel. Unveröff. Projektarbeit am FB 10, Aufbaustudien ökologische Umweltsicherung, Gesamthochschule Kassel-Witzenhausen.

DEUTSCHER WETTERDIENST (2011): Klimadaten im Internet.

DRESCHER, D. (1990): Ökologische Untersuchungen an neuangelegten perennierenden Kleingewässern auf einer sauren Abraumkippe im Braunkohlentagebaugebiet Borken/Nordhessen. Mitt. Erg. Stud. Ökol. Umwelts. (Kassel-Witzenhausen) **17/1990**: 1-140.

HASELHUHN, F., HESSE, A., SCHLETTE, U., SCHMEISKY, H., RZEPKA, P., WAGNER, K. (1990): Voruntersuchungen für eine ökologische Bestandsaufnahme an sechs Tagebaurestgewässern unter Berücksichtigung von Vegetation und Libellenfauna. Mitt. Erg. Stud. Ökol. Umwelts. (Kassel-Witzenhausen) **9/1990**: 69-141.

LATIF, A. (1993): Die physikalischen Eigenschaften der Böden von Braunkohlenabraumhalden in ihrer Wirkung auf die Begrünung und Erodierbarkeit. Ökologie u. Umweltsicherung **4/93**: 1-238.

SCHMEISKY, H. (1977): Reintegration industriegeschädigter Landschaftsteile bei Hessisch-Lichtenau (Kreis Werra/Meißner) unter besonderer Berücksichtigung der Initialflora. Mitt. Erg. Stud. Ökol. Umwelts. (Kassel-Witzenhausen) **1/1977**: 19-35.

- (1979): Vegetationsentwicklung in Versuchsparzellen eines ehemaligen Braunkohlenabbaugebietes bei Hessisch-Lichtenau. Mitt. Erg. Stud. Ökol. Umwelts. **6/1979**: 89-118.

- (1982): Begrünungsversuche im nordhessischen Braunkohlengebiet. Braunkohle **7**: 219-224.

-, WAGNER, K., KUNICK, M. (1990): Rekultivierungsmaßnahmen im ehemaligen Braunkohlentagebau Haarhausen 2 der PreussenElektra AG in Borken (Hessen). Mitt. Erg. Stud. Ökol. Umwelts. (Kassel-Witzenhausen) **9/1990**: 1-68.

SCHRÖDER, H. (1978): Aufschluss, Entwicklung und Rekultivierung des Braunkohlentagebaus Altenburg 4 der Preußischen Elektrizitäts-AG, Abteilung Borken. Braunkohle **34** (7): 215-218.

SCHÜTZ, A. (1984): Eingliederung von Braunkohlentagebauflächen (Zeche Hirschberg/Großalmerode) in die Landschaft. Mitt. Erg. Stud. Ökol. Umwelts. (Kassel-Witzenhausen) **8/1984**: 33-42.

SEILER, E. (1990): Einfluss von Kalken und Rückstandsaschen auf die Kulturfähigkeit von sulfatsauren Tertiärsedimenten des Nordhessischen Braunkohlentagebaus. Mitt. Erg. Stud. Ökol. Umwelts. **18/1990**: 1-177.

STECKHAN, W. (1952): Der Braunkohlenbergbau in Nordhessen. Dissertation zur Erlangung des Grades eines Doktor-Ingenieurs. Hess. Lagerstättenarch. **1**.

STRIGEL, E. (1984): Topfversuch zur Ermittlung optimaler Zugaben einer basischen Asche auf saure Abraumsedimente. Mitt. Erg. Stud. Ökol. Umwelts. (Kassel-Witzenhausen) **8/1984**: 69-81.

VAN ELSEN, T., SCHMEISKY, H. (1990): Pflanzenbestände auf einer Braunkohlen-Abraumhalde bei Hessisch-Lichtenau. Mitt. Erg. Stud. Ökol. Umwelts. (Kassel-Witzenhausen) **9/1990**: 181-193.

WAGNER, K. (1989): Einfluß von Kulturmaßnahmen auf Vegetationsentwicklungen und Nährstoffverhältnisse auf Abraumhalden des Braunkohlenbergbaus im nordhessischen Borken. Mitt. Erg. Stud. Ökol. Umwelts. (Kassel-Witzenhausen): **13/1989**: 1-157.

WAITZ VON ESCHEN, F. FRHR. (2005): Der nordhessische Braunkohlenbergbau 1578-2003. Z. Ver. hess. Gesch. u. Landeskde. **110**: 113-128.

WESTERMANN, W. M. A. (1993): Entwicklung abiotischer Milieufaktoren in einem neu entstehenden See eines ehemaligen Braunkohlentagebaugebietes in Nordhessen. Ökologie u. Umweltsicherung **3/93**: 1-194.

B Steinkohlenbergbau

Einleitung

Martin Heinze

Steinkohle kommt in Deutschland an verschiedenen Orten vor. Überregionale Bedeutung erlangte der Abbau in den Revieren Ruhr, Aachen, Saar, Zwickau, Lugau-Oelsnitz (Lagerstätten aus dem Oberkarbon) und Freital (Lagerstätte aus dem Rotliegenden). Kleinere Abbauorte finden sich bei Plötz-Wettin bei Halle (Lagerstätte aus dem Oberkarbon) sowie Manebach im Thüringer Wald (Luge 2005), Stockheim in Oberfranken, Ilfeld im Südharz und Meisdorf im Nordharz (Lagerstätten aus dem Rotliegenden) (Oelke 1973). Vor allem in den großen Steinkohlenrevieren ist die Landschaft vom Bergbau und seinen Folgeindustrien erheblich verändert worden.

Die Pflanzenwelt einer Bergbaufolgelandschaft wird geprägt von der ursprünglichen Landschaft vor dem Bergbau, von der Einbettung des Bergbaus in diese Landschaft, von der Lagerstätte und dem Kohlentyp und den daraus folgenden Abbauverfahren und der Verarbeitung der Kohle, den Haldentypen der Abprodukte und damit neuen Standorten und von der Besiedlung dieser Standorte mit Pflanzen. Die Besiedlung der durch den Bergbau entstandenen Standorte mit Pflanzen hängt vom spontanen Diasporenangebot der Umgebung und von den zur Rekultivierung eingebrachten Pflanzen ab. Das spontane Diasporenangebot wird von der pflanzengeographischen Region, in der der Bergbau stattfindet, und vom Charakter der umgebenden Kulturlandschaft - städtisch-industriell oder ländlich - bestimmt. So unterscheidet sich das spontane Diasporenangebot im städtisch-industriellen Ballungsgebiet des Ruhrreviers vom Angebot im Wettiner Revier mit ländlicher Umgebung. Welche Pflanzen sich etablieren, bestimmt neben dem Diasporenangebot der Standort der vom Bergbau betroffenen Flächen (Groß- und Geländeklima, Boden) und die menschliche Einwirkung, z. B. Rekultivierungsaktivitäten.

In Bezug auf den Boden der Haldenstandorte tragen alle Steinkohlenreviere ähnliche Züge: Steinkohle hat sich aus Sumpfwäldern in den Senken vor und in dem Varistischen Gebirge im Oberkarbon und Unterperm (Rotliegendes) gebildet (Henningsen & Katzung 2006). Im Zuge der Abtragung dieses Gebirges und der Verfüllung der Senken wurden diese Wälder mit dem Abtragungsschutt bedeckt und konserviert. Die mineralischen Zwischenschichten zwischen den Flözen und die Schichten im Hangenden sind Konglomerate bis Tonschiefer. In den Sedimenten herrschten während und nach der Ablagerung und während der Diagenese und Inkohlung anaerobe, reduzierende Bedingungen. Deshalb ist der Schwefel der ehemaligen Biomasse jetzt in Sulfiden, u. a. Pyrit und Markasit, gebunden. Diese oxidieren, sobald Sauerstoff zutritt, und bilden Schwefelsäure und Sulfate, u. a. mit Schwermetallen. Der Vorgang kann schon während des Abbaus beginnen und setzt sich fort, sobald die Bergemassen an die Erdoberfläche auf die Halde kommen. Er führt stellenweise zu einer starken Versauerung und Schwermetallbelastung der jungen Schiefer-Rohböden und ist einer der Gründe, weshalb diese dort in der Anfangszeit von Pflanzen spontan nicht oder nur zögernd besiedelt werden und auch eine Rekultivierung behindert wird. Nach einer Ablaugungszeit oder auch nach einem Haldenbrand verbessern sich die Lebensbedingungen für die Pflanzen. Diese Erscheinung ist mehr oder weniger in allen Steinkohlenrevieren zu beobachten und trifft auch auf die Halden anderer Abbaue sedimentärer Lagerstätten, wie Braunkohle, Kupferschiefer und sedimentäre Uranlagerstätten, zu.

Weitere Gründe für eine langsame Pflanzenbesiedlung sind das Fehlen von Feinboden, der sich durch Verwitterung erst allmählich bildet, Nährstoff- und Wassermangel und extreme Bodentemperaturen.

Artenbestand und Vegetationseinheiten und ihre Entwicklung können dagegen von Revier zu Revier in Abhängigkeit von den oben genannten Faktoren verschieden sein. Allen gemeinsam ist ihr Pioniercharakter in der Anfangszeit der Besiedlung.

Für die in diesem Kapitel nicht näher behandelten Reviere Aachen und Ibbenbüren sei auf Gloria & Hädicke (1985), Holhorst & Eich (1981) und Schmitz (1997) verwiesen.

Literatur

GLORIA, H.-G., HÄDICKE, M. (1985): Bergewirtschaft und Haldenbegrünung beim Steinkohlenbergwerk Ibbenbüren. Glückauf **121**: 1649-1656.

HENNINGSEN, D., KATZUNG, G. (2006): Einführung in die Geologie Deutschlands. 7. Aufl., Stuttgart.

HOLHORST, D. E., EICH, H.-J. (1981): Haldenbegrünung beim Eschweiler Bergwerks-Verein. Glückauf **117**: 666-670.

LUGE, B. (2005): Kurze Bemerkungen zum Steinkohlenbergbau von Manebach und Kammerberg (Thüringer Wald). Beitr. Geol. Thüringen N. F. **12**: 159-166.

OELKE, E. (1973): Der Bergbau im ehemals anhaltinischen Harz - Ein Überblick. Hercynia N. F. **10**: 77-95.

SCHMITZ, J. (1997): Bemerkungen zur Flora von Halden und Zechenbrachen des Aachener Kohlenreviers. Decheniana **150**: 35-41.

B1 Das Ruhrrevier

PETER KEIL

1 Allgemeines

1.1 Geschichte

Die Anfänge des Bergbaus liegen im südlichen Ruhrgebiet, vor allem im Ruhrtal, wo die Kohle zunächst im Bereich zutage tretender Flöze abgebaut wurde. Die primitive Art des Kohlengrabens lässt sich hier bis in das 13. Jh. zurückverfolgen. Der älteste Hinweis stammt aus dem Jahr 1296, in dem in Dortmund der Sohn eines „colcure" (= Kohlengräber) als Bürger aufgenommen wurde (WIGGERING 1993). Urkundlich belegter Kohleabbau ist seit dem 14. Jh. in der damaligen Grafschaft Mark in Schüren (heute Stadtteil von Dortmund) belegt (PFLÄGING 1978). Der Abbau erfolgte in trichterförmigen Gruben, den so genannten „Pingen". Brunnenartige Gruben wurden auch Pütt (lat. „puteus" = Brunnen oder Grube) genannt, ein Begriff, der sich bis heute als Synonym für „Bergwerk" erhalten hat. Die Kohle wurde dabei so tief abgebaut, bis eindringendes Grundwasser ein weiteres Schürfen unterband (EHSES 2005, PFLÄGING 1978). Bereits im 14. Jh. wurde Steinkohle in Stollen abgebaut und erlangte große Bedeutung für die Schmiedefeuer (WIGGERING 1993). Der Stollenbergbau stellte einen großen Fortschritt dar, da beim Pingenbergbau die Tiefe des Abbaus durch die Lage des Grundwasserspiegels begrenzt wurde. Mit dem Stollenbergbau wurde der tiefste Punkt auf das Niveau des Stollenmundloches herabgesetzt und damit der zu gewinnende Kohlenvorrat vergrößert. Der Stollen diente sowohl der Kohleförderung als auch dem Ableiten des Grubenwassers (Stufe vor den Erbstollen).

Ab dem 16. Jh. wurde der Stollenvortrieb zur Kohleförderung forciert. Dabei trieben die Bergleute die Stollen horizontal in die Berghänge und entwässerten die Gruben über einen tiefer liegenden, häufig als „Erbstollen" bezeichneten Gang. Bei Gruben unterhalb des Vorfluters erfolgte die Entwässerung mit Hilfe von Lasttieren oder durch Menschenhand („Wasserziehen"). Auch die Förderung und der Transport der Kohle wurden sowohl durch Lasttiere als auch von Arbeitskräften geleistet.

Im 18. Jh. begann der preußische Staat den Bergbau an der Ruhr weiter zu strukturieren. Mit der Gründung des Märkischen Bergamtes in Bochum im Jahr 1738 wurde der amtlich kontrollierte Bergbau an der Ruhr eingeleitet. In den nachfolgenden Jahrzehnten florierte der überregionale Handel, so dass gegen Ende des 18. Jh. bereits 158 Zechen im Ruhrrevier etwa 230.000 Tonnen Kohle förderten (SCHULZ & WIGGERING 1991). Im Zeitraum zwischen 1774 und 1780 wurde die Ruhr durch die Errichtung einer Vielzahl an Schleusen schiffbar und konnte als wichtigste Infrastruktureinrichtung der Zeit für den überregionalen Kohletransport genutzt werden. So galt die Ruhr um 1850 als der meist befahrene Fluss Deutschlands.

Erst mit der Erfindung und der Einfuhr der Dampfmaschine gelang das vertikale Abteufen von tiefen Schächten. Ab 1801 war auf der Zeche Wohlgemut in Essen-Kupferdreh die erste Dampfmaschine als Wasserpumpe im Einsatz (PFLÄGING 1978). Somit konnten die natürliche Wasserzufuhr untertage reguliert und durch die Wasserhaltung schließlich größere Tiefen erreicht werden. Bereits 1808 wurde eine Tiefe von 46 m erlangt, 1837 eine Tiefe von 130 m (Zeche

Kronprinz von Preußen). Mit dem Durchbrechen der über dem flözführenden Oberkarbon liegenden Mergelschicht konnten die ergiebigen Kohlenvorräte im Emschertal und weiter im nördlichen Ruhrgebiet erschlossen werden. Damit war gewissermaßen die Geburtsstunde der Montanregion Ruhrgebiet besiegelt (TÖNJES o. J.). Die Kohleförderung entwickelte sich rasant, bereits 1839 erreichte sie die 1. Mio.-Tonnen-Marke, 1853 wurden mehr als 2 Mio. t gefördert. Bis in die 1930er Jahre stieg die Fördermenge mit Unterbrechung in den Jahren des 1. Weltkriegs und der anschließenden Weltwirtschaftskrise kontinuierlich an (Abb. 79). Der 2. Weltkrieg brachte ebenso deutliche Einschnitte in der Kohlenförderung. Der letzte Aufschwung des Ruhrbergbaus ist während des Wirtschaftswunders in den 1950er Jahren zu verzeichnen (Abb. 78), der allerdings mit dem Beginn der Bergbaukrise 1958 abrupt endet. Die Einfuhr von Erdöl und die Nutzbarmachung anderer Energieträger wie der Kernenergie führten zu drastischen Umsatzeinbrüchen, so dass die ersten Zechen geschlossen wurden. Weitere Wirtschaftskrisen in den 1970er und 1980er Jahren führten zu weiteren Stilllegungen. Die Politik begegnete dem über Jahrzehnte hinweg mit Subventionen, die nach dem Bundestagsbeschluss 2007 im Jahr 2018 endgültig auslaufen werden (s. auch FARRENKOPF & SLOTTA 2009). Ab diesem Zeitpunkt wird der aus wirtschaftlichen Gründen nicht mehr tragfähige Ruhrkohlebergbau zum Erliegen kommen.

1.2 Geologie, Naturräumliche Gliederung, Klima

Das Ruhrgebiet liegt naturräumlich betrachtet in einem der interessanten Grenzräume Mitteleuropas. Mit dem Abtauchen des Oberkarbons unter die Schichtenfolge des münsterländischen Kreidebeckens sowie unter die tertiären und quartären Sedimente des Niederrheinischen Tieflandes erreicht das Rheinisch-Westfälische Mittelgebirge mit dem Bergischen Land und dem Sauerland (als Teil der zentraleuropäischen Mittelgebirgsschwelle) den Nordwestrand seiner räumlichen Ausdehnung. Gleichzeitig erstreckt sich nach Nordwesten das Niederrheinische Tiefland und in nordöstlicher Richtung die Westfälische Bucht, die Teilbereiche bzw. Untereinheiten des Norddeutschen Tieflandes darstellen (PAFFEN et al. 1963, KÜRTEN 1970).

Abb. 78: Förderturm der Zeche Prosper-Haniel in Bottrop.

Die für den Ruhrbergbau relevante geologische Schichtenfolge ist die des flözführenden Oberkarbons, das vom Namur C bis zum Westfal C (Sprockhöveler Schichten, Wittener Schichten, Bochumer Schichten) unterteilt wird. Dieses Schichtpaket erreicht eine Mächtigkeit von ca. 3.800 m und ist im südlichen Ruhrgebiet, insbesondere im Ruhrtal z. T. aufgeschlossen (RICHTER 1996). Namhafte bzw. bedeutende Flöze sind z. B. Mausgat, Dickebank oder Finefrau.

Das Klima des Ruhrgebiets unterliegt weitgehend ozeanischen Einflüssen. Im größten Teil des Jahres werden aus westlichen Richtungen Luftmassen herantransportiert, die ein insgesamt ausgeglichenes Klima mit mäßig warmen Sommern und milden Wintern bewirken. Durch die Randlage zwischen dem Tiefland und dem Bergischen bzw. Sauerland sind

Steinkohlenbergbau

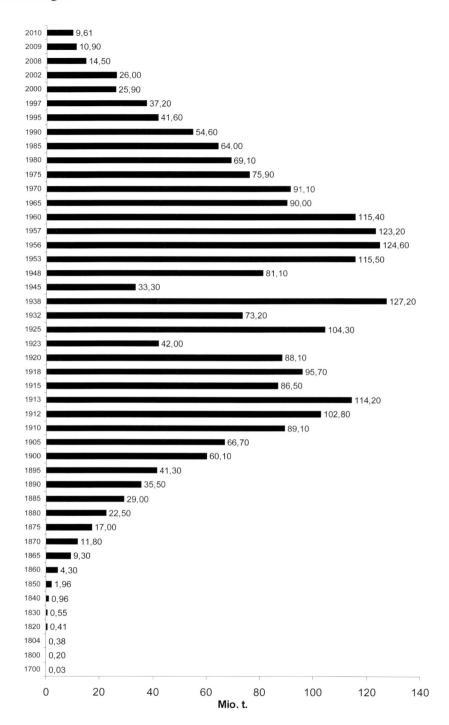

Abb. 79: Jährliche Fördermengen des Ruhrbergbaus seit Beginn des 18. Jahrhunderts
(Quelle: "http://de.wikipedia.org/wiki/Ruhrbergbau" [14.04.2011],
"http://www.kohlenstatistik.de/home.htm" [18.03.2011],
PFLÄGING 1978, SCHULZ & WIGGERING 1991).

lokal auf kurzen Entfernungen deutliche klimatische Unterschiede zu verzeichnen. So steigen im westlichen Ruhrgebiet im Raum Duisburg/Essen aus dem Rheintal ins Bergische Land hinein, dem Geländeanstieg in südöstlicher Richtung folgend, die durchschnittlichen Niederschlagswerte von 750 mm/a im Norden und Nordwesten auf über 930 mm/a im Südosten, während das Tagesmittel der Jahresdurchschnittstemperatur von 10,5 °C auf 9,4 °C absinkt (vgl. MURL 1989).

Abb. 80: Rohe, frisch aufgehaldete Berge. Halde Haniel Bottrop.

1.3 Haldentypen und Massen

Bei der Gewinnung von Steinkohle fällt zwangsweise taubes Gestein, die so genannte Berge an. Die Anteile und Massen sind jedoch je nach Produktions- und Arbeitsprozess im Bergwerk sehr unterschiedlich. Am augenscheinlichsten sind die Berge, die beim Abbau der Flöze, meist beim Herabfallen des hangenden Gesteins mit gefördert werden, darüber hinaus fallen Berge beim Strebvorbau und beim Bau der Schachtanlagen an.

Ein Teil der Berge wird untertage wieder versetzt, ein weiterer Teil wird über Fremdabsatz, z. B. beim Deich- und Straßenbau, für Bahndämme, für die Verfüllung von Auskiesungen oder für die Nivellierung in Bergsenkungsgebieten genutzt. Der Anteil, der keiner Verwendung zugeführt werden kann, wird schließlich aufgehaldet (Abb. 80). Der Bergeanteil bei der Kohleförderung schwankt je nach Lagerstätte und kann grob mit 50 % der Gesamtfördermenge beziffert werden. Im Laufe des vergangen Jahrzehnts konnte der Anteil des aufzuhaldenden Bergematerials prozentual jedoch deutlich verringert werden. Mit dem Rückgang der Förderstandorte und der damit einhergehenden Verringerung der Fördermengen nimmt der Bergeanfall stetig ab. Im Jahr 2011 sind im Ruhrgebiet lediglich drei Förderstandorte produktiv, mit einem geschätzten jährlichen Bergeanfall von zusammen 6,5 Mio. Tonnen (schriftl. Mitteilung CONVENT, RAG Montan Immobilien 2011).

Bedingt durch die räumliche und zeitliche Entwicklung, die so genannte Nordwanderung des Steinkohlenbergbaus im Ruhrgebiet (von Süden in Witten nach Norden in Haltern), und durch geänderte rechtliche Rahmenbedingungen sowie durch die Weiterentwicklung der Schütttechniken entstanden Bergehalden unterschiedlicher Größe, Form und räumlicher Wirkung.

In der frühen Phase der Kohleförderung, bis zu Beginn des 19. Jh. wurden die anfallenden Berge unmittelbar an den Stollenausgängen bzw. in der Nähe der Schächte verkippt. Die Menge an Bergen war aufgrund des oberflächennahen Bergbaus und des geringen Technisierungsgrades noch gering. Dies führte im Ruhrtal z. B. zu hangparallelen Aufhaldungen, die sich durch die spätere Wiederbewaldung in das Landschaftsbild integrierten und heute optisch kaum mehr wahrnehmbar sind.

Erst mit dem tieferen Schachtabbau und dem damit einhergehenden deutlichen Anstieg der Bergemassen wurden größere Halden geschüttet. Die Halden der ersten Generation waren Spitzkegelhalden (Abb. 81) im direkten Umfeld des Bergwerkes, auf denen die Berge zum höchsten Punkt der Halde mittels Bandanlagen bzw. Schrägaufzügen gebracht und dort abgekippt wurde (NEUMANN-MAHLKAU & WIGGERING 1986). Hierdurch waren sie in der maximalen Schütthöhe begrenzt. Charakteristisch für die Spitzkegelhalden waren die steilen Hänge und das Fehlen jeglicher Begrünung. Bedingt durch die Art der Schüttung unterlag das Bergematerial einer Entmischung der Kornfraktionen, auch konnte das Bergematerial bautechnisch nicht verdichtet werden. Im Zusammenspiel mit den in früheren Produktionsjahren relativ hohen Restkohleanteilen im Bergematerial begünstigte diese lockere Schüttung einen hohen Sauerstoffeintrag in die Bergehalden und führte zusammen mit der freigesetzten Umwandlungswärme zu Selbstentzündungen der Kohleanteile, es entstanden Haldenbrände. War eine Halde durchgebrannt, wurde die „rote Asche", die im Inneren der Halde entstand, abgebaut und z. B. als Bodenbelag auf Sportflächen aufgebracht. Durch immer bessere Möglichkeiten der Restkohleverwertung wurde das Abtragen alter Halden zunehmend wirtschaftlich lukrativ, komplette Halden wurden so wieder abgetragen. Halden, die bei Erweiterungen der Betriebsgelände oder in Nachkriegszeiten der städtebaulichen Entwicklung im Wege standen, wurden auf andere Flächen umgelagert oder auf andere Halden umverteilt. Stellenweise wuchsen mehrere Spitzkegelhalden auch zu einer größeren, amorphen Grundform zusammen und verloren so ihr charakteristisches Äußeres. Heute sind Spitzkegelhalden im Ruhrgebiet nicht mehr vorhanden.

Abb. 81: Spitzkegelhalde (CONVENT, RAG Montan Immobilien 2011).

Mit weiter steigenden Bergemassen und zunehmendem Platzmangel begann eine Haldenbewirtschaftung, die zunächst eine zweite Generation an Halden, die Tafelberge (Abb. 82), hervorbrachte. Hierbei wurden die Berge Schicht für Schicht terrassenförmig aufgetragen und verdichtet. Charakteristisch sind die strengen, klaren Konturen und die erkennbare Gliederung einzelner Schüttscheiben durch die Anlage von Bermen. Insgesamt sind die Tafelberge deutlich höher als Spitzkegelhalden und nehmen größere Flächen in Anspruch. Diese Tafelberge sind die klassischen Halden des mittleren Ruhrgebietes (Beispiel Halde Beckstraße in Bottrop mit Tetraeder).

Abb. 82: Tafelberg (CONVENT, RAG Montan Immobilien 2011).

In den 1970er Jahren mehrte sich durch wachsendes Umweltbewusstsein der Protest in der Bevölkerung gegen diese durch ihre harten Konturen wie Fremdkörper in der flachen Landschaft der Emscherzone liegenden Halden. Schließlich führte die Forderung nach einer landschaftsgerechten Gestaltung (Berücksichtigung von gestalterischen und ökologischen Aspekten) sowie der Wunsch, die Flächen ebenso der Naherholung zur Verfügung zu stellen, zu der Entwicklung der dritten Haldengeneration: den Landschaftsbauwerken (SCHULZ & WIGGERING 1991, Abb. 83). 1970 zählte der Siedlungsverband Ruhrkohlenbezirk (heute Regionalverband Ruhr) 170 Halden im Ruhrgebiet (s. z. B. Tab. 8; SCHULZ & WIGGERING 1991).

Abb. 83: Landschaftsbauwerk (CONVENT, RAG Montan Immobilien 2011).

Charakteristisch für solche Landschaftsbauwerke ist die ansprechende Gestaltung und Integration in die umgebende Landschaft. Die Künstlichkeit des technischen Bauwerkes Abraumhalde soll weitestgehend kaschiert werden. Hierfür sorgen eine anspruchsvolle Begrünung (Abb. 84), weniger steile und mit wechselnder Neigung gestaltete Böschungen sowie beispielsweise die Anlage künstlicher Wasserflächen. Diese Intention findet Ausdruck in den Richtlinien für die Zulassung von Bergehalden aus dem Jahr 1984 (LOBA-Richtlinie), die hierzu ausführt: „Halden sollen großflächig in möglichst natürlichen Formen angelegt werden, um bei gleichzeitiger optimaler Bergeunterbringung eine Eingliederung in die Landschaft zu ermöglichen." Im Rahmen der Internationalen Bauausstellung IBA Emscher Park erfolgten in den 1990er Jahren Experimente mit neuen Nutzungsformen und die Entwicklung künstlerisch gestalteter Standorte. Neben Kunstinstallationen wie z. B. der Bramme von Serra auf der Schurenbachhalde in Essen oder der Himmelsleiter von Herman Prigann auf der Halde Rheinelbe in Gelsenkirchen entstanden auch Objekte wie das Bergtheater auf der Halde Haniel und das Alpin Center auf der Halde Prosperstraße, beides in Bottrop.

Abb. 84: Begrünte Halde Kissinger Höhe in Hamm (Foto: Regionalverband Ruhr Luftbildarchiv).

Tab. 8: Halden im Besitz des Regionalverbandes Ruhr (RVR). 1985 übernahm der RVR die Halde Gärtnerbecken in Dinslaken. Mittlerweile befinden sich 33 Bergehalden mit über 1.000 Hektar Fläche im Besitz des Verbandes (Quelle: RVR-Online.de).

* Jahr des Erwerbs, ** Fläche in Hektar, *** Höhe über Gelände in Meter

Bergehalden im Besitz des Regionalverbandes Ruhr				
Halde	**Stadt**	**Erwerb***	**Größe***	**Höhe***
Beckstraße	Bottrop	1994	33	77
Gotthelf	Dortmund	1994	6	32
Eickwinkel	Essen	1987	7	30
Schurenbach	Essen	1999	50	65
Zollverein 1/2	Essen	1988	4	18
Rheinelbe	Gelsenkirchen	ab Ende 2009	19	35
Zollverein 4/11	Gelsenkirchen	1993	44	41
Sachsen	Hamm	2000	17	19
Kissinger Höhe	Hamm	2001	50	53
Königsgrube	Herne	1987	13	15
Mont Cenis I/II	Herne	1989	8	24
Pluto	Herne	ab Ende 2009	13	37
Voßnacken	Herne	1988	11	14
Roland	Oberhausen	1993	6	10
Solbad	Oberhausen	1988	4	15
Kreis Recklinghausen				
Schwerin	Castrop-Rauxel	1989	16	28
Halde 19	Gladbeck	1987	18	31
Halde 22	Gladbeck	2001	30	32
Rheinbaben	Gladbeck	1986	30	26
Hoheward	Herten/Recklinghausen	2006	175	128
Hoppenbruch	Herten	1995	78	91
Brassert	Marl	1999	37	50
Ewald-Fortsetzung	Oer-Erkenschwick	2007	46	23
General Blumenthal	Recklinghausen	1988	9	5
Kreis Unna				
Großes Holz	Bergkamen	2006	144	63
Monopol	Bergkamen	1988	21	36
Werne III	Bergkamen	1991	11	20
Minister Achenbach	Lünen	1988	17	50
Preußen	Lünen	1994	14	16
Victoria	Lünen	1999	20	29
Massen	Unna	2003	8	10
Kreis Wesel				
Gärtnerbecken	Dinslaken	1985	23	19
Rheinpreußen	Moers	2001	52	41
Pattberg	Moers	1997	48	62
Norddeutschland	Neukirchen-Vluyn	2003	92	60

Aufgehaldete Berge stellen wegen ihrer speziellen physikalischen und chemischen Eigenschaften eine besondere Herausforderung für Flora und Vegetation dar (Tab. 9). Je nach Herkunft des Bergematerials liegen in unterschiedlichen Mengenanteilen Schiefertone, Sandschiefer und Sandsteine sowie Brandschiefer und Kohle vor (KERTH & WIGGERING 1991). Analog der Korngröße des Materials sind dabei die Bezeichnungen Grobberge (10-120 mm), Feinberge (0,75-10 mm) und Flotationsberge (< 0,75 mm) gebräuchlich (SCHULZ & WIGGERING 1991). Durch das Fehlen eines organischen Auflagehorizontes sind die Haldenoberflächen extrem nährstoffarm. Für die Besiedlung der Flächen durch Pflanzen sind insbesondere die Faktoren Wasserhaushalt, Oberflächentemperatur sowie die bodenchemischen Eigenschaften (pH-Werte, Salzgehalt) von Bedeutung. Die dunklen Substrate führen bei starker Sonneneinstrahlung zu Oberflächentemperaturen von > 60 °C, die starke Verdichtung führt dazu, dass Niederschlagwasser lediglich im geringen Umfang versickert und so überwiegend oberflächlich abfließt. Die Korngrößenzusammensetzung des Bergematerials bedingt darüber hinaus eine nur geringe Wasserspeicherkapazität. In flachen Mulden und Reifenspuren sammelt sich Niederschlagswasser, welches je nach Witterung z. T. wochenlang verbleiben kann und entsprechenden Lebensraum für amphibisch lebende Arten bietet (KEIL et al. 2007a).

Ein besonderes Phänomen ist die Veränderung des pH-Wertes während der Verwitterung der Berge. Die frisch geschütteten Berge besitzen leicht basische bis leicht saure (pH 6-8) Eigenschaften. Mit der einsetzenden Oxidation von Pyrit (Eisensulfid) sinkt der pH-Wert im Laufe von wenigen Jahren auf stark saure Werte (um pH 3). Dies führt dazu, dass pflanzentoxische Aluminiumionen freigesetzt und pflanzenverfügbare Nährstoffe (z. B. Calcium, Kalium, Magnesium) ausgewaschen werden (NEUMANN-MAHLKAU & WIGGERING 1986, KERTH & WIGGERING 1991).

Zudem werden aus dem Bergematerial Sulfate und Kochsalz (Natriumchlorid) ausgespült, die bei hoher Konzentration, z. B. bei lokaler Ansammlung am Haldenfuß, teils zu salzhaltigen Standortbedingungen führen. Hier siedeln u. U. salztolerante Pflanzenarten - Halophyten (KEIL et al. 2007a).

Tab. 9: Chemische Vollanalyse frischer Grob-, Fein- und Flotationsberge von 16 Schachtanlagen des Ruhrgebietes (Durchschnittswerte in %) (aus: KERTH & WIGGERING 1991).

	Grobberge	**Feinberge**	**Flotationsberge**
SiO_2	51,8	47,5	35,5
TiO_2	1,0	0,9	0,7
Al_2O_3	20,7	20,7	16,5
Fe_2O_3	6,1	6,8	6,0
MnO	n. b.	n. b.	n. b.
MgO	1,6	1,4	1,2
CaO	0,4	0,8	1,4
Na_2O	0,8	0,7	0,6
K_2O	3,6	3,6	2,8
GV	13,4	16,7	33,4

GV = Glühverlust

1.4 Schütttechnik, Regeln für die Anlage von Bergehalden

Die Richtlinien für die Zulassung von Bergehalden im Bereich der Bergaufsicht (LOBA-Richtlinie) regelt als gesetzlicher Rahmen, dass für die Errichtung einer Halde ein Betriebsplan einzureichen ist, der unter anderem Angaben zur Gestaltung, Begrünung (Rekultivierung), zum Schutz des Grund- und Oberflächenwassers, zur Beschaffenheit des Schüttgutes, zur Standsicherheit, zum Themenkomplex des Kleinklimas und zum Bergetransport beinhaltet. Auch Anforderungen an den Schüttvorgang als solchen werden definiert.

Im Folgenden sind die einzelnen Schüttphasen schematisch dargestellt (Abb. 85-88):

1984, CONVENT, RAG Montan Immobilien 2011).

Zunächst wird ein Randwall mit einer maximalen Höhe von 12 Metern gegenüber dem umgebenden Gelände aufgebaut. Die Böschungsneigungen können variieren, sind aber nicht steiler als 1:2 und selten flacher als 1:4. Der Randwall wird in der Regel auch aus Bergematerial aufgebaut und lagenweise verdichtet, da er im Rahmen der sich anschließenden Schüttphase ausreichend tragfähig für eine Befahrung mit LKW/SKW sein muss.

Abb. 86: Zweite Phase der Haldenschüttung mit dem Schüttbetrieb der Phase 1 und dem Aufbau der Randbereiche für die 2. Schüttphase (verändert nach LOBA 1984, CONVENT, RAG Montan Immobilien 2011).

Die eigentliche Schüttung erfolgt lagenweise in Mächtigkeiten von 0,50 bis 2,0 Metern bis ca. 4 Meter unterhalb der Krone des Randwalls. Somit werden die Auswirkungen auf die Umgebung (Staub, Lärm, Verkehr) abgeschirmt und minimiert. Die Verdichtung des abgeladenen Bergematerials erfolgt zum Einen durch die Achslast der Fahrzeuge, zum Anderen durch die Kettenübergänge der das Material einschiebenden Raupen und den Einsatz entsprechender Walzenzüge. Die jeweils nächste Schüttphase wird dadurch vorbereitet, dass wiederum ein Randwall oberhalb des Ersten aufgebaut wird. Es werden Bermen mit einer Breite von mindestens 4 Metern profiliert. Die Bermen erhalten eine Neigung zum Hang hin und einen an der Innenseite liegenden Entwässerungsgraben.

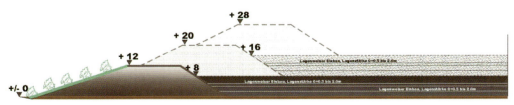

Abb. 87: Dritte Phase der Haldenschüttung mit dem Schüttbetrieb der Phase 2 und dem Aufbau der Randbereiche für die 3. Schüttphase sowie mit der Rekultivierung des Randwalls (CONVENT, RAG Montan Immobilien 2011).

Diese weiteren Schüttphasen werden analog zum beschriebenen Prozess aufgefahren. Sinnvolle Teilabschnitte werden unmittelbar nach Fertigstellung gemäß den Vorgaben eines Rekultivierungsplans (Bestandteil des Betriebsplans) begrünt.

Die Flächeninanspruchnahme einzelner Haldenstandorte, die Höhe der Halden gegenüber der Umgebung und damit einhergehend das Haldenvolumen können stark differieren. So

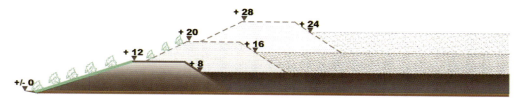

Abb. 88: Vierte Phase der Haldenschüttung mit dem Schüttbetrieb der Phase 3 sowie mit der Rekultivierung des Randwalls der 2. Phase (verändert nach LOBA 1984, CONVENT, RAG Montan Immobilien 2011).

umfasst die Halde Humbert in Hamm lediglich eine Grundfläche von 9 ha bei einer Höhe von ca. 34 Metern gegenüber der Umgebung und hat ein Gesamtvolumen von 1,5 Mio. m³. Die größte Halde im Ruhrgebiet, der Haldenkomplex Hoheward in Recklinghausen, hat eine zugelassene Grundfläche von 163 ha bei einer Höhe von 100 Metern gegenüber der Umgebung und ein Volumen von 83 Mio. m³.

1.5 Begrünung

Über Jahrhunderte hinweg wurden die Halden sich selbst überlassen, erst gegen Ende des 19. Jh. begann die planmäßige Begrünung. Bei anfänglichen standortbedingten Schwierigkeiten mit der Auswahl geeigneter Gehölze wurden z. B. um 1900 im Bereich der Halde der Zeche Zollverein in Essen-Katernberg gute Erfolge mit Birken (*Betula pendula*) und Robinien (*Robinia pseudoacacia*) erzielt. Auch erkannten die Planer bereits zu diesem frühen Zeitpunkt den Wert der Halden als Ort der Naherholung (SCHULZ 1991). In den 1950er Jahren begann der damalige Siedlungsverband Ruhrkohlenbezirk (heute Regionalverband Ruhr) mit der systematischen Begrünung. Um den Anwuchserfolg der Gehölze zu optimieren, wurde auf der Haldenoberfläche eine 25-50 cm mächtige Schicht kulturfähigen Bodens aufgetragen (Abb. 89). Ebenso wurde die Vielfalt an Gehölzarten erhöht. Gepflanzt wurden z. B. Schwarz- und Grau-Erlen (*Alnus glutinosa, A. incana*), Rot-Eichen (*Quercus rubra*), Robinien, Spitz- und Berg-Ahorn (*Acer platanoides, A. pseudoplatanus*), Zitter-Pappel (*Populus tremula*), Sanddorn (*Hippophaë rhamnoides*), Weißdorn (*Crataegus* div. spec.) u. a. Der geringmächtige Auflage-Horizont hatte jedoch zur Folge, dass die Gehölzarten nur flach wurzelten und es infolgedessen häufig zu Windwurf und Trockenschäden kam. In den 1970er Jahren begannen Forschungsvorhaben, um die Situation dauerhaft zu verbessern und wirtschaftlich effizienter zu gestalten. Wesentliche Aspekte sind hierbei die Bodenverbesserung (Entgegenwirken der Versauerung, Verbesserung des Nährstoffhaushaltes) sowie die Auswahl geeigneter Pflanzenarten (CAMPINO & ZENTGRAF 1991). Zunächst folgte eine artenreiche Grünlandeinsaat mit entsprechenden Nährstoffgaben sowie Kalk und ggf. eines Bodenfestigers. In den Folgejahren beginnt dann die Aufforstung der Halde mit unterschiedlichen Baum- und Straucharten. Alternativ wurde in den 1980er Jahren ein Verfahren der Begrünung auf der Grundlage der natürlichen Sukzession entwickelt (JOCHIMSEN 1986, JOCHIMSEN et al. 1995). Hierbei wurden die Erkenntnisse der Vegetationskunde bei der Begrünung stärker berücksichtigt. Die Annahme stützt sich auf wissenschaftliche Erkenntnisse, dass Ruderalarten besonders an die Standortbedingungen der Halden angepasst sind und somit unmittelbar die Sukzession einleiten. Das einzubringende Saatgut enthielt entsprechend weniger Grünlandarten, vielmehr wurden aus der Gruppe trockener Hochstaudengesellschaften (Verband der Steinkleefluren - Dauco-Melilotion) Arten ausgewählt und zusammen mit Nährstoffgaben auf die Flächen ausgebracht.

Ab 1985 übernahm der Regionalverband Ruhr einen großen Teil der Halden in seine

Obhut und integrierte sie überwiegend als Naherholungsgebiete in das bestehende Netz der regionalen Grünzüge im Ruhrgebiet (s. Tab. 8).

Abb. 89: Rekultivierte Halde Pluto in Herne. Aufgehaldete Berge mit kulturfähigem Boden übererdet und aufgeforstet (Foto: BSWR).

1.6 Bergbaufolgelandschaft

Die verringerte Nachfrage nach Steinkohle seit Ende der 1950er Jahre sowie die Wirtschaftskrisen seit den 1970er Jahren haben zu einem rasanten Zechensterben geführt. Zusammen mit den durch die Stahlkrisen stillgelegten Stahlwerken entstand so in wenigen Jahrzehnten eine enorm große Fläche an Industriebrachen. Im Zuge des einsetzenden Strukturwandels konnte für einen Teil dieser Brachflächen eine Umnutzung in Form von Gewerbe, Wohnbau oder Einzelhandel erreicht werden. Ein Grossteil der Flächen war jedoch nicht vermarktbar. Bis Mitte der 1990er Jahre stieg so im gesamten Ruhrgebiet, mit Schwerpunkt in der Emscherzone, der Anteil an Brachflächen auf 10.000 ha an

(WEIß 2003b). Für diesen wirtschaftspolitischen und städtebaulichen Problemraum wurde von 1989 bis 1999 die Internationale Bauausstellung Emscherpark (IBA) durchgeführt, welche die ökonomische, ökologische und soziale Erneuerung im Ruhrgebiet in breiter Front angestoßen und z. T. auch vollzogen hat. Neue Wohnformen, Technologie- und Gründerzentren sowie Parkanlagen (Landschaftspark Duisburg-Nord, Jahrhunderthalle in Bochum) und Landmarken entstanden auf den Flächen ehemaliger Industriestandorte. Diese Erfahrungen, die im Rahmen der IBA gesammelt wurden und im heutigen Emscher Landschaftspark (ELP) fortgeführt werden, haben europaweiten Modellcharakter. Mit einer Fläche von etwa 450 km² vereinigt der Emscher Landschaftspark im ehemaligen Verdichtungsraum der Schwerindustrie im nördlichen Ruhrgebiet verschiedene Freiräume zu einem „Park". Darin enthalten sind Regionale Grünzüge, Revierparks, Bereiche mit vorindustrieller Kulturlandschaft sowie industrielle und postindustrielle Flächen. In diesem Zusammenhang wurden auch ehemalige Zechen- und Kokereibrachen sowie Haldenstandorte im Rahmen so genannter Leuchtturmprojekte entwickelt (REGIONALVERBAND RUHR 2010). Hierzu zählen das Welterbe Zeche Zollverein in Essen, die ehemalige Kokerei Hansa in Dortmund, die Halde Hoheward in Herten, die Halde Rheinelbe in Gelsenkirchen sowie die Halde Beckstraße mit dem Tetraeder in Bottrop (Abb. 90). In der vom Regionalverband Ruhr betriebenen „Route Industriekultur" (52 Stationen) und „Route Industrienatur" (16 Stationen) sind solche besonders prominente ehemalige Industrieanlagen, Zechenbrachen und Haldenstandorte Gegenstand intensiver Öffentlichkeitsarbeit und Umweltbildung. Für Flächen der Route Industrienatur wird darüber hinaus ein vielfältiges naturkundliches Exkursionsprogramm angeboten (EHSES et al. 2009).

Seit einigen wenigen Jahrzehnten rücken die Brachflächen in den Blick der freilandbiologischen Forschung und der naturschutzfachlichen Bewertung. So sind neben umfänglichen wissenschaftlichen Abhandlungen auch Projekte initiiert worden, die insbe-

Abb. 90: Kunstobjekte auf Halden als Landmarken. Der Tetraeder auf der Halde Beckstraße in Bottrop (Foto: B. Brosch).

sondere den Erhalt der industrietypischen Flora und Fauna zur Aufgabe haben. Ein Beispiel hierfür ist das Industriewaldprojekt (s. u.), welches die Entwicklung der Vorwälder auf den Brachen bei gleichzeitiger Nutzung für die naherholungssuchende Bevölkerung vorsieht (WEIß 2003a, b). Innerhalb der Parkpflegewerke für Flächen im Emscher Landschaftspark werden Pflege- und Entwicklungsmaßnahmen nach ökologisch orientierten Zielsetzungen umgesetzt.

In den letzten Jahren wurde jedoch deutlich, dass insbesondere die Offenland-Brachflächen des Ruhrgebiets eine hohe naturschutzfachliche Bedeutung aufweisen (KEIL et al. 2007a, BROSCH et al. 2008). Für den Naturschutz ergibt sich derzeit eine Handlungsdringlichkeit, da die Flächen nicht nur von weiteren Umgestaltungs- oder Bebauungsplänen betroffen sind, sondern ebenso Offenland- und Rohbodenflächen zusehends durch die fortschreitende Bewaldung dezimiert werden. Diese Entwicklung ist ab einem gewissen Grad aufgrund der Bodenbildung und Durchwurzelung irreversibel, und zudem sind entsprechende Maßnahmen zur Wiederherstellung von offenen Flächen dann sehr aufwändig. Entsprechende Ansätze, den zukünftigen Umgang mit den Brachflächen an Naturschutzzielen auszurichten, sind aktuell in Planung (BROSCH et al. 2008, BROSCH & KEIL 2011).

Eine problematische Folge der Abbautätigkeiten sind Bergsenkungen. Die Hohlräume im Deckgebirge, die durch den Abbau von Kohle und der Entnahme von Berge entstehen, brechen nach kurzer Zeit ein und die Senkung der Gesteinsmasse setzt sich bis zur Oberfläche fort, so dass häufig ein Senkungstrichter entsteht (vereinfacht dargestellt). In Gebieten mit grundwassernahen Flurabständen, wie dem nördlichen Ruhrgebiet, führt dies zwangsweise zu Vernässungen sowie zu Überflutungen. Um dies im besiedelten Bereich einzudämmen, ist ein Netz von Pumpwerken notwendig, welches die Flächen dauerhaft entwässert. Betroffene Fließgewässer werden eingedeicht bzw. in ihrem Verlauf

Steinkohlenbergbau

den neuen Gegebenheiten angepasst. In siedlungsfernen Gebieten wird der Wasseranstieg z. T. zugelassen, so dass sich hier so genannte Bergsenkungsseen entwickeln können (Abb. 91).

Abb. 91: Durch Bergsenkung entstandener dauerhafter Vernässungsbereich (Bergsenkungssee) in der Kirchheller Heide in Bottrop (Foto: R. Fuchs).

2 Besiedlung mit Pflanzen

2.1 Biogeographische und naturschutzfachliche Bedeutung der Flora auf Bergehalden und Zechenbrachen

Die Grenzlage des Ruhrgebietes im Übergang des Mittelgebirges zum Tiefland ist in hohem Maße von biogeographischer Bedeutung, da hier naturgemäß eine Vielzahl von Arten eine natürliche (Teil-)Arealgrenze erreicht (s. FUCHS & KEIL 2008, HAEUPLER 2003). Überlagert werden diese naturräumlichen Gegebenheiten von den Einflüssen des Ballungsraumes Ruhrgebiet, der in seiner räumlichen Erstreckung genau diesen Grenzraum ausfüllt.

Die hohe Vielfalt unterschiedlicher Lebensräume auf engem Raum macht das Ruhrgebiet zu einem regionalen „Hotspot" der Biodiversität in der Bundesrepublik. So kommen beispielsweise von den rund 4.200 Blütenpflanzensippen Deutschlands allein 1.500 im Ruhrgebiet vor (BROSCH et al. 2008, KEIL et al. 2007b). Dies sind nahezu drei Viertel der im Bundesland NRW beheimateten Arten. Die extremen Lebensbedingungen der urban-industriellen Standorte haben zur Etablierung von bemerkenswerten Pflanzenarten geführt, die ursprünglich aus wärmebegünstigten Gebieten stammen. Viele dieser Arten weisen hier die größten Vorkommen außerhalb ihres natürlichen Areals auf und gelten deshalb als Charakterarten des Ruhrgebietes, wie z. B. Unterbrochener Windhalm (*Apera interrupta*), Klebriger Alant (*Dittrichia graveolens*) und Klebriger Gänsefuß (*Chenopodium botrys*). Darüber hinaus existiert eine bemerkenswert hohe Zahl an gefährdeten Pflanzenarten. Dabei handelt es sich um Arten, die sowohl für das Land Nordrhein-Westfalen als auch bundesweit auf der Roten Liste geführt werden.

Innerhalb der Flora der Halden und Zechenbrachen sind als Beispiele zu nennen: Nelken- und Frühe Haferschmiele (*Aira caryophyllea, A. praecox*), Kleines Filzkraut (*Filago minima*), Quirlige Knorpelmiere (*Illecebrum verticillatum*), Buntes Vergissmeinnicht (*Myosotis discolor*) und Büschel-Nelke (*Dianthus armeria*). Außerdem zählen hierzu zahlreiche in Nordrhein-Westfalen gefährdete Arten wie u. a. Steinquendel (*Acinos arvensis*) und Silber-Fingerkraut (*Potentilla argentea*) (siehe auch GAUSMANN et al. 2004).

Einen guten Überblick über die vorhandenen floristisch-vegetationskundlichen und biozönologischen Bearbeitungen der Bergbaufolgelandschaft im Ruhrgebiet findet sich in den Arbeiten von REIDL (1989), DETTMAR (1992), KEIL & VOM BERG (2002), GAUSMANN et al. (2004) sowie KEIL & LOOS (2004), KEIL et al. (2007a), GAUSMANN et al. (2007).

2.2 Vegetation und Diasporenangebot der Umgebung

Die älteren Bergehalden im südlichen und mittleren Teil des Ruhrgebiets sind z. T. vollständig von Siedlungsbereichen umschlossen oder liegen in Wäldern der Hangbereiche des Ruhrtales eingebettet. Jüngere Halden, vor allem im Norden des Ruhrgebietes, sind z. T. in landwirtschaftlich geprägten Bereichen entstanden oder liegen auf Flächen ehemaliger Moor- und Waldstandorte. Entsprechend ist das Diasporenangebot für die Besiedlung der Halden sehr vielseitig. Neben den Diasporen der Arten der land- und forstwirtschaftlich geprägten Kulturlandschaft finden sich auch solche der Ruderalvegetation urban-industrieller Biotope. Hierzu zählt vor allem eine Vielzahl neophytischer bzw. industrieophytischer Arten (s. DÜLL & KUTZELNIGG 1987 KEIL & LOOS 2002, 2004, KEIL et al. 2007a, KEIL et al. 2008). Eine große Bedeutung hinsichtlich des Diasporenangebotes kommt den großen Flussauen von Rhein, Ruhr und Lippe sowie den Ufern der Schifffahrtskanäle zu, da insbesondere in der Ruderalvegetation, aber auch bei den Pioniergehölzen der Halden eine hohe Anzahl von Arten der Auen zu beobachten ist.

2.3 Natürliche Sukzession

Die natürliche Sukzession folgt im Wesentlichen räumlichen und zeitlichen Gradienten (Tab. 10). Das bedeutet je nach Alter bzw. abhängig von den jeweils vorherrschenden Standortbedingungen findet sich eine andere Vegetation ein. So bedingen u. U. kleinsträumliche Standortunterschiede und unterschiedlich alte Entwicklungsstadien in räumlicher Nähe ein differenziertes Muster unterschiedlicher Vegetationseinheiten und Sukzessionsphasen auf derselben Fläche.

I Zeitliche Gradienten

Pionierphase

Die Erstansiedlung von Moos- und Flechtenarten, insbesondere auf stark verdichteten Substraten, erleichtert die Ansammlung von lockeren Feinsubstraten und Rohhumus, welche, vom Wind verdriftet, in den Moos- und Flechtenpolstern sedimentieren.

Die Vegetation bleibt zunächst lückig. Bodenbildungsprozesse setzen ein und bilden die Grundlage für die weitere Vegetationsentwicklung. Häufige Moosarten sind Purpurstieliges Hornzahnmoos (*Ceratodon purpureus*) oder Glashaar-Haarmützenmoos (*Polytrichum piliferum*). Es folgen einjährige, recht unscheinbare und niedrigwüchsige Gefäßpflanzenarten wie Dreifinger-Steinbrech (*Saxifraga tridactylites*) (Abb. 92), Hügel-Vergissmeinnicht (*Myosotis ramosissima*), Frühlings-Hungerblümchen (*Erophila verna*) oder Kleines Filzkraut. Trockene Bereiche, sogar Asphaltdecken, werden von Sukkulenten wie der Weißen Fetthenne (*Sedum album*) und dem Scharfen Mauerpfeffer (*Sedum acre*) besiedelt. Solche Bestände erinnern in ihrer Zusammensetzung an Sandtrockenrasen (Sedo-Scleranthetea). Wechselfeuchte Standorte, z. T. mit temporären, flachen Gewässern über verdichteten Rohböden, bieten einer Reihe von Pflanzen, die auf nahezu vegetationsfreie, mäßig bis stark stickstoffarme, amphibische Schlammufer angewiesen sind, einen Lebensraum. Charakterart dieser Bereiche ist das Kleine Tausendgüldenkraut (*Centaurium pulchellum*), welches innerhalb von NRW einen deutlichen Verbreitungsschwerpunkt auf

Bergehalden und Zechenbrachen des Ruhrgebiets besitzt. Schließlich folgen Gräser wie Dach-Trespe (*Bromus tectorum*) sowie Unterbrochener Windhalm und weitere Blütenpflanzen wie Klebriger Alant (s. oben), Gewöhnlicher Natternkopf (*Echium vulgare*) und Schmalblättriges Greiskraut (*Senecio inaequidens*), die den Übergang zur Hochstaudenphase einleiten.

Abb. 92: Frühe Besiedlung von Rohböden und Sonderstandorten durch den Dreifinger-Steinbrech (*Saxifraga tridactylites*).

Vegetationskundlich können in dieser frühen Phase der Besiedlung eine Vielzahl unterschiedlicher Syntaxa festgestellt werden, von denen die folgenden zu den typischen und häufigeren Gesellschaften zählen. Die Purpurstielige Hornzahnmoos-Gesellschaft (*Ceratodon purpureus*-Dominanzgesellschaft) sowie die Fingersteinbrech-Platthalm-Rispengras-Gesellschaft (*Saxifraga tridactylites*-*Poa compressa*-Gesellschaft) gehören zu den ersten, z. T. großflächig siedelnden Pioniergesellschaften, die je nach Witterung (Moosgesellschaft) oder Jahreszeit die noch weitestgehend offenen (meist grauen) Haldenflächen in einen imposanten gelblich bis weiß-rötlichen Teppich einhüllen. Weniger auffallend sind die Sumpfkresse-Hirschsprung-Gesellschaft (Rorippo-Corrigioletum littoralis Malcuit 1929), die Trittrasengesellschaft der Roten Schuppenmiere (Rumici-Spergularietum rubrae Hülbusch 1973), die Mastkraut-Silberbirnmoos-Trittgesellschaft (Sagino procumbentis-Bryetum argentei Diemont et al. 1940) sowie die Schuppenmieren-Knorpelkraut-Gesellschaft (Spergulario-Illecebretum verticillati (Diemont et al. 1940) Sissingh 1957), die in kleinflächiger oder fragmentarischer Ausprägung nur dem geübten Vegetationskundler ins Auge fallen (s. auch VOGEL 1997). Gemeinsames Kennzeichen dieser Gesellschaften ist der hohe Anteil an Therophyten sowie die ausgesprochene Kleinwüchsigkeit der meisten Arten, die i. d. R. nur wenige cm, selten mehr als 30 cm Wuchshöhe erreichen und einen hohen Anteil an „kriechenden" Arten enthalten (z. B. Hirschsprung, Liegendes Mastkraut, Kahles Bruchkraut, Rote Schuppenmiere oder Knorpelkraut). Mit der Dach-Pippau-Salzschwaden-Gesellschaft (*Crepis tectorum*-*Puccinellia distans*-Gesellschaft), der Klebrigen Alant-Geruchlosen Kamille-

Gesellschaft (*Dittrichia graveolens-Tripleurospermum perforatum*-Gesellschaft) (Abb. 93) sowie der Gesellschaft des Klebrigen Gänsefußes (Chaenorrhino-Chenopodietum botryos Sukopp 1971) (Abb. 94) treten innerhalb der Pioniergesellschaft allerdings auch auffälligere, höher wüchsige Arten auf, die im Dominanzbestand, so zum Beispiele beim Klebrigen Alant, aspektbestimmend sein können. Der wärmeliebende Klebrige Alant aus dem Mittelmeerraum galt seit seinem erstmaligen Auftreten im Ruhrgebiet im Jahre 1983 als die typische Leitart dieser Region und als Indikator für die wärmebegünstigte Lage des Ballungsraumes. Seine Vorkommen waren bis Ende der 1990er Jahre noch streng an Industriebrachen gekoppelt. Mittlerweile breitet sich die Art entlang von Autobahnen aus. Die einjährige Asteracee wirkt im Spätsommer in Massenbeständen auf Besucher nicht nur durch die gelbe Blütenfarbe, sondern insbesondere durch den von ihr ausgehenden aromatischen Duft (nach Kampfer), der durch freigesetzte ätherische Öle entsteht.

Abb. 94: Pioniergesellschaften, hier ein Fragment der Gesellschaft des Klebrigen Gänsefußes (Chaenorrhino-Chenopodietum botryos Sukopp 1971) auf dem ehem. Kohlelager Waldteichgelände in Oberhausen (Foto: L. Trein).

Abb. 93: Schüttere Vegetation im Spätsommeraspekt mit Klebrigem Alant (*Dittrichia graveolens*) (Foto: BSWR).

Ein im Dominanzbestand ebenfalls auffälliges Erscheinungsbild bietet das erst seit den 1980er Jahren im Ruhrgebiet in Ausbreitung befindliche, aus Südafrika stammende Schmalblättrige Greiskraut. Seine namensgebende Gesellschaft (*Senecio inaequidens*-Gesellschaft) ist zwar heute auf Bergehalden und Zechenbrachen des Ruhrgebietes weit verbreitet, jedoch nicht auf solche Standorte beschränkt und findet sich ebenfalls häufig an Straßenrändern und auf weiteren Brachflächen.

Mit der Dach-Pippau-Salzschwaden-Gesellschaft (*Crepis tectorum-Puccinellia distans*-Gesellschaft) und der Unterbrochener Windhalm-Sand-Quendelkraut-Gesellschaft (*Apera interrupta-Arenaria serpyllifolia*-Gesellschaft) sind auch zwei durch Grasarten charakterisierte Pioniergesellschaften auf Halden regelmäßig anzutreffen, die im Ruhrgebiet ebenso wie die häufige Bergweidenröschen-Ruprechtskraut-Saumgesellschaft (Epilobio-Geranietum robertiani Lohmeyer ex Görs et Th. Müller 1969) allerdings eine engere Bindung an Bahnbrachen aufweisen.

Der Primärlebensraum vieler dieser Pioniergesellschaften, so auch der Graugänsefuß-Basalgesellschaft (Chenopodion glauci-Basalgesellschaft), liegt in den großen Flußauen der Flüsse Rhein, Ruhr und Lippe, wo sie mitunter lokal durch Uferverbau, Eutrophierung etc. selten geworden sind. Mit der Besiedlung der Halden haben sie einen adäquaten Ersatzlebensraum gefunden.

Phase der Hochstauden und Altgrasbestände

Die schüttere Pioniervegetation wird nach einiger Zeit von hochwüchsigeren Arten durchdrungen, die sich im Laufe der Zeit durchsetzen. Zunächst sind dies einzelne Gruppen oder Herden z. B. des Klebrigen Greiskrautes (*Senecio viscosus*), der Wilden Möhre (*Daucus carota*), diverser Königskerzen (*Verbascum nigrum, V. thapsus, V. densiflorum* und *V. phlomoides*) oder Steinklee-Arten (*Melilotus albus, M. officinalis*).

Abb. 95: Hochstaudenphase mit dominierendem Gewöhnlichen Natternkopf (*Echium vulgare*).

Nach einigen weiteren Jahren und voranschreitender Bodenbildungsprozesse beginnen konkurrenzkräftige ausdauernde Hochstauden innerhalb der immer noch krautigen Vegetation zu dominieren, die dadurch deutlich artenärmer wird. Hier treten häufig Dominanzbestände von gebietsfremden Arten wie die der beiden nordamerikanischen Goldruten-Arten (*Solidago gigantea* u. *S. canadensis*), von diversen Nachtkerzen (*Oenothera* spp.) oder Flügelknöterichen (*Fallopia* spp.) aber auch von heimischen Arten wie dem Zwerg-Holunder (*Sambucus ebulus*) oder dem Land-Reitgras (*Calamagrostis epigejos*) auf. Das Gesellschaftspektrum prägen in der frühen Hochstaudenphase lückige trockene Gesellschaften aus dem Verband der Möhren-Steinkleefluren (Dauco-Melilotion Görs et al. 1967) (s. Abb. 95), insbesondere die namengebende Steinklee-Gesellschaft (Melilotetum albo-officinalis Sissingh 1950), der Möhren-Bitterkraut-Gesellschaft (Dauco-Picridetum Görs 1966) und die Rainfarn-Beifuß-Gesellschaft (Tanaceto-Artemisietum Sissingh 1950). Mit der meist fragmentarisch ausgeprägten Wegdistel-Gesellschaft (Carduetum acanthoidis Felföldy 1942) sind hier auch Anklänge an den Verband der thermophilen Eselsdistelgesellschaften (Onopordion acanthii Br.-Bl. in Br.-Bl. et al. 1936) zu erkennen. Schließlich entwickeln sich insbesondere bei weiterer Nährstoffakkumulation dominante, monostrukturierte Goldruten-Gesellschaften (*Solidago gigantea-* / *S. canadensis*-Gesellschaften), die ruderale Land-Reitgras-Gesellschaft (*Calamagrostis epigejos*-Gesellschaft), Flügelknöterich-Gesellschaften *(Fallopia japonica* / *F.* ×*bohemica*-Gesellschaft), sowie seltener die Zwergholunder-Gesellschaft (*Sambucus ebulus*-Gesellschaft).

Parallel dazu kann sich auch, je nach angrenzender Vegetation und Diasporenangebot, eine ruderale Grünlandgesellschaft entwickeln, die aufgrund der häufigen Dominanz von Glatthafer (*Arrhenatherum elatius*) und weiteren typischen Arrhenatheretalia-Gräsern als Ruderale Glatthaferwiese bezeichnet wird (Tanaceto-Arrhenatheretum A. Fischer 1985). Diese „Grünlandgesellschaft", die sich physiognomisch durch das Vorhandensein trockener Hochstaudenarten wie Gewöhnlicher Beifuß (*Artemisia vulgaris*) oder Rainfarn

(*Tanacetum vulgare*) von der „typischen Glatthaferwiese" unterscheidet, unterliegt keiner landwirtschaftlichen Nutzung. Trotzdem kann die Gesellschaft u. U. über Jahre hinweg stabil bleiben. Auf dem nährstoffarmen Haldensubstrat entwickelt sich häufig eine artenreiche, an Magerwiesen erinnernde Ausprägung dieser Wiese, die mit dem Vorkommen von regional gefährdeten Arten wie Golddistel (*Carlina vulgaris*, Abb. 96), Büschel-Nelke oder Wiesen-Salbei (*Salvia pratensis*) naturschutzfachlich einen hohen Wert erreichen kann.

(*Salix caprea*) u. a. zu verzeichnen. Je nach räumlicher Lage der Halde im Ruhrgebiet und der sie umgebenen, meist kultivierten Gehölzarten (Parks, Gärten, Straßenbegleitgrün), treten mitunter gebietsfremde Gehölzarten wie Sommerflieder (*Buddleja davidii*, Abb. 97), Götterbaum (*Ailanthus altissima*) und Pflaumenblättriger Weißdorn (*Crataegus persimilis*) auf. Lokal bilden sich kleine Gebüsche; die einjährige Pioniervegetation und die Hochstaudengesellschaften weichen örtlich zurück. Eine Besonderheit ist die Ausbildung von anökophytischen Hybridpappelkomplexen im Ruhrgebiet, die infolge einer (mehrfachen) Bastardbildung unterschiedlicher im Umfeld der Halden kultivierter Pappeln entstehen und wohl beständig sind. Da hierbei die osteuropäische Pappelart *Populus maximowiczii* wesentlich beteiligt ist, werden die Bastarde *Populus maximowiczii*-Hybridkomplex und die von ihnen aufgebauten Bestände zunächst provisorisch als *Populus maximowiczii*-Hybridkomplex-Gesellschaften benannt (Näheres s. bei KEIL & LOOS 2006).

Abb. 96: Die Golddistel (*Carlina vulgaris*), Beispiel einer gefährdeten Art auf Halden im Ruhrgebiet (Foto: BSWR).

Den Übergang zur folgenden Verbuschungsphase leiten u.a. mächtige Brombeer-Herden ein. Häufigere Vertreter auf Industriebrachen und Haldenstandorten sind die neophytische Armenische Brombeere (*Rubus armeniacus*), die gesellschaftsbildend auftritt (Gebüsch der Armenischen Brombeere - *Rubus armeniacus*-Gesellschaft) sowie die Schlankstachelige Brombeere (*R. elegantispinosus*).

Verbuschungsphase
In dieser Phase ist ein erstes Aufkommen von Pioniergehölzen wie Hänge-Birke, Sal-Weide

Abb. 97: Gebüschgesellschaft mit dominierendem Sommerflieder (*Buddleja davidii*) (Foto: M. Schlüpmann).

Wenn größere Flächen von diesen Gehölzarten eingenommen worden sind und sich ein gewisses Reifestadium eingestellt hat (ohne dass der physiognomische Charakter eines Waldes erreicht ist), können einige Gebüschgesellschaften (syntaxonomisch ranglos) angesprochen werden: Das Sommerflieder-Gebüsch (*Buddleja davidii*-Gesellschaft) zählt hierbei zu den häufigsten und räumlich im Ruhrgebiet auf Halden am weitesten verbreiteten Gebüschgesellschaften, wobei ihr Optimum häufig auf Bahnbrachen (bei einer etwas besseren Basenversorgung) liegt. Der aus China stammende Sommerflieder ist bereits aus der Nachkriegszeit des 2. Weltkrieges als Pflanze der Trümmerschuttberge im Ruhrgebiet beschrieben worden (HEINZERLING 1950). Weniger häufig und räumlich ausgeprägt sind z. B. urbane Weißdorn-Gebüsche (*Crataegus monogyna*-Ruderalgesellschaft) oder das bestandsbildende Götterbaum-Gehölz (*Ailanthus altissima*-Gesellschaft).

Vorwaldphase

Nach Jahren der Vegetationsentwicklung setzen sich die Gehölze schließlich durch und bilden einen mehrere Meter hohen waldähnlichen Bestand aus Hänge-Birke (Abb. 98), Sal-Weide, verschiedenen Pappeln (*Populus* spp.), Berg-Ahorn sowie Robinie. In der Krautschicht zeigen sich die ersten „Waldarten" wie der Gewöhnliche Wurmfarn (*Dryopteris filix-mas*) oder die Draht-Schmiele (*Avenella flexuosa*). Beim Gehölzjungwuchs treten Stiel-Eiche (*Quercus robur*), Hainbuche (*Carpinus betulus*) sowie Eberesche (*Sorbus aucuparia*) auf und lassen erahnen, in welche Richtung die Waldentwicklung einmal gehen wird. Solche Vorwälder auf Industriebrachen und Halden werden im Ruhrgebiet Industriewälder genannt. Industrielle Vorwälder stellen aus Sicht der Vegetationsentwicklung lediglich eine Momentaufnahme dar, da die Sukzession mit dem Vorwaldstadium nicht an ihrem End-

Abb. 98: Vorwaldphase mit Birken-Pionierwald, Gelände der ehem. Zeche Vondern, Oberhausen (Foto: M. Schlüpmann).

stadium angelangt ist. Interessanterweise ist die Frage, welcher Baum die Pioniergehölze einmal ablösen wird, noch nicht geklärt. So können eine ganze Reihe verschiedener Baumarten wie Stiel-Eiche, Hainbuche, Vogel-Kirsche (*Prunus avium*), Gewöhnliche Esche (*Fraxinus excelsior*), Feld-Ahorn (*Acer campestre*), seltener auch Rot-Buche (*Fagus sylvatica*) als Jungwuchs in der Kraut- und Strauchschicht der Industriewälder beobachtet werden. Neben diesen einheimischen Gehölzen kommt eine Vielzahl von Baumarten vor, die aus dem Siedlungsumfeld der Brachflächen in diese Wälder gelangt sind und den Artenreichtum beträchtlich erhöhen. So weisen die Industriewälder einen Gehölzartenreichtum auf, der weit über dem natürlicher Wälder wie beispielsweise einem Rot-Buchenwald liegt. Diese Artenvielfalt an Gehölzen kann einerseits auf den Siedlungseinfluss, der von der Umgebung der Industriebrachen auf diese Flächen einwirkt, zurückgeführt werden. Andererseits ergeben sich aus dem Zusammenspiel von künstlichem Standort und natürlicher Entwicklung (Sukzession) eine Vielzahl neuer ökologischer Nischen, die dann insbesondere von neu eingeführten, gebietsfremden Gehölzen eingenommen werden (GAUSMANN et al. 2007).

Vegetationskundlich können im Wesentlichen drei Gesellschaften charakterisiert werden: Dichte, monodominierte und bereits baumförmig entwickelte Bestände der Salweide und weiterer Weidenarten können dem Salweiden-Gebüsch (Salicetum capreae Schreier 1955) zugeordnet werden, das bei dominanterem Auftreten von Birken vom Weiden-Birken-Vorwald (*Salix caprea - Betula pendula / Betula xaurata* - Vorwald) abgelöst wird. In solchen Beständen tritt neben der Hänge-Birke regelmäßig eine Birken-Hybride (*Betula xaurata*) auf. Die meisten Robinien-Dominanzbestände auf Halden gehen auf ehemalige Anpflanzungen zurück. An einigen Stellen sind im Ruhrgebiet bereits alte Bestände in der Verfallsphase zu beobachten (Knappenhalde in Oberhausen, Halde auf dem Gelände der Zeche Zollverein in Essen). Hier bildet sich bereits eine Strauchschicht aus jungem Berg-Ahorn, der aus Nordamerika stammenden Spätblühenden Traubenkirsche (*Prunus serotina*) und weiteren Arten, die den Bestandswechsel andeuten. Solche Robinien-Haine und -Gebüsche können zwanglos als *Robinia pseudoacacia* - Gesellschaft zusammengefasst werden.

Abschließend ist die syntaxonomische Stellung der Vorwälder auf Industriebrachen und Halden im Ruhrgebiet noch nicht geklärt.

Tab. 10: Auswahl typischer Pflanzengesellschaften in Sukzessionsphasen der natürlichen Besiedlung von Halden im Ruhrgebiet. ● Hauptvorkommen • Nebenvorkommen

Syntaxon	Gesellschaft	Rohboden	Pionierphase	Hochstaudenphase	Gebüschphase	Vorwaldphase
Ceratodon purpureus - Dominanzgesellschaft	Purpurstielige Hornzahnmoos-Gesellschaft	●	•			
Saxifraga tridactylites - Poa compressa-Gesellschaft	Fingersteinbrech-Platthalm-Rispengras-Gesellschaft	•	●			
(Rorippo)-Corrigioletum littoralis Malcuit 1929	Sumpfkresse-Hirschsprung-Gesellschaft	•	●			
Rumici-Spergularietum rubrae Hülbusch 1973	Trittrasengesellschaft der Roten Schuppenmiere	•	●			
Sagino procumbentis-Bryetum argentei Diémont et al. 1940	Mastkraut-Silberbirnmoos-Trittgesellschaft	•	●			
Spergulario-Illecebretum verticillati (Diemont et al. 1940) Sissingh 1957	Schuppenmieren-Knorpelkraut-Gesellschaft	●	●			

Steinkohlenbergbau

Syntaxon	Gesellschaft	Rohboden	Pionierphase	Hochstaudenphase	Gebüschphase	Vorwaldphase
Crepis tectorum - Puccinellia distans-Gesellschaft	Dachpippau-Salzschwaden-Gesellschaft	●	●			
Dittrichia graveolens - Tripleurospermum perforatum-Gesellschaft	Klebriger Alant - Geruchlose Kamille-Gesellschaft	●	●			
Chaenorrhino-Chenopodietum botryos Sukopp 1971	Gesellschaft des Klebrigen Gänsefußes	●	●			
Apera interrupta - Arenaria serpyllifolia-Gesellschaft	Unterbrochener Windhalm - Sand-Quendelkraut-Gesellschaft		●			
Chenopodion glauci-Basalgesellschaft	Graugänsefuß-Basalgesellschaft		●			
Epilobio-Geranietum robertiani Lohmeyer ex Görs et Th. Müller 1969	Berg-Weidenröschen-Ruprechtskraut-Saumgesellschaft		●	•		
Senecio inaequidens - Gesellschaft	Schmalblättriges Greiskraut-Gesellschaft		●	•		
Carduetum acanthoidis Felföldy 1942 (Reseda lut. - Carduus acanthoides-Ges.)	Wegdistel-Gesellschaft	•	●			
Tanaceto-Arrhenatheretum A. Fischer 1985	Ruderale Glatthaferwiese	•	●			
Tanaceto-Artemisietum Sissingh 1950	Rainfarn-Beifuß-Gesellschaft	•	●			
Melilotetum albo-officinalis Sissingh 1950	Steinklee-Gesellschaft	•	●			
Dauco-Picridetum Görs 1966	Möhren-Bitterkraut-Gesellschaft	•	●			
Solidago gigantea / S. canadensis-Gesellschaften	Goldruten-Gesellschaften	•		●	•	
Calamagrostis epigejos-Gesellschaft	Ruderale Land-Reitgras-Gesellschaft			●	•	
Sambucus ebulus-Gesellschaft	Zwergholunder-Gesellschaft			●	•	
Fallopia japonica / F. ×bohemica-Gesellschaft	Flügelknöterich-Gesellschaften			●	●	●
Rubus armeniacus-Gesellschaft	Gebüsch der Armenischen Brombeere			●	●	
Crataegus monogyna-Ruderalgesellschaft	Urbanes Weißdorn-Gebüsch			●	●	●
Buddleja davidii-Gesellschaft	Sommerflieder-Gebüsch			●	●	
Ailanthus altissima-Gesellschaft	Götterbaum-Gehölz				●	●
Populus maximowiczii-Hybridkomplex-Gesellschaften	Hybridpappelkomplex-Gesellschaften				●	●
Salicetum capreae Schreier 1955	Salweiden-Gebüsch				●	●
Salix caprea - Betula pendula/ Betula ×aurata-Vorwald	Weiden-Birken-Vorwald				•	●
Robinia pseudoacacia-Gesellschaft	Robinien-Haine und -Gebüsche				•	●

Um dem gesamten Komplex der Industriewälder Rechnung zu tragen, wurde 1995 im Rahmen der Internationalen Bauausstellung (IBA) ein Langzeitprojekt „Industriewald Ruhrgebiet" unter der Federführung des heutigen Landesbetriebes Wald und Holz (Forstverwaltung NRW) gegründet. Heute befinden sich 17 Flächen mit einer Flächengröße von 236 ha im Projekt (Tab. 11). Neben naturwissenschaftlichen Fragestellungen, die im Rahmen eines Monitoring Programms (HAEUPLER at al. 2003) beantwortet werden sollen, hat das Projekt auch einen soziokulturellen Hintergrund, wobei diese „neuen" Waldflächen der umliegenden Wohnbevölkerung auch für die Freizeitnutzung sowie z. B. Schulen für Aspekte der Umweltbildung zur Verfügung gestellt werden können (WEIß 2003b, WEIß et al. 2005).

Tab. 11: Flächenübersicht im Industriewald Projekt Ruhrgebiet (Stand Juni 2009, Quelle Landesbetrieb Wald und Holz).

Projektfläche	Größe in ha
Zeche Rheinelbe	36,46
Zeche Alma	25,23
Zeche Graf Bismarck	21,03
Chemische Schalke	2,80
Emscher-Lippe 3/4	12,79
Constantin 10	8,00
Zollverein	32,00
Kokerei Hansa	1,25
König Ludwig 1/2	4,89
Viktor 3/4	15,34
Zeche Waltrop	18,55
Südlich König Ludwig 1/2	10,30
Ewald-Fortsetzung	24,50
General Blumenthal 11	8,90
Hafen Minister Achenbach	5,00
Matthias Stinnes	3,00
Dahlbusch-Halde	6,60
Summe	236,64

Sonderstandorte

Lokale Besonderheiten auf Halden sind Standorte, die durch eine gewisse „Salzbelastung" gekennzeichnet sind. Dies sind Standorte, an denen sich verstärkt Salze aus dem abgelagerten Bergmaterial auswaschen und austreten. Solche salzbelasteten Stellen finden sich regelmäßig an den Haldenfüßen.

Hier siedeln einige (fakultative) Salzpflanzen, so genannte Halophyten, wie Strand-Aster (*Aster tripolium*), Gewöhnliche Strandsimse (*Bolboschoenus maritimus*) oder Gewöhnlicher Salzschwaden (*Puccinellia distans*) neben solchen, die zumindest als salzverträglich gelten, wie z. B. Mähnen-Gerste (*Hordeum jubatum*) oder Ukrainisches Salzkraut (*Salsola australis*) (KEIL et al. 2007a, HAMANN & KOSLOWSKI 1988).

II Räumliche Gradienten

Gradient feucht/nass-trocken

Durch Bodenverdichtungen oder Senken finden sich nicht selten temporär bis dauerhaft überstaute Bereiche, die als Habitat für eine Reihe von Pflanzenarten (z. B. Schlammuferpioniere, Röhrichtarten etc.) eine hohe Bedeutung besitzen (Abb. 99). Solche feucht/nassen Standorte wechseln sich z. T. binnen weniger Meter mit frischen und trockenen Standorten ab, die ein vollständig anderes Artenspektrum aufweisen. So finden sich neben den oben beschriebenen Gesellschaften trockener bis frischer und wechselfeuchter Standorte auch Röhrichtgesellschaften. Beginnend mit den Zwergröhrichten, z. B. mit Herden der Gewöhnlichen Sumpfbinse (*Eleocharis palustris* subsp. *vulgaris*), lassen sich regelmäßig Gruppen von Salz-Teichsimse (*Schoenoplectus tabernaemontani*), Rohrkolben (*Typha latifolia*) und Schilf (*Phragmites australis*) beobachten. Von den nassen Standorten profitieren auch eine Reihe von Arten der feuchten Hochstaudengesellschaften, wie z. B. Blutweiderich (*Lythrum salicaria*), Gilbweiderich (*Lysimachia vulgaris*) oder Zottiges Weidenröschen (*Epilobium hirsutum*).

Gradient nährstoffarm-nährstoffreich

Durch den beginnenden Bodenbildungsprozess und die meist vorherrschende Stickstoffarmut der Bergematerialien ist der überwiegende Teil der Halden als nährstoffarm einzustufen. Dies begünstigt i. d. R. konkurrenzschwache Taxa, die in der deutlich nährstoffreicheren bäuerlichen und städtischen Kulturlandschaft selten geworden oder bereits verschwunden sind. Allerdings finden sich auf den betrachteten Flächen (meist ältere Halden) auch lokal Ablagerungen aus nährstoffreichen Materialien (Gartenmüll, Bodendeponierung, Bauschutt), die überwiegend stickstoffliebende Pflanzen wie Brennnessel (*Urtica dioica*), Giersch (*Aegopodium podagraria*) oder Kletten-Labkraut (*Galium aparine*) wachsen lassen.

Abb. 99: Offener Haldenkörper mit örtlichen Bodenverdichtungen, an denen sich temporäre Gewässer bilden können. Dieser Lebensraum besitzt hohe Funktionen für speziell angepasste Tier- und Pflanzenarten. Ehem. Kohlelager Waldteichgelände in Oberhausen (Foto: R. Fuchs).

2.4 Erhalt der Phytodiversität der Bergehalden und Zechenbrachen im Ruhrgebiet

Ein wesentlicher Aspekt der großen Pflanzenvielfalt und des Schutzes seltener und gefährdeter Arten und Pflanzengesellschaften auf Bergehalden im Ruhrgebiet ist der Erhalt und die Förderung junger Sukzessionsstadien. Insbesondere offene Pioniergesellschaften bis hin zu artenreichen Hochstaudengesellschaften oder ruderales Grünland beherbergen den größten Teil naturschutzrelevanter Arten. Diese Sukzessionsstadien sind jedoch durch übermäßige Begrünung, Eutrophierung und paradoxerweise gerade durch die natürliche Sukzession, die über Jahre immer zum Vorwald führt, langfristig betrachtet, bedroht. Um dem entgegen zu wirken, müssen einerseits die vorhandenen Haldenflächen mit jungen natürlichen Pionierstadien einer dauerhaften Pflege (regelmäßiges Abschieben, Mahd, Grubbern etc.) unterzogen werden. Andererseits sollten bei der Anlage neuer Bergehalden bereits in der Rekultivierungsplanung besonders die Möglichkeiten der natürlichen Sukzession berücksichtigt werden (siehe BROSCH et al. 2008). Insgesamt ist darauf zu achten, dass sich innerhalb der einzelnen Haldenstandorte ein Mosaik unterschiedlicher Sukzessionsstadien ausbilden kann. Innerhalb des Ruhrgebietes werden diese Aspekte seit einigen Jahren insbesondere im Bereich des Emscher Landschaftsparks verfolgt und umgesetzt. Gute Beispiele sind auf dem Gelände des Landschaftsparks Duisburg-Nord, der Zeche Zollverein in Essen (Abb. 100) oder der Zeche Rheinelbe in Gelsenkirchen zu betrachten.

Abb. 100: Ruderalvegetation auf dem Gelände der ehem. Zeche Zollverein, Schacht XII (Welterbe Zollverein) in Essen.

3 Danksagung

Herrn Sebastian Convent (RAG Montan Immobilien GmbH, Essen) gebührt Dank für zahlreiche Informationen, die Anfertigung der Skizzen und einen Textbeitrag zu den Haldenformen und Schütttechniken. Renate Fuchs (Mülheim an der Ruhr), Corinne Buch (Oberhausen), Peter Gausmann (Bochum), Prof. Dr. Henning Haeupler (Bochum) und Till Kasielke (Mülheim an der Ruhr) danke ich für kritische Anmerkungen zum Manuskript. Brigitte Brosch (Essen), Renate Fuchs, Martin Schlüpmann (Oberhausen) und dem Regionalverband Ruhr danke ich für die Überlassung von Fotomaterial.

4 Literatur

BROSCH, B., GROTHE, H., HEUSER., J., KEIL, P., KRICKE, R., KÖHLER, R. (2008): Sicherung der Biodiversität im Ballungsraum. Integrierter Projektantrag im Bundeswettbewerb Naturschutzgroßprojekte und ländliche Entwicklung. Themenschwerpunkt: Urban-industrielle Landschaften. - Essen (Regionalverband Ruhr).

BROSCH, B., KEIL, P. (2011): Sicherung der Biodiversität im Ballungsraum. Flächenpotentiale zur Erhaltung von Offenlandbiotopen im Ruhrgebiet. - Zwischenbericht zum F & E Vorhaben des Bundesamtes für Naturschutz (BfN). Unveröff. Forschungsbericht.

CAMPINO, I., ZENTGRAF, J. (1991): Derzeitige Vorgehensweise bei der Begrünung von Bergehalden. In: WIGGERING, H., KERTH, M. (Hrsg.): Bergehalden des Steinkohlenbergbaus: 85-101. Braunschweig.

DETTMAR, J. (1992): Industrietypische Flora und Vegetation im Ruhrgebiet. - Dissertationes Botanicae **191**.

DÜLL, R., KUTZELNIGG, H. (1987): Punktkartenflora von Duisburg und Umgebung, 2. Aufl., Rheurdt.

EHSES, B. (2005): Das Ruhrgebiet. Zahlen, Daten, Fakten. Essen - Regionalverband Ruhr (Hrsg.). Essen.

- , BROSCH, B., BUDDE, R., GROTHE, H. (2009): Route der Industriekultur, Themenrouten. Regionalverband Ruhr (Hrsg.).

FARRENKOPF, M., SLOTTA, R. (2009): Zur Geschichte des Ruhrbergbaus nach 1945 – ein Überblick. In: FARRENKOPF, M., GANZELEWSKI, M., PRZIGODA, S., SCHNEPEL, I., SLOTTA, R. (Hrsg.): Glück auf! Ruhrgebiet - Der Steinkohlenbergbau nach 1945. Bochum.

FUCHS, R., KEIL, P. (2008): Die pflanzengeographische Bedeutung der Wälder im westlichen Ruhrgebiet (Nordrhein-Westfalen). - Floristische Rundbriefe **42**: 60-76.

GAUSMANN, P., KEIL, P., LOOS, G. H., HAEUPLER, H. (2004): Einige bemerkenswerte floristische Funde auf Industriebrachen des mittleren Ruhrgebietes. - Natur und Heimat (Münster) **64** (2): 47-54.

GAUSMANN, P., WEISS, J., KEIL, P. & LOOS, G.H. (2007): Wildnis kehrt zurück in den Ballungsraum - Die neuen Wälder des Ruhrgebietes. - Praxis der Naturwissenschaften - Biologie in der Schule **2/56**: 27-32.

HAEUPLER, H. (2003): Das Ruhrgebiet - ein „Kreuzweg der Blumen"? - Bochumer Geogr. Arb. Sonderheft **14**: 91-97.

- , KERT, C., SCHÜRMANN, M. (2003): Industriewald Ruhrgebiet - Floristisch-vegetationskundliche Untersuchungen. In: ARLT, G.: KOWARIK, I., MATHEY, J., REBELE, F. [Hrsg.]: Urbane Innenentwicklung in Ökologie und Planung. - IÖR-Schriften (Dresden) **39**: 159-167.

HAMANN, M., KOSLOWSKI, I. (1988): Vegetation, Flora und Fauna eines salzbelasteten Feuchtgebietes an einer Bergehalde in Gelsenkirchen. - Natur u. Heimat (Münster) **48** (1): 9-14.

HEINZERLING, O. (1950): Wenig beachtete Kriegsfolgen. - Mülheimer Jahrbuch **5**: 125-126.

JOCHIMSEN, M. (1986) Begrünungsversuche auf Bergematerial. - Verh. Ges. Ökol. **XIV**: 223-228.

- , HARTUNG, J., FISCHER, J. (1995): Spontane und künstliche Begrünung der Abraumhalden des

Stein- und Braunkohlenbergbaus. - Ber. Reinh.-Tüxen-Ges. **7**: 69-88.

KEIL, P., BERG, T. VOM (2002): Bedeutung der Industrie- und Gewerbe-Brachflächen für den Naturschutz in Mülheim an der Ruhr. - Mülheimer Jahrbuch **58**: 225-233.

KEIL, P., FUCHS, R., LOOS, G. H. (2007a): Auf lebendigen Brachen unter extremen Bedingungen. Industrietypische Flora und Vegetation des Ruhrgebietes. - Praxis der Naturwissenschaften - Biologie in der Schule **2/56**: 20-26.

KEIL, P., FUCHS, R., LOOS, G. H., VOM BERG, T., GAUSMANN, P., BUCH, C. (2008): New records of neophytes from the "Ruhrgebiet", a hotspot of alien species in Germany. In: PYŠEK, P., PERGL, J. (Eds.): Book of abstracts. Neobiota: Towards a Synthesis, 5th European Conference on Biological Invasions, Praha, 23.-26. September 2008, Poster presentation: 83.

KEIL, P., KOWALLIK, C., KRICKE, R., LOOS, G. H., SCHLÜPMANN, M. (2007b): Species diversity on urban-industrial brownfields with urban forest sectors compared with semi-natural habitats in western Ruhrgebiet (Germany) – First results of investigations in flowering plants and various animal groups. - EFUF 2007: 33-35.

KEIL, P., LOOS, G. H. (2002): Dynamik der Ephemerophytenflora im Ruhrgebiet - unerwünschter Ausbreitungspool oder Florenbereicherung? - Neobiota **1**: 37-49.

KEIL, P., LOOS, G. H. (2004): Ergasiophygophyten auf Industriebrachen des Ruhrgebietes. - Flor.-Rundbr. **38** (1/2): 101-112.

KEIL, P., LOOS, G. H. (2006): Anökophyten im Siedlungsraum des Ruhrgebietes - eine erste Übersicht - Biodiversität im besiedelten Bereich. Tagungsband zur gemeinsamen Tagung „Bund-/Länder Arbeitsgruppe Biotopkartierung im besiedelten Bereich (21. Jahrestagung)" & „Arbeitskreis Stadtökologie in der Gesellschaft für Ökologie". - CONTUREC **1**: 27-34

KERTH, M. & WIGGERING, H. (1991): Verwitterung und Bodenbildung auf Steinkohlenbergehalden. In: WIGGERING, H., KERTH, M. [Hrsg.]: Bergehalden des Steinkohlenbergbaus: 85-101. Braunschweig.

KÜRTEN, W. v. (1970): Die naturräumlichen Einheiten des Ruhrgebietes und seiner Randzonen. - Natur und Landschaft im Ruhrgebiet **6**: 5-81.

LOBA (1984): Richtlinien für die Zulassung von Bergehalden im Bereich der Bergaufsicht.

MANZO, S. M., FRÖHLIG, W. (2010): Der Berge-Bau. - GEOSpezial Ruhrgebiet. Nr. **6**: 48-57.

MURL (1989): Klima-Atlas von Nordrhein-Westfalen. - Offenbach (Bibliothek des DWD).

NEUMANN-MAHLKAU, P., WIGGERING, H. (1986): Bergeverwitterung: Voraussetzung der Bodenbildung auf Bergehalden des Ruhrgebietes. - Kommunalverband Ruhrgebiet, Essen.

PAFFEN, K., SCHÜTTLER, A., MÜLLER-MINY, H. (1963): Geographische Landesaufnahme 1:200 000. Naturräumliche Gliederung Deutschlands. Die naturräumlichen Einheiten auf Blatt 108/109. Bundesanstalt für Landeskunde und Raumforschung (Hrsg.), Düsseldorf-Erkelenz.

PFLÄGING, K. (1978): Die Wiege des Ruhrkohlenbergbaus. Die Geschichte der Zechen im südlichen Ruhrgebiet. Essen.

REGIONALVERBAND RUHR (RVR) [Hrsg.] (2010): Unter freiem Himmel. Emscher Landschaftspark. Basel.

REIDL, K. (1989): Floristische und vegetationskundliche Untersuchungen als Grundlage zum Arten- und Biotopschutz in der Stadt - Dargestellt am Beispiel Essen. Diss., Universität GHS Essen.

RICHTER, D. (1996): Ruhrgebiet und Bergisches Land. Zwischen Ruhr und Wupper. Sammlung geologischer Führer 55. 3. Aufl., Berlin.

SCHULZ, D. (1991): Begrünungsmaßnahmen bis in die 80er Jahre. In: WIGGERING, H., KERTH, M. [Hrsg.]: Bergehalden des Steinkohlenbergbaus: 163-166, Braunschweig.

- , WIGGERING, H. (1991): Die industrielle Entwicklung des Steinkohlenbergbaus und der Anfall von Bergematerial. In: WIGGERING, H., KERTH, M. [Hrsg.]: Bergehalden des Steinkohlenbergbaus. Braunschweig.

TÖNJES, B. (o. J.): Geschichte und Bergbau in Nordrhein-Westfalen. www.Steinkohleportal.de [18.03.2011]

VOGEL, A. (1997): Die Verbreitung, Vergesellschaftung und Populationsökologie von *Corrigiola litoralis*, *Illecebrum verticillatum* und *Herniaria glabra* (Illecebraceae). - Dissertationes Botanicae **289**.

WEISS, J. (2003a): Industriewald Ruhrgebiet – Daueruntersuchungen zur Sukzession auf Industriebrachen. In: ARLT, G., KOWARIK, I., MATHEY, J., REBELE, F. (Hrsg.): Urbane Innenentwicklung in Ökologie und Planung. - IÖR-Schriften (Dresden) **39**: 139-147.

- (2003b): Industriewald Ruhrgebiet. - LÖBF-Mitt. **28** (3): 16-21.

- , BURGHARDT, W., GAUSMANN P., HAAG, R., HAEUPLER, H., HAMANN, M., LEDER, B., SCHULTE, A., STEMPELMANN, I. (2005): Nature returns to abandoned industrial land: monitoring succession in urban-industrial woodlands in the German Ruhr-region. In: KOWARIK, I., KÖRNER, S. (Hrsg.): Wild urban woodlands: 143-162, Berlin.

WIGGERING, H. [Hrsg.] (1993): Steinkohlenbergbau. Steinkohle als Grundstoff, Energieträger und Umweltfaktor. Berlin.

Wikipedia Internet: Ruhrbergbau. http://de.wikipedia.org/wiki/Ruhrbergbau [Stand 14.04.2011]

B2 Das Saarrevier

JOHANNES A. SCHMITT & RUDOLF KRUMM

1 Einleitung

Um das gestellte Thema in einem relativ kurzen Beitrag umfassend darbieten zu können, muss auf ausführlichere Vorarbeiten und Publikationen zurückgegriffen werden, deren Ergebnisse hier gerafft dargestellt werden. Die Basis bildet die umfangreiche Publikation des Erst-Autors (SCHMITT 2006, unter Einbindung der Ergebnisse aus knapp 900 zitierten Arbeiten) über „Die Berge- und Industrie-Halden als Sekundärbiotope im Saarland unter besonderer Berücksichtigung der Steinkohlen-Bergehalden von Grube Reden", welche als Grundlage und Bezug für die am GEO-Tag der Artenvielfalt (5. Juli 2003) durchgeführten Erhebungen möglichst vielfältiger Organismengruppen innerhalb der Tagesanlagen der stillgelegten Grube Reden im Saarland diente (s. Bd. 30 der „Abhandlungen der DELATTINIA", erschienen 2006). Ergänzt wird der vorliegende Beitrag durch aktuelle Befunde biologischer Forschungen (Zusammenfassung J. A. SCHMITT) bzw. Rekultivierungs-Projekten (Bereitstellung R. KRUMM) bis Ende 2010. Der Beitrag beginnt mit einer Vorstellung des Saarreviers und seiner Entstehung, dann folgt ein kurzer geschichtlicher Abriss der Steinkohlen-Förderung im Saarland und der dazu eingesetzten Verfahren. Es schließt sich eine ausführliche Darstellung der abiotischen und biotischen Standortfaktoren der Haldenkörper an, wobei einerseits die natürliche Vegetation und Spontanbesiedlung, andererseits die vielfältigen Rekultivierungsmaßnahmen mit ihren Problemen und Problemlösungs-Ansätzen dargestellt werden, um die Halden wieder als funktionsfähige Biotope in die umgebende Landschaft einzubinden. Der Schwerpunkt liegt dabei auf der Ökologie der Halden und ihrer biotischen Ausstattung ohne oder mit anthropogenen Hilfestellungen. Dann wird ein Überblick über die aktuell auf den Haldenkörpern und an den Absinkweihern vorhandene Vegetation mit ihren Pflanzengesellschaften, Pflanzen- und Pilz-Beständen gegeben, wobei vor allem seltene und/oder gefährdete bzw. für Haldenstandorte typische Arten aufgeführt und kurz kommentiert werden. Abschließend wird die vielfältige Nachnutzung der Bergbaufolgelandschaften im Saarland vorgestellt und ihre Bedeutung für die heimische Flora und Fauna diskutiert. Um Text und Literaturverzeichnis nicht mit zu vielen Literaturhinweisen zu belasten, werden in den einzelnen Abschnitten Hinweise auf Kapitel in der Arbeit von SCHMITT (2006) gegeben, wo in den ausführlicheren Themen-Abhandlungen auch alle berücksichtigten Arbeiten zitiert und im Literaturverzeichnis aufgeführt sind. Vor allem dort nicht berücksichtigte ältere Arbeiten und aktuelle Publikationen ab 2003 werden eigens zitiert und sind im Literaturverzeichnis aufgeführt.

2 Das Saarrevier und seine Geschichte

2.1 Lage und Geologie

Das Saarrevier im Bereich der Karbon-Formationen im Saarland (Abb. 101, 102) beginnt bei Ottweiler und erstreckt sich diagonal in südwestlicher Richtung über Saarbrücken und die Saar bis in den Warndt (s. Abschnitt 2.1 in SCHMITT 2006). Dabei treten die Karbon-Formationen in einem Band von ca. 40 x 12 km zwischen Ottweiler und Saarbrücken zutage. Untertage reichen die Kohlenlagerstätten einige Kilometer weiter nach Westen bis zur Prims-Mulde und in einem ca. 22 km breiten Band ab Saarbrücken südwestlich bis in den Warndt und über die Landesgrenze hinaus nach Lothringen hinein bis hinter St. Avold, sind aber im Warndt von oft mächtigen Schichten des Mittleren Buntsandsteins überdeckt. Das Kohlenrevier überstreicht somit im Wesentlichen die saarländischen Naturräume „Saar-Kohlen-Wald" (auch als Kohle-Sattel bezeichnet) nordöstlich von Saarbrücken und „Warndt" im Südwesten mit einem Höhenlagenbereich zwischen 190 und ca. 500 m NN, die teilweise als FFH-Gebiete bzw. als Naturwaldzellen Steinbachtal-Netzbachtal und Holzerbachtal gleichzeitig (auch als „Urwald vor den Toren der Stadt" bezeichnet) als Naturschutzgebiete ausgewiesen sind. Eine Reihe von Teilgebieten aus diesen Naturräumen sind inzwischen bezüglich ihrer Spektren an Pflanzen, Pilzen und Tieren dezidiert erforscht (z. B. DIEHL 2003, SCHMITT 1990/1991, 2010a, 2011a, HEIMATKUNDLICHER VEREIN WARNDT E. V. 2006). Im Gebiet sind folgende kleinere Wasserläufe vorhanden, die der Ausrichtung des Kohlesattels folgen: Sulzbach, Fischbach, Burbach, Köllerbach, Lauterbach und Rossel. Die Naturräume „Saar-Kohlen-Wald" und „Warndt" mit ihren alten hohen Buchenwäldern - hier insbesondere der Flattergras-Buchenwald (Milio-Fagetum), je nach Boden-Art und -Güte mit Hain-Simse, Perlgras, Wald-Simse-, Wald-Zwenke - aber auch Eichen-Hainbuchen- und Misch-Wäldern, in den letzten 200 Jahren zunehmend auch mit forstlichem Einsatz von Wald-Kiefer, Fichte, Douglasie, Lärche und Amerikanischer Rot-Eiche, sind seit Jahrhunderten die waldreichsten Gebiete im Saarland. Sie wurden in früherer Zeit nur extensiv genutzt, waren bevorzugte Jagdreviere der Saarbrücker Fürsten und standen dem gemeinen Volk nicht offen [1]. In den Tallagen am Rand der Fließgewässer und Stau-Teiche kommen noch Erlen-Eschen-Säume hinzu. Insbesondere der Naturraum „Saar-Kohlen-Wald" ist vom Bergbau durch die hohen Fördertürme als weithin sichtbare Wahrzeichen der Gruben sowie die aufragenden Spitzkegel- und Tafelberg-Halden mit ihren angeschlossenen Absinkweihern geprägt.

Abb. 101: Lage des Steinkohlen-Reviers im Saarland (R. Krumm, RAG).

Der Steinkohlen-Bergbau ist im Saarland an die hier bergbaulich zugänglichen Schichten aus dem Karbonzeitalter (vor 280-345 Millionen Jahren) gebunden. In Tabelle 12 sind die geologischen Schichtungen mit näheren Informationen zu den Kohlen-Begleitgesteinen und die bei ungestörter Lagerung vorliegende Tiefe unterhalb der Erdoberfläche angegeben. Die am Ende des Devonzeitalters im Raum zwischen Warndt und Höcherberg liegende Saar-Nahe-Senke mit dem mittig liegenden Bergrücken war mit flachen Süßwasserseen und ausgedehnten Sumpfmooren an dessen flachgeneigtem Nordwesthang bedeckt. Deren Torfe wurden bei den andauernden Senkungen infolge von

---

[1] Die Bezeichnung "Warndt" kommt von "warnet walt", d. h. verbotener Wald.

Absenkungsrucken des Beckenbodens immer wieder in sogenannten Cyclothermen von Schuttmassen der weiter nordwestlich gelegenen Gebirge überlagert. Im damaligen feuchtwarmen, frostfreien Klima ohne ausgeprägte Jahreszeiten wuchsen dann die Sumpfmoore schnell wieder nach. Aus einer innerhalb eines Zeitraums von 10.000 Jahren abgelagerten, 10 m mächtigen Pflanzenmaterial-Schicht bildete sich dann durch anaerobe, mikrobielle Umsetzungen und spätere, unter Druck ablaufende Inkohlungsprozesse 5 m Torf, daraus dann 2 m Braunkohle und schließlich eine 1 m mächtige Steinkohlenlage (Flöz), was einem Setzungsfaktor von 10 entspricht. Die Kohleschichten wurden ganz überwiegend aus Pflanzenmaterial von mehreren Tausend Pflanzenarten gebildet, die fast alle schon lange ausgestorben sind. Durch fossile Pflanzenreste in Steinkohle und Deckgestein sind davon im Saarkarbon alleine über 400 Arten in den geologischen Sammlungen der Bergingenieurschule belegt, darunter der seltene Saarfarn (*Saaropteris guthoerli*).

Bei den Inkohlungsreaktionen werden dem Pflanzenmaterial, ähnlich wie bei der Faulschlammbildung in stehenden Gewässern, durch anaerobe mikrobielle Prozesse Wasserstoff, Sauerstoff, Stickstoff und Schwefel zunehmend entzogen und teilweise mineralisiert. Ein Teil wird aber als Gasgemisch aus Methan (Sumpf- oder Grubengas) mit Spuren von Kohlenmonoxid, Kohlendioxid, Schwefelwasserstoff bzw. dessen Methyl-Derivaten durch den zunehmenden Druck des Deckgesteins komprimiert und verbleibt z. T. im Nebengestein und in den Kohleflözen. Im Zuge des Kohlenabbaues werden dann bei der Lockerung des Gesteins die Gase auf

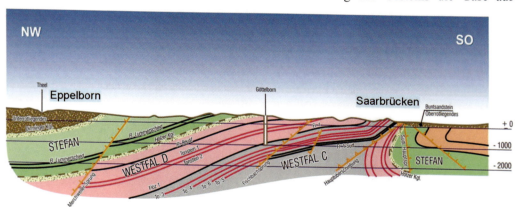

Abb. 102: Schnitt durch die Karbonformationen-Folge im Saar-Kohlen-Wald (R. Krumm, RAG).

Normaldruck entspannt und mit der Grubenluft vermischt. Gemische von 5 bis 14 % Methan in Luft sind schon explosiv und können in Bergwerken zu sogenannten Schlagwetter-Explosionen führen.

Je länger die Lagerzeit des Materials und je höher die Temperatur und der Druck durch mächtige Deckschichten sind, umso höher wird der Kohlenstoffgehalt (Inkohlungsgrad) durch Sekundärprozesse. Die verschiedenen saarländischen Steinkohlen-Arten weisen von Flammkohle über Gasflammkohle, Gaskohle bis zur Fettkohle zunehmende Kohlenstoff-Gehalte von 75 bis 88 % auf, während die flüchtigen Bestandteile von 45 bis auf 30 % abnehmen. Der Aschegehalt der Kohlen liegt bei etwa 6 %. Außer Kohlenstoff sind noch ca. 10 % Sauerstoff, 5 % Wasserstoff und 1 % Stickstoff an wichtigeren Elementen enthalten. Im Saarkarbon wurden darüberhinaus auch geringe Vorkommen von Anthrazit und Erdöl nachgewiesen. Das im Saarland vorhandene Oberkarbon baut sich also abwechselnd aus Schichten verschiedener Sedi-

Steinkohlenbergbau

Tab. 12: Karbonformationen im Saarland, Zusammenstellung: J. A. SCHMITT 2006, metrische Angaben beziehen sich auf Meter unter der Erdoberfläche.

Erdzeitalter [Mio. Jahre vor heute]	Geologische Formation	Kurz-Bez.
Karbon [280 - 345]		c
Oberkarbon [280 - 325]		cst
Stefan C		
	Breitenbacher Schichten: graue bis grünlichgraue Feinsandsteine und dünnschichtige Tonsteine mit Breitenbacher Flözen	cst B
Stefan B		
	Obere Heusweiler Schichten: rötlichgraue Sandsteine im Wechsel mit roten, sandigen Tonsteinen; regionale Einschaltung intensiv roter Feinsandsteine und Schluffsteine als Rotenberg-Fazies	cst H2
	Untere Heusweiler Schichten: Wechselfolge von rötlichgrauen bis violetten Feldspat- und Glimmer-reichen, groben bis geröllführenden Sandsteinen mit rotvioletten, sandigen Tonsteinen; darin Grauserie mit Heusweiler Flözzone; obere Grenze Illinger Flöze (=Hirteler=Reisweiler Flöze)	cst H1
Stefan A **(Magerkohlen-Gruppe)** ab 1500 m		
	Dilsburger Schichten (Obere Ottweiler Schichten): intensive Wechsellagerung von graugrünen, sandigen Tonsteinen und hellgrauen, z. T. Feldspat- und Glimmer-führenden Feinsandsteinen (Arkosen); im oberen Teil Wechsel zu roten, sandigen Sedimenten	cst D
	Obere Göttelborner Schichten (Mittlere Ottweiler-Schichten): meist graugrüne, sandige Tonsteine und rote Glimmer-führende Feinsandsteine, z. T. mit Hilschbachsandstein, Koprolithen-Schiefertonen und Leaia-Horizont3	cst G3
	Mittlere Göttelborner Schichten: rotbunte Sandsteine und dunkle Tonsteine im Liegenden; grünbunte Sedimente im Hangenden mit *Leaia, Estheria* und anderen Zweischalern	cst G2
	Untere Göttelborner Schichten (Untere Ottweiler Schichten): Wechsel von rotbunten, hellroten bis grauen, z. T. geröllreichen Sandsteinen und Tonsteinen; mit Holzer Konglomerat an der Basis	cst G1
Westfal D **(Flammkohlen-Gruppe)** ab 2200 m		
	Obere Heiligenwalder Schichten: Wechselfolge von überwiegend grauen Sandsteinen und Tonsteinen mit einzelnen groben Konglomeraten und zahlreichen bauwürdigen Flözen in allen stratigraphischen Niveaus	cw H2
	Untere Heiligenwalder Schichten: intensiver Wechsel von grauen, grob- bis feinklastischen Sedimenten, mit vielen eingeschalteten Kohleflözen	cw H1
	Luisenthaler Schichten: fein- bis mittelklastische Serie mit wenig Grobschüttungsanteilen; im oberen Teil die z. T. bauwürdigen Flöze der Kallenberg-Serlo-Flözgruppe	cw L
	Geisheck-Schichten: überwiegend graue, stark grobklastische Serie mit erheblichen Fazies-Wechseln und Mächtigkeitsschwankungen	cw G
Westfal C **(Fettkohlen-Gruppe)** ab 3500 m		
	Obere Sulzbacher Schichten: Wechsel meist grauer, grober Konglomerate; Sandsteine und Tonsteine mit intensiver Flözführung	cw S2
	Untere Sulzbacher Schichten: intensiver Wechsel grauer, grob- bis feinklastischer Gesteine; Zahl der bauwürdigen Flöze nimmt zum Liegenden hin ab; Leittonstein 4 und 4a	cw S1
	Rothell-Schichten: graue Konglomerate und Sandsteine überwiegen feinklastische Gesteine; neben zahlreichen, geringmächtigen Kohlelagen einige bauwürdige Flöze; zwei Kuselitlagergänge	cw R
	St. Ingberter Schichten: überwiegend grob- bis mittelklastische graue und rotbraune Gesteine; Tonsteinlagen und Kohleflöze sind selten	cw I
	Untere Saarbrücker Schichten, ab 5000 m	cw x

mente fluviatilen und limnischen Ursprungs und über 500 Kohleflözen auf, die sich aus den abgesunkenen und abgedeckten Torflagen im Laufe der Zeit bildeten (s. Tab. 12). Sie enthalten insgesamt 35 bis 60 m Steinkohle. In späterer Zeit wurden dann die Schichten des Karbons und des darüberliegenden Unterrotliegenden zusammengeschoben, stauten sich am Bergrücken, wurden partiell sogar einige Kilometer nach Südosten übergeschoben (Verwerfungen, Brüche) und bilden heute den Saarbrücker Kohlensattel (Abb. 102). Die Schichtung zeigt sich besonders deutlich in Kernen von ca. 230 Bohrungen, die zwecks Lagerstättenerkundung und Prospektion abbauwürdiger Flöze schon ab 1854, vor allem aber ab 1959 in verschiedenen Grubenfeldern bis in 1.750 m, in Einzelfällen aufgrund weiterer geologischer Fragestellungen in Tiefbohrungen sogar bis in 7.740 m Tiefe niedergebracht wurden, z. B. Primsweiler, Saar1, Spieser Höhe bei Neunkirchen.

2.2 Geschichte der Gewinnung und Nutzung von Steinkohle im Saarland

Bei archäologischen Grabungen am Ort des römischen Vicus am Westfuß des Halbergs bei Saarbrücken sowie der Hypocaustus-Warmluftheizung eines römischen Hauses in Beckingen und im Leichenbrand einer römischen Bestattung in Hüttigweiler fand man Stückchen von Steinkohle. Damit ist die Nutzung von Steinkohle als Brennmaterial bereits für die ersten nachchristlichen Jahrhunderte im Saarland nachgewiesen. Aus noch früherer Zeit stammt der Gagat-Schmuck (aus schnitzbarer Steinkohle, z. B. Kännel-Kohle), der in den hallstattzeitlichen Gräbern (800-600 v. Chr.) der Grabhügelgruppe von Reinheim/Wolfersheim gefunden wurde. Die Kännel-Kohle kommt als algenbürtige Kohle im Saarkarbon in einer Linse von ca. 700 m Breite und 15 cm Stärke innerhalb von Flöz Tauentzien (Sulzbacher Schichten) des Feldes der ehemaligen Grube Heinitz vor und gilt als wichtigste Kännel-kohle-Lagerstätte Deutschlands.

Zur Entwicklung des Steinkohlenbergbaus im Saarland gibt es eine Reihe von Publikationen (s. Abschnitt 2.1.2 in SCHMITT 2006, weitere in der SAARLÄNDISCHEN BIBLIOGRAPHIE 1964ff.). Eine erste „Abbaugenehmigung" aus dem Jahre 1375 ist uns schriftlich überliefert: Die Edelleute Friedrich und Simon von Saarbrücken durften als gräfliches Lehen Steinkohle auf dem Bann von Dudweiler graben. Kohleabbau selbst ist im Saarland jedoch erstmals 1429 urkundlich belegt: Bei Ottweiler, im Sulzbachtal, in Neunkirchen und in Schiffweiler, wo die zutage tretenden Flöze übertage in sogenannten Pingen ausgebeutet wurden. 1608 wird erstmals das „Kohlrech" (Kohlenwaage) an der Saar bei St. Johann (Saarbrücken) als Verladestation und Kohlehafen erwähnt. Im Jahr 1730 gab es bereits Kohlegruben in St. Ingbert, Sulzbach-Dudweiler (16 Grabstellen, 76 Kohlengräber), Geislautern, Fenne, Gersweiler, Fischbach und im Köllertal. Mit der Verstaatlichung des Steinkohlen-Bergbaues in der Zeit zwischen 1751 und 1754 durch Fürst Wilhelm Heinrich von Nassau-Saarbrücken begann die systematische, kontrollierte Kohlengewinnung unter der Aufsicht der „Bergsteiger" genannten Beamten. Durch die verstärkte Nachfrage als Brennstoff (anstatt Holz) bzw. zur industriellen Nutzung wurde der Abbau intensiviert. Im Jahr 1759 waren folgende Gruben in Betrieb: Schwalbach, Hostenbach, Stangenmühle, Geislautern, Klarenthal, Fenne, Gersweiler, Rittenhofen, Engelfangen, Bauernwald, Großwald, Burbach, Rußhütte, Jägersfreude, Dudweiler-Sulzbach, St. Ingbert, Lummerschied, Spiesen, Friedrichsthal, Weilerbachtal, Schiffweiler, Wellesweiler und Bexbach. Die „Knappschaft Saar" mit einem für Bergleute aufgestellten Verhaltenskodex wurde 1797 in Dudweiler gegründet. Nach der Französischen Revolution wurden die Gruben 1793 von der französischen Republik übernommen, 1815 dann von der preußischen Bergbauleitung. Ein Jahr später wurde in Saarbrücken die Bergschule eröffnet, 1817 der erste Markscheider bestellt und 1822 die erste Flözkarte des Saarreviers erarbeitet. Für die vielen neuen Mitarbeiter, die z. T. auch von außerhalb des Saarlandes hierher kamen, wurden ab 1842 in Nachbarschaft der Gruben Schlafhäuser gebaut, der Bergmannswohnungsbau gefördert und seit 1856 Bergarbeitersiedlungen („Kolonien") errichtet, z. B. in Herrensohr, Altenkessel, Elversberg, Heiligenwald, Bildstock, Jägersfreude oder Hühnerfeld. Ähnliches wurde auch von Eisen-, Stahl-, und Glashütten praktiziert. Die Bergwerksdirektion in Saarbrücken als einer der markantesten architektonischen Bauten der Hauptstadt wurde 1880 errichtet.

Die Gruben standen nach dem ersten Weltkrieg ab 1920 in der Gesellschaft „Mines Domaniales Françaises de la Sarre" unter französischer Leitung und wurden in den Folgejahren modernisiert und ausgebaut. Damals waren bereits einige der alten Gruben stillgelegt und folgende neue errichtet: Velsen, Luisenthal, Schwalbach, Viktoria, von der Heydt, Dilsburg, Camphausen, Hirschbach, Mellin, Brefeld, Maybach, Altenwald, Heinitz, Dechen, König, Frankenholz, Göttelborn, Itzenplitz, Reden, Kohlwald. Ein Jahr später wurde das erste Zentrallabor eingerichtet, das 1938 nach Velsen verlegt und 1967 zum Chemischen Technikum Velsen erweitert wurde. Nach der Übernahme durch das Deutsche Reich 1935 wurde die Saargruben AG gegründet, welche ab 1957 als Saarbergwerke AG firmierte und 6 Bergwerksdirektionen mit 19 Gruben umfasste; 1958 waren 63.000 Personen im Kohlebergbau beschäftigt. Ab 1952 wurden dann im Zuge der Rationalisierung folgende Gruben stillgelegt: 1952 Hirschbach, 1954 Frankenholz, 1959 St. Barbara, St. Ingbert, Mellin, 1960 Franziska, 1962 Heinitz, 1963 Viktoria, 1964 Dechen, Maybach, 1965 Velsen, 1966 Kohlwald, 1968 König und Jägersfreude. Im Jahr 1980 waren nur noch die Gruben Reden, Ensdorf, Camphausen, Luisenthal, Warndt und Göttelborn in Betrieb. Im Zuge der Förderungs-Zentralisierung wurde Camphausen 1990 stillgelegt, Göttelborn mit Reden 1993 zum Verbundwerk Ost gekoppelt, Warndt mit Luisenthal zum Verbundwerk West verbunden und Ensdorf als dritter Förderstandort erhalten. Damals waren insgesamt 18.000 Mitarbeiter beschäftigt, die Grubenbaue erstreckten sich über 410 km. Nur Ensdorf mit der tiefsten Teufe von aktuell ca. 1.700 m verbleibt damit als letzte saarländische Grube, wobei Ende 2004 noch ca. 7.500 Mitarbeiter bei der DSK Saar beschäftigt waren.

Im Jahr 1998 wurde die Saarbergwerke AG mit der Ruhrkohle AG zusammengelegt und der Steinkohlen-Bergbau an Ruhr und Saar unter dem Dach der Deutschen Steinkohle AG (DSK) weitergeführt. Die Nicht-Bergbauaktivitäten, vor allem die Sparten Energie, Chemie und Wasser, wurden innerhalb der RAG Saarberg geführt. Die Vereinbarungen aus 2007 zur Zukunft des Steinkohlen-Bergbaues in Deutschland machten nochmals eine Neuausrichtung erforderlich: Alle Bergbau-Aktivitäten im sogenannten „Schwarzen Bereich" firmieren nun unter der RAG, im „Weißen Bereich" verbleiben alle Aktivitäten wie Chemie, Immobilien und Energie, welche sukzessive veräußert werden. Aus diesen Erlösen werden die sogenannten „Ewigkeitslasten" nach Ende des Bergbaues (2018, Saar ab 2012) finanziert. Die Jahres-Fördermengen aus dem auf ca. 4 Milliarden Tonnen geschätzten, bis in 1.200 m Tiefe abbaufähigen Steinkohlenvorrat waren vor dem Jahr 1754 nur wenige Tausend Tonnen, Ende des 18. Jahrhunderts mit 270 Mann Belegschaft schon 51.000 t. Danach wurde die Fördermenge weiter erhöht und erreichte im Jahr 1957 den Höchststand mit 16,3 Mio. t bei 64.000 Mitarbeitern. Danach wurde die Förderung stufenweise bis auf ca. 5,3 Mio. t (mit 5.300 Mitarbeitern 2001) heruntergefahren. Die Förderleistung pro Mann und Schicht blieb von 1750 bis 1850 mit ca. 0,4 t relativ konstant, steigerte sich dann durch die zunehmende Maschinisierung von 1 t (1936) auf ca. 6 t (2004). Seit Anfang 2004 sind die beiden Gruben Warndt/Luisenthal und Ensdorf als „Bergwerk Saar" der RAG vereint und förderten bis Ende 2004 rund 6 Mio. t Steinkohle. Hier wurde inzwischen mit der letzten Kohlenförderung im Streb 8.7-Ost im Flöz Wahlschied, Feld Dilsburg, in 1.000 m Tiefe begonnen, ab 30. Juni 2012 wird dann der Steinkohlen-Bergbau im Saarrevier endgültig eingestellt, inklusive der kleinen Privatgrube Fischbach. Als Beispiel einer Grube aus der Blütezeit der Montanindustrie im Saarland ist in SCHMITT (2006, Kapitel 3) die Grube Reden ausführlich dargestellt, ihr Werdegang wird beschrieben und ihre Anlagen einschließlich ihrer Haupthalden Alte Halde Madenfelderhof und Neue Halde Reden-Fett (Abb. 103) vor allem mit ihrer biotischen Ausstattung und den Rekultivierungs-Maßnahmen vorgestellt.

Abb. 103: Halden der Grube Reden: Im Norden die fast vollständig begrünte kleine Alte Halde Madenfelderhof, mit kleinflächigem offenem Heißbereich in der Gipfelregion; in der Bildmitte die große, teilbegrünte Neue Halde Reden-Fett, mit dem südlich anschließenden Absinkweiher-Anlagen Brönnchesthal; links oben ein Teil der Tagesanlagen (Foto: Archiv Industriekultur Saar, D. Slotta).

2.3 Techniken des Steinkohlen-Bergbaues im Saarland

Die Technik des Bergbaues ist für die Entstehung der Halden und ihre Materialeigenschaften von großer Bedeutung. Der Kohleabbau erfolgte im Saarrevier (s. Abschnitt 2.1.1.3 in SCHMITT 2006) bis Mitte des 19. Jahrhunderts überwiegend mit Schlägel und Eisen (Keilhaue), wobei bevorzugt die mächtigeren Flöze ausgebeutet wurden und recht reine Steinkohle gewonnen wurde. Das Gestein vor dem Flöz wurde anfangs durch Erhitzen (Feuer) und plötzliche Abkühlung (Wasser) gelockert oder gesprengt - ab 1869 dann mittels Dynamit oder Spenggelatine, ab 1980 sprenglos. Bis etwa 1773 gingen die Stollen nur einige Hundert Meter in den Berg und es gab kaum sichernde Verbaue. Erst ab dem beginnenden 19. Jahrhundert wurde der Pfeiler- und Strebbau mit Holz von Eichen, Kiefern und Fichten allgemein üblich, der dann zunehmend von eisernen, später hydraulischen Stempeln bzw. vom Schildausbau (bis in 1.300 m Tiefe) abgelöst wurde. Auch die Schächte (aktuell 5-8,3 m Ø) wurden immer tiefer abgeteuft. Der Holzverbrauch betrug 1965 noch 22.100 Festmeter, der Holzlagerplatz befand sich in Fenne. Die Modernisierung der Grubentechnik mit Teilmechanisierung des Abbaues setzte zu Beginn des 20. Jahrhunderts ein, begann mit dem Einsatz von Druckluft- oder elektrisch betriebenen Abbauhämmern und Kettenschrämmaschinen (eine der ersten Schrämmaschinen wurde von Grubenschlosser EISENBEIS aus Saarbrücken entwickelt). Ab ca. 1950 begann die Vollmechanisierung mit schneidenden Schrämladern („Eiserner Bergmann"), Ein- oder Doppelwalzenschrämladern, schälenden Kohlenhobeln, Seitenkippschaufelladern u. a. m.

Von 1980 an wurden fast nur noch Vollschnittmaschinen mit sprenglosem Gebirgsstreckenvortrieb eingesetzt, wenig später war der gesamte Abbau vollmechanisiert, wobei auch zunehmend geringermächtige Flöze ausgebeutet wurden und der Anteil an mitabgebautem und gefördertem Begleitgestein auf knapp 50 % anstieg. Wichtig und zunehmend ausgebaut wurde auch der Arbeitsschutz für die untertage beschäftigten Mitarbeiter (einschließlich der technischen Überwachung), die einer Reihe gesundheitlicher Gefahren ausgesetzt sind: Schlagwetter (Methan/Luftgemisch [2])- und Kohlenstaub-Explosionen, Radioaktivität (Radon-222 als Zerfallsprodukt von Radium-226m, das sich aus bodenbürtigem Uran-238 bildet), Gesteinsstaub (Ursache der Silikose), Hitze, Lärm und Wassereinbrüche.

Der Transport des Fördergutes untertage erfolgte im 18. Jahrhundert noch mit Holzkisten („Hunte"), dann mit Menschen- oder Pferdekraft bewegten, schienengängigen Wagen (Kulibahnen), die schließlich von Diesel- oder Elektrolokomotiven gezogen wurden; später wurden dann Förderbänder eingesetzt. Durch die von J. ALBERT, Clausthal, 1834 entwickelten Litzen-Stahlseile aus hochgekohltem, vergütetem Stahl mit hoher Zugfestigkeit (bis 200 kg/mm^2), welche die vorher verwendeten Hanfseile und Eisenketten schnell verdrängten, konnte der Tiefbau etabliert werden, wodurch vor allem mehr Fettkohlen-Flöze erreichbar wurden. Dampfmaschinen wurden erstmals 1826 in Schwalbach für die Wasserhaltung mittels Pumpen eingesetzt. Fördermaschinen zogen über Seilscheiben in Fördertürmen seit 1862 Material und Bergleute aus den Schächten zutage. Wegen des Abbaues der Kohlenflöze und des Nichtverfüllens der ausgebeuteten Stollen senken sich die darüberliegenden Schichten in sog. Grubensenkungen langsam ab. Durch die entstehenden Veränderungen im Oberflächenprofil werden oft Baulichkeiten in Mitleidenschaft gezogen, deren Schäden (sog. Grubenschäden) dann vom Bergbauunternehmen reguliert werden müssen. Außerdem können sich im Hangenden und Liegenden Spannungen aufbauen, die sich in plötzlichen Senkungen, sogenannten Grubenbeben, entladen, welche aktuell im Abbaubereich der Grube Ensdorf eine Stärke bis zu 3,4 auf der Richterskala erreichen. Bisher wurde vergeblich versucht, diese Grubenbeben durch gezielte Sprengungen untertage zu verhindern.

Auch die anfängliche per Hand vorgenommene Verlesung der geförderten Kohle wurde zunehmend mechanisiert: Rüttelsiebe (Rätter) und Setzmaschinen (erste Versuche 1834 in Dudweiler, ab 1859 zunehmend eingesetzt, ab 1891 in allen Gruben) trennten das Fördergut in bis zu 6 Korngrößen-Fraktionen zwischen 120 und 1 mm, die dann in Sinkscheidern der Kohlenaufbereitungsanlagen mittels Schwertrübe-Suspensionen in Kohlen und Berge getrennt wurden (≥120 mm: Grobberge, 10-120 mm: Waschberge, 1-10 mm: Feinberge, ≤1 mm: Feinschlamm). In einer Suspension von spezifisch schwerem, feingemahlenem Baryt (Schwerspat, $BaSO_4$) oder später Magnetit (Fe_3O_4) in Wasser mit einer Suspensionsdichte von 1,8 g/cm^3 schwimmt die spezifisch leichtere Steinkohle (Dichte 1,25-1,50 g/cm^3) dabei über dem sich am Boden absetzenden, schwereren mitgeförderten Bergematerial (Dichte 2,0-3,0 g/cm^3), ein Vorgang, der in modernen Aufbereitungsanlagen vollautomatisch und kontinuierlich abläuft, seit Mitte des 20. Jahrhunderts waren alle damaligen Gruben im Saarrevier damit ausgestattet. Kohlen und Berge werden dann mit Wasser vom Trübemittel befreit, welches wieder in den Prozess zurückgeführt wird. Die feinste Siebfraktion wird dann über das Flotationsverfahren in Wasser unter Zusatz von Öl und Aufschäummitteln in Schaum-Kohlen-Schlamm und sich absetzenden Bergeschlamm getrennt, welcher nach Eindicken in die Absinkweiher überführt wird. Die Feinst-Fettkohle diente als Zusatz zur Koksherstellung, die Feinst-Flammkohle als Zusatz zur Feuerung in Kohlenkraftwerken. Die Waschberge wurden früher zu ca. 10 % für Versatz untertage bzw. zum Straßenbau verwendet, 90 % dagegen auf Halden deponiert.

---

[2] Beim schwersten Grubenunglück in der Geschichte des Saarbergbaues bei einer Schlagwetterexplosion am 7.2.1962 in Luisenthal kamen 299 Bergleute ums Leben.

Die erste Koksherstellung (Kohleveredlung) an Grubenstandorten im Saarland geht auf das Jahr 1765 zurück. Aus verschiedenen heimischen Kohlensorten wurde anfangs in Steinkohlen-beheizten Retortenöfen mit Rußfang und Destillatabfluss (Teer), später auch in geschlossenen Back- oder Bienenkorböfen und in offenen Meilern, bei 600-800 °C Schwelkoks am Standort Sulzbach erzeugt [3]. Diese v. a. zum Heizen geeignete, relativ weiche Kokssorte wurde noch bis 1928 in der 1891 erbauten Kokerei Heinitz hergestellt und diente z. B. auch 1835 zum Beheizen der ersten deutschen Eisenbahn auf der Strecke zwischen Nürnberg und Fürth. Ab 1817 wurde dagegen nur noch Fettkohle verkokt, in der Kokerei Dudweiler-Sulzbach z. B. in 63 Öfen, wobei schon damals Umweltprobleme durch die Gas- und Ruß-Emissionen auftraten. 1841 ging die Kokerei der Grube König mit 60 Öfen in Produktion. Die gesamte Koksproduktion (mit 547 Öfen) stieg von 300 t in 1816 auf 125.000 t im Jahr 1853. Da die Herstellung von hartem, abriebfestem Koks für moderne Hochöfen allein aus Saarkohle nicht gelang, wurden in den zwischen 1938-1942 neu erbauten Kokereien in Velsen und Reden Mischungen unter Zusatz von Magerkohle bzw. Anthrazitgrus aus nichtsaarländischen Gruben erprobt. Einige Jahre später konnte dann guter Hochofenkoks entweder aus einer in Schleudermühlen pulverisierten Mischung von 86 % Fettkohle und 14 % Halbkoks (durch Destillation von Flammkohlenschlamm im SALERNI-Ofen hergestellt) oder aus dem Gemisch 69 % Saarfettkohle, 20 % Saarflammkohle und 11 % Saarkoks-Mehl hergestellt werden, der in die Koksöfen gestampft wurde (SAARBERG-Stampf-Verfahren). Diese Masse wurde dann 22 Stunden auf 1000-1300 °C erhitzt, anschließend ausgestoßen und mit Wasser abgelöscht - pro Ofen wurden auf diese Weise 12 t Koks erzeugt. 1961 waren noch die Kokereien Heinitz, Reden und Fürstenhausen sowie das Schwelwerk Velsen in Betrieb, die zusammen etwa 6.000 t Steinkohle pro Tag verarbeiteten, wobei noch ca. 330 t Teer, 66 t Ammoniumsulfat, 100 t Benzol und 1,6 Mio. m^3 Kokereigas (Ferngas) anfielen. Heinitz wurde 1963 stillgelegt und Fürstenhausen soweit ausgebaut, dass pro Jahr aus 1,6 Mio. t Kohle 1,4 Mio. t Koks produziert werden konnten. Nach der Gründung der Zentralkokerei Saar GmbH (Stahlwerke Röchling Burbach GmbH + Dillinger Hütte AG) zur Versorgung der zentralen Roheisenerzeugung in Dillingen wurde dort die neue Zentralkokerei Saar erbaut und ging 1983/84 in Betrieb, die Kokerei Fürstenhausen der Völklinger Hütte wurde 1999 stillgelegt.

In modernen Kokereien fällt noch elementarer Schwefel an, entstehendes Ammoniak wird katalytisch zerlegt (Rohgaszusatz), aus Koksgas kann Wasserstoff gewonnen werden. Die Kohlenhydrierung war in Reden ab 1971 im Versuch, ab 1980 dann in Völklingen-Fürstenhausen (seit 1991 in Zusammenarbeit mit Grimma GmbH, Leipzig). Auch die Rote Erde als Endprodukt ausgebrannter, alter Halden wurde nach Aufbereitung in passender Körnung als Tennenbaustoff (SAARot) für Sportanlagen oder als Schotter verwendet.

3 Halden der Montanindustrie im Saarland

Industrielle Halden und Deponien im Saarland sind im Laufe von mehr als 2 Jahrhunderten durch die Lagerung von Abfall- und Reststoffen verschiedener Industriezweige entstanden, insbesondere solche des Steinkohlenbergbaues und der Eisenhütten. Der Bergbau in unserem Land beruht auf den geologisch-mineralogischen Gegebenheiten (s. Kapitel 2 in SCHMITT 2006), welche mit die Basis der naturräumlichen Gliederung sind. Die Gewinnung und Nutzung von Bodenschätzen im Saarland ist für eine Reihe von Industriezweigen schon historisch und industriegeschichtlich bearbeitet (s. Kapitel 2.1 in SCHMITT 2006). Kohlengewinnung, Eisen- und Stahl-Erzeugung und Energiegewinnung aus Kohle sind im Saarland räumlich eng verzahnte Industrien, wodurch auch eine Reihe von Halden

---

[3] JOHANN WOLFGANG VON GOETHE besichtigte am 7. Juli 1770 diese Fertigung anlässlich seines Besuches des "Brennenden Berges" in Dudweiler.

aus Bergen, Aschen und Schlacken gemischt angeschüttet wurden. Bezüglich der Anzahl und des Ausmaßes ihrer Halden werden im Folgenden der Steinkohlenbergbau ausführlich, die Eisenhüttenindustrie und die Kraftwerke kurz sowie die sonstigen Industrien am Rande vorgestellt. Nach dem Bundesberggesetz von 1980 sind Anlage und Betrieb von Halden genehmigungspflichtig und an eine Reihe gesetzlicher Auflagen gebunden. Die Zulassung im Bereich der Bergaufsicht fordert eine Beratung durch die Landesplanungsbehörde im Umweltministerium auf der Grundlage der Landesentwicklungspläne im Rahmen des Landschaftsprogramms, einschließlich der Umweltverträglichkeitsprüfung. Ein Betriebsplan durch das Bergbauunternehmen muss das Vorhaben, die landschaftspflegerischen Maßnahmen, einen Gestaltungs- und Rekultivierungsplan sowie die Bilanzierung des Zustandes vor und nach dem Eingriff (diese z. B. von unabhängigen Planungsbüros ermittelt) enthalten. Die Zulassung wird erst erteilt, wenn das Bergamt in einem öffentlichen Planfeststellungsverfahren einer Umweltverträglichkeitsprüfung nach den geltenden Richtlinien zustimmt. Die Bergbehörde muss die Betriebspläne und ihre Umsetzung überwachen. Mit Einstellung von Schüttbetrieb und bergbaulicher Nutzung wird ein Abschluss-Betriebsplanverfahren durchgeführt, das die Umsetzung der Anforderungen aus dem Bundesberggesetz sicherstellen soll. Von den ehemaligen Betriebsflächen dürfen keine Gefährdungen mehr ausgehen und eine Folgenutzung im Sinne der Wiedernutzbarmachung muss möglich sein. Weiterhin sind noch ausstehende Auflagen aus zugelassenen Betriebsplänen, z. B. zur Rekultivierung, umzusetzen, soweit sie nicht inzwischen verbindlich abgeändert wurden. Nach Abschluss aller Maßnahmen wird die Bergaufsicht beendet und eine Halde kann für die Öffentlichkeit zugänglich gemacht werden.

3.1 Steinkohlen-Bergehalden einschließlich der Absinkweiher sowie Asche/Schlacken-Halden der Kraftwerke

Die Halden des Steinkohlen-Bergbaues im Saarrevier bestehen fast ausschließlich aus dem Begleitgestein („Berge") der Rohförderkohle bei der Kohlenaufbereitung und der Flotation (Absinkweihersedimente). Die Teufberge beim Schachtbau sowie die Vorrichtungs- und Querschlagsberge beim Anfahren von Strecken und Querschlägen sind dagegen mengenmäßig kaum von Bedeutung. Dieses Bergematerial verschiedener Körnung besteht aus Sandsteinen, Konglomeraten, viel feinkörnigen Schiefertonen (Tonsteinen), Feldspat, Pyrit, Toneisensteinen, karbonatischen Mineralen und weist einen Restkohlengehalt von bis zu 12 % auf. Je nach Aufhaldungstechnik (s. Abschnitt 4.1) erreichen die Bergehalden im Saarland 130 m Höhe (Ensdorf/Duhamel) und über 50 ha Grundfläche. Im Jahr 1964 wurden 3 Mio. m^3 Berge aufgehaldet, 1986 schon 4 Mio., denn seit dem vollmechanisierten Abbau ab 1983 fällt prozentual mehr Bergematerial im Fördergut an (1930 nur 10-15 %, 1964 ca. 35 %, 1983 dann 48 %). Zu Beginn der systematischen Kohlegewinnung im 18. Jahrhundert gab es dagegen kaum Abraum, da nach dem von-Hand-Sortieren des Abbaugutes in Kohlen und Berge Letztere untertage verblieben. Mit der Erstellung eines Betriebswerkes für die Haldenbewirtschaftung erfolgte 1960 erstmals eine Aufnahme der Halden. In der zentralen Markscheiderei der Saarbergwerke AG waren bis zum Jahr 1982 insgesamt 105 Bergehalden mit einer Gesamtfläche von 530 ha kartografisch erfasst (DÖRRENBÄCHER 1983, KÖHLER 1986), die überwiegend im Bereich des Saarkohlenwaldes und im Warndt liegen und wovon noch 130 ha in Betrieb waren. Im Haldenatlas (SCHNEIDER 1984) werden 83 größere Halden mit einer Gesamtfläche von 540 ha kartografisch dargestellt, nach einheitlichen Kriterien tabellarisch beschrieben und bergbaufachlich kurz charakterisiert - ein Teil der Halden ist in Tabelle 17 aufgeführt. Darunter finden sich aber nicht nur Steinkohlen-Bergehalden, sondern auch 17 Halden mit gemischtem Schüttgut aus Bergen und Kraftwerksaschen.

Zusätzlich gibt es noch 27 kleinere Halden mit zusammen 60 ha Fläche.

Ausgehend von der Kohleförderung im Saarland wurden auch große Steinkohlen-Kraftwerke gebaut, die überwiegend mit hier geförderter Steinkohle betrieben werden und einen bedeutenden Beitrag zur Versorgung des Landes und seiner Industrie mit elektrischer Energie leisten. Mit dem dort erzeugten, hochgespannten, überhitzten Wasserdampf werden Dampfturbinen betrieben, welche Stromgeneratoren antreiben. Der Wirkungsgrad der Energieumsetzung liegt bei 36 %. Um 1900 waren die einzelnen Saargruben in ihrer Stromversorgung noch autonom. Das erste Großkraftwerk wurde 1923-1926 in Fenne erbaut, 1939-51 dann Kraftwerk Weiher (Weiher 1) bei Quierschied und 1948-1953 Kraftwerk St. Barbara in Bexbach.1955 wurde Fenne 2 neuerrichtet, 1957-60 St. Barbara II, 1961-63 Weiher 2 mit 2 Blöcken, 1967 Fenne 3 und 1974-76 Block 3 im Kraftwerk Weiher mit Genehmigung zur Klärschlammverbrennung und größter Rauchgasentschwefelungs-Anlage Europas (Saarberg-Hölter-Verfahren). Die Asche und der anfangs über Fliehkraft-Entstauber abgeschiedene Flugstaub wurden auf kraftwerkseigene Halden oder auf benachbarte Bergehalden verbracht. Ab 1968 wurde die in Wasser verkippte, geschmolzene Asche (mit ihren hohen Alkali- und Erdalkaligehalten) aus den Wirbelschichtöfen (fein gemahlene Kohle wird schwebend verbrannt) und später auch die entsprechend behandelte, geschmolzene Flugasche zu einem Granulat verarbeitet, das als Cewilith-Baustoff zum Unterbau von Wegen, Straßen und Plätzen dienen sollte, sich aber aufgrund seiner ungünstigen Quell-Eigenschaften nicht bewährte. Ab dieser Zeit wurden auf den Halden nur noch geringe Mengen an Reststoffen deponiert. Reststoffhalden der Kraftwerke sind vorhanden in Bexbach (ca.12 ha Fläche, in 5 Jahren mit 130.000 t Material beschickt, incl. Rückständen aus der Kühlwasseraufbereitung), Göttelborn (Kraftwerk Weiher, ca. 4 ha, noch in Betrieb), sowie in Geißheck und Neunkirchen-Heinitz.

3.2 Schlacken-Halden der Eisenhütten und Stahlwerke

Die für die Entstehung von industriellen Halden zweitwichtigsten Industrien im Saarland sind die Eisen- und Stahlhütten (s. Kapitel 2.1.3 in SCHMITT 2006), die insbesondere von den Industriellenfamilien STUMM, BÖCKING und RÖCHLING betrieben wurden. Die Erdoberflächen-nahen Eisenerzvorkommen v. a. im mittleren Saarland, insbesondere von Brauneisenstein (30-40 % Fe) und Roteisenstein (Hämatit, 30-40 % Fe), begründeten das Aufkommen der frühen Eisenproduktion. Primitive Eisenschmelzen aus der jüngeren Eisen- bzw. Latène-Zeit um 500 v. Chr. bei Friedrichsthal bzw. aus der Römerzeit im Warndt waren die Vorläufer. Erst um 1430 ist dann eine Schmelze bei Sinnerthal-Neunkirchen, 1431 diejenige am Halberg bei Saarbrücken und 1572 eine in Geislautern dokumentiert, aus den Anfängen der Neunkircher Eisenhütte ist uns eine auf 1593 datierte Ofenplatte überliefert. Diese Hütte war bereits 1728 eine der bedeutendsten, bis sie in den 1980er Jahren fast komplett abgerissen wurde. Die Dillinger Hütte existiert seit 1685, die Schmelzen Jägersfreude und Fischbach wurden 1719 bzw. 1728 errichtet, die Halberger Hütte, heute Saint-Gobain-Gußrohr, 1756. Im ausgehenden 18. Jahrhundert gab es Eisenhütten am Halberg, in Geislautern (ab 1827 zu Dillinger Hütte, 1884 abgerissen), Neunkirchen, Münchweiler, Nunkirchen und Braunshausen, die von mehr als 10 Erzgruben beliefert wurden. Die Burbacher Hütte wurde 1856 gebaut und 17 Jahre später die Alte Völklinger Hütte. Sie wurde 1986 stillgelegt und ab 1994 mit ihrer imposanten Gebläsehalle und der 50 m hohen und 40 m tiefen Hochofengruppe (mit Nebenanlagen auf 60 ha Fläche) aus der Blütezeit der Industrialisierung von der UNESCO zum Weltkulturerbe erhoben. Zu Beginn des 20. Jahrhunderts beschäftigten die Saarhütten 28.000 Mitarbeiter und betrieben 30 Hochöfen. Burbacher und Völklinger Hütte fusionierten 1971 zum Stahlwerk Röchling-Burbach, die Dillinger Hütte und Saarstahl AG Völklingen wurden 1989 zur Saarstahl AG zusammengelegt, die in Kombination von Hochofen-Roheisenproduktion, Stahl- und Kokserzeugung als integrierte Hütte mit 5.000 Mitarbeitern im Jahr 2004 rund 2,5 Mio. t Rohstahl erzeugte.

Die Verhüttung von Eisenerz zu Eisen erfordert, je nach Art des Erzes, ein vorheriges „Rösten", damit daraus dann in Schmelzspäter Hochöfen unter Zusatz von Holzkohle bzw. später Koks als Heiz- und Reduktionsmittel (hier richtiger: CO) das oxidisch gebundene Eisen bei hohen Temperaturen zu metallischem Eisen reduziert und in geschmolzener Form aus den Öfen abgestochen werden kann. Anfänglich wurde hierzu ausschließlich in Meilern erzeugte Holzkohle, ab 1765 zunehmend Schwelkoks in den ca. 5 m hohen Schmelzöfen verwendet (ab 1848 nur noch Koks), bis mit Vergrößerung der Hochöfen (bis 50 m Höhe) der besser geeignete Hochofenkoks eingesetzt wurde, ab Mitte der 1960er Jahre unter Zusatz von Schweröl und Einblaskohle. Der benötigte Koks wurde ab 1890 in hütteneigenen Kokereien (teils mit eigenen Kohlenwäschen für angelieferte Rohkohle) in Brebach, Völklingen, Burbach, Neunkirchen und Dillingen erzeugt, z. B. im Jahr 1926 in 1.750 Koksöfen insgesamt 178.000 t. Mit der ab 1975 in Dillingen zusammengefassten Roheisenerzeugung und Belieferung der noch bestehenden Stahl- und Gusshütten mit flüssigem Roheisen per Bahntransport wurden werkseigene Kokereien ab 1977 nach und nach stillgelegt und abgerissen. Die anfänglich verhütteten, relativ eisenarmen, heimischen Erze, deren Lagerstätten bis Mitte des 19. Jahrhunderts praktisch erschöpft waren, wurden durch importierte Erze ersetzt: erst durch Minette aus Frankreich und Luxemburg, ab etwa 1960 zunehmend durch höherwertige Erze (Reicherze mit Eisen-Gehalten über 60 %) aus Schweden, dann aus Übersee, z. B. Indien, Australien, Kanada, Venezuela, Afrika und vor allem Brasilien. Die Begleitstoffe aus den Erzen werden beim Verhüttungsprozess durch Zuschläge („Möller"), bestehend aus im Saarland gefördertem Kalkstein, Dolomit, Flussspat und Sand, in der Hochofenschlacke gebunden, die in erkalteter Form und oft zusammen mit Aschen, Formsanden und Bergen auf offenen Halden deponiert wurde. Sie wurden zeitweise als Dünge- und Bodenverbesserungsmittel verwendet. Heute wird Hochofenschlacke zu wertvollem Hochofenzement verarbeitet und das Material früherer Halden als Schotter im Straßenbau eingesetzt, obwohl es aus Umweltschutzgründen nicht unbedenklich ist. Bei der Verarbeitung des flüssigen Roheisens zu Stahl werden unter Zusatz von Zuschlägen (v. a. Kalk) insbesondere die Silizium-, Kohlenstoff-, Schwefel-, Phosphor- und Mangangehalte vermindert, anfangs im Puddel-Verfahren, dann im BESSEMER- und ab 1880 im THOMAS-Verfahren, deren Reststoff Thomasschlacke große Bedeutung als Dünger in der Landwirtschaft hatte, oder in SIEMENS-MARTIN-Öfen. Ab 1972 wurde im Oxygen-Bodenblas-Metallurgischen Verfahren (OBM, auch unter Schrottzusatz) und schließlich ab 1980 im LINZ-DONAWITZ-Verfahren (LD, hierbei wird Sauerstoff durch eine wassergekühlte Lanze in das flüssige Roheisen geblasen) Stahl erzeugt. Es fallen Schlacken ähnlicher Zusammensetzungen wie Naturstein an, die aber durch ihren relativ hohen Gehalt an freiem Kalk (CaO) basisch reagieren; sie werden z. T. im Straßenbau eingesetzt. Zu Beginn des 20. Jahrhunderts wurden z. B. in Völklingen 0,4 Mio. t Thomasstahl von 5.500 Mitarbeitern erzeugt. Auch beim Legieren von Eisen und Stahl mit Chrom, Vanadium, Nickel, Molybdän, Magnesium u. a. m. in Gießereien fallen wiederum Schlacken an, aber in geringem Ausmaß. Alte, größere Schlacken-Halden der Eisen- und Stahlindustrie liegen z. B. bei Hostenbach (3 Halden, zus. 64 ha), Brebach, Dillingen und Derlen („Derler Kipp", Völklingen) sowie bei Neunkirchen. Die Halden der Alten Schmelz, St. Ingbert, waren 1950 noch vorhanden, sind aber inzwischen abgetragen. Eine Reihe von Bergehalden des Steinkohlenbergbaus wurde zeitweise auch mit Reststoffen der Eisenindustrie befüllt. Über Schüttungen aus anderen Industrien im Saarland siehe Abschnitt 2.1.4 in SCHMITT (2006).

4 Standortfaktoren der Steinkohlen-Bergehalden im Vergleich zu Schlacken- und Asche-Halden

4.1 Haldenformen

Wird trockenes, lockeres, gekörntes Material aufgeschüttet, so weisen die Flanken der Schüttung anfangs einen natürlichen Schüttwinkel [4] von etwa 45° auf, wobei die Flanken labil sind und bei geringsten mechanischen Störungen nachrutschen, wodurch evtl. schon angesiedelte Gehölze schief gestellt werden und Wurzel-Abrisse bzw. -Freilegungen erleiden. Ist das aufgeschüttete Material noch feucht, wie z. B. bei ausgebaggertem Kies/Sand oder den bei der Kohlenwäsche anfallenden Waschbergen, so ist der Schüttwinkel noch steiler [5] (bis 60°), der Haldenhang rutscht beim Trockenfallen auf jeden Fall ab. Um weniger rutschungsgefährdete Strukturen zu erhalten, werden seit ca. 30 Jahren die Haldenflanken flacher angelegt. Das Schüttgut wird lagenweise druckverdichtet, so dass stabilere, tafelbergförmige Halden entstehen. Je nach geographischen Gegebenheiten am Ort der vorgesehenen Halde, dem Zeitpunkt und der Art der Befüllung lassen sich folgende Haupt-Haldenformen im Saarland unterscheiden (s. Abschnitt 2.1.5 in SCHMITT 2006):

- Hangböschungs-Halden (alter Haldentyp): Das Schüttgut wird einfach an vorhandene natürliche Hänge angekippt, die Halden reichen mit ihren Höhen von ca. 20 Metern kaum über die Hangkanten hinaus, z. B. die Halden Pfeifershofweg, Neuhaus-Schacht, Franziska-Schacht, Kirschheck-Schacht.

- Fischgräten- und Damm-Halden (alter Haldentyp): Von einem in der Ebene angeschütteten 7 bis 15 m, seltener bis 25 m hohen Hauptdamm (Rücken) werden mit Kipploren fischgrätenartige Seitenarme aufgeschüttet, im einfachsten Fall auch handförmig (ausgehend von niedriger Kegelhalde), z. B. Bergehalde Heinitz, alte Bergehalde Hostenbach.

In einer Reihe von Fällen, z. B. bei der Bergehalde der Grube Frankenholz/Höchen, wurden die vorhandenen Fischgrätenhalden später zu Kegelsturzhalden weiter aufgefüllt. Die beiden alten Haldentypen sind inzwischen bis auf wenige Ausnahmen so in die umgebende Landschaft eingebunden, dass sie oft nur an der charakteristischen Vegetation als frühere Halden erkennbar sind. Die noch 1960 in Betrieb befindlichen 16 Halden wurden z. T. als

- Kegelsturz-Halden (Spitzkegel-Halden) angelegt, z. B. Alte Halde Madenfelderhof/Reden, Haupthalde Grube Viktoria I/II in Püttlingen, Heinitz, König, Haupthalde Grube Dechen, Höchen, Halde Grühlingstraße/Jägersfreude, Haupthalde Grube Heinitz oder die Hostenbacher Schlackenhalden A, B, C. Dieser Haldentyp gestattet die Deponie von größter Materialmenge auf kleinster Grundfläche, weist die höchsten Böschungswinkel (ca. 45° bis sogar in manchen Fällen 50°-60°) und Höhen bis 130 Meter auf, z. B. die Halde Duhamel bzw. Ensdorf, und ist deshalb besonders erosionsgefährdet.

Im Jahre 1992 waren von den aufgenommenen Halden 44 Hangböschungs-Halden, 19 Spitzkegel-Halden, 6 Fischgräten-Halden, 8 Damm- und 5 Tafelberg-Halden. Die 1986 noch betriebenen Kegelsturzhalden in Reden, Camphausen, Göttelborn und Ensdorf, die - einschließlich Warndt - jährlich 4 Mio. m³ Bergematerial (meist Waschberge) aufnahmen, wurden immer mehr in Tafelberghalden mit großen Plateaus umgewandelt, deren Böschungswinkel zwischen 30° und 35° liegen. Diese

---

[4] Winkel zwischen der Horizontalebene und der Hangflanke, wenn Schüttgut auf diese Ebene aufgeschüttet wird. Der Schüttwinkel von Sand liegt z. B. zwischen 30° und 35°.

[5] Dies gilt insbesondere für nicht-kugelige bzw. nicht-runde Partikel, wie sie im schiefrigen Bergematerial ganz überwiegend vorhanden sind.

- Tafelberg-Halden (Kegelstumpf-Halden) mit oft unregelmäßigem Grundriss, z. B. die Haupthalde Reden-Fett, die Halden am Ostschacht Sulzbach, Camphausen, Göttelborn und Ensdorf, erreichen Höhen von 70-90 m über der Sohle. Durch die aufeinanderfolgenden Schüttscheiben von ca. 10 m Höhe mit Innenversatz von 5 - 10 m sind sie in „Bermen" terrassiert, ihre Oberflächen mit schweren Maschinen befahrbar, wodurch das Schüttgut druckverfestigt und stark verdichtet wird. Diese Halden sind somit formstabiler und weniger entzündungsgefährdet, aber das Niederschlagswasser kann kaum versickern (Verminderung der Wasserwegsamkeit). Auf den Haldenplateaus wurden in einigen Fällen (z. B. Luisenthal, Pfeifershofweg) auch Absinkweiher angelegt.

Die Beschickung der Halden, anfangs mit Kipploren, mit Schrägaufzügen, Transportbändern und Absetzern oder auch mit Lastkraftwagen, wurde ab 1990 partiell mit dem besonders komfortablen, beweglichen Rohrgurtförderer („Pipe-Conveyor") durchgeführt.

4.2 Rohböden und Bodenbildungsprozesse

Frische, aus sterilem, meist gröberkörnigem Material ohne organische Anteile bestehende Schüttungen technogener Substrate sind keine Böden im eigentlichen Sinn - sie werden hier als Rohböden bezeichnet. Die eigentliche Bodengenese beginnt mit der Verwitterung der Berge zu feinkörnigerem Material, seiner chemischen Veränderung und der Freisetzung von Komponenten, dem Eintrag luftbürtiger Nährstoffe und organischen Materials sowie durch langsame Besiedlung mit Lebewesen verschiedenen Typs mit ihren Nährstoff-liefernden Lebensprozessen (s. Abschnitt 2.2 in SCHMITT 2006). Das ist nicht mit der Genese normaler, natürlicher Bodentypen im Saarland (s. Abschnitt 2.2 in SCHMITT 2006) vergleichbar. Erschwert wird die Bodenbildung durch die in Abschnitt 4.3 aufgezeigten klimatischen Extreme der Halden, Hangkriechen bzw. Rutschungen sowie Erosionsrinnenbildung, wobei schon gebildeter Boden überdeckt wird und an seiner Stelle wieder Rohboden zum Vorschein kommt. Dabei kommt es auch zu Knick- und Säbelwuchs, schlimmstenfalls zu Entwurzelungen schon etablierter Gehölze.

Ein Vergleich technogener Substrate zeigt die Unterschiede in Körnung, Lagerungsdichte sowie Wasser- und Stofftransport auf, welche wichtige Voraussetzungen für die Besiedlung sind. Poren-Durchmesser >50 mm (weit) sind für die Luftkapazität wichtig, solche von 0,2-50 µm für die nutzbare Feldkapazität (= die gegen die Schwerkraft haltbare Wassermenge), die Feinporen <0,2 µm für das Totwasser. Ebenso sind die Transportprozesse, wie Sorption/Desorption sowie Verteilung und Filterung vom Porensystem, aber auch von der Materialzusammensetzung abhängig. Für die beiden wichtigsten Haldentypen, die Steinkohlen-Bergehalden und die Schlacken/ Asche-Halden, werden obige Prozesse kurz vorgestellt.

I   Steinkohlen-Bergehalden

Das aufgehaldete grobporige, anfangs schwer benetzbare Bergematerialgemisch (Komponenten vgl. Tab. 12) weist im Mittel folgende chemische Zusammensetzung auf: SiO_2 46 %, TiO 1 %, Al_2O_3 19 %, Fe_2O_3 6 %, MnO 1,5 %, CaO 6 %, K_2O 3 %, SO_2 0,5 %, dazu in Anteilen unter 1 % SrO, BaO, Na_2O, P_2O_5 und Chlorid sowie Spuren von Cd, Co, Cu, Ni, Zn, wobei gerade höhere Gehalte an Schwermetallverbindungen von den meisten Pflanzen nicht toleriert werden können. Bei der physikalischen Verwitterung des aufgehaldeten Materials mit weitem Korngrößenbereich (Grobberge bis Feinschlamm) laufen verschiedene Prozesse ab (s. Abschnitt 2.2.1 in SCHMITT 2006). Das in mehreren Hundert Meter Tiefe unter Druck gelagerte und dann nach übertage gebrachte, gashaltige Gestein bildet bei Druckabnahme Spalten und Risse, durch die Kohlenaufbereitung werden die Schiefertone zusätzlich mechanisch gelockert. Weitere Kornsprengungen folgen nach Aufhaldung durch:

- Spaltenfrost (beim Gefrieren von Wasser, Volumenausdehnung ca. 9 %)

- Salzsprengung (aus Lösungen auskristallisierende bzw. sich neubildende Salze haben größeres Volumen, z. B. Alaun; Lösen von Kalk zu Hydrogencarbonat, Hydratation von Salzen wie $CaSO_4$)
- Spreitungsdruck (Anlagerung von Wasser an innere Oberflächen)
- Quelldruck (Einlagerung von Wasser in Kristallgitter der Tonminerale)
- die aufgrund der Hitzeentwicklung beim Brennen der Halden verstärkte Insolation, d. h. der regelmäßig größeren Temperaturschwankungen (Tag/Nacht, Sommer/Winter) und dem dadurch bedingten periodischen Variieren des Gesteinsvolumens.

Durch die Verwitterung sperriger, stabilisierender Anteile können Rutschungen bei steilen Hängen ausgelöst werden.

Nach wenigen Liegejahren ist die Haldenoberfläche bis in etwa 3 cm Tiefe von den feineren Zerfallsprodukten der Schiefertone bedeckt, in Verebnungen und Mulden auf den Haldenplateaus kann sich aufgrund des dadurch schwer durchlässigen Bodens Wasser längere Zeit stauen, an Hängen läuft es dagegen schnell ab. In größeren Tiefen werden nun über die an den neugebildeten, kleineren Partikeln mit bedeutend vergrößerter Partikeloberfläche verstärkt einsetzende chemische Verwitterung Tonminerale um- und neugebildet, was zur Selbstverdichtung der Haldenunterböden führt.

Der biogene Gesteinsaufschluss ist eine Kombination von chemischen und physikalischen Vorgängen: Aus Pflanzenwurzeln oder Mikroorganismen sekretierte organische, meist komplexbildende Säuren lösen unter Porenbildung z. B. Metallionen auch aus hartem Gestein (Granit, Quarzit, Marmor, Schiefer), die dann z. T. resorbiert werden. Der osmotische Druck (>10 kp/cm^2) der in Boden- oder Gesteinsspalten hineinwachsenden Wurzelzellen und der nur wenige µm dünnen Pilzhyphen sowie das Quellen und Schrumpfen der Thalli von Flechten aus der Pionierbesiedlung von Oberflächengestein führen ebenfalls zur Sprengung des Gesteins. Einen Eindruck von der Kraft der Pilzhyphen gibt die Aufsprengung von Straßen-Bitumendecken durch Fruchtkörper der Stinkmorchel (*Phallus impudicus*) oder des Stadt-Champignons (*Agaricus bitorquis*), wobei Kräfte von ca. 1,33 kN/m^2 auftreten, d. h. ein Pilzfruchtkörper kann ein Gewicht von 130 kg anheben.

Durch das Edaphon (pflanzliche und tierische Bodenorganismen) wird aus abgestorbener, organischer Substanz (z. B. Streu oder Holz) über Remineralisations- und Humifizierungsprozesse Humus gebildet, der in Kombination mit Tonmineralen als Nährstoffträger dient und für die Kationenaustauscherkapazität sowie die Basensättigung (Ca^{2+} + Mg^{2+} + Na^+ + K^+) verantwortlich ist. Die Bioturbation durch die Aktivität von Würmern oder anderen wühlenden Tieren durchmischt und belüftet den Boden immer wieder.

Nach 10 bis 20 Jahren ist der Verwitterungshorizont bis in ca. 5 cm Tiefe vorgedrungen und etwas Humus in den obersten Lagen vorhanden. Bei älteren Halden kann man schon vier Bodenhorizonte (von oben nach unten) unterscheiden: A) humusreich, dunkel, B) bleich, gequollen, mit intensiver, chemischer Verwitterung, C) Übergang zum unveränderten Material, D) unverändertes Material. Die Bodenbildung beinhaltet die Freisetzung wichtiger, mineralischer Pflanzennährstoffe und deren Verfügbarkeit, die eng mit der Boden-Azidität verknüpft ist: Bei steigendem pH (> 5) sinkt die Löslichkeit von Fe, Mn, Zn, bei sinkendem pH (ab 5) können höhere Konzentrationen von Al-, Mn- und Fe-Ionen phytotoxisch wirken. Gleichzeitig beginnt die Tonmineralzerstörung durch den Austausch von gebundenem Al^{3+} gegen H^+. Hohe Al^{3+}-Ionenkonzentrationen stark saurer Böden werden als eine der Ursachen des Waldsterbens angesehen.

Die fast durchgängig beobachtbare Versauerung der Haldenböden ist primär nicht durch luftbürtige Säuren („Saurer Regen") bedingt, sondern durch nachfolgend dargestellte Steinkohlenberge-spezifischen Vorgänge. Frisch aufgeschüttete Berge weisen pH-Werte von 7,5 bis 8 auf, nach einigen Jahren Liegezeit kann der pH bis auf 3 absinken: z. B. nach 5 Jahren auf 5, nach 15 Jahren auf 3.

Die Hauptursache für diese Versauerung ist die Oxidation des im Bergematerial vorhandenen Pyrits und Markasits (Schwefelkies,

FeS_2) zu Schwefeltrioxid und dessen Weiterreaktion mit Wasser zu Schwefelsäure,. An der Oberfläche bzw. in oberflächennahen Schichten der Rohböden, wo genügend Luftsauerstoff vorhanden ist, läuft diese Reaktion bevorzugt abiotisch ab, wobei als giftige Reaktions-Zwischenprodukte Schwefeldioxid und Schwefeltrioxid entstehen:

Summen-Reaktionsgleichung:
$2\ FeS_2 + 2\ H_2O + 7\ O_2 \rightarrow 2\ FeSO_4 + 2\ H_2SO_4$

Eine lockere Bergelagerung beschleunigt diesen Oxidationsprozess, eine dichtere jedoch hemmt ihn, wobei auch die Atmung der Pflanzenwurzeln und aerober Mikroorganismen sowie der Gasaustausch CO_2/O_2 in der Bodenluft erschwert werden.

In tieferen Schichten gewinnt unter Sauerstoffmangel ein zweiter, biotischer Bildungsvorgang von Schwefelsäure größere Bedeutung, welche über denitrifizierende, autotrophe, anaerobe Bakterien wie z. B. *Thiobacillus denitrificans* abläuft. Hierbei wird das meist über Lufteintrag vorhandene, leicht lösliche und deshalb bis in tiefere Bodenschichten transportierte Nitrat von den Bakterien zu elementarem, als Gas entweichendem Stickstoff nach folgender Summen-Reaktionsgleichung reduziert:

$2\ NO_3^- + 12\ H^+ + 10\ e^- \rightarrow N_2 + 6\ H_2O$

Diese Reduktionsreaktion läuft in 4 enzymatisch katalysierten Schritten über folgende Metalloenzyme ab: Nitrat-Reduktase, Nitrit-Reduktase, Stickstoffmonoxid-Reduktase und Distickstoffmonoxid-Reduktase, wobei das Disulfid-Ion S_2^{2-} aus dem Pyrit zu Schwefelsäure oxidiert wird. Da mit zunehmender Azidität des Bodenmilieus aufgrund der gebildeten Schwefelsäure mehr Disulfid-Ionen aus Pyrit freigesetzt werden, verstärkt sich die Bildung neuer Schwefelsäure.

Feinste Kohlepartikel und Pyrit im Innern von Halden entzünden sich bei Luftzutritt und setzen bei älteren, kohlereichen Halden einen schwer löschbaren Schwelbrand in Gang, wobei als giftige Gase Schwefeldioxid, Schwefeltrioxid (s. oben) und Kohlenmonoxid sowie Kohlendioxid entstehen. Diese Oxidationsreaktionen von Kohle bzw. Pyrit sind stark exergon (wärmeliefernd), was aus den Werten für die entsprechenden Reaktionsenthalpien ΔH_f^0 von –95 bzw. –178 kcl/Mol hervorgeht. Zum Start dieser Reaktionen muss allerdings Aktivierungsenergie aufgebracht werden, deren Höhe entscheidend von der Teilchengröße der Kohle- bzw. Pyrit-Partikel abhängt: Je kleiner die Teilchen, umso größer ist ihre relative Oberfläche und umso reaktionsfreudiger werden sie, d. h. um so niedriger ist die aufzubringende Aktivierungsenergie zum Start der Reaktion - eine Gesetzmäßigkeit, die man sich auch bei Katalysatoren zunutze macht. Ist die Reaktion aber einmal gestartet, läuft sie wegen der starken Wärmeentwicklung automatisch im Substrat weiter, auch weil die Wärmeabführung im Haldeninnern stark verzögert abläuft. Der wohl durch Feuer über dem austretenden Kohlenflöz vor mehr als 300 Jahren ausgelöste und bis heute andauernde Schwelbrand am sogenannten „Brennenden Berg" bei Dudweiler wurde 1669 erstmals als bergbauliche Besonderheit erwähnt.

Beim Erhitzen des begleitenden Tonschiefers durch brennende Kohleflöze wird sogenannte „Rote Erde" gebildet (vergleichbar dem Tonscherben beim Brennen von Tongefäßen) und gleichzeitig Aluminium, Eisen, Kalium, Kupfer, Magnesium, Calcium und Ammoniak in Form von Kationen freigesetzt, die mit der aus dem Pyrit durch Oxidation gebildeten Schwefelsäure Kalium-Aluminium-Alaun, Kalium-Eisen-Alaun (Haarsalz, Feder-Alaun), Eisen-, Kupfer-, Calcium- und Magnesiumsulfat (Bittersalz) sowie mit vorhandenen Chlorid-Ionen Natrium- und Ammoniumchlorid bilden. Diese meist leichtlöslichen Salze belasten das Sickerwasser, welches am Fuß der Haldenhänge austritt und sind die Ursache für das Entstehen von potenziellen Standorten salztoleranter Pflanzen, die hier weitgehend konkurrenzfrei siedeln können.

Durch den Einsalzeffekt von NaCl wird die Löslichkeit z. B. von Gips bis auf das 4fache erhöht. Viele der voran aufgeführten, meist leichtlöslichen Salze führen in höheren Konzentrationen zu osmotischen Problemen bei Organismen und zu Wurzelveränderungen.

Sie werden andererseits aber auch leicht ausgewaschen oder durch Verdunstung ihrer in Kapillaren an die Haldenoberfläche aufsteigenden Lösungen konzentriert und sogar kristallin abgeschieden (Ausblüh-Effekt), wobei kleinräumig salzreiche Sonderstandorte entstehen, die halophilen bzw. salztoleranten Bakterien, Archaea, Algen, Pflanzen und Pilzen Lebensmöglichkeiten bieten.

In den ersten Liegejahren sind im Haldenrohboden also wenig Nährstoffe vorhanden, der hohe Skelettanteil bewirkt einen raschen Wasserabfluss. Danach resultiert durch die Verdichtung in 10 bis 20 cm Tiefe Staunässe oder Wasserableitung an den Haldenhängen. Die Halden-Hänge und -Oberflächen haben wegen der Aufschütthöhen keinen Grundwasseranschluss, so dass ihre Wasserversorgung nur durch das Niederschlagswasser gedeckt werden kann. Das anfangs geringe Wasserhaltungsvermögen des Schüttgutes reicht deshalb oft nicht aus, Pflanzen das Überleben zu sichern. An den leeseits oft feuchten Haldenhangfüßen führt der Stoffaustrag durch Wasser zur Erhöhung der Konzentration löslicher Salze der voran schon aufgeführten Metalle, darüberhinaus von Mangan, Arsen, Selen, Chrom, Zink und Strontium, aber auch von Schwefelwasserstoff im benachbarten Sohlenboden - bis hin ins Grundwasser, so dass zulässige Grenzwerte für Trinkwasser überschritten werden können.

In den Jahren 1982 und 1983 wurden vom Erstautor Bodenproben (aus den obersten 5 cm des Profils, Entnahmen von April bis Juni) von 6 verschiedenen, locker bewachsenen saarländischen Steinkohlen-Bergehalden auf pH-Wert (in KCl) und Ca^{2+}-Gehalte (im MORGAN-Extrakt) analysiert. Das pflanzenverfügbare Calcium lag zwischen 0,02 und 0,07 %. In Maybach und Pfeifershof lagen die pH-Werte zwischen 5,9 und 7,7, im Mittel bei 6,8. Die Labacher Halde und das Plateau der Halde am Saufangweiher lagen mit pH-Werten von 3,5 bis 4,9 bedeutend niedriger, ebenso der wasserumspülte Feinschlamm des Absinkweihers Maybach, während die direkt dort anschließenden unteren Haldenhänge pH-Werte von 6,5 bis 7,7 aufwiesen.

Bei ca. 70 Jahre liegenden (nach Rekultivierungsmaßnahmen evtl. schneller) saarländischen Steinkohlen-Bergehalden sind ca. 25 cm mächtige Rankerböden mit Humusgehalten zwischen 1 bis 5 % anzutreffen, wobei Großgehölze mit ihren Wurzeln bis zu 80 cm in den Rohboden vorstoßen. Die pH-Werte (in KCl) lagen, abhängig von der Liegezeit der Halden (5 bis 75 Jahre), zwischen 3,7 und 4,5, in Roter Erde zwischen 4,3 und 4,8.

II Asche/Schlacken-Halden

Die chemische Zusammensetzung der Hochofenschlacken hängt einerseits vom eingesetzten Erz, andererseits von den Zuschlägen beim Verhüttungsprozess ab (vgl. Abschnitt 2.1.3 in SCHMITT 2006). Im Mittel geht man von 34 % SiO_2, 12 % Al_2O_3, 42 % CaO, daneben noch P_2O_5, CaS, K_2O, Fe_2O_3 und anderen, oft toxischen Schwermetalloxiden in geringeren Anteilen aus. Schlacken sind trotzdem früher als Aufkalkungs- und Bodenverbesserungsmittel in Land- und Forstwirtschaft eingesetzt worden. Je nach Behandlung der flüssigen Schlacke bei der Abkühlung vor ihrer Aufhaldung können glasartige oder eher steinartige Produkte resultieren, deren Verwitterungseigenschaften sehr unterschiedlich sind. Dabei werden schädliche Schwermetallverbindungen in höheren Konzentrationen freigesetzt, die einerseits das Leben auf diesen Halden negativ beeinflussen, andererseits durch den Regen in Boden und Oberflächenwasser eingetragen werden.

Thomasschlacke aus der Stahlerzeugung über das Thomas-Verfahren weist folgende mittlere Zusammensetzung auf: 64 % CaO, 25 % P_2O_5, 11 % SiO_2 + Spuren anderer Komponenten und wurde nur partiell aufgehaldet, da sie in Pulverform als begehrtes Düngemittel (Thomasmehl) gerne von der Landwirtschaft abgenommen wurde. Die Schlacken aus der Stahlerzeugung über das LD-Verfahren weisen einen relativ hohen Gehalt an freiem Kalk (CaO) auf, der mit Wasser unter Volumenzunahme (damit verbundene Kornsprengungen) zu löslichem gelöschtem Kalk reagiert, welcher den pH-Wert der Haldenrohböden länger im basischen Bereich (> 8) hält.

Mit obigen Schlacken wurden auch noch Filterstäube, Flugasche (aus den früheren hütteneigenen Kleinkraftwerken) und Formsande (Gießereibetrieb) auf den Halden deponiert. Am besten untersucht sind diesbezüglich die Halden des Stahlwerks Röchling in Hostenbach (vgl. Abschnitt 2.2.2 in SCHMITT 2006 mit Literaturangaben). Die Halden wurden auf früherem Ackerland angeschüttet: die Fischgräten-Halde 1 (20-25 m hoch, von 1889-1910), die 100 bis 130 m hohen Kegelhalden A (von 1910-1931), B (von 1931-1952) und C (ab 1952). Sie enthalten im Mittel 85 % Schlacken, Schlackensande, Waschberge und Flotationsberge sowie ca. 15 % Aschen aus Kohlenkraftwerk, Filter- und Gichtstäube sowie Bauschutt. Das Haldenschüttgut enthält im Mittel 32 % SiO_2, 20 % CaO, 3,5 % MgO, 17 % Al_2O_3, 8 % Fe, 1 % Mn, 0,2 % P, 0,4 % S u. a. m. Die beiden höchsten Kegelhalden geben durch den hohen Gehalt an Feinkornanteilen viel Staub ab und werden von den Völklinger Bürgern nach dem beliebten Industriellen-Ehepaar RÖCHLING beziehungsvoll „HERMANN und DOROTHEA"[6] genannt. Die pH-Werte liegen bei diesen Kegelhalden im Bereich 6,7-9,6, im Haldenvorgelände bei 9,4. Im Jahreslauf lagen im August die Bodentemperaturen auf unbedecktem Boden in 5 cm Tiefe zwischen 23 und 54 °C, in 100 m Tiefe dagegen schon bei 70 bis 85 °C, in Schwelbrandbereichen manchmal sogar bei 112 °C.

Kalkhaltige Flugasche aus Hüttenwerken bzw. von staubenden Asche/Schlacken-Halden bewirkt bei Immission in Böden benachbarter Bereiche auch Veränderungen in der Vegetation, wie z. B. H. DERBSCH dokumentieren konnte (SCHMITT 2013): Der Kreuzberg in Völklingen liegt 200-1500 m südwestlich der Völklinger Hütte mit Hochofenbetrieb, Stahlwerk, Kokerei und Zementfabrik. Durch die dominierenden Westwinde wurden die basischen, kalkbetonten Staubemissionen zum Kreuzberg verfrachtet. In den 1950er Jahren waren in seinen Laubwäldern noch Säurezeiger wie Heidelbeere (*Vaccinium myrtillus*) und Besenheide (*Calluna vulgaris*) anzutreffen, bis durch die zunehmende Eisen- und Stahlproduktion aus eisenarmem, phosphorreichem Minette-Erz (mit viel Kalkzuschlag) die Emissionen aus Hochöfen, Zementwerk und den staubenden Hostenbacher Schlacken/Asche-Halden deutlich zunahmen. In den 1960er Jahren verschwanden deshalb Säurezeiger wie z. B. Weißliche Hainsimse (*Luzula luzuloides*), dafür traten Arten wie Wald-Segge (*Carex sylvatica*), Wald-Zwenke (*Brachypodium sylvaticum*) sowie Frühjahrsgeophyten und Orchideen der Kalklaubwälder und kalkholde Pilzarten auf. In den 1970er Jahren gingen die Staubemissionen durch die Aufgabe der Roheisenerzeugung, andere Stahlerzeugungsverfahren und effektivere Entstaubung von 3.000 auf 800 kg/ha/Jahr zurück. Saurer Regen und zunehmender Verkehr brachten zusätzliche Stickstoff- und Säure-Einträge, so dass in den Kreuzbergwäldern die Säure und Stickstoff liebenden Arten wieder zunahmen, während stickstoffempfindliche sowie kalkholde Mykorrhizapilzarten zurückgingen. Ähnliches wird über die Wirkung von Flugasche aus Steinkohlen-Kraftwerken berichtet. Die sehr inhomogene Kraftwerksasche (Grobasche und Flugstaub mit Partikelgröße um 0,03 mm) weist durch die hohen Alkali- und Erdalkaligehalte pH-Werte im Bereich von 9,3 bis 12 auf und wurde im Saarland früher offen aufgehaldet, ab Anfang der 1950er Jahre dann z. T. wieder abgehaldet. Das Material ist schon nach wenigen Monaten Liegezeit extrem verfestigt (Abbinde-Effekt, ähnlich wie bei Mörtel), der pH-Wert sinkt nach einem Jahr auf 9,5, nach 5-7 Jahren auf 7,2 und nach 30-70 Jahren auf Werte von 6,5 bis 5,7 ab.

4.3 Mikroklima

Vergleicht man das Klima der Bergehalden mit demjenigen ihrer weiteren Umgebung im Saarrevier (vgl. Abschnitt 2.3 in SCHMITT 2006), so zeigt sich übereinstimmend mit der Situation in anderen Bergbaurevieren Deutschlands, dass die Haldenklimata deutlich extremer sind. Das dunkle Bergematerial nicht oder nur wenig begrünter Halden-Südhänge weist, noch verstärkt durch die steilen Böschungswinkel, eine geringe Albe-

---

[6] HERMANN RÖCHLING (1872-1955) und Frau THEODORA RÖCHLING (vgl. FUCHS 1984)

do, d. h. ein geringes Reflexionsvermögen für energiereiche Strahlung, auf. Die adsorbierte Sonneneinstrahlungsenergie heizt deshalb die Haldenoberflächen bis in ca. 5 cm Tiefe so stark auf, dass im Sommer wüstenähnliche Bedingungen mit Tagestemperaturen von über 70 °C auftreten können - verbunden mit starker Austrocknung und verstärkter Brandgefahr bei vorhandenem trockenem Pflanzenmaterial. Nachts fällt die Temperatur auf Umgebungswerte ab, so dass die Unterschiede zwischen Tag- und Nacht-Temperaturextremen stellenweise mehr als 50 °C erreichen können. Bei starker Erwärmung an sonnenreichen Tagen bilden sich zusätzlich kräftige Hangwinde, welche die Austrocknung beschleunigen und in deren Thermik gerne Greifvögel über den Halden kreisen und nach Beute, z. B. den auf Halden reichlich vorkommenden Mäusen, Ausschau halten. Durch den übergangslosen Wechsel zwischen Ebene und Schüttung treten zusätzliche Turbulenzen auf. Der erhöhte Winddruck am luvseitigen Hang wird durch kahle, vegetationslose Flächen noch verstärkt und die relative Luftfeuchte stark vermindert. An den Haldenhang-Schultern werden daraus überfallartige Winde, die oft erst hinter der Halde ihre maximale Entfaltung erreichen. Hierdurch werden Feinstmaterialien ausgeblasen, der Oberboden verhagert, die Hänge sind während der Wintermonate oft schneefrei und die dort angesiedelte Vegetation ist verstärkt Kahlfrösten und Frosttrocknis ausgesetzt. Durch die Halden werden auch Frischluftströme zurückgehalten, Wärmestaus erzeugt und Kaltluftseen gebildet. Die Lufttemperatur auf der Lee-Seite ist wegen mangelnder kühlender Luftmassen 1-2 °C höher als im Umfeld. Die ständigen Winde sind ungünstig für die Vegetation: durch verstärkte Wasserverdunstung aus dem Boden, hohe Wasserverluste der Blätter, Verwehungen von abgeworfenem Laub, vermindertem Streuabbau, Lockerung von Wurzeln durch starke Bewegung oberirdischer Pflanzenteile, Kronendeformationen bei Gehölzen, Verluste von Laub und Ästen, Staubbildung, Humusverlust durch Windabtrag u.s.w. Sind Halden jedoch begrünt, wirkt sich das mildernd auf die Temperaturextreme der bodennahen Luft und des Bodens und positiv auf die Vegetation aus, ist also ein sich selbst verstärkender Prozess.

4.4 Absinkweiher

Diese im Volksmund „Schlammweiher" genannten Flotationsberge-Absinkweiher gehören seit der Einführung der Nassaufbereitung geförderter Rohkohlen ab Mitte des 19. Jahrhunderts zum saarländischen Landschaftsbild, es sind aktuell: Göttelborn (Göttelborn-SO), Itzenplitz (Heiligenwald-S), Reden (Landsweiler-Reden-S), Kohlwald (Wiebelskirchen-W), Heinitz (Heinitz-Dechen-W), Dechen (Heinitz-Dechen-N), Ensdorf (Ensdorf-N), Saufang (Wasserhaltungsweiher!, Friedrichsthal-W), Camphausen (Camphausen-W), Viktoria (Püttlingen-O), St. Barbara (Ritterstraße-O), Fischbachtal (Jägersfreude-W), Hirschbach (Dudweiler-N), Luisenthal (Luisenthal-W), St. Charles/Warndt (Großrosseln-S), Hostenbach (Hostenbach-S, bei den Schlacken/Asche-Halden). Diese Absinkweiher wurden überwiegend in Tallagen angelegt, mit Dämmen gesichert, zur Flächeneinsparung in einigen Fällen aber auch auf Haldenplateaus angelegt, z. B. Luisenthal oder Pfeifershofweg (letzterer nach Stilllegung der Grube Jägersfreude 1968 trockengefallen). Aber auch untertage wurden Flotationsbergeschlämme, z. B. aus der Aufbereitungsanlage Luisenthal, 1967 in die stillgelegte Grube Viktoria bis zur 9. Sohle verfüllt. Die 1960 für Grube Jägersfreude neu angelegten Weiher im Fischbachtal waren nur noch 8 Jahre in Betrieb. 1986 wurden fast 0,5 Mio. m^3 Flotationsberge durch Rohrleitungen in die sechs noch in Betrieb befindlichen Weiher gepumpt. Durch den Eintrag nicht flotierten Feinschlamms war der Anteil an Feinkohle im Schlamm älterer Weiher noch so hoch, dass das abgesetzte Material nach Entwässerung abgebaut und als sogenannter Kohlenschlamm verfeuert wurde.

5 Dynamik der Vegetationsentwicklung auf den Steinkohlen-Bergehalden

5.1 Natürliche Vegetation und Spontanbesiedlung

Die Spontanvegetation der Steinkohlen-Bergehalden und Asche/Schlacken-Halden im Saarland ist bisher nicht dezidiert bearbeitet, aus anderen Revieren gibt es dagegen reichlicher Informationen, z. B. zu Ölsand- und Kohlehalden in Nordamerika, die Halden und Flächen des Braunkohle-Tagebaus und Anthrazit-Abbaus in Deutschland und den USA, Braunkohlen-Aschen-Halden, Abraum der Schwermetall-Gruben (Kupfererz, Eisenerz) und Uranerz-Bergbau-Halden im Erzgebirge, Schieferbergbau-Halden, Bauschutt-Deponien und Müll-Deponien (vgl. Abschnitt 2.1.4 in SCHMITT 2006). Die spontane Begrünung von Bergehalden im Saarrevier beginnt oft erst nach einer längeren Liegezeit (mehrere Jahre bis sogar Jahrzehnte) mit Flechten, Moosen und Gräsern, die mit den geringen Nährstoff-Konzentrationen im oberflächennahen Bereich der anfangs sterilen Haldenrohböden auskommen. Danach treten je nach Halde unterschiedliche Höhere Pflanzen im Laufe der Initialbesiedlung hinzu: z. B. in den ersten 5 Jahren nach der Aufschüttung Greiskraut-Arten (*Senecio* spp.), Acker-Kratzdistel (*Cirsium arvense*), Färber-Resede (*Reseda luteola*) und weitere Gräser, danach eine artenreichere Krautflur mit Johanniskraut (*Hypericum perforatum*), Sumpf-Rispengras (*Poa palustris*) und Wasserdost (*Eupatorium cannabinum*), dann sehr zögernd und auch nur an geeigneten, kleinflächig vorhandenen Hohlformen mit etwas günstigerer Humusversorgung die Keimung der ersten Pioniergehölze wie Sal-Weide (*Salix caprea*), Sand-Birke (*Betula pendula*), Zitter-Pappel (*Populus tremula*) und Robinie (*Robinia pseudacacia*). In diesen lückigen Gebüschen siedeln Salbei-Gamander (*Teucrium scorodonia*), Land-Reitgras (*Calamagrostis epigejos*) und Himbeere (*Rubus idaeus*).

Etwa 50 Jahre braucht der heranwachsende, zunehmend strauchreiche Pionierwald mit lückiger Bedeckung durch Hain-Rispengras (*Poa nemoralis*), Drahtschmiele (*Avenella flexuosa*) und Straußgras (*Agrostis capillaris*), um mit seinem rasch vermodernden Laub die Humus- und Bodenbildung zur Etablierung forstlich interessanterer Dauerwald-Gehölze wie Eichen (*Quercus robur, Q. petraea*), Hainbuche (*Carpinus betulus*), Winter-Linde (*Tilia cordata*), Esche (*Fraxinus excelsior*), Buche (*Fagus sylvatica*) und auch Wald-Kiefer (*Pinus sylvestris*) voranzutreiben, die schließlich in etwa 150 Jahren z. B. zu Eichen-Birken-Buchenwäldern verschiedenen Typs führen.

Ab 1950 waren Rekultivierungsmaßnahmen auf den im Saarland vorhandenen 120 Halden mit insgesamt 521 ha Fläche begonnen worden, von denen die Hälfte 1955 noch vorwiegend natürlich begrünt und einige 1960 schon mit einem lichten Vorwald aus Birken, Zitter-Pappeln, Weiden und Robinien bestanden waren. Es liegen nur wenige dezidierte Informationen über die Spontanbesiedlung saarländischer Steinkohlen-Bergehalden vor (Pflanzenlisten in Tab. 13): für eine nicht näher angegebene Halde (H) und für die Anfang des 20. Jahrhunderts stillgelegte Halde am Nahebahnschacht bei Neunkirchen (H11). Letztere war nach den Angaben des früheren Landesbeauftragten für Naturschutz im Saarland, W. KREMP, um 1920 an ihren Hängen lückig mit jüngeren Robinien bestockt, der üppigste Bewuchs fand sich auf dem Haldenrücken und am Haldenfuß, da hier gebildeter Humus liegenblieb, während er an den Haldenhängen abgeschwemmt oder durch Rutschungen überschüttet wurde. Leider macht er keine detaillierten Angaben zur Vegetation des inzwischen herangewachsenen parkartigen Waldes in den 1960er Jahren.

Zur Grube Reden im engeren Sinn gehörte in der näheren Umgebung noch die Haupthalde Reden-Flamm (Nr. 21 in SCHNEIDER 1984), südlich des Gewerbegebietes Klinkenthal, die, mit Grob- und Waschbergen beschickt, schon lange stillgelegt und 1984 schon ausgebrannt war. Diese Halde war bereits in der ersten Hälfte des 20. Jahrhunderts mit Birken, Robinien und Besenginster (*Cytisus scoparius*) bewachsen, an offenen Stellen mit Natterkopf (*Echium vulgare*), Huflattich (*Tussilago farfara*) und auch Gefleckter

Taubnessel (*Lamium maculatum*); an Tieren waren Smaragdeidechse (Nachweis jedoch fraglich!) und Nachtigall beobachtet worden. Die Halde war 1967 vollständig begrünt und als Forstfläche mit Buchen, Eichen, Sand-Birken, Vogel-Kirschen (*Prunus avium*), an den Hängen auch mit Robinien bestockt. Untersuchungen zur Spontanbesiedlung von Halden waren nur sehr eingeschränkt möglich, da sie nach Abschluss der Befüllung noch jahrelang in der Verantwortung der Gruben verblieben und wegen potenzieller Gefahren oft eingezäunt und nur in Ausnahmefällen zugänglich waren. Erst nach erfolgten Rekultivierungen standen sie dann Besuchern offen.

Die wenigen saarländischen Kraftwerks-Aschehalden (A) mit ihren hohen Nährstoffgehalten waren nach Stilllegung schon innerhalb weniger Monate mit dichtem Rasenfilz überzogen, wurden danach aber bald - mit mäßigem Erfolg - künstlich bepflanzt. Auch die Schlacken/Asche-Halden der Eisen- und Stahl-Hütten bei Hostenbach, Völklingen und Brebach wurden teilrekultiviert. Über ihre Spontanbesiedlung ist nur soviel bekannt, dass sich nur sehr zögerlich Sand-Birke, Sal-Weide, Zitter-Pappel und Robinie ansiedelten. Im Gegensatz hierzu sind entsprechende Halden im Ruhrrevier besser untersucht, ihre Initialbesiedlung ähnelt jedoch derjenigen saarländischer Halden.

5.2 Rekultivierungsmaßnahmen

Renaturierungen von Halden, d. h. die Unterstützung der natürlichen Besiedlung mit Pflanzen und Gehölzen der Pionierstadien sind eigentlich die zu favorisierenden Verfahren zur schnelleren und stabileren Halden-Begrünung, welche eine Einbindung dieser anthropogenen Schüttungen mit ihren speziellen, schon geschilderten Problemen in die umgebende Landschaft und zu eventuellen späteren Nutzungen beschleunigt. Sie können zwar den Zeitraum bis zur Etablierung eines Vorwaldstadiums etwas verkürzen, es dauert aber immer noch relativ lange. Hierbei sollten jedoch ausschließlich Komponenten der natürlichen Initialbesiedlung eingebracht werden, um den natürlichen Begrünungsprozess zu beschleunigen, aber qualitativ nicht zu verändern.

Anders dagegen ist der Ansatz bei Rekultivierungen, die das Ziel haben, auf einer Halde möglichst rasch eine Vegetationsdecke zu schaffen, ohne Rücksicht auf natürliche Begrünung. Hierzu sind ökologische Leitbilder erarbeitet worden (DARMER 1972). Die Einbindung stillgelegter Haldenkörper in die Landschaft durch Rekultivierungsmaßnahmen umfasst sowohl die Abraumhalden des Steinkohlen-Bergbaues als auch diejenigen der Eisenhütten und Kohlenkraftwerke, obwohl letztere sich vor allem in den chemischen Eigenschaften des Schüttgutes unterscheiden, nicht aber in vielen anderen Aspekten.

Die Aufforstung von Halden als Ziel der Rekultivierung ergibt sich aus der Herkunft der Halden-Grundstücksflächen. Im Saarbergbau wurden Bergehalden und Absinkweiher häufig auf Grundstücken der Forstverwaltung angelegt. Dabei wurden langfristig wirkende Pachtverträge abgeschlossen, in welchen die flächendeckende Aufforstung als eine grundlegende Voraussetzung zur späteren Rückgabe der Grundstücke festgeschrieben war - d. h. diese Flächen sollten in einem ähnlichen Zustand zurückgegeben werden, wie sie vom Bergbau übernommen worden waren. In den 1960er und 1970er Jahren war auch die öffentliche Wahrnehmung ein weiteres Argument für eine rasche forstliche Rekultivierung der Halden und Absinkweiher-Uferbereiche: Die Akzeptanz, graue Betriebsflächen langfristig zu ertragen - mit Hinweis auf langsame, langfristige Sukzessions-Besiedlungsabläufe - war nicht gegeben. Mit Inkrafttreten des Saarländischen Naturschutz- und Immissionsschutz-Gesetzes ergab sich eine weitere Notwendigkeit für eine Rekultivierung, da die dabei entstehenden Biotope Bestandteile einer Eingriffs/Ausgleichs-Bilanzierung wurden.

Tab. 13: Spontanvegetation (Gefäßpflanzen) saarländischer Halden der Montanindustrie an Beispielen (s. Text), Standorttypen siehe Tab. 17. Deutsche Namen überwiegend nach SCHNEIDER et al. (2008).

Pflanzenart	H	H11	A2	W
Gehölze:				
Besenginster (*Cytisus scoparia*)	+	+		
Robinie (*Robinia pseudoacacia*)	+	+	+	
Sal-Weide (*Salix caprea*)	+	+	+	
Sand-Birke (*Betula pendula*)	+	+	+	
Stiel-Eiche (*Quercus robur*)		+		
Zitter-Pappel (*Populus tremula*)	+			
Stauden, Kräuter und Gräser:				
Acker-Kratzdistel (*Cirsium vulgare*)	+	+		
Acker-Schachtelhalm (*Equisetum arvense*)	+			+
Breit-Wegerich (*Plantago major*)	+	+		
Draht-Schmiele (*Deschampsia flexuosa*)	+			
Farne		+		
Frühlings-Hungerblümchen (*Erophila verna*)		+		
Gelbe Resede (*Reseda luteola*)	+			
Gewöhnliche Nachtkerze (*Oenothera biennis*)	+	+		
Gewöhnliche Vogelmiere (*Stellaria media*)	+			
Gewöhnlicher Steinklee (*Melilotus officinalis*)	+	+		
Greiskräuter (*Senecio*-Spezies)	+			
Großblütige Königskerze (*Verbascum densiflorum*)		+		
Hain-Rispengras (*Poa nemoralis*)	+			
Himbeere (*Rubus idaeus*)	+			
Hirtentäschel (*Capsella bursa-pastoris*)	+			
Huflattich (*Tussilago farfara*)	+			+
Johanniskraut (*Hypericum perforatum*)	+			
Kanadisches Berufkraut (*Conyza canadensis*)	+			
Kleinblütige Königskerze (*Verbascum thapsus*)	+			
Kleiner Sauerampfer (*Rumex acetosella*)	+	+		
Kleines Habichtskraut (*Hieracium pilosella*)	+	+		
Land-Reitgras (*Calamagrostis epigejos*)	+			
Löwenzahn (*Taraxacum*-Arten)	+	+		
Natterkopf (*Echium vulgare*)	+	+		
Roter Fingerhut (*Digitalis purpurea*)		+		
Rotes Straußgras (*Agrostis capillaris*)	+			
Salbei-Gamander (*Teucrium scorodonia*)	+			
Schafgarbe (*Achillea millefolium*)	+	+		
Schmalblättriges Weidenröschen (*Epilobium angustifolium*)	+	+		
Schwarze Königskerze (*Verbascum nigrum*)		+		
Spitz-Wegerich (*Plantago lanceolata*)		+		
Sumpf-Rispengras (*Poa palustre*)	+			+
Vogelknöterich (*Polygonum aviculare* agg.)	+	+		
Wald-Erdbeere (*Fragaria vesca*)	+			+
Wasserdost (*Eupatorium cannabinum*)	+			+
Wiesen-Kerbel (*Anthriscus sylvestris*)	+	+		
Wilde Möhre (*Daucus carota*)	+	+		

Im Zuge der Umweltdebatten in den 1980er Jahren wurde versucht, Halden des Steinkohlen-Bergbaues im Saarrevier zunehmend als so genannte Landschaftsbauwerke naturnah zu gestalten. Im Einzelnen bedeutet dies eine Abflachung der Haldenböschungen sowie die Entwicklung möglichst vielfältiger, naturnäherer Biotoptypen. Hierbei wurde zunehmend auf die Verwendung von Pflanzenarten, die nicht der potenziell natürlichen Vegetation entsprechen, verzichtet. Auf der Basis dieser Zielsetzung wurde z. B. die Rekultivierung der Halde Maybach geplant und ausgeführt, die 1986 zugelassen wurde. Nachfolgend werden die Techniken bisher durchgeführter Rekultivierungs-Maßnahmen kurz vorgestellt und diskutiert.

Über Rekultivierungen von Montanindustrie-Halden im Saarland liegt eine Reihe von Arbeiten vor (s. Abschnitte 2.4, 2.5, 2.6 in SCHMITT 2006), nur wenige jedoch über Halden anderer Industrien. Aus anderen Industriezweigen und Revieren existieren jedoch diesbezügliche Erfahrungen: z. B. Braunkohlen-Abraumhalden in Ostdeutschland, Uranerzbergbau-Halden in Ostdeutschland, Tagebau-Kippen in den USA, Kalibergbau-Halden in Deutschland, Abraum-Halden der Chemischen Industrie, schwermetallreiche Schwefelkiesgruben-Abraumhalden, Bauschutt- und Trümmerschutt-Halden in Deutschland, Altlasten- und Abfall-Deponien, Siedlungsabfall-Deponien und Müll-Kippen (s. Abschnitt 2.4 in SCHMITT 2006).

I   Übererdungen und Boden- bzw. Klima-verbessernde Maßnahmen

Ziel dieser Maßnahmen ist eine möglichst rasche und flächendeckende Begrünung mit Stauden und einjährigen Pflanzen um

- die Boden- und Bodenklima-Extreme zu mildern und Erosionen vorzubeugen
- bessere Bedingungen zur Etablierung gepflanzter bzw. spontan aufgelaufener Gehölze zu schaffen
- einen schnelleren Aufbau von Gehölzbeständen als Vorläufer späterer Waldgesellschaften zu ermöglichen

Nachfolgend werden Verfahren vorgestellt, welche bisher zur Rekultivierung saarländischer Halden eingesetzt wurden (s. Abschnitt 2.4.2 in SCHMITT 2006).

Aufgrund früherer Misserfolge bei Gehölz-Rekultivierungspflanzungen direkt in das Haldenmaterial hinein wurden verschiedene Verfahren zur Bodenverbesserung und Pflanzhilfen angewendet (s. Abschnitt 2.4.2 in SCHMITT 2006), die sowohl Bodenauflagen als auch Meliorationen und Grünabdeckungen über eingesäte Gräser, Stauden und einjährige Blütenpflanzen umfassten. Zur schnellen Begrünung sind eine Reihe von Ruderalpflanzen bzw. Pflanzen oft gestörter Plätze, nährstoffarmer Standorte oder anthropo-zoogener Heiden und Wiesen geeignet, die auch auf Stickstoff-Düngung, z. B. bei Grasgemischen, positiv reagieren.

a) Ohne vorherige Bodenabdeckung mit speziellen Substraten

Anfang der 1950er Jahre setzte man hier die Gehölzjungpflanzen in ein Pflanzloch, das zuerst mit einer Schaufel Mutterboden und 100 g Thomasmehl als Starthilfe gefüllt worden war. Dann wurde - aber nicht in allen Fällen - ein Samengemisch von Raygräsern (*Lolium*-Arten), Malven (*Malva*-Arten), Gewöhnlichem Steinklee (*Melilotus albus*, Boccaraklee), Gefurchtem Honigklee (*Melilotus sulcatus*) und Echtem Steinklee (*Melilotus officinalis*) zur Flächenbegrünung eingesät. Am Beispiel der Hostenbacher Schlacken/Asche-Halden (A2) wurden zur Stabilisierung der steilen Haldenhänge noch Weiden-, später dann haltbarere Blechfaschinen eingebaut.

b) FASTROSA(Faul-Stroh-Saat)-Verfahren nach SCHIECHTEL

Bessere Erfolge erzielte man Anfang der 1960er Jahre mit dem Stroh-Decksaat-Verfahren nach Dr. H. SCHIECHTEL (Innsbruck). Die Haldenoberfläche wird dabei erst mit einer ca. 25 cm dicken Schicht angefaulten Strohs bedeckt, in die ein Gemisch aus Samen folgender, z. T. tiefwurzelnder Stauden, Annuellen und Gräsern eingestreut wurde: Ausdauerndes Weidelgras (*Lolium perenne*), Weißes Straußgras (*Agrostis stolonifera*), Rotes Straußgras (*A. capillaris*), Rot-Schwingel (*Festuca rubra* agg.), Echter

Schafschwingel (*F. ovina* agg.), Wolliges Honiggras (*Holcus lanatus*), Roggen-Trespe (*Bromus secalinus*), Aufrechte Trespe (*B. erectus*), Wiesen-Rispengras (*Poa pratensis*), Einjähriges Rispengras (*P. annua*), Wundklee (*Anthyllis vulneraria*), Gewöhnlicher Hornklee (*Lotus corniculatus*), Weiß-Klee (*Trifolium repens*), Gewöhnliche Schafgarbe (*Achillea millefolium*), Vielblättrige Lupine (*Lupinus polyphyllus*), Kleine Bibernelle (*Pimpinella saxifraga* agg.) sowie Gehölzsamen von Grau-Erle (*Alnus incana*), Hainbuche, Später Trauben-Kirsche (*Prunus serotina*), Hunds-Rose (*Rosa canina*), Trauben-Holunder (*Sambucus racemosa*), Besenginster sowie Rottebakterien. Abschließend wurde leichtes Bitumen zur Abdeckung aufgespritzt. Bei günstiger Witterung waren die Flächen nach 3 bis 6 Wochen voll begrünt, ein Jahr später wurden die Gehölzsetzlinge eingebracht. Seit 1964 wurden, vor allem auf Haldengipfelregionen, auch Junggehölze mit nassen Torfpflanzkeilen gesetzt. Inzwischen wurden auch einige stillgelegte Steinkohlen-Bergehalden nach dem SCHIECHTEL-Verfahren zur Gehölzpflanzung vorbereitet, ebenso Dämme von neu angelegten Absinkweihern, z. B. 1961 im Fischbachtal oder 1992 in Ensdorf.

c) SCHIECHTEL-Verfahren mit Steinklee- und Lupinensaat

In diesem Fall wurde zusätzlich Steinklee- und Lupinensaat zur Förderung der Humusbildung mit ausgebracht.

d) Abgewandeltes SCHIECHTEL-Verfahren in Aufspritztechnik

Bei der Rekultivierung der Halde Duhamel/Ensdorf erprobte man Anfang der 1980er Jahre ein abgewandeltes Verfahren: Das Saatgut wurde mit organischen Anteilen (Zellulose, Müllkompost, Torf), Dünger, Haftkleber, Bodenaufschluss- und Bodenverbesserungsmitteln in Schlammform unter Druck durch ein Rohr auf die Haldenoberfläche gespritzt, dann mit zerkleinertem Stroh gemulcht und mit Bitumen als Bindemittel abgedeckt. Im Anschluss wurden die Junggehölze in die begrünte Fläche eingesetzt.

e) Rohboden-Abdeckung mit einem Berge/Klärschlamm/Holzreste-Gemisch

Zur Untersuchung und wissenschaftlichen Begleitung der Entwicklung und des Langzeitverhaltens eines künstlichen Oberbodens unter Zusatz von Klärschlamm und Holzkompost wurden der Firma SaarMontan die Halden Reden, Maybach und Duhamel zur Verfügung gestellt. Am Beispiel der nachstehend beschriebenen Haupthalde Reden-Fett, der letzten Bergehalde der 1846 eröffneten und 1995 geschlossenen Grube Reden werden diese Maßnahmen und ihre Erfolge dezidiert vorgestellt

Während des zweiten Weltkrieges wurde mit der Haldenschüttung der Haupthalde Reden-Fett direkt südlich der Halde Madenfelderhof begonnen. Bis in die 1970er Jahre wurden hier Grob- und Waschberge zur Kegelsturz-Halde angeschüttet, diese dann später zunehmend zur Tafelberghalde erweitert, welche Anfang der 1980er Jahre 23,8 ha (SCHNEIDER 1984) und bei der 1995 erfolgten Stilllegung 38 ha Grundfläche bedeckte (Abb. 103). Die Höhe des ca. 10 ha großen Haldenplateaus beträgt 80 m. Im ältesten Teil der Halde befindet sich der nordwestliche, ältere, untere Haldenteil schon seit einigen Jahrzehnten im Schwelbrand und war aus Sicherheitsgründen für Besucher gesperrt. Die 2004 erfolgte Sanierung konnte den Schwelbrand nicht vollständig zum Erlöschen bringen, jedoch ist nach einer zweiten Sanierung einschließlich der stärkeren Abschrägung der Böschungswinkel der Schwelbrand nun erloschen.

Der landschaftspflegerische Begleitplan für eine Halde ist normalerweise die Grundlage für ihre spätere Gestaltung und Rekultivierungsbepflanzung, aus früherer Zeit gibt es nur spärliche Informationen zur Rekultivierung dieser Halde. Nach W. KREMP war die damalige Kegelsturzhalde mit einer Grundfläche von 22 ha Fläche schon um 1950 teilbepflanzt worden. Die unteren Haldenhänge waren 1967 stellenweise mit fast geschlossenem, ca. 20jährigem Bewuchs von Birken, Robinien, Erlen (vor allem Schwarz-Erle, *Alnus glutinosa*) und Weiden bedeckt, der aber im Laufe der Jahre partiell überschüttet oder von Flächen- bzw. Schwelbränden zerstört wurde. 1984 waren die fertig befüllten Teile der Halde zu 40 % begrünt. Ab 1991 wurden die nicht mehr in Betrieb befindlichen Haldenteile weiter systematisch mit Gehölzen bepflanzt (vgl. Tab. 16).

Die chemischen Eigenschaften des Materials dieser Halde lassen sich wie folgt zusammenfassen:

Die grauen Frischberge, d. h. das aus aktueller Förderung und anschließender Aufbereitung stammende Gestein, die grauen, verwitterten, schon mehrere Jahre gelagerten Berge und das rote, gebrannte, unverwitterte Material (Rote Erde) weisen die in Tabelle 14 zusammengestellten Gehalte an anorganischen Kationen und Anionen im Eluat auf. Der pH des Schüttgutes fiel dabei relativ gleichmäßig von anfangs 7,5 bis auf 4,0 innerhalb von 15 Jahren. Die aktuelle Rekultivierung wurde in drei Schritten ab 1994 durchgeführt: erst die Belegung der Haldenoberflächen mit dem Substrat zur Bodenverbesserung, dann die Aussaat kurzlebiger Blütenpflanzen und Stauden, abschließend das Einbringen dreijähriger, verschulter Jungpflanzen von Laub- und Nadelgehölzen über mehrere Jahre hinweg (Fa. SaarProjekt), siehe folgenden Abschnitt II. Gleichzeitig wurden auch Dämme und Dammkrone des am Fuß der Halde liegenden Absinkweihers Brönnchesthal in vergleichbarer Weise rekultiviert.

Tab. 14: Anorganische Kationen und Anionen im Eluat von Bergematerial der Haupthalde Reden-Fett, Angaben in mg/l (aus KLEIN 1992, s. SCHMITT 2006).

Ion	Graue Frischberge	Graue verwitterte Berge	Rote gebrannte Erde
K^+	2,9	5,9	10,0
NH_4^+	0,21	0,65	0,04
Ca^{2+}	2,5	8,4	1,3
Mg^{2+}	0,65	5,6	0,54
Na^+	18,2	1,5	2,6
SO_4^{2-}	35	87	22
NO_3^-	0,56	< 0,1	< 0,1
Cl^-	1,5	0,9	1,3

Im Hinblick auf die für 1995 vorgesehene Stilllegung des Grubenbetriebs musste schon 1994 mit den ersten Maßnahmen begonnen werden, da frische Waschberge aus der laufenden Förderung als Basis des Abdecksubstrates (Struktur und Mineralversorgung) mit kommunalem Klärschlamm und Reststoffen der holzverarbeitenden Industrie in Anteilen von 80:10:10 gemischt und als 2 m mächtige Schicht auf Plateau und Haldenflanken aufgebracht werden sollten. Hierbei liefert der Klärschlamm vor allem Stickstoff und Phosphor und ist aufgrund seiner organischen Inhaltsstoffe fähig, Nährstoffe zu speichern, Wasser zu binden und Bodenorganismen zu aktivieren. Andererseits ist Klärschlamm nicht unproblematisch wegen seiner höheren Gehalte an giftigen Schwermetallverbindungen, insbesondere von Quecksilber, Cadmium und Thallium, weshalb in der Klärschlammverordnung seine Nutzung und Verwendung eingeschränkt wird. Die Holzreststoffe mit Cellulose als Energieträger in Verbindung mit dem Klärschlamm sollten beim Abbau durch Pilze, Bakterien und Kleintiere die Humusbildung und eine Lockerung des Bodens bewirken.

Anfang 1994 wurde mit dem Aufbringen des Deckschichtgemisches auf 80 % der Fläche des vorher neu modellierten, ca. 13 ha großen Haldenplateaus begonnen. Aber auch große Halden-Hangbereiche wurden mit diesem Substrat unter Zusatz von Birkensamen im Anspritzverfahren belegt. Die restlichen 20 %

des Haldenplateaus erhielten eine Abdeckung mit einem Substratgemisch ohne Klärschlammzusatz, welches aus 85 % Bergematerial und 15 % Papierschlamm bestand, um darauf über die Ansaat von Gräsern und Wildstauden eine Magerrasenfläche zu schaffen. Insgesamt wurden 32.000 m³ Reststoffe der holzverarbeitenden Industrie (Holzkompost), 14.000 m³ Papier-Fangschlamm, 35.000 m³ kommunale Klärschlämme und 320.000 m³ Bergematerial als Gemisch auf der Haldenoberfläche verteilt.

Zwei Jahre nach Ausbringung der 2 m mächtigen Deckschicht mit anschließender Begrünung wurden zwischen April 1996 und September 1997 zwei vergleichbare Profile auf dem Haldenplateau auf ihre Bodeneigenschaften hin untersucht und mit denjenigen eines Bodens aus einem nicht rekultivierten, ca. 150 Jahre liegenden, südostexponierten Haldenteil verglichen. Das Bodenprofil am nordwestlichen Rand des Haldenplateaus, wo 1994 die Deckschichtauftragung begann, zeigte neben hohen Gehalten an grobem Bergematerial eine intensive Durchwurzelung bis in etwa 1 m Tiefe und eine hohe Dichte von Würmern (*Eisenia foetida*) bis in 1,8 m Tiefe. Die Untergrenze der Substratschicht am Übergang zur Schüttungsoberfläche war stark verdichtet und führte ganzjährig Stauwasser. Die Deckschicht wies nach zwei Jahren, geprägt von den hohen Anteilen an Bergematerial und geringem Gehalt (ca. 10 %) an Feinerde (Korn < 2 mm), eine geringe Feldkapazität [7], geringes Porenvolumen und eine hohe Lagerungsdichte (ca. 1,5 kg/dm²) auf, was durch einen Anteil mineralischen Feinmaterials partiell hätte verbessert werden können.

Der relativ hohe Klärschlamm-Anteil bis in ca. 2 m Tiefe des Decksubstrates hatte in den ersten beiden Jahren eine hohe biologische Aktivität mit hohem Sauerstoff-Verbrauch zur Folge, was im Unterboden zu anaeroben Fäulnisprozessen und ausbleibender Bewurzelung führte. Der hohe Gesamt-Stickstoffgehalt von mehr als 15 t N_t/ha stammte zu einem Viertel aus den organischen Bestandteilen des Substrates. NH_4^+ und NO_3^- erreichten im zweiten Jahr nach Substratauftrag Spitzenwerte von über 60 kgN_{min}[8]/ha, die jedoch ein Jahr später aufgrund des hohen Stickstoffumsatzes und des Stickstoff-Austrags über das Sickerwasser schon deutlich abgenommen hatten. Die Pyrit-Oxidation trug darüberhinaus zur Chemo-Denitrifikation perkolierenden Nitrats bei (nicht jedoch von Ammonium!), wobei das Nitrat den Pyrit-Schwefel zu Sulfat oxidiert und selbst zu N_2 reduziert wird (s. Abschnitt 4.2). Die Konzentrationen von Ammonium und Phosphat in der Bodenlösung lagen um ein Vielfaches über den Trinkwasser-Grenzwerten.

Phosphor als Mangelfaktor für das Pflanzenwachstum auf Bergehalden wurde durch das Rekultivierungssubstrat erheblich überdosiert und auf 400 bis 600 mg/kg angehoben. Die Kationenaustausch-Kapazität des Substrates für die relativ gute Nährstoffversorgung mit Na^+, K^+, Mg^{2+} und Ca^{2+} wurde als gering bis mäßig eingestuft, der pH-Wert lag zwischen 7,0 und 7,5. Die Pufferkapazität dürfte aber nicht ausreichen, um auf Dauer einen neutralen pH-Wert des Bodens zu garantieren.

Der Wasser- und Wärmehaushalt im Boden wurde durch die etablierte Pflanzendecke und die Zufuhr organischer Substanz verbessert. Trotzdem werden flachwurzelnde bzw. junge Pflanzen durch die geringe nutzbare Feldkapazität im Oberboden in Trockenperioden beeinträchtigt, die Wasserspeicherkapazität ist dabei der limitierende Faktor für das Pflanzenwachstum.

Das aufgebrachte Decksubstrat hat also einige Bodeneigenschaften verbessert, andere dagegen verschlechtert. Eine Rekultivierungsmaßnahme kann aber nur dann als erfolgreich angesehen werden, wenn die ökologischen Eigenschaften des Standorts langfristig verbessert werden und eine Beeinträchtigung anderer Standortfunktionen oder benachbarter Landschaftsteile nicht stattfindet.

---

[7] Wassergehalt in g/100 cm³ (bei 105 °C getrocknetem Boden), den ein vegetationsfreier Boden 2-3 Tage nach einer längeren Regenperiode oder nach intensiver künstlicher Beregnung enthält. Die Feldkapazität liegt in der Regel höher als die Wasserkapazität. In erster Näherung ist die Feldkapazität also Wasserkapazität plus nutzbares Sickerwasser und steigt mit abnehmender Korngröße an.

[8] $N_{min} = NO_3^- + NH_4^+$

Demgegenüber zeigt der nicht rekultivierte, alte Haldenboden (Braunerde) im Vergleich starke Versauerungserscheinungen (pH 3,2-3,8), eine mittlere Basensättigung, Phosphor- und Stickstoffmangel sowie Gips-Akkumulation im Unterboden. Durch Selbstentzündung ist der Unterboden teilweise zu Roter Erde gebrannt. Zur Pufferung der dadurch gebildeten Schwefelsäure reichten die Kalkgehalte von 0,7 bis 2,2 % nicht aus.

Durch das hohe Stickstoffangebot im Rekultivierungssubstrat waren im Jahr 2003 große Flächen des Haldenplateaus und einiger Hänge mit dichten Brennnesselfluren bedeckt - mit einer partiellen Gebüsch-Sukzession durch Schwarzen Holunder (*Sambucus nigra*) - die das Aufkommen anderer Pflanzen und auch Gehölzen erschweren oder gar verhindern. Eine so schnelle Besiedlung großer, bodenökologisch relativ einheitlicher Flächen gelingt insbesondere invasiven Pflanzen mit besonderer Ausbreitungsbiologie wie z. B. Gräsern, Brennnesseln oder einigen Neophyten, jedoch nur vorübergehend. Aus im Klärschlamm vorhandenen Samen (aus Fäkalien oder Bioabfall stammend) waren schon im Sommer 1995 reichliche Bestände von Tomaten (*Lycopersicon esculentum*), seltener auch Auberginen (*Solanum melongena*), Gemüse-Paprika (*Capsicum annuum*), Andenbeere (Kapstachelbeere, *Physalis peruviana*) und Melonen (*Cucumis melo*) aufgelaufen, welche durch die Wärme und gute Nährstoffversorgung (v. a. Stickstoff) üppig wuchsen und reichlich Früchte trugen, die nach Laboruntersuchungen auch bedenkenlos zum Verzehr geeignet waren. Die Bestände der nicht winterharten Nutzpflanzen konnten sich durch die Überwinterung keimfähiger Samen im durch wärmeerzeugende Rotteprozesse nicht vollständig durchfrierendem Substrat einige Jahre nacheinander dort immer wieder erneuern, danach eroberten jedoch ausgedehnte Brennnesselfluren die nährstoffreichen Böden. Ab 1999 erschienen als Neuansiedler auf dem Haldenplateau auch die adventiven Arten Roter und Graugrüner Gänsefuß (*Chenopodium rubrum* und *C. glaucum*) sowie Verschiedensamige Melde (*Atriplex micrantha*). Durch mehrere großflächige Brände von abgedörrtem Pflanzenmaterial wurden viele der schon eingepflanzten Junggehölze vernichtet.

Die nicht mit Klärschlamm-Substrat überdeckten Bereiche des Plateaus zeigten 2003 einen lockeren Magerrasenbewuchs mit höheren Anteilen an Wildstauden. In der Plateaumulde hatte sich durch Verdichtung des Unterbodens mit eingeschlämmten Feinstpartikeln ein Tümpel gebildet, dessen Ufersaum sich langsam mit Teichröhricht und ersten Gehölzen begrünte (sieh Abschnitt 6.2).

Absinkweiher Brönnchestal/Reden

In den ca. 40 ha großen Absinkweiher, der sich am Fuß der Haupthalde Reden-Fett in südwestlicher Richtung erstreckt, wurden während des Grubenbetriebes bis 1995 die Schlämme der Flotationsanlagen zur Klärung eingeleitet. Nach der Stilllegung des Grubenbetriebes wurde der Absinkweiher nicht mehr mit Schlamm oder Wasser beschickt, der natürliche Wasserzufluss durch Niederschläge reichte jedoch nicht aus, den Weiher in seiner damaligen Größe zu halten. Im Zuge der Rekultivierung ab 1995 wurde und wird der Weiher partiell mit Erdmassen und Bauschutt verfüllt, so dass aktuell nur noch ein Teil der früheren Wasserfläche in Form zweier kleinerer Teiche mit breiten Schilf- und Röhrichtgürteln verblieben ist, die über Niederschlagswasser wohl ausreichend versorgt und bei sachgemäßer Abdichtung in ihrer Größe erhalten werden können.

Fazit und Kritik an den voran beschriebenen Rekultivierungs-Maßnahmen

Durch die durchweg 2 m hohe Bedeckung mit dem Abdecksubstrat, insbesondere an den schon länger liegenden Hang- und Plateaubereichen, wurden die dort bereits spontan angesiedelten und etablierten Gehölze und Stauden erstickt bzw. überschüttet. Ein dichter Bodenbewuchs mit Gräsern und Stauden verringert zwar die Erosion und mildert die Klimaextreme auf der Haldenoberfläche und im oberen Bodenbereich, ist aber für die eingesetzten Junggehölze ein nicht zu unterschätzender Konkurrent um Nährstoffe und vor allem um das limitierte Wasserangebot, insbesondere in trockenen Jahreszeiten. Auch das Auflaufen von Gehölzsamen wird durch den vorhandenen dichten Wurzelfilz stark beeinträchtigt, der gleichzeitig eine willkommene Nahrung für Kaninchen ist, welche die Böden durchwühlen und auch Junggehölze benagen. Verdorrtes Gras und Staudendebris geben Oberflächenbränden Nahrung und die Möglichkeit, sich schnell und großflächig auszubreiten, was wiederum die vorhandenen Junggehölze durch Feuer und Rauch stark in Mitleidenschaft zieht bzw. vernichtet. Daraus folgt, dass künstliche, schnelle Flächenbegrünungen mit anschließenden Gehölzpflanzungen zur dauerhaften Rekultivierung von Halden wegen der voran geschilderten Probleme nur in geringem Ausmaß erfolgreich sein können und auch sind. Die hohen finanziellen und personellen Aufwendungen zur Durchführung solcher Maßnahmen stehen in keinem Verhältnis zu den Erfolgen. Eine natürliche Spontanbesiedlung der Halden dauert zwar länger, ist aber durch die langsame, dafür stetige Etablierung von Gehölzen und staudigen Pflanzen angepasster an die sich differenziell verbessernden Bedingungen und dadurch dauerhafter - außerdem erfordert sie keine Kosten. Die einzigen sinnvollen Hilfen zur Unterstützung und/oder Beschleunigung der Spontanbegrünung wären einerseits die Abschrägung steiler Haldenflanken zur Minimierung von Hangrutschungen und andererseits das Unterbinden überwiegend unkontrollierter Sportausübungen wie Moto-Cross- oder Mountainbike-Fahren wegen der damit verbundenen Schäden an Böden, Pflanzen und Gehölzen. Die Rohböden von Bergehalden verschiedenen Typs in anderen Revieren weisen ähnliche Probleme auf wie diejenigen im Saarrevier und werden ebenfalls in vielen Fällen vor den Gehölzpflanzungen oberflächlich aufbereitet - und/oder vorher begrünt -, wobei Mischungen aus Kompost, Zement und Kalk (bei Kali-Industrie-Halden), Bioabfall-Kompost mit Zusatz-Mineraldünger, gekörnter Dünger, Asche/Bodenaushub-Gemische, Erde, Hydrogele (bei Uranerzbergbau-Halden) in mehr oder weniger mächtigen Auflagen auf den schwer durchwurzelbaren Haldenuntergrund aufgebracht werden. Auch über 70 cm tiefe Melioration mit Asche + NPK-Dünger (bei Braunkohle-Abraumhalden) wird berichtet. Eine anschließende Grünpflanzeneinsaat vermindert den Salzaustrag, der Pflanzenmulch fördert die Humusbildung. Interessant sind die Unterschiede in der Durchwurzelung des Rohbodens durch eingesetzte Gehölzjungpflanzen: nach 6 Jahren bei nicht übererdeter Halde 60 cm tief und weit, bei 25 cm übererdeter Halde dagegen fast ausschließlich in der Übererdungsschicht.

II Rekultivierungsbepflanzungen mit Gehölzen

Zu Gehölzen und Verfahren zu ihrer Pflanzung und Etablierung auf Haldenstandorten finden sich ausführliche Zusammenstellungen in SCHMITT (2006, Abschnitte 2.1. und 2.2.2.3.). Die zur Bepflanzung der Halden geeigneten Gehölze müssen mit den schwierigen Gegebenheiten dieser Sonderstandorte (vgl. 4.2) zurechtkommen, d. h. sie müssen Bodenverdichtung, Salz- und Säuregehalte, Wärme, Wassermangel, Wind, Kahlfrost und Sauerstoffmangel im Boden ertragen, unterliegen also einem ähnlich hohen Stress wie Straßenbäume in Städten, wobei insbesondere das Wurzelwerk betroffen ist. Gut geeignet scheinen daher allgemein Pioniergehölze, Gehölze der Schotterböden im Gebirge oder trocken-heißer, steppenartiger Standorte. Die meisten dieser Pionier-Gehölzarten werden mit zeitlich zunehmender Verbesserung und Normalisierung der Wuchs-Bedingungen auf den Halden langsam von höher wachsenden, anspruchsvolleren und langlebigeren Waldgehölzen überwachsen oder verdrängt. Gehölze aus der Umgebung der Halden wandern langsam und sukzessive auf Halden ein (oft bedingt durch Samentransport z. B. über Vögel oder Eichhörnchen), nicht aber umgekehrt, so dass Florenverfälschungen kaum zu befürchten sind.

In den frühen 1960er Jahren begannen großflächige Rekultivierungen durch Gehölz-Ansaaten im Schnee-Decksaat-Verfahren. Hierbei wurde bei geschlossenen Schneelagen per Hand Saatgut von Sand-Birke und Schwarz-Erle ausgebracht. Mit einsetzender Schneeschmelze gelangte das Saatgut mit dem Schmelzwasser in Hohlräume des Untergrundes, wo dann relativ günstige Keimbedingungen vorlagen. Im Ergebnis entstanden artenarme Birken- und Erlen-Vorwälder, wie sie heute noch auf zahlreichen Haldenflächen anzutreffen sind, z. B. im Fußbereich der Halde Grühlingstraße. Im Zuge der Sukzession wanderten dann anspruchsvollere Baum- und Strauch-Arten ein. Bei der forstlichen Rekultivierung saarländischer Halden mit Gehölz-Pflanzungen wurde ein mehrstufiger Mischwald mit eingesprengten Lärchen- und Kiefern-Gruppen angestrebt, wobei Pionier- und Forstgehölze, Licht- und Schattholzarten, Flach- und Tiefwurzler sowie Schutz- und Treibgehölze verwendet werden. Die Rekultivierung muss jeweils an die speziellen Gegebenheiten jeder Halde angepasst werden. Die bisher bei Rekultivierungen im Saarland am häufigsten verwendeten Gehölze (von insgesamt über 100 Arten) sind mit ihren besonderen Eigenschaften in Tabelle 15 zusammengestellt.

Als eines der frühesten Rekultivierungsbeispiele mit Gehölzen werden die Schlacken/Asche-Halden bei Hostenbach (A2, vgl. Tab. 17) vorgestellt. In den Jahren 1953/54 wurden dort über Verfahren a) (Abschnitt 5.2; I) 60.000 Robinien, 10.000 Rot-Eichen und einige Lärchen (*Larix decidua*) gepflanzt, die jedoch durch Trockenheit und Windverwehungen fast alle eingingen - von P. HAFFNER existiert eine Vegetationsaufnahme aus dieser Zeit. Im Winterhalbjahr 1959/60 wurden dann Grau-Erle (*Alnus incana*), Amerikanische Rot-Eiche (*Quercus rubra*), Sand-Birke (*Betula pendula*), Esche (*Fraxinus excelsior*), Vogelbeere (*Sorbus aucuparia*), Schwarz-Erle (*Alnus glutinosa*) und Pappel-Züchtungen auf die Haldenflanken und das Haldenvorgelände gepflanzt, sowie Lärchen- und Eichen-Samen ausgebracht. 1960/61 pflanzte man Essigbaum (*Rhus typhina*), Blasenspiere (*Physocarpus*-Arten), Traubenkirsche (*Prunus padus*) und Regenerata-Pappeln zu, 1962/63 folgten Winter-Linde und Grün-Erle (*Alnus viridis*). Der Südhang der Neuen Halde (C) wurde 1962 mit Schwarz-Kiefer (*Pinus nigra*), Hainbuche, Schmalblättriger Ölweide (*Elaeagnus angustifolia*), Sanddorn (*Hippophae rhamnoides*), Sand-Birke, Robinie, Pappeln, Edel-Kastanie (*Castanea sativa*), Fichte (*Picea abies*), Traubenkirsche, Ahornen und Bastardindigo (*Amorpha fruticosa*) bestockt und zeitweise mit Beregnungsanlagen bewässert. Trotzdem gab es wegen Trockenheit, starkem Staubflug und Erosion immer wieder große Ausfälle und es musste mehrfach nachgepflanzt werden. Dann folgten 1964/65 auf der Südostseite von Halde C auf 2.565 m^2 Fläche sowie auf 765 m^2 des Nordwesthangs von Halde B nochmals 2.100 Fichten, dazu Robinien, Lärchen, Latschen-Kiefern (*Pinus mugo*), Schwarz-Erlen, Sand-Birken, Grau- und Zitter-Pappeln, Baumweiden (*Salix* „Godesberg") und Haselnuss (*Corylus avellana*) (vgl. Tab. 15), die Nadelgehölze gediehen jedoch nicht gut.

Tab. 15 (ab nächste Seite): Die wichtigsten zur Haldenrekultivierung verwendeten heimischen, nicht-heimischen und gezüchteten Gehölze mit ihren ökologischen Eigenschaften - deutsche Namen z. T. nach ERHARDT et al. (2000).

Erläuterung zu den Kolonnen: Ex = Anzahl pro Jahr im Saarland gepflanzt; Rei = Reihenfolge der Häufigkeit gepflanzter Arten; H = Steinkohlen-Bergehalden Saar; W = Absinkweiher-Anlagen; A = Schlacken/Asche-Halden Saar (Hostenbacher Halden); So = nicht H,W,A Saar, + = andere Halden Saar, z. B. Quarzit, Kalk, (+) = nicht Saar, W = Spontan; T = Temperatur: H = verträgt Hitze, K = verträgt Kälte; F = Feuchte: N = nass, F = feucht, frisch, G = grundwassernah, T = trocken; A2 = Wind: H = verträgt starken und dauernden Wind; R = Bodenazidität: S = Sauer bis extrem sauer, B = basisch; E = Nährstoffe: H = hoch, N = niedrig, S = salztolerant, N = stickstoffliebend; M = Symbiose mit Höheren Pilzen (Mykorrhiza): S = stark mykotroph, M = mäßig mykotroph, W = schwach mykotroph, O = keine; N = N$_2$-Fixierung über Bakterien- oder Actinomyzeten-Symbiosen: +; B = Boden: S = Schotter, skelettreich, H = Humus; B = zur Böschungsbefestigung besonders geeignet, K = kalkliebend, R = Rohböden; He = Herkunft: H = heimisch bzw. eingebürgert, C = Asien, E = Europa, M = Mittelmeerraum, N = Nordamerika, A = Hochgebirge, G = Gebirge, D = Dünen, Z = Züchtung, P = Pioniergehölz, wird später von Dauergehölzen verdrängt, Gebüsche; F = Forstgehölz, Dauergehölz; W2 = Wurzelausbildung: T = tief, F = flach, H = Herzwurzel, S = stark ausgeprägt, A = Ausläufer- und/oder Wurzelspross-bildend, R = Regeneration nach Verbiss, Stockausschlag

Steinkohlenbergbau

Gehölzart Ex Rei	H	W	A	So	T	F	A2	R	E	M	N	B	He	W2
Acer campestre, 4000 9 Feld-Ahorn	+			+	H	T						KB	HF	HFRA
Acer platanoides, 10000 2 Spitz-Ahorn	+		+		KH	T				O			HF	HFT
Acer pseudoplatanus, 8000 3 Berg-Ahorn	+		+	+	K	F				O	SH		HF	HSF
Aesculus hippocastanum, Rosskastanie				+									EF	
Alnus glutinosa, 20000 1 Schwarz-Erle	+		+	+	NT					W	+	SR	HF	HTR
Alnus incana, 5000 6 Grau-Erle	+		+					B	T	W		SK	EP	F
Alnus viridis, 3000 10 Grün-Erle	+		+		K	F	+			W		SB	PA	FG
Amelanchier ovalis, Gewöhnliche Felsenbirne				+	H	T							HP	
Amorpha fruticosa, Bastard-Indigo			+										NP	HG
Berberis vulgaris, Gewöhnliche Berberitze				+									EP	
Betula pendula, Hänge-Birke	+		+							S		R	PF	HFR
Caragana arborescens, Gewöhnlicher Erbsenstrauch				(+)	H	T						B	CP	
Carpinus betulus, Hainbuche	+		+	+						S			HF	H
Castanea sativa, Edel-Kastanie	+		+	+	HK	T		S		S			HF	H
Cornus mas, Kornelkirsche				+									HP	
Cornus sanguinea, Blutroter Hartriegel	+				H	T						K	HP	
Corylus avellana, Haselnuss	+		+							M		SB	HP	HR
Crataegus monogyna, Eingriffeliger Weißdorn	+			+	H	T				W			HP	HTF
Cytisus scoparius, Besenginster			+	+	H	T							HP	
Elaeagnus angustifolia, Schmalblättrige Ölweide			+	+	H	T		S					CP	HG
Elaeagnus commutata, Silber-Ölweide				(+)	H	T	+	S					NP	A
Elaeagnus multiflora, Reichblütige Ölweide				(+)	H	T							CP	
Fagus sylvatica, Rotbuche				+									HF	
Frangula alnus, Faulbaum				(+)		F		S					HP	

Gehölzart	Ex	Rei	H	W	A	So	T	F	A2	R	E	M	N	B	He	W2
Fraxinus excelsior, Gewöhnliche Esche				+	+		F				O			S	HF	TS
Genista germanica, Deutscher Ginster					W										HP	
Genista tinctoria, Färber-Ginster					W										HP	
Hippophae rhamnoides, Sanddorn				+	+			+		S					GP	
Larix decidua Europäische Lärche	1000	13	+	+						S				S	GF	HTW
Ligustrum vulgare, Gewöhnlicher Liguster				W	H	T								K	HP	
Liquidambar styraciflua, Amerikanischer Amberbaum					+										NF	
Lonicera species, Heckenkirschen-Arten			+												HP	
Lycium barbarum, Gewöhnlicher Bocksdorn					+	H	T							SB	CP	
Physocarpus species, Blasenspieren-Arten					+										NP	
Picea abies, Gewöhnliche Fichte			+		+	+				S					HG	FW
Pinus mugo, Krummholz-Kiefer			+		+	K		+		S				S	GP	H
Pinus nigra, Schwarz-Kiefer			+		+	+	H	T	B	S				K	GF	HT
Pinus sylvestris, Wald-Kiefer			+				T			S					HF	TS
Populus (alle Sippen) Pappeln	600	14					G					H	M	W		FS
Populus cv. Marilandica			+				N								ZF	
Populus cv. Regenerata			+	+			F			H					ZF	
Populus alba, Silber-Pappel					(+)										MF	
Populus balsamifera, Balsam-Pappel				+											NF	
Populus cv. Robusta					+										ZF	
Populus nigra, Schwarz-Pappel			+		+										EF	
Populus tremula, Zitter-Pappel			+		+							M		R	HP	HTSA
Populus tremula cv. Bialystok			+												ZP	
Populus trichocarpa, Haarfrüchtige Pappel				+											NF	
Populus trichocarpa cv. Mühle Larsen			+												ZF	
Populus trichocarpa x *nigra* cv. Oxford			+												ZF	

Steinkohlenbergbau

Gehölzart	Ex	Rei	H	W	A	So	T	F	A2	R	E	M	N	B	He	W2
Populus trichocarpa × *nigra* cv. Rochester			+												ZF	
Populus ×*berolinensis*, Berliner Pappel			+		+			G			H			W	ZP	
Populus ×*canadensis*, Bastard-Schwarzpappel			+									W			ZF	
Populus ×*canescens*, Grau-Pappel			+		+										ZF	
Populus ×*canescens* cv. Astrid			+	+											ZF	
Populus ×*canescens* cv. Enninger			+												ZF	
Prunus avium 5000 7 Vogel-Kirsche	5000	7	+			+	H	T				W		KB	HF	
Prunus padus, Trauben-Kirsche			+		+										HF	
Prunus serotina, Späte Trauben-Kirsche			+			+									NP	HR
Prunus spinosa, Gewöhnliche Schlehe						W	H	t						K	HP	
Pseudotsuga menziesii, Gewöhnliche Douglasie			+									M			NF	H
Quercus petraea, Trauben-Eiche						W									HF	
Quercus pubescens, Flaum-Eiche						+	H	T						S	HP	
Quercus robur, Stiel-Eiche						+		t		S					HF	HTS
Quercus rubra 4000 8 Amerikanische Rot-Eiche	4000	8	+		+					T		M		R	NF	T
Rhamnus cathartica, Echter Kreuzdorn					(+)		H	T						K	HP	
Rhus typhina, Essigbaum					+										NP	
Robinia pseudoacacia 2000 11 Robinie	2000	11	+	+	+		H	T		T	O		+	BR	HP	TSAR
Rosa canina, Hunds-Rose			+		+		H	T						KB	HP	T
Salix (alle Sippen) 7000 4 Weiden	7000	4										W				
Salix alba, Silber-Weide			+												HF	
Salix balsamea cv. Mas, Männliche Balsam-Weide			+												Z	
Salix caprea, Sal-Weide			+							T		M		R	HP	HFR
Salix cinerea, Grau-Weide			+												HP	
Salix cv. Godesberg					+										ZF	

Gehölzart	Ex Rei	H	W	A	So	T	F	A2	R	E	M	N	B	He	W2
Salix eleagnos, Lavendel-Weide	+													HP	
Salix purpurea, Purpur-Weide					+									HF	
Salix viminalis, Korb-Weide	+												B	HP	
Sambucus nigra, Schwarzer Holunder	+										N	O		HP	TR
Sambucus racemosa, Trauben-Holunder					+									HP	T
Sorbus aria, Gewöhnliche Mehlbeere	+				+	H	T						S	HP	
Sorbus aucuparia, Vogelbeere	+			+	+				S	T	O		S	HP	TF
Sorbus intermedia 1500 12, Schwedische Mehlbeere	+					HT	T	+		t				EP	
Spiraea species, Spierstrauch-Arten					(+)	H	T						B	ZP	
Tamarix gallica, Französische Tamariske				+	+	H	T	+	S				B	MP	HG
Tamarix parviflora, Kleinblütige Tamariske					(+)	H	T	+	S				B	MP	H
Tilia cordata 6000 5, Winter-Linde	+			+		H	T				W			HF	HT
Ulmus glabra, Berg-Ulme	+						F				W			HF	TS
Ulmus minor, Feld-Ulme	+										W			HF	TS
Viburnum opulus cv. Sterile, Steriler Garten-Schneeball					+									ZP	
Wildobst: *Pyrus* (Birne), *Malus* (Apfel), *Prunus* (Steinobst)				W									K	HF	

Im Jahr 1978 waren die alte Fischgräten-Halde 1 (von Halden A und B teilweise überschüttet) vollständig und dicht v. a. mit Robinien bedeckt (darunter in größeren Beständen später auch der Acker-Klettenkerbel *Torilis arvensis*), ebenso die Nordhänge der Kegelsturz-Halden A und B, deren Kuppen jedoch unbewaldet blieben. An den Südhängen waren die Robinienbestände durch größere Rasenflächen unterbrochen. Die neue Halde C war bis zum Schüttungsbereich ebenfalls überwiegend mit Robinien und Rasenflächen, ihr nicht aufgeforsteter Nordhang lückig mit krautigen Pflanzen bedeckt. Auch das übrige Deponiegelände am Fuß der Halden, die Klärteich-Anlagen und die im Westteil befindliche, feuchte Mulde waren rekultiviert worden und tragen einen Bewuchs aus Pappeln, Schwarz-Erlen, Sand-Birken, Robinien und Eschen (*Fraxinus excelsior*). Auch die Kraftwerks-Aschehalde in Bexbach (A8, s. Tab. 17) wurde sukzessiv mit ca. 130.000 Gehölzpflanzen rekultiviert und damit zur Forstfläche. Die Halde Geißheck (Neunkirchen-Heinitz) mit Reststoffen des Kraftwerks Bexbach ist moosbedeckt und nur lückig bestockt. Über Rekultivierungserfahrungen bei oberschlesischen Asche-Halden berichtet z. B. J. Paluch.

Mit der Erstellung eines Forsteinrichtungswerkes für die Bewirtschaftung der Saarberg-eigenen Waldflächen erfolgte 1960 erstmals die Aufnahme der Steinkohlen-Bergehalden mit grober forstlicher Standortkartierung und dem Ziel, geeignete Flächen wieder einer forstlichen Nutzung zuzuführen. Von den 1960 vorhandenen 105 Halden mit einer Gesamtfläche von 530 ha waren noch 130 ha in Betrieb, von den 400 ha stillgelegter Halden waren nur wenige mit lichtem Vorwald aus Birken, Zitterpappeln, Weiden und Robinien dürftig bedeckt. Erste Rekultivierungsaktionen begannen zwar schon 1950, aber erst 1960 wurde ein Rekultivierungsplan erstellt, in dem bis 1980 jährlich eine mit Gehölzen zu begrünende Fläche von 20-25 ha vorgesehen war. Von der Saarberg-eigenen Forstdienststelle unter Leitung von Oberförster W. KÖHLER, ab 1979 dann unter Forstwirt V. WENZEL, wurden gezielt Aufforstungen und landschaftspflegerische Maßnahmen unter dem primären Ziel durchgeführt, das Kleinklima der Halden zu verbessern sowie die Hangflanken und den Wasserhaushalt zu stabilisieren. Ab 1995 übernahm die neu gegründete Gesellschaft für Flächenmanagement und Landschaftsgestaltung mbH, SaarProjekt, die Rekultivierungsplanung. Die systematische Rekultivierung der Steinkohlen-Bergehalden begann um 1960 mit den Halden Frankenholz, Hirschbach, Jägersfreude, Maybach, Camphausen und Kohlwald und wurde dann auf die Halden der seit dieser Zeit weiter stillgelegten Gruben (s. Abschnitt 2.2) ausgedehnt; bei zwischenzeitlichen Pflanzenabgängen wurde entsprechend nachgepflanzt. Die verschulten Junggehölze wurden dabei direkt in mit Torf/Boden-Gemisch versehene Pflanzlöcher (Verfahren a, Abschnitt 5.2; I) der Halden gesetzt. Einen Eindruck über die Aufwendungen zur Rekultivierungsbepflanzung gibt nachfolgende Zusammenstellung: Von 1960 bis 1965 waren rund 1,1 Mio. Gehölzsetzlinge gepflanzt (pro Jahr 150.000-200.000 Stück auf 20-25 ha Fläche), wobei folgende Gehölzarten ausgebracht wurden: 400.000 Schwarz-Erlen, 120.000 Robinien, 120.000 Grau-Erlen, 100.000 Amerikanische Rot-Eichen, 80.000 Berg-Ahorne, 70.000 Schwedische Mehlbeeren, 60.000 Winter-Linden, 40.000 Sand-Birken, 30.000 Spitz-Ahorne, 20.000 Feld-Ahorne, 20.000 Weiden, 10.000 Hainbuchen, 10.000 Kiefern, 9.000 Fichten, 5.000 Lärchen, 5.000 Douglasien, 3.000 Buchen, 3.000 Edel-Kastanien, 2.000 Pappeln. Von 1960 bis 1978 waren 430 ha Haldenfläche mit 4,5 Mio. Forstgehölzen bepflanzt, wobei das Gehölzartenspektrum qualitativ und quantitativ wenig variierte. Danach wurden mehr Spitz-Ahorn, vor allem aber viel Vogel-Kirsche und Grün-Erle und weniger Nadelgehölze gepflanzt.

Um den Zeitraum einer optisch wahrnehmbaren Begrünung nach Gehölzeinsaat zu verkürzen, wurde von den Saarbergwerken folgendes Aufforstungsverfahren entwickelt und vielerorts ausgeführt: Hierzu wurden im Verhältnis von ca. 40 % Pionier-Baumarten zu 60 % Baumarten des Zielbestandes gepflanzt. Bei den Pioniergehölzen haben sich insbesondere Schwarz-Erle, Sal-Weide, Korb-Weide und Vogelbeere bewährt. Zu den wichtigsten Gehölzarten des Zielbestandes gehören Winter-Linde, Berg-, Spitz- und Feld-Ahorn sowie Vogel-Kirsche. Die früher häufig gepflanzte Amerikanische Rot-Eiche wurde aufgrund der Diskussionen um ihre Standortgerechtigkeit nicht mehr berücksichtigt. Ebenso wurde der Anteil von Nadelgehölzen wie Europäische Lärche und Schwarz-Kiefer zunehmend reduziert. Die Gehölzpflanzen wurden als leichte Heister in einem Raster von 1 x 1 m unmittelbar ins Berge-Material gepflanzt, wobei die Pflanzgruben mit einem organischen Bodenverbesserer auf Kompostbasis vorbereitet wurden. Es stellte sich heraus, dass es für einen Erfolg der Pflanzmaßnahmen entscheidend ist, dass die Pflanzungen in einem Zeitraum von maximal 3 Jahren nach Abschluss der Schüttung erfolgen. Bei späteren Pflanzungen wurde das Anwuchsergebnis durch die zunehmende Versauerung der Haldenböden beeinträchtigt. Der Anwuchserfolg betrug nach den ersten beiden Jahren oft bis zu 90 %, im Laufe der nächsten fünf Jahre nahmen die Ausfälle jedoch deutlich zu, so dass Nachpflanzungen vorgenommen wurden. Wildkaninchen, Wühlmäuse, Wanderratten, aber auch Rehe und Wildschweine, die z. T. aus den angrenzenden Wäldern einwechseln, können in größeren Populationen durch ihre Wühltätigkeit bzw. den Verbiss von Junggehölzen auf den Halden die Renaturierungs- bzw. Rekultivierungs-Erfolge stark mindern. Aus diesen Aufforstungen entwickelten sich relativ artenreiche Vorwald-Bestände durch sukzessives Einwandern weiterer Pflanzenarten.

Als Beispiele für Gehölz-Rekultivierungen von Steinkohlen-Bergehalden werden vom Standort Reden (Abb. 103) nachfolgend die beiden Haupthalden der Grube Reden vorgestellt. Nachstehend sind die Pflanz-Aktionen im Falle der Haupthalde Reden-Fett zusammengestellt, die Verteilung der Gehölze auf einzelnen Teilflächen der Halde sind bei SCHMITT (2006, Tab. 12) aufgeführt.

a) Die Alte Halde Madenfelderhof als ältere der beiden großen Redener Halden ist eine seit 1846 vor allem aus Grobbergen aufgeschüttete Spitzkegel- bzw. Kegelsturzhalde mit einer Grundfläche von 6,2 ha. Sie ist ca. 70 m hoch und schon seit dem 2. Weltkrieg stillgelegt. Das Bergematerial enthält noch bis zu 12 % Kohlenanteile und wurde deshalb partiell wieder zur Kohlengewinnung abgebaut. Die Halde ist schon mindestens seit dem 2. Weltkrieg und auch aktuell noch stellenweise im Schwelbrand, die ausgebrannten Teile des Haldenkörpers dienten zur Gewinnung von Roter Erde. Die Rekultivierung der Halde erfolgte ohne vorherige Substratabdeckung durch Ausbringen von Birkensamen sowie Pflanzungen von Junggehölzen, insbesondere von Robinien und Sand-Birken über Verfahren a) und wurde in den 1960er Jahren mit der Pflanzung von 2.700 Birken-Jungpflanzen auf ca. 0,5 ha vorerst abgeschlossen. 1967 erfolgte nochmals eine Nachpflanzung ohne nähere Angaben zum Pflanzmaterial. Die Halde ist aktuell fast völlig bewachsen, nur die Gipfelregionen sind schütter begrünt, ebenso kleinere Schwelbrandpartien (Abb. 103). Der aktuelle Zustand kann schon als Forstfläche im Vorwaldstadium bezeichnet werden, wobei die ältesten Großgehölze wie Sand-Birken und Zitter-Pappeln ca. 50 Jahre alt sind.

b) Die Haupthalde Reden-Fett als jüngere und größere der beiden Redener Halden ragt 80 m hoch über ihre auf 290 m NN liegenden Sohle und bedeckt 38 ha Grundfläche, der benachbarte Absinkweiher Brönnchesthal mit Randbereichen etwa 25 ha. In Tabelle 16 sind die Stückzahlen der Gehölze aufgelistet, die von 1990 bis 1996 dort gepflanzt wurden.

Tab. 16: Gehölzarten mit Anzahl der bei Rekultivierungsmaßnahmen in Reden gepflanzten Exemplare (Informationen aus den Pflanzenlisten der Jahre 1991 bis 1996 (von Abtlg. Forsten der Fa. Saarprojekt).

a) Haupthalde Reden-Fett, b) Damm Absinkweiher Brönnchesthal; in Fettdruck hervorgehoben: nicht-heimische Gehölze; <u>Unterstrichen</u>: bereits eingebürgerte Gehölze; * Gehölze, die nicht in Tab. 19 aufgeführt sind; ** von den 20 Ex. waren nach kurzer Zeit nur noch 5 übrig, der Rest wohl gestohlen; Nomenklatur wie Tab. 19; in Kolonne „Ök": Anzahl von Mykorrhiza (M)- und saprophytischen (S) Pilzen an den Gehölzen im Saarland; Zusammenstellung J. A. SCHMITT.

Gehölzart	Deutscher Name	Ök M,S	1991/92 a)	1992/93 a)	1993/94 a) b)	1994/95 a) b)	1995/96 a) b)	Gesamt a) b)
Acer campestre*	Feld-Ahorn	12,0	1700	1300	100 225	1600 900	700 500	5400 1625
Acer platanoides	Spitz-Ahorn	18,10	4800	1900	350 600	5000 100	2500 -	14550 700
Acer pseudoplatanus	Berg-Ahorn	29,10	4900	1900	350 600	5000 150	2700 -	14850 750
Alnus glutinosa	Schwarz-Erle	80,5	10400	3500	100 2000	12800 -	7300 600	34100 2600

Steinkohlenbergbau

Gehölzart	Deutscher Name	Ök M,S	1991/92 a)	1992/93 a)	1993/94 a) b)	1994/95 a) b)	1995/96 a) b)	Gesamt a) b)
Alnus incana	Grau-Erle	1,0	1200	600	- -	900 -	100 -	2800 -
*Alnus viridis**	Grün-Erle	0,0	1200	200	- 2500	100 1200	400 600	1900 4300
Carpinus betulus	Hainbuche	108,50	200	-	100 500	1200 200	400 200	1900 900
*Cornus sanguinea**	Blutroter Hartriegel	4,0	-	-	- 20	- -	- -	- 20
*Corylus avellana**	Haselnuss	68,5	-	-	- 20	- -	- -	- 20
*Crataegus monogyna**	Eingriffliger Weißdorn	18,1	-	-	- -	- 800	- -	- 800
Crataegus species	Weißdorn	18,1	-	-	- 20	- -	300 -	300 20
Lonicera species*	Heckenkirsche	5,0	-	-	- 35	- -	- -	- 35
Pinus mugo*	**Krummholz-Kiefer**	1,1	-	-	- 20	- -	- -	- 20
*Pinus nigra**	Schwarz-Kiefer	10,5	535	-	75 150	150 -	50 -	810 150
Pinus sylvestris	Wald-Kiefer	93,50	-	-	75 -	- -	- -	75 -
Populus canescens* Astrid	**Astrid Grau-Pappel**	0,0	-	-	- -	- -	50 -	50 -
***Populus canescens* Enninger**	**Enninger Grau-Pappel**	0,0	-	-	- -	200 -	250 -	450 -
***Populus* species**	**Pappel**	0,0	100	-	- -	- -	- -	100 -
***Populus tremula* Bialystok**	**Bialystok-Espe**	0,0	-	60	- -	- -	- -	60 -
Prunus avium	Vogel-Kirsche	66,1	3300	1500	- 800	3100 100	3200 500	17100 1400
*Prunus padus**	Frühe (Echte) Trauben-Kirsche	1,0	-	-	- -	700 -	- -	700 -
*Prunus serotina**	Späte Trauben-Kirsche	3,0	50	-	- -	- -	- -	50 -
Quercus rubra*	**Amerikanische Rot-Eiche**	18,5	700	300	- 200	700 -	600 -	2300 200

Gehölzart	Deutscher Name	Ök M,S	1991/92 a)	1992/93 a)	1993/94 a) b)	1994/95 a) b)	1995/96 a) b)	Gesamt a) b)
Robinia pseudoacacia	Robinie	79,0	1600	-	200 / -	1200 / -	400 / -	3200 / 200
Rosa canina	Hunds-Rose	7,0	-	-	- / 50	- / -	- / -	- / 50
Salix alba	Silber-Weide	23,0	-	400	- / -	- / -	- / -	400 / -
Salix balsamea Mas*	Balsam-Weide	0,0	2460	-	- / 1300	200 / 2150	- / -	2660 / 3450
Salix caprea	Sal-Weide	39,5	1925	200	100 / 200	3600 / 200	1200 / -	7025 / 400
*Salix cinerea**	Grau-Weide	7,0	-	100	- / -	- / -	- / -	100 / -
Salix eleagnos*	Lavendel-Weide	0,0	125	-	- / -	- / -	- / -	125 / -
*Salix viminalis**	Korb-Weide	3,0	1720	700	- / -	- / -	- / -	2420 / -
Sambucus nigra	Schwarzer Holunder	5,0	-	-	- / 50	- / -	- / -	- / 50
Sorbus aria	Gewöhnliche Mehlbeere	1,0	-	-	- / -	500 / -	- / -	500 / -
*Sorbus aucuparia**	Vogelbeere	24,0	-	-	- / 100	100 / 700	- / 100	100 / 900
Sorbus intermedia	**Schwedische Mehlbeere**	1,0	2400	700	- / 300	2200 / 100	700 / 100	6000 / 500
Tilia cordata	Winter-Linde	26,5	1300	500	- / 800	2200 / 100	900 / 200	4900 / 1100
*Ulmus glabra**	Berg-Ulme	1,0	-	-	- / -	- / -	200 / -	200 / -
*Ulmus minor**	Feld-Ulme	4,1	-	-	- / -	- / -	- / 200	- / 200
		Σ:	40615	13860	1250 / 10720	41450 / 6800	22150 / 3000	119325 / 20520

M. KLEIN untersuchte 1990/91 auf dieser Halde die früher im SCHIECHTEL-Verfahren eingebrachten Gehölzarten auf ihre Reaktion, ihr Wachstum und ihren Zustand (je Gehölzart 120 Exemplare) und kommt zu folgenden forstlichen Bewertungen: Die früheren Hoffnungsträger Sand-Birke und Robinie erfüllten die Erwartungen nicht, vor allem letztere ist eine für andere Gehölze unverträgliche Art. Die Grün-Erle ist als kurzzeitiges, maximal 2,5 m hohes Buschgehölz anzusehen, die Grau-Erle wird als Pioniergehölz höchstens 50 Jahre alt. Berg- und Spitz-Ahorn sowie Winter-Linde und Rot-Eiche zeigen gutes Wachstum und große Anpassungsfähigkeit, während Feld-Ahorn schwachwüchsig bleibt und besonders am Südhang hohe Ausfälle aufweist. Die Vogel-Kirsche ist für steile, südexponierte Böschungen gut geeignet. Auch die Schwedische Mehlbeere wächst zwar nicht besonders hoch, ist aber ein gutes, unempfindliches Waldrand-Gehölz - im Gegensatz zur Vogelbeere. Die stellenweise ausgebrachten Pappel-Sorten erreichen in 13 Jahren z. T. 10 m Höhe. Auch Lärche wächst gut, ebenso Schwarz-Kiefer, während Fichte und Douglasie kümmern.

Die ab 1994 eingesetzten Junggehölze sind inzwischen durch die Trockenheit mehrerer heißer Sommer, durch Flächenbrände von trockenem Gras und Schwelbrände im Haldeninnern mit Giftgas-Exhalationen sowie durch Benagen durch Kaninchen stellenweise stark dezimiert worden, auch Nachpflanzungen waren nicht immer erfolgreich.

In voran beschriebene Rekultivierungsmaßnahmen wurden ab 1963 auch einige der stillgelegten Absinkweiher-Anlagen (s. Abschnitt 2.1.6 in SCHMITT 2006.) einbezogen. So wurden bis 1978 ca. 50 ha trockengefallene Weiherflächen mit einer Mischung aus Balsam-Pappel (*Populus trichocarpa*) und Grau-Pappel, Schwarz-Erle, Berg-Ahorn, Winter-Linde sowie Baum- und Strauch-Weiden bepflanzt. Die ältesten dieser Aufforstungsflächen zeigten schon 1986 Übergänge von einer mehrstufigen Waldgesellschaft bis hin zum Erlen-Weiden-Bruchwald, ähnlich einem natürlichen Auwald. Waren natürliche Wasserzuläufe vorhanden, so wurden die Weiherflächen möglichst erhalten und v. a. die Dammregionen bepflanzt (bis 1974 waren 40 ha solcher Anlagen mit 0,3 Mio. Forstgehölzen bepflanzt). Bei neu angelegten Absink-Weihern wurden nach Abschluss der Bauarbeiten die Dämme bepflanzt, im Fischbachtal (1961) mit Schwarz-Erlen, Sand-Birken, Rot-Eichen, Winter-Linden und Weiden, in Ensdorf (1992) mit 45.000 Erlen, Weiden, Vogel-Kirschen und Winter-Linden.

Fazit und Kritik an den bisher vorgenommenen Rekultivierungs-Bepflanzungen mit Gehölzen

Für eine langsame, aber ungestörte Gehölzentwicklung wäre es also günstiger, wenn die bodendeckenden Pflanzen weniger dominant sind, d. h. man hätte weniger nährstoffreichen Klärschlamm zusetzen dürfen. Damit wäre auch die lebenswichtige Besiedlung der Junggehölzwurzeln mit Mykorrhizapilzen weniger behindert (vgl. Abschnitt 2.5.3 in SCHMITT 2006), die anaeroben Prozesse im Unterboden (Gärung, anaerobe Atmung, anoxygene, bakterielle Photosynthese) weniger ausgeprägt und der Austrag von Stickstoffverbindungen im Haldensickerwasser geringer.

In Baumschulen bereits mykorrhizierte Gehölz-Jungpflanzen können auch ohne stark dosierte Düngekomponenten im Decksubstrat die nicht zu dichten, unwirtlichen Haldenrohböden mit Hilfe ihrer symbiotischen Pilzpartner erfolgreich besiedeln. Man könnte aber auch mit dem allerdings aufwändigen Terravent-Verfahren bereits vorhandene Gehölze mit Sporen oder gekörnter Brut von Mykorrhizapilzen beimpfen, jedoch erschwert ein hoher Stickstoffgehalt in aufgebrachtem Abdeck-Substrat die Etablierung neuer Mykorrhizen. Die Mykorrhiza-Bildung ist nämlich negativ korreliert mit den Stickstoff-Konzentrationen in Feinwurzeln und Bodensubstrat, wobei NH_4^+ stärker als NO_3^- inhibiert, da es von den Wurzeln besser resorbiert wird. Durch hohe Nährstoffgehalte wachsen die Gehölze auch zu lange in den Herbst hinein, so dass ihr diesjähriges Holz nicht richtig ausreifen und winterfest werden kann - Kahlfrostschäden auch bei sonst kälteresistenten Gehölzen sind die Folge.

6 Aktuelle Vegetationsbilder und biotische Ausstattung der Steinkohlen-Bergehalden und Absinkweiher

Halden als prägende Strukturen in der Landschaft von Montanindustrie-Standorten weisen durch ihr extremes Relief gegenüber ihrer natürlichen Umgebung extreme Mikroklimabedingungen auf. Bedingt durch chemische und physikalische Eigenschaften des Schüttgutes sind Halden als anthropogen geformte Neulandstandorte für viele Lebewesen schwer besiedelbar, eine natürliche Begrünung kann oft Jahrzehnte dauern. Für einige sonst im Saarland seltene Arten stellen sie aber willkommene neue Biotope mit günstigen Konkurrenzbedingungen dar. Um eine Einbindung der oft großflächigen Halden in die Landschaft und eine mögliche Folgenutzung zu beschleunigen, bemüht man sich, durch Rekultivierungsmaßnahmen eine dauerhafte Besiedlung der Haldenkörper vor allem mit Gehölzen zu erreichen. Durch die standortökologischen Besonderheiten der Halden siedeln sich hier oft bemerkenswerte, sonst seltene oder hoch spezialisierte Arten von Pflanzen, Pilzen und Tieren an, so dass interessante, inselartige Sonderbiotope entstehen. Nachstehend sind insbesondere **botanische Besonderheiten** auf Haldenstandorten im Saarland zusammengestellt, soweit diese Informationen über Publikationen zugänglich sind bzw. auf eigenen Arbeiten beruhen (s. Abschnitt 2.6 in SCHMITT 2006), sie sind mit neuen Erkenntnissen bis Anfang 2011 aktualisiert. Die Fauna der Halden- und Absinkweiher-Anlagen im Saarland unter Berücksichtigung der Säugetiere, Vögel, Reptilien, Amphibien, Krebstiere, Wanzen, Ameisen, Falter, Käfer, Libellen, Heuschrecken und Spinnen ist in einer gesonderten Publikation zusammengestellt (SCHMITT 2011b).

Viel mehr Informationen als zu ungestörter Spontanbesiedlung von Halden gibt es zu rekultivierten Halden, nach deren Erstbepflanzung meist nur noch sporadische Nachpflanzungen erfolgten, so dass die Weiterentwicklung und Dynamik der Folgebesiedlung oft zu mehr oder weniger definierten Pflanzengesellschaften führt. Trotzdem sind nur wenige Halden im Saarrevier gut untersucht bezüglich Flora und Fauna, z. B. die Bergehalden Reden-Fett (H12+W11), Pfeifershofweg/Jägersfreude (H1), Kohlwald/Wiebelskirchen (H5+W2), Viktoria/Püttlingen (H13+W8), Heinitz (H17+W7), weiterhin die Schlacken/Asche-Halden Hostenbach (A2) und Derler Kipp/Völklingen (A1) und weitere Gebiete, in denen Halden und Absinkweiher enthalten sind (vgl. z. B. SCHMITT 1990/1991). In Tabelle 17 sind die im Text und in Tabellen genannten Haldentypen und Halden, welche bisher auch mykologisch mehr oder weniger intensiv untersucht wurden, mit den verwendeten Abkürzungen aufgelistet - die im Saarland gefährdeten Organismen-Arten sind in Fettdruck hervorgehoben. Bei den Auflistungen charakteristischer Organismen-Arten sind die meisten „Allerwelts-Arten" nicht enthalten, sondern insbesondere Rote-Liste-Arten oder Arten, die im Saarland selten sind, auf Halden aber oft üppig in größeren Populationen vorkommen oder dort ihre einzigen Standorte haben.

In Abschnitt 5.2; I sind noch einige nicht winterharte Nutzpflanzen aufgeführt, die aus Klärschlamm-bürtigen Samen zeitweise auf der substratbedeckten Halde erschienen. Bei den einzelnen Organismengruppen in Abschnitt 6.2 sind noch aktuelle Publikationen aufgeführt, in denen sich zusätzliche Informationen zur biotischen Ausstattung von Halden bzw. zum Status dort vorkommender Arten finden. Zum Vergleich können die in SCHMITT 2006 (Abschnitt 2.5.2) aufgeführten Publikationen sowie die dezidierten Arbeiten von SÄNGER (1993, 2003) über Haldenvegetation und Pflanzengesellschaften aus außersaarländischen Revieren herangezogen werden. Gerade in den letztgenannten Publikationen von SÄNGER über die Situation auf Schiefer-Abraumhalden des Uranerz-Bergbaues in Sachsen und Thüringen (SDAG Wismut GmbH) finden sich viele Parallelen zu den Steinkohlen-Bergehalden des Saarreviers.

Tab. 17: Legende zu den Standorttypen und Einzelstandorten von Pflanzen, Pilzen und Tieren auf Industriehalden im Saarland; bei Halden ist die Nummerierung in SCHNEIDER (1984, N-Nr.) mit angegeben.

A = Schlacken/Asche-Halden der Eisenhütten-Industrie und der Steinkohlen-Kraftwerke;
H = Steinkohlen-Bergehalden;   W = Absinkweiher-Anlagen mit Ufer- und Dammbereichen.

Halden/Weiher-Bezeichnung	Ort	N-Nr.	A	H	W
Derler Kipp	Bouser Höhe Völklingen		1		
Röchling-Burbach	Hostenbach	N69	2		
Halberg	Brebach		3		
Industriebrache Alte Völklinger Hütte	Völklingen		4		
Kraftwerk Ensdorf	Ensdorf		6		
Kraftwerk Bexbach	Bexbach		8		
Kraftwerk Weiher	Göttelborn-Süd		9		
Heinitz	Neunkirchen		10		
Dillinger Hütte	Dillingen		11		
Pfeifershofweg	Saarbrücken-Jägersfreude	N39		1	
Maybach	Friedrichsthal	N29		2	
Labach	Dörrenbach			3	
Helene Saufang	Bildstock	N73		4	
Kohlwald („Monte Schlacko")	Wiebelskirchen	N4		5	
Gegenort (= „Brennender Berg")	Sulzbach	N53		6	
Kirschheck	von der Heydt (Saarbrücken)			8	
Brefeld	Fischbach-Nord	N34		9	
Mathildeschacht	Püttlingen-Südwest	N62		10	
Nahebahnschacht	Neunkirchen			11	
Haupthalde Reden-Fett	Reden	N19		12	
Viktoria	Püttlingen	N63		13	
Duhamel	Ensdorf	N55		14	
Grühlingstraße	Saarbrücken-Jägersfreude	N40		15	
Richard	Luisenthal	N59		16	
Dechen-Haupthalde	Heinitz	N12		17	
Göttelborn	Göttelborn	N44		18	
Bahnhof Bexbach	Bexbach	N76		20	
König	Neunkirchen-Südwest	N10		21	
Lydia	Camphausen			22	
Madenfelderhof	Reden	N20		23	
Fischbachtal	Sbr.-Jägersfreude-West				1
Kohlwald	Wiebelskirchen				2
Saufang	Bildstock				3
Göttelborn	Göttelborn				4
Luisenthal	Luisenthal				5
Hirschbach	Sulzbach				6
Dechen	Neunkirchen				7
Viktoria	Püttlingen				8
St. Charles	Großrosseln				9
Brönnchesthal	Reden				11
Itzenplitzer Weiher	Itzenplitz				12

6.1 Biotoptypen und Pflanzengesellschaften

Die auf Halden im Saarland angetroffenen Pflanzengesellschaften wurden mit den bisher im Saarland dokumentierten (s. Abschnitt 2.5.1 in SCHMITT 2006, BETTINGER & WOLFF 2002, BETTINGER et al. 2008) verglichen. Es zeigte sich, dass auf Halden oft verarmte Ausprägungen oder mit zusätzlichen Arten angereicherte Assoziationen auftreten. Zur Sukzession auf solchen Flächen gibt es ebenfalls Informationen, jedoch größtenteils aus anderen Bergbauregionen (s. Abschnitt 2.5 in SCHMITT 2006, SÄNGER 1993, 2003). Die Sukzession geht von Pionierbesiedlungen (bzw. Rekultivierungen) über sich kontinuierlich ändernde Folgegesellschaften bis hin zu Schlussgesellschaften, die sich erst nach vielen Jahrzehnten einstellen und im Saarland überwiegend Laubmischwälder verschiedenen Typs darstellen. Eine exakte Zuordnung aktuell angetroffener Vegetation zu beschriebenen Pflanzengesellschaften ist aus den angeführten Gründen oft problematisch. Nach der Besiedlung der Halden mit ihren pessimalen Standortbedingungen durch Pioniergehölze wie Sand-Birke, Zitter-Pappel und Sal-Weide, die aus windverbreiteten Samen aufgelaufen sind, werden die schwereren Samen von Eichen, Buchen, Hainbuchen u.a.m. insbesondere von Tieren wie Vögeln, Mäusen oder Eichhörnchen eingebracht und können langsam dauerhaftere Waldgesellschaften aufbauen.

Auf Steinkohlen-Bergehalden und Asche/Schlackenhalden im Saarrevier sind nachfolgende Pflanzengesellschaften entweder zeitgleich oder in Sukzession anzutreffen, wobei die Besiedlung je nach vorherrschenden Bedingungen als thermophytische Pioniervegetation und/oder in Form von Staudenfluren oft gestörter Plätze, anthropo-zoogener Heiden, Wiesen und Trittrasen oder nitrophytischer Staudenfluren beginnt, und zwar aus folgenden Klassen:

- Ausdauernde Stickstoff-Krautfluren, hohe Staudenfluren (Artemisietea vulgaris)
- Borstgrastriften und Zwergstrauchheiden (Nardo-Callunetea)
- Getreideunkraut-Gesellschaften (Secalinetea)
- Kalk-Magerrasen (Festuco-Brometea), vor allem auf Asche/Schlacken-Halden
- Lockere Sand- und Felsrasen (Sedo-Scleranthetea)
- Planar/kolline Frischwiesen (Molinio-Arrhenatheretea)
- Quecken-Trockenpionier-Gesellschaften (Agropyretea), vor allem auf Asche/Schlacken-Halden
- Ruderal- und verwandte Acker- und Gartenunkraut-Gesellschaften (Chenopodietea)
- Tritt- und Flutrasen (Plantaginetea majoris).

Vor allem Mitglieder der Ordnungen

- Melden-Gesellschaften (Sisymbrietalia)
- Zweizahn-Gesellschaften (Bidentalia)
- Gänsefingerkraut-Gesellschaften (Potentillo-Polygonetalia)

sind von Bedeutung. Aus der Vielzahl der zugehörigen Assoziationen seien folgende hervorgehoben:

- Färberkamille-Gesellschaft (Poo compressae-Anthemidetum tinctoriae, RL-3), eine im Saarland sehr seltene Gesellschaft, die im Bereich der Bergehalden im Vordringen begriffen ist
- Gesellschaft des Duftalants (*Dittrichia graveolens*-Gesellschaft)
- Gesellschaft des Mäuseschwanz-Federschwingels (Vulpietum myuri)
- Spießmelden-Gesellschaft (*Atriplex prostata*-Gesellschaft), die insbesondere an Absinkweihern im Vordringen ist
- Kleines Leinkraut-Gänsefuß-Gesellschaft (Chaenorrhino-Chenopodietum botryos), z. B. in Reden (H12,W11), Heinitz (H17,W7)
- Gesellschaft des Roten Gänsefußes (Chenopodietum rubri, RL-3), auf Halden, z. B. H12, H17

An salzreichen Standorten, d. h. überwiegend an Hangfuß-Bereichen von Bergehalden, die sich noch partiell im Schwelbrand befinden, an Absinkweihern und an Schlackenhalden, kommen Gesellschaften der Salzmarsch-Rasen (Asteretea tripolii) hinzu, vor allem die

- Gesellschaft des Gewöhnlichen Salzschwadens (*Puccinellia distans*-Gesellschaft, RL-1), an mehreren Halden und Absinkweihern
- Eine der Salzkraut-Gesellschaft (Salsolion ruthenicae-Basalgesellschaft) nahestehende Gesellschaft wurde von F.-J. WEICHERDING an mehreren Halden und Absinkweihern im Saarrevier und dem angrenzenden Lothringen beobachtet (Publ. in Vorber.)

Auf älteren, z. T. schon bewaldeten Halden treten folgende waldnahe Staudenfluren hinzu:

- Saumgesellschaften (Trifolio-Geranietea)
- Waldweidenröschen-Schlaggesellschaften (Epilobietea angustifolii)

Schon bald siedelt sich die zu den Eichen-Birken-Wäldern (Quercetea robori-petraeae) gehörende

- Birken-Vorwald-Gesellschaft (Sandbirken-Zitterpappel-Gesellschaft) an, die pflanzensoziologisch dem Hieracio piloselloidis-Betuletum pendulae und dem Sambuco racemosae-Salicion capreae nahesteht (Abb. 104).

Außerdem treten folgende drei Gebüschgesellschaften häufig auf:

- Brombeer-Faulbaum-Gebüsche (Frangulo-Rubion silvatici)
- Das Brombeer-Gestrüpp (Pruno-Rubion radulae)
- Das Hundsrosen-Gebüsch (*Rosa canina*-Gesellschaft)

Diese Pioniergesellschaften entwickeln sich weiter zum Buchen-reichen Eichen-Hainbuchen-Birken-Wald, der zwischen dem Buchen-Eichen-Wald (Fago-Quercetum) und dem Eichen-Hainbuchen-Wald (Querco-Carpinetum) steht (Abb. 105).

Abb. 104: Birken-Vorwald-Gesellschaft, Halde Maybach 1986 (Foto: R. Krumm, RAG).

Abb. 105: Fortgeschrittene Sukzession, Halde Maybach 1992 (Foto: R. Krumm, RAG).

Ebenso häufige Gehölz-Pioniergesellschaften auf Halden sind

- Robinien-Bestände verschiedenen Typs, insbesondere an südexponierten Haldenteilen anzutreffen. Sie sind wegen der überwiegend ruderalen Krautflora, z. B. mit Kletten-Labkraut (*Galium aparine*), Großer Brennnessel (*Urtica dioica*), Efeu-Ehrenpreis (*Veronica hederifolia* s. l.), Dreineviger Nabelmiere (*Moehringia trinervia*), Stinkendem Storchschnabel (*Geranium robertianum*) und Beständen von Schwarzem Holunder (*Sambucus nigra*) nicht als Wälder zu bezeichnen

Die gute Stickstoffversorgung des Oberbodens stammt dabei aus der Stickstoffbindung über Knöllchenbakterien-Symbiosen der Robinien und ihrem rasch vermodernden Laub, das zudem über seine toxische Wirkung auf eine Reihe von Pflanzenarten deren Aufkommen bzw. Ausdehnung erschwert oder unterdrückt. Die Robinie, ein inzwischen eingebürgerter, um 1630 aus Nordamerika eingeführter Neophyt, hat sich auf lichten, warm-trockenen, Feinerde-armen, anthropogen beeinflussten Standorten wie Weinbergen, Steinbrüchen, Bahndämmen, Trümmerschüttungen, v. a. aber Industrie-Halden als anspruchslose, industriefeste Gehölzart trotz der Schwerkeimbarkeit ihrer Samen etabliert, wobei durch ihre Wurzelbrutbildung jedoch die Gefahr des Verdrängens anderer Gesellschaften besteht. Aufgrund von Differentialarten kann man 21 ranglose Gesellschaften in den drei übergeordneten Einheiten *Alliaria petiolata*-, *Urtica dioica*- und *Castanea sativa*-Robinienbeständen unterscheiden, die später von Ahorn-Gesellschaften bzw. Eichenreichen Gesellschaften abgelöst werden, z. B. folgende Untereinheiten auf jüngeren Bergehalden aufgrund regionaler Trennarten:

- Holunder-Lauchkraut-Robiniengesellschaften ohne bzw. mit Schöllkraut (*Chelidonium majus*) oder mit Aronstab (*Arum maculatum*) und die
- Holunder-Faulbaum-Robiniengesellschaft

Auf Bergehalden sind dabei folgende drei *Sambucus nigra-Robinia pseudoacacia*-Gesellschaften in jeweils zwei Ausbildungen verbreitet:

- mit Riesen-Schwingel (*Festuca gigantea*), Hain-Rispengras (*Poa nemoralis*) und Acker-Vergissmeinnicht (*Myosotis arvensis*) auf grusig-steinigem bis sandig-lehmigem Substrat
- mit Florentiner Habichtskraut (*Hieracium piloselloides*) und Feld-Hainsimse (*Luzula campestris*) auf sehr steinreichem Tonschiefer
- mit Salbei-Gamander (*Teucrium scorodonia*) und Draht-Schmiele (*Deschampsia flexuosa*) auf Rohhumus.

Auf den Hostenbacher Schlacken/Asche-Halden (A2) hat sich die gehölzreiche Ausbildung der Robinienbestände des Wiesentyps mit Wald-Flattergras (*Milium effusum*) und Weichem Honiggras (*Holcus mollis*) ausgebildet, während auf dem Nordteil der Brebacher Schlackenhalde (A3) die Hain-Rispengras *(Poa nemoralis)*-Ausbildung mit inzwischen 70jährigen Robinien und 31 Begleitpflanzenarten vorkommt. Normalerweise sind Robinien auf Haldenstandorten jedoch mit 40 bis 50 Jahren abgängig. Robinienbestände in anderen Gebieten und Revieren sind, je nach Lage und Bedingungen, nicht immer vergleichbar.

Aufgrund der durch Rekultivierungsmaßnahmen vor ca. 35 Jahren eingebrachten Gehölze und der Situation vor 15 Jahren bzw. der aktuellen Bestände mit natürlich aufgelaufenen Gehölzen im Fall der gut bearbeiteten Steinkohlen-Bergehalde Pfeifershofweg (H1, Jägersfreude) kann man erwarten, dass sich als potenzielle natürliche Vegetation wohl überwiegend Rotbuchen-Mischwälder entwickeln werden, lokal mit Feld-Ahorn, Sand-Birken und Eichen, an rutschigen Stellen mit Hainbuche, Sand-Birke und Vogel-Kirsche, an absonnigen feuchten Hangfuß-Bereichen mit Berg-Ahorn, Linde und Schwarz-Erle. In warm-trockenen Lagen dürfte die Trauben-Eiche (*Quercus petraea*) dominieren.

An den Absinkweihern mit ihren Randbereichen (Abb. 106, 107) haben sich nachfolgend aufgeführte Pflanzengesellschaften etabliert, wobei die dort auftretenden Wasserpflanzen-Gesellschaften bisher noch nicht intensiver bearbeitet wurden:

Wasserpflanzen-Gesellschaften:

- Gesellschaft der Gegensätzlichen Armleuchteralge (Charetum contrariae, RL-2), im Saarland extrem selten; in salzhaltigem Flachwasser von Absinkweihern bzw. in Pfützen am Fuß von Halden, halophytenreich; z. B. Absinkweiher Brönnchesthal/Reden (W11).
- Zwerglaichkraut-Gesellschaft (*Potamogeton panormitanus*-Gesellschaft, RL-2), im Saarland extrem selten; z. B. im Absinkweiher Brönnchesthal/Reden /W11) in einer Ausbildung mit Breitblättrigem Rohrkolben (*Typha latifolia*), Schilf (*Phragmites australis*) und Brauner Sumpfbinse (*Eleocharis rufa*); am Standort stark gefährdet durch Aufschüttung von Erdmassen.
- Gesellschaft des Besen-Kammlaichkrautes (*Potamogeton scoparius*-Gesellschaft, RL-1), im Saarland extrem selten und vom Aussterben bedroht; in Reden zweitletzter Standort, nachdem der andere westlich von Großrosseln durch Umlagerung einer Halde vernichtet wurde.

Eutraphentes Teich-Röhricht (Scirpio-Phragmitetum) am Flachwasserbereich von Absinkweihern, wo neben dem verbreiteten Röhricht des Breitblättrigen Rohrkolbens (Typhetum latifoliae) folgende seltene Röhricht-Gesellschaften auftreten:

- Teichbinsen-Schilf-Röhricht (Schoenoplecto-Phragmitetum, RL-V)
- Teichbinsen-Gesellschaft (Scirpetum lacustris, RL-V)
- Röhricht der Graugrünen Teichsimse (*Schoenoplectus tabernaemontanii*-Gesellschaft, RL-R), im Saarland extrem selten, am Absinkweiher Brönnchesthal/Reden (W11).

Auf bodenfeuchten Hangfußbereichen v. a. in nordexponierter Lage und auf Böden aufgelassener Absinkweiher baut sich langsam ein Erlen-Weiden-Bruchwald auf.

Abb. 106: Rekultivierte Halde Lydia mit vorgelagertem Absinkweiher (Foto: R. Krumm, RAG).

Abb. 107: Absinkweiher Heinitz, schon länger rekultiviert und bester Libellen-Lebensraum (TROCKUR 2006) (Foto: B. Trockur).

Halden mit benachbarten Absinkweihern sind kleinräumig strukturreich, z. B. sind im Bereich der Haldenanlage Viktoria/Püttlingen (H13, W8) elf unterschiedliche Biotoptypen vertreten.

6.2 Flora

<u>Farn- und Blütenpflanzen (Pteridophyta & Spermatophyta)</u>

Die Flora ist abhängig von der Liegezeit der Halden. Der Stress über deren Extreme bezüglich Bodenchemie und Klima kann dabei zu evolutionären Veränderungsprozessen bei Pflanzen führen. Im voranstehenden Abschnitt sind die auf Haldenanlagen anzutreffenden Pflanzengesellschaften aufgeführt. In vorangegangenen Abschnitten sind angepflanzte und eingewanderte Gehölze schon gelistet. Vervollständigt wird die Gefäßpflanzen-Haldenvegetation im Saarland durch Angaben aus aktuellen Publikationen (s. Abschnitt 2.5.2 in SCHMITT 2006, SCHNEIDER et al. 2008, WEICHERDING 2007, 2008, WEICHERDING et al. 2006).

Viele meso- und oligotraphente Pionierarten sind auf sekundäre Offenstandorte angewiesen, die sie vor allem auf jungen Abbauflächen gefunden haben, z. B. in Steinbrüchen, Ton- und Sandgruben. Durch Rekultivierung, Verfüllung und Umnutzung solcher Abbauflächen werden ihnen diese Lebensräume genommen. Vergleichbares gilt für die Rekultivierung von Halden der Montanindustrie, vor allem, wenn die Rohböden durch nährstoffreiche Substrate überdeckt werden. Pionierarten gehen aber auch durch natürliche Sukzession nach und nach verloren. Die Pflanzenarten-Spektren pro Halde können bis auf fast 400 Arten anwachsen: z. B. Bergehalde+Absinkweiher Viktoria/Püttlingen (H13+W8) mit ca. 230 Arten, am Standort Reden (H12+W11) unter Einbezug der Bahn-Verladeanlagen, des ehemaligen Kokereigeländes und der sonstigen Tagesanlagen mit 389 Arten. In folgender Tabelle 18 sind v. a. gefährdete, besondere und einige adventive Gefäßpflanzen aufgelistet, für welche Haldenanlagen konkurrenzarme, gerne angenommene Ersatzlebensräume darstellen, wobei gut untersuchte Halden wie z. B. diejenigen in Reden besondere Berücksichtigung finden. Dort haben eine Reihe von Arten ihr Hauptvorkommen oder bisher ihre einzigen Standorte im Saarland.

Tab. 18: Gefäßpflanzen auf Halden und an/in Absinkweihern der Montanindustrie im Saarland, Auswahl der gefährdeten oder besonderen Arten, excl. Gehölze.

A = Asche/Schlacken-Halden, H = Bergehalden, W = Absinkweiher, die aufgeführten Zahlen bezeichnen die Typen näher, vgl. Tabelle 17, U = unbeständige Art. In Kolonne 2 ist bei gefährdeten Arten der Gefährdungsstatus in Klammern angegeben.

Deutscher Name	Wissenschaftlicher Name	Anmerkungen	A	H	W
Behaartes Bruchkraut	*Herniaria hirsuta*	U		12	
Edle Schafgarbe	*Achillea nobilis*	U		+	
Wald-Hundspetersilie	*Aethusa cynapium* ssp. *elata*			2	
Frühe Haferschmiele	*Aira praecox* (RL-3)	Pionier-Art	+	+	
Lanzettblättriger Froschlöffel	*Alisma lanceolatum* (RL-G)	Im Saarland sehr selten			11
Rotgelbes Fuchsschwanzgras	*Alopecurus aequalis* (RL-V)			+	+
Hunds-Kerbel	*Anthriscus caucalis*	Große Bestände, wohl eingebürgert		12	
Unterbrochener Windhalm	*Apera interrupta*	Halophyt, im Saarland selten		12	
Turmkraut	*Turritis glabra*	Im Saarland selten		+	
Schwarzer Streifenfarn	*Asplenium adianthum-nigrum* (RL-3)	Selten im Saarland		+	

Deutscher Name	Wissenschaftlicher Name	Anmerkungen	A	H	W
Spieß-Melde	*Atriplex prostrata*			+	
Glanz-Melde	*Atriplex sagittata*	Adventive Art, im Saarland selten			11
Strandsimse	*Bolboschoenus laticarpus*	Im Saarland sehr selten	+		11
Grünliche Gelb-Segge	*Carex demissa* (RL-G)			+	10
Sparrige Flockenblume	*Centaurea diffusa*	U, bisher nur in Reden		12	
Echtes Tausendgüldenkraut	*Centaurium erythraea*			2	
Schwertblättriges Waldvögelein	*Cephalanthera longifolia* (RL-V)				+
Klebriger Gänsefuß	*Chenopodium botrys*	Thermophiler Neophyt, in Reden eingebürgert [9]	+	12+	
Feigenblättriger Gänsefuß	*Chenopodium ficifolium*			12+	11
Graugrüner Gänsefuß	*Chenopodium glaucum*	Salztolerant		12+	
Roter Gänsefuß	*Chenopodium rubrum*	Salztolerant		12+	11+
Großblumige Leimsaat	*Collomia grandiflora*	U		+	
Gefleckter Schierling	*Conium maculatum* (RL-2)	Großer Bestand, nur wenige Fundorte im Saarland			11
Hirschsprung	*Corrigiola litoralis*	Inzwischen wohl hier ausgestorben		16	
Schöner Pippau	*Crepis pulchra* (RL-2)	Große Bestände in H12		12+	
Gewöhnliche Hundszunge	*Cynoglossum officinale* (RL-V)			12	
Braunes Zypergras	*Cyperus fuscus* (RL-3)		+		
Klebriger Alant	*Dittrichia* (*Inula*) *graveolens*	Auch an Bahnanlagen und Straßenrändern		16, 22	
Schein-Lobelie	*Downingia elegans*	U	+	14	
Österreichische Sumpfbinse	*Eleocharis austriaca* (RL-R)				+
Kurzfrüchtiges Weidenröschen	*Epilobium brachycarpum*	Neophyt aus Nordamerika, sehr selten im Saarland, wird aber zunehmend häufiger		2,12	
Sumpf-Weidenröschen	*Epilobium palustre* (RL-V)			+	+
Verschiedensamige Melde	*Atriplex micrantha*	Adventive Art, großes Vorkommen, gefährdet wegen Verfüllung des Standortes			11
Gewöhnliches Tellerkraut	*Claytonia perfoliata*	Seltener Neophyt, Haupthalde Reden-Fett		12	
Rotbraune Stendelwurz	*Epipactis atrorubens* (RL-2)			+	+
Breitblättrige Stendelwurz	*Epipactis helleborine*			+	+

---

[9] Die Art zeigt deutliche Bindung an Folgelandschaften der Montan-Industrie; aktuell größter Bestand auf der Müll-Deponie Velsen; inzwischen überall auf Halden im Saarrevier und im benachbarten Lothringen, auch auf Bauschutt; in Deutschland sonst sehr selten.

Steinkohlenbergbau

Deutscher Name	Wissenschaftlicher Name	Anmerkungen	A	H	W
Sumpf-Stendelwurz	*Epipactis palustris* (RL-3)		11	+	+
Violette Stendelwurz	*Epipactis purpurata*	Im Saarland selten		+	+
Riesen-Schachtelhalm	*Equisetum telmateia* (RL-V)	Sonst nur in Muschelkalk-Gebieten des Saarlandes			11
Frühlings-Hungerblümchen	*Erophila verna*			+	
Steifer Augentrost	*Euphrasia stricta* (RL-V)			12	
Verschiedenblättriger Schwingel	*Festuca heterophylla* (RL-V)	Im Saarland selten		12	
Kleines Filzkraut	*Filago minima* (RL-3)		+		
Schmalblättriger Hohlzahn	*Galeopsis angustifolia* (RL-3)				11
Purpur-Storchschnabel	*Geranium purpureum*	Sonst nur auf Bahn-Schotterflächen		12	
Rundblättriger Storchschnabel	*Geranium rotundifolium*	Sehr selten im Saarland, für Weinberge bezeichnend		12	
Wald-Storchschnabel	*Geranium sylvaticum*	U		+	
Eichenfarn	*Gymnocarpium dryopteris*		+		
Mauer-Gipskraut	*Gypsophila muralis* (RL-3)			12	
Kleines Habichtskraut	*Hieracium pilosella*			+	
Florentiner Habichtskraut	*Hieracium piloselloides*	Häufig auf Bergehalden		+	
Mähnen-Gerste	*Hordeum jubatum*	U, salztolerant [10], Neophyt aus Nordamerika		12+	
Dalmatiner Leinkraut	*Linaria dalmatica*	U		14	
Großes Zweiblatt	*Listera ovata* (RL-V)			1	
Schmalblättriger Hornklee	*Lotus tenuis* (RL-3)			+	
Keulen-Bärlapp	*Lycopodium clavatum* (RL-2)			13	8
Ysopblättriger Weiderich	*Lythrum hyssopifolia* (RL-3)		+		
Wimper-Perlgras	*Melica ciliata* (RL-R)	Im Saarland extrem selten		12,16	
Vogel-Nestwurz	*Neottia nidus-avis*				+
Roter Zahntrost	*Odontites vulgaris* (RL-V)				11
Ersteiner Nachtkerze	*Oenothera ersteinensis*	Auch sonst auf Bahnanlagen und Industriebrachen		12	
Gewöhnlicher Dolden-Milchstern	*Ornithogalum umbellatum*			+	
Sumpfquendel	*Peplis portula* (RL-3)		+		
Sprossende Felsennelke	*Petrorhagia prolifera*		+		
Großes Knorpelkraut	*Polycnemum majus* (RL-2)			16	

---

[10] Wird in anderen Bergbaurevieren Deutschlands als Adventivart salzreicher Haldenböden angesehen.

Deutscher Name	Wissenschaftlicher Name	Anmerkungen	A	H	W
Gewöhnliches Zwerglaichkraut	*Potamogetum pusillus* (*panormitanus*)	Größtes Vorkommen im Saarland			11
Niedriges Fingerkraut	*Potentilla supina* (RL-V)		+		11
Gewöhnlicher Salzschwaden	*Puccinellia distans* (RL-0)	Aspektbildend in Reden, vom Aussterben bedroht durch Erdmassen-Auftrag		12	11
Nuttall's Salzschwaden	*Puccinellia nuttalliana*	Neophyt aus Nordamerika, in Reden Erstnachweis für Europa, extrem selten; seit 2003 kein Nachweis mehr, wohl unbeständig			11
Kleines Wintergrün	*Pyrola minor*			+	
Rundblättriges Wintergrün	*Pyrola rotundifolia* (RL-3)	Charakterpflanze der Bergbaubrachen im Saarrevier		+	+
Zungen-Hahnenfuß	*Ranunculus lingua* (RL-0)	Im Saarland ausgestorben, Indigenat zweifelhaft			+
Bastard-Nachtkerze	*Oenothera ×fallax*	Etwas häufiger als voranstehende Art		+	
Mittleres Fingerkraut	*Potentilla intermedia*	Eingebürgerter Neophyt, selten, typisch für Montan-Standorte		+	
Norwegisches Fingerkraut	*Potentilla norvegica*	Eingebürgerter Neophyt, selten, typisch für Montan-Standorte		+	
Gift-Hahnenfuß	*Ranunculus sceleratus* (RL-V)				11
Sumpf-Ampfer	*Rumex palustris* (RL-R)	Große Bestände in H12, extrem selten, nur noch 2 weitere Fundstellen		12	11
Ukraine-Salzkraut	*Salsola kali* ssp. *ruthenica* (*tragus*)	In Salzwasser-Pfützen		12	11
Gewöhnliche Teichsimse	*Schoenoplectus lacustris* (RL-V)				6,11
Salz-Teichsimse	*Schoenoplectus tabernaemontani* (RL-R)	Im Saarland extrem selten		+	6,10
Triften-Knäuel	*Scleranthus polycarpos* (RL-V)				11
Loesels's Rauke	*Sisymbrium loeselii*		2		
Bauernsenf	*Teesdalia nudicaulis* (RL-3)			+	
Gelbe Spargelerbse	*Tetragonolobus maritimus* (RL-2)				+
Acker-Klettenkerbel	*Torilis arvensis* (RL-V)	Auf den Hostenbacher Halden häufig	2		
Schmalblättriger Rohrkolben	*Typha angustifolia*	Im Saarland selten			+

Abb. 108: Roter Gänsefuß auf Bergematerial (Foto: M. Thiery).

Abb. 109: Mähnen-Gerste (Foto: S. Caspari).

Steinkohlenbergbau

Abb. 110: Nuttall's Salzschwaden, Erstnachweis für Europa in Reden (Foto: S. Caspari).

Abb. 111: Schwarzer Streifenfarn (Foto: S. Caspari).

Tab. 19: Gehölze auf Steinkohlen-Bergehalden, Aufnahmen J. A. SCHMITT.

H1 = Halde Pfeifershofweg/Jägersfreude (aktuell, vgl. SCHMITT 2010a), H12 = Haupthalde Reden-Fett/Reden (Aufnahme 2003), H23 = Halde Madenfelderhof/Reden (Aufnahme 2003)

Gehölzhäufigkeit: d = dominierend, + = eingestreut, s = einzeln, selten

* = wohl aus benachbarten Gärten durch Vögel verbreitet

** = wohl mit anderen Pappelklonen eingebrachte Sippe

In Kolonne „Ök": Anzahl Mykorrhiza- (M)- bzw. Saprophytische (S) Pilzarten im Saarland am jeweiligen Gehölz (SCHMITT 1987b, c + aktuelle Ergänzungen).

Wissenschaftlicher Name	Deutscher Name	Ök M,S	H23	H12	H1	H sonst
Acer campestre	Feld-Ahorn	0,21			s	
Acer platanoides	Spitz-Ahorn	10,18	s	s	+	
Acer pseudoplatanus	Berg-Ahorn	10,29	+	+	+	
Ailanthus altissima	Götterbaum	0,4				+
Alnus glutinosa	Schwarz-Erle	5,80	s	s	d	
Alnus incana	Grau-Erle	0,1	s	s	d	
Amelanchier lamarckii	Kupfer-Felsenbirne	2,13				+
Berberis species	Berberitze (Gartenformen)	0,2			s	
Berberis vulgaris	Gewöhnliche Berberitze	0,2				+
Betula pendula	Sand-Birke, Hänge-Birke	50,84	d	+	d	
Buddleja davidii	Schmetterlingsstrauch	0,2				+
Carpinus betulus	Hainbuche	50,108	+		+	
Clematis vitalba	Gewöhnliche Waldrebe	0,3			+	
Cornus mas	Kornelkirsche	0,4			+	
Cotoneaster species*	Zwergmispel	0,1	s		s	
Crataegus species	Weißdorn	1,18	+	+		
Cytisus scoparius	Besen-Ginster	0,17			+	
Euonymus europaeus	Gewöhnliches Pfaffenhütchen	0,3			+	
Fagus sylvatica	Rot-Buche	ca. 200,300			+	
Fraxinus excelsior	Gewöhnliche Esche	1,95	s		+	
Ligustrum vulgare	Gewöhnlicher Liguster	0,3	s		s	
Mahonia aquifolium	Gewöhnliche Mahonie	0,3			s	
Pinus sylvestris	Wald-Kiefer	50,93	s	+	+	
Populus canescens	Grau-Pappel	1,3		+	+	
Populus tremula	Zitter-Pappel	5,18	d	+	+	
Populus ×*berolinensis* (= *P. laurifolia* × *P. nigra* 'Italica')**	Berliner Lorbeer-Pappel	0,1		+	d	
Prunus avium	Vogel-Kirsche	1,66	s	+	+	
Prunus serotina	Späte Trauben-Kirsche	1,12			+	
Quercus petraea	Trauben-Eiche	50,201	+		+	
Quercus robur	Stiel-Eiche	50,201	+			
Quercus rubra	Amerikanische Rot-Eiche	5,26			d	
Robinia pseudoacacia	Robinie	0,79	s		d	
Rosa species cf. *canina*	Wild-Rose	0,7	s	+	s	
Salix caprea	Sal-Weide	5,39	d	+	+	
Salix cf. *alba*	Silber-Weide cf.	0,23		s	+	

Wissenschaftlicher Name	Deutscher Name	Ök M,S	H23	H 12	H1	H sonst
Salix ×rubens (= S. alba × S. fragilis)	Bastard-Weide	0,1	s			
Sambucus nigra	Schwarzer Holunder	0,5	s		+	
Sambucus racemosa	Trauben-Holunder	0,3	s			
Sorbus aucuparia	Vogelbeere	0,27			+	
Sorbus aria	Gewöhnliche Mehlbeere	0,1		+		
Sorbus intermedia	Schwedische Mehlbeere	0,1		+	+	
Symphoricarpos albus	Weiße Schneebeere	0,2			s	
Tilia cordata	Winter-Linde	5,26		+		
Tilia platyphyllos	Sommer-Linde	2,10			+	
Ulmus glabra	Berg-Ulme	0,2			+	

Die aus eigenen Aufnahmen dokumentierten Gehölz-Sippen auf einigen Steinkohlen-Bergehalden sind in Tabelle 19 zusammengestellt.

Die Dominanz der Sand-Birke als Pioniergehölz von Haldenrohböden beruht mit auf der speziellen, sehr variablen und anpassungsfähigen Bildung des Wurzelsystems (vgl. SÄNGER 1993, S. 132-141) und ihrer hohen Potenz zur Bildung von Mykorrhizen mit einer großen Zahl Höherer Pilze (siehe Tabelle 20). Sie wird aus forstlicher Sicht aktuell auch als beste und robusteste Pionier-Gehölzart nach großflächigen Windwurfereignissen in Wäldern eingestuft (LEDER & SCHÜREN 2011). Von den zur Rekultivierung eingesetzten Gehölzen, die sich in Form von Mischforsten auf den Halden relativ gut etablieren, sind es vor allem Amerikanische Rot-Eiche, Schwarz-Erle, Pappeln und Wald-Kiefer.

Moose (Bryophyta)

Die Moose sind im Saarland gut bearbeitet (CASPARI & MUES 2006, CASPARI et al. 2008). Bis 2005 wurden auf der 123 ha umfassenden Fläche der Tagesanlagen von Grube Reden 132 Moos-Taxa (das entspricht 22 % der saarländischen Bryoflora) nachgewiesen, davon sind 2 gefährdete Arten der Roten Liste, 5 weitere stehen auf der Vorwarnliste. Die bedrohten Arten sind Sonderstandort-Besiedler von Schwefeloxid-Exhalationsstellen auf der z. T. im Schwelbrand befindlichen Halde Madenfelderhof (H23) bzw. an Feuchtstellen am Haldenfuß von Haupthalde Reden-Fett (H12) bzw. auf der Halde Madenfelderhof (H23) und/oder am Absinkweiher Brönnchesthal (W11):

- Sumpf-Streifensternmoos (*Aulacomnium palustre*, RL-3)
- Kleines Widertonmoos (*Polytrichum perigoniale*, RL-2)
- Kaktusmoos (*Campylopus introflexus*), Neophyt, im Heißbereich in Schwelbrand befindlicher Haldenteile; nach S. CASPARI „das einzige Gewächs, welches diese Bedingungen aushält - Arten aus seiner Verwandtschaft zählen zu den Erstbesiedlern tropischer Vulkane"

An besonderen Moosarten auf Halden seien noch erwähnt:

- Blasses Goldhaarmoos (*Orthotrichum pallens*)
- Einseitswendiges Verstecktfruchtmoos (*Cryphaea heteromalla*)
- Fettglänzendes Ohnervmoos (*Aneura pinguis*), im Schlamm von Absinkweihern
- Gelbhaubiges Goldhaarmoos (*Orthotrichum stramineum*)
- Gewöhnliches Jochzahnmoos (*Zygodon rupestris*)
- Glashaar-Widertonmoos (*Polytrichum piliferum*), auf Halden-Rohböden
- Rotes Kleingabelzahnmoos (*Dicranella varia*), im Schlamm von Absinkweihern
- Verlängerte Zackenmütze (*Racomitrium elongatum*), auf Halden-Rohböden
- Wacholder-Widertonmoos (*Polytrichum juniperinum*, RL-V), auf Halden-Rohböden
- Weitmündiges Goldhaarmoos (*Orthotrichum patens*)

Abb. 112: Sumpf-Streifensternmoos (Foto: U. Heseler).

Abb. 113: Kaktusmoos auf Schwelbrandstelle der Alten Halde Madenfelderhof, Reden (Foto: S. Caspari).

Die Epiphyten-Moosflora ist gut ausgeprägt. Auf einer frisch umgestürzten, 8 m hohen Weide (*Salix fragilis* agg.) wurden z. B. 27 Moosarten gefunden, so viele, wie sonst nur selten an einem Gehölzindividuum vorkommen.

Abb. 114: Strauchflechte *Cladonia clariosa* (Foto: V. John).

Flechten (Lichenes)

Über Flechten und ihre Bedeutung für die geowissenschaftliche Ökosystemforschung und das Umwelt-Biomonitoring im Saarland sind wir gut unterrichtet (JOHN 1986, 2006a, b, 2007). Bisher wurden ca. 100 Arten auf Halden oder vergleichbaren Standorten nachgewiesen. Auf den Tagesanlagen von Grube Reden (Halden, Absinkweiher, Verkehrsflächen) konnten im Jahr 2003 schon 52 Arten nachgewiesen werden, wovon 30 Bergematerial bzw. Halden besiedelten. Davon waren folgende Taxa Erstnachweise für die saarländische Flechtenflora:

- die Strauchflechte *Cladonia cariosa*,
- die Strauchflechte *Cladonia humilis*,
- *Thrombium epigaeum*,
- die Gallertflechte *Lempholemma chalazanum*, Dechen-Haupthalde (H17), Standort durch den Bau der Umgehungsstraße zerstört,

und mit der

- Zitzenflechte *Thelocarpon laureri* ein Zweitfund im Saarland.

Auf Schlackenhalden bei Dillingen (A11), Neunkirchen (A10) und vor allem Hostenbach (A2) waren folgende neue Arten für das Saarland gefunden worden, wobei allein in

Hostenbach 90 Taxa, davon 33 auf Schlackenmaterial, nachgewiesen werden konnten:
- die Gallertflechte *Collema coccophorum* (A2), auf Schlacken im ausgetrockneten Absinkweiher
- die Schüsselflechte *Hypotrachyna afrorevoluta*, an Rinde lebender Robinie
- die Stäbchenflechte *Bacidia rubella* (A2, RL-2), auf Rinde von Schwarzem Holunder
- *Endocarpon pusillum* (A2, RL-2), auf Schotter
- *Polychidium muscicola* (A2, RL-1), auf Moos und Erde

daneben noch folgende Besonderheiten:
- die Gallertflechte *Collema crispum*
- *Didymellopsis pulposii*, parasitisch auf der Gallertflechte *Lempholemma chalazanum*
- die Krätzflechte *Lepraria vouauxii*
- die Schildflechte *Peltigera didactyla*
- Schmallappige Schildflechte *Peltigera rufescens*
- *Aspicilia moenium* (A2), zweiter Standort im Saarland, auch im Gelände der Völklinger Hütte
- die Leuchterflechte *Candelaria concolor* (A2, RL-2), auf Rinde von *Robinia*, nimmt seit der Klimaerwärmung zu
- die Schüsselflechte *Parmelia submontana* (A2, RL-3), auf Rinde von *Salix*, Zweitfund im Saarland
- die Schüsselflechte *Parmotrema perlatum* (A2, RL-2), an Pappel, Zweitfund im Saarland
- die Krustenflechte *Staurothele frustulenta* (A2, RL-3), auf Schlackenmaterial, Zweitfund im Saarland

Armleuchteralgen (Charophycaceae)

Von den bisher von WOLFF (2008a) im Saarland nachgewiesenen 5 Arten kommen 3 auch an Haldenanlagen in salzreichem Wasser vor:
- Gegensätzliche Armleuchteralge (*Chara contraria*, RL-2) im Absinkweiher bei Schacht St. Charles/Warndt bei Großrosseln (W9)
- Gewöhnliche Armleuchteralge (*Chara vulgaris*, RL-V) im Sickerwasser der Steinkohlen-Bergehalde Pfeifershofweg/Jägersfreude (H1) und in salzhaltigem Wasser des Absinkweihers Brönnchesthal/Reden (W11), mit Leitfähigkeiten bis zu 13 000 µS/cm, was einem Viertel der Salinität von Meerwasser entspricht. Die Art ist auch in Kiesgruben-Weihern des Mosel-, Saar- und Bliestales zu finden
- Zerbrechliche Armleuchteralge (*Chara globularis*, RL-2); von den 3 rezenten Vorkommen im Saarland ist dasjenige am Absinkweiher Brönnchesthal/Reden (W11) durch Umgestaltungsvorhaben akut gefährdet

Die von WOLFF (2008b) vorgelegte Rote Liste und Florenliste der Süßwasser-Rotalgen des Saarlandes umfasst 14 Arten, die alle in Fließgewässern leben; aus Halden-Abwässern sind bisher keine Funde bekannt.

6.3 Funga

I Funktion und Bedeutung von Pilzen im Lebensraum Halde

Pilze spielen bei der Besiedlung von Halden mit Pflanzen, insbesondere von Gehölzen, eine entscheidende Rolle (s. Abschnitt 3.3.4 in SCHMITT 2006 mit ausführlicher Darstellung). Sie sind - vergleichbar mit Tieren - abhängig von energiereichen Stoffen, die primär von Pflanzen über Photosynthese gebildet werden, und können über sehr verschiedene Wege an sie herankommen:

1) In Lebensgemeinschaften mit Pflanzen (Mykorrhizen), hier besonders die Ektotrophe Mykorrhiza mit Gehölzen, die das Gedeihen von Pflanzen fördern oder erst ermöglichen
2) Saprophytische Lebensweise: Bio-Abbau (Recycling) von toter pflanzlicher und tierischer Substanz
3) Parasitische Lebensweise: Abbau von lebendem pflanzlichem und tierischem Material

Da Pilze schon seit der Besiedlung festen Landes von den ersten Landpflanzen abhängig waren, haben sich zwischen ihnen in den vergangenen ca. 400 Mio. Jahren eine Reihe von Anpassungen mit vielfältigen Funktionen in Ökosystemen (Übersicht z. B. in SCHMITT 1987a, b, c) entwickelt. Auf Halden spielt insbesondere die Ektotrophe Mykorrhiza (Pilz + Gehölz = Ektotroph) mit Fruchtkörper bildenden Groß-Pilzen eine entscheidende Rolle, bei der die Pilzfäden (Hyphen) des Pilzgeflechts im Boden die Feinwurzeln der Gehölze umspinnen, in die Zwischenräume der äußersten Wurzel-Zelllagen eindringen und dabei das sogenannte HARTIGsche Netz ausbilden - wobei die Wurzeln gleichzeitig zur Verzweigungsbildung angeregt werden. Dann beginnt ein reger Stoffaustausch zu beiderseitigem Nutzen: Der Baum liefert dem Pilz vor allem Vitamine (z. B. Aneurin, Biotin, Folsäure, Pantothensäure, Nicotinsäureamid) und lebenswichtige Energieträger wie lösliche Kohlenhydrate (Saccharose, Glucose, Fructose), die über Photosynthese in den Blättern gebildet und partiell zu den Wurzeln transportiert werden, um diese und die Wurzelpilze zu ernähren. Der Pilz versorgt die Baumwurzeln als Gegenleistung vor allem mit mineralischen Nährstoffen wie Stickstoff, Phosphor und Spurenelementen sowie Wasser, was insbesondere auf Extremstandorten wie Halden überlebenswichtig ist. Dies gelingt besonders effektiv, weil die nur wenige Tausendstel Millimeter dünnen Pilzfäden (Hyphen) von den feinsten Gehölzwurzeln aus viele Meter weiter in Bodenbereiche streichen und sie durchdringen, in welche die Wurzeln selbst nicht gelangen können. Dabei schließen die Pilzfäden diese Bodenbereiche auch mechanisch und chemisch auf. Die resorptive Oberfläche des Saugwurzelsystems wird durch das Pilzgeflecht so mehr als hundertfach vergrößert.

Wie wichtig die Mykorrhiza für Gehölze ist, zeigt sich auch daran, dass sie sogenannte M-Faktoren (Mykorrhiza-Faktoren) wie Phytohormone, Thiamin, Biotin, Cytokinine u.a.m. im Wurzelbereich sekretieren, welche die Pilzsporenkeimung und die Mykorrhizabildung anregen, sogar das Wachstum von Hyphen zur Wurzel hin steuern. Fast alle unserer heimischen Gehölze können mit verschiedenen Pilzarten in Symbiose leben, auch die überwiegende Zahl der aus anderen Ländern und Erdteilen inzwischen eingeführten Forst-, Park- und Gartengehölze.

Nachstehend sind noch zusätzliche Funktionen der Mykorrhiza mit aufgeführt, die gerade auf Problemstandorten wie Halden für das Gedeihen und die Etablierung von Gehölzen in deren Rhizosphäre von besonderer Bedeutung sind:

- Versorgungsnetz-Bildung: Ein Pilzmyzel kann die Saugwurzeln mehrerer Gehölz-Individuen über Mykorrhizabildung verbinden, auch über größere Distanzen hinweg. Durch Stoff-Austausch und -Verteilung von einem Baum zum anderen über dieses pilzliche Verteilersystem (bewiesen durch die Verfolgung radioaktiv markierter Substanzen) kann ein schlecht positionierter Baum vom besser positionierten mitversorgt werden - auch mit Assimilaten! - und so einen Gehölz-Bestand stabilisieren. Dieser Effekt spielt auch bei Sämlingen innerhalb des Kronenbereichs der Mutterbäume eine Rolle und garantiert hier trotz Licht- und Wassermangel eine ausreichende Versorgung der Jungpflanzen. Viele Pilzarten können auch Gehölze unterschiedlicher Gattungen über Mykorrhiza miteinander verknüpfen, was z. B. für die Ansiedlung und Etablierung anspruchsvoller Waldgehölze im Pionierwald wichtig ist, wenn bestimmte Pilzarten bereits in Mykorrhiza mit Pioniergehölzen, insbesondere *Betula*, vorhanden sind und auf Sämlinge neuer Gehölzarten übergehen können [11].

- Phosphatmobilisierung aus Mineralien und Gesteinen, insbesondere von schwer löslichen Aluminium-, Eisen-, Kupfer-, Zink- und Calcium-Phosphaten, in sehr sauren, nährstoffarmen Böden.

- Stickstoff-Versorgung: Durch N_2-assimilierende Enzyme in der Mykorrhiza von

---

[11] Wie experimentell bestätigt werden konnte, wird sogar ein epiparasitisch lebendes Lebermoos (*Cryptothallus mirabilis*) von Birkensämlings-Assimilaten über die Mykorrhiza von *Tulasnella*-Species mitversorgt, welche beide Pflanzen miteinander verbindet. Mykorrhiza-Netzwerke sind auch an dem Nährstoff-Transfer von Nematoden zu Pflanzen beteiligt.

Fichte, Douglasie und Buche wird deren Stickstoffversorgung bedarfsgerecht verbessert.
- Radionuklide: Pilzmyzel wächst in kontaminierten Böden auf die β- und γ-Strahlung natürlicher und künstlicher Radioisotope zu, nimmt diese auf - ähnlich wie Flechten - und vermindert so deren Aufnahme durch andere Organismen, wobei es große, Pilzart-bedingte Unterschiede gibt.
- Wurzelschutz gegen tierische Schädlinge, v. a. gegen Nematoden und Aphiden.
- Schutz gegen wurzelpathogene Mikroorganismen über vom Mykorrhizapilz ausgeschiedene Abwehrstoffe, z. B. Antibiotika mit fungizider und bakterizider Wirkung gegen die gefürchteten *Phytophthora*- oder *Rhizoctonia*-Infektionen durch Arten der Pilzgattungen *Pisolithus, Suillus, Laccaria* und *Tricholoma,* gegen Schadbakterien z. B. durch *Cortinarius*-, *Hebeloma*- oder *Laccaria*-Arten, gegen Schadpilze z. B. durch *Boletus*- oder *Clitocybe*-Arten.
- Umbau und Entgiftung organischer und anorganischer Verbindungen: Abbau hochgiftiger synthetischer Organika wie polyzyklische Aromaten, chlorierte Kohlenwasserstoffe, Nitro-Aromaten, Pestizide, Organometallverbindungen im Boden v. a. durch den Weißfäulepilz *Phanerochaete chrysosporium*, wobei über biokatalytische Hydroxylierungen mit Hilfe P450-abhängiger, Lignin abbauender Monooxygenasen die genannten Giftstoffe zu ungiftigen Produkten oxidiert werden. Auch problematische Schwermetallionen-Konzentrationen können durch Ausfällung mittels pilzsekretierter Substanzen bis auf unproblematische Restkonzentrationen reduziert werden.
- Schutz gegen Umweltschadstoffe wie agressive Mineralsäuren durch *Pisolithus*-Mykorrhizen, die z. B. *Pinus*-Sämlingen das Überleben und Gedeihen auf stark sauren Steinkohlen-Bergehaldenböden sichern. Bei Kiefern wird die Resistenz von Wurzeln gegen Ozon und Schwefeldioxid über Mykorrhizen durch die Pilzart *Laccaria proxima* gesteigert, bei *Sorbus*- oder Ahorn-Arten durch niedere Pilze.
- Schutz gegen Schadmetalle: Durch die Filterwirkung der Mykorrhiza können schädliche Konzentrationen von Schwermetallen nicht in die Wurzeln gelangen, vor allem Al^{3+} in sauren oder versauerten Böden. *Amanita*- und *Paxillus*-Mykorrhizen erhöhen dadurch die Zink-Toleranz bei Nadel- und Laubgehölzen, z. B. bei Birke und Kiefer. Bei der Untersuchung vieler Pilzarten bezüglich der Anreicherung und Aufnahme von Schwermetallen wie Cd, Zn, Cu, V, Mo, Mn, Fe, Ag und Hg - auch von saarländischen Standorten - ergaben sich interessante, oft artspezifische Unterschiede.
- Schutz der Feinwurzeln gegen mechanische Verletzungen bietet der die Wurzeln umhüllende Hyphenmantel der Pilze innerhalb der Mykorrhiza.
- Förderung nichtpathogener Mikroorganismen im Boden innerhalb der Mykorrhizasphäre, z. B. Luftstickstoff-bindender Bakterien wie *Azetobacter chroococcum*, wodurch eine bessere Stickstoffversorgung der Mykorrhiza und des Gehölzes erzielt wird, oder *Streptomyces*-Arten, die ihrerseits das Wachstum symbiotischer Pilze fördern und gleichzeitig pathogene Pilze wie Wurzelschwamm (*Heterobasidion annosum*) oder Hallimasch (*Armillariella*-Arten) hemmen.
- Nährstoffschutz: Durch den Pilzmantel der Mykorrhiza werden Nährstoffe in den Wurzeln vor Auswaschung geschützt.
- Nährstoffreserve: Die Pilzanteile abgestorbener Mykorrhizen sind ein Nährstoffdepot für nützliche Mikroorganismen, neue Mykorrhizapilze und das Begleitgehölz.
- Mykorrhizaregeneration: Konidien, Sklerotien und Sporen von Pilzen im Boden sind Depots zur Regeneration von Mykorrhizen.

Aus den aufgeführten, lebenswichtigen Funktionen der Mykorrhiza für Gehölze, besonders auf Problemstandorten, geht klar hervor, dass eine erfolgreiche Rekultivierung von

Halden nur gelingt, wenn die Junggehölze Mykorrhizapartner vorfinden oder vor der Pflanzung bereits in Baumschulen mit Mykorrhizen inokuliert wurden. Hierfür sind erfolgreiche Beispiele in der Literatur dokumentiert, z. B. für Arten der Gehölzgattungen *Pinus, Pseudotsuga, Quercus, Betula, Picea* oder *Larix*. Aufforstungserfolge in Gebirgshochlagen sind mit vorher mykorrhizierten Junggehölzen deutlich höher, ebenso die dauerhafte Besiedlung steriler Rohböden, z. B. auf stillgelegten Tagebauflächen oder Halden mit Gehölzen, die mit autochthonen Mykorrhizapilzen inokuliert wurden. Die künstliche Mykorrhizabeimpfung von Forstgehölzen in Baumschulen ist heute problemlos möglich, v. a. bei *Quercus rubra, Pinus*- und *Picea*-Spezies, aber auch nach der Pflanzung durch Einbringen granulierter Pilz-Inocula in den Wurzelbereich der Jungpflanzen. Es wird über das gute Wachstum und die Schadpilzresistenz von *Quercus rubra* auf Tagebauflächen berichtet, wenn die Gehölzwurzeln vorher mit ektotrophen Mykorrhizapilzen inokuliert worden waren.

Für Mykorrhizabeimpfungen von Haldengehölzen sind natürlich primär solche Pilzarten auszuwählen, die bei der langsamen natürlichen Besiedlung von Haldenböden anzutreffen sind. Sie müssen dann mit den passenden Gehölzarten-Partnern kombiniert werden. Als besonders erfolgreich hierfür sind die in Tabelle 20 aufgeführten, heimischen Pilzarten. Aus Tabelle 20 geht hervor, dass die Birke das variabelste Gehölz bezüglich der Mykorrhiza- Bildungsmöglichkeiten mit 33 von den aufgeführten 47 Pilzarten ist (im Saarland insgesamt mit mehr als 100 Arten, d. h. *Betula* ist stark mykotroph) und deshalb besonders gut geeignet als Pioniergehölz für Haldenstandorte. Die Aufstellung in Tabelle 20 zeigt damit auch die Möglichkeiten für eventuelle Mykorrhizabeimpfung von Rekultivierungsgehölzen mit passenden Pilzarten auf.

Tab. 20: Gattungen wichtiger Spontan- und Kultur-Gehölze auf saarländischen Halden mit ihren wichtigsten heimischen Pilz-Mykorrhizabionten.

Hier nur wissenschaftliche Namen; Rote-Liste-Arten sind in Fettdruck hervorgehoben; Kopfleiste: Bet=*Betula*, Sal=*Salix*, Pop=*Populus*, Aln=*Alnus*, Til=*Tilia*, Que=*Quercus*, Pru=*Prunus*, Pin=*Pinus*, Pic=*Picea*, Pse=*Pseudotsuga*, Lar=*Larix*, Car=*Carpinus*; *Robinia* fehlt, da bisher keine Mykorrhizabildung mit Höheren Pilzen bekannt.

Pilzart	Bet	Sal	Pop	Aln	Til	Que	Pru	Pin	Pic	Pse	Lar	Car
Amanita crocea	+											
Amanita muscaria	+							+	+			
Astraeus hygrometricus	+											
Boletinus cavipes (RL-G)											+	
Boletus luridus	+				+	+			+			
Cortinarius subbalaustinus	+											
Cortinarius trivialis			+									
Geopora arenicola (RL-1)	+											
Geopora arenosa (RL-1)	+											
Gyrodon lividus (RL-2)				+								
Hebeloma crustuliniforme	+					+						
Hebeloma mesophaeum	+			+				+	+	+		+
Inocybe dulcamara	+			+								
Inocybe lacera	+											
Laccaria bicolor								+	+			
Laccaria proxima						+	(+)	+	+			+
Lactarius controversus			+									

Pilzart	Bet	Sal	Pop	Aln	Til	Que	Pru	Pin	Pic	Pse	Lar	Car
Lactarius glyciosmus	+											
Lactarius helvus	+											
Lactarius obscuratus				+								
Lactarius pubescens	+											
Lactarius rufus	+								+	+		
Lactarius torminosus	+											
Lactarius turpis	+								+			
Leccinum scabrum	+											
Leccinum scabrum var. melaneum (RL-V)	+											
Naucoria striatula (RL-R)				+								
Paxillus involutus	+	+				+		+	+	+		+
Paxillus rubicundulus				+								
Pisolithus arhizus (RL-3)	+					+		+	+	+		
Russula aeruginea	+								+			
Russula betularum	+											
Russula exalbicans	+											
Russula nitida	+											
Russula ochroleuca	+											
Russula olivaceoviolascens (RL-3)		+										
Russula velenovskyi	+					+						
Russula versicolor	+											
Scleroderma areolatum	+				+	+						
Scleroderma citrinum	+				+	+		+	+			+
Suillus grevillei										+	+	
Thelephora terrestris	+								+			
Tricholoma cingulatum		+										
Tricholoma fulvum	+											
Tricholoma myomyces								+	+			
Tricholoma populinum			+									
Tricholoma scalpturatum	+											+

Bei der Rekultivierung durch Ausbringen von Gehölz-Jungpflanzen ist auch der im Erzgebirge beobachtete Befund wichtig, dass die Sprosse auf Halden gepflanzter Birken-Jungpflanzen, die aus Baumschulen stammen, gegen Infektionen, z. B. durch den endophytischen, pathogenen Pilz *Marssonia betulae*, wesentlich anfälliger sind als am Haldenstandort aus Samen aufgelaufene Jungpflanzen. Dies konnte auch an schottischen Standorten bestätigt werden. Diese Befunde sprechen für eine natürliche, spontane, wenn auch langsamere, aber stabilere Gehölz-Besiedlung der Halden und weniger für eine schnelle Rekultivierungspflanzung.

Von den mit *Betula* symbiotisch vergesellschafteten 33 Pilzarten aus Tabelle 20 sind 22 auch zur Mykorrhizabildung mit anderen Gehölzen befähigt, d. h. sie können neuangesiedelte Junggehölze mit vorhandenen *Betula*-Mykorrhizen verbinden oder von ihnen ausgehend eigenständige Mykorrhizen aufbauen. Dadurch werden zur Etablierung anderer Gehölze nach der Pionierbesiedlung durch Birken also gute Voraussetzungen geschaffen. Die Birke ist aus dieser Sicht funktionell das wichtigste Gehölz zur Waldentwicklung auf Haldenstandorten. Beim Einsatz künstlich eingebrachter, mykorrhizierter Gehölze ist es wichtig, eine möglichst große Pilzartendiversität zu berücksichtigen, da sich Pilzarten im Laufe der Zeit bei der Mykorrhiza ablösen, z. B. wird *Pisolithus* (Abb. 116) als Erstbesiedler von *Pinus* später durch *Paxillus involutus* und *Suillus bovinus* verdrängt. Der Erbsenstreuling (*Pisolithus arhizus*) ist dagegen für Erstinokulation besonders gut untersucht und günstig, da diese Pilzart mit über 50 Gehölzarten Mykorrhizen bildet und dabei hohe Bodentemperaturen [12], sehr niedrigen Boden-pH, Trockenperioden und höhere Konzentrationen an Schwermetallionen toleriert, also Bedingungen, wie sie auf den Halden vorherrschen. *P. arhizus* kommt auch natürlich als Partner von Pioniergehölzen auf Rohböden von Vulkanen vor, z. B. am Vesuv oder Ätna.

Aber nicht nur Ektomykorrhizen spielen auf Haldenstandorten eine wichtige Rolle, sondern auch Symbiosen zwischen Bodenbakterien und Schmetterlingsblütlern, z. B. die *Rhizobium/Bradyrhizobium*-Fabales-Symbiosen („Wurzelknöllchen"), welche über N_2-Fixierung unter Katalyse von Nitrogenase-Enzymen pflanzenverfügbare Stickstoffverbindungen aus dem inerten, molekularen Luft-Stickstoff erzeugen. Als Symbiosepartner der Bakterien spielt hier die Robinie die entscheidende Rolle. Sie toleriert hohe Boden- und Lufttemperaturen, durch ihr enormes Wurzelausschlagsvermögen kann viel Jungwuchs erzeugt werden, ihre hartschaligen Samen keimen dagegen nur schwer und ihr Totholz ist schwer abbaubar. Günstig ist auch, dass die Robinie nach ca. 50 Jahren auf solchen Halden-Standorten abgängig ist und Platz für dauerhaftere Besiedlung mit Waldgehölzen macht.

Eine funktionell vergleichbare Symbiose ist diejenige zwischen Actinomyzeten, z. B. *Actinomyces alni*, und Erlen, die sogen. Actinorhiza, unter Bildung von holzig-harten, dicken, korallenförmigen Wurzelknollen. Das hierbei zur Stickstoff-Fixierung dienende Zweikomponenten-Biokatalysatorsystem besteht aus einem Molybdän-Eisen-Protein (Dinitrogenase) und einem Eisen-Protein (Dinitrogenase-Reduktase), wobei diese Enzyme von CO_2-Anreicherungen in der Atmosphäre stimuliert werden.

Die anfangs sterilen Haldenrohböden werden nur langsam von Pilzen besiedelt, zunächst treffen Sporen über Lufttransport ein, die sich aber im Falle von Mykorrhizapilzen nur entwickeln können, wenn gleichzeitig dort befindliche Gehölzsamen keimen oder Junggehölze eingesetzt sind und beide Partner zusammen eine Mykorrhiza aufbauen können.

Erst nach einer gewissen Zeit der Vorwaldentwicklung spielen dann Streu- und Totholzabbauende Prozesse eine immer stärkere Rolle in Nährstoffrecycling und Humusbildung durch Totholz- und Streu-Abbau. Auch diese Prozesse werden ganz entscheidend von Pilzen, speziell saprophytisch lebenden Arten, geprägt. Streuabbauende Pilze sind weniger substratspezifisch, können also das abgefallene Laub verschiedenster Gehölze als Ernährungsbasis nutzen, jedoch ist die Humifizierungsgeschwindigkeit von Laub verschiedener Gehölze oft sehr unterschiedlich. So wird Laub z. B. von Birke, Zitterpappel, Weiden-, Linden- und Ahorn-Arten relativ schnell, oft schon innerhalb eines Jahres fast vollständig in Humus umgesetzt, während Laub z. B. von Eichen, Buchen oder Kiefern dazu oft viele Jahre braucht. Die Pilzfäden der Streu abbauenden Pilze verweben das gefallene Laub, so dass es auch nicht mehr so leicht vom Wind weggetragen werden kann, somit am Ort verbleibt, und die Bodenbildung dadurch gefödet und die Bodenaustrocknung vermindert wird.

Der Abbau von Totholz dauert im Vergleich zu demjenigen der Streu bedeutend länger und ist auch abhängig von der Stärke des Holzsubstrats: so werden Ästchen schon innerhalb weniger Jahre, dicke Stubben oder Stämme erst nach mehreren Jahrzehnten gänzlich zu Mulm abgebaut. In die Abbauprozesse sind verschiedene Pilzarten entscheidend involviert, die oft Präferenzen für bestimmte Gehölzarten aufweisen und darüberhinaus in verschiedenen zeitlichen Phasen des Abbaus auftreten, wobei dann bestimmte Pilzgesellschaften zu beobachten sind - d. h. in einem Holzsubstrat können verschiedene holzabbauende Pilzarten gleichzeitig an den Bioabbau-Prozessen beteiligt

---

[12] Das Temperaturoptimum ihres Myzelwachstums liegt bei 34 °C.

sein. Der Holzabbau beginnt mit der Initialbesiedlung des frischtoten Holzes - einschließlich anstehenden Totholzes am lebenden Gehölz - mit einigen wenigen darauf spezialisierten Pilzarten wie Schichtpilzen (z. B. *Stereum*-Arten, *Cylindobasidium evolvens*, *Chondrostereum purpureum*) oder Porlingen (z. B. *Trametes*-Arten) bzw. dem Spaltblättling (*Schizophyllum commune*). Der Abbau setzt sich über die sogenannte Optimalphase fort, an der besonders viele verschiedene Pilzarten aus fast allen systematischen Gruppen beteiligt sind und endet schließlich in der Finalphase, wobei sich schon zunehmend bodenbewohnende Pilzarten im Mulm ansiedeln. Die Abbauzeiten des Holzes hängen auch wesentlich von der Gehölzart ab: Das Holz von Pioniergehölzen wie Birke, Weide, Zitterpappel, oder auch von Vogel-Kirsche wird relativ schnell zerlegt, während dasjenige von Nadelgehölzen bzw. Buche oder Eiche wesentlich länger dauert. Parasitische Pilze, die lebende Gehölze angreifen, wie z. B. der Wurzelschwamm (*Heterobasidion annosum*), welcher Nadelgehölze bevorzugt, spielen dagegen auf Halden kaum eine Rolle.

II Pilze auf Montanindustrie-Halden im Saarland

Im gesamten Saarland sind aktuell über 3 100 Arten Höherer Pilze nachgewiesen (DERBSCH & SCHMITT et al. 1987, SCHMITT 2007, 2008, 2010a, b, SCHMITT et al. 2003a, b), wovon etwa 40 % als mehr oder weniger gefährdet anzusehen sind (SCHMITT 2007, 2008). Rund ein Drittel des Artenspektrums sind Mykorrhizabildner, wobei sich die einzelnen Arten in ihrer symbiotischen Potenz und Leistung qualitativ und quantitativ unterscheiden. Die Anzahl der auf einer bestimmten Haldenfläche bzw. allgemein einer Untersuchungsfläche beobachteten Arten hängt außer von der Biotoptypen-Diversität vor allem von ihrer Flächengröße aufgrund von Arten/Areal-Kurven und der Intensität der Begehungen ab.

Die bei Rekultivierungen von Halden oft vorher durchgeführten Bodenverbesserungsmaßnahmen und Vorratsdüngungen sind die Ursache für das Vorkommen stickstoffliebender Pilzarten der Ruderalgesellschaften. Erst nach Austrag der Nährstoff-Überschüsse treten danach langsam mit der Pioniergehölzbesiedlung deren Mykorrhizapartner auf und danach die Streu- und Totholz-Saprobionten. Je weiter die Bodenentwicklung mit dem Zuzug von Waldgehölzen fortschreitet, umso vielschichtiger entwickelt sich auch die Pilzflora.

In den letzten 30 Jahren wurden rund 400 Pilzarten auf Steinkohlen-Bergehalden des Saarlandes nachgewiesen. Außer den in Tabelle 20 bereits aufgelisteten Mykorrhizabildnern sind dies weitere ca. 350 Arten aus verschiedenen ökologischen Gruppen, worunter eine Reihe sonst überall verbreiteter Arten sind, die in folgender Tabelle 21 nicht mit aufgeführt werden. Auf der zum Teil mit Wald-Kiefern aufgeforsteten Halde in Bexbach wurden Mykorrhiza-Pilzarten dieser Gehölzart entdeckt, darunter einige seltene und gefährdete Arten. Eine Bergehaldenspezifische Besonderheit sei noch erwähnt: An einer warmen, mit Moos begrünten Dampfaustrittsstelle der partiell noch im Schwelbrand befindlichen Halde König (H21) wurden am 29. Januar 1983 bei Frosttemperaturen und Schneebedeckung in der Umgebung frische Fruchtkörper der winzigen moosbegleitenden Blätterpilzart *Rickenella fibula* gefunden, während ringsum alles Pilzwachstum frostbedingt ruhte. Auf der Halde Pfeifershofweg/Jägersfreude (H1) wurden allein 330 Arten innerhalb eines Zeitraums von 30 Jahren bei ca. 100 Aufnahmen nachgewiesen, darunter 40 Rote-Liste-Arten, was zu einer überdurchschnittlichen Bewertung des Gebietes aus mykologischer Sicht führt (vgl. SCHMITT 2010a).

Auf der Halde Reden-Fett (H12) erschien im Jahr 2003 am Rande des kleinen Teichs in der Haldenplateau-Mulde auf abgestorbenen, liegenden Grashalmen der Gras-Tintling (*Coprinus friesii*), eine im Saarland extrem seltene Rote-Liste-Art, auf der Halde Madenfelderhof/Reden (H 23) der Wetterstern (*Astraeus hygrometricus*) in 60 Exemplaren

Steinkohlenbergbau

Abb. 115: Pilz: Wetterstern (Foto: G. Heck).

Abb. 116: Pilz: Erbsenstreuling (Foto: J. A. Schmitt).

an 7 Fundstellen am steilen Halden-Westhang (Abb. 115). Letztgenannte Bauchpilzart ist im Saarland bisher fast ausschließlich auf Bergehalden aufgetreten und von der Deutschen Gesellschaft für Mykologie zum Pilz des Jahres 2005 ausgewählt worden. Die weit überwiegende Zahl aller heimischen Pilzarten weist bei ausreichender Feuchte ein Fruktifikations-Temperaturoptimum zwischen 18 und 25 °C aus, darüber liegende Temperaturen schränken das Pilzwachstum stark ein, verstärkt durch die damit auch oft verbundene Trockenheit. Aus diesem Grund fruktifizieren Pilze auf Haldenstandorten nicht so zuverlässig wie an normalen Standorten, in manchen Jahren mit niederschlagsarmen Frühsommer- und Sommermonaten können Pilzfruktifikationen fast ganz ausbleiben, obwohl die Pilze als Organismen in Form ihrer Myzelien im Boden oder sonstigen Substraten vorhanden sind. Die wenigen Asche/Schlacken-Halden (A) im Saarland sind bisher ebenfalls nur sporadisch besucht worden, ihr Pilzartenspektrum ist demjenigen der Bergehalden vergleichbar. Aus anderen Revieren wird über *Inocybe dulcamara* als „Aschepilz" berichtet, J. HÄFFNER hat bei seinen intensiven Bearbeitungen von Betriebsgelände und Halden einer Eisenhütte bei Wissen/Sieg innerhalb von 12 Jahren bei über 100 Begängen insgesamt 606 Pilzarten dokumentiert. Bisher wurde auch nur ein Absinkweiher mit seinen Ufern und Dämmen im Fischbachtal (W1) intensiver mykologisch untersucht, wobei durch das hier etwas feuchtere und kühlere Klima sowie den anderen Gehölzbewuchs einige bisher auf Halden nicht beobachtete Pilzarten neben den Halden-üblichen vorkommen.

In Tabelle 21 sind die in verschiedenen Standorttypen von Industriehalden (vgl. Tab. 17) beobachteten, oft charakteristischen oder besonderen Pilzarten aus eigenen Beobachtungen, ergänzend zu Tabelle 20 zusammengestellt, vervollständigt durch Angaben aus der Literatur (s. Abschnitt 2.5.3.2 in SCHMITT 2006, 2011a) und aktuellen Funden. Eine dezidierte, komplette Inventarisierung der Pilzfunde auf Halden des Saarreviers ist in Vorbereitung. Es fällt auf, dass besonders viele Birken- und Kiefern-Mykorrhizapilze auf Halden vorkommen, was die Wichtigkeit der Mykorrhiza für das Gedeihen dieser Gehölze auf den problematischen Haldenstandorten unterstreicht. Zum Vergleich stehen mykologische Untersuchungen von Bergehalden im deutschen Raum (s. SÄNGER 1993, 2003, SÄNGER & TÜNGLER 2010, sowie in SCHMITT 2006 zitierte Arbeiten), aus Nordfrankreich sowie aus Schottland. Es sei noch erwähnt, dass in Bergwerken auch untertage Pilze fruktifizieren können, insbesondere holzabbauende Poriales-Arten am Verbauholz, die aber wegen Lichtmangels oft abnorme, meist farblose Fruchtkörper hervorbringen, was schon ALEXANDER VON HUMBOLDT im 18. Jahrhundert beobachtete.

Tab. 21: Ergänzende Liste zu Tabelle 20 mit besonderen bzw. gefährdeten Arten Höherer Pilze auf Industriehalden im Saarland.

Gefährdete Pilzarten in Fettdruck; * = neu für Deutschland; RL: Status in Roter Liste Saarland; Ök: M = Mykorrhiza, S = Saprophyt Streu/Boden, H = Totholz-Saprophyt;
H = Steinkohlen-Bergehalden, A = Asche/Schlacken-Halden, W = Absinkweiher, die Zahlen in den Rubriken H, A, W geben an, wie oft eine Pilzart dort im Saarland gefunden wurde; + bedeutet: auf mehreren Halden vorhanden, ohne genauere Angabe von Fundzahlen.

Pilzart Wissenschaftlicher Name	Pilzart Deutscher Name (Substrat)	RL	Ök	H	A	W
Athelia binucleospora	Rindenhaut (Holz)		H	5		
Auriscalpium vulgare	Ohrlöffel-Stacheling (Zapfen von Kiefer)		S	20		
Boletinus cavipes	Hohlfuß-Röhrling (Lärche)	G	M	5		
Chroogomphus rutilus	Kupferroter Gelbfuß (Kiefer)		M	+		
Ciboria amentacea	Erlenkätzchen-Becherling (Erle)		S	+		
Clavaria tenuipes	Zwergkeule (Streu)		S	5		

Pilzart Wissenschaftlicher Name	Pilzart Deutscher Name (Substrat)	RL	Ök	H	A	W
Clitocybe houghtonii	Rötlicher Trichterling (Streu)	R	S	1		
Conocybe aurea	Gold-Samthäubchen (Boden)	R	S	20		
Coprinus friesii	Gras-Tintling (Gras-Debris)	R		1		
Coprinus phaeosporus	Tintling (Boden)	R	S	1		
Cortinarius armillatus	Geschmückter Gürtelfuß (Birke)		M	+		
Cortinarius bolaris	Rotschuppiger Rauhkopf (Birke)	3	M	20		
Cortinarius cinnamomeus	Zimtfarbener Hautkopf (Fichte)		M	20		
Cortinarius cumatilis var. **robustum**	Taubenblauer Schleimkopf (Birke, Eiche)	R	M	6		
Cortinarius diasemospermus	Graublättriger Geranien-Gürtelfuß (Laubgehölze)		M	20		
Cortinarius epipoleus	Blassviolettstieliger Schleimfuß (Birke)	1	M	+		
Cortinarius hemitrichus	Weißschuppiger Birken-Gürtelfuß (Birke)		M	+		
Cortinarius vernus	Rosastieliger Wasserkopf (Birke)		M	+		
Cyathus stercoreus	Dung-Teuerling (Planzen-Debris)		S	20		
Eutypella alnifraga	Gefurchter Erlen-Kugelpilz (Erle)		H	+		
Funalia trogii	Zottige Tramete (Pappel)		H	1		
Galerina karstenii	Karsten' Häubling (Erde)	R	S	8		
Galerina marginata	Gerieftrandiger Gift-Häubling (Laubgehölze)		H	20		
Galerina pumila	Glockiger Häubling (Boden)		S		1	
Galerina uncialis	Häubling (Boden)	R	S	5		
Gomphidius roseus	Rosa Schmierling (Kiefer)	2	M	20		
Gyromitra infula	Bischofsmütze (Boden)	2	S	1,20		
Hebeloma strophosum	Zottiger Fälbling (Birke)	2	M	1		
Hebeloma truncatum	Kakau-Fälbling (Fichte)	3	M	20		
Helvella corium	Schwarzer Langfüßler (Boden)	3	S	1		
Helvella sulcata	Schwarze Lorchel (Boden)	3	S	2		
Hohenbuehelia grisea	Grauer Muscheling (Laubgehölze)	R	S	9		
Hohenbuehelia petaloides	Holz-Muscheling (Laubgehölze)		S	1		
Hygrocybe coccineocrenata	Schuppiger Saftling (Boden)	R	S	8		
Hygrocybe reidii	Reid's Saftling (Boden)	R	S	8		
Hygrophorus agathosmus	Wohlriechender Schneckling (Fichte)		M	20		
Hygrophorus hypothejus	Frost-Schneckling (Kiefer)		M	20		
Hygrophorus melizeus	Birken-Schneckling (Birke)	R	M	1		
Lactarius chrysorrheus	Goldflüssiger Milchling (Eiche)		M	20		
Lactarius deliciosus	Echter Reizker (Kiefer)		M	20		
Lactarius hepaticus	Leberbrauner Milchling (Kiefer)		M			
Lactarius mammosus	Dunkler Duft-Milchling (Birke)		M	20		
Lactarius quietus	Wanzen-Milchling (Eiche)		M	20		
Lactarius vietus	Graufleckender Milchling (Birke)	3	M	20		
Langermannia gigantea	Riesenbovist (Stickstoff-reiche Stellen)		S	1	1	
Leccinum aurantiacum	Espen-Rotkappe (Zitter-Pappel)		M	20		
Leccinum duriusculum	Pappel-Rauhfuß (Pappel)		M	1,20		
Leccinum subcinnamomum	Zimt-Rotkappe (Birke)	R	M	1		

Steinkohlenbergbau

Pilzart Wissenschaftlicher Name	Pilzart Deutscher Name (Substrat)	RL	Ök	H	A	W
Leccinum variicolor	Düsterer Rauhfuß (Birke)	R	M	20		
Leccinum versipelle	Birken-Rotkappe (Birke)	G	M	+,20		
Lepiota cortinarius	Schleierlings-Schirmpilz (Boden)	R	S	5		
Lopharia spadicea	Graurissiger Schichtpilz (Laubholz)		H	+		
Marasmius minutus	Pappel-Schwindling (Pappel)		S	+		
Nemania confuens	Ausgebreitete Kohlebeere (Holz)		H	8		
Omphalina postii	Moos-Nabeling (Boden)	0	S		1	
Otidea alutacea	Eingeschnittener Öhrling (Boden)		S	20		
Peziza echinospora	Stachelsporiger Becherling (Boden)		S	+		
Peziza ferruginea	Rostiger Becherling (Boden)	R	S	+		
Pezizella alniella	Blasses Erlen-Becherchen (Erle)		S	+		
Pholiota lucifera	Fettiger Schüppling (Laubholz)		H	1		
Pleurotus dryinus	Faseriger Seitling (Holz)		S	20		
Pleurotus pulmonarius	Lungen-Seitling (Laubholz)		H			1
Pluteus alborugosus	Weißaderiger Dachpilz (Holz)	2	H	+		
Polyporus melanopus	Schwarzstieliger Porling (Laubholz)	2	H	+		
Psathyrella ocellata	Rotscheibiger Faserling (Boden)	R	S	1		
Ramaria abietina	Grünende Koralle (bei Birke/Zitter-Pappel)		S	1		
Rhizopogon luteolus	Gelbbräunliche Wurzeltrüffel (Kiefer)	2	M	20		
Russula caerulea	Buckel-Täubling (Kiefer)		M	20		
Russula sanguinaria	Blut-Täubling (Kiefer)	G	M	20		
Russula sardonia	Zitronenblättriger Spei-Täubling (Kiefer)		M	20		
Russula torulosa	Wolfs-Täubling (Kiefer)	3	M	20		
Russula violacea	Violetter Täubling (Birke)	1	M	+		
Sarcodon imbricatus	Habichtspilz (Kiefer)	1	M	20		
Schizophytum amplum	Pappel-Gallertöhrchen (Pappel)	R	H	1		
Scleroderma bovista	Rötlicher Kartoffelbovist (Birke, Eiche)		M	+		1
Scleroderma polyrhizum*	Stern-Kartoffelbovist (Kiefer)	1	M	20		
Scutellinia kerguelensis	Schild-Borstling (Boden)		S	5		
Scytinostroma portentosum	Apotheken-Schichtpilz (Laubholz)		H	+		
Sistotrema confluens	Gestieltes Sistotrema (Boden)	V	S	1		
Suillus bovinus	Kuh-Röhrling (Kiefer)		M	20		
Suillus collinitus	Ringloser Butterpilz (Kiefer)	G	N	20		
Suillus luteus	Butterpilz (Kiefer)	3	M	20		
Thelephora caryophyllea	Porphyrfarbene Blumenkoralle (wohl Birke)	1	M	1		
Tricholoma acerbum	Gerippter Ritterling (Eiche)	3	M	20		
Tricholoma albobrunneum	Weißbrauner Ritterling (Kiefer)	1	M	20		
Tricholoma equestre	Grünling (Zitter-Pappel)	3	M	20		
Tricholoma portentosum	Schwarzfaseriger Ritterling (Kiefer)	3	M	20		
Typhula setipes	Kristall-Stielkeulchen (Streu)		S	+		
Tyromyces kmetii	Orangefarbener Saft-Porling (Erle); erst seit wenigen Jahren im Saarland, sich ausbreitend		H	1		
Xerocomus pruinatus	Bereifter Filz-Röhrling (Laub- und Nadel-Gehölze)		M	20		

7 Nutzungen der Bergbaufolgelandschaften im Saarland

Hier liegt die Zusammenstellung von SCHMITT (2006, Abschnitt 2.6) zugrunde, ergänzt durch aktuelle Informationen aus Publikationen oder Nachrichten. Die Nutzungen von Halden, Absinkweihern und sonstigen Anlagen von Industriestandorten nach ihrer Stilllegung werden z. T. schon bei ihrer Errichtung festgelegt. Für Halden, insbesondere Steinkohlen-Bergehalden, standen

1) die Einbindung in die Landschaft,
2) forstliche Ziele - v. a. die Nutzholzerzeugung - im Vordergrund (zu ca. 70 %).

Erst nachdem die Probleme der Haldenbewaldung offenbar wurden, entwickelte man auch andere Nutzungsziele: Gewerbe- und Lagerfläche (ca. 22 %), Materialrückgewinnung (ca. 7 %), Naherholung (ca. 6 %), sonstige (ca. 2 %), welche nachfolgend aufgeführt und insbesondere von der 2001 gegründeten Gesellschaft „Industriekultur Saar GmbH" (IKS) mit Sitz in Göttelborn gemanagt werden (s. IDEALE BEDINGUNGEN AM ZUKUNFTSSTANDORT GÖTTELBORN 2004). Nach Beendigung des Steinkohlen-Bergbaues im Saarrevier am 30. Juni 2012 stehen die Flächen aller Tagesanlagen mit insgesamt rund 2.500 ha zur Disposition, mit über 800 Gebäuden, darunter über 350 Wohnhäusern und mehr als 20 denkmalgeschützten Anlagen. Im Zuge der Diskussionen um die Bedeutung der Industriekultur im Saarland und ausgelöst durch das Gutachten der „GANSER-Kommission" (s. ZEHN JAHRE „GANSER-GUTACHTEN" 2010) wurde die bisherige Praxis der Halden-Rekultivierung in Frage gestellt. Zukünftig sollte nicht mehr ihre schnellstmögliche Eingliederung in die Waldlandschaft das Ziel sein, sondern ihre Herkunft als Relikt des Steinkohlen-Bergbaues soll herausgestellt und auf eine großflächige Aufforstung verzichtet werden. Auch ihre Formgebung soll sich nicht mehr primär an der Umgebung orientieren, sondern durch strenge geometrische Gestaltung den bergbautechnischen Hintergrund hervorheben. Bei der Frage der zukünftigen Entwicklung spielten neben Artenschutz auch Freizeit und Naherholung eine wichtige Rolle. Diese Ansätze wurden bei der Endgestaltung der Halden Camphausen / Lydia, Grühlingstraße und Reden/Fett berücksichtigt.

7.1 Naturschutzfachliche Bedeutung

Halden bieten aufgrund ihrer kleinflächig wechselnden Strukturen und Standortbedingungen Arten mit verschiedensten Ansprüchen Lebensraum, insbesondere als Ersatz für großflächig verschwundene Primärstandorte. Allerdings gibt es rechtliche und sachliche Probleme bei der Zusammenführung von Kultur- und Naturschutz. Im Saarland ist die Halde Viktoria (H13) vor 10 Jahren als Naturschutzgebiet ausgewiesen worden, Kandidaten für weitere Schutzgebiete sind: Bergehalde Kohlwald mit Absinkweiher (H5), Halde Richard/Luisenthal (H16) und Halde Bahnhof Bexbach (H20), siehe auch Spiegelstrich Sport. Neue Ansätze zum Naturschutz an Haldenstandorten werden im Naturschutz-Großvorhaben des Bundes umgesetzt: Landschaft der Industriekultur Nord, Projektbeginn 2010, zurzeit läuft die ökologische Erfassung (s. www.lik-nord.de). Außerhalb unseres Landes wird für solche Sonderstandorte mit hohem Entwicklungspotenzial ebenfalls die Schutzkategorie „Naturschutzgebiet" angestrebt. Saufang- und Fischbachtal-Weiher stehen z. B. unter starkem Druck durch Angelsport (hoher Fischbesatz) und Naherholung (trotzdem wurde Ersterer 1990 unter Landschaftsschutz gestellt), während sich der Kohlwald-Weiher zu einem ökologisch besonders wertvollen Gebiet entwickeln konnte. Wichtiger als Rekultivierungen mit dem Hauptziel der Gewinnung neuer Waldflächen im schon waldreichen Saarrevier ist deshalb die Bedeutung der Halden und Absinkweiher als Rückzugs- und Neuansiedlungs-Flächen für sonst im Saarland besondere, seltene und/oder gefährdete Organismen-Arten und Biotoptypen, d. h. zum Erhalt der Biodiversität (s. Abschnitt 6). Hier ergeben sich Parallelen z. B. zur Gruppe der Fledermäuse, die in Ermangelung natürlicher Höhlen im Saarland gern anthropogene Quartiere wie aufgelassene Stollen oder nicht genutzte Bunker besiedeln, wobei dort besonders individuen- und artenreiche Populationen vorkommen (HARBUSCH & UTESCH 2008), obwohl auf Haldenstandorten bzw. in Tagesanlagen zurzeit keine bedeutenden Quartiere bekannt sind. Besondere und/oder seltene Arten, die auf Halden und in/an Absinkweihern Vorkommens-Schwerpunkte aufweisen, siedeln ganz überwiegend in den nicht-rekultivierten Bereichen, vor allem auf jüngeren Anlagen. Deshalb sollten in längerjährigen Zyklen bereits teilrenaturierte Bereiche partiell wieder durch Bodenumbruch in den „Startzustand" zurückversetzt werden, um solchen Arten eine Wiederbesiedlung zu ermöglichen, welche sonst durch die fortschreitende Sukzession verschwinden würden (vergleichbar mit Naturschutz-Pflegemaßnahmen zum Erhalt orchideenreicher Halbtrockenrasen durch Mahd und Austrag des Mähgutes, um eine Verbuschung und nachfolgende Waldbildung zu unterbinden). Insbesondere große Halden sollten auf diese Weise genutzt und als streng geschützte Landschaftsbestandteile oder Naturschutzgebiete von hohem Rang ausgewiesen und erhalten werden. Ohne Halden/Absinkweiher hätten z. B. Gelbbauchunke, Geburtshelferkröte und insbesondere Wechselkröte oder auch Blauflügelige Sandschrecke im Saarland kaum eine Überlebenschance (BERND 2006, DORDA et al. 1992a, b, 1996, FLOTTMANN 2006, FLOTTMANN et al. 2008).

7.2 Sonstige Nutzungen

- <u>Naherholung</u>: Liegen Halden in der Nachbarschaft von Siedlungen, so steht die Naherholungsfunktion im Vordergrund, zum Beispiel Halde Viktoria, die seit 1976 von der Stadt Püttlingen zum Erholungsgebiet „Espenwald" entwickelt wird, mit Infrastrukturen wie Spazierwegen, Aussichtspunkten, Ruhebänken, Informationstafeln u. a. m. Die ausgekohlten Absinkweiher am Haldenfuß wurden teils verfüllt, einige Wasserflächen erhalten und sind inzwischen als Naturschutzgebiet ausgewiesen.
- <u>Tourismus</u>: Eine 15 ha große Fläche der Bergehalde Duhamel, Grube Ensdorf, soll nach der Zaun-Abgrenzung zum noch in Betrieb befindlichen Teil als touristischer Anziehungspunkt umgestaltet werden, wobei das 130 m hohe Haldenplateau als Aussichtsplattform dient und das Gelände mit Wanderwegen erschlossen ist. Ein Ausflugslokal und ein Abenteuer-Spielplatz sind in der Diskussion.
- <u>Industriekultur</u>: Von allen Haldentypen sollten originale Bergeschüttungen in ihrer ursprünglichen Form und Größe - ohne Rekultivierung - als Industriedenkmale erhalten werden. Gleiches gilt für Absinkweiher, Fördertürme, Bergarbeitersiedlungen, Kauen, Zechenhäuser, Direktorenvillen - auch aus anderen Industriebereichen (RAG SAARBERG AG 2003), z. B. die Villa Sehmer in Saarbrücken (DITTMANN 2003b, SCHMITT 2003b) oder die frühere Bergwerksdirektion in Saarbrücken als architektonisches Kleinod der Stadt (DITTMANN 2003a), das jetzt nach weitgehender Entkernung ein Einkaufscenter beherbergt. Andererseits sind es Relikte aus längst vergangenen Steinkohlenbergbau-Zeiten, zum Beispiel Pingen, Stollenmundlöcher, Dampffördermaschinen u. a. m. Ein erfolgreiches Pilotprojekt ist der „Saarkohlewald" - die hier rekultivierten ehemaligen Betriebsstandorte des Steinkohlen-Bergbaues werden durch einen Halden-Rundweg verbunden und für die interessierte Öffentlichkeit nutzbar gemacht. Desweiteren wurden sogenannte „Grubenwege" und „Hüttenwege" eingerichtet, z. B. in Neunkirchen, Friedrichsthal, Schiffweiler, welche verschiedene Einrichtungen der Industrie-Standorte miteinander verbinden. Die Produktionsanlagen der stillgelegten „Alten Völklinger Hütte" z. B. gehören seit 1994 zum Weltkulturerbe der UNESCO. Besucherbergwerke geben Einblicke in die Technik und Geschichte von Steinkohlen-Gruben, z. B. in Bexbach bzw. der 2,6 km lange Rischbachstollen in St. Ingbert, oder auch das Erlebnisbergwerk Velsen. Auch Stollen früherer kleiner Kupferbergwerke sind wieder hergerichtet worden und für

Besucher zugänglich, z. B. in Düppenweiler, Walhausen sowie der Emilianus-Stollen in St. Barbara.
- Neuansiedlung anderer Industrie- und Gewerbezweige (s. SPONTICCIA 2011): Auf Bergbaustandorten mit besonders guter Verkehrsanbindung siedeln sich zunehmend andere Industrien und Gewerbebetriebe an, z. B. die Firma Hydac Technology GmbH in der ehemaligen Betriebsmittelhalle des Bergwerks Göttelborn ab 2003 (s. IDEALE BEDINGUNGEN AM ZUKUNFTSSTANDORT GÖTTELBORN 2004)
- Weinbau: Wegen des „mediterranen" Haldenklimas wurden auf drei stillgelegten Halden (Luisenthal, Bahnhof Bexbach, Duhamel Ensdorf) Rebenpflanzungen vorgenommen, die jedoch nur teilweise erfolgreich sind.
- Erzeugung von Biomasse: Auf der Haupthalde Reden-Fett (H12) ist vorgesehen, einen Teil der rekultivierten Flächen zur Gewinnung von Biomasse versuchsweise mit Sachalin-Knöterich (*Fallopia sachalinensis* in der nicht Ausläufer-bildenen Rasse „Igniscum") zu bepflanzen.
- Kunst-Präsentation: Auf der saarländischen Halde der Schachtanlage Duhamel/ Ensdorf waren im September 2005 innerhalb einer Freiluft-Ausstellung Werke von Mitgliedern des Bundesverbandes Bildender Künstler Saar präsentiert worden. In der riesigen Gebläsehalle der „Alten Völklinger Hütte" finden jährlich große und bedeutende, weit über das Saarland hinaus beachtete Ausstellungen zu bestimmten Schwerpunkten statt, aktuell „Die Kelten – Druiden, Fürsten, Krieger".
- Erzeugung erneuerbarer Energie: Halden und Absinkweiher des Steinkohlen-Bergbaues eignen sich grundsätzlich für die Folgenutzungsart „Erneuerbare Energien":
  - Photovoltaik: Die stark geneigten, südexponierten, freien Flanken von Halden weisen eine hohe Sonneneinstrahlung auf, die besonders effizient für Stromerzeugung über Photovoltaik-Anlagen genutzt werden kann. Auf der allerdings ebenen Fläche des ehemaligen Absinkweihers West am stillgelegten Bergwerk Göttelborn ist aktuell eine solche Anlage mit einer Fläche von ca. 16 ha installiert.
  - Windenergie-Nutzung: Das im Vergleich zum Umland um ca. 36 % höhere Windpotenzial an und auf den Halden kann ebenfalls zur Erzeugung von elektrischer Energie genutzt werden, wie es z. B. aktuell schon auf brandenburgischen Braunkohlen-Abraumhalden geschieht. Auf Steinkohlen-Bergehalden dürften sich wegen der Instabilität der Kohlenschiefer-haltigen Schüttungsböden jedoch Probleme für die Stabilität der Fundamente für die Rotor-Ständer ergeben.
- Pumpspeicherkraftwerke: Auf Halden mit großen, flachen Plateauflächen können Pumpspeicherkraftwerke gebaut werden, die zur Regulierung und Bevorratung von elektrischer Energie dienen. Hierzu werden zwei Wasserbecken angelegt, die einen Höhenunterschied von mindestens 30 m aufweisen sollen. Zwischen beiden Becken werden Verbindungsleitungen, elektrisch betriebene Pumpen sowie Turbinen zur Stromerzeugung installiert. In Zeiten niedriger Energieentnahme aus den Stromnetzen entnehmen die Pumpen überschüssigen Strom und befördern Wasser aus dem unteren Becken in das obere Becken. Steigt der Energiebedarf an, so wird durch den Wasserfluss aus dem oberen in das untere Becken über die wasserbetriebenen Turbinen Strom erzeugt und ins Netz eingespeist. Eine derartige Anlage wird im Rahmen einer Studie zurzeit am Standort des stillgelegten Bergwerks Luisenthal in Völklingen geprüft.
- Sport: Im Saarland werden stillgelegte Halden oft durch Mountainbiker oder Motocross-Motorradfahrer unerlaubt als Übungsgelände benutzt, was zum Abrutschen der Steilhänge, zusätzlicher Erosion und partieller Zerstörung von Rekultivierungspflanzungen führt.

Auf der Halde Bahnhof Bexbach (H20) ist die Einrichtung einer Mountainbike-Bahn in der Diskussion, obwohl dort eine Reihe sehr seltener und gefährdeter Pilzarten vorkommen, die eine Unterschutzstellung aus Artenschutzgründen unbedingt rechtfertigen [13]. Auf der Halde Duhamel/Ensdorf ist schon eine Gleitfliegeranlage in Betrieb, Mountainbike-Strecken und eine Rodelbahn sind geplant. Auch Tennissport-Anlagen sind z. B. auf früherem Grubengelände in Reden entstanden.

- Abbau zur Materialgewinnung: z. B. für Restkohle in älteren Steinkohlen-Bergehalden, Gewinnung von Roter Erde als Schottermaterial aus ausgebrannten Halden (z. Zt. fast abgeschlossen).
- Stollen- und Schachtnutzung: In den mehrere Hundert Meter langen und 15 m breiten, hohen unterirdischen Abbau-Hallen des um 1930 stillgelegten Gipswerkes bei Büren (Siersburg) wurde in den 1930er Jahren auf 10 ha Fläche zeitweise Champignonzucht betrieben. Eine vom Erst-Autor in seiner damaligen Eigenschaft als Landesbeauftragter für Naturschutz im Saarland in den 1980er Jahren beim damaligen Minister für Umwelt angeregte Folgenutzung von Schächten und Stollen stillgelegter Steinkohlen-Bergwerke zur Erdwärme-Nutzung ist leider bis heute nicht in Angriff genommen worden.
- Fischzucht: in früheren Absinkweihern durch Angelsportvereine, z. B. Saufang-Weiher.
- Nutzung von Gebäuden der Tagesanlagen: Als Beispiel sei Grube Reden vorgestellt. Die Standort-Management-Gesellschaft „Industrie Kultur Saar GmbH" (IKS) in Quierschied-Göttelborn hat offiziell seit 2001 die Entwicklung und Umsetzung der vielfältigen Projekte zur Folgenutzung von Industriebrachen zum Ziel und managt auch die Nachnutzung in Reden mit folgenden Zielen: Multifunktionales Zentrum für Natur, Industriekultur, Landeskunde und Ehrenamt - ein Leitprojekt für den Strukturwandel. Die Anlage steht in einem mehrdimensionalen Spannungsbogen zwischen Vergangenheit (altes Bergwerk, Kulturgeschichte) und Zukunft (Inbegriff des Strukturwandels), zwischen Technik (Bergwerk und Versorgung) und Natur, zwischen Makro-Strukturen (Großindustrie) und Makro-Welten (Tiere und Pflanzen), zwischen Eingriffssymbolik (Abbau und Industrie) und natürlicher Entwicklung (Altflächen, Halde), zwischen Arbeiten (Biodokumentation, Gewerbepark) und Erholung (s. ZUKUNFTSSTANDORT GRUBE REDEN 2008). Das große, architektonisch bemerkenswerte, restaurierte Zechenhaus aus den 1930er Jahren beherbergt aktuell:

- das Institut für Landeskunde im Saarland (IfLiS)
- das Landesdenkmalamt des Saarlandes
- das Bergamt des Saarlandes
- die Geschäftsstelle der „Naturforschenden Gesellschaft des Saarlandes, DELATTINIA"
- die Gaststätte „Zum Redener Hannes"
- die Studienstiftung Saar
- das Zentrum für Biodokumentation (ZfB) mit den wissenschaftlichen Sammlungen zu Botanik (Generalherbar Saar, Herbarium BfN), Zoologie, Biogeographie, Mykologie (s. SCHMITT 2003a) und Geologie.
- wechselnde Sonderausstellungen - aktuell zur Geologie des Saarlandes - im großen Lampensaal, der auch für Vortragsveranstaltungen zur Verfügung steht.

---

[13] Am 4. Mai 2005 war bei einer Ortsbegehung mit dem Dezernenten und weiteren Mitarbeitern der Unteren Naturschutzbehörde des Saar-Pfalz-Kreises sowie einigen Naturschutzbeauftragten, Mitgliedern Grüner Verbände, der AG Pilzkunde Bexbach sowie dem Erst-Autor vorgeschlagen worden, den gewünschten Mountainbike-Parcours auf dem Nordteil der Halde anzulegen und den schützenswerten Südteil als Naturdenkmal bzw. schützenswerten Landschaftsbestandteil auszuweisen.

In einer großen umgebauten Industriehalle auf dem Verkehrsgelände ist als Besuchermagnet die bemerkenswerte Dauerausstellung „Gondwana - Das Praehistorium" eingerichtet worden, eine Präsentation von der Urzeit bis zum Aussterben der Dinosaurier, mit der Option einer Erweiterungs-Showhalle. Aktuell gibt es weitere Projektvorschläge für Reden (s. ELSS-SERINGHAUS 2011), insbesondere für familienorientierte Freizeit- und Naherholungs-Aktivitäten. Im Zuge dieser Planung soll auf der Halde eine Sommer-Rodelbahn, ein Rutschen-Parcours und ein Lift gebaut werden. Außerdem soll ein Jugendhotel (in Passivbauweise) mit 100 Betten errichtet und die begehbaren Wassergärten sowie der Biotop „Brönnchesthal" umgehend fertiggestellt werden.

Der Masterplan „Regionalpark Saar" (DER REGIONALPARK SAAR 2007) sieht ein neues Konzept der zukünftigen Nutzung von Halden, Absinkweihern und Verkehrsflächen stillgelegter Gruben vor. Durch ihre Endgestaltung soll ein wesentlicher Beitrag zur Aufwertung der Stadtlandschaften im Saarrevier ermöglicht werden, wobei nun die Belange von Freizeit, Tourismus und Industriekultur im Vordergrund stehen. Eine wesentliche Voraussetzung für das Funktionieren derartiger Konzepte ist, vor Beginn konkreter Arbeiten projektübergreifende Strategien zu entwickeln, um eine mehr oder weniger willkürliche Anhäufung verschiedenster Gestaltungs- und Rekultivierungsvorhaben zu vermeiden.

8 Danksagung

Folgenden Kolleginnen und Kollegen aus der Naturforschenden Gesellschaft des Saarlandes, DELATTINIA, dankt der Erst-Autor herzlich für aktuelle Informationen zu Vorkommen von Arten auf Halden bzw. in/an Absinkweihern im Saarrevier, zur Bereitstellung von Fotos besonderer Arten, andere zweckdienliche Hinweise sowie Diskussionen zu verschiedenen Aspekten: Dr. S. Caspari/Zentrum für Biodukumentation/Landsweiler-Reden (ZfB) (viele zusätzliche Informationen zu Artvorkommen verschiedenster Organismengruppen, die fachlich-kritische Durchsicht des Manuskriptes und Ergänzungsvorschläge); G. Heck/Kleinblittersdorf (Pilz-Foto), U. Heseler/St. Ingbert (Moose); Dr. V. John/Pfalzmuseum, Dürkheim (Flechten); G. Schmitt/Blieskastel-Assweiler (Korrekturenlesen des Manuskriptes); D. Slotta/Institut für Landeskunde im Saarland (IfLiS), Landsweiler-Reden (Folgenutzung von Industriebrachen); F.-J. Weicherding/ZfB, Landsweiler-Reden (Pflanzen); P. WOLFF/Saarbrücken-Dudweiler (Wasserpflanzen).

9 Literatur, ohne die schon in SCHMITT (2006) zitierte Literatur

BERND, C. (2006): Erfassung der Herpetofauna auf dem Haldengelände des ehemaligen Bergwerkes Reden (2003). Abh. DELATTINIA **30** (für 2004): 133-141.

BETTINGER, A., WOLFF, P. (Hrsg.) (2002): Vegetation des Saarlandes und seiner Randgebiete - Teil 1. Atlantenreihe, Bd. **2**, Ministerium für Umwelt des Saarlandes, Saarbrücken.

BETTINGER, A., WOLFF, P., CASPARI, S., SAUER, E., SCHNEIDER, T., WEICHERDING, F.-J. (2008): Rote Liste und Checkliste der Pflanzengesellschaften des Saarlandes, 2. Fassung. In: MINISTERIUM ...: 207 - 262.

CASPARI, S., MUES R. (2006): Die Moosflora (Bryophyta) der ehemaligen Grube Reden im Saarland unter besonderer Berücksichtigung der Ergebnisse vom Tag der Artenvielfalt 2003. Abh. DELATTINIA **30** (für 2004): 197-206.

CASPARI, S., HESELER, U., MUES, R., SAUER, E., SCHNEIDER, C., SCHNEIDER, T., WOLFF, P. (2008): Rote Liste und Florenliste der Moose (Bryophyta) des Saarlandes, 2. Fassung. In: MINISTERIUM ...: 121-160.

DER REGIONALPARK SAAR (2007). www.saarland.de/regionalpark.htm.

DARMER, G. (1972): Landschaft und Tagebau - Ökologische Leitbilder für die Rekultivierung. Berlin.

DERBSCH, H., SCHMITT, J. A. unter Mitarbeit von GROß, G., HONCZEK, W. (1987): Atlas der Pilze des Saarlandes, Teil 2: Nachweise, Ökologie, Vorkommen, Beschreibungen. Aus Natur und Landschaft im Saarland, Sonderband **3**: 1-818, Saarbrücken.

DIEHL, B. (2003): Untersuchungen zur Moosflora im Großschutzgebiet Steinbachtal-Netzbachtal (Saarland). Limprichtia **23**: 1-181.

DITTMANN, M. (2003a): Das Baukunstwerk Bergwerksdirektion - Denkmal des Bergbaus - Identifikationsmal in der Stadt. RAG SAARBERG AG: 9-30.
- (2003b): Das Gästehaus der RAG Saarberg - auch ein Dokument bürgerlicher Wohnkultur des 19. Jahrhunderts. RAG SAARBERG AG: 63-74.
DORDA, D., MAAS, S., STAUDT, H. (1992a): Atlas der Heuschrecken des Saarlandes. Aus Natur und Landschaft im Saarland, Sonderband 6, Saarbrücken.
DORDA, D., MAAS, S. , STAUDT, H. (1992b): Rote Liste der im Saarland gefährdeten Heuschrecken. In: MINISTER FÜR UMWELT [Hrsg.]: Rote Liste - Bedrohte Tier- und Pflanzenarten im Saarland. Saarbrücken.
DÖRRENBÄCHER, W. (1983): Bergehalden in der saarländischen Landschaft. Saarbrücker Bergmannskalender 1983: 25-31.
ELSS-SERINGHAUS, C. (2011): Rodeln im Garten Reden - So will die IKS Saar den Ex-Grubenstandort weiterentwickeln. Saarbrücker Ztg. Nr. 54, 5./6. März 2011, S. B1.
ERHARDT, W., GÖTZ, E., BÖDEKER, N., SEYBOLD, S. (2000): ZANDER - Handwörterbuch der Pflanzennamen. 16. Aufl., Stuttgart.
FLOTTMANN, H.-J. (2006): Die Wechselkröte (*Bufo v. viridis* LAURENTI, 1768) - eine Leitart saarländischer Bergbaufolgelandschaften. Abh. DELATTINIA 30 (für 2004): 143-153.
-, BERND, C., GERSTNER, J., FLOTTMANN-STOLL, A. (2008): Rote Liste der Amphibien und Reptilien des Saarlandes (Amphibia, Reptilia), 3. Fassung Amphibien, 2. Fassung Reptilien. In: MINISTERIUM ...: 307-328.
FUCHS, K. (1984): Hermann Röchling. In: NEUMANN, P. [Hrsg.]: Saarländische Lebensbilder, Bd. 2: 221-252, Saarbrücken.
HARBUSCH, C., UTESCH, M. (2008): Kommentierte Checkliste der Fledermäuse im Saarland, 2. Fassung. In: MINISTERIUM ...: 263-282.
HEIMATKUNDLICHER VEREIN WARNDT E.V. [Hrsg.] (2006): Der Warndt - eine saarländisch-lothringische Waldlandschaft, Bd. I. Völklingen-Ludweiler. 1-576.
IDEALE BEDINGUNGEN AM ZUKUNFTSSTANDORT GÖTTELBORN (2004). -
www.quierschied.de/wirtschaft/gewerbe.htm.
JOHN, V. (1986): Verbreitungstypen von Flechten im Saarland. Abh. DELATTINIA 15: 1-170.
- (2006a): Flechten auf den Halden und im Industriegelände der ehemaligen Grube Reden. Abh. DELATTINIA 30: 191-195.
- (2006b): Die Schlackenhalden bei Hostenbach im mittleren Saartal als Sekundärbiotope für Flechten. Herzogia 19: 49-61.
- (2007): Checkliste der Flechten und flechtenbewohnenden Pilze des Saarlandes mit einer Bibliographie. Abh. DELATTINIA 33: 155-188.
KÖHLER, W. (1986): Wie auf Bergehalden und Absinkweihern neue Lebensräume entstehen – 25 Jahre Landschaftspflege im Saarbergbau. Saarbrücker Bergmannskalender 1986: 146-158.
LEDER, B., SCHÜREN, P. M. (2011): Monitoring-Projekt zur Sukzession auf Sturmschadensflächen - Teil 1. Natur in NRW 2011 (2): 43-45.
MINISTERIUM FÜR UMWELT UND DELATTINIA (Hrsg.) (2008): Rote Listen gefährdeter Pflanzen und Tiere des Saarlandes. Sonderband 10 der DELATTINIA, Saarbrücken.
RAG SAARBERG AG [Hrsg.] (2003): Zwischen Tradition und Moderne - Gebäude der RAG Saarberg AG im Wandel der Zeit. Essen.
SAARLÄNDISCHE BIBLIOGRAPHIE (1964 ff.). Universitätsbibliothek, Saarbrücken. Bd. 1 ff.
SÄNGER, H. (1993): Die Flora und Vegetation im Uranbergbaurevier Ronneburg - Pflanzensoziologische Untersuchungen an Extremstandorten. Ökologie und Umweltsicherung 5/1993
- (2003): Raum-Zeit-Dynamik von Flora und Vegetation auf Halden des Uranbergbaus. Ökologie und Umweltsicherung 23/2003.
-, TÜNGLER. E. (2010): Mykofloristische Untersuchungen auf Halden des Uranerzbergbaus in Ostthüringen (1. Nachtrag). Boletus 32 (2): 91-99.
SCHMITT, J. A. (1987a): Funktion, Bedeutung und Situation der Pilze in saarländischen Wäldern - „Pilzsterben"? Zum Rückgang der Pilzarten und Pilzfruktifikationen im Saarland. In: DERBSCH, H., SCHMITT, J.A. unter Mitarbeit von GROß, G., HONCZEK, W.: Atlas der Pilze des Saarlandes, Teil 2: Nachweise, Ökologie, Vorkommen, Beschreibungen: 23-78.
- (1987b): Zur Ökologie holzbesiedelnder Pilzarten. In: DERBSCH, H., SCHMITT, J. A. unter Mitarbeit von GROß, G., HONCZEK, W.: Atlas der Pilze des Saarlandes, Teil 2: Nachweise, Ökologie, Vorkommen, Beschreibungen: 101-120.
- (1987c): Ökologie der Pilze des Saarlandes - Substrat-Pilztabellen. In: DERBSCH, H., SCHMITT, J. A. unter Mitarbeit von GROß, G., HONCZEK, W.: Atlas der Pilze des Saarlandes,

- Teil 2: Nachweise, Ökologie, Vorkommen, Beschreibungen: 121-186.
- (1990/1991): Bestand und Dynamik der Pilzfloren ausgewählter Biotope des Saarlandes nach Langzeitbeobachtung (mindestens 15-jähriger Beobachtungszeitraum). Projekt im Auftrag des Ministers für Umwelt des Saarlandes, Saarbrücken. 5 Teile, S. 1-1500.
- (2003a): Fungi Saravica: Fungarium (Pilzherbarium) DR. JOHANNES A. SCHMITT. Abh. DELATTINIA **28**: 35-38.
- (2003b): Der Parkgarten der Villa Sehmer, Gästehaus der RAG Saarberg. In: RAG SAARBERG AG: 75-99.
- (2006): Berge- und Industrie-Halden als Sekundärbiotope im Saarland unter besonderer Berücksichtigung der Steinkohlen-Bergehalden von Grube Reden. Abh. DELATTINIA **30** (für 2004): 7-126.
- (2007): Checkliste und Rote Liste der Pilze (Fungi) des Saarlandes. 2. Fassung. Abh. DELATTINIA **33**: 189-379.
- (2008): Rote Liste der Pilze (Fungi) des Saarlandes, 2. Fassung. In: In: MINISTERIUM ...: 177-205.
- (2010a): Bewertung von Gebieten aufgrund ihres Artenreichtums und der Statistik ihrer gefährdeten Arten über neuentwickelte Parameter am Beispiel Höherer Pilze. Abh. DELATTINIA **35/36**: 251-339.
- (2010b): Pilz-floristische Bearbeitung und Bewertung von Probeflächen und Gesamtgebiet des FFH-Gebietes „Holzhauser Wald", Türkismühle, im Vergleich zu anderen Gebieten im Saarland. Abh. DELATTINIA **35/36**: 97-240.
- (2011): Besondere, seltene und gefährdete Tierarten in Bergbau-Folgelandschaften des Saarreviers. Abh. DELATTINIA **37**: 57-73.
- (2013): Pilze im Warndt. In: Der Warndt - eine saarländisch-lothringische Waldlandschaft, Bd. II. (in Vorber.), ca. 30 S.

SCHMITT, J. A., unter Mitarbeit von DERBSCH, H., GROß, G., GÜNTHER, E., HECK, G., KANN, P.-H., KLOS, R., KÜHNER, G., MONTAG, K., MÜNZMAY, T., POOK, R., SAAR, G. (2003a): Ergänzungen zur Pilzflora des Saarlandes - Bereits bekannte, für das Saarland neue Arten, Varietäten und Formen. Teil 1. Abh. DELATTINIA **28**: 157-238.

SCHMITT, J. A., unter Mitarbeit von GROß, G., JAHN, E., MAUER, B., MONTAG, K. (2003b): Ergänzungen zur Pilzflora des Saarlandes - Bereits bekannte, für das Saarland neue Arten, Varietäten und Formen. Teil 2. Abh. DELATTINIA **29**: 165-210.

SCHNEIDER, R. (1984): Haldenatlas. Saarbergwerke AG, Abtlg. Forstwirtschaft, Saarbrücken.

SCHNEIDER, T., WOLFF, P., CASPARI, S., SAUER, E., WEICHERDING, F.-J., SCHNEIDER, C., GROß, P., mit Beiträgen von MATZKE-HAJEK, G., FRITSCH, R., STEINFELD, P. (2008): Rote Liste und Florenliste der Farn- und Blütenpflanzen (Pteridophyta et Spermatophyta) des Saarlandes. In: MINISTERIUM ...: 23-120.

SPONTICCIA, T. (2011): Ideen-Wettbewerb für Bergbauflächen - Lenkungskreis unter Federführung der Landesregierung beginnt mit der Vermarktung. Saarbrücker Ztg. Nr. 42, 19./20. Februar 2011, S. A6.

TROCKUR, B. (2006): Zum aktuellen Kenntnisstand der Libellenfauna im Bereich Heinitz (Saarland). Abh. DELATTINIA **31**: 57-78.

WEICHERDING, F.-J. (2007): Zur Verbreitung und Soziologie der adventiven Melden *Atriplex micrantha* LEBED. (Verschiedensamige Melde), *Atriplex sagittata* BORKH. (Glanz-Melde) und *Atriplex oblongifolia* WALDST. et KIT. (Langblättrige Melde) (Chenopodiaceae) im Saarland und in angrenzenden Gebieten. Abh. DELATTINIA **33**: 117-139.

- (2008): Zur Verbreitung und Soziologie von *Chenopodium botrys* L. (Klebriger Gänsefuß, Chenopodiaceae) im Saarland und in angrenzenden Gebieten. Abh. DELATTINIA **34**: 19-39.

-, SCHNEIDER, T., CASPARI, S., BETTINGER, A. (2006): Die Farn- und Blütenpflanzen (Pteridophyta & Spermatophyta) auf dem Gelände der ehemaligen Grube Reden (Saarland) unter besonderer Berücksichtigung der Ergebnisse vom Tag der Artenvielfalt 2003. Abh. DELATTINIA **30**: 207-226.

WOLFF, P. (2008a): Rote Liste und Florenliste der Armleuchteralgen (Charophyllaceae) des Saarlandes, 2. Fassung. In: MINISTERIUM ...: 161-166.

- (2008b): Rote Liste und Florenliste der limnischen Rotalgen (Rhodophyceae) des Saarlandes. In: MINISTERIUM ...: 167 176.

ZEHN JAHRE „GANSER-GUTACHTEN" (2010). www.arbeitskammer.de/38814/pressedienst_nr._21_2010_vom24._juni_2010.html.

ZUKUNFTSSTANDORT GRUBE REDEN (2008). www.portalu.de/ingrid-portal/portal/...

B3 Steinkohlenreviere in Sachsen

Martin Heinze

1 Lage, Geologie und natürliche Landschaften

Die sächsische Steinkohle hat sich im Karbon in der Vorerzgebirgssenke mit ihren Teilsenken und im Erzgebirge sowie im Rotliegenden in der Döhlen-Senke der Elbe-Zone gebildet. Im Einzelnen unterscheidet man die Vorkommen in der Borna-Ebersdorf-Teilsenke und der Hainichen-Teilsenke (Unterkarbon, Vise´ III), in der Zwickau-Teilsenke und der Oelsnitz-Teilsenke (Oberkarbon, Westfal (C)/D) der Vorerzgebirgssenke, in der Altenberg-Schönfeld-Senke des Erzgebirges (Oberkarbon, Westfal B/C) sowie in der Döhlen-Senke (Rotliegend, Autun) (Pälchen & Walter 2008, Pälchen 2009, Frenzel et al. 2009).

Die natürliche Landschaft der Bergbaureviere Zwickau, Lugau-Oelsnitz und Freital ist ein Hügelland mit eingesenkten Becken in Höhenlagen zwischen 260 und 400 m ü. NN für Zwickau - Oelsnitz und zwischen 160 und 352 m für Freital.

Die Bergbaureviere Zwickau und Lugau-Oelsnitz liegen im Wuchsgebiet 26 „Erzgebirgsvorland", Wuchsbezirke „Westliches Erzgebirgsbecken" (Zwickau) und „Östliches Erzgebirgsbecken" (Lugau-Oelsnitz). An der Oberfläche stehen die Konglomerate und Letten des Rotliegenden an, die stellenweise von Kiesen, Sanden und Tonen des Tertiärs und flächendeckend von periglazialen Schuttdecken und Lössen des Quartärs überdeckt sind. Als Böden herrschen rot gefärbte Konglomerat- und Lehm-Braunerden bis -Pseudogleye vor. Die Niederschläge nehmen von NW nach SE zu und liegen im Mittel zwischen 690 (Zwickau) und 840 mm im Jahr (Lugau-Oelsnitz). Die Jahresmitteltemperaturen schwanken von 8,3 °C in Zwickau bis 7,6 °C in Lugau-Oelsnitz (Wünsche 1963, Sächsische Landesanstalt für Forsten 1997, Gauer & Aldinger 2005, Wünsche & Weise 2009). Bis 1990 waren die beiden Bergbaureviere stark durch Industrieimmissionen belastet.

Die potenzielle natürliche Vegetation wäre überwiegend ein Hainsimsen-Eichen-Buchenwald (Schmidt et al. 2002). Aktuell dominiert aber das Offenland der Landwirtschaft, und in den noch vorhandenen Wäldern herrscht die Fichte (*Picea abies*) vor.

Das Bergbaurevier Freital gehört zum Wuchsgebiet 27 „Westlausitzer Platte und Elbtalzone", Wuchsbezirk „Dresdener Erzgebirgsvorland". Das Döhlener Becken, in dem das Bergbaurevier liegt, hat den Charakter eines Teilwuchsbezirkes. Die Konglomerate, Sandsteine, Schiefertone und der Porphyrit des Rotliegenden stehen oberflächig an, soweit sie auf den Hochflächen nicht mit Löss bedeckt sind. Als Bodentyp herrscht auf diesen Substraten die Braunerde vor. Die Jahresdurchschnittstemperaturen liegen bei 9,0 °C, die Jahresniederschlagssummen bei 650-700 mm (Sächsische Landesanstalt für Forsten 1997). Auch dieses Revier war bis 1990 stark durch Industrieimmissionen belastet.

Die potenzielle natürliche Vegetation variiert zwischen Waldlabkraut-Hainbuchen-Eichenwald und Hainsimsen-Eichen-Buchenwald (Schmidt et al. 2002). Die heutige Kulturlandschaft ist geprägt von Siedlungen, Landwirtschaft und vor allem an Hängen naturnahen Wäldern, in denen Reste ausgewachsener Niederwälder zu finden sind.

2 Abbau und Verarbeitung der Kohle

Der Abbau begann 1348 in Zwickau und endete dort 1978. Lediglich im Freitaler Revier (Döhlen-Senke) wurde Kohle wegen ihres Urangehaltes von der Sowjetisch-Deutschen Aktiengesellschaft (SDAG) Wismut noch bis 1989 abgebaut. Seinen Höhepunkt erreichte der Abbau in der Zeit der Industrialisierung Sachsens gegen Ende des 19. Jahrhunderts und Anfang des 20. Jahrhunderts (s. Pälchen 2009, Brause 2009). Große wirtschaftliche Bedeutung erlangten die Reviere Zwickau mit einer verwertbaren Gesamtfördermenge von 210 Mio. t Kohle, Lugau-Oelsnitz mit 140 Mio. t und

Freital mit 50 Mio. t, während die Fördermengen der übrigen Abbaugebiete bei oder unter 0,1 Mio. t blieben (PÄLCHEN 2009). Die folgenden Ausführungen beschränken sich auf die Hauptabbaugebiete Zwickau, Lugau-Oelsnitz und Freital.

Die Kohle wurde unter Tage abgebaut. Beim Abteufen der Schächte fielen Teufmassen aus den hangenden Schichten an. Diese Teufmassen wurden in unmittelbarer Nähe der Schächte abgelagert. Im laufenden Abbau und bei der folgenden Aufbereitung (Waschprozess) und Verarbeitung der Kohle (Verbrennung, Verkokung) entstanden Grob- oder Leseberge aus Vortrieb und Abbau, Waschberge und Kohleschlamm aus der Trocken- oder Nassaufbereitung der Kohle, Ascheschlamm aus der Kessel- und Filterasche und Kesselschlacke der Kraftwerke sowie Kokereiabfälle. Sie wurden in der Umgebung der Bergwerke deponiert. Die Bergemassen (Grobberge und Waschberge) wurden zuerst mit Kipploren und Kettenbahnen als 8 bis 30 m hohe Tafelhalden aufgeschüttet, wobei verfahrensbedingt die Massen zum Rand der Tafelhalden hin immer jünger werden. Später wurden mit weiterentwickelter Technik (Seilbahnen, Hängekipper, Absetzer) auch bis zu 50 m hohe Spitzkegelhalden aufgefahren. Die Schlämme und Kokereiabfälle schüttete oder spülte man auf oder zwischen die Halden (BRAUSE et al. 2009, WÜNSCHE & WEISE 2009). Bei Bedarf wurden über die Schlammteiche wieder Bergemassen deponiert.

Die uranhaltige Kohle des Freitaler Reviers wurde im Aufbereitungsbetrieb 102 der SDAG Wismut im ostthüringischen Seelingstädt verarbeitet (CHRONIK DER WISMUT 2010).

3 Folgelandschaften

Der Steinkohlenbergbau und seine Hinterlassenschaften prägen in den Revieren Zwickau und Lugau-Oelsnitz die Landschaft bis heute. Ein wesentliches Anliegen war und ist, die Halden in die bestehende Landschaft zu integrieren und für verschiedene Zwecke zu nutzen (s. u.). Deshalb liegen für diese beiden Reviere die meisten Untersuchungen und Kenntnisse vor, und die folgenden Ausführungen widmen sich diesen beiden Revieren.

Mit den Halden entstand ein stärker gegliedertes Mesorelief. Im Zwickauer Revier bestanden im Jahr 1963 34 Halden mit einer Auflagefläche von insgesamt 158 ha, im Lugau-Oelsnitzer Revier wurden zur selben Zeit 16 Halden gezählt, die 104 ha einnahmen (WÜNSCHE 1963). Im Jahr 2003 wurden im Zwickauer Revier 56 Halden (MORGENSTERN 2003), im Jahr 2009 59 Halden (WÜNSCHE & WEISE 2009) registriert. Im Lugau-Oelsnitzer Revier fanden sich 2008 21 Halden (NEEF 2008b).

Die Halden haben auf Grund ihres bewegten Reliefs ein ausgeprägtes Geländeklima mit großen Unterschieden, die sich ebenfalls auf die Pflanzenbesiedlung auswirken. Dazu kam bis in die 1990er Jahre eine starke Belastung mit industriellen Immissionen (Flugasche, Abgase, insbesondere Schwefeldioxid). So maß z. B. LAMPADIUS in Zwickau im Januar 1959 bis zu 0,83 mg SO_2/m^3 Luft (WÜNSCHE 1963). Die Immissionen beeinträchtigen die einzelnen Pflanzenarten unterschiedlich stark und wirken damit gleichfalls auf die Konkurrenz- und Sukzessionsdynamik.

Im Haldenmaterial sind karbonische Schiefertone zu 70 %, Kohleschlamm zu 13 %, Kesselschlacke, Kesselasche und Flugasche zu 12 %, Lehm zu 4 % und sonstiges Material zu 1 % enthalten (WÜNSCHE 1963).

Die karbonischen Schiefertone sind das Zwischenmittel der kohleführenden Schichten. Es wurde in gröberen Gesteinen über 80 mm Durchmesser (Leseberge) und 10 bis 80 mm großen Steinen (Waschberge) aufgeschüttet. In beiden sind gröbere oder feinere Anteile von Steinkohle bis zu 20 % enthalten. Außerdem führen sie Pyrit und Markasit bis zu 2,5 % Gesamtschwefelgehalt (WÜNSCHE & WEISE 2009). In den locker geschütteten Halden mit Zutritt von Sauerstoff entzünden sich diese Stoffe von selbst und brennen in Schwelbränden mehrere Jahrzehnte lang. Aus den in den Bergemassen enthaltenen überwiegend grauen Tonmineralen bilden sich in diesem Brennprozess neue rötliche und weiße Silikate. Die Brände und die dadurch erhöhten Temperaturen der Bergemassen reichen stellenweise bis an die Geländeoberfläche. Das beeinflusst die natürliche und künstliche Besiedlung der Halden mit Pflanzen. Die ursprünglich überwiegend grobstückigen Schiefertone (s. o. 70-80 % Grobboden) zerfallen von der Haldenoberfläche bis 60 cm Tiefe durch physikalische Verwitterung (Wechsel der Befeuchtung und der Temperatur, Frostsprengung) zu kleineren Korngrößen. Der Feinbodenanteil erhöht sich auf 40 % (WÜNSCHE & WEISE 2009) und damit auch das Wasserhaltevermögen des Haldensubstrates in Oberflächennähe.

Der Kohleschlamm wurde von den damaligen Werken mittels Spülrohren in Schlammteiche gespült. Er enthält feine Steinkohlebestandteile und tonig-schluffige Teile des Schiefertones. Kesselschlacke, Kesselasche und Flugasche sind Restprodukte der Kohleverbrennung der damaligen betriebseigenen Wärmekraftanlagen.

Das Niederschlagswasser versickert rasch in die locker geschütteten Halden, so dass ankommende Pflanzen häufige Trockenheit ertragen müssen. Starkniederschläge verursachten allerdings, solange die Halden noch kahl waren, Erosionen, die zu Rinnen an den Halden und zu Schwemmkegeln an den Haldenfüßen führten (WÜNSCHE & WEISE 2009).

Auf den Halden haben sich 20 bis 40 Jahre nach der Schüttung Rohböden (Lockersyroseme an den Oberhängen bis zu Regosolen an den Unterhängen und auf den Plateaus) gebildet.

Entscheidend für die bodenchemischen Eigenschaften der Böden ist, ob der Schieferton nicht durchgebrannt (grau) oder durchgebrannt (rot) ist. Die Böden auf grauem Schieferton reagieren wegen der Oxidation der enthaltenen Sulfide zu Schwefelsäure stark sauer. In den Böden auf rotem Schieferton haben der Kohle- und der Sulfidgehalt abgenommen und die Gehalte an CaO und K_2O relativ wegen der Verbrennung der Kohle zugenommen. Der pH-Wert und die Basensättigung sind gestiegen. Die Asche ist nährstoffreich, der Kohleschlamm wegen seines hohen Kohlen- und Sulfidgehaltes, seines Benetzungswiderstandes und der starken Erhitzung seiner schwarzen Oberfläche pflanzenfeindlich (siehe Tabelle 22). Die Lehmabdeckung ist ein natürliches Lössderivat aus der Umgebung, mit dem die Halden stellenweise bei Rekultivierungsmaßnahmen 0,5 bis 1 m mächtig überzogen wurden (WÜNSCHE 1973).

Tabelle 22: Chemische Werte der Haldensubstrate (nach WÜNSCHE & WEISE 2009).

Substrat	C_t (Kohle)	Sulfid-S	CaO	MgO	K_2O	pH-Wert	Basensättigung
	%	%	%	%	%		%
Grauer Schieferton	19,0	1,38	0,52	0,24	0,05	3-4	12
Roter Schieferton	1,4	0,68	0,64		0,17	5	46
Asche		0,35	0,79	0,34	0,17	7	70
Kohlenschlamm	31,0	1,46	0,16	0,12	0,03	3	3
Lehmabdeckung			0,11	0,06	0,10	5	50

Auf der Deutschlandschachthalde im Lugau-Oelsnitzer Revier wurden Böden und Vegetation im Jahr 2006 detailliert untersucht (NEEF 2006). Der Mineralboden von 0-20 cm Tiefe variiert in der Korngrößenzusammensetzung überwiegend zwischen steiniggrusigem schwach bis stark lehmigem Sand. Die nutzbare Feldkapazität bewegt sich zwischen 18 und 22 Vol.-%. Bei den chemischen Analysenwerten (s. Tab 23) deuten die höheren Phosphorgehalte in 0-5 cm Tiefe gegenüber 5-20 cm Tiefe darauf hin, dass sich ein Boden zu bilden beginnt. Die höheren Calciumgehalte in Oberflächennähe gehen vermutlich auf Flugascheimmissionen zurück.

Tabelle 23: Chemische Werte von Auflagehumus und Oberboden der Deutschlandschachthalde (nach NEEF 2006) (für die Elemente C, N und S Gesamtgehalte aus Elementaranalyse, für P, K, Ca, Mg und Fe Gehalte aus Königswasseraufschluss).

Substrat	C_{org}	N	C/N	S	P	K	Ca	Mg	Fe	pH (CaCl$_2$)
	%	%		g/kg	g/kg	g/kg	g/kg	g/kg	g/kg	
Auflage-humus	18-35	0,8-1,9	19,5-25,5	1,3-2,7	0,76-1,09	1,5-2,7	4-12	1,8-2,8	14-27	4,8-6,2
Mineral-boden 0-5 cm				0,8-4,9	0,44-0,67	1,4-3,3	0,9-2,4	1,9-3,2	34-42	
Mineral-boden 5-20 cm				0,6-5,9	0,29-0,59	1,3-3,2	0,4-1,9	1,8-3,3	36-56	

Nach Einstellung des Abbaus wurden die Halden des betreffenden Schachtes entweder sich selbst überlassen, rekultiviert oder anderweitig genutzt. So dienten die Halden später gelegentlich als Deponien für Industrie- und Siedlungsabfälle. Auch Kleingärten, Sportplätze, Lagerplätze, Erholungseinrichtungen und Industrieanlagen wurden auf den Halden angelegt oder forstwirtschaftliche Nachnutzungen angestrebt (BRAUSE et al. 2009, MORGENSTERN 2003, NEEF 2009).

4 Besiedlung mit Pflanzen

Die Besiedlung der Halden mit Pflanzen hängt vom Haldensubstrat und dem Grad seiner Verwitterung, von Haldenbränden, dem Geländeklima und dem Diasporenangebot ab.

4.1 Vegetation und Diasporenangebot der Umgebung

Die potenzielle natürliche Vegetation wären auf Standorten ohne Grund- oder Stauwassereinfluss Hainsimsen-Eichen-Buchenwälder (SCHMIDT et al. 2002). In der jetzigen Kulturlandschaft dominieren aber die vom Menschen geprägten Pflanzengesellschaften der Forstwirtschaft, der Landwirtschaft, der Gärten, der Grünanlagen und Parks. Alle Pflanzen dieser Gesellschaften spenden Diasporen, die - abhängig von ihrer Ausbreitungsart (s. Tab 24) und der Entfernung der Spender zu den Halden - auf die Halden gelangen können. Dazu kommen Diasporen und Pflanzen, die vom Menschen beabsichtigt im Zuge von Begrünungs-, Verschönerungs- oder Rekultivierungsmaßnahmen oder unbeabsichtigt mit Abfällen auf die Halden gebracht werden.

Tab. 24: Ausbreitungsart der auf den Halden festgestellten Pflanzenarten (NEEF 2008a).

Ausbreitungsart	% der Zahl der festgestellten Arten
Windausbreitung	46,5
Ameisenausbreitung	3,6
Klettausbreitung	18,7
Wasserausbreitung	0,1
Menschenausbreitung	1,6
Selbstausbreitung	11,1
Verdauungsausbreitung	9,3
Verschleppung durch Tiere	9,0

Tab. 25: Anzahl der Pflanzenarten auf der Vertrauensschachthalde und auf der Deutschlandschachthalde (Revier Lugau-Oelsnitz) (NEEF 2008a).

	Anzahl auf der Vertrauensschachthalde	Anzahl auf der Deutschlandschachthalde
Baumarten	22	19
Straucharten	13	7
Kräuter	88	74
Moosarten	7	13
Gesamtanzahl	**130**	**113**

4.2. Natürliche Sukzession

Die frisch geschütteten Halden sind kahl. Wenn das Bergematerial an der Haldenoberfläche zu verwittern beginnt, siedeln sich Pionierpflanzen auf den Plateaus etwa 2 Jahre, auf den Hängen 5-12 Jahre nach der letzten Verkippung an (KOSMALE 1976, 1989). An den Hängen beginnt die Besiedlung in Nordexposition und an den Unterhängen und Hangfüßen (WÜNSCHE 1973). Südexponierte Hänge, insbesondere die Oberhänge, werden später besiedelt. Die Zahl der Arten nimmt vom Unterhang zum Oberhang ab (NEEF 2006).

Im Initialstadium wurden bis zu 66 Arten auf einer Halde angetroffen, aber nur die Birke behauptet sich mehrere Jahre (KOSMALE 1989).

Nach mehreren Jahrzehnten haben sich auf den Halden überwiegend Birken-Pionierwälder spontan angesiedelt (Tabelle 28), in den Beispielen der Tabelle 25 auf rund 90 % der Fläche. Wie aus Tabelle 25 ersichtlich ist, beginnen jetzt nach längerer Bodenbildung unter den Pioniergehölzen und unter deren mikroklimatischem Schutz längerlebige Baumarten in diese Wälder einzudringen.

Auf der Deutschlandschachthalde im Revier Lugau-Oelsnitz fanden sich 36 Jahre nach Beendigung der Schüttung 100 Gefäßpflanzenarten (Tabelle 26) und 13 Moosarten (Tabelle 27).

Tab. 26: Gefäßpflanzen auf der Deutschlandschachthalde im Jahr 2006, 36 Jahre nach Beendigung der Schüttung (NEEF 2006).

Feld-Ahorn	*Acer campestre*
Berg-Ahorn	*Acer pseudoplatanus*
Rotes Straußgras	*Agrostis capillaris*
Knoblauchsrauke	*Alliaria petiolata*
Schwarz-Erle	*Alnus glutinosa*
Grau-Erle	*Alnus incana*
Gewöhnliche Akelei	*Aquilegia vulgaris*
Gewöhnlicher Glatthafer	*Arrhenatherum elatius*
Gewöhnlicher Beifuß	*Artemisia vulgaris*
Frauenfarn	*Athyrium filix-femina*
Draht-Schmiele	*Deschampsia flexuosa*
Hänge-Birke	*Betula pendula*
Land-Reitgras	*Calamagrostis epigejos*
Wolliges Reitgras	*Calamagrostis villosa*
Vogel-Kirsche	*Prunus avium*
Acker-Kratzdistel	*Cirsium arvense*
Sumpf-Kratzdistel	*Cirsium palustre*
Maiglöckchen	*Convallaria majalis*
Haselnuß	*Corylus avellana*
Eingriffliger Weißdorn	*Crataegus monogyna*
Wiesen-Knäuelgras	*Dactylis glomerata*
Rasen-Schmiele	*Deschampsia cespitosa*
Roter Fingerhut	*Digitalis purpurea*
Blutrote Fingerhirse	*Digitaria sanguinalis*
Gewöhnlicher Dornfarn	*Dryopteris carthusiana*
Breitblättriger Dornfarn	*Dryopteris dilatata*
Gewöhnlicher Wurmfarn	*Dryopteris filix-mas*
Schmalblättriges Weidenröschen	*Epilobium angustifolium*
Berg-Weidenröschen	*Epilobium montanum*
Gewöhnlicher Wasserdost	*Eupatorium cannabinum*
Rot-Buche	*Fagus sylvatica*
Riesen-Schwingel	*Festuca gigantea*
Schaf-Schwingel	*Festuca ovina* agg.
Wald-Erdbeere	*Fragaria vesca*
Gewöhnliche Esche	*Fraxinus excelsior*
Stechender Hohlzahn	*Galeopsis tetrahit*
Klettenlabkraut	*Galium aparine*
Stink-Storchschnabel	*Geranium robertianum*
Gewöhnliche Nelkenwurz	*Geum urbanum*
Riesen-Bärenklau	*Heracleum mantegazzianum*
Wiesen-Bärenklau	*Heracleum sphondylium*
Wald-Habichtskraut	*Hieracium murorum*
Kleines Habichtskraut	*Hieracium pilosella*
Savoyer Habichtskraut	*Hieracium sabaudum*
Wolliges Honiggras	*Holcus mollis*
Gewöhnliches Ferkelkraut	*Hypochaeris radicata*
Kleinblütiges Springkraut	*Impatiens parviflora*

Zarte Binse	*Juncus tenuis*
Europäische Lärche	*Larix decidua*
Gewöhnlicher Liguster	*Ligustrum vulgare*
Wald-Geißblatt	*Lonicera periclymenum*
Pfennigkraut	*Lysimachia nummularia*
Gewöhnliche Mahonie	*Mahonia aquifolium*
Dreinervige Nabelmiere	*Moehringia trinervia*
Mauerlattich	*Mycelis muralis*
Späte Trauben-Kirsche	*Prunus serotina*
Rohr-Glanzgras	*Phalaris arundinacea*
Wiesen-Lieschgras	*Phleum pratense*
Fichte	*Picea abies*
Weymouths-Kiefer	*Pinus strobus*
Gewöhnliche Wald-Kiefer	*Pinus sylvestris*
Spitz-Wegerich	*Plantago lanceolata*
Breit-Wegerich	*Plantago major*
Einjähriges Rispengras	*Poa annua*
Wald-Rispengras	*Poa chaixii*
Hain-Rispengras	*Poa nemoralis*
Gewöhnliches Rispengras	*Poa trivialis*
Zitter-Pappel	*Populus tremula*
Schlehe	*Prunus spinosa*
Kleines Wintergrün	*Pyrola minor*
Stiel-Eiche	*Quercus robur*
Rot-Eiche	*Quercus rubra*
Stachelbeere	*Ribes uva-crispa*
Robinie	*Robinia pseudoacacia*
Hunds-Quecke	*Elymus caninus*
Kratzbeere	*Rubus caesius*
Himbeere	*Rubus idaeus*
Schlitzblättrige Brombeere	*Rubus laciniatus*
Kleiner Sauerampfer	*Rumex acetosella*
Stumpfblättriger Ampfer	*Rumex obtusifolius*
Blut-Ampfer	*Rumex sanguineus*
Sal-Weide	*Salix caprea*
Schwarzer Holunder	*Sambucus nigra*
Roter Holunder	*Sambucus racemosa*
Scharfer Mauerpfeffer	*Sedum acre*
Fuchs' Greiskraut	*Senecio ovatus*
Wald-Greiskraut	*Senecio sylvaticus*
Nickendes Leimkraut	*Silene nutans*
Kanadische Goldrute	*Solidago canadensis*
Eberesche	*Sorbus aucuparia*
Wiesen-Löwenzahn	*Taraxacum officinale* agg.
Eibe	*Taxus baccata*
Acker-Hellerkraut	*Thlaspi arvense*
Winter-Linde	*Tilia cordata*
Rot-Klee	*Trifolium pratense*
Weiß-Klee	*Trifolium repens*
Huflattich	*Tussilago farfara*
Gewöhnliche Brennnessel	*Urtica dioica*
Heidelbeere	*Vaccinium myrtillus*
Hain-Veilchen	*Viola riviniana*

Tab. 27: Moose auf der Deutschlandschachthalde (Revier Lugau-Oelsnitz) im Jahr 2006, 36 Jahre nach Beendigung der Schüttung (NEEF 2006).

Katharinenmoos (*Atrichum undulatum*)
Sumpfstreifenmoos (*Aulacomnium palustre*)
Kurzbüchse (*Brachythecium rutabulum*)
Haartragendes Krummstielmoos (*Campylopus introflexus*)
Purpurstieliges Hornzahnmoos (*Ceratodon purpureus*)
Kleines Besenmoos (*Dicranella heteromalla*)
Gewöhnliches Besenmoos (*Dicranum scoparium*)
Zypressenmoos (*Hypnum cupressiforme*)
Rotstengeliges Astmoos (*Pleurozium schreberi*)
Nickendes Birnmoos (*Pohlia nutans*)
Wald-Bürstenmoos (*Polytrichum formosum*)
Haartragendes Bürstenmoos (*Polytrichum piliferum*)
Sparriges Astmoos (*Rhytidiadelphus squarrosus*)

Tab. 28: Vegetationstypen im Jahr 2006 auf der Vertrauensschachthalde und auf der Deutschlandschachthalde im Steinkohlenbergbaurevier Lugau-Oelsnitz (nach NEEF 2006).

Vegetationstyp	Vertrauensschachthalde, Schüttungsende 1938 Flächenanteil (%)	Deutschlandschachthalde, Schüttungsende 1970 Flächenanteil (%)
Salweidengebüsch	4	
Holundergebüsch	7	
Ruprechtskraut-Birkenwald	20	
Farnreicher Birkenwald	3	23 (s. Abb. 120)
Rotes Straußgras-Birkenwald	30	18 (s. Abb. 119)
Honiggras-Birkenwald		2
Typischer Birkenwald	36	48 (s. Abb. 118)
Straußgras-Magerrasen		5 (s. Abb. 117)
Farnreicher Erlenwald		1
Honiggras-Erlenwald		1
Brennnessel-Erlenwald		2

Abb. 117: Magerrasen auf der Deutschlandschachthalde bei Oelsnitz (Erzgebirge). Die Geländestufe entstand durch Senkung bei Haldenbrand. Die Gehölze besiedeln den Magerrasen (rechts unten Eiche, oben Robinie) (Foto: A. Neef, 2008).

Steinkohlenbergbau

Abb. 118: Typischer Birkenwald auf der Deutschlandschachthalde bei Oelsnitz/Erzgebirge (Foto: A. Neef, 2008).

Abb. 119: Rotes Straußgras-Birkenwald auf der Deutschlandschachthalde bei Oelsnitz/Erzgebirge (Foto: A. Neef, 2008).

Abb. 120: Farnreicher Birkenwald auf der Deutschlandschachthalde bei Oelsnitz/Erzgebirge (Foto: A. Neef, 2008).

Bestimmte Arten bevorzugen bestimmte Substrate (s. Tab 29). So konzentrierte sich die Sal-Weide um 1963 auf grauem Schieferton, Esche und Berg-Ahorn waren zu dieser Zeit nur auf den künstlich aufgebrachten Lehmüberzügen zu finden (s. Tab 29). Mit zunehmender Bodenbildung greifen aber auch diese längerlebigen Klimaxbaumarten auf den Schieferton über.

Tab. 29: Vorkommen einzelner Pflanzenarten auf verschiedenen Haldensubstraten (nach WÜNSCHE 1963) (B: Baumschicht, St: Strauchschicht, J: Naturverjüngung, F: Feldschicht, M: Moosschicht).

Pflanzenart		Substrat			
		Grauer Schieferton	Rotgebrannter Schieferton	Lehm-überzug	Flugasche
Sal-Weide	*Salix caprea*	B, St, J			
Hänge-Birke	*Betula pendula*	B, St, J	B, St, J	B, St	B, St, J
Trauben-Eiche	*Quercus petraea*	B, St, J	B, St, J		
Stiel-Eiche	*Quercus robur*	B, St, J	B, St, J	B, St, J	B, St, J
Rot-Eiche	*Quercus rubra*		B, J		
Zitter-Pappel	*Populus tremula*	St	B, St, J	St, J	
Robinie	*Robinia pseudoacacia*	B		B, St, J	
Esche	*Fraxinus excelsior*			B, St, J	

Pflanzenart		Substrat			
		Grauer Schieferton	Rotgebrannter Schieferton	Lehmüberzug	Flugasche
Berg-Ahorn	Acer pseudoplatanus			B, J	
Grau-Erle	Alnus incana			B, St, J	
Winter-Linde	Tilia cordata		J	B, St, J	
Faulbaum	Rhamnus frangula	St	St	St	
Roter Holunder	Sambucus racemosa	St	St	St	
Himbeere	Rubus idaeus	St	St	St	
Brombeere	Rubus fruticosus		St	St	
Rotes Straußgras	Agrostis capillaris	F	F	F	F
Gewöhnliches Ruchgras	Anthoxantum odoratum	F	F	F	F
Wiesen-Knäuelgras	Dactylis glomerata	F	F	F	F
Wolliges Honiggras	Holcus lanatus	F	F	F	F
Gewöhnliches Habichtskraut	Hieracium laevigatum	F	F	F	F
Draht-Schmiele	Deschampsia flexuosa	F	F		
Vielblütige Hainsimse	Luzula multiflora	F	F		
Kleiner Sauerampfer	Rumex acetosella	F			
Schmalblättriges Weidenröschen	Epilobium angustifolium	F	F	F	F
Berg-Weidenröschen	Epilobium montanum		F	F	F
Wiesen-Rispengras	Poa pratensis			F	F
Gewöhnliches Rispengras	Poa trivialis			F	F
Gewöhnlicher Frauenfarn	Athyrium filix-femina			F	F
Gewöhnlicher Wurmfarn	Dryopteris filix-mas			F	F
Brennessel	Urtica dioica			F	F
Weiß-Klee	Trifolium repens				F
Acker-Kratzdistel	Cirsium arvense				F
Nickendes Birnmoos	Pohlia nutans	M			
Haartragendes Bürstenmoos	Polytrichum piliferum	M			
Kleines Besenmoos	Dicranella heteromalla	M	M		
Zweispitziges Kopfsproßmoos	Cephalozia bicuspidata	M	M		
Winziges Schönschnabelmoos	Eurhynchium swartzii			M	

Tab. 30: Herkunft von Pflanzenarten auf den Halden (nach KOSMALE 1989, Auswahl der häufigsten Arten).

Herkunft	Häufigste Arten
Gartenflüchtlinge, angepflanzte und gesäte Arten	Roter Fingerhut (*Digitalis purpurea*), Japanischer Flügelknöterich (*Reynoutria japonica*), Kanadische Goldrute (*Solidago canadensis*)
Wegränder, Felsspalten und Magerrasen	Hügel-Weidenröschen (*Epilobium collinum*), Kleiner Sauerampfer (*Rumex acetosella*)
Bauernwälder und Gebüsche	Himbeere (*Rubus idaeus*), Schmalblättriges Weidenröschen (*Epilobium angustifolium*), Doldiges Habichtskraut (*Hieracium umbellatum*), Wald-Habichtskraut (*H. murorum*), Gewöhnliches Habichtskraut (*H. lachenalii*)
Ruderalstandorte	Brennnessel (*Urtica dioica*), Huflattich (*Tussilago farfara*), Rainfarn (*Tanacetum vulgare*), Gewöhnlicher Beifuß (*Artemisia vulgaris*), Wilde Möhre (*Daucus carota*), Gewöhnliche Kratzdistel (*Cirsium vulgare*), Gewöhnlicher Natternkopf (*Echium vulgare*)
Segetalstandorte	Acker-Kratzdistel (*Cirsium arvense*), Weichhaariger Hohlzahn (*Galeopsis pubescens*), Gewöhnlicher Hohlzahn (*G. tetrahit*), Gewöhnliche Vogelmiere (*Stellaria media*), Acker-Vogelknöterich (*Polygonum aviculare*)
Wiesen	Wiesen-Bärenklau (*Heracleum sphondylium*), Kriechender Hahnenfuß (*Ranunculus repens*), Großer Sauerampfer (*Rumex acetosa*), Stumpfblättriger Ampfer (*Rumex obtusifolius*), Wiesen-Löwenzahn (*Taraxacum officinale*)

Die Besiedlung der Halden hängt stark vom Diasporenangebot der Umgebung, vom Brandgeschehen auf den Halden und von künstlichen Besiedlungsversuchen ab (s. KOSMALE 1989, Tab. 30 und s. u.).

4.3 Rekultivierung

Die kahlen Halden waren erosionsgefährdet. Außerdem wurden sie von der Bevölkerung als unästhetisch empfunden. Deshalb begannen die Bergbaubetriebe in den 1920er Jahren mit Versuchen, die spontane Begrünung durch Pflanzungen, an einzelnen Stellen nach Kulturbodenauftrag (Lehmüberzug), zu ergänzen (WÜNSCHE & WEISE 2009). Diesen spontanen und gepflanzten Aufwuchs an Gehölzen nutzte die Bevölkerung nach dem Zweiten Weltkrieg als Brennholz, so dass er bis auf geringe Reste vernichtet wurde. Im Jahr 1953 begann die Arbeitsgruppe Landeskultur beim Rat des Bezirkes Karl-Marx-Stadt (Chemnitz) mit der planmäßigen Rekultivierung der Halden, zuerst mit Pflanzversuchen (z. B. MÜLLER 1956), ab 1956 auch mit Pflanzungen auf größeren Flächen. Diese Arbeiten übernahm 1958 der Staatliche Forstwirtschaftsbetrieb (StFB) Zwickau (ab 1968 nach dessen Auflösung StFB Flöha) und seit 1990 die Gesellschaft zur Verwahrung und Verwertung stillgelegter Bergwerksbetriebe mbH (GVV) Sondershausen-Zwickau.

Nach herbstlichen Bodenvorarbeiten (Streifenhacken auf den Plateaus und auf angelegten 50 cm breiten Terrassen an den Böschungen) wurde im zeitigen Frühjahr in das noch feuchte Substrat gepflanzt. Die Versuche von 1953 bis 1956 erwiesen, dass am besten Hänge-Birke, Rot-Eiche, Pappel-Hybriden (*Populus robusta, P. berolinensis*), Haarfrüchtige Balsam-Pappel (*P. trichocarpa*), Zitter-Pappel (*P. tremula*), Schwarz-Erle, Robinie, Eberesche, Eschenblättriger Ahorn (*Acer negundo*), Gewöhnliche Traubenkirsche (*Prunus padus*), Essigbaum (*Rhus typhina*) und Kartoffelrose (*Rosa rugosa*) anwuchsen, weniger gut Schwarz-Kiefer (*Pinus nigra*), Dreh-Kiefer (*P. contorta*), Stiel-Eiche, Trauben-Eiche, Berg-Ahorn und Grau-Erle. In den Jahren bis 1990 war die Baumartenwahl durch die Immissionsbelastung zusätzlich eingeschränkt. Auf den größerflächigen Pflanzungen wurden als Hauptbaumarten Hänge-Birke, Rot-Eiche, Stiel-Eiche, Trauben-Eiche und Pappel-Hybriden, als Mischbaumarten Schwarz- und Grau-Erle eingesetzt (zwei- und dreijährige Pflanzen). Die beiden Erlenarten sollen vor allem die Rohböden mit Stickstoffverbindungen anreichern. Auf den Plateaus wurde Rot-Eiche auch mit Erfolg gesät. Die einzelnen Baumarten entwickeln sich unter den verschiedenen Geländeklimaten und auf den verschiedenen Haldensubstraten unterschiedlich. Auf den trockensten Lagen (Südhänge, insbesondere Oberhänge) und auf grauem Schieferton dominiert die Hänge-Birke. Auf besser wasserversorgten Lagen und auf rotgebranntem Schieferton wachsen auch Stiel-Eiche, Trauben-Eiche, Rot-Eiche, Eberesche, Zitter-Pappel und Sal-Weide befriedigend. Der Kohlenschlamm ermöglichte erst nach Meliorationen (Lockerung und Kalkung) ein Baumwachstum, das kümmerlich blieb. Auf den Lehmüberzügen gedeihen alle Baumarten des Gebietes, also auch an Wasser- und Nährstoffversorgung anspruchsvollere Arten wie Berg-Ahorn, Spitz-Ahorn, Winter-Linde, Esche und Hainbuche (*Carpinus betulus*) (WÜNSCHE & WEISE 2009).

In neueren Pflanzversuchen auf der Deutschlandschachthalde in Oelsnitz (NEEF 2006) wuchsen Berg-Ahorn und Weiß-Tanne (*Abies alba*) zu 100 %, Stiel-Eiche zu 80 %, Rot-Buche zu 65 % und Douglasie (*Pseudotsuga menziesii*) zu 44 % der Zahl ausgebrachter Pflanzen an.

In den älteren Pflanzungen stellt sich inzwischen Naturverjüngung der Klimaxbaumarten ein (WÜNSCHE & WEISE 2009), so dass wahrscheinlich ist, dass sich die Bestände zu Gesellschaften der potenziellen natürlichen Vegetation des Gebietes entwickeln werden. Dies ist auch über eine längere Zeitspanne für die spontanen Gehölzaufwüchse zu erwarten.

5 Literatur

BRAUSE, H. (2009): Die wirtschaftliche Bedeutung der Steinkohlenlagerstätte Zwickau. In: HOTH, K., BRAUSE, H., DÖRING, H., KAHLERT, E., SCHULTKA, S., VOLKMANN, N., BERGER, H.-J., ADAM, C., WÜNSCHE, M. (Hrsg.) (2009): Bergbau in Sachsen, Band 15: Die Steinkohlenlagerstätte Zwickau. Sächsisches Landesamt für Umwelt, Landwirtschaft und Geologie und Oberbergamt Dresden (Hrsg.), Radebeul, Freiberg.

-, FELIX, M., SCHUBERT, H. (2009): Bergbaufolgen. In: HOTH, K., BRAUSE, H., DÖRING, H., KAHLERT, E., SCHULTKA, S., VOLKMANN, N., BERGER, H.-J., ADAM, C., WÜNSCHE, M. (2009): Bergbau in Sachsen, Band 15: Die Steinkohlenlagerstätte Zwickau. Sächsisches Landesamt für Umwelt, Landwirtschaft und Geologie und Oberbergamt Dresden (Hrsg.), Radebeul.

CHRONIK DER WISMUT (2010), Chemnitz.

FRENZEL, M., HERTWIG, T., WILLSCHER, S., SOHR, A. (2009): Branchenbezogene Merkblätter zur Altlastenbehandlung. 18: Steinkohlenbergehalden. Sächsisches Landesamt für Umwelt, Landwirtschaft und Geologie Dresden, Radebeul, Freiberg.

GAUER, J., ALDINGER, E. (Hrsg.) (2005): Waldökologische Naturräume Deutschlands - Forstliche Wuchsgebiete und Wuchsbezirke. Mitt. Ver. Forstl. Standortskunde u. Forstpflanzenzüchtung **43**.

HOTH, K., BRAUSE, H., DÖRING, H., KAHLERT, E., SCHULTKA, S., VOLKMANN, N., BERGER, H.-J., ADAM, C., WÜNSCHE, M. (2009): Bergbau in Sachsen, Band 15: Die Steinkohlenlagerstätte Zwickau. Sächsisches Landesamt für Umwelt, Landwirtschaft und Geologie und Oberbergamt Dresden (Hrsg,), Radebeul, Freiberg.

KOSMALE, S. (1976): Die Veränderung der Flora und der Vegetation in der Umgebung von Zwickau, hervorgerufen durch Industrialisierung und Intensivierung von Land- und Forstwirtschaft. Diss. MLU Halle.

- (1989): Die Haldenvegetation im Steinkohlenbergbaurevier Zwickau - ein Beispiel für das Verhalten von Pflanzen an Extremstandorten, Rekultivierung und Flächennutzung. Hercynia N. F. **26**: 253-274.

MORGENSTERN, L. (2003): Integration von Steinkohlenhalden in das Freiraumkonzept der Stadt Zwickau. Dipl.-Arb., Fachhochschule für Forstwirtschaft Schwarzburg, unveröff.

MÜLLER, H. (1956): Die Aufforstung von Halden im Steinkohlengebiet Zwickau-Oelsnitz. Abschlußarb., Fachschule für Forstwirtschaft Ballenstedt, unveröff.

NEEF, A. (2006): Untersuchung des biologischen Potenzials der Deutschlandschachthalde mit den Schwerpunkten Standort, Vegetation und Pflanzenwachstum. Unveröff. Abschlussbericht, Ingenieurbüro Neef Zwickau, Bürgermeisteramt Oelsnitz.

– (2007): Bergbaufolgespezifische Kartierung der Standorte, Waldbestände und Vegetation auf der Vertrauensschacht-Halde im ehemaligen Steinkohlenrevier Lugau/Oelsnitz. Unveröff. Abschlussbericht, Ingenieurbüro Neef Zwickau, Bürgermeisteramt Oelsnitz.

- (2008a): Vergleichende Auswertung forstlicher Standorte, Waldbestände und Vegetation der Deutschlandschacht- und Vertrauensschachthalde im ehemaligen Steinkohlerevier Lugau/Oelsnitz. Unveröff. Bericht, IBN-Ingenieurbüro Neef, Zwickau.
- (2008b): Machbarkeitsstudie zur gemeinsamen Bewirtschaftung von Waldflächen in der Wirtschaftsregion Chemnitz-Zwickau unter besonderer Beachtung der Haldenproblematik in der FLOEZ-Region. Unveröff. Bericht, IBN-Ingenieurbüro Neef, Zwickau.
- (2009): Untersuchung einer tragfähigen Lösung zum Projekt „Machbarkeitsstudie zur gemeinsamen Bewirtschaftung von Waldflächen in der Wirtschaftsregion Chemnitz-Zwickau unter besonderer Beachtung der Haldenproblematik in der FLOEZ-Region". Unveröff. Abschlussbericht, Ingenieurbüro Neef Zwickau, Bürgermeisteramt Oelsnitz.

PÄLCHEN, W. (Hrsg.) (2009): Geologie von Sachsen II. Georessourcen, Geopotentiale, Georisiken. Stuttgart.

-, WALTER, H. (Hrsg.) (2008): Geologie von Sachsen. Geologischer Bau und Entwicklungsgeschichte. Stuttgart.

SÄCHSISCHE LANDESANSTALT FÜR FORSTEN (1997): Forstliche Wuchsgebiete und Wuchsbezirke im Freistaat Sachsen. Schr. R. Sächs. Landesanstalt Forsten **8/96**, 2. Aufl. 12/97, Graupa.

SCHMIDT, P. A., HEMPEL, W., DENNER, M., DÖRING, N., GNÜCHTEL, A., WALTER, B., WENDEL, D. (2002): Potentielle Natürliche Vegetation Sachsens mit Karte 1 : 200.000. In: Materialien zu Naturschutz und Landschaftspflege. Sächsisches Landesamt für Umwelt und Geologie (Hrsg.), Dresden.

WÜNSCHE, M. (1963): Die Standortsverhältnisse und Rekultivierungsmöglichkeiten der Halden des Zwickau-Lugau-Oelsnitzer Steinkohlenreviers. Freib. Forsch. H. C **153**: 1-88.

- (1968): Exkursion in das Zwickauer Steinkohlenrevier 24.10.1968. Unveröff. Exkursionsführer, Freiberg.
- (1973): Rekultivierung von Halden des Steinkohlenbergbaus. In: THOMASIUS, H. (Hrsg.) (1973): Wald, Landeskultur und Gesellschaft. Dresden.

-, RANFT, H., HAUBOLD, W. (1987): Wiedernutzbarmachung von Halden des Erz- und Steinkohlenbergbaus im Erzgebirge und Erzgebirgsvorland. Neue Bergbautechnik **17**: 312-314.

-, WEISE, A. (2009): 9. Rekultivierung der Halden des Zwickauer Bergbaus. In: HOTH, K., BRAUSE, H., DÖRING, H., KAHLERT, E., SCHULTKA, S., VOLKMANN, N., BERGER, H.-J., ADAM, C., WÜNSCHE, M. (2009): Bergbau in Sachsen, Band 15: Die Steinkohlenlagerstätte Zwickau. Sächsisches Landesamt für Umwelt, Landwirtschaft und Geologie und Oberbergamt Dresden (Hrsg.), Radebeul, Freiberg.

B4 Weitere Steinkohlenabbaugebiete

MARTIN HEINZE

Von den weiteren Steinkohlenabbaugebieten soll das kleine Wettiner Revier 15 km nordwestlich von Halle näher behandelt werden. Das Revier bietet sich als seltenes Beispiel für eine Bergbaufolgelandschaft in ländlicher Umgebung an (Abb. 121). Es ist floristisch und vegetationskundlich intensiv erforscht (KRUMBIEGEL & OTTO 1999). Die folgenden Ausführungen gründen sich auf die Ergebnisse dieser Untersuchungen.

Abb. 121: Kleine Bergehalde des Wettiner Steinkohlenreviers mitten in der Ackerlandschaft (Foto: H. Baumbach, Mai 2008).

Das Gebiet ist ein Teil des Mitteldeutschen Trockengebietes, liegt zwischen 100 und 150 m ü. NN hoch, erhält einen mittleren Jahresniederschlag von 470 mm und hat eine Jahresmitteltemperatur von 9,0 °C. Das leicht wellige Relief wird durch die ca. 80 kleinen Halden mit Grundflächen zwischen 200 und 5200 m² und Höhen bis maximal 10 m zusätzlich belebt. Das Untersuchungsgebiet liegt geologisch auf der Halle-Wittenberger Scholle am Westrand der Halleschen Mulde (intramontane Becken des Variskischen Gebirges). Die Vegetation in diesen Becken wurde im Oberkarbon und Unterperm (Rotliegendes) von den Abtragungsschutten u. a. aus Quarziten, Sandsteinen und Metamorphiten überdeckt und in der Folgezeit zu Steinkohle umgewandelt. Die Abtragungsschutte bilden heute die Bergehalden an den alten Schächten und damit das Ausgangssubstrat für die sauren bis schwach sauren, unter dem Einfluss angrenzender Äcker auch neutralen Rohböden.

Die heutige Vegetation auf der Feldflur um die Halden sind Ackerkulturgesellschaften. Diese Gesellschaften und die Gehölze und Trockenrasen auf nahegelegenen Porphyrkuppen spenden die Diasporen für die Primärsukzession auf den Halden.

Das diverse Diasporenangebot aus der Umgebung trifft auf sehr diverse Haldenstandorte mit verschiedenen Substraten, Bodenwasserhaushalten und Mikroklimaten.

Der Bergbau begann im Jahr 1695 und wurde mit Unterbrechungen bis 1883 betrieben. Danach war eine lange, auf Grund der isolierten Lage inmitten der Feldflur ungestörte spontane Primärsukzession möglich. Die einzige direkte menschliche Einflussnahme war die Pflanzung von Robinien auf einigen Halden.

Auf den Halden wurden 153 Gefäßpflanzenarten gefunden. Davon sind 40 Arten Gehölze. Die krautigen Pflanzen sind Ackerwildkräuter, Ruderalarten, Saumarten (meist Stickstoffzeiger), Arten der Trocken- und Halbtrockenrasen, Wiesenarten und selten auch Waldarten.

Die vorherrschenden Gehölzbestände lassen sich den Klassen der nitrophilen Sommergrünen Laubgebüsche (Urtico-Sambucetea) und den Kreuzdorn-Schlehen-Gebüschen (Rhamno-Prunetea spinosae) zuordnen. Häufige Straucharten sind Schwarzer Holunder (*Sambucus nigra*), Schlehe (*Prunus spinosa*), Eingriffeliger Weißdorn (*Crataegus monogyna*), Hundsrose (*Rosa canina*) und Keilblättrige Rose (*Rosa elliptica*), häufige Baumarten Vogelkirsche (*Cerasus avium*), Steinweichsel (*Cerasus mahaleb*) und Stiel-Eiche (*Quercus robur*).

Die Gehölzvegetation gliedert sich in Steinweichsel-Vogelkirschen-Gehölze, Feldulmen-Gehölze, Eschen-Gehölz, Stieleichen-Gehölze, Schlehen-Holunder-Gehölze und Robinien-Gehölze.

Die Vegetation der Trocken- und Halbtrockenrasen unterteilt sich nach zunehmender Bewuchsdichte in vegetationsarme steile Böschungen, kryptogamenreiche Trockenrasen-Gesellschaften, *Festuca rupicola*- und *Arrhenatherum elatius*-Dominanzbestände der Plateaus sowie weitere Gras-Dominanzbestände. In den Trocken- und Halbtrockenrasen wurden 16 Laubmoosarten, eine Lebermoosart und 18 Flechtenarten gefunden.

Die Gehölzbestände unterscheiden sich nicht von Gehölzen in der Nachbarschaft, die nicht auf Halden stehen, so dass angenommen wird, dass die Bestände auf den Halden unter den gegenwärtigen Bedingungen nach vielleicht ungefähr 300 Jahren (seit 1695), mindestens aber nach 130 Jahren (seit 1883) das Endstadium der Sukzession erreicht haben.

Literatur

KRUMBIEGEL, A., OTTO, B. (1999): Die Vegetation der Abraumhalden des Steinkohlentiefbaues nördlich von Wettin (Saalkreis, Sachsen-Anhalt). Hercynia N. F. **32**: 251-274.

C Kalibergbau

Martin Heinze & Heike Liebmann

1 Standorte in Deutschland, Entstehung der Lagerstätten und Lagerstättentypen

In Deutschland bildeten sich Kalilagerstätten während des Perms (Zechstein) und des Tertiärs. Die Kali- und Steinsalzablagerungen des Zechsteins erstrecken sich über den nördlichen Teil Deutschlands bis nach Hessen und Thüringen. Bergmännische Gewinnung und Verarbeitung von Kalisalzen erfolgte bzw. erfolgt im Werra-Kalirevier Thüringens und Hessens, südlich des Harzes (Südharz- und Unstrutkalirevier), nördlich des Harzes (Nordharzkalirevier) und auf der Scholle von Calvörde (Zielitz) sowie in Niedersachsen. Kalisalze des Alttertiärs wurden bei Buggingen im südlichen Oberrheintalgraben abgebaut (Henningsen & Katzung 2006, Kästner 1995).

Abgesehen von kalimineralfreiem („taubem") Gestein aus unterschiedlichen bergmännischen Prozessen (Streckenauffahrung, Teufen der Schächte) bestehen die Halden der Kaliindustrie im Wesentlichen aus den Verarbeitungsrückständen der geförderten Rohsalze. Ihre mineralische Zusammensetzung spiegelt sich somit in dem zur Aufhaldung gelangenden Material wider. In Deutschland gibt es diesbezüglich eine beachtliche Bandbreite zwischen den verschiedenen Lagerstättenrevieren und z. T. auch zwischen den einzelnen Verarbeitungsstandorten. Dies bedingt auch unterschiedliche Verarbeitungsverfahren, die sich letztlich ebenfalls auf die chemische und physikalische Beschaffenheit der Rückstände auswirken.

Nach dem vorrangigen Nutzmineral der Kalisalze ist grundsätzlich zwischen Carnallitgesteinen und Sylvingesteinen (Tab. 31) zu unterscheiden. Standortbezogen und zeitweise unterschiedlich wurden und werden sie sowohl einzeln (ausschließlich) als auch gemischt verarbeitet.

Carnallitgesteine besitzen einen relativ monotonen Mineralbestand aus Carnallit und Halit (Hauptkomponenten) und Kieserit (in manchen Lagerstätten nur um 1 % bis fehlend). Weitere Minerale (Anhydrit, Tonminerale, Borate etc.) können ein Prozent bis wenige Prozente erreichen. Eine lokale Ausnahme innerhalb der deutschen Kalilagerstätten ist Tachhydrit, der im Saalegebiet (Teutschenthal) als Nebenkomponente Anteile bis >10 % einnehmen kann.

Sylvingesteine werden nach dem Anteil an Sulfatmineralen unterschieden in

- Sylvinit, bestehend aus den Hauptkomponenten Halit (überwiegend) und Sylvin, während andere Salzminerale (Kieserit, Polyhalit, Anhydrit, Carnallit u. a.) zusammen nur wenige Prozente nicht übersteigen.

- Hartsalz, gekennzeichnet durch Halit als Hauptkomponente, Sylvin in höheren sowie Sulfatmineralen in deutlichen, qualitativ und quantitativ stark wechselnden Anteilen. Charakteristisch sind ausschließlich Anhydrit führende (monosulfatische) Hartsalze. Im Gegensatz dazu stehen polysulfatische Hartsalze, unter denen nach den jeweils vorherrschenden Mineralen des Sulfatspektrums kieseritische, polyhalitisch-langbeinitische, polyhalitische, glaseritisch-syngenitische Typen neben anderen hervorzuheben sind. Normalerweise liegen die sulfatischen Mineralanteile in den deutschen Hartsalzlagerstätten zwischen 10 % und 20 %, in Extremfällen und lokalen Teilbereichen auch darüber. Tonige Anteile betragen meist < 1 % bis wenige Prozent.

Die gewinnbaren Kalium- und Sulfatanteile der Kalisalze sind unterschiedlich und werden in der Praxis neben der Beschaffenheit der Lagerstätten auch von weiteren Faktoren (z. B. geographische und hydrographische Standortbedingungen, eingesetzte Verarbeitungsverfahren etc.) beeinflusst. In der Anfangsphase der Kaliindustrie im 19. Jh. waren zunächst Carnallitgesteine der bevorzugte Rohstoff. Wegen des höheren Kaliumgehaltes und des geringeren Anfalls flüssiger Abprodukte bei der Verarbeitung erwiesen sich jedoch nachfolgend Sylvingesteine als vorteilhafter. Sie wurden im 20. Jh. im Kaliflöz Staßfurt des Zechsteins 2 im Südharz-

Unstrut-Gebiet und auch im subherzynen Becken bevorzugt abgebaut. Mit der Entwicklung der Verarbeitungsverfahren und der Produktpalette (Herstellung sulfatischer Düngemittel) konnte in der Folge ein zunehmender Anteil der sulfatischen Mineralkomponenten (Kieserit) mit verarbeitet werden. Der restliche Teil wurde als Rückstand behandelt und mit den überwiegend halitischen Reststoffen aufgehaldet. Besonders aus polysulfatischen Hartsalzen betraf dies einen nicht unerheblichen Anteil zwar verlangsamt löslicher, längerfristig jedoch auflösungs- und reaktionsfähiger Sulfatkomponenten. Sie sind vielfältiger als im Rückstand rein anhydritischen Hartsalzes, wo bei den weiteren Vorgängen die Vergipsung des Anhydrits dominiert. Das Letztere trifft insbesondere auf die Halden des Südharzkalireviers Sondershausen, Bleicherode und Sollstedt zu.

Einen gewissen Übergangscharakter tragen die Halden von Menteroda und Bischofferode, wo Anteile des Rückstandes aus der Verarbeitung von glaseritisch-syngenitisch-(-polyhalitischem) bzw. kieseritisch-polyhalitischem Hartsalz resultieren. Vorrangig polysulfatisches Hartsalz wurde demgegenüber an den Standorten Rossleben, Bernburg-Gröna und anderen, älteren Kaliwerken des Nordharzreviers aufgehaldet.

Im nördlichen Niedersachsen sowie auf der Scholle von Calvörde (Zielitz) ist der Sylvinit der Kaliflöze des Zechsteins 3 (Flöze Ronnenberg und Riedel) Gegenstand der industriellen Gewinnung und Verarbeitung gewesen. Sulfatreaktionen im Rückstand dürften hier relativ bedeutungslos bleiben.

In den Kaliflözen Thüringen und Hessen des thüringischen und hessischen Werra-Fulda-Gebietes treten sowohl Sylvinit und Hartsalz als auch teilweise sehr hochprozentiges Carnallitgestein auf. Die Gewinnung erstreckt sich auf alle Typen. Bei der Verarbeitung des Carnallits fällt ein hoher Anteil flüssiger Abprodukte an. Ein Teil der Sulfatkomponenten wird in die Verarbeitung einbezogen (Kieserit). Die restlichen Sulfatkomponenten gelangen mit dem vorwiegend halitischen Rückstand zur Halde.

Tab. 31: Zusammensetzung der Minerale der Kalisalzlagerstätten.

Stoffgruppe	Mineral	Chemische Zusammensetzung
Chloride	Halit	$NaCl$
	Sylvin	KCl
	Carnallit	$KMgCl_3 \times 6 H_2O$
	Tachhydrit	$CaMg_2Cl_6 \times 12 H_2O$
Sulfate	Anhydrit	$CaSO_4$
	Gips	$CaSO_4 \times 2 H_2O$
	Kieserit	$MgSO_4 \times H_2O$
	Langbeinit	$K_2Mg_2(SO_4)_3$
	Polyhalit	$Ca_2K_2Mg(SO_4)_4 \times 2 H_2O$
	Glaserit	$K_3Na(SO_4)_2$
	Syngenit	$K_2Ca(SO_4)_2 \times H_2O$

2 Abbau- und Aufbereitungsverfahren

Kalisalze werden überwiegend im Tiefbau bergmännisch abgebaut. An einzelnen Standorten werden Salzlagerstätten schachtlos gesolt. Sole wird in der Steinsalzgewinnung und in der Sodaindustrie gefördert. Am Standort Bleicherode wird von der DEUSA International auch Kali soltechnisch gewonnen. Damit vermeidet man den Anfall fester Abprodukte und die Aufhaldung.

Die weitaus größte Anzahl der Kalihalden resultiert aus dem Auffahren der Schächte. Es gibt über 300 Kalischächte in Deutschland, die vorwiegend Anfang des vorigen Jahrhunderts geteuft wurden. Es sind Teufhalden entstanden, die aus nichtsalinarem Deckgebirge und salinarem Material bestehen, teilweise sind sie durch die zusätzliche Ablagerung von Verarbeitungsrückstand, Asche oder Bauabfällen zu Mischhalden geworden. Das Salinar liegt auf diesen Halden in grobstückiger Form vor. In der Folge sind durch lokale Auswaschungen Zerklüftungen, Einsturzkrater und Dolinen entstanden.

Eine Sanierung dieser Halden erfolgt nicht, da sie kleinräumig und von geringer Umweltrelevanz sind. An vielen dieser Kleinhalden wurden Sekundärbiotope mit Salzpflanzen festgestellt.

Als Düngemittel werden Kaliumchlorid, Kaliumsulfat und partiell Magnesiumsulfat aus dem Rohsalz hergestellt. Dazu werden unterschiedliche Verarbeitungsverfahren angewendet, die zu Unterschieden in der Zusammensetzung und den physikalischen Eigenschaften der resultierenden Rückstände führen, die bei der abschließenden Aufhaldung einen wesentlichen Einfluss auf die Begrünungseigenschaften der Rückstandshalden haben.

Die Haldentypen resultieren aus der jeweiligen Rohsalzzusammensetzung, den angewendeten Aufbereitungsverfahren und der Aufhaldungstechnik.

In den ersten Jahrzehnten der Kaliverarbeitung wurde vorwiegend das Heißlöseverfahren angewendet. Dabei wird die temperaturabhängig unterschiedliche Löslichkeit der einzelnen Rohsalzkomponenten ausgenutzt. Bis über 80 % des Rohsalzes fallen als flüssige und feste Abprodukte an. Zur Aufhaldung gelangen grobkörnige Rückstände und feinkörnige Schlämme im Verhältnis 4:1 mit 6 % - 10 % anhaftenden Salzlösungen.

Seit Mitte des 20. Jh. wurden auch das Flotationsverfahren, das dem Prinzip der Hydrophobie und der Hydrophilie folgt, und die Elektrosortierung, die zur Trennung unterschiedliche elektrische Oberflächeneigenschaften ausnutzt, eingesetzt. Diese Verfahren werden meist in Kombination mit dem Heißlöseverfahren betrieben. Um den Trenneffekt zu verbessern, werden die Körner beim Flotationsverfahren mit Fettsäuren, Alkylaminen, -sulfaten, -morpholinen u. ä., bei der Elektrosortierung mit Sulfonsäure-, Carbonsäure- und Hydroxylgruppen benetzt.

Entscheidend für die Rückstandsspezifik sind:
- die chemische Zusammensetzung
- die Körnung des Rückstandes und
- die Aufhaldungstechnik.

Chemische Zusammensetzung

Die chemische Zusammensetzung des Rückstandes ist in Abhängigkeit von den verarbeiteten Rohsalzen und der Produkte sehr unterschiedlich, was sich unter meteorotropen Bedingungen in der Aufhaldungsphase auf die physikalischen Eigenschaften der Halden, die chemischen Prozesse im Haldenkörper und die Toxizität der Haldenoberfläche auswirkt.

Bei einem vorwiegend halitischen Rückstand herrschen auf der Halde Löse- und Rekristallisationsprozesse vor, die Oberfläche wird auch nach langer Lagerzeit pflanzentoxisch wirken. Der Haldenkörper verfestigt sich nur wenig.

Tab. 32: Aufbereitungsprozesse und Rückstände bei der Kalisalzgewinnung im Kaliwerk Bischofferode (PARNIESKE-PASTERKAMP 2004).

Rohsalz		Prozess	Rückstand		Prozess	Rückstand nach 10 Jahren Ablagerung*	
Mineral	Chemie		Mineral	Chemie		Mineral	Chemie
Halit	NaCl	**Heißlöseverfahren**	Halit	NaCl	**Meteorologische Beeinflussung**	Gips	$CaSO_4 \times 2H_2O$
Sylvin	KCl	Mineralneubildung:	Anhydrit	$CaSO_4$	Mineralumbildung	Anhydrit	$CaSO_4$
Anhydrit	$CaSO_4$	Polyhalit (Temp. >50 °C) aus Sylvin, Anhydrit und Kieserit; =>Aufhaldung	Polyhalit	$K_2SO_4 \times 2\ CaSO_4 \times MgSO_4 \times 2H_2O$	Gips aus Anhydrit, untergeordnet	Syngenit	$K_2SO_4 \cdot CaSO_4 \times H_2O$
Kieserit	$MgSO_4 \times H_2O$		Sylvin	KCl	Syngenit (Temp. < 50 °C) aus Sylvin und Gips, Auflösung des Halits	Halit	NaCl

* reaktive Zone, Haldenkern entspricht dem Rückstand!

Bei Rückständen aus anhydritischen und polyhalitischen Hartsalzen, wie sie im Südharzrevier vorhanden sind, bildet sich an der Haldenoberfläche unter meterotropen Bedingungen eine Gips-Anhydritschicht. Durch Auflösung und Mineralumbildungen wird die Halde im Kernbereich verfestigt.

PARNIESKE-PAASTERKAMP (2004) gibt dazu für die Rückstandshalde Bischofferode die in Tab. 32 genannten Prozesse und Rückstände an.

Um Haldenflächen zu sparen, wurde an den einzelnen Standorten zeitweise Asche aus den betriebszugehörigen Kraftwerken mit den Rückständen aufgehaldet, daraus resultieren partiell erhöhte Anteile an Unlöslichem.

Während Rückstände aus dem Heißlöseverfahren bis auf geringfügige Anhaftungen von Sprengmitteln aus dem Gewinnungsprozess keine Zusatzstoffe enthalten, haben bei der flotativen und elektrostatischen Aufbereitung die Konditionierungsmittel Einfluss auf die Eigenschaften der Halde.

Körnung

Das Rohsalz wird im Heißlöseverfahren auf 4-8 mm, bei der Flotation und Elektrosortierung auf 1 mm maximale Korngröße aufgemahlen (s. Tab. 33).

Tab. 33: Korngrößen von Fabrikrückstand und Schlamm.

Art des Rückstandes:	Flotations-Rückstand	Heißlöserückstand, Zerkleinerung durch Hammermühlen		
Korngröße [mm]	[%]	Rückstand [%]	Schlamm [%]	Rückstand und Schlamm [%]
< 0,1	27,9	0,5	42,9	5,6
0,1 ••• 0,2	25,6	1,5	37,1	5,8
0,2 ••• 0,4	37,8	4,5	19,7	6,3
0,4 ••• 1,0	8,7	19,5	1,3	17,3
1,0 ••• 3,0	-	37,0	-	32,5
3,0 ••• 5,0	-	18,0	-	15,8
5,0 ••• 10,0	-	19,0	-	16,7
> 10,0	-	-	-	-

Die unterschiedlichen Körnungen wirken sich auf die chemische Reaktivität des abgelagerten Rückstandes und auf die physikalischen Eigenschaften aus. Die Grobkörnigkeit des Heißlöserückstandes führt zu einer stark verminderten Wasserspeicherfähigkeit mit ungünstigen Folgen für die Vegetation, andererseits wird bei Ausbildung einer Anhydritdeckschicht der Aufstieg von pflanzentoxischen Salzlösungen verhindert. Die feinkörnige Aufmahlung der anderen Verfahren ist mit langfristigen Versalzungen der Oberflächenschicht verbunden.

Verarbeitungsspezifik und Aufhaldungstechnik

Die einzelnen Verarbeitungsverfahren führen zu Unterschieden in der chemischen Zusammensetzung des Rückstandes und den Mengen an anhaftenden Lösungen. Daraus resultieren unterschiedliche Voraussetzungen für die Umsetzungs- und Rekristallisationsprozesse, die im Laufe der Ablagerung im Kontakt mit der Atmosphäre ablaufen.

Das Verbringen der festen Aufbereitungsrückstände erfolgte durch Aufhaldung, Spülversatz nach Untertage und Ablagerung in Schlammteichen. Im Südharz wurde bis 1970 weitgehend Spülversatz betrieben, erst danach wuchsen die Halden zu ihrer derzeitigen Größe von 32-65 ha Aufstandsfläche an. Die Aufhaldungstechnik entwickelte sich von Seilbahnen hin zu Haldenbandanlagen mit Bandabsetzern (Abb. 122). Die Althalden erreichen geringere Haldenhöhen und Schüttwinkel. Neue Halden sind weit über 100 m hoch mit standsicheren Schüttwinkeln von ca. 34°-38° und Ausdehnungen von über 100 ha.

Fazit

In Bezug auf natürliche Sukzession oder die Begrünbarkeit von Althalden der Kaliindustrie ist eine verallgemeinernde Betrachtung nicht zulässig. Der Standorttyp muss ermittelt werden, um eine angemessenen Bewertung zu erreichen.

Abb. 122: Bandanlage und Absetzer auf der Kalirückstandshalde Heringen (Foto: H. Baumbach, Mai 2006).

3 Folgelandschaften

Die Standorte des Kalibergbaus waren geprägt von Schachtanlagen, übertägigen Einrichtungen der Bergwerke, Kalifabriken und den zugehörigen Kraftwerken, Bandstraßen, Verladestationen, Eisenbahngleisen, Straßen und Energieleitungen, Halden aus Teufmassen und Aufbereitungsrückständen, Schlammteichen, Aschespülteichen, von Flächen, die durch Immissionen von Schwefeldioxid, Chlorwasserstoff, nitrosen Gasen und Salzstäuben aus Aufbereitung, Düngemittelproduktion, Transport und Verladung beeinflusst waren, sowie von Salzaustrittsstellen an Haldenfüßen und in der Umgebung der Orte, an denen Ablaugen in den porösen Untergrund verpresst wurden (s. auch DÄßLER 1991, FIEDLER et al. 1996, KÖNIG et al. 1996).

Die Altstandorte der Kaliindustrie der DDR wurden nach Altlastuntersuchungen im Rahmen des Großprojektes Kali von der Gesellschaft zur Verwahrung und Verwertung stillgelegter Bergbaubetriebe saniert und teilweise umgenutzt. Umweltrelevant sind künftig nur die Kalirückstandshalden und die Salzaustrittsstellen.

Die Halden wurden gesichert und mit Fassungsgräben für die austretenden Salzlösungen versehen. Die Lösungen werden über Zwischenstapel geleitet. Sie werden zum Versatz zur Sicherung von Grubenhohlräumen verwendet oder gesteuert in die Flüsse abgeleitet.

Im Folgenden werden nur die Landschaftselemente behandelt, die typisch für den Kalibergbau sind: die Rückstandshalden und die Salzaustrittsstellen. Die Teufmassen, überwiegend Substrat der hangenden geologischen Schichten über der Kalilagerstätte, interessieren dann, wenn sie selbst Salz enthalten oder mit Aufbereitungsrückstand vermischt wurden.

3.1 Kalirückstandshalden

In Abhängigkeit vom Verarbeitungsverfahren kommt der Aufbereitungsrückstand mit unterschiedlicher Körnung und Feuchte auf die Halden. Heißlöserückstand kommt als körnig-breiige Masse aus der Fabrik auf die Halde und erhärtet binnen weniger Tage durch Flüssigkeitsabgabe und Rekristallisation zu einem festen Salzkörper. Der Rückstand der Elektrosortierung (ESTA; Abb. 123) ist feinkörniger und relativ trocken, so dass es zu Abwehungen bei der Aufhaldung kommen kann (chemische Zusammensetzung frischer Rückstände s. Tab. 34).

Abb. 123: Kalirückstandshalde Heringen, hier werden die Rückstände aus der ESTA aufgehaldet (Foto: H. Baumbach, Mai 2006).

Gemeinsam ist den Rückstandsgroßhalden, dass sie zum überwiegenden Teil aus NaCl bestehen und die Niederschlagsversickerung zur Bildung quasi gesättigter Salzlösungen führt. Eine minimale Aufstandsfläche und damit steile Haldenflanken sind aus hydrologischen Gründen erwünscht, weil die Salzablaugung durch Niederschlag mit der Vertikalprojektionsfläche der Halde positiv korreliert, also mit zunehmender Aufstandsfläche zunimmt.

Sobald der Rückstand dem Niederschlag ausgesetzt ist, beginnen sich vor allem die leicht löslichen Salze, überwiegend also Steinsalz, zu lösen. Aus Lysimetermessungen an unterschiedlichen Halden ist bekannt, dass in die vegetationslose Halde je nach Haldentyp und Ablagerungsdauer 70 % bis über 90 % des Niederschlages versickern (HEINZE 1982, s. u., STUDE et al. 2002).

Die Flüssigkeit tritt als gesättigte Salzlösung mit rund 340 g Salz im Liter Lösung am Haldenfuß an der Oberfläche aus oder versickert im Untergrund in das Grundwasser.

Je nach dem Gehalt leichtlöslicher Salze (Tab. 34) und nach der Menge des Niederschlages reichert sich mit der Zeit eine mehr oder weniger mächtige Schicht abgelaugten Rückstandes an (Abb. 124; chemische Zusammensetzung: Tab 35). Unter den Bedingungen des Südharzrandes (75 % leicht lösliches Salz im Rückstand und 600 mm Jahresniederschlagssumme) ist diese Schicht nach einem Jahrzehnt auf mindestens 0,3 m angewachsen. Sie stellt einen extrem lockeren, grobporenreichen, stark grusigen, schwach anlehmigen Sand dar. Die Trockenrohdichte beträgt 0,60 bis 0,80 g/cm³, das Gesamtporenvolumen um 75 Vol.-% (HEINZE

Tab. 34: Die chemische Zusammensetzung des frischen Rückstandes verschiedener Rückstandshalden der Kaliindustrie. Angaben in Masse-%.

Halde	Jahr der Probenahme	KCl	K_2SO_4	$CaSO_4$	$MgSO_4$	$MgCl_2$	NaCl	H_2O	säureunlöslich	R_2O_3	geologische Herkunft des Kalirohsalzes
											Zechstein:
Zielitz	1976	2,4	0,4	3,1	1,3	0,5	91,1	1,3	0,04	0,02	Leinefolge
Sondershausen	1957-72	2,1	0,2	16,0	1,6	1,0	72,3	6,2	0,3	0,3	Staßfurtfolge, sulfatische Kalisalze
Bischofferode	1971-72	2,5	0,3	17,4	2,1	0,4	69,6	7,4	n. b.	n. b.	„
Volkenroda	1971-72	1,4	2,5	6,4	2,3	0,2	81,1	5,2	0,6	0,3	„
Sollstedt	1973	3,3	0,3	16,9	1,4	0,8	75,7	1,2	n. b.	0,4	„
Roßleben	1973	4,0	6,8	5,3	18,6	1,2	59,7	4,4	n. b.	n. b.	Staßfurtfolge, kieseritische Kalisalze
Hämbach*	1978	0,7	2,4	87,1	3,2	0,3	0,0	5,0	0,7	0,3	Werrafolge
Dorndorf*	1978	0,0	2,8	78,8	4,0	0,6	0,1	5,9	4,2	0,4	„

*verfahrensbedingt nahezu reine Anhydrithalden

Abb. 124: Abgelaugter, anhydritreicher Rückstand auf der Halde Wintershall 4 bei Heringen (Foto: H. Baumbach, Juni 2009).

Tab. 35: Chemische Zusammensetzung abgelaugten Rückstandes verschiedener Kalirückstandshalden, Angaben in Masse-%.

Halde	KCl	K_2SO_4	$CaSO_4$	$MgSO_4$	$MgCl_2$	$NaCl$	H_2O	säure-unlöslich	R_2O_3	H_2O+CO_2 (Glühverlust)
Zielitz	0,7	0,04	62,6	0,2	0,05	4,9	10,0	20,0	1,2	
Roßleben, weiße Kruste			57,0			3,1		9,4	4,2	17,8
Roßleben, graubraunes Lockermaterial			54,8			0,6		9,6	5,5	25,9
Sondershausen			73,7			0,3		1,7	1,6	21,0
Sollstedt			79,9			0,3		1,2	1,0	17,0
Bernterode			76,8			0,1		2,9	0,9	18,7
Hämbach	0,0	0,0	84,9	0,1	0,04	0,0	12,5	1,9	0,5	
Dorndorf	0,0	0,04	77,9	0,2	0,05	0,5	14,9	4,6	0,9	

1982). Die zahlreichen Poren gehen auf die Grobkörnigkeit und die Lösung der Salzkörner zurück, die ursprünglich im frischen Rückstand dieses Volumen eingenommen hatten. Auf steinsalzreicheren Halden ist die abgelaugte Schicht nach der gleichen Zeit wesentlich dünner. Die abgelaugte Schicht im Südharzkalirevier (außer Roßleben) ist nahezu steinsalzfrei, was sich neben der Untersuchung im Labor schon im Gelände mit einer Geschmacksprobe zeigen lässt. Auch PARNIESKE-PASTERKAMP (2004) stellte am Beispiel der Halden Bischofferode und Menteroda fest, dass der Halitgehalt der Deckschicht in geringen Grenzen variiert.

Der natürliche Böschungswinkel stellt sich während der Aufhaldung bei 34° bis 38° ein. Daraus ergeben sich vorwiegend sehr steile Hänge mit großen Geländeklimaunterschieden. Die Hänge lassen sich schwierig mit anderem Material (z. B. Kulturboden), das einen flacheren Böschungswinkel einnimmt, überdecken. Der frische Rückstand ist wegen seines Salzgehaltes phytotoxisch.

An der ungestörten Haldenoberfläche läuft kein Wasser ab. Die Salzlösungen erreichen die Haldenbasis. Da die meisten Halden ohne Untergrundabdichtung abgelagert sind, versalzen die Lösungen, die nicht an peripheren Austrittsstellen oberflächlich austreten, das Grundwasser oder treten unterirdisch den Vorflutern zu.

Geoelektrische Untersuchungen haben Versalzungsaureolen in den Grundwasserhorizonten nachgewiesen. Oberflächlich austretende Salzlösungen werden mittels Haldenlösungsgräben gefasst. Ihre Ableitung stellt ein weiteres Umweltproblem dar.

In beiden Teilen Deutschlands wurde deshalb an Verfahren gearbeitet, die Versickerungsrate durch Überdeckung und Begrünung zu reduzieren. 1979 wurde ein DDR-Patent für ein Verfahren zur biologischen Versiegelung von Halden erteilt (DÖRING et al. 1979). Abdeckungen mit technischen Überzügen haben sich infolge der Oberflächenmorphologie und der extremen klimatischen Exposition als nicht geeignet erwiesen (s. z. B. SCHMEISKY 2000).

Natürliche Sukzession und Direktbegrünung ist nur auf Halden möglich, die nach niederschlagsbedingter Auswaschung der leicht löslichen Salze eine ausreichend mächtige Gips/Anhydrit-Deckschicht bilden und wo kein kapillarer Aufstieg der Salzlösungen die Pflanzen schädigt. Das trifft vorwiegend auf Hartsalzhalden nach dem Heißlöseverfahren, wie sie z. B. im Südharz zu finden sind, zu.

Halophyten benötigen durch salzhaltige Wässer beeinflusste feuchte oder wechselnasse Standorte. Sie kommen auf Kalihalden in der Regel nicht vor. An Lösungsaustritten am Haldenfuß sind sie zu finden (s. u.).

Auf den steinsalzreicheren Halden wie in Zielitz ist die dünne abgelaugte Schicht noch von Steinsalz beeinflusst, u. a. infolge kapillaren Aufstiegs der Lösung in der Halde an die Oberfläche in Trockenzeiten. Das wird bereits am Farbwechsel dieser Halden von grau zu weiß bei Trockenheit sichtbar. Auf diesen Halden können sich Pflanzen ohne Kapillarsperre und Überdeckung der Haldenoberfläche mit kulturfähigem Substrat auf lange Zeit nicht ansiedeln.

Dagegen sind die mächtigeren abgelaugten Schichten auf den Halden des Südharzkalireviers nicht phytotoxisch und lassen auch ohne Beigabe kulturfähigen Substrates Pflanzenleben zu. Das zeigen die spontane Begrünung der Halden und Vegetationsversuche in Gefäßen und im Freiland (s. u.). Allerdings besitzt der Rückstand für Pflanzen extreme physikalische und chemische Eigenschaften (s. Tab. 36).

In den steinsalzfreien Zonen setzt die Bodenbildung durch eine Besiedlung mit Flechten und Algen ein. Als Beispiel seien Böden der Halden Sondershausen und Bernterode aufgeführt (s. Tab. 37).

Tab. 36: Chemische Zusammensetzung von Profilen der oberflächennahen Schicht von Kalirückstandshalden (Angaben der Gehalte in Masse-% der bei 70 °C getrockneten Probe).

Halde	Probe	Tiefe unter Flur (cm)	$CaSO_4$	NaCl	H_2O+CO_2 (Glühverlust)	R_2O_3	unlöslich in HCl
Sondershausen, Plateau, 15jährige Schüttung	dunkelgraues Krustenmaterial	0-3	74,2	0,3	17,0	2,6	3,7
	rötliches Lockermaterial	10-15	73,7	0,3	21,0	1,6	1,7
		70-80	71,7	0,4	23,0	1,3	1,8
	festes Material	90	14,3	79,5	4,1	0,2	0,3
	weißes Krustenmaterial	0-2	23,0	62,0	12,8	0,6	1,0
	graues Material unter der weißen Kruste	2-5	68,4	0,4	23,5	2,1	3,6
	graues Material unter einer Distel	2-5	73,0	0,3	20,0	1,7	2,5
Bernterode, Plateau, 50jährige Schüttung	schwarzgraues Krustenmaterial	0-1	66,1	0,1	24,2	1,9	6,4
	graues Lockermaterial	5-10	75,6	0,1	19,9	0,9	2,4
	gelbbraunes Lockermaterial	40-50	76,8	0,1	18,7	0,9	2,9
Roßleben, 20jährige Schüttung	weiß überzogene Kruste	0-3	57,0	3,1	17,8	4,2	9,4
	graubraunes, lockeres Material	5-15	54,8	0,6	25,9	5,5	9,6
	rötliches, grobkörniges Material	20-30	12,6	45,1	24,5	0,9	1,2
	rötliches, halbfestes Material	40-50	11,4	34,6	26,3	0,8	1,0

Tab. 37: Chemische Kenngrößen von Rohböden auf Kalirückstandshalden im Südharzkalirevier. Gesamtgehalte in Masse-% Feinboden.

Halde	Horizont	Tiefe unter Flur (cm)	pH in KCl	Organische Substanz	$CaCO_3$	N	P	SO_4-S	K	Ca	Mg	Fe	Al	Mn	Cu	Zn	SiO_2	Na
Sondershausen	Ah	0-2	6,4	5,10	0,72	0,125	0,035	14,20	0,17	18,39	0,66	1,99	1,80	0,015	<0,002	0,006	10,9	0,15
	Ah	2-10	6,6	0,68	0,85	0,006	0,013	19,24	0,08	24,28	0,24	0,28	0,58	0,008	<0,002	<0,001	1,0	0,07
	C	30-60	6,8	0,03	0,00	0,004	0,009	18,32	0,08	22,86	0,42	0,28	0,48	<0,008	<0,002	<0,001	1,7	0,07
	C	50-70	6,8	0,26	0,00	0,007	0,009	17,96	0,08	22,44	0,42	0,36	0,85	<0,008	<0,002	<0,001	2,0	0,07
	C salzhaltig	90-110	6,9	0,00	0,00	0,006	0,013	17,76	0,17	22,01	0,48	0,43	1,01	<0,008	<0,002	<0,001	2,5	0,59
	C salzfrei	90-110	6,9	0,10	0,00	0,004	0,013	18,08	0,17	22,44	0,42	0,28	1,01	<0,008	<0,002	<0,001	2,1	0,07
Bernterode	Ah	0-10	4,6	1,81	0,00	0,081	0,018	17,36	0,17	21,58	0,48	0,64	0,27	<0,008	<0,002	0,003	3,9	0,07

Die Böden sind wegen des hohen Anteils an Grobporen gut belüftet, speichern aber wenig Wasser (HEINZE 1982). Das Substrat enthält wenig Stickstoff, Phosphor und Kalium und Spurenelemente, aber viel Calcium und Schwefel. In Rinnen und in Trittspuren lagert der Boden dichter. Der Grobporenanteil nimmt dort zugunsten der Mittelporen ab, und es sammelt sich humoses Material an. Damit verbessert sich die Wasser- und Nährstoffversorgung der Pflanzen, so dass sich die ersten Besiedler der kahlen Halde an diesen Stellen einfinden.

3.2 Salzaustrittsstellen

Salzlösungen treten am Fuß der Halden an die Oberfläche oder versickern im Untergrund und bilden dort eine Aureole, die sich im hypodermischen Abfluss in den periglazialen Deckschichten und im Grundwasserstrom fortbewegt. In Quellen oder auch an anderen Stellen können diese Lösungen wieder zutage treten. Eine besondere Form von Salzlösungsaustritten findet sich an verschiedenen Stellen der Werraaue zwischen Bad Salzungen und Philippsthal. Die dortigen Kaliwerke haben ihre Ablaugen aus der Salzaufbereitung in den porösen Zechsteindolomit versenkt. Seit seiner Aufsättigung tritt Salzlösung an der Oberfläche aus.

3.3 Besiedlung mit Pflanzen

Die Besiedlung der Kalirückstandshalden und der Salzaustrittsstellen hängt vom Standort (Klima und Boden), vom Diasporenangebot der Umgebung und von ungewollten oder gewollten Einflüssen des Menschen ab.
Die Standorte der deutschen Kaliindustrie liegen in der planaren und collinen Höhenstufe, so dass das Großklima eine große Viel-

falt an Pflanzenarten zulässt. Nur geländeklimatische Extreme an steilen Südhängen der Halden oder auf hochaufragenden, windexponierten Haldenkörpern engen diese mögliche Vielfalt ein. Wesentlich mehr beschränken die Bodenverhältnisse eine Besiedlung mit Pflanzen. Auf Halden mit leicht löslichen Salzen an der Oberfläche und an den Salzaustrittsstellen ist der Salzeinfluss dominant und entscheidet, ob auf dem Standort überhaupt Pflanzen wachsen oder welche Spezialisten ihn besiedeln können. Wo sich ein abgelaugter, von leicht löslichen Salzen freier Rückstand ausreichend mächtig auf der Haldenoberfläche gebildet hat, bestimmen das Wasser- und Nährstoffangebot des Substrats (trocken und außer Calcium und Schwefel nährstoffarm), welche der einwandernden oder eingebrachten Pflanzen sich dauerhaft etablieren. Wie sich eine begrünungsfähige Halde besiedelt, hängt wesentlich davon ab, in welcher Menge und Artenvielfalt die Umgebung Diasporen spendet. So wird z. B. die Halde Bernterode ständig vom unmittelbar angrenzenden Wald mit vielen Baumsamen überschüttet, während die Halde Sondershausen vom fernerliegenden Wald weniger Samen erhält, dafür aber mehr aus der umgebenden Feldflur (s. u.). Der Mensch trägt über seine Renaturierungsversuche gezielt Arten ein, die er für die Haldenstandorte für geeignet hält. Ungewollt kommen Diasporen hinzu, die über Handel und Verkehr einwandern. Mit der Ausbringung von Salz gegen Schnee und Eis auf den Straßen hat der Mensch in den letzten Jahrzehnten ein Biotopverbundnetz für Halophyten geschaffen.

Abb. 125: Spontaner Bewuchs am Osthang der Kalirückstandshalde Bischofferode. Die Pflanzen konzentrieren sich in den Rinnen (Foto: M. Heinze, April 2011).

I Natürliche Sukzession

Auf Halden, die fast ausschließlich aus Steinsalz bestehen, wie z. B. die Halde Zielitz (95 % NaCl) oder die Halde Heringen (Abb. 123), verbleibt bei der Ablaugung kaum ein Lösungsrückstand, und die Halden begrünen sich ohne Bedeckung mit kulturfreundlichem

Fremdmaterial nicht. Auf den Halden des Typs Südharz reichert sich dagegen in wenigen Jahren schwer löslicher Rückstand an. Wenn sich eine ausreichend mächtige Schicht abgelaugten, steinsalzfreien Rückstandes gebildet hat (ca. 0,3 m nach 10 Jahren auf den Südharzhalden mit 75 % Gehalt an leicht löslichen Salzen und 600 mm Jahresniederschlagssumme), beginnen sich höhere Pflanzen insbesondere in den Hohlformen (Rinnen und Mulden) anzusiedeln (s. Abb. 125).

Dort ist der Oberboden leicht verfestigt und durch Ansammlung organischer Substanz vermutlich von Algen und Flechten dunkel. Auch bevorzugen die Pflanzen Punkte, auf die über Eisenträger- und Gummiförderbandreste oder andere Gegenstände zusätzlich Niederschlagswasser und damit auch Nährstoffe geleitet werden. Die Pflanzen auf den Halden sind keine Halophyten. Der Deckungsgrad des Bewuchses ist aber auch noch nach Jahrzehnten locker. Das Beispiel der Halden Sondershausen und Bernterode (Tab. 38) zeigt, dass die Besiedlung von der Stärke der abgelaugten, steinsalzfreien Schicht der Halde und vom Diasporenangebot der Umgebung abhängt. Die Halde Sondershausen (Abb. 126) ragt hoch (ca. 70 m) über die Umgebung heraus. Sie ist überwiegend von landwirtschaftlich genutzten Flächen umgeben. Nur im Nordosten und Nordwesten grenzt Wald an.

Die Halde Bernterode (Abb. 127 und 128) ist ungefähr 20 m hoch und erhebt sich nicht über das Kronendach des unmittelbar nördlich angrenzenden Altbestandes auf Buntsandstein-Braunerde hauptsächlich aus Rot-Buche (*Fagus sylvatica*), Stiel-Eiche (*Quercus robur*), Hänge-Birke (*Betula pendula*), Berg- und Spitz-Ahorn (*Acer pseudoplatanus*, *A. platanoides*) und Europäische Lärche (*Larix decidua*). Die Halde wird deshalb ständig mit den Diasporen dieses Waldes überschüttet.

Abb. 126: Kalirückstandshalde Sondershausen von Südost aus gesehen (Foto: M. Heinze, April 2011).

Abb. 127: Kalirückstandshalde Bernterode (rechts) unmittelbar neben einem Laubholz-mischbestand auf natürlichem Standort (Foto: M. Heinze, April 2011).

Abb. 128: Plateau der Kalirückstandshalde Bernterode (Foto: H. Baumbach, Juni 2009).

Auf der kleinen, im Substrat inhomogeneren Halde Kraja dominieren im Gehölzbewuchs Sal-Weide (*Salix caprea*), Zitterpappel (*Populus tremula*) und Hänge-Birke. Esche (*Fraxinus excelsior*), Silber-Weide (*Salix alba*), Wald-Kiefer (*Pinus sylvestris*), Kultur-Apfel (*Malus domestica*), Roter Hartriegel (*Cornus sanguinea*), Hunds-Rose (*Rosa canina*), Silber-Pappel (*Populus alba*) und Berg-Ahorn treten nur vereinzelt auf (SCHMEISKY & OSAN 2000).

Tab. 38: Bestand sich spontan angesiedelter Pflanzenarten auf Kalirückstandshalden des Südharzes.

Halde	Glückauf Sondershausen	Bernterode Schacht
	bis 1991 in Betrieb	um 1930 stillgelegt
Aufnahme	HEINRICH & MARSTALLER 1973	BAUMBACH, HEINZE, SÄNGER & SCHMEISKY 2009
Art		Haldenplateau:
Bäume	Zitter-Pappel (*Populus tremula*)	Feld-Ahorn (*Acer campestre*)
	Wald-Kiefer (*Pinus sylvestris*)	Spitz-Ahorn (*Acer platanoides*)
	Weiden (*Salix* spec.)	Berg-Ahorn (*Acer pseudoplatanus*)
		Hänge-Birke (*Betula pendula*)**
		Hainbuche (*Carpinus betulus*)
		Rot-Buche (*Fagus sylvatica*)
		Stiel-Eiche (*Quercus robur*)
		Rot-Eiche (*Quercus rubra*)
		Europäische Lärche (*Larix decidua*)
		Gemeine Fichte (*Picea abies*)
		Zitter-Pappel
		Sal-Weide (*Salix caprea*)*
		Eberesche (*Sorbus aucuparia*)
Sträucher	Stachelbeere (*Ribes uva-crispa*)	Faulbaum (*Frangula alnus*)
	Hunds-Rose (*Rosa canina*)	
	Keilblättrige Rose (*Rosa elliptica*)	
	Himbeere (*Rubus idaeus*)	
Kräuter	Wiesen-Schafgarbe (*Achillea millefolium*)	Wiesen-Schafgarbe
	Thymianblättriges Sandkraut (*Arenaria serpyllifolia*)*	Wiesen-Knäuelgras (*Dactylis glomerata*)
	Spreizende Melde (*Atriplex patula*)	Schmalblättriges Weidenröschen
	Rosen-Melde (*Atriplex rosea*)+	Braunrote Stendelwurz (*Epipactis atrorubens*)
	Dach-Trespe (*Bromus tectorum*)	Breitblättrige Stendelwurz (*Epipactis helleborine*)
	Gewöhnliches Hornkraut (*Cerastium holosteoides*)**	Schaf-Schwingel
	Weißer Gänsefuß (*Chenopodium album*)*	Kleines Habichtskraut (*Hieracium pilosella*)
	Roter Gänsefuß (*Chenopodium rubrum*)	Habichtskraut (*Hieracium* spec.)
	Acker-Kratzdistel (*Cirsium arvense*)	Großes Zweiblatt (*Listera ovata*)
	Gewöhnliche Hundszunge (*Cynoglossum officinale*)	Feld-Hainsimse (*Luzula campestris*)
	Wilde Möhre (*Daucus carota*)	Pastinak (*Pastinaca sativa*)
	Natternkopf (*Echium vulgare*)	

Halde	Glückauf Sondershausen	Bernterode Schacht
	bis 1991 in Betrieb	um 1930 stillgelegt
	Schmalblättriges Weidenröschen (*Epilobium angustifolium*)	Rundblättriges Wintergrün (*Pyrola rotundifolia*)
	Schaf-Schwingel (*Festuca ovina* s. str.)*	Arznei-Thymian (*Thymus pulegioides*)
	Wald-Erdbeere (*Fragaria vesca*)	Huflattich (*Tussilago farfara*)
	Wolliges Honiggras (*Holcus lanatus*)	Haldenfuß:
	Dürrwurz (*Inula conyzae*)*	Wiesen-Kerbel (*Anthriscus sylvestris*)
	Bitterkraut (*Picris hieracioides*)	Strand-Aster (*Aster tripolium*)+
	Acker-Vogelknöterich (*Polygonum aviculare*)**	Kletten-Labkraut (*Galium aparine*)
	Gewöhnlicher Salzschwaden (*Puccinellia distans*)*+	Gewöhnliche Nelkenwurz (*Geum urbanum*)
	Gelber Wau (*Reseda luteola*)*	Mauerlattich (*Mycelis muralis*)
	Krauser Ampfer (*Rumex crispus*)*	Gewöhnlicher Salzschwaden (*Puccinellia distans*)+
	Klebriges Greiskraut (*Senecio viscosus*)*	Queller (*Salicornia europaea*)+
	Schwarzer Nachtschatten (*Solanum nigrum*)	Flügelsamige Schuppenmiere (*Spergularia media*)+
	Gänsedistel (*Sonchus* spec.)	Strand-Sode (*Suaeda maritima*)+
	Acker-Gänsedistel (*Sonchus arvensis*)	Strand-Dreizack (*Triglochin maritimum*)+
	Rainfarn (*Tanacetum vulgare*)	Brennnessel (*Urtica dioica*)
	Wiesen-Löwenzahn (*Taraxacum officinale*)	

Art häufig: * Art sehr häufig: ** Art salzliebend: +

VAN ELSEN & SCHMEISKY (1990) nahmen an und auf älteren niedersächsischen und hessischen Kalirückstandshalden (Umgebung von Celle und von Heringen/Werra) Pflanzenbestände auf (s. Tab. 39). Die Wuchsorte 7-12 sind Standorte auf den Rückstandshalden.

Tab. 39: Vegetation auf und an Kalirückstandshalden Niedersachsens und Hessens (VAN ELSEN & SCHMEISKY (1990).

Erläuterungen zu den Wuchsorten: Wuchsorte 1-4: Hangfuß von 2 Halden nahe Wathlingen (bei Celle), 5 und 6: Kaliwerk Heringen/Werra, Wuchsort 7: Halde Wintershall III, 8: Schacht Hera (bei Heringen), 9 und 10: Grethem/Büchten, 11 und 12: Hope (bei Celle).

Wuchsort-Nummer	1	2	3	4	5	6	7	8	9	10	11	12
	Bewuchs im Randbereich						Bewuchs auf Halden					
Artenzahl	25	14	16	8	36	17	22	35	19	10	26	25
Salzertragende Arten:												
Salicornia europaea	+	+		+								
Atriplex littoralis	+	+	+	+								
Aster tripolium	+	+										
Spergularia marina	+	+	+	+	+	+	+					
Chenopodium rubrum	+	+	+	+	+							
Puccinellia distans	+	+	+	+	+	+	+	+	+	+	+	+
Atriplex hastata	+	+	+	+	+	+	+	+	+	+	+	+
Chenopodium glaucum					+							
Hordeum jubatum					+	+						

Kalibergbau

Wuchsort-Nummer	1	2	3	4	5	6	7	8	9	10	11	12
	Bewuchs im Randbereich						Bewuchs auf Halden					
Atriplex nitens						+						
Juncus gerardii						+						
Sonstige Arten:												
Tanacetum vulgare	+	+			+		+	+	+	+	+	
Calamagrostis epigejos	+	+					+	+	+			+
Cirsium vulgare		+			+	+	+				+	+
Cirsium arvense	+				+	+	+	+	+		+	
Daucus carota		+					+	+	+	+		
Artemisia vulgaris	+				+		+		+	+		
Leontodon autumnalis					+			+	+	+		
Tripleurospermum inodorum	+		+		+	+	+					
Poa compressa					+				+	+	+	
Sonchus oleraceus					+	+			+		+	
Agropyron repens	+		+		+	+						
Agrostis stolonifera	+		+				+					
Chenopodium album	+			+			+					
Holcus lanatus			+				+		+			+
Polygonum aviculare agg.			+				+	+			+	
Taraxacum officinale					+			+	+			
Conyza canadensis	+				+							
Lepidium ruderale	+				+					+		
Melilotus alba	+					+						+
Senecio vulgaris			+		+							+
Senecio viscosus			+								+	+
Lolium perenne					+				+			
Rumex crispus					+		+					+
Tussilago farfara								+			+	+
Cerastium holosteoides								+			+	+
Festuca rubra									+		+	+
Dactylis glomerata									+		+	+
Phragmites australis	+				+							
Linaria vulgaris	+						+					
Trifolium arvense	+						+					
Plantago lanceolata			+		+							
Plantago major			+		+							
Trifolium repens					+	+						
Sonchus asper					+	+						
Lactuca serriola					+	+						
Achillea millefolium					+			+				
Festuca arundinacea					+						+	
Sonchus arvensis						+		+				
Atriplex patula							+	+				
Centaurium erythrea								+				+
Festuca ovina								+				+
Diplotaxis muralis									+	+		
Gehölze:												
Betula pendula		+					+		+	+	+	+
Salix caprea	+	+					+			+		
Populus tremula							+					+
Pinus sylvestris							+	+				+
Quercus robur							+	+				+

Die Pflanzenarten wuchsen auf reinem abgelaugtem Kalirückstand ohne zusätzliche wachstumsfördernde Maßnahmen. Das Rückstandsmaterial ist unterschiedlich zusammengesetzt. Leider werden Analysendaten dazu nicht mitgeteilt. Der Bewuchs der Halden ähnelt sich. Er erreicht nur Deckungsgrade von < 5 %, auch auf der seit 1924 stillliegenden Halde Grethem/Büchten. Die meisten Pflanzen wachsen an den Hängen, während die Plateaus meist vegetationsfrei sind. Bis auf Gewöhnlichen Salz-Schwaden (*Puccinellia distans*) und Spieß-Melde (*Atriplex prostrata*) fehlen Halophyten, am häufigsten treten Land-Reitgras (*Calamagrostis epigejos*) und Hänge-Birke auf.

Nähern sich die Pflanzenwurzeln den festen Rippen des noch nicht verwitterten, steinsalzhaltigen Rückstandes, stellen sie ihr Wachstum 10 cm vor der Rippe ein. Die Pflanzen zeigen keine Vergiftungserscheinungen (HEINZE & GOLDHAHN 2006). Im Gegensatz dazu sterben die Pflanzen ab, wenn frischer Rückstand in ihrer Nähe abgekippt wird und Salzlösungen in den Wurzelraum eindringen. SCHMEISKY & OSAN (2000) und HOFMANN (2004) stellten bei Ausgrabungen von Birkenwurzeln auf Kalirückstandshalden (Kraja bzw. Wintershall) ebenfalls fest, dass die Wurzeln in keinem Fall in den salzhaltigen Untergrund eindringen. Eigene Beobachtungen auf der Halde Bernterode liefern den gleichen Befund (Abb. 129).

Die Pflanzen gedeihen vital auch auf Kulturboden, der auf frischen (phytotoxischen) Rückstand geschüttet wurde (Beobachtung auf der Halde Sondershausen), und auf Standorten vor den Halden mit natürlichen Böden, die von den Salzlösungen hypodermisch in den unteren Schichten (meist die periglaziale Basislage, s. AD-HOC-AG BODEN 2005) durchströmt werden, aber in der darüberliegenden Schicht (meist die 0,5 bis 1 m mächtige Hauptlage) salzfrei sind (Beobachtung und analytischer Beleg an den Halden Sondershausen und Bischofferode, HEINZE 1982).

Auch auf den Anhydrithalden des Werrakalireviers (Halden Hämbach und Dorndorf, HEINZE 1982) und Hattorf (DRESSEL et al. 2000) siedeln sich spärlich Pflanzen spontan vorzugsweise in den Hohlformen an. An Ge-

Abb. 129: Durch Abgrabung und Erosion freigelegte Birkenwurzeln auf der Kalirückstandshalde Bernterode (Foto: H. Baumbach, Juni 2009).

hölzen wurden auf den Halden Hämbach und Hattorf Gemeine Wald-Kiefer, Hängebirke und Sal-Weide gefunden. Zusätzlich traten in Hämbach Brombeere (*Rubus fruticosus* agg.) und eine Pappelhybride und in Hattorf Zitter-Pappel auf. Krautige Pflanzen waren auf beiden Halden mit Rainfarn, Klebrigem Greiskraut und Spieß-Melde vertreten.

II Rekultivierung

Ein dichter Bewuchs der Rückstandshalden mit einer verdunstungsintensiven, sich selbst regenerierenden und ausbreitenden Pflanzendecke ist wünschenswert, um die Versickerung des Niederschlags in den Haldenkörper und damit die Salzlösung aus den Halden und die Salzbelastung des Grund- und Oberflächenwassers zu verringern (biologische Versiegelung, s. DÖRING et al. 1979). Deshalb wurden neben der Beobachtung einer spontanen Begrünung seit den 1970er Jahren zahlreiche Vegetationsversuche im Gewächshaus und auf den Halden mit dem Ziel einer künstlichen Begrünung angelegt (HEINZE & FIEDLER 1979, 1981, 1984, HEINZE 1982, HEINZE et al. 1984, HEINZE & LIEBMANN 1991, MINNICH 1996, BORCHARDT & PACALAJ 1998a, 1998b, 2000, HOFMANN 2004, HOFMANN et al. 2000a, b, KAHL 2000, LÜCKE 1997, NIESSING 2005, PODLACHA 1999, SCHEER 2001, SCHMEISKY 2000, SCHMEISKY et al. 1993, ZUNDEL & SIEGERT 2000, ZUNDEL 2000).

Für eine Begrünung bieten sich eine sogenannte kleine (billigere) und eine große Lösung an (HEINZE et al. 1984).

Die kleine Lösung ist die Ansiedlung von Pflanzen unmittelbar auf dem Rückstand, gegebenenfalls mit Wuchshilfen wie eine Kulturbodengabe ins Pflanzloch, Düngungen, Anspritzungen mit Samenmischungen, Dünger und Bindemittel oder Abdeckmatten. Als Pflanzen kamen solche Arten in Betracht, die Trockenheit ertragen, ihre Transpiration in weiten Grenzen variieren können, geringe Ansprüche an die Nährstoffversorgung stellen, möglichst stickstoffautotroph sind und sich selbst regenerieren und möglichst ausbreiten, z. B. über Wurzelausläufer. Für die Rückstandshalden des Südharzreviers lag der Gedanke nahe, Pflanzenarten der benachbarten natürlichen Gipsstandorte in die Untersuchungen einzubeziehen. Es sind aber auch solche Arten interessant, die die genannten Eigenschaften aufweisen, aber im Diasporenangebot der Umgebung für eine spontane Begrünung fehlen, wie z. B. die Arten der Eleagnaceae Sanddorn (*Hippophae rhamnoides*), Schmalblättrige Ölweide (*Elaeagnus angustifolia*) und die Silber-Ölweide (*Elaeagnus commutata*).

Die große Lösung ist die Abdeckung der Halde mit pflanzenfreundlichem, kulturfähigem Material und dessen Besiedlung mit Pflanzen. Das pflanzenfreundliche Material können Bodensubstrate, Bauaushub- und Bauabrissmassen, Komposte und andere geeignete Stoffe sein. Welche Stoffe eingesetzt werden dürfen, regelt die Haldenrichtlinie (o. V. 2002 für den Freistaat Thüringen). Es dürfen nur Stoffe verwendet werden, die der Begrünung dienen. Das muss in Gutachten nachgewiesen sein. Der Deponiegedanke darf nicht im Vordergrund stehen. Bereits kleine Mengen solchen Materials führen zu einem dichten Bewuchs. Das Artenspektrum ist nicht mehr vom Rückstandssubstrat eingeengt, sondern schließt alle vom Boden und dem örtlichen Klima möglichen Pflanzenarten ein.

In den Vegetationsversuchen für die sogenannte kleine Lösung wurden folgende Haldensubstrate und Pflanzenarten geprüft:

<u>Haldensubstrate</u>: abgelaugter Rückstand der Halden Sondershausen, Bleicherode, Bischofferode, Bernterode, Roßleben (noch NaCl-haltig) und Hämbach.

<u>Pflanzenarten</u>: Wald-Kiefer, Schwarz-Kiefer (*Pinus nigra*), Grau-Erle (*Alnus incana*), Robinie (*Robinia pseudoacacia*), Sanddorn, Silber-Pappel, Hänge-Birke, Purpur-Weide (*Salix purpurea* „Uralensis"), Gewöhnliche Schneebeere (*Symphoricarpus albus*), Hunds-Rose, Kartoffel-Rose (*Rosa rugosa*), Gewöhnlicher Erbsenstrauch (*Caragana arborescens*), Scheinindigo (*Amorpha fruticosa*), Schmalblättrige Ölweide (*Elaeagnus angustifolia*), Silber-Ölweide, Purgier-Kreuzdorn (*Rhamnus cathartica*), Viermännige Tamariske (*Tamarix tetrandra*), Tatarische Heckenkirsche (*Lonicera tatarica*), Weißdorn (*Crataegus* spec.), Lederstrauch (*Ptelea trifoliata*), Spierstrauch (*Spiraea* ×*vanhouttei*), Tatarischer Hartriegel (*Cornus alba*), Blutroter Hartriegel, Kalk-Blaugras (*Sesleria albicans*), Bleicher Schwingel (*Festuca pallens*), Ebensträußiges Gipskraut (*Gypsophila fastigiata*), Saat-Luzerne (*Medicago sativa*), Rot-Klee (*Trifolium pratense*), Weiß-Klee (*T. repens*), Schweden-Klee (*T. hybridum*), Gewöhnlicher Hornklee (*Lotus corniculatus*), Weißer Steinklee (*Melilotus alba*), Serradella (*Ornithopus sativus*), Vielblättrige Lupine (*Lupinus polyphyllus*), Ausdauerndes Weidelgras (*Lolium perenne*), Rot-Schwingel (*Festuca rubra*), Gewöhnliches Knäuelgras (*Dactylis glomerata*), Weißes Straußgras (*Agrostis stolonifera*), Gewöhnlicher Schaf-Schwingel (*Festuca ovina*) und Wiesen-Rispengras (*Poa pratensis*).

Außer Blaugras, Bleichem Schaf-Schwingel und Gipskraut wurden die Gräser und Kräuter als Samen in Standardmischungen, wie sie bei der Böschungsbegrünung verwendet werden, sowohl auf abgelaugtem Rückstand als auch auf Flächen, die mit kulturfähigen Substraten bedeckt waren, eingesetzt.

Die Standardweidemischung bestand aus Deutschem Weidelgras (*Lolium perenne*), Wiesenschwingel (*Festuca pratensis*), Lieschgras (*Phleum pratense*), Wiesen-Rispengras (*Poa pratensis*), Rot-Schwingel, Gewöhnlichem Knäuelgras und Weiß-Klee, eine Böschungsansaatmischung aus Rotem Straußgras (*Agrostis capillaris*), Schaf-Schwingel (*Festuca ovina*), Rot-Schwingel und Wiesen-Rispengras (Saatgutmenge jeder Mischung 70 kg/ha) (SCHMEISKY 2000).

Von den Haldensubstraten war der abgelaugte Rückstand der Südharzhalden außer Halde Roßleben als Pflanzenstandort geeignet. Das Material der Anhydrithalde Hämbach eignete sich nur eingeschränkt (HEINZE & FIEDLER 1979, 1981, 1984).

Die meisten geprüften Gehölzarten wuchsen auf dem Rückstand nur kümmerlich, was insbesondere bei den Freilandversuchen auf der Halde Bischofferode im Vergleich mit zeitgleichen Pflanzungen auf Kulturboden im Vorfeld augenfällig war. Am besten haben sich die beiden Ölweidenarten (Schmalblättrige Ölweide und Silber-Ölweide) sowie der Sanddorn entwickelt. Mit einer 5 Liter-Auenlehmgabe ins Pflanzloch bilden diese Pflanzungen inzwischen auf der Halde Bischofferode einen dichten Bestand (Abb. 130). Die Wurzeln und bei der Silber-Ölweide auch die Wurzelausläufer breiten sich in den reinen abgelaugten Rückstand aus. Der oft zitierte Blumentopfeffekt tritt also nicht ein.

Abb. 130: Pflanzung von Europäischer Ölweide (*Elaeagnus angustifolia*) und Silber-Ölweide (*Elaeagnus commutata*) in abgelaugtem Rückstand mit 5 Liter Kulturbodengabe je Pflanze auf dem Südhang der Kalirückstandshalde Bischofferode. Pflanzjahre 1982 bzw. 1983 (Foto: M. Heinze, April 2011).

Die auf der Halde Sondershausen ausgebrachten Arten der natürlichen Gipstrockenrasen vom benachbarten Kyffhäusergebirge (Blaugras, Bleicher Schwingel und Gipskraut) fassten dauerhaft Fuß, während die anderen krautigen Pflanzen über längere Zeit nicht überlebten. Blaugras verträgt Überschüttungen gut und breitete sich - wie auch der Bleiche Schwingel - durch Samen in der Hauptwindrichtung aus. Die Pflanzen bildeten aber in der Beobachtungszeit von 10 Jahren keinen geschlossenen Rasen. Auf allen Freilandversuchen beeinflusste der Verbiss durch Hasen und die Aufnahme von Samen durch Tauben den Versuchserfolg beachtlich. Saatversuche misslangen vermutlich auch deshalb fast immer (HEINZE et al. 1984, HEINZE & LIEBMANN 1991). Ein weiterer Grund für das Versagen der Ansaaten ist die verkrustete Haldenoberfläche.

LÜCKE (1997) gibt einen Überblick über die Begrünungsversuche auf dem reinen abgelaugten Rückstand der Halde Heringen in Hessen in den Jahren 1983 bis 1993 von SCHMEISKY et al. (1993), in denen kein wuchsförderndes Material außer mineralischen Düngemitteln beigegeben wurde. Dieser Überblick soll hier gekürzt wiedergegeben werden:

Vorausgegangene Gefäßvegetationsversuche an Gräsern und zweikeimblättrigen Kräutern ergaben wie bei HEINZE & FIEDLER (1979, 1981, 1984), dass der chloridfreie Anhydrit an der Haldenoberfläche nicht phytotoxisch ist und sich begrünen lässt. Allerdings muss das Substrat gedüngt werden. Stecklingsversuche auf der Halde Heringen im Herbst 1983 mit den Dünengräsern Strandhafer (*Ammophila arenaria*), Strandroggen (*Elymus arenarius*), Binsen-Quecke (*Elymus farctus*) und Sand-Segge (*Carex arenaria*) verliefen erfolgreich. Die Arten hatten sich sowohl vegetativ vermehrt als auch fruktifiziert. Die Gesamtmenge Stickstoff verschiedener Mineraldünger betrug 1984 435 kg/ha N, 1985 285 kg/ha N, 1987 245 kg/ha N und 1988 140 kg/ha N. 1986 erfolgte keine Düngung. In einem weiteren Stecklingsversuch ab Herbst 1983 vermehrte sich Land-Reitgras vegetativ rasch um mehr als das Zwanzigfache. Die Düngegaben entsprachen dem des Dünengräserversuches.

Pflanzungen im Januar 1984 von Grau-Erle und Waldkiefer brachten keinen Erfolg und werden nicht empfohlen. Dagegen vermehrten sich ausgegrabene und im Herbst 1983 gepflanzte Wurzelschösslinge einer auf der Halde wachsenden Zitter-Pappel zum Teil vegetativ. Trotz des Wildverbisses wird die Zitter-Pappel deshalb als zur Begrünung geeignet angesehen.

Im April 1984 wurden in Gefäßen vorgezogene Gras- und Krautarten auf die Halde gepflanzt. Sie wuchsen zu 5 % bis 50 % an und können deshalb für großflächige Ausbringung nicht empfohlen werden. Die Düngung mit einem mineralischen Volldünger 15/15/15 erfolgte nach Bedarf.

Versuche mit Grassaaten auf die aufgelockerte Haldenoberfläche (160 kg/ha Standardweidegrasmischung, Zusammensetzung s. o.) im Herbst 1983 und Frühjahr 1984 verliefen positiv. Von den eingebrachten Arten waren 1988 insbesondere Wiesen-Knäuelgras, Wiesen-Rispengras, Lieschgras und Weidelgras dominant. Die Düngergaben wurden von Maximalmengen 1984 mit 429 kg/ha N, 597 kg/ha P_2O_5 und 466 kg/ha K_2O in 9 Gaben bis 1988 auf ca. 60 kg/ha N, P_2O_5 und K_2O in 2 Gaben reduziert. Die oberirdische Biomasse erreichte 1985 50 bis 60 dt/ha TS. In den Folgejahren nahm sie trotz erhöhter Düngergaben ab.

1984 gesäte Getreidearten Hafer (*Avena* spec.), Sommergerste (*Hordeum* spec.) und Roggen (*Secale cereale*) liefen auf. In einem Versuch ab 1984 in Verbindung mit einem Grasgemisch reduzierte das zusätzlich eingebrachte Getreide die Biomasseleistung und die Flächendeckung. Die größte Düngermenge betrug nach einer Startdüngung 1984 im Jahr 1985 618 kg N/ha, 438 kg P_2O_5/ha und 657 kg K_2O/ha in 7 Teilgaben. Die geringsten Mengen betrugen 1988 je 150 kg/ha an N, P_2O_5 und K_2O in zwei Gaben.

In Saatversuchen 1984 mit Saat-Luzerne und Weiß-Klee kümmerten beide Arten stark und zeigten Mangelsymptome. Die Düngung in 5 Teilgaben betrug 300 kg N/ha, 732 kg P_2O_5/ha und 408 kg K_2O/ha. Biomasseanalysen wiesen eine Überversorgung an

Stickstoff und eine Unterversorgung an Phosphor und Kalium aus.

In einem Versuch 1983 bis 1986 wurde die Haldenoberfläche aufgelockert und gedüngt und auf spontane Ansiedlung gewartet. Nur wenige Pflanzen kamen an.

Herausragende Bedeutung bei allen Versuchen hatte die mineralische Düngung. Die Düngermenge und die Düngehäufigkeit waren anfänglich hoch und wurden später stark reduziert.

Im Juli 1990 wurde in allen Versuchsparzellen die Artenzusammensetzung pflanzensoziologisch nach der Methode von BRAUN-BLANQUET aufgenommen. Die Deckungsgrade wurden prozentgenau geschätzt. Von den 13 ausgesäten Arten waren sechs ausgefallen: Schaf-Schwingel, Glatthafer (*Arrhenatherum elatius*), Rotes Straußgras, Weißes Straußgras, Wiesen-Klee und Weiß-Klee. Hohe Deckungsgrade (DG) von 15 % bis zu 80 % erreichte vor allem der Rot-Schwingel, der in allen Parzellen auftrat und sich als wichtigste Art der Ansaatmischung erwies. Das Wiesen-Knäuelgras erreichte 1 % bis 35 % DG und fand sich auch in Parzellen ohne Ansaat ein. Wiesen-Rispengras, Deutsches Weidelgras, Lieschgras, Glatthafer und als dicotyle Pflanzenart die Schafgarbe waren mit geringen Deckungsgraden (r, + oder max. 5 % DG) vertreten. Das gepflanzte Land-Reitgras deckte 74 %. Neben den angesäten Arten waren 45 weitere Gefäßpflanzenarten eingewandert. Wiesen-Löwenzahn, Schmalblättriges Weidenröschen, Klebriges Greiskraut (*Senecio viscosus*), Gewöhnliches Greiskraut (*S. vulgaris*) und Gemeines Hornkraut (*Cerastium holosteoides*) waren häufig vertreten.

SCHMEISKY et al. (1993) weisen darauf hin, dass wegen der ständigen Veränderung der Haldenoberfläche durch Lösungs- und Erosionsvorgänge vorrangig Pflanzen mit Ausläuferbildung als Überlebensstrategie die Halde besiedeln können. Dazu gehören Land-Reitgras und Zitter-Pappel. Auf die Anpflanzung von Baumarten kann bei der Halde Heringen verzichtet werden, da die Bäume auch natürlich einwandern, denn benachbart befindet sich ein samenliefernder Waldbestand. Die positiven Ergebnisse der Stecklingsversuche mit Dünenpflanzen werden wegen der Florenverfälschung kritisch beurteilt. Dieselbe Begrünung kann das Land-Reitgras erfüllen. Die Vegetationsdecke passt sich Veränderungen der Oberfläche durch Einbrüche und Rutschungen trotz der Fähigkeit der genannten Arten zur Ausläuferbildung aber wenig an. Die Anwendung hoher Düngergaben auf großer Fläche würde die austretenden Haldenwässer zusätzlich belasten. Insofern sind Begrünungen, die ständig gedüngt werden müssen, nicht zu empfehlen.

BORCHARDT & PACALAJ (2000) sehen als Ziel ihrer Versuche zur Direktbegrünung von Kali-Rückstandshalden, den Salzaustrag zu verringern und auch Partien zu begrünen, die für einen Kulturbodenüberzug zu steil sind oder für die Kulturboden noch nicht verfügbar ist.

Verfahrens- und standortgeeignete wurzelnackte Gehölze können kostengünstig in die abgelaugte Anhydrit-Lockerschicht mit Tief- und Schrägpflanzung in Heckenlagen (einer bekannten ingenieurbiologischen Bauweise) gepflanzt werden, wenn die Lockerschicht mindestens 0,5 m tief reicht. Die Tief- und Schrägpflanzung bietet eine ausgeglichenere Wasserversorgung der tiefer reichenden Wurzeln, eine bessere Verankerung der Pflanzen und eine bessere Verträglichkeit von Wildverbiss, da die überdeckten Sprossabschnitte aus Adventivknospen wieder austreiben. In einer siebenjährigen Versuchsreihe auf der Halde Bleicherode haben sich die Silber-Ölweide, Hänge-Birke, Kartoffel-Rose, Grau-Erle, Zitter-Pappel und Späte Trauben-Kirsche (*Prunus serotina*) sowie Wald-Kiefer, Schwarz-Kiefer (*Pinus nigra* ssp. *nigra*) und Dreh-Kiefer (*Pinus contorta*) bewährt.

Wenig erfolgreich waren bei BORCHARDT & PACALAJ (2000) bisher u. a. Robinie, Weißdorn, Tamariske (*Tamarix parviflora*), Weißer Hartriegel, Sanddorn, Gewöhnlicher Bocksdorn (*Lycium barbarum*), Scheinindigo, Erbsenstrauch und Liguster (*Ligustrum vulgare*). Das widerspricht zum Teil den Befunden von HEINZE et al. (1984) und HEINZE & LIEBMANN (1991) auf den Halden Sondershausen und Bischofferode (s. o.).

Ansaaten krautiger Pflanzen (BORCHARDT & PACALAJ 2000) sollten die Offenflächen schließen und eine Krautschicht unter den Gehölzen bilden. Mit Rot-Schwingel, Platthalm-Rispengras (*Poa compressa*) und Schaf-Garbe wurden bei Aussaatmengen von 30 g/m² Deckungsgrade zwischen 60 % und 80 % erreicht. Organische Zusatzstoffe (z. B. pelletierter Rinderdung, 1 bis 3 kg/m², oberflächig eingearbeitet), die die geringe Sorptionsfähigkeit des Substrats für Wasser und Nährstoffe längerdauernd steigern, sind besser geeignet als schnell lösliche Mineraldünger. Im verbesserten Substrat konnten sich neben den obengenannten Arten auch die Wehrlose Trespe (*Bromus inermis*) und das Rote Straußgras durchsetzen.

Anspritzsaaten, wie sie bei Straßenböschungen üblich sind, und Abdeck- und Saatmatten waren bisher weder bei den Versuchen von BORCHARDT & PACALAJ (2000) noch von HEINZE et al. (1984) erfolgreich. Pflanzen überdauerten nur in Rinnen und Fußspuren, weil dort das sonst sehr grobporenreiche Substrat dichter lagert und mehr Wasser speichern kann und sich auch Humus aus der Besiedlung der Halden mit Algen angereichert hat.

In einer erweiterten kleinen Lösung wurden folgende Substrate geprüft: Komposte, Klärschlämme, Aschen, Rauchgasentschwefelungsrückstand, Salzschlacke, Begrünungsmatten und Hydrogele (SCHMEISKY ET AL. 1993, MINNICH 1996, LÜCKE 1997, PODLACHA 1999, HOFMANN 2004, SCHEER 2001, NIESSING 2005, KAHL 2000). In dieser erweiterten kleinen Lösung nutzen die Pflanzen sowohl den Rückstand als auch die eingebrachten Stoffe. Hier sind Langzeitbeobachtungen nötig, um zu ermitteln, ob diese Zugaben eine nachhaltige Ernährung und damit Existenz der Pflanzen ermöglichen.

Die Überschüttung des Rückstands mit einer dicken Schicht (über 0,7 m) Bauschutt und Erdaushub (HEINZE et al. 1984, ZUNDEL & SIEGERT 2000, ZUNDEL 2000, HEIDEN et al. 2001) ist die eigentliche große Lösung, d. h. die Begrünung der Halden nach ihrer Abdeckung mit pflanzenfreundlichem Material. Sie schafft einen neuen Standort, der vom Haldensubstrat weitgehend unabhängig ist und deshalb einen anderen Bewuchs zulässt, wie er auch auf anderen Ruderal- und Aufschüttungsstandorten auftritt und nicht spezifisch für Kalirückstandshalden ist. Solche Überschüttungen an Steilhängen werfen allerdings die Frage auf, inwieweit sie langfristig stand- und erosionssicher sind.

LÜCKE (1997) untersuchte 1994 und 1995 auf den Halden Bleicherode (Südharzkalirevier) und Heringen (Werrakalirevier), ob eine langfristige Begrünung mit Hilfe von 50 bis 200 t Trockensubstanz (TS)/ha Asche und / oder Kompost als Nährstoffdepot dauerhaft ohne weiteren Unterhaltungsaufwand etabliert werden kann. Vorausgegangene Gefäßvegetationsversuche mit Ausdauerndem Weidelgras und weiteren Gräsern auf den abgelaugten, steinsalzfreien Lockersubstraten der Halden Bleicherode und Heringen erwiesen, dass sich diese Substrate begrünen lassen, ohne Düngung allerdings mit nur geringem Wachstum. Dies wurde durch Volldüngung kurzfristig, aber nicht dauerhaft gesteigert.

Komposte unterschiedlicher Genese brachten in Feldversuchen auf der Halde Bleicherode mit Aufwandmengen von 100 und 200 t Trockensubstanz/ha einen besseren und über 500 Tage Versuchsdauer andauernden Begrünungserfolg. Eine Asche aus der Wirbelschichtverfeuerung von Steinkohle eignete sich nicht.

Die Begrünung war auf dem Plateau und am Nordhang der Halde befriedigend, auf dem Südhang jedoch nicht. Auf den Komposten ging die Saat besser auf als auf dem Lockermaterial ohne Kompost. Die Gräser der Ansaatmischung aus Ausdauerndem Weidelgras, Wiesen-Knäuelgras, Rot- und Schaf-Schwingel und Gewöhnlichem Wiesen-Rispengras blühten 1995 und samten aus mit Ausnahme von Gewöhnlichem Wiesen-Rispengras. Spontan fanden sich weitere 35 Arten in den Versuchsfeldern ein.

Das Wachstum der Pflanzen verbesserte sich in der Reihenfolge der Varianten Mineraldüngung < 100 t/ha TS Biokompost < 100 t/ha TS Grünkompost < 100 t/ha TS Klärschlammkompost bis zur besten Variante mit 200 t/ha TS Klärschlammkompost. In dieser Variante deckte die Vegetation 80 %

der Fläche. In der gleichen Folge stieg auch die Artenzahl. In den sommerlichen Trockenphasen stagnierte die Vegetation, erholte sich aber im Herbst und Winter und setzte im Frühjahr das Wachstum fort.

Die Nährstoffversorgung der Pflanzen war 1994 gut, nahm aber bis 1996 ab. Eine langfristige kontinuierliche Nährstoffnachlieferung aus dem Kompost ist zu bezweifeln. Außerdem setzen Komposte Stoffe frei, z. B. Stickstoffverbindungen, die die Haldenlösungen belasten.

Die Versuche müssten nun nach längerer Zeit wieder aufgenommen werden, um festzustellen, ob sich die Vegetation auf der Halde dauerhaft etabliert hat.

Auf verschiedenen Halden, insbesondere auf der Halde Heringen, untersuchte LÜCKE (1997) außerdem die Gehölzsukzession. Von 46 im Umkreis von 100 Meter an der Halde Heringen aufgenommenen Gehölzarten fanden sich nur die Pionierarten Hänge-Birke, Zitter-Pappel, Wald-Kiefer und Sal-Weide, von denen die Birke in der Regel die häufigste ist. Ernährungsuntersuchungen an Hänge-Birke und Wald-Kiefer auf Rückstandshalden ergaben, dass die Bäume auf den Halden unzureichend ernährt sind. Ähnliches fand HEINZE (1982) auf der Halde Bernterode. Die Chloridgehalte in Blättern waren gering. Chloridschäden lagen nicht vor. Die Baumwurzeln weichen dem Steinsalzkern der Halden aus. Hänge-Birke und Wald-Kiefer reagierten auf eine Mineraldüngung, jedoch nur im Jahr der Düngung.

Auch PODLACHA (2000) verfolgte das Ziel, Substrate mit geringen Schichtstärken auf die Steilhänge der Halden (34° Neigung) aufzubringen und zu begrünen. Da auf solchen steilen Hängen reiner Bodenaushub als nicht standsicher galt, wurde er mit Wirbelschichtasche aus der Braunkohleverfeuerung gemischt und 0,75 m mächtig hangparallel auf je ein Versuchsfeld auf dem Plateau und auf dem Südunterhang der Halde Bleicherode aufgebracht. Jedes Feld umfasste drei Behandlungsvarianten:

1. Andeckung mit Bodenaushub und 10 Vol.-% Aschezumischung sowie jährliche Düngung von 50 kg N/ha

2. Andeckung mit Bodenaushub und 50 Vol.-% Aschezumischung sowie jährliche Düngung von 50 kg N/ha

3. Andeckung mit Bodenaushub und 50 Vol.-% Aschezumischung sowie Gabe von 200 t TS/ha Klärschlamm-Kompost

Die Untersuchungen zu den Rekultivierungssubstraten führten zu folgenden Ergebnissen:

Mit der Wirbelschichtasche gelangten in den Bodenaushub 4 % - 10 % Kalk, der das Substrat durch puzzolan-hydraulische Reaktionen verfestigte und damit standsicher an den Haldenflanken hielt. Die Niederschläge infiltrierten ausreichend in die Deckschichten, so dass keine größeren Erosionen auftraten. Über eine Vegetationsperiode wurden 3,3 t/ha Abtrag bei 50 % Aschebeimengung und 9,8 t/ha bei 10 % Aschebeimengung gemessen. Nachdem sich die Vegetation zu 40 % - 60 % Deckungsgrad geschlossen hatte, ging der Abtrag erheblich zurück und war im folgenden Versuchsjahr nicht mehr messbar.

Die Vegetationsbestände der Plateauversuchsflächen erreichten im ersten Versuchsjahr aufgrund längerer Trockenperioden Deckungsgrade von 35 % - 55 % und nahmen bis zum dritten Versuchsjahr auf 100 % zu. Auf dem Südhang waren die Deckungsgrade um 10 % - 20 % niedriger. Klärschlamm förderte die Deckung.

Auf den Versuchsflächen mit Klärschlamm-Kompost-Gabe wuchsen jährlich 60-70 dt TS/ha Biomasse zu (ähnlich wie gedüngte Glatthaferwiesen), auf den mineralisch gedüngten Versuchsflächen 30-40 dt TS/ha (ähnlich wie Halbtrocken- oder Kalkmagerrasen). Die Pflanzen waren mit den Hauptnährelementen gut ernährt, insbesondere auf den Klärschlamm-Kompost-Flächen.

Von den angesäten Gräsern Ausdauerndes Weidelgras, Wiesen-Knäuelgras, Rot-Schwingel (*Festuca rubra* ssp. *rubra, Festuca rubra* ssp. *trichophylla*), Schaf-Schwingel (*Festuca ovina* ssp. *ovina*) und Wiesen-Rispengras behaupteten sich bis zum Versuchsende auf allen Versuchsflächen Ausdauerndes Weidelgras und Wiesen-Knäuelgras als Hauptbestandsbildner. Spontan wanderten auf den Plateauversuchsflächen 29, am Südunterhang 67 zusätzliche Arten von Gräsern und Kräutern ein. Pflanzensoziologisch zählen sie überwiegend zu den anthropo-zoogenen Heiden und Wiesen sowie zur krautigen Vegetation oft gestörter Plätze.

Das Sickerwasser aus den eingebauten Lysimetern enthielt zu Anfang der Messungen höhere Konzentrationen an Schwermetallen, die aber im Verlauf des Versuches zurückgingen.

SCHEER (2001) prüfte in Gefäßvegetationsversuchen und im Freiland in Lysimeterversuchen, ob speziell aufbereitete (entsalzte) Salzschlacke aus der Sekundäraluminium-Industrie sowie der Rückstand aus der Rauchgasreinigung nach dem Sprüh-Absorptionsverfahren (SAV-Stabilisat) als Rekultivierungsmaterial einer Kalirückstandshalde geeignet sind. Er stellte fest, dass diese Substrate prinzipiell begrünungsfähig sind, aber so viel Spurenelemente enthalten, dass deren Konzentrationen im Sickerwasser die zulässigen Grenzwerte zum Teil erheblich überschreiten und die Ernährung der Pflanzen stören können. Die genannten Substrate wurden im Freiland von NIESSING (2005) einzeln, miteinander gemischt und mit Kompostzugabe in Andeckungen am südexponierten und am nordexponierte Steilhang der Rückstandshalde des Kaliwerkes Sigmundshall in Bokeloh getestet. Untersucht wurden die Standsicherheit und Erosionsbeständigkeit sowie die Begrünungsfähigkeit der Andeckungen. Sie waren in den Beobachtungsjahren 1997 bis 2003 standsicher und erosionsbeständig. Von den Arten der 8 verschiedenen Ansaatmischungen hat sich Ausdauerndes Weidelgras am besten bewährt. Die angesäten Arten wurden aber zunehmend von spontan einwandernden Meldearten (*Atriplex* spp.) verdrängt.

Auf der Halde „Wintershall" des Kaliwerkes Werra (K+S Kali GmbH) bei Heringen in Osthessen mit anhydritischer Ablaugungsschicht an der Oberfläche wuchsen in einem Pflanzversuch mit Gehölzen (HOFMANN 2004) Hänge-Birke, Wald-Kiefer und Zitter-Pappel zu 50 % - 65 %, in günstigen Fällen zu über 80 % der ausgebrachten Bäume an, während die Sal-Weide nur zu 5 % - 35 % überlebte. Von den versuchsweise ausgesäten Gräsern Rot- und Schaf-Schwingel, Ausdauerndes Weidelgras und Wiesen-Knäuelgras hat sich am besten Rot-Schwingel bewährt. Sobald die Ernährung der Pflanzen nicht mehr durch Düngungen oder Gaben organischen Materials (Komposte) gestützt wird, geht das Wachstum zurück.

Auf einem über 50 Jahre alten Teil der Kalirückstandshalde Sondershausen wurden im November 1993 jeweils 10 Pflanzen von Scheinindigo, Schneebeere, der Pappelhybrid „University of Idaho" und die Silber-Ölweide einzeln in perforierte 40 Liter - Polyäthylen-Folienbehälter gepflanzt, die mit einem Substrat aus dem abgelaugten Haldenmaterial (hauptsächlich Anhydrit) und getrocknetem Klärschlamm (KS) bzw. Klärschlammkompost (KSK; 5 Behälter je Pflanzenart und Substratmischung) gefüllt und in den umgebenden abgelaugten Rückstand eingebettet waren (Versuchsgröße: 4 Arten x 2 Substrate x 5fache Besetzung = 40 Behälter; KAHL 2000). Auf dem Boden jedes Behälters wurden vor der Befüllung mit den Substraten 50 g Polyacrylamid (Stockosorb 410 K = „Hydrogel") verteilt. 1 g Polyacrylamid kann 150 g Wasser speichern. Es soll den Pflanzen einen Wasservorrat bieten. Vermutlich durch ablaufendes Regenwasser, das in die Container eindringen konnte, stieg der Salzgehalt im Substrat von 1993 bis 1998 von 0,8 % auf 1,2 %. Nach fünf Vegetationsperioden (1998) haben sich Bastardindigo, Pappel und Ölweide als bedingt salzresistent erwiesen. Von den jeweils 10 Pflanzen jeder Art waren 2 Pappeln und 1 Ölweide abgestorben. Die Schneebeeren waren fast durchweg stark geschädigt oder tot.

Auf verschiedenen Kalirückstandshalden Thüringens, Niedersachsens und Hessens wurde der Rückstand mit mächtigeren Schichten (1 m) kulturfähigen mineralischen Substrates überzogen (HEINZE et al. 1984, HEINZE & LIEBMANN 1991, ZUNDEL 2000, ZUNDEL & SIEGERT 2000). Damit entstehen neue, andere Standorte, auf denen eine größere Vielfalt von Pflanzenarten wachsen kann als auf dem mehr oder weniger behandelten Rückstandssubstrat. Die Pflanzen auf diesen Überzügen sind weitgehend unabhängig vom liegenden Haldensubstrat. Das Haldensubstrat beeinflusst den Bewuchs nur dadurch, dass es den Wurzelraum einschränkt, falls es zu fest oder wegen zu hohen Gehaltes leicht löslicher Salze, vor allem NaCl, phytotoxisch ist. Die Wurzeln meiden phytotoxisches Substrat (s. o.) und vergiften sich somit nicht. Probleme entstehen aber beim Auftrag mächtiger Schichten an Steilhängen wegen der Stand- und der Erosionssicherheit, wegen eines eingeengten Vorfeldes der Halde, so dass Kulturboden nicht flacher (und damit standsicher) als der Haldenhang angeschüttet werden kann, und wegen des großen Kulturbodenbedarfs einer solchen Anschüttung. Die Vegetation ist zudem auch auf den Überzügen dem sehr differenzierten, zum Teil extremen Geländeklima der Halden ausgesetzt. Trotz dieser Probleme ist ein mächtiger Kulturbodenüberzug die wirksamste und nachhaltigste Maßnahme zur Haldenbegrünung und Reduktion des Salzaustrages aus den Halden, wie die Lysimetermessungen und die einschlägigen Begrünungsversuche zeigen (s. u. sowie HEIDEN et al. 2001).

ZUNDEL & SIEGERT (2000) stellten auf ihren Versuchsflächen auf der Halde Bleicherode fest, dass der im Frühjahr 1994 als Kulturboden auf den Steilhang der Halde abgekippte und mit Gehölzen bepflanzte Erdaushub und Bauschutt standsicher war. Allerdings traten Erosionen auf.

Alle Versuchsflächen wurden im Jahre 1994 mit Sanddorn, Trauben-Eiche, Grau- und Schwarz-Erle, Robinie, Sand-Birke, Balsam-Pappel, Weide, Spitz-Ahorn, Hainbuche, Vogel-Kirsche und Winter-Linde bepflanzt (2-3jährige sog. Forstware). Wegen Hasenverbisses und extremer Witterungseinflüsse (Erosion, Dürre) fielen im ersten Jahr viele Pflanzen aus, so dass 1995 und 1996 Nachpflanzungen erforderlich wurden. Im Herbst 1996 waren noch zwischen 25 % und 70 % der gepflanzten Bäume vorhanden, im Mai 1998 zwischen 12 % und 47 %.

III Halden-Wasserbilanzen mittels Lysimeteruntersuchungen

Das zentrale Ziel der Begrünung der Kalirückstandshalden ist, dass möglichst wenig Niederschlag in die Halde versickert und damit der Eintrag von Salzlösungen in Grund- und Oberflächenwasser minimiert wird (biologische Versiegelung, s. DÖRING et al. 1979). Welches Substrat und welche Vegetation diesem Ziel am nächsten kommen, wird in Lysimetern untersucht. Den wirklichen Verhältnissen auf der Halde nahe Wasserbilanzen liefern nur Lysimeter, die ausreichend tief sind (mindestens 1,5 m; LÜTZKE 1965), denn in jedem Lysimeter bilden sich im eingefüllten Substrat bei Porengrößenwechsel unvermeidlich Menisken mit Stauwasser in den Poren aus, ohne Drainageschicht stehend auf dem Lysimeterboden, mit eingebauter Drainageschicht hängend über dieser Schicht. Wenn die Lysimeter zu flach sind, geht dieses Stauwasser mehr oder weniger in die Evapotranspiration ein und führt ihrer Überschätzung und zur Unterschätzung des versickernden Anteils des Niederschlags. Alle im Folgenden mitgeteilten Ergebnisse stammen von Lysimetern, die 1,5 m tief und tiefer waren.

Im Jahr 1975 begannen HEINZE & LIEBMANN mit Lysimeteruntersuchungen auf der Lysimeterstation Wildacker der Technischen Universität Dresden[1]. Bis 1980 wurden hier die Wasserbilanzen und Salzausträge unbewachsenen und bewachsenen abgelaugten Kalirückstandes über frischem Kalirückstand und unbewachsenen frischen Kalirückstandes ermittelt. Analoge Untersuchungen folgten auf der Kalirückstandshalde Sondershausen ab 1977 bis 1981, auf der Kalirückstandshalde Zielitz ab 1978 bis 1981 (HEINZE & LIEBMANN 1991). Von 1994 bis 2001 wurde eine Lysimeterstation auf der Halde Bleicherode betrieben (HEIDEN et al. 2001, STUDE et al. 2002). Die Ergebnisse aller Messungen von 1975 bis 1997 stellen LIEBMANN & PARNIESKE-PASTERKAMP (2000) dar.

In den Tharandter Lysimetern auf dem Wildacker (385 m ü. NN, mittlere Jahresniederschlagssumme von 1969 bis 1984: 838 mm, mittlerer Jahreswert der Lufttemperatur 7,5 °C) versickerten von 1975 bis 1978 in frischen Rückstand 91 %, in abgelaugten Rückstand ohne Bewuchs 75 % und in abgelaugten Rückstand mit Bewuchs 62 % des Niederschlages (HEINZE & LIEBMANN 1991).

---

[1] Herrn Prof. Dr. habil. Hermann PLEISS und Herrn FICHTNER sei auch an dieser Stelle nochmals für ihr Entgegenkommen und ihre Hilfe gedankt.

Auf der Halde Sondershausen wurden von 1977 bis 1980 Versickerungsraten in frischen Rückstand von 105 %, in unbewachsenen abgelaugten Rückstand von 94 %, in unbewachsenen Kulturboden von 60 % und in bewachsenen Kulturboden von 32 % gemessen. Auf der Halde Zielitz versickerten in den frischen Zielitzer Rückstand, der zu über 95 % aus NaCl besteht, 106 % des Niederschlages, während die mit frischem Sondershäuser Rückstand gefüllten Lysimeter am gleichen Standort nur 63 % des Niederschlages als Sickerwasser abgaben. Die Versickerungsbeträge um 100 % oder sogar über 100 % des Niederschlages werden als Folge eines Wasserdampfpartialdruckgefälles von der Luft zur Salzoberfläche gedeutet (PETZOLD 1979).

Die Lysimeterstation auf dem Plateau der Kalirückstandshalde Bleicherode wurde 1994 mit 6 Lysimetern errichtet und 1995 und 1997 um jeweils 4 Lysimeter erweitert. Die Lysimeter waren mit den in Tab. 40 und Abb. 131 gezeigten Substraten gefüllt.

Tab. 40: Kurzbeschreibung des Aufbaus der Lysimeter 1 bis 14 auf der Kalirückstandshalde Bleicherode (aus STUDE et al. 2002).

Bezeichnung	Befüllung (von oben nach unten)	bepflanzt mit	betrieben seit	erste Probenahme
Lysimeter 1	0,5 m Gips-Anhydrit-Lockerschicht 1,6 m Salz[1]	Sanddorn Gras	Oktober 1994	März 1995
Lysimeter 2	1,0 m Erdaushub 0,5 m Gips-Anhydrit-Lockerschicht 0,6 m Salz[1]	Spitzahorn Gras		
Lysimeter 3	0,8 m Erdaushub 0,5 m Bauschutt 0,4 m Gips-Anhydrit-Lockerschicht 0,4 m Salz[1]	Spitzahorn Gras		
Lysimeter 4	1,0 m Asche 0,7 m Bauschutt 0,4 m Salz[1]	Spitzahorn Gras Klee		
Lysimeter 5	1,0 m Erdaushub/Grünkompost (41 000 kg Nges./ha) 0,5 m Bauschutt 0,6 m Salz[1]	Spitzahorn Gras		
Lysimeter 6	1,0 m Erdaushub/Klärschlamm (54 000 kg Nges./ha) 0,5 m Bauschutt 0,6 m Salz[1]	Spitzahorn Gras		
Lysimeter 7	0,5 m Erdaushub/Klärschlamm (10 000 kg Nges./ha) 1,6 m Erdaushub[1]	Gras	November 1995	März 1996
Lysimeter 8	1,0 m Erdaushub/Klärschlamm (50 000 kg Nges./ha) 1,1 m Erdaushub[1]	Gras		
Lysimeter 9	wie Lysimeter 7	Gras		
Lysimeter 10	wie Lysimeter 8	Gras		
Lysimeter 11	0,3 m Erdaushub/Klärschlammkompost (82 kg Nverfügbar/ha) 1,8 m Erdaushub[1]	Gras	November 1997	Juni 1998
Lysimeter 12	wie Lysimeter 11	Gras		August 1998
Lysimeter 13	0,5 m Erdaushub/Klärschlamm (11 800 kg Nges./ha) 1,6 m Erdaushub[1]	Gras	November 1997	Februar 1998
Lysimeter 14	wie Lysimeter 13	Gras		November 1998

[1] bei einer maximalen Perkolatraumhöhe zuzüglich Siebboden und der Kiesschicht von etwa 0,4 m (Gesamthöhe des Lysimeters etwa 2,5 m)

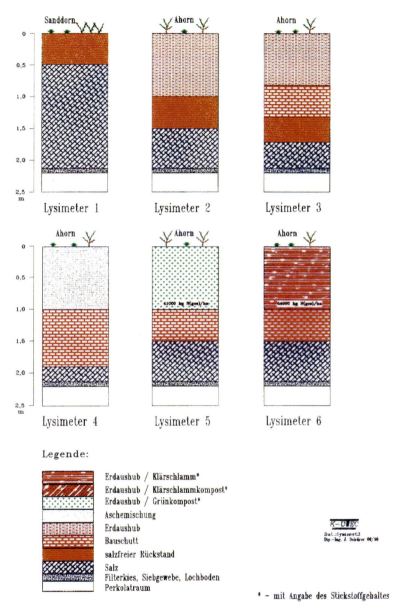

Abb. 131a: Befüllung der Lysimeter auf der Kalirückstandshalde Bleicherode (aus STUDE et al. 2002).

Kalibergbau

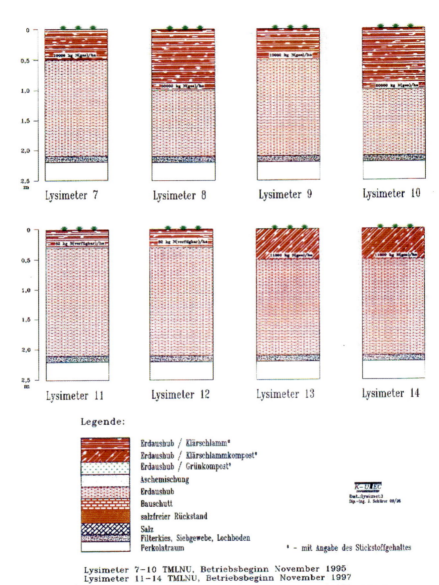

Abb. 131b: Befüllung der Lysimeter auf der Kalirückstandshalde Bleicherode (aus STUDE et al. 2002).

Generell wurden konzentrierte Salzlösungen als Sickerlösung gewonnen. Die Versickerung wurde auf Wasser bezogen. Die gemessene Lösungsmenge ist dazu mit einem mittleren Wassergehalt von 885 g/l auf reines Wasser umgerechnet worden.

LIEBMANN & PARNIESKE-PASTERKAMP (2000) werteten erstmals die Messergebnisse von November 1994 bis Mai 1997, also von 30 Monaten, aus. In diesem Zeitraum fielen auf das Plateau 1173 mm Niederschlag. Da mit nicht wägbaren Lysimetern gearbeitet wurde, sind Ungenauigkeiten im ersten Versuchsjahr durch unterschiedliche Wassersättigung der verschiedenen Einsatzstoffe in der Anlaufphase zu erwarten. Deshalb wurde das erste Versuchsjahr bei der Berechnung der Versickerungsrate nicht berücksichtigt und der Ausgangspunkt für die vorläufige Auswertung ab November 1995 gewählt.

Im Auswertungszeitraum von November 1995 bis Mai 1997 fielen 701 mm Niederschlag. Mit 80,4 % Versickerungsanteil wurde in der Nullvariante (0,5 m abgelaugter Rückstand über 1,5 m frischem Rückstand) der höchste Wert mit 563,8 mm Sickerwasser in der Lösung gemessen, obwohl das Lysimeter mit gut bewurzeltem Sanddorn und einer dichten Grasdecke bewachsen war. Gegenüber Vergleichswerten aus früheren Messungen von unbewachsenem Rückstand wurde durch den Bewuchs nur eine Verringerung von ca. 10 % erreicht, was auf die fehlende Wasserspeicherfähigkeit des Materials zurückzuführen ist (analog Versuchsergebnisse der TU Dresden/Tharandt 1977-1980). Das Lysimeter 4 mit 1 m Ascheüberdeckung / 0,7 m Bauschutt war mit einer schütteren Grasvegetation bewachsen (Abb. 131a). In ihm versickerten 47 % des Niederschlags. Das Lysimeter 6 mit 1 m Klärschlamm/Boden-Überdeckung im Verhältnis 1:1 und 0,5 m Bauschutt weist noch 38,6 % Versickerung auf. Die übrigen Varianten liegen darunter: Im Lysimeter 2 mit 1 m Erdaushubabdeckung versickerten 20 % und im Lysimeter 5 mit 1 m Kompost/Erdaushub und 0,5 m Bauschuttschicht 18 %. Die geringste Sickerwassermenge wurde mit 12,5 % Versickerung im Lysimeter 3 bestimmt, das mit 0,8 m Erdaushub, unterlagert von 0,5 m Bauschutt, bedeckt war.

Es wurde bereits für diesen Versuchszeitraum nachgewiesen, dass speicherfähige Erdbaustoffschichten von 0,8-1,0 m und eine ausreichende Begrünung die Niederschlagsversickerung auf 10 % - 20 % des Gesamtniederschlags unter den klimatischen Bedingungen Bleicherodes (600 mm Jahresniederschlagssumme, 8,0 °C Jahresmitteltemperatur, s. AKADEMIE DER WISSENSCHAFTEN DER DDR 1981) reduzieren. Ohne die Verwendung von speicherfähigen Stoffen in der Deckschicht konnte trotz einer Vegetationsdecke in 2,5 Jahren die Versickerung nicht wesentlich vermindert werden.

Die Chloridgehalte der Sickerlösungen in den Lysimetern betrugen 184-191 g/l. Es handelt sich um quasi-gesättigte Natriumchloridlösungen mit Gehalten an K, Mg und Ca von insgesamt < 2 g/l. Die hohen Chloridkonzentrationen wurden in allen Lysimetern gefunden, auch wenn in Lysimeter 2 nur ein unterlagernder Salzkern von 0,2 m vorhanden war.

Nährstoffaustrag

Die mit dem Niederschlag eingetragene Stickstoffmenge beträgt 39 kg N/ha für den gesamten Auswertungszeitraum, d. h. 26 kg N/ha im Jahr.

Der Stickstoffaustrag aus der unüberdeckten Halde (67 kg N/ha) überschreitet den mit dem Niederschlag eingetragenen Stickstoff um das Dreifache. Ursache sind vermutlich die unter Tage verwendeten Sprengmittel.

Bei Überdeckung des Haldenmaterials mit 1 m Erdaushub oder 1 m Erdaushub/Grünkompost-Mischung reduzierte sich der Stickstoffaustrag mit 20 kg N/ha auf ein Drittel des unbedeckten Rückstands, obwohl die Erdaushub/Grünkompost-Mischung 38.000 kg N/ha enthält.

Bei der Klärschlamm/Erdmischung mit ca. 50.000 kg N/ha waren die Austräge auf 581 kg N/ha im Jahr erhöht. Die angewendete Klärschlammmenge und die Einmischung ohne unterlagernde Speicherschicht würde zu erheblichen ökologischen Belastungen führen und ist für die praktische Anwendung nicht zu empfehlen.

Die großen Unterschiede im N-Austrag zwischen der Grünkompostzugabe in Lysimeter 5 mit 38.000 kg N/ha und Klärschlamm mit

50.000 kg N/ha, zeigen, dass neben der Gesamtmenge an Stickstoff seine Bindungsform und Freisetzungsrate wichtig sind.

Für den gesamten Untersuchungszeitraum von 1995 bis 2001 wurde an den nun 14 Lysimetern auf der Kalirückstandshalde Bleicherode (s. Abb. 131a und b) folgendes festgestellt (STUDE et al. 2002):

In die unabgedeckte Halde, auf denen der abgelaugte Rückstand bis an die Haldenoberfläche ansteht, versickern über 85 % des Niederschlags. Auch bei einer gutdeckenden Begrünung verringert sich die Versickerungsrate nur auf 75 % - 82 %, da das Haldensubstrat wenig Wasser speichert und sehr wenig Humus enthält. Auf der gesamten unabgedeckten Halde lassen sich aber selbst diese Werte nicht erreichen, da die Begrünung nach den bisherigen Beobachtungen schütterer als auf den Lysimetern sein wird.

Eine Abdeckung des Kalirückstandes mit einer 1 m mächtigen klärschlammhaltigen Schicht führte zu Versickerungsraten von 30 % - 47 %. Diese Abdeckungsvariante wird aber nicht empfohlen, da sie große Mengen an Stickstoff mit dem Sickerwasser abgibt (s. u.) und da mit anderen Varianten die Versickerung wesentlich stärker reduziert werden kann.

Mit den begrünten Abdeckschichten von 0,8- 2,1 m Stärke wurden die Versickerungsraten bis auf ca. 17 % des Niederschlags reduziert.

Die besten Ergebnisse brachten Boden und Boden-Grünkompost-Mischungen als Abdeckungsschicht. Der Zusatz von Klärschlamm erhöhte in allen betroffenen Lysimetern die Versickerungsraten, vermutlich infolge einer geringeren Durchwurzelungsintensität bei höherem Stickstoffangebot des Bodens. Bei Deckschichten von 0,5 m Stärke und Einhaltung des Stickstoffgehaltes von 10.000 kg N/ha waren die Versickerungsraten bei Klärschlamm-Einsatz um 4 % - 6 % erhöht.

Da das Wasserspeichervermögen und die Durchwurzelungstiefe mit zunehmender Mächtigkeit der Abdeckschicht steigen, ist eine Mindestüberdeckung von 2 m Stärke für möglichst große Teile des Haldenkörpers zu empfehlen. Eine solche Überdeckung senkt den Sickerlösungsanfall und damit den Salzeintrag in die Gewässer auf 20 % - 25 % der derzeitigen Menge.

Da die Halden auch mit Klärschlämmen und Komposten als begrünungsfähige Schicht bedeckt werden, interessieren die Stickstoffbilanz und -dynamik, insbesondere die Stickstoffausträge aus diesen Substraten über das Sickerwasser, um Gefahren für das Grundwasser zu erkennen und abzuwenden. Bereits aus reinem Kalirückstand wird Stickstoff mit der Sickerlösung ausgetragen (s. Tab. 41, Lysimeter 1). Dies geht vermutlich auf die Gewinnungstechnologie der Kalisalze unter Tage zurück, bei der N-haltige Sprengstoffe verwendet werden. Die flächenbezogenen Stickstoffausträge aus dem reinen Rückstand (Lysimeter 1) betrugen im ersten Versuchsjahr 74 kg N/ha und reduzierten sich im Beobachtungszeitraum auf ca. 10 kg N/ha. Dabei ist zu berücksichtigen, dass die Schichtstärke und damit der Stickstoffvorrat des in die Lysimeter eingebrachten Rückstandssalzes begrenzt sind und sich deshalb der Stickstoffaustrag im Beobachtungszeitraum schneller verringert, als es auf der Halde zu erwarten ist.

Überdeckungen des Rückstands mit Erdstoffen erhöhten den flächenbezogenen Stickstoffaustrag nicht. Analog wirkte, trotz erhöhter Nährstoffeinmischung auf 40.000 kg N/ha, die Abdeckung mit einer Boden-Grünkompost-Schicht. Die Stickstoffmobilisierung war über den gesamten Messzeitraum gering, was auch die Untersuchungsergebnisse der Feststoffproben beim Lysimeterausbau belegen.

Gemessen am absoluten N-Austrag sowie am relativen Anteil des N-Austrages an der Summe N-Austrag + N_t-Gehalt im Substrat wurden aus den Erdaushub-Klärschlamm-Gemischen und den Erdaushub-Klärschlammkompost-Gemischen (Lysimeter 6, 10, 13 und 14) die höchsten N-Mengen ausgewaschen, die erhöhte Wasserbelastungen befürchten lassen. Außerdem sind auch andere Inhaltsstoffe der Klärschlämme (z. B. Schwermetalle) bedenklich. Diese Varianten sind deshalb für eine Haldenabdeckung nicht zu empfehlen. Relativ niedrige N-Auswaschungsraten werden ohne Klärschlamm (Lysimeter 2, 3, 4) sowie etwas höhere Werte bei Klärschlammgaben bis maximal 11.800 kg N_t/ha (Lysimeter 7, 9, 11 und 12) erreicht.

Tab. 41: N-Austrag mit dem Sickerwasser sowie N_{min}- und N_t-Gehalt im Substrat zum Abschluss des Versuches sowie Anteil des N-Austrages an der Summe N-Austrag + N_t-Gehalt im Substrat (aus STUDE et al. 2002).

Lysimeter	N-Austrag	Probenahmetiefe im Substrat	N_{min}-Gehalt im Substrat	N_t-Gehalt im Substrat	Anteil des N-Austrages an der Summe N-Austrag + N_t im Substrat
	kg N/ha	cm	kg N/ha in Probenahmetiefe *)	kg N/ha in Probenahmetiefe *)	%
1	220	50	6	708	23,7
2	141	100	20	10.567	1,3
3	270	80	15	12.182	2,2
4	138	100	7	10.306	1,3
5	338	100	198	51.257	0,7
6	9.101	100	284	26.985	25,2
7	288	210	211	25.417	1,1
8	811	210	2.385	66.658	1,2
9	515	210	518	30.421	1,7
10	1.905	210	1.745	38.698	4,7
11	451	210	98	16.070	2,7
12	331	210	75	16.949	1,9
13	1.262	210	574	19.066	6,2
14	1.119	210	941	20.676	5,1

*) = unter Berücksichtigung des geschätzten Steinanteils

Tab. 42: Kenngrößen der Humusdynamik der Lysimeter 2, 5 und 6 (Untersuchung der Korngrößenfraktion < 2 mm) (aus STUDE et al. 2002).

Lysimeter	Tiefe	C_{org}	N_t	C_{hwl}*)	N_{hwl}*)	Anteil von C_{hwl} an C_{org}	Anteil von N_{hwl} an N_t
	cm	%	%	mg/kg	mg/kg	%	%
2: Erdaushub	0-30	3,5	0,17	641	66	1,8	3,9
	30-60	3,7	0,15	582	37	1,6	2,5
	60-100	0,4	0,01	346	8	8,7	8,0
5: Erdaushub/ Grünkompost	0-30	6,7	0,59	911	226	1,4	3,8
	30-60	10,0	0,91	1446	357	1,4	3,9
	60-100	7,4	0,60	1300	286	1,8	4,8
6: Erdaushub/ Klärschlamm	0-30	3,3	0,26	1132	149	3,4	5,8
	30-60	4,1	0,41	1161	214	2,8	5,2
	60-100	2,5	0,19	2000	180	8,0	9,4

*) Heißwasserextraktion nach SCHULZ & KÖRSCHENS (Methodenbuch VDLUFA Band I A 4.3.2 Entwurf Stand: 9/2002)

Die Bestimmung der Parameter organischer Kohlenstoff (C_{org}), Gesamt-N (N_t) sowie heißwasserlöslicher Kohlenstoff (C_{hwl}) und Stickstoff (N_{hwl}) ermöglicht Aussagen über die Dynamik der organischen Substanz der Lysimetersubstrate. Die heißwasserlöslichen C- und N-Fraktionen charakterisieren näherungsweise die leicht umsetzbaren Anteile der organischen Substanz der Substrate und damit die kurz- bis mittelfristig zu erwartende N-Mineralisierung. Von besonderem Interesse sind dabei die Lysimeter, in die Grünkompost, Klärschlammkompost bzw. Klärschlamm eingebaut wurden. Tabelle 42 zeigt die Ergebnisse für die einheitlich im Jahr 1994 mit 1 m Schichtmächtigkeit errichteten Lysimeter 2 (Erdaushub), 5 (Erdaushub/ Grünkompost) und 6 (Erdaushub/Klärschlamm). Nach 8 Jahren Versuchslaufzeit sind im Substrat von 0 bis 60 cm in Lysimeter 2, das hier als Kontrollvariante angesehen werden kann, 3,5 % ... 3,7 % C_{org} und 0,15 % ... 0,17 % N_t enthalten. Davon sind 1,6 % - 1,8 % bzw. 2,5 % - 3,9 % heißwasserlöslich. Das Erdaushub-Grünkompost-Gemisch in Lysimeter 5 weist einen höheren C_{org}- und N_t-Gehalt als die Kontrolle und das Erdaushub-Klärschlamm-Gemisch in Lysimeter 6 auf. Im Vergleich zu Lysimeter 6 ist der heißwasserlösliche Anteil an C_{org} und N_t in Lysimeter 5 aber niedriger und mit den Anteilen in Lysimeter 2 weitgehend vergleichbar.

Wie eine wasserspeichernde und bewachsene Kulturbodendecke auf Kalirückstand dessen Ablaugung verringert, war augenfällig auf dem Plateau der Halde Sondershausen zu sehen. Dort wurde im Frühjahr 1977 auf einer 5 m x 10 m großen Fläche sandiger Auenlehm aus der Wipperaue auf frischen Rückstand aufgebracht und mit Stiel-Eiche, Wald-Kiefer und Schwarz-Kiefer bepflanzt (s. HEINZE et al. 1984). Die Bepflanzung mit den Gehölzen scheiterte zwar an der von der Aue mitgebrachten vitalen Konkurrenzvegetation aus Kamille, Disteln, Rainfarn und Gräsern (vor allem Quecke) und den ebenfalls mit eingeschleppten Wühlmäusen und am Verbiss durch Hasen. Aber die dichte Vegetation auf dem Auenlehm reduzierte die Ablaugung so erheblich, dass die bodenbedeckte Fläche nach einigen Jahren die umgebende Haldenoberfläche als Block überragte.

IV Vegetation an den Salzaustrittsstellen

An allen Salzaustrittsstellen haben sich Salzfluren gebildet (Arten siehe Tab. 43).

Tab. 43: Artenbestand an Salzaustrittsstellen an Kalirückstandshalden Deutschlands und des Elsass (Frankreich) sowie in der Werraaue (Nicht jede Art kam an jeder Salzaustrittsstelle vor. k. A.: keine Angabe).

Spalte 1: Salzaustrittsstellen an allen Halden des Südharz- und des Werra-Kalireviers (VAN ELSEN 1997)
Spalte 2: Salzaustrittsstellen an der Halde Sondershausen (HEINRICH & MARSTALLER 1973)
Spalte 3: Salzaustrittsstelle an der Halde Bernterode (eigene Aufnahme 2009)
Spalte 4: Salzaustrittsstellen an der Halde Hera (HOFMANN et al. 2000)
Spalte 5: Salzaustrittsstellen in der Werraaue (PUSCH 1997)
Spalte 6: Salzaustrittsstellen an Kalihalden in Deutschland und im Elsass (GARVE & GARVE 2000)
Spalte 7: Salzzahl der Art nach ELLENBERG et al. (1991)
Spalte 8: Einstufung in der Roten Liste Thüringens (KORSCH & WESTHUS 2011)

Art	1	2	3	4	5	6	7	8
Echter Sellerie (*Apium graveolens*)	X				X	X	4	2
Strand-Beifuß (*Artemisia maritima*)					X	X	5	2
Strand-Aster (*Aster tripolium*)	X		X	X	X	X	8	
Strand-Melde (*Atriplex littoralis* cf.)	X					X	7	
Verschiedensamige Melde (*Atriplex micrantha*)						X		
Glanz-Melde (*Atriplex sagittata*)	X				X		0	
Langblättrige Melde (*Atriplex oblongifolia*)	X						1	
Spreizende Melde (*Atriplex patula*)	X						0	
Stielfrüchtige Salzmelde (*Atriplex pedunculata*)						X		
Spieß-Melde (*Atriplex prostrata*)	X				X	X	0	
Rosen-Melde (*Atriplex rosea*)	X	X				X	1	2
Tataren-Melde (*Atriplex tatarica*)	X					X	0	
Besen-Radmelde (*Bassia scoparia*)	X					X	k. A.	
Gewöhnliche Strandsimse (*Bolboschoenus maritimus*)	X				X	X	2	

Art	1	2	3	4	5	6	7	8
Salz-Hasenohr (*Bupleurum tenuissimum*)		X				X	3	2
Land-Reitgras (*Calamagrostis epigejos*)				X			0	
Entferntährige Segge (*Carex distans*)						X		2
Dickblättriger Gänsefuß (*Chenopodium botryodes*)						X		3
Graugrüner Gänsefuß (*Chenopodium glaucum*)	X				X		3	
Roter Gänsefuß (*Chenopodium rubrum*)	X				X		1	
Dänisches Löffelkraut (*Cochlearia danica*)				X		X	4	
Wilde Möhre (*Daucus carota*)				X			0	
Klebriger Alant (*Dittrichia graveolens*)						X		
Drüsiges Weidenröschen (*Epilobium ciliatum*)				X			0	
Schaf-Schwingel (*Festuca ovina*)				X			0	
Milchkraut (*Glaux maritima*)						X		2
Durchwachsenblättriges Gipskraut (*Gypsophila perfoliata*)				X		X		
Schwarzwurzel-Gipskraut (*Gypsophila scorzonerifolia*)	X					X	k. A.	
Wolliges Honiggras (*Holcus lanatus*)				X			1	
Mähnen-Gerste (*Hordeum jubatum*)	X				X	X	2	
Gewöhnlicher Salztäschel (*Hymenolobus procumbens*)	X			X		X	k. A.	2
Ufer-Alant (*Inula britannica*)	X						2	2
Zusammengedrückte Binse (*Juncus compressus*)	X				X		1	
Salz-Binse (*Juncus gerardii*)	X				X		7	3
Nickender Löwenzahn (*Leontodon saxatilis*)		X					1	1
Breitblättrige Kresse (*Lepidium latifolium*)						X	4	
Schutt-Kresse (*Lepidium ruderale*)	X						0	
Schmalblättriger Hornklee (*Lotus tenuis*)						X	4	3
Krähenfuß-Wegerich (*Plantago coronopus*)						X	4	
Strand-Wegerich (*Plantago maritima*)	X					X	7	2
Gewöhnlicher Salzschwaden (*Puccinellia distans*)	X	X	X	X	X		7	
Ufer-Ampfer (*Rumex maritimus*)					X		2	
Niederliegendes Mastkraut (*Sagina procumbens*)				X			2	
Kurzähren-Queller (*Salicornia europaea*)	X		X	X	X	X	9	3
Steppen-Salzkraut (*Salsola kali* ssp. *tragus*)	X					X	2	
Salz-Bunge (*Samolus valerandi*)						X	4	2
Schlitzblättrige Schwarzwurzel (*Scorzonera laciniata*)	X					X	1	2

Kalibergbau

Art	1	2	3	4	5	6	7	8
Acker-Gänsedistel (*Sonchus arvensis*)				X			1	
Sumpf-Gänsedistel (*Sonchus palustris*)	X						1	
Flügelsamige Schuppenmiere (*Spergularia media*)		X	X	X	X	X	8	
Salz-Schuppenmiere (*Spergularia salina*)	X	X		X	X	X	9	
Strand-Sode (*Suaeda maritima*)	X		X	X	X	X	8	
Gelbe Spargelerbse (*Tetragonolobus maritimus*)						X	1	2
Gelbe Wiesenraute (*Thalictrum flavum*)					X		2	3
Erdbeer-Klee (*Trifolium fragiferum*)						X	4	2
Schweden-Klee (*Trifolium hybridum*)					X		0	
Strand-Dreizack (*Triglochin maritimum*)	X		X		X	X	8	3
Sumpf-Dreizack (*Triglochin palustre*)	X						3	2

Abb. 132: Quellerflur am Fuß der Kalirückstandshalde Bernterode (Foto: H. Baumbach, Juni 2009).

VAN ELSEN (1997) stellt das Vorkommen der Pflanzenarten in 185 pflanzensoziologischen Aufnahmen nach BRAUN-BLANQUET (1964) im Jahr 1995 an sekundären, von der Kaliindustrie verursachten Binnensalzstellen Thüringens zusammenfassend dar. Es sind hauptsächlich die Arten, die ELLENBERG et al. (1991) als „salzertragend" (Salzzahl 1) bis „hypersalin" (Salzzahl 9) einordnen. Zusätzlich werden in der Artenliste einige „nicht salzertragende" (Salzzahl 0) Arten aufgeführt, die ebenfalls für die untersuchten Standorte typisch sind.

Für jede Art ist der Gefährdungsgrad aus der aktuellen „Roten Liste der Farn- und Blütenpflanzen" Thüringens (KORSCH & WESTHUS 2011) angegeben.

Drei der nachgewiesenen Pflanzengesellschaften werden nach der Roten Liste der Pflanzengesellschaften Thüringens (HEIN-

RICH et al. 2001) als „gefährdet" (RLT 3) bzw. „stark gefährdet" (RLT 2) eingestuft.
An Salzlösungsaustritten am Haldenfuß und an Böschungsrändern von Abflußgräben kommt die Salzsoden-Queller-Flur (Salicornietum ramosissimae Christ. 1955) vor, deren Arten die hohen Salzgehalte dieser Stellen vertragen (s. Abb. 132). Die gegenwärtig stark gefährdete (RLT 2) Gesellschaft konzentriert sich auf Pionierstandorte mit hohen Salzgehalten. Der vorherrschende Gemeine Queller (*Salicornia europaea*) ist mit der Strandsode (*Suaeda maritima*) vergesellschaftet. Die Pioniergesellschaft tritt an den sechs Südharzer Großhalden auf; weitere Fundorte befinden sich im Werra-Kalirevier, an den Kleinhalden kommt die Gesellschaft nur punktuell vor.

Als weitere Salzpflanzen-Gesellschaften treten Schuppenmieren-Salzschwaden-Rasen (Spergulario salinae - Puccinellietum distantis Feekes [1934] 1943) und Strandaster-Salzschwaden-Rasen (Astero tripoli - Puccinellietum distantis Weinert [1956] 1989) auf. Beide als „gefährdet" (RLT 3) eingestufte Gesellschaften sind floristisch eng verwandt.

Nach dem weit verbreiteten Gewöhnlichen Salzschwaden ist die Salz-Schuppenmiere (*Spergularia salina*) der zweithäufigste Halophyt der untersuchten Wuchsorte. Teilweise tritt sie gemeinsam mit der selteneren Flügelsamigen Schuppenmiere (*Spergularia media*) auf. Die Strand-Aster (*Aster tripolium*) bildet nur an zwei Rückstandshalden größere Bestände (Bischofferode, Roßleben); außerdem kommt sie an einer Seilbahntrasse vor, die die Werra-Aue durchquert. Auf Gräben konzentriert sich der Strand-Dreizack (*Triglochin maritimum*; RLT 3). Der Wilde Sellerie (*Apium graveolens*; RLT 2) wurde an den Rückstandshalden Bischofferode, Bleicherode und Dorndorf entdeckt. Weitere, sehr selten gefundene salztolerante Arten sind der Strandwegerich (*Plantago maritima*) (RLT 2, Halde Pöthen) und der Schlitzblättrige Stielsame (*Podospermum laciniatum*) (Halden Roßleben, Berka und Wolkramshausen).

Die Glanzmelden-Gesellschaft (Atriplicetum nitentis KNAPP [1945] 1948) ist auf nährstoffreichem Substrat im Haldenumfeld verbreitet, etwa auf frisch mit Klärschlamm überdeckten Böschungen. Zur Glanzmelde (*Atriplex nitens*) gesellen sich auf solchen Standorten an den am weitesten östlich gelegenen Großhalden Roßleben und Sondershausen auch die Langblättrige Melde (*A. oblongifolia*) und die Rosenmelde (*A. rosea*).

Auch an niedersächsischen und hessischen Kalirückstandshalden (Umgebung von Celle und von Heringen/Werra) wurden die Pflanzenbestände aufgenommen (VAN ELSEN & SCHMEISKY 1990; s. Tab. 39, Wuchsorte 1-4). Auf den Salzaustrittsstellen am Hangfuß der Halden hat sich eine Halophyten-Vegetation gebildet, die nach der Bodenfeuchte zoniert ist. In der feuchteren Zone wächst der Queller. Salz-Aster und Gänsefußgewächse wie Roter und Weißer Gänsefuß und Spieß-Melde grenzen an und besiedeln zusammen mit dem Salz-Schwaden und Salz-Schuppenmiere auch trockenere Salzstandorte. An zwei Halden bei Wathlingen (südl. von Celle) wurde die Strand-Melde gefunden. Mit zunehmendem Abstand vom Haldenfuß gehen die Halophyten-Gesellschaften in Quecken-Gesellschaften über. In feuchten Senken treten hier noch Salzpflanzen (Salz-Schuppenmiere, Spieß-Melde), aber auch schon Schilfrohr (*Phragmites australis*) oder Land-Reitgras auf. Weitere an den Halden von Wathlingen gefundene Pflanzenarten sind in der Tab. 39, Wuchsorte 1-4) aufgeführt.

Am Kaliwerk Heringen/Werra finden sich auf gestörten, salzhaltigen Standorten (Aufschüttungen, Lagerplätze) ähnliche Halophyten-Bestände (VAN ELSEN & SCHMEISKY 1990). Queller und Strand-Melde fehlen hier, als zusätzliche Halophyten kommen Graugrüner Gänsefuß (*Chenopodium glaucum*), Salz-Binse, Mähnen-Gerste und Glanz-Melde vor, deren Diasporen vermutlich vom Werraufer stammen. Die salzbeeinflussten Melden-Fluren und die angrenzenden artenarmen Quecken-Bestände sind in zwei Einzelaufnahmen (nach der Methode BRAUN-BLANQUET) dokumentiert (VAN ELSEN & SCHMEISKY 1990):

1. Heringen: Glanz-Melden-Bestand, 100 m^2, 95 %, 20.09.1989
   4 Glanz-Melde, 3 Spieß-Melde, 2 Gewöhnlicher Salzschwaden, 2 Geruchlose Kamille (*Tripleurospermum perforatum*),

1 Salz-Schuppenmiere, 1 Acker-Gänsedistel (*Sonchus arvensis*), 1 Kompass-Lattich (*Lactuca serriola*), + Mähnen-Gerste, + Kriech-Quecke (*Elymus repens*), + Acker-Kratzdistel (*Cirsium arvense*), + Raue Gänsedistel (*Sonchus asper*), + Kohl-Gänsedistel (*Sonchus oleraceus*), + Weiß-Klee, + Weißer Steinklee, r Gewöhnliche Kratzdistel (*Cirsium vulgare*).

2. Heringen: Kriech-Quecken (*Elymus repens*)-Bestand, 100 m^2, 100 %, 20.9.1989

   5 Kriech-Quecke, 2 Acker-Kratzdistel, + Spieß-Melde, + Acker-Gänsedistel, + Weißes Straußgras, + Land-Reitgras.

Auf der Kalihalde Klein Oedesse (Kreis Peine) fand FEDER (2006) in den Jahren 2003 und 2005 103 Gefäßpflanzenarten, davon 16 Rote-Liste-Arten.

GUDER et al. (1998) stellten an 16 Kalirückstandshalden des nördlichen Harzvorlandes fest, dass sich in den ersten 80 bis 100 Jahren nach der Auffahrung der Halden nur wenige salztolerante Pflanzenarten ansiedelten. Seit 1990 treten viele neue Arten hinzu: Gewöhnlicher Salztäschel, Salz-Aster, Gemeiner Queller, Flügelsamige Schuppenmiere, Rosen-Melde, Strand-Dreizack, Stielfrüchtige Salz-Melde (*Atriplex pedunculata*), Salz-Binse, Echter Sellerie, Dänisches Löffelkraut (*Cochlearia danica*), Strand-Wegerich (*Plantago maritima*), Erdbeer-Klee (*Trifolium fragiferum*) und weitere Arten. Für die möglichen Ursachen der plötzlichen Ausbreitung wurde noch keine befriedigende Erklärung gefunden.

Auch GARVE (1999a, b) sowie GARVE & GARVE (2000; Tab. 43) stellten fest, dass die Salzstellen an den Kalirückstandshalden in Mitteleuropa in den letzten Jahrzehnten von zahlreichen Halophyten neu besiedelt worden sind und dass die Ausbreitung dieser Arten andauert. Flügelsamige Schuppenmiere, Salz-Schuppenmiere und Gewöhnlicher Salztäschel kommen am häufigsten vor. Wichtig für den botanischen Artenschutz und die Biodiversität sind aber auch die selteneren Arten, denn an 90 % der Kalihalden in Deutschland kommen gefährdete Halophyten vor, darunter an 18 Halden mehr als vier Rote-Liste-Arten, wie z. B. Salz-Hasenohr (*Bupleurum tenuissimum*) und Strand-Wegerich.

Die genannten Pflanzenarten und -gesellschaften finden auf den sekundären Salzstandorten des Kalibergbaus und der Kaliindustrie ökologische Nischen, die die Biodiversität erhöhen und dem Naturschutz nützen. Sie können natürliche Salzstandorte, die bisher fehlten oder in unserer Kulturlandschaft vernichtet wurden, ersetzen und die Pflanzenvorkommen der noch vorhandenen natürlichen Salzstandorte stützen.

V Vergleich von Rekultivierung und natürlicher Sukzession

Die natürliche Sukzession auf abgelaugtem Rückstand hängt entscheidend vom Diasporenangebot der Umgebung ab. Das zeigt der Vergleich zwischen der Spontanbegrünung auf der Halde Bernterode-Schacht und auf der Halde Glückauf Sondershausen (Tab. 38). Sie wird nach den bisherigen Erfahrungen immer schütter bleiben. Mit einer Einbringung geeigneter Pflanzenarten, die die Umgebung aber nicht spontan anbietet, z. B. Silber-Ölweide, lässt sich die Begrünung wesentlich fördern. Es bildete sich eine bereits über Jahrzehnte stabile und vitale Vegetationsdecke aus (Abb. 130). Wie sich diese Pflanzungen über lange Zeiten entwickeln werden, ist ungewiss. Es ist aber denkbar, dass sich auf diesen speziellen Haldenstandorten Pflanzenarten und Pflanzengesellschaften behaupten werden, die in der Umgebung nicht vorkommen, auch gegen den ständigen Diaporeneintrag aus der Umgebung.

Sobald pflanzenfreundliches Fremdmaterial, wie Bauabrissmassen oder Erdaushub, auf die Halde gebracht wird, setzt eine andere Sukzession ein. Diese wird nicht mehr vom Haldensubstrat bestimmt, sondern vom aufgebrachten Fremdmaterial. Sie gleicht den Sukzessionen auf Ruderalstandorten. Ihr Artenbestand wird sich - wie auf anderen Ruderalstandorten auch - über lange Zeit der Umgebungsvegetation nähern.

4 Literatur

AD-HOC-AG BODEN (2005): Bodenkundliche Kartieranleitung, 5. Aufl., Hannover. In Kommission: E. Schweitzerbart'sche Verlagsbuchhandlung (Nägele und Obermiller) Stuttgart.

AKADEMIE DER WISSENSCHAFTEN DER DDR (1981): Atlas der DDR, Teil I und II. Gotha. Zit in: HEIDEN, S., ERB, R., LIEBMANN, H., KAHLE, K. (Hrsg.) (2001): Kalibergbau - Umweltlast und Chance. Initiativen zum Umweltschutz Bd. 25, Berlin.

BARTL, H., DÖRING, G. et al.: Kali im Südharz-Unstrut-Revier. Selbstverlag des Deutschen Bergbau-Museums Bochum 2005, Bd.3

BORCHARDT, W., LISSNER, J., PACALAJ, C. (1998a): Möglichkeiten der kulturbodenlosen Begrünung von Kalirückstandshalden im Südharzgebiet durch Tief- und Schrägpflanzung. Unveröff. Bericht 1998.

BORCHARDT, W., LISSNER, J., PACALAJ, C. (1998b): Möglichkeiten der kulturbodenlosen Begrünung von Kalirückstandshalden durch Ansaaten. Unveröff. Bericht 1998.

BORCHARDT, W., PACALAJ, C. (2000): Direktbegrünung von Kali-Rückstandshalden. In: SCHMEISKY, H., HOFMANN, H. (2000) (Hrsg.): Rekultivierung von Rückstandshalden der Kaliindustrie - 3 - Untersuchungen zum Salzaustrag, zur Sukzession sowie Maßnahmen und Erkenntnisse zur Begrünung. Ökologie u. Umweltsicherung **19/2000**: 173-178.

BRAUN-BLANQUET, J. (1964): Pflanzensoziologie. 3. Aufl., Wien, New York.

DÄßLER, H.-G. (1991): Einfluß von Luftverunreinigungen auf die Vegetation. Ursachen - Wirkungen - Gegenmaßnahmen. 4. Aufl., Jena.

DÖHNER, C. (1968): Genetische Betrachtungen zur Verteilung der Sulfatminerale im Staßfurtflöz des Südharz-Kalireviers. Ber. dt. Ges. geol. Wiss., B Miner. Lagerstättenf. **13** (5): 614.

- (1999): Stofflich-strukturelle Probleme der Kalilagerstätten in Mitteldeutschland. In: Ges. f. Geowiss. e. V. (Hrsg.): Kali, Steinsalz und Kupferschiefer in Mitteldeutschland, Vortr. z. 7. Treffen des AK Bergbaufolgelandschaften in Magdeburg: 11 - 22, Freiberg.

- (2001): Regionale Aspekte der Entwicklung des Zechsteins 2 im Südharz-Kalirevier. Beiträge z. Geol. v. Thüringen **8**: 249 – 269.

- , ELERT, K.-H. (1975): Genetische Prozesse im Staßfurt-Salinar. Z. geol. Wiss. **3** (2): 121-141.

DÖRING, G., LIEBMANN, H., FIEDLER, H. J., RAU, D., HEINZE, M. (1979): Verfahren zur biologischen Versiegelung von Halden. WP E 02 D/ 210649 vom 26.01.79 Berlin, Sondershausen.

DRESSEL, S., HOFMANN, H., SCHMEISKY, H. (2000): Sukzessionsuntersuchungen auf anhydritisch geprägten Haldenbereichen am Standort Hattorf des Werkes Werra der Kali und Salz GmbH. In: SCHMEISKY, H., HOFMANN, H. (2000) (Hrsg.): Rekultivierung von Rückstandshalden der Kaliindustrie 3 - Untersuchungen zum Salzaustrag, zur Sukzession sowie Maßnahmen und Erkenntnisse zur Begrünung. Ökologie u. Umweltsicherung **19/2000**: 53-72.

ELLENBERG, H., WEBER, H. E., DÜLL, R., WIRTH, V., WERNER, W., PAULIßEN, D. (1991): Zeigerwerte von Pflanzen in Mitteleuropa. Scripta Geobotanica **18**: 1-248, Göttingen.

FEDER, J. (2006): Die Flora der Kalihalde bei Klein Oedesse (Kreis Peine). Beitr. Naturk. Niedersachsen **59**: 20-28.

FIEDLER, H. J., GROßE, H., LEHMANN, G., MITTAG, M. (Hrsg.) (1996): Umweltschutz - Grundlagen, Planung, Technologien, Management. Jena.

GARVE, E. (1999a): Zur Flora der Kalihalden in der Region um Hannover. Ber. Naturhist. Ges. Hannover **141**: 197-218.

- (1999b): Neu aufgetretene Blütenpflanzen an salzhaltigen Rückstandshalden in Niedersachsen. In: BRANDES, D. (Hrsg.): Vegetation salzbeeinflusster Habitate im Binnenland. Tagungsbericht des Braunschweiger Kolloquiums vom 27. - 29. November 1999: 171-191, Braunschweig.

- , GARVE, V. (2000): Halophyten an Kalihalden in Deutschland und Frankreich (Elsass). Tuexenia **20**: 375-417.

GUDER, C., EVERS, C., BRANDES, D. (1998): Kalihalden als Modellobjekte der kleinräumigen Florendynamik, dargestellt an Untersuchungen im nördlichen Harzvorland. Braunschw. naturkdl. Schr. **5**: 641-665.

HEIDEN, S., ERB, R., LIEBMANN, H., KAHLE, K. (Hrsg.) (2001): Kalibergbau - Umweltlast und Chance. Initiativen zum Umweltschutz Bd. **25**, Berlin.

HEINRICH, W., BAUMBACH, H., BUSHART, M., KLOTZ, S., KORSCH, H., MARSTALLER, R., PFÜTZENREUTER, S., SCHOLZ, P., WESTHUS, W. (2011): Rote Liste der Pflanzengesellschaften Thüringens. 3. Fassung, Stand 10/2010. Naturschutzreport (Jena) **26**: 492-524.

HEINRICH, W., MARSTALLER, R. (1973): Exkursionsprotokoll über die Befahrung der Kalirückstandshalden Sondershausen und Wolkramshausen am 19. 9. 1973. Mskr. Jena, Friedrich-Schiller-Universität und VEB Geologische Forschung und Erkundung Freiberg, Betriebsteil Jena, zit. in: HEINZE, M. (1982):

Boden - Pflanze - Beziehungen auf natürlichen und künstlichen Gipsstandorten Thüringens. Diss. B, Technische Universität Dresden, unveröff.

HEINZE, M. (1982): Boden - Pflanze - Beziehungen auf natürlichen und künstlichen Gipsstandorten Thüringens. Diss. B, Technische Universität Dresden, unveröff.

-, FIEDLER, H.J. (1979): Versuche zur Begrünung von Kalirückstandshalden. 1. Mitteilung: Gefäßversuche mit Bäumen und Sträuchern bei unterschiedlichem Wasser- und Nährstoffangebot. Arch. Acker- u. Pflanzenbau u. Bodenkd. **23**: 315-322.

-, FIEDLER, H. J. (1981): Versuche zur Begrünung von Kalirückstandshalden. 2. Mitteilung: Gefäßversuche mit Gehölzen auf verschiedenen Rückstandssubstraten. Arch. Acker-u. Pflanzenbau u. Bodenkd. **25**: 717-724.

-, FIEDLER, H. J. (1984): Versuche zur Begrünung von Kalirückstandshalden. 3. Mitteilung: Gefäßversuch mit Kräutern natürlicher Gipsstandorte. Arch. Acker- u. Pflanzenbau u. Bodenkd. **28**: 163-266.

-, FIEDLER, H. J., LIEBMANN, H. (1984): Freilandversuche zur Begrünung von Kalirückstandshalden im Südharzgebiet. Hercynia N. F. **21**: 179-189.

-, GOLDHAHN, D. (2006): Wurzelentwicklung und Ernährung von Gemeiner Kiefer (*Pinus sylvestris*) und Gemeiner Birke (*Betula pendula*) auf den Kalirückstandshalden Sondershausen und Bischofferode. Vortrag auf der Tagung der Arbeitsgemeinschaft Bergbaufolgelandschaften in Bad Salzungen 2006. Tagungsband II der AG, Crimmitschau 2006.

-, LIEBMANN, H. (1991): Freilandversuche zur Begrünung von Kalirückstandshalden im Südharzkaligebiet. Hercynia N. F. **28**: 62-71.

-, LIEBMANN, H. (1998): Begrünung der Kalirückstandshalden im Südharzgebiet. AFZ, Der Wald **53** (21): 1287-1289.

HENNINGSEN, D., KATZUNG, G. (2006): Einführung in die Geologie Deutschlands. 7. Aufl., Stuttgart.

HOFMANN, H. (2004): Rekultivierung von Rückstandshalden der Kaliindustrie - 5 - Untersuchungen zur Begrünung und zur Sukzession auf einer anhydritisch geprägten Rückstandshalde der Kaliindustrie im Werragebiet. Ökologie u. Umweltsicherung **24/2004**: 1-212.

-, SCHEER, T., SCHMEISKY, H. (2000a): Pflanzen salzbeeinflusster Standorte im Umfeld der Halden Hera und Hattorf. In: SCHMEISKY, H., HOFMANN, H. (Hrsg.): Rekultivierung von Rückstandshalden der Kaliindustrie - 3 - Untersuchungen zum Salzaustrag, zur Sukzession sowie Maßnahmen und Erkenntnisse zur Begrünung. Ökologie u. Umweltsicherung **19/2000**: 119-140.

-, SCHEER, T., SCHMEISKY, H., DRESSEL, S. (2000b): Botanische, bodenkundliche und waldbauliche Untersuchungen im Umfeld der Halde Hera. In: SCHMEISKY, H., HOFMANN, H. (Hrsg.): Rekultivierung von Rückstandshalden der Kaliindustrie - 3 - Untersuchungen zum Salzaustrag, zur Sukzession sowie Maßnahmen und Erkenntnisse zur Begrünung. Ökologie u. Umweltsicherung **19/2000**: 73-100.

JAHNE, H. (1976): Lehrbogen für die berufliche Qualifizierung der Werktätigen im Bereich des VEB Kombinat KALI. Leipzig.

KÄSTNER, H. (1995): Salze. In: SEIDEL, G. (Hrsg.): Geologie von Thüringen. Stuttgart.

KAHL, L. (2000): Kultivierung von Bäumen und Sträuchern auf einer Rückstandshalde der Kaliindustrie bei Sondershausen nach einer wassersparenden Pflanzmethode. In: SCHMEISKY, H., HOFMANN, H. (Hrsg.): Rekultivierung von Rückstandshalden der Kaliindustrie 3 - Untersuchungen zum Salzaustrag, zur Sukzession sowie Maßnahmen und Erkenntnisse zur Begrünung. Ökologie u. Umweltsicherung **19/2000**: 161-171.

KÖNIG, J., HEINZE, M., FIEDLER, H. J. (1996): Auswirkungen langfristiger Immissionen eines Kaliwerkes auf Boden und Vegetation. Wiss. Z. Techn. Univ. Dresden **45** (2): 39-45.

KORSCH, H., WESTHUS, W. (2011): Rote Liste der Farn- und Blütenpflanzen (Pteridophyta et Spermatophyta) Thüringens. 5. Fassung, Stand 10/2010. Naturschutzreport (Jena) **26**: 366-390.

LIEBMANN, H., PARNIESKE-PASTERKAMP, J. (2000): Lysimetermessungen an Rückstandshalden der Kaliindustrie im Südharz. In: SCHMEISKY, H., HOFMANN, H. (Hrsg.): Rekultivierung von Rückstandshalden der Kaliindustrie - 3 - Untersuchungen zum Salzaustrag, zur Sukzession sowie Maßnahmen und Erkenntnisse zur Begrünung. Ökologie u. Umweltsicherung **19/2000**: 179-192.

LÜCKE, M. (1997): Rekultivierung von Rückstandshalden der Kaliindustrie - 1 - Untersuchungen zum Standort, zur Begrünung mit Komposten und zur Gehölzsukzession von Rückstandshalden mit anhydritischen Auflageschichten. Ökologie u. Umweltsicherung **12/1997**: 1-219.

LÜTZKE, R. (1965): Über die Tauglichkeit der Lysimetermethode für Wasserhaushaltsuntersuchungen und Vergleichsmessungen mit Groß- und Kleinlysimetern. Besondere Mitteilungen zum Gewässerkundlichen Jahrbuch der DDR, Bd. 4. Berlin.

MINNICH, M. (1996): Die Rekultivierung von Kalirückstandshalden: Begrünungsversuche auf der Halde Bleicherode/Thüringen unter besonderer Berücksichtigung bodenkundlicher Parameter, begleitet von Gefäß- und Kleinlysimeterversuchen. Dipl.-Arb., Univ. Trier.

NIESSING, S. (2005): Rekultivierung von Rückstandshalden der Kaliindustrie - 6 - Begrünungsmaßnahmen auf der Rückstandshalde des Kaliwerkes Sigmundshall in Bokeloh. Ökologie u. Umweltsicherung **25/2005**: 1-191.

o. V. (2002): Richtlinie für die Abdeckung und Begrünung von Kalihalden im Freistaat Thüringen - Kali-Haldenrichtlinie - vom 18. April 2002. Thüringer Staatsanzeiger Nr. 19/2002, S. 1539-1554. Erfurt.

PARNIESKE-PASTERKAMP, J. (2004): Zur Geoökologie und Geochemie von Rückstandshalden in Nordthüringen. Diss., TU Bergakademie Freiberg.

PETZOLD, C. (1979): Einfluß der Partialdruckverhältnisse für Wasserdampf über gesättigten Salzlösungen auf die Kondensation und Verdunstung auf Haldenoberflächen. Arbeitsbericht, unveröff., VEB Kombinat Kali Sondershausen.

PODLACHA, G. (1999): Rekultivierung von Rückstandshalden der Kaliindustrie - 2 - Untersuchungen zur Substratandeckung mit geringen Schichtstärken aus Bodenaushub-Wirbelschichtasche-Gemischen und ihrer Begrünung. Ökologie u. Umweltsicherung **16/1999**: 1-177.

PUSCH, J. (1997): Binnensalzstellen im weiteren Umfeld der Kaliindustrie. In: WESTHUS, W., FRITZLAR, F., PUSCH, J., VAN ELSEN, T., ANDRES, C., unter Mitarbeit von GROSSMANN, M., PFÜTZENREUTER, S., SPARMBERG, H., BARTHEL, K.-J: Binnensalzstellen in Thüringen - Situation, Gefährdung und Schutz. Naturschutzreport (Jena) **12**: 118-132.

REICHENBACH, W. (1976): Der Zechstein 3 in seiner Beckenausbildung unter besonderer Berücksichtigung des Flözes Ronnenberg (dargestellt am Profil der Scholle von Calvörde). Jb. Geol. **5/6**: 367-450.

SCHEER, T. (2001): Rekultivierung von Rückstandshalden der Kaliindustrie - 4 - Untersuchungen zur Nutzbarkeit aufbereiteter Salzschlacke der Sekundäraluminium-Industrie als Rekultivierungsmaterial einer Kali-Rückstandshalde. Ökologie u. Umweltsicherung **20/2001**: 1-183.

SCHMEISKY, H. (2000): Begrünung von Rückstandshalden der Kaliindustrie. In: SCHMEISKY, H., HOFMANN, H. (2000) (Hrsg.): Rekultivierung von Rückstandshalden der Kaliindustrie - 3 - Untersuchungen zum Salzaustrag, zur Sukzession sowie Maßnahmen und Erkenntnisse zur Begrünung. Ökologie u. Umweltsicherung **19/2000**: 11-27.

-, KUNICK, M., LENZ, O. (1993): Zur Begrünung von Rückstandshalden der Kaliindustrie. Kali u. Steinsalz **11** (5/6): 132-152.

-, OSAN, C. (2000): Entwicklung der Flora auf der Rückstandshalde der Kaliindustrie bei Kraja in Thüringen. In: SCHMEISKY, H., HOFMANN, H. (2000) (Hrsg.): Rekultivierung von Rückstandshalden der Kaliindustrie - 3 - Untersuchungen zum Salzaustrag, zur Sukzession sowie Maßnahmen und Erkenntnisse zur Begrünung. Ökologie u. Umweltsicherung **19/2000**: 101-117.

STUDE, J., KRIEGLER, U., SCHRÖDER, U., SCHÖNAU, M., LIEBMANN, H., ZORN, W., PAUL, R. (2002): Abschlußbericht zur Durchführung des Lysimeterversuches auf der Kalirückstandshalde Bleicherode. Sondershausen, Kali-Umwelttechnik Sondershausen GmbH, unveröff.

VAN ELSEN, T. (1997): Binnensalzstellen an Rückstandshalden der Kali-Industrie. In: WESTHUS, W., FRITZLAR, F., PUSCH, J., VAN ELSEN, T., ANDRES, C., unter Mitarbeit von GROSSMANN, M., PFÜTZENREUTER, S., SPARMBERG, H., BARTHEL, K.-J: Binnensalzstellen in Thüringen - Situation, Gefährdung und Schutz. Naturschutzreport (Jena) **12**: 63-117.

-, SCHMEISKY, H. (1990): Halophyten-Bestände im Einflussbereich von Rückstandshalden der Kali-Industrie. Mitt. Erg. Stud. Ökol. Umwelts. (Kassel-Witzenhausen) **9/1990**: 167-180.

ZUNDEL, R.: (2000): Praktische Erfahrungen mit der Rekultivierung von Rückstandshalden der Kaliindustrie in Niedersachsen und Thüringen. In: SCHMEISKY, H., HOFMANN, H. (2000) (Hrsg.): Rekultivierung von Rückstandshalden der Kaliindustrie - 3 - Untersuchungen zum Salzaustrag, zur Sukzession sowie Maßnahmen und Erkenntnisse zur Begrünung. Ökologie u. Umweltsicherung **19/2000**: 141-159.

-, SIEGERT, R. (2000): Untersuchungen zur Gehölzentwicklung auf verschiedenen Substraten von Rückstandshalden der Kaliindustrie bei Bleicherode in Thüringen. In: SCHMEISKY, H., HOFMANN, H. (2000) (Hrsg.): Rekultivierung von Rückstandshalden der Kaliindustrie - 3 - Untersuchungen zum Salzaustrag, zur Sukzession sowie Maßnahmen und Erkenntnisse zur Begrünung. Ökologie u. Umweltsicherung **19/2000**: 29-52.

D Metallerzbergbau

Einleitung

HENRYK BAUMBACH

Seit 1992 (Stilllegung der letzten beiden Blei-Zinkerzgruben in Meggen/Sauerland und Bad Grund/Harz) gibt es in Deutschland keinen aktiven Metallerzbergbau mehr. Angesichts steigender Weltmarktpreise für fast alle Metalle gibt es allerdings in mehreren Regionen Deutschlands Bestrebungen, alte Lagerstätten erneut abzubauen oder bisher als nicht abbauwürdig eingestufte Lagerstätten neu zu erschließen.

Der historische Bergbau auf Erze hatte auf dem heutigen Gebiet Deutschlands eine große wirtschaftliche Bedeutung und konzentrierte sich vor allem auf die Mittelgebirge und deren Vorländer, so zum Beispiel auf das Erzgebirge, den Harz, den Thüringer Wald, das Rheinische Schiefergebirge (mit Sauerland, Siegerland, Weserbergland und Eifel) und den Schwarzwald (vgl. LANGE 2005, LIEßMANN 2010, MAUS 2000, STEUER 2000, STRAßMANN 1999).

Halden des Erzbergbaus und der Erzverhüttung weisen in der Regel so hohe Metallkonzentrationen im Substrat auf, dass physiologisch nicht besonders angepasste Pflanzen in ihrem Wachstum und ihrer Entwicklung nachhaltig beeinträchtigt oder sogar letal geschädigt werden. Einige dieser Metalle sind in geringen Konzentrationen essentielle Mikro-Nährelemente (z. B. Zn, Cu, Fe), andere, nicht-essentielle Metalle wirken bereits in geringen Konzentrationen toxisch (z. B. Pb, Cd).

Entscheidend für die Vegetationsausbildung ist jedoch nicht der absolute Metallgehalt im Boden, sondern der tatsächlich biologisch verfügbare Anteil, der im Verlauf von Sukzession und Pedogenese starken Veränderungen unterliegen kann. Die Bioverfügbarkeit von Metallen für die Vegetation ist substratabhängig und wird u. a. durch Bodentyp und Bodenart, den Humifizierungsgrad, die Feuchtigkeitsverhältnisse und die Azidität bedingt. Eine wichtige Rolle spielt bei vielen Pflanzen auch die Mykorrhizierung.

Die Halden des Erzbergbaus haben in vielen Regionen Mitteleuropas eine wichtige Funktion als sekundäre - und oft einzige - Wuchsorte der Schwermetallvegetation. Natürliche (**primäre Standorte**) weisen geogen erhöhte Metallgehalte im Boden auf und konnten aufgrund der dadurch bedingten besonderen Konkurrenzsituation vor allem durch metalltolerante Pflanzen besiedelt werden. Primäre Standorte sind nicht durch bergbauliche Tätigkeit entstanden, sondern in der Regel das Resultat (nach)eiszeitlicher Prozesse. Voraussetzung für die Ausbildung primärer Standorte ist ein oberflächennaher, möglichst großflächiger Ausstrich der Lagerstätte. Zudem darf das anstehende Gestein nur so stark von quartären Schichten überdeckt sein, dass die Pflanzen noch mit den Metallen in physiologisch wirksamer Konzentration in Berührung kommen können. Diese Verhältnisse sind vor allem bei flach einfallenden Flözlagerstätten gegeben. Erzgänge, die mit einer Breite von nur wenigen Zentimetern bis Dezimetern an der Oberfläche ausstreichen, kommen für eine dauerhafte Besiedlung kaum in Frage, da hier die Konkurrenz durch angrenzende „normale" Vegetation (v. a. durch Beschattung) zu groß ist. Die charakteristische Vegetation auf primären Standorten hat in der Vergangenheit das Auffinden oberflächennaher Erzlagerstätten sicher erleichtert oder überhaupt erst ermöglicht. So schreibt AGRICOLA (1566: II. Buch, S. 30): „Es wächst auch auf einer Linie, in der sich ein Gang erstreckt, ein gewisses Kraut oder eine gewisse Pilzart; sie fehlen über den Zwischenmitteln und manchmal auch über anderen sehr nahe gelegenen Gängen."

Da die bergbauliche Tätigkeit zuerst an den am leichtesten zugänglichen Stellen begonnen hat, ist der Großteil der primären Standorte zerstört worden. Oft lässt sich aufgrund der tiefgreifenden Landschaftsumgestaltung heute nicht mehr feststellen, ob und wo genau es in einer Region solche Standorte gegeben hat. Mit der allmählichen Zerstörung der primären Standorte durch den Bergbau entstand zeitgleich zunächst eine Vielzahl kleinerer Schacht- und Hüttenhalden, die nun als **sekundäre Standorte** zur Verfügung standen. Im weiteren Verlauf der oft Jahrhunderte währenden Abbautätigkeit wuchs in einigen Regionen eine Haldenlandschaft heran, die mit ihrer Ausdehnung die ursprünglichen Standorte um ein Mehrtausendfaches übertreffen dürfte. **Tertiäre Standorte** sind durch Ferntransport von metallhaltigem Material (in der Regel Pochsande, z. T. auch Schlacken) meist außerhalb der eigentlichen Bergbaugebiete entstanden. Beispiele hierfür lassen sich an mehreren im Oberharz entspringenden, pochsandführenden Flüssen (Innerste, Oker, Ecker, Leine, Aller, Abzucht; HELLWIG 2002, KNOLLE 1989, SCHUBERT 1954), an der Geul in Belgien und den Niederlanden (HEIMANS 1936, 1961; PAUQUET 1999) und im Erzgebirge finden. An den Harzflüssen wurde das Auftreten von Schwermetallvegetation zum Teil bis weit in das nördliche Vorland beobachtet, so an der Innerste bis nach Hildesheim und an der Leine bis Hannover. Im Tal der Geul in Südlimburg, wo auf den Flussterrassen bei Hochwasser Erzsande aus dem Altenberger Bergbaugebiet (Belgien) abgelagert wurden, befindet sich der einzige verbliebene Wuchsort von Schwermetallvegetation in den Niederlanden (VAN DER ENT 2007). Tertiäre Standorte von Schwermetallvegetation können aber auch Immissionsgebiete in der Umgebung von Metallhütten (BAUMBACH et al. 2007) sowie Wegränder und Straßenbankette, die mit Haldenmaterial aufgeschottert wurden, sein.

Die Darstellung von Bergbaufolgelandschaften des Erzbergbaus erfolgt in diesem Kapitel exemplarisch am Kupferschieferbergbau, am Uranerzbergbau und am Blei-Zink-Erzbergbau im Raum Freiberg (Erzgebirge). Für floristische und vegetationskundliche Bearbeitungen anderer Gebiete sei auf folgende Autoren hingewiesen:

Harz: THAL (1588), LIBBERT (1930), LANGE & ZIEGLER (1963), DIERSCHKE (1969), HÜLBUSCH et al. (1981), PEPPLER (1984), MÜLLER (1993), FUNKE (1994), DIERSCHKE & KNOLL (2002), HELLWIG (2002), POTT & HELLWIG (2007), DIERSCHKE & BECKER (2008), BECKER & DIERSCHKE (2008);

Blankenrode (Weserbergland): ERNST (1968a, b), BREDER et al. (1999), BEINLICH & KÖBLE (2007); **Brilon** (Sauerland): DANIËLS & GERINGHOFF (1994, 1999); **Bestwig-Ramsbeck** (Sauerland): SCHUBERT (1999); **Hasbergen** (Hüggel bei Osnabrück): KOCH (1932), KOCH & KUHN (1989), KOCH (1999); **Littfeld** (Siegerland): FUHRMANN (1999); **Mechernich** (Nordeifel): SCHUMACHER (1977), BROWN (1990), PARDEY et al. (1999a); **Aachen/Stolberg** (Nordeifel): SCHWICKERATH (1931, 1944: 170-178), WITTIG & BÄUMEN (1992), PARDEY et al. (1999b).

Überblick: ERNST (1974), BROWN (1995, 2001), PARDEY (2002).

Literatur

AGRICOLA, G. (1566): De re metallica Libri XII. Zwölf Bücher vom Berg- und Hüttenwesen. Unv. Nachdruck der dt. Erstausgabe von 1928 (2003), Wiesbaden.

BAUMBACH, H., VOLKMANN, H., WOLKERSDORFER, C. (2007): Schwermetallrasen auf Hüttenstäuben am Weinberg bei Hettstedt-Burgörner (Mansfelder Land) - Ergebnis jahrhundertelanger Kontamination und Herausforderung für den Naturschutz. Hercynia N. F. **40**: 87-109.

BECKER, T., DIERSCHKE, H. (2008): Vegetation response to high concentrations of heavy metals in the Harz Mountains, Germany. Phytocoenologia **38**: 255-265.

BEINLICH, B., KÖBLE, W. (2007): Das Westfälische Galmei-Veilchen (*Viola guestphalica*) - einzig bei Blankenrode. Beitr. Naturkunde zw. Egge u. Weser **19**: 80-82.

BREDER, C., DANIËLS, F., FINKE, C., MEYER, E., PARDEY, A., POETSCHKE, A., SCHUBERT, W., SINDRAM, D., VON WILLERT, D., WILHELM, M. (1999): Schutzgebiets- und Biotopverbundplanung für Schwermetallstandorte im Raum Blankenrode (Weserbergland). LÖBF-Schr. R. **16**: 189-222.

BROWN, G. (1990): Vegetationsökologische Untersuchungen im Bleierzabbaugebiet der Mechernicher Triasbucht/Eifel. Angew. Bot. **64**: 457-488.

- (1995): The effects of lead and zinc on the distribution of plant species at former mining areas of Western Europe. Flora **190**: 243-249.

- (2001): The heavy-metal vegetation of northwestern mainland Europe. Bot. Jahrb. Syst. **123**: 63-110.

DANIËLS, F., GERINGHOFF, H. (1994): Pflanzengesellschaften auf schwermetallreichen Böden der Briloner Hochfläche, Sauerland. Tuexenia **14**: 143-150.

DANIËLS, F., GERINGHOFF, H. (1999): Schwermetallvegetation der Briloner Hochfläche, Sauerland. LÖBF-Schr. R. **16**: 249-258.

DIERSCHKE, H. (1969): Schutzwürdige Schwermetall-Schlackenhalden des Harzes. Kurzgutachten zum Schutz der Schwermetallvegetation für die Obere Naturschutzbehörde Braunschweig. Mskr., Göttingen.

-, BECKER, T. (2008): Die Schwermetall-Vegetation des Harzes - Gliederung, ökologische Bedingungen und syntaxonomische Einordnung. Tuexenia **28**: 185-227.

-, KNOLL, J. (2002): Der Harz, ein norddeutsches Mittelgebirge. Natur und Kultur unter botanischem Blickwinkel. Tuexenia **22**: 279-421.

ERNST, W. (1968a): Der Schwermetallrasen von Blankenrode, das Violetum calaminariae westfalicum. Mitt. flor.-soz. Arbeitsgem. N. F. **13**: 261-262.

- (1968b): Das Violetum calaminariae westfalicum, eine Schwermetallpflanzengesellschaft bei Blankenrode in Westfalen. Mitt. flor.-soz. Arbeitsgem. N. F. **13**: 263-268.

- (1974): Schwermetallvegetation der Erde. Stuttgart.

FUHRMANN, M. (1999): Das NSG „Grubengelände Littfeld" im Kreis Siegen-Wittgenstein. LÖBF-Schr. R. **16**: 233-240.

FUNKE, K. (1994): Vegetation schwermetallbeeinflußter Standorte im Westharz und ihre ökologischen Bedingungen. Dipl.-Arb., Syst.-Geobot. Inst., Universität Göttingen.

HEIMANS, J. (1936): De Herkomst van de Zinkflora aan de Geul. Ned. Kruidk. Arch. **46**: 878-897.

- (1961): Taxonomic, phytogeographical and ecological problems round *Viola calaminaria*, the zinc violet. Publicaties van het Natuurhistorisch Genootschap in Limburg **XII**: 55-71.

HELLWIG, M. (2002): Die Schwermetallbelastungen und die Schwermetallvegetation im Innerstetal. Ber. Naturhist. Ges. Hannover **144**: 3-21.

HÜLBUSCH, K. H., HÜLBUSCH, I. M., KRÜTZFELD, A. (1981): *Cardaminopsis halleri*-Gesellschaften im Harz. Syntaxonomie. Ber. Internat. Symposium Rinteln **IVV** (1980): 343-361.

KNOLLE, F. (1989): Harzbürtige Schwermetallkontaminationen in den Flußgebieten von Oker, Innerste, Leine und Aller. Beiträge Naturk. Niedersachsen **42** (2): 53-60.

KOCH, K. (1932): Die Vegetationsverhältnisse des Silberberges im Hüggelgebiet bei Osnabrück. Mitt. Naturw. Ver. Osnabrück **22**: 117-149.

KOCH, M. (1999): Die Schwermetallvegetation im südlichen Osnabrücker Land (Niedersachsen). LÖBF-Schr. R. **16**: 259-270.

-, KUHN, L. (1989): Das Minuartio-Thlaspietum alpestris Koch 1932, eine Pflanzengesellschaft schwermetallhaltiger Böden im Hüggelgebiet, Landkreis Osnabrück. Osnabrücker naturwiss. Mitt. **15**: 137-154.

LANGE, P. (2005): Zur Geschichte des Erzbergbaus in Thüringen - Eine Übersicht. Beitr. Geol. Thüringen N. F. **12**: 5-39.

LANGE, O. L., ZIEGLER, H. (1963): Der Schwermetallgehalt von Flechten aus dem Acarosporetum sinopicae auf Erzschlackenhalden des Harzes. Mitt. flor.-soz. Arbeitsgem. N. F. **10**: 156-183.

LIBBERT, W. (1930): Die Vegetation des Fallsteingebietes. Mitt. florist.-soziol. Arbeitsgemeinschaft Niedersachsen **2**: 1-66.

LIEßMANN, W. (2010): Historischer Bergbau im Harz. 3. Aufl., Berlin.

MAUS, H. (2000): Europas Mitte - reich an Erzen. Lagerstätten in Karte und Bild. In: STEUER, H., ZIMMERMANN, U. (Hrsg.): Alter Bergbau in Deutschland: 16-23, Hamburg.

MÜLLER, W. (1993): Die Schwermetallvegetation an der Innerste bei Grasdorf/Kreis Hildesheim. Mitt. Ornithol. Ver. Hildesheim **15**: 102-108.

PARDEY, A. (2002): Naturschutz auf Schwermetallstandorten. Überblick über die aktuelle Situation in Deutschland, Belgien und den Niederlanden. Naturschutz u. Landschaftsplanung **34** (5): 145-151.

-, DALBECK, L., HACKER, E., SCHIPPERS, B., UHLISCH, A. (1999a): Schutzgebiets- und Biotopverbundplanung für Schwermetallstandorte im Raum Mechernich (Nordosteifel). LÖBF-Schr. R. **16**: 138-177.

-, HACKER, E., SCHIPPERS, B. (1999b): Schutzgebiets- und Biotopverbundplanung für Schwermetallstandorte im Raum Aachen-Stolberg (Nordeifel). LÖBF-Schr. R. **16**: 99-128.

PAUQUET, F. (1999): Der Abbau der Blei- und Zinkerzlagerstätten im Nordosten der Provinz Lüttich (früheres Herzogtum Limburg) insbesondere seitens der A.G. „Vieille Montagne". Im Göhltal **64**: 82-98.

PEPPLER, C. (1984): Die Vegetation von Sieber- und Lonautal im Harz. Dipl.-Arbeit, Syst.-Geobot. Inst., Universität Göttingen.

POTT, R., HELLWIG, M. (2007): Das Armerietum halleri Libbert 1930 aus dem Tal der Innerste am Nordrand des Harzes. Hercynia N. F. **40**: 245-255.

SCHUBERT, R. (1954): Zur Systematik und Pflanzengeographie der Charakterpflanzen der

Mitteldeutschen Schwermetallpflanzengesellschaften. Wiss. Z. Univ. Halle, Math.-Nat. 3: 863-882.

SCHUBERT, W. (1999): Die Schwermetallhalden bei Bestwig-Ramsbeck. LÖBF-Schr. R. **16**: 241-248.

SCHUMACHER, W. (1977): Flora und Vegetation der Sötenicher Kalkmulde (Eifel). Decheniana Beih. **19**: 1-215.

SCHWICKERATH, M. (1931): Das Violetum calaminariae der Zinkböden in der Umgebung Aachens. Eine pflanzensoziologische Studie. Beitr. Naturdenkmalpflege **14**: 463-503.

- (1944): Das Hohe Venn und seine Randgebiete - Vegetation, Boden und Landschaft. Pflanzensoziologie **6**: 1-278.

STEUER, H. (2000): Von der Steinzeit bis zum Mittelalter - Erzgewinnung als Spiegel der Epochen. In: H. STEUER, H., ZIMMERMANN, U. (Hrsg.): Alter Bergbau in Deutschland: 7-15, Hamburg.

STRAßMANN, A. (1999): Geologie und Montangeschichte nordrhein-westfälischer Schwermetallstandorte. LÖBF-Schr. R. **16**: 73-98.

THAL, J. (1588): Sylva Hercynia. Frankfurt am Main.

VAN DER ENT, A. (2007): Kansen voor herstel van zinkflora in het boven-Geuldal. De Levende Natuur **108** (1): 14-19.

WITTIG, R., BÄUMEN, T. (1992): Schwermetallrasen (Violetum calaminariae rhenanicum Ernst 1964) im engeren Stadtgebiet von Stolberg/Rheinland. Acta Biol. Benrodis **4**: 67-80.

D1 Kupferschieferbergbau

HENRYK BAUMBACH

1 Geologie des Kupferschiefers, räumliche Verteilung und Abbaugebiete

Der Kupferschiefer ist ein bitumenhaltiger, polymetallischer Mergelschiefer. Er enthält im Mittel etwa 3 % Kupfer, ca. 0,014 % Silber und etwa 50 weitere Elemente, darunter Zink, Blei und Uran. Die wichtigsten sulfidischen Erzminerale des Kupferschiefers sind Bornit (Cu_5FeS_4), Chalkosin (Cu_2S), Covellin (CuS), Chalkopyrit ($CuFeS_2$), Tennantit ($Cu_{12}As_4S_{13}$), Galenit (PbS), Sphalerit (ZnS), Pyrit und Markasit (FeS_2). Neben den wirtschaftlich bedeutendsten Metallen Kupfer und Silber wurden zumindest zeitweilig auch Blei, Zink, Vanadium, Molybdän, Selen, Germanium, Gold, Nickel, Kobalt, Rhenium, Cadmium, Thallium, Platin und Palladium im Hüttenprozess gewonnen (KLETTE 2003). Das Kupferschieferflöz stellt als marine Ablagerung des Zechsteinmeeres mit einer Mächtigkeit von 9-50 cm die Basis der Zechsteinserie dar und kommt bis in Tiefen von 1400 m vor. Oberhalb des Flözes lagern die unteren Zonen des Zechsteinkalkes (Dachklotz und Fäule), die bei guter Vererzung als kupferhaltige Zuschlagstoffe abgebaut wurden. Mit einer Flächenausdehnung von etwa 500.000 km^2 (HAUBOLD & SCHAUMBERG 1985) ist der Kupferschiefer in fast ganz Mitteleuropa anzutreffen. Eine abbauwürdige Metallkonzentration ist jedoch nur an wenigen Stellen gegeben.

Herausragende wirtschaftliche Bedeutung über lange Zeiträume hatte der Kupferschieferbergbau nur im Mansfelder und Sangerhäuser Revier sowie zeitweilig im Kurhessischen Kupferschieferrevier (Richelsdorfer Gebirge: Ronshausen-Hönebacher und Solz-Sontraer Mulde; 1460-1955; JANKOWSKI 1995: 227, MESSER 1955, SEIB 1960). Bergbau auf Kupferschiefer wurde in Deutschland außerdem in folgenden Regionen betrieben: **Südharzgebiet bei Nordhausen**: Stempeda (12./13. Jh. bis 1680), Hermannsacker (Mitte 15. Jh. bis 1680), Buchholz (Mitte 15. Jh. bis 1758), Ilfeld (1550-1767), **nördliches Harzvorland**: Flechtinger Höhenzug: Bebertal (1717-1798; KLAUS 1967), **Bottendorfer Höhe** (1473-1781, einzelne Versuche bis 1956) (LEIPOLD 1992, 2007; SCHUMANN & WUNDERLICH 2005), **Kyffhäuser**: Badra, Steinthalleben, Rottleben (1411), Rathsfeld, Udersleben/Ichstedt (1846), Frankenhausen (1566), Rothenburg (1623), Kelbra (1728); vereinzelte Versuche bis 1914 (BRUST 2005, JANKOWSKI 1995: 225, PFLAUMBAUM 1980: 36-42), **Raum Eisenach**: Nordrand des Thüringer Waldes (Stedtfelder Revier, Rangenhof) und Südrand des Thüringer Waldes (Kupfersuhl, Möhra, Schweina, Glücksbrunn) (WÜNSCHER 1932, TREBSDORF 1935, BROSIN et al. 2005), **Gera** (Trebnitz, Tinz; LANGE 2005, ZEIDLER 2002), **Ilmenau** (BROSIN et al. 2005, BROSIN 2004, WAGENBRETH 2006), **Orlasenke**: südlich Pößneck, **Nordspessart**,

Kellerwald (Frankenberg; HAUBOLD & SCHAUMBERG 1985).

Aktiver Bergbau auf Kupferschiefer findet in Deutschland derzeit nicht statt. Allerdings gibt es laufende Prospektionen im Raum Spremberg (Brandenburg), mit dem Ziel, die dortige Kupferschieferlagerstätte mit einer Fläche von 22,5 Mio. m^2 und einem geschätzten Kupfergehalt von 1,5 Mio. t in naher Zukunft zu erschließen (KOPP et al. 2006, 2008). Fortgeschrittene Untersuchungen hierzu gab es bereits durch das Mansfeld-Kombinat, diese wurden jedoch 1980 aus wirtschaftlichen Erwägungen eingestellt (LANGELÜTTICH et al. 1999: 85-87).

2 Der Mansfelder und Sangerhäuser Kupferschieferbergbau

2.1 Die Lagerstätte

Der Bergbau auf Kupferschiefer wurde im Mansfelder und Sangerhäuser Revier im östlichen und südöstlichen Harzvorland (südwestliches Sachsen-Anhalt) über einen Zeitraum von fast 800 Jahren betrieben. Das **Mansfelder Revier** umfasst neben der Mansfelder Mulde auch das Gebiet nördlich der Halle-Hettstedter Gebirgsbrücke sowie das Gebiet östlich der Saale zwischen Könnern und Wettin. Das **Sangerhäuser Revier** umfasst die Sangerhäuser Mulde sowie den Südharzrand zwischen Pölsfeld im Osten und Rottleberode im Westen. Die Mansfelder und die Sangerhäuser Mulde werden durch den Hornburger Sattel getrennt.

Die Kupferschieferlagerstätte Mansfeld-Sangerhausen hatte eine Flächenausdehnung von 191 km^2 mit einer mittleren Metallführung von 8-10 kg Kupfer/m^2 Flöz. Die ursprüngliche Metallmenge der Lagerstätte betrug ca. 5336 kt, davon ca. 3752 kt Cu, 753 kt Pb, 654 kt Zn, 65 kt V, 27 kt As, 23 kt Mo, 20,3 kt Ag, 14 kt Ni, 11 kt Co, 3,9 kt Se, 3,3 kt Re, jeweils 2,5 kt Sb und Cd, 1,6 kt Tl, 1,3 kt Ge, 0,5 kt Te, jeweils 0,3 kt Hg und Bi und 4,8 t Au (KNITZSCHKE 1995).

Etwa 62 % der Lagerstätte entfallen dabei auf die Mansfelder Mulde. Das Flöz fällt in der Mansfelder Mulde mit 5°-12°, in der Sangerhäuser Mulde mit 10°-30° nach Süden bzw. Südosten ein (EINBECK 1932). Am Ausstrich beginnend wurde es bis in Teufen von 950 m (Sangerhausen) bzw. 995 m (Mansfeld) gefördert. Das dabei entstandene untertägige Streckennetz hatte eine Länge von etwa 1000 km (750 Mansfeld, 250 Sangerhausen). Die abgebaute Flözfläche erreichte 181 km^2, der bergmännische Hohlraum etwa 57 Mio. m^3 (KNITZSCHKE 1995). In fast acht Jahrhunderten wurden in beiden Revieren etwa 109 Mio. t Erz gefördert (Tab. 44). Die Restvorräte der Lagerstätte werden auf 35,4 (Sangerhausen) bzw. 4,3 (Mansfeld) Mio. t Erz geschätzt (LANGELÜTTICH et al. 1999). Da die Grubenbaue verwahrt und geflutet wurden, sind diese Restvorräte nicht mehr gewinnbar (KNITZSCHKE & SPILKER 2003).

Tab. 44: Produktionsbilanz des Mansfelder und Sangerhäuser Kupferschieferbergbaus im Zeitraum 1200 bis 1990 (KNITZSCHKE 1995).

Zeitraum	Revier	Erz (t)	Kupfer (t)	Silber (t)
1200-1699	Mansfeld	6.800.000	200.000	1.000
	Sangerhausen	200.000	5.000	25
1700-1849	Mansfeld	2.510.000	75.300	388
	Sangerhausen	420.000	10.000	52
1850-1950	Mansfeld	55.250.000	1.514.600	8.623
	Sangerhausen	240.000	5.800	32
1951-1990	Mansfeld	16.200.000	219.900	1.100
	Sangerhausen	27.280.000	598.400	2.993
	gesamt	**108.900.000**	**2.629.000**	**14.213**
	davon Mansfeld	80.760.000	2.009.800	11.111

2.2 Montanhistorie und Entstehung der Bergbaufolgelandschaft

I Entwicklung des Bergbaus

Im Folgenden soll ein kurzer Überblick über die historische Entwicklung des Bergbaus und der Bergbaufolgelandschaft gegeben werden. Die Einteilung in die einzelnen Epochen orientiert sich dabei an EINBECK (1932) und SCHUBERT (1953). Auf eine umfassende Darstellung der Montanhistorie muss in diesem Rahmen verzichtet werden, verwiesen sei auf die Standardwerke (EISENHUTH & KAUTZSCH 1954, JANKOWSKI 1995, VMBHL 1999, 2004, 2008) sowie auf HEBESTEDT (2007a), JANKOWSKI (1987a, 1987b, 1996), LANGELÜTTICH (1996b, o. J.) und MIRSCH (2003).

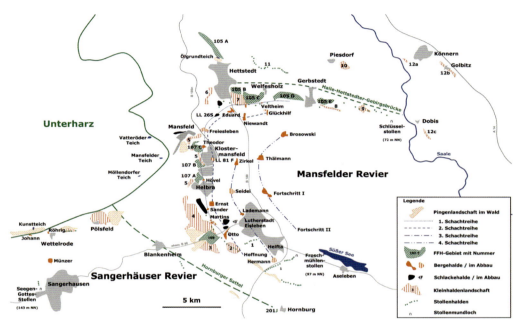

Abb. 133: Die Bergbaufolgelandschaft des Kupferschieferbergbaus im östlichen und südöstlichen Harzvorland (ergänzt nach BAUMBACH 2008). Der südliche und der westliche Bereich des Sangerhäuser Reviers sind nicht dargestellt. Die Nummerierung der Altbergbaugebiete entspricht der in Tab. 45.

Der Mansfelder Kupferschieferbergbau begann nach SPANGENBERG (1572) um das Jahr 1200 auf dem Kupferberg bei Hettstedt. Ein angenommener früherer Beginn des Bergbaus, der bis in die Bronzezeit zurückreichen soll (vgl. JANKOWSKI 1995, LEIPOLD 1992), ist äußerst unwahrscheinlich, da die technischen Möglichkeiten eine Verhüttung des Kupferschiefers erst im 13. Jh. erlaubten (EISENÄCHER et al. 1999, EISENÄCHER 2005). Für das Sangerhäuser Revier sind die 1382 vom Landgrafen Balthasar von Thüringen verliehenen Abbaurechte die ersten sicheren Belege des Kupferschieferbergbaus (BODE 1996).

In der Anfangszeit, etwa von 1200 bis 1400, beschränkte sich der Abbau auf die Gebiete nahe des ausstreichenden Flözes, da der Stand der Technik nur geringe Fördertiefen zuließ. Die Halden waren etwa einen Meter hoch, die Bergbaufolgelandschaft hatte eine Breite von 50 bis 100 m, in Bereichen mit flachem Einfallen des Flözes, so bei Wolferode und Hettstedt, eine Breite bis zu 500 m. Im Offenland sind die meisten Halden aus dieser Zeit verschwunden, auf Color-Infrarot-Luftbildaufnahmen allerdings oft noch anhand der chlorotischen Schäden gut erkennbar. In den Waldgebieten der westlichen Mansfelder Mulde und am Hornburger Sattel sind zum Teil noch ausgedehnte

Pingenlandschaften aus dieser ersten Periode des Bergbaus vorhanden (Abb. 134).

In der zweiten Bergbauperiode, von 1400 bis 1670, verbreitete sich die Bergbaufolgelandschaft in der Mansfelder Mulde auf etwa 700-800 m, wobei das Haldennetz engmaschig blieb. Die Halden waren anfangs noch relativ flach, ihre Fläche vergrößerte sich aber deutlich, da oftmals mehrere Schächte an der Bildung einer Halde beteiligt waren. Solche sogenannten „Familienhalden" sind heute noch westlich von Wolferode und Wimmelburg erhalten (Abb. 135). Gegen Ende der Periode erreichten die Halden bereits eine Höhe bis 4 m. Durch die Auffahrung von Entwässerungsstollen (Roßstollen: 1511, Faulenseer Stollen: 1536, Krugstollen: 1544, Rißdorfer Stollen: 1546) konnten ab 1500 tiefere Lagerstättenteile erschlossen werden. In der ersten Hälfte des 16. Jh. war das Mansfelder Revier eines der wichtigsten Montanreviere Europas. Im Jahr 1526 wurde ein erstes Maximum der Kupferproduktion erreicht. Infolge des 30-jährigen Krieges kam der Bergbau 1631 fast vollständig zum Erliegen.

Abb. 134: Pingenlandschaft am Ausgehenden des Kupferschieferflözes bei Sittichenbach (August 2010).

Zwischen 1670 und 1830 nahmen in der dritten Bergbauperiode sowohl die Entfernung der Schächte untereinander als auch die Haldengröße zu. Die Wasserhaltung wurde mit den Auffahrungen des Froschmühlenstollens (13,6 km) ab dem Jahr 1698 (bis 1858) im südlichen und des Zabenstedter Stollens (15 km) ab 1747 (bis 1880) im nördlichen Mansfelder Revier deutlich erleichtert (vgl. LANGELÜTTICH 2003). Die Halden der in regelmäßigem Abstand abgeteuften Lichtlochschächte markieren noch heute den Stollenverlauf im Landschaftsbild (Abb. 136). Von 1785 an setzte mit dem Einsatz der Dampfkraft zur Wasserhaltung (HEBESTEDT & SIEMROTH 1996, LANGELÜTTICH 1996a) eine erste Tiefbauperiode ein. Zum Ende des 18. Jh. wurde der Abbau in Teufen bis 130 m möglich. Gegen Ende der dritten Bergbauperiode hatte die fast 35 km lange Bergbaufolgelandschaft im Norden eine maximale Breite zwischen 500 m (Friedeburgerhütte) und 1400 m (Burgörner Revier, Abb. 137), im Südwesten (Wimmelburg) von 2700 m erreicht.

Abb. 135: Kleinhaldenlandschaft westlich von Wimmelburg (FFH-Gebiet 109, Juni 2006).

Tab. 45: Haldenlandschaften des Altbergbaus im ehemaligen Mansfelder Kupferschieferrevier (nur Offenland, ohne FFH-Gebiete). Die Nummern der Gebiete entsprechen denen in Abbildung 133. Angegeben ist die Anzahl der Halden (N) sowie ihre prozentuale Verteilung auf die Verbuschungsklassen: 0: 0 %, 1: 1-10 %, 2: 11-20 %, 3: 21-40 %, 4: 41-60 %, 5: 61-80 %, 6: 81-<100 %, 7: 100 % (BAUMBACH 2008).

Gebiet	N	% Halden / Verbuschungsklasse							
Verbuschungsklasse		0	1	2	3	4	5	6	7
1) SE- und W-Helfta	38	0,0	0,0	0,0	5,3	2,6	7,9	31,6	52,6
2) südöstlich Wolferode	29	0,0	7,1	25,0	17,9	7,1	7,1	14,3	21,4
3) Holzmarken	44	2,3	2,3	0,0	4,5	0,0	2,3	27,3	61,4
4) westlich Kreisfeld, Hergisdorf, Ahlsdorf	113	1,9	9,3	8,4	15,0	8,4	17,8	25,2	14,0
5) Helbra bis Leimbach	88	10,2	22,7	13,6	19,3	10,2	5,7	9,1	9,1
6) westl. Hettstedt	26	3,8	19,2	23,1	19,2	7,7	23,1	3,8	0,0
7) Burgörner und Welfesholzer Revier	52	17,3	48,1	13,5	9,6	3,8	3,8	1,9	1,9
8) E-Gerbstedt bis W-Friedeburgerhütte	13	23,1	7,7	15,4	7,7	0,0	15,4	0,0	30,8
9) östlich Friedeburgerhütte	44	0,0	34,1	27,3	18,2	4,5	9,1	2,3	4,5
10) östlich Piesdorf	20	0,0	0,0	5,0	0,0	0,0	15,0	20,0	60,0
11) südlich Sandersleben	28	0,0	10,7	0,0	3,6	7,1	17,9	35,7	25,0
12) Ostsaale-Revier	36	0,0	8,3	5,6	19,4	11,1	19,4	11,1	25,0
∑ (ohne FFH-Gebiete)	531	5	16	11	13	6	11	16	21
gesamtes Mansfelder Revier (mit FFH-Geb.)	**996**	**7,9**	**17,8**	**10,9**	**14,2**	**8,0**	**13,0**	**14,2**	**14,1**

Abb. 136: Haldenzug des Froschmühlenstollens (Anfang des 18. Jh.) bei Eisleben-Helfta (Mai 2008).

Tab. 46: FFH-Gebiete im Mansfelder Revier, in denen die Kleinhalden mit ihren Schwermetallrasen primärer Schutzgegenstand sind. Angegeben ist die Anzahl der Halden im Gebiet und ihre prozentuale Verteilung auf die Verbuschungsklassen (definiert wie in Tab. 45) sowie Anzahl und Anteil der Halden, auf denen Schwermetallrasen (LRT) ausgebildet sind (BAUMBACH 2008). Zur Lage der FFH-Gebiete vgl. Abb. 133.

FFH-Gebiet	Anzahl Halden gesamt	Halden mit LRT		% Halden / Verbuschungsklasse							
		N	%	0	1	2	3	4	5	6	7
105A	94	45	48	8,6	14,0	16,1	15,1	11,8	20,4	11,8	2,2
105B	43	34	79	48,8	37,2	2,3	2,3	7,0	0,0	2,3	0,0
105C	91	64	70	18,7	34,1	12,1	16,5	3,3	6,6	6,6	2,2
105D	20	11	55	5,0	15,0	5,0	20,0	10,0	25,0	5,0	15,0
105E	25	16	64	4,0	16,0	12,0	24,0	16,0	12,0	8,0	8,0
∑ 105	273	170	62	17,6	24,6	11,4	14,7	8,5	12,1	7,7	3,3
107A	18	15	83	0,0	5,6	16,7	38,9	11,1	16,7	5,6	5,6
107B	19	16	84	5,3	10,5	31,6	31,6	10,5	10,5	0,0	0,0
107C	47	36	77	8,5	40,4	10,6	12,8	8,5	8,5	4,3	6,4
∑ 107	84	67	80	6,0	26,2	16,7	22,6	9,5	10,7	3,6	4,8
109	104	49	47	0,0	1,9	4,8	11,5	13,5	25,0	29,8	13,5
gesamt	461	286	62	11,5	19,7	10,8	15,4	9,8	14,8	11,7	6,3

Im Sangerhäuser Revier konzentrierte sich der Altbergbau auf den unmittelbaren Südharzrand und den Hornburger Sattel im Bereich des ausgehenden Kupferschieferflözes. Durch das steilere Einfallen des Flözes blieb die Bergbaufolgelandschaft - verglichen mit der Mansfelder Mulde - relativ schmal. Bei Hainrode hat die Haldenlandschaft des Altbergbaus eine Nord-Süd-Ausdehnung von etwa 1000 m, bei Morungen etwa 850 m, bei Wettelrode maximal 350 m und bei Pölsfeld etwa 900 m. Eine Zählung in diesem etwa 15 km langen Bereich ergab die Anzahl von 3441 noch bestehenden Pingen und Schäch-

ten. Allein östlich und nordöstlich von Pölsfeld wurden in fünf Altbergbau-Revieren 979 Pingen kartiert (SOMMER 1996).
Die meisten der Halden und Pingen des Sangerhäuser Altbergbaus liegen in Waldgebieten. Im Offenland wurden insgesamt 408 Klein- und Kleinsthalden kartiert (BAUMBACH 2008), die sich auf die Altbergbau-Reviere bei Pölsfeld, zwischen Obersdorf und Wettelrode, zwischen Wettelrode und Morungen, südwestlich Morungen, östlich Hainrode, zwischen Agnesdorf und Breitungen, westlich Breitungen, östlich Uftrungen sowie östlich Rottleberode konzentrieren (Tab. 47). Zur Geschichte dieser Bergreviere am Rand des Südharzes sei auf BODE (1996), JANKOWSKI (1995), LANGELÜTTICH et al. (1999), VÖLKER & VÖLKER (o. J.) sowie ZIEGLER (2009) verwiesen. Der Gonnaer Stollen als wichtigster Wasserhaltungsstollen des Sangerhäuser Reviers (13 km Länge) wurde zwischen 1542 und 1848 aufgefahren.

Tab. 47: Haldenlandschaften des Altbergbaus im ehemaligen Sangerhäuser Kupferschieferrevier (nur Offenland, ohne FFH-Gebiete). Angegeben ist die Anzahl der kartierten Halden sowie deren prozentuale Verteilung auf die einzelnen Verbuschungsklassen (definiert wie in Tabelle 45).

Gebiet	N	% Halden / Verbuschungsklasse							
Verbuschungsklasse		0	1	2	3	4	5	6	7
E- und NE-Pölsfeld	92	4,3	1,1	1,1	1,1	0,0	0,0	12,0	80,4
E-Wettelrode	36	5,6	5,6	0	8,3	0,0	0,0	36,1	44,4
E-Morungen bis W-Wettelrode	16	0,0	0,0	0,0	6,3	12,5	12,5	50,0	18,8
SW-Morungen	50	0,0	0,0	0,0	4,0	2,0	6,0	46,0	42,0
E-Hainrode	142	2,1	1,4	1,4	4,9	9,9	19,0	26,1	35,2
Agnesdorf bis Breitungen	9	0,0	11,1	11,1	11,1	11,1	0,0	22,2	33,3
W-Breitungen	6	0,0	0,0	0,0	16,7	0,0	16,7	33,3	33,3
Uftrungen	18	0,0	0,0	0,0	0,0	5,6	0,0	33,3	61,1
E-Rottleberode	36	2,8	2,8	2,8	0,0	0,0	8,3	47,2	36,1
Seegen-Gottes-Stollen	3	0,0	0,0	0,0	0,0	0,0	0,0	0,0	100,0
gesamtes SGH-Revier	**408**	**2,5**	**1,7**	**1,2**	**3,9**	**4,7**	**8,8**	**29,2**	**48,0**

Neben der Dampfkraft ermöglichten weitere technische Neuerungen ab der ersten Hälfte des 19. Jh. größere Fördertiefen, so dass sich der Bergbau in der Mansfelder Mulde von den Randbereichen lösen und in das Innere vordringen konnte. Besondere Bedeutung hatte die Auffahrung des 31 km langen Schlüsselstollens (1809-1879) als tiefstem Wasserlösungsstollen des Reviers.

Von 1829 bis 1969 konzentrierten sich die Schächte auf vier Schachtreihen, die die Mansfelder Mulde von Westen nach Osten fortschreitend erschlossen (Tab. 48, Abb. 133). Wichtige Voraussetzung für die weitere Entwicklung war der Zusammenschluss der Einzelbetriebe zur „Mansfeld'schen Kupferschieferbauenden Gewerkschaft" mit 13 Schächten im Mansfelder und drei Schächten im Sangerhäuser Revier im Jahr 1852 (vgl. MANSFELDSCHE KUPFERSCHIEFERBAUENDE GEWERKSCHAFT 1900, ROLOFF 2003).

Die erste Schachtreihe befand sich noch relativ dicht am Ausstrich des Kupferschieferflözes und damit der Haldenlandschaft des Altbergbaus. Im Norden, im Gebiet zwischen Hettstedt und Gerbstedt, entstanden überwiegend flache (6-10 m), bis 5,6 ha große Halden, im Süden hingegen auch schon bis 30 m hohe Tafelberge (z. B. der Haldenkomplex der Martinsschächte im Mansfelder Grund, Abb. 138). Von den ursprünglich 20 größeren Halden der ersten Schachtreihe sind zur Zeit noch 17 zumindest teilweise erhalten, allerdings sind einige davon zum Teil abgedeckt, bebaut oder als Deponie genutzt worden.

Metallerzbergbau

Abb. 137: Kleinhaldenlandschaft des 16.-18. Jahrhunderts westlich Welfesholz (Mai 2007).

Abb. 138: Tafelberghalden der Martinsschächte (1837-1900) in Kreisfeld. Die Halde im Vordergrund wird zur Schottergewinnung abgetragen (Mai 2008).

Als um 1860 das Flöz in den oberen Teufen weitgehend abgebaut war, begann mit den Schächten der zweiten Schachtreihe die eigentliche Tiefbauphase mit Abbausohlen unterhalb des Schlüsselstollens. Die Zahl der Schächte wurde durch höhere Förderleistungen und größere Untertageausdehnung geringer, ihre Entfernungen untereinander nahmen zu. Mit den deutlich erhöhten Abraummengen vergrößerten sich auch die Halden, die als typische Tafelberge mit einer Höhe bis 50 m auf max. 20 ha Fläche und einem Volumen bis 3 Mio. m^3 geschüttet wurden. Bereits größtenteils abgebaut wurden die Halden der Schächte Freiesleben, LL 81F und Glückhilf. Mehrere Halden werden als Industriedeponien genutzt.

Auch an den Schächten der dritten Schachtreihe entstanden ab 1879 Tafelberghalden mit einer Grundfläche bis 19 ha und einer Höhe bis 60 m. Von den ehemals fünf Halden sind die drei größten komplett oder größtenteils abgebaut (Seidel, Hermann, Lademann/N). Nahezu unverändert erhalten ist nur noch die Halde des Zirkelschachtes.

Die Schächte der vierten Schachtreihe (ab 1900) waren die bedeutendsten Förderschächte der Mansfelder Mulde. Anfangs wurden auch an diesen Schächten großflächige Tafelberghalden aufgeschüttet. Beginnend am Thälmannschacht, kamen ab 1941 Höhenförderer zum Einsatz, die das Aufschütten von Kegelhalden bis 150 m Höhe ermöglichten (Tab. 49, Abb. 139). Mit der Stilllegung des Brosowskischachtes endete 1969 der Bergbau in der Mansfelder Mulde.

Tab. 48: Charakteristika von Schächten und Halden der 1. bis 4. Schachtreihe im Mansfelder Revier.

Schachtreihe	Entfernung vom Ausstrich (im Südwesten)	max. Teufe (m)	Zeitraum	Anzahl Schächte	Ursprüngliche/ noch vorhandene Haldenanzahl	mittlere Höhe (m)	Grundfläche (ha)	Volumen (Mio. m^3)
1	2 km	185	1829-1900	20	18/17	15	50	4,7
2	2,5 km	460	1860-1966	8	10/6	40	113	17,6
3	4,5 km	500	1879-1964	4	5/2	45	72	19,2
4	7 km	830	1900-1969	4	4/3	130	80	23,8

Im Sangerhäuser Revier beschränkten sich die bergbaulichen Aktivitäten im 19. Jh. auf wenige Schächte, an denen größere, in der Landschaft aber kaum auffallende Halden entstanden. Freistehende, das Landschaftsbild prägende Tafelberghalden fehlen im Sangerhäuser Revier. Von 1830 bis 1874 wurde der Segen-Gottes-Stollen (10 km) aufgefahren. Zwischen 1885 (Einstellung des Röhrigschachtes) und 1944 (Beginn der Abteufarbeiten für den Thomas-Münzer-Schacht) ruhte der Bergbau mit Ausnahme von Erkundungsarbeiten bei Pölsfeld in den 1920er Jahren. Eine letzte Blütezeit erlebte der Kupferschieferbergbau ab 1950. An den Schachtanlagen Münzer und Koenen entstanden drei weitere, das Landschaftsbild prägende Kegelhalden (Tab. 49). Die wirtschaftliche Situation wurde in der letzten Phase des Bergbaus zunehmend schwieriger. So ging die Kupferproduktion ab 1967 um 70 % auf zuletzt 9.047 t Cu im Jahr 1989 zurück, im gleichen Zeitraum stieg der Preis je Tonne Katodenkupfer aus Erz um das Sechsfache auf 38.100 Mark der DDR (LANGELÜTTICH et al. 1999). Am 10.8.1990 wurde der Bergbau im Sangerhäuser Revier eingestellt.

Metallerzbergbau

Tab. 49: Die Spitzkegelhalden des Mansfelder (1-3) und Sangerhäuser (4-6) Kupferschieferreviers.

	Schacht	Ort	Teufbeginn	Prod.-zeitraum	Teufe (m)	Fläche (ha)	Höhe (m)	Volumen (Mio. m³)	RW	HW	Gefäßpflanzenarten
1	Thälmann	Hübitz	1906	1909-1962	745	29	130	9,8	[44]69665	[57]16617	136
2	Brosowski	Augsdorf	1900	1906-1969	830	25	104	5,5	[44]71616	[57]18714	173
3	Fortschritt	Volkstedt	1906	1909-1967	581	26	153	8,5	[44]69942	[57]13387	80
4	Münzer	Sangerhausen	1944	1956-1990	686	13,6	144	8,5	[44]50522	[57]06892	146
5	Koenen I	Niederröblingen	1952	1960-1990	692	12,5	120	7,0	[44]55355	[56]99313	135
6	Koenen II	Nienstedt	1956	1964-1988	871	10,9	105	5,0	[44]58462	[56]99958	91

Abb. 139: Kegelhalde des Fortschritt-Schachtes (1907-1967) bei Volkstedt (April 2007).

II Entwicklung des Hüttenwesens

Aufgrund der sehr feinkörnigen Verwachsung von Gestein und Erzmineralen (bis < 0,005 mm) war bei der Verhüttung des Kupferschiefers die Anwendung sonst üblicher Aufbereitungsverfahren zur Erzanreicherung (z. B. Setzwäsche, Flotation) nicht möglich. Auch hydrometallurgische Verfahren (z. B. saure und bakterielle Laugung - Bioleaching) waren wegen des hohen Carbonatgehaltes des Kupferschiefers (20 % - 30 %) und des Bergematerials (45 % bis > 60 %) nicht anwendbar. Somit kam nur ein direktes Verschmelzen des Schiefers in Schachtöfen in Frage, wobei eine beträchtlich größere Schlackemenge anfiel als bei der Verhüttung anderer Erze (EISENÄCHER et al. 1999).

Die Produkte der Rohverhüttung des Kupferschiefers sind der Kupferrohstein (Dichte 4,5 - 5 g/cm³), ein Gemisch aus Metallsulfiden, insbesondere Kupfersulfid (Cu_2S) und Eisensulfid (FeS), sowie die leichtere Hochofenschlacke (Dichte etwa 2,8 g/cm³), die beim Abstich in Loren verfüllt und noch flüssig auf Halde verstürzt wurde. Kühlte die Schlacke schnell ab, nahm sie ein glasiges Gefüge an, bei langsamer Abkühlung ein kristallines. Die silikatische Schlacke hat nach dem Abstich etwa folgende Zusammensetzung: 48 % SiO_2, 16 % Al_2O_3, 17,9 % CaO, 8,5 % MgO, 2,6 % FeO, 0,3 % Mn, 0,24 % Na_2O sowie 0,21 % Cu (in nicht abgeschiedenen Rohsteintröpfchen), daneben auch Metallsulfide (TAFEL 1951). In Schlacken aus dem 15. und 16. Jh. wurden Metallgehalte bis 0,35 % nachgewiesen (EISENÄCHER et al. 1999).

Abb. 140: Schlackehalde aus dem 16. Jh. im Hüttengrund bei Eisleben-Helfta (September 2010).

Für die Verhüttung des Kupferschiefers ist eine deutlich höhere Temperatur nötig (> 1250 °C) als die Schmelztemperatur des erzeugten Kupferrohsteins (ca. 1000 °C), da für dessen Abscheidung eine ausreichende Verflüssigung des relativ schwer schmelzbaren Schiefergesteins erforderlich ist. Dies konnte nur durch intensive Luftzufuhr in den Öfen erreicht werden. Die Hütten waren daher bis zur Mitte des 19. Jh. auf die Lage an Wasserläufen angewiesen, um die Wasserkraft zur Winderzeugung nutzen zu können. Die Täler der Bösen Sieben zwischen Ahlsdorf und Eisleben sowie der Wipper und des Talbachs zwischen Mansfeld und Wiederstedt waren deshalb über Jahrhunderte die Hauptzentren der frühen Mansfelder Hüttenindustrie. Auf dem Eisleber Berg sind vor dem Dreißigjährigen Krieg 21 Hütten namentlich bekannt, zusätzlich fünf im Hüttengrund bei Helfta (Abb. 140) und fünf weitere bei Bornstedt, Unterrißdorf und Röblingen, auf dem Mansfelder und Hettstedter Berg 15 Hütten, zusätzlich vermutlich acht Hütten an der Eine, eine Hütte bei Heiligenthal sowie die Hütten Friedeburg, Rothenburg, Dobis und Kirchedlau (EISENÄCHER 1997, EISENÄCHER et al. 1999). Um eine ganzjährige kontinuierliche Wasserversorgung garantieren zu können, wurde im Wippertal oberhalb der Hütten ein umfangreiches Teichssystem angelegt (Möllendorfer Teich, Vatteröder Teich, Amtsteich, Mansfelder Teich; Abb. 133).

Bis etwa 1870 wurde der geförderte Kupferschiefer in den z. T. schon Jahrhunderte bestehenden Hütten um Eisleben (z. B. Oberhütte: 1440-1874, Mittelhütte: 1536-1870), im Wippertal (z. B. Kreuzhütte: 1463-1874, Gottesbelohnungshütte: ab 1500, Kupferkammerhütte: ab (1439) 1723) sowie in Friedeburgerhütte (1740-1870) und Rothenburg (1691-1824) verhüttet und zum Teil weiterverarbeitet. Die meisten Hüttenhalden aus dieser Zeit sind heute nicht mehr oder nur noch in Resten erhalten, da das Material mit der Zeit abgetragen und zu Schotter verarbeitet wurde oder die Halden überbaut (Gottesbelohnungshütte) oder als Deponie (Mittelhütte) genutzt wurden.

Als die Tiefbauphase im Bergbau einsetzte, erhöhte sich die zu verhüttende Schiefermenge erheblich. In der zweiten Hälfte des 19. Jh. konzentrierte sich die Rohverhüttung auf die Kupferkammerhütte in Hettstedt (bis 1913), die Eckardthütte in Leimbach (1860-1908), die Krughütte in Eisleben (ab 1870) und die Kochhütte in Helbra (ab 1880). An allen Rohhüttenstandorten entstanden großflächige Schlackehalden (Tab. 61). Ab 1913 erfolgte die Rohverhüttung nur noch auf den Hütten in Eisleben (Abb. 141) und Helbra, die in der Folgezeit stark ausgebaut wurden (vgl. EISENÄCHER 2002a). Die Weiterverarbeitung des Kupfersteins erfolgte in den Feinhütten bei Hettstedt.

Abb. 141: Die Rohkupferhütte Eisleben mit Schlackehalde im Jahr 1957 (Foto: K. Zimmerhäkel).

Abb. 142: Schlackehalde der Rohhütte Eisleben (bis 1972) am Ortsrand von Wimmelburg. Gut erkennbar sind die Überhangbildung am Oberhang der Halde und die beginnende Birkensukzession. Im Vordergrund aus Schlackensteinen („Wickelschlacken") errichtete Wohnhäuser.

Nach dem Ende des Bergbaus in der Mansfelder Mulde wurde die Rohhütte in Eisleben 1972 stillgelegt. Den Kupferschiefer des Sangerhäuser Reviers verarbeitete bis zum 10. September 1990 die Rohhütte in Helbra. An beiden Standorten wurden ab 1880 große Schlackemengen zu Pflastersteinen und Wickelschlacken, später auch zu Formsteinen, Seedeichsteinen, Rohren und Bauzuschlagstoffen verarbeitet. Im Jahr 1977 wurde eine neue Haldensturztechnologie, das Dünnschichtgießverfahren, entwickelt und patentiert. Durch dieses Verfahren härtete die Schlacke hauptsächlich in glasiger Struktur aus und konnte anschließend durch Bagger mit Felslöffeln von der Halde zurückgewonnen werden. So wurden von den seit Beginn der 1980er Jahre jährlich anfallenden 760 kt Schlacke etwa 270 kt als Zumahlstoff für die Zementindustrie und etwa 40 kt Flüssigschlacke zu Formsteinen verarbeitet. Dies entsprach einer Wiederverwertung von etwa 40 % der anfallenden Schlacke (MANSFELD KOMBINAT 1981). Bis 1984 sollte die als Zuschlagstoff jährlich zu verarbeitende Schlackemenge auf 1 Mio. t erhöht werden. Diese Pläne wurden nur noch zum Teil umgesetzt und nach 1990 nicht weiter verfolgt. Im Jahr 2000 lagen an den beiden ehemaligen Hüttenstandorten Eisleben und Helbra noch etwa 20 Mio. m^3 und in Hettstedt ca. 2,8 Mio. m^3 Schlacke. In Helbra werden jährlich ca. 250.000 t Schlacke durch die Helbraer Schlackeverwertung als Baustoff zurück gewonnen (VIEHL 2000).

Im Sangerhäuser Revier hatte die Verhüttung des Kupferschiefers nur eine untergeordnete Bedeutung und fand ab 1887 überhaupt nicht mehr statt, so dass nur wenige kleinflächige Schlackehalden entstanden sind, die komplett oder zumindest zum Teil rückgebaut oder überdeckt wurden. Reste solcher Halden gibt es heute noch in Großleinungen (1737-1812), Obersdorf (1550-1670), Wickerode und Sangerhausen (1681-1887).

Literatur ⇒ EISENÄCHER (1995, 1996, 2002a, 2002b), HEBESTEDT (2002, 2007b, 2008),

HERTNER (2005), FREYTAG (1870, 1873, 1878), KLETTE (2003).

Die Haldenlandschaft des Kupferschieferbergbaus besteht derzeit im Offenland im Mansfelder Revier aus 1028 Kleinhalden und 56 Großhalden (davon 8 bzw. 12 Schlackehalden) und im Sangerhäuser Revier aus 416 Kleinhalden und 9 Großhalden (davon 3 bzw. 1 Schlackehalde).

2.3 Naturraum, Klima und potenzielle natürliche Vegetation

Das Mansfelder und Sangerhäuser Kupferschieferbergbaugebiet erstreckt sich über Teile der naturräumlichen Einheiten (nach BfN 2008) Mitteldeutsches Schwarzerdegebiet (D20), Thüringer Becken und Randplatten (D18) sowie Harz (D37) bzw. die Landschaftsräume (nach LAU 2009) Östliches Harzvorland, Hallesches Ackerland, Unterharz, Südlicher Harzrand und Helme-Unstrut-Schichtstufenland.

Der überwiegende Teil der Bergbaufolgelandschaft liegt im Regenschatten des Harzes und damit im Mitteldeutschen Trockengebiet mit Niederschlägen, die verbreitet unter 500 mm/Jahr betragen. In der Mansfelder Mulde ist das Gebiet südöstlich von Eisleben am trockensten (Aseleben: 466[*]), nach Norden (Hettstedt: 504) und Westen (Bischofrode: 519) nehmen die Niederschläge zu. In der nördlichen Mansfelder Mulde nehmen die Niederschläge in west-östlicher Richtung stark ab und erreichen östlich der Saale ihr Minimum (Könnern: 457). Am Südharzrand nehmen die Niederschläge von Südost (Wettelrode: 588) nach Nordwest (Ilfeld: 743) zu, sowie von Norden (Sangerhausen: 501) nach Süden ab (Sotterhausen: 482). Die Jahresmitteltemperatur beträgt in Eisleben-Helfta (146 m NN) 8,5 °C, die mittlere Sonnenscheindauer 1504 Stunden im Jahr. Die Hauptwindrichtung im Gebiet ist Südwest (Eisleben: 28,7 % SW; ARGE 1991).

Das Mitteldeutsche Trockengebiet ist eines der waldärmsten Gebiete Deutschlands, obwohl es mit Ausnahme lokalklimatisch exponierter Standorte vollständig bewaldet sein könnte (MEUSEL 1951/52). Die typische Waldgesellschaft im östlichen Harzvorland ist der Waldlabkraut-Traubeneichen-Hainbuchenwald (SCHUBERT 2001) oder Eichen-Hainbuchen-Winterlinden-Wald (MEUSEL 1951/52) (Galio sylvatici-Carpinetum betuli Oberd. 1957), der in den kontinentalen, niederschlagsärmeren Landschaften des Mitteldeutschen Trockengebietes auf grundwasserfernen, meist relativ nährstoffreichen Standorten vorkommt (SCHUBERT 2001) und sich in Abhängigkeit von lokalklimatischen Gegebenheiten durch eine gewisse Beimengung der Rotbuche (*Fagus sylvatica*) auszeichnet (MEUSEL 1951/52, vgl. auch SCHUBERT 1972, WEINERT et al. 1973). Aktuell ist diese Waldgesellschaft fast nur noch in Feldgehölzen anzutreffen. Ohne menschlichen Einfluss wäre der Eichen-Hainbuchen-Winterlinden-Wald als kontinentaler Waldtyp wahrscheinlich auf die trockensten Bereiche des Mitteldeutschen Trockengebietes beschränkt und sonst von Eichen-Buchen-Mischwäldern ersetzt. Mit zunehmenden Niederschlägen zum Harz hin nimmt der Anteil der Rotbuche in den Wäldern zu. So ist der Rotbuchen-Eichen-Wald Leitgesellschaft des Mansfelder Berglandes und des Unterharzes (MEUSEL 1951/52). Im kollinen und submontanen Bereich des Südharzes dominieren bodensaure Rotbuchenwälder (SCHUBERT 2001), typische Waldgesellschaft ist hier der Hainsimsen-Rotbuchenwald (Luzulo luzuloides-Fagetum Meusel 1937).

Literatur ⇒ WEIN (1937), VOLKMANN (1990), SCHWANECKE (1998).

2.4 Abiotische Standortfaktoren der Halden

Die Zusammensetzung der Kleinhalden des Altbergbaus unterscheidet sich deutlich von der der ab 1830 entstandenen Großhalden. Im Altbergbau konnte das Hangende des Kupferschieferflözes, das zum Erreichen der Strebhöhe von 40 (-60) cm mit abgebaut werden musste, in der Regel vollständig untertage versetzt werden. Auf Halde gelangten deshalb außer den Teufmassen des

---

[*] Alle Niederschlagswerte [mm/a] entsprechen dem 30-jährigen Mittel (1960-1990) des Deutschen Wetterdienstes (DWD).

Schachtes überwiegend Ausschläge. Mit dem Abbau in größeren Teufen und der Konzentration auf wenige Anlagen erhöhte sich durch die untertägigen Streckenauffahrungen der Anteil des auf Halde gelangten Bergematerials deutlich. Ab den 1920er Jahren wurde es mit der zunehmenden Mechanisierung der Kupferschiefergewinnung notwendig, die Strebhöhe von bis dahin 40 (-60) auf 80 (-100) cm und ab den 1960er Jahren auf 120 cm zu erhöhen. Dadurch wuchs die Menge des aufzuhaldenden Bergematerials nochmals beträchtlich. Ab 1950, in der letzten Periode des Bergbaus, wurde auch geringst vererzter Kupferschiefer noch verhüttet, so dass in den jüngsten Halden kaum noch metallhaltige Ausschläge aufgehaldet wurden.

Die Bergbauhalden setzen sich wie folgt zusammen (vgl. LANGELÜTTICH et al. 1999):

- <u>Kleinhalden</u>: bis 95 % Ausschläge, übriges Haldenmaterial: Fäule und Zechsteinkalk sowie Anhydrit, Buntsandstein und Rotliegend-Gesteine
- <u>Tafelberghalden</u> (I.-III. Schachtreihe): bis 12 % Ausschläge, (meist getrennt vom Bergematerial aufgehaldet, Abb. 143); übriges Haldenmaterial: 95 % Dachberge, Fäule und Zechsteinkalk sowie Anhydrit, Buntsandstein und Rotliegend-Gesteine
- <u>Kegelhalden</u> (Sangerhausen): 90 % Dachberge, Fäule und Zechsteinkalk, 7 % Anhydrit, 2 % Sand- und Tonsteine sowie Konglomerate des Rotliegenden, 1 % Salze; keine Ausschläge
- <u>Kegelhalden</u> (Mansfeld): 95 % Dachberge, Fäule und Zechsteinkalk, < 5 % Anhydrit, 2 % Sand- und Tonsteine sowie Konglomerate des Rotliegenden, ≤ 0,3 % Salze und ≤ 4,5 % Ausschläge (separat aufgehaldet)
- <u>Stollenhalden</u>: Teufmassen des Schachtes, Abraum des Stollenvortriebs im Liegenden oder Hangenden des Kupferschieferflözes: Buntsandstein, Rotliegend-Gesteine, Zechsteinkalk; ohne metallhaltige Substrate sofern keine Erzförderung betrieben wurde.

Abb. 143: Plateau der Tafelberghalde des Zirkelschachtes (1891-1927) bei Klostermansfeld. Hangende Zechsteinmassen und Armerze (Ausschläge; im Hintergrund rechts) wurden getrennt aufgehaldet (April 2007).

Da die aufgehaldeten Ausschläge besonders hohe Metallkonzentrationen aufweisen, sind naturgemäß auch die Kleinhalden des Altbergbaus besonders reich an Metallen im Haldensubstrat. Völlig metallfrei sind aber auch die Großhalden nicht, da auch das Bergematerial, insbesondere der untere Zechsteinkalk (Fäule) und die Oberrotliegend-Schichten metallhaltig sein können. Aufgrund der Inhomogenität des Haldenmaterials können die Metallgehalte schon in verschiedenen Mischproben der gleichen Halde stark schwanken (Tab. 50). Zudem können sich gleichaltrige Halden verschiedener Abbaufelder aufgrund der unterschiedlichen Metallführung des Kupferschiefers in ihren Metallgehalten qualitativ und quantitativ stark unterscheiden (Tab. 51, 52). Durch Verwitterungs- und Auswaschungsprozesse verringern sich die Metallkonzentrationen im Haldensubstrat mit zunehmendem Haldenalter. Da dies nicht für alle Metalle in gleichem Maße geschieht, entsprechen die Metallgehalte im Haldensubstrat nicht mehr den Mengenverhältnissen, wie sie im bergfrischen Kupferschiefer vorliegen. Vor allem der Kupfergehalt ist gegenüber den Zink- und Bleigehalten deutlich reduziert, was auf die unterschiedliche Löslichkeit der Metallsulfide zurückzuführen ist.

Tab. 50: Metallverfügbarkeit im Oberboden von vier Dauerbeobachtungsflächen mit abnehmendem Deckungsgrad der Vegetation (DG) am Hang einer Kleinhalde bei Könnern. 1: Haldenfuß, 2: Unterhang, 3: Mittelhang, 4: Oberhang. Vereinfachte sequenzielle Extraktion nach ZEIEN & BRÜMMER (1991): III: Residualfraktion, Massenkonzentrationen in mg/kg TS (Druckaufschluss HF, HClO$_4$), I: mobile Fraktion (NH$_4$NO$_3$), II: leicht nachlieferbare Fraktion (NH$_4$OAc), jeweils angegeben in Prozent der Residualfraktion (III). Analytik: ICP-OES (Cu, Zn, Pb, Mn) bzw. ICP-MS (Ni, Co, Cr). Die pH-Bestimmung erfolgte elektrometrisch in 0,1-molarer CaCl$_2$-Lösung.

	DG %	pH [%] CaCl$_2$	Cu I	Cu II	Zn I	Zn II	Pb I	Pb II	Mn I	Mn II	Ni I	Ni II	Co I	Co II	Cr I	Cr II	Cd I	Cd II
1	90	7,30	3,4	10,4	1,6	14,2	0,4	23,5	4,3	16,6	0,7	2,8	2,6	11,5	0	0,1	8,1	43,5
2	65	7,44	5,3	15,1	1,9	13,5	0,4	25,1	2,4	13,7	1,0	3,0	2,4	9,7	0,1	0,1	10,7	42,0
3	50	7,57	8,4	21,7	2,2	16,9	0,5	26,4	1,9	14,5	1,1	3,2	1,8	8,9	0	0,1	10,2	41,5
4	40	7,64	8,2	21,8	2,5	20,6	0,5	27,3	2,2	15,3	1,3	4,0	1,5	7,9	0	0,1	11,6	44,3
mg/kg TS			III		III		III		III		III		III		III		III	
1			5395		6180		7109		1692		94		39		96		30	
2			6820		6873		7623		1875		93		40		93		29	
3			5536		6701		7844		1813		98		48		98		32	
4			6391		7002		7890		1724		96		58		94		29	

Während Zinksulfid und Bleisulfid in Wasser praktisch unlöslich sind, geht Kupfersulfid in feuchtem, fein zerteiltem Zustand an der Luft leicht in Kupfersulfat (CuSO$_4$) über, das unter Wasseraufnahme das leicht lösliche Kupfervitriol (CuSO$_4$ * 5H$_2$O) bildet (TAFEL 1951). Ebenfalls gut wasserlöslich sind die Kupferkarbonate Malachit (CuCO$_3$ * Cu(OH)$_2$) und Azurit (2CuCO$_3$ * Cu(OH)$_2$). Somit ist es vor allem das Kupfer, das aus den Haldensubstraten ausgewaschen wird (s. Abschnitt 2.5).

Nur ein Bruchteil des im Substrat vorhandenen Gesamtmetallgehaltes ist bioverfügbar. Die Bioverfügbarkeit der mobilen Fraktion im Haldenrohboden kann wie folgt klassifiziert werden:

Cr < Pb < Ni ≤ Co < Mn ≤ Zn < Cu < Cd.

Etwas anders sind die Verhältnisse in der leicht nachlieferbaren Fraktion:

Cr < Ni < Co < Mn < Zn ≤ Cu < Pb < Cd

(Tab. 50). Am besten bioverfügbar ist Cadmium, am schlechtesten Chrom. Flächen mit fortgeschrittener Pedogenese und Sukzession zeigen eine geringere Bioverfügbarkeit von Cu, Zn, Pb, Ni und Cd, aber eine höhere Bioverfügbarkeit von Mn und Co. Cr ist generell schlecht verfügbar.

Tab. 51: Massenkonzentrationen [mg/kg TS] von Metallen im Oberboden (0-5 cm) von Ausschläge-Kleinhalden des Mansfelder Reviers. Lage der Halden: Burgörner Revier (BÖ), östlich Gerbstedt (EGE), östlich Friedeburgerhütte (EFH), Georgsburg bei Könnern (KÖ), südöstlich Dobis (SED). SD: Standardabweichung. Analytik: ICP-OES (Cu, Zn, Pb, Mn) bzw. ICP-MS (Ni, Co, Cr) nach Druckaufschluss (HF, HClO$_4$). Die pH-Bestimmung erfolgte elektrometrisch in 0,1-molarer CaCl$_2$-Lösung.

Halde	Betriebs-zeit	N	pH CaCl$_2$	Cu SD	Zn SD	Pb SD	Mn SD	Ni SD	Co SD	Cr SD	Cd SD
BÖ9	bis 1797	7	7,1	7161 5185	23884 14225	10375 6273	1342 250	178 35	86 59	123 17	117 133
EGE209	um 1750	3	6,7	2179 176	12867 2086	6214 673	1411 51	105 12	55 10	112 8	46 7
EFH32	um 1750	5	7,1	5948 2312	11368 3555	10160 3680	1867 284	105 33	96 40	53 26	29 12
KÖ1	um 1950	7	7,1	6453 764	6540 357	7917 460	1785 70	95 2	47 6	96 2	31 1
SED8	um 1750	4	7,2	3429 791	15608 2211	20488 2125	2097 119	124 9	46 8	97 28	67 11
SED12	um 1750	3	7,2	3633 999	10529 2892	22940 5235	2158 288	116 11	53 11	38 4	46 15
normale Bodengehalte (BLUME et. al 2010)				2…40	10…80	2…80	40…1000	5…50	1…40	5…100	0,1…0,6

Tab. 52: Massenkonzentrationen [mg/kg TS] verschiedener Metalle im Oberboden (0-5 cm) von Kleinhalden (Nr. 1-4) und Großhalden (Nr. 5-10) des Mansfelder Reviers. Substrate (Sub.): Ausschläge (A), Zechsteinkalk (Z), Zechsteinfäule (ZF), Schlacke (S). Analytik: ICP-Spektrometrie nach Mikrowellendruckaufschluss mit HNO$_3$.

Nr.	Halde	Betriebszeit	Sub.	N	Cu	Zn	Pb	Mn	Ni	Co	Cr	Cd
1	BB75	18. Jh.	A	1	4354	5993	8958	1974	140	70	30	56
2	SG1	1. Hälfte 15. Jh.	A	1	5166	6002	5035	1645	90	60	56	29
3	SG2	1. Hälfte 15. Jh.	A	1	3150	6004	5360	1747	77	55	40	29
4	SG3	1. Hälfte 15. Jh.	A	1	2491	5995	11454	1552	143	40	55	67
5	Martins	bis 1900	Z	2	2458	4634	2229	1647	43	27	24	17
6	Otto	bis 1910	Z	2	1928	3764	2044	1447	39	30	35	14
7	Otto	bis 1910	ZF	1	4320	7342	10770	967	147	45	62	27
8	Martins	bis 1900	A	1	6379	23110	10210	1770	131	48	35	66
9	Otto	bis 1910	A	3	6144	8412	7824	1517	101	54	60	50
10	Krug	bis 1972	S	2	4810	6252	1550	1677	90	63	90	11

Der **pH-Wert** des Rohbodens liegt auf Ausschlägen und Bergematerial im neutralen bis schwach basischen Bereich (Tab. 50, 51) und auf Schlacke im neutralen bis schwach sauren Bereich (pH 5,8-6,0). Die Haldensubstrate sind generell arm an pflanzenverfügbaren **Nährstoffen**. Während im Bergematerial die für das Pflanzenwachstum wichtigen Makronährelemente Calcium, Kalium, Magnesium, Phosphor (Tab. 53) und Schwefel in ausreichender Menge (aber schlecht verfügbar) vorhanden sind, liegt wegen des Fehlens von toter organischer Substanz ein echter Mangel an Stickstoff vor. Die Versorgung mit Mikronährelementen ist hingegen relativ gut. Auf Rohhüttenschlacke ist die Nährstoffverfügbarkeit aufgrund der kaum stattfindenden Verwitterung generell schlecht.

Weitere Faktoren, die sich erschwerend auf die Vegetationsentwicklung auswirken, sind:

Metallerzbergbau

- neben der klimatischen die edaphisch bedingte **Trockenheit** der Haldenstandorte infolge der geringen Wasserkapazität des Rohbodens und des großen Hohlraumvolumens des Haldenmaterials (bis 50 %),
- die starke **Aufheizung** der Haldenoberflächen bei Sonneneinstrahlung mit Oberflächentemperaturen von 60-70 °C auf dunklen Substraten (Ausschläge und Schlacke), die nicht nur Evaporation und Transpiration begünstigt, sondern auch eine starke Thermik bewirkt, und
- die **Erosion**, die besonders stark an den Hangflächen mit einem Böschungswinkel bis zu 38° wirkt und neben dem permanenten Feinerdeabtrag auch zur Bildung von Erosionsrinnen und Hangrutschungen führt.

Tab. 53: Massenkonzentrationen [mg/kg TS] von Kalium, Calcium, Magnesium, Phosphor, Aluminium und Eisen im Oberboden von Ausschläge-Kleinhalden das Mansfelder Reviers. Zur Lage der Halden vgl. Tab. 51. SD: Standardabweichung. Analytik: ICP-OES nach Druckaufschluss (HF, HClO$_4$).

Halde	N	K	SD	Ca	SD	Mg	SD	P	SD	Al	SD	Fe	SD
BÖ9	7	20947	2591	57658	20778	9701	2498	1144	271	55356	6633	25974	5140
EGE209	3	22500	753	58398	6821	12817	983	904	123	55287	1639	25890	1422
EFH32	5	22984	5349	55286	9015	10905	1955	1033	184	57511	11408	27902	6041
KÖ1	7	19120	321	118537	8675	12631	565	702	33	46779	680	24090	984
SED8	4	18831	661	84667	8616	11926	71	963	89	52142	1451	28963	2378
SED12	4	18542	350	94542	12696	12832	1071	805	77	52400	780	31653	1917
	30	20413	3047	80061	28468	11611	1988	929	231	52884	6861	27003	4450

Abb. 144: Hang einer Schlackehalde nach ca. 30 Jahren Liegezeit (Liebknechthütte Eisleben, Südhang des Wimmelburger Sturzes, Juli 1993).

Zwei Besonderheiten der **Schlackehalden** sollen hier kurz erwähnt werden. Durch die starke sommerliche Aufheizung (bis 70 °C) und andere physikalische Faktoren verwittert die Haldenoberfläche in wenigen Jahren zu einer groben, aber geringmächtigen Schotterschicht. Das Niederschlagswasser durchdringt diese Verwitterungsschicht und die darunter befindlichen zerklüfteten Abschnitte schnell, kann sich aber im Inneren der Halde auf der noch unverwitterten, wasserundurchlässigen Schlackeschicht sammeln. So bilden sich im Haldenkörper Wasserreservoire aus, die für tiefwurzelnde Pflanzen erschlossen werden können.

An den Böschungen der Schlackehalden sind schon nach wenigen Jahrzehnten Liegezeit sehr unterschiedliche Verwitterungsstadien festzustellen. Am Haldenfuß liegen oft große Schlackenblöcke, die maximal die Größe der Lorentröge erreichen können. Der Hang selbst ist bis zu einer bestimmten Höhe, die vom Neigungswinkel abhängt, mit einer Geröllschicht aus Verwitterungsmaterial bedeckt, die mit zunehmender Hanghöhe feinkörniger wird (Abb. 144). Der obere Hangbereich wurde ständig neu mit Schlacke übergossen, die oft schon erstarrte, bevor sie die untersten Hangteile erreichte. Die Verwitterung setzte deshalb an den oberen Hangteilen erst mit der Haldenstilllegung ein, so dass sich besonders an den hohen Halden große, fast senkrecht abfallende Überhänge bilden konnten, die zum Teil durch fortgeschrittene Verwitterung vom Absturz bedroht sind (Abb. 142).

2.5 Umweltgefährdung durch Halden

Von den Halden des Kupferschieferbergbaus gehen in Abhängigkeit von haldenspezifischen Eigenschaften unterschiedlich hohe Metallemissionen aus, wobei vier wesentliche Emissionspfade zu unterscheiden sind:

I) äolischer Austrag von partikulär gebundenen Metallen,

II) gravitativer Transport von Haldenmaterial durch Rutschung,

III) vertikaler Transport mit dem Sickerwasser in den Untergrund und

IV) Lösungstransport mit dem austretenden Niederschlagswasser (SCHMIDT & FRÜHAUF 2000).

Letzterem kommt als Emissionspfad für Metalle eine besondere Bedeutung zu. So konnten im Niederschlagswasser von Freiland- und Bestandsniederschlag element- und haldenspezifische Metallanreicherungen bis zum 30fachen der Ausgangskonzentration ermittelt werden. Die Metallanreicherung im Haldenwasser ist in den älteren Halden am stärksten und nimmt mit abnehmenden Haldenalter ebenfalls ab. Im Kontext aller Verursacher von Metallbelastungen im Gebiet, insbesondere denen der Hüttenindustrie (vgl. OERTEL 2002, BAUMBACH et al. 2007), sind die Emissionsfrachten aus den „reinen" Halden vergleichsweise gering und räumlich sehr begrenzt (SCHMIDT & FRÜHAUF 2000, LIEBMANN 2000).

Allerdings kam es auf einigen Halden, vor allem in der Nähe von Hüttenbetrieben (Schlackehalden in Helbra und Hettstedt: Lichtlöcherberg/Wippergraben, LL 26S), zur zum Teil ungeordneten und nicht dokumentierten Ablagerung von Flugstäuben, Theisenschlamm, Neutraschlamm, Aschen, Abbruchprodukten und anderem Industriemüll bzw. Hausmüll mit großem Belastungspotenzial für den Wasser- und Luftpfad (ARGE 1991). Inzwischen ist der größte Teil dieser Ablagerungen durch Erdabdeckung in-situ verwahrt worden. Begünstigend auf die Gesamtsituation wirken sich außer den haldenspezifischen Faktoren der große Grundwasserabstand der meisten Halden sowie die Niederschlagsarmut des Gebietes aus. Lokal kann der Metallaustrag trotzdem kritische Größenordnungen erreichen. So sind besonders im Frühjahr um die in Ackerflächen liegenden Kleinhalden die chlorotischen Schädigungen von Kulturpflanzen sehr gut zu beobachten (Abb. 145). Verstärkt wird dieser Effekt noch durch das häufige An- und Unterpflügen von Haldenrändern, das zu einer weiten Verteilung von Haldenmaterial in der Feldflur führt. Auch vom Material vergrabener Kleinhalden können Metallemissionen ausgehen. Zudem haben solche Stellen auch aufgrund ihrer Drainagewirkung einen negativen Einfluss auf die Vegetationsentwicklung (OERTEL & FRÜHAUF 1999, 2000).

Auf die radiologische Belastung der Haldenmaterialen und mögliche Umwelt- und Gesundheitsrisiken durch das im Kupferschiefer enthaltene Uran (Uranisotop U-238 und seine Zerfallsprodukte) kann hier im Detail nicht eingegangen werden, verwiesen sei auf die im Auftrag des Bundesamtes für Strahlenschutz durchgeführten Studien (GFE 1991, 1993, 1995, BfS 2001).

Abb. 145: Chlorosen im Saumbereich einer Kupferschieferkleinhalde südlich Dobis (20.5.2009).

Aufgrund des Bitumengehaltes des Kupferschiefers kann es zu Haldenbränden kommen. Die dabei auftretenden hohen Temperaturen bewirken eine regelrechte Versinterung des Kupferschiefers. Die Wahrscheinlichkeit der Brandentstehung unter gleichen Zündbedingungen nimmt vom Zentrum der Mansfelder Mulde zum Ausstreichenden zu, während im Randbereich ein Gefälle von Norden nach Süden gegeben ist (VOLKMANN et al. 2000). Größere Haldenbrände, die zum Teil noch heute an den versinterten Schiefern erkennbar sind, sind für die Halden der Schächte Glückhilf, Eduard, Zimmermann, Lademann, Hermann, Niewandt, Wassermann, Otto, LL 25S, LL 26S, Prinz Ludwig und Mond nachweisbar (Unterlagen des Haldenkonzeptes, VOLKMANN et al. 2000).

2.6 Flora und Vegetation der Halden

I Methodische Vorbemerkungen

Die erste Veröffentlichung zur Flora der Mansfelder Kupferschieferhalden geht auf EGGERS (1898) zurück; sie stellt allerdings nur eine unvollständige Aufzählung einiger Arten und Fundorte dar. Umfangreiche Bearbeitungen der Vegetation erfolgten durch SCHUBERT (1952, 1953/54, 1954a) und ERNST (1966, 1974). Daten zu Flora und Vegetation der Halden wurden dem zwischen 1994 und 2001 erstellten Haldenkonzept der Landkreise Mansfelder Land und Sangerhausen (BAUMBACH 2000, SCHUMANN & SCHWARZBERG 2000, WEGE 2000), der FFH-Kartierung (FFH-Gebiete 105, 107, 109, 114), den Arbeiten von VOLKMANN (2001, 2004), PIOCH (2007), SCHMUTZLER (1995),

EGERSDÖRFER (1996) und SPANGENBERG (1994) entnommen sowie durch eigene Kartierungen seit 1991 erhoben. Alle im Offenland liegenden Halden wurden durch die Auswertung von Color-Infrarot-Luftbildern des Landesamtes für Umweltschutz Sachsen-Anhalt (Befliegung 2005), der Topographischen Karten (TK 10) sowie der Karten des Bergmännischen Risswerkes erfasst. Für jede Halde wurden der Rechts- und Hochwert des Mittelpunktes (Gauß-Krüger-Koordinaten) aufgenommen und die Verbuschung sowie vegetationslose Bereiche geschätzt. Volumen und Flächenangaben sind der Haldenkonzeption (MANSFELD KOMBINAT 1981) und dem Haldenkonzept entnommen. Die Nomenklatur der Pflanzengesellschaften folgt SCHUBERT (2001), die der Farn- und Blütenpflanzen JÄGER & WERNER (2005). Auf die aktuelle Diskussion zu taxonomischen Problemen der Schwermetallflora kann hier nicht eingegangen werden, verwiesen sei auf BAUMBACH & SCHUBERT (2008). Die Auswertung der Artenlisten hinsichtlich der ökologischen Zeigerwerte (ELLENBERG 1979), der ökologischen Strategietypen (GRIME 1979) sowie der Bestäubungs- und Ausbreitungstypen erfolgte unter Verwendung der Software FLORA_D (FRANK 1991), wobei Ergänzungen nach ELLENBERG et al. (1991) und JÄGER & WERNER (2005) vorgenommen wurden.

II Flora der Kleinhalden des Bergbaus

Insgesamt konnten auf 561 Kleinhalden 483 Blütenpflanzen- und 3 Farnarten nachgewiesen werden, die sich wie folgt auf die Stetigkeitsklassen verteilen:

Stetigkeitsklasse	I	II	III	IV	V	Einzelnachweise
Artenzahl	461	11	10	4	-	120
prozentualer Anteil	94,9 %	2,3 %	2,1 %	0,8 %	-	24,7 %

Tab. 54: Verteilung der Haldenanzahl auf die einzelnen Artenzahlklassen.

Artenzahl	≤10	10≤20	20≤30	30≤40	40≤50	50≤60	60≤70	70≤80	80≤90	90≤100
Haldenanzahl	120	208	86	70	37	17	15	5	2	1
prozent. Anteil	21,4 %	37,1 %	15,3 %	12,5 %	6,6 %	3,0 %	2,7 %	0,9 %	0,4 %	0,2 %

Die Kleinhalden haben im Durchschnitt Artenzahlen von 23 bei einem Median von 18, die Artenzahl je Halde liegt zwischen 3 und 100. Auf 21 % aller Halden kommen weniger als zehn Arten vor, die überwiegende Zahl der Halden beherbergt zwischen zehn und 20 Arten (Tab. 54).

Typische krautige Arten der Kleinhalden, die sich alle durch eine gewisse Metalltoleranz auszeichnen, sind Taubenkropf-Leimkraut (*Silene vulgaris*), Furchen-Schwingel (*Festuca rupicola*), Natternkopf (*Echium vulgare*) (Stetigkeitsklasse [SK] IV), Grasnelke (*Armeria maritima* s. l.), Frühlings-Miere (*Minuartia verna*), Zypressen-Wolfsmilch (*Euphorbia cyparissias*), Gelbe Skabiose (*Scabiosa ochroleuca*) und Gemeine Schafgarbe (*Achillea millefolium* agg.) (SK III) sowie Echtes Labkraut (*Galium verum*), Rundblättrige Glockenblume (*Campanula rotundifolia*), Arznei-Thymian (*Thymus pulegioides*), Rispen-Flockenblume (*Centaurea stoebe*), Kartäuser-Nelke (*Dianthus carthusianorum*), Färber-Hundskamille (*Anthemis tinctoria*), Gelbe Resede (*Reseda lutea*) und Kleine Pimpinelle (*Pimpinella saxifraga*) (SK II). Typische Arten des Haldensaums und nährstoffreicher Senken sind Große Brennnessel (*Urtica dioica*, SK IV), Kletten-Labkraut (*Galium aparine*), Glatthafer (*Arrhenatherum elatius*) (SK III), Gemeine Quecke (*Elytrigia repens*) und Gemeiner Beifuß (*Artemisia vulgaris*) (SK II).

Die **Farnflora** wird nur durch Acker-Schachtelhalm (*Equisetum arvense*: 8,9 % S.) sowie Gemeinen und Dornigen Wurmfarn (*Dryopteris filix-mas*: 3,2 % S.; *D. carthusiana*: 0,4 % S.) repräsentiert.

Die wichtigste **Pflanzenfamilie** (gewichtet nach Anzahl der Arten und ihrer jeweiligen

Nachweise) sind die Süßgräser bzw. Rosengewächse, gefolgt von den Korbblütlern und Nelkengewächsen (Tab. 55).

Tab. 55: Familienspektren der Blütenpflanzenflora der Klein- und Großhalden (KH bzw. GH) des Kupferschieferbergbaus. M: Mansfelder Revier, S: Sangerhäuser Revier. Für die Schlackehalden (SH) wurde aufgrund der geringen Anzahl nicht nach Revieren unterschieden.

Haldentyp Anzahl untersuchter Halden		KH_M N=517 (%)	KH_S N=45 (%)	GH_M N=38 (%)	GH_S N=8 (%)	SH N=6 (%)
Rosengewächse	Rosaceae	11,9	14,5	8,7	9,5	9,7
Korbblütler	Asteraceae	11,6	13,0	18,0	16,4	16,3
Süßgräser	Poaceae	12,2	8,1	9,9	9,4	9,5
Nelkengewächse	Caryophyllaceae	9,9	6,2	6,9	6,0	7,2
Doldenblütler	Apiaceae	4,9	4,5	4,2	3,5	5,0
Rötegewächse	Rubiaceae	4,5	3,1	2,3	2,3	0,9
Raublattgewächse	Boraginaceae	3,5	0,7	1,8	0,9	1,4
Lippenblütler	Lamiaceae	3,0	4,0	2,7	2,3	2,3
Kardengewächse	Dipsacaceae	2,8	1,4	0,9	0,5	0,2
Geißblattgewächse	Caprifoliaceae	3,1	2,9	2,0	1,8	2,5
Wolfsmilchgewächse	Euphorbiaceae	3,1	1,4	1,7	1,0	0,7
Schmetterlingsblütler	Fabaceae	2,5	3,2	4,3	5,3	5,6
Knöterichgewächse	Polygonaceae	2,2	2,2	2,5	2,2	2,3
Kreuzblütler	Brassicaceae	1,7	1,3	3,6	4,2	4,3
Rachenblütler	Scrophulariaceae	1,4	2,2	2,4	2,2	3,4
Weidengewächse	Salicaceae	0,1	0,9	1,5	2,6	1,8
Sonstige		21,6	30,4	26,6	29,9	26,9

Auf den Kleinhalden konnten 56 **Neophytenarten und Kulturflüchtlinge** nachgewiesen werden, davon 20 Arten (36 %) jeweils nur ein Mal. Keine der Arten erreicht eine Stetigkeit über 17 %. Die größte Stetigkeit haben Steinweichsel (*Prunus mahaleb*) und Hauspflaume (*Prunus domestica*) (Tab. 56, 57), wobei letztere durch die Bildung von Polykormonen eine gewisse Bedeutung für die Ausbildung von Vegetationseinheiten hat. Unter den krautigen Pflanzen erreichen Kanadische Goldrute (*Solidago canadensis*) und Lösel-Rauke (*Sisymbrium loeselii*) eine Stetigkeit von 5 %, alle übrigen Arten liegen deutlich darunter.

Das **Lebensformspektrum** der Kleinhaldenflora wird dominiert von Hemikryptophyten, gefolgt von den Therophyten und den Nanophanerophyten (Tab. 58). Die Bäume sind auf den Kleinhalden des Sangerhäuser Reviers 2,5 mal häufiger vertreten als auf den Halden des Mansfelder Reviers, häufiger sind auch die Geophyten und die Nanophanerophyten, während die übrigen Lebensformtypen weniger vertreten sind.

Die Arten sind überwiegend insektenbestäubt, der Anteil fakultativer Selbstbestäuber ist relativ hoch (Tab. 59). Häufigste **Ausbreitungsform** ist die Windausbreitung, am zweithäufigsten ist die Verdauungsausbreitung (Endozoochorie), die im Sangerhäuser Revier vor allem aufgrund des höheren Anteils beerenfrüchtiger Gehölze häufiger auftritt als im Mansfelder Revier (Tab. 59).

Die häufigsten ökologischen **Strategietypen** sind die Konkurrenzstrategen (C) und die Konkurrenz-Stress-Ruderal-Strategen (CSR). Unterschiede gibt es auch hier zwischen den beiden Revieren: die C-Strategen sind im Sangerhäuser Revier aufgrund der höheren Gehölzstetigkeit häufiger, alle übrigen Strategietypen sind seltener als im Mansfelder Revier (Tab. 58). Die **Hemerobiestufen** der Haldenflora zeigen in beiden Revieren die gleiche Tendenz, die meisten Arten sind oligohemerob (O) und mesohemerob (M). Ahemerobe (A), α-euhemerobe (C) und polyhemerobe (P) spielen praktisch keine Rolle.

Die mittleren ökologischen Zeigerwerte weisen die typische Pflanze der Kleinhalden als Halblichtpflanze, Mäßigwärmezeiger, subozeanisch, mäßigen Trockniszeiger, Schwachsäure- bis Schwachbasenzeiger und mäßig stickstoffreiche Standorte anzeigend aus. Dabei spielt es keine Rolle, ob die Zeigerwerte gewichtet werden, d. h., ob die Stetigkeiten der Arten berücksichtigt werden oder nicht (Tab. 60).

III Vegetation der Kleinhalden des Bergbaus

a) Schwermetallrasen und ihre Sukzessionsstadien

Der typische Schwermetallrasen des Mansfelder und Sangerhäuser Reviers ist die Kupfer-Grasnelkenflur (Armerietum halleri LIBB. 1930), die zum Verband der Schwermetall-Grasnelken-Gesellschaften (Armerion halleri ERNST 1965) gehört. Mit dem Fehlen des Galmei-Veilchens (*Viola calaminaria*) und des Gebirgs-Hellerkrautes (*Thlaspi caerulescens*) ist dieser Verband gegenüber den westdeutschen Schwermetall-Hellerkraut-Gesellschaften (Thlaspion calaminariae Ernst 1965) zwar floristisch verarmt, aber durch mehr Xerothermrasenarten gekennzeichnet (vgl. auch SCHUBERT 1953/54, ERNST 1974, PARDEY 1999, DIERSCHKE & BECKER 2008). Mit der Haller-Schaumkresse (*Cardaminopsis halleri*) fehlt im östlichen und südöstlichen Harzvorland ein weiterer typischer Vertreter der Schwermetallflora des Harzes und Westdeutschlands.

Die **primären** (natürlichen) Wuchsorte der Schwermetallvegetation befanden sich im Gebiet am Ausgehenden des Kupferschieferflözes, insbesondere am Westrand der Mansfelder Mulde, wo das Flöz an einigen Stellen relativ flach ausstrich und nur so stark von quartären Schichten überdeckt war, dass die Pflanzen noch mit den Metallen in physiologisch wirksamer Konzentration in Berührung kommen konnten. Diese Standorte sind mit Beginn des Bergbaus größtenteils zerstört worden. Aktuelle Untersuchungen zeigten aber, dass es im Mansfelder Revier wahrscheinlich drei (bei Hornburg, westlich Wimmelburg und am Mansfelder Schlossberg), und im Sangerhäuser Revier mindestens einen (bei Wettelrode), vom Bergbau unbeeinflussten, Primärstandort gibt (BAUMBACH 2005, 2008).

Tertiäre Schwermetallstandorte, wie sie an den Flüssen der Ober- und Westharzer Erzbergbaureviere sowie an der Geul im belgisch-holländischen Grenzgebiet durch die Fernverfrachtung von Pochsanden entstanden sind, gibt es im Gebiet nicht. Am Weinberg bei Hettstedt-Burgörner haben Flugstaubablagerungen der Kupferkammer- und späteren Bleihütte zur Ausbildung des größten Schwermetallrasens der Region auf einer Fläche von 3,5 ha geführt. Der gesamte kontaminierte Bereich ist ca. 11 ha groß und in weiten Teilen bereits durch Birken-Sukzessionswald charakterisiert (BAUMBACH et al. 2007).

Die wichtigsten Wuchsorte der Schwermetallvegetation stellen die metallhaltigen Kupferschiefer- und Hüttenhalden dar, die als **sekundäre** Standorte die primären und tertiären Standorte in ihrer Ausdehnung um ein Mehrtausendfaches übertreffen.

Aufgrund der edaphischen und klimatischen Bedingungen, aber auch der Haldenmorphologie, geht die Bodenentwicklung auf den Haldenstandorten so langsam voran, dass die Initialstadien der natürlichen Sukzession über Jahrzehnte (bis Jahrhunderte) ohne eine erkennbare Entwicklung beobachtet werden können und somit den Charakter von Dauerpionierstadien haben.

Da es der langsame Sukzessionsverlauf nicht zulässt, echte Chronosequenzen an einem Standort zu analysieren, können Sukzessionsstadien nur abgeleitet werden, indem indirekt aus einem räumlichen Nebeneinander auf ein räumlich-zeitliches Nacheinander, also auf einen dynamischen Prozess geschlossen wird.

Eine solche Beweisführung ist aber nur dann zulässig, wenn ein homogenes Ausgangssubstrat zugrunde gelegt werden kann (ERNST 1974). Die Sukzessionsstadien des Armerietum halleri (*Minuartia*-, *Silene*-, *Euphrasia*-, *Cladonia*-, *Armeria*-, *Festuca*- und *Brachypodium*-Stadium) auf den Kupferschieferhalden des östlichen Harzvorlandes wurden von SCHUBERT (1952, 1953/54) beschrieben und später durch ERNST (1966, 1974) ergänzt. Der im Folgenden vorgestellte Sukzessionsverlauf gilt im Wesentlichen für die Kleinhalden von Bergbau und Verhüttung und ist nicht ohne Weiteres auf die Großhalden übertragbar.

Bei der initialen Besiedlung der Haldenstandorte spielen zwei ausdauernde Pionierpflanzen aus der Familie der Nelkengewächse eine entscheidende Rolle: das Taubenkropf-Leimkraut (Abb. 146) und die Frühlings-Miere (Abb. 147). Auf grobschuttreichen, feinerdearmen Substraten und insbesondere an den Hangflächen der Halden wird die Sukzession durch das Taubenkropf-Leimkraut eingeleitet. Durch eine bis 2,5 m lange Pfahlwurzel stabilisiert es die Schieferhänge nachhaltig

Abb. 146: Das Taubenkropf-Leimkraut (*Silene vulgaris*), eine Pionierpflanze der Kupferschieferhalden (Kleinhalde bei Friedeburgerhütte, Juli 2008).

und kann tiefer gelegene Wasserreserven nutzen. Zusätzlich kann Niederschlagswasser durch ein weitstreichendes Flachwurzelsystem schnell aufgenommen werden (SCHUBERT 1953/54). Im Gegensatz zur Frühlings-Miere toleriert das Taubenkropf-Leimkraut auch eine Überschüttung durch rutschenden Schieferschutt. Die Sprosse des Leimkrautes zeichnen sich durch eine hohe Regenerationsfähigkeit nach mechanischen Beschädigungen aus: eine große Anzahl in der Nähe des Wurzelhalses liegender, ruhender Seitenknospen kann sofort nach einer Schädigung der Sprossachse austreiben (ERNST 1974). Das *Silene*-Stadium wird an den Hangflächen oft ausschließlich durch lockere Bestände des Taubenkropf-Leimkrautes gebildet und stellt dann eine Art Dauerpionierstadium dar. Die Produktion an oberirdischer Pflanzenbiomasse wird von ERNST (1974) mit 5,7 - 35,2 g/m^2*a angegeben, die an unterirdischer Biomasse auf $1/4$ bis $1/7$ der oberirdischen

Metallerzbergbau

Abb. 147: Die Frühlings-Miere (*Minuartia verna*), eine Pionierpflanze auf offenen, metallhaltigen Haldensubstraten.

Abb. 148: Sukzessionsstadium der Frühlings-Miere (*Minuartia verna*).

Biomasseproduktion geschätzt. Somit ist der Gesamtertrag an Biomasse in diesem Stadium sehr gering. Erschwerend für die autochthone Bodenentwicklung wirkt sich aus, dass der größte Teil der verrottenden oberirdischen Biomasse aus den offenen Flächen herausgeweht und herausgespült wird. Vor allem die unter fünf Jahre alten Pflanzen tragen deshalb wenig zum Aufbau eines nährstoffreicheren Standortes bei. Erst nach einer reichen basipetalen Verzweigung, wie sie oft nach einer Überschüttung auftritt, wird sowohl eigene als auch fremde Biomasse in den Polstern des Leimkrautes festgehalten (ERNST 1974).

Auf den ebenen oder nur leicht geneigten Haldenflächen mit einem höheren Feinerdeanteil wird die Sukzession durch die Frühlings-Miere eingeleitet (*Minuartia*-Stadium, Abb. 148). Deren Wurzelsystem reicht höchstens 30 cm in die Tiefe (ERNST 1974). Mechanisch geschädigte Sprosse können im Gegensatz zum Leimkraut nur schwer regenerieren. Trotzdem kommt der Frühlings-Miere eine besondere Bedeutung für die weitere Besiedlung zu, da ihre nur langsam verrottenden Polster eine erste Humifizierung des Bodens bewirken. Somit können sich andere Pflanzen wie z. B. Wiesen-Sauerampfer (*Rumex acetosa*) und Furchen-Schwingel ansiedeln, die später die konkurrenzschwache Frühlings-Miere allmählich zurückdrängen. Durch die stärker werdende Feinerdeschicht verbessert sich der Wasserhaushalt des Bodens und die Metallverfügbarkeit verringert sich, zum einen durch Metallentzug durch die Pflanzen, zum anderen durch Metallkomplexierung im Boden.

Das von SCHUBERT (1953/54) und ERNST (1974) beschriebene *Euphrasia*-Stadium, das insbesondere durch metalltolerante Ökotypen von Augentrost (*Euphrasia stricta, E. officinalis* agg.) charakterisiert sein soll, die sich in den metallärmeren und feinerdereicheren Mikro-Habitaten lebender oder verrottender Polster von Frühlings-Miere und Taubenkropf-Leimkraut ansiedeln können, spielt auf den Kupferschieferhalden offenbar keine große Rolle. Insgesamt konnten Vertreter der Gattung nur auf 20 Kleinhalden nachgewiesen werden, die sich im südwestlichen Bereich der Mansfelder Mulde konzentrieren.

Das flechtenreiche *Cladonia*-Stadium mit der Charakterart *Cladonia rangiformis* folgt in den luftfeuchteren Gegenden des Gebietes (z. B. im Wippertal) bei fortgeschrittener Feinerdeanreicherung (Abb. 163). Der überlagernde Wuchs der Strauchflechten sorgt dafür, dass dieses Stadium arm an Phanerogamen bleibt, so dass die Stoffproduktion stark beeinträchtigt ist. Allerdings bieten die Flechtenpolster in Perioden feuchter Witterung gute Bedingungen für die Keimung der Grasnelke.

Das Optimalstadium der Assoziation stellt das *Armeria*-Stadium dar. Durch die Anreicherung von organischer Substanz und die beginnende Humusbildung verbessert sich die physikalische Bodenstruktur und die Wasserkapazität erhöht sich. Insgesamt werden die extremen Standortfaktoren durch die fortschreitende Bodenreifung modifiziert. Die Verfügbarkeit der Metalle verringert sich weiter, während sich gleichzeitig ein ausgeglichener Makro-Nährstoffhaushalt einstellt, der zu einer vermehrten Biomasseproduktion beiträgt (ERNST 1974). Die Gesamtdeckung in diesem Sukzessionsstadium beträgt mindestens 75 %. Für die Frühlings-Miere ist aufgrund ihrer geringen Konkurrenzfähigkeit das ökologische Optimum bereits überschritten, sie zeigt eine rückläufige Tendenz bis hin zum völligen Verschwinden. Charakteristisch für das *Armeria*-Stadium sind neben formenreichen Ökotypen der Grasnelke zahlreiche Xerothermrasenarten (Abb. 149). Sehr häufig sind Furchen-Schwingel, Rotes Straußgras (*Agrostis capillaris*) (SK IV), Gemeine Schafgarbe, Hügelmeier (*Asperula cynanchica*), Golddistel (*Carlina vulgaris*), Rundblättrige Glockenblume, Stängellose Kratzdistel (*Cirsium acaule*), Kartäuser-Nelke, Zypressen-Wolfsmilch, Augentrost (*Euphrasia officinalis*), Echtes Labkraut, Kleines Habichtskraut (*Hieracium pilosella*), Zierliches Schillergras (*Koeleria macrantha*), Kleine Pimpinelle, Rötliches und Frühlings-Fingerkraut (*Potentilla heptaphylla, P. neumanniana*), Gelbe Skabiose und Frühblühender Thymian (*Thymus praecox*) (SK III, SCHUBERT 2001). Charakteristische Moose und Flechten der Assoziation sind *Ceratodon purpureus, Bryum caespiticium, Cladonia alcicornis, Cladonia chlorophaea* und *Peltigera rufescens* (SK III).

Abb. 149: Schwermetallrasen im *Armeria*-Stadium in der Altbergbaulandschaft des Krümmlings südöstlich von Neckendorf (August 2006).

Abb. 150: Vegetationsaspekt des Berg-Steinkrautes (*Alyssum montanum*) am Hang einer Kleinhalde bei Dobis (Mai 2008).

Im weiteren Verlauf entwickelt sich das *Armeria*-Stadium über viele kleine Sukzessionsschritte zu einem Stadium weiter, das durch Arten mit schwacher Metallresistenz gekennzeichnet ist, die meist aus benachbarten Rasengesellschaften stammen. SCHUBERT (1953/54) hat dieses Stadium in Abhängigkeit der vorherrschenden Feuchtigkeitsverhältnisse als *Festuca*- bzw. *Brachypodium*-Stadium definiert. Beide Stadien sind durch das Dominieren von Gräsern, insbesondere von Furchen-Schwingel bzw. Fieder-Zwenke (*Brachypodium pinnatum*) gekennzeichnet. ERNST (1974) hat dieses Stadium, das in den einzelnen Gebieten Europas mit metallhaltigen Böden in seiner Artenzusammensetzung sehr unterschiedlich ausgebildet sein kann, allgemeiner als „*Achillea*-Stadium" bezeichnet. Gemeinsames Merkmal dieses zum normal versorgten Boden überleitenden Stadiums ist das reiche Artengefüge.

Von den drei Charakterarten der Schwermetallrasen kommt nur das Taubenkropf-Leimkraut im gesamten Mansfelder und Sangerhäuser Revier vor (410 Nachweise). Die Frühlings-Miere (257 Nachweise) ist in der westlichen Mansfelder Mulde auf den Kleinhalden weit verbreitet, wird aber im Bereich des nördlichen Ausstrichs nach Osten hin immer seltener und kommt östlich der Saale nur in einer einzigen Population bei Könnern vor. Im Sangerhäuser Revier ist die Frühlings-Miere bisher nur um Wettelrode nachgewiesen. Die Grasnelke (326 Nachweise) zeigt ein ähnliches Verbreitungsmuster wie die Frühlings-Miere, kommt aber östlich der Saale häufiger vor (zur genauen Verbreitung vgl. BAUMBACH 2008). Aufgrund der unterschiedlichen Verbreitung der Charakterarten können die Ausbildungsformen der Schwermetallrasen von einer Minimalvariante (Vorkommen von nur einer der Charakterarten, wenige stetige Begleiter) bis zur Optimalvariante (Vorkommen aller drei Charakterarten, viele stetige Begleiter) variieren. Insgesamt sind auf 77 % der Kleinhalden mindestens fragmentarische Ausbildungen der Schwermetallrasen anzutreffen. Auf 40 % der Halden konnten alle drei Arten nachgewiesen werden, hier kommen zumindest partiell optimal ausgebildete Schwermetallrasen vor. Auf 20 % der Halden sind fragmentarische Ausbildungen anzutreffen, in denen eine der Charakterarten fehlt. Auf 17 % der Halden kommt jeweils nur eine der Arten vor, so dass in der Regel nur die Initialstadien des Armerietum halleri ausgebildet sind.

Eine besondere Ausprägungsform der Schwermetallrasen, in denen das Berg-Steinkraut (*Alyssum montanum*) offenbar die gleiche ökologische Nische besetzt wie sonst die Frühlings-Miere (Abb. 150), wurde von SCHUBERT (1952) als Armerietum halleri saalense beschrieben. Diese Pflanzengesellschaft kommt nur auf den Halden im nordöstlichen Bereich der Mansfelder Mulde (östlich Gerbstedt) und östlich der Saale vor (GERTH et al. 2011).

b) Weitere Vegetationsformen der Kleinhalden

Eine typische und weit verbreitete Vegetationsform der älteren Kupferschiefer-Kleinhalden, insbesondere in Bereichen mit fortgeschrittener Bodengenese und geringem Metallgehalt, sind ruderal beeinflusste, artenreiche **Furchenschwingel-Fiederzwenken-Halbtrockenrasen** (Festuco rupicolae-Brachypodietum pinnati), die sich aus dem *Festuca*- bzw. *Brachypodium*-Stadium der Schwermetallrasen entwickelt haben.

Die **Sandthymian-Blauschwingel-Flur** (Thymo-Festucetum pallentis), die im Saaletal natürlich auf anstehendem Porphyr und Sandsteinen des Oberkarbons vorkommt, tritt auf Halden nur dort sowie im nordöstlichen Bereich der Mansfelder Mulde auf. Sie ist auf sehr flachgründige, feinerdearme und leicht saure Böden beschränkt und kommt deshalb auf Halden nur kleinflächig auf verwitterndem Buntsandstein in Plateaulagen oder am Südhang vor.

Ökologisch besonders interessant sind die auf vielen Halden vorkommenden, aber oft übersehenen Vorkommen der Doldenspurre (*Holosteum umbellatum*). Diese bereits im April blühende Art überzieht in großen Beständen die Hänge der Kleinhalden (Abb. 151), ist aber schon Mitte Mai kaum noch zu erkennen. Den Sommer überdauert die Art als Samen, bevor im Herbst die Winterrosetten ausgebildet werden, die im Frühjahr zur Blüte gelangen. Mit ihrer äußerst geringen Biomasseproduktion trägt die Art kaum zur Bodenentwicklung bei.

Abb. 151: Vegetationsaspekt der bereits fruchtenden Doldenspurre (*Holosteum umbellatum*) und des Berg-Steinkrautes (*Alyssum montanum*) am Hang einer Kleinhalde bei Könnern. Am Haldenfuß treten auch Grasnelke und Frühlings-Miere auf (Mai 2010).

Eine weitere typische Vegetationsform der Kleinhalden, die aber oft nur kleinflächig ausgebildet ist, stellt die **Glatthafer-Wiese** (Dauco carotae - Arrhenatheretum elatioris) dar, die auf den Halden meist in trockener Ausprägung mit Wiesensalbei (*Salvia pratensis*) und an den Haldensäumen in ruderaler Ausprägung mit Rainfarn (*Tanacetum vulgare*), Gemeinem Beifuß und Acker-Kratzdistel (*Cirsium arvense*) auftritt. Vor allem am Haldensaum, aber auch in nährstoff- und feinerdereichen Senken mit verbessertem Wasserhaushalt sind häufig ausdauernde **Ruderalstaudenfluren** (Artemisietea) anzutreffen, deren Vertreter auch in angrenzende Schwermetall- und Magerrasen vordringen können. Da die Kleinhalden meist in Ackerflächen liegen, kommen am Haldensaum oft auch nitrophile Saumgesellschaften und Segetalarten der Ackerwildkrautfluren vor.

Auf vielen Kleinhalden ist die Sukzession soweit fortgeschritten, dass **Gebüsche** die Schwermetall- und Trockenrasenkomplexe großflächig verdrängt haben. Langfristig wird auf den meisten Halden die konkurrenzschwache Schwermetallvegetation völlig verschwinden. Die Annahme, dass metallhaltige Standorte natürlich gehölzfrei sind und Gehölze höchstens am Haldenrand wachsen, wo sie Wasser- und Nährstoffe auch aus dem umliegenden Boden aufnehmen können (SCHUBERT 1953/54, ERNST 1974), trifft also höchstens für frühe Sukzessionsstadien zu.

Auf den Kleinhalden sind 78 Gehölzarten vertreten (37 Baum- und 41 Straucharten), von denen allerdings nur vier Arten eine Gesamtstetigkeit über 20 % erreichen (Tab. 56, 57). Deutliche qualitative und quantitative Unterschiede ergeben sich - wahrscheinlich sowohl bedingt durch höhere Niederschläge im Südharzgebiet als auch einen höheren Diasporeneintrag aus den umliegenden Waldgebieten - zwischen Sangerhäuser und Mansfelder Revier. Alle Baumarten, insbesondere Rotbuche (*Fagus sylvatica*), Esche (*Fraxinus excelsior*), Trauben-Eiche (*Quercus petraea*), Hainbuche (*Carpinus betulus*) und Fichte

(*Picea abies*) (Tab. 57) und fast alle Straucharten (Tab. 56) haben im Sangerhäuser Revier eine deutlich größere Stetigkeit als im Mansfelder Revier. Von jeweils im anderen Revier vertretenen Gehölzarten konnten acht (davon sieben Neophyten) im Sangerhäuser und zwei im Mansfelder Revier nicht nachgewiesen werden.

Tab. 56: Stetigkeit der 20 häufigsten Straucharten auf den Klein- und Großhalden (KH bzw. GH) des Bergbaus und den Schlackehalden (SH). M: Mansfelder Revier, S: Sangerhäuser Revier. *Neophyten und Kulturgehölze.

Art	Haldentyp Haldenanzahl/Typ	KH_M N=517 (%)	KH_S N=45 (%)	GH_M N=38 (%)	GH_S N=8 (%)	SH N=6 (%)
Schwarzer Holunder	*Sambucus nigra*	57,1	46,7	73,7	62,5	50,0
Hundsrose	*Rosa canina*	47,2	46,7	73,7	37,5	66,7
Kratzbeere	*Rubus caesius*	40,2	40,0	47,4	50,0	66,7
Schlehe	*Prunus spinosa*	26,9	33,3	36,8	25,0	-
Eingriffl. Weißdorn	*Crataegus monogyna*	18,4	35,6	34,2	50,0	33,3
Brombeere (agg.)	*Rubus fruticosus* agg.	16,8	33,3	15,8	37,5	33,3
Purgier-Kreuzdorn	*Rhamnus cathartica*	13,0	11,1	5,3	12,5	-
Steinweichsel	**Prunus mahaleb*	10,1	-	44,7	-	33,3
Liguster	*Ligustrum vulgare*	8,5	8,9	39,5	62,5	66,7
Faulbaum	*Frangula alnus*	5,4	28,9	15,8	62,5	16,7
Pfaffenhütchen	*Evonymus europaea*	4,8	26,7	18,4	50,0	16,7
Zweigriffl. Weißdorn	*Crataegus laevigata*	5,2	22,7	34,2	37,5	33,3
Rote Heckenkirsche	*Lonicera xylosteum*	3,9	28,9	10,5	62,5	33,3
Hasel	*Corylus avellana*	2,3	40,0	34,2	62,5	33,3
Blutroter Hartriegel	*Cornus sanguinea*	2,7	33,3	31,6	25,0	33,3
Wein-Rose	*Rosa rubiginosa*	4,4	-	10,5	-	-
Gemeiner Schneeball	*Viburnum opulus*	1,9	20,0	2,6	25,0	33,3
Lederblättr. Rose	*Rosa caesia*	3,5	-	-	-	-
Sauerkirsche	**Prunus cerasus*	2,7	6,7	7,9	-	-
Hecken-Rose	*Rosa corymbifera*	2,7	2,2	-	-	-
Stachelbeere	*Ribes uva-crispa*	0,8	17,8	31,6	50,0	33,3
Bocksdorn	**Lycium barbarum*	2,1	-	44,7	-	33,3
Flieder	**Syringa vulgaris*	1,9	-	42,1	37,5	50,0
Himbeere	*Rubus idaeus*	0,6	11,1	31,6	75,0	66,7
Schneebeere	**Symphoricarpos albus*	1,4	-	42,1	-	50,0
Blasenstrauch	**Colutea arborescens*	0,4	-	15,8	-	50,0

Im Sangerhäuser Revier sind bereits mehr als ¾ der Kleinhalden zu mehr als 80 % verbuscht und nur 4 % der Halden können mit einer Verbuschung unter 10 % noch als offen bezeichnet werden (Tab. 47). Im Mansfelder Revier ist die Situation deutlich anders, hier ist nur knapp ein Drittel der Halden zu mehr als 80 % verbuscht, 26 % der Halden sind zu weniger als 10 % verbuscht (Tab. 45, 46; vgl. auch BAUMBACH 2008).

Eine sichere pflanzensoziologische Einordnung der Gebüsche kann wegen der Kleinflächigkeit der Bestände, dem Fehlen bestimmter Kennarten in der Krautschicht und fließender Übergänge zwischen den Typen oft nicht vorgenommen werden. Die Gebüsche der Halden und Haldensäume werden überwiegend durch xerotherme Gebüschgesellschaften (Berberidion) und nitrophile ruderale Gebüsche (Arctio-Sambucion nigrae) gebildet. Typische **xerotherme Gebüsche** der Kleinhalden sind das **Weißdorn-Schlehen-Gebüsch** (Crataego-Prunetum spinosae), das **Liguster-Schlehen-Gebüsch** (Ligustro-Prunetum spinosae) und das **Steinweichsel-Gebüsch** (Prunetum mahaleb), das durch die im Gebiet ursprünglich nicht einheimische und bisher nur im Mansfelder Revier vorkommende Steinweichsel aufgebaut wird. Diese durch Vögel verbreitete Art ist auch ein typischer Strauch vieler Großhalden.

Tab. 57: Stetigkeit der 22 häufigsten Baumarten auf den Klein- und Großhalden (KH bzw. GH) des Bergbaus und den Schlackehalden (SH). M: Mansfelder Revier, S: Sangerhäuser Revier. *Neophyten und Kulturgehölze.

Art	Haldentyp	KH_M (%)	KH_S (%)	GH_M (%)	GH_S (%)	SH (%)
Hauspflaume	*Prunus domestica	15,7	31,1	15,8	50,0	16,7
Vogelkirsche	Prunus avium	13,7	51,1	47,4	50,0	50,0
Birke	Betula pendula	11,4	40,0	73,7	100,0	100,0
Esche	Fraxinus excelsior	9,7	26,7	44,7	50,0	66,7
Berg-Ahorn	Acer pseudoplatanus	9,3	22,2	57,9	75,0	83,3
Eberesche	Sorbus aucuparia	5,4	40,0	44,7	62,5	16,7
Stiel-Eiche	Quercus robur	5,2	13,3	21,1	37,5	33,3
Kulturbirne	*Pyrus communis	5,8	6,7	15,8	37,5	16,7
Spitz-Ahorn	Acer platanoides	2,7	17,8	18,4	12,5	33,3
Feld-Ahorn	Acer campestre	1,2	26,7	26,3	50,0	50,0
Rotbuche	Fagus sylvatica	0,4	33,3	10,5	25,0	16,7
Trauben-Eiche	Quercus petraea	1,0	26,7	18,4	37,5	16,7
Espe	Populus tremula	1,5	15,6	18,4	75,0	50,0
Apfel	*Malus domestica	1,7	4,4	23,7	12,5	66,7
Hainbuche	Carpinus betulus	0,4	20,0	10,5	50,0	16,7
Wald-Kiefer	Pinus sylvestris	1,0	11,1	13,2	25,0	16,7
Fichte	Picea abies	0,2	17,8	2,6	50,0	-
Robinie	*Robinia pseudoacacia	1,5	2,2	42,1	-	16,7
Salweide	Salix caprea	-	13,3	26,3	50,0	50,0
Sommer-Linde	Tilia platyphyllos	0,2	6,7	2,6	37,5	16,7
Roßkastanie	*Aesculus hippocastanum	0,8	-	23,7	37,5	16,7
Winter-Linde	Tilia cordata	-	4,4	13,2	12,5	-

Die **nitrophilen ruderalen Gebüsche** (Arctio-Sambucion nigrae) sind vor allem durch das **Schlehen-Holunder-Gebüsch** (Pruno-Sambucetum nigrae), Gebüsche des Schwarzen Holunders, Rosen-Feldulmen-Gebüsche und Bocksdorn-Gebüsche vertreten. Sie kommen meist im Saum von in der intensiv genutzten Agrarlandschaft liegenden Kleinhalden und in nährstoffreichen Senken auf den Halden vor. Die **Gebüsche des Schwarzen Holunders** (Aegopodio-Sambucetum nigrae) sind als verarmte Schlehen-Holunder-Gebüsche zu betrachten, die durch die Dominanz des Schwarzen Holunders (Sambucus nigra) gekennzeichnet sind. Die Schlehe fehlt und in der Krautschicht kommen fast ausschließlich nitrophile Ruderalarten wie Zaungirsch (Aegopodium podagraria), Große Brennnessel, Kletten-Labkraut, Vogelmiere (Stellaria media), Weiße und Purpur-Taubnessel (Lamium album, L. purpureum), Wiesen-Kerbel (Anthriscus sylvestris), Acker-Kratzdistel, Gewöhnlicher Klettenkerbel (Torilis japonica), Efeublättriger Ehrenpreis (Veronica hederifolia), Schwarznessel (Ballota nigra), Gemeiner Beifuß, Stink-Storchschnabel (Geranium robertianum) und Taube Trespe (Bromus sterilis) vor (VOLKMANN 2004).

Das **Rosen-Feldulmen-Gebüsch** (Roso-Ulmetum minoris) wird durch Feld-Ulme (Ulmus minor) und Hundsrose (Rosa canina) dominiert und ist eine typische Gebüschgesellschaft der trocken-warmen Schwarzerdegebiete im kontinental getönten Bereich Mitteldeutschlands (SCHUBERT 2001). Auf den Kleinhalden kommt es recht selten vor und ist weitgehend auf das Haldengebiet nordwestlich von Hettstedt beschränkt. Die **Bocksdorn-Gebüsche** (Lycietum barbarei) sind strukturell bedingte Dauergesellschaften, die durch Dominanzbestände des Bocksdorns (*Lycium barbarum*) gebildet werden. Die oft undurchdringlichen, artenarmen Gebüsche kommen vor allem an trockenen, nährstoffreichen und relativ warmen Standorten vor und sind überwiegend an südexponierten Haldenböschungen (oft im Bereich von Ablagerungen von Müll und Gartenabfällen) anzutreffen.

Auf den meisten Kleinhalden sind die verschiedenen Sukzessionsstadien vom Rohboden über die Gesellschaften der Schwermetall- und Halbtrockenrasen bis hin zu Trockengebüschkomplexen und Solitärgehölzen oft mosaikartig und sehr kleinflächig nebeneinander anzutreffen. Daraus, sowie aus der oft inselhaften Lage inmitten der intensiv genutzten Agrarlandschaft, resultiert ein hoher naturschutzfachlicher Wert dieser Objekte (Abb. 152).

Abb. 152: Strukturreiche Kleinhalde im Saugrund (FFH-Gebiet 109) aus dem 16. Jh. mit Rohbodenaufschlüssen, unterschiedlichen Sukzessionsstadien der Schwermetallrasen und verbuschten Bereichen (Juni 2006).

IV Flora der Großhalden des Bergbaus

Die pflanzliche Besiedlung der Großhalden ist aufgrund der pessimalen Standortfaktoren noch völlig in den Anfängen begriffen, so dass die meisten Halden im Landschaftsbild ohne jeglichen Pflanzenbewuchs erscheinen. Trotzdem konnten auf den 45 untersuchten Großhalden insgesamt 539 Blütenpflanzen- und 4 Farnarten nachgewiesen werden, die sich wie folgt auf die Stetigkeitsklassen verteilen:

Stetigkeitsklasse	I	II	III	IV	V	Einzelnachweise
Artenzahl	433	69	25	15	1	160
prozentualer Anteil	79,7 %	12,7 %	4,6 %	2,8 %	0,2 %	29,5 %

Tab. 58: Lebensformspektren und Strategietypenverteilung der Haldenflora.

Lebensformen: T: Therophyt (kurzlebig und ungünstige Zeiten als Samen überdauernd), G: Geophyt (Überwinterungsknospen unter der Erdoberfläche, meist mit Speicherorganen), H: Hemikryptophyt (Überwinterungsknospen nahe der Erdoberfläche), C: krautiger Chamaephyt (Knospen meist über der Erde und im Schneeschutz überwinternd), Z: holziger Chamaephyt (Zwergstrauch, selten > 0,5 m), N: Nanophanerophyt (Strauch oder Kleinbaum, meist 0,5-5 m), P: Phanerophyt (Baum > 5 m), L: Liane, B: Halbparasit.

Strategietypen: C: Konkurrenz-, S: Stress-, R: Ruderal-, CR: Konkurrenz-Ruderal-, CS: Konkurrenz-Stress-, SR: Stress-Ruderal-, CSR: Konkurrenz-Stress-Ruderal-Strategen. Alle übrigen Abkürzungen wie in Tabelle 57.

Halden-typ	Lebensformspektren								Strategietypen						
%	T	G	H	C	Z	N	P	L	B	C	S	R	CR	CS	SR	CSR
KH$_M$	12,3	6,2	55,6	7,0	2,7	11,2	4,4	0,2	0,2	37,4	2,6	4,6	13,5	10,4	0,5	31,0
KH$_S$	10,3	6,8	50,7	4,1	1,5	13,5	12,3	0,7	0,1	49,8	0,9	3,9	11,2	8,3	0,3	25,7
GH$_M$	17,3	7,1	49,3	4,6	1,1	10,9	9,1	0,4	0,1	44,4	1,3	8,6	14,4	8,2	1,1	21,9
GH$_S$	17,4	8,6	46,8	5,1	0,9	10,3	10,5	0,1	0,3	44,0	1,3	9,6	11,1	7,4	1,3	25,2
SH	15,7	8,0	45,7	5,2	1,1	11,8	11,4	0,9	0,2	50,1	1,4	8,5	12,8	6,2	0,5	20,6

Tab. 59: Bestäubungstypen, Ausbreitungstypen und Hemerobiestufen der Haldenflora.

Bestäubungstypen: I: Insektenbestäubung, W: Windbestäubung, S: obligate Selbstbestäuber, fS: fakultative Selbstbestäuber.

Ausbreitungstypen: W: Wind-, V: Verdauungs-, E: Klett-, S: Selbst, A: Ameisenausbreitung, T: Verschleppung durch Tiere (excl. A, E, V), M: Menschenausbreitung.

Hemerobiestufen: A: a-, O: oligo-, M: meso-, B: β-eu-, C: α-eu-, P: polyhemerob. Alle übrigen Abkürzungen wie in Tabelle 57.

Halden-typ	Bestäubungstypen				Ausbreitungstypen							Hemerobiestufen					
	I	W	S	fS	W	V	E	S	A	T	M	A	O	M	B	C	P
KH$_M$	78,6	20,8	0,6	36,3	61,8	16,5	8,7	8,7	4,2	0,1	0,0	0,0	56,6	32,5	9,1	1,7	0,1
KH$_S$	76,3	22,3	1,3	40,6	54,6	19,3	10,4	9,3	5,0	1,2	0,1	0,5	62,4	30,4	5,3	1,3	0,1
GH$_M$	77,6	20,5	1,8	45,7	62,9	13,7	9,1	9,8	3,8	0,5	0,2	0,0	44,1	38,9	13,5	3,3	0,1
GH$_S$	76,8	21,6	1,6	45,5	63,1	13,0	9,2	9,0	4,8	0,7	0,3	0,5	52,1	33,1	11,5	2,7	-
SH	76,8	21,4	1,8	43,5	65,4	13,9	7,3	8,7	4,1	0,7	0,0	-	43,2	41,9	12,4	2,5	-

Die Großhalden haben im Durchschnitt Artenzahlen von 84 bei einem Median von 84, die Artenzahl je Halde liegt zwischen 10 (LL 21Z) und 173 (Brosowskischacht). Artenzahl und Haldengrundfläche (0,2-25 ha) sind schwach positiv korreliert: $r_{Pearson}=0,43$ (zweiseitig signifikant auf dem Niveau von 0,05).

Die wichtigste **Pflanzenfamilie** (gewichtet nach Anzahl der Arten und ihrer jeweiligen Nachweise) sind die Korbblütler, gefolgt von den Süßgräsern, Rosengewächsen und Nelkengewächsen (Tab. 55). Zu den zehn Pflanzenfamilien mit der größten Stetigkeit gehören die Schmetterlingsblütler, die mit ihrer Fähigkeit zur Fixierung von Luftstickstoff eine besondere Bedeutung für die Bodenverbesserung und damit für die Sukzession auf den Großhalden haben.

Die **Farnflora** wird nur durch Acker-Schachtelhalm (23 %), Gemeinen Wurmfarn (4 %), Frauenfarn (*Athyrium filix-femina*: 2 %) und Mondraute (*Botrychium lunaria*: 2 %) repräsentiert.

Die **Gehölze** sind auf den Großhalden mit 96 Arten vertreten (45 Baum- und 51 Straucharten), von denen zwölf Arten eine Stetigkeit über 40 % erreichen (Tab. 56, 57).

Auf den Großhalden konnten 89 **Neophytenarten und Kulturflüchtlinge** nachgewiesen werden, davon 32 Arten (36 %) jeweils nur ein Mal. Einige dieser Arten sind sicherlich bewusst angepflanzt worden, andere sind mit abgelagerten Gartenabfällen auf die Halden gekommen. Besonders verbreitet sind bei den Gehölzen Flieder, Bocksdorn, Schneebeere, Steinweichsel und Robinie (*Robinia pseudoacacia*) (Tab. 56, 57), bei den krautigen Pflanzen Kanadische Goldrute, Frühlings-Greiskraut (*Senecio vernalis*), Pfeilkresse (*Cardaria draba*), Lösel-Rauke, Filziges Hornkraut (*Cerastium tomentosum*), Deutsche Schwertlilie (*Iris germanica*), Klaffmund (*Microrrhinum minus*) (SK II), Bastard-Luzerne (*Medicago ×varia*), Schmalblättriger Doppelsame (*Diplotaxis tenuifolia*), Kanadisches Berufkraut (*Conyza canadensis*), Orientalische Zackenschote (*Bunias orientalis*), Schwarzwurzelblättriges Gipskraut (*Gypsophila scorzonerifolia*), Meerrettich (*Armoracia rusticana*), Große Kugeldistel (*Echinops sphaerocephalus*) und Kaukasus-Fetthenne (*Sedum spurium*) (SK I). Invasive Arten, wie zum Beispiel Ambrosie (*Ambrosia artemisiifolia*) oder Sommerflieder (*Buddleja davidii*), fehlen bisher. Das Schmalblättrige Greiskraut (*Senecio inaequidens*) wurde bisher nur auf einer Halde nachgewiesen (Hövelschacht Helbra, September 2010).

Von den Charakterarten der **Schwermetallpflanzengesellschaften** ist das Taubenkropf-Leimkraut am weitesten verbreitet, es kommt auf fast jeder Halde vor. Die Frühlings-Miere ist - ähnlich wie die Grasnelke - in der Mansfelder Mulde auf den Halden der ersten Schachtreihe weit verbreitet, kommt auf den Halden der zweiten und dritten Schachtreihe noch gelegentlich vor und fehlt auf den Halden der vierten Schachtreihe völlig. Im Sangerhäuser Revier kommt die Frühlings-Miere nur auf der Halde des Johannschachtes vor.

Das **Lebensformspektrum** der Großhaldenflora wird dominiert von Hemikryptophyten, gefolgt von den Therophyten und den Nanophanerophyten (Tab. 58). Im Vergleich zur Flora der Kleinhalden wird eine Abnahme des Anteils der Hemikryptophyten, der holzigen und krautigen Chamaephyten und der Sträucher sowie eine Zunahme der Therophyten und der Geophyten deutlich. Leichte, aber nicht so deutliche Unterschiede wie zwischen den Kleinhalden ergeben sich zwischen den Großhalden des Sangerhäuser und des Mansfelder Reviers.

Die häufigsten ökologischen **Strategietypen** sind auch hier die Konkurrenzstrategen (C), die häufiger auftreten als auf den Kleinhalden, und die Konkurrenz-Stress-Ruderal-Strategen (CSR), die seltener auftreten als auf den Kleinhalden. Die Ruderalstrategen (R) und die Stress-Ruderal-Strategen (SR) haben einen deutlich höheren Anteil an der Flora auf den Kleinhalden (Tab. 58).

Auch die Arten der Großhalden sind überwiegend insektenbestäubt, der Anteil obligater und fakultativer Selbstbestäuber ist höher als bei den Kleinhalden (Tab. 59). Häufigste **Ausbreitungsform** ist die Windausbreitung, am zweithäufigsten ist auch hier die Verdauungsausbreitung (Endozoochorie), die aber im Vergleich zu den Kleinhalden etwas zurücktritt. Signifikante Unterschiede zwischen den Großhalden beider Reviere sind nicht feststellbar, mit Ausnahme der Ameisenausbreitung, die im Sangerhäuser Revier häufiger auftritt als im Mansfelder Revier (Tab. 59).

Bei den **Hemerobiestufen** der Haldenflora (Tab. 59) verschiebt sich das Artenspektrum: Der Anteil der oligohemeroben Arten (O) nimmt deutlich ab, die Anteile der mesohemeroben (M), β-euhemeroben (B) und α-euhemeroben (C) Arten nehmen zu. Ahemerobe (A) und polyhemerobe (P) Arten spielen wie bei den Kleinhalden praktisch keine Rolle. Hinsichtlich der **ökologischen Zeigerwerte** ergeben sich zwischen der Flora der Klein- und der Großhalden keine signifikanten Unterschiede (Tab. 60).

Tab. 60: Mittlere gewichtete und ungewichtete ökologische Zeigerwerte der Flora der Klein- und Großhalden des Mansfelder und des Sangerhäuser Kupferschieferreviers. Zur Abkürzung der Haldentypen s. Tab. 57.

Haldentyp	L	T	K	F	R	N	L	T	K	F	R	N
	ungewichtet						gewichtet					
KH$_M$	6,8	5,9	4,2	4,4	6,8	5,0	7,3	5,7	4,1	4,1	6,7	4,7
KH$_S$	6,6	5,6	3,8	4,6	6,7	5,3	6,6	5,5	3,8	4,6	6,7	5,4
GH$_M$	7,0	5,9	4,3	4,5	6,8	5,2	7,1	5,9	4,2	4,4	6,9	5,4
GH$_S$	6,6	5,5	4,0	4,7	6,6	5,2	6,7	5,6	4,0	4,7	6,5	5,5
SH	6,9	5,8	4,1	4,4	7,0	5,3	7,1	5,9	4,1	4,5	6,9	5,5

V Vegetation der Großhalden des Bergbaus

Derzeit sind mit wenigen Ausnahmen auch auf den ältesten noch erhaltenen Halden (maximal 130 Jahre Liegezeit) weder auf den Haldenplateaus noch an den Hangflächen großflächige Vegetationseinheiten ausgebildet. Die klassische Methode, Vegetationsveränderungen auf definierten und georeferenzierten Dauerquadraten zu beobachten, bringt deshalb in überschaubaren Zeiträumen keine verwertbaren Ergebnisse. Erschwerend kommt hinzu, dass durch Nachkläubungen des Haldenmaterials in Kriegszeiten, wiederholte Entnahmen von Schotter, Störungen durch Motocross und Fossiliensammler keine der Großhalden über längere Zeiträume ungestört geblieben ist. Hinzu kommen Ablagerungen von Haus- und Industriemüll, Klärschlamm, Bauschutt, Bodenaushub u. a., die eine typische Vegetationsentwicklung stark beeinträchtigen können. Durch den verstärkten Rückbau von Halden zur Schottergewinnung in den letzten 20 Jahren hat die Anzahl der Halden, die für Langzeitbeobachtungen der Sukzession zur Verfügung stehen, stark abgenommen. Zusammenfassend muss festgestellt werden, dass für die Großhalden noch keine abschließenden Erkenntnisse zur Sukzession vorliegen. Die Darstellung in diesem Kapitel muss sich deshalb exemplarisch auf die wenigen Halden beschränken, auf denen die Sukzession so weit fortgeschritten ist, dass erste allgemeine Rückschlüsse auf den wahrscheinlichen Sukzessionsverlauf gezogen werden können.

a) Krautschicht

Das vor Streb durch Spreng- und Häuerarbeit gewonnene Berge- und Ausschlägematerial ist zunächst sehr grobkörnig und wird beim Aufschütten in gröbere und feinere Bestandteile geschieden. Letztere bilden die oberen Haldenschichten, während das grobe Material am Haldenfuß zu finden ist. Die im Ergebnis der physikalischen Substratverwitterung entstehende Feinerde wird, da sie nicht durch eine Vegetationsdecke festgehalten wird, durch Niederschlags- und Schmelzwasser schnell wieder abgespült bzw. vom Wind verweht. Nur auf dem Haldenplateau, und dort insbesondere in Vertiefungen, Rinnen und an alten Wegen, kann sich langsam eine Feinerdeschicht ausbilden. Die zuerst auftretenden Pionierarten der Großhaldenflora lassen sich entsprechend ihrer unterschiedlich ausgeprägten Toleranz für Trockenheit, Nährstoffarmut und Metallgehalt folgenden vier Gruppen zuordnen:

Pionierpflanzen auf Böden mit wenig Feinerde und hohem Metallgehalt:
Taubenkropf-Leimkraut (SK V), Natternkopf, Weißes Straußgras (*Agrostis stolonifera*), Furchen-Schwingel, Gelbe Resede, Wiesen-Sauerampfer (SK IV), Rispen-Flockenblume, Frühlings-Miere, Acker-Winde (*Convolvulus arvensis*) (SK III), Kleine Pimpinelle, Kleiner Sauerampfer (*Rumex acetosella*) (SK II), Rispen-Sauerampfer (*Rumex thyrsiflorus*) (SK I),

Pflanzen besonders der trockeneren, aber feinerdereicheren und metallärmeren Böden:
Zypressen-Wolfsmilch (SK V), Tüpfel-Johanniskraut (*Hypericum perforatum*), Quendel-Sandkraut (*Arenaria serpyllifolia*), Grasnelke (SK IV), Dolden-Spurre (SK III), Frühlings-Greiskraut, Kleiner Wiesenknopf (*Sanguisorba minor*), Klaffmund, Thymian-

Arten (*Thymus* spp.) (SK II), Kartäuser-Nelke, Wiesen-Löwenzahn (*Leontodon hispidus*), Stängellose Kratzdistel, Wimper-Perlgras (*Melica ciliata*), Kahles Bruchkraut (*Herniaria glabra*) (SK I),

Pflanzen mesophiler Standorte, noch metallresistent:
Gemeine Schafgarbe (SK V), Wilde Möhre (*Daucus carota*), Spitz-Wegerich (*Plantago lanceolata*) (SK IV), Mittlerer Wegerich (*Plantago media*, SK III), Hopfen-Luzerne (*Medicago lupulina*), Gelbe Skabiose, Färber-Hundskamille, Weißklee (*Trifolium repens*), Echtes Labkraut, Weißer Steinklee (*Melilotus albus*), Gewöhnlicher Hornklee (*Lotus corniculatus*), Wiesen-Flockenblume (*Centaurea jacea*), Frühlings-Fingerkraut (SK II), Echter Steinklee (*Melilotus officinalis*, SK I),

Pflanzen an metallarmen, feinerde- und nährstoffreicheren Standorten (incl. Arten des Haldenfußes):
Große Brennnessel, Gemeiner Beifuß (SK V), Rainfarn, Glatthafer, Pastinak (*Pastinaca sativa*) (SK IV), Land-Reitgras (*Calamagrostis epigejos*), Acker-Kratzdistel, Feld-Stiefmütterchen (*Viola arvensis*) (SK III), Acker-Hornkraut (*Cerastium arvense*) und Sichelmöhre (*Falcaria vulgaris*) (SK II).

Da die pflanzliche Besiedlung sehr langsam verläuft, hat sich auf den Plateauflächen der meisten Ausschläge- und Bergehalden auch nach einer Liegezeit von über 100 Jahren noch keine großflächige, geschlossene Vegetationsdecke gebildet. Viele Vegetationsinitialen sind nur sehr kleinflächig und in ihrer Artenzusammensetzung fragmentarisch ausgebildet, so dass eine sichere pflanzensoziologische Einordnung oft problematisch ist.

Die Schwermetallrasen (Armerietum halleri), die auf den Kleinhalden des Altbergbaus wichtige Vegetationsbildner sind, verlieren auf den jüngeren Halden zunehmend an Bedeutung. Meist sind sie kleinflächig und artenarm ausgebildet, auf ebene Haldenbereiche beschränkt und durch das Taubenkropf-Leimkraut dominiert. Auf den Halden der 3. und 4. Schachtreihe kommt es als einzige der drei Charakterarten vor und ist an den Hangflächen die wichtigste und meist auch die einzige Pionierpflanze. Fragmente der Schwermetallrasen können bei entsprechenden edaphischen Bedingungen punktuell auch in anderen Vegetationseinheiten (z. B. Ruderalstaudenfluren) auftreten und dort lange überdauern.

Die wohl am weitesten verbreitete Pflanzengesellschaft auf den metallarmen, feinerdereicheren Plateauflächen der Großhalden ist der Furchenschwingel-Fiederzwenken-Rasen, meist in seiner Ausprägung als reiner Furchenschwingel-Rasen (Festucetum rupicolae), der durch die Dominanz des Furchen-Schwingels sowie das weitgehende Fehlen der Fieder-Zwenke und einiger weiterer charakteristischer (auf den Kleinhalden in der Regel noch auftretender) Arten gekennzeichnet ist. Sehr großflächig ausgebildet ist der Furchenschwingel-Rasen zum Beispiel auf dem westlichen Haldenplateau des Eduardschachtes (ca. 2 ha), das schüttungsbedingt großflächige, flache Senken aufweist, in denen sich Feinerde sammeln kann (Abb. 153).

Besondere Bedeutung für die Besiedlung der metallarmen, aber immer noch skelettreichen und wasserdurchlässigen Zechsteinkalksubstrate haben die meist artenreichen Möhren-Steinklee-Gesellschaften (Dauco-Melilotion), die durch ihren hohen Anteil an Stickstoff fixierenden Schmetterlingsblütlern einen positiven Einfluss auf die weitere Sukzession haben. Zu diesen verbreiteten, oft aber nur kleinflächig ausgebildeten Gesellschaften gehören die

- <u>Natternkopf-Steinklee-Gesellschaft</u>

(Echio-Melilotetum) mit Natternkopf, Weißem und Echtem Steinklee sowie Gelber Resede (Abb. 154), die

- <u>Möhren-Bitterkraut-Flur</u>

(Dauco-Picridetum) mit Bitterkraut (*Picris hieracioides*), Wilder Möhre und Geruchloser Strandkamille (*Tripleurospermum perforatum*) und die

- <u>Rainfarn-Beifuß-Fluren</u>

(Tanaceto-Artemisietum vulgaris) mit Rainfarn, Gemeinem Beifuß und Gemeiner Quecke, die vor allem auf schon nährstoffangereicherte Standorte (Senken, Haldensaum) beschränkt sind.

Auf einigen Halden sind auf verwitterndem Zechsteinkalk großflächige Dominanzbestände des Wimper-Perlgrases ausgebildet (Abb. 155).

Abb. 153: Furchen-Schwingel-Rasen auf Zechsteinkalk (Eduardschacht, September 2009).

Abb. 154: Pionierbesiedlung durch Natternkopf (*Echium vulgare*) auf Zechsteinkalk (Flachhalde Thälmannschacht, Juli 2007).

Abb. 155: Lockerer Rasen des Wimper-Perlgrases (*Melica ciliata*) auf Zechsteinkalk (Halde Ottoschächte, Juni 2009).

Abb. 156: Westhang der Halde des Zirkelschachtes (bis 1927) bei Klostermansfeld. Die Sukzession auf der Berme ist bereits fortgeschritten, während die Hangflächen nur vereinzelte Vegetationsinitialen aufweisen (April 2007).

Zu nennen sind hier auch die Mauerpfefferreichen Pioniergesellschaften (Sedo-Scleranthetalia), die sowohl auf verwitternden basischen Zechsteinkalken als auch auf verwitternden sauren Buntsandsteinsubstraten auftreten können.

Besonders problematisch ist die Vegetationsausbildung an den Böschungen der Großhalden. An natürlich belassenen **Haldenböschungen** ist eine geschlossene Vegetationsdecke in der Regel nicht ausgebildet. Die Vegetation des Haldenfußes wird (abhängig von der Art der Nutzung der umgebenden Flächen) meist durch ruderale Beifuß- und Distelgesellschaften (Artemisietea vulgaris) oder von Glatthafer-Beständen (Arrhenatheretum elatioris) gebildet. Dominierende Arten sind hier Glatthafer, Große Brennnessel, Gemeiner Beifuß (alle SK V), Kletten-Labkraut, Geruchlose Strandkamille und Löwenzahn (*Taraxacum officinale* s. l.) (alle SK IV). Im direkten Kontakt mit Ackerflächen, der allerdings seltener auftritt als bei den Kleinhalden, sind auch nitrophile Saumgesellschaften (Galio-Urticetea dioicae) und Segetalarten der Ackerwildkrautfluren (Stellarietea mediae) anzutreffen. Im über dem Haldensaum liegenden untersten Hangbereich ist häufig ein Furchenschwingel-Halbtrockenrasen ausgebildet, über dem meist eine schmale, durch das Taubenkropf-Leimkraut dominierte Zone folgt. Am Mittel- und Oberhang kommt das Leimkraut trotz seiner morphologischen Anpassungen nur noch vereinzelt vor. Begünstigt für eine pflanzliche Besiedlung am Hang sind offenbar durch abfließendes Niederschlagswasser gebildete Erosionsrinnen. Besser sind die Chancen für eine Pionierbesiedlung am Hang, wenn dieser abgestuft oder terrassiert ist. Meist reichen schon kleine Bermen oder Stellen mit geringerer Neigung aus, an denen sich die abgespülte Feinerde vom oberen Hang sammeln kann. An solchen Stellen ist die Vegetationsentwicklung oft schon weit fortgeschritten, während die eigentliche Böschung noch völlig vegetationslos ist (Abb. 156). Generell begünstigt sind Nord- und Westhänge, da dort die austrocknende Sonneneinstrahlung durch die Hangexposition kaum wirken kann.

b) Gehölze

Das typische Pioniergehölz der Halden ist die Birke (*Betula pendula*). Ihr Auftreten ist völlig unabhängig von der vorherigen Ausbildung einer Krautschicht. Da sie durch den Wind weit verbreitet wird und zudem äußerst anspruchslos ist, wächst sie - zumindest in Einzelexemplaren - auf fast jeder Halde (SK V). Allerdings bleibt die Birke weit unter ihrer bei optimalen Standortbedingungen erreichbaren Größe zurück und wächst infolge der schlechten Wasser- und Nährstoffversorgung oft nur strauchförmig. Weitere typische, in der Regel aber nicht bestandsbildende Pioniergehölze auf den Großhalden sind Berg-Ahorn (*Acer pseudoplatanus*), Esche, Vogelkirsche (*Prunus avium*) und Eberesche (*Sorbus aucuparia*) (Tab. 57). Neben Schwarzem Holunder und Hundsrose kommen 15 weitere, überwiegend zoochore Straucharten vor, die die Trockenheit und Nährstoffarmut der Standorte relativ gut vertragen und eine Gesamtstetigkeit > 20 % erreichen (Tab. 56). Sie können schon als Einzelgehölze durch Humifizierung, Beschattung, Feinerdeanreicherung und Verminderung von Auswehungsprozessen die weitere Vegetationsentwicklung in ihrem Umfeld erheblich begünstigen und bieten Nist- und Nahrungsgelegenheiten für zahlreiche Vogelarten.

Das durch die Birke im Zeitraum von Jahrzehnten (bis Jahrhunderten) allmählich ausgebildete Vorwaldstadium trägt zu einer zwar langsamen, aber stetigen Bodenbildung bei. Kleinflächige Birken-Vorwaldstadien, die oft auch nur Gehölzgruppen darstellen, kommen auf den meisten Großhalden zumindest partiell vor.

Großflächige Birken-Vorwaldstadien als Resultat natürlicher Sukzession können bisher nur auf wenigen, mehr als 100 Jahre alten Bergehalden beobachtet werden, so auf den Schachthalden Eduard (105 Jahre), Carolus (130 Jahre), Johann (136 Jahre) und Veltheim (150 Jahre). Das Bodenprofil entspricht auch auf diesen Halden mit vergleichsweise weit fortgeschrittener Sukzession noch einem Rohboden mit einer ca. 5-20 cm starken Humusschicht (AHo), unter der ein etwa (20)-50 cm starker Verwitterungshorizont (C_1) folgt, der in das unverwitterte Ausgangsgestein (C) übergeht.

Metallerzbergbau

Abb. 157: Einzelne Birken am Osthang der Sangerhäuser Kegelhalde nach 18 Jahren Liegezeit (August 2008).

Abb. 158: Nordhang der Halde des Veltheimschachtes (bis 1860) bei Welfesholz (Juni 2009).

Auf der Halde des **Veltheimschachtes** bei Welfesholz ist im östlichen Plateaubereich ein lichter Birken-Pionierwald von 8-10 m Höhe und einer Gesamtdeckung von etwa 70 % (davon ca. 40 % Baumschicht) ausgebildet. Andere Baumarten treten auf dem Plateau nicht auf. Die 5-6 m hohe Strauchschicht wird nur durch die Birke (10 % Deckung) gebildet. Die lückige Krautschicht (40 % Deckung) stellt einen durch die Frühlings-Miere dominierten Schwermetallrasen dar. Bemerkenswert ist das einige hundert Pflanzen große Vorkommen der Braunroten Sitter (*Epipactis atrorubens*). Der Nordhang der Halde ist komplett mit der Birke als dominierender Baumart mit einer geringen Beimengung von Berg-Ahorn und Esche bestockt. In der Strauch- und Krautschicht ist eine massive Eschenverjüngung zu beobachten (Abb. 158). Auch der Südhang der Halde ist fast vollständig mit der Birke bestockt, allerdings ist hier weder eine Krautschicht ausgebildet noch eine Eschenverjüngung zu beobachten.

Abb. 159: Birken-Pionierwald auf der Halde des Johannschachtes (1853-1874) bei Wettelrode (Juni 2009).

Auf der etwa gleich alten Halde des **Johannschachtes** bei Wettelrode wird das Vorwaldstadium ebenfalls durch die Birke dominiert (Abb. 159), allerdings ist hier neben Salweide (*Salix caprea*) und Espe (*Populus tremula*) in der Strauchschicht auch natürlicher Aufwuchs von Fichte, Stiel-Eiche, Berg-Ahorn, Rotbuche und Hainbuche vertreten, wobei der Deckungsgrad dieser Arten jeweils unter einem Prozent liegt. Die Gesamtdeckung des Bestandes beträgt ca. 25 % bei einer mittleren Höhe von 3,5 - 5 m. Die von der Braunroten Sitter dominierte Krautschicht ist sehr artenarm und erreicht nur etwa 8 % Deckung, während Moose und Flechten etwa ein Drittel der Fläche bedecken.

Auf der Halde des **Eduardschachtes** bei Hettstedt ist in einem Teilbereich des Osthanges (Abb. 160) ebenfalls ein gut entwickeltes Birken-Vorwaldstadium ausgebildet. Birke und Espe sind hier zu etwa gleichen Teilen bestandsbildend. Die nur lückig ausgebildete Krautschicht wird vor allem durch Fragmente der Schwermetallrasen gebildet.

Auf der Halde des **Ottoschachtes** ist auf einer Fläche von ca. 0,5 ha ein Birken-Vorwald ausgebildet, der das Resultat gelenkter Sukzession ist (s. Abschnitt 2.7). Die mittlere Höhe der Baumschicht beträgt 8-10 m (max. 15 m) bei einer Deckung von 75 % (Gesamtdeckung des Bestandes: 95 %). Neben der dominierenden Birke (75 % Deckung) kommen in der Baumschicht auch anspruchsvollere Gehölze wie Stiel-Eiche (5 %), Eberesche (5 %) und Grau-Erle (*Alnus incana*, 2 %) vor. Die artenreiche Strauchschicht besteht aus Birke (40 %), Stiel-Eiche (15 %), Trauben-Eiche (15 %), Hasel (*Corylus avellana*, 10 %), Liguster (*Ligustrum vulgare*, 5 %), Hundsrose (3 %), Wein-Rose (*Rosa rubiginosa*, 3 %), Grau-Erle (2 %) sowie Rotbuche, Esche, Eberesche, Spitz-Ahorn (*Acer platanoides*), Winter-Linde (*Tilia cordata*), Elsbeere (*Sorbus torminalis*), Faulbaum (*Frangula alnus*), Blutrotem Hartriegel (*Cornus sanguinea*), Eingriffligem Weißdorn (*Crataegus monogyna*), Pfaffenhütchen (*Evonymus europaea*), Echtem Schneeball (*Viburnum opulus*), Roter Heckenkirsche (*Lonicera xylosteum*), Kratzbeere (*Rubus caesius*) und Flieder (*Syringa vulgaris*) (alle < 1 % Deckung). Die Krautschicht erreicht nur knapp 5 % Deckung und wird neben hunderten Exemplaren der Braunroten Sitter durch Arten der Schwermetall- und Halbtrockenrasen gebildet. Das Bodenprofil zeigt eine etwa 3 cm starke Rohhumusauflage über einem 5 cm starken, feinkörnigen und ca. 50 cm starken grobkörnigen Verwitterungshorizont, der gut durchwurzelt ist. In etwa 60 cm Tiefe steht der C-Horizont (Kupferschiefer-Ausschläge) an.

Ob sich im östlichen Harzvorland das Birken-Vorwaldstadium auf den Bergbauhalden mit zunehmender Standortverbesserung allmählich in die Klimaxgesellschaft des Mitteldeutschen Trockengebietes, den Eichen-Hainbuchen-Winterlinden-Wald weiterentwickeln wird, ist unter den standörtlichen Gegebenheiten fraglich, wenngleich dieser Waldtyp durch seine gute Durchwurzelung an trockenere, magere Standorte sehr gut angepasst ist (SCHUBERT 2001). Denkbar ist auch, dass das Birken-Vorwaldstadium als Dauer-Pionierstadium hier bereits das Klimaxstadium darstellt.

Abb. 160: Osthang der Halde des Eduardschachtes bei Hettstedt (September 2009).

Die Kegelhalden aus der letzten Betriebsphase des Bergbaus (Tab. 49), die nur aus Hangflächen mit einer Neigung bis 38° bestehen, weisen überhaupt noch keine nennenswerte pflanzliche Besiedlung auf. In der Regel ist an den Hangflächen nicht einmal ein *Silene*-Stadium ausgebildet. Ohne menschliches Zutun wird sich unter den gegebenen edaphischen und klimatischen Bedingungen wahrscheinlich keine geschlossene Vegetationsdecke entwickeln können. Allerdings hat sich auf der Kegelhalde des Münzer-Schachtes (Sangerhausen) am Osthang nach einer Liegezeit von nur 20 Jahren bereits kleinflächig die Birke angesiedelt (Abb. 157). Eventuell sind die Standortverhältnisse durch den höheren Buntsandsteinanteil im Substrat und die höheren Niederschlagsmengen besser als im Mansfelder Revier. Die bis 50 m hohen Vorhalden der Mansfelder Spitzkegel sind im Prinzip große Tafelberghalden, die zwar ebenfalls nur durch Vegetationsinitialen gekennzeichnet sind, aber den wesentlichen Anteil am floristischen Reichtum dieses Haldentyps haben. Im Mittel konnten auf den Kegelhalden 127 Blütenpflanzenarten nachgewiesen werden (Tab. 49).

VI Flora der Schlackehalden

Insgesamt konnten auf den sechs untersuchten Schlackehalden 192 Blütenpflanzen- und eine Farnart (Acker-Schachtelhalm) nachgewiesen werden, die sich wie folgt auf die Stetigkeitsklassen verteilen:

Stetigkeitsklasse	I	II	III	IV	V
Artenzahl	60	65	35	21	12
Anteil [%]	31	34	18	11	6

Die Schlackehalden haben im Durchschnitt Artenzahlen von 75 bei einem Median von 74, die Artenzahl je Halde liegt zwischen 30 (Hüttenhalde Großleinungen) und 116 (Liebknechthütte: Wimmelburger Sturz). Die meisten Arten (151) wurden auf der Halde LL 26S nachgewiesen, die allerdings eine zum Teil abgedeckte Mischhalde aus Schlacke, Bergematerial und Ausschlägen darstellt.

Die drei häufigsten **Pflanzenfamilien** sind die Korbblütler, die Rosengewächse und die Süßgräser (Tab. 55). Die **Gehölze** sind auf den Schlackehalden mit 52 Arten vertreten (je 26 Baum- und Straucharten), von denen zwölf Arten eine Stetigkeit über 40 % erreichen (Tab. 56, 57).

Hinsichtlich des **Lebensformspektrums** (Tab. 58), der Verteilung der ökologischen **Strategietypen** (Tab. 58), der **Bestäubungs-** und **Ausbreitungsform** (Tab. 59), der **Hemerobiestufen** (Tab. 59) und der **ökologischen Zeigerwerte** (Tab. 60) ergeben sich zwischen den Großhalden des Bergbaus und der Schlackehalden trotz des unterschiedlichen Substrates keine signifikanten Unterschiede. Die einzige Art, die bisher nur auf Schlackehalden, aber nicht auf Bergbauhalden nachgewiesen werden konnte, ist der Schmalblättrige Hohlzahn (*Galeopsis angustifolia*).

VII Vegetation der Schlackehalden

Die natürliche Sukzession auf den Schlackehalden des Altbergbaus läuft - soweit die wenigen noch vorhandenen Objekte als repräsentativ angesehen werden können - offenbar ähnlich ab wie auf den Kupferschiefer-Kleinhalden.

Auf den neueren Hüttenhalden ist die Vegetationsausbildung noch völlig in den Anfängen. Der Haldenkomplex der Bebelhütte, auf dem bis 1990 Schlacke abgekippt wurde, ist bis auf Stellen, an denen Erde abgelagert wurde, vegetationslos. Während die ebenen Haldenflächen von einem grobkörnigen Schotter bedeckt sind, haben die Böschungen größtenteils noch eine unverwitterte, glasige Oberfläche (Abb. 164). Schwermetallrasen sind auf dieser Halde nicht ausgebildet, einzige vorkommende Charakterart ist das Taubenkropf-Leimkraut.

Auf den etwa 40 Jahre alten Schlackehalden der Liebknecht-Hütte hat die zum Teil schon weit fortgeschrittene Verwitterung und Erosion der Hangflächen dazu geführt, dass die unteren und mittleren Hangbereiche von grobkörnigem Schlackeschotter bedeckt sind (Abb. 142). In diesen Bereichen hat sich bereits ein natürlicher Böschungswinkel eingestellt, während der Oberhang durch zum Teil senkrecht abfallende Überhänge gebildet wird. Auf den Hochflächen beschränkt sich die Ausbildung einer Krautschicht meist auf solche Stellen, an denen sich angewehte Feinerdepartikel und organische Substanz sammeln können. Der größte Teil des Plateaus ist somit noch nach Jahrzehnten unbesiedelt, die Gesamtdeckung übersteigt 5 % nicht (Abb. 161, 162). Typische Pionierarten der Krautschicht sind Taubenkropf-Leimkraut, Natternkopf, Gelbe Resede, Quendel-Sandkraut, Schmalblättriges Weidenröschen (*Epilobium angustifolium*), Feld-Beifuß (*Artemisia campestris*), Klaffmund, Leinkraut (*Linaria vulgaris*), Huflattich (*Tussilago farfara*), Acker-Winde, Rispen-Flockenblume, Feld-Mannstreu (*Eryngium campestre*), Furchen-Schwingel und Weißes Straußgras. Eine pflanzensoziologische Einordnung der durch diese Arten gebildeten Vegetationsinitialen ist aufgrund der fragmentarischen Ausbildung und der Kleinflächigkeit oft nicht möglich. Obwohl alle drei Charakterarten auf den Halden der Liebknechthütte vorkommen, sind auch die Schwermetallrasen nur fragmentarisch ausgebildet.

Trotz der widrigen Standortfaktoren fehlt die Birke auch auf den neueren Schlackehalden nicht. Das Birken-Vorwald-Stadium scheint sich auf den Schlackehalden schneller zu entwickeln als auf den Berge- und Ausschlägehalden und ist auch hier nicht an die vorherige Ausbildung einer Krautschicht gebunden. Dies ist wahrscheinlich auf die Ausbildung von Wasserreserven in der Halde zurückzuführen, die von der Birke durch ein ausgedehntes Tiefwurzelsystem erschlossen werden können. Niederschlagswasser kann außerdem durch ein oberflächennahes Flachwurzelsystem schnell aufgenommen werden.

Neben der Birke treten vereinzelt auch Salweide, Hunds- und Wein-Rose und Schwarzer Holunder als Pioniergehölze auf. Begünstigt für die Ansiedlung von Gehölzen mit Beeren- und Steinfrüchten sind Stellen, die häufig von Vögeln besucht werden. So ist am Westrand von zwei Haldenplateaus stellenweise ein ausgeprägter Saum aus Holunder, Wein- und Heckenrose, Birne, Vogelkirsche und Kratzbeere ausgebildet. Die beschattende, windabschwächende und humifizierende Wirkung der Gehölze begünstigt in ihrer unmittelbaren Nähe auch die Ausbildung einer Krautschicht.

Tab. 61: Wichtige Hütten und ihre Schlackehalden im Mansfelder und Sangerhäuser Kupferschieferrevier.

Name	RW	HW	Artenanzahl	Fläche (ha)	Volumen (Mio. m³)	Höhe (m)	von	bis	Bemerkungen
Bebel-Hütte Helbra	⁴⁴64241	⁵⁷12117	55	42,6	12	30	1880	1990	Teilabbau
Eckardthütte Leimbach	⁴⁴62180	⁵⁷18969	92	19,1	1,56	8	1857	1908	z. T. abgedeckt
Bleihütte Hettstedt									
Granalienhalde	⁴⁴65800	⁵⁷21900		4	0,46	15-18	1925	1990	
Klinkerhalde	⁴⁴65900	⁵⁷21600		8	0,8	20-22	1925	1990	
Schutthalde	⁴⁴66080	⁵⁷21800	50	3	0,6	22	1880	1977	
Liebknechthütte Eisleben									
Weihnachtshalde	⁴⁴67345	⁵⁷10577		6	0,84	31	1938	1945	± abgetragen
Wimmelburger Sturz	⁴⁴66464	⁵⁷09966	116	9	2,0	13-42	1870	1970	
Hauptsturz	⁴⁴66482	⁵⁷10541	108	23,4	4,6	13-33	1948	1972	
Neuer Sturz	⁴⁴66000	⁵⁷10478		2,4	0,18	4-10	1967	1972	abgedeckt
LL 26S Hettstedt	⁴⁴65678	⁵⁷20610	151	8	0,97	26	1873	1895	z. T. abgedeckt
Silberhütte Mansfeld	⁴⁴62850	⁵⁷18500		0,92	0,055	10-12	1700	1800	
Saigerhütte Hettstedt	⁴⁴67200	⁵⁷24957		1,88	0,1	10	1686	1843	
Großleinunger Hütte	⁴⁴44604	⁵⁷06526	30	0,7	0,021	3	1799		± abgetragen
Sangerhäuser Hütte	⁴⁴52195	⁵⁷06302	45	0,9	0,036	4	1681	1887	z. T. abgetragen

Metallerzbergbau

Abb. 161: Plateau einer Schlackehalde nach etwa 40 Jahren Liegezeit (Wimmelburger Sturz, Liebknechthütte Eisleben, April 2007).

Abb. 162: Pionierbesiedlung durch Natternkopf (*Echium vulgare*) und Birke (*Betula pendula*) auf einer Schlackehalde nach ca. 20 Jahren Liegezeit (Hauptsturz, Liebknechthütte Eisleben, Juli 1993).

Abb. 163: Schwermetallrasen (*Cladonia*-Stadium) auf einer Schlackehalde nach 100 Jahren Liegezeit (Eckardthütte, Mansfeld-Leimbach, September 2009).

Am weitesten fortgeschritten ist die Sukzession auf der Halde der Eckardthütte. Das Birken-Vorwaldstadium ist nicht nur auf dem östlichen Haldenplateau, sondern auch auf den zur Wipper abfallenden Nordhängen großflächig ausgebildet. Die Strauchschicht besteht aus Birkenaufwuchs, vereinzelt treten auch Salweide und Sukzessionszeiger wie Hainbuche, Stiel- und Trauben-Eiche, Esche, Berg-, Spitz- und Feld-Ahorn und Rotbuche auf. Die Krautschicht des lichten, vorwaldähnlichen Birken-Bestandes wird großflächig durch artenreiche Schwermetallrasen gebildet. Bemerkenswert ist der Reichtum an Strauchflechten auf dieser Halde, der durch die erhöhte Luftfeuchte in der Nähe der Wipper begünstigt wird (Abb. 163). Auf dem westlichen Haldenplateau wurde großflächig Bauschutt und Erdaushub abgelagert, hier sind ausgedehnte Ruderalstaudenfluren ausgebildet.

VIII Kryptogamen

Auf den offenen Haldensubstraten ist oftmals eine artenreiche Flechtenflora ausgebildet. Insgesamt wurden auf den Bergbau- und Schlackehalden 96 Flechtenarten (davon 68 Krusten-, 14 Strauch- und 14 Laubflechten) nachgewiesen (HUNECK 2006). Einige dieser Flechtenarten, wie zum Beispiel *Acarospora rugulosa*, *Lecidea inops*, *Stereocaulon nanodes* und *Stereocaulon vesuvianum*, sind an metallhaltige Substrate angepasst und deshalb vor allem auf Ausschlägen und Schlacken zu finden, andere kommen auf den Halden vor allem wegen der offenen, konkurrenzarmen Wuchsorte vor. Die artenreichsten Gattungen sind *Cladonia* (12), *Lecanora* (9), *Acarospora* (6) und *Caloplaca* (6 Arten). Untersuchungen zu art- und elementspezifischen Anreicherungsraten von Metallen in Flechten wurden von HUNECK et al. (1990) vorgenommen. Systematische Untersuchungen der Moosflora und -vegetation liegen bisher nicht vor.

Abb. 164: Hang einer Schlackehalde nach 20 Jahren Liegezeit (Bebelhütte Helbra, September 2010).

IX Gefährdete und besonders geschützte Arten auf Halden

Insgesamt wurden auf den Halden 53 Arten der Roten Liste Sachsen-Anhalts (FRANK et al. 2004) bzw. besonders geschützte Arten nach BArtSchV nachgewiesen. Die häufigsten Arten sind Frühlings-Miere (281 Nachweise) und Grasnelke (356 Nachweise). Alle weiteren Arten haben eine Stetigkeit unter 5 %, 25 Arten wurden sogar nur ein Mal nachgewiesen. Arten mit mindestens drei Nachweisen sind Braunrote Sitter, Breitblättrige Sitter (*Epipactis helleborine*), Quendel-Sommerwurz (*Orobanche alba*), Ohrlöffel-Leimkraut (*Silene otites*), Berg-Steinkraut, Gemeiner Augentrost (*Euphrasia officinalis* s. l.), Hügel-Schafgarbe (*Achillea collina*), Fichte (12 autochthone Nachweise im Südharz), Quendel-Seide (*Cuscuta epithymum*), Schmalblättriger Hohlzahn, Purpur-Fetthenne (*Sedum telephium*), Kleine Wiesenraute (*Thalictrum minus*), Färber-Waid (*Isatis tinctoria*) und Acker-Wachtelweizen (*Melampyrum arvense*).

X Naturschutzfachliche Bedeutung der Halden als Wuchsorte der Schwermetallrasen

Schwermetallrasen sind entsprechend der FFH-Richtlinie (Anhang I, Lebensraumtyp 6130) geschützt und gehören zu den nach § 30 BNatSchG und § 37 NatSchG LSA besonders geschützten Biotoptypen. Verbreitungsschwerpunkte von Schwermetallstandorten im außeralpinen Mitteleuropa sind in Deutschland die ehemaligen Erzbergbaugebiete in Nordrhein-Westfalen und Sachsen-Anhalt. Die aktuelle naturschutzfachliche Situation der Schwermetallvegetation auf den Halden im Mansfelder und Sangerhäuser Revier kann BAUMBACH (2008) entnommen werden. Im Rahmen des europäischen Netzes „Natura 2000" wurden drei FFH-Gebiete bei Wimmelburg, Klostermansfeld und Hettstedt ausgewiesen, in denen die Schwermetallrasen primärer Schutzgegenstand sind (FFH-Lebensraumtyp 6130). Knapp die Hälfte der Klein- und Kleinsthalden des Mansfelder Reviers (461) liegt in einem dieser drei FFH-Gebiete mit einer Gesamtfläche von 687 ha. Naturschutzgebiete sind bisher in keinem der drei FFH-Gebiete ausgewiesen worden. Allerdings gibt es seit dem Jahr 2001 das LSG „Kleinhaldenareal im nördlichen Mansfelder Land", das mit einer Fläche von 1149 ha große Teile des FFH-Gebietes „Kupferschieferhalden bei Hettstedt" (105) umfasst. Östlich der Saale liegen 18 Kleinhalden im FFH-Gebiet „Saaledurchbruch bei Rothenburg" (114). Im Sangerhäuser Revier liegt ein Großteil der Kleinhalden in den FFH-Gebieten „Buntsandstein- und Gipskarstlandschaft bei Questenberg im Südharz" (101) und „Gipskarstlandschaft Pölsfeld und Breiter Fleck im Südharz" (108) im Biosphärenreservat „Karstlandschaft Südharz".

Neben ihrer Bedeutung als Wuchsorte der Schwermetallvegetation sind die Kleinhalden wichtige Strukturelemente und Habitatinseln in der sonst ausgeräumten Kulturlandschaft (vgl. ORTLIEB 1994). Durch ihre inselhafte Lage in der Ackerflur gibt es zwangsläufig immer wieder Probleme mit der Landwirtschaft. Neben dem Eintrag von Düngemitteln und Pestiziden auf die Halden muss hier insbesondere das Unterpflügen der Haldenränder genannt werden, das neben schweren Schäden am Haldenkörper und seiner Vegetation auch zu einer großflächigen Verteilung des metallhaltigen Substrates in den Ackerboden führt. Eine Folge davon sind kritische Metallanreicherungen in den Nutzpflanzen, die im Frühjahr und Herbst durch chlorotische Schäden sichtbar werden.

2.7 Renaturierung und Rekultivierung

Da aufgrund der standörtlichen Gegebenheiten eine land- oder forstwirtschaftliche Nachnutzung der Halden von Kupferschieferbergbau und -verhüttung nicht in Frage kommt, sollte das Hauptziel von Haldenbegrünungen unter dem Aspekt des Natur- und Umweltschutzes die Entwicklung struktur- und artenreicher Sekundärbiotope sein. Eng damit verbunden ist eine Haldennutzung für touristische Zwecke, Naherholung und Bildung. Hinsichtlich der Umweltsicherung sind vor allem zwei Aspekte von Haldenbegrünungen hervorzuheben:

(1) die Verringerung von Erosion und damit einer möglichen Schadstoffverfrachtung von den Halden durch Verwehung und Ausspülung und

(2) die Erhöhung der Standsicherheit der Haldenkörper, insbesondere der Böschungen.

Ein positiver Nebeneffekt von Haldenbegrünungen ist die Verbesserung des Landschaftsbildes. Schon Teilbegrünungen wären sinnvoll, um die kilometerweite Signalwirkung der Großhalden, insbesondere der Schlackehalden, einzuschränken.

Grundsätzlich erreicht werden kann eine Haldenbegrünung durch:

a) **Renaturierung,** bei der durch Einsatz von Pioniergehölzen und gezielte punktuelle Standortverbesserungen die natürliche Sukzession beschleunigt wird und sich eine Flora und Vegetation einstellt, die an das Haldensubstrat und die extremen Standortbedingungen angepasst ist, und

b) **Rekultivierung,** bei der durch Auftrag kulturfähiger Substrate die schnelle Ausbildung einer (ruderal geprägten) Vegetationsdecke erreicht wird, die in Struktur und Artenzusammensetzung weitgehend unbeeinflusst vom ursprünglichen Haldensubstrat ist. Haldenrenaturierung und -rekultivierung haben im Mansfelder und Sangerhäuser Kupferschieferrevier im Gegensatz zu anderen Bergbauregionen nie eine große Rolle gespielt. Die wenigen dokumentierten Versuche der letzten 100 Jahre sollen im Folgenden kurz vorgestellt werden.

I Haldenrenaturierung in der ersten Hälfte des 20. Jh.

Ziel der ersten Begrünungsversuche war es, die Haldenoberflächen wieder land- oder forstwirtschaftlich zu nutzen. So wurde nach einem Bericht des Hettstedter Wochenblattes (zitiert in FRIEDRICH 1957) im Jahr 1905 die Halde des Bolzeschachtes (Helbra) eingeebnet, mit Schutt und Ackererde abgedeckt und Roggen darauf ausgesät. Ein dauerhafter Erfolg war dem Projekt offenbar nicht beschert, da sich die heutige Vegetation der Resthalde nicht von der gleichaltriger anderer Halden unterscheidet.

Interessant wurde die Diskussion um die Haldenrenaturierung in den 1930er Jahren. Ausgangspunkt war die im Jahr 1936 erschienene „Denkschrift über die Notwendigkeit der Bepflanzung der Schacht- und Hüttenhalden im Mansfelder Lande" des Kreisbeauftragten für Naturschutz im Mansfelder Gebirgskreis, E. Freygang. Darin wurde vorgeschlagen, die Halden mit Eichen, Rotbuchen, Ahorn und Eschen aufzuforsten. Man nahm an, dass der verwitternde Zechstein einen guten Boden bilden und sich in 60 bis 100 Jahren ein schlagreifer Mischwald entwickeln würde. Die Kreisstelle des Eisleber Vereins für Naturkunde begrüßte grundsätzlich die Idee einer Haldenbegrünung, konnte aber einer Haldenaufforstung nicht zustimmen:

„In ihrer Sitzung (…) behandelte Forstmeister Spielberg seinen Standpunkt, nicht für eine Bepflanzung, wohl aber für eine Begrünung (...): Bei der ganzen Frage der Haldenbegrünung, wie ich sie statt Haldenaufforstung nennen möchte, handelt es sich darum, zu erforschen, wie der Weg von der Ruderalflora zur natürlichen Laubholzbestockung verläuft, und dann, wie man diese Entwicklung im Rahmen der vorhandenen Mittel beschleunigen kann. Wir wollen einmal von den Halden am Rande des Kupferschieferbeckens zu den neueren und neuesten Halden wandern, sehen, in welcher Reihenfolge die Holzpflanzen einwandern, welche Vorbedingungen sie zu ihrem Gedeihen brauchen und welche dieser Vorbedingungen wir mit den Geldmitteln, die für Naturschutz freigemacht werden können, erfüllen können. Aspe, Birke, Eberesche, Hundsrose sind diese Holzpflanzen, die für die später einwandernden Laubhölzer wie Eiche, Buche, Esche den geeigneten Bodenzustand schaffen müssen. Diese Zwischenglieder überschlagen zu wollen, halte ich für falsch ... Ich schlage daher vor, eine Bergehalde mittlerer Größe auszuwählen, einige Fuhren Erde hinaufzubringen und handkorbweise in geeignete Vertiefungen, an alten Wegen usw. zu verteilen und mit Birken-, Rosen-, Ebereschensamen im Frühjahre bzw. zur Reifezeit des Birkensamens zu besäen..." (WÖHLBIER 1937).

Im März 1937 wurde auf der Ausschlägehalde der **Ottoschächte** (Wimmelburg) mit den Begrünungsversuchen begonnen. Gepflanzt wurden auf einer Fläche von etwa 2500 m^2 1000 dreijährige Rosenpflanzen (je 500 Hunds- und Wein-Rosen), weiterhin Espe, Birke, Blutroter Hartriegel, Holunder, Pfaffenhütchen, Elsbeere, Brombeere, Weißdorn, mehrere Ahorn-, Stachel- und Johannisbeerarten und andere Gehölze, bis zum Jahresende etwa 2000 Stück. In die Pflanzlöcher wurde zur Bodenverbesserung verwitterter Buntsandstein eingebracht. Von den erst Ende Mai gepflanzten 500 Grau-Erlen fielen die meisten noch im gleichen Jahr dem Kaninchenverbiss zum Opfer. Im folgenden Jahr wurden nochmals 4000 Sämlinge auf 2500 m^2 gesetzt, verwendet wurde nun auch die Schwarzpappel (*Populus nigra*). Es war geplant, die Begrünung jährlich auf einer Fläche von 2500 m^2 fortzusetzen, wozu es aber kriegsbedingt nicht mehr gekommen ist.

Nach über 70 Jahren ist der begrünte, ca. 0,5 ha große Haldenbereich durch ein ausgeprägtes Birken-Vorwaldstadium charakterisiert (s. Kap. 2.6 V b). Fördernd auf die Sukzession dieses Haldenbereichs dürfte sich neben den erfolgten Renaturierungsmaßnahmen auch seine unmittelbare Lage an einem bewaldeten Nordhang (Abb. 165) und dem damit verbundenen Eintrag von Laubstreu und Diasporen sowie den günstigeren mikroklimatischen Bedingungen auswirken. In den übrigen Haldenbereichen bestehen zahlreiche Pioniergehölzgruppen, heckenartige Gebüsche, aber auch gut entwickelte Solitärgehölze wie Schwarzpappel, Esche, Espe und Robinie. Ebenfalls anzutreffen sind nahezu vegetationslose Rohbodenflächen und auf Ausschlägen die Initialstadien der Schwermetallrasen. Durch gelenkte und natürliche Sukzession entstand auf dieser Halde ein reich strukturiertes Sekundärökosystem mit derzeit 113 Blütenpflanzenarten.

Bis Anfang der 1940er Jahre wurden Begrünungsversuche noch auf mindestens drei weiteren Tafelberghalden durchgeführt. Leider liegen hierüber keine Aufzeichnungen mehr vor. Auf der Halde des **Eduardschachtes** (Hettstedt) wurden Robinie, Berg- und Feld-Ahorn, Schwarz- und Pyramidenpappel, Lärche (*Larix decidua*), Stiel- und Trauben-Eiche sowie verschiedene Rosenarten angepflanzt. Die bepflanzten Haldenteile (Abb. 166) sind heute locker mit diesen Gehölzen bestockt, die Krautschicht hat überwiegend Trockenrasencharakter. Aktuell kommen auf der Halde 130 Blütenpflanzenarten vor. Teilbegrünungen wurden auch auf den Halden der Schächte **Freiesleben** (Großörner) und **Glückhilf** (Welfesholz) durchgeführt. Beide Halden sind inzwischen zur Schottergewinnung größtenteils abgetragen worden. Kriegsbedingt kam es um 1940 zur Einstellung aller weiteren Aktivitäten.

II Haldenrekultivierungen ab 1950

Im Jahr 1951 trat die „Verordnung über die Wiedernutzbarmachung der für Abbau- und Kippenzwecke des Bergbaues in Anspruch genommen Grundstücksflächen" in Kraft (Gbl. Nr. 146, 15.12.1951). Obwohl diese

Metallerzbergbau

Abb. 165: Die Halde der Ottoschächte (1865-1910) bei Wimmelburg mit dem 1937 renaturierten Bereich (etwa Bildmitte, Juli 2006).

Abb. 166: Renaturierter Plateaubereich der Halde des Eduardschachtes (1868-1910) bei Hettstedt. Im Vordergrund natürliche Sukzession auf Ausschlägen (September 2009).

sehr allgemein gehaltene Verordnung auch öffentlich wahrgenommen und diskutiert wurde (FRIEDRICH 1956, 1957), hatte sie für die Haldenrekultivierung im Kupferschieferbergbau noch keine praktischen Konsequenzen.

Erst im Jahr 1967 wurde auf der (inzwischen vollständig abgetragenen) **Nordhalde des Lademannschachtes** (1879-1935) eine Versuchspflanzung angelegt, die das Ziel hatte, Begrünungsmöglichkeiten von Tafelberghalden zu untersuchen. Hierbei wurde unter anderem eine 1 m starke Kulturbodenschicht aufgetragen sowie Kulturboden mit Haldensubstrat 1:1 gemischt und in die Pflanzlöcher eingebracht. Gepflanzt wurden 4-jährig verschulte Birken, Grau-Erlen, Robinien und 2-jährige Schwarz-Kiefern (*Pinus nigra*) in Pflanzlöcher mit und ohne Kulturboden. Die besten Anwuchsraten hatte die Grau-Erle, die geringsten die Schwarz-Kiefer (HENTSCHEL 1977). Offenbar hatte der Versuch nicht den gewünschten Erfolg, da „die Pflanzen trotz gegebener Starthilfe mit Kulturboden in den Pflanzlöchern und Düngerbeigabe zum großen Teil wieder eingegangen sind oder in typischer Kümmerform dahinvegetieren." (MANSFELD KOMBINAT 1981).

Abb. 167: Rekultivierte Plateaufläche der Südhalde des Lademannschachtes (Juli 1993).

Trotzdem wurde Anfang der 1970er Jahre - wohl auch vor dem Hintergrund der neuen Wiederurbarmachungsverordnung (Gbl. II Nr. 28, 4.5.1970) - auch das Plateau der **Südhalde des Lademannschachtes** auf einer Fläche von 2 ha rekultiviert. Hierzu wurden etwa 0,5-1 m hohe Wälle mit einem Abstand von 2,5-5 m aus Haldengestein aufgeschüttet und in den Zwischenräumen insgesamt 10.000 t Mutterboden aufgetragen. In den Randbereichen wurden Berg-Ahorn, Salweide, Blutroter Hartriegel, Birke, Espe, verschiedene Rosenarten, aber auch nichtautochthone Gehölze wie Robinie und Blasenstrauch angepflanzt. Aktuell kommen auf der Halde 148 Blütenpflanzenarten vor. Während die Sträucher relativ gut gedeihen, bleiben die Bäume, insbesondere der Berg-Ahorn, weit unter ihrer normalen Größe. Der Deckungsgrad der ruderal geprägten Krautschicht erreicht auf allen Flächen mit Erdauftrag 95-100 %, allerdings greift die Vegetation kaum auf die benachbarten, offenen Zechsteinwälle über, auch wenn deren Feinerdeanteil erkennbar zugenommen hat (Abb. 167, 168). Das Bodenprofil zeigt auch nach fast 40 Jahren eine scharfe Abgrenzung vom Haldenmaterial und der aufgeschütteten Substratschicht. Die Pflanzen wurzeln größtenteils in dieser Lößlehm-Schicht und dringen kaum in das Haldensubstrat vor (Abb. 168b). Völlig vegetationslos sind die bis zu 40 m abfallenden Haldenböschungen. Nur am sanfter abfallenden Nordwesthang kommen vereinzelt Pioniergehölze vor.

Weitere Rekultivierungsmaßnahmen in den 1970er Jahren betrafen die Flachhalde des **Brosowskischachtes**, auf der 12.000 t Schlamm aus der Zuckerrübenverarbeitung auf 3,2 ha Fläche einplaniert wurden (inzwischen Nutzung des begrünten Geländes durch einen Schützenverein), die Halde des **Seidelschachtes**, auf der nach Auftrag von kulturfähigem Substrat auf 3,2 ha Plateaufläche „Flurholzanbau" betrieben werden sollte (inzwischen ist die Halde weitgehend abgetragen) und die Kegelhalde **Niederröblingen**, auf der am Steilhang ein - offenbar erfolgloser - Begrünungsversuch mit Grassaat auf 200 m^2 Fläche durchgeführt wurde (MANS-

Abb. 168a, b: Rekultivierte Plateaufläche der Südhalde des Lademannschachtes und Bodenprofil des rekultivierten Bereiches (August 2008).

FELD KOMBINAT 1981). Zu weiteren Rekultivierungsmaßnahmen auf Halden ist es bisher nicht gekommen. Hingewiesen sei auf eine interessante Idee zur „permanenten Revitalisierung" von Bergehalden unter Verwendung von kommunalen Abwässern, die jedoch bis jetzt nicht realisiert wurde (NOWAK 2000)

III Abdeckung von Halden

Neben den wenigen planmäßigen Rekultivierungsmaßnahmen wurden sowohl auf Bergbau- als auch auf Schlackehalden kulturfähige Substrate aufgebracht, um abgelagerten Hausmüll oder Industrieabfälle (Flug- und Filterstäube, Schlämme, Ofenbruch, metallhaltige Zwischen- und Abprodukte der Verhüttung, Bauschutt) abzudecken oder bei Baumaßnahmen in den Werken anfallenden Erdaushub abzulagern. Hierzu gehören zum Beispiel die Bergbauhalden der Schächte Sander, Hövel, Theodor, LL 23S (Hausmüll), LL 31Z (Industrieabfälle) und LL 26S (Erdaushub), die Schlackehalden der Kupferkammer-Bleihütte (Industrieabfälle) und der Eckardthütte (Erdaushub) sowie die Mischhalde des LL 26S (Industrieabfälle, Hausmüll).

Unabhängig vom Haldensubstrat sind mit Lößlehm abgedeckte Haldenplateaus bereits nach kurzer Zeit durch artenreiche Ruderalstaudenfluren (der Artemisietea vulgaris) charakterisiert. An erster Stelle zu nennen sind hier die Möhren-Steinklee-Gesellschaften (Dauco-Melilotion), vor allem die Möhren-Bitterkraut-Flur (Dauco-Picridetum), die nicht nur auf den Halden, sondern oft auch auf angrenzenden Brachen ehemaliger Betriebsflächen weit verbreitet ist. Auf mehreren Halden (z. B. LL 23S, LL 26S, LL 31Z) konnte beobachtet werden, wie das Land-Reitgras in Bestände der Möhren-Bitterkraut-Flur vordringt, diese mit zunehmender Dominanz des Reitgrases floristisch verarmen und schließlich reine Reitgras-Bestände darstellen.

An nährstoffreicheren Standorten, zum Beispiel in Senken oder am Haldenfuß, sind oft ausgedehnte Rainfarn-Beifuß-Fluren (Tanaceto-Artemisietum vulgaris) ausgebildet. Beschränkt auf skelettreiche Böden mit nur geringer Lößauflage auf dem Haldensubstrat ist hingegen die Natternkopf-Steinklee-Gesellschaft.

Ebenfalls auf nährstoffreichen Lößauflagen beobachtet wurde die Pfeilkressen-Quecken-Pioniergesellschaft (Cardario drabae-Agropyretum repentis), die durch Dominanzbestände der Pfeilkresse mit Gemeiner Quecke, Acker-Kratzdistel und Acker-Winde charakterisiert ist.

Auf sehr nährstoffreiche, aber trockene Standorte beschränkt sind die Dominanzbestände von Acker-Kratzdistel und Großer Brennnessel (Cirsietum vulgaris-arvensis) sowie die Kletten-Gesellschaft (Arctietum lappae) mit Großer und Wollkopf-Klette (*Arctium lappa*, *A. tomentosum*), Schwarznessel, Gemeinem Beifuß, Großer Brennnessel und weiteren nitrophilen Begleitarten. Großflächige Dominanzbestände auf Haldenabdeckungen kann die Kanadische Goldrute bilden. Kleinflächig treten auch andere Neophyten wie die Gartenflüchtlinge Topinambur (*Helianthus tuberosus*) und Japan-Staudenknöterich (*Fallopia japonica*) auf.

Kleinflächig und vor allem an (nordexponierten) Böschungen kann auch der Huflattich Dominanzbestände (Poo compressae-Tussilaginetum) ausbilden, in denen meist auch Acker-Schachtelhalm und Acker-Kratzdistel auftreten.

An Gehölzen kommen auf den abgedeckten Halden neben den typischen Pionierarten auch angepflanzte oder verwilderte Neophyten vor, insbesondere Schmetterlingsblütler wie Blasenstrauch (*Colutea arborescens*), Erbsenstrauch (*Caragana arborescens*), Goldregen (*Laburnum anagyroides*), Bastardindigo (*Amorpha fruticosa*) und Robinie, aber auch Schmalblättrige Ölweide (*Elaeagnus angustifolia*), Bocksdorn, Flieder, Schneebeere (*Symphoricarpos albus*), Gewöhnliche und Späte Traubenkirsche (*Prunus padus*, *P. serotina*) und Hybrid-Pappeln (v. a. *Populus* ×*canadensis*). Vor allem Bocksdorn und Robinie können ausgedehnte Dominanzbestände bilden.

Die westliche Bergehalde des **LL 26S** wurde schon in den 1930er Jahren mit Erdaushub abgedeckt und ist im Plateaubereich auf 1,2 ha durch einen von Feld-Ahorn dominierten Gehölzbestand charakterisiert, in dem neben der Robinie auch Stiel-Eiche, Hainbuche und Birke vertreten sind.

Auf der Halde des **Hövelschachtes** wurden 1992 nach Substratauftrag auf einer Fläche von ca. 2,2 ha neben wenigen autochthonen Gehölzen (Eberesche, Berg-Ahorn, Trauben-Eiche, Gewöhnliche Traubenkirsche) vor allem nicht einheimische und Ziergehölze angepflanzt (Gewöhnlicher Bocksdorn, Steinweichsel, Späte Traubenkirsche, Schmalblättrige Ölweide, Roteiche, Erbsenstrauch, Wald-Kiefer u. a.). Inzwischen ist das Haldenplateau von einem nahezu undurchdringlichen Gehölzbestand bewachsen, der vor allem aus Feld- und Berg-Ahorn, Später Traubenkirsche, Schmalblättriger Ölweide und Robinie gebildet wird. In den wenigen gehölzfreien Bereichen sind neben artenreichen Ruderalstaudenfluren auch Dominanzbestände der Kanadischen Goldrute ausgebildet.

Auf der Halde des **LL 31Z**, die als Mischdeponie zur Ablagerung von Stäuben und Schlämmen der Bleihütte, Erdaushub, Bauschutt, Ofenbruch und metallhaltigen Zwischen- und Abprodukten genutzt worden ist (GFE 1991), erfolgte Mitte der 1990er Jahre auf dem Plateau ein Erdauftrag mit anschließender Anpflanzung von Eschen, die den Aspekt der Baumschicht bestimmen, aber inzwischen offensichtlich im Wachstum stagnieren.

Überdeckungen mit Mutterboden können, soweit sie schnell bewachsen werden und nicht vorher der Erosion zum Opfer fallen, auch auf Hangflächen zu einem Begrünungserfolg führen. So ist der nördliche Hangbereich der **Sanderschachthalde** wie das Haldenplateau mit einer artenreichen Ruderalvegetation bewachsen (der Deckungsgrad liegt bei 100 %), daneben kommen auch Feld-Ahorn, Eingriffliger Weißdorn, Blutroter Hartriegel, Wein-Rose, Schwarzer Holunder, Espe und Birke vor.

IV Handlungsempfehlungen

Die vorgestellten Renaturierungs- und Rekultivierungsversuche zeigen, dass auch unter schwierigen standörtlichen Bedingungen eine Begrünung von Bergbau- und Schlackehalden möglich ist. Im Folgenden sollen einige praktische Hinweise zur Haldenbegrünung gegeben werden, die nach der Auswertung der durchgeführten Versuche am geeignetsten erscheinen.

a) Renaturierung durch gelenkte (geförderte) Sukzession

Die Renaturierung durch gelenkte Sukzession ist nach den bisher vorliegenden Erfahrungen die günstigste, wenn auf Bergbauhalden im Zeitraum von Jahrzehnten ein Birken-Vorwaldstadium erreicht werden soll.

Bei der Pflanzung initialer Gehölzbestände sollten folgende Punkte berücksichtigt werden:

- Pflanzung von Gehölzstreifen und Anlegen von flachen Wällen aus Haldensubstrat an den Rändern der Haldenplateaus und auf dem Plateau entgegen der Hauptwindrichtung zur Reduzierung von Auswehung und Auswaschung gebildeten Feinsubstrates sowie als Diasporen- und Detritusfallen für angewehtes Material,
- Vermeidung plantagenartiger Monokulturen durch heckenartige Mischpflanzungen, aber auch Einzel- und Gruppenpflanzungen, die den homogenen Ausgangsstandort vielfältig strukturieren,
- Verwendung authochthoner und haldentypischer Gehölzarten unter Berücksichtigung von Konkurrenzstärke und Lichtbedürfnis,
- abwechselnde Pflanzung von flach- und tiefwurzelnden Arten zur optimalen Nutzung des beschränkten Nährstoffangebotes im Boden.

An den Hangflächen kommen Gehölzpflanzungen nur für Bergehalden in Betracht, da die Hänge der Schlackehalden eine Bepflanzung in der Regel nicht zulassen. Für eine erfolgreiche Begrünung muss es mit Hilfe von geeigneten Pioniergehölzen gelingen, das lockere Haldenmaterial nachhaltig zu stabilisieren und somit die Standfestigkeit der Böschungen zu erhöhen, das Niederschlagswasser schnell ins Haldeninnere abzuführen, die Winderosion zu verringern und somit Bodenbildung zu ermöglichen und neugebildeten Boden schnell und dauerhaft zu sichern und festzulegen. Da diese Anforderungen erst bei einer bestimmten Dichte der Vegetationsdecke erfüllt werden, sollten möglichst schnellwüchsige und tiefwurzelnde, aber anspruchslose Arten zum Einsatz kommen. Auf gebietsfremde Gehölzarten sollte dabei verzichtet werden.

Bepflanzungen am Hang sollten möglichst von Bermen ausgehen. Wenn diese nicht vorhanden sind, sollten zur Verkleinerung der erosionswirksamen Flächen hangparallele Gehölzgürtel angepflanzt werden. Wichtig ist auch eine möglichst dichte Bepflanzung von Erosionsrinnen.

b) Rekultivierung durch Auftrag kulturfähiger Substrate

Sollen in relativ kurzer Zeit große Plateauflächen durch Vegetation bedeckt werden, ist ein Bodenauftrag mit anschließender Einsaat anzustreben. Die zu begrünenden Plateauflächen sollten zur weitgehenden Verhinderung von Erosion durch einen Wall aus Haldenmaterial begrenzt und ggf. auch unterteilt werden. Die Substratschicht sollte vor Beginn der Vegetationsperiode aufgebracht werden und bei Bergbauhalden mindestens 30 cm, bei Schlackehalden mindestens 50 cm mächtig sein. Zur Erhöhung der Habitatdiversität sollte nicht die ganze Haldenoberfläche bedeckt werden, sondern es sollten größere Rohbodenflächen mosaikartig offen gelassen werden. Die aufgebrachte Substratschicht sollte mit einer autochthonen Ruderalartenmischung eingesät werden, um die initiale Begrünung zu erleichtern und Erosionsschäden zu verringern. Eine zusätzliche Pflanzung von Gehölzen erscheint wegen des Grenzschichteffektes nur dann sinnvoll, wenn die aufgetragene Substratschicht mindestens eine Stärke von 1 m hat.

An den Haldenböschungen ist ein Aufbringen von Substraten aufgrund der Hangneigung und der Böschungshöhe sehr problematisch und höchstens in Teilbereichen realisierbar. Eine nachträgliche Veränderung der Hangneigung auf 1:4 bis 1:3 wäre mit einem hohen technischen Aufwand verbunden. Außerdem würde damit die typische, landschaftsprägende Form der Tafelberge verlorengehen, die Spitzkegel, die nur aus Mantelflächen bestehen, müssten völlig verändert werden. Aus Gründen des Denkmalschutzes kommt diese Methode für die Bergbauhalden deshalb nicht in größerem Umfang in Frage. An den Hängen der Schlackehalden, wo weder durch natürliche noch durch gelenkte Sukzession in absehbaren Zeiträumen Erfolge zu erwarten sind, kann eine Rekultivierung allerdings nur durch Auftrag von kulturfähigen Substraten erreicht werden. Voraussetzung hierfür ist die technisch aufwändige Herstellung eines geringeren Böschungswinkels, bei der sowohl Überhänge beseitigt als auch geschlossene glasige Flächen umgebrochen werden können.

Sinnvoll ist ein Auftrag kulturfähiger Substrate am Hang nur dann, wenn er vor Erosion durch Textilauflagen (z. B. Jutematten) geschützt wird, auf die das Saatgut mit einem entsprechenden Bindemittel aufgetragen wird. Wichtig ist, dass schnellwüchsige und intensiv wurzelnde Pflanzen verwendet werden. Welche Arten sich hierfür besonders eignen, muss im Versuch getestet werden.

2.8 Nutzung der Bergbaufolgelandschaft

Die Bergbaufolgelandschaft hat neben ihrem Wert als Lebensraum auch eine kultur- und technikhistorische Bedeutung und prägt im östlichen Harzvorland wie in kaum einer anderen Region Mitteleuropas das Landschaftsbild. Auch wenn viele der ursprünglich vorhandenen Halden in den letzen Jahrzehnten und Jahrhunderten abgetragen worden sind, lässt sich an der noch bestehenden Haldenlandschaft der Mansfelder Mulde die technologische Entwicklung des Bergbaus über einen Zeitraum von fast 800 Jahren verfolgen (EINBECK 1932, WAGENBRETH 1973, PHILIPP 2000). Hier liegt - wie auch in anderen strukturschwachen postmontanen Regionen - eine Chance für den sanften Tourismus, die aber - von wenigen Bergbaulehrpfaden (GRUNOW 1996) abgesehen - bisher kaum genutzt wird. Offiziell (aber nur nach Voranmeldung) erlebbar ist bisher nur die Halde des Zirkelschachtes (Klostermansfeld). Dass es durchaus ein breites Interesse an den Halden gibt, zeigen die nur an wenigen Terminen im Jahr angebotenen öffentlichen Besteigungen der Halden des Thälmann-, Münzer-, Zirkel- und Brosowskischachtes, die hunderte Interessierte aus der Region und dem weiteren Umland mobilisieren. Diese positiven Ansätze sind noch ausbaufähig (vgl. auch SLOTTA 2003), allerdings stehen ihnen handfeste wirtschaftliche Interessen entgegen (WÜRZBURG 2000).

Die derzeit lukrativste Form der Haldenverwertung ist die Gewinnung von Schotter für den Straßen- und Wegebau, da das Lockermaterial der Berge- und Ausschlägehalden ohne großen personellen und technischen Aufwand abgetragen und durch Brecher und Klassiermaschinen auf die gewünschte Korngröße gebracht werden kann. Vor allem der Zechsteinkalk ist durch seine Härte ein guter Baustoff, während die Ausschläge gerade im wassergebundenen Wegebau nur bedingt einsetzbar sind. Kritisch sind dabei auch die nicht unerheblichen Metallmengen, die nach und nach freigesetzt werden können. Komplett verschwunden sind bereits zwei Großhalden (Lademann/N, Fortschritt II), sieben weitere mit einem ursprünglichen Gesamtvolumen von 20 Mio. m^3 (Glückhilf, Freiesleben, LL 81F, Martins/S, Seidel, Hermann, Brühltal) sind bereits größtenteils abgetragen und werden in den nächsten Jahren ganz verschwunden sein. Das Material der Schlackehalden ist deutlich schwerer zu gewinnen und wird derzeit nur auf der Halde in Helbra abgebaut (vgl. VIEHL 2000).

Eine nachträgliche Bemusterung und manuelle Aussortierung von metallhaltigen Haldenmaterialen, das sogenannte Kläuben, erfolgte in größerem Umfang während des 30-jährigen Krieges, des Interimsbergbaus (1666-1676) sowie während der Weltkriege. In den 1950er Jahren wurde das vor allem durch Invaliden und Frauen geleistete Nachkläuben eingestellt (LANGELÜTTICH et al. 1999). Eine im Jahr 1981 durchgeführte Bemusterung der Halden der Mansfelder Mulde ergab verwertbare Metallvorräte von 559 kt Cu, Pb und Zn in 7,5 Mio. t Ausschlägen und 36 Mio. t Bergematerial sowie 250 kt Cu, Pb und Zn in 32 Mio. t Schlacke (MANSFELD KOMBINAT 1981), die aber bis zum Ende der Verhüttungstätigkeit nicht mehr in größerem Umfang genutzt wurden. Im Zeichen hoher Buntmetallpreise auf dem Weltmarkt gab es im Jahr 2007 große Ankündigungen einer „Neuen Mansfelder Bergwerkschaft", nun sämtliche (!) Halden zur Metallgewinnung abzubauen und nach einem völlig neuen Verfahren verwerten zu wollen. Operiert wurde dabei öffentlichkeitswirksam mit den Zahlen aus dem Jahr 1981, obwohl ein großer Teil der damals bemusterten Halden inzwischen zu Straßenschotter verarbeitet wurde. Über Pressetermine und Laborstudien hinausgekommen ist dieses Projekt, das im Jahr 2008 wieder eingestellt wurde, nicht.

3 Kupferschieferbergbau außerhalb der Mansfelder und Sangerhäuser Mulde

Floristische und vegetationskundliche Erfassungen aus anderen Kupferschieferbergbaugebieten liegen nur sehr spärlich vor. Sehr gut untersucht sind Flora und Vegetation (SCHUBERT 1954b, BECKER et al. 2007, BAUMBACH 2005) aber auch die Montanhistorie (LEIPOLD 1992, 2007; SCHUMANN & WUNDERLICH 2005) der **Bottendorfer Höhe** im Unteren Unstruttal (Nordthüringen, Kyffhäuserkreis).

Für das kleine Kupferschieferbergbaugebiet bei **Bebertal** (KLAUS 1967) am Flechtinger Höhenzug (Sachsen-Anhalt, Ohrekreis), das gegenwärtig noch neun (zum Teil schwer abgrenzbare) Kleinhalden umfasst, liegt eine ältere floristische Erfassung von BRENNENSTUHL (1974) vor. Insgesamt konnten hier (mit Ergänzungen durch eigene Kartierungen im Jahr 2009) 127 Blütenpflanzenarten nachgewiesen werden. Die meisten Halden sind sehr stark verbuscht oder mit Bäumen (vor allem Hauspflaume) bewachsen. Schwermetallrasen sind auch auf den wenigen offenen Haldenbereichen nicht ausgebildet, da die Frühlings-Miere im Gebiet fehlt und Grasnelke und Taubenkropf-Leimkraut nur vereinzelt vorkommen.

Die Kupferschieferhalden des Bergbaugebietes im **Raum Eisenach** südlich des Thüringer Waldes (Westthüringen, Wartburgkreis) wurden durch WEIDNER (1967) floristisch-vegetationskundlich untersucht. Neben Kupferschiefer wurden hier auch Kobaltrücken und Sanderze abgebaut (WÜNSCHER 1932, TREBSDORF 1935). Insgesamt liegen 70

Vegetationsaufnahmen von Kleinhalden in den Gebieten nördlich Kupfersuhl, nördlich Waldfisch sowie zwischen Waldfisch und Gumpelstadt-Glücksbrunn vor. Auch auf diesen Halden ist das Taubenkropf-Leimkraut wichtigste Pionierpflanze. Allerdings fehlen sowohl Frühlings-Miere als auch Grasnelke, so dass keine Schwermetallrasen ausgebildet sind. Insgesamt wurden 120 Blütenpflanzen- und drei Farnarten [Braunstieliger Streifenfarn (*Asplenium trichomanes*), Mauerraute (*Asplenium ruta-muraria*) und Mondraute] nachgewiesen. Lohnenswert wäre auch für dieses Gebiet eine aktuelle floristisch-vegetationskundliche Erfassung, wenngleich bei aktuellen Begehungen einige der Aufnahmen von 1967 im Gelände nicht mehr eindeutig bestimmten Halden zugeordnet werden konnten bzw. diese Halden nicht mehr auffindbar waren.

Für die Halden des benachbarten **Kurhessischen Kupferschieferreviers** bei Sontra liegen offenbar keine floristischen und vegetationskundlichen Erfassungen vor. Auch hier wurden neben Kupferschiefer Kobaltrücken und Sanderze abgebaut (MESSER 1955, SEIB 1960, JANKOWSKI 1995). Eigene Kartierungen des Haldengebietes bei Bauhaus zeigten, dass die Sukzession auf den ca. 250-300 Jahre alten Halden bereits weit fortgeschritten ist. Die Baumschicht wird entweder durch Kiefer und Birke oder durch Rotbuche dominiert, die Strauchschicht bilden Rotbuche und Esche. Weitere Baumarten mit einer Stetigkeit zwischen 50 % und 100 % sind Berg-Ahorn, Fichte, Salweide und Eberesche. Offene Haldenbereiche sind nur sehr vereinzelt anzutreffen. Insgesamt konnten 105 Farn- und Blütenpflanzenarten nachgewiesen werden, darunter die drei Orchideenarten Braunrote Sitter, Fuchs-Fingerknabenkraut (*Dactylorhiza fuchsii*) und Nestwurz (*Neottia nidus-avis*) sowie das Birngrün (*Orthilia secunda*). Schwermetallrasen sind wegen des Fehlens von Grasnelke und Frühlings-Miere nicht ausgebildet.

4 Danksagung

Für Hinweise zur Montanhistorie, Bereitstellung von Daten, Überlassung von Kartierungsdaten oder Hinweise zum Manuskript danke ich Dr. Stefan Arndt (Jena), Dr. Helga Dietrich (Jena), Martina Greiner (geb. Egersdörfer, Nürnberg), Dr. Dieter Frank (Halle), Elmar Hebestedt (Hettstedt), Armin Hoch (Roßla), Sheila Ludwig (Erfurt), Kirsten Pioch (Oppin), Dr. Horst Volkmann (Lutherstadt Eisleben), Dr. Franz Wege (Mansfeld) und Karin Wichterey (Berlin).

5 Literatur

ARGE (1991): Abschlußbericht zum Forschungs- und Entwicklungsvorhaben Umweltsanierung des Großraumes Mansfeld im Auftrag des Umweltbundesamtes/Bundesministerium für Umwelt, Naturschutz und Reaktorsicherheit Arbeitsgemeinschaft TÜV Bayern/L.U.B. Lurgi-Umwelt-Beteiligungsgesellschaft (ARGE), Lutherstadt Eisleben.

BAUMBACH, H. (2000): Beitrag zur Flora und Vegetation von Bergbau-, Hütten- und Stollenhalden im Mansfelder und Sangerhäuser Revier. Schr. R. Mansfeld-Museum N. F. **5**: 105-118.

- (2005): Genetische Differenzierung mitteleuropäischer Schwermetallsippen von *Silene vulgaris*, *Minuartia verna* und *Armeria maritima* unter Berücksichtigung biogeographischer, montanhistorischer und physiologischer Aspekte. Dissertationes Botanicae 398: 1-128.

- (2008): Zur Situation der Schwermetallrasen und ihrer Standorte im östlichen und südöstlichen Harzvorland. Naturschutz im Land Sachsen-Anhalt **40** (2): 3-19.

-, SCHUBERT, R. (2008): Neue taxonomische Erkenntnisse zu den Charakterarten der Schwermetallvegetation und mögliche Konsequenzen für den Schutz von Schwermetallstandorten. Feddes Repert. 119: 543-555.

-, VOLKMANN, H., WOLKERSDORFER, C. (2007): Schwermetallrasen auf Hüttenstäuben am Weinberg bei Hettstedt-Burgörner (Mansfelder Land) - Ergebnis jahrhundertelanger Kontamination und Herausforderung für den Naturschutz. Hercynia N. F. **40**: 87-109.

BECKER, T., BRÄNDEL, M., DIERSCHKE, H. (2007): Trockenrasen auf schwermetall- und nicht schwermetallhaltigen Böden der Bottendorfer Hügel in Thüringen. Tuexenia **27**: 255-286.

BfN (2008): Daten zur Natur 2008. Hrsg. Bundesamt für Naturschutz (BfN), Münster.

BfS (2001): Radiologische Erfassung, Untersuchung und Bewertung bergbaulicher Altlasten, Abschlussbericht zur Verdachtsfläche Hettstedt (VF 01). AS-IB-11. Hrsg. Bundesamt für Strahlenschutz (BfS), Berlin.

BLUME, H.-P., BRÜMMER, G. W., HORN, R., KANDELER, E., KÖGEL-KNABER, I., KRETZSCHMAR, R., STAHR, K., WILKE, B.-M. (2010): Lehrbuch der Bodenkunde. 16. Aufl., München.

BODE, G. (1996): Ausgrabungen im Kupferschieferaltbergbau am Nordrand der Sangerhäuser Mulde. Beitr. Regional- u. Landeskultur Sachsen-Anhalt **2**: 5-17.

BRENNENSTUHL, G. (1974): Die Flora der Kupferschieferhalden bei Bebertal (Kreis Haldensleben). Jahresschr. Kreismuseum Haldensleben **15**: 45-66.

BROSIN, P. (2004): Altes und Neues vom Ilmenauer Kupfer- und Silberbergbau. Beitr. Geol. Thüringen N. F. **11**: 107-116.

-, GEYER, R., RADATZ, H.-W. (2005): Aufstieg und Niedergang der „Sächsisch-Thüring'schen Kupfer-Bergbau- und Hütten-Gesellschaft". Beitr. Geol. Thüringen N. F. **12**: 207-257.

BRUST, M. (2005): Der Kupferschieferbergbau im Kyffhäuser. Geowiss. Exkf. u. Mitt. **225**: 26-30.

DIERSCHKE, H., BECKER, T. (2008): Die Schwermetall-Vegetation des Harzes - Gliederung, ökologische Bedingungen und syntaxonomische Einordnung. Tuexenia **28**: 185-227.

EGERSDÖRFER, M. (1996): Vegetationskundliche Untersuchung der Feinstruktur von Extremstandorten auf Gips, Zechsteinkalk und Kupferschiefer am Beispiel von Hainrode, Landkreis Sangerhausen (Sachsen-Anhalt). Dipl.-Arb., Institut für Botanik und Pharmazeutische Biologie, Friedrich-Alexander-Universität Erlangen-Nürnberg.

EGGERS, H. (1898): Über die Haldenflora der Grafschaft Mansfeld. Allg. Bot. Z. **4**: 139-141, 153-155.

EINBECK, E. (1932): Die Gestaltung der Bergbaulandschaft im Gebiet des Mansfelder Kupferschieferbergbaus. Petermanns Geogr. Mitt. Ergänzungsheft **214**: 101-112.

EISENÄCHER, W. (1995): Die alten Eisleber Hütten und ihre Brennstoffversorgung. Veröff. Lutherstätten Eisleben **1**: 259-263.

- (1996): Das Mansfelder Hüttenwesen am Ende des 18. Jahrhunderts. Schr. R. Mansfeld-Museum N. F. **1**: 15-35.

- (1997): Der Hüttengrund bei Helfta. Neue Mansfelder Heimatblätter **5**: 36-37.

- (2002a): Die Rohhütten des 20. Jahrhunderts. Schr. R. Mansfeld-Museum N. F. **6**: 39-55.

- (2002b): Kupfer aus den Sangerhäuser (Südharzer) Revieren. Schr. R. Mansfeld-Museum N. F. **6**: 56-64.

- (2005): Die neue B 180 - ein Blick in die geologische Vergangenheit unserer Heimat. Z. f. Heimatforschung **14**: 6-27.

-, KLETTE, W., PROHL, H. (1999): Vom Kupferschiefer zum Metall - die Verhüttung. In: VMBHL: MANSFELD – Die Geschichte des Berg- und Hüttenwesens: 205-359. Verein Mansfelder Berg- und Hüttenleute (VMBHL) & Deutsches Bergbau-Museum (Hrsg.), Lutherstadt Eisleben & Bochum.

EISENHUTH, K.-H., KAUTZSCH, E. (1954): Handbuch für den Kupferschieferbergbau. Leipzig.

ELLENBERG, H. (1979): Zeigerwerte der Gefäßpflanzen Mitteleuropas. Scripta Geobotanica **9**: 1-122.

-, WEBER, H. E., DÜLL, R., WIRTH, V., WERNER, W., PAULIßEN, D. (1991): Zeigerwerte von Pflanzen in Mitteleuropa. Scripta Geobotanica **18**: 1-237.

ERNST, W. (1966): Ökologisch-soziologische Untersuchungen an Schwermetallpflanzengesellschaften Südfrankreichs und des östlichen Harzvorlandes. Flora (B) **156**: 301-318.

- (1974): Schwermetallvegetation der Erde. Stuttgart.

FRANK, D. (1991): Ein vielseitiges Computerprogramm für die floristisch-vegetationskundliche Arbeit. Flora **185**: 365-376.

-, HERDAM, H., JAGE, H., JOHN, H., KISON, H.-U., KORSCH, H., STOLLE, J. (2004): Rote Liste der Farn- und Blütenpflanzen (Pteridophyta et Spermatophyta) des Landes Sachsen-Anhalt. Ber. Landesamt Umweltschutz Sachsen-Anhalt **39**: 91-110.

FREYTAG, M. (1870): Wissenschaftliches Gutachten über den Einfluß, welchen die Hüttenwerke der Mansfelder Kupferschieferbauenden Gewerkschaft in dem Wipperthal zwischen Mansfeld und Hettstedt auf die Vegetation der benachbarten Grundstücke und indirect auf Menschen und Thiere ausüben. Eisleben.

- (1873): Wissenschaftliches Gutachten über den Einfluß, welchen die Hüttenwerke der Mansfelder Kupferschieferbauenden Gewerkschaft in dem Wipperthal zwischen Mansfeld und Hettstedt während der Jahre 1871 und 1872 auf die Vegetation der benachbarten Grundstücke und indirect auf Menschen und Thiere ausgeübt haben. Eisleben.

- (1878): Wissenschaftliches Gutachten über den Einfluß, welchen die Eckardthütte bei Leimbach im Wipperthale während der Jahre 1873 bis 1877 auf die Vegetation der benachbarten Grundstücke und indirect auf Menschen und Thiere ausgeübt hat, unter besonderer Berücksichtigung der Betriebsveränderungen während dieses Zeitraums. Eisleben.

FRIEDRICH, H. (1956): 20 Jahre Haldenbegrünung im Mansfeldschen. Unser Mansfelder Land **4**: 86-87.

- (1957): Schon vor 50 Jahren Haldenbegrünung im Mansfeldschen. Unser Mansfelder Land **11**: 317-318.

GERTH, A., MERTEN, D., BAUMBACH, H. (2011): Verbreitung, Vergesellschaftung und genetische Populationsdifferenzierung des Berg-Steinkrautes (*Alyssum montanum* L.) auf Schwermetallstandorten im östlichen Harzvorland. Hercynia N. F. **44**: 73-92.

GFE (1991): Altlastenkataster Südregion - Radiologische Erfassung, Untersuchung und Bewertung bergbaulicher Altlasten. Ergebnisbericht Verdachtsfläche Mansfelder Mulde. GFE GmbH Halle, i. A. des Bundesamtes für Strahlenschutz.

- (1993): Altlastenkataster Südregion - Ergebnisbericht Sonderverifikation mit Meßprogramm in der Verdachtsfläche 1, Mansfelder Mulde. GFE GmbH Halle, i. A. des Bundesamtes für Strahlenschutz.

- (1995): Ergebnisbericht über die Auswertung der im Rahmen des radiologischen Meßprogrammes Hettstedt durchgeführten Untersuchungen. GFE GmbH Halle, i. A. des Bundesamtes für Strahlenschutz.

GRIME, J. P. (1979): Plant strategies and vegetation processes. Chichester.

GRUNOW, H. (1996): Der Bergbaulehrpfad bei Wettelrode. Beitr. Regional- u. Landeskultur Sachsen-Anhalt **2**: 18-31.

HAUBOLD, H., SCHAUMBERG, G. (1985): Die Fossilien des Kupferschiefers. Lutherstadt Wittenberg.

HEBESTEDT, E. (2002): Die Kupferkammerhütte bei Hettstedt. Schr. R. Mansfeld-Museum N. F. **6**: 9-37.

- (2007a): Zum Kupferschieferbergbau um Welfesholz. Beitr. Regional- u. Landeskultur Sachsen-Anhalt **44**: 58-72.

- (2007b): Erzfunde und Bergbauversuche im Wippertal bei Biesenrode vom 16. bis 18. Jahrhundert. Z. Heimatforschung **16**: 63-73.

- (2008): Kupferschieferbergbau und Schmelzhütten im Einerevier und das Ende der Freilassung 1726. Z. Heimatforschung **17**: 85-96.

-, SIEMROTH, J. (1996): Die Geschichte der Hettstedter Dampfmaschine von 1785. Schr. R. Mansfeld-Museum N. F. **1**: 41-76.

HENTSCHEL, P. (1977): Probleme der Wiederurbarmachung von Halden des Kupferschieferbergbaus. Technik und Umweltschutz: Luft, Wasser, Boden, Lärm **18**: 164-171.

HERTNER, P. (2005): Kupferschieferbergbau und Kupferverhüttung im Mansfelder Land in historischer Perspektive. Ein kurzer Überblick. Beitr. Regional- u. Landeskultur Sachsen-Anhalt **40**: 25-40.

HUNECK, S. (2006): Die Flechten der Kupferschieferhalden um Eisleben, Mansfeld und Sangerhausen. Mitt. florist. Kart. Sachsen-Anhalt Sonderheft **4**: 1-62.

-, BOTHE, H.-K., RICHTER, W. (1990): Über den Metallgehalt von Flechten von Kupferschieferhalden der Umgebung von Mansfeld. Herzogia **8**: 295-304.

JÄGER, E. J., WERNER, K. [Hrsg.] (2005): Exkursionsflora von Deutschland. Gefäßpflanzen: Kritischer Band. 10. bearb. Aufl., Heidelberg.

JANKOWSKI, G. (1987a): Wichtige Kupferschiefer-Schächte in der Mansfelder Mulde. 2. Aufl., Urania (Hrsg.).

- (1987b): Franz von Veltheim und der Mansfelder Kupferschieferbergbau am Anfang des 19. Jahrhunderts. VEB Mansfeld Kombinat Wilhelm Pieck, Eisleben.

- [Hrsg.] (1995): Zur Geschichte des Mansfelder Kupferschieferbergbaus. Clausthal-Zellerfeld.

- (1996): Der Kupferschieferbergbau im 18. Jahrhundert. Schr. R. Mansfeld-Museum N. F. **1**: 1-14.

KLAUS, D. (1967): Zur Geschichte des Erzbergbaus im Kreis Haldensleben. Jahresschr. Kreismuseum Haldensleben **8**: 66-77.

KLETTE, W. (2003): Die komplexe Nutzung der Wertkomponenten aus dem Mansfelder Kupferschiefer. Der Anschnitt **55**: 148-159.

KNITZSCHKE, G. (1995): Produktionsbilanz für das Kupferschieferbergbaurevier Mansfeld/Sangerhausen von 1200-1990. Veröff. Lutherstätten Eisleben **1**: 249-257.

-, KÖNIG, S., SLOTTA, R., SPILKER, M. (2008): Die Sachzeugen des Bergbaus. In: VMBHL: MANSFELD - Die Geschichte des Berg- und Hüttenwesens. Band 3: Die Sachzeugen: 65-215. Verein Mansfelder Berg- und Hüttenleute (VMBHL) & Deutsches Bergbau Museum (Hrsg.), Lutherstadt Eisleben & Bochum.

-, SPILKER, M. (2003): Die Kupferschieferlagerstätte Mansfeld/Sangerhausen - Bergbauliche

Nutzung und Verwahrung. Der Anschnitt **55**: 134-147.

KOPP, J., HERRMANN, S., HÖDING, T., SIMON, A., ULLRICH, B. (2008): Die Kupfer-Silber-Lagerstätte Spremberg-Graustein (Lausitz, Bundesrepublik Deutschland) - Buntmetallanreicherungen an der Zechsteinbasis zwischen Spremberg und Weißwasser. Z. geol. Wiss. **36**: 75-114.

-, SIMON, A., GÖTHEL, M. (2006): Die Kupfer-Lagerstätte Spremberg-Graustein in Südbrandenburg. Brandenburg. geowiss. Beitr. **13**: 117-132.

LANGE, P. (2005): Zur Geschichte des Erzbergbaus in Thüringen - Eine Übersicht. Beitr. Geol. Thüringen N. F. **12**: 5-39.

LANGELÜTTICH, H.-J. (o. J.): Der historische Kupferschieferbergbau um Hettstedt. Schr. R. Mansfeld-Museum **2**: 16 S.

- (1996a): Die weitere Verbreitung des Dampfantriebs in Kupferschieferbergbau und Verhüttung und deren Ergebnisse. Schr. Mansfeld-Museum N. F. **1**: 77-79.

- (1996b): Die geologisch-bergmännische Situation des preußischen Burgörner-Reviers. Schr. R. Mansfeld-Museum N. F. **1**: 36-40.

- (2003): Die Wasserhaltung im Mansfelder Kupferschieferbergbau. Der Anschnitt **55**: 172-182.

-, MIRSCH, R., KNITZSCHKE, G., ROLOFF, P., SPILKER, M., WORDELMANN, H. (1999): Bergbau auf Kupferschiefer. In: VMBHL: MANSFELD - Die Geschichte des Berg- und Hüttenwesens: 41-204. Verein Mansfelder Berg- und Hüttenleute (VMBHL) & Deutsches Bergbau Museum (Hrsg.), Lutherstadt Eisleben & Bochum.

LAU (2009): Aktualisiertes Landschaftsprogramm des Landes Sachsen-Anhalt. Hrsg. Landesamt für Umweltschutz Sachsen-Anhalt (LAU), Halle/S.

LEIPOLD, J. (1992): Die Bottendorfer Kupferhütte im Wandel der Zeiten 1689-1813. Veröff. Kr. Museum Bad Frankenhausen **14**: 1-43.

- (2007): Chronik des Kupferschieferbergbaus in Bottendorf/Unstrut. Bad Langensalza.

LIEBMANN, H. (2000): Vertiefende Untersuchungen an ausgewählten Haldenobjekten in den Landkreisen Mansfelder Land und Sangerhausen. Schr. R. Mansfeld-Museum N. F. **5**: 67-72.

MANSFELD KOMBINAT (1981): Haldenkonzeption für die Kreise Eisleben, Hettstedt und Sangerhausen sowie prognostische Betrachtungen zur landeskulturellen Entwicklung in den Jahren nach 1980. VEB Mansfeld Kombinat Wilhelm Pieck, Lutherstadt Eisleben.

MANSFELDSCHE KUPFERSCHIEFERBAUENDE GEWERKSCHAFT (1900): Die Geschichte des Mansfeld'schen Kupferschieferbergbaues und Hüttenbetriebes. Festschrift zur Feier des 700jährigen Jubiläums am 12. Juni 1900. Eisleben.

MESSER, E. (1955): Kupferschiefer, Sanderz und Kobaltrücken im Richelsdorfer Gebirge (Hessen). Hess. Lagerstättenarch. **3**: 1-125.

MEUSEL, H. (1951/52): Die Eichen-Mischwälder des Mitteldeutschen Trockengebietes. Wiss. Z. Univ. Halle, Math.-Nat. **1** (1/2): 49-72.

MIRSCH, R. (2003): Zeugen der Produktionsgeschichte im Mansfelder Land und Sangerhausen. Der Anschnitt **55**: 160-171.

NOWAK, G. (2000): Die permanente Revitalisierung von Bergbaurückstandshalden mit Hilfe eines geologisch-biologischen Reaktors. Schr. R. Mansfeld-Museum N. F. **5**: 39-45.

OERTEL, T. (2002): Untersuchung und Bewertung geogener und anthropogener Bodenschwermetallanreicherungen als Basis einer geoökologischen Umweltanalyse im Raum Eisleben-Hettstedt. Diss., Mathematisch-Naturwissenschaftlich-Technische Fakultät, Martin-Luther-Universität Halle-Wittenberg.

-, FRÜHAUF, M. (1999): Bedeutung geogener Ursachen für die Schwermetallbelastung von Böden im Mansfelder Land. Hercynia N. F. **32**: 111-126.

-, FRÜHAUF, M. (2000): Haldenvergrabungen als Ursache der Schwermetallbelastung von Böden im Mansfelder Land. Schr. Mansfeld-Museum N. F. **5**: 119-131.

ORTLIEB, R. (1994): Über die Schutzwürdigkeit der Mansfelder Bergbauhaldenlandschaft. Naturschutz im Land Sachsen-Anhalt **31** (2): 3-10.

PARDEY, A. (1999): Grundlagen des Naturschutzes auf Schwermetallstandorten in NRW. Abiotische Verhältnisse, Flora, Vegetation, Fauna, aktuelle Schutzsituation und zukünftige Zielsetzungen. LÖBF-Schr. R. **16**: 7-48.

PFLAUMBAUM, L. (1980): Beziehungen zwischen Mensch und Wald im Kyffhäuser, ein Beitrag zu seiner Waldgeschichte bis 1800. Veröff. Kr. Mus. Bad Frankenhausen **6**: 21-57.

PHILIPP, R. (2000): Denkmalpflegerische Aspekte der Haldenlandschaft des Kupferschieferbergbaus in Sachsen-Anhalt. Schr. R. Mansfeld-Museum N. F. **5**: 18-24.

PIOCH, K. (2007): Kupferschieferhalden im Mansfelder Land - Eine Bestandsaufnahme ausgewählter Halden unter Berücksichtigung von Austauschprozessen und Ableitung eines Pflegeleitfadens. Dipl.-Arb., Hochschule Anhalt, Bernburg.

ROLOFF, P. (2003): Die Mansfeldsche Kupferschiefer bauende Gewerkschaft und das Mansfeld-Kombinat - ein Überblick. Der Anschnitt **55**: 126-133.

SCHMIDT, G., FRÜHAUF, M. (2000): Die Bedeutung der Halden des Kupferschieferbergbaus als potentielle Schwermetallemittenten. Schr. R. Mansfeld-Museum N. F. **5**: 73-83.

SCHMUTZLER, N. (1995): Struktur und Dynamik der Vegetation auf den Kupferschieferhalden westlich von Eisleben. Staatsexamensarbeit, Martin-Luther-Universität Halle-Wittenberg.

SCHUBERT, R. (1952): Die Pflanzengesellschaften der schwermetallhaltigen Böden des östlichen Harzvorlandes. Diss., Mat.-Nat. Fak., Martin-Luther-Universität Halle-Wittenberg.

- (1953): Die geschichtliche Entwicklung der Haldenlandschaft des Mansfelder Landes. Urania **16**: 168-177.

- (1953/54): Die Schwermetallpflanzengesellschaften des östlichen Harzvorlandes. Wiss. Z. Univ. Halle, Math.-Nat. **3** (1): 51-70.

- (1954a): Zur Systematik und Pflanzengeographie der Charakterpflanzen der Mitteldeutschen Schwermetallpflanzengesellschaften. Wiss. Z. Univ. Halle, Math.-Nat. **3** (4): 863-882.

- (1954b): Die Pflanzengesellschaften der Bottendorfer Höhe. Wiss. Z. Univ. Halle, Math.-Nat. **4** (1): 99-120.

- (1972): Übersicht über die Pflanzengesellschaften des südlichen Teiles der DDR. III. Wälder. Teil 2. Hercynia N. F. **9**: 106-136.

- (2001): Prodromus der Pflanzengesellschaften Sachsen-Anhalts. Mitt. florist. Kart. Sachsen-Anhalt Sonderheft **2**.

SCHUMANN, S., WUNDERLICH, J. (2005): Zu Geologie und Geschichte des Kupferschieferbergbaus im Bottendorfer Höhenzug (Nordthüringen). Beitr. Geol. Thüringen N. F. **12**: 259-288.

SCHUMANN, U., SCHWARZBERG, B. (2000): Flora und Fauna der Kupferschieferhalden des Mansfelder Landes - ein Beitrag zur Biozönoseforschung. Schr. R. Mansfeld-Museum N. F. **5**: 46-60.

SCHWANECKE, W. (1998): Standort, Vegetation und Waldgeschichte im Mansfelder Land. Wald in Sachsen-Anhalt **2/98**: 1-31.

SEIB, G. (1960): 500 Jahre Bergbau im Richelsdorfer Gebirge 1460-1960. Nentershausen.

SLOTTA, R. (2003): Die Mansfelder Kupfer-Straße - Chance oder Utopie? Der Anschnitt **55**: 224-235.

SOMMER, F. (1996): Erfassung des historischen Bergbaugebietes am Ausgehenden des Kupferschieferflözes im Raum Pölsfeld. Beitr. Regional- u. Landeskultur Sachsen-Anhalt **2**: 32-40.

SPANGENBERG, C. (1572): Mansfeldische Chronica. Eisleben.

SPANGENBERG, H. (1994): Vegetationsgeographische Untersuchungen auf schwermetallhaltigen Abraumhalden des Sangerhäuser Reviers und der Mansfelder Mulde. Dipl.-Arb., Institut für Geographie, Friedrich-Alexander-Universität Erlangen-Nürnberg.

TAFEL, V. (1951): Lehrbuch der Metallhüttenkunde. Band I. Hrsg. von K. WAGENMANN, 2. Aufl., Leipzig.

TREBSDORF, F. (1935): Geschichte des Kupferschiefer-, Kobalt- und Eisensteinbergbaues im Altensteiner Revier des ehemaligen Herzogtums Sachsen-Meiningen. Nachdruck 1998, Bad Liebenstein.

VIEHL, W. (2000): Die Halden als Baustoff. Schr. R. Mansfeld-Museum N. F. **5**: 61-66.

VMBHL (1999): MANSFELD - Die Geschichte des Berg- und Hüttenwesens. Verein Mansfelder Berg- und Hüttenleute (VMBHL) & Deutsches Bergbau-Museum (Hrsg.), Lutherstadt Eisleben & Bochum.

- (2004): MANSFELD - Die Geschichte des Berg- und Hüttenwesens. Band 2: Bildband. Verein Mansfelder Berg- und Hüttenleute (VMBHL) & Deutsches Bergbau Museum (Hrsg.), Lutherstadt Eisleben & Bochum.

- (2008): MANSFELD - Die Geschichte des Berg- und Hüttenwesens. Band 3: Die Sachzeugen. Verein Mansfelder Berg- und Hüttenleute (VMBHL) & Deutsches Bergbau-Museum (Hrsg.), Lutherstadt Eisleben & Bochum.

VÖLKER, R., VÖLKER, C. (o. J.): Der Kampf gegen das Wasser. Aus der Bergbaugeschichte zwischen Uftrungen und Breitungen 1714-1774. Mitt. Karstmus. Heimkehle **16**: 1-16.

VOLKMANN, H. (1990): Pflanzenverbreitung im Mansfelder Seengebiet und seiner näheren Umgebung - ein Beitrag zur pflanzengeographischen Raumgliederung. Diss., Martin-Luther-Universität Halle-Wittenberg.

- (2001): Pflanzen und Pflanzengesellschaften des Schieferhaldenareals zwischen Welfesholz, Gerbstedt und Zabenstedt. Unveröff. Manuskript, Lutherstadt Eisleben.

- (2004): Die Pflanzen und Pflanzengesellschaften des Haldenareals am Nordhang des Mühlberges bei Wolferode, Mansfelder Land. Unveröff. Manuskript, Lutherstadt Eisleben.
- VOLKMANN, N., WEGE, F.-W., WEISE, I. (2000): Haldenbrände - Begleiterscheinungen des Kupferschieferbergbaus? Schr. R. Mansfeld-Museum N. F. **5**: 132-144.
- WAGENBRETH, O. (1973): Zur landeskulturellen Erhaltung von Bergbauhalden. Geogr. Ber. **68**: 196-205.
- (2006): Goethe und der Ilmenauer Bergbau. 2. Aufl., Freiberg.
- WEGE, F.-W. (2000): Das Haldenkonzept der Landkreise Mansfelder Land und Sangerhausen. Schr. R. Mansfeld-Museum N. F. **5**: 2-13.
- WEIDNER, H.-D. (1967): Die Flora des Kupferschiefers und der Kupferschieferhalden im Bereich des Meßtischblattes Bad Salzungen. Staatsexamensarbeit, PH Potsdam.
- WEIN, K. (1937): Die Pflanzendecke des Mansfelder Landes. Mein Mansfelder Land **12**: 106-130.
- WEINERT, E., GROßE, E., SCHABERG, F. (1973): Flora und Vegetation des Bergholzes bei Halle. Hercynia N. F. **10**: 276-306.
- WÖHLBIER, F. (1937): Zur Begrünung der Ottoschächterhalde. Mein Mansfelder Land **12**: 134-136.
- WÜNSCHER, S. (1932): Geschichte des Kupferschieferbergbaues und seines Hüttenwesens im Fürstentum Eisenach. Eisenach.
- WÜRZBURG, H. (2000): Halden als Wirtschaftsfaktor in der Region. Schr. R. Mansfeld-Museum N. F. **5**: 14-17.
- ZEIDLER, O. (2002): Vom Bergbau in und um Gera - Versuch einer vorläufigen Übersicht. Veröff. Museum Gera, Naturwiss. Reihe **29**: 22-43.
- ZEIEN, H., BRÜMMER, G. W. (1991): Ermittlung der Mobilität und Bindungsformen von Schwermetallen in Böden mittels sequentieller Extraktionen. Mitt. Dt. Bodenkundl. Ges. **66**: 439-442.
- ZIEGLER, T. (2009): Die Geschichte des Sangerhäuser Berg- und Hüttenwerkes von den Anfängen bis zur Neuzeit. Heft 6: Das Obersdorfer Revier. Sondershausen.

D2 Uranerzbergbau

HARTMUT SÄNGER

1 Allgemeiner Überblick

1.1 Standorte in Deutschland und Beschreibung der Lagerstätten

I Standorte in Deutschland

Wer sich für deutsche Uranerze und ihre aufgeschlossenen Lagerstätten interessierte, konnte sich seit der Mitte des 19. Jh. mit wenig Aufwand in jeder guten Bibliothek der ganzen Welt bequem mit Wissen versorgen, denn seit 1827 wurden im „Kalender für den sächsischen Berg- und Hüttenmann" (ab 1829 „Jahrbuch für den Berg- und Hüttenmann") alle Angaben über wesentliche Betriebsvorgänge und gewonnene Produkte der sächsischen Erz- und Kohlegruben gesammelt, mit hochklassigen Fachbeiträgen von Autoren der weltweit ältesten und berühmtesten Bergakademie Freiberg angereichert und jährlich an die Fachbibliotheken der ganzen Welt versandt. Darunter waren auch ausführliche Angaben über Menge und Fundpunkte der gewonnenen Uranerze, die damals hauptsächlich zum Gelbfärben von Glas und für schwarze Keramikfarben billig verkauft wurden oder gleich wieder in offene Grubenräume versetzt wurden (HAMANN & SCHREIBER 2001). Spätestens als die internationale Kernforschung die mögliche Kernspaltung und deren militärische Bedeutung zum Bau von Massenvernichtungswaffen mit enormer Zerstörungskraft erkannte, änderte sich schlagartig die Wertschätzung des superschweren Metalls vom Abfallprodukt zum strategischen Staatsgeheimnis (KIRCHHEIMER 1963).

Uranprospektion und Uranvorkommen in Westdeutschland (ehemalige BRD)

Daten zur Uranprospektion und zu Uranvorkommen in Westdeutschland finden sich bei BRAUN (1965), BARTHEL (1977) und WUTZLER (1982). Demnach begann knapp drei Jahre nach Ende des Zweiten Weltkrieges auf dem Gebiet der Bundesrepublik

Deutschland die Untersuchung von Uranvorkommen. Dipl.-Ing. A. KUMMER hatte während des Krieges, bei der Erkundung von Greisenzonen im Zinn-Granit des Fichtelgebirges Uranmineralisationen gefunden. Bereits 1949 berichtete er über seine Ergebnisse in der Zeitschrift für Erzbergbau und Metallhüttenwesen (KUMMER 1949). Der historische Abriss der Uranexploration der Bundesrepublik Deutschland lässt drei regionale Schwerpunkte der Uranvorkommen erkennen (WUTZLER 1982):

- Permokarbone Sedimente und permische Eruptivgesteine des Saar-Nahe-Raumes (Rheinland-Pfalz und Saarland),
- Kristallin und permokarbone Randzonen des Schwarzwaldes (Baden-Württemberg),
- Kristallines Grundgebirge am westlichen Rand der Böhmischen Masse (Bayern).

In Tab. 62 ist eine Übersicht zur regionalen Verbreitung der Uranvorkommen in der ehemaligen BRD nach WUTZLER (1982) enthalten. Weiterführende Angaben zu Uranmineralen, Haupt/Nebengemengeteilen, beibrechenden Mineralen und Gangarten, Nebengesteinen, Form und Größe der Anreicherung, Genese und Gehalten/Vorräten dieser Lagerstätten findet der interessierte Leser in der Originalliteratur (WUTZLER 1982).

Tab. 62: Uran-Prospektion in Westdeutschland (ehemalige Bundesrepublik Deutschland).

Art des Vorkommens	lokale Zuordnung
Uranvorkommen in Eruptivgesteinen (Alterierte hydrothermale Vorkommen und Vulkanitvorkommen)	Lemberg, Königstein, Donnersberg **(Rheinland-Pfalz)**
	Lengenfeld, Schönthan, Haid, Tirschenreuth, Eckersreuth **(Oberpfälzer Wald)**
	Nohfelder Porphyrmassiv/Bühlskopf bei Ellweiler **(Saar-Nahe-Gebiet)**
	Rudolphstein, Fuchsbau **(Fichtelgebirge)**
Uranvorkommen in Sedimenten (Sandsteinvorkommen i.w.S.)	Korbach-Wrexen **(Hessen)**
	Kyllburg/Kyll **(Eifel)**
	Müllenbach, Baden-Baden **(Schwarzwald)**
	Murrhardt **(Baden-Württemberg)**
	Obermoschel, Erbringen, Böschweiler
	Stein **(Ellweiler)**
	Tivoli/Winnweiler **(Donnersberg)**
Uranvorkommen in Stein- und Braunkohlen	Braunkohle der Hessischen Senke **(Nord-Hessen)**
	Braunkohle von Schwandorf-Wackersdorf **(Oberpfalz)**
	Kornkiste/Schallodenbach **(Rheinland-Pfalz)**
	Steinkohle der Breitenbach-Gruppe **(Saarland)**
	Steinkohle von Stockheim **(Oberfranken)**
Uranvorkommen im Kristallin	Fluorit-Revier Nabburg-Wölsendorf **(Oberpfalz)**
	Großschloppen/Kirchenlamitz **(Fichtelgebirge)**
	Höhenstein/Poppenreuth **(Oberpfälzer Wald)**
	Krunkelbachtal **(Schwarzwald)**
	Reinerzau, Wittichen, Heubachtal, Stammelbachtal, Nußbach, Schramberg u. a. **(Schwarzwald)**
	Schirmberg/Girnitz, Hundsbühl **(Oberpfalz)**
	Wäldel/Mähring **(Oberpfälzer Wald)**

Metallerzbergbau

Uranprospektion und Uranvorkommen in Ostdeutschland (ehemalige DDR)

In der vormaligen Sowjetischen Besatzungszone (SBZ), der späteren DDR, begann unmittelbar nach dem Ende des 2. Weltkrieges die Suche und Gewinnung der Rohstoffe für den Bau der sowjetischen Atombombe. In 20 Erkundungsgebieten wurde die SBZ/DDR von der Norddeutschen Senke bis ins Görlitzer Schiefergebirge auf Uranlagerstätten untersucht (Abb. 169). 27 Uranlagerstätten und eine Reihe nennenswerter Vorkommen von Zinn, Wolfram, Silber, Fluorit, Antimon, seltenen Erden und Baustoffen wurden gefunden (WISMUT 2011). Bei WISMUT (2011) sind folgende geologische Such- und Erkundungsgebiete der ehemaligen DDR auf Uran einschließlich der hier vorgefundenen Lagerstätten detailliert beschrieben:

- Norddeutsche Senke
- Flechtingen-Rosslauer Scholle
- Subherzyn
- Harz-Hornburger Sattel
- Nordsächsische Senke, Mitteldeutsche Schwelle, Hallesche Senke
- Lausitz, Görlitzer Schiefergebirge
- Mügelner Mulde, Tharandter Wald
- Elbtalgraben
- Döhlener Becken
- Osterzgebirge
- Erzgebirgisches Becken, Granulitgebirge
- Westerzgebirge und mittleres Erzgebirge
- Vogtland
- Thüringer Becken, Culmitzscher Halbgraben
- Ostthüringer Hauptsattel
- Schwarzburger Sattel
- Thüringer Wald
- Thüringisch-Fränkisches Becken, Stockheimer Becken
- Untersuchungsgebiet Alt-Mörbitz
- Untersuchungen im Mansfelder Kupferschiefer- und Kalirevier

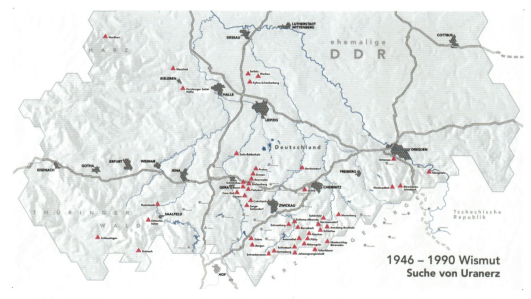

Abb. 169: Suche nach Uranerz in Ostdeutschland (ehemalige DDR), © Wismut GmbH, Chemnitz.

Als bedeutendste Uranlagerstätten erwiesen sich die Ronneburger Lagerstätte (Thüringen) und die Lagerstätte Schlema-Alberoda (Sachsen). Im sächsischen Erzgebirge, einer Region mit lang zurückreichender Bergbautradition, begann ab 1946 und im Ronneburger Revier ab 1950 der Abbau von Uranerzen durch die WISMUT (LANGE et al. 1991, PROKOP et al. 1991, BARTHEL 1993, KARLSCH 1993, FEIRER & HILLER 1995, GATZWEILER et al. 1996, KARLSCH & SCHRÖTER 1996, MAGER 1996b, KARLSCH & ZEMANN 2002, BERGBAUTRADITIONSVEREIN WISMUT 2006, WISMUT 2011).

Das anfangs sowjetische, ab 1954 sowjetisch-deutsche Unternehmen WISMUT entwickelte sich in über 40 Jahren zum weltweit drittgrößten Uranproduzenten (nach den USA und Kanada) mit einer Gesamtproduktion von ca. 221.000 t Uran bis 1990. Große Lagerstätten wurden im mittleren Erzgebirge und bei Ronneburg in Ostthüringen abgebaut (vgl. Abb. 170). Daneben wurde hier Uran an einer Vielzahl von mittleren und kleinen Lagerstätten gewonnen.

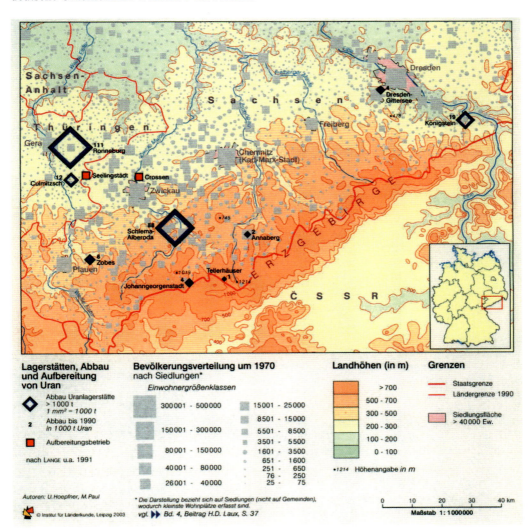

Abb. 170: Uranabbau und Aufbereitungsbetriebe 1946-1990 in Thüringen und Sachsen (© Institut für Länderkunde, Leipzig 2003).

II Beschreibung der Lagerstätten

Allgemeine Angaben zu Uranlagerstätten:
Als **Uranlagerstätten** werden natürliche Anreicherungen von Uran bezeichnet, aus welchen sich das Element wirtschaftlich gewinnen lässt. Uranlagerstätten lassen sich in magmatische, hydrothermale, metamorphe und sedimentäre Typen einteilen. Diese Einteilung lässt sich nach verschiedenen Gesichtspunkten weiter unterteilen. Die Internationale Atomenergieorganisation (IAEO) führt derzeit folgende Uranlagerstättentypen mit verschiedenen Subvarianten

- *Diskordanzgebundene Lagerstätten*
  Diskordanzgebundene Lagerstätten stellen derzeit die wichtigste Quelle für Uran dar und bergen auch neben Sandsteingebundenen Lagerstätten das größte Potenzial für wirtschaftlich bedeutende Neuentdeckungen.
  Literatur ⇒ HECHT & CUNEY (2000), CUNEY (2009).

- *Ganglagerstätten*
  Als Erzgänge bezeichnet man schmale, langgestreckte Erzkörper hydrothermalen Ursprungs. Sie stellen die älteste Quelle für das Element Uran dar. Als Typlokalität für Uraninit gilt die Ganglagerstätte St. Joachimsthal (heute Jáchymov), von wo es F. E. BRÜCKMANN 1727 beschrieben hat.
  Literatur ⇒ RUZICKA (1993), WISMUT (2011), UNDERSHILL (2001), VESELOVSKY et al. (2003).

- *Brekzien-Typ*
  Der von der IAEO als Brekzien-Typ bezeichnete Typ von Vererzungen beinhaltet die unter Geologen als Eisenoxid-Kupfer-Gold bezeichneten Lagerstätten. Hinsichtlich des Urans gibt es nur ein wirtschaftlich genutztes Beispiel am Olympic Dam in Süd-Australien.

- *Vulkanitgebundene Lagerstätten*
  Vulkanitgebundene Lagerstätten sind fast ausschließlich an Caldera-Strukturen gebunden, welche mit mafischen und felsischen Vulkaniten, Pyroklastika sowie klastischen Sedimenten gefüllt sind. Die mit Abstand größte Ressource dieser Art ist die Streltsovska Caldera in Russland, welche etwa 20 Einzellagerstätten enthält.
  Literatur ⇒ CUNEY (2009).

- *Intrusive Lagerstätten*
  Einige Arten von Intrusivkörpern (saure Plutonite, Karbonatite, Pegmatite) können Uran in gewinnbaren Mengen enthalten. Die bedeutendste Lagerstätte dieser Gruppe ist Rössing in Namibia.

- *Metasomatische Lagerstätten*
  Metasomatische Lagerstätten entstehen durch die chemische Veränderung von Gesteinen durch Alteration. Am häufigsten sind Lagerstätten dieses Typs an Natrium-Calcium-alterierte Gesteinseinheiten gebunden.
  Literatur ⇒ POLITO et al. (2009).

- *Quarzgeröll-Konglomerate*
  Uranführende Konglomerate stellen zwei der größten Uranressourcen der Erde, das Witwatersrand Gold-Uranfeld und die Lagerstätten um Elliot Lake in Ontario, Kanada.
  Literatur ⇒ ROBINSON & SPOONER (1982).

- *Sandsteingebundene Lagerstätten*
  Bedeutende Lagerstätten dieses Typs befinden sich an den Standorten Henry Mountains Distrikt, Colorado Plateau, USA; Culmitzsch, Thüringen, Deutschland; Powder River Becken, Arizona, USA; Königstein, Sachsen, Deutschland; Arlit, Niger; Oklo, Gabun; Langer Heinrich, Namibia und Yellirie, Western Australia, Australien.
  Literatur ⇒ FINCH (1996), PASSWORD (2006).

- *Uranvorkommen in Schwarzschiefern*
  Uranvorkommen in Schwarzschiefern stellen große Urananreicherungen mit niedrigen Gehalten dar. Die bekannten Vorkommen sind daher als potenzielle zukünftige Uranressourcen zu sehen, da sich ihr Abbau nur bei hohen Uranpreisen lohnt. Diese Lagerstätten entstehen am Meeresboden unter euxinischen (sauerstofffreien) Bedingungen. Es lagern sich

tonige Sedimente ab mit hohen Gehalten an organischem Material, welches durch den fehlenden Sauerstoff nicht zu CO_2 umgesetzt werden kann. Dieses kohlenstoffreiche Material kann gelöstes Uran aus dem Meerwasser reduzieren und an sich binden. Die durchschnittlichen Urangehalte liegen zwischen 50 ppm und 250 ppm.
Literatur $\Rightarrow$ WISMUT (2011), UNDERSHILL (2001).

- *Phosphat*

Phosphatlagerstätten können wie Schwarzschiefer mit Uran angereichert sein. Die Lagerstätten entstanden im marinen Bereich auf flachen kontinentalen Schelfen in Bereichen mit begrenzter Wasserzirkulation. Uran aus dem Meerwasser wurde im Wesentlichen in Apatit $[Ca_5(PO_4)_3(OH)]$ eingebaut. Die Urangehalte liegen zwischen 50 und 100 ppm.
Literatur $\Rightarrow$ WISMUT (1999), UNDERSHILL (2001), CUNEY (2009).

- *Braun- und Steinkohle*

Kohlelagerstätten enthalten oftmals erhöhte Gehalte an Uran. Das organische Material konnte z. T. noch während des Torfstadiums Uran aus Lösungen binden. Auch ein späterer Eintrag während der Diagenese ist möglich. Die Ressourcen einiger Lagerstätten können z. T. beachtlich sein und mehrere 10.000 t Uran beinhalten. Allerdings sind die Gehalte meist gering mit einigen zehn ppm und die Gewinnung aus der Kohle schwierig.
Literatur $\Rightarrow$ WISMUT (2011)

Angaben zu Uranlagerstätten in Deutschland:

Die Literatur zur Beschreibung der in Deutschland bekannten Uranlagerstätten ist inzwischen so umfangreich, dass es im Rahmen dieses Kapitels nicht möglich ist, alle im Abschnitt 1.1 benannten Lagerstätten detailliert zu beschreiben. Aus diesem Grund sei hier auf die in Tab. 63 benannte weiterführende Literatur verwiesen. Es wurden jedoch nur die Lagerstätten berücksichtigt, zu denen entsprechende Publikationen recherchiert werden konnten.

Tab. 63: Weiterführende Literatur zur Geschichte, zum Bergbau und zur Geologie der in Deutschland bekannten Uranlagerstätten (Auswahl).

Bundesland	Standort/Lagerstätte	Literatur
Baden-Württemberg	Menzenschwand (Schwarzwald)	BÜLTEMANN (1960, 1965, 1970, 1979b, 1979c), KIRCHHEIMER (1952, 1953, 1957), SCHNEIDERHÖHN (1952), EMMERMANN (1970), JUNG (1970), ZIEHR (1981), SIMON (2003)
	Murgtal-Baden-Baden (Müllenbach)	ZIEHR (1981)
	Wittichen (Schwarzwald)	WOLF (1942), KIRCHHEIMER (1952, 1953, 1957), SCHNEIDERHÖHN (1952), METZ (1955), WALENTA (1966), ZIEHR (1981)
Bayern	Altrandsberg	BRAUN (1965)
	Ameisgrub, Uckersdorf, Girnitz	BRAUN (1965)
	Poppenreuth (Oberpfalz)	EGNER (1979)
	Tirschenreuth (Oberpfalz)	GUDDEN & ECKMANN (1970), BÜLTEMANN (1979a)
	Weißenstadt (Fichtelgebirge)	KUMMER (1949), GUDDEN & ECKMANN (1970)
Hessen	Wrexen	BRAUN (1965)
Niedersachsen	Harz	BRAUN (1965)
Rheinland-Pfalz	Ellweiler	BÜLTEMANN (1965), EMMERMANN (1969), DREYER et al. (1971)
Saarland	Saarberg	KUHLMANN (1978)
	Saar-Nahe-Gebiet	BÜLTEMANN & STREHL (1969)

Bundesland	Standort/Lagerstätte	Literatur
Sachsen	Schneeberg-Schlema-Alberoda	SCHIFFNER et al. (1911), SIEBER (1954), SCHUMACHER (1958), ACEEV (1967), HAMANN & HAMANN (1990), WÄCHTLER & WAGENBRETH (1990), NEPOCATYCH (1991), BÜDER & SCHUPPAN (1992), FÖRSTER & HAACK (1995), WISMUT (2011)
	Johanngeorgenstadt	SCHUMACHER (1946), SIEBER (1954), GLADKIH et al. (1956), DAUBNER (1957), SISKIN et al. (1958), ABROSIMOV (1985), WÄCHTLER & WAGENBRETH (1990), WISMUT (1946, 2011)
	Pöhla/Tellerhäuser	HARLAß & SCHÜTZEL (1965), ABROSIMOV (1985), LORENZ & HOTH (1990), ROCHHAUSEN (1990), HILLER (1995), WISMUT (2011)
	Annaberg	ABROSIMOV (1985), WÄCHTLER & WAGENBRETH (1990), WISMUT (2011)
	Marienberg	BOGSCH (1972), HOTH (1984), WÄCHTLER & WAGENBRETH (1990), WISMUT (19201199)
	Zobes, Bergen, Schneckenstein, Gottesberg	WISMUT (2011)
	Bärenstein-Niederschlag	ABROSIMOV (1985), WISMUT (2011)
	Osterzgebirge, Döhlener Becken	BAUMANN (1958), KIRCHHEIMER (1963), WAGENBRETH & WÄCHTLER (1988), WISMUT (2011)
	Freital-Gittersee	LEUTWEIN & RÖSLER (1956), MATHE (1961), CHRISTOPH (1965), REICHEL & GÖLDNER (1974), WISMUT (2011)
	Königstein	POLIKARPOWA & MIHAJLOVSKIJ (1971), VASILEV & NEKRASSOWA (1973), ALTMANN (1990), WISMUT (2011)
Thüringen	Dittrichshütte, Steinach, Schleusingen	ANCYSKIN & WOROBEV (1953), WISMUT (2011)
	Sorge, Culmitzsch, Gauern	ROCKHAUSEN (1958, 1960), ULLRICH (1964), PANKRATOW (1965), TONNDORF (1993), DMT (1994), C&E (1995), WISMUT (2011)
	Ronneburg	BENEK (1958), CARIUS et al. (1968), LANGE & FREYHOFF (1991), LANGE et al. (1991), KÖGEL (1991), CARIUS (1995), LANGE (1995), LANGE et al. (1995, 1999), HINKE (1997), HAMANN & SCHREIBER (2001), GELETNEKY & BÜCHEL (2002), GELETNEKY & FENGLER (2004), BERGBAUTRADITIONSVEREIN WISMUT (2006), FENGLER (2008a, 2008b), PAUL & GRÜNLER (2008), WISMUT (2011)

1.2 Abbau und Aufbereitung der Erze

I Uranbergbau in Westdeutschland

Nur wenige der im Westen Deutschlands erkundeten Uranlagerstätten (vgl. Abschnitt 1.1) erwiesen sich als wirtschaftlich interessant und nur einige davon wurden zeitweise in Versuchsbergwerken abgebaut (so z. B. im Uranbergwerk Menzenschwand). Mit dem Verfall der Uranpreise in den 1980er Jahren waren auch diese Lagerstätten nicht mehr konkurrenzfähig, so dass es in der alten Bundesrepublik nie zu einem kommerziellen Abbau kam (DIEHL 1991, SIMON 2003).

II Uranbergbau in Ostdeutschland

Der Uranbergbau wurde ab 1946 zunächst als rein sowjetisches Unternehmen geführt. Die Sowjetische Aktiengesellschaft (SAG) Wismut baute in großem Umfang die Infrastruktur für den Uranbergbau im Süden der damaligen Besatzungszone auf. Im Jahr 1954 wurde die Sowjetisch-Deutsche Aktiengesellschaft (SDAG) Wismut gegründet, an der nunmehr die DDR-Regierung zu 50 % beteiligt war (GATZWEILER & MAGER 1993). Die Produktion kam im Wesentlichen aus folgenden Grubenfeldern (LANGE et al. 1991, LANGE & FREYHOFF 1991, RICHTER & MÜHLSTEDT 1992, PROKOP et al. 1991, ALTMANN 1990):

- **Ronneburger Revier** (Tagebau und Tiefbau) mit geringhaltigen disseminierten Uranerzen in paläozoischen Schwarzschiefern und Diabasen
- **Ganglagerstätte Schlema-Alberoda**, wo bis in eine Tiefe von 1800 m teils arsenhaltiges Uranerz gefördert wurde
- kretazische **Sandsteinlagerstätte Königstein bei Pirna**, hier wurde zu Beginn (1967) konventionell im Tiefbau gearbeitet und seit 1984 Untertagelaugung betrieben (DIALOG 1994c, ZIMMERMANN 2001)
- **uranhaltige Steinkohlen** des Perms im **Freitaler Revier** (Betrieb Dresden-Gittersee)
- flözartig ausgebildete Lager in dolomitischen Sand- und Siltsteinen des Zechsteins bei **Seelingstädt**

Detaillierte Angaben zu den bei WISMUT verwendeten Abbauverfahren sind in der Chronik der WISMUT (WISMUT 2011) enthalten.

III Aufbereitung der Erze

Im rheinland-pfälzischen Ellweiler (Kreis Birkenfeld/Nahe) steht die einzige Anlage zur Aufbereitung von Uranerzen zu Yellow Cake in **Westdeutschland**. Sie hat nach ihrer Inbetriebnahme 1961 zunächst Uranerze aus einem benachbarten Uranvorkommen verarbeitet. Nachdem sich das als wenig ergiebig erwies, wurden hauptsächlich Erze aus Menzenschwand verarbeitet, daneben aber auch zeitweise Erze aus anderen westdeutschen oder französischen Lagerstätten. Betreiber der Anlage war die niedersächsische Bergbaufirma Gewerkschaft Brunhilde GmbH (DIEHL 1991).

Literatur $\Rightarrow$ BÜLTEMANN (1960, 1965, 1970, 1979c), BÜLTEMANN & STREHL (1969), EMMERMANN (1970), JUNG (1970)

In **Ostdeutschland** wurden die von der WISMUT gewonnenen Uranerze in den Aufbereitungsbetrieben Seelingstädt (Thüringen) und Crossen (Sachsen) aufbereitet (WISMUT 2011).

Der Aufbereitungsbetrieb Seelingstädt wurde von 1960 bis 1991 betrieben (Abb. 171). Der Standort liegt im östlichen Teil des Freistaates Thüringen unmittelbar an der Grenze zu Sachsen ca. 20 km südöstlich der Stadt Gera. Es wurden 110 Millionen Tonnen Erz mit einem Urangehalt von ca. 0,07 % verarbeitet. Das Uran wurde zu ca. 90 % gewonnen.

Als Aufbereitungsverfahren wurden die saure Laugung und die sodaalkalische Laugung in Verbindung mit physikalischen Prozessen eingesetzt. In der **sauren Laugung** wurden 80-120 kg Schwefelsäure und etwa 1 kg Natriumchlorat pro t Erz für das Herauslösen des Urans aus dem Gestein eingesetzt. Die Trübe wurde mit Heißdampf auf 70 °C erwärmt und 8-10 Stunden mit Luft durchwirbelt. Nach diesem Laugungsprozess folgte die Neutralisierung der Trübe mit Kalkmilch auf einen pH-Wert von 1,8. Daran schloss sich die Sorption der flüssigen Uranverbindung $[UO_2(SO_4)_3]^{4-}$ an ein Ionenaustauscherharz (quarternäres Polyvinylbenzylammonium) an. Das im Gegenstrom geführte Harz nimmt 99,9 % des gelösten Urans aus der wässrigen Trübe auf und reichert sich an. Mit einer Kochsalzlösung (60 g NaCl/l) wurde das Uran vom Harz eluiert. Die gewonnenen Regenatlösungen gelangten mit etwa 5 g Uran/l zur Fällung.

Uranerze mit mehr als 5 % basischen Bestandteilen ($CaCO_3$, $MgCO_3$) wurden durch Zugabe von 25 kg Soda pro t Erz bei 80 °C ca. 16-24 Stunden mit fein dispergierter Luft durchwirbelt und gelaugt (**sodaalkalische Laugung**). Das gelöste Uranylkarbonat $[UO_2(CO_3)_3]^{4-}$ wurde in der Sorption des sodaalkalischen Schemas durch den Ionenaustauscher aufgenommen und in der anschließenden Prozessstufe der Regeneration des Ionenaustauschers eluiert.

Metallerzbergbau

Abb. 171: Aufbereitungsbetrieb Seelingstädt (L 113/42, © Wismut GmbH, 01.07.1992).

Abb. 172: Jede Industrielle Absetzanlage (hier die IAA Culmitzsch) verfügte über zwei Becken, in die eine getrennte Einlagerung der sauren und sodaalkalischen Rückstände erfolgte (L 32/2, © Wismut GmbH, 01.07.1991).

Die Eluate der sauren und sodaalkalischen Verarbeitungslinie wurden in der Fällerei zusammengeführt, mit Schwefelsäure auf pH 2,0-2,4 gebracht und auf 70 °C aufgeheizt. Die Uranylsulfatlösung wurde durch die stufenweise Zugabe einer 25 %igen Ammoniaklösung auf den pH 7,0 gebracht und das Uran als Hydroxosulfatoaquauranat gefällt. Durch Hydrolyse entsteht das Ammoniumdiuranat. Nach der Waschung des Fällproduktes von Chloriden in der Dekantation folgte die Trocknung in Rotationsdünnschichtverdampfern. Dieses Natururankonzentrat besitzt 65-70 % Uran, wird in Stahlfässern verpackt und als **Yellow Cake** verkauft. Die Technologie der Uranerzaufbereitung ist detailliert in DIALOG (1994a) beschrieben. Bis 1991 haben 92.380 t Uran in Form von Yellow Cake den Aufbereitungsbetrieb Seelingstädt verlassen.

Die Aufbereitungsrückstände (**Tailings**) wurden bis 1967 in die Industrielle Absetzanlage (IAA) Trünzig, danach in die IAA Culmitzsch (Abb. 172) eingelagert. Beide Anlagen wurden in ehemaligen Uranerztagebauen angelegt. Die IAA Trünzig nimmt eine Gesamtfläche von 108 ha ein, die IAA Culmitzsch umfasst ein Areal von 227,5 ha. Jede der Anlagen ist wegen der zwei unterschiedlichen Aufbereitungsverfahren (sauer oder alkalisch) durch Trenndämme unterteilt. Die Dämme sind Aufschüttungen aus dem Deckgebirge der ehemaligen Tagebaue. Die Tailings der IAA Trünzig lagern auf Sandsteinschichten, die der IAA Culmitzsch auf phyllitischen Tonschiefern. Es wurden 19 bzw. 85 Millionen Tonnen Aufbereitungsrückstände eingelagert. Heute sind die Industriellen Absetzanlagen weitestgehend saniert.

Im <u>Aufbereitungsbetrieb Crossen</u> wurden von 1950 bis 1989 74 Mio. t Erz folgender Herkunft verarbeitet:

- sedimentäre Karbonaterze aus der Thüringer Lagerstätte um Ronneburg (Urangehalt 0,05-0,1 %, Schwefelgehalt ca. 2,1 %)
- Gangerze aus der erzgebirgischen Lagerstätte (Urangehalt je nach Vorbehandlung 0,1-0,4 %, Arsengehalt 0,1-0,5 %, Schwefelgehalt 0,2-0,3 %)
- Freitaler Erzkohle (Urangehalt 0,08-0,1 %) und Erz aus der Lagerstätte Königstein (Urangehalt 0,09-0,11 %)

Die Technologie der Uranerzaufbereitung ist detailliert in DIALOG (1994b) beschrieben. Bis 1989 verließen den Betrieb Crossen 77.000 t Uran als Konzentrate der gravitativen und hydrometallurgischen Aufbereitung.

Weiterhin erfolgte eine chemische Gewinnung von Uran durch Laugungsverfahren. In Sachsen wurden in der **Lagerstätte Königstein** bereits 1969 erste größere Experimente zur Laugung begonnen. Mit der ständigen Vervollkommnung dieses Verfahrens wurden bis 1984 die Voraussetzungen dafür geschaffen, hier das Laugungsverfahren als ausschließliche Gewinnungsmethode anzuwenden (DIALOG 1994c). In Thüringen wurde im Zeitraum 1971-1978 im Bereich der Laugungshalde Gessen die **Haldenlaugung** als Gewinnungsmethode genutzt.

Literatur ⇒ KIRCHBERG (1953), DIALOG (1994a, 1994b, 1994c), WISMUT (1994a, 1999), JENK & METSCHIES (2001), SCHREYER (2001), ZIMMERMANN (2001), SÄNGER (2006a)

Die Ausführungen in den folgenden Abschnitten beziehen sich auf den Wirkungsbereich der SAG/SDAG Wismut (später Wismut GmbH) in den Bundesländern Thüringen und Sachsen, wo durch den Uranbergbau die in Deutschland größten Bergbaufolgelandschaften entstanden sind.

1.3 Bergbaufolgelandschaften des Uranbergbaus und ihre räumliche Verteilung

Die auf Uranproduktion ausgerichteten Aktivitäten der Wismut wurden zum 31.12.1990 eingestellt. In Tab. 64 sind die Kenngrößen der zu diesem Zeitpunkt bestehenden Sanierungsbetriebe der Wismut GmbH und zugleich die Kategorien der Bergbaufolgeflächen sowie ihre räumliche Verteilung angegeben (GATZWEILER & MAGER 1993). Die aktuellen Standorte der WISMUT sind in Abb. 173 dargestellt.

Metallerzbergbau

Tab. 64: Kenngrößen der Sanierungsbetriebe (Quelle: Wismut GmbH, Stand 01.01.1991).

Sanierungsbetriebe	Sachsen		Thüringen			Summe
	Aue	Königstein	Drosen	Ronneburg	Seelingstädt	
Betriebsgröße [ha]	613,0	144,2	318,5	1.040,0	881,0	2.996,7
Tagesschächte (Anzahl)	8	10	9	22	-	49
Grubengebäude						
Ausdehnung [km²]	27,0	9,3	28,9	44,4	-	109,6
offene Länge [km]	240,0	112,0	418,0	625,0	-	1.395,0
Halden						
Anzahl	48	4	3	13	10	78
Aufstandsfläche [ha]	343,0	37,1	52,5	552,0	541,2	1.526,0
Volumen [Mio m³]	48,0	4,1	8,9	178,9	61,4	301,3
Absatzbecken						
Anzahl	1	3	2	1	5	12
Fläche [ha]	3,5	3,7	5,4	3,6	585,0	601,2
Inhalt [Mio m³]	0,3	0,2	0,2	0,0	152,5	153,2
Tagebaue						
Anzahl	-	-	-	1	-	1
Fläche [ha]	-	-	-	160,0	-	160,0
Volumen [Mio m³]	-	-	-	offen 84,0	-	84,0

Abb. 173: Die aktuellen Standorte der WISMUT (© Wismut GmbH).

Im Ergebnis dieser intensiven Bergbautätigkeit entstanden folgende **Bergbaufolgelandschaften**:

- Tagebaue
- Halden
- Industrielle Absetzanlagen

2 Bergbaufolgelandschaften des Uranbergbaus aus geobotanischer Sicht und hinsichtlich ihrer naturschutzfachlichen Bedeutung

2.1 Naturraum, Klima und potenzielle natürliche Vegetation

Die nachfolgenden Ausführungen wurden LANDGRAF et al. (2007a) entnommen.

Bergbaurevier Ronneburg (Thüringen)

Nach der forstlich orientierten Naturraumgliederung Thüringens (SCHRAMM et al. 1997) gehört das Bergbaurevier Ronneburg (Abb. 173) zum Wuchsgebiet „Vogtland" und dem Wuchsbezirk „Unteres Vogtland". Der Hauptteil des Wuchsbezirkes „Unteres Vogtland", östlich der Täler von Weißer Elster und Weida liegend, ist eine schwach nach Norden einfallende, wenig gegliederte wellige Hochfläche mit einem durchschnittlichen Niveau zwischen 280-300 m NN. Mit Jahresdurchschnittsniederschlägen von 600-650 mm ist das Untere Vogtland verhältnismäßig niederschlagsarm. 320-350 mm fallen in der Vegetationsperiode. Die Jahresmittelwerte der Temperatur schwanken zwischen 7,5 und 8,0 °C und können in den Tälern von Weida und Weißer Elster auch noch etwas höher sein. Der allgemeine Klimacharakter ist als subkontinental-collin bis submontan zu beschreiben.

Der östlich der Elster gelegene Teil - tektonisch als Gera-Ronneburger-Vorsprung bezeichnet - besteht aus einem häufigen Wechsel devonischer, silurischer und ordovizischer Schiefer, durchsetzt mit Kieselschiefer, Knollenkalken und Diabasen. Im SO (Elstertal) stehen auch Schiefer und Quarzite aus der Phycoden-Gruppe (Ordovizium) an. Das gesamte Untere Vogtland ist mit einer lockeren, häufig unterbrochenen und schwachen Lösslehmdecke überzogen. Wo die Lösslehmdecke fehlt, ist mehrheitlich der Oberboden jedoch stark von Lösslehm beeinflusst. Damit ist der Lösslehm ein charakteristisches Merkmal des beschriebenen Wuchsbezirkes. Auf den Schiefern bildeten sich schwach bis mäßig skeletthaltige lehmige Schluffböden als Braunerden überwiegend geringer, mitunter aber auch mittlerer Basensättigung. Nach forstlichen Einteilungskriterien gehören sie mehrheitlich in die mittlere Trophiestufe (M). Lehmige Schluffböden bildeten sich auf den Lösslehmdecken, die nie völlig skelettfrei sind, sondern stets einen schwachen Grusanteil aufweisen - ein Umstand, der auf mehrfache Umlagerung hinweist. Sie sind als Parabraunerden oder auch Braunerden ausgebildet und sind teils reicherer (R), teils auch mittlerer Trophie (M) zuzuordnen. Sandig-kiesige Böden entwickelten sich auf den tertiären Bildungen mittlerer Nährkraft. Auf dem überwiegend ebenen bis nur schwach hängigen Gelände treten häufiger auch substratunabhängig Pseudogleye auf (SCHRAMM et al. 1997).

Als Ergebnis der insgesamt in subkontinental-colline Richtung zeigenden Klimatendenz herrschen im Unteren Vogtland eichenreiche Gesellschaften vor. Auf frischeren Standorten mittlerer Trophie ist das ein eichenreicher Hainsimsen-Buchenwald (*Luzulo-Fagetum*), auf nährstoffbesseren Standorten ein eichenhaltiger Waldmeister-Buchenwald (*Galio-Fagetum*). Mit abnehmender Bodenfeuchte vollzieht sich dann ein rascher Wechsel zu buchenhaltigen Eichenwäldern, die im nährstoffmittleren Bereich als Hainsimsen-Eichenmischwald (*Luzulo-Quercetum*) geführt werden können. Mit zunehmender Trockenheit und abnehmender Nährkraft geht die Entwicklung zum Birken-Eichenwald (*Betulo-Quercetum*). Für die nährstoffreicheren Standorte ist der Waldlabkraut-Eichen-Hainbuchenwald (*Galio-Carpinetum*) charakteristisch. Auf den Pseudogley-Standorten kommen in Abhängigkeit von der Trophie Waldlabkraut-Eichen-Hainbuchenwald (*Galio-Carpinetum*) und Birken-Eichenwald (*Betulo-Quercetum*) vor. Kiefer auf trockeneren und Fichte auf den frischeren Standorten beherrschen gegenwärtig das Waldbild. Gelegentlich kommen aber auch noch standortsgerechte Eichenbestockungen vor.

Bergbaurevier Aue (Sachsen)

Das Bergbaurevier Aue (Abb. 173) befindet sich nach forstlicher Naturraumeinteilung im Wuchsgebiet „Erzgebirge" und dem Wuchsbezirk „Nordwestabdachung des Erzgebirges" (SCHWANECKE & KOPP 1996). Die Höhenlage reicht von ca. 300 m bis 500 m NN. Das in die Klimastufe „Feuchtes, mäßig kühles Klima" der unteren bis mittleren Berglagen einzuordnende Gebiet wird durch die Auer Makroklimaform beeinflusst (SCHWANECKE & KOPP 1996). Als repräsentativ können für das Gebiet die Klimadaten der beiden Klimastationen Aue und Schlema-Wildbach betrachtet werden (MÄUSEZAHL

2001). Die durchschnittliche Jahrestemperatur liegt bei 8,1 °C. Nach SCHUBERT (1996) beträgt die Vegetationszeit (über 5 °C) im Gebiet 150 Tage. Dabei werden jährliche Niederschläge zwischen 739 und 823 mm erreicht.

Das Bergbaurevier Aue gehört zum Raschauer Gesteinsmosaikbereich. Für dieses Gebiet sind Grundgesteine wie Glimmer- und Kontaktschiefer, Phyllite, Quarzite und Granite charakteristisch. Da diese beim Abbauprozess des Uranerzes anfielen, bestehen die Halden in diesem Gebiet hauptsächlich aus diesen Gesteinen. Das Gebiet wird sehr stark durch die tief eingeschnittenen Flusstäler der Zwickauer Mulde und ihrer lokalen Zuflüsse geprägt. Damit ist auch die starke Höhendifferenzierung zu begründen. In den „Mittleren Berglagen" herrschen auf den „Altwaldstandorten" nach SCHWANECKE & KOPP (1996) podsolige Braunerden vor. Die dominierende Nährkraftstufe ist M (mäßig nährstoffhaltig). Speziell für die Haldenflächen wurde der Sonderstandort „Bergbauhalden" ausgewiesen.

Als potenzielle natürliche Vegetation wird der Hainsimsen-Eichen-Buchenwald (*Luzulo-Querco-Fagetum*) angegeben (SCHWANECKE & KOPP 1996). Von der ursprünglichen Bestockung sind jedoch nur noch Reste vor allem in den Talhangbereichen vorhanden. Gegenwärtig beherrscht die Gemeine Fichte mit über 70 % die Waldflächen.

Bergbaurevier Königstein (Sachsen)

Nach der forstlich orientierten Naturraumgliederung des Freistaates Sachsen (SCHWANECKE & KOPP 1996) gehört das Bergbaurevier Königstein (Abb. 173) zum Wuchsgebiet „Elbsandsteingebirge" und befindet sich im Grenzbereich der Wuchsbezirke „Untere Sächsische Schweiz" und „Obere Sächsische Schweiz". Im Wuchsgebiet wird das von Kreidesandstein geprägte Verbindungsstück des Mittelgebirgsgürtels zwischen dem Erzgebirge im Westen und dem Lausitzer Bergland im Nordosten beiderseits der Elbe erfasst. Nach Norden und Nordosten bildet die Lausitzer Überschiebung eine scharfe geologische Grenze zum Lausitzer Granitmassiv. Nach Südwest setzt der Gneis eine deutliche geologische Grenze. Im Westen bis Nordwesten fällt das Elbsandsteingebirge allmählich in die wärmere Elbtalzone ab. Nach Südost setzt sich das Wuchsgebiet jenseits der Landesgrenze im Großraum Sächsisch-Böhmisches Kreidesandsteingebirge bzw. Sächsisch-Böhmische Schweiz fort. Die klimatischen Verhältnisse werden von der Gohrischen Makroklimaform repräsentiert. Die Niederschläge liegen bei 700 bis 800 mm und die Temperaturen bei 8,5 °C im Jahresdurchschnitt.

Geologische Grundlage ist der Quadersandstein der Kreide, der vor allem auf den ebenen Lagen um 250-300 m NN, dem Ebenheit-Löss-Sandstein-Mosaikbereich, von Lösslehm bedeckt ist. Die Bodenbildungen sind je nach Gesteinsausbildung sehr unterschiedlich. Sie reichen von Sandstein-Felskomplexen, -Blockböden und -Podsolen bis zu Lehmsandstein-Braunerde-Podsolen und -Braunerden. Die lehmigen Sandsteinböden entstammen z. T. mergeligen Sandsteinschichten, z. T. sind auch Lösseinwehungen im Oberboden beteiligt. Hier treten in ebenen Lagen auch Braunerde-Pseudogleye und Pseudogleye auf. Auf Löss sind Löss-Braunerden, -Braunerde-Pseudogleye und -Pseudogleye ausgebildet (SCHWANECKE & KOPP 1996). Bei den Standortsformengruppen überwiegen die ärmeren Standorte der Nährkraftstufen „Ziemlich arm" (Z) und „Arm" (A) mit 51 %. Der hohe Anteil von mittleren Standorten (M) mit 47 % ist auf den Anteil vom Lössstandorten mit 17 % und lössbeeinflussten Lehmsandstein-Standorten zurückzuführen. Bei den Feuchtestufen werden 17 % als hydromorph beeinflusste und 29 % als anhydromorphe Standorte angesprochen. Der Wuchsbezirk „Untere Sächsische Schweiz" wird der Klimastufe der feuchten Unteren Berglagen (Uf) zugeordnet. Als Natürliche Waldgesellschaft ist ein Hainsimsen-Eichen-Buchenwald (*Luzulo-Querco-Fagetum*) anzusehen. Der derzeitige Waldanteil beträgt 58 %. Das bedeutet eine geringere Bewaldung als im Durchschnitt des Wuchsgebietes, denn auf den Löss-Ebenheiten dominiert der Ackerbau.

Abb. 174: Der Tagebau Lichtenberg zum Ende der Gewinnungsarbeiten (B 16/35, © Wismut GmbH, 01.07.1991).

2.2 Tagebaue

I Abiotische Standortbedingungen

Die in Urantagebauen herrschenden abiotischen Standortbedingungen sollen hier exemplarisch am größten von der WISMUT geschaffenem Tagebau, dem Tagebau Lichtenberg (Abb. 174) am Standort Ronneburg besprochen werden (HINKE 1997, PAUL & GRÜNLER 2008, FENGLER 2008a), der inzwischen jedoch verfüllt ist (GRIEßL 2007, FENGLER 2008b).

Daten zum Tagebau Lichtenberg (BERGBAUTRADITIONSVEREIN WISMUT 2006):

Beginn der Arbeiten	1958
Betriebszeit	1962-1976
Zusammenlegung	1977 Restarbeiten durch BB Reust
Betriebsfläche	400 ha
Fläche des Tagebaus	160 ha
Länge	2.000 m
Breite	850 m
Teufe	230 m (von 300 m NN)
geförderte Bergmasse	150 Mio. m³
Erzgewinnung	15 Mio. t
Urangewinnung	14.115 t
Anzahl der Halden	5
Haldenumfang	153 Mio. m³

FENGLER (2008a) verweist darauf, dass die polyphase und polygene Deformation des Altpaläozoikums im Gebiet des Ronneburger Horstes zu komplizierten tektonischen Verhältnissen führte, die besonders eindrucksvoll als Abfolge vom ordovizischen Lederschiefer bis zum unterdevonischen Tentakulitenschiefer im ehemaligen Tagebau Lichtenberg aufgeschlossen war (vgl. Abb. 174).

Tagebaue zeichnen sich durch ein von ihrer Umgebung abweichendes Klima („*Kesselklima*") aus, für das zahlreiche einzelne Faktoren verantwortlich sind (GILCHER 1995):

- Neigung (Inklination) der Abbauwände
- Ausrichtung (Exposition) der Abgrabung oder einzelner Wände
- Lage im Gelände und die Windexposition
- Vorhandensein von Wasserflächen
- Verhältnis von Grundfläche zu Randhöhe
- Wärmeleitfähigkeit des anstehenden Gesteins

Die wichtigsten, das Klima von Abbaustellen betreffenden Faktoren fasst WILMERS (1974) zusammen:

„Erniedrigend wirken auf die nächtlichen Temperaturen der Kaltluftabfluss von den Hängen und der höheren Umgebung, die Herabsetzung des turbulenten Austauschs sowie die Verkürzung der Tageslänge durch verspäteten Sonnenaufgang und verfrühten Sonnenuntergang infolge der Horizontneigung. Gegen die Absenkung der Temperaturen wirken die Verstärkung der atmosphärischen Gegenstrahlung durch die größere Abschirmung des Horizonts, damit die Verminderung der effektiven Ausstrahlung und die verstärkte Wärmezufuhr aus dem Boden tagsüber besonnter Hangbereiche".

Die Nährstoffverhältnisse stellen neben dem Angebot an Wasser, Licht etc. einen der wichtigsten abiotischen Faktoren für das Pflanzenwachstum dar. Sie ergeben sich aus der Gesteinsart infolge dessen natürlicher Verwitterung. Nach WISMUT (1994b) bestehen die an den noch freien Tagebauflanken anstehenden Gesteine zu diesem Zeitpunkt aus:

- Og_3 (Tonschiefer)
  Liegendes und Ostflanke
- S_1 (Kiesel-/Alaunschiefer)
  Liegendes, NW-Flanke
- S_2 (Knotenkalk)
  Teile der West- und NW-Flanke
- S_3 (überwiegend Alaunschiefer)
  mittlere W-NW-Flanke
- D_1 (Knollenkalk + Tonschiefer)
  obere Bereiche der NW-Flanke

Aus Archivmaterial (RAU & PANTEL 1964) sind Mittelwerte der chemischen Zusammensetzung von Gesteinsproben der einzelnen petrographischen Stufen bekannt (Tab. 65).

Tab. 65: Mittelwerte der chemischen Zusammensetzung von Gesteinsproben der im Tagebau Lichtenberg angetroffenen petrographischen Stufen.

Gestein	Gehalt in %						
	SiO_2	Al_2O_3	Fe_2O_3	CaO	MgO	Na_2O	K_2O
Og_3 (Tonschiefer)	55-58	15-20	3-6	2-4	1-2	1	3
S_1 (Kiesel-/Alaunschiefer)	65-70	6-10	5-8	1-2	1-3	0,5	1-2
S_2 (Knotenkalk)	18-25	7-10	5-8	10-18	7-10	0,2	1-2
S_3 (überwiegend Alaunschiefer)	55-60	10-12	5	2	1	0,5	2
D_1 (Knollenkalk + Tonschiefer)	50-55	20-24	7-9	1	2	0,5	2,5

Die aufbereiteten Proben der paläozoischen Gesteine erbrachten pH-Werte zwischen 4,4 (Alaunschiefer) und 6,1 (Ockerkalk). Von besonderem Interesse für die natürliche pflanzliche Erstbesiedlung ist der Schwefelgehalt der Gesteine. Der toxische Grenzwert für eine Pflanzenentwicklung liegt nach verschiedenen Literaturangaben ungefähr bei 0,7 Masse % Gesamtschwefel als SO_3. Tabelle 66 enthält die Schwefelgehalte einer Auswahl von Gesteinsproben aus dem Tagebau Lichtenberg (RAU & PANTEL 1964).

Tab.66: Schwefelanteile in Gesteinsproben aus dem Tagebau Lichtenberg (Werte als SO_3 in % der Gesamtprobe).

Probe-Nr.	Gestein	Sulfat-Bindung	Sulfid-Bindung	$\sum S$
1	Og_3 (Tonschiefer)	0,03	0,05	0,08
2	S_1 (Kieselschiefer)	0,07	1,8	1,87
3	S_1 (Kieselschiefer)	0,4	4,2	4,60
4	S_1 (Alaunschiefer)	0,4	24,8	25,20
5	S_2 (Schluffstein)	0,07	7,6	7,67
6	S_2 (Schluffstein)	0,1	14,9	15,00
7	S_3 (Alaunschiefer)	0,3	7,3	7,60
8	S_3 (Alaunschiefer)	0,2	10,6	10,80
9	D_1 (Tonschiefer)	0,04	0,2	0,24
10	D_1 (Tonschiefer)	0,07	0,1	0,17
11	D_1 (Tonschiefer)	0,03	0,06	0,09

Anhand der Daten in Tab. 66 kann folgende Einteilung vorgenommen werden:

- nahezu schwefelfrei - pleistozänes Lockermaterial, Devonschiefer
- gering schwefelhaltig - Lederschiefer
- mäßig bis teilweise stark schwefelhaltig - Kieselschiefer
- stark bis sehr stark schwefelhaltig - Alaunschiefer

Die sich aus den im Tagebau Lichtenberg aufgeschlossenen Gesteinen entwickelnden Rohböden haben nur eine geringe Feldkapazität. Nach Angaben von WISMUT (1994b) weist der Wasserpfad folgende Belastungen auf (Sickerwasser, unter Tage gefasst):

- Uran   1,4 mg/l
- Sulfate   16,1 g/l
- Eisen   80,0 mg/l
- Härtebildner   1.100,0 °dH
- pH   6,4

Angaben zu weiteren von der SAG/SDAG Wismut betriebenen Tagebauen sind in WISMUT (2011) enthalten.

II Flora und Vegetation

Der Tagebau Lichtenberg stellte bis zu seiner Verfüllung einen aus mikroklimatischer Sicht besonders bemerkenswerten Bergbaufolgestandort dar. In den Uranerztagebauen, die im Wesentlichen mit großen (im Falle des Tagebaus Lichtenberg überdimensionalen) Steinbrüchen vergleichbar sind, treffen unterschiedliche Standortbedingungen und Sukzessionsphasen auf verhältnismäßig kleinem Raum aufeinander. Vom Tagebaurand bis zur Tagebausohle (240 m tief) wirkten hier vor allem die Temperatur- und Feuchteverhältnisse selektiv auf die Ansiedlung und Ausbreitung von Pflanzenarten (SÄNGER 1993a).

Flora

Im Tagebau Lichtenberg wurden 109 Arten Farn- und Blütenpflanzen (davon 8 Arten Gehölze, 12 Arten Süßgräser, 89 Arten Kräuter) und 5 Moosarten nachgewiesen (SÄNGER 1993a, 2006a). Unter den Gehölzen fallen hinsichtlich der Abundanz besonders die Lichtbaumarten Hänge-Birke (*Betula pendula*), Zitter-Pappel (*Populus tremula*) und Sal-Weide (*Salix caprea*) auf, die sowohl auf den Bermen als auch auf der Tagebausohle die Besiedlung mit Gehölzen einleiten. Die hier siedelnden Gräser sind z. T. Vertreter des Wirtschaftsgrünlandes (*Molinio-Arrhenatheretea* R. Tx. 1937) wie z. B. Gewöhnliches Rispengras (*Poa trivialis*), Gewöhnlicher Rot-Schwingel (*Festuca rubra* subsp. *rubra*), Wolliges Honiggras (*Holcus lanatus*), Gewöhnlicher Glatthafer (*Arrhenatherum elatius*), Wiesen-Knäuelgras (*Dactylis glomerata*), Ausdauerndes Weidelgras (*Lo-

lium perenne), weiterhin Arten der Eurosibirischen ruderalen Beifuß- und Distelgesellschaften und Queckenrasen (*Artemisietea vulgaris* Lohm. et al. ex v. Rochow em. Dengler 1997) wie z. B. Kriech-Quecke (*Elymus repens*) und Land-Reitgras (*Calamagrostis epigejos*), oder sie sind Pflanzengesellschaften zugehörig, die typische abiotische Standortbedingungen, wie z. B. hohe Salzkonzentrationen, anzeigen (Gewöhnlicher Salzschwaden, *Puccinellia distans* s. str.). Die Kräuter stellen hinsichtlich der Artenzahl den größten Teil der hier vorkommenden Pflanzenarten. Unter ihnen erreichen jedoch nur die Korbblütengewächse (*Asteraceae*) mit 26,9 % und die Süßgräser (*Poaceae*) mit 10,2 % Anteile > 10 %. Beide Pflanzenfamilien enthalten mehrheitlich Vertreter, die effektiv durch den Wind (anemochor) verbreitet werden. Somit verwundert es nicht, dass 40,1 % der hier nachgewiesenen Arten Sippen mit anemochorer Verbreitung sind. Die unmittelbare Nähe des Tagebaues Lichtenberg zur Ortslage Ronneburg ermöglichte offensichtlich auch die Einwanderung einiger krautiger Zier- und Nutzpflanzen wie z. B. Gewöhnlicher Meerrettich (*Armoracia rusticana*), Vielblättrige Lupine (*Lupinus polyphyllus*) und Zitronen-Melisse (*Melissa officinalis*).

Abb. 175: Der Tagebau Lichtenberg stellte bis zu seiner Verfüllung einen aus mikroklimatischer Sicht besonders bemerkenswerten Bergbaufolgestandort dar (© Wismut GmbH, 1991).

Vegetation

Insofern das Bergmaterial grobklüftig ist, unterliegen diese Standorte einer raschen Gehölzsukzession, die von der Hänge-Birke dominiert wird. Begleitend treten mit hoher Stetigkeit Zitter-Pappel und Sal-Weide auf. Mit geringer Abundanz kommen in diesen bergbautypischen Birkenvorwäldern des Tagebaus auch Stiel-Eiche (*Quercus robur*), Hunds-Rose (*Rosa canina*), Artengruppe

Echte Brombeere (*Rubus fruticosus* agg.), Himbeere (*Rubus idaeus*) und Schwarzer Holunder (*Sambucus nigra*) vor. An den waldfreien Bereichen bestimmen die Vegetation gestörter Plätze (Vogelmieren-Ackerunkraut-Gesellschaften, Eurosibirische ruderale Beifuß- und Distelgesellschaften und Queckenrasen) und die Vegetation der Wiesen und Heiden (Wirtschaftsgrünland) das Vegetationsbild. Die Deckungsgrade bleiben in Folge der hier herrschenden abiotischen Bedingungen jedoch gering und die Vegetation erscheint lückig. Weiterhin findet hier kleinflächig die Ansiedlung von Raukengesellschaften, Beifuß-, Kletten-, Natternkopf- und Distelgesellschaften, Klatschmohn-Gesellschaften, Ackerspergel-Gesellschaften, Quecken-Rasen, ruderalen Halbtrockenrasen, einjährigen Trittpflanzengesellschaften, mauerpfefferreichen Pioniergesellschaften und Schwingel-Trespen-Trocken- und Halbtrockenrasen statt. Abb. 175 vermittelt einen Eindruck zur Vegetation im Tagebaurestloch Lichtenberg am Ende der Gewinnungsarbeiten.

Abb. 176: Spitzkegelhalden Reust (6,3 Mio. m³, 20,5 ha) im Sanierungsbetrieb Ronneburg auf Schichten des Oberen Ordoviziums bis Devons mit tafelförmiger Anschüttung (vorn), Betriebsgelände (rechts) und Reuster Wald (hinten); L 323/55 (© Wismut GmbH, 1994).

III Naturschutzfachliche Bedeutung

Da die Uranerztagebaue der Wismut nach ihrer Auserzung wieder verfüllt wurden, konnten zur naturschutzfachlichen Bedeutung dieser Standorte keine langjährigen Untersuchungen wie sie z. B. aus anderen Bergbaugebieten zu Tagebauen vorliegen (GILCHER & BRUNS 1999, REIMANN & SCHULMEISTER 1994, ZEPTER 1980, WILDERMUTH & KREBS 1983, WARTNER 1982, 1983, NEUHAUS 1987) erfolgen. Gesichert ist jedoch, dass sie während der Betriebsphase eine naturschutzfachliche Bedeutung für folgende Arten/Artengruppen besitzen:

- Heuschrecken
  Vorkommen der bestandsgefährdeten Arten Blauflüglige Ödlandschrecke (*Oedipoda caerulescens*), Blauflüglige Sandschrecke (*Sphingonotus caerulans*).
- Wildbienen
  Besonnte Abbruchwände als Lebensraum für Mauer- und Mörtelbienen.

- Reptilien
  Als klassische wärmeliebende Arten kommen hier die Zauneidechse (*Lacerta agilis*) und Blindschleiche (*Anguis fragilis*) vor.

- Vögel
  Lebensraum für die bestandsgefährdete Art Steinschmätzer (*Oenanthe oenanthe*).

- Farn- und Blütenpflanzen
  Vokommen regional bedeutsamer Arten wie z. B. Gewöhnliche Golddistel (*Carlina vulgaris*), Ackerröte (*Sherardia arvensis*).

Abb. 177: Schüsselgrundhalde Königstein (3,7 Mio. m³, 24,2 ha) als Talaufschüttung im Landschaftsschutzgebiet „Sächsische Schweiz" auf Kreidesandsteinschichten mit begrüntem Hangbereich (links vorn), Trockenbeeten für Schlämme der Wasserbehandlung (Mitte) und der Ortschaft Leupoldishain (hinten); L 273/50 (© Wismut GmbH, 1993).

2.3 Halden

I Abiotische Standortbedingungen

Halden entstehen durch die übertägige (Tagebau) oder untertägige (Bergwerk) Gewinnung von Bodenschätzen (hier Uran). Durch den mehr als 40 Jahre anhaltenden intensiven Uranerzbergbau der SAG/SDAG Wismut entstanden in beiden Bundesländern eine große Anzahl von Haldenaufschüttungen (vgl. Tab. 64). Die unterschiedliche geologische Natur der Lagerstätten (LANGE et al. 1991, BÜDER & SCHUPPAN 1992), unterschiedliche Gewinnungsmethoden (PROKOP et al. 1991) sowie verschiedene Förder- und Schüttprozesse sind die Ursachen für das vielfältige Bild der Halden in den ehemaligen Bergbaubetrieben der WISMUT (Abbildungen 176 bis 178).

Auf den Halden sind die abiotischen Verhältnisse jedoch meist ähnlich und wie folgt zu beschreiben (GATZWEILER & MARSKI 1996, SÄNGER 1993a, 2003a, 2006a):

- Die Neigungen der Haldenböschungen entsprechen im Wesentlichen den aus dem Schüttungsvorgang resultierenden natürlichen Böschungswinkeln von Lockergesteinen mit Neigungsverhältnissen zwischen 1:1,5 bis 1,2. Lokal existieren auch extrem steile Böschungsabschnitte mit Neigungsverhältnissen von 1:1,2 bis 1,0. Bei längeren Liegezeiten der Halden werden die Feinkornanteile durch Niederschlagseinwirkungen in tiefere Haldenpartien ausgespült.

- Ein Spezifikum der Halden des Uranerzbergbaus stellt die Emission von Radionukliden der natürlichen Uran-Zerfallsreihen dar (RÖHNSCH & ETTENHUBER 1994). Dies spiegelt sich in erhöhten Werten der Gamma-Strahlung sowie in verstärkter Exhalation und Konzentration von Radon und Radonfolgeprodukten in der halden- und bodennahen Atmosphäre wider (BFS 1991, 1994; DYMKE et al. 1996, MEYER 2002).

- Austrag von Metallen wie auch von Mineralsalzen (Sulfate, Hydrogenkarbonate) aus den Halden in das nähere und weitere Umland. Hierbei spielen u. a. Faktoren wie in die Halde eindringende Niederschlags- und daraus resultierende Sickerwässer und Winderosion (Staubentwicklungen) eine wesentliche Rolle.

Abb. 178: Tafelhalde Crossen (3,2 Mio m³, ca. 22 ha) des ehemaligen Aufbereitungsbetriebes (rechts hinten) auf dem Rotliegenden mit der Zwickauer Mulde (vorn) und der Ortschaft Crossen (hinten); L 115/65 (© Wismut GmbH, 1992).

Auf Halden des Uranerzbergbaus wirken die i. d. R. sauren (lokal aber auch neutralen bis basischen) Bodenverhältnisse, das grobklüftige Bergematerial, Haldensickerwässer (mit hohen Härtegraden sowie hohen Sulfat-, Chlorid- und Urangehalten), Radonexhalationen, die vor allem in den Sommermonaten hohen Oberflächentemperaturen (lokal > 60 °C) und die damit verbundenen schwankenden Temperaturen sowie sehr differenzierte Licht-, Luftfeuchte- und Bodenfeuchteverhältnisse selektiv auf die Primärbesiedler bzw. Pionierarten (SÄNGER 1993a, 2003a).

Sonderbiotop Brandhalden

Während der Gewinnungsarbeiten im Bereich des Tagebaus Lichtenberg wurden u. a. auch „brandfreudige" Massen (zur Selbsterwärmung neigendes Gestein, in dem vorhandener Schwefel und Kohlenstoff sich durch bergbaulich verursachten Sauerstoffzutritt so stark erhitzen, dass es zum Braun- und Rotglühen - unter starker Rauchabsonderung - kommen kann) abgebaut (Abb. 179).

Abb. 179: Brandnester im ehemaligen Tagebau Lichtenberg 1963. Im Hintergrund sind die Schächte von Schmirchau zu erkennen (© Wismut GmbH).

Diese heißen Massen wurden auf einer separaten „Brandhalde" verkippt, die bis 1975 auf dem Niveau 280 m NN der Innenkippe (Tagebau Lichtenberg) angelegt wurde. Die Umstellung von saugender auf blasende Bewetterung der Grubenbaue in der SW-Flanke des Bergwerkes Schmirchau begünstigte die Brandentwicklung auf der Innenkippe, so dass 1975 besonders auf der Etage 250 m NN trotz ständiger Brandabdeckung mit inertem Material (Sand, Lehm) die Brände akut blieben bzw. an anderen Stellen erneut ausbrachen. Auch viele Jahre später war dies noch zu beobachten (Abb. 180).

1975/76 wurde die Brandentwicklung weiterhin dadurch begünstigt, dass durch das Zurückgehen der Abraumumfänge die Haldenböschungen bei nur geringem Haldenfortschritt zu lange offen gehalten wurden (WISMUT 1999). Ursache für die Selbstentzündung der Kiesel- und Alaunschiefer ist der chemische Prozess der Oxydation des

Abb. 180: An die Oberfläche durchgebrochene Brandspalte auf der Absetzerhalde (15.11.1991).

Pyrits und der organischen Substanz in den Schiefern nach folgendem Reaktionsverlauf:

Die erste Stufe der Umwandlung von Pyrit und Markasit in lösliches Eisen und Schwefelsäure wird durch folgende Summenreaktion beschrieben:

$$2\ FeS_2 + 2\ H_2O + 7\ O_2 \rightarrow 2\ FeSO_4 + 2\ H_2SO_4 \quad (1)$$

Die Sulfidoxidation gemäß Gleichung (1) kann durch bakterielle Oxidation durch *Thiobacillus ferrooxidans* und *Thiobacillus thiooxidans* unterstützt und beschleunigt werden:

$$4\ FeSO_4 + 2\ H_2SO_4 + O_2 \rightarrow 2\ Fe_2(SO_4)_3 + 2\ H_2O \quad (2)$$

Ionen von dreiwertigem Eisen reagieren wiederum mit Eisensulfid, wodurch die Säureerzeugung verstärkt wird:

$$7\ Fe_2(SO_4)_3 + FeS_2 + 8\ H_2O \rightarrow 15\ FeSO_4 + 8\ H_2SO_4 \quad (3)$$

Durch Hydrolyse wird ebenfalls unter bestimmten Bedingungen Schwefelsäure frei:

$$Fe_2(SO_4)_3 + 6\,H_2O \rightarrow 2\,Fe(OH)_3 + 3\,H_2SO_4 \quad (4)$$

Nach RÜGER & WITZKE (1998) stellten im Tagebau Lichtenberg rot und gelb glühende, 12 bis 14 m hohe Sohlenanschnitte (Strossen) mit Gesteinstemperaturen bis zu etwa 1000 °C keine Ausnahme dar. Hohe Konzentrationen von giftigen Brandgasen gehörten zu den ständigen Begleiterscheinungen im Umfeld der Brandstellen. Wie untertage waren auch im Tagebau Lichtenberg CO, SO_2 und H_2S reichlich vertreten.

Abb. 181: Die Gessenhalde hatte das höchste Schadstoffinventar aller Halden im Ronneburger Raum; L 139/57 (© Wismut GmbH, 01.07.1992).

Sonderbiotop Laugungshalden

Am Standort der **Gessenhalde** (Thüringen) erfolgte 1964 eine Lehmerkundung und danach die Auffahrung eines Lehmtagebaues, in dem bis 1967 Hanglehme zur Herstellung einer sogenannten „Pulpe" für die Bekämpfung endogener Brände gewonnen wurden (vgl. Brandhalden). Von 1968 bis 1970 wurde dann das verbliebene Restloch des Lehmtagebaues mit Berge aus einer Rutschung an der Nordhalde, Bauschutt vom Abtrag des Ortes Gessen und Haldenmaterial verfüllt. Danach wurde eine Lehmschicht als Basisabdichtung aufgebracht und im Jahre 1970 die erste Scheibe der Gessenhalde aus sogenanntem Armerz angelegt (GRIEßL 1996). Das Aufhalden des Armerzes erfolgte dann weiterhin etappenweise in 15 m-Scheiben (insgesamt 3 Scheiben, Haldenhöhe 45 m). Die Gesamtfläche der Halde umfasste 28,7 ha bei einem Volumen von 6,8 Mio. m³ (Abb. 181). Je nach Pyritgehalt des aufgehaldeten Gesteins erfolgte das Herauslösen des Urans durch die Aufgabe von sauren Grubenwässern, pH-Wert 2,7-2,8 (1971 bis 1978) bzw. unter Schwefelsäurezugabe mit 10 Gramm pro Liter Lösung (nach 1978). Die Laugungslösung wurde in Drainagegräben gefasst, in vier Becken mit je 2000 m³ Fassungsvermögen gesammelt und anschließend der Sorption zugeleitet. 36.000 m³ Lösung befanden sich im Umlauf. Die Uranausbeute lag bei 65 %. 1989 wurde die Haldenlaugung eingestellt. Aufgrund dieser Nutzung hatte die Gessenhalde das höchste Schadstoffinventar aller Halden im Ronneburger Raum. Das Material der Gessenhalde beinhaltete das höchste Säurepotenzial von allen zu verwahrenden Halden. Das resultierte aus dem hohen Anteil an Schwefelsäure im Haft- und Porenwasser des Haldengesteins infolge des schwefelsauren Laugungsregimes sowie einem Pyritgehalt von 3 % bis 8 %. Aus diesem Grund wurde bereits im November 1990 mit der Umlagerung der Gessenhalde in das Tagebaurestloch Lichtenberg begonnen. Bis 1995 wurde die gesamte Halde mit einem Volumen von 7,5 Mio m^3 in die Zone A, das Tagebautiefste, umgelagert. Weiterführende Daten zu den nichtkonventionellen Bergbautechnologien (geotechnologische Gewinnungsverfahren) sind in WISMUT (2011) enthalten.

Sonderbiotop Haldenkonturgräben

Zum Fassen und zur Ableitung von Haldensickerwässern in die Wasseraufbereitung wurden Haldenkonturgräben angelegt. Je nach Chemismus der auf den Halden abgelagerten Berge schwankt die chemische Zusammensetzung der hier gefassten Wässer (SÄNGER & VOGEL 1998, 1999; SÄNGER 2000b). VOGEL & PAUL (1996) gehen ausführlich auf die Wasserbehandlung im Sanierungsbetrieb Ronneburg ein. Bedingt durch die Tatsache, dass die paläozoischen Gesteine des Ronneburger Horstes beträchtliche Mengen an Sulfiden, vor allem Pyrit enthalten, kommt es in Oberflächennähe oder bedingt durch die Bergbautätigkeit durch Luftzutritt zur Sulfidoxydation und zur Entstehung von Schwefelsäure (vgl. auch Sonderbiotop Brandhalden). Das als Folge gebildete schwefelsaure Wasser löst sowohl weitere Spurenelemente, insbesondere Schwermetalle, als auch Mineralstoffe, wie z. B. Kalzium- und Magnesiumverbindungen (vgl. Tab. 67).

Tab. 67: Angaben zu chemischen Parametern von Haldensickerwässern im Thüringer Uranerzbergbaugebiet im Mittel der Jahre 1992-1996 (Quelle: Umweltdatenbank der Wismut GmbH mit Stand vom 10.02.1998).

Untersuchungsgebiet	Messpunkt	Mittelwerte Labor (Zeitraum 1992-1996)											
		pH	Eh [mV]	O_2 [mg/l]	LF [mS/cm]	Na [mg/l]	K [mg/l]	Mg [mg/l]	Ca [mg/l]	Mn [mg/l]	Cl [mg/l]	SO_4 [mg/l]	NO_3 [mg/l]
Haldenkonturgraben													
Kegelhalden Reust	e-439	8,1	464	6,3	8,8	185,0	15,2	1797,1	356,5	0,1	222,2	7399,8	9,5
Kegelhalden Paitzdorf	e-508	7,9	481	5,9	12,2	54,0	16,9	2990,1	390,9	0,9	57,1	12591,1	7,8
Halde Beerwalde	s-611	7,6	335	7,3	23,5	211,6	29,2	7566,9	433,6	16,5	177,4	30361,4	5,9
Halde Korbußen	s-618	7,8	310	6,8	17,6	442,4	32,0	5074,4	405,2	29,3	371,3	20674,9	1,0
Nordhalde	e-443	2,7	621	3,1	9,7	29,1	1,0	1440,3	356,0	121,9	29,5	13392,5	3,3
	e-453	2,8	588	3,7	8,4	169,5	152,7	880,1	458,4	40,8	382,7	8286,6	2,7
Absetzerhalde	e-408	2,8	649	4,0	13,2	14,8	1,6	1826,1	440,7	218,0	80,2	18213,9	6,0

Änderung der Standortbedingungen durch die Sanierung

Die während der aktiven Bergbauzeit an den zahlreichen Standorten der WISMUT angelegten Halden (vgl. Tab. 64) aus Nebengestein und Abraum können nicht in ihrem Zustand belassen werden. Je nach Lage, Form und Schadstoffgehalt gehen von ihnen unterschiedliche Gefährdungen für Menschen und Umwelt aus. Für die Sanierung dieser Standorte werden zwei verschiedene Sanierungsvarianten angewandt. Am ostthüringischen Standort Ronneburg wird der überwiegende Teil der Halden komplett abgetragen und in den ehemaligen Tagebau Lichtenberg umgelagert. Dort wo eine Umlagerung aus technischen oder wirtschaftlichen Gründen nicht möglich ist, werden die Halden „insitu", das heißt, an Ort und Stelle verwahrt. Das trifft vorwiegend auf die sächsischen Standorte zu. Nach der standsicheren Profilierung der Halden werden diese mit einer rund einen Meter mächtigen Abdeckschicht versehen und begrünt (WISMUT 2004). Somit ändern sich die zukünftigen Standortbedingungen für die Flora und Vegetation gravierend und sind in Zukunft nicht mehr mit den vormals existierenden abiotischen Verhältnissen vergleichbar.

Tab. 68: Angaben zur Flora auf Halden des Uranerzbergbaus in Thüringen und Sachsen (Stand 2010).

	Halden (gesamt)	Halden vor der Sanierung (ohne Abdeckung)				Halden nach der Sanierung (mit Abdeckung)	Haldenkonturgräben	
		Halden (basisch)	Halden (sauer)	Brandhalden	Laugungshalden		vor der Sanierung	nach der Sanierung
untersuchte Anzahl	n=31	n=6	n=14	n=1	n=1	n=9	n=6	n=8
Anzahl Farn- und Blütenpflanzen	659	374	484	37	10	297	84	127
davon								
Gehölze	88	46	66	2	2	53	4	12
	13,4 %	12,3 %	13,6 %	5,2 %	20,0 %	17,8 %	4,8 %	9,4 %
Süßgräser	62	41	45	1	1	40	8	25
	9,2 %	10,9 %	9,3 %	2,6 %	10,0 %	13,6 %	9,5 %	19,7 %
Sauergräser	9	6	-	-	-	1	3	1
	1,4 %	1,6 %	-	-	-	0,3 %	3,6 %	0,8 %
Kräuter	490	275	366	35	7	200	68	88
	74,5 %	73,6 %	75,6 %	92,2 %	70,0 %	67,3 %	80,9 %	69,3 %
Farnpflanzen	10	6	7	-	-	3	1	1
	1,5 %	1,6 %	1,5 %	-	-	1,0 %	1,2 %	0,8 %
Nutz- und Zierpflanzen	91	21	66	-	1	33	1	8
	13,8 %	5,6 %	13,6 %	-	10,0 %	11,1 %	1,2 %	6,3 %
Neophyten	33	12	25	-	-	12	-	1
	5,0 %	3,2 %	5,2 %	-	-	4,0 %	-	0,8 %
Rote Liste Arten *)								
Deutschland	15	7	6	-	-	1	1	-
	2,3 %	1,9 %	1,2 %	-	-	0,3 %	1,2 %	-
Thüringen	80	27	40	1	-	8	5	1
	12,1 %	7,2 %	8,3 %	2,6 %	-	2,7 %	5,9 %	0,8 %
Sachsen	87	35	48	3	-	12	6	-
	13,2 %	9,4 %	9,9 %	7,9 %	-	4,0 %	7,1 %	-
Geschützte Arten	20	11	8	1	-	1	-	-
	3,0 %	2,9 %	1,6 %	2,6 %	-	0,3 %	-	-

*) incl. Arten der Vorwarnliste zur Roten Liste

II Flora und Vegetation

Die Halden des Uranerzbergbaus gehören aus floristisch-vegetationskundlicher Sicht inzwischen zu den sehr gut untersuchten Bergbaufolgestandorten der WISMUT (FALKENBERG & SÄNGER 1994/95; GÖL 1994; RANFT 1966, SÄNGER 1991, 1993a, 1993b, 1996, 1997, 2000a, 2000c, 2000d, 2001, 2002, 2003a, 2003b, 2003c, 2004a, 2004c, 2005, 2006a, 2006b, 2006c; SÄNGER & ALEXOWSKY 2003; SÄNGER & WITTAU 2009, 2010a, 2010b; SÄNGER & WÖLLNER 1994/95).

Flora

Auf den in Sachsen und Thüringen liegenden Halden des Uranerzbergbaus wurden bisher 659 Arten Farn- und Blütenpflanzen (davon 88 Arten Gehölze, 62 Arten Süßgräser, 9 Arten Sauergräser, 490 Arten Kräuter, 10 Arten Farnpflanzen), 23 Moosarten, 17 Flechtenarten und 346 Pilzarten nachgewiesen. In Tab. 68 ist eine entsprechende Übersicht zu den Farn- und Blütenpflanzen enthalten. Moose und Flechten sind bisher noch ungenügend bearbeitet und werden aus diesem Grund nicht in die Auswertung einbezogen. Die bisher vorliegenden mykofloristischen Daten wurden von SÄNGER (1993b, 2006c) sowie SÄNGER & TÜNGLER (2010) ausgewertet und publiziert. Die Artenzahlen der Farn- und Blütenpflanzen schwanken je nach Morphologie (Spitzkegelhalde, Tafelhalde) und den sehr differenzierten abiotischen Standortbedingungen (abhängig vom Bergematerial) stark und erreichen in Ostthüringen Werte zwischen 10 und 293 (SÄNGER 2006a).

Folgende Sippen kommen auf den Halden mit hoher Stetigkeit (Stetigkeitsklassen IV und V) vor:

Gehölze

Spitz-Ahorn (*Acer platanoides*), Berg-Ahorn (*Acer pseudoplatanus*), Schwarz-Erle (*Alnus glutinosa*), Hänge-Birke, Eingriffeliger Weißdorn (*Crataegus monogyna*), Gewöhnliche Esche (*Fraxinus excelsior*), Gewöhnliche Fichte (*Picea abies*), Wald-Kiefer (*Pinus sylvestris*), Zitter-Pappel, Vogel-Kirsche (*Prunus avium*), Trauben-Eiche (*Quercus petraea*), Stiel-Eiche, Robinie (*Robinia pseudoacacia*), Hunds-Rose, Artengruppe Echte Brombeere, Himbeere, Sal-Weide, Schwarzer Holunder, Eberesche (*Sorbus aucuparia*)

Süßgräser

Rotes Straußgras (*Agrostis capillaris*), Gewöhnlicher Glatthafer, Land-Reitgras, Wiesen-Knäuelgras, Rasen-Schmiele (*Deschampsia cespitosa* s. str.), Draht-Schmiele (*Deschampsia flexuosa*), Kriech-Quecke, Gewöhnlicher Rot-Schwingel, Wolliges Honiggras, Ausdauerndes Weidelgras, Wiesen-Lieschgras (*Phleum pratense* s. str.), Einjähriges Rispengras (*Poa annua*), Zusammengedrücktes Rispengras (*Poa compressa*), Hain-Rispengras (*Poa nemoralis*), Gewöhnlicher Salzschwaden

Kräuter

Wiesen-Schafgarbe (*Achillea millefolium*), Gewöhnlicher Giersch (*Aegopodium podagraria*), Wiesen-Kerbel (*Anthriscus sylvestris*), Gewöhnlicher Beifuß (*Artemisia vulgaris*), Bärenschote (*Astragalus glycyphyllos*). Gewöhnliches Hirtentäschel (*Capsella bursa-pastoris*), Wiesen-Flockenblume (*Centaurea jacea*), Gewöhnliches Hornkraut (*Cerastium holosteoides*), Weißer Gänsefuß (*Chenopodium album*), Acker-Kratzdistel (*Cirsium arvense*), Gewöhnliche Kratzdistel (*Cirsium vulgare*), Acker-Winde (*Convolvulus arvensis*), Kanadisches Berufkraut (*Conyza canadensis*), Wiesen-Pippau (*Crepis biennis*), Wilde Möhre (*Daucus carota*), Schmalblättriges Weidenröschen (*Epilobium angustifolium*), Berg-Weidenröschen (*Epilobium montanum*), Vierkantiges Weidenröschen (*Epilobium tetragonum* s. l.), Scharfes Berufkraut (*Erigeron acris*), Gewöhnlicher Hohlzahn (*Galeopsis tetrahit*), Gewöhnliches Kletten-Labkraut (*Galium aparine*), Artengruppe Wiesen-Labkraut (*Galium mollugo* agg.), Gewöhnliche Nelkenwurz (*Geum urbanum*), Wiesen-Bärenklau (*Heracleum sphondylium*), Wald-Habichtskraut (*Hieracium murorum*), Savoyer Habichtskraut (*Hieracium sabaudum*), Tüpfel-Hartheu (*Hypericum perforatum*), Kompass-Lattich (*Lactuca serriola*), Gewöhnlicher Rainkohl (*Lapsana communis*), Herbst-Löwenzahn (*Leontodon autumnalis*), Magerwiesen-Margerite (*Leucanthemum vulgare*), Gewöhnliches Leinkraut (*Linaria vulgaris*), Gewöhnlicher Hornklee (*Lotus corniculatus*), Strahlenlose Kamille (*Matricaria discoidea*), Hopfenklee (*Medicago lupulina*), Weißer Steinklee (*Melilotus albus*), Gewöhnliche Nachtkerze (*Oenothera biennis*), Spitz-Wegerich (*Plantago lanceolata*), Breit-Wegerich (*Plantago major*), Acker-Vogelknöterich (*Polygonum aviculare*), Gänse-Fingerkraut (*Potentilla anserina*), Kriechender Hahnenfuß (*Ranunculus repens*), Großer Sauerampfer (*Rumex acetosa*), Kleiner Sauerampfer (*Rumex acetosella*), Knotige Braunwurz (*Scrophularia nodosa*), Frühlings-Greiskraut (*Senecio vernalis*), Klebriges Greiskraut (*Senecio viscosus*), Weiße Lichtnelke (*Silene latifolia* subsp. *alba*), Ungarische Rauke (*Sisymbrium altissimum*), Kanadische Goldrute (*Solidago canadensis*), Gewöhnliche Goldrute (*Solidago virgaurea*), Acker-Gänsedistel (*Sonchus arvensis*), Raue Gänsedistel (*Sonchus asper*), Gewöhnliche Vogelmiere (*Stellaria media*), Rainfarn (*Tanacetum vulgare*), Wiesen-Löwenzähne (*Taraxacum* sect. *Ruderalia*), Schweden-Klee (*Trifolium hybridum*), Wiesen-Klee (*Trifolium pratense*), Weiß-Klee (*Trifolium repens*), Geruchlose Kamille (*Tripleurospermum perforatum*), Huflattich (*Tussilago farfara*), Große Brennnessel (*Urtica dioica*), Gamander-Ehrenpreis (*Veronica chamaedrys*), Gewöhnliche Vogel-Wicke (*Vicia cracca*), Rauhaarige Wicke (*Vicia hirsuta*), Viersamige Wicke (*Vicia tetrasperma*)

Farnpflanzen
Acker-Schachtelhalm (*Equisetum arvense*)

Die Farn- und Blütenpflanzen gelangen mehrheitlich aus dem unmittelbaren Haldenumland auf die Halden, wobei sich nach SÄNGER (2003a) folgende Beziehungen ergeben (Abb. 182):

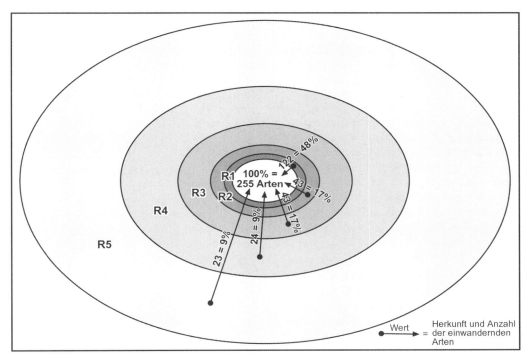

Abb. 182: Beziehungen zwischen der Haldenflora und der Flora des Haldenumlandes (Herkunft der Haldenarten) am Beispiel der Spitzkegelhalden Paitzdorf nach SÄNGER (2003a).

Bei der in Abb. 182 dargestellten Untersuchung wurde das Haldenumland der Spitzkegelhalden Paitzdorf in folgende Sektoren unterteilt:

- Entfernung 0-50 m vom Haldenrand R1
- Entfernung 50-200 m vom Haldenrand R2
- Entfernung 200-500 m vom Haldenrand R3
- Entfernung 500-1000 m vom Haldenrand R4
- Entfernung 1000-2000 m vom Haldenrand R5

Die Auswertung der Artenlisten (Halden, Haldenumland R1 bis R5) zeigte, dass sich die auf der Halde nachgewiesenen 255 Pflanzenarten wie folgt rekrutieren (Tab. 69):

Tab. 69: Prozentuale Anteile der auf die Halde Paitzdorf einwandernden Arten aus dem Umland bis zu einer Entfernung von 2000 m von der Halde.

Entfernung von der Halde	Prozentualer Anteil der Haldenarten, die aus dieser Entfernung auf die Halde gelangen
R1: bis 50 m	48 %
R2: bis 200 m	weitere 17 %
R3: bis 500 m	weitere 17 %
R4: bis 1000 m	weitere 9 %
R5: bis 2000 m	weitere 9 % (100 % der Haldenarten sind bis zu dieser Entfernung realisiert)

Es wird deutlich, dass die auf der Halde nachgewiesenen Arten mehrheitlich aus dem unmittelbaren Haldenumland stammen. Weiterhin kommen auf der Halde keine Arten vor, die im Umland nicht bis zu einer Entfernung von 2 km nachweisbar wären. Diese exemplarischen Untersuchungen wurden später auch an anderen Halden des Ronneburger Reviers wiederholt und brachten die gleichen Ergebnisse (SÄNGER & WITTAU 2009, 2010a, 2010b).

Die dominierende **Verbreitungsart** ist die Windausbreitung (38,1 %). Es folgen entsprechend der prozentualen Anteile Klettausbreitung (23,8 %), Selbstausbreitung (12,4 %), Ameisenausbreitung (11,3 %), Verdauungsausbreitung (6,0 %), Wasserausbreitung (5,2 %), Menschenausbreitung (2,6 %) und Tierverschleppung (0,5 %).

Hinsichtlich der **Strategietypen** sind die Arten hauptsächlich
Konkurrenzstrategen = 33,9 %
(*Bäume, Sträucher und krautige Arten mit hoher Konkurrenzkraft, bedingt durch spezifische morphologische und physiologische Eigenschaften und typische Merkmale ihrer Lebensgeschichte*). Nach den weiteren prozentualen Anteilen folgen
Konkurrenz-Stress-Ruderalstrategen = 23,6 %
(*intermediärer Typ, oft Rosettenpflanzen oder kleinwüchsige, ausdauernde Arten, die räumlich-zeitliche Nischen gut nutzen können und meist nur eine mittlere Lebensdauer aufweisen*),
Konkurrenz-Ruderalstrategen = 14,5 %
(*Übergangstyp zwischen Konkurrenz- und Ruderalstrategen*),
Konkurrenz-Stress-Strategen = 12,5 %
(*Übergangstyp zwischen Konkurrenz- und Stressstrategen*),
Ruderalstrategen = 9,5 %
(*meist einjährige krautige Pflanzen, die sich u. a. durch kurze Lebensdauer und eine hohe Samenproduktion auszeichnen und dadurch Pionierstandorte schnell besiedeln können*),
Stress-Ruderalstrategen = 4,0 %
(*Übergangstyp zwischen Stress- und Ruderalstrategen*) und
Stressstrategen = 2,0 %
(*Kräuter und Sträucher mit geringem Zuwachs und morphologisch-physiologischen Anpassungen an Faktoren, z. B. Salzgehalt des Bodens, H^+-Ionenkonzentration usw., die in zu geringer oder zu hoher Intensität am Standort wirken*).

Nach den **Lebensformtypen** sind die Arten mehrheitlich
Hemikryptophyten = 46,1 %
(*Überwinterungsknospen nahe der Erdoberfläche*) und entsprechend der weiteren prozentualen Anteile
Therophyten = 22,5 %
(*kurzlebig und ungünstige Zeiten als Samen überdauernd*),
Geophyten = 9,6 %
(*Überwinterungsknospen unter der Erdoberfläche, meist mit Speicherorganen*),
Phanerophyten = 5,9 %
(*Bäume, die mehr als 5 m hoch werden können*),
krautige Chamaephyten = 5,2 %
(*Knospen meist über der Erde und im Schneeschutz überwinternd*),
Nanophanerophyten = 4,5 %
(*Sträucher oder Kleinbäume, meist 0,5 bis 5 m hoch werdend*),
Lianen = 2,7 %
(*sich auf andere Pflanzen stützend, aber im Boden wurzelnd*),
Hydrophyten = 2,3 %
(*aquatisch lebende Pflanze, deren Überwinterungsknospen normalerweise unter Wasser*

liegen),
holzige Chamaephyten = 0,7 %
(*Zwergsträucher, nur selten über 0,5 m hoch werdend*),
Halbparasiten = 0,5 %
(*auf lebenden Pflanzen schmarotzend, aber mit Blattgrün*) und
Saprophyten = 0,1 %
(*von toter organischer Substanz, z. B. Humus, zehrend; ohne Blattgrün*).
Epiphyten
(*auf den oberirdischen Organen lebender Pflanzen wachsend, aber in der Regel nicht parasitierend*) und
Vollparasiten
(*auf lebenden Pflanzen schmarotzend, ohne Blattgrün*) sind nicht vertreten.

Nicht jeder Pflanzenart, deren Diasporen bis auf die Halden gelangt sind, gelingt im Anschluss auch die erfolgreiche Keimung und Ansiedlung (MÜLLER-SCHNEIDER 1977, 1986; FISCHER 1987, BONN & POSCHLOD 1998, TEMPERTON et al. 2004). Ebenso kann eine Art im Umland vorkommen, aber die Halde dennoch nicht erreichen. SÄNGER (2003a) findet dafür folgende Ursachen:

➢ Die Arten gelangen zwar bis zur Halde, aber der neue Lebensraum sagt ihnen aus abiotischer Sicht nicht zu (Ursache = ungeeigneter Standort).

➢ Die Arten kommen zwar im Haldenumland vor, sind hier aber so selten, dass ihre Ausbreitung unwahrscheinlich ist (Ursache = fehlende Dominanz).

➢ Die Arten besitzen keine ideale Verbreitungsstrategie, um auf die Halde zu gelangen (Ursache = ungeeignete Verbreitungsstrategie).

➢ Die Arten sind Zier- oder Nutzpflanzen. Sie werden im Umland der Halde nur hin und wieder angebaut, Diasporen stehen infolge frühzeitiger Ernte nicht zur Verfügung oder gelangen nicht bis zur Halde. Als Zierpflanzen wurden sie im Gebiet angesalbt und bilden keine stabilen Populationen (Ursache = vom Menschen begünstigte Zier- oder Nutzpflanze).

➢ Die Arten haben im Haldenumland noch nicht ihr Blühreifealter erreicht (Ursache = fehlende Blühreife).

Die **Hemerobie** gibt Auskunft über den Grad der menschlichen Beeinflussung von Lebensgemeinschaften. Die Auswertung von 795 Vegetationsaufnahmen (SÄNGER 1993a, 2003a) zeigt, dass auf den Halden mesohemerobe Sippen (30,5 %) dominieren. Hierbei handelt es sich um Arten in Forsten mit entwickelter Strauch- und Krautschicht, Heiden, Trocken- und Magerrasen, extensiven Wiesen und Weiden. Der Einfluss des Menschen besteht z. B. in Rodung (seltener Umbruch) bzw. Kahlschlag, Streunutzung und Plaggenhieb, gelegentlich schwacher Düngung.

An zweiter Stelle folgen b-euhemorobe Sippen (26,3 %). Hierzu zählen Arten der Intensivweiden, -wiesen und -forsten, reicher Zierrasen mit Beeinflussung durch den Menschen (Düngung, Kalkung, Biozideinsatz, leichte Grabenentwässerung).

Entsprechend der prozentualen Anteile folgen dann die oligohemeroben Sippen (19,3 %) mit Arten schwach durchforsteter oder schwach beweideter Wälder, anwachsender Dünen, wachsender Flach- und Hochmoore (Einfluss des Menschen: z. B. geringe Holzentnahme, Beweidung, Luft (z. B. SO_4^{2-}) und Gewässerimmissionen (z. B. Auenüberflutung mit eutrophierten Wasser) sowie die a-euhemeroben Sippen (16,2 %) mit Arten der Ackerfluren mit typisch entwickelter Wildkrautflora, des Ansaatgrünlandes, armer Zierrasen, der Intensivforste mit kaum entwickelter Strauchschicht, Rieselfelder (Einfluss des Menschen: Planierung, stetiger Umbruch, Mineraldüngung, starke Bewässerung mit eutrophiertem Wasser).

Die **Urbanität** als Maß für die Siedlungsnähe eines Standortes (und seiner Pflanzengesellschaften) zeigt für die Halden die Dominanz von mäßig urbanophoben Arten an (41,9 %). Hierzu zählen Arten, die vorwiegend außerhalb menschlicher Siedlungen vorkommen. An zweiter Stelle folgen mit 27,0 % urbanoneutrale Arten (keine Bevorzugung siedlungsnaher oder siedlungsferner Standorte) und mit geringem Abstand urbanophobe Arten (21,4 %), die ausschließlich außerhalb menschlicher Siedlungen wachsen.

Literatur ⇒ KOWARIK (1988), KLOTZ (1991), ELLENBERG et al. (2001), KLOTZ & KÜHN (2002), KLOTZ et al. (2002)

Die Flora der **Brandhalden** nimmt eine Sonderstellung unter der Haldenflora ein. Das Substrat dieser Standorte besteht aus stark verwitterten und durch die fortwährenden Haldenbrände meist vollständig durchgeglühten Schiefern. Die Brandstellen bleiben, bedingt durch die hier ganzjährig vorherrschenden hohen Temperaturen (im unmittelbaren Bereich der Gasaustrittsstellen bis zu 70 °C), auch im Winter schneefrei. Das führt zu einer Verschiebung der Jahresrhythmik bei den hier vorkommenden Arten, vor allem hinsichtlich der Blühphasen und der Zeiten der Fruchtbildung. Hier siedeln folgende Arten z. T. auch mit größerer Abundanz:

Gewöhnlicher Beifuß, Bärenschote, Land-Reitgras, Gewöhnliches Hirtentäschel, Gewöhnliches Hornkraut, Kleiner Orant (*Chaenorhinum minus*), Weißer Gänsefuß, Acker-Kratzdistel, Gewöhnliche Kratzdistel, Kanadisches Berufkraut, Drüsige Kugeldistel (*Echinops sphaerocephalus*), Vierkantiges Weidenröschen, Scharfes Berufkraut, Tüpfel-Hartheu, Gewöhnliches Ferkelkraut (*Hypochaeris radicata*), Dürrwurz (*Inula conyzae*), Kompass-Lattich, Gewöhnliche Nachtkerze, Kleinblütige Nachtkerze (*Oenothera parviflora*), Ampfer-Knöterich (*Persicaria lapathifolia*), Gewöhnliches Bitterkraut (*Picris hieracioides*), Breit-Wegerich, Acker-Vogelknöterich, Zitter-Pappel, Artengruppe Echte Brombeere, Krauser Ampfer (*Rumex crispus*), Frühlings-Greiskraut, Ackerröte, Ungarische Rauke, Bittersüßer Nachtschatten (*Solanum dulcamara*), Raue Gänsedistel, Kohl-Gänsedistel (*Sonchus oleraceus*), Wiesen-Löwenzähne, Großer Bocksbart (*Tragopogon dubius*), Geruchlose Kamille, Huflattich, Schwarze Königskerze (*Verbascum nigrum*)

Die **Haldenkonturgräben** erfüllen auch nach erfolgter Sanierung der Halden wichtige Funktionen für den Hochwasserschutz (Abb. 183). Hier siedeln Frische-, Feuchte- und Nässezeiger sowie Wechselwasserzeiger, was die Artenzahl gegenüber den sonst meist trockenen Haldenbiotopen noch deutlich ansteigen lässt. Inzwischen sind diese Biotope jedoch nicht mehr so salzbelastet wie zur aktiven Zeit des Bergbaus (Tab. 70).

Abb. 183: Haldenkonturgraben an der sanierten Halde Beerwalde, Landkreis Altenburger Land (22.08.2010).

	Anzahl der untersuchten Konturgräben	
	vor der Sanierung	nach der Sanierung
	6	8
Anzahl der Farn- und Blütenpflanzen	84	127
davon		
mit Salzzahl 0 (nicht salzertragend)	72,6 %	81,9 %
mit Salzzahl 1 (salzertragend)	20,0 %	14,8 %
mit Salzzahl 2 (oligohalin)	2,6 %	2,5 %
mit Salzzahl 3 (β-mesohalin)	2,6 %	-
mit Salzzahl 7 (polyhalin)	1,2 %	0,8 %

Tab. 70: Indikation der Salzgehalte in den Haldenkonturgräben vor und nach der Sanierung anhand der Salzzahl der Farn- und Blütenpflanzen nach ELLENBERG et al. (2001).

Vegetation

Entsprechend der Breite der abiotischen Standortbedingungen auf den Halden, die aus der Vielgestaltigkeit der Bergemassen, aber auch aus den erfolgten Rekultivierungsmaßnahmen resultieren, können auf den Halden folgende Pflanzengesellschaften vorkommen (Tab. 71):

Tab. 71: Vegetation auf den Halden des Uranbergbaus in Thüringen und Sachsen (Datenbasis: Tab. 68).

Vegetationstyp	Anteil auf den Halden	Stetigkeit	Zugehörige Pflanzengesellschaften
Wälder, Forste und Gehölze	**14,3 %**	**I**	
Birken-Eichenwälder *Quercetea robori-petraeae*	12,5 %	I	• Birken-Stieleichenwald • Birken-Pionierwälder • Aufforstungen mit Arten der west- und mitteleuropäischen Birken-Eichenwälder
Boreal-kontinentale zwergstrauchreiche Nadelwälder *Vaccinio-Piceetea*	1,8 %	I	• Reitgras-Fichtenwald • Aufforstungen mit *Picea abies*, *Pinus sylvestris*
Gebüsche, Hecken und Gestrüppe	**1,8 %**	**I**	
Strauchweiden-Bruchwälder *Carici-Salicetea cinereae*	0,8 %	I	• Grauweiden-Gebüsch
Uferweidengebüsche und Weidenwälder *Salicetea purpureae*	1,0 %	I	• Bruchweiden-Ufergesellschaft • Mandelweiden-Korbweidengebüsch • Gesellschaft der Purpur-Weide
Zwergstrauchheiden	**2,3 %**	**I**	
Heidekraut-Stechginsterheiden *Calluno-Ulicetea*	2,3 %	I	• Beerkraut-Heidekrautheide • Reitgras-Heidelbeerheide
Waldnahe Staudenfluren	**5,5 %**	**I**	
Thermophile und mesophile Saumgesellschaften *Trifolio-Geranietea sanguinei*	0,9 %	I	• Hainwachtelweizen-Saumgesellschaft
Schlagfluren, Kahlschlag-Gesellschaften *Epilobietea angustifolii*	0,6 %	I	• Weidenröschen-Fingerhut-Gesellschaft
Nitrophile Saumgesellschaften *Galio-Urticetea dioicae*	4,0 %	I	• Brennnessel-Seiden-Zaunwinden-Saumgesellschaft • Gesellschaft des Drüsigen Springkrautes • Brennnessel-Giersch-Saumgesellschaft • Giersch-Pestwurz-Flur • Gesellschaft des Japan-Staudenknöterichs • Herkulesstauden-Gesellschaft

Metallerzbergbau

Vegetationstyp	Anteil auf den Halden	Stetigkeit	Zugehörige Pflanzengesellschaften
			• Knoblauchsrauken-Taumelkälberkropf-Saumgesellschaft • Hopfenseiden-Hopfen-Schleiergesellschaft
Salzwasser- und Salzbodengesellschaften	**0,2 %**	**I**	
Salzrasen und Salzwiesen *Asteretea tripolii*	0,2 %	I	• Salzschwaden-Schuppenmieren-Gesellschaft
Pioniervegetation auf Fels und Gestein	**0,9 %**	**I**	
Fels- und Mauerspalten-Gesellschaften *Asplenietea trichomanis*	0,2 %	I	• Mauerrauten-Gesellschaft
Glaskraut-Mauergesellschaften *Parietarietea judaicae*	0,5 %	I	• Zimbelkraut-Gesellschaft
Schwermetall-Pflanzengesellschaften *Violetea calaminariae*	0,2 %	I	• Galmei-Hellerkraut-Gesellschaft
Süßwasser-, Ufer-, Quell- und Verlandungsgesellschaften	**5,0 %**	**I**	
Wasserschweber-Gesellschaften *Lemnetea minoris*	0,2 %	I	• Teichlinsen-Gesellschaft
Wurzelnde Wasserpflanzengesellschaften des Süßwassers *Potamogetonetea pectinati*	0,7 %	I	• Wasserknöterich-Schwimmlaichkraut-Gesellschaft • Gesellschaft des Gemeinen Wasserhahnenfußes
Quellflur-Gesellschaften *Montio-Cardaminetea*	0,3 %	I	• Bitterschaumkraut-Milzkraut-Quellflurgesellschaft
Röhrichte und Großseggenriede *Phragmito-Magnocaricetea*	2,8 %	I	• Schilf-Röhricht • Breitblattrohrkolben-Röhricht • Schmalblattrohrkolben-Röhricht • Teichsimsen-Röhricht • Igelkolben-Röhricht • Teichschachtelhalm-Röhricht • Gesellschaft der Gewöhnlichen Sumpfsimse • Gauklerblumen-Bachröhricht • Schlankseggen-Ried • Rohrglanzgras-Röhricht
Pflanzengesellschaften der Sümpfe und Moore	**1,0 %**	**I**	
Kleinseggengesellschaften der Nieder- und Zwischenmoore sowie der Hochmoorschlenken *Scheuchzerio-Caricetea nigrae*	1,0 %	I	• Braunseggen-Sumpfgesellschaften
Pflanzengesellschaften der Dünen, Wiesen, Trocken- und Magerrasen	**22,4 %**	**II**	
Schiller- und Silbergras-Pionierrasen *Koelerio-Corynephoretea*	1,1 %	I	• Pionierrasen der Frühen Haferschmiele • Filzkraut-Federschwingel-Rasen
Schwingel-Trespen-Trocken- und Halbtrockenrasen *Festuco-Brometea*	0,8 %	I	• Furchenschwingel-Fiederzwenken-Halbtrockenrasen
Wirtschaftsgrünland *Molinio-Arrhenatheretea*	19,0 %	I	• Glatthafer-Wiese • Rainfarn-Glatthafer-Wiese • Fuchsschwanz-Wiese • Weidelgras-Breitwegerich-Trittrasen • Weidelgras-Kammgras-Weide • Rotschwingel-Kammgras-Weide • Gänseblümchen-Rotschwingel-Pippau-Parkrasen

Vegetationstyp	Anteil auf den Halden	Stetig-keit	Zugehörige Pflanzengesellschaften
			• Engelwurz-Waldsimsen-Wiese • Flatterbinsen-Weide
			• Mädesüß-Sumpfstorchschnabel-Staudengesellschaft • Saatgrasland
Flutrasen und feuchte bis nasse ausdauernde Trittrasen *Agrostietea stoloniferae*	1,5 %	I	• Knickfuchsschwanz-Gesellschaft • Gänsefingerkraut-Gesellschaft • Kriechhahnenfuß-Gesellschaft
Ruderal- und Segetalgesellschaften	**47,6 %**	**III**	
Zweizahn-Gesellschaften und Melden-Ufergesellschaften *Bidentetea tripartitae*	1,6 %	I	• Gifthahnenfuß-Gesellschaft • Gesellschaft des Graugrünen und Roten Gänsefußes
Einjährige Trittpflanzengesellschaften *Polygono arenastri-Poetea annuae*	5,2 %	I	• Spörgel-Bruchkraut-Trittgesellschaft • Vogel-Knöterich-Trittgesellschaft • Trittgesellschaft des Einjährigen Rispengrases
Einjährige Ruderalgesellschaften *Sisymbrietea officinalis*	14,1 %	I	• Gesellschaft der Tauben Trespe • Kompasslattich-Gesellschaft • Gesellschaft der Hohen Rauke • Glanzmelden-Gesellschaft • Ruderales Gänsefuß-Gestrüpp • Sonnenblumen-Tomaten-Gesellschaft • Gesellschaft des Weißen Gänsefußes
Eurosibirische ruderale Beifuß- und Distelgesellschaften und Queckenrasen *Artemisietea vulgaris*	16,6 %	I	• Eselsdistel-Gesellschaft • Gesellschaft der Wegedistel • Natternkopf-Steinklee-Gesellschaft • Möhren-Bitterkraut-Gesellschaft • Rainfarn-Beifuß-Gesellschaft • Huflattich-Gesellschaft • Kletten-Gesellschaft • Kletten-Beifuß-Gesellschaft • Kratzdistel-Gesellschaft • Kanadagoldruten-Gesellschaft • Quecken-Huflattich-Gesellschaft • Quecken-Rasen • Gesellschaft des Land-Reitgrases
Vogelmieren-Ackerunkraut-Gesellschaften *Stellarietea mediae*	10,1 %	I	• Vogelmieren-Klatschmohn-Ackerunkrautgesellschaft • Hellerkraut-Erdrauch-Gesellschaft • Vogelmieren-Windhalm-Gesellschaft • Sandmohn-Gesellschaft • Ackerfrauenmantel-Kamillen-Gesellschaft • Gesellschaft des Vielsamigen Gänsefußes

Die Vegetation der Halden des Uranbergbaus ist vielgestaltig, wird aber von den Ruderal- und Segetalgesellschaften, Pflanzengesellschaften der Dünen, Wiesen, Trocken- und Magerrasen sowie den Wäldern, Forsten und Gehölzen bestimmt.

III Naturschutzfachliche Bedeutung

Die Halden des Uranerzbergbaus besitzen vordergründig eine hohe naturschutzfachliche Bedeutung als Lebensraum für eine Vielzahl von bestandsgefährdeten Pflanzenarten (vgl. Tab. 68) und deren Gesellschaften. Folgende Farn- und Samenpflanzen, die in Deutschland, Thüringen und/oder Sachsen hochgradig oder stark gefährdet sind (Rote Liste Kategorien 0, 1, 2 nach KORNECK et al. 1996, SCHULZ 1999, KORSCH & WESTHUS 2011) wurden auf den Halden nachgewiesen:

Weiß-Tanne (*Abies alba*), Schwarz-Pappel (*Populus nigra*), Nelken-Haferschmiele (*Aira caryophyllea*), Frühe Haferschmiele (*Aira praecox*), Trespen-Federschwingel (*Vulpia bromoides*), Großer Odermennig (*Agrimonia procera*), Steifes Barbarakraut (*Barbarea stricta*), Kleines Tausengüldenkraut (*Centaurium pulchellum*), Weißes Waldvöglein (*Cephalanthera damasonium*), Stängellose Kratzdistel (*Cirsium acaule*), Wollköpfige Kratzdistel (*Cirsium eriophorum*), Fuchs` Knabenkraut (*Dactylorhiza fuchsii*), Kleine Wolfsmilch (*Euphorbia exigua*), Großer Augentrost (*Euphrasia officinalis*), Kleines Filzkraut (*Filago minima*), Blasser Erdrauch (*Fumaria vaillantii*), Schwarzes Bilsenkraut (*Hyoscyamus niger*), Großes Zweiblatt (*Listera ovata*), Roter Zahntrost (*Odontites vulgaris*), Bienen-Ragwurz (*Ophrys apifera*), Gewöhnliche Spinnen-Ragwurz (*Ophrys sphegodes*), Graues Fingerkraut (*Potentilla inclinata*), Acker-Hahnenfuß (*Ranunculus arvensis*), Kronblattloses Mastkraut (*Sagina apetala* s. str.), Aufrechtes Mastkraut (*Sagina micropetala*), Ackerröte, Acker-Ziest (*Stachys arvensis*).

Abb. 184: Bienen-Ragwurz (*Ophrys apifera*) auf einer Halde des Uranbergbaus in Ostthüringen (08.06.2007).

Abb. 185: Fuchs`Knabenkraut (*Dactylorhiza fuchsii*) am gleichen Standort (08.06.2007).

In Ostthüringen besitzen die Halden des Uranbergbaus zudem eine überregionale Bedeutung als Lebensraum für **Orchideen.**

FLEISCHER et al. (2001) schreiben zur Situation der Orchideen in Ostthüringen:

„Die Verlustbilanz würde noch weitaus dramatischer aussehen, wenn nicht in den großflächigen Bergbaufolgelandschaften des ehemaligen Altenburger Braunkohlenreviers und des Uranabbaus um Ronneburg Flächen zur Verfügung stünden, die nach und nach von Orchideenarten besiedelt werden, die zu den sogenannten Pionierpflanzen zu zählen sind."

Bisher sind aus dieser Region von den Halden folgende Orchideenarten bekannt: Großes Zweiblatt, Rotbraune Stendelwurz (*Epipactis atrorubens*), Breitblättrige Stendelwurz (*Epipactis helleborine*), Weißes Waldvöglein, Bienen-Ragwurz (Abb. 184), Gewöhnliche Spinnen-Ragwurz und Fuchs` Knabenkraut (Abb. 185).

Unter den **Biotoptypen** der Halden des Uranerzbergbaus sind ebenfalls eine Reihe von bestandsgefährdeten und/oder geschützten Lebensräumen zu finden, so z. B. strukturreiche Waldränder, Feuchtgebüsche, Gebüsche frischer Standorte, Trockengebüsche, Hecken, Naturnahe Kleingewässer, Extensiv genutztes Grünland frischer Standorte, Staudenfluren und Säume frischer Standorte, Staudenfluren trockenwarmer Standorte und Offene natürliche Block- und Geröllhalden. Ihre tierökologische Bedeutung besteht u. a. in den in Tab. 72 benannten Funktionen.

Literatur ⇒ SÄNGER (2005, 2006d), SCHNEIDER & SCHNEIDER (2005), KÖHLER et al. (2008), LANGFERMANN (2009), OEHLER (2009), LANGFERMANN et al. (2010)

Tab. 72: Tierökologische Bedeutung von Biotoptypen der Halden des Uranbergbaus in Thüringen und Sachsen.

Biotoptyp	Tierökologische Bedeutung
Strukturreiche Waldränder	Strukturreiche Waldränder sind häufig von reichlich blühenden und fruchtenden Straucharten geprägt. Bei Südexposition bildet sich ein günstiges, wärmegetöntes Mikroklima heraus. Die artenreiche Fauna setzt sich sowohl aus Arten der Hecken, Gebüsche und Wälder als auch aus Arten der Staudenfluren und Säume zusammen. Für zahlreiche Tierarten sind Waldränder wichtige Teillebensräume, die Nahrung, Deckung und Brutplätze bieten (BUDER 1999).
Feuchtgebüsche	Zu den charakteristischen Tierarten bzw. -gruppen zählen insbesondere Vogel- und Insektenarten, beispielsweise in den Weiden-Auengebüschen des Tief- und Hügellandes: Beutelmeise (*Remiz pendulinus*), Nachtigall (*Luscinia megarhynchos*), Moschusbock (*Aromia moschata*), Linienbock (*Obera oculata*) u. a. (BUDER 1999).
Gebüsche frischer Standorte	Die Fauna weist Ähnlichkeiten zur Fauna der Hecken und Waldränder auf. Zu den charakteristischen Tierarten bzw. -gruppen zählen verschiedene Gebüschbewohner, u. a. Neuntöter (*Lanius collurio*), Goldammer (*Emberiza citrinella*), Dorngrasmücke (*Sylvia communis*) sowie zahlreiche Insektenarten (BUDER 1999).
Trockengebüsche	Zu den charakteristischen Tierarten bzw. -gruppen zählen beispielsweise: Neuntöter, Dorngrasmücke, Goldammer, Zauneidechse, Glattnatter (*Coronella austriaca*), Waldgrille (*Nemobius sylvestris*), Segelfalter (*Iphiclides podalirus*) und zahlreiche weitere Insektenarten (BUDER 1999).
Hecken	Gut strukturierte Hecken schaffen ein günstiges Mikroklima und bieten Nahrung, Deckung, Ruhe- und Brutplätze sowie Rückzugs- und Überwinterungsmöglichkeiten für zahlreiche Vogel-, Kleinsäugetier- und Insektenarten wie Rebhuhn (*Perdix perdix*), Neuntöter, Ortolan (*Emberiza hortulana*), Goldammer, Dorngrasmücke, verschiedene Spitzmausarten sowie Käfer, Schmetterlinge, Hautflügler, Heuschrecken und Netzflügler. Ein erheblicher Teil der Arten nutzt auch die offene Landschaft zum Nahrungserwerb. Hecken sind wesentliche Elemente der Biotopvernetzung (BUDER 1999).
Naturnahe Kleingewässer	Zu den charakteristischen Tierarten bzw. -gruppen ausdauernder Kleingewässer zählen wenig störanfällige Arten wie: Zwergtaucher (*Tachybaptus ruficollis*),

Biotoptyp	Tierökologische Bedeutung
	Teichralle (*Gallinula chloropus*), Amphibien, Mollusken, Libellen, Schwimmkäfer sowie zahlreiche weitere Wirbellose. Kleingewässer gewinnen als Reproduktionsstätten, z. B. für Amphibien wie den Kammmolch (*Triturus cristatus*), an Bedeutung durch weitgehend fehlenden Fischbesatz. Temporäre Kleingewässer sind Laichplätze von Kreuzkröte (*Bufo calamita*), Wechselkröte (*Bufo viridis*) sowie Reproduktionsstätten für die Kleine Pechlibelle (*Ischnura pumilo*) und die Glänzende Binsenjungfer (*Lestes dryas*) (BUDER 1999).
Extensiv genutztes Grünland frischer Standorte	Ökologisch bestehen fließende Übergänge zu den extensiv genutzten Feuchtgrünländern und Halbtrockenrasen. In der Regel sind extensiv genutzte Mähwiesen u. a. aufgrund ihres größeren Blüten- und Samenangebots und der zeitweise höheren Vegetationsschicht arten- und individuenreicher als Weiden. Typische Arten extensiv genutzter Grünlandbereiche sind z. B. Feldlerche (*Alauda arvensis*), Wachtel (*Coturnix coturnix*), Wiesenpieper (*Anthus pratensis*), Schafstelze (*Motacilla flava*), Warzenbeißer (*Decticus verrucivorus*), Wegerich-Scheckenfalter (*Melitaea cinxia*), Violetter Waldbläuling (*Polyommatus semiargus*), Rundaugen-Mohrenfalter (*Erebia medusa*), Braunauge (*Lassiommata marea*) sowie Vertreter der Artengruppen Schwebfliegen, Wanzen, Zikaden und Spinnen (BUDER 1999).
Staudenfluren und Säume frischer Standorte	Staudensäume bieten auch aufgrund ihrer Strukturvielfalt und des Überdauerns über den Winter Rückzugsräume und Überwinterungsorte, auch für Arten des angrenzenden Offenlandes. Charakteristisch sind hochwüchsige und spätblühende Stauden, u. a. Doldenblütler, die eine wichtige Nektarquelle für spätfliegende Insekten (Hautflügler, Schmetterlinge, Schwebfliegen) darstellen (BUDER 1999).
Staudenfluren trockenwarmer Standorte	Zu den charakteristischen Tierarten bzw. -gruppen zählen beispielsweise Zauneidechse, Heuschreckenarten wie Rote Keulenschrecke (*Gomphocerus rufus*) und Gestreifte Zartschrecke (*Leptophyes albovittata*) sowie Hautflügler und Schmetterlinge. Saumpflanzenarten sind bevorzugte Imaginalfutterpflanzen für Insekten der Trocken- und Halbtrockenrasen (BUDER 1999).
Offene natürliche Block- und Geröllhalden	Kleine Nischen und Spalten sind Rückzugs- und Jagdhabitate, z. B. für Zwergspitzmaus (*Sorex minutus*), Glattnatter, Zauneidechse, Waldeidechse (*Lacerta vivipara*) (BUDER 1999).

2.4 Industrielle Absetzanlagen

I Abiotische Standortbedingungen

Das Bergeprodukt der hydrometallurgischen Verfahrensstufen der Uranerzaufbereitung, sogenannte Tailings, wurde in Industrielle Absetzanlagen (IAA) eingespült (vgl. Abb. 172). Neben dem durch den Aufbereitungsprozess nicht mobilisierten Uran enthält dieses Bergeprodukt alle Tochternuklide der Uranisotope in nahezu unveränderter erztypischer Ausgangskonzentration (PAUL et al. 1996). Neben Radionukliden sind im Feststoff und Porenwasser der Tailings Arsen, Sulfat und Chlorid sowie Pyrit in relevanten Mengen enthalten. Die in der Sanierungsverpflichtung der Wismut GmbH befindlichen Industriellen Absetzanlagen befinden sich in Ostthüringen am Standort Seelingstädt (IAA Culmitzsch und Trünzig) und in Westsachsen am Standort Crossen (IAA Helmsdorf und Dänkritz I). Die Tailings wurden am Standort Seelingstädt in ausgeerzte Uranerztagebaue eingespült (PAUL et al. 1996, WISMUT 2011). Am Standort Crossen (Abb. 186) erfolgte die Einlagerung in natürlichen Tallagen (IAA Helmsdorf) und in ausgekiesten Sand- und Kiesgruben (IAA Dänkritz I und II). Die Absetzanlagen werden durch Dämme, Abraumhalden und natürliche Hochlagen begrenzt. Sie sind in Ostthüringen von phyllitischem Tonschiefer und Sandstein und in Westsachsen von sedimentärem Rotliegendem oder tertiären Kiesen und Sanden unterlagert. Technische Parameter der Industriellen Absetzanlagen der Wismut GmbH sind in Tabelle 73 dargestellt (PAUL et al. 1996).

Abb. 186: Noch nicht sanierter Bereich der IAA Helmsdorf am Standort Crossen der Wismut GmbH (21.04.2004).

Tab. 73: Technische Parameter der Industriellen Absetzanlagen (Mittelwerte, Stand 31.12.1994).

Im Feststoff der IAA Helmsdorf sind außerdem 7590 t Arsen enthalten. Der Arsengehalt im Freiwasser beträgt 77 mg/l, der Arsengehalt im Porenwasser bis 6 mg/l.

IAA	Culmitzsch Becken A	Culmitzsch Becken B	Trünzig Becken A	Trünzig Becken B	Helmsdorf	Dänkritz I	Dänkritz II
Fläche Tailings [ha]	158,1	75,8	66,8	48,1	205,3	18,9	6,5
Fläche Freiwasser [ha]	72,7	48,3	0	36,5	139,7	12,2	3...5
Gesamtvolumen [Mio. m³]	61,3	23,6	13	6	45	4,6	0,8
Feststoffmasse [Mio. t]	64,0	27,0	13	6	48,9	6,6	0,8
max. Tailingsmächtigkeit [m]	72	63	30	n.b.	48	23	19
U_{nat} im Feststoff [t]	4800	2240	1500	700	5030	1052	145
^{226}Ra im Feststoff [10^{14} Bq]	7,9	2,4	1,3	0,5	5,5	0,4	4,8
U_{nat} im Freiwasser [mg/l]	0,1	6,3	n.b.[1]	1,0	6,5	1,7	0,5
^{226}Ra im Freiwasser [mBq/l]	191	1232	n.b.[1]	150	1300	760	600
U_{nat} im Porenwasser [mg/l]	0,3...3,9	1,0...16,5	1,2	n.b.	2...30	10...85	n.b.
^{226}Ra im Porenwasser [mBq/l]	...5000	...2300	632	n.b.	500...2000	n.b.	n.b.

[1] 1994 kein Freiwasser vorhanden

Ergänzend dazu sind in den Tabellen 74 und 75 Daten zum Schadstoffgehalt und zu den Schwermetallgehalten der eingelagerten Tailings für die beiden in Ostthüringen liegenden Industriellen Absetzanlagen Culmitzsch und Trünzig nach Angaben von SCHULZE (1993) enthalten.

Tab. 74: Schadstoffgehalt (Jahresdurchschnitt 1992) von Beckeninhaltswässern der IAA Trünzig und Culmitzsch.

IAA	IAA Trünzig			IAA Culmitzsch			
	Freiwasser Becken A	Porenwasser Becken A	Freiwasser Becken B	Freiwasser Becken A	Porenwasser Becken A	Freiwasser Becken B	Porenwasser Becken B
pH-Wert	5,0-7,0	5,7-7,5	5,8-8,0	8,6-10,4	7,2-8,1	7,8-9,2	7,7-8,9
Gesamthärte [°dH]	135	160-790	220	130-140	180-610	60	37-125
Karbonathärte [°dH]	2	<20	3,6	5,4	4-15	43	10-125
Sulfat [g/l]	2,9	3-20	10-12	8-9	10-17	7,4	7-10
Chlorid [g/l]	0,1	0,2-2,4	4,5	1,4	1,2-2,9	1,2	1,0-1,7
Karbonat [mg/l]	0	0	0	40	0	180	0-300
Bikarbonat [mg/l]	48	<50	<100	40	90-350	1100	150-2900
Ammonium [mg/l]	<20	<20	500	5	<30	1,5	<10
Arsen [mg/l]	<0,01	<0,02	0,01	0,02	<0,10	0,20	<1,0
Radium [mBq/l]	<1000	1700-6800	110	300-400	<5000	1500	400-2300
Uran [mg/l]	0,5	0,3-6,6	1,0	0,3-0,5	0,3-3,9	6,9	1,0-16,5

Abb. 187: In der Culmitzschaue nahe der Ortschaft Zwirtzschen (Landkreis Greiz) entstand während der aktiven Zeit des Uranerzbergbaus ein großflächiges Feuchtgebiet mit im Vergleich zum Umland hohen Salzkonzentrationen (19.06.1999).

Tab. 75: Schwermetallgehalte der eingelagerten Tailings (SCHULZE 1993).

Komponenten	Schwermetallgehalte [ppm]
Pb	60-800
Zn	250-800
Cu	250-300
Co	15-40
Ni	25-500
Mo	20-70
As	68-168
Bi	5-30
V	200-800
Cd	10-30
Cr	30-580

Sonderbiotop bergbaubedingte Feuchtgebiete
In Bereichen mit stärkeren Sickerwasseraustritten aus Bergbauliegenschaften (z. B. Halden, Industrielle Absetzanlagen) kam es lokal zur Entstehung größerer Feuchtgebiete, so z. B. auf einer Fläche von (ca. 5 ha) der Culmitzschaue (Abb. 187) nahe der Ortschaft Zwirtzschen (Landkreis Greiz), SÄNGER & VOGEL (1998, 1999), SÄNGER (2000b).
SCHULZE (1993) beschreibt im Zusammenhang mit der Gewässersituation im Lerchenbach die erhöhten Salzbelastungen in diesem Auenbereich. Diese bilden die Grundlage für die Ansiedlung salzholder Pflanzenarten. BÖTTCHER (1999) untersucht diesen Sachverhalt (Vorkommen von Helo- und Halophyten) näher und weist im Filtrat der Bodenproben sowie in Grund- und Oberflächenwasserproben erhöhte Salzgehalte nach (Tab. 76).

Tab. 76: Salzgehalte im Bereich des Feuchtgebietes bei Zwirtzschen (BÖTTCHER 1999).

Anzahl der Proben	Cl^- Min.-Max. [mg/l]	NO_3^- Min.-Max. [mg/l]	SO_4^{2-} Min.-Max. [mg/l]
Boden (96)	4-283	0,3-19	8-11.553
Grundwasser (95)	58-2.953	0,6-51	266-18.094
Oberflächenwasser (28)	126-1.538	1-17	521-11.807

Änderung der Standortbedingungen durch die Sanierung

Auf Grund der von den Industriellen Absetzanlagen ausgehenden Gefährdungen für Menschen und Umwelt werden auch diese Standorte durch trockene in-situ Verwahrung mit Teilentwässerung saniert (WISMUT 2004). Somit ändern sich die zukünftigen Standortbedingungen für die Flora und Vegetation gravierend und sind auch an diesen Standorten nicht mehr mit den vormals existierenden abiotischen Verhältnissen vergleichbar.

II   Flora und Vegetation

Aus botanischer und zoologischer Sicht wurden die in Ostthüringen liegenden Industriellen Absetzanlagen des Uranerzbergbaus während der aktiven Bergbauzeit von Außenstehenden erstmals von FRANK & SÄNGER (1982) unter wissenschaftlichen Fragestellungen untersucht. Inzwischen liegen auch zu diesen Standorten eine Vielzahl von Publikationen vor, so z. B. BOGUNSKI (1991), BÖTTCHER (1999), FRANK & SÄNGER (1996, 1996/97), HELBIG et al. (1993a, 1993b), KOSMALE (1991, 1992), SÄNGER (1993a, 2000b, 2004b, 2006a), SÄNGER et al. (2002), SÄNGER & VOGEL (1998, 1999).

Flora

Auf den in Sachsen und Thüringen liegenden Industriellen Absetzanlagen des Uranerzbergbaus und den durch sie entstandenen großflächigen Feuchtgebieten wurden bisher 411 Arten Farn- und Blütenpflanzen (davon 52 Arten Gehölze, 46 Arten Süßgräser, 9 Arten Sauergräser, 294 Arten Kräuter, 10 Arten Farnpflanzen) nachgewiesen. In Tab. 77 ist eine entsprechende Übersicht zu den Farn- und Blütenpflanzen enthalten.

Tab. 77: Angaben zur Flora im Bereich der Industriellen Absetzanlagen und Feuchtgebiete des Uranerzbergbaus in Thüringen und Sachsen (Stand 2010).

	IAA (gesamt)	IAA (ohne Abdeckung)	IAA (mit Abdeckung)	Feuchtgebiete
untersuchte Anzahl	n=5	n=5	n=2	n=1
Anzahl				
Farn- und Blütenpflanzen	**411**	**300**	**271**	**183**
davon				
Gehölze	52	34	41	18
	12,6 %	11,4 %	15,1 %	9,8 %
Süßgräser	46	36	27	24
	11,2 %	12,0 %	9,9 %	13,2 %
Sauergräser	9	6	4	4
	2,2 %	2,0 %	1,5 %	2,2 %
Kräuter	294	217	193	135
	71,6 %	72,3 %	71,3 %	73,7 %
Farnpflanzen	10	7	6	2
	2,4 %	2,3 %	2,2 %	1,1 %
Nutz- und Zierpflanzen	24	11	14	8
	5,8 %	3,7 %	5,2 %	4,4 %
Neophyten	16	5	15	3
	3,9 %	1,7 %	5,5 %	1,6 %
Rote Liste Arten *)				
Deutschland	5	5	-	-
	1,2 %	1,7 %	-	-
Thüringen	40	27	15	10
	9,7 %	9,0 %	5,5 %	5,5 %
Sachsen	36	23	13	15
	8,7 %	7,7 %	4,5 %	8,2 %
Geschützte Arten	6	6	3	1
	1,4 %	2,0 %	1,1 %	0,5 %

*) incl. Arten der Vorwarnliste zur Roten Liste

Folgende Sippen kommen im Bereich der Industriellen Absetzanlagen auf den Tailings mit hoher Stetigkeit (Stetigkeitsklassen IV und V) vor:

Gehölze
Hänge-Birke, Zitter-Pappel, Sal-Weide

Süßgräser
Weißes Straußgras (*Agrostis stolonifera*), Knick-Fuchsschwanzgras (*Alopecurus geniculatus*), Land-Reitgras, Gewöhnlicher Rot-Schwingel, Gewöhnliches Schilf (*Phragmites australis*), Gewöhnlicher Salzschwaden

Sauergräser
Gewöhnliche Sumpfbinse (*Eleocharis palustris*), Salz-Teichsimse (*Schoenoplectus tabernaemontani*)

Kräuter
Langblättrige Melde (*Atriplex oblongifolia*), Spieß-Melde (*Atriplex prostrata*), Graugrüner Gänsefuß (*Chenopodium glaucum*), Roter Gänsefuß (*Chenopodium rubrum*), Acker-Kratzdistel, Glieder-Binse (*Juncus articulatus*), Zusammengedrückte Binse (*Juncus compressus*), Knäuel-Binse (*Juncus conglomeratus*), Flatter-Binse (*Juncus effusus*), Sparrige Binse (*Juncus squarrosus*), Ufer-Wolfstrapp (*Lycopus europaeus*), Breit-Wegerich, Wasserpfeffer (*Persicaria hydropiper*), Ampfer-Knöterich, Gift-Hahnenfuß (*Ranunculus sceleratus*), Großer Sauerampfer, Kleiner Sauerampfer, Kanadische Goldrute, Acker-Gänsedistel, Wiesen-Löwenzähne, Huflattich, Breitblättriger Rohrkolben (*Typha latifolia*).

Hier sind die Pflanzen ständig einem hohen Salzstress ausgesetzt. Ein Blick auf die Salzverträglichlkeit dieser hochsteten Arten zeigt, dass unter ihnen zu 40 % salzertragende Sippen sind (Tab. 78).

Hinsichtlich der Halophyten (Pflanzen, die einen Salzgehalt in der Bodenlösung von 0,5 % und mehr vertragen) ist jedoch zu bemerken, dass sie auf unversalzten Böden genauso gut, wenn nicht sogar besser gedeihen (Halophyten brauchen das Salz nicht, aber sie vertragen es). Allerdings sind sie auf unversalzten Böden anderen Pflanzen im Wettbewerb um den Standort unterlegen. Auf salzreichen Böden dagegen können sie sich wegen ihrer Salztoleranz weitgehend konkurrenzfrei entwickeln (THOß & BREITFELD 2010). In den Industriellen Absetzanlagen des Uranerzbergbaus ist dies eindrucksvoll zu beobachten (Abb. 188).

Tab. 78: Indikation der Salzgehalte auf den Tailings durch hier siedelnde hochstete Farn- und Blütenpflanzen nach ELLENBERG et al. (2001).

Anzahl der Farn- und Blütenpflanzen	33
davon	
mit Salzzahl 0 (nicht salzertragend)	20
mit Salzzahl 1 (salzertragend)	8
mit Salzzahl 2 (oligohalin)	2
mit Salzzahl 3 (β-mesohalin)	2
mit Salzzahl 7 (polyhalin)	1

Abb. 188: Chenopodiaceen mit größerer Salztoleranz können sich auf den Tailings weitgehend konkurrenzfrei entwickeln (19.06.1999).

Die Flora der Industriellen Absetzanlagen des Uranerzbergbaus und der durch sie entstandenen großflächigen Feuchtgebiete ist weiterhin durch folgende biologisch-ökologische Merkmale charakterisiert (Tab. 79):

Tab. 79: Biologisch-ökologische Merkmale der Flora im Bereich der Industriellen Absetzanlagen und Feuchtgebiete des Uranerzbergbaus in Thüringen und Sachsen (Datenbasis: Tab. 77).

Merkmal	Anteil [%] in den benannten Bereichen		
	IAA (ohne Abdeckung)	IAA (mit Abdeckung)	Feuchtgebiete
Lebensformspektren			
Therophyten	18,9	23,4	15,0
Geophyten	7,6	8,1	11,5
Hemikryptophyten	51,1	45,5	53,0
krautige Chamaephyten	5,4	3,3	1,7
holzige Chamaephyten	0,8	0,9	0,0
Nanophanerophyten	4,1	6,0	5,1
Phanerophyten	5,9	7,2	4,3
Hydrophyten	4,6	2,7	4,7
Lianen	1,4	3,0	3,8
Vollparasiten	-	-	0,4
Halbparasiten	0,3	-	0,4
Strategietypen			
C-Strategie	33,9	38,6	44,4
CS-Strategie	14,5	11,4	12,9
S-Strategie	1,4	0,8	0,6
SR-Strategie	3,1	3,4	2,2
R-Strategie	8,3	10,2	6,2
CR-Strategie	13,1	16,7	11,2
CSR-Strategie	25,6	18,9	22,5
Ausbreitungstypen			
Windausbreitung	40,0	37,5	40,8
Ameisenausbreitung	10,1	10,8	7,9
Klettausbreitung	26,2	24,6	28,6
Wasserausbreitung	6,3	6,3	6,1
Menschenausbreitung	2,1	2,6	2,3
Selbstausbreitung	9,4	10,6	9,9
Verdauungsausbreitung	5,1	6,7	4,4
Tierverschleppung	0,7	1,0	-
Hemerobie			
ahemerob	0,3	0,1	-
oligohemerob	20,4	16,3	19,2
mesohemerob	31,2	30,1	31,0
β-euhemerob	26,9	27,8	28,9
α-euhemeob	14,4	17,2	13,6
polyhemerob	6,9	8,5	7,2
Urbanität			
urbanophob	18,0	13,5	19,2
mäßig urbanophob	46,6	41,6	39,6
urbanoneutral	31,6	37,8	37,4
mäßig urbanophil	3,7	6,4	3,8
urbanophil	-	0,7	-

Vegetation

Auch die nachfolgenden Ausführungen beziehen sich auf die Verhältnisse in den Industriellen Absetzanlagen zu Zeiten des aktiven Bergbaus (auf nichtabgedeckten Tailings und deren Randbereichen). Auf dem zuerst abtrocknenden Absetzschlamm siedeln im unmittelbaren Randbereich annuelle, relativ sukkulente Pflanzen, wie Graugrüner Gänsefuß, Roter Gänsefuß und Gift-Hahnenfuß und bilden die Gesellschaft des Graugrünen und Roten Gänsefußes (Chenopodietum rubri Timar 1947). Diese Arten sind dem feuchten, lockeren Schlamm angepasst und überdauern die frühjährliche Überschwemmung, da ihre Hauptvegetationsperiode im Spätsommer liegt. In diesem Zeitraum fällt auch eine stärkere Aufheizung des dunklen, inzwischen oberflächlich trockneren Schlammes (Abb. 189).

An Standorten, wo eine Überflutung weniger häufig stattfindet und der Absetzschlamm schon mehr verfestigt ist, verstärkt sich das Aufkommen des Gewöhnlichen Salzschwadens, was zur Ausbildung der von dieser Art charakterisierten Gesellschaften führt. Die Chenopodiaceen unterliegen dem zunehmenden Konkurrenzdruck. Die Gewöhnliche Sumpfbinse ist hier ebenfalls eine stete Art, die auf den relativ trockenen Randstandorten der Salzschwaden-Schuppenmieren-Gesellschaften (Puccinellio-Spergularion Beeft. 1965) auch bestandsbildend auftreten kann. In größerer Entfernung von der Wasserlinie bis hin zu den Dämmen der Industriellen Absetzanlagen kommen zunehmend Gesellschaften der wechselfeuchten bis trockenen Standorte vor. Die Vegetation der Industriellen Absetzanlagen und Feuchtgebiete kann wie folgt charakterisiert werden (Tab. 80).

Abb. 189: Auf dem oberflächlich trockenen Absetzschlamm kann sich u. a. die Gesellschaft des Graugrünen und Roten Gänsefußes entwickeln (19.06.1999).

Tab. 80: Vegetation im Bereich der Industriellen Absetzanlagen und Feuchtgebiete des Uranerzbergbaus in Thüringen und Sachsen (Datenbasis: Tab. 77).

Vegetationstyp	Anteil in den IAA (unabgedeckt)	Anteil in den IAA (abgedeckt)	Anteil in den Feuchtgebieten	Stetigkeit	Zugehörige Pflanzengesellschaften
Wälder, Forste und Gehölze	**11,7 %**	**11,5 %**	**6,6 %**	**I**	
Birken-Eichenwälder *Quercetea robori-petraeae*	10,3 %	10,8 %	6,6 %	I	• Birken-Pionierwälder

Metallerzbergbau

Vegetationstyp	Anteil in den IAA (unabgedeckt)	Anteil in den IAA (abgedeckt)	Anteil in den Feuchtgebieten	Stetigkeit	Zugehörige Pflanzengesellschaften
Boreal-kontinentale zwergstrauchreiche Nadelwälder *Vaccinio-Piceetea*	1,4 %	0,7 %	-	I	• Aufforstungen mit *Picea abies, Pinus sylvestris*
Gebüsche, Hecken und Gestrüpp	**3,6 %**	**3,2 %**	**4,9 %**	**I**	
Strauchweiden-Bruchwälder *Carici-Salicetea cinereae*	1,6 %	1,6 %	2,7 %	I	• Grauweiden-Gebüsch
Uferweidengebüsche und Weidenwälder *Salicetea purpureae*	2,0 %	1,6 %	2,2 %	I	• Bruchweiden-Ufergesellschaft • Gesellschaft der Pupur-Weide
Zwergstrauchheiden	**3,0 %**	**2,6 %**	**1,1 %**	**I**	
Heidekraut-Stechginsterheiden *Calluno-Ulicetea*	3,0 %	2,6 %	1,1 %	I	• Beerkraut-Heidekrautheide
Waldnahe Staudenfluren	**7,4 %**	**6,0 %**	**4,9 %**	**I**	
Thermophile und mesophile Saumgesellschaften *Trifolio-Geranietea sanguinei*	2,7 %	1,1 %	1,1 %	I	• Hainwachtelweizen-Saumgesellschaft
Schlagfluren, Kahlschlag-Gesellschaften *Epilobietea angustifolii*	4,7 %	4,9 %	3,8 %	I	• Waldgreiskraut-Weidenröschen-Gesellschaft • Weidenröschen-Fingerhut-Gesellschaft
Salzwasser- und Salzbodengesellschaften	**0,3 %**	**0,4 %**	**0,5 %**	**I**	
Salzrasen und Salzwiesen *Asteretea tripolii*	0,3 %	0,4 %	0,5 %	I	• Salzschwaden-Schuppenmieren-Gesellschaft
Süßwasser-, Ufer-, Quell- und Verlandungsgesellschaften	**7,8 %**	**3,8 %**	**10,3 %**	**I**	
Wasserschweber-Gesellschaften *Lemnetea minoris*	0,3 %	0,4 %	0,5 %	I	• Teichlinsen-Gesellschaft
Wurzelnde Wasserpflanzengesellschaften des Süßwassers *Potamogetonetea pectinati*	1,4 %	-	0,5 %	I	• Wasserknöterich-Schwimmlaichkraut-Gesellschaft
Röhrichte und Großseggenriede *Phragmito-Magnocaricetea*	5,1 %	3,0 %	7,7 %	I	• Schilf-Röhricht • Breitblattrohrkolben-Röhricht • Teichsimsen-Röhricht • Teichschachtelhalm-Röhricht

Vegetationstyp	Anteil in den IAA (unabgedeckt)	Anteil in den IAA (abgedeckt)	Anteil in den Feuchtgebieten	Stetigkeit	Zugehörige Pflanzengesellschaften
					• Gesellschaft der Gewöhnlichen Sumpfsimse • Schlankseggen-Ried • Rohrglanzgras-Röhricht
Pflanzengesellschaften der Sümpfe und Moore	**1,0 %**	**0,4 %**	**1,6 %**	**I**	
Kleinseggengesellschaften der Nieder- und Zwischenmoore sowie der Hochmoorschlenken *Scheuchzerio-Caricetea nigrae*	1,0 %	0,4 %	1,6 %	I	• Braunseggen-Sumpfgesellschaften
Pflanzengesellschaften der Dünen, Wiesen, Trocken- und Magerrasen	**28,3 %**	**23,8 %**	**33,9 %**	**II**	
Schiller- und Silbergras-Pionierrasen *Koelerio-Corynephoretea*	5,4 %	5,6 %	1,0 %	I	• Mauerpfefferreiche Pioniergesellschaften • Heidenelken-Grasnelken-Rasen • Strohblumen-Sandknöpfchen-Rasen
Schwingel-Trespen-Trocken- und Halbtrockenrasen *Festuco-Brometea*	2,7 %	1,1 %	1,6 %	I	• Furchenschwingel-Fiederzwenken-Halbtrockenrasen
Wirtschaftsgrünland *Molinio-Arrhenatheretea*	18,2 %	15,6 %	28,6 %	I-II	• Glatthafer-Wiese • Rainfarn-Glatthafer-Wiese • Fuchsschwanz-Wiese • Rotschwingel-Kammgras-Weide • Saatgrasland
Flutrasen und feuchte bis nasse ausdauernde Trittrasen *Agrostietea stoloniferae*	2,0 %	1,5 %	2,7 %	I	• Straußgras-Gesellschaft • Gesellschaft des Stumpfblättrigen Ampfers • Knickfuchsschwanz-Gesellschaft • Gänsefingerkraut-Gesellschaft • Kriechhahnenfuß-Gesellschaft
Ruderal- und Segetalgesellschaften	**37,9 %**	**48,7 %**	**37,8 %**	**II-III**	
Zweizahn-Gesellschaften und Melden-	3,4 %	3,4 %	2,2 %	I	• Gifthahnenfuß-Gesellschaft • Gesellschaft des

Metallerzbergbau

Vegetationstyp	Anteil in den IAA (unabgedeckt)	Anteil in den IAA (abgedeckt)	Anteil in den Feuchtgebieten	Stetigkeit	Zugehörige Pflanzengesellschaften
Ufergesellschaften *Bidentetea tripartitae*					Graugrünen und Roten Gänsefußes
Einjährige Trittpflanzengesellschaften *Polygono arenastri-Poetea annuae*	7,8 %	6,8 %	12,7 %	I	• Spörgel-Bruchkraut-Trittgesellschaft • Vogel-Knöterich-Trittgesellschaft • Trittgesellschaft des Einjährigen Rispengrases
Einjährige Ruderalgesellschaften *Sisymbrietea officinalis*	1,7 %	1,9 %	0,5 %	I	• Gesellschaft der Tauben Trespe • Kompasslattich-Gesellschaft • Gesellschaft der Hohen Rauke • Glanzmelden-Gesellschaft • Ruderales Gänsefuß-Gestrüpp • Sonnenblumen-Tomaten-Gesellschaft • Gesellschaft des Weißen Gänsefußes
Eurosibirische ruderale Beifuß- und Distelgesellschaften und Queckenrasen *Artemisietea vulgaris*	12,5 %	18,0 %	13,7 %	I	• Gesellschaft der Wegedistel • Natternkopf-Steinklee-Gesellschaft • Möhren-Bitterkraut-Gesellschaft • Rainfarn-Beifuß-Gesellschaft • Huflattich-Gesellschaft • Kletten-Gesellschaft • Kletten-Beifuß-Gesellschaft • Kratzdistel-Gesellschaft • Kanadagoldruten-Gesellschaft • Quecken-Huflattich-Gesellschaft • Quecken-Rasen • Gesellschaft des Land-Reitgrases
Vogelmieren-Ackerunkraut-Gesellschaften *Stellarietea mediae*	12,5 %	18,6 %	8,7 %	I	• Vogelmieren-Klatschmohn-Ackerunkrautgesellschaft • Vogelmieren-Windhalm-Gesellschaft • Sandmohn-Gesellschaft • Gesellschaft des Vielsamigen Gänsefußes

III Naturschutzfachliche Bedeutung

Auch die Industriellen Absetzanlagen und Feuchtgebiete beherbergen vor allem im unabgedeckten Zustand eine hohe Anzahl an bestandsgefährdeten und geschützten Pflanzenarten. Diese verringert sich jedoch nach erfolgter Sanierung dieser Standorte, da die z. T. extremen Standortbedingungen dann nicht mehr vorhanden sind und die entsprechenden daran gebundenen Arten ausbleiben (vgl. Tab. 77). Folgende Farn- und Samenpflanzen, die in Deutschland, Thüringen und/oder Sachsen gefährdet und/oder geschützt sind (Rote Liste und Vorwarnliste nach KORNECK et al. 1996, SCHULZ 1999, KORSCH & WESTHUS 2011) wurden hier nachgewiesen:

IAA / Feuchtgebiete vor der Sanierung
Edle Schafgarbe (*Achillea nobilis*), Sumpf-Schafgarbe (*Achillea ptarmica*), Gewöhnlicher Ackerfrauenmantel (*Aphanes arvensis*), Sumpf-Reitgras (*Calamagrostis canescens*), Wiesen-Glockenblume (*Campanula patula*), Wiesen-Schaumkraut (*Cardamine pratensis*), Nickende Distel (*Carduus nutans*), Zweizeilige Segge (*Carex disticha*), Wiesen-Kümmel (*Carum carvi*), Echtes Tausendgüldenkraut (*Centaurium erythraea*), Graugrüner Gänsefuß, Roter Gänsefuß, Dach-Pippau (*Crepis tectorum*), Büschel-Nelke (*Dianthus armeria*), Heide-Nelke (*Dianthus deltoides*), Nadel-Sumpfbinse (*Eleocharis acicularis*), Hügel-Weidenröschen (*Epilobium collinum*), Sumpf-Weidenröschen (*Epilobium palustre*), Rotbraune Stendelwurz, Schmalblättriges Wollgras (*Eriophorum angustifolium*), Harter Schöterich (*Erysimum marschallianum*), Zimt-Erdbeere (*Fragaria moschata*), Artengruppe Wiesen-Labkraut, Schlitzblättriger Storchschnabel (*Geranium dissectum*), Sand-Strohblume (*Helichrysum arenarium*), Wiesen-Habichtskraut (*Hieracium caespitosum*), Florentiner Habichtskraut (*Hieracium piloselloides*), Schwarzes Bilsenkraut, Geflügeltes Johanniskraut (*Hypericum tetrapterum*), Dürrwurz, Berg-Sandglöckchen (*Jasione montana*), Sparrige Binse, Feld-Hainsimse (*Luzula campestris*), Kuckucks-Lichtnelke (*Lychnis flos-cuculi*), Pechnelke (*Silene viscaria*), Keulen-Bärlapp (*Lycopodium clavatum*), Ähriges Tausendblatt (*Myriophyllum spicatum*), Acker-Zahntrost (*Odontites vernus*), Gewöhnlicher Sumpfquendel (*Peplis portula*), Große Bibernelle (*Pimpinella major*), Norwegisches Fingerkraut (*Potentilla norvegica*), Kleines Wintergrün (*Pyrola minor*), Lederblättrige Rose (*Rosa caesia*), Fluss-Ampfer (*Rumex hydrolapathum*), Großer Wiesenknopf (*Sanguisorba officinalis*), Gewöhnliche Teichsimse (*Schoenoplectus lacustris*), Salz-Teichsimse, Kümmel-Silge (*Selinum carvifolia*), Raukenblättriges Greiskraut (*Senecio erucifolius*), Fluss-Greiskraut (*Senecio sarracenicus*), Einfacher Igelkolben (*Sparganium emersum*), Acker-Spark (*Spergula arvensis*), Gewöhnlicher Teufelsabbiss (*Succisa pratensis*), Europäischer Siebenstern (*Trientalis europaea*), Gold-Klee (*Trifolium aureum*), Schild-Ehrenpreis (*Veronica scutellata*), Hunds-Veilchen (*Viola canina*), Teichfaden (*Zannichellia palustris*)

Wie viele weitere Bergbaufolgelandschaften gehören auch die Industriellen Absetzanlagen (IAA) zu den Lebensräumen von **Armleuchteralgen** (*Charales*). Voraussetzung für das Vorkommen von Characeen ist vor allem eine moderate Trophie. Unter diesen Bedingungen können neben den Industriellen Absetzanlagen auch geflutete bzw. in Flutung befindliche nicht saure Tagebaurestseen des Braunkohlenabbaues, Lehm- und Tongruben sowie Steinbrüche Habitate dieser Artengruppe sein (vgl. entsprechende Kapitel in diesem Buch). Aus den Feuchtgebieten des Uranerzbergbaus in Thüringen und Sachsen sind bisher Nachweise zu den Arten Gegensätzliche Armleuchteralge (*Chara contraria*) und Gewöhnliche Armleuchteralge (*Chara vulgaris*) bekannt (Abb. 190). Armleuchteralgen sind in Deutschland und auch in Sachsen und Thüringen mehrheitlich stark gefährdet (SCHMIDT et al. 1996, DOEGE 2008, KORSCH 2011). Lokal bestehen noch große Wissenslücken über die aktuelle Verbreitung dieser Arten. Unter diesem Gesichtspunkt sollten alle Funde zu Armleuchteralgen in Bergbaufolgelandschaften gemeldet werden (Adresse: BIOS-Büro für Umweltgutachten, Berggasse 6, D-08451 Crimmitschau; e-mail: bios-bfu@arcor.de).

Aus zoologischer Sicht besitzen die Industriellen Absetzanlagen eine überregionale Bedeutung als Brut-, Rast-, Durchzugs- und Überwinterungsgebiet für Vögel, vor allem für Wasservögel und hierbei primär für Enten und Limikolen (FRANK & SÄNGER 1982, HÄßLER 1991, 1992, 1994, 1997, 1998, 2003; HÄßLER & HALBAUER 2007, HOLUPIREK 1976, KRONBACH & WEISE 1993, 1994; LANGE 1988, LANGE & LIEDER 2001,

OERTEL & SAEMANN, 1978, SAEMANN 1976, SEIFERT 1978, SIEBERT 1992). Insofern diese Standorte nicht saniert werden, stellen sie über viele Jahrzehnte Biotope mit einer sehr hohen tierökologischen Bedeutung bereit (Abb. 191).

Abb. 190: Bestand der Gewöhnlichen Armleuchteralge (*Chara vulgaris*) an der Randzone eines Großröhrichts in der IAA Helmsdorf (Landkreis Zwickau) (17.07.2008).

Abb. 191: IAA Dänkritz II (Landkreis Zwickau) als Lebensraum für eine artenreiche Avifauna; L 201/14 (© Wismut GmbH, 01.08.1993).

3 Sukzession im Bereich von Bergbaufolgestandorten des Uranerzbergbaus

Die nachfolgenden Ausführungen zur Sukzession (deutlich sichtbare, in menschlich überschaubaren Zeiten ablaufende Entwicklungen, die durch Veränderungen der Artenverbindung zu neuen Pflanzengesellschaften führen) basieren auf der begrifflichen Zuordnung und Gliederung der „Sukzession" nach DIERSCHKE (1994).

Sukzession auf Halden

Auf den Halden stehen als Siedlungsräume für Farn- und Blütenpflanzen und deren Pflanzengesellschaften folgende Substrate bereit (Tab. 81):

Tab. 81: Besiedelbare Substrate (Rohböden) auf Halden des Uranerzbergbaus.

Substrat (Rohboden)	Merkmale
Rohböden im Bereich von Bergehalden	• pH-Verhältnisse bis zu einer Tiefe von 10 cm im Bereich von natürlichen karbonatreichen Böden, tiefer gelegene Schichten besitzen ein saures Milieu • C/N Verhältnisse zwischen 19 und 30, für Pflanzenwachstum ausreichende Bedingungen • kein Nährstoffmangel bzgl. K und Ca, partiell Überversorgung mit P und Mg • erhöhte Salzkonzentrationen (Chlorid, Sulfat), die zwar zu vermindertem Pflanzenwachstum führen, jedoch nicht phytotoxisch sind
Rohböden, die nach Abtrag der Bergehalden anstehen	• Lößfließerde (Solifluktionslöß) • Zersatzlehm • Zersatzschutt/anstehendes klüftiges Grundgebirge (Schiefer) • Zersatzfließerde • Fein- bis Mittelsand
Rohböden, die durch Verwendung verschiedener Substrate zur Begrünung der sanierten Standorte entstehen	• kiesig-sandige Lehme und anlehmige Sande • in Thüringen auch rückgebautes Abdeckmaterial der Absetzer- und Nordhalde (ZAN) • inertes Abdeckmaterial (IAM)

Nach erfolgter Ankunft der Diasporen (BONN & POSCHLOD 1998, MÜLLER-SCHNEIDER 1977, 1986; LUFTENSTEINER 1982) auf den Rohbodenflächen gilt es für die Pflanzen, die freien Nischen erfolgreich zu besetzen und sich am Standort zu behaupten. Auf den Halden des Uranerzbergbaus sind dabei die Konkurrenzstrategen besonders erfolgreich. Der Prozess der erfolgreichen Ansiedlung ist jedoch ohne Mykorrhiza vielfach nicht möglich (SÄNGER 2003a). Die Primärsukzession verläuft auf den Rohbodenflächen prinzipiell über Gras-Kräuter-Folgen oder Gehölz-Folgen. Maßgeblich gesteuert wird der Verlauf der Primärsukzession über die Korngröße der Substrate.

Substrate feinkörnig	⇒	**Gras-Kräuter-Folgen sind dominant**
Substrate grobkörnig	⇒	**Gehölz-Folgen sind dominant**

Weiterhin entscheiden die in Abb. 192 genannten Faktoren über den Erfolg bzw. Misserfolg der Primärsukzession.

Abiotische sukzessionsbestimmende Faktoren				
Randeffekte - Biotopstruktur im Haldenumland - Ende der Haldenschüttung - Zeit	Morphologie - Plateau - Böschung - Mangel an Reliefstrukturen	Exposition - Himmelsrichtung - Entfernung vom Haldenrand	Bergematerial - pH - ELF - Nährstoffe - Schwermetalle - Salze - H_2O - Korngröße - Temperatur - Verdichtung - Erosion	Mesoklima - Licht - Luftfeuchte - Niederschlag - Verdunstung - Versickerung - Lufttemperatur - Frost - Wind
		Halde (Primärsukzession)		
Diasporen - zoochore Diasporenverbreitung - Abschirmung des Diasporeneintrages (z. B. durch Vorwaldstadien) - Verfügbarkeit - Ausbreitung - Gewicht - Keimfähigkeit - Keimungsbedingungen	ökologische Merkmale - Ausbreitungstyp - Strategietyp - Vermehrung - Wurzelsystem - Wurzelbrut - Mykorrhiza - Allelopathie	Vegetation - Zonation - Cluster - Muster - Regel oder Zufall - Schichtung	Biomasse - Streu - Humusbildung - Austrag von Biomasse	Neobiota - Neophyten - Neozoen
Biotische sukzessionsbestimmende Faktoren				

Abb. 192: Sukzessionsbestimmende Faktoren (Primärsukzession auf Halden des Uranerzbergbaus) nach SÄNGER (2003a) verändert.

Die maßgeblich an der Sukzession beteiligten Phytozönosen können zu folgenden Typen zusammengefasst werden (DIERSCHKE 1994): Pioniergesellschaften, Folgegesellschaften und Schlussgesellschaften.

Das Potenzial der aus dem unmittelbaren Haldenumland auf die Halden einwandernden Arten ist dabei groß (SÄNGER 1993a, 2003a). Jüngere Untersuchungen aus Ostthüringen belegen, dass im Bereich des Aufschüttkörpers Lichtenberg (Landkreis Greiz) 165 der bisher 214 nachgewiesenen Pflanzenarten (77,1 %) aus dem unmittelbaren Haldenumland und nicht aus den ausgebrachten Ansaaten/Aufforstungen stammen (SÄNGER & WITTAU 2010a). Im Bereich der Halde Beerwalde (Landkreis Altenburger Land) sind es 165 der bisher 216 nachgewiesenen Pflanzenarten (76,3 %) (SÄNGER & WITTAU 2010b).

Letztendlich endet unter mitteleuropäischen Verhältnissen jede Sukzession in einem Wald-Stadium. Dieser Prozess ist für die Rekultivierung von Bergbauliegenschaften unter dem Gesichtspunkt der Etablierung langzeitstabiler, sich selbst tragender und regenerierender Ökosysteme von großer Bedeutung. Nach SÄNGER (2003a) erfolgt die Besiedlung der Halden-Rohböden parallel zu den Pflanzengesellschaften des Offenlandes zunächst durch die Gehölze Sal-Weide, Hänge-Birke, Zitter-Pappel und Berg-Ahorn. Es folgen in der Reihenfolge ihrer Abundanzen die Arten Robinie, Gewöhnliche Esche, Stiel-Eiche, Hunds-Rose, Gewöhnliche Schneebeere (*Symphoricarpos albus*), Vogel-

Kirsche, Schwarzer Holunder, Winter-Linde (*Tilia cordata*), Eingriffeliger Weißdorn, Grau-Weide (*Salix cinerea*), Eberesche, Trauben-Eiche und Bruch-Weide (*Salix fragilis*).

Nach langjährigen Untersuchungen war es letztendlich möglich, für die Halden des Uranerzbergbaus ein allgemein gültiges Schema zur Primärsukzession zu entwickeln (Abb. 193).

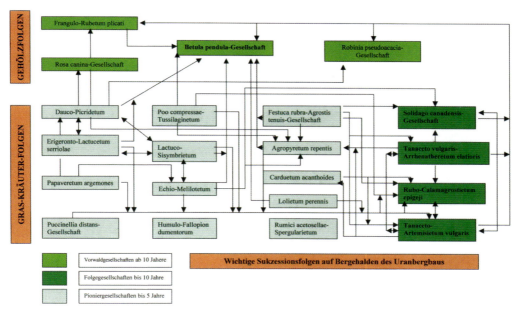

Abb. 193: Sukzessionsschema zur Primärsukzession auf Halden des Uranerzbergbaus nach SÄNGER (2003a).

Literatur ⇒ SÄNGER (1991, 1993a, 1996, 2000a, 2000c, 2000d, 2001, 2002, 2003a, 2003c, 2004a, 2004c, 2006a), SÄNGER & WITTAU (2009, 2010a, 2010b), SÄNGER & WÖLLNER (1994/1995)

Sukzession im Bereich der Industriellen Absetzanlagen

Die Sukzession im Bereich der Industriellen Absetzanlagen ist eng an die Feuchteverhältnisse der Tailings gebunden. Daneben spielen die abiotischen Standortfaktoren Reaktionszahl, Nährstoffzahl, Salz- und Schwermetallgehalt eine wesentliche Rolle hinsichtlich der Ansiedlung der Pflanzenarten. Folgende Sukzessionswege wurden in den IAA nachgewiesen (Tab. 82):

Tab. 82: Sukzessionsschema zur Primärsukzession auf den Tailings der Industriellen Absetzanlagen.

Standort	Pioniergesellschaft	Übergang zu	Folgegesellschaft
Freiwasserzone	Teichlinsen-Gesellschaft		
Spülschlamm nass-feucht	Gesellschaft des Graugrünen und Roten Gänsefußes	⇒	Salzschwaden-Schuppenmieren-Gesellschaft

Standort	Pioniergesellschaft	Übergang zu	Folgegesellschaft
	Kriechhahnenfuß-Gesellschaft	⇒	Salzschwaden-Schuppenmieren-Gesellschaft
		⇒	Vogel-Knöterich-Trittgesellschaft
		⇒	Gesellschaften der *Phragmito-Magnocaricetea*
Spülschlamm abtrocknend	Salzschwaden-Schuppenmieren-Gesellschaft Vogel-Knöterich-Trittgesellschaft	⇒	Huflattich-Gesellschaft
	Huflattich-Gesellschaft	⇒	Gesellschaften der *Artemisietea vulgaris*
		⇒	Gesellschaften der *Phragmito-Magnocaricetea*
Spülschlamm trocken	Gesellschaften der *Artemisietea vulgaris*	⇒	Birken-Vorwald
	Birken-Vorwald	⇒	Birken-Eichenwälder

Literatur ⇒ BOGUNSKI (1991), FRANK & SÄNGER (1982, 1996, 1996/97), KOSMALE (1991, 1992, 1996), SÄNGER (2000b, 2003a, 2004b, 2006a), SÄNGER et al. (2002), SÄNGER & VOGEL (1998, 1999) PANTEL (1964, 1965, 1967), RANFT (1965, 1966), GLUCH & WERNER (1968), GLUCH (1969), SEIDEL & RAU (1971, 1977), SEIDEL & PANTEL (1968a, 1968b, 1973), WÜNSCHE et al. (1987), ARENHÖVEL et al. (1989) und HÄHNE et al. (1991).

4 Aufgaben und Ziele der Sanierung und Rekultivierung

In der Wismut waren bis Ende der 1980er Jahre nur vereinzelt Forschungsarbeiten für die Sanierung der Bergbauflächen geleistet worden. Generell wurde lediglich im Niveau der Tagesoberfläche Wiederurbarmachung mit dem Hauptziel getätigt, der Land- und Forstwirtschaft den laufend neuen Flächeninanspruchnahmen für den Bergbau wieder urbar gemachte Flächen in gleicher Größenordnung zurückzugeben. Die Sanierung erfolgte auf der Grundlage der gesetzlichen Bestimmungen der DDR (BERGBAUTRADITIONSVEREIN WISMUT 2006). Ausführliche Informationen zu diesen Arbeiten an den Standorten der ehemaligen Bergbaubetriebe der WISMUT finden sich in der Chronik der Wismut (WISMUT 2011) und weiterhin bei PANTEL (1961), HAUBOLD (1962), RAU &

Nach Beendigung der Uranproduktion wurde die WISMUT in Bundesbesitz überführt. Seit 1991 werden die Hinterlassenschaften des Uranerzbergbaus nach den gesetzlichen Bestimmungen des Bundesberggesetzes und weiterer für den Bergbau relevanter gesetzlicher Regelungen saniert (DAENECKE et al. 1992, GATZWEILER & MAGER 1993, HAGEN & LANGE 1995, BRENK SYSTEMPLANUNG 1996, GATZWEILER et al. 1996, GATZWEILER & MARSKI 1996, MAGER 1996a, PAUL et al. 1996, SCHREYER 1996, JAKUBICK et al. 1997, HINKE 1997, BRÜCKNER et al. 1999, JAKUBICK 2004, WISMUT (2004, 2011), BENTHAUS et al. 2007, GERBER 2007, JUCKENACK 2007, LEUPOLD & PAUL 2007, MAGER 2007, SCHNEIDER 2007, SPERRHACKE 2007). Schwerpunkte sind dabei:

- die Flutung der untertägigen Grubengebäude,

- die Sanierung der Haldenlandschaften sowie die Rückverfüllung eines Tagebaurestloches bei Ronneburg und
- die Sanierung der Industriellen Absetzanlagen mit Schlämmen der Uranaufbereitung bei Seelingstädt (Thüringen) und Crossen (Sachsen).

In der seit Juni 1993 erscheinenden Werkzeitschrift der Wismut GmbH „DIALOG" wird regelmäßig über den Sanierungsfortschritt an den einzelnen Standorten berichtet, wobei die Mehrzahl der Sanierungsobjekte detailliert dargestellt wird. Für die übertägigen Hinterlassenschaften des Uranerzbergbaus (Tagebau Lichtenberg, Halden aus Nebengestein und Abraum, Industrielle Absetzanlagen) werden nach WISMUT (2004) folgende Sanierungsvarianten angewendet:

Tagebaurestloch Lichtenberg

Das Sanierungskonzept für den Standort Ronneburg (Thüringen) sieht vor, alle Halden südlich der Autobahn A4 (außer Halde 381) in das Tagebaurestloch Lichtenberg umzulagern (Abb. 194).

Sind alle Halden eingelagert, wird eine Abdeckung aus unbelastetem Material den Aufschüttkörper des Tagebaus Lichtenberg abschließen. Als Landschaftsbauwerk wird er weiterhin an die vergangene Bergbautätigkeit in dieser Region erinnern (Abb. 195).

Literatur ⇒ PAUL et al. (2003), GRIEßL (2007)

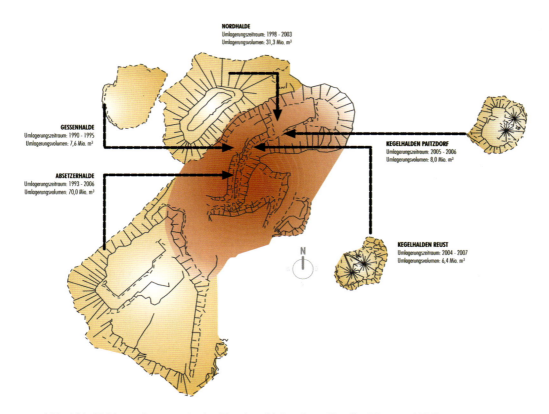

Abb. 194: Haldenumlagerung in den Tagebau Lichtenberg (Quelle: WISMUT 2004).

Abb. 195: Blick zur Schmirchauer Höhe im Bereich des Aufschüttkörpers des Tagebaus Lichtenberg (13.08.2012).

Halden

Die während der aktiven Bergbauzeit an den zahlreichen Standorten der WISMUT aus Nebengestein und Abraum angelegten Halden können nicht in ihrem Zustand belassen werden. Je nach Lage, Form und Schadstoffgehalt gehen von ihnen unterschiedliche Gefährdungen für Menschen und Umwelt aus. Die Wismut GmbH hat daher die Aufgabe, alle Halden sicher und nachhaltig zu sanieren. Dabei werden zwei verschiedene Sanierungsvarianten angewendet. Am ostthüringischen Standort Ronneburg wird der überwiegende Teil der Halden komplett abgetragen und in den ehemaligen Tagebau Lichtenberg umgelagert (vgl. Abb. 194). Dort wo eine Umlagerung aus technischen oder wirtschaftlichen Gründen nicht möglich ist, verwahrt die WISMUT die Halden in situ, das heißt, an Ort und Stelle. Das trifft vorwiegend auf die sächsischen Standorte zu. Nach der standsicheren Profilierung der Halden werden diese mit einer rund einen Meter mächtigen Abdeckschicht versehen und begrünt (Abb. 196).

Für die Rekultivierung und Begrünung der sanierten Haldenstandorte liegt die Orientierung auf kombinierten Wald-/Wiesen-Landschaften. Neben der generellen Wiedernutzbarmachung der Bergbaufolgelandschaft sollen eine abwechslungsreiche Landschaftsgestaltung in Verbindung mit der ökologischen Aufwertung und die Schaffung attraktiver Erholungsgebiete erreicht werden (GATZWEILER & MARSKI 1996, SCHMEES 1999, RUß & WALTHER 1999, DALLY & THIE 1999). Weniger als 10 % der gesamten WISMUT-Liegenschaften sind für eine industrielle bzw. gewerbliche Nachnutzung vorgesehen (GATZWEILER & MARSKI 1996).

Literatur ⇒ ARENHÖVEL et al. (1989), WEISE et al. (1996), KATZUR et al. (2002), JAKUBICK (2004), PAUL (2004), MARSKI (2005), BÖCKER et al. (2007), GRIEßL & SPEER (2007), LANDGRAF et al. (2007a, 2007b), SCHMIDT et al. (2007).

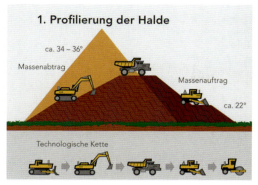

Herstellen einer dauerhaften Standsicherheit der Böschungen durch Verringern der Böschungsneigungen und -längen

Reduzierung der Niederschlagsinfiltration sowie der radiologischen und konventionellen Schadstoffemission

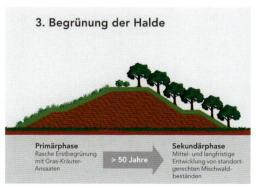

Erosionsschutz für Abdeckung, Wiedernutzbarmachung, Anpassung an das Landschaftsbild

Abb. 196: Prinzipschema der in situ Verwahrung von Halden des Uranerzbergbaus (© Wismut GmbH, Chemnitz).

Industrielle Absetzanlagen

In der Sanierungsverantwortung der Wismut GmbH befinden sich vier Industrielle Absetzanlagen. Das sind die Absetzanlagen Helmsdorf und Dänkritz I am Standort Crossen in der Nähe der Stadt Zwickau (Sachsen) sowie die Anlagen Culmitzsch und Trünzig am Standort Seelingstädt (Thüringen). In diesen vier Anlagen wurden die feinkörnigen Rückstände der Uranerzaufbereitung über Rohrleitungen eingespült und eingelagert. Mit Einstellung der Uranerzgewinnung nahmen diese Anlagen eine Fläche von rund 570 ha ein und stellen eine der größten Herausforderungen bei der Sanierung dar. In den ersten Jahren nach dem Ende der Urangewinnung mussten vor allem Sofortmaßnahmen der Gefahrenabwehr erfolgen. Freiliegende Spülstrände wurden vorerst mit mineralischem Boden bedeckt, um das Abwehen radioaktiven Staubes zu verhindern. Parallel zu diesen ersten Maßnahmen wurden verschiedene Sanierungsoptionen untersucht. Ziel war es, einen langfristig sicheren Zustand der Anlagen zu erreichen. Im Ergebnis der Untersuchungen wurde die sogenannte trockene in situ Verwahrung mit technischer Teilentwässerung als die wirtschaftlichste Variante gewählt. Dabei wird das Freiwasser entfernt, die eingelagerten Tailings werden mit Hilfe von geotechnischen Materialien stabilisiert und schließlich mit mineralischem Boden in mehreren Schichten abgedeckt (Abb. 197).

Das Landschaftsgestaltungskonzept sieht für die fertig sanierten Absetzanlagen Sukzessionslandschaften mit im Wesentlichen auf den Plateauflächen und in Randbereichen zu tätigenden Anpflanzungen von Bäumen und Sträuchern in Form von Gehölzzügen, Gehölzinseln und Baumbeständen vor.

Literatur ⇒ PAUL et al. (1996), JAKUBICK (2004), BARNEKOW et al. (2005), LEUPOLD & STRACKE (2005), LEUPOLD & MERKEL (2006), LEUPOLD et al. (2007), WERNER et al. (2007)

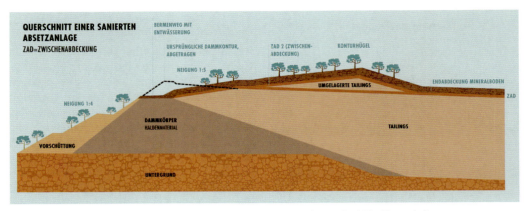

Abb. 197: Querschnitt einer sanierten Absetzanlage (© Wismut GmbH, Chemnitz).

Ausblick

Durch die Sanierungsmaßnahmen werden sich die Bergbaufolgestandorte des Uranerzbergbaus nachhaltig verändern. Neue Tier- und Pflanzenarten, die bisher an diesen Standorten nicht vorkamen, werden in Zukunft in den Artenlisten zu finden sein. Im Gegenzug werden einige Arten, die hochgradig an die Bergbaufolgeflächen vor der Sanierung angepasst waren, an diesen Standorten verschwinden. Die Sanierung ist somit aus ökologischer Sicht eine Herausforderung, die neben der langfristigen, sicheren und wirtschaftlich günstigen Verwahrung dieser Standorte auch naturschutzfachliche Zielstellungen berücksichtigen muss. Dass dieser Weg erfolgreich sein kann, belegen Untersuchungen an bereits sanierten Standorten des ehemaligen Uranerzbergbaus (ARENHÖVEL et al. 2009, SÄNGER 2004a, 2005, 2006d, SÄNGER & WITTAU 2009, 2010a, 2010b, LANGFERMANN et al. 2010).

5 Literatur

ABRASIMOV, A. A. (1985): Wismut GmbH, Geologisches Archiv (GA), Komplexbewertung der Erzhöffigkeit des Westerzgebirges (Bericht über die Ergebnisse der revisions-thematischen Arbeiten der Jahre 1981-1985). SDAG Wismut, GB, Inv.-Nr. 54717, Schlema.

ACEEV, B. N. (1967): Verteilungsgesetzmäßigkeiten und Lokalisationsbedingungen der Uranvererzung in der Lagerstätte Schlema-Alberoda (russ.). SDAG Wismut, Wismut GmbH, Geologisches Archiv Sachsen, A-72, Aue.

ALTMANN, G. (1990): Urangewinnung durch Lösungsbergbau im Elbsandsteingebirge. Erzmetall **43**: 498.

ANCYSKIN, M. P., WOROBEV, B. W. (1953): Material zur Geologie der Uranlagerstätten Thüringens und Süd Sachsen-Anhalts. SDAG Wismut, Inv.-Nr. G642, G1007.

ARENHÖVEL, W., HEINZE, M., KAHLERT, K., KLIER, G. (1989): Revitalisierung von Bergbauflächen der Wismut. Mitt. Landesanstalt Wald Forstwirtschaft **14**: 43-60.

ARENHÖVEL, W., KÖHLER, M., OTT, A., SCHENK, H.-P. (2009): Begrünung der Halde Beerwalde. AFZ, der Wald **10**: 520-523.

BARNEKOW, U., NEUDERT, A., HOEPFNER, U. (2005): Re-contouring and final covering of Trünzig and Culmitzsch Tailings Ponds at Wismut. IAEA-TECDOC-1463, Proc. Technical Meeting, Straz, Czech Republic, 6-8 Sept. 2004: 33-40.

BARTHEL, F. (1977): Uran-Prospektion in der Bundesrepublik Deutschland. Naturwissenschaften **64**: 499-506.

- (1993): Die Urangewinnung auf dem Gebiet der ehemaligen DDR von 1945 bis 1990. Geol. Jb. A **142**: 335-346.

BAUMANN, L. (1958): Tektonik und Genesis der Erzlagerstätte von Freiberg (Zentralteil). Freib. Forschungsh. C **46**.

BENEK, R. (1958): Tektonische Untersuchungen aus dem Raum der Pohlener Störung südlich Gera. Geologie **7** (3-6): 494-518.

BENTHAUS, F.-C., FISCHER, P., JONAS, P., KEßLER, J., NÖTZOLD, D., SCHÜRER, G. (2007):

Definition tolerierbarer verbleibender Risiken an sanierten Bergbauobjekten bei Beendigung der Bergaufsicht. In: PAUL, M., MÄTTIG, P., METZNER, H. (Hrsg.): Proceedings des Internationalen Bergbausymposiums WISMUT 2007 „Stilllegung und Revitalisierung von Bergbaustandorten zur nachhaltigen Regionalentwicklung": 51-57, Wismut GmbH, Chemnitz.

BERGBAUTRADITIONSVEREIN WISMUT (Hrsg.) (2006): „Die Pyramiden von Ronneburg"- Uranerzbergbau in Ostthüringen. Hartenstein.

BfS (1991): Projekt: Radiologische Bewertung Südregion. Bundesamt für Strahlenschutz (BfS), Salzgitter.

- (1994): Erfassung und Bewertung bergbaubedingter Umweltradioaktivität. Bundesamt für Strahlenschutz (BfS), Salzgitter.

BÖCKER, L., LANDECK, I., KATZUR, J., MARSKI, R. (2007): Alternative Sanierungsmaßnahmen zur Wiedernutzbarmachung von Wismut-Halden. In: PAUL, M., MÄTTIG, P., METZNER, H. (Hrsg.): Proceedings des Internationalen Bergbausymposiums WISMUT 2007 „Stilllegung und Revitalisierung von Bergbaustandorten zur nachhaltigen Regionalentwicklung": 185-192, Wismut GmbH, Chemnitz.

BOGSCH, W. (1972): Uranbergbau im Marienberger Revier. Sächs. Heimat (Bonn) **1**: 4-10.

BOGUNSKI, G. (1991): Betrachtungen über die Flora und Fauna der Schlammteiche I-III in Oberrothenbach und Dänkritz bei Zwickau. Manuskr., Reinsdorf.

BONN, S., POSCHLOD, P. (1998): Ausbreitungsbiologie der Pflanzen Mitteleuropas: Grundlagen und kulturhistorische Aspekte. Wiesbaden.

BÖTTCHER, M. (1999): Geoökologische Untersuchungen an Pflanzengesellschaften in einem salzbelasteten Feuchtgebiet in einer Bergbaufolgelandschaft (WISMUT-Region, Ostthüringen). Dipl.-Arb., Chemisch-Geowissenschaftliche Fakultät, Institut für Geographie, Friedrich-Schiller-Universität, Jena.

BRAUN, E. V. (1965): Die mit Bundesmitteln unterstützte Uranprospektion der Jahre 1956-1962. Schr. BMWF **5**.

BRENK SYSTEMPLANUNG (1996): Grundsatzentscheidung über die Sanierung der Absetzanlagen und Halden am Standort Seelingstädt. Bericht, Aachen.

BRÜCKNER, B., DAENECKE, R., FISCHER, K., GATZWEILER, R. (1999): Stand der Sanierung durch die Wismut GmbH an den Standorten Ronneburg und Seelingstädt. Veröff. Museum Gera, Naturwiss. Reihe **26**: 47-65.

BUDER, W. (1999): Rote Liste Biotoptypen. Materialien zu Naturschutz und Landschaftspflege. Hrsg. Sächsisches Landesamt für Umwelt und Geologie, Dresden.

BÜDER, W., SCHUPPAN, W. (1992): Zum Uranerzbergbau im Lagerstättenfeld Schneeberg-Schlema-Alberoda im Westerzgebirge. Schr. R. GDBM **64**: 203-221.

BÜLTEMANN, H. W. (1960): Die Uranmineralien vom Bühlskopf bei Ellweiler, Kreis Birkenfeld/Nahe. Der Aufschluß **11**: 281-283.

- (1965): Das Uranerzvorkommen Ellweiler in Rheinland-Pfalz und Menzenschwand im Schwarzwald. Erzmetall **18**: 79-83.

- (1970): Die Uranlagerstätte Bühlskopf bei Ellweiler. Der Aufschluß, Sonderband **19**: 129-134.

- (1979a): Die Uranvorkommen im ostbayerischen Grundgebirge, Raum Mähring, Krs. Tirschenreuth/Obpf. Z. dt. geol. Ges. **130**: 2.

- (1979b): Die Uranlagerstätte Krunkelbach bei Menzenschwand. Z. dt. geol. Ges. **130**: 2.

- (1979c): Pfälzer Uranerze: Uran-Mineralien am Bühlskopf bei Ellweiler Krs. Birkenfeld/Nahe. Lapis **4** (7): 31.

BÜLTEMANN, H. W., STREHL, E. (1969): Uranvorkommen im Saar-Nahe-Gebiet. Der Aufschluß **20**: 215-220.

C&E (1995): Studie zur Ermittlung der Historie des Haldenaufbaus im Umfeld der IAA Culmitzsch und Trünzig. Bericht, C&E-Consulting & Engeneering GmbH, Chemnitz.

CARIUS, S. (1995): Zur Stratigraphie der paläozoischen Schichtenfolge (Lederschiefer/Ashgill bis Tentakulitenschiefer/unteres und mittleres Devon) im Bereich der NE-Flanke des Bergaer Antiklinoriums bei Ronneburg (Geraer Vorsprung). Z. geol. Wiss. **23** (5/6): 751-759.

-, SZUROWSKI, H., HARTMANN, L. (1968): Dolomitisierung und Hypergenese der Karbonatgesteine der Ockerkalkgruppe (Silur) im Gebiet von Ronneburg (Ostthüringen). Z. angew. Geol. **14** (3): 146-148.

CHRISTOPH, H.-J. (1965): Untersuchungen an den Kohlen und Carbargiliten des Döhlener Beckens mit besonderer Berücksichtigung der radioaktive Substanzen enthaltenden Kohlen. Freib. Forschungsh. C **184**.

CUNEY, M. (2009): The extreme diversity of uranium deposits. Miner. Deposita **44**: 3-9.

DAENECKE, R., HÄHNE, R., KRINKE, E. (1992): Erfahrungen und Probleme bei der Gestaltung der Bergbaufolgelandschaft im dichtbesiedelten Gebiet. Schr. R. GDBM **61**: 115-132.

DALLY, E., THIE, F.-W. (1999): Der Regionale Grünzug von Ronneburg bis Seelingstädt - eine Chance für die Region. Veröff. Museum Gera, Naturwiss. Reihe **26**: 128-158.

DAUBNER, A. (1957): Nebengesteinsabhängige und strukturabhängige Erzverteilung sowie deren Berücksichtigung beim Abbau. SDAG Wismut, Wismut GmbH, GA, Inv.-Nr.: 55198.

DIALOG (1994a): Der Sanierungsbetrieb Seelingstädt gestern und heute. Teil 1: Seelingstädt, die IAA Trünzig und Culmitzsch. Dialog (Werkzeit. Wismut) **5/94**: 30-34.

- (1994b): Der Sanierungsbetrieb Seelingstädt gestern und heute. Teil 1: Betriebsteil Crossen und die IAA Helmsdorf. Dialog (Werkzeit. Wismut) **6/94**: 14-24.

- (1994c): Der Sanierungsbetrieb Königstein gestern und heute. Dialog (Werkzeit. Wismut) **4/94**: 14-21.

DIEHL, P. (1991): Tagung der Bürgerinitiativen gegen Uranabbau in Europa, Zwickau (Sachsen), 01.08.-03.08.1991. Hrsg. Bürgerinitiative gegen Uranabbau im Südschwarzwald, Bürgerinitiative Oberrothenbach.

DIERSCHKE, H. (1994): Pflanzensoziologie - Grundlagen und Methoden. Stuttgart (Hohenheim).

DMT (1994): Untersuchung der geohydraulischen und geochemischen Verhältnisse der Gauern- und Waldhalde. Bericht, DMT-Deutsche Montan Technologie GmbH, Essen.

DOEGE, A. (2008): Rote Liste der Armleuchteralgen Sachsens. Sächsisches Landesamt für Umwelt und Geologie, Dresden.

DREYER, G., EMMERMANN, K.-H., REE, C. (1971): Uran-Quecksilber in Eruptivgesteinen des pfälzischen Rotliegenden. N. Jb. Miner. Abh. **115** (1).

DYMKE, N., WICHTEREY, K., JURK, M., DUSHE, C., KÜMMEL, M. (1996): Die Umweltradioaktivität im ostthüringer Bergbaugebiet. Bundesamt für Strahlenschutz, Salzgitter.

EGNER, H. (1979): Die bergmännischen Untersuchungsarbeiten auf Uranerz der Gew. Brunhilde. Z. Dt. Geol. Ges. B **130**: 2.

ELLENBERG, H., WEBER, H. E., DÜLL, R., WIRTH, V., WERNER, W. (2001): Zeigerwerte von Pflanzen in Mitteleuropa. 3. durchges. Aufl., Scripta Geobotanica **18**, Göttingen.

EMMERMANN, K.-H. (1969): Die Uranführung der Lagerstätte Ellweiler im Nohfelder Porphyrmassiv. Erzmetall **22** (7): 315 S.

- (1970): Die Mineralisation in der Umgebung der Uranlagerstätte Ellweiler im Nohfelder Porphyrmassiv. Der Aufschluß **21**: 365-369.

FALKENBERG, H., SÄNGER, H. (1994/95): Beitrag zur Flora und Vegetation auf ausgewählten Bergehalden des ehemaligen Uranbergbaugebietes Ronneburg im Hinblick auf deren Rekultivierungsmöglichkeiten. Veröff. Museum Gera, Naturwiss. Reihe **21/22**: 73-94.

FEIRER, K., HILLER, A. (1995): Zur Entwicklung des ostdeutschen Uranbergbaus bis 1960. Sächs. Heimatbl. **5**: 258-261.

FENGLER, H.-J. (2008a): Der Uranerztagebau Lichtenberg bei Ronneburg - Geschichte, Bergbau und Geologie. Beitr. Geol. Thüringen N. F. **15**: 205-245.

- (2008b): Der Uranerzbergbau im Ronneburger Revier und die Revitalisierung einer Landschaft. Veröff. Museum Gera, Naturwiss. Reihe **35**: 230-244.

FINCH, W. I. (1996): Uranium Provinces of North America - Their Definitions, Distribution, and Models. U.S. Geological Survey Bulletin **2141**. United States Government Printing Office, Washington.

FISCHER, A. (1987): Untersuchungen zur Populationsdynamik am Beginn von Sekundärsukzessionen. Dissertationes Botanicae **110**: 1-233.

FLEISCHER, M., ECCARIUS, W., FRATSCHER, J., HENZE, U. (2001): Orchideen der Landkreise Greiz, Altenburger Land und der Stadt Gera. Arbeitskreis Heimische Orchideen Thüringen e.V.

FÖRSTER, B., HAACK, U. (1995): U/Pb-Datierungen von Pechblenden und die hydrothermale Entwicklung der U-Lagerstätte Aue-Niederschlema (Erzgebirge). Z. geol. Wiss. **23** (5/6): 517-526.

FRANK, D., SÄNGER, H. (1982): Möglichkeiten der Wiederbesiedlung einer Bergbaufolgelandschaft am Beispiel des Schlammteiches Trünzig (Kreis Greiz) aus botanischer und zoologischer Sicht. Belegarbeit, WB Zoologie/Geobotanik, Martin-Luther-Universität, Halle-Wittenberg.

FRANK, D., SÄNGER, H. (1996): Beitrag zur Vegetationskunde und Sukzession an Absetzanlagen des Uranerzbergbaues. Veröff. Museum Gera, Naturwiss. Reihe **23**: 47-65.

FRANK, D., SÄNGER, H. (1996/97): Beitrag zur Flora und Vegetation an Absetzanlagen des Uranerzbergbaues in Westsachsen. Sächs. Florist. Mitt. **4**: 44-59.

GATZWEILER, R., JAKUBICK, A., PELZ, F. (1996): WISMUT - Sanierung Konzepte und Technologien. Geowissenschaften **14**: 448-451.

GATZWEILER, R., MAGER, D. (1993): Altlasten des Uranbergbaus. Der Sanierungsfall WISMUT. Geowissenschaften **11**: 164-172.

GATZWEILER, R., MARSKI, R. (1996): Haldensanierung - eine interdisziplinäre Herausforderung. Geowissenschaften **14**: 461-465.

GELETNEKY, J., BÜCHEL, G. (2002): Die Ostthüringer Uranbergbauregion: Altlasten und deren Sanierung. Jber. Mitt. oberrhein. geol. Ver. **84**: 135-150.

GELETNEKY, J., FENGLER, H.-J. (2004): Quartäre Talentwicklung des oberen Gessentales im ehemaligen Ronneburger Uranabbaugebiet, Ostthüringen. Beitr. Geol. Thüringen N. F. **11**: 35-67.

GERBER, H. (2007): Möglichkeiten und Grenzen der touristischen Nachnutzung einer Bergbaufolgelandschaft - dargestellt am Beispiel der „Neuen Landschaft Ronneburg". In: PAUL, M., MÄTTIG, P., METZNER, H. (Hrsg.): Proceedings des Internationalen Bergbausymposiums WISMUT 2007 „Stilllegung und Revitalisierung von Bergbaustandorten zur nachhaltigen Regionalentwicklung": 235-243, Wismut GmbH, Chemnitz.

GILCHER, S. (1995): Lebensraumtyp Steinbrüche. Landschaftspflegekonzept II (17): 176 S., Hrsg. Bayer. StMLU (München) & ANL (Laufen).

- , BRUNS, D. (1999): Renaturierung von Abbaustellen. Stuttgart (Hohenheim).

GLADKIH, V. A., EVZIK, L. N., ZUBAREV, U. P. (1956): Geologischer Bau der Lagerstätte Johanngeorgenstadt und ihrer Umgebung. Wismut GmbH, GA, SDAG Wismut, Inv.-Nr. 54756.

GLUCH, W. (1969): Vorläufiges Gutachten über die Verwendbarkeit von Müllasche zur Wiederurbarmachung von Bergbauhalden. Institut für Landesforschung und Naturschutz Halle, Zweigstelle für Wiedernutzbarmachung Dölzig.

GLUCH, W., WERNER, K. (1968): Bericht für das Jahr 1968 über die Arbeiten des Vertrages „Müllrekultivierung im Tagebaubereich Lichtenberg" zwischen der SDAG Wismut Gera und dem Institut für Landesforschung und Naturschutz Halle, Zweigstelle für Wiedernutzbarmachung Dölzig. Reg.-Nr.: 20/68.

GÖL (1994): Wismut GmbH „Halden Seelingstädt" - Pflanzensoziologische Untersuchungen im Rahmen des Biomonitoring. Manuskr. (Gesellschaft für Ökologie und Landschaftsplanung mbH), Weida.

GRIEßL, D. (1996): Wiedernutzbarmachung der Haldenaufstandsfläche der Gessenhalde als Beitrag zur Revitalisierung des Gessentales. Tagungsband Workshop „Revitalisierung/ Wiedernutzbarmachung der Bergbaufolgelandschaft des Uranerzbergbaus in Sachsen und Thüringen" vom 08.-10.10.1996. Wismut GmbH, Chemnitz.

- (2007): Die Verfüllung des Tagebaues Lichtenberg. In: PAUL, M., MÄTTIG, P., METZNER, H. (Hrsg.): Proceedings des Internationalen Bergbausymposiums WISMUT 2007 „Stilllegung und Revitalisierung von Bergbaustandorten zur nachhaltigen Regionalentwicklung": 193-194, Wismut GmbH, Chemnitz.

- , SPEER, M. (2007): Komplexe Haldensanierung im Erzgebirge. In: PAUL, M., MÄTTIG, P., METZNER, H. (Hrsg.): Proceedings des Internationalen Bergbausymposiums WISMUT 2007 „Stilllegung und Revitalisierung von Bergbaustandorten zur nachhaltigen Regionalentwicklung": 177-184, Wismut GmbH, Chemnitz.

GUDDEN, H., ECKMANN, W. (1970): Die Uranprospektion der Eisenwerksgesellschaft Maximilianhütte in NE-Bayern. Glückauf **106**: 380.

HAGEN, M., LANGE, G. (1995): Der Flutungsprozess ehemaliger Uranerzgruben in Ostdeutschland als Sanierungsschwerpunkt der Wismut GmbH. Erzmetall **48**: 790-801.

HÄHNE, R., BÄR, H., ZURL, R., NEUBERT, G. (1991): Zwischenbericht über den Stand der Versuchsarbeiten zur Rekultivierung von Halden des Bergbaubetriebes Ronneburg. Büro für Umweltsanierungskonzepte USAKO, Gera.

HAMANN, M., HAMANN, S. (1990): Der Uranerzbergbau der SDAG Wismut im Raum Schneeberg, Aue, Schlema. Mineralien-Welt **2**.

HAMANN, S., SCHREIBER, W. (2001): Vor Ort. Auf den Spuren des Thüringischen Uranerzbergbaus. Haltern.

HARLAß, E., SCHÜTZEL, H. (1965): Zur Stellung der Barytgänge in der Wolframitlagerstätte Aue (Sachsen). Z. angew. Geol. **11**: 521-524.

HÄßLER, C. (1991): Ornithologische Beobachtungen im Landkreis Werdau/Sa. Beobachtungsjahr 1990. Landratsamt Werdau.

- (1992): Ornithologische Beobachtungen im Landkreis Werdau. Beobachtungsjahr 1991. Landratsamt Werdau.

- (1994): Ornithologische Beobachtungen im Landkreis Werdau. Beobachtungsjahr 1993. Landratsamt Werdau.

- (1997): Ornithologische Beobachtungen in Zwickau und im Landkreis Zwickauer Land. Beobachtungsjahr 1996. Landkreis Zwickauer Land.
- (1998): Ornithologische Beobachtungen im Landkreis Zwickauer Land und in Zwickau. Beobachtungsjahr 1997. Landkreis Zwickauer Land.
- (2003): Ornithologische Beobachtungen im Landkreis Zwickauer Land und in der Stadt Zwickau. Beobachtungsjahr 2002. Landkreis Zwickauer Land.

HÄßLER, C., HALBAUER, J. (2007): Vogelwolken über dem Schilf: Beobachtungen an einem Massenschlafplatz der Stare. Der Falke **54**: 416-421.

HAUBOLD, W. (1962): Zum Problem der Rekultivierung von Halden der SDAG Wismut im Stadtgebiet Annaberg-Buchholz. Naturschutzarbeit Heimatforschung Sachsen **4**: 79-87.

HECHT, L., CUNEY, M. (2000): Hydrothermal alteration of monazite in the Precambrian crystaline basement of the Athabasca Basin (Saskatchewan, Canada): implication for the formation of unconformity-related uranium deposits. Miner. Deposita **35**: 791-795.

HELBIG, M., HORN, U., MOHLZAHN, D., HENTSCHEL, E., SÄNGER, H. (1993a): Die Honigbiene (Apis mellifera) als Bioindikator für die Radionuklidbelastung im Uranabbaugebiet um Ronneburg (Thüringen). Veröff. Museum Gera, Naturwiss. Reihe **20**: 98-102.

HELBIG, M., HORN, U., MOHLZAHN, D., HENTSCHEL, E., SÄNGER, H. (1993b): Die Honigbiene (Apis mellifera) als Bioindikator für die Radionuklidbelastung in Ronneburg/Thüringen. Proc. 2. Jenaer Bienenkundliches Symposium.

HILLER, A. (1995): Geologischer Bau der Lagerstätten Hämmerlein und Tellerhäuser im Westerzgebirge. Z. geol. Wiss. **23** (5/6).

HINKE, K. (1997): Die Verwahrung des Tagebaurestloches Lichtenberg am Standort Ronneburg. Glückauf **135** (5): 246-250.

HOLUPIREK, H. (1976): Zum Brüten des Flussregenpfeifers im Bezirk Karl-Marx-Stadt. Faun. Abh. Mus. Tierk. Dresden **6**: 55-68.

HOTH, K. (1984): Zur Geologie und Stratigraphie des mittleren Erzgebirges. Fundgrube **20**: 84-88, 116-125.

JAKUBICK, A. (2004): Zusammenfassende Ergebnisse. Wismut-Workshop-Nachnutzung von Halden, Schlammteichen sowie Betriebs- und Haldenaufstandsflächen unter Beachtung von forstwirtschaftlichen und naturschutzfachlichen Aspekten. Chemnitz 11. und 12. Mai 2004, CD ROM. Wismut GmbH, Chemnitz.

JAKUBICK, A. T., GATZWEILER, R., MAGER, D., ROBERTSON, A., MACG, A. (1997): The Wismut waste rock pile remediation programm of the Ronneburg Mining district, Germany. Proceedings of the 4th International Conference on Acid Rock Drainage, May 31-June 6. Vancouver, B.C. Canada.

JENK, U., METSCHIES, T. (2001): Die hydrogeologische und hydrogeochemische Situation vor der Flutung der Grube Königstein. Dialog (Werkzeit. Wismut) **30**: 7-8.

JUCKENACK, C. (2007): Nachhaltige Nutzung von sanierten Bergbauflächen in der Ostthüringer Uranerzbergbauregion im Kontext mit der Flächenhaushaltspolitik in Thüringen. In: PAUL, M., MÄTTIG, P., METZNER, H. (Hrsg.): Proceedings des Internationalen Bergbausymposiums WISMUT 2007 „Stilllegung und Revitalisierung von Bergbaustandorten zur nachhaltigen Regionalentwicklung": 31-35, Wismut GmbH, Chemnitz.

JUNG, D. (1970): Permische Vulkanite im SW-Teil des Saar-Nahe-Pfalz-Gebietes. Der Aufschluß Sonderband **19**: 185-201.

KARLSCH, R. (1993): „Ein Staat im Staate". Der Uranbergbau der Wismut AG in Sachsen und Thüringen. Bundeszentr. f. polit. Bild. (Hrsg.): Das Parlament, Beil.: Aus Politik und Zeitgeschichte **12**: 14-23, Bonn.

-, SCHRÖTER, H. (Hrsg., 1996): „Strahlende Vergangenheit": Studien zur Geschichte des Uranerzbergbaus der Wismut. St. Katharinen.

-, ZEMAN, Z. (2002): Urangeheimnisse. Das Erzgebirge im Brennpunkt der Weltpolitik 1933-1960. Berlin.

KATZUR, J., BÖCKER, L., FISCHER, K., LIEBNER, F., MARSKI, R. (2002): Aufforstung von Halden unter Verwendung neuartiger Bodenverbesserungsmittel. AFZ, der Wald **6**: 287-290.

KIRCHBERG, H. (1953): Aufbereitung bergbaulicher Rohstoffe. Jena.

KIRCHHEIMER, F. (1952): Die Uranerzvorkommen im mittleren Schwarzwald. Mitt.-Bl. bad. geol. Landesanstalt **1951**: 1-74.

- (1953): Untersuchungen über das Vorkommen von Uran im Schwarzwald. Abh. geol. Landesamt Baden-Württemberg **1**: 1-60.
- (1957): Bericht über das Vorkommen von Uran in Baden-Württemberg. Abh. geol. Landesamt Baden-Württemberg **2**: 1-137.
- (1963): Das Uran und seine Geschichte. Stuttgart.

KLOTZ, S. (1991): Bioindikation anthropogener Einwirkungen auf die Landschaft. In: SCHUBERT, R. (Hrsg.): Bioindikation in terrestrischen Ökosystemen: 174-184, Jena.

KLOTZ, S., KÜHN, I. (2002): Indikatoren des anthropogenen Einflusses auf die Vegetation. Schr. R. Vegetationskunde **38**: 241-246.

KLOTZ, S., KÜHN, I., DURKA, W. (2002): BIOLFLOR - Eine Datenbank mit biologisch-ökologischen Merkmalen zur Flora von Deutschland. Schr. R. Vegetationskunde **38**.

KÖGEL, W. (1991): Zur Bergbaugeschichte und Entwicklung der Bergbautechnologie. In: Bergbau, Geologie und Mineralisation des Ronneburger Uranlagerstättenkomplexes. Veröff. Museum Gera, Naturwiss. Reihe **18**: 10-19.

KÖHLER, G., SCHNEIDER, N., SCHNEIDER, A., BOGUNSKI, G., FISCHER, U., SÄNGER, H. (2008): Heuschrecken im Bereich der Uranbergbauhalden Reust, Stolzenberg und Beerwalde bei Ronneburg/Thüringen (Insecta: Ensifera, Caelifera). Thür. Faun. Abh. **13**: 75-90.

KORNECK, D., SCHNITTLER, M., VOLLMER, I. (1996): Rote Liste der Farn- und Blütenpflanzen (Pteridophyta et Spermatophyta) Deutschlands. Schr. R. Vegetationskunde **28**: 21-287.

KORSCH, H. (2011): Rote Liste der Armleuchteralgen (Charophyceae) Thüringens. Naturschutzreport (Jena) **26**: 406-410.

- , WESTHUS, W. (2011): Rote Liste der Farn- und Blütenpflanzen (Pteridophyta et Spermatophyta) Thüringens. Naturschutzreport (Jena) **26**: 366-390.

KOSMALE, S. (1991): Pflanzenkartierung im Bereich der Wismut-Auflandeteiche Helmsdorf-Dänkritz. Manuskr., Zwickau.

- (1992): Die Flora der IAA (Industrielle Absetzanlagen) I, II, III im Raum Oberrothenbach/Dänkritz und deren nächste Umgebung. Manuskr., Zwickau.

- (1996): Besonderheiten der Flora der Wismut-Absetzbecken bei Dänkritz-Oberrothenbach. Pulsatilla **1** (1): 49-50.

KOWARIK, I. (1988): Zum menschlichen Einfluß auf Flora und Vegetation. Landschaftsentw. u. Umweltforsch. **56**: 280 S.

KRONBACH, D., WEISE, W. (1993): Ornithologischer Beobachtungsbericht für das Gebiet des Regierungsbezirkes Chemnitz über die Jahre 1989, 1990 und 1991. Mitt. Ver. Sächs. Ornithol. **7**: 159-170.

KRONBACH, D., WEISE, W. (1994): Ornithologischer Beobachtungsbericht für das Gebiet des Regierungsbezirkes Chemnitz über die Jahre 1992 und 1993. Mitt. Ver. Sächs. Ornithol. **7**: 325-334.

KUHLMANN, J. (1978): Uranprospektion - Saarberg V (1978). Saarbrücken.

KUMMER, A. (1949): Zu den Nachrichten über Uranerzfunde im Fichtelgebirge. Z. Erzbergbau Metallhüttenwesen **2**.

LANDGRAF, D., BÖCKER, L., MARSKI, R. (2007a): Anwendungspotentiale für „Nachwachsende Rohstoffe" auf den sanierten Flächen der Wismut GmbH. In: PAUL, M., MÄTTIG, P., METZNER, H. (Hrsg.): Proceedings des Internationalen Bergbausymposiums WISMUT 2007 „Stilllegung und Revitalisierung von Bergbaustandorten zur nachhaltigen Regionalentwicklung": 245-252, Wismut GmbH, Chemnitz.

LANDGRAF, D., LANDECK, I., SPEER, M. (2007b): Offenlandmanagement von Liegenschaften der Wismut GmbH durch Schafbeweidung- Chancen und Risiken. In: PAUL, M., MÄTTIG, P., METZNER, H. (Hrsg.): Proceedings des Internationalen Bergbausymposiums WISMUT 2007 „Stilllegung und Revitalisierung von Bergbaustandorten zur nachhaltigen Regionalentwicklung": 291-292, Wismut GmbH, Chemnitz.

LANGE, E., MOTZ, H., REICHARDT, C., SCHMIDT, H. (1999): Stratigraphie und Tektonik des gefalteten Paläozoikums nördlich und nordöstlich von Ronneburg. Beitr. Geol. Thüringen N. F. **6**: 119-157.

LANGE, G. (1995): Die Uranlagerstätte Ronneburg. Z. geol. Wiss. **23** (5/6): 517-526.

- , FREYHOFF, G. (1991): Geologie und Bergbau in der Uranlagerstätte Ronneburg/ Thüringen. Erzmetall **44**: 264-269.

- , MÜHLSTEDT, P., FREYHOFF, G., SCHRÖDER, S. (1991): Der Uranerzbergbau in Thüringen und Sachsen - ein geologisch-bergmännischer Überblick. Erzmetall **44**: 162-171.

- , SCHUSTER, D., DIETEL, W. (1995): Die Uranvererzung in der Lagerstätte Ronneburg. Veröff. Museum Gera, Naturwiss. Reihe **21/22**: 25-41.

LANGE, H. (1988): Bemerkenswerte avifaunistische Beobachtungen aus Thüringen. Thür. ornithol. Mitt. **38**: 53-76.

- , LIEDER, K. (2001): Kommentierte Artenliste der Vögel des Landkreises Greiz und der Stadt Gera. Veröff. Museum Gera, Naturwiss. Reihe **28**: 16-70.

LANGFERMANN, C. (2009): Untersuchung zur Wiederansiedlung der Halde Beerwalde durch die Ordnung Webspinnen (Arachnida: Araneae). Bachelor-Arb., Studiengang Biogeowissenschaften, Friedrich-Schiller-Universität, Jena.

LANGFERMANN, C., OEHLER, C., KÖHLER, G., SÄNGER, H. (2010): Zur Besiedlung der rekultivierten Uranbergbauhalde Beerwalde (Ostthüringen) durch Webspinnen und Laufkäfer (Arachnida: Araneae; Insecta: Coleoptera, Carabidae). Mauritiana **21**: 108-125.

LEUPOLD, D., MERKEL, G. (2006): Subaquatische Vorkonsilidierungsarbeiten zur Stabilisierung eingelagerter Feinschlammtailings auf einer industriellen Absetzanlage. Bauingenieur **81** (2): 67-71.

LEUPOLD, D., PAUL, M. (2007): Das Referenzprojekt Wismut: Sanierung und Revitalisierung von Uranerzbergbau-Standorten in Sachsen und Thüringen. In: PAUL, M., MÄTTIG, P., METZNER, H. (Hrsg.): Proceedings des Internationalen Bergbausymposiums WISMUT 2007 „Stilllegung und Revitalisierung von Bergbaustandorten zur nachhaltigen Regionalentwicklung": 151-157, Wismut GmbH, Chemnitz.

LEUPOLD, D., STRACKE, H.-D. (2005): Sanierung der industriellen Absetzanlagen der Wismut GmbH. Tagungsband 10. Dresdner Grundwasserforschungstage, 13./14. Juni 2005.

LEUPOLD, D., STRACKE, H.-D., OSWALD, K.-D., MERKEL, G. (2007): Stabilisierung gering tragfähiger Tailings durch Herstellung einer Auf- und Überlastschüttung auf der IAA Trünzig. In: PAUL, M., MÄTTIG, P., METZNER, H. (Hrsg.): Proceedings des Internationalen Bergbausymposiums WISMUT 2007 „Stilllegung und Revitalisierung von Bergbaustandorten zur nachhaltigen Regionalentwicklung": 177-184, Wismut GmbH, Chemnitz.

LEUTWEIN, F., RÖSLER, H.-J. (1956): Geochemische Untersuchungen an erzführenden Kohlen Mittel- und Ostdeutschlands. Freib. Forschungsh. C **19**.

LORENZ, W., HOTH, K. (1990): Lithostratigraphie im Erzgebirge-Konzeption, Entwicklung, Probleme und Perspektiven. Abh. Staatl. Mus. Mineral. Geol. Dresden **37**: 7-35.

LUFTENSTEINER, H. W. (1982): Untersuchungen zur Verbreitungsbiographie von Pflanzengemeinschaften an vier Standorten in Niederösterreich. Bibl. bot. **135**: 1-68.

MAGER, D. (1996a): Das Sanierungsprojekt WISMUT: Internationale Einbindung, Ergebnisse und Perspektiven. Geowissenschaften **14**: 443-447.

- (1996b): Wismut - die letzten Jahre des ostdeutschen Uranerzbergbaus. In: KUHRT, E. (Hrsg.): Am Ende des Sozialismus: Beiträge zu einer Bestandsaufnahme der DDR-Wirklichkeit in den 80er Jahren. Bd. 2: Die wirtschaftliche und ökologische Situation der DDR in den 80er Jahren: 267-295, Opladen.

- (2007): Nachhaltigkeit im Uranbergbau: Von der Lagerstättenexploration zur Bergbaustilllegung. In: PAUL, M., MÄTTIG, P., METZNER, H. (Hrsg.): Proceedings des Internationalen Bergbausymposiums WISMUT 2007 „Stilllegung und Revitalisierung von Bergbaustandorten zur nachhaltigen Regionalentwicklung": 37-42, Wismut GmbH, Chemnitz.

MARSKI, R. (2005): Haldensanierung am Standort Aue. Tagungsband 10. Dresdner Grundwasserforschungstage, 13./14. Juni 2005.

MATHE, G. (1961): Geochemische und lagerstättengenetische Untersuchung an erzführenden Kohlen des Döhlener Beckens. Dipl.-Arb., Bergakademie Freiberg.

MÄUSEZAHL, M. (2001): Das Wuchsverhalten von verschiedenen Baumarten auf Kippenstandorten des Uranbergbaus. Dipl.-Arb., Fachhochschule für Forstwirtschaft, Schwarzburg.

METZ, R. (1955): Der Silber-Kobaltbergbau im Wittichener Revier und die Kinzigtäler Blaufarbenwerke. Alemannisches Jb. **3**: 224-262.

MEYER, W. (2002): Erfassung und Bewertung bergbaulicher Umweltradioaktivität. Ergebnisse des Projektes Altlastenkataster. Bundesamt für Strahlenschutz, Salzgitter.

MÜLLER-SCHNEIDER, P. (1977): Verbreitungsbiologie (Diasporologie) der Blütenpflanzen. Veröff. Geobot. Inst. ETH, Stiftung Rübel **61**: 226 S.

- (1986): Verbreitungsbiologie der Blütenpflanzen Graubündens. Veröff. Geobot. Inst. ETH, Stiftung Rübel **85**: 5-263.

NEPOCATYCH, V. P. (1991): Abschlußbericht zur Lagerstätte Niederschlema-Alberoda. SDAG Wismut, Wismut GmbH, Geologisches Archiv Sachsen, A-320, Aue.

NEUHAUS, F.-J. (1987): Zur Bedeutung von Steinbrüchen als Sekundärbiotope. Sonderdruck aus „Die Naturstein-Industrie". Ausgabe 6/87.

OEHLER, C. (2009): Wiederbesiedlung der Halde Beerwalde (Thüringen) durch Laufkäfer (Coleoptera: Carabidae). Bachelor-Arb., Studiengang Biogeowissenschaften, Friedrich-Schiller-Universität, Jena.

OERTEL, S., SAEMANN, D. (1978): Jahresbericht 1976 und 1977 der AG Avifaunistik im Bezirk Karl-Marx-Stadt. Actitis **15**: 59-84.

PANKRATOW, E. L. (1965): Geologie, Mineralogie und Genese der Uranlagerstätten im Zechstein

Thüringens und Sachsens. Diss., Geologisches Archiv Sachsen, Wismut GmbH, Inv.-Nr. 800.

PANTEL, H. (1961): Bodengeologischer Bericht über den Kulturwert der Deckgebirgsschichten im Tagebau Culmitzsch (SDAG Wismut, Objekt 90). Staatliche Geologische Kommission, Geologischer Dienst Jena, Abteilung Angewandte Geologie.

PASSWORD, F. (2006): Uranium. Namibia. Africa Res. Bull. EFT Ser. **43**: 17164C-17165C.

PAUL, A. (2004): Gestaltung der Halde Beerwalde unter landschaftsarchitektonischen Gesichtspunkten. Dipl.-Arb., Fachhochschule für Forstwirtschaft, Schwarzburg.

PAUL, M., GRÜNLER, B. (2008): Die Verfüllung des Tagebaurestlochs Lichtenberg am Standort Ronneburg. Beitr. Geol. Thüringen N. F. **15**: 247-266.

PAUL, M., KAHNT, R., BAACKE, D., JAHN, S., ECKART, M. (2003): Cover design of a backfilled open pit based on a systems approach for a uranium mining site. 6th ICARD, Cairns, Australia 12-18 July 2003. S. 351-361.

PAUL, M., NEUDERT, A., PRIESTER, J., STRACKE, H.-D. (1996): Sanierung der Industriellen Absetzanlagen der WISMUT GmbH. Geowissenschaften **14**: 476-480.

POLIKARPOWA, V., MIHAILOVSKIJ, M. (1971): Untersuchungen des geologischen Baus des Untergrundes im SE-Teil der Elbtalzone im Gebiet der in den Kreideablagerungen aufsitzenden Uranlagerstätte. Wismut GmbH, Geologisches Archiv Sachsen (GA), Nr. 54925.

POLITO, P. A., KYSER, T. K., STANLEY, C. (2009): The Proterozoic, albitite-hosted, Valhalla uranium deposit, Queensland, Australia: a description of the alteration assemblage associated with uranium mineralisation in diamond drill hole V39. Miner. Deposita **44**: 11-40.

PROKOP, R., HOFMANN, M., PIETZSCH, G., STELZIG, R., UHLE, H. (1991): SDAG Wismut: Der Uranerzbergbau in der ehemaligen DDR. Glückauf **127**: 345-357.

RANFT, H. (1965): Erster Rekultivierungsabschnitt auf den erzgebirgischen Erzbergbauhalden. Die sozialistische Forstwirtschaft **15**: 8-65.

- (1966): Untersuchungen und Versuche zur Rekultivierung von Erzbergbauhalden des sächsischen Erzgebirges. Diss. A, Technische Universität, Dresden.

RAU, D., PANTEL, H. (1964): Gutachten über den Kulturwert der gesamten Schichtenfolge im Tagebau und der pleistozänen Deckschichten im Bereich der projektierten Halde des Tagebaues „Phillip Müller" Lichtenberg (SDAG Wismut). VEB Geol. Erkundg. West Halle, BA Jena, Abt. Kartierung, Fachgebiet Bodengeologie.

RAU, D., PANTEL, H. (1965): Gutachten über die Wiederurbarmachung von Halden (Waldhalde, Jashalde) des Tagebaues Culmitzsch der SDAG Wismut. VVB Feste Minerale, VEB Geologische Erkundung West, Jena.

RAU, D., PANTEL, H. (1967): Gutachten über die Wiederurbarmachung der Wolfersdorfer Halde, Gebiet Culmitzsch, der SDAG Wismut. Staatssekretariat für Geologie, VEB Geologische Erkundung West, Dienstbereich Geologie.

REICHEL, W., GÖLDNER, P. (1974): Geologischer Bau und Erzführung der Lagerstätte Freital. Wismut GmbH, GA, G1721.

REIMANN, M., SCHULMEISTER, A. (1994): Gipsabbau mit der Natur. Rekultivierung und Renaturierung abgebauter oberflächennaher Lagerstätten. Gebr. Knauf Westdeutsche Gipswerke, Iphofen.

RICHTER, H., MÜHLSTEDT, P. (1992): Uranium mining in Thuringia and Saxonia. Proceed. of a Technical Committee Meeting, IAEA-TECDOC: 224-231, Vienna.

ROBINSON, A., SPOONER, E. T. C. (1982): Source of the detrital components of uraniferous conglomerats, Quirke ore zone, Elliot Lake, Ontario, Canada. Nature **299**: 622-624.

ROCHHAUSEN, D. (1990): Die Polymetall-Lagerstätte Pöhla. Seilfahrt. Haltern.

ROCKHAUSEN, E. (1958): Geologisch-mineralogische Untersuchungen der Lagerstätte Culmitzsch. SDAG Wismut, Geologisches Archiv Sachsen, Wismut GmbH, Inv.-Nr. G-217.

- (1960): Strukturelle, lithologische und geochemische Besonderheiten der Lagerstätte Culmitzsch. SDAG Wismut, Geologisches Archiv Sachsen, Wismut GmbH, Inv.-Nr. G-194.

RÖHNSCH, W., ETTENHUBER, E. (1994): Radiologische Erstbewertung bergbaulicher Altlasten in den neuen Bundesländern. Jahresbericht 1993: 140-141, Bundesamt für Strahlenschutz, Salzgitter.

RÜGER, F., WITZKE, T. (1998): Häufige Begleiterscheinungen des Ronneburger Uranerzbergbaus: Brände durch Selbstentzündung. Lapis **23** (7/8): 19-23.

RUß, J., WALTHER, M. (1999): Regionalwirtschaftlicher Strukturwandel nach Beendigung des Uranerzbergbaus. Veröff. Museum Gera, Naturwiss. Reihe **26**: 117-127.

RUZICKA, V. (1993): Vein uranium deposits. Ore Geol. Rev. **8**: 247-276.
SAEMANN, D. (1976): Die Vogelwelt im Bezirk Karl-Marx-Stadt während der Jahre 1959-1975. Actitis **11**: 3-85.
SÄNGER, H. (1991): Vegetationskundliche Bearbeitung der Halde 38 Schlema. Manuskr. (Wismut GmbH, Büro USAKO), Gera.
- (1993a): Die Flora und Vegetation im Uranbergbaurevier Ronneburg - Pflanzensoziologische Untersuchungen an Extremstandorten. Ökologie u. Umweltsicherung **5/1993**.
- (1993b): Beitrag zum Vorkommen von Makromyceten auf ausgewählten Bergehalden des Uranerzbergbaues in Ostthüringen unter Beachtung ihrer Eignung als Bioindikatoren. Veröff. Museum Gera, Naturwiss. Reihe **20**: 143-165.
- (1996): Beitrag zur Flora und Vegetation auf Halden im Uranbergbaurevier Ronneburg. Artenschutzreport (Jena) **6**: 26-30.
- (1997): Zum Informationsgehalt pflanzensoziologischer und ökologischer Zeigerwerte in bezug auf die natürliche Besiedlung von Bergehalden des Uranbergbaues. Artenschutzreport (Jena) **7**: 59-63.
- (2000a): Untersuchungen zur Sukzession auf Haldenabdeckungen im ehemaligen ostthüringischen Uranerzbergbaurevier. Landnutzung u. Landentwicklung (Berlin) **4**: 173-180.
- (2000b): Bergbaubedingte Feuchtgebiete als Extremstandorte aus floristischer und vegetationskundlicher Sicht - Untersuchungen im ehemaligen ostthüringischen Uranbergbaurevier. Artenschutzreport (Jena) **10**: 27-33.
- (2000c): Bewertung des Sukzessionspotentials für ortsferne Halden am Standort Schlema-Alberoda. Manuskr. (BIOS-Büro für Umweltgutachten), Crimmitschau.
- (2000d): Untersuchungen zur Primärsukzession auf Halden des Uranerzbergbaus und deren Abdeckung als Entscheidungshilfe bei der Sanierung. Internationale Konferenz Wismut 2000 - Bergbausanierung 11.-14.07.2000. Tagungsband, Poster, Schlema.
- (2001): Untersuchungen zur Vegetationsentwicklung, Sukzession und Erosionsschutzeffizienz rekultivierter Bergbaufolgelandschaften (Halde Beerwalde). Manuskr. (BIOS-Büro für Umweltgutachten), Crimmitschau.
- (2002): Untersuchungen zur Vegetationsentwicklung, Sukzession und Erosionsschutzeffizienz rekultivierter Bergbaufolgelandschaften (Halde Beerwalde) - 2. Monitoringjahr. Manuskr. (BIOS-Büro für Umweltgutachten), Crimmitschau.
- (2003a): Raum-Zeit-Dynamik von Flora und Vegetation auf Halden des Uranbergbaus. Ökologie u. Umweltsicherung **23/2003**.
- (2003b): Untersuchungen zur Biotopstruktur, Flora und Vegetation der Halde 377 (Standort Ronneburg). Manuskr. (BIOS-Büro für Umweltgutachten), Crimmitschau.
- (2003c): Untersuchungen zur Vegetationsentwicklung, Sukzession und Erosionsschutzeffizienz rekultivierter Bergbaufolgelandschaften (Halde Beerwalde) - 3. Monitoringjahr. Manuskr. (BIOS-Büro für Umweltgutachten), Crimmitschau.
- (2004a): Untersuchungen zur Ökologie, Botanik und Fauna im Bereich der Halde Beerwalde (Biomonitoring-2004). Manuskr. (BIOS-Büro für Umweltgutachten), Crimmitschau.
- (2004b): Bestandsaufnahme der Flora und Fauna für die IAA Dänkritz 2. Manuskr. (BIOS-Büro für Umweltgutachten), Crimmitschau.
- (2004c): Entwicklungszeiträume von Prozessen der natürlichen Sukzession. Tagungsband Workshop „Nachnutzung von Halden, Schlammteichen sowie Betriebs- und Haldenaufstandsflächen unter Beachtung von forstwirtschaftlichen und naturschutzfachlichen Aspekten", 11.05.-12.05.2004. Wismut GmbH, Chemnitz.
- (2005): Beitrag zur naturschutzfachlichen Bedeutung von Liegenschaften des ehemaligen Uranerzbergbaues in Ostthüringen. Landschaftspfl. Natursch. Thüringen **42** (2): 70-78.
- (2006a): Flora und Vegetation im ehemaligen Uranbergbaurevier Ostthüringens. Jena.
- (2006b): Zu Vorkommen und Vergesellschaftung von *Clematis tangutica* (Maxim.) Korsh. auf einer Halde des Uranerzbergbaus in Ostthüringen. Inf. florist. Kart. Thüringen **25**: 29-33.
- (2006c): Mykofloristische Untersuchungen auf Halden des Uranerzbergbaus in Ostthüringen. Boletus **28**: 93-108.
- (2006d): Die Halde Beerwalde (Thüringen) - eine sanierte Bergbaufläche in naturschutzfachlicher Betrachtung. Artenschutzreport (Jena) **20**: 65-72.
-, ALEXOWSKY, A. (2003): Landschaftspflegerischer Begleitplan zum Vorhaben „Vollständiger Abtrag der Bergehalde Crossen einschließlich Sanierung der Haldenaufstandsfläche". Manuskr. (BIOS-Büro für Umweltgutachten, Büro Alexowsky), Crimmitschau, Freiberg.
-, BRÜCKNER, B., THOß, W. (2002): Beitrag zur Flora und Vegetation an Absetzanlagen des

—, Uranerzbergbaus in Westsachsen - Teil 2. Sächs. Florist. Mitt. **7**: 33-60.

—, TÜNGLER, E. (2010): Mykofloristische Untersuchungen auf Halden des Uranerzbergbaus in Ostthüringen (1. Nachtrag). Boletus **32**: 91-99.

—, VOGEL, D. (1998): Untersuchungen zur Flora und Vegetation in bergbaubedingt salzbelasteten Feuchtgebieten. Hercynia N. F. **31**: 201-227.

—, VOGEL, D. (1999): Salz- und Sumpfpflanzen im ehemaligen ostthüringischen Uranbergbaurevier. Landschaftspfl. Natursch. Thüringen **36** (2): 42-47.

—, WITTAU, F. (2009): Durchführung von ökologischen Untersuchungen im Rahmen des Biomonitorings Aufschüttkörper Tagebau Lichtenberg. Manuskr. (BIOS-Büro für Umweltgutachten), Crimmitschau.

—, WITTAU, F. (2010a): Biomonitoring Aufschüttkörper Tagebau Lichtenberg. Manuskr. (BIOS-Büro für Umweltgutachten), Crimmitschau.

—, WITTAU, F. (2010b): Biomonitoring Halde Beerwalde. Manuskr. (BIOS-Büro für Umweltgutachten), Crimmitschau.

—, WÖLLNER, S. (1995): Beitrag zur Flora und Vegetation von Bergehalden des Uranerzbergbaues im Schlema-Alberodaer Revier. Sächs. Florist. Mitt. **3**: 81-114.

SCHIFFNER, C., WEIDIG, M., FRIEDRICH, R. (1911): Radioaktive Wässer in Sachsen, III. Teil. Freiberg.

SCHMEES, A. (1999): Aspekte des Landschaftswandels durch den Uranerzbergbau in Ostthüringen. Veröff. Museum Gera, Naturwiss. Reihe **26**: 92-116.

SCHMIDT, D., VAN DE WEYER, K., KRAUSE, W., KIES, L., GARNIEL, A., GEISSLER, U., GUTOWSKI, A., SAMIETZ, R., SCHÜTZ, W., VAHLE, H., VÖGE, M., WOLFF, P., MELZER, A. (1996): Rote Liste der Armleuchteralgen (Charophyceae) Deutschlands. Schr. R. Vegetationskunde **28**: 547-576.

SCHMIDT, P., LÖBNER, W., REGNER, J., SCHRAMM, C. (2007): Sanierungsbedingte Verbesserung der Radonsituation am Wismut-Standort Schlema und die verbleibenden Sanierungsarbeiten. In: PAUL, M., MÄTTIG, P., METZNER, H. (Hrsg.): Proceedings des Internationalen Bergbausymposiums WISMUT 2007 „Stilllegung und Revitalisierung von Bergbaustandorten zur nachhaltigen Regionalentwicklung": 99-106, Wismut GmbH, Chemnitz.

SCHNEIDER, H. (2007): 17 Jahre erfolgreiche Wismut-Sanierung schafft Voraussetzungen für die wirtschaftliche Entwicklung der ehemaligen Bergbauregionen in Sachsen und Thüringen. In: PAUL, M., MÄTTIG, P., METZNER, H. (Hrsg.): Proceedings des Internationalen Bergbausymposiums WISMUT 2007 „Stilllegung und Revitalisierung von Bergbaustandorten zur nachhaltigen Regionalentwicklung": 17-20, Wismut GmbH, Chemnitz.

SCHNEIDER, N., SCHNEIDER, A. (2005): Der Einfluss der Sanierung von Bergehalden auf die Produzenten und Konsumenten ausgewählter Lebensgemeinschaften im Ronneburger Uranerzbergbaugebiet. Dipl.-Arb., Institut für Ökologie, Friedrich-Schiller-Universität, Jena.

SCHNEIDERHÖHN, H. (1952): Vergleich der Uranvorkommen des Schwarzwaldes mit anderen Lagerstätten. Mitt.-Bl. bad. geol. Landesanstalt 1951: 84-105.

SCHRAMM, H.-J., BUSSE, K.-D., GEILING, S., MEINHARDT, H., SCHÖLCH, M. (1997): Die forstlichen Wuchsbezirke Thüringens - Kurzbeschreibung. Mitt. Landesanstalt Wald Forstwirtschaft **13**.

SCHREYER, J. (1996): Sanierung von Bergwerken durch gesteuerte Flutung. Geowissenschaften **14**: 452-457.

— (2001): Die Flutung der Grube Königstein hat begonnen. Dialog (Werkzeit. Wismut) **30**: 1-3.

SCHUBERT, M. (1996): Wurzeluntersuchungen an Waldbäumen auf Halden des Uranbergbaus. Fachhochschule für Forstwirtschaft, Schwarzburg.

SCHULZ, D. (1999): Rote Liste der Farn- und Samenpflanzen. Materialien zu Naturschutz und Landschaftspflege. Hrsg. Sächsisches Landesamt für Umwelt und Geologie, Dresden.

SCHULZE, G. (1993): Bestandsaufnahme und Charakterisierung der stofflichen Auswirkungen des Uranerzbergbaus und der Uranerzaufbereitung (Standort Seelingstädt) am Beispiel des Wasserpfades. Veröff. Museum Gera, Naturwiss. Reihe **20**: 40-73.

SCHUMACHER, F. (1946): Uranvorkommen im Johanngeorgenstädter Revier. Wismut GmbH, GA, BAF 1946, Inv.-Nr. 55196.

— (1958): Die Uranvorkommen Mitteldeutschlands. Die Atomwirtschaft **3** (6).

SCHWANECKE, W., KOPP, D. (1996): Forstliche Wuchsgebiete und Wuchsbezirke im Freistaat Sachsen. Schr. R. Sächs. Landesanst. Forsten **8**.

SEIDEL, G., PANTEL, H. (1968a): Stellungnahme zum Problem der Wiederurbarmachung des Sandtagebaues der SDAG Wismut nördlich Wolfersdorf. VEB Geologische Forschung und Erkundung Halle, BT Jena, Abt. Reg. Geologie, AG Bodengeologie.

SEIDEL, G., PANTEL, H. (1968b): Gutachten über die Wiederurbarmachung der Gauernhalde, Gebiet Culmitzsch, der SDAG Wismut. VEB Geologische Forschung und Erkundung Halle, BT Jena, Abt. Reg. Geologie, AG Bodengeologie.

SEIDEL, G., PANTEL, H. (1973): Bodengeologisches Gutachten zur Wiederurbarmachung eines Teils der Nordhalde des B. B. Lichtenberg (SDAG Wismut). VEB Geologische Forschung und Erkundung Halle, BT Jena, Abt. Reg. Geologie, AG Bodengeologie.

SEIDEL, G., RAU, D. (1971): Bodengeologisches Gutachten über die Eignung von Heizkraftwerksasche des HKW Gera für Zwecke der Wiederurbarmachung im Bereich der SDAG Wismut (Bergbaubetrieb Lichtenberg). VEB Geologische Forschung und Erkundung Halle, BT Jena, FG Bodengeologie.

SEIDEL, G., RAU, D. (1977): Bodengeologisches Gutachten zur Nutzung von Teilen der Zentralhalde des Tagebaues Lichtenberg. VEB Geologische Forschung und Erkundung Halle, BT Jena, FG Bodengeologie.

SEIFERT, B. (1978): Die Vogelwelt der Helmsdorfer Schlammteiche. Actitis 15: 3-58.

SIEBER, S. (1954): Zur Geschichte des erzgebirgischen Bergbaus. Halle/S.

SIEBERT, A. (1992): Aufzeichnungen zur Avifauna über das ehemalige Gebiet der SDAG Wismut in Oberrothenbach und Dänkritz. Manuskr., Zwickau.

SIMON, A. (2003): Der Streit um das Schwarzwald-Uran. Die Auseinandersersetzung um den Uranbergbau in Menzenschwand im Südschwarzwald 1960-1991. Bremgarten.

SISKIN, I., KONSTANTINOV, I., SMYK, V. A. (1958): Erläuterungen zur geologischen Karte des Gebietes Johanngeorgenstadt-Schwarzenberg. Wismut GmbH, GA, SDAG Wismut 1958, Inv.-Nr. M-223.

SPERRHACKE, A. (2007): Anforderungen an die Sanierung der Hinterlassenschaften des Uranerzbergbaus unter strahlenschutzrechtlichen Aspekten. In: PAUL, M., MÄTTIG, P., METZNER, H. (Hrsg.): Proceedings des Internationalen Bergbausymposiums WISMUT 2007 „Stilllegung und Revitalisierung von Bergbaustandorten zur nachhaltigen Regionalentwicklung": 89-95, Wismut GmbH, Chemnitz.

TEMPERTON, V., HOBBS, J., NUTTLE, T., HALLE, S. (ed.) (2004): Assembly Rules and Restoration Ecology. Washington.

THOß, W., BREITFELD, M. (2010): Interessante Pflanzen an Autobahnen und viel befahrenen Straßen in Sachsen. Mitt. Landesver. Sächs. Heimatschutz 3: 36-41.

TONNDORF, H. (1993): Metallogenie des Urans im ostdeutschen Zechstein. Abh. Sächs. Akad. Wiss. Leipzig, Math.-Nat. Klasse 58 (3).

ULLRICH, H. (1964): Zur Stratigraphie und Paläontologie der marin beeinflussten Randfazies des Zechsteinbeckens in Ostthüringen und Sachsen. Freib. Forschungsh. C 169: 1-163.

UNDERSHILL, D. H. (2001): Analysis of uranium supply to 2050. International Atomic Energy Agency, Wien.

VASILEV, A., NEKRASSOWA, Z. (Strukturgeologische Besonderheiten der Lokalisierung der Uranvererzung in der Lagerstätte Königstein und Stoffbestand der Erze): Wismut GmbH, GA, Nr. 1600.

VESELOVSKY, F., ONDRUS, P., GABSOVA, A., HLOUSEK, J., VLASIMSKY, P., CHERNYSHEW, I. V. (2003): Who was who in Jáchymov mineralogy II. J. Czech Geol. Soc. 48 (3/4): 193-205.

VOGEL, D., PAUL, M. (1996): Probleme der Wasserbehandlung am Sanierungsstandort Ronneburg. Geowissenschaften 14 (11): 486-489.

WÄCHTLER, E., WAGENBRETH, O. (1990): Bergbau im Erzgebirge. Leipzig.

WAGENBRETH, O., WÄCHTLER, E. (1988): Der Freiberger Bergbau - Technische Denkmale und Geschichte. Leipzig.

WALENTA, K. (1966): Die Uranvererzung im Bereich der Grube Johann am Burgfelsen bei Wittichen (mittlerer Schwarzwald). Jber. u. Mitt. geol. Ver. N. F. 48: 79-90.

WARTNER, H. (1982): Wiedereingliederung von Steinbrüchen in die Landschaft. Jb. Naturschutz Landschaftspflege 32: 43-54.

- (1983): Steinbrüche, vom Menschen geschaffene Lebensräume. Landschaftsökologie (Weihenstephan) 4: 67 S.

WEISE, W., PAUL, M., JAHN, S., HOEPFNER, U. (1996): Geochemische Aspekte der Haldensanierung am Standort Ronneburg. Geowissenschaften 14: 470-475.

WERNER, R., HEERTEN, G., VOLLMERT, L. (2007): Zwei Jahrzehnte wirtschaftliche Anwendung von Geokunststoffen zur Revitalisierung von Bergbaustandorten. In: PAUL, M., MÄTTIG, P., METZNER, H. (Hrsg.): Proceedings des Internationalen Bergbausymposiums WISMUT 2007 „Stilllegung und Revitalisierung von Bergbaustandorten zur nachhaltigen Regionalentwicklung": 169-176, Wismut GmbH, Chemnitz.

WILDERMUTH, H., KREBS, A. (1983): Die Bedeutung von Abbaugebieten aus der Sicht des biologischen Naturschutzes. Veröff. Naturschutz Landschaftspflege Bad.-Württ. Beih. **37**: 105-150.

WILMERS, F. (1974): Planungsbezogene meteorologische Untersuchungen an Tagebaugruben. Landschaft u. Stadt **4**: 151-162.

WISMUT (1946): Wismut GmbH, GA Sachsen, Tätigkeitsbericht der SAG Wismut 1946, M-52.

- (1994a): Sanierungskonzept des SB Seelingstädt, Standort Seelingstädt. Wismut GmbH, Chemnitz.

- (1994b): Entwurf Sanierungskonzept Standort Ronneburg, Stand März 1994. Wismut GmbH, Chemnitz.

- (2004): Sanierungsfortschritt Wismut-Voraussetzung für die Zukunft der Region. Wismut GmbH, Chemnitz.

- (2011): Chronik der Wismut. Wismut GmbH, Chemnitz.

WOLF, H. (1942): Die Gesteine und Erzgänge von Wittichen im mittleren Schwarzwald. N. Jb. Mineral., Abt. A, Beil. **77**: 175-237.

WÜNSCHE, M., RANFT, H., HAUBOLD, W. (1987): Wiedernutzbarmachung von Halden des Erz- und Steinkohlenbergbaus im Erzgebirge und Erzgebirgsvorland. Neue Bergbautechnik **17**: 312-314.

WUTZLER, B. (1982): Uranprospektion und Uranvorkommen in der Bundesrepublik Deutschland. Braunkohle **8**: 249-255.

ZIEHR, H. (1981): Zur Uransuche im Schwarzwald. Der Aufschluß **32**: 357-368.

ZIMMERMANN, U. (2001): Kurzer Abriß der Geschichte des Bergbaubetriebes Königstein. Dialog (Werkzeit. Wismut) **30**: 4-6.

D3 Das Freiberger Bergbaugebiet

ANDREAS GOLDE

1 Lagerstätte

Der Freiberger Bergbau war ein Gangerzbergbau auf Polymetall-Lagerstätten (s. Tab. 83). Diese befinden sich in der fichtelgebirgisch-erzgebirgischen Antiklinalzone, die sich aus präkambrischen bis altpaläozoischen Gesteinen aufbaut. Die Mächtigkeit der erschlossenen Erzgänge im Gneis-Nebengestein schwankt dabei stark zwischen wenigen Millimetern und maximal sechs Metern, wobei die meisten Gänge Mächtigkeiten von weniger als einem Meter aufweisen. Insgesamt sind ca. 1100 Erzgänge bekannt geworden, damit zählt das Freiberger Bergbaugebiet zu den größten hydrothermalen Ganglagerstätten Europas (AUTORENKOLLEKTIV 1988). Die Erzgänge verlaufen dabei annähernd in Nord-Süd- bzw. West-Ost-Richtung und sind während zweier zeitlich getrennter Mineralisationszyklen entstanden. Bereits seit Ende des 18. Jh. wurden die Gesetzmäßigkeiten der Mineralisationsverhältnisse der Erzgänge intensiv wissenschaftlich erforscht. Die ersten Gliederungsversuche gehen dabei vor allem auf ABRAHAM GOTTLOB WERNER (1749 bis 1817) zurück, welcher Lehrer und später Professor an der 1765 gegründeten Bergakademie Freiberg war.

Nach weiteren lagerstättenkundlichen Arbeiten durch verschiedene Wissenschaftler bis ins 20. Jh. unterscheidet man heute fünf für das Freiberger Bergbaugebiet charakteristische Erzformationen (Tab. 84).

Die Erzformationen sind zu verschiedenen Zeiten entstanden, wobei die Fluorbarytische Bleierzformation und die BiCoNiAg-Formation einem jüngeren Mineralisationszyklus angehören. Aufgrund der unterschiedlichen mineralogischen Zusammensetzung der Erzgänge unterscheiden sich die Standortbedingungen der Bergehalden z. T. wesentlich, was wiederum Auswirkungen auf die pflanzliche Besiedlung hat.

Tab. 83: Überblick über die wichtigsten Erzminerale und Gangarten (Nichterzminerale in den Gängen) im Freiberger Bergbaugebiet.

Wichtige Erzminerale	Wichtige Gangarten
Bleiglanz	Quarz
Zinkblende	Kalkspat
Schwefelkies	Schwerspat
Arsenkies	Flussspat
Silbererze (Silberfahlerz, Rotgültigerz, Silberglanz)	
Kupferkies	

Tab. 84: Übersicht über die Erzformationen des Freiberger Reviers und deren mineralogische Zusammensetzung.

Formation	Bemerkung
Kiesig-blendige Bleierzformation (kb)	schwerpunktmäßig auf den in Nord-Süd-Richtung streichenden Gängen im Zentrum des Erzrevieres zu finden; neben der Gangart Quarz finden sich u. a. Arsen-, Blei-, Schwefelkies, Bleiglanz und Zinkblende
Eisen-Barytformation (eba)	selten auftretende Formation mit Quarz sowie Fluss- und Schwerspat als Gangarten; wichtigste Erzmineralien sind Bleiglanz, Schwefelkies und Zinkblende
Edle Braunspatformation (eb)	vor allem im Süden des Gebietes auftretende Formation mit Kalkspat als Gangart und verschiedenen Silbererzen sowie silberhaltiger Zinkblende und Bleiglanz
Fluorbarytische Bleierzformation (fba)	schwerpunktmäßig auf in West-Ost-Richtung streichenden Erzgängen auftretend (z. B. im nördlichen Teil des Reviers bei Halsbrücke); neben Quarz sowie Fluss- und Schwerspat als Gangarten finden sich als Erzmineralien insbesondere Bleiglanz und Schwefelkies
BiCoNiAg-Formation („Edle Geschicke")	selten auf Gangkreuzen vorkommende Formation mit Schwer- und Flussspat, Kalkspat sowie Quarz als Gangarten und einer Vielzahl Erzmineralien (Co-Ni-Arsenide sowie verschiedene Silbermineralien)

2 Montanhistorie

Mit den ersten Silberfunden um 1168 im heutigen Stadtgebiet Freibergs begann in der Region eine 800jährige Bergbaugeschichte. Die ersten Bergleute kamen dabei aus dem Harz (Goslar) und brachten ihre Technologien ins Erzgebirge, so dass historisch enge Beziehungen zwischen dem Freiberger und Harzer Bergbau bestehen. Das bald einsetzende „Berggeschrey", welches jedermann das Schürfen an allen Orten erlaubte, führte zur Gründung der Bergstadt Freiberg. Die reichen, oberflächennah anstehenden Silbererze wurden anfangs im Tagebau abgebaut, später erfolgte die Errichtung einfacher

Metallerzbergbau

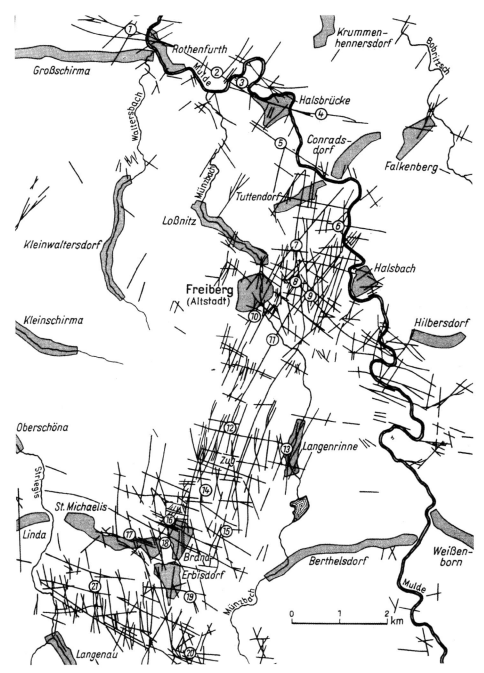

Abb. 198: Übersicht über die Erzgänge im zentralen Teil des Freiberger Bergbaugebietes zwischen Großschirma und Langenau mit Lage der wichtigsten Gruben (1 Churprinz Friedrich August; 2 St. Anna samt Altväter; 3 Beihilfe; 4 Lorenz Gegentrum; 5 Oberes Neues Geschrei; 6 Ludwigschacht; 7 Reiche Zeche; 8 Alte Elisabeth; 9 Abrahamschacht; 10 Rote Grube (6 bis 10 als Himmelfahrt Fundgrube zusammengefasst); 11 Thurmhof 3. und 4. Maß; 12 Daniel und Herzog August; 13 Junge Hohe Birke; 14 Beschert Glück; 15 Mordgrube; 16 Vergnügte Anweisung; 17 Matthias; 18 Sonnenwirbel; 19 Neuglück und Drei Eichen; 20 Reicher Bergsegen; 21 Himmelsfürst) (Quelle: WAGENBRETH & WÄCHTLER 1986).

Handhaspelschächte. Die zunehmende Grubentiefe, zuströmendes Grundwasser und abnehmende Erzgehalte führten allerdings bereits nach wenigen Jahrhunderten zu einer ersten Krise des Bergbaus. Zeitnah zu neuen Erzfunden im oberen Erzgebirge (Gründung von Schneeberg 1481 und Annaberg 1497) erlebte der Freiberger Bergbau wiederum einen Aufschwung. 1542 wird das Oberbergamt gegründet, wenige Jahre später (1555) das Oberhüttenamt. In diese Zeit fällt auch der Ausbau des Stolln- und Kunstgrabensystems, um einerseits aus den nun tieferen Gruben Grundwasser abzuführen und andererseits Oberflächenwasser für die Beaufschlagung von Wasserrädern zu nutzen.

Der Dreißigjährige Krieg (1618 bis 1648) führte zur Zerstörung vieler Gruben, und der Bergbau erholte sich danach nur langsam. Ein weiterer Rückschlag war der Siebenjährige Krieg (1756 bis 1762), der ebenfalls viele zerstörte Bergbau- und Hüttenanlagen hinterließ. Im Zuge der Anstrengungen, die daniederliegende sächsische Wirtschaft nach dem Krieg wieder aufzubauen, wurde 1765 die Bergakademie Freiberg gegründet, welche Pfingsten 1766 ihren Lehrbetrieb aufnahm. Mit den ersten Jahrzehnten des Bestehens der Bergakademie sind die Namen einer Vielzahl späterer Wissenschaftler von Weltruf verbunden, von denen hier ABRAHAM GOTTLOB WERNER (1749-1817), WILHELM AUGUST LAMPADIUS (1772-1842), JULIUS LUDWIG WEISBACH (1806-1871) sowie ALEXANDER VON HUMBOLDT (1769-1859) genannt seien.

Ende des 18. und Anfang des 19. Jh. kam es mit der Anlage mehrerer neuer Bergbauteiche, der Verbesserung der Wasser- und Pferdegöpel, dem Bau des Churprinzer Bergwerkskanals nebst Hebewerk und der Einführung der Wassersäulenmaschine auf den Gruben zu weiteren Fortschritten im Bergbau. 1844 bis 1877 wurde der Rothschönberger Stolln über 13,9 km von Halsbrücke bis zur Triebisch aufgefahren und damit die leichtere Entwässerung tiefer Grubenbaue ermöglicht. Die Einführung der Goldwährung 1871, verbunden mit einem Silberpreisverfall und nachlassender Ausbeute ließen den Bergbau zunehmend defizitär werden. 1886 wurden die wichtigsten Gruben verstaatlicht und vom sächsischen Landtag im Jahre 1903 die planmäßige Stilllegung der staatlichen Gruben bis 1913 beschlossen. Damit endete vorerst ein Kapitel erzgebirgischer Bergbaugeschichte.

Im Zuge der Autarkiebestrebungen des Deutschen Reiches kam es ab 1935 zur Wiederaufnahme des Bergbaus durch die staatliche „Sachsenerz AG", welche vor allem Blei- und Zinkerze abbaute. Nach dem Ende des 2. Weltkrieges wurde der Bergbau fortgeführt und die Gruben in Freiberg, Halsbrücke und Brand-Erbisdorf zum VEB Bleierzgruben „Albert Funk" vereinigt. Im Jahre 1969 erfolgte dann die endgültige Schließung der letzten Gruben des aktiven Freiberger Bergbaus. Im Rahmen der Lehrtätigkeit der Bergakademie Freiberg wird allerdings noch heute das „Lehr- und Besucherbergwerk Reiche Zeche und Alte Elisabeth" betrieben.

Zur exakten Ausbeute des Freiberger Bergbaus von seinen Anfängen bis zur Stilllegung sind nur Schätzungen möglich. So geben WAGENBRETH & WÄCHTLER (1986) eine durchschnittliche Silberproduktion ab dem Beginn des 16. Jh. von ca. fünf bis sechs Tonnen Reinsilber pro Jahr an. Diese steigerte sich nach der Verstaatlichung der Gruben im Zeitraum von 1887 bis 1892 auf 23,2 Tonnen/Jahr. Insgesamt dürften bis zur erstmaligen Stilllegung des Bergbaus ca. 5.400 t reines Silber und etwa 1.300.000 t Blei gewonnen worden sein.

3 Naturräumliche Bedingungen

Der Kernbereich des Freiberger Bergbaugebietes erstreckt sich über ca. 15 km von Langenau im Süden über Brand-Erbisdorf, Freiberg und Halsbrücke bis Kleinvogtsberg im Norden. In Anlehnung an die naturräumliche Gliederung Sachsens von MANNSFELD & RICHTER (1995) liegt das Gebiet dabei überwiegend im unteren Osterzgebirge und strahlt im Norden kleinräumig auf das Mulde-Lösshügelland aus. Die Übergänge zwischen den Naturräumen sind aufgrund einer fehlenden markanten Reliefgrenze fließend, den Erzgebirgsnordrand markiert dabei der Beginn einer weitgehenden geschlossenen Decke aus Lößlehmen und Lößderivaten in Richtung Hügelland.

Abb. 199: Der Gebäudekomplex von Maschinen- und Kesselhaus, Schachtgebäude sowie Scheidebank und Betstube der Alten Elisabeth gehört heute zu den bekanntesten Denkmalen des historischen Freiberger Bergbaus (Mai 2008).

Morphologisch wird das Gebiet hauptsächlich durch Hochflächen und Riedelgebiete (schmale, langgestreckte Geländerücken) dominiert (AUTORENKOLLEKTIV 1988). Kennzeichnend für den Süden des Freiberger Bergbaugebietes ist dabei die Brand-Erbisdorfer Hochfläche in einer Meereshöhe von ca. 420 bis 525 m ü. NN. Sie weist ein überwiegend flachwelliges Relief auf, welches randlich (in Richtung Freiberger Mulde und Große Striegis) in schwach eingesenkte Muldentälchen übergeht. Vorherrschende Böden sind hier Braunerden und Braunerde-Pseudogleye, wobei der Anteil der landwirtschaftlichen Flächennutzung bei ca. zwei Dritteln der Fläche liegt.

Nach Norden geht die Hochfläche in das Freiberg-Kleinwaltersdorfer Riedelgebiet über, welches sich in einer Meereshöhe von ca. 360 bis 440 m ü. NN befindet. Das Gebiet fällt leicht nach Norden ab und wird durch einige flache Muldentälchen gegliedert (Kleinwaltersdorfer Bach, Münzbach). Auch hier dominieren auf den unverritzten Standorten landwirtschaftlich gut nutzbare Braunerden, welche stellenweise in Pseudogleye übergehen.

Den östlichen Rand des Freiberger Bergbaugebietes markiert das Halsbrücker Muldetal, welches sich als Mesogeochore von Muldenhütten bis Großschirma erstreckt. Die Talaue der Freiberger Mulde befindet sich in einer Meereshöhe von 335 bis 360 m ü. NN und die steilen, zumeist bewaldeten Talhänge erreichen Höhen bis zu 80 m. Das Muldetal ist in diesem Abschnitt überwiegend als gewundenes Kerbsohlental ausgebildet, dessen Auen eine Breite von maximal 100 m erreichen.

Auch nach neueren naturräumlichen Gliederungen Sachsens (BASTIAN & SYRBE 2004) liegt Freiberg am Nordrand des Osterzgebirges im Übergang zum Mulde-Lösshügelland. Die Mesogeochoren sind dabei gegenüber

AUTORENKOLLEKTIV (1988) abweichend definiert. Während der Raum zwischen Großhartmannsdorf-Langenau im Süden und Halsbrücke im Norden den Freiberg-Oederaner Hochflächen zugeordnet wird, schließt sich nördlich die größer gefasste Mesogeochore Muldeland bei Freiberg an.

Klimatisch befindet sich das Gebiet im Übergangsbereich zwischen Berg- und Hügellandklima, wobei der östliche Teil des Erzgebirges kontinentaler beeinflusst ist als das Westerzgebirge und auch geringere Niederschlagssummen aufweist (Tab. 85).

Tab. 85: Mittlere Lufttemperaturen (in °C) und Niederschlagssummen (in mm) der Station Freiberg (Quelle: AUTORENKOLLEKTIV 1988).

	Jan	Feb	Mär	Apr	Mai	Jun	Jul	Aug	Sep	Okt	Nov	Dez	Jahr
Temperatur	-1,2	-0,5	2,7	6,9	12,0	14,7	16,6	15,9	13,0	8,2	3,2	0,0	**7,6**
Niederschlag	60	51	50	58	71	79	89	85	59	58	59	57	**776**

Für die Entwicklung einer Vegetation auf den Bergbau- und Schlackehalden sind allerdings in besonderem Maße die meso- und mikroklimatischen lokalen Gegebenheiten entscheidend. Die wichtigsten sind dabei:

- eine deutlich stärkere Insolation mit nachfolgender Erwärmung der süd- bis südwestexponierten Haldenböschungen mit einem hohen Temperaturgradienten im Tagesverlauf (stellenweise Übergang zu xerothermen Verhältnissen, insbesondere bei gehölzfreien Böschungen),
- relativ ausgeglichene, kühlfeuchte Verhältnisse an den unteren und mittleren Böschungsseiten in Ost- und (Nord-)Westlage; lange Taufeuchte in Bodennähe am Haldenfuß.

Daneben bestimmen auch die Lage (Luv/Lee), die angrenzende Flächennutzung und die Dichte des Gehölzbewuchses auf der Halde entscheidend die Standortbedingungen. Das Freiberger Bergbaugebiet befindet sich nach LfUG (2002) vor allem im Bereich potenzieller Buchen(misch)wälder und hier im Übergang der submontanen zu den hochkollinen Eichen-Buchenwäldern. Vorherrschende Baumarten dieser Waldgesellschaften der potenziellen natürlichen Vegetation sind Rot-Buche (*Fagus sylvatica*), Stiel-Eiche (*Quercus robur*), Berg-Ahorn (*Acer pseudoplatanus*) und Weiß-Tanne (*Abies alba*), in der Bodenvegetation kommen u. a. mit Purpur-Hasenlattich (*Prenanthes purpurea*), Wolligem Reitgras (*Calamagrostis villosa*) und Fuchsschem Kreuzkraut (*Senecio ovatus*) regelmäßig Bergwaldelemente vor. In den hochkollinen Eichen-Buchenwäldern treten diese Arten dagegen zurück und werden von Elementen der für die nördlich angrenzenden sächsischen Lößgebiete charakteristischen Eichen-Hainbuchenwälder abgelöst.

Die potenzielle natürliche Vegetation der Haldenstandorte ist allerdings durch die völlig veränderten Substrat- und Nährstoffverhältnisse, die überwiegende Unabhängigkeit vom Grundwasser sowie durch abweichende klimatische Verhältnisse vom Umland verschieden. Die Sukzession ist durch den Schwermetallgehalt zeitlich allgemein verzögert, aber nicht vollständig behindert. Nach gegenwärtigem Kenntnisstand entwickeln sich die aus Sukzession hervorgegangenen Pionierwälder zumeist in Richtung einer nur lokal auftretenden, vegetationskundlich nicht eigenständigen thermophilen Ausprägung der Eichen-Buchenwälder (vgl. NSI FREIBERG 2004).

4 Die Elemente der Bergbaufolgelandschaft und ihre floristisch-vegetationskundliche Charakterisierung

4.1 Bergehalden

Mit dem Beginn des Freiberger Bergbaus im 12. Jh. (erste Hauptperiode) begann auch die Aufhaldung von taubem Material in unmittelbarer Umgebung der Grubenbaue. Da diese im Erzgang selbst niedergebracht wurden, markieren die noch vorhandenen Halden aus der Anfangszeit des Bergbaus die Lage und Erstreckung der Erzgänge (WAGENBRETH &

WÄCHTLER 1986). Die oft nur 2 bis 3 Meter hohen Bergehalden befinden sich zumeist im heutigen Stadtgebiet von Freiberg einschließlich des Stadtteiles Zug, zum Teil wurden sie auch abgetragen oder überbaut. Flora und Vegetation dieser Kleinhalden sind bis auf wenige Ausnahmen vollständig von der gegenwärtigen Nutzung überprägt. So erinnern oftmals nur noch schwache Geländeerhebungen in Gartenanlagen oder Wohngrundstücken an eine bergbauliche Entstehung.

Mit dem erneuten Aufschwung des erzgebirgischen Bergbaus kam es im 16. Jh. im gesamten Freiberger Revier, zwischen Zug und Brand-Erbisdorf im Süden über Freiberg bis Halsbrücke im Norden, zum Abteufen neuer Grubenbaue und der Anlage verschiedener Stolln (zweite Hauptperiode). Infolge der fortgeschrittenen technischen Entwicklung war es jetzt möglich, auch in größere Tiefen (mehr als 300 m) vorzustoßen. Die Menge des ausgebrachten tauben Gesteins vergrößerte sich und somit erreichten auch die Bergehalden größere Dimensionen. Nach wie vor folgten die Grubenbaue dabei weitgehend den Erzgängen. Markante Haldenzüge aus dieser Bergbauperiode finden sich zum Beispiel zwischen Freiberg und Brand-Erbisdorf im Gebiet der Streusiedlung Zug, aber auch in den überbauten Gebieten der genannten Städte.

Soweit die Halden in der offenen Landschaft liegen, werden sie heute zumeist durch laubbaumreiche Gehölzbestände geprägt. Größtenteils sind diese spontan entstanden und weisen ein breites Baumartenspektrum auf. Auf einzelnen Halden zeugen auch Schwarz-Kiefern (*Pinus nigra*), Europäische Lärchen (*Larix decidua*) und Gemeine Fichten (*Picea abies*) von durchgeführten Pflanzmaßnahmen.

Aufgrund der bereits langen Liegezeit der Halden zeichnen sich diese durch fortgeschrittene Bodenbildungsprozesse aus. Über dem ursprünglichen Bergematerial (Gneiszersatz) finden sich z. T. bereits mehrere Zentimeter bis Dezimeter starke Regosole, denen oft noch Rohumus aufgelagert ist. Die ursprünglich im Oberboden vorhandenen Schwermetalle sind weitgehend nach unten verlagert worden, so dass die meisten dieser Halden heute kaum floristische oder vegetationskundliche Besonderheiten aufweisen. Dazu kommen Nährstoffeinträge von angrenzenden landwirtschaftlich genutzten Flächen sowie oftmals zu beobachtende Ablagerungen von Müll oder Gartenabfällen. Demzufolge sind die Halden überwiegend von nitrophilen Säumen umgeben, in denen Große Brennnessel (*Urtica dioica*), Zaun-Giersch (*Aegopodium podagraria*) und Gemeine Quecke (*Elymus repens*) zur Dominanz gelangen können. Die Bodenvegetation der höher gelegenen, gehölzbestandenen Teile der Halden ist oftmals von Gräsern dominiert, typisch sind Draht-Schmiele (*Deschampsia flexuosa*), Rotes Straußgras (*Agrostis capillaris*) und Weiches Honiggras (*Holcus mollis*). Bei stärkerer Oberbodenversauerung können auch Heidelbeere (*Vaccinium myrtillus*) und (selten) Preiselbeere (*Vaccinium vitis-idaea*) dazu treten.

Nur wenige Halden aus dieser Bergbauperiode weisen gehölzfreie Teilbereiche auf, genannt sei hier der Haldenzug am Danieler Huthaus südlich von Freiberg. Hier haben sich insbesondere auf den exponierten Haldenböschungen blütenpflanzenreiche Magerrasen entwickelt. Neben dem auch hier dominierenden Roten Straußgras erreichen u. a. Kleines Habichtskraut (*Hieracium pilosella*), Heide-Nelke (*Dianthus deltoides*), Purgier-Lein (*Linum catharticum*), Kleine Pimpinelle (*Pimpinella saxifraga*), Große Fetthenne (*Sedum maximum*), Gewöhnlicher Thymian (*Thymus pulegioides*) und Rundblättrige Glockenblume (*Campanula rotundifolia*) hohe Stetigkeiten. Als Besonderheit muss zusätzlich noch die Gewöhnliche Grasnelke (*Armeria maritima* s. l.) genannt werden. Die ansonsten im unteren Berg- und Hügelland Sachsens seltene Art besitzt auf einigen Halden in Zug eine Anzahl isolierter Vorkommen.

Seit dem Ende des 18. Jh. waren für das Freiberger Bergbaugebiet schließlich große Gruben charakteristisch, in denen auf flächigen Grubenfeldern mehrere Erzgänge abgebaut wurden (dritte Hauptperiode). In Verbindung mit der Weiterentwicklung der Förder-

und Aufbereitungstechnik entstanden große Halden und Haldenkomplexe, die teilweise Höhen bis 20 m und Aufstandsflächen von mehreren Hektar Größe erreichten. Das Landschaftsbild prägend sind in diesem Zusammenhang bis heute die Himmelfahrt-Fundgrube bei Freiberg, die Beschert Glück-Fundgrube bei Zug sowie die Himmelsfürst-Fundgrube zwischen Brand-Erbisdorf und Langenau. Ein Teil der Grubenbaue war bis zur Einstellung des Freiberger Bergbaus im Jahre 1913 bzw. 1969 in Betrieb, entsprechend kurz ist die Liegezeit des Bergematerials. Bodenbildungsprozesse haben hier erst initial stattgefunden, so dass die chemische Zusammensetzung des abgelagerten Bergematerials entscheidend die unmittelbar darauf aufwachsende Vegetation prägt (vgl. auch STOHR 1964).

Abb. 200: Die offene Landschaft im Freiberger Bergbaugebiet wird oftmals durch Kleinhalden geprägt, wie hier zwischen Freiberg und Brand-Erbisdorf südwestlich der Grube Junge Hohe Birke (September 2010).

Am floristisch ärmsten präsentieren sich dabei die Halden der kb- und fba-Formation im Raum zwischen Freiberg und Halsbrücke (s. Tab. 84). Beide Gangerzformationen zeichnen sich durch hohe Pyritgehalte (FeS_2) aus. Im Zuge der Verwitterung werden die Sulfide zu Sulfaten oxidiert, was zu starker Versauerung führt. Die Vegetation der entsprechenden Halden ist deswegen bis heute nur lückig und extrem artenarm. Kennzeichnend ist eine oftmals krüppelwüchsige Baumschicht aus Hänge-Birke (*Betula pendula*), begleitende Gehölze fehlen. In der Bodenvegetation herrscht das Rote Straußgras vor und kann Einartbestände bilden. Lediglich Draht-Schmiele und Kleiner Sauerampfer (*Rumex acetosella*) können stellenweise mit höherer Deckung beigemischt sein, seltener treten noch Taubenkropf-Leimkraut (*Silene vulgaris*) und Gebirgs-Hellerkraut (*Thlaspi caerulescens*) hinzu. Störstellen und Ablagerungen haldenfremden Materials ausgenommen, weisen die Halden dieses Typs kaum mehr als zehn Gefäßpflanzenarten auf. Auch die Kryptogamenschicht ist artenarm, vorherrschend sind hier das Wacholder-Bürstenmoos (*Polytrichum juniperinum*) und verschiedene Flechtenarten der Gattung *Cladonia*. In typischer Entwicklung ist diese Vegetation auf den Halden der Himmelfahrt-Fundgrube am nordöstlichen Stadtrand von Freiberg, zum Beispiel auf der Alten Elisabeth und der Reichen Zeche, zu finden (Abb. 201). Eine vergleichbare Vegetation, oftmals um das Pfeifengras (*Molinia caerulea*) ergänzt, zeigen auch die Schwemmsandhalden mit Aufbereitungsrückständen aus dem 20. Jh., welche sich bei Halsbrücke und östlich von Freiberg (Davidschacht) befinden.

Abb. 201: Das Plateau der Grube Alte Elisabeth zeigt die typische Vegetation der Halden der kb- und fba-Formation: Ebenso wie auf der Reichen Zeche (Hintergrund) dominieren lückige Grasfluren mit Rotem Straußgras (*Agrostis capillaris*) und Draht-Schmiele (*Deschampsia flexuosa*) (Juni 2011).

Im Kontrast dazu stehen die Haldenkomplexe südlich von Freiberg, deren Bergematerial wesentlich von der mineralischen Zusammensetzung der eb-Formation geprägt wird. Aufgrund des Anteils an Karbonspäten sind die Standorte durch höhere pH-Werte und eine hohe Basensättigung geprägt. Entsprechend vielfältiger präsentiert sich hier die Flora der weitgehend vollständig vegetationsbedeckten Halden. Die Gehölzschicht zeigt sich artenreich, neben den Pionierbaumarten Hänge-Birke und Zitter-Pappel (*Populus tremula*) treten regelmäßig Gemeine Esche (*Fraxinus excelsior*), Stiel-Eiche, Gemeine Kiefer (*Pinus sylvestris*) und Vogel-Kirsche (*Prunus avium*) sowie verschiedene Rosen- und Weißdornsippen (*Rosa* spec. und *Crataegus* spec.) auf. Auch die Krautschicht ist ausgesprochen artenreich, wobei Untersuchungen zur Haldenflora regelmäßig Artenzahlen von 120 bis 150 Sippen je Halde ergeben haben (NSI FREIBERG 2004). Dabei treten auch u. a. mit Kleinem Wintergrün (*Pyrola minor*), Birngrün (*Orthilia secunda*) und Braunrotem Sitter (*Epipactis atrorubens*) regelmäßig Rohbodenbesiedler und mycotrophe Arten auf. Insbesondere die gehölzfreien südexponierten Haldenböschungen und Plateauränder zeichnen sich durch einen hohen Blütenpflanzenanteil aus, aspektbeherrschend können auf einigen Halden Golddistel (*Carlina vulgaris*), Purgier-Lein, Gewöhnlicher Natternkopf (*Echium vulgare*), Gewöhnlicher Thymian, Heide-Labkraut (*Galium pumilum*), Frühlings-Fingerkraut (*Potentilla tabernaemontani*) und Habichtskraut-Arten (*Hieracium* spec.) auftreten (Abb. 202). In Kombination mit den hochsteten Vorkommen der schwermetalltoleranten Arten Taubenkropf-Leimkraut und Gebirgs-Hellerkraut zeichnet sich hier die Entwicklung einer eigenen, für das Freiberger Bergbaugebiet typischen Schwermetallvegetation ab (vgl. GOLDE 2001).

Abb. 202: Der Frühjahrsblühaspekt auf der Halde des Beschert Glück-Richtschachtes nördlich von Brand-Erbisdorf wird vom Frühlings-Fingerkraut (*Potentilla tabernaemontani*) bestimmt, einer Art, die sich im Freiberger Bergbaugebiet nur auf Halden der eb-Formation findet (April 2006).

Bergehalden mit offenliegendem schwermetallreichen Abraum können Standorte der Schwermetall-Flechtengesellschaft des Acarosporetum sinopicae Hil. 1924 sein, wobei sich entsprechende Vorkommen auf Halden über unterschiedlichen Gangerzformationen finden. Für das Freiberger Bergbaugebiet sind dabei neben *Acarospora sinopica* insbesondere Vorkommen von *A. smaragdula*, *Lecidea silacea*, *Tremolecia atrata*, *Stereocaulon nanodes* sowie *Lecanora epanora* und *L. subaurea* charakteristisch. Die Gesellschaft wurde erstmals von SCHADE (1932, 1933/34) für das Freiberger Bergbaugebiet belegt und findet sich auch heute noch auf mehreren Grobbergehalden in charakteristischer Ausprägung mit allen wesentlichen Kennarten. Aus lichenologischer Sicht besonders bemerkenswert sind dabei die Halden Alte Hoffnung Gottes in Kleinvoigtsberg, die Ludwigschachthalde bei Tuttendorf sowie die Halde Junge Hohe Birke in Zug-Langenrinne. Fragmente der Gesellschaft finden sich aber auf vielen weiteren Halden, manchmal reicht für deren Entwicklung schon ein einziger leicht erzhaltiger Block inmitten des Abraums.

4.2 Schlackehalden

Die Geschichte des Freiberger Bergbaus ist eng mit der Aufbereitung und nachfolgenden Verhüttung der gewonnenen Erze verbunden. Die Hüttenbetriebe befanden sich im Interesse geringer Transportentfernungen an Fließgewässern in räumlicher Nähe zu den Schächten. Die Gewässernähe ermöglichte außerdem den frühzeitigen Einsatz der Wasserkraft und eine Versorgung der Hüttenbetriebe mit Holz auf dem Wasserweg mittels Flößerei aus dem Erzgebirge.

Bereits seit dem Jahre 1318 ist der Betrieb von Schmelzhütten an der Freiberger Mulde im Raum Halsbach-Hilbersdorf urkundlich belegt. Aus der Konzentration von anfänglich mehreren Hüttenstandorten entstanden schließlich die Untere Muldener Hütte und die Obere Muldener Hütte an der Freiberger Mulde oberhalb von Hilbersdorf. Die Schmelzhütten dienten anfänglich vor allem der Verarbeitung der in den Gruben am östlichen Stadtrand von Freiberg gewonnenen Erze. Neben der Gewinnung von Silber waren nachfolgend nach Ausbau und Erweiterung auch Zink, Arsen, Blei und Schwefelsäure Produkte des heute unter Muldenhütten bekannten, ältesten noch produzierenden Hüttenstandorts Deutschlands. Ab 1887 war Muldenhütten außerdem Standort der sächsischen Staatsmünze. Die Deponierung der anfallenden Hüttenschlacken erfolgte unmittelbar in Hüttennähe, zumeist direkt an der Freiberger Mulde.

Zum zweiten bedeutenden Hüttenstandort entwickelte sich ab Beginn des 17. Jh. das nördlich von Freiberg gelegene Halsbrücke. Mit dem Aufschwung des Bergbaus in dieser Region wurde an der Freiberger Mulde in der heutigen Ortslage Halsbrücke eine Schmelzhütte errichtet, aus der 1663 die kurfürstliche Halsbrücker Hütte hervorging (WAGENBRETH & WÄCHTLER 1986). Aus der ersten Schmelzhütte entwickelte sich im Laufe der Zeit ein umfangreicher Hüttenkomplex, u. a. mit Schwefelsäureproduktion, Bleihütte und Edelmetallgewinnung. Zur Ableitung der giftigen Rauchgase wurde ab 1888 die Halsbrücker Esse errichtet, die mit einer Höhe von 140 m bis heute als höchster Ziegelschornstein Europas gilt. Anfangs erfolgte die Ablagerung der anfallenden Hüttenschlacke in unmittelbarer Nähe im Tal der Freiberger Mulde auf mehreren Schlackehalden, ab 1917 auch am rechten Talhang unterhalb der Halsbrücker Esse durch Anlage einer großen Schlackehalde.

Aus der zweiten Hauptperiode des Freiberger Bergbaus sind außerdem mehrere Hüttenbetriebe u. a. am Münzbach zwischen Berthelsdorf und der heutigen Stadtgrenze von Freiberg belegt. In der Landschaft sind diese ehemaligen Hüttenstandorte allerdings heute nicht mehr auszumachen.

Trotz teilweiser Überbauung oder Sanierung finden sich in der unmittelbaren Nähe der beiden genannten großen Hüttenstandorte auch heute noch Schlackenhalden mit Aufbereitungsrückständen unterschiedlicher chemischer Zusammensetzung. Im Gegensatz zu den Bergehalden, die bereits seit Beginn des 20. Jh. intensiv floristisch und lichenologisch untersucht wurden (SCHADE 1932, 1933/34, LANGE 1938, STOHR 1964, BRAUN 1964) wurde den Schlackehalden allerdings in dieser Beziehung lange Zeit keine Beachtung geschenkt, da sie als extrem lebensfeindliche Standorte galten. Erst im Rahmen der Vorarbeiten zur Meldung der Gebietskulisse der FFH-Gebiete Sachsens sowie im Zusammenhang mit Sanierungsplanungen begann um das Jahr 2000 auch die naturschutzfachliche Untersuchung und Bewertung der Schlackehalden. Dabei wurden auf groben Stückschlacken Massenbestände der Schwermetallflechte *Acarospora sinopica* gefunden, welche in ihrer Ausdehnung zu den deutschlandweit bedeutendsten gehören dürften. Insbesondere luftfeuchte Unterhänge der Schlackehalden in Fließgewässernähe scheinen optimale Wuchsorte für diese Art zu sein. Im Gegensatz zu den Grobbergehalden kommt *Acarospora sinopica* allerdings auf Schlacke nicht in der typischen Vergesellschaftung des von Schade (1932) beschriebenen Acarosporetum sinopicae vor, sondern bildet zumeist nur artenarme Gesellschaftsfragmente. In diesen kann *Acarospora sinopica* allerdings hohe Deckungsgrade erreichen, so dass die besiedelten Schlackeflächen stellenweise schon von weitem durch ihre rotbraune Färbung auffallen (Abb. 204).

Aufgrund ihrer extremen Standortbedingungen sind höhere Pflanzen auch bei längerer Liegezeit der Schlacken kaum in der Lage, diese zu besiedeln. Lediglich auf feineren Schlacken können sich über längere Zeiträume Vegetationsinitiale mit wenigen schwermetalltoleranten Arten entwickeln. Zu diesen zählen insbesondere Gebirgs-Hellerkraut, Rotes Straußgras und Taubenkropf-Leimkraut.

Abb. 203: Auf Teilbereichen der Schlackenhalde Hohe Esse in Halsbrücke finden sich grobe Stückschlacken, auf denen schwermetallspezifische Flechtengesellschaften geeignete Wuchsbedingungen finden können (April 2004).

4.3 Tertiäre Schwermetallstandorte

Fernverfrachtung von schwermetallhaltigen Pochwerksanden und Hüttenschlacken entlang von Fließgewässern sind für verschiedene Flüsse Sachsens nachgewiesen (Kardel & Rank 2008). Neben der Zwickauer Mulde, Zschopau und Elbe finden sich besonders an der Freiberger und Vereinigten Mulde erhöhte Schwermetallkonzentrationen in Auensedimenten, beginnend bei Muldenhütten bis zur Landesgrenze nach Sachsen-Anhalt. Bei Hochwasserereignissen kommt es regelmäßig zu Erosion von schwermetallhaltigen Aufbereitungsrückständen, Transport und nachfolgender Sedimentation. Allein beim Augusthochwasser 2002 wurde die Menge, die aus Muldenhütten verlagert wurde, auf ca. 9.000

Abb. 204: Als kennzeichnende Art des Acarosporetum sinopicae Hil. 1924 kann *Acarospora sinopica* auf Stückschlacken großflächige Bestände bilden, die durch ihre rostrote Färbung leicht auffallen (Obere Feinhütte Halsbrücke, Mai 2008).

Tonnen Material geschätzt (KARDEL & RANK 2008). Infolgedessen kommt es bis weit in den Mittel- und Unterlauf der Mulde zu erhöhten Schwermetallgehalten (Tab. 86).

Tab. 86: Schwermetallgehalte von Sedimentproben aus der Aue der Freiberger Mulde (Quelle: KARDEL & RANK 2008).

Probenahmestelle	Gehalte
unterhalb Muldenhütten	As: > 2.000 mg/kg Cd: 20-50 mg/kg Pb: bis zu 5.000 mg/kg
Muldeabschnitt bei Freiberg	Zn: bis zu 5.000 mg/kg
oberhalb Rothenfurth	As: regelmäßig >1.000 mg/kg
Döbeln	As: bis zu 900mg/kg Cd: bis zu 20 mg/kg Pb: bis zu 1.900 mg/kg

Die hohen Schwermetallgehalte sind die Ursache dafür, dass sich in den Überschwemmungsgebieten beiderseits der Freiberger Mulde eine Auenvegetation entwickelt hat, die nicht mit der typischen gewässerbegleitenden Vegetation anderer Fließgewässer der Region vergleichbar ist. So fehlen - beginnend beim klassischen Aufbereitungsstandort Muldenhütten - flussabwärts bis in den Raum Siebenlehn-Nossen entwickelte Uferstaudenfluren und Auwaldinitiale. Selbst Schwarz-Erle (*Alnus glutinosa*) und Weiden-Arten (*Salix* spec.) finden sich allenfalls nur sporadisch und zumeist nur in Einzelindividuen. Auffällig ist ebenfalls das Fehlen einiger zumeist montan-submontan verbreiteter Elemente, die in benachbarten Flusseinzugsgebieten (z. B. Zschopau, Weißeritz) bis weit in das Hügelland herabsteigen. Stellvertretend seien hier Wald-Storchschnabel (*Geranium sylvaticum*) und Bach-Nelkenwurz (*Geum urbanum*) genannt. Stattdessen wird der Flusslauf von zumeist nutzungsauflässigen Grasfluren begleitet, in denen Rotes Straußgras und Pfeifengras, stellenweise auch

Rot-Schwingel (*Festuca rubra*) und Rasen-Schmiele (*Deschampsia caespitosa*) größere Deckungsgrade einnehmen (Abb. 205). Der Anteil begleitender Blütenpflanzenarten ist auffallend gering und beschränkt sich auf wenige, schwermetalltolerante Sippen. Insbesondere lückige Bereiche in den Grasfluren werden regelmäßig von Gebirgs-Hellerkraut, Taubenkropf-Leimkraut, Wildem Stiefmütterchen (*Viola tricolor*) und Wiesen-Sauerampfer (*Rumex acetosa*) besiedelt (Abb. 206). Eine auffällige und kennzeichnende Art feuchterer Standorte in meist unmittelbarere Gewässernähe ist die oft in Massenbeständen auftretende Wiesen-Schaumkresse (*Cardaminopsis halleri*). Die genannten Grünlandformationen sind auffallend stabil und zeigen nur eine geringe Vegetationsdynamik, auch Jahrzehnte nach Brachfallen zeigen sie keine Tendenzen zu merklichen Dominanzverschiebungen oder Verbuschung.

Entsprechend auffällig ist auch die Pioniervegetation auf schlackereichen Schotterflächen in der Aue der Freiberger Mulde. Auf im Zuge des Augusthochwassers von 2002 entstandenen Sedimentablagerungen hat sich im Zeitraum von zehn Jahren oftmals nur eine lückige Pioniervegetation aus Gebirgs-Hellerkraut, Rotem Straußgras und Taubenkropf-Leimkraut entwickelt, wobei besonders die erstgenannte Art in kurzer Zeit Massenbestände gebildet hat. Beispielhaft und in typischer Ausbildung sind solche Flächen bei Hilbersdorf, Tuttendorf und Marbach-Gleisberg zu finden (Abb. 206).

Weitere tertiäre Schwermetallstandorte befinden sich in unmittelbarer Nähe der beiden Hüttenstandorte Muldenhütten und Halsbrücke. Flugstaubablagerungen im Komplex mit Säureeinträgen haben hier z. T. großflächig zur Entwicklung von Zwergstrauchheiden geführt (Abb. 207). Diese Schwermetallhei-

Abb. 205: Durch das Hochwasser der Freiberger Mulde im August 2002 wurden große Mengen schwermetallhaltiger Auensedimente umgelagert; das Bild zeigt einen durch Erosion angeschnittenen Hüttenschlackenhorizont unterhalb von Halsbach und darüber die typische grasdominierte Auenvegetation der Freiberger Mulde in diesem Abschnitt (November 2005).

Metallerzbergbau

Abb. 206: Die Pioniervegetation auf schwermetallhaltigen Sedimentablagerungen der Freiberger Mulde zeigt auch nach Jahren nur einen lückigen Bewuchs, dessen Blühaspekt wesentlich vom Gebirgs-Hellerkraut (*Thlaspi caerulescens*) bestimmt wird (Marbach, April 2011).

Abb. 207: An den Talhängen der Freiberger Mulde bei Muldenhütten dominieren großflächige Schwermetallheiden (September 2000).

Abb. 208: Als charakteristische Art vieler tertiärer Schwermetallstandorte findet sich das Pfeifengras (*Molinia caerulea*) auch auf exponierten, trockenen Stückschlacken und damit auf für die Art untypischen Standorten (Muldenhütten, November 2005).

Tab. 87: Schwermetallgehalte im Oberboden auf Schwermetallheiden in Muldenhütten (Quelle: GOLDE et al. 2003).

Element	Gehalt (mg/kg)
Arsen	7.900
Blei	7.400
Cadmium	1.700
Kupfer	180
Zink	950

den wurden erstmals von GOLDE (2001) beschrieben und mit Vegetationsaufnahmen belegt. Der Aspekt dieser extrem artenarmen Heideformationen wird von den beiden Arten Heidekraut (*Calluna vulgaris*) und Pfeifengras bestimmt, nur selten finden sich mit Draht-Schmiele und Rotem Straußgras weitere Gräser beigemischt. Sonstige Blütenpflanzen fehlen ebenso wie weitere Charakterarten der Klasse Nardo-Callunetea. Auch diese Heiden zeichnen sich durch eine sehr geringe Vegetationsdynamik aus, da bestandsabbauende Arten wie Land-Reitgras (*Calamagrostis epigejos*) fehlen. Lediglich das Aufkommen von Hänge-Birke kann stellenweise zu einer Verbuschung führen, diese schreitet aufgrund der schlechten Wüchsigkeit der Birke aber nur langsam voran. Bis in die jüngste Vergangenheit führten Brände immer wieder zu einer Verjüngung der Heidebestände.

4.4 Das Gewässersystem der Revierwasserlaufanstalt

Eine Besonderheit des Freiberger Bergbaugebiets ist das System aus Kunstteichen und den ca. 70 km verbindenden Röschen und Kunstgräben, welches sich südlich von Freiberg bis in den Bereich des Erzgebirgskammes erstreckt. Der zunehmende Bedarf an Aufschlagwasser für Bergbau und Aufbereitung (Wasserhaltung der Gruben, Pochwerke, Erzwäschen) erforderte ab dem 16. Jh. die großflächige Erschließung und Speicherung der erzgebirgischen Wasserressourcen und deren Heranführung an das Freiberger Bergbaugebiet. Anfänglich unmittelbar südlich von Freiberg beginnend, erfolgte über mehrere Jahrhunderte die Anlage von zehn oberirdischen Speicherbecken (Tab. 88) und deren Einbindung in das System, wobei auch die Wasserscheide zwischen Flöha und Freiberger Mulde überquert und damit die Wasserressourcen des Flöhaeinzugsgebietes erschlossen wurden. Bis zum Beginn des 20. Jh. entstand so ein bis in die Gegenwart funktionstüchtiges künstliches Gewässersystem, welches unter dem Namen „Freiberger Revierwasserlaufanstalt" überregional bekannt ist. Das Gesamtsystem ist heute ein technisches Denkmal und dient überwiegend der Trink- und Brauchwasserversorgung, wobei einzelne Speicherbecken auch touristisch erschlossen sind.

Tab. 88: Überblick über die Bergbauteiche der Revierwasserlaufanstalt Freiberg.

Gewässer	Bauzeit (ca.)
Konstantin-Teich	1912-1913 (Vorgängerteich schon ab 1580)
Berthelsdorfer Hüttenteich	1555-1558
Rothbächer Teich	1569
Erzengler Teich	1569-1570
Unterer Großhartmannsdorfer Teich (Großteich)	1567-1568 (kleinerer Vorgängerteich schon vor 1524)
Mittlerer Großhartmannsdorfer Teich (Bahnhofsteich)	1726-1732
Oberer Großhartmannsdorfer Teich	1591-1593
Obersaidaer Teich	1728-1734
Dörnthaler Teich	1787-1790 (1842-1844 vergrößert)
Dittmannsdorfer Teich	1826-1828

Abb. 209: Blick vom Damm des Berthelsdorfer Hüttenteiches auf die Wasserfläche; im Vordergrund das Striegelhaus (Mai 2008).

Gegenüber normalen Teichen haben die Bergwerksteiche die Besonderheit, dass die Wasserentnahme am Teichgrund oder in einer bestimmten Höhe des Teichdammes erfolgt. In Abhängigkeit des Verhältnisses von Zufluss und Entnahme kommt es somit zu ständigen Schwankungen des Wasserstandes, wobei in niederschlagsarmen Perioden bzw. Trockenzeiten durchaus weite Uferbereiche trockenfallen können. Vor allem im Hoch- und Spätsommer kann es dann auf den freifallenden Teichsedimenten zur Entwicklung einer bemerkenswerten Vegetation unter Beteiligung von Elementen der Strandlings- und Zwergbinsenfluren der Verbände Littorellion uniflorae und Nanocyperion kommen. Der bekannteste Vertreter dieser Vegetation ist das Scheidenblütgras (*Coleanthus subtilis*), welches im Jahre 1904 erstmals für Sachsen am Großhartmannsdorfer Großteich nachgewiesen wurde (SCHORLER 1904). Anlässlich späterer Untersuchungen an anderen Bergwerksteichen des Systems konnte die Art auch an weiteren Standgewässern der Revierwasserlaufanstalt gefunden werden (UHLIG 1934, 1939, JURASKY 1938) und wird bei Vorliegen geeigneter Wasserstandsbedingungen bis heute an vielen Bergbauteichen regelmäßig bestätigt (u. a. IRMSCHER 1994, NSI FREIBERG 2000, GOLDE 2002). Weitere für die freifallenden Teichböden charakteristische Elemente sind u. a. der Schlammling (*Limosella aquatica*), Wasserpfeffer-Tännel (*Elatine hydropiper*) und Sechsmänniger Tännel (*E. hexandra*), Sumpf-Ruhrkraut (*Gnaphalium uliginosum*), Sumpfquendel (*Peplis portula*) und Zwergformen des Roten Gänsefußes (*Chenopodium rubrum*). Etwa sechs bis acht Wochen nach Freifallen der Standorte ist die Gesellschaft optimal entwickelt und wird später bei fehlender Überstauung von Zweizahn-Fluren sowie Sämlingsfluren von Röhrichten und Seggen abgelöst.

Abb. 210: Blick auf den Teichboden des abgelassenen Rothbächer Teiches mit beginnender Entwicklung von Zwergbinsenfluren (Juni 2010).

Eine weitere Besonderheit sind ufernahe, sandig-kiesige Wechselwasserbereiche, welche Standorte der Strandlingsgesellschaften (Littorellion uniflorae) sind. Die kennzeichnende Art ist hier der Strandling (*Littorella uniflora*; Abb. 211), welcher durchaus auf mehreren hundert Quadratmeter großen Flächen Dominanzbestände bilden kann. Die ausdauernde Art kann auch längere Zeit unter Wasser wachsen, die Standorte müssen allerdings zur Blüte und generativen Vermehrung einige Wochen trocken fallen. Bei zunehmender Wassertiefe und Wassertrübung wird der Strandling regelmäßig von Nadel-Sumpfsimse (*Eleocharis acicularis*) abgelöst, wobei beide Arten auch Mischbestände bilden können.

Aufgrund des landesweiten Verlustes mesotropher, klarer Gewässer findet sich der Strandling heute in Sachsen fast nur noch an den Bergwerksteichen der Revierwasserlaufanstalt und einigen benachbarten Talsperren (HARDTKE & IHL 2000). Dies unterstreicht die besondere Bedeutung der Bergwerksteiche für den botanischen Artenschutz.

Abb. 211: Der stark zurückgegangene Strandling (*Littorella uniflora*) bevorzugt klare, mesotrophe Gewässer und findet sich in Sachsen heute schwerpunktmäßig an Gewässern der Revierwasserlaufanstalt und einigen benachbarten Talsperren (Lichtenberg, September 2009).

Die Kunstgräben zeichnen sich als lineare Strukturen inmitten einer oftmals intensiv genutzten Landschaft ab und verbinden die einzelnen Bergwerksteiche miteinander. Ehemals waren sie mit Holzschwarten abgedeckt, welche heute fast vollständig von einer Betonabdeckung ersetzt sind (Abb. 212). Bedeutung haben die Kunstgräben vor allem als Transportwege für hydrochore Pflanzenarten und dürften bei der Ausbreitung der Elemente der Teichbodenvegetation zwischen den Bergwerksteichen eine wichtige Rolle gespielt haben. Die Pufferstreifen beidseitig der Kunstgräben sind Standorte von Grünlandgesellschaften der Verbände Arrhenatherion elatioris und Polygono-Trisetion, deren Artenzusammensetzung sehr von Höhenlage, Nährstoffversorgung der Standorte und Exposition abhängt. Zusammengefasst sind diese Grünländer für die Region vergleichsweise artenreich, wobei auch gefährdete Arten vorkommen können. Dies trifft ebenfalls für die Teichdämme zu, welche sich durch artenreiche Wiesengesellschaften auszeichnen.

Abb. 212: Die heute überwiegend mit Betonplatten abgedeckten Kunstgräben prägen das Landschaftsbild südlich von Freiberg bis in die Kammregion des Erzgebirges (Kohlbach-Kunstgraben bei Müdisdorf, Juni 2011).

5 Naturschutzfachliche Bedeutung der Bergbaufolgelandschaft

5.1 Bergehalden

Da vor den ersten Silberfunden im 12. Jh. die Gegend um das heutige Freiberg vollständig bewaldet war (Miriquidi), ist das ursprüngliche Vorkommen primärer Schwermetallstandorte im Gegensatz zu anderen Erzbergbauregionen Mitteleuropas (z. B. Stolberg, Mansfelder Gebiet) wohl unwahrscheinlich. Alle heute die schwermetallreichen Standorte besiedelnden Pflanzenarten haben sich diese somit erst in den letzten Jahrhunderten als Wuchsorte erschlossen. Schwermetallspezifische, endemische Sippen konnten daher im Freiberger Bergbaugebiet noch nicht festgestellt werden, trotzdem zeigen einige Arten ein abweichendes soziologisches Verhalten und unterscheiden sich teilweise auch morphologisch von Individuen unbelasteter Standorte in der Region. Zu den Pflanzenarten, die im Freiberger Gebiet an schwermetallreiche Standorte gebunden sind und auf vielen Bergehalden auftreten, zählen insbesondere Taubenkropf-Leimkraut, Gewöhnliche Grasnelke, Wiesen-Schaumkresse und Gebirgs-Hellerkraut. Die deutliche Bindung letzterer Art an Altbergbaustandorte am Beispiel der Region Zug wurde von GOLDE (2001) dargestellt.

Die genannten schwermetalltoleranten Sippen bilden zusammen mit weiteren Arten auf den Grobbergehalden eine bemerkenswerte Vegetation, die sich zumeist nicht in das gängige pflanzensoziologische System einordnen lässt. Dabei gibt es keine „typische Freiberger Haldenvegetation", stattdessen weist jede Halde in Abhängigkeit von ihrem Alter und der abgebauten Gangerzformation Besonderheiten auf, auf welche bereits oben eingegangen wurde. Aufgrund floristischer Ähnlichkeiten mit Gesellschaften der Ordnung Violetalia calaminariae und vergleichbarer standörtlicher Bindung erfolgte im Rahmen der FFH-Ersterfassung eine Zuordnung ausgewählter Flächen zum Lebensraumtyp 6130 (Schwermetallrasen) der FFH-Richtlinie. Der Lebensraumtyp kommt dabei innerhalb der sächsischen Gebietskulisse nur im Freiberger Bergbaugebiet vor.

Aus naturschutzfachlicher Sicht besonders wertvoll sind die Halden der eb-Formation südlich von Freiberg. Sie beherbergen eine Vielzahl regional stark zurückgegangener und/oder landesweit gefährdeter Pflanzenarten (Tab. 89). Diese Besonderheiten wurden bereits frühzeitig von lokalen Botanikern erkannt (LANGE 1938, BRAUN 1964), was bereits 1957 zur Unterschutzstellung von zwei Halden der Beschert Glück-Fundgrube als Flächennaturdenkmal (FND) führte. Trotz des Schutzstatus kam es zu Materialentnahmen und zunehmender Gehölzsukzession, in deren Gefolge einige lokale Raritäten verschwanden. Genannt seien hier der Berg-Haarstrang (*Peucedanum oreoselinum*) an einem isolierten Fundort im unteren Bergland und das Gewöhnliche Katzenpfötchen (*Antennaria dioica*), welches früher auf einigen Halden Massenbestände bildete. Der Erhalt der verbliebenen Besonderheiten setzt allerdings regelmäßige Pflegemaßnahmen voraus, um die Verbuschung zurückzudrängen.

Tab. 89: Auswahl bemerkenswerter Gefäßpflanzenarten auf Grobberghalden der dritten Hauptperiode des Freiberger Bergbaus (eb-Formation).

Art	Bemerkung
Echte Mondraute (*Botrychium lunaria*)	bereits vor ca. 70 Jahren erstmalig auf Halden nachgewiesen, erscheint heute unregelmäßig auf Rohböden der Beschert Glück-Fundgrube
Gewöhnliches Zittergras (*Briza media*)	Neben den Teichdämmen sind die Bergehalden wichtige Reliktstandorte für die im intensivierten Grünland der Region weitgehend verschwundene Art.
Gewöhnliche Golddistel (*Carlina vulgaris*)	Die konkurrenzschwache Art kommt im Freiberger Gebiet nur auf Bergehalden vor, Standorte in der unverritzten Landschaft sind nicht bekanntgeworden.
Braunrote Sitter (*Epipactis atrorubens*)	In Sachsen ist die Art ein typisches Element der Bergbaufolgelandschaften und besitzt auf ausgewählten Halden der eb-Formation seit Jahrzehnten stabile Vorkommen.
Kleines Wintergrün (*Pyrola minor*)	Mycotrophe Pyrolaceen sind auf den sauren Verwitterungsböden des Erzgebirges selten, deshalb besitzen die Vorkommen auf basenreichen Standorten der Halden der eb-Formation eine regional hohe Bedeutung.
Frühlings-Fingerkraut (*Potentilla tabernaemontani*)	Neben Bahndämmen sind Bergehalden die einzigen geeigneten Standorte für die wärmeliebende Art im Gebiet.
Kleiner Klappertopf (*Rhinanthus minor*)	Die im unteren Erzgebirge sehr seltene Art findet sich im unmittelbaren Freiberger Gebiet nur auf Bergehalden.

Ebenfalls naturschutzfachlich bedeutsam sind die Flechtenvorkommen des Acarosporetum sinopicae, die sich in dieser artenreichen und charakteristischen Ausbildung in Sachsen nur im Freiberger Bergbaugebiet finden. Die Vorkommen schwermetallspezifischer Flechtenarten und -gesellschaften wurden deshalb bei der FFH-Ersterfassung folgerichtig als Ausbildungsform des Lebensraumtyps 6130 (Schwermetallrasen) erfasst und eine Reihe der Standorte befinden sich in den beiden SCI 255 (Schwermetallhalden bei Freiberg) bzw. 252 (Oberes Freiberger Muldetal). Darunter sind auch die bereits genannten, besonders artenreichen Halden bei Kleinvoigtsberg, Tuttendorf und Zug-Langenrinne. Sukzessionsbedingt sind allerdings auch hier Veränderungen der Flechtenflora zu beobachten. Eine Reihe der von SCHADE (1932) genannten Fundorte des Acarosporetum sinopicae existiert heute nicht mehr, da die betreffenden Halden inzwischen völlig zugewachsen sind (vgl. Fundortübersicht und -vergleich bei GOLDE 2005).

Der Erhalt der Flechtengesellschaften auf den Bergehalden (Tab. 90, Abb. 213) setzt also ebenso wie bei den Gefäßpflanzen zielführende Managementmaßnahmen für die Schwermetallstandorte voraus. Davon würden auch die faunistischen Besonderheiten der Bergbaufolgelandschaft profitieren. Insbesondere für viele Insektenarten, die an warme, vegetationsarme bzw. blütenpflanzenreiche Standorte gebunden sind, stellen die Bergehalden geeignete Lebensräume dar, die ansonsten im Erzgebirge bzw. intensiv genutzten Mulde-Lösshügelland fehlen. Beispielhaft wird dies von GÜNTHER et al. (2009) für die beiden Heuschreckenarten Blauflügelige Ödlandschrecke (*Oedipoda caerulescens*) und Blauflügelige Sandschrecke (*Sphingonotus caerulans*) dargestellt. Die Vorkommen beider Arten im Gebiet sind weitgehend auf Bergehalden beschränkt.

Tab. 90: Bemerkenswerte Nachweise sachsenweit gefährdeter Flechtenarten auf Bergehalden im Freiberger Bergbaugebiet und ihr Gefährdungsstatus nach Roter Liste (GNÜCHTEL 2009).

Art	Status Rote Liste Sachsen
Acarospora rugulosa	stark gefährdet
Acarospora sinopica	stark gefährdet
Cetraria aculeata	gefährdet
Lecidea silacea	vom Aussterben bedroht

Abb. 213: Die Halde Junge Hohe Birke in Zug-Langenrinne weist noch größere vegetationsarme Bereiche auf, die unter anderem wertvolle Standorte schwermetallspezifischer Flechtenarten sind (September 2010).

5.2 Schlackehalden

Die naturschutzfachliche Bedeutung der Schlackehalden resultiert vor allem aus dem Vorkommen der Schwermetall-Flechtengesellschaft des Acarosporetum sinopicae. Insbesondere die z.T. großflächig entwickelten Bestände von *Acarospora sinopica* auf Grobschlacke in Halsbrücke und Muldenhütten zählen trotz Verluste infolge von Haldensanierungen auch heute noch zu den bundesweit bedeutendsten (GNÜCHTEL, mdl. Mitt). Während die Art im Freiberger Bergbaugebiet noch mindestens zehn Fundorte auf Berge- und Schlackehalden aufweist, ist sie in anderen Bergbaugebieten Deutschlands selten, wie es beispielsweise HUNECK (2006) für die Kupferschieferhalden des Harzvorlandes belegt.

Sanierungsmaßnahmen haben allerdings in den letzten Jahren zu großen Fundort- und Flächenverlusten geführt, obwohl bereits frühzeitig auf die hohe Schutzwürdigkeit dieser Flächen hingewiesen wurde. Die Integration von naturschutzfachlichen Aspekten in die Sanierungsplanung wäre in vielen Fällen besser möglich gewesen, da die Flechten ausschließlich stabile Stückschlacken, nicht aber die umweltgefährdenden Feinschlacken besiedeln. Trotz der Zuordnung zum FFH-Lebensraumtyp 6130 (Schwermetallrasen) und der Ausweisung von Schutzgebieten sind nach 2000 mehrere aus lichenologischer Sicht bedeutsame Schlackehalden so saniert worden, dass von den ursprünglichen Flechtenvorkommen nur noch Fragmente vorhanden sind, deren langfristige Sicherung nur schwer gewährleistet werden kann. Beispielhaft sei hier die im Jahre 2005 sanierte Schlackehalde Obere Feinhütte in Halsbrücke genannt.

Neben der Bedeutung als Wuchsort für gefährdete und hochspezialisierte Flechtengesellschaften besitzen die Schlackenhalden auch eine hohe faunistische Bedeutung. Die exponierten Hänge aus dunklen Schlacken können bei starker Sonneneinstrahlung hohe Oberflächentemperaturen erreichen, von welchen u. a. die Zauneidechse profitiert. Die Vorkommen dieser in Sachsen gefährdeten Art konzentrieren sich demnach im Freiberger Gebiet mit wenigen Ausnahmen auf Grobberge- und Schlackehalden.

Abb. 214: Die sogenannte Rauchblöße in Muldenhütten ist eine ca. 20 ha große Depositionsfläche; nahezu die Hälfte der Fläche wird von Heideformationen bedeckt, die in ihrer Ausdehnung zu den größten zusammenhängenden Zwergstrauchheiden in den unteren Lagen des Osterzgebirges gehören (September 2000).

5.3 Tertiäre Schwermetallstandorte

Sowohl die durch schwermetalltolerante Arten gekennzeichneten Gras- und Pionierfluren entlang der Freiberger Mulde als auch die Heideformationen in der Nähe der historischen Hüttenstandorte Muldenhütten (Abb. 214) und Halsbrücke stellen in ihrer Artenzusammensetzung Singularitäten in Sachsen dar. Die fließgewässerbegleitenden Grünländer über schwermetallhaltigen Auensedimenten sind zwar sehr artenarm, aber infolge der zwischenzeitlichen Nutzungsauflassung besitzen sie gegenwärtig eine wichtige Bedeutung als Biotopverbundstrukturen und ungestörte Habitate in einer ansonsten intensiv genutzten Kulturlandschaft.

Die Heideflächen um Muldenhütten wurden im Rahmen der FFH-Ersterfassung als Trockene Heiden des Lebensraumtyps 4030 erfasst. Heideflächen, insbesondere größere und zusammenhängende Flächen, stellen im unteren Erzgebirge eine Besonderheit dar. Auch hier ist die Störungsarmut der als Ödland bewerteten Flächen ein wichtiges Kriterium für die naturschutzfachliche Bewertung. Untersuchungen der Tagfalter- und Heuschreckenfauna dieser Heideflächen bzw. deren blütenpflanzenreicheren Randbereiche in den letzten Jahren belegen dabei die Bedeutung für landesweit zurückgehende bzw. gefährdete Insekten (z. B. PALMER 2009).

5.4 Das Gewässersystem der Revierwasserlaufanstalt

Die Bergbauteiche stehen seit dem Erstnachweis des Scheidenblütgrases (*Coleanthus subtilis*) für Sachsen im Fokus der Floristen, dies wurde später durch Untersuchungen der gesamten Teichbodenvegetation ergänzt (Abb. 215). Das regelmäßige Auftreten dieser und weiterer Arten, die im Anhang II der FFH-Richtlinie aufgeführt sind und einer Reihe von Lebensraumtypen nach Anhang I

Abb. 215: Das Scheidenblütgras (*Coleanthus subtilis*) ist eine der kennzeichnenden Arten der Zwergbinsenfluren (Nanocyperion) auf dem Boden abgelassener Bergbauteiche und eine der regionalen floristischen Besonderheiten (Rothbächer Teich, Juni 2010).

dieser Richtlinie führte folgerichtig zur Meldung der Bergbauteiche als FFH-Gebiet „Freiberger Bergbauteiche".

Das unter den Bergbauteichen herausragende Gebiet mit einer besonders hohen naturschutzfachlichen Bedeutung ist der Großhartmannsdorfer Großteich. Das reich strukturierte Gebiet besteht aus einem Mosaik verschiedener Gewässer- und Verlandungslebensräume, welche mit Hoch- und Zwischenmoorresten, naturnahen Waldgesellschaften sowie extensiv genutzten Offenlandflächen verzahnt sind. Aufgrund seiner Lage auf der Hochfläche der Erzgebirgsnordabdachung inmitten einer relativ gewässerarmen Landschaft besitzt der Großhartmannsdorfer Großteich darüber hinaus eine überregionale Bedeutung als Brut-, Mauser- und Rastgebiet für Wasservögel, in dem in der über 100 Jahre währenden Beobachtungstätigkeit ca. 260 Vogelarten nachgewiesen wurden. Die reiche Naturausstattung führte bereits 1967 zur Unterschutzstellung als Naturschutzgebiet (NSG), welches 1997 erweitert wurde (SMUL 2009). Bei den Untersuchungen zur Schutzwürdigkeit wurden im ca. 155 ha großen NSG mehr als 260 Pflanzenarten nachgewiesen, eine für das floristisch relativ arme Freiberger Gebiet bemerkenswerte hohe Artenzahl.

Tab. 91: Auswahl bemerkenswerter Pflanzenarten der Teichdämme der Bergwerksteiche.

Art	Bemerkung
Arnika (*Arnica montana*)	Die vor allem im unteren Bergland stark zurückgegangene Art kann sich bis heute auf Teichdämmen behaupten und kommt u. a. heute noch in Großhartmannsdorf vor.
Bastard-Frauenmantel (*Alchemilla glaucescens*)	Die individuenstärksten Vorkommen der in der Region nur zerstreut verbreiteten Art finden sich auf Teichdämmen; eine herausragende Bedeutung haben dabei die Teichdämme in Großhartmannsdorf.
Flaumiger Wiesenhafer (*Helictotrichon pubescens*)	außerhalb der Teichdämme in der Region weitgehend fehlend; bekanntgeworden sind Standorte auf den Teichdämmen von Großhartmannsdorf (Großteich) und Berthelsdorf (Hüttenteich)
Weichhaariger Pippau (*Crepis mollis*)	Das montan-submontan verbreitete Element der Mähwiesen findet sich auf vielen Teichdämmen bis in den Raum Freiberg (Berthelsdorfer Hüttenteich) und besitzt damit bemerkenswert tief gelegene Vorkommen.
Gewöhnlicher Thymian (*Thymus pulegioides*)	Die Teichdämme sind ebenso wie ausgewählte Bergehalden wichtige Reliktstandorte für die in der Region zurückgehende Art magerer, exponierter Standorte.
Geöhrtes Habichtskraut (*Hieracium lactucella*)	Die im sächsischen Tief- und Hügelland weitgehend verschwundene und auch im Bergland zurückgehende konkurrenzschwache Magerrasenart findet sich auf mehreren Teichdämmen (z. B. Großhartmannsdorf).
Verschiedenblättrige Kratzdistel (*Cirsium heterophyllum*)	montan-submontan verbreitete Art, die sich auf fast allen Teichdämmen bis in den Raum Freiberg findet und damit einige bemerkenswert tief gelegene Vorkommen aufweist
Gewöhnliches Zittergras (*Briza media*)	Die Teichdämme sind wichtige Reliktstandorte für die in der Region zurückgehende Art magerer Wiesenstandorte; auf fast allen Teichdämmen vertreten, es sind vor allem die Massenvorkommen in Großhartmannsdorf (Großteich, Neuer Teich) bemerkenswert.
Gewöhnlicher Augentrost (*Euphrasia officinalis*)	Die Teichdämme sind wichtige Reliktstandorte für die in der Region zurückgehende Art magerer Standorte.
Bärwurz (*Meum athamanticum*)	Die montan-submontan verbreitete Art findet sich auf fast allen Teichdämmen bis in den Raum Freiberg und weist damit bemerkenswert tief gelegene Vorkommen nahe der nördlichen Verbreitungsgrenze der Art auf (z. B. am Berthelsdorfer Hüttenteich).

Die anderen Bergbauteiche besitzen ebenfalls eine hohe naturschutzfachliche Bedeutung, die wiederum vor allem im Auftreten der Nanocyperion- und Littorellion-Gesellschaften und des Scheidenblütgrases begründet liegt. Allerdings besitzen die genannten Gesellschaften an allen Gewässern unterschiedliche potenzielle Entwicklungsmöglichkeiten, abhängig von Lage, Gewässergröße und Bodensubstraten. Als besonders wertvoll eingeschätzt werden dabei die Bergwerksteiche in Dörnthal, Dittmannsdorf sowie der Berthelsdorfer Hüttenteich.

Im Zusammenhang mit der zunehmenden floristischen Verarmung des Grünlandes in den unteren Lagen der erzgebirgischen Naturräume haben die landseitigen Teichdämme der Bergbauteiche zwischenzeitlich eine herausragende Bedeutung für gefährdete und zurückgehende Grünlandarten erlangt. Die extensive Nutzung bzw. Pflege der Dämme beschränkt sich zumeist auf eine zweischürige Mahd ohne Düngung. Im Zusammenhang mit der Exposition der Dämme haben sich artenreiche Grünlandgesellschaften entwickeln können, die in ihrer Artenvielfalt und -zusammensetzung in der umgebenden Normallandschaft heute nicht mehr vorhanden sind. Neben Magerwiesenarten sind es besonders Bergwiesenelemente, die hier zum Hügelland hin vorgeschobene Fundorte aufweisen (Tab. 91).

Abb. 216: Die Böschungen der Kunstgräben sind wichtige Elemente des Biotopverbundes und Standorte zurückgehender und gefährdeter Grünlandarten; Bergwiesenarten prägen diesen Kunstgrabenabschnitt im Mortelgrund südlich Sayda (Juni 2011).

Ebenso wie die Teichdämme besitzen die Kunstgräben eine hohe Bedeutung für Tier- und Pflanzenarten des extensiv genutzten Grünlandes sowie den Biotopverbund. Die schmalen Grünlandstreifen beidseitig der Gräben werden nur extensiv gepflegt, von Gehölzaufwuchs freigehalten und unterliegen aus Wasserschutzgründen einem weitgehenden Schutz vor Nährstoff- und Biozideinträgen von angrenzenden Flächen. Entsprechend hoch ist auch hier der Anteil empfindlicher und allgemein zurückgehender Arten, wobei auch hier wieder vielen montan-submontanen Elementen ein Herabsteigen ins untere Bergland ermöglich wird (Abb. 216). Zu den bemerkenswerten Arten, die entlang der Kunstgräben vorkommen, zählen u. a. Weicher Pippau (*Crepis mollis*), Bärwurz (*Meum athamanticum*), Arnika (*Arnica montana*) und Verschiedenblättrige Kratzdistel (*Cirsium heterophyllum*). Der Blütenreichtum zieht wiederum eine Vielzahl Insekten an, wobei hier allerdings nur Spontanbeobachtungen z. B. von Tagfaltern vorliegen und vertiefende Untersuchungen bis heute fehlen.

6 Rekultivierung

Die natürlichen Verwitterungs- und Erosionsprozesse der Erzvorkommen führen im Freiberger Gebiet seit mindestens 40 bis 50 Millionen Jahren zu natürlichen Emissionen von Schwermetallen in die Umwelt. Infolge dessen besteht eine erhöhte geogene Grundbelastung von Boden, Grund- und Oberflächengewässern, welche vor allem auf Arsen, Blei, Cadmium und Zink zutrifft. Mit dem Beginn des Bergbaus und nachfolgender Aufbereitung der gewonnenen Erze begann eine zusätzliche anthropogene Emission von Schwermetallen. Quellen der Belastung waren vor allem die Hüttenstandorte wegen ihrer direkten Emissionen und der Windverwehungen kontaminierter Stäube. Zusätzliche Stoffausträge erfolgten über den Wasserpfad aufgrund der Durchsickerung von schwermetallreichen Aufbereitungsrückständen (Schlacken, Aschen). Da sich die über Jahrhunderte bedeutendsten Hüttenstandorte Muldenhütten und Halsbrücke in unmittelbarer Nähe zur Freiberger Mulde befinden, erreicht diese erhöhte Schadstofffrachten. So wurden für den Zeitraum Anfang der 1990er Jahre folgende Gesamtfrachten ermittelt: Cadmium 1.432 kg/Jahr, Arsen 3.488 kg/Jahr und Zink 50.994 kg/Jahr (ECKSTEIN 2003).

Auf den Hüttengeländen selbst kam es im Laufe der Betriebsdauer zu umfangreichen Ablagerungen, deren Schadstoffgehalte auch kleinstandörtlich stark schwanken können. Das Spektrum der Ablagerungen reicht von Bauschutt und Erdaushub über Rost- und Filteraschen, Abbrände, Ofenausbruch und Neutralisationsschlämme bis zu Schlacken unterschiedlicher Körnung und chemischer Zusammensetzung.

Die drei Ende der 1980er Jahre um Freiberg produzierenden Hüttenbetriebe (Freiberg, Muldenhütten und Halsbrücke) gehörten bis 1990 zum VEB Bergbau- und Hüttenkombinat „Albert Funk" mit 10.000 Mitarbeitern in verschiedenen Betriebsteilen der ehemaligen DDR. Nach der Umwandlung der Kombinate in Kapitalgesellschaften 1990 waren die drei Hüttenbetriebe Teil der SAXONIA AG Metallhütten und Verarbeitungswerke Freiberg. Bereits Ende 1990/ Anfang 1991 erfolgte die Erstellung erster Verdachtsflächenkataster sowie eine Erstbewertung des Gefahrenpotenzials. Im Zuge weiterer, vertiefender Altlastenerkundung wurde dabei allein für den Standort der ab dem Jahre 1952 errichteten Hütte Freiberg folgendes Gesamtschadstoffinventar in den ca. 800.000 t Ablagerungen ermittelt (MÜLLER & GRIMM 2003):

- Arsen: 575 t
- Blei: 3.910 t
- Cadmium: 49 t
- Kupfer: 1.830 t
- Zink: 10.380 t

Im Zuge der Erstellung eines Entwicklungskonzeptes für die Flächen der SAXONIA AG kam es 1993 zur Beantragung eines Altlasten-Großprojektes mit dem Ziel der Realisierung erforderlicher Maßnahmen der Gefahrenerkundung und -abwehr. Im gleichen Jahr erfolgte die Freistellung des zwischenzeitlich in Liquidation gegangenen Unternehmens von der Kostenlast für Gefahrenabwehrmaßnahmen für vor dem 01.07.1990 verursachte Umweltschäden in Höhe von 90 % auf einer Gesamtfläche von 316,2 ha an sechs Standorten. Ein erstes Sanierungsrahmenkonzept wurde 1994 bestätigt und 1996 überarbeitet. 1997 erfolgte schließlich die Übernahme der in eine GmbH i. L. umgewandelten SAXONIA durch die Gesellschafter Stadt Freiberg und Landkreis Freiberg. Seitdem firmiert das Unternehmen als SAXONIA Standortentwicklungs- und -verwaltungsgesellschaft mbH (KRAUSE 2003).

Abb. 217: Teilansicht der Hütte Freiberg zu Beginn der Sanierungsarbeiten; deutlich erkennbar sind die umfangreichen Altablagerungen auf dem Betriebsgelände (September 1994).

Bereits 1992 wurde die Sicherung bzw. Sanierung der beiden Objekte Arsenhütte Muldenhütten und Absetzbecken Hütte Freiberg im Rahmen vordringlicher Maßnahmen der Gefahrenabwehr definiert. Damit begannen umfangreiche Erkundungs-, Sanierungs- und Rekultivierungsmaßnahmen an verschiedenen Standorten, die sich bis nach 2000 hinzogen.

Die Sicherung der Altablagerungen erfolgte als standsichere Endverwahrung an Ort und Stelle mit dem Ziel einer Emissionsunterbrechung bzw. -minderung. Stoffausträge über den Bodenpfad (Staubaustrag) sollen dabei vollständig und Austräge über den Wasserpfad so weit wie möglich unterbunden werden. Unter Wahrung der Verhältnismäßigkeit zwischen Umweltgefährdung und Sanierungsaufwand ist dabei eine vollständige Unterbindung des Stoffaustrags nicht erreichbar, wobei der Umfang der tolerierbaren Schadstoffrestausträge nach der Sanierung einzelfallweise zu definieren ist.

Die entsprechende Sicherung wurde in der Regel durch mehrschichtige Erdbauwerke hergestellt, deren Schichten die Sanierungsziele bezüglich des Wasser- und Bodenpfades bewirken sollen. Für höherwertig zu sichernde Altablagerungen ergeben sich unter Berücksichtigung der örtlichen Gegebenheiten grundsätzlich folgende Aufwendungen (ECKSTEIN 2003, MOLLÈE 2003):

1. Profilierung der Ablagerung unter Beachtung der herzustellenden Böschungs- und Plateauneigung, ggf. Aufbringung einer Konturierungsschicht aus mineralischen Baustoffen

2. Einbau einer Dichtschicht (ein- oder zweilagige Schicht aus mineralischen Baustoffen mit Mächtigkeiten von je 0,25 m)

3. Einbau einer Drainageschicht (mineralische Baustoffe mit Mächtigkeiten von mindestens 0,10 m)

4. Einbau einer Abdeckschicht I als Speicherschicht (durchwurzelbares mineralisches Material mit Mächtigkeiten von mindestens 0,50 m)

5. Einbau einer Abdeckschicht II als Oberboden (durchwurzelbarer Bodenhorizont mit Mächtigkeiten von ca. 0,20 bis 0,30 m)
6. Bau von Einrichtungen zur Fassung des Oberflächenwassers
7. ggf. Bau von Stützbauwerken zur Gewährleistung der Standsicherheit

Mit diesem Abdeckaufbau sind Restversickerungen von < 50 % bei gleichzeitiger standsicherer Endkonturierung zu erreichen. Bei geringeren Anforderungen an den Grad der Restversickerung genügt ein einfacherer Abdeckaufbau, bei welchem Dämm- und Entwässerungsschicht entfallen.

Im Zuge der Sanierungsmaßnahmen erfolgte zwischenzeitlich die Sanierung aller wesentlichen Altablagerungen an den Standorten Hütte Freiberg (Abb. 217), Muldenhütten, Halsbrücke sowie der Schlackenhalde in Halsbach. Damit verbunden ist eine deutliche Reduktion der Schadstoffemissionen durch Verwehungen und über den Wasserpfad, allerdings oftmals auch der Verlust landschaftsbildprägender Strukturen. Dies kann durchaus zu Konflikten mit Interessen des Denkmal- und Naturschutzes führen. Beispiele dafür sind die Sanierung der Schlackenhalde Obere Feinhütte Halsbrücke, bei der bedeutende Standorte von Schwermetallflechten überkippt wurden (Abb. 218) bzw. die Sanierung der unter Denkmalschutz stehenden Halde Hohe Esse in Halsbrücke, die als montanhistorisches Denkmal möglichst in ihrer ursprünglichen Kontur erhalten werden soll.

Abb. 218: Sanierter Teilbereich der Schlackenhalde Obere Feinhütte Halsbrücke nach Aufbringung der durch Geotextil gesicherten Abdeckschicht und Bau von Entwässerungseinrichtungen; als montanhistorisches Denkmal sind diese Halden kaum mehr in der Landschaft erkennbar (Oktober 2005).

7 Literatur

AUTORENKOLLEKTIV (1988): Freiberger Land. Ergebnisse der heimatkundlichen Bestandsaufnahme im Gebiet um Langhennersdorf, Freiberg, Oederan, Brand-Erbisdorf und Weißenborn. Werte unserer Heimat, Bd. **47**, Berlin.

BASTIAN, O., SYRBE, R.-U. (2004): Naturräume in Sachsen - eine Übersicht. Mitt. Landesverein Sächs. Heimatschutz Sonderheft „Landschaftsgliederung in Sachsen": 9-24.

BRAUN, H. (1964): Betrachtungen zur Flora von Freiberg. Festschrift zum 100jährigen Bestehen des Naturkundemuseums Freiberg: 79-90, Freiberg.

ECKSTEIN, L. (2003): Festlegung von Sanierungszielen unter Beachtung einer großräumigen geogenen und anthropogenen Belastung. Bericht zum Festkolloquium „10 Jahre Altlastenprojekt SAXONIA": 31-40, Saxonia Standortentwicklungs- und -verwaltungsgesellschaft mbH, Freiberg.

GNÜCHTEL, A. (2009): Rote Liste Flechten Sachsens. Hrsg.: Sächs. Landesamt für Umwelt, Landwirtschaft und Geologie, Dresden.

GOLDE, A. (2001): Schwermetallfluren - ein in Sachsen bislang verkannter Lebensraumtyp - Überblick über Vorkommen und Ausbildungsformen im Freiberger Bergbaugebiet. Ber. AG sächs. Bot. N.F.: **18**: 49-60

- (2002): Anmerkung zur Lebensform von *Coleanthus subtilis*. Sächs. Florist. Mitt. 7 (2002): 88-90

- (2005): Zum historischen und aktuellen Vorkommen von *Acarospora sinopica* im Freiberger Bergbaugebiet. Mitt. Naturschutzinst. Freiberg 1 (2005): 3-8

-, LADWIG, R., MOLÉE, R. (2003): Interessenschnittpunkt zwischen Altlastenarbeit, Denkmalschutz und Naturschutz. Bericht zum Festkolloquium „10 Jahre Altlastenprojekt SAXONIA": 95-116, Saxonia Standortentwicklungs- und verwaltungsgesellschaft mbH, Freiberg.

GÜNTHER, A., LUEG, H., OLIAS, M. (2009): Zur Kenntnis der Heuschreckenfauna (Ensifera et Caelifera) des Freiberger Raumes - Teil 2: Erst- und Wiedernachweise der Jahre 2006 bis 2009. Mitt. Naturschutzinst. Freiberg **5**: 44-57.

HARDTKE, H.-J., IHL, A. (2000): Atlas der Farn- und Samenpflanzen Sachsens. Materialien zu Naturschutz und Landschaftspflege, Hrsg.: Sächsisches Landesamt für Umwelt und Geologie, Dresden.

HUNECK, S. (2006): Die Flechten der Kupferschieferhalden um Eisleben, Mansfeld und Sangerhausen. - Mitt. florist. Kart. Sachsen-Anhalt Sonderheft **4**: 62 S.

IRMSCHER, B. (1994): Beitrag zur Vegetation auf nacktem Teichschlamm des Berthelsdorfer Hüttenteiches bei Freiberg in Sachsen. Veröff. Mus. Naturk. Chemnitz **17**: 67-82.

JURASKY, K. (1938): Die alten Bergwerksteiche als Umwelt reichen Pflanzenlebens. Mitt. Naturwiss. Verein Freiberg **3**: 34-40

KARDEL, K., RANK, G. (2008): Auenmessprogramm des Freistaates Sachsen - Untersuchung der Auenböden der Elbe und des Muldensystems auf Arsen und Schwermetalle. Hrsg.: Sächs. Landesamt für Umwelt und Geologie

KRAUSE, H. (2003): Ziele und Mittel der Altlastenarbeit im Wandel der letzten 10 Jahre. Bericht zum Festkolloquium „10 Jahre Altlastenprojekt SAXONIA": 11-30, Saxonia Standortentwicklungs- und -verwaltungsgesellschaft mbH, Freiberg.

LANGE, E. (1938): Die Pflanzen der Freiberger Halden. Mitt. Naturwiss. Verein Freiberg **3** (1939): 20-29.

LfUG (2002): Potentielle Natürliche Vegetation Sachsens mit Karte 1 : 200.000. - Materialien zu Naturschutz und Landschaftspflege, Hrsg.: Sächsisches Landesamt für Umwelt und Geologie, Dresden.

MANNSFELD, K., RICHTER, H. (Hrsg.) (1995): Naturräume in Sachsen. Forsch. Deutsch. Landeskd. **238**: 228 S.

MOLLÈE, R. (2003): Altlasten und Bodenmanagement unter Berücksichtigung der Bedingungen von Freiberg. Bericht zum Festkolloquium „10 Jahre Altlastenprojekt SAXONIA": 73-94, Saxonia Standortentwicklungs- und -verwaltungsgesellschaft mbH, Freiberg.

MÜLLER, B., GRIMM, R. (2003): Haldenkomplex und Haldenbrände in der Hütte Freiberg. Bericht zum Festkolloquium „10 Jahre Altlastenprojekt SAXONIA": 59-72, Saxonia Standortentwicklungs- und -verwaltungsgesellschaft mbH, Freiberg.

NSI FREIBERG (2000): Untersuchungen zu Vorkommen und Ausbildungsformen der Zwergbinsen- und Strandlingsgesellschaften an den Bergbauteichen zwischen Freiberg und Olbernhau unter besonderer Berücksichtigung des Scheidenblütgrases (*Coleanthus subtilis*). Unveröff. Abschlussbericht im Auftrag des Sächsischen Landesamtes für Umwelt und Geologie.

- (2004): Managementplan für das SCI 255 „Schwermetallhalden bei Freiberg". Unveröff. Abschlussbericht im Auftrag des Staatlichen Umweltfachamtes Chemnitz.

PALMER, M. (2009): Der Argus-Bläuling *Plebeius argus* (L., 1758) - ein Wiederfund in der Freiberger Region. Mitt. Naturschutzinst. Freiberg **5**: 65-75.

SCHADE, A. (1932): Das Acarosporetum sinopicae als Charaktermerkmal der sächsischen Bergwerkshalden. Sitz.-Ber. Isis Dresden **32**: 131-160.

- (1933/34): Ergänzende Beobachtungen über das Acarosporetum sinopicae der sächsischen Bergwerkshalden. Sitz.-Ber. Isis Dresden **33**: 77-81.

SCHORLER, B. (1904): *Coleanthus subtilis* Seidl., ein Bürger der deutschen Flora. Ber. Dt. Bot. Ges. **22**: 524-526.

SMUL (Hrsg.) (2009): Naturschutzgebiete in Sachsen. 720 S.

STOHR, G. (1964): Vegetation und Standortverhältnisse einiger Halden bei Freiberg und Brand-Erbisdorf. Festschrift zum 100jährigen Bestehen des Naturkundemuseums Freiberg: 69-77, Freiberg.

UHLIG, J. (1934): Die Schlammränder des Großhartmannsdorfer Großteichs als Siedlungsstätte einer höchst eigenartigen Pflanzengesellschaft. Mitt. Landesver. Sächs. Heimatschutz **XXIII** (1-4): 28-50.

- (1939): Die Gesellschaft des nackten Teichschlammes. In: KÄSTNER, M., FLÖSSNER, W., UHLIG, J. (Hrsg.): Die Pflanzengesellschaften des westsächsischen Berg- und Hügellandes, I. Teil. Dresden.

WAGENBRETH, O., WÄCHTLER, E. (Hrsg.) (1986): Der Freiberger Bergbau: Technische Denkmale und Geschichte. Leipzig.

E Schieferbergbau

E1 Allgemeiner und geologischer Teil

MARIO BAUM

1 Bedeutung des Schieferbergbaus in Deutschland

Der Abbau von Schiefer hat in Deutschland eine sehr lange Tradition und er ist bzw. war in weiten Teilen Deutschlands verbreitet. Ursächlich ist die Gewinnung von Schiefer für unterschiedliche Anwendungsgebiete an differenzierte Voraussetzungen gebunden. Neben der natürlichen Existenz entsprechender Vorkommen oder Lagerstätten sind anthropogene Kriterien maßgebend, ob in einem bestimmten Gebiet eine Schiefergewinnung stattfindet. Die natürlichen Voraussetzungen sind in Deutschland günstig und haben in der Vergangenheit einen weit verbreiteten Schieferabbau ermöglicht. Wichtigster Verwendungszweck war in Deutschland sehr lange Zeit die Herstellung von Dach- und Wandschiefern. In der zweiten Hälfte des 20. Jh. erlangte die Produktion von Schieferrohmaterial für die Produktion von Schiefersplitt, Schiefermehl und Blähschiefer eine größere Bedeutung und überflügelte die Dachschieferproduktion in der Menge deutlich. Nicht unerwähnt bleiben darf die historische Produktion von Schiefertafeln, Schreibgriffeln, Einrichtungsgegenständen und die bis in die Gegenwart andauernde Herstellung von Werk- und Dekorationssteinen aus Schiefer. Die wichtigsten Schieferabbaugebiete waren im Rheinischen Schiefergebirge, dem Thüringer Wald, dem Harz, im Sauerland, Hunsrück und Taunus angesiedelt. Die in diesen Gebieten gewonnenen Schiefer haben ein paläozoisches Alter und sind bei der Betrachtung ihrer Geologie durch die gleichen Entwicklungsprozesse entstanden. Ihre Genese unterscheidet sich an den einzelnen Vorkommen lediglich in Details der Stratigraphie und Tektonik. Diese Merkmale haben dennoch oftmals maßgebend beeinflusst, wie erfolgreich ein Schiefervorkommen abgebaut werden konnte.

2 Zur Geschichte des Schieferbergbaus

Geschichtlich gesehen wird Schiefer bereits seit römischer Zeit auf dem Gebiet des heutigen Deutschlands verwendet. Seine eigentliche Blütezeit erfuhr die Nutzung von Dach- und Wandschiefern aber erst im 19. und 20. Jh. Zu dieser Zeit wuchs der Bedarf durch die rasante industrielle Entwicklung und vor allem durch veränderte baurechtliche Vorschriften enorm an. Der Bedarf an feuerfesten Bedachungsmaterialien konnte in den Mittelgebirgsräumen nicht mit Dachziegeln gedeckt werden. Qualitativ und quantitativ hochwertige Tonlagerstätten, die zur Herstellung von Dachziegeln notwendig sind, waren in diesen Gebieten kaum zu finden. Unbedingt muss außerdem beachtet werden, dass zu dieser Zeit die Transportkosten für Baustoffe ein stark begrenzender Faktor für die Verbreitung um die Produktionsstätten war. Durch die Vielzahl von Schiefervorkommen in verschiedenen Mittelgebirgen Deutschlands dominierte Schiefer bald weite Bereiche der Dachlandschaften in diesen Regionen. In entfernteren Gebieten beschränkte sich die Verwendung von Schiefer oft auf Kirchen, Burgen, Schlösser und bedeutende öffentliche Gebäude. Die intensivste Verbreitung von Dach- und Wandschiefer wurde in Deutschland in der Zeit nach 1880 erreicht. Durch das wachsende Schienennetz und die sich entwickelnde Binnenschifffahrt auf den großen Flüssen war ein günstiger Transport über weite Strecken möglich. Für die deutsche Schieferproduktion hatte die Erhebung von Schutzzöllen auf Schieferimporte zusätzlich positive Auswirkungen (INTERESSENKREIS TECHNISCHES DENKMAL DER SCHIEFERINDUSTRIE E.V. LEHESTEN/THÜRINGER WALD 2000). In dieser Zeit wurden in Deutschland jedes Jahr ca. 130.000 t Dach- und Wandschiefer produziert. Unter Beachtung, dass bei der Dachschieferproduktion lediglich 2 % - 7 % der Lagerstätte zum Fertigprodukt werden, ist abschätzbar, welche Gesteinsmassen zu dieser Zeit in den Schiefertagebauen und Schiefergruben jedes Jahr bewegt wurden.

3 Geologische Betrachtungen am Beispiel Thüringens

Die heute im Gelände, den Tagebauen und Gruben anstehenden Schiefer widerspiegeln eine äußerst bewegte erdgeschichtliche Entwicklung, bei der in Zeiträumen von vielen Millionen Jahren aus wassergesättigten maritimen Sedimenten feste und widerstandsfähige Gesteine entstanden.

An dieser Stelle wird die geologische Entwicklung der Schiefer in erster Linie am Beispiel Thüringens dargestellt. Die Entstehung der in Deutschland genutzten Schiefer begann im Paläozoikum vor mindestens 495 Millionen Jahren (DEUTSCHE STRATIGRAPHISCHE KOMMISSION 2002). Damals wurden kleine Splitter der Erdkruste, sogenannte Terrane, vom damaligen Urkontinent Gondwana abgetrennt (LINNEMANN et al.1999). Einer dieser Terrane war Saxo-Thuringia, der heute neben anderen Terranes Teile Deutschlands bildet. Terranes bestehen aus kontinentaler Kruste und sind deshalb leichter als ozeanische Kruste. Aus diesem Grund können Terranes auf ozeanischer Kruste „schwimmen" und über weite Strecken transportiert werden. Auch heute werden solche Krustensplitter von Kontinenten abgespalten (z. B. Kalifornien) auf ozeanischer Kruste transportiert und an anderen Kontinenten wieder angelagert (z. B. Philippinisches Archipel). Auch die beiden Terrane Saxo-Thuringia und East Avalonia, die heute große Bereiche Deutschlands bilden, haben eine wechselvolle Entwicklung erfahren. Nach der Abspaltung von Gondwana drifteten sie nach Norden. Dabei lagerten sich verschiedene Sedimente ab. Während die Lederschiefer des Ordoviziums Sedimente einer Eiszeit erkennen lassen, wurden mit den Kalksteinen und karbonatreichen Schiefern des Devons Sedimente eines warmen Meeres abgelagert. Für die Dachschiefer von Thüringen waren neben den Ablagerungen des frühen Ordoviziums (z. B. Schiefer im Schwarzatal) vor allem die Sedimentationsverhältnisse des Karbons prägend. (HOPPE & SEIDEL 1974; HAHN et al. 2005).

Pyrit und sehr geringer Karbonatgehalt sind Hinweise, dass die Sedimente in der Tiefsee abgelagert wurden und der Sedimentationsraum unterhalb der Kalkkompensationstiefe lag, unter der alle kalkigen Verbindungen (z. B. Muschelschalen) aufgelöst werden. Diese Verhältnisse dauerten ein paar Millionen Jahre an. In dieser Zeit wurde ein Sedimentpaket abgelagert aus dem später in Thüringen ein 12 m bis 20 m mächtiges Schieferlager entstehen konnte. Im weiteren erdgeschichtlichen Verlauf näherte sich Saxo-Thuringia wieder anderen Terranes (Avalonia) und Kontinenten (Baltica und Laurentia). Mit dieser Annäherung waren Kollisionsprozesse verbunden, die zu dramatischen Veränderungen führten und schließlich mit den Variszidien ein neues Faltengebirge entstehen ließen. Beim Einbau von Saxo-Thuringia in das variscische Gebirge wurden die Meeressedimente zunächst gefaltet (Abb. 219).

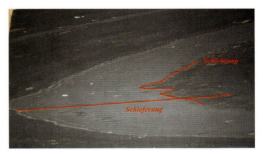

Abb. 219: Sehr gut erkennbare Sedimentfalte in einem gesägten Sedimentblock. Schichtung und Schieferung sind farbig markiert (2006).

Der durch die Faltung erreichte Raumgewinn war bei anhaltenden Kollisionsprozessen nicht ausreichend. Es kam zu internen Strukturveränderungen im Sediment, indem eine Ausrichtung und Plättung der einzelnen winzigen Mineralkörner senkrecht zur angreifenden Kraft begann. Bei diesem Schieferungsprozess entstanden eng nebeneinander liegende parallele Ebenen. Je stärker diese Schieferung ausgeprägt wurde, umso besser ist der Schiefer entlang dieser Flächen spaltbar.

Nach der plastischen Verformung durch Faltung und Schieferung folgte letztlich eine bruchtektonische Zerstückelung des ganzen Gebietes, bei der größere und kleinere Teile des ehemals zusammenhängenden Schieferlagers horizontal und vertikal verschoben wurden. Obwohl in den folgenden Millionen Jahren ein Großteil der Varisziden abgetragen wurde, sind bis heute die Spuren dieser beeindruckenden Entwicklung an einigen Stellen erkennbar, was im Geotop Staatsbruch Lehesten anschaulich zu beobachten ist (BAUM & LIEBESKIND 2000).

Stratigraphische und tektonische Details in den Schiefervorkommen können für die Verwendbarkeit als Dach- und Wandschiefer oder für andere Verwendungszwecke entscheidend sein. Sie beeinflussen den nutzbaren Lagerstättenanteil (Stückigkeit), die Verarbeitbarkeit (Härte) und die Haltbarkeit (Lebensdauer) des Fertigproduktes. Wichtige Faktoren für die Beurteilung Haltbarkeit sind die chemisch-mineralogische Zusammensetzung, die Porosität und technische Eigenschaften wie z. B. die Säurebeständigkeit und die Biegezugfestigkeit. Die mit diesen Merkmalen verbundenen Anforderungen an einen als Dach- und Wandschiefer oder Werkstein nutzbaren Tonschiefer führten im Laufe der Geschichte zur Selektion der genutzten Schiefervorkommen. Zahlreiche Gewinnungsstätten mussten ihre Produktion einstellen und nur einzelne Schieferlager wurden über viele Jahrhunderte kontinuierlich abgebaut. Diese Merkmale sind nicht nur bedeutsam für die Nutzbarkeit des Fertigproduktes, sondern sie beeinflussen auch, wie das Gestein abgebaut werden kann. Sie entscheiden darüber, ob es möglich ist, Tagebaue mit unterschiedlichen Dimensionen einzurichten oder die Lagerstätte hauptsächlich unter Tage abgebaut werden muss. Natürlich werden nicht nur die Abbaumethoden und die Haltbarkeit der Fertigprodukte durch spezifische Merkmale der Tonschiefer einer Lagerstätte maßgeblich beeinflusst. Neben diesen für den Menschen wichtigen Fakten finden durch spezifische Merkmale der Lagerstätten und der abgebauten Tonschiefer bedingt, nach dem Ende der Gewinnungsarbeiten differenzierte Entwicklung der Sukzession statt. Diese Tatsache kann unter anderem mit dem Karbonatgehalt und der Porosität der Tonschiefer untermauert werden. In Deutschland wurde neben praktisch karbonatfreiem Schiefer auch Schiefer abgebaut, der bis zu mehreren Prozent Karbonate enthält. Zusätzlich sind teilweise deutliche Unterschiede in der Porosität nachweisbar. Während auf Abraumhalden aus Tonschiefer mit niedrigem Karbonatgehalt und geringer Porosität die Entwicklung der Sukzession sehr langsam verläuft, ist auf Halden mit sehr hohen Karbonatwerten und hoher Porosität eine schnellere Bodenentwicklung und Sukzession zu beobachten. Große chemisch-mineralogische Differenzen haben zusätzlich Unterschiede in der floristischen Zusammensetzung zur Folge.

4 Der Schieferbergbau und seine Folgelandschaften

Der Schieferbergbau war und ist ein Bestandteil des Bergbaues in Deutschland. Obwohl seine Blütezeit einige Zeit zurückliegt, sind die Spuren dieses Bergbauzweiges noch in vielen Regionen Deutschlands sichtbar. Verfolgt man die geschichtliche Entwicklung des Schieferbergbaus sind Parallelen zu anderen Bergbauzweigen deutlich zu erkennen. Die ältesten deutschen Schieferabbaustellen sind kleinste Gruben, die nicht selten nur wenige Meter Durchmesser erreicht haben und eher als Suchschurf oder vergeblicher Gewinnungsversuch gewertet werden müssen. In etwas größeren Anlagen, in denen der Tonschiefer bis in Tiefen von etwa 10 m verfolgt wurde, erreichten die Tagebaukanten Längen von durchaus 30 bis 50 Metern (Abb. 220).

Dennoch konnten solche Betriebe aufgrund des niedrigen Lagerstättenausbringens nur einen Beitrag für den unmittelbaren lokalen Schieferbedarf leisten. Oftmals wurden sie nur zeitweise und saisonal von wenigen Menschen betrieben. Schlechte Materialqualität, ungünstige geologische Voraussetzungen, fehlende Geldmittel und Konkurrenz bewirkten, dass viele dieser Anlagen aufgegeben wurden. Teilweise sind sie in den Abbau der größeren Anlagen aufgegangen. Vor allem im 19. Jh. fanden umfangreiche Umstrukturierungen auf dem Schiefermarkt statt. Es entwickelten sich einige große Unternehmen, die zahlreiche kleine Betriebe übernahmen um sie zusammenzuschließen oder stillzulegen. In Gebieten mit sehr guten geologischen Voraussetzungen und ausgezeichneten Schieferqualitäten konnten sich große Schieferbrüche entwickeln.

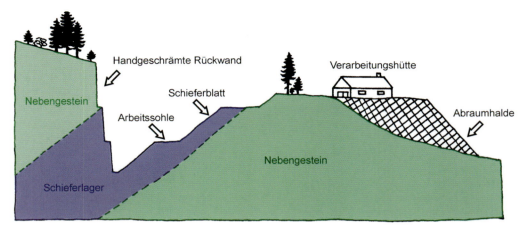

Abb. 220: Schematische Darstellung eines Schieferbruches (Grafik: M. Baum, 1999).

Die beiden thüringischen Dachschieferbrüche in Lehesten (Staatsbruch) und Schmiedebach (Oertelsbruch) entwickelten sich in der 2. Hälfte des 19. Jh. zu den größten Anlagen ihrer Art auf dem europäischen Festland (Abb. 221). Allein die Fläche der Brüche erreicht in beiden Betrieben jeweils mehr als 30 ha. Unter Einbeziehung der gewaltigen Abraumhalden summiert sich die Fläche in jedem Bruch auf über 65 ha. Beim Abbau der Tonschieferlager war es notwendig, mit den sich in die Tiefe entwickelnden Brüchen immer größere Abraummengen zu bewältigen. Das ursprünglich kompakte Gestein wird durch die Gewinnung und Verarbeitung deutlich aufgelockert. Aus einem Kubikmeter anstehenden Schiefer entstehen so zirka 1,8 m³ aufgelockertes Gestein. Durch das geringe Ausbringen bei der Produktion von Dach- und Wandschiefer und die wachsenden Mengen von unbrauchbarem Nebengestein waren ständig neue Haldenflächen notwendig. Diese Flächen befanden sich meist im unmittelbaren Umfeld der Brüche, denn mit einer Lagerung im Bruchgelände wird die weitere Entwicklung der Gewinnung stark beeinträchtigt.

Abb. 221: Abbau- und Haldensituation im „Oertelsbruch" bei Schmiedebach nach 2005 (Foto: R. Förster, 2005).

Abb. 222: Die Rehbachhalde mit Abraum aus dem Oertelsbruch (Foto: A. Geithner, 2009).

Um dies zu verhindern, wurde im Oertelsbruch bei Schmiedebach ein 1.300 m langer Stollen aufgefahren und der anfallende Abraum mit dem Einsatz von Dampflokomotiven in ein benachbartes Tal transportiert und dort verkippt (Abb. 222) (INTERESSENKREIS TECHNISCHES DENKMAL DER SCHIEFERINDUSTRIE E.V. LEHESTEN/ THÜRINGER WALD 2000, 2001).

Trotz der nachweislich deutlich höheren Lagerstättennutzung in einem Schiefertagebau werden dieser Form der Gewinnung durch geologische Voraussetzungen Grenzen gesetzt. Sehr häufig bestehen Schieferlagerstätten aus einzelnen Schieferlagern, die selten 10 m Mächtigkeit überschreiten und oftmals steil in die Tiefe einfallen (Abb. 223). Günstigere Bedingungen, wie sie in Thüringen in der Umgebung von Lehesten und Schmiedebach angetroffen wurden, sind in Deutschland sehr selten. In diesem Gebiet wurde das eigentlich auch nur rund 15 m mächtige Schieferlager durch die geologische Entwicklung im Paläozoikum mehrfach hintereinander gestapelt.

Dies ermöglichte zwar die Einrichtung der sehr großen Tagebaue, aber mit der Entwicklung in die Tiefe wurde auch hier das Verhältnis von Nutzgestein und Abraum immer ungünstiger. Um die Schieferproduktion weiterhin abzusichern, wurde es erforderlich, den Schieferrohstein unter Tage zu gewinnen. Diese Abbaumethode ist viel aufwendiger als ein Tagebau. Die Betriebskosten sind sehr hoch und zur Gewährleistung der Sicherheit unter Tage können rund 50 % der Lagerstätte nicht gewonnen werden. Aus diesen Gründen versuchte man so lange wie möglich auf diese Methode zu verzichten, außerdem hatten viele Betriebe nicht die finanzielle Kraft zur Umstellung der Gewinnungsmethode. Die ersten untertage Gewinnungsarbeiten wurden in Thüringen um 1780 im Raum Sonneberg durchgeführt.

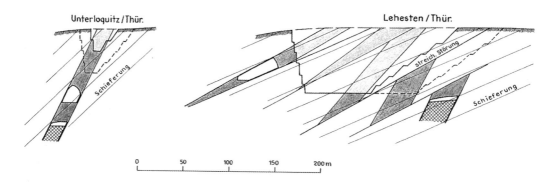

Abb. 223: Schematische Darstellung unterschiedlicher Ausbildung der Schieferlagerstätten in Thüringen, aus SCHUBERT (2005).

Hier lag das Interesse aber nicht bei der Produktion von Dach- und Wandschiefern, sondern es galt der Gewinnung von Schiefertafeln. Meist wurde beim Untertageabbau der Stollenbetrieb genutzt und dabei jede Abbausohle mit einem oder mehreren Stollen erschlossen. Schachtanlagen sind im Schieferbergbau eher die Ausnahme, aber im Rheinischen Schiefergebirge und in Thüringen zu finden. Der Abbau des Schieferlagers in den Bergwerken orientierte sich an den geologischen Voraussetzungen und sicherheitstechnischen Aspekten. In den Bergwerken wurden Kammern angelegt, die bis zu mehrere 100 m² Grundfläche besaßen und in denen der Schiefer mit dem thüringischen oder rheinischen Abbauverfahren abgebaut wurde. Bei der thüringischen Methode ist der Schiefer in der Abbaukammer von oben nach unten abgebaut worden. Es entstanden große leere Abbaukammern und der gesamte Abraum wurde über Tage aufgehaldet. Die rheinische Methode ist ein schwebendes Verfahren, bei dem die Lagerstätte von unten nach oben abgebaut wird. Vorteil ist, dass ein großer Teil der nicht nutzbaren Massen in der Grube verbleiben kann. Meist wurde in der frühen Phase des untertage Schieferbergbaus die thüringische Methode genutzt. Im 20. Jh. setzte sich die rheinische Methode allgemein durch. Es wird deutlich, dass im Laufe der Geschichte des Schieferbergbaus zahlreiche sehr verschiedene Varianten des Abbaus zur Anwendung kamen, die differenzierte Folgelandschaften hinterlassen haben (Tab. 92).

Tab. 92: Folgelandschaften des Schieferbergbaues.

Bergbauart	Form	Folgelandschaften
über Tage	Schurf, Abbauversuch	meist kleine muldenartige Vertiefungen, kaum offene Felsen
	kleiner Tagebau	kessel- oder grabenartige Geländeformen bis einige Meter Tiefe, offene Felsen sind häufig, kleine, teilweise offene Haldenkörper, manchmal kleine Gewässer im Restloch
	großer Tagebau	kessel- oder grabenartige Geländeformen bis mehrere Dekameter Tiefe, offene Felsen sind sehr häufig, sehr große Haldenkörper, die großflächig offen sind, teilweise große Gewässer im Restloch
unter Tage	Stollenbetrieb	einzelne oder zahlreiche Stollen, viele Haldenkörper unterschiedlicher Größe, offene Grubenhohlräume
	Schachtbetrieb	neben der Schachtanlage wenige andere Zugänge, einzelne große Haldenkörper, nach der Schachtverwahrung kaum offene Grubenhohlräume

5 Abiotische Standortbedingungen in den Bergbaufolgelandschaften des Schieferbergbaues

Der Schieferbergbau in Deutschland ist durch eine Vielzahl unterschiedlicher Bergbaufolgelandschaften geprägt. Diese Vielfalt wird möglich, weil der Schiefer im Laufe der Geschichte mit unterschiedlichen Methoden gewonnen wurde und verschiedene geologische und topografische Voraussetzungen vorhanden sind. Mit den Bergbaufolgelandschaften entstand an jeder Gewinnungsstelle eine Anzahl von teilweise stark differenzierten Lebensräumen. Diese Lebensräume werden zum Teil durch extreme Standortbedingungen geprägt. Besonders markant ist, dass xerotherme, nährstoffarme, trockene und feuchte Standorte auf engstem Raum in unmittelbarer Nachbarschaft beobachtet werden können. Bergbaufolgelandschaften stellen keine natürlichen Standorte dar, sondern entstanden durch die Tätigkeit des Menschen als prägende Bestandteile in der Kulturlandschaft. Die anthropogen geprägten Bergbaufolgelandschaften sind für die Biodiversität in Deutschland oftmals sehr bedeutend, weil sie Biotopstandorte beherbergen, die in weiten Bereichen der Kulturlandschaft nicht mehr zu finden sind.

5.1 Xerotherme Standorte auf Schieferhalden

Xerotherme Standorte zählen zu den interessantesten der Bergbaufolgelandschaften des Schieferbergbaues. Das dunkle Schiefergestein erhitzt sich bei Sonneneinstrahlung extrem. Am Tag können leicht Gesteinstemperaturen von über 60 °C erreicht werden. Nachts kühlen die tagsüber sehr heißen Standorte schnell aus, weil eine schützende Vegetationsdecke fehlt und das Gestein die Wärme nicht lange speichern kann.

Diese großen Temperaturschwankungen im Tagesgang werden von den meisten Tier- und Pflanzenarten nicht vertragen. Nur wenige Arten haben sich an diese extremen Bedingungen angepasst und haben Strategien entwickelt um derartige Standorte als Lebensraum nutzen zu können (Abb. 224). Heiße Standorte im Schieferbergbau sind südlich gerichtete Bruchwände und Haldenböschungen, auf die im Tagesgang die Sonne ungehindert einstrahlen kann. Zusätzlich sind diese Standorte oft durch Trockenheit geprägt.

Schieferbergbau

Abb. 224: Spezielle Wuchsform der Fichte mit ausladenden unteren Ästen als Anpassung an den trocken-heißen Standort auf einer Schieferhalde im Pfaffengrund
(Foto: D. Tuttas, 2010).

Neben sehr heißen Arealen werden auch Bereiche als xerothermer Standort betrachtet, die deutlich kühler als ihre Umgebung sind. Im Schieferbergbau sind diese Bedingungen in schmalen aber tiefen Tagebauen gegeben. Grabenartige Strukturen können als Kältefalle wirken und längere Zeit Kälte speichern. Oft kann beobachtet werden, dass im Jahresgang hier noch sehr spät Bodenfrost auftritt und zum Ende des Sommers sehr frühzeitig erste Bodenfröste möglich sind. Markant ist für solche Standorte eine deutlich längere Schneelage als in der näheren Umgebung.

Ein weiteres interessantes Merkmal der xerothermen Standorte kann bei mittelgroßen bis sehr großen Schieferhalden beobachtet werden. Das Schiefermaterial ist sehr durchlässig, und dies hat zur Folge, dass in den Haldenkörpern ein Kamineffekt beobachtet werden kann. Im Winter gelangt kalte Luft am Haldenfuß in die Halde. Dort erwärmt sie sich, steigt nach oben und verlässt die Halde im oberen Bereich des Plateaus oder der Böschungsschulter. Diese Bereiche bleiben bei Schneelage oft schnee- und eisfrei. Bei sehr kalten Wintern ist es möglich, dass ähnlich wie in einer natürlichen Blockhalde ein Eiskeil im Bereich des Haldenfußes gebildet wird. In den Sommermonaten kehrt sich die Strömung in der Halde um. Bei dieser Strömungsrichtung strömt relativ kühle Luft am Haldenfuß aus. Dieser Effekt wird verstärkt, wenn sich im Haldenkörper ein Eiskeil entwickeln konnte. Im Tagebau Oertelsbruch bei Schmiedebach wurden in den 1990er Jahren in den Sommermonaten bei der Umsetzung einer Halde größere Mengen Eis gefunden, die als Eiskeil gedeutet werden können.

5.2 Feuchte und trockene Habitate der Halden

Eng mit den xerothermen sind oft feuchte und trockene Bereiche verbunden. Auf den Standorten der Schiefergewinnung werden in Deutschland jährliche Niederschlagsmengen von 600 mm bis über 1000 mm erreicht. Diese Menge ist ausreichend, um eine kontinuierliche Wasserversorgung der Vegetation zu gewährleisten. Im Schieferbergbau können die Niederschläge im Gestein und in den sehr gut wasserdurchlässigen Haldenkörpern kaum gespeichert werden. Ein großer Teil fließt schnell ab und kapillar gebundenes Wasser verdunstet in den Sommermonaten beim Aufheizen der Halden und Steinbruchwände zügig. Dies hat zur Folge, dass die Vegetation starkem Trockenstress ausgesetzt wird und selbst tiefer wurzelnde Bäume, wie zum Beispiel die Birke, in manchen Jahren bereits im August ihr Laub als Notreaktion abwerfen. In solchen Jahren vermitteln Halden und Tagebaue durch eine intensiv gelbe Laubfärbung bereits im August einen Herbsteindruck.

Feuchte Standorte werden weiter differenziert. Zunächst kann ebenfalls Bezug auf xerotherme Standorte genommen werden. Die an dieser Stelle erläuterten kühlen Standorte sind zusätzlich durch höhere Feuchtewerte geprägt. In grabenartigen Tagebauen ist die Luftbewegung örtlich stark behindert. Dadurch ist in diesen Arealen kontinuierlich eine erhöhte Luftfeuchtigkeit vorhanden, was für verschiedene Moose und Flechten positive Lebensbedingungen darstellt.

Schieferbergbau

Abb. 225: Bildung eines großen Standgewässers im Staatsbruch Lehesten nach der Einstellung der Wasserhaltung. Ob das inzwischen geflutete NSG „Staatsbruch" den ursprünglichen Zielstellungen der Unterschutzstellung noch entspricht, sollte untersucht werden (Foto: A. Geithner, 2009).

Andere charakteristische Merkmale feuchter Standorte sind offene Fließ- oder Standgewässer. Die Bildung dieser Gewässer ist möglich, weil durch den Abbau der Schiefer in Tagebauen Wasser führende Bereiche wie zum Beispiel Hangschuttdecken aufgeschlossen werden. Während der Gewinnungsphase wird durch bergbauliche Maßnahmen (Stollen, Pumpen) das natürliche Grundwasserniveau abgesenkt, wodurch im Bereich der Gewinnungsstellen ein Absenkungstrichter im Grundwasserhorizont entsteht.

Nach der Einstellung der Gewinnung füllt sich der Absenkungstrichter wieder auf und in Tagebaubereichen, die durch Stollenanlagen nicht dauerhaft entwässert werden, entstehen Standgewässer (Abb. 225).

Der Chemismus dieser wird durch die anstehenden Wasser geprägt. Die Spanne reicht von sehr sauer mit pH-Werten <5 bis deutlich basisch (pH ~8). In einigen dieser Gewässer können höhere Lebewesen nicht existieren. Andere sind Lebensraum für zahlreiche Amphibien, Insekten, Fische und Pflanzen.

Werden durch die Anlage der Schieferbrüche stärker Wasser führende Horizonte angeschnitten oder kleine Bachläufe beeinflusst, entstehen an den Bruchwänden dauerhafte Rieselstellen oder kleine Wasserfälle. Merkmal dieser Bereiche ist ein üppiger Moosbewuchs. In der Zeit langer Frostperioden bilden sich dort mächtige Eispanzer, die in der Vegetationsperiode längere Zeit ein Kältereservoir für die nähere Umgebung darstellen.

5.3 Halden als vielfach nährstoffarme Standorte

Ein weiteres abiotisches Merkmal der Folgelandschaften des Schieferbergbaus ist die Nährstoffarmut der Standorte. Die Ursache für die Nährstoffarmut liegt im Material begründet. Schiefer wurde in Deutschland lange

Zeit in erster Linie abgebaut, um daraus Dach- und Wandschiefer herzustellen. Heute werden hauptsächlich Massenbaustoffe daraus hergestellt. Eines der wichtigsten Merkmale von Baustoffen aus Schiefer ist deren Langlebigkeit. Dach- und Wandschiefer schützen Gebäude häufig mehr als 80 Jahre vor Regen und Schnee. Abfälle der Schieferproduktion, Abraum, Nebengestein und in den Brüchen anstehende Schiefer besitzen meist die gleiche Langlebigkeit. Diese wird in erster Linie durch die günstige mineralogische Zusammensetzung der Schiefer bestimmt, deren Hauptbestandteile Quarz, Illit, Chlorit und Feldspäte sind. Dadurch können deutliche Verwitterungserscheinungen erst nach vielen Jahrzehnten beobachtet werden. Wenige mineralogische Nebengemengeteile in den Schiefern, wie zum Beispiel Eisensulfide und Karbonate, können den Verwitterungsprozess beschleunigen, aber nicht wesentlich verändern. Aus diesem Grund sind für Bodenbildungen sehr lange Zeiträume notwendig. Verzögernd wirkt auf diesen Prozess gleichzeitig, dass Niederschläge auf den sehr durchlässigen Haldenkörpern durch Verwitterungsprozesse aufgeschlossene Nährstoffe schnell ausspülen. Im Ergebnis kann auf Haldenböschungen beobachtet werden, dass sie auch nach vielen Jahrzehnten oft nur spärlich bewachsen sind. Günstiger sind die Bedingungen auf Haldenplateaus und Abbausohlen. Hier ist es möglich, dass sich Biomasse akkumuliert und auf dem nährstoffarmen Untergrund eine dünne Rohbodenauflage entwickelt.

5.4 Stollen und andere Grubenräume mit besonderem Klima

Stollen und andere Grubenräume sind in den Schieferabbaugebieten sehr zahlreich. Es existieren hunderte Stollen, viele Kilometer Strecken und ebenfalls viele hundert Abbaue. In den untertage Anlagen herrschen ganzjährig relativ konstante Klimaverhältnisse. Meist liegen die Temperaturen bei ca. 10 °C und die Luftfeuchtigkeit beträgt 95-100 %. Veränderungen sind in Gruben möglich, in denen auf mehreren Sohlen Abbau betrieben wurde. Hier kann, ähnlich wie es bei Haldenkörpern beschrieben wurde, ein Wechsel der Luftbewegungen stattfinden. Während in den Wintermonaten warme Luft aus der Grube über die oberen Stollen ausströmt, fließt kältere Luft in den Sommermonaten aus den tiefen Stollen aus der Grube.

6 Aufgaben und Ziele der Rekultivierung im Schieferbergbau

6.1 Versuche zur Rekultivierung

Im historischen Bergbau war die Rekultivierung der Bergbaufolgelandschaften kein Thema. Erste Bestrebungen zur Rekultivierung von Halden wurden in Thüringen während der Zeit der größten Intensität des Schieferbergbaues beobachtet. Damals wurden Versuche unternommen, durch Abdeckung von Halden eine schnelle Begrünung zu erreichen. Diese Maßnahmen sind aber nicht das Resultat neuer umweltpolitischer Verordnungen, sondern in erster Linie Bestrebungen der Eigentümer oder Betriebsleitungen zur repräsentativen Gestaltung des Geländes der Betriebsverwaltung bzw. des Wohnsitzes begründet. Abdeckmaterial waren Gemische aus klein stückigem Schieferabfall, Mist und anderen biologischen Abfällen. Halden in unmittelbarer Umgebung der Verwaltungsgebäude dieser Betriebe sind damals teilweise mit nicht heimischen Gehölzen bepflanzt worden. Ein Teil dieser Bäume ist bis heute erhalten. Allgemein waren die Ergebnisse vielversprechend, und noch heute sind so behandelte Haldenbereiche deutlich stärker bewachsen als unbehandelte Halden. Diese Maßnahmen setzten sich nicht durch und blieben Ausnahmen.

Vor allem in der zweiten Hälfte des 20. Jh. wurden zahlreiche kleine bis mittlere Gewinnungsstellen als Mülldeponien genutzt und nach der vollständigen Auffüllung mitunter mit Boden abgedeckt. Auch Schieferbrüche wurden für diese Zwecke genutzt. Nach den heutigen Rechtsvorschriften ist dies nicht mehr möglich. Ehemals als Mülldeponien genutzte Brüche stellen heute Gefährdungen für die Umwelt dar, weil durch die Zusammensetzung des Mülls bedeutende Mengen von Schadstoffen über den Wasserpfad in die Umwelt gelangen können. Aktuell sind die meisten dieser Standorte nicht nach dem Stand der Technik saniert.

Eine geordnete Rekultivierung hat im Schieferbergbau in der zweiten Hälfte des 20. Jh. nicht stattgefunden.

6.2 Aktuelle landschaftspflegerisch notwendige Forderungen

Seit 1990 gab es markante umweltpolitische Entwicklungen, die auch im Bergbausektor verschiedene Veränderungen zur Folge hatten. Diese Veränderungen sind ebenfalls im Schieferbergbau zu erkennen. Durch intensive Biotopuntersuchungen wurde der Wert der unveränderten Bergbaufolgelandschaften des Schieferbergbaus erkannt und sukzessiven Entwicklungen Vorrang vor kostenintensiven Sanierungen gegeben. Da sich die Sukzession in stillgelegten Schieferbrüchen ungehindert entwickeln kann, wird gegenwärtig zeitweise darüber diskutiert, wie in ausgewählten Bereichen Extremstandorte erhalten werden können. Ob derartige Pflegemaßnahmen tatsächlich möglich werden, ist entscheidend vom politischen Willen der Bundes- und Landesregierungen abhängig.

In aktiven Anlagen ist es nicht mehr möglich, eine völlig unbehandelte Bergbaufolgelandschaft zu hinterlassen. Bergbaubetriebe sind verpflichtet, Rückstellungen anzulegen oder Sicherheiten nachzuweisen, mit denen die wichtigsten Maßnahmen nach der Produktionseinstellung umgesetzt werden können. In erster Linie zählt dazu der Rückbau von Produktionsanlagen und Maßnahmen zu Sanierungen, die das Abwenden von Gefährdungen der Umwelt durch Wasser gefährdende Stoffe betreffen oder den Eintrag von Schadstoffen aus bergbaulichen Abfällen mindern.

Die Bewirtschaftung von Halden ist bundesweit geregelt. Danach muss der Bergbautreibende nachweisen, dass von den von ihm abgelagerten bergbaulichen Abfällen keine Gefährdung für die Umwelt ausgeht. Ist dies aufgrund der Art der Abfälle nicht möglich, sind entsprechende Gegenmaßnahmen zu entwickeln.

Mit der Entwicklung eines Bergbaubetriebes sind fast zwingend Flächenerweiterungen verbunden. Die Nutzung dieser Flächen wird über Genehmigung zur Änderung der Nutzungsart geregelt. Grundsätzlich besteht in diesem Zusammenhang die Forderung, dass die für den Bergbau beanspruchten Flächen ausgeglichen werden müssen. Zum Beispiel sollen ursprüngliche Waldflächen grundsätzlich durch Aufforstungen ausgeglichen werden. In der Regel ist der Flächenausgleich in der Umgebung des Bergbaubetriebes durchzuführen. Da im Schieferbergbau weiterhin ein großes Naturschutzinteresse an den entstehenden Haldenkörpern besteht, sehen aktuelle Planungen lediglich eine teilweise Rekultivierung der Haldenplateaus vor. In solchen Fällen ist ein vollständiger Flächenausgleich durch Maßnahmen (z. B. Aufforstung) in anderen Regionen zu gewährleisten.

7 Literatur

Baum, M., Liebeskind, W. (2000): Geotop Staatsbruch Lehesten. In: Geotope im Spiegelbild der geowissenschaftlichen Landeserforschung - Tagungs- und Exkursionsführer. Thüringer Landesanstalt für Geologie (Hrsg.), Weimar.

Deutsche Stratigraphische Kommission (Hrsg.) (2002): Stratigraphische Tabelle von Deutschland 2002. Potsdam.

Hahn, T., Wucher, K., Heuse, T., Melzer, P. (2005): Neudefinition lithostratigraphischer Einheiten im Unterkarbon (Kulm) des Thüringisch-fränkisch-Vogtländischen Schiefergebirges. Geowiss. Mitt. Thüringen **12**: 19-49.

Hoppe, W., Seidel, G. (Hrsg.) (1974): Geologie von Thüringen. Gotha.

Interessenkreis Technisches Denkmal der Schieferindustrie e.V. Lehesten/Thüringer Wald (2000): Zur Geschichte des Thüringischen Schieferbergbaues im 19. Jahrhundert. Leutenberg.

- (2001): Der Thüringische Dachschieferbergbau im 20. Jahrhundert. Leutenberg.

Linnemann, U., Gehmlich, M., Heuse, T., Schauer, M. (1999): Die Cadomiden und Variszien im Thüringisch-Vogtländischen Schiefergebirge (Saxothuringisches Terrane). Beitr. Geol. Thüringen N.F. **6**: 7-39.

Schubert, R. (2005): Zur Geologie und Geschichte des Schieferbergbaus in Thüringen. Beitr.Geol.Thüringen N. F. **12**: 99-124.

E2 Schieferbergbau in Thüringen

ANDREA GEITHNER

In Thüringen wurde in fünf verschieden großen Gebieten Tonschiefer in unterschiedlicher Qualität abgebaut: im Schwarza- und Loquitztal, in der „Steinernen Heide", im südöstlichen Schwarzburger Sattel, bei Blintendorf und in der Elstertalregion um Greiz (vgl. BAUM 2010). Zur überregionalen Bedeutung gelangte der Abbau von Schiefer nur im Loquitztal und im Gebiet der „Steinernen Heide" im Thüringisch-Fränkischen Schiefergebirge sowie geringfügig im Schwarzatal. Dort entstanden Schiefergruben beträchtlichen Ausmaßes, die über längere Zeiträume betrieben wurden.

1 Schieferbergbaugebiete im Loquitztal und im Gebiet „Steinerne Heide"

1.1 Lage und Charakteristik des Gebietes

Zu den bedeutensten Abbaugebieten von Dach- und Wandschiefer in Thüringen gehören die Brüche im Loquitztal und das Gebiet der im Thüringisch-Fränkischen Schiefergebirge zwischen Sormitz- und Loquitztal gelegenen „Steinernen Heide". Das von Thüringen nach Bayern übergreifende Gebiet liegt zwischen den Orten Lehesten, Leutenberg, Probstzella und Ludwigstadt. Es gliedert sich in den wärmeren, tiefer gelegenen Teil zwischen Probstzella und Leutenberg und einen deutlich montan geprägten, höher gelegenen, kälteren Bereich um Lehesten (MARSTALLER 2004).

1.2 Geschichtlicher Überblick

Schätzungsweise 40 Schieferbrüche unterschiedlicher Größe mit umfangreichen Abraumhalden, die mitunter ganze Haldenkomplexe bilden, prägen die Landschaft.
Die Anfänge des Bergbaus reichen bis in das Mittelalter zurück. Vielerorts handelte es sich dabei um so genannte „Bauerbrüche" (z. B. Schieferberg-Bruch), die für den Eigenbedarf oft nur saisonal und mit wenigen Arbeitskräften produzierten. Oft wurde der Abbau in kleineren Brüchen nach wenigen Jahren wieder aufgegeben. Mit steigender Nachfrage als Baumaterial gewann der Schieferbergbau insbesondere im 19. Jh. bis in das 20. Jh. an immenser Bedeutung.

Abgebaut wurde zunächst im Thüringischen Verfahren, bei dem der gesamte Abraum über Tage transportiert werden musste, so dass großflächige Halden entstanden. Später wurde zur Rheinischen Methode übergegangen, bei der ein Teil des unbrauchbaren Materials untertage verblieb (vgl. dazu Abschnitt E1 4). Der Anteil des verwertbaren Materials beträgt nur etwa 10 %, so dass 90 % Abraum bewältigt werden muss (vgl. GOLDSCHMIDT 1993). Einige der Brüche wurden bereits am Ende des 19. Jh. und zum überwiegenden Teil zu unterschiedlichen Zeiten im 20. Jh. stillgelegt (vgl. Tab. 93). Zu den letzten Produktionsstätten zählen der Staatsbruch im Tiefbau bis 1999 und der Oertelsbruch, wo bis 2009 der Abbau erfolgte. Infolgedessen konnte sich auf den Abraumhalden und in den Steinbrüchen die Vegetation in Abhängigkeit vom Stilllegungs-Zeitpunkt unbeeinflusst entwickeln. Begünstigend wirkte auch, dass der Großteil der Brüche im Grenzgebiet der DDR lag und somit nicht frei zugänglich war.

1.3 Klima

Das Hohe Thüringer Schiefergebirge/Frankenwald fungiert als deutliche Wetterscheide mit ausgeprägter Luv/Lee-Wirkung besonders auf die nordöstlich anschließenden niedriger gelegenen Gebirgsteile und das Vorland (HIEKEL et al. 2004). Die oberen Lagen der „Steinernen Heide" werden durch ein mäßig niederschlagsreiches, kühles Mittelgebirgsklima mit Niederschlagsmaximum im Winter charakterisiert. Für Lehesten im Leegebiet des Frankenwaldes wird ein mittlerer Jahresniederschlag von 880 mm angegeben, während auf der Luvseite Werte über 1000 mm gemessen werden (Klimatologische Normalwerte 1955, 1961). Weiter nordöstlich zum Loquitztal hin kommt die Leewirkung mit weitaus niedrigeren mittleren Jahresniederschlagssummen (z. B. Probstzella 683 mm, Klimatologische Normalwerte 1955, 1961) und höheren Jahresmitteltemperaturen merklich zum Ausdruck.

Tab. 93: Bergbauliche Angaben ausgewählter Steinbrüche der „Steinernen Heide".

	Größe in ha	Abbau seit	Abbauart	Stilllegung	Quelle
Staatsbruch	90,6; Länge 800 m Tiefe 60 m	13. Jh.	zuerst Tagebau, ab 1930 Übergang zum Tiefbau, ab 1973 nur Tiefbau	1999	Marstaller 2005
Oertelsbruch	65	13. Jh.	Tagebau	2009 Abbauende, derzeit nur noch Rohmaterialgewinnung	Baum (2010, mdl.)
Rehbachhalde	12,3; Länge 600 m Breite 250 m	1890-1939 Schüttung der Halde (Abraum aus dem Oertelsbruch)	Abraum aus dem Oertelsbruch		Marstaller 2004a
Ausdauer-Schiefer	30	1806	zuerst Tagebau, ab 1880 Tiefbau	1951	Marstaller 2002
Schieferberg-Bruch	42	Mittelalter 1756	Tagebau	1873-1875 Lokaler Abbau bis 1925	Marstaller 2003a
Schieferbrüche am Kolditz	80	keine Angaben, erste Hälfte 19. Jh. in größerem Umfang	zuerst Tagebau später Tiefbau	seit Ende 19. Jh., 1958	Marstaller 2003b
Bocksberg	60,8	1749	zuerst Tagebau später Tiefbau	Gefundenes Glück 1936, Wagners Glück 1938, Seelig 1951	Marstaller 2004a
Kirchberger Glück-Bruch	10,2	1809; wahrscheinlich schon 17. Jh.	zuerst Tagebau später Tiefbau	1937	Marstaller 2003b
Culm	Halde: 150 m lang Culmloch: 0,5	keine Angaben etwa 1870	Tagebau	vermutlich 1880-1890	Marstaller 2009

1.4 Böden

Verbreitet sind lehmig-steinige bis lehmig-grusige Schieferschutt- und Skelettböden.
Auf den Schieferhalden nehmen die Prozesse der Humusbildung sehr lange Zeiträume in Anspruch. Bodenschichten, die aber extrem flachgründig sind, entwickeln sich vorrangig in den Plateaulagen der Halden (Hirsch 1993a). Zum Begrenzungsfaktor für die Besiedlung der Halden durch Phanerogamen wird der Mangel an Feinsubstrat. Erste Untersuchungen zu dessen Zusammensetzung finden sich bei Goldschmidt (1993). Zusammenfassend stellte sie fest, dass das Feinsubstrat sehr mangelhaft mit mineralischem Stickstoff, pflanzenverfügbarem Phosphor und austauschbarem Kalium versorgt wird. Magnesium und Calcium streuen sehr stark, und vor allem Magnesium kommt an Calcium-armen Standorten in die Nähe des Mangelbereiches. Den meisten Pflanzen

ermöglicht vermutlich nur die Symbiose mit Mykorrhizapilzen die in der organischen Substanz gespeicherten Nährstoffe verfügbar zu machen. So kommen z. B. Birngrün (*Orthilia secunda*) und Kleines Wintergrün (*Pyrola minor*) nicht selten vor.

1.5 Typische Lebensräume und ihre Flora und Vegetation

Zu den ehemaligen Bergbaugebieten gehören größtenteils Tagebau-Restlöcher, denen Halden vorgelagert sind. Im Bereich eines Schieferbruches ergeben sich die mannigfaltigsten Formen an der Oberfläche: anstehendes Felsgestein auf Abbausohlen, an Schrägpartien, senkrechte Bruchwände, schmale Simse, unterschiedlich ausgebildete Halden mit Grobschuttmaterial, sich entwickelnde Böden in Hang- und Plateaulagen. Findet sich in kleineren Brüchen oft nur eine vorgelagerte Halde, ist bei den größeren Brüchen meist ein Haldenkomplex vorhanden. Aufgrund mehrerer Abbausohlen zeigen die großflächigen Haldenkomplexe eine etagenförmige Gliederung, wobei sich Hangbereiche mit plateauartigen Verebnungen abwechseln (Abb. 226). Ist der Abbau von oben nach unten geschehen, sind die untersten Halden die jüngsten (z.B. Ausdauer-Schiefer, Kirchberger Glück-Bruch). Oft besitzen die Restlöcher bergseitig steile bis senkrechte Felswände. Talseitig sind die Löcher flacher und teilweise begehbar. Im Folgenden werden die Biotoptypen für Brüche und Halden beschrieben, die im Ergebnis des Bergbaues entstanden. Weitere schützenswerte Biotope, die sich in der Umgebung der Abbaugebiete befinden werden unter naturschutzfachlichen Aspekten betrachtet (siehe Abschnitt E2 2.8). In der Schieferbergbaufolgelandschaft mit ihren Halden und Brüchen ist vor allem die artenreiche Flechten- und Moosflora hervorzuheben. Ihre vollständige Beschreibung würde den Rahmen dieser Arbeit sprengen und kann hier deshalb nur ansatzweise an Beispielen erfolgen. Detaillierte Beschreibungen zu Moosgesellschaften und -arten veröffentlichte MARSTALLER (2002, 2003a, b, c, 2004a, b, 2005, 2009).

Abb. 226: Im länger still gelegten Teil des Oertelsbruches haben sich Gehölze angesiedelt, während die jungen Halden noch vegetationslos erscheinen (2009).

I Brüche und Restlöcher

Als Erstbesiedler erscheinen auf steinigen, sehr flachgründigen Böden unbeständige terricole Flechtengemeinschaften (Abb. 227), die zunächst vom Racomitrio-Polytrichetum piliferi, einer Moosgesellschaft mit Pioniercharakter abgelöst werden. Auf älteren Bruchsohlen bilden sich auf solchen trockenen Böden der Restlöcher lockere, heideartige, sehr lichte Kieferngehölze mit einzelnen Hänge-Birken (*Betula pendula*) und Fichten (*Picea abies*) (Abb. 228).

Abb. 227: Eine konkurrenzschwache Pionier-Flechte auf nährstoffarmen Roh- und Sandböden ist *Dibaeis baeomyces* mit ihren auffälligen rosa Fruchtkörpern (2007).

Die Strauchschicht fehlt meistens oder besteht gelegentlich aus Faulbaum (*Frangula alnus*). Ältere, stets lichte Bestände sind mit Schlängel-Schmiele (*Deschampsia flexuosa*) stellenweise vergrast. Zum Arteninventar gehören stets Heidel- und Preiselbeere (*Vaccinium myrtillus*, *V. vitis-idea*), wobei die zuerst genannte Art überwiegt. Außerdem fallen große Moos- und Flechtenpolster auf. Als Strauchflechtenarten seien Isländisches Moos (*Cetraria islandica*), *Cladonia gracilis*, *Cl. furcata*, *Cl. arbuscula* genannt. Häufig bilden die Moose *Polytrichum piliferum* und *Racomitrium lanuginosum* größere Teppiche (Abb. 234). Es gibt aber noch vegetationsfreie Bereiche. In ihrer Erscheinung ähneln die Kieferngehölze den Beerstrauch-Kiefernwäldern (Vaccinio myrtilli-Pinetum). Wegen ihres reichen Vorkommens an Strauchflechten entsprechen die „Wälder" wohl eher dem Flechten-Kiefernwald (Cladonio-Pinetum KOBENDZA 1930), der von extrem armen und wärmebegünstigten Standorten beschrieben wird (HIRSCH 1993a, e). An gehölzfreien Stellen geht der Flechten-Kiefernwald zur Flechten-Heidekrautheide (Cladonio-Callunetum) über.

An feuchtigkeitsbegünstigten, schattigen und tiefen Stellen und ebenso an Felshängen der meisten Restlöcher hat sich eine mischwaldähnliche Struktur mit hohem Laubholzanteil herausgebildet.

Es dominieren zwar Waldkiefer (*Pinus sylvestris*) und Fichte, aber Hänge-Birke, Espe (*Populus tremula*), Salweide (*Salix caprea*), Eberesche (*Sorbus aucuparia*) und Bergahorn (*Acer pseudoplatanus*) erreichen beträchtliche Anteile an der Gehölzzusammensetzung. Die Bestände sind moos- und farnreich. Als Wald-Sukzessionsstadium ist es derzeit noch unklar, wohin die Entwicklung gehen wird (vgl. HIRSCH 1993a). An steilen beschatteten Felsflächen ist die Flechte *Psilolechia lucida* sehr stark verbreitet. Vereinzelt finden sich Farne, wie z. B. Tüpfelfarn (*Polypodium vulgare*) (Abb. 229). Einen Einfluss auf die Gehölzansiedlung hat selbstverständlich die Artzusammensetzung der umgebenden Wälder. Sind kleine Restlöcher inmitten von Fichtenforsten gelegen und findet dort schon etwa 100 Jahre kein Abbau mehr statt, besteht die Baumschicht aus älteren Fichten, seltener aus Waldkiefern und Hängebirken. So kann auch die Rotbuche (*Fagus sylvatica*) wie im Kirchberger Glück-Bruch eindringen, wenn Hainsimsen-Buchenwälder an das Abbaugelände grenzen (vgl. HIRSCH 1993e).

Abb. 228: Der lichte Kiefern- Birkenwald in einem schon über 100 Jahre stillgelegten Bruch kann als relativ stabiles Sukzessionsstadium angesehen werden (2007).

Abb. 229: Silikatfelsen mit Felsspaltenvegetation gehören zu den Lebensräumen mit besonderer Bedeutung für den Artenschutz (2007).

Die Krautschicht wird z. B. aus Heidelbeere, Schlängel-Schmiele, Sauerklee (*Oxalis acetosella*) und Dornigem Wurmfarn (*Dryopteris carthusiana*) aufgebaut. Ausdauernde Kleingewässer mit üppig entwickeltem Röhricht stellen auf den Bruchsohlen eher die Ausnahme dar. Oft sind die Gewässer durch alaunhaltige Sickerwässer aus dem Schiefergestein belastet, was auch die Artenarmut an Amphibien erklärt.

Auf eine Besonderheit im Schieferbruch Culm soll noch verwiesen werden. Im sogenannten Culmloch, das allseitig von senkrechten Bruchwänden umgeben ist, sammelt sich Niederschlagswasser, das nur in langen niederschlagsarmen Zeiträumen nahezu völlig verdunstet. Hier entwickelten sich ein feuchter Fichtenforst und kleinflächig Ohrweiden-Gebüsche, Baldrian-Feuchtwiese und Braunseggensumpf, die sich durch eine üppig entwickelte Moosschicht aus Nässezeigern auszeichnen. Stellenweise dominieren *Aulocomnium palustre*, *Hylocomium splendens* und sieben verschiedene Torfmoos-Arten (*Sphagnum* spp.) (MARSTALLER 2009).

Abb. 230: Die schon vor der Stilllegung 1937 entstandenen Haldenbereiche im Kirchberger Glück-Bruch haben eine verfestigte Plateaufläche mit reicher Moos- und Flechtenvegetation (2010).

II Halden

Für die Besiedelung der Halden sind neben topografischen, landschaftsraumbedingten Gegebenheiten spezifische Haldenstrukturen bedeutungsvoll. Dazu zählen die Größe, Dicke und chemische Zusammensetzung der Schieferplatten und -blöcke, der Anteil an feinerem Abbaumaterial (Schiefergrus), die geringe Wasserspeicherkapazität, ob die Gesteine noch in Bewegung sind oder sich weitgehend wie auf den Plateauflächen gefestigt haben, seit wann die Halden ungestört blieben (Abb. 230). Mikroklimatische Besonderheiten der Halden wurden schon erörtert (vgl. Abschnitt E1 1). In mehreren Brüchen befinden sich Halden, die nahezu vegetationslos erscheinen (z. B. Kirchberger Glück Bruch, Schieferbrüche am Kolditz, Bocksberg). Hierbei handelt es sich vermutlich um die jüngsten Halden im jeweiligen Abbaugebiet.

Dort kommen selbst Kryptogamen fast nur in Form von Krustenflechten vor (HIRSCH 1993b, d, e). Zu häufigen Krustenflechten zählen u. a. *Lecidea fuscoatra*, *Rhizocarpon geographicum*, *Lecanora polytropa*, *Porpidia tuberculosa*. Die größeren Schieferplatten haben eine so glatte Oberfläche, dass schon eine Erstbesiedlung mit Flechten erschwert ist. Diese Oberfläche ist mit einer Serizitschicht (Serizit: feinschuppiger Muskovit) überzogen, die ein Eindringen von Rhizoiden in das Gestein zusätzlich erschwert (GOLDSCHMIDT 1993).

Abb. 231: Schiefertrockenmauern gelten als wichtige Besiedlungsorte für Kryptogamen. Rehbachhalde (2009).

Einen weiteren Komplex bilden die offenen Halden, die sich durch einen Kryptogamenreichtum auszeichnen aber noch kein Vorwaldstadium erreicht haben. Hier konzentrieren sich die meisten terricolen und saxicolen Moosgesellschaften in der Schieferbergbaufolgelandschaft (MARSTALLER 2002). Die Kryptogamengesellschaften bleiben hier auf den Hängen, vergleichbar mit natürlichen Blockhalden, über lange Zeit erhalten (MARSTALLER 2003b). Auf den noch nicht zur Ruhe gekommenen Halden wachsen nur einzelne Kiefern und Birken und wenige Kräuter. Der abrutschende Schiefer kann Keimlinge überdecken und seine scharfen Kanten vermögen wahrscheinlich auch ältere höhere Pflanzen, sogar junge Gehölze so zu verletzen, dass sie absterben (GOLDSCHMIDT 1993). Eine Vergrasung hat noch nicht stattgefunden. Der Moos- und Flechtenbewuchs ist stellenweise flächendeckend. Als Besonderheit ist die schwermetallliebende Flechtengesellschaft Acarosporetum sinopicae hervorzuheben. In ihr kommen zahlreiche zum Teil extrem seltene Arten wie *Acarospora peliscypha*, *A. sinopica*, *Lecanora handelii*, *L. subaurea*, *Lecidea silacea*, *Rhizocarpon oederi* und *Placopis lambii* vor. Die Gesellschaft ist vor allem auf älteren Halden und auch auf Schiefertrockensteinmauern artenreich entwickelt und besitzt ihre hauptsächlichen Vorkommen im Staatsbruch, Oertelsbruch und auf der Rehbachhalde (Abb. 231).

Derzeit noch nicht erklärbar ist, dass selbst auf größeren Gesteinspartien nie das gesamte Artenspektrum an Eisenflechten gefunden wurde, worauf schon PUTZMANN (1998) hingewiesen hat. Erwähnenswert ist auch der bisher einzige Fund von *Lecanora gisleriana* als Parasit auf *Lecanora handelii* (SCHOLZ 2003) - ein Beispiel dafür, dass auch indirekt an Eisenflechtengesellschaften gebundene Arten auf schwermetallreiche Haldenstandorte angewiesen sind.

Eine Besonderheit ist die bei hoher Luftfeuchte und mäßiger Beschattung auf eisenhaltige Substrate spezialisierte, in Mitteleuropa sehr seltene Moosgesellschaft Mielichhoferietum nitidae. Sie konnte lokal an der absonnigen Basis einiger Schiefertrockenmauern auf der Plateaufläche jüngerer Abschnitte der Rehbachhalde und in Spalten im Gestein im Staatsbruch nachgewiesen werden (MARSTALLER 2004b, 2005).

Abb. 232: Eisenreiche „Kieskälber" beherbergen eine spezifische Kryptogamenflora. Rehbachhalde (2009).

Weitere Krustenflechten sind die gelbgrüne *Rhizocarpon lecanorinum*, die grau bis braunen *Rhizocarpon obscuratum*, *Acarospora fuscata*, *Buellia aethalea*, *Diploschistes scroposus* und *Lecanora soralifera*. Eine gewisse Vorliebe für eisenreiche Schiefergesteine zeigen auch die Korallenflechten *Stereocaulon nanodes* und *St. vesuvianum*. Sie besiedeln auch die eisenreichen sogenannten „Kieskälber" (Konkretionen aus einem kalkhaltigem Mantel mit Pyrit [FeS] und einem Kern aus Sphärosiderit [$FeCO_3$] mit Schwefelkieskristallen [Katzengold]), die vor allem auf der Plateaufläche der Rehbachhalde und auf den Halden im Staatsbruch und Oertelsbruch zu finden sind (vgl. PUTZMANN 1998). Zu ihnen gesellen sich basi-bis neutrophylitische Moosgesellschaften: auf lichtreichen Standorten die *Schistidium robustum*-Gesellschaft, an halbschattigen Stellen das Orthotricho-Grimmietum pulvinatae und mit zunehmender Beschattung und fortschreitender Auslaugung des Kalkes an der „Kieskalb"-Oberfläche die *Hypnum cupressiforme*-Gesellschaft (Abb. 232) (MARSTALLER 2002, 2004a, 2005).

Außer krustigen Flechten wachsen auf dem Schiefergestein der Halden und auch auf den errichteten Schiefermauern Laubflechten mit blattähnlichem Aussehen. Dazu gehören z. B. *Parmelia saxatilis*, *P. mougeotii*, *Melaniela disjuncta* und *Xanthoparmelia conspersa*. Sind Laubflechten nur an einer zentralen Stelle ihres Lagers mit dem Substrat verankert, werden sie als Nabelflechten bezeichnet. Von ihnen kommen *Umbilicaria hirsuta* und *U. polyphylla* häufig an den schon genannten Standorten vor. PUTZMANN (1998) nennt für den Staatsbruch mit *U. cylindrica*, *U. nylanderiana* und *U. subglabra* drei weitere seltene Arten, die windexponierte Haldenbereiche bevorzugen und aufgrund ihrer Verbreitung in Europa dem Abbaugebiet mit seinen mikroklimatischen Besonderheiten (vgl. Kap. E1 5) an bestimmten Standorten einen montanen bis alpinen Charakter bescheinigen. Für die Besiedlung der Gesteinslücken durch Kryptogamen ist allerdings ein gewisser Anteil von Feinsubstrat und Rohhumus notwendig. Flechten können mittels ihrer Inhaltsstoffe Gestein langsam zersetzen und damit in geringem Maße selbst zur Bodenbildung beitragen (Abb. 233).

Absterbende Flechten und Moose sowie sich ansammelnde Nadel- und Laubstreu begünstigen die Rohhumusbildung. Zu den wichtigsten terricolen Strauch- und Blattflechtengattungen zählen dort *Cladonia* und *Stereocaulon*. So seien stellvertretend für die rotfrüchtigen Arten *Cladonia coccifera*, *Cl. deformis* und *Cl. pleurota* genannt. Von den braunfrüchtigen Arten sind hier *Cladonia py-*

Schieferbergbau

Abb. 233: Die Flechte *Stereocaulon* kann mit ihren Rhizoiden in das Schiefergestein eindringen (Foto: D. Geithner, 2009).

xidata s. l., *Cl. subulata*, *Cl. furcata* aufzuführen. Ziemlich weit verbreitet ist *Stereocaulon dactylophyllum* während *St. paschale*, *St. nanodes*, *St. vesuvianum*, *St. condensatum* wesentlich seltener nachgewiesen wurden. Die zuletzt genannten Arten gehören nicht zu den ausgesprochenen Erdflechten, da sie auch auf Gesteinsoberflächen wachsen.

Bei der Neubesiedlung von Hangflächen spielt die Subassoziation der Moosgesellschaft Polytrichetum juniperini dicranetosum scopari eine große Rolle. Typische Moosarten wie *Dicranum scoparium*, *Polytrichum formosum* und vereinzelt *Ptilidium ciliare* und *Campylopus introflexus* charakterisieren die genannte Subassoziation (MARSTALLER 2005). Abgesehen von sonnigen, südexponierten Hängen ist *Racomitrium lanuginosum* ein häufiges Moos auf Schieferplatten und -blöcken, das in günstigen luftfeuchten Lagen eine eigene Gesellschaft bildet (Abb. 234).

Abb. 234: Das Laubmoos *Racomitrium lanuginosum* überzieht teppichartig die Haldenplateaus im Ausdauer-Schiefer (2010).

Auf vorwiegend nord- bis nordostexponierte und damit kühlere Hangflächen oder untere Hangbereiche bleibt das für die höheren Lagen der „Steinernen Heide" typische Polytrichetum pallidiseti beschränkt. Es wird von MARSTALLER (2003c, 2004a, 2005) z. B. für die Rehbachhalde, den Staatsbruch und den Schieferberg-Bruch beschrieben. Die Moose fassen zuerst in den Zwischenräumen der Schieferplatten Fuß und greifen mit zunehmender Humusbildung auf das Gestein über. An Haldenfüßen gleicher Exposition, an denen im Sommer ständig kalte Luft aus dem unterirdischen Kluftsystem strömt, hat sich lokal die *Polytrichum alpinum*-Gesellschaft eingestellt.

Auch auf lichtreichen Haldenplateaus, -hängen und Brüchen mit anfangs nur einzelnen Gehölzen herrschen Kryptogamengesellschaften vor. Dort und auch auf Haldenhängen entwickeln sich auf steinigen Mineral- und Humusböden in Abhängigkeit vom Beschattungsgrad durch Gehölze und den Bodenverhältnissen trockenheitsliebende Moosgesellschaften. Als „Pionier"-Gesellschaft erscheint an den Plateaurändern das Racomitrio-Polytrichetum piliferi, das schon für unbewaldete Restlöcher genannt wurde. Es verdrängt konkurrenzschwache Erdflechten wie *Dibaeis baeomyces* (vgl. Abb. 227) und *Pycnothelia papillaria*. Die typische Ausbildung wird z. B. durch *Polytrichum piliferum*, *Cephaloziella divaricata* und *Pohlia nutans* charakterisiert (MARSTALLER 2004b, 2005).

Außer Moosen fallen Strauchflechten wie *Cladonia gracilis*, *Cl. subulata*, *Cl. coccifera* auf (Abb. 235). Mit der Bildung eines sauer reagierenden Humushorizonts und zunehmender Beschattung durch Gehölze werden die Erstbesiedler durch konkurrenzkräftige Moose wie *Racomitrium lanuginosum* zurückgedrängt. Auf feinerdereicheren Standorten breitet sich hingegen *Racomitrium elongatum* stark aus, mit der Bildung von Rohhumus gewinnt *Campylopus introflexus* an Dominanz (MARSTALLER 2005). Aufgrund kleinflächig wechselnder Bodenverhältnisse findet sich oft ein Mosaik der verschiedenen Subassoziationen des Racomitrio-Polytrichetum piliferi. In den kühleren, regenreichen Lagen der „Steinernen Heide" ist vor allem das Polytrichetum juniperini als Pioniergesellschaft auf Plateauflächen ausgebildet.

Abb. 235: An Plateaukanten bilden Strauchflechten wie *Cladonia gracilis* auffällige Rasen (Culm, 2010).

Auf den Plateauflächen älterer Halden und teilweise auf deren Hängen wachsen lichte Pionierwälder aus Kiefer und Birke, wobei meist die Kiefer dominiert (Abb. 236). Oft sind Salweide und Fichte beigemischt. Freistehende Fichten und Waldkiefern zeigen auf den Halden eine interessante ökophysiologische Anpassung an die extremen Wuchsbedingungen. Die Bäume verlieren im Verlauf ihres Wachstums ihre untersten Äste nicht, sondern breiten sie tellerartig in ihrem Traufbereich aus (vgl. Abb. 224 im Abschnitt E1 5.1). Damit schützen sie sich vor Austrocknung im Wurzelbereich und sie nutzen gleichzeitig die Oberflächenwärme (vgl. GOLDSCHMIDT 1993).

Im Schieferberg-Bruch, der zwischen 1873 und 1875 bereits stillgelegt wurde, tendieren Pionierwälder aus Hängebirken, Waldkiefern mit beigemengten Fichten zum Weißmoos-Kiefernwald (Leucobryo-Pinetum MATUSZK. 1962) (MARSTALLER 2003c).

Außer den Kiefer-dominierten Pioniergehölzen unterscheidet HIRSCH (1993a, b, c, d, e) auf den Halden ein birkendominiertes Vorwaldstadium. Hier überwiegt eindeutig die Hänge-Birke. Die Krautschicht ist nicht prinzipiell anders als bei den Kieferngehölzen. Ob sie eher den Vorwäldern des Sambuco-Salicion zuzuordnen sind oder eine Variante der flechten- und beerstrauchreichen Kieferngehölze darstellen, muss derzeit offen bleiben (HIRSCH 1993a).

Die Sand-Schaumkresse (*Cardaminopsis arenosa*) tritt als kennzeichnende Art in vielen der Brüche auf. Zwischen der schütteren Krautschicht aus Schlängel-Schmiele, Wiesen-Wachtelweizen (*Melampyrum pratense*) sowie Heidekraut, Heidel- und Preiselbeere breiten sich mit fortschreitender Humusbildung die Moose *Dicranum scoparium* und *Polytrichum formosum* aus und leiten mit zunehmender Beschattung zur *Pleurozium schreberi*-Synusie über. Sie wird u. a. durch die Moosarten *Pleurozium schreberi*, *Hylocomium splendens*, *Ptilidium ciliare*, *Pohlia nutans*, *Dicranum scoparium*, *Polytrichum formosum* gebildet (MARSTALLER 2003a).

Abb. 236: Vorwaldstadium aus Birken, Kiefern und Fichten im Ausdauer-Schiefer (2010).

Strauchflechten der Gattung *Cladonia* ergänzen das Arteninventar. Besonders trockene Plateaukanten zeigen lokal Beziehungen zum strauchflechtenreichen Flechten-Kiefernwald (Cladonio-Pinetum KRIEGER 1937) und zur Flechten-Heidekrautheide (Cladonio-Callunetum KRIEGER 1937) (MARSTALLER 2003b). Im Schutz von Gehölzen ist auf unvergrasten Plateauflächen älterer Halden stellenweise die Strauchflechtengesellschaft Cladonietum mitis KRIEGER 1937 verbreitet, wo die Flechten *Cladonia portentosa, Cl. mitis, Cl. arbuscula* ssp. *squarrosa, Cl. furcata, Cl. rangiferina, Cl. cervicornis* ssp. *verticillata* und *Cetraria islandica* dominieren (Abb. 237) und Moose eine untergeordnete Rolle spielen (vgl. MARSTALLER 2004b).

Halden mit Pioniergehölzen unterschiedlichen Alters besitzen ebenfalls ein Besiedlungspotenzial für epiphytische Flechten und Moose. Insbesondere auf älteren Halden verfügen somit ältere Gehölze mit bereits rissiger Rinde (z. B. Hänge-Birken) über einen Epiphytenreichtum an Flechten an Stämmen und an mehr oder weniger waagerechten Ästen. Als Eigenart fällt auf, dass ausgesprochen epiphytisch wachsende Flechten auf das Schiefergestein unterhalb der Bäume übergehen (vgl. PUTZMANN 1998).

Abb. 237: Das auch als Hustenmittel bewährte Isländische Moos (*Cetraria islandica*) gehört zur Artengarnitur des Cladonietum mitis (Pfaffengrund, 2007).

Das trifft z. B. für *Hypogymnia physodes, H. tubulosa, Platismatia glauca, Parmeliopsis ambigua, Pseudevernia furfuracea* und *Evernia prunastri* zu. Dort sind sie oft mit Moosen vergesellschaftet. Ob es sich dabei um eine Besiedlungsstrategie der extremen Standorte handelt sollte untersucht werden.

Für die Plateaulagen z. B. im Ausdauer-Schiefer und in den Schieferbrüchen am Kolditz gibt MARSTALLER (2002, 2003b) für die Pioniergehölze aus Sal-Weide, Hänge-Birke und Espe als Erstbesiedler unter den epiphytischen Moosgesellschaften das Ulotetum crispae an. *Ulota bruchii* und mehrere *Orthotri-*

chum-Arten, wie *O. affine* und *O. lyelli*, gehören zur charakteristischen Artengarnitur. Außerdem werden das lichtbedürftige Dicrano scoparii-Hypnetum filiformis und das seltenere, mehr an luftfeuchte Verhältnisse angepasste Orthodicrano montani-Hypnetum filiformis als epipytische Moosgesellschaften beschrieben.

HIRSCH (1993a) nennt für etliche Brüche (z. B. Ausdauer Schiefer), vermutlich an Stellen, an denen sich Gebäude befanden, sogenannte spontane Mischgehölze, die neben Fichte und Waldkiefer vor allem Hänge-Birke und Salweide sowie alte Obstgehölze und verschiedene Sträucher umfassen. Sie lassen sich pflanzensoziologisch nicht zuordnen. Insbesondere auf den Plateaus und den Haldenoberkanten mit feinkörnigem, mineralkräftigem Abraum bildet sich kleinflächig ein Mosaik aus krautigen Pionierfluren, die sich oft nicht eindeutig ansprechen lassen. Die Bestände ähneln vielfach Gesellschaften, welche von Halbtrockenrasen, Schotterfluren oder von trockenen Ruderalstellen beschrieben wurden, oder es kommen zumindest einige Pflanzenarten aus diesen Gesellschaften vor. Unbewaldete Bereiche werden auf mineralkräftigeren Böden durch lückenhafte, meist fragmentarische Bestände der Natternkopf-Steinklee-Gesellschaft (Echio-Melilotetum albae Tx. 1937 und Echio vulgare-Melilotetum officinalis Tx. 1947) und mit den typischen Arten Natternkopf (*Echium vulgare*), Weißer und Echter Steinklee (*Melilotus alba, M. officinalis*) sowie den Moosen *Brachythecium albicans* und *Ceratodon purpureus* bestimmt. Dazu gesellt sich die Platthalmrispengras-Färberhundskamillen-Gesellschaft (Poo compressae-Anthemidetum tinctoriae (Th. MÜLLER et GÖRS 1969) mit Färber-Hundskamille (*Anthemis tinctoria*), Schmalblättrigem und Platthalm-Rispengras (*Poa angustifolia, P. compressa*). Das trifft z. B. für den Staatsbruch, Oertelsbruch (HEINRICH 1993a, b), den Ausdauer-Schiefer, (MARSTALLER 2002), Bocksberg (MARSTALLER 2004a) und die Schieferbrüche am Kolditz (MARSTALLER 2003b) zu. HIRSCH (1993d) gibt für die Schieferbrüche am Kolditz auch die Dachtrespen-Gesellschaft (Linario vulgaris-Brometum tectori KNAPP 1963) an. Mit Scharfem und Mildem Mauerpfeffer (*Sedum acre, S. mite*) sowie Frühlings-Fingerkraut (*Potentilla neumanniana*) vermitteln die Arten zu den Schiller- und Silbergras-Pionierrasen (Sedo-Scleranthea) (MARSTALLER 2003b, vgl. auch GOLDSCHMIDT 1993). Rainfarn (*Tanacetum vulgare*) und Gemeiner Beifuß (*Artemisia vulgaris*) deuten die weitere Entwicklung zur ausdauernden Rainfarn-Beifuß-Gesellschaft (Tanaceto-Artemisietum vulgaris) an. Oft sind an Stellen mit besserer Nährstoffversorgung mit u. a. Wiesen-Glatthafer (*Arrhenatherum elatius*) und Wiesen-Labkraut (*Galium mollugo*) Übergänge zur Frauenmantel-Glatthaferwiese (Alchemillo-Arrhenatheretum elatioris [OBERD. 1957] SOUGN. et LIMB. 1963) sowie Sedum-Beständen zu beobachten (MARSTALLER 2002). Es bestehen aber auch Kontakte zu Reitgras-Beständen (*Calamagrostis epigejos*) und Quecken-Rasen (HEINRICH 1993a). Auf feinem Schiefergrus, insbesondere auf trittbelasteten Stellen, fallen die gelbgrünen Flecken des Kahlen Bruchkrautes (*Herniaria glabra*) auf (Abb. 238). Dazu gesellen sich Rote Schuppenmiere (*Spergularia rubra*) und Kleiner Sauerampfer (*Rumex acetosella*). Dabei dürfte es sich eher um das Initialstadium der Natternkopf-Gesellschaft als um eine eigene Gesellschaft (Herniarietum glabrae [HOHENESTER 1960] HEJNY et JEHLIK 1975) handeln (HEINRICH 1993a).

Für die Einstrahlung von Arten aus den Schwingel-Trespen-Trocken- und Halbtrockenrasen (Festuco-Brometea) seien Zypressen-Wolfsmilch (*Euphorbia cyparissias*), Wundklee (*Anthyllis vulneraria*), Aufrechte Trespe (*Bromus erectus*) und Gewöhnlicher Thymian (*Thymus pulegioides*) genannt. Die Moosschicht besteht hier auch aus Arten, die für basiphile Magerrasen typisch sind, wie *Tortula ruralis, Abietinella abietina, Entodon concinnus* und *Hypnum lacunosum* (MARSTALLER 2002). Tüpfel-Hartheu (*Hypericum perforatum*) aus den thermophilen und mesophilen Saumgesellschaften (Trifolio-Geranietea sanguinei), Schmalblättriges Weidenröschen (*Epilobium angustifolium*) und Himbeere (*Rubus idaeus*) aus den Schlagfluren (Epilobietea angustifolii) streuen lokal in die Pionierfluren ein (vgl. GOLDSCHMIDT 1993).

Abb. 238: Das Kahle Bruchkraut erträgt die Trittbelastung am Technischen Denkmal im Staatsbruch, benötigt aber nährstoffarme Standorte (2008).

1.6 Sukzession

Von besonderer Bedeutung für die Neubesiedlung der anfangs vegetationsfreien Schieferbrüche sind Kryptogamengesellschaften, unter denen die Bryophytengesellschaften in der Regel eine dominierende Rolle spielen. Die Besiedlung der Schieferhalden und -brüche kann in diesem Beitrag nur als Nebeneinander verschiedener Vegetationsstadien betrachtet werden. Kartierungen über längere Zeiträume in Dauerflächen, die konkretere Sukzessionsfolgen beschreiben, liegen von hier und aus dem Schwarzatal nicht vor. Sie können nur als Hinweise und nicht als regelhafte Abläufe mit festem Arteninventar verstanden werden. Oft findet sich kleinflächig eine Artenmixtur, die soziologisch schwer fassbar ist. Im Allgemeinen laufen Sukzessionen auf Rohbodenstandorten in kürzeren Zeiträumen ab. Die erreichten Vorwälder stellen schon stabilere Stadien der Vegetation dar. Am besten erforscht und beschrieben sind zeitliche Veränderungen der Moosgesellschaften (vgl. MARSTALLER 2002, 2003a, b, c, 2004a, b, 2005, 2009). Außer den Standortverhältnissen hat die Vegetation des Umfeldes einen entscheidenden Einfluss auf die Besiedlung der Abbauflächen.

1.7 Naturschutzfachliche Aspekte

Mit der Begehbarkeit der Gebiete nach 1989 wurde der naturschutzfachliche Wert der bisher weitestgehend ungestört gebliebenen Brüche sofort erkannt. Ziel war es Anfang der 1990er Jahre, mehrere Gebiete unter Schutz zu stellen. Zu diesem Zweck sind Schutzwürdigkeitsgutachten für folgende Brüche erarbeitet worden: Staatsbruch (HEINRICH 1993a), „Oertelsbruch" (HEINRICH 1993b), Ausdauer-Schiefer (HIRSCH 1993a), Bocksberg (HIRSCH 1993b), Schieferberg-Bruch (HIRSCH 1993c), Schieferbrüche am Kolditz (HIRSCH 1993d) und „Kirchberger-Glück-Bruch" (HIRSCH 1993e). Den Schutzstatus erlangten bisher nur zwei der vorgeschlagenen Schieferbrüche: 2001 der Staatsbruch bei Lehesten mit einer Fläche von 90,6 ha (Abb. 225, Abschnitt E1 5.2) und der Bocksberg bei Probstzella von 60,3 ha Größe. Im Jahr 2000 kam es zur Ausweisung des Fauna-Flora-Habitatgebietes Nr. 157, das 2004 eine Korrektur erfuhr und nun aus drei Teilflächen bestehend über eine Ausdehnung von 241 Hektar verfügt. Detaillierte Angaben zum Ausweisungsverfahren finden sich bei BAUM (2010). Ausschlaggebende Arten waren hier Fledermäuse und Vögel sowie bestimmte Lebensraumtypen (Tab. 94).

Tab. 94: Für den Artenschutz bedeutende Lebensraumtypen im FFH-Gebiet „Schieferbrüche um Lehesten" (Thüringer Natura 2000-Erhaltungsziele-Verordnung vom 29. Mai 2008- veröff. Im GVBl. 7/2008 vom 14.7.2008).

EU-Code	FFH-Lebensraumtyp
4030	Trockene europäische Heiden
6520	Berg-Mähwiesen
8150	Kieselhaltige Schutthalden der Berglagen Mitteleuropas
8220	Silikatfelsen mit Felsspaltenvegetation
8230	Silikatfelsen mit Pioniervegetation des Sedo-Scleranthion oder des Sedo albi-Veronicion dillenii
8310	nicht touristisch erschlossene Höhlen

Außerdem gehört ein Teil des Frankenwaldes zwischen Schmiedebach und Blankenstein zu den Landschaftsteilen Thüringens mit landes- und bundesweiter Bedeutung für den Artenschutz. Kriterien sind die großflächigen zusammenhängenden Waldgebiete, zahlreiche naturnahe Fließgewässer, Gebirgswiesen und Zwergstrauchheiden. Die aufgelassenen Steinbrüche mit ihren mannigfaltigen, infolge Abbaus entstandenen Strukturen fungieren als Konzentrationsbereiche gefährdeter Moos-, Flechten- und Pilzarten von mitteleuropäischer Bedeutung (WESTHUS et al. 2002).

Die Schutzwürdigkeit von Gebieten kann nicht nur mit Rote-Listen-Arten begründet werden. Der floristische Reichtum drückt sich vor allem in der Vielfalt an Arten und Biotopen aus, die sich im Schieferabbaugebiet auf relativ kleinem Raum konzentrieren (vgl. Tab. 95). Die bisher ermittelten Artenzahlen geben sicherlich nur einen ersten Eindruck. Am Beispiel der Flechten im Staatsbruch und Oertelsbruch wird deutlich, dass gezielte, über einen längeren Zeitraum laufende Untersuchungen durch Spezialisten die Kenntnis zur Anzahl und Verbreitung von Arten beträchtlich erhöhen können. Die aus der vielgestaltigen Pflanzenwelt resultierende faunistische Artenvielfalt kann in dieser Veröffentlichung nicht besprochen werden.

Abb. 239 Typische Arten der Eisenflechtengesellschaft sind u. a. *Lecidea silacea* (rotbraun) und *Lecanora subaurea* (gelbgrün) (Staatsbruch, 2008).

Für die naturschutzfachliche Betrachtung fließen hier ebenfalls Angaben über Arten und Lebensraumtypen innerhalb der Abbaugebiete ein, die nicht immer unmittelbar Resultat der Abbautätigkeit waren Wertvoll sind in den Randbereichen der Bruchgebiete vor allem die Mähwiesen trockener und frischer Standorte wie Frauenmantel-Glatthaferwiese (Alchemillo-Arrhenatheretum SOUGNEZ et LIMB. 1963) und die montan verbreitete Goldhafer- und Bärwurzwiese (HEINRICH 1993b). Ebenso gehören Gesellschaften der Feuchtbiotope dazu, die kleinflächig ineinander übergehen, u. a. Wald-

Tab. 95: Artenzahlen ausgewählter Organismengruppen aus Schutzwürdigkeitsgutachten und Veröffentlichungen über naturschutzrelevante Schieferbrüche.

	Artenanzahl Gefäßpflanzen	Artenanzahl Moose	Moosgesellschaften	Artenanzahl Flechten	Artenanzahl Pilze
Staatsbruch	291 (HEINRICH 1993a)	58 (HEINRICH 1993a) 178 (MARSTALLER 2005)		30 (HEINRICH 1993a) 116 (PUTZMANN 1998)	
Oertelsbruch	370 (HEINRICH 1993b)	121 (HEINRICH 1993b)		33 (HEINRICH 1993b) 153 (PUTZMANN 2000)	180 PUTZMANN (1990)
Rehbachhalde		144 (MARSTALLER 2004b)	26 (MARSTALLER 2004b)		
Ausdauer-Schiefer	211 (HIRSCH 1993a)	60 (HIRSCH 1993a) 150 (MARSTALLER 2002)	20 (MARSTALLER 2002)	67 (HIRSCH 1993a)	
Schieferberg-Bruch	132 (HIRSCH 1993c)	39 (HIRSCH 1993c) 118 (MARSTALLER 2003c)		86 (HIRSCH 1993c)	
Schieferbrüche am Kolditz	200 (HIRSCH 1993d)	85 (HIRSCH 1993d) 195 (MARSTALLER 2003b)		66 (HIRSCH 1993d)	
Bocksberg	209 (HIRSCH 1993b)	80 (HIRSCH 1993b) 200 (MARSTALLER 2004a)	42 (MARSTALLER 2004a)	85 (HIRSCH 1993b)	
Kirchberger Glück-Bruch	169 (HIRSCH 1993e)	40 (HIRSCH 1993e) 112 (MARSTALLER 2003a)	19 (MARSTALLER 2003a)	61 (HIRSCH 1993e)	
Culm		149 (MARSTALLER 2009)			

storchschnabel-Rauhhaarkälberkropf-Flur (Geranio sylvatici - Chaerophylletum hirsuti [KÄSTNER 1938] NIEMANN, HEINRICH et HILBIG 1973), Waldsimsen-Flur (Scirpetum sylvatici MALOCH 1935 em SCHWICK. 1944), Mädesüß-Fluren (Chaerophyllo-Filipenduletum ulmariae), Schnabelseggen-Ried (Caricetum rostratae RÜBEL 1912) und so ein vielgestaltiges Vegetationsmosaik schaffen (HEINRICH 1993b).

Die Schieferbrüche um Lehesten besitzen bundesweit eine hervorzuhebende Bedeutung für Moose und Flechten. Das sonst extrem seltene Moos *Mielichhoferia mielichhoferiana* sowie die Mielichhoferia mielichhoferi-Gesellschaft haben hier ihre Hauptverbreitung. Auch für den Schutz der Eisenflechten mit der Gesellschaft des Acarosporetum sinopicae HILITZER 1924 haben die Schieferabbaugebiete einen hohen Wert (Abb. 239). Hier befindet sich der Vorkommensschwerpunkt für ganz Deutschland! Wegen der räumlich begrenzten Bestände spielen die sekundären Lebensräume der Schieferbergbaufolgelandschaft bei der Erhaltung der genannten Arten bzw. der Gesellschaften eine bedeutende Rolle. Rekultivierungsmaßnahmen wie Abdeckungen oder Bepflanzungen der Halden sind demzufolge abzulehnen.

2 Schieferbergbau im Schwarzatal

2.1 Lage und Charakteristik des Gebietes

Das Schwarzatal befindet sich im Naturraum Schwarza-Sormitz-Gebiet im nördlichen Bereich des Westthüringer Schiefergebirges (HIEKEL et al. 2004). Als Kerbtal durchschneidet es den Nordostrand der Schiefergebirgs-Rumpffläche (Abb. 240). Diese Mittelgebirgslandschaft charakterisieren tiefe, enge Täler mit sehr steilen bewaldeten Hängen und schmalen offenen Talsohlen, die oft von Gebirgsbächen durchzogen werden. Für das Gebiet seien Schwarza und als Nebenbach die Lichte genannt. Die Höhenlage reicht von 400 bis knapp 700 m NN.

Abb. 240: Das steilwandige Durchbruchstal wird durch den unverbauten Flussabschnitt der Schwarza geprägt (2010).

2.2 Geologie

Geotektonisch gehört das Gebiet „Schwarzatal" zum Schwarzburger Sattel. Die hiesigen Schiefer der Frauenbach- und Phycodenschichten sind geologisch dem Ordovizium zuzuordnen. Das untere Schwarzatal wird vor allem durch die Phycodenserie charakterisiert, die sich in hangende Phycodenquarzite mit 150-200 m Mächtigkeit, 600-900 m dicke Phycodenschieferschichten und 30 m mächtige Magnetitquarzite gliedern. Die liegende Dachschieferfolge erreicht hier eine Stärke von 100 m (vgl. HOPPE & SEIDEL 1974). An den steilen Hängen des tief eingekerbten Tales sind an vielen Stellen Schiefer und Quarzite als auffällige Felsen erkennbar, beispielsweise Ingoklippe, Griesbachfelsen, Kirchfelsen, Eberstein, Elisabethfelsen (HAUPT 2008).

Ein großes Faltenelement Mitteldeutschlands während der variszischen Gebirgsbildung ist der Schwarzburger Sattel. Im Thüringer Wald streicht seine Achse von Unterneubrunn im Südwesten etwa parallel zum Schwarzatal in Richtung auf Königsee im Nordosten. Das Lager des ordovizischen Schwarzatalschiefers begleitet den Schwarzburger Sattel an seiner Südostflanke als schmales Band oder nur inselartig aus dem Raum um Oberweißbach bis westlich Bad Blankenburg, wo er unter der Zechsteindecke am Gebirgsrand verschwindet. Innerhalb dieses Streifens befanden sich Dachschieferbrüche südlich Böhlscheiben linksseitig der Schwarza als auch beiderseits des Lichtetales nahe von Unterweißbach (LANGE & PFEIFFER 1994). In den ehemaligen Schieferbrüchen von Böhlscheiben ist mit der Dachschieferfolge das Liegende der Phycodenserie aufgeschlossen. Diese Tonschiefer ließen sich parallel zu ihren Schieferungsflächen gut spalten und waren somit als Dachschiefer geeignet. Drei bis fünf Millimeter starke Platten bis zu zwei Quadratmeter Größe werden angegeben (RUSSE 1990). Dennoch kam schwarzburgischer Schiefer nur in der unmittelbaren Umgebung seiner Herkunft zum Einsatz, wozu neben seiner schwierigen Zuschneidbarkeit auch die Konkurrenz ausländischer Ware beitrug. Außer den Halden bergbaulichen Ursprungs mit einer geschätzten Ausdehnung von 5-6 ha bei Böhlscheiben wird das untere Schwarzatal auch von natürlichen Schieferhalden charakterisiert. Sie sind aus den in unterschiedlichem Höhenniveau lagernden Schwarzaschotterterrassen hervorgegangen (SCHÖLER 1994).

2.3 Geschichtlicher Überblick

Die Nutzung des ordovizischen, graugrünen Schiefers im Schwarzatal ist seit dem 17. Jh. nachweisbar. Die bisher früheste gesicherte Nachricht über den Abbau von Schiefer stammt von 1664. Dies geschah nur in ganz geringem Umfang als Nebenerwerb. EBERHARDT (1956) nennt einen Schieferbrucharbeiter, der außer seiner bergmännischen Tätigkeit eine Branntweinbrennerei betrieb. Im Vergleich zur Ausbeutung anderer Bodenschätze in der Region war der Schiefer noch ohne jede Bedeutung. Nachrichten über den Schieferabbau setzten zögernd im 18. Jh. ein, da das Interesse an diesem Material merklich gestiegen war. Es konnten sich aber nirgends Brüche mit anhaltendem Betrieb etablieren. Die industrielle Schiefergewinnung im Schwarzatalrevier nahm erst zur Wende zum 19. Jh. ihren Anfang (LANGE & PFEIFFER 1994). Der Abbau von Dachschiefer bei Schwarzburg und Böhlscheiben wird bereits 1812 erwähnt (LANGE & PFEIFFER 1994). In dieser Zeit liegen auch mehrere Mutungen von Brüchen bei Unterweißbach. Zuerst arbeitete man im Tagebau; aufgrund der enormen Abraummenge ab 1924 in Unterweißbach (LANGE & PFEIFFER 1994) und ab etwa 1935 auch in Böhlscheiben untertage. Mitte des 19. Jh. erreichte mit der Industrialisierung die Schieferproduktion im Schwarzatal ihren Höhepunkt. 1864 galt der Bruch „Krone" bei Unterweißbach als der größte und rentabelste im Schwarzagebiet. Allerdings erlangte hier die Schiefergewinnung nie jene Bedeutung, wie der Abbau der blaugrauen Culmschiefer von allerbester Güte und in großen Mengen bei Lehesten und im Loquitztal. Die schwarzburgischen Schiefer waren zwar wetterfest, konnten aber mit ihrer relativen Dickspaltigkeit nicht mit denen um Lehesten konkurrieren, die sich dünn und eben spalten ließen. Außerdem ergab das oft kleinstückige und zerklüftete Material keine hinreichend große Schieferplatten (PFEIFFER 1955). Zersplitterte Besitzverhältnisse und beschwerliche Transportwege erwiesen sich ebenfalls nicht als förderlich. Gegenüber weiteren Brüchen in Thüringen und Sachsen, die ebenfalls ordovizischen Schiefer produzierten, fand im Schwarzatal jedoch der umfangreichste Abbau statt. Während des 1. Weltkrieges kam die Schieferförderung fast zum Erliegen. Gründe dafür lagen in wechselndem Betriebsbesitz, Missmanagement und Wirtschaftskrise. Danach erholte sie sich wieder etwas. So wurde schon vor 1939 an den Hauptgewinnungsorten Böhlscheiben und Unterweißbach die Dachschieferfertigung gedrosselt bis sie zugunsten der Schiefermehlproduktion ganz eingestellt wurde. Das Mehl aus dem Schwarzatal verfügt über einen höheren Tonmineraliengehalt als das kulmische. Noch bis in die Mitte der fünfziger Jahre produzierte Unterweißbach Dachschiefer. Bis 1969 wurde bei Böhlscheiben Schiefer abgebaut und die dortige Schiefermühle betrieben, die dazu auch Abraum der Schieferhalden nutzte. 1987 kam es auch in Unterweißbach zur Einstellung des Bergbaues mit seiner Schiefermehlverarbeitung (LANGE & PFEIFFER 1994).

2.4 Klima

Das Schwarzatal gehört zum Klimabezirk „Thüringisch-Sächsisches Mittelgebirgsvorland". Das Jahresmittel der Niederschläge liegt im Schwarza-Sormitz-Gebiet zwischen 600-900 mm. Die durchschnittliche Jahrestemperatur wird mit 6 °C - 7,5 °C angegeben (THÜRINGER LANDESANSTALT FÜR UMWELT 1994). Da sich das Schwarzatal in der Leelage zum Thüringer Schiefergebirge befindet, kommt im Gebiet eine kontinental getönte Witterung zum Tragen. Dieser Lee-Effekt fällt insbesondere im unteren Schwarzatal auf, wo die Niederschlagswerte auf 590 mm sinken (vgl. HAUPT 2008). Tief eingeschnittene Täler, vor allem im Bereich der unteren Schwarza, und steile Hänge verschiedener Exposition verursachen einen spürbaren Wechsel der kleinklimatischen Bedingungen. Der kontinentale Einfluss verstärkt sich an den steilen Südhängen, die tags eine extreme Erwärmung und Austrocknung bei deutlicher nächtlicher Abkühlung erfahren. Besonders die Schieferhalden und -brüche mit ihrem dunklen Gestein heizen sich tagsüber infolge Sonneneinstrahlung enorm auf und speichern die Wärme bis in die Nacht hinein, wodurch lokal ein milderes Mikroklima entsteht. Als weitere Besonderheit kommen Temperaturinvasionen in den Tälern vor (WUSTELT 1962 in MEYER 1990, HAUPT 2008). Das bedeutet, dass die Temperaturen in den Schluchten tagsüber relativ niedrig bleiben, während sich die besonnten Hochflächen schnell erwärmen.

2.5 Böden

An den steilen Hängen im Schwarzatal entwickelten sich sehr flachgründige, skelettreiche, saure und nährstoffarme Schieferverwitterungsböden vom Ranker-Typ. Sie trocknen an den Südhängen besonders stark aus. Die reliefbedingte dünne Bodenauflage wird an besonders steilen Stellen durch Wind und Niederschlagswasser abgetragen und in flachere Bereiche verbracht. Je nach Exposition und Neigung haben sich unterschiedlich starke Rohhumusdecken gebildet (MEYER 1990). Auf den natürlichen und bergbaulichen Schieferhalden mit ihrer eigenständigen Dynamik beginnt die Bodenbildung erst und ist noch nicht abgeschlossen (vgl. Abschnitt E2 1.4). Auf flacheren Hängen, Terrassen und auf den Hochflächen überwiegen Braunerden und Übergänge bis zu Ranker-Braunerde (HAUPT 2008). Kleinflächig treten an unteren Hängen Staugleye auf (SCHÖLER 1994).

2.6 Schieferbrüche Böhlscheiben

I Lage und Charakteristik

Für die Beschreibung der Vegetation der Schieferhalden und Abbruchwände im ehemaligen Schieferbruch Böhlscheiben und für Hinweise auf verlaufende Sukzessionen wurden Untersuchungen im benachbarten Totalreservat „Westlich der Schieferbrüche" ausgewertet. Beide Gebiete gehören zum heutigen Naturschutzgebiet. Westlich des Abbaugeländes existiert seit 1959 ein 32 ha großes Totalreservat, das seitdem ohne jegliche Bewirtschaftung und pflegerische Eingriffe geblieben ist. Mit der endgültigen Unterschutzstellung des Schwarzatals als Naturschutzgebiet wurde es auf 14,4 ha in mehrere beieinander liegende einzelne Flächen verändert. Für die zuerst genannte größere Fläche liegen detaillierte Erstuntersuchungen zur Pflanzenwelt mit einer Vegetationskarte von MEYER (1990) vor. Hier sollen natürliche Halden lagern, die aus Schwarzaflussschotter hervorgegangen sind (SCHÖLER 1994). HAUPT (2008) hingegen gibt für diese Fläche Halden bergbaulichen Ursprungs an. Exposition, Hangneigung, geologische, Boden- und Klimaverhältnisse entsprechen weitgehend denen der Bergbaufolgelandschaft in den Böhlscheibener Schieferbrüchen so dass sich ein Vergleich beider Flächen anbietet.

II Typische Lebensräume und ihre Flora und Vegetation

a) Ehemaliger Bruch

Zum ehemaligen Böhlscheibener Abbaugelände gehören ein Bruch mit einer nahezu senkrechten Abbruchwand und Halden, die sich etwa auf 5 ha zum Tal hin erstrecken. Der Sohlenbereich, der etwas in einer Senke liegt, ist mit jungen Bäumen und Sträuchern fast vollständig zugewachsen (Abb. 241). Es dominieren als Pioniergehölze Hänge-Birke und Salweide. Weiterhin kommen Berg-Ahorn, Hainbuche (*Carpinus betulus*), Winter-Linde (*Tilia cordata*), Vogelkirsche (*Cerasus avium*), Trauben-Eiche (*Quercus petraea*), Eberesche und Stachelbeere (*Ribes uva-crispa*) vor. Als Arten des Ahorn-Linden-Hangschuttwaldes bzw. mesophiler Laubmischwälder weisen sie auf frische Standorte und eine bessere Humusversorgung hin. Das trifft auch für Hasel (*Corylus avellana*), Weißdorn (*Crataegus* spec.), Himbeere und Kleinblütiges Springkraut (*Impatiens parviflora*), Wurmfarn (*Dryopteris filix-mas*), Große Brennnessel (*Urtica dioica*) in der Krautschicht zu, die aus Eichen-Hainbuchenwäldern (Galio-Carpinetum OBERD. 57 em. TH. MÜLLER 66) bzw. aus Hainsimsen-Rotbuchenwäldern (Luzulo-Fagetum MEUSEL 37) stammen. Am unmittelbaren wärmeren, trockenen Fuß der Abbruchwand zwischen großen Gesteinsbrocken und Schieferplatten und auf Absätzen in der Gesteinswand wachsen Waldkiefern, Hänge-Birken, Fichten und Rosen-Arten (*Rosa* spec.).

Abb. 241: Die steile, ehemalige Abbruchwand ist infolge Gehölzbewuchses nicht mehr frei zugänglich (2010).

Die spärliche Krautschicht wird von Säurezeigern gebildet, wozu Schlängelschmiele, Heidekraut und Habichtskraut-Arten (*Hieracium* spec.) zählen. Die fast senkrechten, steilen Flächen der Abbruchwand sind weitestgehend vegetationslos geblieben. Auch fand hier bisher keine auffällige Besiedlung durch Flechten und Moose statt. Zudem ist dieser Teil des Geländes infolge privater Nutzung (Gebäude und Anpflanzungen) anthropogen beeinflusst. Diese Artenmixtur erlaubt gegenwärtig keine Zuordnung zu bestimmten Vegetationstypen. Nach dem Ende der Schieferproduktion 1969 wurde im Gelände auch eine Umweltinformations- und Naturschutzstation eingerichtet. Dort führt jetzt am Rand des ehemaligen Schieferbruchgeländes auch ein Lehrpfad vorbei. Infolge dieser touristischen Nutzungen kam es punktuell auch zu Pflegeeingriffen. So wurden beispielsweise Hänge-Birken beseitigt (SCHÖLER 1994). Inwieweit andere Biotop verändernde Maßnahmen stattfanden, ist nicht dokumentiert.

b) Schieferhalden

Da in den letzten Jahrzehnten der Abbau von Schiefer untertage erfolgte, sind keine weiteren Brüche entstanden. So stellen die Schieferhalden als Lebensraum den flächenmäßig weitaus größeren Teil dar. Infolge wechselnder Standortverhältnisse haben sich auf engstem Raum verschiedene Pflanzengesellschaften entwickelt, die zumindest Sukzessionstendenzen erkennen lassen. Sie reichen von Pioniergesellschaften auf Gesteinsstandorten und Rohböden bis zu Vorwaldstadien auf tiefgründigeren Böden mit Humusauflage.

Kryptogamengesellschaften

Weite Bereiche der Halden sind bis heute ohne Vegetation geblieben. Der Bewuchs beschränkt sich auf eine Besiedlung durch Flechten und Moose. Fehlende Bodenauflage und noch in Bewegung befindliches Gesteinsmaterial wirken hier u. a. als begrenzende Faktoren für Gefäßpflanzen. Vergleicht man das Haldenmaterial visuell mit dem um Lehesten, so sind die Platten der Schwarzatal-Schiefer viel kompakter, dicker und rötlich gefärbt (Abb. 242). LANGE & PFEIFFER (1994) betonen den geringen Gehalt an Schwefeleisen (FeS_2), der weitaus niedriger als bei den blauen kulmischen Schiefern liegt. Dafür tritt im Schwarzatalschiefer das Eisen in seiner dreiwertigen Form als Fe_2O_3 als rötliche Färbung sichtbar in Erscheinung. Gesteinsbewohnende Flechten zeigen eine große Abhängigkeit von der Beschaffenheit ihres Substrates. Entscheidend dabei ist der pH-Wert. Wichtig sind außerdem die Oberflächengestaltung und Härte des Gesteins sowie die Wasserhaltefähigkeit (vgl. SCHOLZ 2009). Viele Arten bevorzugen außerdem Horizontal- oder Vertikalflächen, regennasse oder regengeschützte Stellen bei der Besiedlung. Als häufige Krustenflechten auf Schiefer seien genannt: *Rhizocarpon geographicum*, *Rh. obscuratum*, *Lecidea fuscoatra*, *Lecanora polytropa* (vgl. GEITHNER 1989). An regengeschützten Stellen unter den Schieferplatten überziehen staubig wirkende sterile *Lepraria*-Arten das Gestein oder den Erdboden.

Blattflechten mit ihren auffälligeren Erscheinungsbildern wie *Parmelia saxatilis*, *Xanthoparmelia conspersa*, *Melanelia disjuncta*, *Melanelixia fuliginosa* erweitern das Artenspektrum an Silikatflechtenarten (Abb. 243). An Stellen mit geringer Rohhumusauflage in Spalten oder Gesteinslücken wachsen *Cladonia*-Arten, wie *Cladonia coccifera*, *Cl. coniocrea*, *Cl. fimbriata*, *Cl. pyxidata* s.l. Die *Cladonia*-Thalli sind oft sehr spärlich ausgebildet und bestehen an vielen Stellen nur aus sterilen Schuppen, die eine Artbestimmung nicht zulassen.

Abb. 242: Die hellgrau bis rötliche Farbe des Gesteins weist auf eine andere mineralische Zusammensetzung als die der Schiefer um Lehesten hin (2010).

Abb. 243: Die Lager von *Xanthoparmelia conspersa* können mehrere Dezimeter Durchmesser erreichen (2010).

Die epiphytische Flechtenflora auf den Pioniergehölzen der Halden ist im Vergleich zu der im Lehestener Gebiet äußerst spärlich ausgebildet. Sporadisch wachsen an Hänge-Birken und Salweiden *Hypogymnia physodes*, *Parmelia saxatilis* und *Evernia prunastri*.

Am Haldenrand an gepflanzten Obstbäumen in Gebäudenähe kommen *Platismatia glauca* und *Bryoria fuscescens* dazu. An epyphytischen Moosgesellschaften nennt MARSTALLER (1996) das mäßig trockenheitsliebende Dicrano-Hypnetum filiformis, das vereinzelt auf Gehölzen an Haldenrändern, dort aber meistens aus Schiefer vorkommt

Felsflurgesellschaften und Zwergstrauchheiden

Auf Felsen im unteren Schwarzatal ist die Pfingstnelken-Felsflur (Hieracio-Dianthetum grationapolitani STÖCKER 62) entwickelt. Außer der namengebenden auffälligen rosa blühenden Pfingstnelke (*Dianthus grationapolitanus*) zählen Ausdauerndes Knäuel (*Scleranthus annuus*) und Tüpfelfarn zur Artenausstattung. Die besiedelten Standorte lassen sich als skelettreich und durch eine geringe Rohhumusdecke charakterisieren. Intensive Sonneneinstrahlung und ungehinderter Windzutritt führen außerdem zu schneller Austrocknung des Bodens. Auf den im Bruchgelände als Besitzgrenze stehen gebliebenen Felsgraten wurde eine eindeutige Ausprägung dieser Gesellschaft allerdings nicht gefunden. Sie vermittelt zu den Zwergstrauchheiden (Myrtillo-Callunetum SCHUBERT 60), die hier an verfestigten Rand- und Plateaubereichen der Halden und auch auf Felsgraten vorkommen (Abb. 244) (vgl. Abschnitt E2 1.5 II). An solchen sauren, offenerdigen, sonnig-trockenen Plätzen gehören auch Rasen aus verschiedenen Arten der geschützten „Rentierflechten"-Gruppe wie *Cladonia rangiferina*, *Cl. portentosa* und *Cl. arbuscula* sowie Moosarten aus dem Racomitrio-Polytrichetum piliferi zum Vegetationsbild (Abb. 244). MARSTALLER (1996) nennt für die sekundären Standorte der Schieferbrüche die häufige Subassoziation racomitrietosum elongati und die etwas seltenere campylopodetosum elongati der lichtliebenden Moosgesellschaft. Die Krautschicht bilden vor allem Heidekraut, Heidel- und Preiselbeere), Schlängelschmiele sowie Kleines und Bleiches Habichtskraut (*Hieracium pilosella*, *H. schmidtii*).

Abb. 244: Flechtenreiche Zwergstrauchheiden sind in den Böhlscheibener Brüchen nur sehr kleinflächig ausgebildet (Foto: D. Geithner, 2010).

Gebüschgesellschaften

In Kontakt zu den Zwergstrauchheiden kommen an Bruchkanten, in Plateaubereichen am Rand der Halden angrenzend an Traubeneichen-Birkenwälder Gebüschgesellschaften vor. Im Schieferbruch bestehen sie aus Besenginster (*Cytisus scoparius*), Schlehe (*Prunus spinosa*), Hunds-Rose (*Rosa canina*) und Weißdorn. Das Besenheide-Felsenbirnen-Gebüsch (Calluno-Amelanchietum RAUSCHERT 69), das im hercynischen Raum hier im unteren Schwarzatal einen Verbreitungsschwerpunkt besitzt (vgl. HAUPT 2008), konnte im Bergbaugebiet nicht nachgewiesen werden. Zu einer ähnlichen Aussage kommt auch MEYER (1990) für das nahe gelegene Totalreservat „Westlich der Schieferbrüche". Gelegentlich waren auf besser mit Nährstoffen versorgten Plätzen des Hangplateaus Arten aus Schlagfluren und Vorwaldstadien wie Brombeer-Arten (*Rubus* spec.), Kleiner Sauerampfer und Schmalblättriges Weidenröschen zu beobachten.

Waldgesellschaften

An Stellen mit günstigerem Wasser- und Nährstoffhaushalt hat sich aus Hänge-Birke, Espe, Salweide, Waldkiefer und vereinzelt Eberesche ein lichter Pionierwald entwickelt. Dabei dringen die genannten Gehölzarten bis unmittelbar in den Haldenkörper ein. Lichte bodensaure Eichenmischwälder sehr artenarmer und trockener Ausprägung besiedeln die trockenen, flachgründigen südexponierten Hänge. In diesen Hainsimsen-Eichenwäldern (Luzulo-Quercetum petraeae) dominiert die Traubeneiche als Gehölzart. Vielerorts wurden sie durch Niederwaldbewirtschaftung und zur Gewinnung von Eichenrinde überformt (vgl. MEYER 1990). Als natürliche Grenzwälder an Rändern freier Schieferschutthalden, Felsköpfen und extrem steilen Südhängen werden für das Schwarzatal Traubeneichen-Birkenwälder (Calluno-Quercetum SCHLÜTER 59) und Preiselbeer-Kiefern-Traubeneichenwälder (Pino-Quercetum) beschrieben (vgl. MEYER 1990, HAUPT 2008). Dort erreicht die Traubeneiche nur einen krüppligen Wuchs. Obwohl die Baumschicht sehr licht erscheint, ist die Krautschicht sehr spärlich ausgebildet und besteht aus den schon für die Zwergstrauchheiden genannten Pflanzenarten. Diese Eichenwälder reichen südwestlich bis an den Haldenkörper heran, konnten sich aber auf den eigentlichen Schotterflächen bisher nicht ausbreiten. Es wurden keine Eichen auf den Halden gefunden. Auch der subkontinentale Geißklee-Eichenwald (Cytiso-Quercetum), der im wärmebegünstigten Durchbruchstal der Schwarza vorkommt, hat die ehemalige Bergbaufläche bisher nicht besiedelt. Am frischeren geröllreichen Hangfuß unterhalb der Schieferhalden dringen vereinzelt Gehölze aus dem Ahorn-Linden-Hangschuttwald ein. Dazu gehören Bergahorn, Winterlinde, Hainbuche und Esche. In der Krautschicht erscheinen Arten nährstoffreicher Standorte wie Gemeiner Wurmfarn und Stachelbeere.

2.7 Schieferbruch „Krone" Unterweißbach

I Lage und Charakteristik

Der Schieferbruch „Krone" befindet sich im oberen Schwarzatal, wo sich der Lee-Effekt des Gebirges nicht so stark auswirkt wie im unteren Teil des Tales. Es trägt montanen Charakter. Demzufolge treten die im unteren Schwarzatal vorkommenden wärmeliebenden Arten und Pflanzengesellschaften hier deutlich zurück oder kommen nicht mehr vor. Die unterschiedlichen Bruchbereiche mit ihren Kanten lassen sich hinsichtlich der Vegetationsentwicklung optisch von den Halden gut unterscheiden. Da der Tagebaubetrieb bereits 1924 eingestellt worden war, konnte sich die Vegetation in den Bruchbereichen bis heute allmählich mehr oder weniger ungestört bis zum Waldstadium entwickeln (Abb. 245). Auf einer alten Postkarte vermutlich um 1930 (vgl. LANGE & PFEIFFER 1994) war der Bruch vollkommen unbewaldet.

II Typische Lebensräume und ihre Flora und Vegetation

a) Ehemaliger Bruch

Es gibt mehrere Bruchsohlen. Auf der untersten Bruchsohle im Kontakt zur blockreichen Bruchwand ermöglichen frische Bodenverhältnisse mit gut ausgebildeter Humusauflage das Wachstum von Bäumen

Abb. 245: Schieferbruch „Krone" Unterweißbach (Foto: D. Tuttas, 2010).

und einer üppigen Strauch- und Krautschicht (Abb. 246). Neben Pioniergehölzen wie Salweide, Espe und Hänge-Birke gehören Wald-Kiefer, Bergahorn und Fichten zum Artenspektrum. Die Strauchschicht wird durch Faulbaum, Schwarz-Erle (*Alnus glutinosa*), Ebereschen- und Rotbuchenjungwuchs gebildet. Für die Krautschicht seien Wurmfarn, Wald-Erdbeere (*Fragaria vesca*), Zarter Mauerlattich (*Mycelis muralis*) und Waldschwingel (*Festuca altissima*) genannt. Hier treffen Arten aus Ahorn-Linden-Hangschuttwald (Aceri-Tilietum FABER 26) und Hainsimsen-Buchenwald (Luzuo luzuloides-Fagetum MEUSEL 1937) zusammen. Auf dieser Sohle befanden sich bis zur Abbaueinstellung 1987 Gebäude und Betriebsanlagen, so dass hier die Vegetation auch anthropogen beeinflusst ist. Zum Vegetationsmosaik gehören Staudenfluren wie die Natternkopf-Steinklee-Gesellschaft (Echio-Melilotetum R. Tx. 1949) mit Natternkopf und Weißem Steinklee. In einigen Bereichen hat die Entwicklung zur ausdauernden Rainfarn-Beifuß-Gesellschaft (Tanaceto-Artemisietum vulgaris BR.-BL. ex SISS 1950) schon stattgefunden, in der Rainfarn und Beifuß dominieren. Die Kanadische Goldrute (*Solidago canadensis*) bildet fast reine Bestände als Kanadagoldruten-Gesellschaft (*Solidago canadensis*-Gesellschaft).

Entlang von Trampelpfaden häufen sich Breitwegerich (*Plantago major*), Einjähriges Rispengras (*Poa annua*) und Weißklee (*Trifolium repens*), die aus den Einjährigen Trittrasen-Gesellschaften stammen. Auf Nährstoffeintrag weisen Brennnesseln als „Stickstoffzeiger" hin. Schmale Säume zum Hang hin sind nährstoffarm geblieben, was Thymian (*Thymus* spec.), Rundblättrige Glockenblume (*Campanula rotundifolia*), Kleines Habichtskraut und Frühlings-Fingerkraut belegen.

Auf höher gelegenen lichten Bruchkanten mit flachgründigen, grusigen Böden kommt die für solche Standorte typische Moosgesellschaft Racomitrio-Polytrichetum piliferi vor (vgl. Kapitel E2 1.5 II). Allerdings zeigt sie

Abb. 246: Die Bruchwand ist mit Gehölzen dicht zugewachsen (Foto: D. Geithner, 2010).

Abb. 247: Die Standorte in der oberen Abbausohle sind trocken und warm getönt (2010).

sich hier nur kleinflächig oder in schmalen Bändern. Lokal lässt sich ein Übergang zur Flechten-Heidekrautheide (Cladonio-Callunetum KRIEGER 1937) mit spärlicher Artengarnitur z. B. aus *Cladonia furcata* und *Cl. cervicornis* ssp. *verticillata* vermuten. Im oberen Bruchbereich mit seinen terrassenförmigen Absätzen hat sich ein Wald entwickelt, der vor allem aus Waldkiefern besteht. Beigemischt sind Fichte, Traubeneiche, Hain- und Rotbuche (Abb. 247). Im unteren Teil bedecken Moose wie *Dicranum scoparium* und *Hypnum cupressiforme* große Teile des steinigen Bodens und haben Geröll vollständig überwachsen und verfestigt. In der Krautschicht wachsen u. a. Schlängel-Schmiele, Heidelbeere, seltener Preiselbeere, Habichtskräuter und Echter Ehrenpreis (*Veronica officinalis*).

b) Halden

Die Schieferplatten auf den südwestexponierten Halden sind noch leicht verschiebbar und noch nicht zur Ruhe gekommen. Auch hier fällt wie im unteren Schwarzatal die

Rotfärbung des Schiefers auf. Über die Halde verteilt entwickelten sich Pioniergehölze aus Birken, Espen, Fichten und Lärchen. Erstaunlicherweise gibt es auf der Halde keine auffällige Besiedlung durch Kryptogamen (Abb. 248). Selbst Krustenflechten, die als Pionierarten auf solchen Standorten gelten, fehlen gänzlich! In den Gesteinslücken, wo durchaus Feinerde vorhanden ist, gedeihen nur vereinzelt und sehr spärlich *Cladonia*-Arten. Oft sind es nur sterile Thallusschuppen, die sich nicht bestimmen lassen. Moose finden sich nur in den Randbereichen zu den Gehölzen. Eine Krautschicht fehlt ebenfalls. Ausgedehnte Plateauflächen sind auf der Halde nicht vorhanden. Lediglich an Wegen, die durch die Halde führen, wachsen an schmalen Rändern sehr dürftig Strauchflechten wie *Cladonia fimbriata*, *Cl. subulata*, *Cl. pyxidata* s. l. und die Moose *Polytrichum piliferum* und *Pohlia nutans*, die auf die Pionier-Moosgesellschaft Racomitrio-Polytrichetum piliferi hindeuten.

Abb. 248: Die Halden bestehen aus grobscholligen, dicken Schieferplatten (Foto: D. Geithner, 2010).

2.8 Naturschutzfachliche Aspekte

Bei der Betrachtung der naturschutzfachlichen Aspekte werden außer dem eigentlichen Bruchgebiet das Schutzgebiet bzw. das Umfeld bei Unterweißbach mit betrachtet.

Als naturschutzfachlich wertvollster Bereich gilt der am stärksten naturnahe, durch Mäander des Flusses Schwarza geprägte untere Teil des steilwandigen Durchbruchstales zwischen Sitzendorf und Bad Blankenburg. Bereits 1941 wurde auf Grundlage des Reichsnaturschutzgesetzes eine Fläche von 1.757 Hektar als Schutzgebiet ausgewiesen. Nach einer Verkleinerung in der DDR auf 615 Hektar ist die Vergrößerung des NSG Anfang der 1990er Jahre nach Ablaufen der einstweiligen Sicherstellung nie vollzogen worden (vgl. SCHÖLER 1994, HAUPT 2008). Als NSG mit besonderer Bedeutung für den Artenschutz ist es in das 7.152 Hektar große Vogelschutzgebiet „Nördliches Thüringer Schiefergebirge mit Schwarzatal" und in das 1.903 Hektar umfassende Fauna-Flora-Habitat (FFH)-Gebiet „Schwarzatal ab Goldisthal mit Zuflüssen" eingebettet (vgl. WESTHUS et al. 2002). Das untere Schwarzatal zeichnet sich durch einen bemerkenswerten Reichtum an Lebensräumen und Arten aus. Hier durchdringen sich kolline und montane Florenelemente und Arten mit subatlantischer oder subkontinentaler Verbreitung. Infolge der reliefbedingten Unterschiede wechseln sich auf engstem Raum Waldgesellschaften unterschiedlicher Höhenstufen ab. Die Naturnähe des Gebietes spiegelt sich in dem Vorhandensein der Pflanzengesellschaften der potenziellen natürlichen Vegetation wider (vgl. MEYER 1989, 1990). Für die Einschätzung des Artenpotenzials wurde das Schutzwürdigkeitsgutachten mit den zum damaligen Zeitpunkt aktuellen Roten Listen verwendet (THÜRINGER LANDESANSTALT FÜR UMWELT 1993, BLAB et al. 1984) (vgl. Tab. 96). Am Beispiel der Moose wird deutlich, dass gezielte, über einen längeren Zeitraum laufende Untersuchungen durch Spezialisten die Kenntnis zur Anzahl und Verbreitung von Arten beträchtlich erhöhen können.

Tab. 96: Artenanzahl ausgewählter Organismengruppen im NSG Schwarzatal nach SCHÖLER (1994) und MARSTALLER (1996).

Artengruppe	Artenanzahl	Artenanzahl der RLTh, RLD, BArtSchV	Anteil an Gesamtartenzahl in %
Pilze	245, davon 74 Holz bewohnende Arten GEITHNER (1990)	41	16,7
Flechten	135 (einschl. historischer Angaben, GEITHNER 1989)	18	13,3
Moose	160 (MEINUNGER 1992a) 260 (MARSTALLER 1996)	34 keine Angaben	21,2 keine angaben
Moosgesellschaften	59 (MARSTALLER 1996)	keine Angaben	keine Angaben
Farnpflanzen (Pteridophyta)	26 (MEINUNGER 1992a, ergänzt durch SCHÖLER 1994)	9	34,6
Gefäßpflanzen (Spermatophyta)	522 (MEINUNGER 1992a, ergänzt durch SCHÖLER 1994)	46	8,8

Die bundesweite Bedeutung des unteren Schwarzatals wird außer durch sein naturnahes Fließgewässer durch die Waldgrenzstandorte an Silikat-Felsen begründet. Zoologisch sollen hier das umfangreiche Vorkommen der Nordfledermaus (*Eptesicus nilsonii*), besonderen totholzbewohnenden Käfern und die artenreiche und gut erforschte Schmetterlingsfauna genannt werden (vgl. WESTHUS et al. 2002). Während um Lehesten die Brüche der ausgedehnten Bergbaulandschaft im Mittelpunkt der Unterschutzstellung stehen, erfolgte der Schutz der kleinflächigen Schieferbrüche Böhlscheiben als Bestandteil des Naturschutzgebietes (NSG) „Schwarzatal". Sie können als Ersatzbiotope für die Ausbreitung von gefährdeten Pflanzen und -gesellschaften (vgl. HEINRICH et al. 2001) aus dem Umfeld fungieren, die warme, trockene und nährstoffarme Standorte benötigen. Dazu zählen im Gebiet die Pfingstnelken-Felsflur (Hieracio-Dianthetum gratianopolitani STÖCKER 62) mit der besonders geschützten Pfingstnelke und das Besenheide-Felsenbirnen-Gebüsch (Calluno-Amelanchieretum RAUSCHERT 69) im felsigen Bruchgelände, Zwergstrauchheiden (Myrtillo-Callunetum SCHUBERT 60) an verfestigten Rand- und Plateaubereichen der Halden, Traubeneichen-Birkenwälder (Calluno-Quercetum SCHLÜTER 59) und Preiselbeer-Kiefern-Traubeneichenwälder (Pino-Quercetum) als natürliche Grenzwälder an Rändern freier Schieferschutthalden, Felsköpfen und extrem steilen schotterigen Südhängen. Ebenfalls ergeben sich weitere Ausbreitungsmöglichkeiten für die bundesweit geschützten Flechtengruppen der bodenbewohnenden Rentierflechten (*Cladonia* sect. *Cladina*) und der Schüsselflechten (*Parmelia* ssp.) (BUNDESARTENSCHUTZVERORDNUNG). Die auf längere Dauer lichtreichen und offen bleibenden Halden spielen infolge der dort sehr langsam ablaufenden Bodenbildung und ihrer Nährstoffarmut eine wichtige Rolle für Flechten und Moose und ihre Gesellschaften. Der Stellenwert des Unterweißbacher Schieferabbaugebietes für den Artenschutz ist derzeit nicht einschätzbar. Von dort liegen bisher keine Untersuchungen vor. In welchem Umfang sich Kryptogamen auf den Halden entwickeln bleibt abzuwarten. Eine gewisse Bedeutung haben auch hier die relativ nährstoffarmen Standorte für die Ansiedlung von Organismen, die darauf angewiesen sind. Außer Standortfaktoren hat das Umfeld einen erheblichen Einfluss auf die Artengarnitur. Das Steinbruchgelände umgeben größtenteils artenarme Fichtenforsten, so dass schon daher von einem anderen Besiedlungspotenzial ausgegangen werden muss.

Die von der Autorin genannten Flechtenarten folgen der Nomenklatur von WIRTH et al. (2011).

Besonderer Dank gilt Herrn Dr. Rolf Marstaller (Jena) für die Durchsicht und Anmerkungen zum Manuskript und Frau Birgit Müller (Landratsamt Saalfeld-Rudolstadt, Fachdienst Umwelt) für die Unterstützung.

3 Literatur

BAUM, M. (2010): Thüringer Schiefergruben - historischer und aktueller Bergbau sowie anstehende Artenschutzprobleme. Artenschutzreport **25**: 25-30.

BLAB, J., NOWAK, E., TRAUTMANN, W., SUKOPP, H. (Hrsg.) (1984): Rote Liste der gefährdeten Tiere und Pflanzen in der Bundesrepublik Deutschland. 4. Aufl., Greven.

BUNDESARTENSCHUTZVERORDNUNG – BArtSchV – Verordnung zum Schutz wild lebender Tier- und Pflanzenarten vom 16. Februar 2005.

EBERHARDT, H. (1956): Wirtschaftliche und soziale Verhältnisse der Dorfbewohner des Amtes Königsee in der zweiten Hälfte des 17. Jahrhunderts. Rudolstädter Heimathefte **2**: 188-196.

GEITHNER, A. (1989): Zur Flechtenflora des Naturschutzgebietes „Schwarzatal". Veröff. Museum Gera, Naturwiss. R. **16**: 31-43.

- (1990): Erste Übersicht der holzbewohnenden Pilzarten im Naturschutzgebiet „Schwarzatal". Veröff. Museum Gera, Naturwiss. R. **17**: 11-26.

GOLDSCHMIDT, B. (1993): Sukzession auf Schieferhalden. Vegetation, Standortbedingungen und Sukzession auf Abraumhalden des Schieferbergbaus im Thüringisch-fränkischen Schiefergebirge. Dipl.-Arb., Univ. Bayreuth.

HAUPT, R. (2008): Das Naturschutzgebiet „Schwarzatal". Landschaftspfl. Natursch. Thüringen Sonderheft **45** (4).

HEINRICH, W. (1993a): Flora und Vegetation im Staatsbruch bei Lehesten. Schutzwürdigkeitsgutachten für das einstweilig gesicherte Naturschutzgebiet „Staatsbruch" als Grundlage zum Pflege- und Entwicklungsplan. Unveröff. Gutachten i. Auftr. d. Thür. Landesanstalt für Umwelt, Jena.

- (1993b): Der Oertelsbruch und seine Pflanzenwelt. - Schutzwürdigkeitsgutachten für das einstweilig gesicherte Naturschutzgebiet „Oertelsbruch" als Grundlage zum Pflege- und Entwicklungsplan. Unveröff. Gutachten i. Auftr. d. Thür. Landesanstalt für Umwelt, Jena.

-, KLOTZ, S., KORSCH, H., MARSTALLER, R., PFÜTZENREUTER, S., SAMIETZ, R., SCHOLZ, P., TÜRK, W., WESTHUS, W. (2001): Rote Liste der Pflanzengesellschaften Thüringens. - Naturschutzreport **18**: 377-409.

HIEKEL, W., FRITZLAR, F., NÖLLERT, A., WESTHUS, W. (2004): Die Naturräume Thüringens. Naturschutzreport **21**.

HIRSCH, G. (1993a): Schutzwürdigkeitsgutachten über das einstweilig gesicherte Naturschutzgebiet "Ausdauer-Schiefer" (Landkreis Saalfeld). Unveröff. Gutachten i. Auftr. d. Thür. Landesanstalt für Umwelt, Jena.

- (1993b): Schutzwürdigkeitsgutachten über das einstweilig gesicherte Naturschutzgebiet "Bocksberg" (Landkreis Saalfeld). Unveröff. Gutachten i. Auftr. d. Thür. Landesanstalt für Umwelt, Jena.

- (1993c): Schutzwürdigkeitsgutachten über das einstweilig gesicherte Naturschutzgebiet "Schieferberg-Bruch" (Landkreis Saalfeld). Unveröff. Gutachten i. Auftr. d. Thür. Landesanstalt für Umwelt, Jena.

- (1993d): Schutzwürdigkeitsgutachten über das einstweilig gesicherte Naturschutzgebiet „Schieferbrüche am Kolditz" (Landkreis Saalfeld). Unveröff. Gutachten i. Auftr. d. Thür. Landesanstalt für Umwelt, Jena.

- (1993e): Schutzwürdigkeitsgutachten über das einstweilig gesicherte Naturschutzgebiet "Kirchberger Glück-Bruch" (Landkreis Saalfeld). Unveröff. Gutachten i. Auftr. d. Thür. Landesanstalt für Umwelt, Jena.

HOPPE, W., SEIDEL, G. (1974): Geologie von Thüringen. Gotha.

Klimatologische Normalwerte für das Gebiet der Deutschen Demokratischen Republik (1901-1950). Berlin 1955, 1961.

LANGE, P., PFEIFFER, H. (1994): Der Schieferbergbau im Schwarzatal. Veröff. Naturhist. Mus. Schleusingen. **9**: 3-40.

MARSTALLER, R. (1996): Bryosoziologische Studien im Naturschutzgebiet Schwarzatal bei Bad Blankenburg. 72. Beitrag zur Moosvegetation Thüringens. Gleditschia **24** (1-2): 45-88.

- (2002): Die Moosgesellschaften des Schieferbergbaugebietes „Ausdauer" bei Probstzella, Kreis Saalfeld-Rudolstadt. Hercynia N. F. **35**, 235-251.

- (2003a): Die Moosgesellschaften des Schieferbruches Kirchberger Glück bei Reichenbach (Kreis Saalfeld-Rudolstadt). Herzogia **16**, 221-238.

- (2003b): Die Moosgesellschaften des geplanten Naturschutzgebietes „Schieferbrüche am Kolditz" bei Probstzella (Kreis Saalfeld-Rudolstadt). Limprichtia **22**, 77-112.

- (2003c): Die Moosgesellschaften des geplanten Naturschutzgebietes „Schieferberg-Bruch" bei Lichtentanne (Landkreis Saalfeld-Rudolstadt). Veröff. Naturkundemuseum Erfurt **22**: 59-74.

- (2004a): Die Moosgesellschaften des Naturschutzgebietes „Bocksberg" bei Probstzella (Kreis Saalfeld-Rudolstadt). Limprichtia **24**: 91-126.

- (2004b): Bryosoziologische Studien auf der Rehbach-Schieferhalde bei Schmiedebach (Landkreis Saalfeld-Rudolstadt). Herzogia **17**: 245-267.

- (2005): Bryosoziologische Studien im Naturschutzgebiet „Staatsbruch" bei Lehesten (Landkreis Saalfeld-Rudolstadt, Frankenwald). Ber. Bayer. Bot. Ges. **75**: 39-71.

- (2009): Die Moosvegetation des Schieferbruches auf dem Culm bei Schmiedebach (Landkreis Saalfeld-Rudolstadt). Rudolstädter naturhist. Schr. **15**: 3-24.

MEINUNGER, L. (1992a): Florenatlas der Moose und Gefäßpflanzen des Thüringer Waldes, der Rhön und angrenzender Gebiete. Textteil und Kartenteil. Haussknechtia **3** (1-2).

- (1992b): Rote Liste der Flechten (Lichenes) Thüringens. Naturschutzreport **5**: 170-182.

MEYER, K. (1989): Zur Vegetation Des Totalreservates „Eberstein" im Naturschutzgebiet „Schwarzatal". - Veröff. Museum Gera, Naturwiss. R. **16**, 48-63.

- (1990): Zur Vegetation des Totalreservates „Westlich der Schieferbrüche" im Naturschutzgebiet „Schwarzatal". Veröff. Museum Gera, Naturwiss. R. **17**: 37-55.

PFEIFER, H. (1955): Die Schiefergewinnung im Schwarzatal, ihre Lagerstätte und ihre geschichtliche Entwicklung. Rudolstädter Heimathefte **1**: 211-215.

PUTZMANN, F (1990): Vorläufige Übersicht über den Artenbestand im geplanten Naturschutzgebiet „Oertelsbruch" (Pilze, Geschützte Pflanzen und Tiere). Unveröff. Manuskr., Schmiedebach, Lobenstein.

- (1998): Analyse der vorkommenden Moosflora, des Pilzinventars sowie der vorkommenden Flechten im geplanten NSG „Staatsbruch" bei Lehesten. Unveröff. Gutachten i. Auftr. d. SUA, Gera.

- (2000): Mykofloristische Bestandserfassung in dem geplanten NSG „Oertelsbruch" Ostthüringens. Unveröff. Gutachten i. Auftr. d. TLUG, Jena.

RUSSE, CH. (1990): Geologisch-tektonische Verhältnisse im Totalreservat „Eberstein" des Naturschutzgebietes „Schwarzatal". Veröff. Museum Gera, Naturwiss. R. **17**: 3-9.

SCHÖLER, A. (1994): Schutzwürdigkeitsgutachten und Pflege- und Entwicklungsplan für das Naturschutzgebiet „Schwarzatal" Landkreis Rudolstadt. Teil A Grundlagenerhebung. Unveröff. Gutachten i. Auftr. d. Thür. Landesanstalt für Umwelt, Jena.

SCHOLZ, P. (2003): Neue und interessante Funde von Flechten und flechtenbewohnenden Pilzen aus Deutschland III. Bibl. Lichenol. **86**: 417-422.

- (2009): Flechten-Vielfalt als Einheit. Landschaftspfl. Natursch. Thüringen Sonderheft **46** (4): 129-160.

THÜRINGER LANDESANSTALT FÜR UMWELT (Hrsg.) (1993): Rote Listen Thüringens. Naturschutzreport **5**.

-(1994): Wissenschaftliche Beiträge zum Landschaftsprogramm Thüringens. Schriftenreihe d. Thür. Landesanstalt f. Umwelt, Jena.

WESTHUS, W., WENZEL, H., FRITZLAR, F. (2002): Landschaftsteile Thüringens mit bundesweiter Bedeutung für den Naturschutz. Landschaftspfl. Natursch. Thüringen **39**(1): 1-20.

WUSTELT, J. (1962): Geländebedingte Effekte am Kleinklima des Unteren Schwarzatales. Geogr. Ber. **7**: 396-409.

WIRTH, V., HAUCK, M., BRACKEL, W. VON, CEZANNE, R. , BRUYN, U. DE, DÜRHAMMER, O., EICHLER, M., GNÜCHTEL, A., LITTERSKI, B., OTTE, V., SCHIEFELBEIN, U., SCHOLZ, P., SCHULTZ, M., STORDEUR, R., FEUERER, T., HEINRICH, D., JOHN, V. (2011): Checklist of lichens and lichenicolous fungi in Germany. (Checkliste der Flechten und flechtenbewohnenden Pilze Deutschlands). Version #2: 19. Januar 2011.
http://wwwuser.gwdg.de/~mhauck/

E3 Der Schieferbergbau in anderen Regionen Deutschlands

DIETRICH TUTTAS

1 Der Schieferbergbau des Rheinischen Schiefergebirges

Durch den Rhein und das Rheintal geographisch geteilt, werden im Rheinischen Schiefergebirge das Linksrheinische und das Rechtsrheinische Schiefergebirge unterschieden. Während im Linksrheinischen Schiefergebirge die bedeutendsten Lagerstätten an unterdevonischem Dachschiefer in der „Moselmulde" und im „Hunsrück-Antiklinorium" liegen, sind diese im Rechtsrheinischen Schiefergebirge im „Ostsauerländischen Hauptsattel" konzentriert (WIECHERT 2011). In den Linksrheinischen Schieferlagerstätten (Mosel, Hunsrück) wurden vor allem die Orte Müllenbach, Laubach bis Ochtenburg (Mayen) zu Schieferabbaugebieten. Auch um Bundenbach und Gmünden, besonders durch die Fossilieneinschlüsse bedeutsam (FRIIS 2007), wurde Dachschiefer gewonnen. Dazu gehörten ebenso die im Rheintal gelegenen Bereiche um Kaub, Bacharach wie der noch aktuelle Schieferabbau um Altlay.

1.1 Der Schieferbergbau an der Mosel

I Historisches zum „Moselschiefer"

Die Geschichte soll am Beispiel des „Moselschiefers" näher betrachtet werden. Die ersten urkundlichen Erwähnungen des Abbaues, z. B. im Kaulenbachtal, gehen auf das Jahr 1695 zurück (BARTELS 1986). Nach LAUX (2010) waren Tagebaue im Kaulenbachtal nur in geringer Anzahl zu finden. Ab 1827 wurde der Stollenbergbau vorangetrieben. Der erste Tiefbau folgte erst um 1900. Über 360 Beschäftigte zählte der Schieferbergbau im Kaulenbachtal in seiner Blütezeit. Diese Schieferregion entwickelte sich zum bekanntesten Schieferabbaugebiet westlich des Rheins. Der im Kaulenbachtal geförderte und verarbeitete Dachschiefer ging als „Moselschiefer" in den Handel, obwohl der Fluss Mosel etwa 18 km vom Abbaugebiet entfernt liegt. Jahrzehntelang wurde der Dachschiefer mit Fuhrwerken an die Mosel nach Cochem und Klotten gebracht, auf Schiffe verladen und meist an den Niederrhein, oft sogar bis nach Holland verschifft. Heute wird der Qualitätsbegriff „Moselschiefer" nur noch von der Firma Rathscheck in Mayen für hochwertige Schieferprodukte aus den Tiefen der Eifel verwendet.

1959 schloss die letzte Grube, die Grube „Maria Schacht", im Kaulenbachtal. Das Kaulenbachtal mit seinen ehemaligen Betriebsgebäuden und den riesigen Schieferhalden lag über Jahrzehnte brach. Erst in den neunziger Jahren des 20. Jh. kamen die Bergbauhinterlassenschaften im Tal des Moselschiefers wieder in den Fokus der Betrachtung. Die damaligen Besitzer der Schieferhalden beabsichtigten, diese zur Produktion von Baustoffzusätzen abzubauen. Eine Naturlandschaft, die über Jahrhunderte entstanden ist, sollte aus wirtschaftlichen Interessen zerstört werden. Die Bevölkerung der Schieferregion Kaulenbachtal wehrte sich im Rahmen von Protestaktionen gegen den beabsichtigten Abbau der Schieferhalden und damit den Verlust einer kulturhistorisch wertvollen Landschaft. 1994 konnte die Stiftung Natur und Umwelt Rheinland-Pfalz, aufmerksam geworden durch die Bürgeraktionen, mit einem Kauf der Haldenlandschaften den Abbau verhindern (Abb. 249).

LAUX (2010) berichtet, dass sich im Verlauf der Jahre innerhalb der Industriebrache, ungestört von menschlichen Eingriffen, eine ganz besondere Flora und Fauna etablieren konnte. Es galt, diese seltenen Habitate für Tiere und Pflanzen besonders zu schützen. Mit Hilfe des Stiftungsprojektes „Sanierung von Schiefermauerwerk im Kaulenbachtal" in den Jahren 2000 bis 2005 wurde die Sicherung der Besonderheiten des Natur- und Denkmalschutzgebietes Kaulenbachtal eingeleitet (LEHR 2005). Die Gründung des Vereins zur Erhaltung der Schieferbergbaugeschichte 1995 und seine Aktivitäten führten letztlich in Zusammenarbeit mit der Stiftung Natur und Umwelt zur Erhaltung des Kaulenbachtales als Kulturdenkmal. Mit der Anlage eines sieben Kilometer langen Schiefergrubenwanderweges wurde der Öffentlichkeit die Möglichkeit gegeben, „die einmalige Symbiose von kulturhistorischen Hinterlassenschaften des Schieferbergbaus, Naturerlebnis und geschütztem Lebensraum für seltene Arten im Rahmen des sanften Tourismus" (LAUX 2010) zu erleben.

Abb. 249: Mit einer Höhe von 125 m über der Talsohle zählen die Schieferhalden im Kaulenbachtal zu den höchsten in Deutschland (Foto: D. Laux, 2009).

II Besonderheiten von Landschaft, Flora und Fauna

LAUX (2010) schreibt:

„Die Region um das Kaulenbachtal wird nahezu einheitlich von unterdevonischen Tonschiefern mit Grauwacken-Einschaltungen aufgebaut. Schiefer besteht zu 60 % aus Silizium-Dioxid und weist eine meist saure Bodenreaktion auf. Die durchschnittlichen Niederschlagsmengen eines Jahres betragen etwa 600 bis 800 mm. Die Durchschnittstemperaturen liegen im Januar bei 0 °C bis -1 °C, im Sommer bei 15 °C bis 16 °C. Die Schieferregion Kaulenbachtal ist als Rückzugsbereich wärmeliebender Tierarten in den Höhenlagen der Mittelgebirge von hoher regionaler und überregionaler Bedeutung. Die Vorkommen von Mauereidechse (*Podarcis muralis* [LAURENTI, 1768]) und Schlingnatter (*Coronella austriaca* [LAURENTI, 1768]) als Arten des Anhangs IV der FFH-RL lassen dem Gebiet eine EU-weite Bedeutung zukommen. Die riesigen Schiefer-Abraumhalden - im Schnitt waren nur etwa 10 % - 15 % des geförderten Materials nutzbar - bilden den dominierenden Biotoptyp. Ausgangspunkt für die Ausbreitung von Pflanzen ist der Hangfuß. Die Plateaus der Halden werden schneller besiedelt. Auf sonnenexponierten ebenen Bereichen haben sich Trockenrasen etabliert, die auf Grund der stark sauren und nährstoffarmen Bodenverhältnisse von Flechten dominiert werden. Auf den Trockenrasen leben gefährdete Heuschreckenarten, z. B. die Blauflügelige Ödland Schrecke (*Oedipoda caerulescens*). Auf Rohbodenflächen, welche sich im Zuge von Baggerarbeiten während Gebäudefreistellungen ergaben, haben sich Pionierbestände eingestellt.

Die Mauern im Kaulenbachtal stehen im Mittelpunkt der Landschaftspflegemaßnahmen. Es handelt sich um die Reste der ehemaligen Betriebsgebäude, vielfach in Trockenbauweise aufgesetzte Schiefermauern. Trockenmauern haben eine hohe ökologische Bedeutung. Sie bieten Nistmöglichkeiten für verschiedene Vogelarten und dienen zahlreichen Insektenarten, Schnecken und Spinnen als Lebensraum. Besonders wichtig sind die Trockenmauern jedoch für die Population von Mauereidechse und Schlingnatter. In den Fugen und Spalten finden die Tiere Schutz vor Kälte, Hitze und Feinden. Die alten Schieferstollen, welche zu Dutzenden im Tal zu finden sind, dienen einer großen Anzahl diverser Fledermausarten als Überwinterungsquartiere.

An Flora im Kaulenbachtal sind besonders die vielen Flechtenarten zu vermerken, welche bislang noch nicht im Einzelnen erfasst werden konnten. Zu den wenigen auftretenden höheren Pflanzen zählen der Kleine Eberwurz (*Carlina vulgaris*), Kleines Habichtskraut, Echter Thymian (*Thymus vulgaris*) und die Sand-Schaumkresse. An einer Stelle breitet sich seit einigen Jahren Heidekraut aus. Seltenheitswert hat die Mondraute *(Botrychium lunaria)*. Sie ist auf extrem stickstoffarme Standorte angewiesen. In den Bereichen der Haldenplateaus findet man häufig die Drahtschmiele, die Kleine Bibernelle und die Wiesen-Flockenblume (*Centaurea jacea*). Auffällige Pionierbestände sind in diesen Bereichen der Gewöhnliche Natternkopf und die Nickende Distel (*Carduus nutans*). Die freigestellten Mauern waren stark mit Moosen bewachsen. Zu nennen wären Echtes Zypressen-Schlafmoos (*Hypnum cupressiforme*), Sparriges Kranzmoos (*Rhytidiadelphus squarrosus*) und Besen-Gabelzahnmoos (*Dicranum scoparium*). In den Spalten der Mauern wachsen verschiedene Farnarten, darunter der Tüpfelfarn und der Braune Streifenfarn (*Asplenium septentrionale*)."

1.2 Schieferbergbau im Sauerland/Westfalen

Die im nordöstlichen Teil des Rheinischen Schiefergebirges befindlichen Dachschiefervorkommen zwischen Meschede/Brilon, Bad Berleburg und Raumland liegen an der nördlichen Flanke des „Ostsauerländer Sattels". Schon Anfang des 20. Jh. erfolgte kein Abbau mehr. Andere Schiefergruben, z. B. bei Fredeburg fördern heute noch, da dort der Schiefer mit einer Mächtigkeit von bis zu 450 m anliegt (WICHERT 2011). Heute sind einige ehemalige Schieferbrüche als Naturschutzgebiete ausgewiesen, z. B. das NSG „Ehemaliger Schieferbruch Fredlar" (ca. 7 ha), das NSG „Schieferbergwerk Honert" (ca. 4 ha) und das NSG „Grubengelände Hörre" (ca. 10 ha). Diese Bergbaufolgelandschaften zeichnen sich durch zahlreiche schützenswerte Lebensraumtypen wie Magergrünland, Trockenbrachen und -säume, trockene Gebüsche, Laubwälder, Felswände sowie Schieferschutthalden und Schotterflächen aus. Ein weiteres Kriterium für ihre Unterschutzstellung sind Stollen und Hohlräume als Lebensräume für mehrere Fledermausarten (KREIS SIEGEN WITTGENSTEIN 2011).

Die Mehrzahl der ehemaligen Halden bei Raumland ist verschwunden. Sie wurden zu Blähschiefer (thermisches Produkt aus natürlichem Schiefer) verarbeitet (KRUEGER 2011, mdl.).

MÖLLENHOFF veröffentlichte 1953 einen Beitrag zur Pflanzenwelt der Raumländer Schieferhalden und führte damals 47 Arten Gefäßpflanzen, vier Flechten- und fünf Laubmoosarten auf. Es wurden Halden im Alter von 30 bis 120 Jahren untersucht. An Flechten werden auf den Halden und deren Rändern die auffälligen Strauchflechten *Cladonia squamosa, C. rangiferina, Cetraria islandica* (vgl. Abb. 235 im Abschnitt E2 1.5 II) und die Laubflechte *Parmelia saxatilis* auf Schiefergestein genannt. Als häufige Moosarten führt MÖLLENHOFF (1953) *Ceratodon purpureus, Hypnum cupressiforme, H. schreberi, Tortella tortuosa* und *Racomitrium lanuginosum* auf. Von der zuletzt genannten Art werden quadratmetergroße Polster über Schiefergestein beschrieben, was mit den Vorkommen dieser Art in den Brüchen im Thüringer Schiefergebirge/Frankenwald vergleichbar ist (vgl. Abb. 234 im Abschnitt E2 1.5 II). Die Mehrzahl der genannten Gefäßpflanzen weist auf die trockenen, nährstoffarmen Standorte der Schieferhalden hin, wie z. B. Schafschwingel (*Festuca ovina*), Heidekraut, Hungerblümchen (*Erophila verna*) und Katzenpfötchen (*Antennaria dioica*). Sie wachsen an Stellen, die bereits über Feinerde verfügen. Wie schon von den thüringischen Halden beschrieben, siedeln sich Pflanzen an, die aus verschiedenen Gesellschaften stammen. Beispielsweise aus Schlagfluren: Schmalblättriges Weidenröschen und Roter Fingerhut (*Digitalis purpurea*), aus Trittfluren: Breitwegerich. An nitrophilen Wegrändern sind Löwenzahn und Brennnesseln typisch. Die Autorin beschreibt für die Halden eine Strauchschicht, die aus Deutschem Ginster (*Genista germanica*), Himbeere, Besenginster, Brombeere, Schlehe und Hundsrose besteht. An Gehölzen kommen außerdem Lärche, Fichte, Grau-Weide (*Salix cinerea*) und Grau-Erle (*Alnus incana*) vor, wobei Fichten und Lärchen auch angepflanzt wurden. Grau-Erlen sind im Umfeld kultiviert worden und von dort vermutlich in die Halden eingedrungen. Die Bäume entwickeln sich nur krüppelartig oder bilden niedrige Büsche, „deren Zweige sich eng an den Boden anschmiegen." Diese Schilderung erinnert an die Wuchsform der Fichten und Kiefern auf thüringischen Schieferhalden, die als Anpassung an die extremen Standortbedingungen beschrieben wurde (vgl. Abschnitt E1 5.1, Abb. 224 und Kap. E2 1.5 II). Nach fast 60 Jahren gehören die damaligen Halden zum NSG „Grubengelände Hörre" und zählen zu den besonders bedeutsamen Elementen der Kulturlandschaft Wittgenstein (LANDSCHAFTSVERBAND WESTFALEN-LIPPE & LANDSCHAFTSVERBAND RHEINLAND 2007). Heute ist das NSG gleichzeitig FFH-Gebiet „Grubengelände Hörre" (DE 4916-303) und wurde 2007 im Rahmen eines Pflege- und Entwicklungsplanes u. a. vegetationskundlich genauer untersucht. Einige dieser Ergebnisse sollen hier genannt sein (BIOLOGISCHE STATION ROTHAARGEBIRGE 2007). Die Schieferhalden weisen heute eine Vielzahl mehr oder weniger deutlich ausgeprägte Pflanzengesellschaften und -bestände auf. An Steinschuttgesellschaften werden die lückig vorhandene und artenarme Hohlzahn-Steinflur (Galeopsietum segetum) und Huflattich-Glatthafer-Bestände (*Tussilago farfara-Arrhenatherum elatius*-Bestand) genannt. Letztere hat einen deutlich höheren Deckungsgrad als die Hohlzahn-Steinflur erreicht.

Die Mauerpfeffer-Gesellschaften sind mit zwei Beständen vertreten: Bestand an Kaukasus-Fetthenne (*Sedum spurium*-Bestand) und Bestand der Zierlichen Felsen-Fetthenne (*Sedum fosterianum*-Bestand). Während die Kaukasus-Fetthenne dominiert, ist die Felsen-Fetthenne weniger verbreitet. Aufgrund der unterschiedlichen Haldenbereiche - es wechseln sich noch bewegende und schon zur Ruhe gekommene Zonen ab - siedeln in den Ruhezonen *Sedum spurium*-Bestände, auf noch bewegtem Substrat *Sedum fosterianum*-Bestände und auf den noch stärker in Bewegung befindlichen Bereichen Gelber Hohlzahn (*Galeopsis segetum*).

Entlang der Wege im Gebiet bilden Trespen-Halbtrockenrasen (Mesobrometum) schmale Säume und kleinflächige Zonen. Im Norden des Geländes befinden sich Glatthaferwiesen (Arrhenatheretum elatioris), die in NRW als gefährdet gelten. Bemerkenswert ist die sich durch frühere Beweidung ausgebildete Bergheide (Vaccinio-Callunetum) - Rote Liste 2 in NRW. Auf den relativ kleinen Flächen wachsen auch Wacholder (*Juniperus communis*) und Zwergsträucher wie Heidelbeere.

An Gebüschen und Vorwäldern sind Salweiden-Gesträuch (Epilobio-Saliceetum capreae), Zitterpappel-Bestand (*Populus tremula*-Bestand) und Brombeer-Besenginster-Gesträuch (Calluno-Sarothamnetum) vorhanden. Letztere erreichen auf einigen Halden einen hohen Deckungsgrad und schränken das Wachstum gepflanzter Gehölze wie Rotbuche und Bergahorn merklich ein.

Für Wälder und Forste werden vier Gesellschaften beschrieben: Sternmieren-Eichen-Hainbuchen-Wald (Stellario holosteae-Carpinetum betuli), in NRW regional gefährdet, Hainsimsen-Buchenwald (Luzula Fagetum) - außerhalb angrenzend an das NSG -, Berg-Ahorn-Buchen-Aufforstung (*Acer pseudoplatanus-Fagus sylvatica*-Aufforstung) und Fichtenforst (*Picea abies*-Forst). Die Aufforstungen erfolgten Mitte der 1980er Jahre hauptsächlich im Osten des NSG und verdrängten die wertvollen Steinschuttfluren. Dort wo sich Lücken im Forst gebildet haben, finden deren Arten wieder Ausbreitungsmöglichkeiten. An Moosen sind lt. Gutachten insgesamt 113 Arten festgestellt worden, wobei sieben Rote-Liste-Arten (SCHMIDT & HEINRICHS 1999) sind. Zu den Flechten erfolgten keine Erhebungen.

Tab. 97: Artenanzahl ausgewählter Organismengruppen im NSG „Grubengelände Hörre" (BIOLOGISCHE STATION ROTHAARGEBIRGE 2007).

	Artenanzahl gesamt	Artenanzahl Rote Liste Deutschland	Artenanzahl Rote Listen NRW	
Farn- u. Blütenpflanzen	230	keine Angaben	9	WOLFF-STRAUB et al. 1999
Pflanzengesellschaften u. -bestände	14	keine Angaben	4	VERBÜCHELN et al. 1995
Moose gesamt Laubmoose Lebermoose	113 100 13	8 6 2	17 14 3	SCHMIDT & HEINRICHS 1999

Arten- und Biotopschutz

Das NSG „Grubengelände Hörre" weist mit seinen bisher nachgewiesenen 230 Farn- und Blütenpflanzen eine hohe Arten- und Biotopvielfalt auf, weitaus mehr als 1953 von MÖLLENHOFF genannt. Von den vorkommenden Arten sind 9 in NRW geschützt (Tab. 97). Die noch lt. BIOLOGISCHE STATION ROTHAARGEBIRGE (2007) von MÖLLENHOFF (1975) nachgewiesenen Arten Dach-Trespe (*Bromus tectorum*), Katzenpfötchen und Deutscher Ginster konnten nicht bestätigt werden. Von besonderem Wert sind auch die Steinschutt- und Geröllgesellschaften, die Mauerpfefferbereiche sowie die Magerrasen und die nur kleinflächig ausgebildete Wacholder-Heide. Probleme bereitet im NSG die sich zunehmende Ausbreitung des Riesenbärenklaus (*Heracleum mantegazzianum*). Wenn auch die Bergbaulandschaft durch den massiven Einfluss des Menschen entstanden ist, sind doch bei aller zerstörerischen Wirkung des einstigen Landschaftsbildes und dessen Naturräume andere auch schützenswerte Areale entstanden, die belassen und nicht beseitigt werden sollten. Sie gehören einfach zu unserem Kulturgut Bergbaufolgelandschaft, wie nicht nur das FFH-Gebiet „Grubengelände Hörre" deutlich macht.

2 Schieferbergbau im Harz

Die Schiefergewinnung begrenzt sich auf den Oberharzer Devon-Sattel südlich von Goslar. Sie ist urkundlich seit Ende des 13. Jh. bekannt und wurde 1975/76 eingestellt (WICHERT 2011). Wissenbacher Schiefer setzt sich aus Schiefer und Alaunschiefer mit Einlagerungen von Sandsteinen, Grauwacken und Kalkstein zusammen (SCHINDLER 2003). Die Dachschiefergrube Glockenberg in der Nähe von Goslar wurde 1887 eröffnet. Nach 31 Jahren Tagebaubetrieb ist bis 1969 untertage abgebaut worden. Noch während der Dachschiefergewinnung verarbeitete der Betrieb bis 1975/76 das Haldenmaterial zu Schiefermehl und -splitt. Auf die Grube Glockenberg weist heute nur noch eingezäuntes und abgedecktes Schachtloch hin (KREIS SIEGEN-WITTGENSTEIN 2011). Noch vorhandene Halden, wie z. B. die Harzer Hexen Stieg Schieferhalde, sind vor allem mit Heidekraut und Laubbäumen bewachsen ohne die Halde vollständig zu bedecken.

3 Schieferbergbau in Sachsen

Von den Schiefervorkommen in Sachsen war der Lößnitzer Schiefer der wirtschaftlich bedeutendste. In diesen in der Lößnitz - Zwönitzer Mulde gelegenen Abbaugebieten wurde Schiefer unterschiedlicher Qualität gewonnen. Dachschiefer, später Tischplatten, Treppenstufen u. a. sind hier hergestellt worden. Der starke Konkurrenzdruck ausländischen Schiefers führte in den 20er Jahren des 20. Jh. zur Aufgabe der Produktion (WICHERT 2011). In einzelnen Gruben haben sich im Laufe der Zeit Grubengewässer gebildet.

4 Danksagung

Für Hinweise, das Bereitstellen von Literatur, Fotos und die Zuarbeiten soll besonders Herrn Dieter Laux (Mellenbach), Frau Ursula Siebel (Biologische Station Siegen-Wittgenstein) und Herrn Heinrich Imhof (Bad Berleburg) gedankt sein.

5 Literatur

BARTELS, C. (1986): Schieferdörfer. Dachschieferbergbau im Linksrheingebiet von Ende der Feudalzeit bis zur Weltwirtschaftskrise (1790-1929). Reihe Geschichtswissenschaften **7**, Pfaffenweiler.

BIOLOGISCHE STATION ROTHAARGEBIRGE (2007): Pflege- und Entwicklungsplan Naturschutzgebiet „Grubengelände Hörre" mit nahezu identischer Abgrenzung wie das FFH-Gebiet „Grubengelände Hörre". Unveröff., Erndtebrück.

FRIIS, C. (2007): Fossilien im Moselschiefer: versteinerte Lebewesen aus dem Unterdevon-Meer von Mayen und Umgebung. Selbstverl., Geschichts- & Altertumsverein für Mayen und Umgebung, Mayen.

KREIS SIEGEN WITTGENSTEIN (2011): Naturschutzgebiete. www.siegen-wittgenstein.de, Stand: 12.03.2011.

LAUX, D. (2010): Rheinisches Schiefergebirge/ Schieferregion Kaulenbachtal. Manuskr., Mellenbach.

LANDSCHAFTSVERBAND WESTFALEN-LIPPE & LANDSCHAFTSVERBAND RHEINLAND (Hrsg.) (2007): Kulturlandschaftlicher Fachbeitrag zur Landesplanung in Nordrhein-Westfalen. Münster, Köln.

LEHR, C. (2005): Sanierung von Schiefermauerwerk im Kaulenbachtal 2000-2005. Unveröff. Sachstandsbericht Biodata GmbH, Mainz.

MÖLLENHOFF, I. (1953): Die Raumländer Schieferhalden und ihre Pflanzenwelt. DBR, Verein f. rhein. Kirchengesch. e.V., H. 1: 314-328.

SCHINDLER, S. (2003): Hydrogeochemische Untersuchungen des Grubenwassers im Hagebachtal bei Gernrode/Harz. Dipl.-Arb., TU Bergakademie Freiberg.

SCHMIDT, C., HEINRICHS, J. (1999): Rote Liste der gefährdeten Moose (Anthocerophyta et Bryophyta) in Nordrhein-Westfalen. 2. Fassung. LÖBF-Schr. R. **17**: 173-224.

VERBÜCHELN, G., HINTERLANG, D., PARDEY, A., POTT, R., RAABE, U., VAN DE WEYER, K. (1995): Rote Liste der Pflanzengesellschaften in Nordrhein-Westfalen. LÖBF-Schr. R. **5**: 1-318.

WICHERT, J. (2011): Schieferlexikon - Die Schiefervorkommen des Rheinischen Schiefergebirges. www.Schieferlexikon.de, Stand: 12.01.2011.

WOLFF-STRAUB, R., BÜSCHER, D., DIEKJOBST, H., FASEL, P., FOERSTER, E., GÖTTE, R., JAGEL, A., KAPLAN, K., KOSLOWSKI, I., KUTZELNIGG, H., RAABE, U., SCHUMACHER, W., VANBERG, C. (1999): Rote Liste der gefährdeten Farn- und Blütenpflanzen (Pteridophyta et Spermatophyta) in Nordrhein-Westfalen. 3. Fassung. LÖBF-Schr. R. **17**: 75-171.

F Gips- und Anhydrit-, Kalk- und Kreideabbau

Einleitung

MARTIN HEINZE

Für unterschiedliche Verwendungszwecke abbauwürdigen Kalk, Dolomit, Gips und Anhydrit findet man in verschiedenen geologischen Formationen. So kommen zum Beispiel Kalk und Dolomit im Silur (Ockerkalk), Devon (Knotenkalke und Kalkknotenschiefer), Zechstein, Muschelkalk, Keuper, Jura und in der Kreide (Kreidekalk) vor. Gips und Anhydrit bilden Schichten im Zechstein, Buntsandstein und Keuper.

Die Lagerstätten werden meist über Tage abgebaut. Aber auch Untertageabbau findet unter bestimmten geologischen Bedingungen (z. B. Kalkabbau in Lengefeld, Erzgebirge) oder wegen der Eigenschaften des abzubauenden Gutes (z. B. Anhydrit in Krölpa) statt.

Die Folgelandschaft ist durch Abbausohlen, Abbauwände, Bermen und Halden aus Abraum und nicht nutzbaren Zwischenschichten geprägt. Die Rohbodensubstrate sind überwiegend Kalk, Dolomit oder Gips, also Carbonate und Sulfate. Sie bieten Tieren und Pflanzen wesentlich andere Bedingungen als silikatisches Substrat. Insbesondere Gips als Bodensubstrat verdient Beachtung. Er ist zwar selten und flächig und wirtschaftlich nicht bedeutend, dafür umso mehr wissenschaftlich für Bodenkunde, Pflanzenernährung und Vegetationskunde. In reinem Gipssubstrat sind Faktorenkonstellationen verwirklicht, die in den silikatischen und karbonatischen Substraten nicht auftreten können, z. B. eine hohe Calciumionenkonzentration in der Bodenlösung bei niedrigem pH-Wert. Der Vergleich zwischen Silikat-, Carbonat- und Sulfatstandorten ermöglicht somit grundlegende Schlüsselerkenntnisse (HEINZE 1998).

Literatur

HEINZE, M. (1998): Die Ernährung von Waldbäumen auf Gipsstandorten. Forstw. Cbl. **117**: 267-276.

F1 Das Gipsabbaugebiet im Bereich des Zechsteingürtels am Südharzrand

MALTE GEMEINHARDT & GERALD DEHNE

1 Geologie und Böden

Entlang des Süd- und Südwestrandes des Harzes und des Südrandes des Kyffhäusergebirges erstreckt sich bandförmig ein mehrere Kilometer breites, von Sedimenten der Zechsteinzeit geprägtes Gebiet. Es handelt sich bei den Sedimenten um die Ablagerungen des Germanischen Beckens, eines Teiles des Zechsteinmeeres. Kennzeichnend war für dieses Meeresgebiet ein geringer Austausch mit anderen Teilen des Weltmeeres. Dies führte im für die Zechsteinzeit charakteristischen Trockenklima unter dem Einfluss mehrerer Meeresvorstöße (Transgressionen) und Rückzüge (Regressionen) zur wiederholten Ablagerung von im Meerwasser gelösten Stoffen entsprechend ihres Lösungsverhaltens. Der Zyklus beginnt mit der Ausfällung von vergleichsweise gering löslichen Karbonaten, auf die Sulfate (Anhydrit, Gips) und schließlich Salze (z. B. Steinsalz, Kalium- und Magnesiumsalze) folgen. Zwischen den einzelnen marinen Ablagerungshorizonten finden sich oftmals tonige und organische Zwischenmittel, die auf im Zechsteinmeer suspendierte Bestandteile terrestrischen Ursprungs zurückzuführen sind. Insgesamt wurden im Gebiet vier Sedimentationszyklen (Aller-, Leine-, Staßfurt- und Werra-Zyklus) beschrieben. Die ideale Abfolge der einzelnen Sedimentschichten variiert allerdings je nach regionaler Situation am Südharzrand sehr stark, wobei einzelne Schichten besonders markant ausgeprägt sind oder auch völlig fehlen können. Die Sedimente des Zechsteinmeeres wurden später von Ablagerungen jüngerer Erdzeitalter (Buntsandstein, Muschelkalk etc.) überdeckt. An die Erdoberfläche gelangten sie erst wieder im Zuge der saxonischen Gebirgsbildung im Tertiär und Altpleistozän, bei der das aus älteren Sedimenten (Ordovizium, Silur, Devon, Karbon) aufgebaute Gebirge des Harzes entstand und um mehrere hundert Meter gegenüber seinem Umland angehoben wurde.

Die Zechsteinsedimente des heutigen Harzrandes wurden dabei mit emporgehoben und durch erosive Abtragung überlagernder jüngerer Ablagerungen freigelegt. Bedingt durch das flache Einfallen der Sedimentschichten besitzt der Zechsteingürtel am Südrand des Harzes heute eine teilweise beträchtliche Breite, während die gleichen Schichten am nördlichen Rand des Mittelgebirges steil gestellt sind und deshalb kaum in der Landschaft hervortreten.

Die charakteristische **Bodenabfolge** ist auf Gips-, Anhydrit- und Kalkgesteinen ähnlich, aber nicht identisch ausgebildet. Am Beginn der Bodenentwicklung stehen Syroseme (Rohböden), die noch keinen ausgeprägten, humusreichen Oberbodenhorizont besitzen. Bei längerer Entwicklungszeit bilden sich Rendzinen, die durch einen mehr oder weniger mächtigen, humusreichen, dem Ausgangsgestein direkt auflagernden Oberboden geprägt sind. Eine häufig anzutreffende Besonderheit der im Gebiet verbreiteten Böden über Gips- und Anhydritgestein, welche diese beispielsweise von Kalkböden unterscheidet, resultiert aus dem Verwitterungsverhalten des anstehenden Gesteins. Wenn Gips in sehr reiner Form abgelagert wurde, weist er nur geringe Anteile an Tonpartikeln auf, was die Ausbildung eines aus mehr oder weniger reinem Gipsmehl bestehenden Verwitterungshorizontes begünstigt. Dies wiederum schränkt das Wasserhaltevermögen des Bodens ein und hemmt dadurch die biologische Aktivität. Die Folge ist eine kaum stattfindende Durchmischung des Oberbodens und eine Speicherung von Nährstoffen in der Streuauflage, deren Zersetzung oftmals gehemmt ist. Nach HEINZE & FIEDLER (1984) haben solche Böden nur wenig mit Rendzinen, also den für Kalk- und andere Carbonatgesteine charakteristischen Verwitterungsböden gemein. Als treffender wird von den Autoren daher die Benennung als „Humussulfatboden" vorgeschlagen.

Standörtlich zeichnen sich Humussulfatböden nach SCHINKEL (2005) neben ihrem geringen Wasserhaltevermögen häufig durch eine schlechte Phosphor- und Kaliumverfügbarkeit aus. Desweiteren ist häufig eine ausgeprägte Versauerungsneigung zu beobachten, die sich in der Vegetation durch die Vergesellschaftung von Basenzeigern mit kalkmeidenden Pflanzenarten, häufig zum Beispiel der Besenheide (*Calluna vulgaris*), ablesen lässt.

Die weitere Bodenentwicklung, welche auf Kalkböden früher oder später durch Kalklösung und Tonanreicherung zu Braunerden führen würde, ist auf reinem Gips nicht festzustellen. Allerdings kann auch Gipsgestein je nach Ausprägung der o. g. Wechsellagerungen bedeutende Beimengungen von Tonpartikeln aufweisen oder die Bodengenese auf Gips durch Überlagerung anderer Verwitterungsprodukte (z. B. aus Dolomitgestein oder Löss) beeinflusst worden sein. Die Variabilität der im betrachteten Gebiet anzutreffenden Böden und der daraus resultierenden Standorteigenschaften ist daher wesentlich vielfältiger, als dies die geologischen Voraussetzungen erwarten ließen.

2 Naturräumliche Einordnung

Das betrachtete Gebiet erstreckt sich über zwei Naturräume (vgl. SPÖNEMANN 1970). Den Hauptanteil bildet der Südharzer Zechsteingürtel. Er erstreckt sich als schmaler, zwischen wenigen 100 m und maximal 7 km breiter Streifen entlang des südlichen Harzrandes zwischen Bad Sachsa (Niedersachsen) und Pölsfeld (Sachsen-Anhalt). Den größten Anteil am Naturraum besitzt Thüringen, wo der Zechsteingürtel im Raum Ellrich auch seine größte Breite besitzt (genauere Beschreibung bei HIEKEL et al. 2004). Ohne scharfe Grenze geht der Südharzer Zechsteingürtel im Westen in das Südwestliche Harzvorland über. Von Sedimentgesteinen des Zechsteins ist nur die östlichste Untereinheit dieses Naturraumes, das Osterode-Herzberger Vorland, geprägt, welches nordwestlich bis auf Höhe der Ortschaft Badenhausen bei Osterode am Harz reicht. Kennzeichnend für das Gebiet sind Höhenlagen zwischen etwa 200-250 m ü. NN in den Tallagen und bis etwa 380 m ü. NN im Bereich der höchsten Erhebungen. Das Relief ist oftmals sehr bewegt und reich an Hügeln und Kuppen. Daraus resultieren abwechslungsreiche Landnutzungen mit vielfach kleinräumigem Wechsel von Wald- und Offenlandflächen und hohem Anteil extensiver Nutzflächen. Die Höhenzüge des Zechsteingürtels und des Osterode-Herzberger Vorlandes sind hauptsächlich aus Gips- und Dolomitgesteinen des Zechsteins aufgebaut. Eine Gliederung erfolgt durch einige mit quartären Sedimenten aufgefüllte Niederungen der Harzflüsse und -bäche, beispielsweise das Zorge- und Beretal im thüringischen und das Odertal im niedersächsischen Teil. Wo Gipsgestein oberflächennah ansteht, finden sich in hoher Dichte Karsterscheinungen wie Dolinen, Erdfälle, Kleinkuppen, Höhlen und Bachschwinden.

3 Klima

Der Zechsteingürtel am Harzrand ist klimatisch zum Einen durch seine Lage im Übergangsbereich zwischen dem Mittelgebirgsklima des Harzes und dem Hügellandklima seiner Vorländer gekennzeichnet, zum Anderen durch ein ausgeprägtes Kontinentalitätsgefälle, welches sich auch pflanzengeografisch bemerkbar macht (vgl. Kap. F1 4). Während der westliche, niedersächsische Teil noch deutlich durch ein gemäßigtes atlantisches Klima geprägt ist, setzen sich weiter östlich zunehmend kontinentale Einflüsse durch. Dies ist u. a. an einer Abnahme der Jahresniederschläge erkennbar, die im Raum Osterode noch über 800 mm betragen, um Nordhausen noch etwa 600 mm und bei Sangerhausen auf unter 500 mm abnehmen. Maßgeblich hierfür ist die von West nach Ost abnehmende Häufigkeit von Steigungsregen, welcher durch von Westen herangeführte und am Harzrand aufsteigende feuchte Luftmassen verursacht wird. Ein weiteres Charakteristikum des östlichen Teils des betrachteten Gebietes ist nach JANDT (1999) die hohe Schwankungsbreite der jährlichen Niederschlagssummen, wobei wahrscheinlich vor allem die gelegentlich auftretenden ausgesprochenen Dürreperioden einen differenzierenden Einfluss auf die Vegetation ausüben. Der Klimagradient ist bezüglich der Kontinentalität dabei nach JANDT (1999) in der Umgebung von Nordhausen besonders deutlich ausgeprägt.

4 Abbaustätten

Der Abbau von Gipsgestein hat im betrachteten Gebiet eine mehrere hundert Jahre lange Tradition (vgl. NIELBOCK & PAETZOLD 1993/94). Nachweisbar ist die Verwendung von Gips als Baumaterial seit dem Mittelalter. Hauptverwendungszweck war zunächst die Herstellung von Gipsmörtel, der sich in vielen historischen Gebäuden der Region nachweisen lässt. Der Herstellungsprozess, welcher die zwei Grundarbeitsschritte

- **„Brennen"**: Kristallwasserentzug aus dem vorzerkleinerten Rohgestein in Gipsöfen bei Temperaturen zwischen 120 °C und 180 °C und

- **„Mahlen"**: Aufmahlen des Gesteins in Gipsmühlen zu definierten Körnungen

umfasst, wurde im Laufe der Zeit immer weiter verfeinert und führte zur Vervielfachung der Einsatzmöglichkeiten. Neben Gipsmörtel kamen seit dem 19. Jh. zum Beispiel Stuckgipse, Estrichgipse, Düngegipse, medizinische und Dentalgipse, Formgipse für die keramische Industrie und für die Nahrungsmittelindustrie als Produkte hinzu. In geringerem Umfang - vor allem als Grundstoff für die Estrichherstellung - findet dabei außerdem Anhydritgestein Verwendung.

Abb. 250: Übersichtskarte größerer Abbaustätten (Nummerierung der Abbaustätten vgl. Tab. 98).

Parallel zur Diversifizierung der Gipsprodukte, zum steigenden Bedarf in der Bauindustrie und zur Entwicklung der technischen Voraussetzungen für die Herstellung von Massenprodukten wurde auch der Abbau allmählich in immer größerem Maßstab betrieben. Hiervon zeugt im Naturraum eine Vielzahl von aufgelassenen und noch in Abbau befindlichen Gipssteinbrüchen unterschiedlichster Größe, die heute je nach Alter eine sehr variable Vegetationsbedeckung aufweisen. Die Bandbreite reicht von Abgrabungen mit wenigen 100 m² Ausdehnung, welche teilweise nur noch aus unmittelbarer Nähe als ehemalige Steinbrüche in der Landschaft erkennbar sind, bis hin zu viele Hektar großen Tagebauen mit auch aus der Ferne landschaftsprägender Wirkung. Insgesamt wird die Anzahl ehemaliger und aktueller Abbaustätten am Harzrand von den Verfassern auf weit über 100 geschätzt. In Abb. 250 werden hiervon nur die größeren dargestellt [1]. Eine annähernd flächendeckende Erfassung wurde in Thüringen im Rahmen des durch die Thü-

---

[1] Die Abgrenzung der Abbaustätten orientiert sich, sofern dort noch ein Gesteinsabbau stattfindet, an der Fläche der regionalplanerisch ausgewiesenen Vorranggebiete für den Gips- bzw. Anhydritabbau (Niedersachsen) bzw. der Berechtigungsfelder nach Bundesberggesetz (Thüringen) und schließt damit teilweise auch noch nicht für den Abbau erschlossene Teilflächen mit ein.

Tab. 98: Übersicht der aktuell bzw. bis in jüngere Zeit abgebauten Gipslagerstätten am Harzrand in Niedersachsen und Thüringen.

Nr.	Name	aktuelle Abbausituation
Niedersachsen		
1	Osterode/Oberhütte	aktueller Abbau, Lagerstätte teilweise abgebaut, teilweise noch nicht erschlossen
2	Osterode/Katzenstein	aktueller Abbau, Lagerstätte teilweise abgebaut, teilweise noch nicht erschlossen
3	Lichtenstein	aktueller Abbau, Lagerstätte teilweise abgebaut, teilweise noch nicht erschlossen
4	Hopfenkuhle/Hannersberg	aktueller Abbau, Lagerstätte teilweise abgebaut, teilweise noch nicht erschlossen
5	Kipphäuser Berg/Ührde	aktueller Abbau, Lagerstätte teilweise noch nicht erschlossen, noch keine größeren abgebauten Teilflächen
6	Kreuzstiege	aktueller Abbau, Lagerstätte teilweise noch nicht erschlossen, noch keine größeren abgebauten Teilflächen
7	Trogstein	aktueller Abbau, Lagerstätte teilweise abgebaut (teils Aufforstung, teils Sukzession als Folgenutzung), teilweise noch nicht erschlossen
8	Lohoffscher Bruch	Abbau seit 2001 eingestellt, naturschutzfachliche Folgenutzung (Sukzession)
9	Pfaffenholz	aktueller Abbau, Lagerstätte teilweise noch nicht erschlossen, noch keine größeren abgebauten Teilflächen
10	Kranichstein	aktueller Abbau, Lagerstätte teilweise abgebaut, teilweise noch nicht erschlossen; abgebaute Teilflächen mit vorwiegend naturschutzfachlicher Folgenutzung (Sukzession), untergeordnet Aufforstung
11	Mehholz	aktueller Abbau, Lagerstätte teilweise abgebaut (Aufforstung, untergeordnet auch Sukzession als Folgenutzung), teilweise noch nicht erschlossen
12	Röseberg/Niedersachsen	aktueller Abbau, Lagerstätte teilweise abgebaut (Aufforstung, untergeordnet auch Sukzession als Folgenutzung), teilweise noch nicht erschlossen
13	Kahle Kopf	aktueller Abbau, Lagerstätte teilweise abgebaut, teilweise noch nicht erschlossen; abgebaute Teilflächen teils mit naturschutzfachlicher Folgenutzung (Sukzession), teils Aufforstung
14	Juliushütte	aktueller Abbau, Lagerstätte teilweise abgebaut (Aufforstung, untergeordnet auch Sukzession als Folgenutzung), teilweise noch nicht erschlossen
Thüringen		
15	Röseberg/Thüringen	aktueller Abbau, Lagerstätte teilweise noch nicht erschlossen, noch keine größeren abgebauten Teilflächen
16	Ellricher Klippen	aktueller Abbau, größere Teilflächen der Lagerstätte abgebaut, naturschutzfachliche Folgenutzung (Sukzession)
17	Cleysingen	Abbau seit ca. 70 Jahren eingestellt, naturschutzfachliche Folgenutzung (Sukzession, fortgeschrittene Wiederbewaldung)
18	Himmelsberg	aktueller Abbau, Lagerstätte teilweise noch nicht erschlossen, noch keine größeren abgebauten Teilflächen
19	Rüsselsee	aktueller Abbau, größere Teilflächen der Lagerstätte abgebaut, naturschutzfachliche Folgenutzung (Sukzession)
20	Steinbruch Probst	Abbau seit über 40 Jahren eingestellt, naturschutzfachliche Folgenutzung (Sukzession)
21	Hageborn	kein aktueller Abbau, Lagerstätte großenteils abgebaut, naturschutzfachliche Folgenutzung (Sukzession)
22	Hohe Schleife	aktueller Abbau, größere Teilflächen der Lagerstätte abgebaut, naturschutzfachliche Folgenutzung (Sukzession)
23	Kohnstein	aktueller Abbau, Lagerstätte teilweise abgebaut (vorwiegend Sukzession), teilweise noch nicht erschlossen
24	Kalkberg	Lagerstätte teilweise abgebaut, Abbau seit etwa 35 Jahren eingestellt (Sukzession), auf absehbare Zeit kein weiterer Abbau geplant
25	Winkelberg	Lagerstätte nur punktuell abgebaut, Abbau seit etwa 20 Jahren eingestellt (Sukzession), weiterer Abbau von Teilen der Lagerstätte geplant
26	Alter Stolberg	aktueller Abbau, Lagerstätte teilweise abgebaut, teilweise noch nicht erschlossen; abgebaute Teilflächen teils mit naturschutzfachlicher (Sukzession), teils forstlicher Folgenutzung

ringer Landesanstalt für Umwelt und Geologie geführten Subrosionskatasters und in Niedersachsen im Zuge der „karstmorphologischen Kartierung im Landkreis Osterode" vorgenommen (fachliche Bearbeitung jeweils durch INGENIEURBÜRO VÖLKER, Uftrungen). Demgegenüber lässt sich die Zahl der Gipslagerstätten, die aktuell abgebaut werden oder in denen bis in jüngere Zeit Abbau betrieben wurde, relativ leicht überblicken (vgl. Tabelle 98). Sie ist für den niedersächsischen Teil des betrachteten Gebietes (Landkreis Osterode am Harz) aktuell mit 13 zu beziffern, für Thüringen mit derzeit sieben. In Sachsen-Anhalt existieren aktuell und aufgrund der großflächigen naturschutzrechtlichen Unterschutzstellung des Zechsteingürtels wohl auch auf längere Sicht keine zugelassenen Abbaue.

Die Ausdehnung der aktuell betriebenen Tagebaue liegt zwischen etwa 1 ha (Tagebau Himmelsberg westlich von Nordhausen) und weit über 50 ha (Tagebaue am Kohnstein bei Niedersachswerfen und am Alten Stolberg bei Stempeda). Ebenso unterschiedlich wie die Größe ist der Anteil von in Abbau befindlichen und bereits abgebauten Teilflächen innerhalb der einzelnen Abbaustätten. So lassen sich sowohl Beispiele für Abbaustätten finden, in denen nur noch auf Restflächen ein Gesteinsabbau stattfindet und ein Großteil der Abbaufläche bereits der Bergbaufolgelandschaft zugeordnet werden kann, als auch Steinbrüche, die aktuell durch einen großflächigen Gesteinsabbau geprägt sind und erst zum geringeren Teil endgültig aus dem Abbaugeschehen entlassen wurden. In besonders ausgeprägter Weise ist letzteres im Tagebau am Kohnstein der Fall, welcher den Naturraum durch seine viele Kilometer lange, bis über 100 m hohe, großenteils vegetationslose Abbauwand weithin sichtbar prägt und damit als negatives Beispiel für den mit dem Gesteinsabbau verbundenen „Verbrauch" von Natur und Landschaft steht.

5 Bergbaufolgelandschaften

5.1 Allgemeines

Die vorangehenden Informationen zeigen, dass der Zechsteingürtel am Harzrand durch kleine bis mittelgroße Abbauflächen geprägt ist und großflächige Tagebaue die Ausnahme bilden. Zugleich sind die Abbauflächen, bedingt durch die abwechslungsreiche Landschaftsstruktur des Naturraumes, in ein Umfeld mit sehr unterschiedlicher Nutzung - von geschlossenen Waldflächen bis hin zu land-

Tab. 99: In diesem Beitrag näher beschriebene Tagebaue.

Tagebau	Kalkberg	Ellricher Klippen	Kranichstein
Lage	Landkreis Nordhausen, Stadt Nordhausen	Landkreis Nordhausen, Stadt Ellrich	Landkreis Osterode am Harz, Stadt Bad Sachsa
aktuelle bergbauliche Nutzung	Abbau abgeschlossen	teils aktueller Abbau, teils Abbau abgeschlossen	teils aktueller Abbau, teils Abbau abgeschlossen
Alter der vollständig abgebauten Teilflächen	einheitlich 35-40 Jahre	sehr unterschiedlich, zwischen 1 Jahr und mehreren Jahrzehnten	unterschiedlich, zwischen 1 Jahr und ca. 35 Jahren
Größe der abgebauten Teilflächen (Bergbaufolgelandschaft)	ca. 2 ha	ca. 16 ha	ca. 12 ha
vorherrschendes Substrat im Bereich der abgebauten Flächen	anstehendes Gipsgestein, Gesteinsschutt	anstehendes Gips- und Anhydritgestein, Gesteinsschutt, feinerdereiche Aufschüttungen	anstehendes Gips- und Anhydritgestein, Gesteinsschutt, Dolomit, feinerdereiche Aufschüttungen
Umfeld	Trockenbiotope vorherrschend	Trockenbiotope, landwirtschaftliche Nutzflächen, Wald	landwirtschaftliche Nutzflächen vorherrschend, untergeordnet Wald

wirtschaftlich genutztem Offenland - eingebettet. Dementsprechend sind in den Tagebauen auf ein einfaches Grundschema reduzierbare, ausschließlich oder vorrangig altersabhängige Sukzessionsabfolgen von vornherein nicht zu erwarten. Bereits ein grober Überblick über die aufgelassenen Tagebaue des Gebietes bestätigt dies. Daher würde eine verallgemeinernde, für das gesamte Gebiet gültige Beschreibung ihrer Flora und Vegetation größere Probleme bereiten. Im vorliegenden Beitrag soll stattdessen die Bergbaufolgelandschaft von drei Tagebauen, deren Größe, Morphologie und standörtliche Gegebenheiten die im betrachteten Gebiet existierende Vielfalt widerspiegeln, beispielhaft beschrieben werden.

Ausgewählt wurden die in Tab. 99 charakterisierten Tagebaue.

5.2 Tagebau am Südhang des Kalkbergs

<u>Geografische Lage, geologische Situation</u>

Der Kalkberg befindet sich im Landkreis Nordhausen/Thüringen, etwa 2 km nördlich der Kreisstadt Nordhausen. Er bildet einen nach Süden vorgeschobenen Hangbereich am Rand eines ausgedehnten, flachwelligen Höhenzuges, welcher sich parallel zum Harzrand von Niedersachswerfen bis in den Raum Rüdigsdorf erstreckt.

Der Höhenzug ist hauptsächlich aus Gips-, Anhydrit- und Dolomitgestein aufgebaut und oberflächig vielerorts von kaltzeitlichem Lösslehm geprägt. Im Bereich des Kalkbergs steht das Gipsgestein der Werra-Folge in Form einer Hanglagerstätte unmittelbar unter der Geländeoberfläche an. In Richtung Plateau nimmt die Überdeckung durch Dolomitgestein und Löss zu und erreicht rasch mehrere Meter.

Abb. 251: Aufgelassener Tagebau am Südhang des Kalkbergs.

Der Kalkberg ist in eine außerordentlich abwechslungsreiche Landschaft eingebettet (Abb. 252). Der Hangbereich des Höhenzuges ist vorrangig durch Trockenbiotope geprägt. Kennzeichnend ist dort eine enge Verzahnung von Trockenwäldern, Trockengebüschen sowie Trocken- und Halbtrockenrasen. Eine Besonderheit bilden dabei die hier kleinflächig zu findenden, vom Grauscheidigen Federgras (*Stipa joannis*) geprägten kontinentalen Steppenrasen (Festucion valesiacae Klika 1931). Auf dem nördlich anschließenden Plateau des Höhenzuges nimmt die intensive ackerbauliche Nutzung zwar größere Flächen ein, aber auch dort ist die Gliederung der Landschaft durch Feldgehölze, Hecken und kleinere extensiv genutzte Graslandbiotope noch relativ hoch.

Abbaugeschichte, aktuelle Abbausituation

Am Kalkberg findet seit Anfang der 1970er Jahre kein Gesteinsabbau mehr statt. Die vormaligen Gewinnungsarbeiten wurden lange Zeit nur in sehr geringem Maßstab betrieben. Hiervon zeugen einige kleine Gipssteinbrüche, die heute in der Landschaft zum Teil kaum noch wahrnehmbar sind. In etwas größerem Umfang setzte der Gesteinsabbau in den 1960er Jahren ein. Dadurch entstand am Südhang des Kalkbergs ein Tagebau mit einer Ausdehnung von etwa 2 ha. Er besitzt eine weitgehend ebene Sohle, die hufeisenförmig von steilen Gipsgesteinswänden und Gesteinsschutthalden eingerahmt wird (Abb. 251).

Rechtlich besitzt die Gipslagerstätte am Kalkberg seit 1990 den Status eines Bergwerkseigentums und unterliegt damit den Regelungen des Bundesberggesetzes. Ein weiterer Gesteinsabbau durch den heutigen Inhaber des Bergwerksfeldes ist aber auf längere Sicht nicht absehbar, da die Lagerstätte einem umfassenden naturschutzrechtlichen Schutz als Naturschutzgebiet, FFH-Gebiet und Vogelschutzgebiet unterliegt.

Renaturierungs- und Rekultivierungsmaßnahmen

Am Kalkberg wurden nach Einstellung der Abbautätigkeit keine gezielten Rekultivierungs- oder Renaturierungsmaßnahmen er-

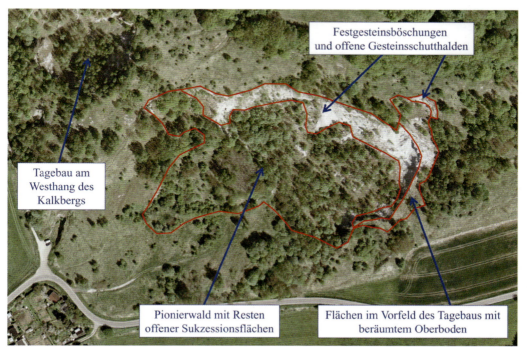

Abb. 252: Luftbild des Tagebaus am Südhang des Kalkbergs (Luftbild: Thüringer Landesamt für Vermessung und Geoinformation).

griffen. Der Steinbruch wurde vielmehr auf der gesamten Fläche sich selbst überlassen. Im frei zugänglichen Sohlenbereich waren in den Folgejahren wilde Müllablagerungen (Hausmüll, Bauschutt) zu verzeichnen, die mittlerweile fast vollständig von der Vegetation überwachsen sind.

Aktuelle Flora und Vegetation

Die floristische Ausstattung des Tagebaus am Südhang des Kalkbergs ist, soweit dies heute noch nachzuverfolgen ist, das Ergebnis der in den letzten 35 bis 40 Jahren auf der gesamten ehemaligen Abbaufläche weitgehend ungestört abgelaufenen Sukzession. Im Verlauf dieses Zeitraumes haben sich dabei in Abhängigkeit vom Substrat und der Exposition der einzelnen Teilflächen unterschiedliche Vegetationstypen entwickelt.

Die Tagebausohle ist heute, wie gut auf dem Luftbild in Abb. 252 zu erkennen ist, von einem Mosaik aus Pionierwäldern und Resten offener Flächen geprägt. Standörtlich sind hier flachgründige und stark wasserdurchlässige Böden bestimmend. Anzeichen für einen höheren Feinerdeanteil im Oberboden und ein entsprechend besseres Wasserhaltevermögen sind nur kleinflächig erkennbar.

Abb. 253: Blick von Norden auf die von Pionierwald geprägte Sohle des Tagebaus am Kalkberg.

In der bis etwa 8 m hohen Baumschicht der Pionierwälder dominieren Hänge-Birke (*Betula pendula*) und Sal-Weide (*Salix caprea*). Regelmäßig vertreten sind außerdem Hasel (*Corylus avellana*), Zitter-Pappel (*Populus tremula*) und Wald-Kiefer (*Pinus sylvestris*). Der strauchige Unterwuchs wird oftmals von den gleichen Arten gebildet, häufig vergesellschaftet mit Blutrotem Hartriegel (*Cornus sanguinea*), Faulbaum (*Frangula alnus*) und Hundsrose (*Rosa canina*). In der Krautschicht findet sich ein buntes Mosaik aus Arten, deren Schwerpunkt in basiphilen Halbtrockenrasen, im Frischgrünland oder in Ruderalgesellschaften liegt, so dass eine klare vegetationskundliche Ansprache nicht möglich ist. Die Unterschiede zwischen von Bäumen überschirmten und noch offenen Flächen sind dabei gering. Nur ansatzweise ist auf stärker beschatteten Flächen ein höherer Anteil von Charakterarten der nitrophilen Waldsäume (Geo-Alliarion petiolatae Lohm et Oberd. in Görs et Th. Müller 1969) festzustellen, insbesondere von Zaungiersch (*Aegopodium podagraria*), Echter Nelkenwurz (*Geum urbanum*) und Stinkendem Storchschnabel (*Geranium robertianum*). Hohe Deckungsgrade erreichen dort aber ebenso wie auf offenen Flächen viele Trockenheitszeiger, insbesondere Fieder-Zwenke (*Brachypodium pinnatum*), Zypressen-Wolfsmilch (*Euphorbia cyparissias*) und Mausohr-Habichtskraut (*Hieracium pilosella*) sowie einige mesophile Arten wie Glatthafer (*Arrhenatherum elatius*), Hornklee (*Lotus corniculatus*) und Kanadische Goldrute (*Solidago canadensis*).

Die gehölzreiche Sohle wird mit Ausnahme der von Süden zum Tagebau führenden ehemaligen Zufahrt fast allseitig von fast senkrechten Gipsgesteinswänden eingerahmt, an deren Fuß sich mehr oder weniger mächtige Gesteinsschutthalden befinden. Diese Gesteinsschutthalden sind Wuchsort vielgestaltiger Pionierstadien von basiphilen Halbtrockenrasen. Ihre Artenzusammensetzung ist von der Exposition und dem Wasserhaushalt der Flächen abhängig, aber auch davon, inwieweit die Schutthalden bereits oberflächlich festgelegt sind. Auf steilen, noch beweglichen Standorten haben sich stellenweise die Felsen-Fetthenne (*Sedum reflexum*) und der Scharfe Mauerpfeffer (*Sedum acre*) in kleinflächigen Dominanzbeständen etabliert. Als Begleiter treten häufig Arznei-Thymian (*Thymus pulegioides*), Frühblühender Thymian (*Thymus praecox*), Rauhe Gänsekresse (*Arabis hirsuta*), Kleiner Wiesenknopf (*Sanguisorba minor*) und Wald-Habichtskraut (*Hieracium murorum*) auf. Vegetationskundlich weisen solche Pflanzenbestände Anklänge an die auf kalkhaltigem Fels verbreiteten mauerpfefferreichen Pionierrasen des Verbandes Alysso-Sedion Oberd. et Th. Müller in Th. Müller 1961 auf. Die Zahl der kennzeichnenden Arten erscheint aber am Kalkberg zu gering, um eine derartige Zuordnung vorzunehmen.

Wo die Gesteinsschutthalden durch einen etwas höheren Anteil an Feinerde geprägt und nur noch wenig in Bewegung sind, tritt eine Vielzahl weiterer Arten der Halbtrockenrasen hinzu, ohne dass ein einheitliches Muster der Vergesellschaftung erkennbar ist. Hohe Deckungsgrade können zum Beispiel Fieder-Zwenke, Arznei-Thymian, Rispen-Flockenblume (*Centaurea stoebe*) und Zypressen-Wolfsmilch erreichen, daneben treten gelegentlich die Ruderalarten Gemeiner Natternkopf (*Echium vulgare*) und Platthalm-Rispengras (*Poa compressa*) stärker hervor. Pflanzensoziologisch ist die Einordnung als Initialstadium eines Submediterranen Halbtrockenrasens (Bromion erecti Koch 1926) möglich. Kontinental verbreitete Elemente sind mit der Rispen-Flockenblume und dem Dänischen Tragant (*Astragalus danicus*) zwar auch vertreten, doch treten sie stets hinter Arten mit subozeanischer Verbreitung zurück.

Insgesamt fällt auf, dass Charakterarten von außeralpinen Kalkschutt-Gesellschaften (Galio-Parietalia officinalis Boscaiu et al. 1966), wie sie in manchen anderen Steinbrüchen zu finden sind, am Kalkberg trotz der dort standörtlich gegebenen Voraussetzungen nicht auftreten. Eine Ausnahme bildet hier lediglich die Schwalbenwurz (*Vincetoxicum hirundinaria*), deren Hauptvorkommen im Gebiet aber auf den Halbtrockenrasen außerhalb des Tagebaus liegt.

Etwas abweichende Verhältnisse sind im Übrigen für die Gesteinsschutthalden in einem nahe gelegenen Tagebau am Westhang des Kalkbergs kennzeichnend: Dort finden sich sowohl auf weitgehend festgelegten als auch beweglichen Substraten ausgedehnte, vom Blaugras (*Sesleria varia*) geprägte Halbtrockenrasen, die sich gut als Kreuzblümchen-Halbtrockenrasen [Polygalo amarae-Seslerietum variae (Lohm. 1953) R. Tx. 1955] ansprechen lassen. Im Tagebau am Südhang ist diese Assoziation nur sehr kleinflächig zu finden, ohne dass eindeutige Gründe hierfür erkennbar sind.

Zur Bergbaufolgelandschaft können am Kalkberg schließlich einige unmittelbar an die eigentlichen Abgrabungen angrenzende Bereiche gezählt werden: Vor allem östlich des am Südhang gelegenen Tagebaus, lokal aber auch an anderen Stellen finden sich Flächen, auf denen in Vorbereitung des weiteren Gesteinsabbaus der Oberboden vollständig abgetragen wurde (Abb. 254). Zurück blieb dort das anstehende Gipsgestein als Substrat der dann einsetzenden Sukzession. Heute sind diese Flächen ähnlich wie die Gesteinsschutthalden im Tagebau durch Pionierstadien basiphiler Halbtrockenrasen geprägt. Wo sich auch im Verlauf von Jahrzehnten nur wenig Feinerde angesammelt hat, sind dabei die Anklänge an Mauerpfefferreiche Pioniergesellschaften des Verbandes Alysso-Sedion Oberd. et Th. Müller in Th. Müller 1961 sehr deutlich. Als kennzeichnende Arten können hier Scharfer Mauerpfeffer, Milder Mauerpfeffer (*Sedum sexangulare*), Dreifinger-Steinbrech (*Saxifraga tridactylites*), Platthalm-Rispengras, Steinquendel (*Acinos arvensis*), Hügel-Meier (*Asperula cynanchica*), Quendel-Sandkraut (*Arenaria serpyllifolia*) und Zwerg-Hornkraut (*Cerastium pumilum*) genannt werden. Punktuell können diese Arten zur Vorherrschaft gelangen, so dass dann - je nach Dominanzverhältnissen - eine Ansprache als Gesellschaft des Fingersteinbrechs und des Platthalm-Rispengrases [Saxifragi tridactylitis-Poetum compressae (Kreh 1945) J. M. Gehu et Lericq 1957] oder als Zwerghornkraut-Gesellschaft (Cerastietum pumili Oberd. et Th. Müller in Th. Müller 1961) möglich ist.

Abb. 254: Vom Oberboden beräumtes ehemaliges Vorfeld des Tagebaus am Südhang des Kalkbergs.

5.3 Tagebau Ellricher Klippen

Geografische Lage, geologische Situation

Der Tagebau Ellricher Klippen befindet sich im Landkreis Nordhausen / Thüringen, unmittelbar östlich der Landesgrenze zu Niedersachsen. Es handelt sich um ein langgestrecktes Abbaugebiet, das auf einer Länge von etwa 1,3 km am aus Gesteinen des Werra-Anhydrits aufgebauten Hang eines von der Zorge durchflossenen, parallel zum Harzrand verlaufenden Auslaugungstales aufgefahren wurde. Der Auslaugungshang, in dessen Verlauf sich weitere stillgelegte Tagebaue und auch ein aktiver Tagebau befinden, lässt sich nach Osten bis zur Ortslage Niedersachswerfen verfolgen.

Der Werra-Anhydrit wird auf der an den Hang anschließenden Hochfläche von mächtigen dolomitischen Ablagerungen überdeckt, deren Verwitterungsprodukte auch stellenweise im Tagebau anzutreffen sind und dort die Vegetationsentwicklung beeinflussen.

Die Ellricher Klippen (Abb. 255) sind in eine strukturreiche Wald-Offenlandschaft eingebettet, wie sie für den Naturraum Südharzer Zechsteingürtel typisch ist. Neben landwirtschaftlichen Nutzungen weist das Offenland vor allem auf der Hochfläche oberhalb des Auslaugungshanges auch zahlreiche, nicht in Nutzung befindliche Trockenbiotope auf.

Abbaugeschichte, aktuelle Abbausituation

Im Bereich der Ellricher Klippen wurde bereits vor mehr als 100, möglicherweise auch 200 Jahren mit dem Abbau von Gipsgestein begonnen. Die in alten Kartenwerken aus der Zeit vor Beginn des großflächigen Gipsabbaus enthaltene Bezeichnung „Klippen" lässt vermuten, dass der Auslaugungshang auch natürlicherweise durch einige offene Felsbildungen geprägt war. Da die bergbaulichen Aktivitäten vor Ort aber sehr lange zurückreichen und die Landschaft in den letzten 50 Jahren grundlegend umgestaltet wurde, lässt sich diese Frage heute nicht mehr eindeutig beantworten.

In größerem Maßstab setzte der Gips- und Anhydritabbau in den 1950er Jahren ein und wurde seitdem mehr oder weniger kontinuierlich betrieben. Dadurch entwickelte sich schrittweise die heutige Tagebaugestalt, ein durch steile, bis zu 50 m hohe Gesteinswände mit vorgelagerter, mehr oder weniger ebener Sohle geprägtes Abbaugebiet. Im Lauf der Zeit entstanden außerdem durch die Verkippung von Abraummaterial auf der Tagebausohle umfangreiche Haldenkörper, die zur Gliederung des Abbaugeländes beitragen. Bei dem verkippten Material handelt es zum einen um die meist stark lehmigen Verwitterungsprodukte des den Gips/Anhydrit überlagernden Dolomitgesteins, zum anderen um feinkörniges Gips- und Anhydritgestein, das in großem Umfang als nicht verwertungsfähiger Rückstand bei der Rohstoffaufbereitung anfällt.

Abb. 255: Luftbild der Ellricher Klippen (Luftbild: Thüringer Landesamt für Vermessung und Geoinformation).

Rechtlich besitzen der gesamte Tagebau und sein unmittelbares Umfeld seit 1990 den Status eines Bergwerkseigentums. Seitdem erfolgt der Gips- und Anhydritabbau durch die Südharzer Gipswerk GmbH als Rechtsnachfolgerin des vorherigen Abbauunternehmens auf Grundlage bergrechtlicher Betriebspläne. Die Gewinnungsarbeiten sind auf den Westteil der Ellricher Klippen („Westklippen") konzentriert. Dort werden ältere Abbauwände durch das Vorrücken der Gewinnungstätigkeit schrittweise nach Süden (in Richtung Hang) zurückversetzt. Der wesentlich größere Mittel- und Ostteil des Tagebaus ist dagegen mit Ausnahme der noch betriebenen Abraumhalden nicht mehr in bergbaulicher Nutzung.

Renaturierungs- und Rekultivierungsmaßnahmen

Ein umfassendes, das gesamte Abbaugebiet betrachtendes Konzept für die Folgenutzung der Ellricher Klippen existiert bisher noch nicht. Im Zuge der aktuellen bergbaulichen Planungen wurden zwar fachliche Empfehlungen für die zukünftige Entwicklung formuliert, diese besitzen jedoch noch nicht die Detailschärfe, dass daraus verbindliche und flächenkonkrete Renaturierungsvorgaben abgeleitet werden können. In der Vergangenheit durchgeführte Rekultivierungsmaßnahmen beschränken sich auf einige kleinflächige Aufforstungen von Haldenstandorten (u. a. Kiefern, Grauweiden), die wahrscheinlich auf die 1980er Jahre zurückgehen und heute aufgrund der seitdem unterbliebenen menschlichen Eingriffe kaum noch als solche erkennbar sind. Auf einem Großteil des nicht mehr bergbaulich genutzten Geländes hat sich durch spontane Sukzessionsprozesse in den letzten Jahrzehnten ein vielgestaltiges Vegetationsmosaik entwickelt, dessen Ausprägung im Wesentlichen von den standörtlichen Bedingungen, dem Besiedlungspotenzial des Umfeldes und dem seit dem letzten menschlichen Eingriff vergangenen Zeitraum bestimmt ist.

Aktuelle Flora und Vegetation

Charakteristisch für die Ellricher Klippen ist das Nebeneinander von jungen, nur wenige Jahre alten Sukzessionsflächen und anderen Teilbereichen mit ausgesprochen langer, bis zu mehreren Jahrzehnten andauernder ungestörter Entwicklung. Erklärbar ist dies dadurch, dass es im Tagebau in den 1990er Jahren zu einer deutlichen Vergrößerung der Abbau- und Haldenflächen kam, durch die viele Sukzessionsflächen mittleren Alters wieder in Nutzung genommen und an den Beginn der Sukzession zurückversetzt wurden.

Die jüngsten Sukzessionsflächen finden sich heute im Bereich der Halden an den Mittel- und Ostklippen sowie des aktuellen - allerdings noch weitgehend vegetationsarmen - Abbaus an den Westklippen. Sie sind fast durchgängig von Ruderalgesellschaften geprägt, die den Möhren-Steinklee-Gesellschaften (Dauco-Melilotion Görs ex Gutte 1972) zuzuordnen sind. Beispielsweise sind dort kleinflächige und lückige Vorkommen von Huflattich-Fluren (Poo compressae-Tussilaginetum R. Tx. 1931) auf gut wasserversorgten, feinerdereichen Haldenflächen keine Seltenheit. Oftmals siedeln sie allerdings in Bereichen, die im Zuge des weiteren Abbaubetriebes noch verändert werden und bilden damit nur Biotope auf Zeit („Wanderbiotope").

Wo eine etwas längere ungestörte Entwicklung möglich war, haben sich zumeist Ruderalgesellschaften mit geschlossener Krautschicht etabliert. Am verbreitetsten ist im Tagebau die sowohl auf feinerdereichen, als auch auf steinigen, sehr flachgründigen Substraten gedeihende Möhren-Bitterkraut-Gesellschaft (Dauco-Picridetum Görs 1966). Neben Wilder Möhre und Gemeinem Bitterkraut (*Picris hieracioides*) als namensgebende Arten ist sie durch ein vielfältiges Spektrum von Ruderal- und Grünlandarten gekennzeichnet. Hohe Deckungsgrade erreichen zum Beispiel Gemeine Schafgarbe (*Achillea millefolium*), Rainfarn (*Tanacetum vulgare*) und Kanadische Goldrute, daneben sind zum Beispiel Hopfenklee (*Medicago lupulina*), Spitz-Wegerich (*Plantago lanceolata*), Gemeiner Löwenzahn (*Taraxacum officinale*), Wilde Karde (*Dipsacus sylvestris*), Steinklee-Arten (*Melilotus albus, M. officinalis*) und Gemeines Habichtskraut (*Hieracium lachenalii*) regelmäßig auftretende Begleiter. Stellenweise erreichen auf oberflächlich verdichteten Böden (oft linienförmig am Rand der innerbetrieblichen Fahrwege) die Wechselfeuchtezeiger Weißes Straußgras (*Agrostis stolonifera*) und Gänse-Fingerkraut (*Potentilla anserina*) hohe Deckungsgrade.

Auffallend ist im Tagebau, dass der trockenere Flügel der Möhren-Steinklee-Gesellschaften kaum ausgeprägt ist. Beispielsweise ist die auf Gewerbe- und Industriebrachen, Bahnanlagen etc. im Naturraum nicht seltene Natternkopf-Steinklee-Gesellschaft (Echio-Melilotetum R. Tx. 1947) an den Ellricher Klippen nur in sehr kleinflächigen Beständen zu finden, die kaum eine Ansprache als eigene Assoziation verdienen.

Gelegentlich zu finden ist dagegen im Sohlenbereich auf nährstoffreicheren Bodenaufschüttungen die Rainfarn-Beifuß-Gesellschaft (Tanaceto-Artemisietum vulgaris Br.-Bl. ex Siss. 1950). In typischer Form ist sie fast nur durch Stickstoffzeiger geprägt, neben den namensgebenden Arten z.B. Gemeine Kratzdistel (*Cirsium vulgare*), Acker-Kratzdistel (*C. arvense*), Quecke (*Elytrigia repens*) und Knolliger Kälberkropf (*Chaerophyllum bulbosum*). Häufiger finden sich im Tagebau aber Vergesellschaftungen, die zur Möhren-Bitterkraut-Gesellschaft überleiten und keiner der beiden Assoziationen klar zuzuordnen sind (Abb. 256).

Abb. 256: Ruderalflur im Sohlenbereich der Ellricher Klippen.

Neben für jüngere Sukzessionsflächen kennzeichnenden Ruderalgesellschaften kommen an den Ellricher Klippen zwei weitere Vegetationstypen vor, deren Schwerpunkt auf Flächen mit deutlich längerer Entwicklungszeit (mindestens 20 Jahre, z. T. viele Jahrzehnte) liegt. Zum einen handelt es sich dabei um Pionierwälder, zum anderen um trockenheitsgeprägte Magerrasen.

Pionierwälder nehmen vor allem im Sohlenbereich der Ellricher Klippen große Flächen ein, sind aber auch auf älteren feinerdereichen Böschungen zu finden. Bestimmend für die ebene bis schwach geneigte Tagebausohle sind birkenreiche, teilweise sehr alte Pionierwälder. Oftmals bildet dort die Hänge-Birke als Pionierbaumart allein ein weitgehend geschlossenes, bis zu 10 m hohes Kronendach, während sich in einer zweiten

Baumschicht und in der Strauchschicht zahlreiche weitere Baumarten [meist Esche (*Fraxinus excelsior*), Berg-Ahorn (*Acer pseudoplatanus*) und Spitz-Ahorn (*Acer platanoides*)] etabliert haben, die irgendwann bei weiterer ungestörter Sukzession die Birke ablösen werden. Regelmäßig vertreten sind in der Strauchschicht außerdem Hasel, Wald-Geißblatt (*Lonicera xylosteum*) und Roter Hartriegel. Die Krautschicht dieser Pionierwälder ist durch stark wechselnde Dominanzverhältnisse geprägt und in der Regel artenarm, wobei Frischezeiger vorherrschen. Hohe Deckungsgrade erreichen zum Beispiel Zaungiersch, Wald-Zwenke (*Brachypodium sylvaticum*) sowie stellenweise Waldmeister (*Galium odoratum*), Busch-Windröschen (*Anemone nemorosa*) und Goldnessel (*Galeobdolon luteum*). Weitere für Laubmischwälder frischer und basenreicher Standorte charakteristische Pflanzenarten sind eher zufällig eingestreut. Eine floristische Besonderheit bildet außerdem das an lichten Stellen in einigen individuenreichen Beständen vorkommende Kleine Wintergrün (*Pyrola minor*).

Eine gänzlich abweichende floristische Zusammensetzung weisen die Pionierwaldbestände auf den Böschungen oberhalb der Tagebausohle auf. Neben der Hänge-Birke ist dort auch die Wald-Kiefer - hervorgegangen möglicherweise aus früheren Aufforstungsversuchen - regelmäßig in der Baumschicht vertreten. Floristisch macht sich der exponierte, grundwasserferne Standort auch durch das Vorherrschen von Hunds-Rose, Weißdorn (*Crataegus* spec.), Rotem Hartriegel und Sal-Weide in der Strauchschicht und vieler trockenheits- und wärmeliebender Ruderal- und Magerrasenarten in der Krautschicht bemerkbar. Ihre floristische Zusammensetzung ist sehr variabel, wobei sowohl Arten der Möhren-Steinklee-Gesellschaften als auch der Submediterranen Halbtrockenrasen (Bromion erecti Koch 1926) dominieren können. Unter den Ruderalarten sind Weißer und Gelber Steinklee und Gemeines Bitterkraut sehr häufig vertreten, als Vertreter der Halbtrockenrasen können Sichelklee (*Medicago falcata*), Zypressen-Wolfsmilch, Wundklee (*Anthyllis vulneraria*) und Fieder-Zwenke stellvertretend für viele andere genannt werden. Der vielfältigen Artenzusammensetzung entspricht ein ebenso variables Substrat: Wuchsorte von Pionierwäldern sind auf den Böschungen sowohl feinerdearme Gesteinsschutthalden als auch feinerdereiche Standorte, die teils noch beweglich, teils schon weitgehend gefestigt sind (Abb. 257).

Abb. 257: Mosaik aus Pionierwald und ruderalen Halbtrockenrasen im Bereich der Ellricher Klippen.

Halbtrockenrasen bilden an den Ellricher Klippen neben Ruderalfluren und Pionierwäldern den dritten aus spontanen Sukzessionsprozessen hervorgegangenen Vegetationstyp. Sie sind vor Ort in drei unterschiedlichen Ausprägungen zu finden, die entsprechend dem vielfältigen Standortmosaik zahlreiche Übergänge untereinander und zu anderen Vegetationstypen aufweisen.

Auf sehr steilen, oft vom anstehenden Gipsfels durchsetzten Gesteinsschutthalden gedeiht speziell im Bereich der Ostklippen ein Kreuzblümchen-Blaugras-Halbtrockenrasen [Polygalo amarae-Seslerietum variae (Lohm. 1953) R. Tx. 1955] (Abb. 258). Dominant ist in der meist sehr lückigen

Krautschicht ausschließlich das Blaugras, einziger regelmäßig auftretender Begleiter ist das Wald-Habichtskraut. Als weitere Begleiter kommen vereinzelt andere Mesobromion-Arten vor, wobei ihre Deckung aber immer sehr gering bleibt. Auch das für die Assoziation charakteristische Bittere Kreuzblümchen (*Polygala amara*) ist nur vereinzelt vertreten.

Häufiger als aus reinem Verwitterungsschutt des anstehenden Gipses hervorgegangene Gesteinshalden sind an den Ellricher Klippen Steilböschungen zu finden, die durch von den Oberhängen nachrutschende Feinerde (welche oftmals als Verwitterungsprodukt des das Gipsgestein überlagernden Dolomits anzusprechen ist) geprägt sind. Sie können stark steinig und mit Gipsfelsen durchsetzt oder aber oberflächlich fast steinfrei sein. Auf ihnen tritt das Blaugras zurück und macht mehr oder weniger geschlossenen Halbtrockenrasen Platz. Sie sind häufig grasreich, wobei die Fieder-Zwenke in der Regel sehr hohe Deckungsgrade erreicht. Das Blaugras ist oft noch mit einzelnen Horsten vertreten. Daneben ist hier in wechselnder Zusammensetzung eine Vielzahl von Charakterarten der basiphilen Trocken- und Halbtrockenrasen (Festuco-Brometea Br.-Bl. et R. Tx. in Br.-Bl. 1949) sowie nachgeordneter Syntaxa zu finden, regelmäßig zum Beispiel Wundklee, Frühlings-Segge (*Carex caryophyllea*), Kleiner Wiesenknopf, Zypressen-Wolfsmilch und Wiesen-Hafer (*Avenochloa pratensis*). Ruderalarten wie Huflattich (*Tussilago farfara*) und Gemeines Bitterkraut sind in der Regel beigemischt.

Abb. 258: Halbtrockenrasen mit wechselnden Anteilen des Blaugrases auf den Steilböschungen der Ellricher Klippen.

Ein weiterer, allerdings nur kleinflächiger Wuchsort von Halbtrockenrasen ist an den Ellricher Klippen (v. a. an den Mittelklippen) an der Oberkante der älteren Abbauwände zu finden. Wo in früheren Jahren - soweit bekannt zum Teil bereits vor mehreren Jahrzehnten - in Vorbereitung des Gesteinsabbaus der Oberboden und die Verwitterungsschicht bis auf das kompakte Gipsgestein abgetragen wurde, hat sich in einem bis etwa 10 m breiten Streifen eine zum Teil sehr vielfältige Trockenvegetation entwickelt (Abb. 259). Vegetationskundlich können viele Teilflächen als Enzian-Schillergrasrasen (Gentiano-Koelerietum pyramidatae R. Knapp ex Bornk. 1960) angesprochen werden. Sie sind durch das hochstete Auftreten u. a. des Fransen-Enzians (*Gentianella ciliata*), der Dornigen Hauhechel (*Ononis spinosa*), der Frühlings-Segge und des Wundklees gekennzeichnet, daneben treten wie auf den Böschungen Charakterarten aller syntaxonomischen Einheiten bis zu den Festuco-Brometea auf. Unter den Grasartigen ist ebenfalls die Fieder-Zwenke dominierend, daneben sind häufiger Mittleres Zittergras (*Briza media*) und Großes Schillergras (*Koeleria pyramidata*) zu finden. Die Unterschiede zu den nicht zur Bergbaufolgelandschaft zählenden Halbtrockenrasen im Südharzer Zechsteingürtel (nächstgelegene Bestände unmittelbar südlich der Ellricher Klippen) sind dabei teilweise sehr gering. Diese Sukzessionsflächen verdeutlichen damit, dass - auch wenn es bisher nicht unbedingt den Regelfall darstellt - durch eine gezielt geplante Renaturierung durchaus Lebensräume entwickelt werden können, deren Bedeutung mit der von bergbaulich nicht veränderten Flächen vergleichbar ist.

Abb. 259: Halbtrockenrasen an der Oberkante der Ellricher Klippen.

5.4 Tagebau Kranichstein

Geografische Lage, geologische Situation

Der Tagebau Kranichstein befindet sich bei Walkenried im östlichen Teil des Landkreises Osterode am Harz. Die Landesgrenze zu Thüringen ist nur etwa 1 km entfernt. Der Steinbruch wurde vergleichbar mit dem Tagebau Ellricher Klippen an einem nordexponierten, von West nach Ost verlaufenden, aus Gesteinen des Werra-Anhydrits aufgebauten Hang aufgefahren, an dem sich perlschnurartig weitere kleine und einige größere Gipssteinbrüche aneinanderreihen.

Im Umfeld des Tagebaus existieren recht unterschiedliche Nutzungen (vgl. Luftbild in Abb. 260). Auf der südlich angrenzenden, nur schwach gewellten Hochfläche befinden sich, vom Tagebau nur durch einen schmalen Gehölzgürtel getrennt, intensiv genutzte und strukturarme ackerbauliche Nutzflächen. Der Hangbereich selbst ist an den Stellen, wo kein Gesteinsabbau stattgefunden hat, überwiegend bewaldet. Dort befinden sich innerhalb naturnaher Laubmischwälder die Priestersteinwand (östlich) und die Pfaffenholzschwinde (westlich), zwei durch Karsterscheinungen geprägte, auch geologisch bedeutsame Naturdenkmale. Nördlich an den Tagebau schließt sich eine schottererfüllte Subrosionssenke an. Sie ist durch vielfältige Grünland- und Ackernutzungen und ein Feuchtgebiet mit vier größeren Teichen (Kranichteiche bei Neuhof) geprägt.

Abbaugeschichte, aktuelle Abbausituation

Im von der Firma Saint-Gobain Formula GmbH (Walkenried) betriebenen Tagebau Kranichstein wird seit etwa 1935, anfangs auf Grundlage von Pachtverträgen, Gipsrohstein gewonnen. Die erste benötigte behördliche Genehmigung zum Gipsabbau, damals nach dem Niedersächsischen Bodenabbaugesetz, datiert aus dem Jahr 1972. In der Folgezeit wurde der Tagebau auf Grundlage verschiedener Neufassungen und Änderungen der ursprünglichen Genehmigung - mittlerweile nach Bundes-Immissionsschutzgesetz - schrittweise erweitert. Die Größe der genehmigten Abbaufläche beträgt derzeit ca. 19 ha. Hiervon wurden allerdings bereits etwa 12 ha vollständig rekultiviert oder renaturiert und damit endgültig aus der bergbaulichen Nutzung entlassen. Der aktuelle Abbau erstreckt sich über eine Fläche von ca. 3,6 ha, die sich in zwei Teilbereiche im Westen und Osten des Tagebaus gliedert. Der Rest ist noch nicht in Anspruch genommen worden und bildet eine Vorratsfläche für zukünftige Gewinnungsarbeiten.

Abb. 260: Luftbild des Tagebaus Kranichstein (Luftbild: Landkreis Osterode am Harz).

Renaturierungs- und Rekultivierungsmaßnahmen

In den aus dem Abbau entlassenen Teilen des Tagebaus Kranichstein findet man sowohl planmäßig rekultivierte als auch renaturierte Flächen (vgl. auch DEHNE 2003). Während der erste Rekultivierungsplan aus dem Jahr 1978 noch eine streng reglementierte Aufforstung des gesamten Geländes vorsah, welches forstmaschinengerecht einzuebnen und mit jeweils 25 % Buche, Esche, Ahorn und Ulme zu bepflanzen war, konnte man sich im Jahr 2002 auf Vorschlag des Landkreises Osterode in seiner Funktion als untere Naturschutzbehörde dahingehend verständigen, dass weite Teile der wiederherzurichtenden Fläche der natürlichen Sukzession überlassen bleiben. Des Weiteren sollten neben der o. g. Aufforstung mit Laubgehölzen Bereiche mit Feldhecken aus Rotdorn, Schlehe, Hundsrose, Hartriegel, Haselnuss und Schwarzem Holunder entstehen.

Das Ziel dieser an aktuelle naturschutzfachliche Leitlinien angepassten Folgenutzungsplanung besteht jedoch auch darin, entgegen der ursprünglichen Planung kein forstwirtschaftlich genutztes Plateau zu schaffen, sondern eine der natürlichen Karstlandschaft angepasste Morphologie zu kreieren. Dafür wurde beispielsweise eine einem Erdfall nachgebildete tiefgreifende Senke mit entsprechend steilen Wänden erdbaumäßig gestaltet. Die Modellierung erfolgte mit lehmigen bzw. dolomitischen Abraummassen, wobei teilweise vom Abbau ausgesparte Gipssteinfelsen integriert wurden. Die Sohle des Erdfalls wird aus unbedecktem Anhydritstein gebildet, der in weiten Bereichen das Oberflächenwasser staut, so dass sich dort wechselfeuchte Standorte herausgebildet haben, während die Steilhänge zumeist trockenheitsgeprägt sind (Abb. 261).

Abb. 261: Künstlich gestalteter „Erdfall".

Aktuelle Flora und Vegetation

Wie bei den zuvor beschriebenen Ellricher Klippen erfolgt die Beschreibung der für den Kranichstein kennzeichnenden Vegetationstypen ausgehend von den Flächen mit der kürzesten Entwicklungsdauer.

Die aktuellen, vegetationsarmen Abbauflächen befinden sich, wie aus Abb. 262 ersichtlich ist, am westlichen und östlichen Ende des langgestreckten Tagebaus, während sich der umfangreiche dazwischen liegende Teil als renaturierte bzw. rekultivierte Fläche seit mehr oder weniger langer Zeit ungestört entwickeln kann. Eine Gliederung dieses Bereichs ist grob in drei Teile unterschiedlichen Alters möglich.

Der westlichste und jüngste Teil unterliegt seit wenigen Jahren der spontanen Sukzession. Ausgangssubstrat der Vegetationsentwicklung sind auf der Tagebausohle zumeist

Abraummassen aus nicht verwertbarem Dolomit- und Gipsgestein mit relativ hohem Feinerdeanteil. Nur stellenweise steht auch das gewachsene Gips- bzw. Anhydritgestein an. Nach Süden wird die Sohle durch die ehemaligen Abbauböschungen begrenzt, die hier durch tief reichende, mit Feinerde gefüllte Karsttaschen reich gegliedert sind, so dass größere zusammenhängende Festgesteinsböschungen fehlen.

Abb. 262: Blick von Westen nach Osten über die verfüllten Sohlenbereiche und verbliebenen Böschungen des Tagebaus Kranichstein.

Vorherrschende Pflanzengesellschaft der verfüllten Sohlenbereiche ist eine lückige Huflattich-Gesellschaft (Poo compressae-Tussilaginetum R. Tx. 1931). Sie tritt zumeist in relativ artenarmer Ausprägung auf und ist neben dem namensgebenden Huflattich durch einige weitere Ruderalarten geprägt. Regelmäßig treten insbesondere Platthalm-Rispengras, Weißes Straußgras, Schweden-Klee (Trifolium hybridum) und Gemeiner Beifuß (Artemisia vulgaris) auf. Daneben sind - wie im gesamten Tagebau - stets auch die Keimlinge einiger Pionierbaumarten zu finden, vor allem Hänge-Birke und Sal-Weide, seltener auch Zitter-Pappel. Als Begleiter tritt eine Vielzahl weiterer mesophiler bis hygrophiler Ruderalarten auf. Oft handelt es sich um Charakterarten der Möhren-Steinklee-Gesellschaften (Dauco-Melilotion Görs ex Gutte 1972) bzw. der in diesem Verband versammelten Assoziationen, sehr häufig z. B. Hopfenklee, Wilde Möhre (Daucus carota), Weißer Steinklee und Rainfarn. Trockenheits- und Magerkeitszeiger fehlen fast vollständig. Eine Ausnahme bildet der auch in anderen Teilen des Tagebaus mit hoher Stetigkeit auftretende Gemeine Wundklee.

Die Böschungen oberhalb der Sohle sind durch einen Wechsel von meist relativ feinerdereichen, noch beweglichen Gesteinsschutthalden und vom gewachsenen Festgestein geprägten Abbauwänden geprägt. Sie tragen eine Vegetation, die sich nicht grundlegend von der des Sohlenbereichs unterscheidet. So finden sich auf feinerdereichen Böschungen vom Huflattich geprägte Ruderalgesellschaften, deren Artenspektrum nur geringfügig mehr Trockenheitszeiger als die Verfüllungsbereiche auf der Sohle aufweist. Als Arten, die hier zusätzlich zu finden sind, können Zypressen-Wolfsmilch, Wald-Erdbeere (*Fragaria vesca*), Rauher Löwenzahn (*Leontodon hispidus*) und Purgier-Lein (*Linum catharticum*) genannt werden. Ihr Schwerpunkt liegt in den Basiphilen Trocken- und Halbtrockenrasen (Festuco-Brometea Br.-Bl. et R. Tx. in Br.-Bl. 1949), allerdings bleibt ihre Stetigkeit im Vergleich zu Ruderalarten so gering, dass eine Ansprache gut charakterisierter Magerrasengesellschaften nicht möglich ist. Die zwei wesentlichen Ursachen hierfür dürften das weitgehende Fehlen von Magerrasen im näheren Umfeld des Tagebaus (keine Ausbreitungsquelle für die charakteristischen Arten) und die Nordexposition der Böschungen (keine ausgesprochen trockenwarmen Standorte) sein.

Auffallend ist auf den Böschungen außerdem eine trotz kurzer Sukzessionsdauer stellenweise bis zu dichten Pioniergebüschen vorangeschrittene Etablierung von Gehölzen. Neben den auch auf der Sohle vorhandenen Pionierbaumarten gesellen sich dort Esche, Eberesche (*Sorbus aucuparia*), Hasel und Bergahorn hinzu. Die Arten sind gleichfalls im den Tagebau an der Oberkante einrahmenden älteren Gehölzgürtel zu finden und hatten somit nur sehr kurze Ausbreitungswege.

Im **mittleren Teil** der renaturierten Flächen wurde das Abbaugelände mit dem vor Ort angefallenen Abraum vor etwa 10 Jahren abschließend profiliert. Seitdem schreitet die spontane Sukzession ohne größerer Störungen voran. Standörtlich sind die Unterschiede zum jüngeren westlichen Teil gering. Es dominieren basenreiche Böden mit ausgeglichenem Wasserhaushalt, Trockenphasen sind in der Regel nicht von langer Dauer. Dies trifft nicht nur auf die mehr oder weniger ebenen Verfüllungsflächen zu, sondern auch auf die lokal erhaltenen Gipsgesteinswände, die intensiv durch feinerdereiche, zum Teil noch bewegliche Böschungen gegliedert sind.

Die Vegetationsverhältnisse sind fast durchgängig durch das Vorherrschen von Ruderalgesellschaften geprägt. Die Unterschiede zum westlichen Teil der Renaturierungsfläche bestehen vor allem in einem höheren Deckungsgrad der Krautschicht, während sich das Gesamtartenspektrum nur wenig unterscheidet. Auffallend ist, dass Gräser wie Wiesen-Knäuelgras (*Dactylis glomerata*), Wiesen-Rispengras (*Poa pratensis*) und Weißes Straußgras deutlich stärker hervortreten als auf den jüngeren Flächen, während die Deckungsgrade von Ruderalarten wie Huflattich, Weißer Steinklee, Wilde Möhre etc. tendenziell abnehmen.

Kleinflächig finden sich außerdem trockene oder auch wechselfeuchte Standorte mit etwas verschobenen Dominanzverhältnissen. Trockenstandorte haben sich lokal über steinigem, feinerdearmen und wasserdurchlässigem Untergrund herausgebildet. Dort kann der Wundklee Deckungsgrade bis etwa 75 % erreichen. Begleiter sind meist Wiesen-Margerite (*Leucanthemum vulgare*), Rauer Löwenzahn und Florentiner-Habichtskraut (*Hieracium piloselloides*). Wechselfeuchte Flächen sind zum einen auf der Sohle der bereits erwähnten, gezielt herausmodellierten „Erdfall"-Senke über wasserundurchlässigem Anhydritgestein zu finden, zum anderen auch auf Verfüllungsflächen mit hohem Lehmanteil. Dort kann zum einen das Weiße Straußgras dominant vertreten sein, gelegentlich außerdem die Blaugrüne Segge (*Carex flacca*) und das Land-Reitgras (*Calamagrostis epigeios*).

Der **östliche Teil** der aus dem Abbau entlassenen Fläche wurde in mehreren Teilschritten zwischen 1985 und 2001 mit standortheimischen Laubgehölzen aufgeforstet und damit planmäßig rekultiviert (s. o.). Langfristiges Entwicklungsziel ist ein artenreicher Buchenmischwald basenreicher Standorte, der der heutigen potenziellen natürlichen Vegetation (hPNV) des Gebietes nahekommen dürfte. Derzeit besitzen die Aufforstungsflächen allerdings noch einen offenen oder (in den ältesten Teilbereichen) Dickungscharakter ohne für derartige Waldgesellschaften typische Krautschicht.

Fazit: Beim Tagebau am Kranichstein handelt es sich um eine durch Ruderalvegetation geprägte Abbaustätte. Die für die beiden anderen beschriebenen Tagebaue typische Trockenvegetation ist nur in Ansätzen ausgebildet. Die wesentlichen Gründe hierfür dürften das Vorherrschen von Substraten mit hohem Anteil von lehmigen Bestandteilen mit hohem Wasserhaltevermögen und die Nordexposition der meisten verbliebenen Abbauwände sein sowie das Fehlen größerer Trockenstandorte in näheren Umfeld, von denen ausgehend eine Besiedlung der Abbaustätte mit Arten der Trocken- und Halbtrockenrasen erfolgen könnte.

Aus floristischer Sicht erscheint der Tagebau damit relativ unspektakulär. Dem steht allerdings ein hohes faunistisches - hier nicht näher thematisiertes - Potenzial gegenüber, wie einige stichprobenartige Untersuchungen in den vergangenen Jahren gezeigt haben.

6 Literatur

DEHNE, G. (2003): Steinbruch und Renaturierung am Kranichstein. Infoblatt zum bundesweiten Tag des Geotops 2003; http://www.karstwanderweg.de/publika/geotope/kran_st/index.htm.

HEINZE, M., FIEDLER, H.-J. (1984): Physikalische Eigenschaften von Gipsböden und ihren Begleitbodenformen im Kyffhäusergebirge. Hercynia N. F. **21**: 190-203.

HIEKEL, W., FRITZLAR, F., NÖLLERT, A., WESTHUS, W. (2004): Die Naturräume Thüringens. Naturschutzreport (Jena) **21**: 1-384.

JANDT, U. (1999): Kalkmagerrasen am Südharzrand und am Kyffhäuser. Dissertationes Botanicae **322**.

NIELBOCK, R.; PAETZOLD, A. (1993/94): Gips, Rohstoff des Südharzes. http://www.karstwanderweg.de/publika/nielbock/publi_1/index.htm.

SCHINKEL, K. (2005): Zusammenhang zwischen Boden und Vegetation auf kleinster Fläche auf Gipsstandorten des Kyffhäusergebirges. Dipl.-Arb., Thüringer Fachhochschule für Forstwirtschaft, Schwarzburg.

SPÖNEMANN, J. (1970): Die naturräumlichen Einheiten auf Blatt 100 Halberstadt. In: Institut für Landeskunde (Hrsg.): Geographische Landesaufnahme 1:200.000. Bonn Bad-Godesberg.

F2 Kalkabbaugebiete in Deutschland

FRIEDERIKE HÜBNER & ULRICH TRÄNKLE

1 Verbreitung der Kalkgebiete

Die großflächigen Kalkgebiete mit zentraler Bedeutung für den Kalksteinabbau und die Zementproduktion befinden sich im Schwäbisch-Fränkischen Mittelgebirge (Naturraumeinheit D60 und D61: Schwäbische und Fränkische Alb), in der Mainfränkischen Platte (D56) und den Neckar- und Tauber-Gäuplatten (D57). Es folgen kleinflächigere, aber dennoch bedeutungsvolle Vorkommen im Thüringer Becken (D18), Niedersächsischen Bergland (D36), Osthessischen Bergland (D47), Östlichen Harzvorland (D20), Süderbergland (D38) und Bitburger Land (D49). Südlich von Aachen strahlt das Hohe Venn aus Belgien in Randbereiche der Eifel ein, auch hier wird Kalk abgebaut. Daneben werden punktuell wirtschaftlich bedeutsame Kalksteinvorkommen außerhalb der Kalkgebiete Deutschlands z. B. am Alpenrand (D67), im Rheingraben (D53), der Eifel (D45), im Sächsischen Hügelland (D19), dem Harz (D34), in der Ostbrandenburgischen Platte (D6), der Westfälischen Bucht (D34), der Schleswig-Holsteinischen Geest (D22), der Niedersächsischen Börde (D32) und auf Rügen (D1) abgebaut (s. Abb. 2, S. 20 Mineralische Massenrohstoffe; Naturräume nach BfN).

2 Kalksteinbruchtypen

Steinbrüche lassen sich am besten nach dem Verwendungszweck der abgebauten Gesteine einteilen. Man kann zwei Grundtypen unterscheiden (TRÄNKLE et al. 1992):

1. Naturwerksteinbrüche, in denen der Abbau im Wesentlichen ohne Sprengung durch Sägen und Behauen erfolgt, wie z. B. bei der Gewinnung der Solnhofener Plattenkalke („Jura-Marmor"). Solche Steinbrüche sind überwiegend kleiner als 10 ha und werden teilweise nur phasenweise abgebaut (Abb. 263).

Abb. 263: Naturwerksteinbruch bei Stuttgart.

2. Natursteinbrüche, die das Gestein durch Sprengung abbauen. So entstehen in Steinbrüchen mit eher geringer Förderkapazität und Flächengröße unter 10 ha gebrochene Steine verschiedenster Größen und Qualitäten, die für Siedlungs-, Straßen- und Wasserbau verwendet werden. Natursteinbrüche mit hoher Förderkapazität über 10 ha Größe dienen meist der Gewinnung technischer Grundstoffe wie Kalkmehl, Schotter, Zementmergel, und sind häufig mit Zementherstellung verbunden.

Nicht alle Steinbrüche lassen sich eindeutig zuordnen, oft sind die Übergänge fließend. Unter den alten, schon seit Jahrzehnten aufgelassenen Steinbrüchen sind z. B. viele sog. Seitensteinbrüche, die sowohl als Schotterquelle als auch dem Abbau von Pflaster- und Bausteinen dienten (vgl. WARTNER 1983).

In Steinbrüchen zur Gewinnung von Massenrohstoffen (Typ 2) ist fast jede Korngröße zu verwenden, die Abraummenge ist daher in

Abb. 264: NSG Sotzenhausener Steinbruch: seit 120 Jahren ohne Gesteinsabbau.

der Regel gering. Der Abbau erfolgt großflächig und die Brüche sind einheitlich strukturiert. Naturwerksteinbrüche sind dagegen kleinräumig, häufig reich strukturiert und die Abraummengen sind, sofern keine Verwendung als Schotter möglich ist, hoch. Die Übergänge zwischen den Typen sind fließend. Je nach Rohstoff gestalten also die Abbautechnik und die Verwendungsmöglichkeit auch des Abraums die Teillebensräume der Abbaustätte. Die Bodenbildungsprozesse sind abhängig vom Verhältnis des Karbonatanteils zum Anteil der nichtkarbonatischen Gesteinsbestandteile. Grundsätzlich läuft aber mit Ausnahme der schnell verwitternden, meist grauen Kalkmergel (nichtkarbonatische Bestandteile 15-25 %, Abb. 265) die Bodenbildung in den harten karbonatreichen Kalkgesteinen (nichtkarbonatische Bestandteile < 5 %) langsam ab. Auch nach über 100 Jahren können in aufgelassenen Steinbrüchen Rohböden erhalten sein (Abb. 264).

Abb. 265: Abbau von Ulmer Weiß im Blautal. In der Mitte ein gut sichtbares graues Zementmergelband.

Parallel zu physikalischen Verwitterungsprozessen werden die Karbonate gelöst und ausgeschwemmt, die Restbestandteile verbleiben im Verwitterungshorizont. So führt z. B. die Verwitterung von Schichtkalken durch den relativ hohen Tonanteil zu vergleichsweise tiefgründigen, gut durchwurzelbaren Rendzinen. Sehr karbonatreiche Gesteine dagegen zeigen eine langsame Bodenbildung, die auch nach Jahrzehnten nur eine lückige Vegetation hervorbringt. Es gilt: Je höher der Karbonatanteil ist, desto geringer ist die Bodenbildung pro Zeiteinheit.

Kalkgestein bietet ebenso wie Gips durch die basenreichen Böden und die Trockenheit vieler Rohbodenstandorte insbesondere thermophilen Säumen und basiphilen Magerrasen hervorragende Standortsbedingungen (s. a. DEUSCHLE et al. 2003). Aus diesem Grund sind zahlreiche alte Kalksteinbrüche gesetzlich geschützt und weisen seltene Pflanzen und Vegetationstypen auf, insbesondere in solchen Gebieten, die nur geringe Flächenanteile kalkhaltiger Standorte aufweisen (vgl. TRÄNKLE et al. 1993, 1997, GILCHER & TRÄNKLE 2005). Bereits seit den 1940er Jahren wurden in England Untersuchungen zur Vegetation in Kalksteinbrüchen durchgeführt (HOPE-SIMPSON 1940, HEPBURN 1942), in den 1960ern und 1970ern untersuchte DIEKJOBST (1965, 1972) Vegetationsstadien von Kalksteinbrüchen im Sauerland und Münsterland. Anfang der 1990er Jahre wurden umfangreiche Forschungsvorhaben zu Kalksteinbrüchen, ihrer Flora, Vegetation und Sukzessionsgeschichte durchgeführt. Die Bedeutung der Abbaustellen für den Arten- und Biotopschutz war unstrittig nachgewiesen, selbst für in Betrieb befindliche Kalksteinbrüche. Die folgenden Abschnitte führen kurz in die Besiedlungsdynamik der Kalksteinbrüche ein. Dabei ist Folgendes zu beachten: Die Beschreibung der Vegetation benutzt den Begriff "Gesellschaft", bzw. bei synergetischer Betrachtung wird auf "Stadien" im Sinne OBERDORFERS (1983) zurückgegriffen, die als abstrakte Einheiten im Gegensatz zu den konkreten pflanzensoziologischen Vergesellschaftungen zu betrachten sind. Gerade die frühen Besiedlungsstadien sind durch Zufälligkeiten geprägt. Die Gesellschaften werden nach einem Vorschlag von OBERDORFER (1983) durch signifikante oder typische Arten benannt (z. B. Tussilago farfara-Trifolium aureum-Gesellschaft). Die Benennung im pflanzensoziologischen System würde eine nicht vorhandene Genauigkeit vortäuschen (vgl. TRÄNKLE et al. 1992).

3 Die Teillebensräume im Kalksteinabbau

Steinbrüche sind zu komplex, als dass vom „Lebensraum Steinbruch" in seiner Gesamtheit gesprochen werden sollte. Besser ist die Untergliederung in so genannte Teillebensräume, die in der Summe und in ihren je nach Abbaustätte stark variierenden Anteilen den Lebensraum in Steinbrüchen kennzeichnen.

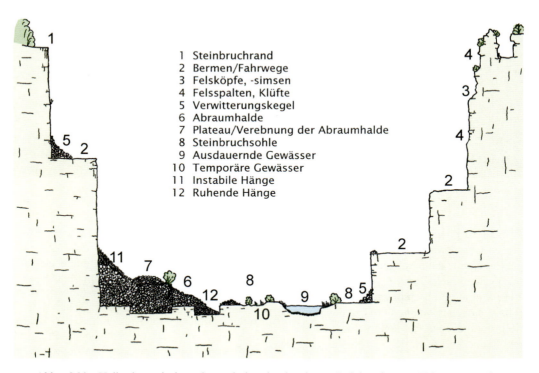

1 Steinbruchrand
2 Bermen/Fahrwege
3 Felsköpfe, -simsen
4 Felsspalten, Klüfte
5 Verwitterungskegel
6 Abraumhalde
7 Plateau/Verebnung der Abraumhalde
8 Steinbruchsohle
9 Ausdauernde Gewässer
10 Temporäre Gewässer
11 Instabile Hänge
12 Ruhende Hänge

Abb. 266: Halbschematischer Querschnitt durch einen Steinbruch zur Erläuterung der Terminologie der wichtigsten Teillebensräume.

Gips-, Anhydrit-, Kalk-, Kreideabbau

Abb. 267: Typische Abraumhalde in einem Naturwerksteinbruch.

Abb. 268: Großer Abbau im Fränkischen Jura: Es fällt kaum Abraummaterial an.

Abb. 266 zeigt schematisiert die in einem Querschnitt sichtbaren Teillebensräume (aus TRÄNKLE 1997, verändert). Zu Naturwerksteinbrüchen gehören durch selektive Gesteinsnutzung meist ausgedehnte Abraumhalden (Abb. 267), der Abbau von Massenrohstoffen führt dagegen zu geringen Haldenflächen (Abb. 268).

Solche durch technische Einwirkung entstandenen Bereiche werden auch als Sekundärbiotope bezeichnet. Sekundärbiotope lassen sich meist zwanglos natürlichen Lebensräumen - den Primärbiotopen - zuordnen. Dadurch wird die Funktion dieser neuen Habitate deutlich. So wirken Steinbruchränder wie natürliche Felsköpfe und Felsfluren, Abraumhalden entsprechen je nach Struktur natürlichen Blockschuttfluren, Murenbahnen, Solifluktions- und Sanderflächen. Weitere Zuordnungen können Tab. 100 entnommen werden.

Tab. 100: Gegenüberstellung von Sekundärbiotopen in Steinbrüchen und Primärbiotopen natürlicher Landschaften (verändert nach TRÄNKLE 1997).

Sekundärbiotope in Steinbrüchen	Primärbiotope natürlicher Landschaften
Steinbruchrand	Felsköpfe, Felsfluren
Steil- bzw. Felswand mit Felssimsen, -köpfen, Spalten und Klüften	Natürliche Felswände, Prallhänge
Bermen (Abbausohlen)	Exponierte Felsköpfe, Felsfluren
Verwitterungskegel vor den Bruchwänden (Abb. 269)	Blockschuttfluren, Sanderflächen, Schuttkegel am Fuße von natürlichen Felswänden
Abraumhalden (Plateau und Seitenflächen), Fahrweghalden; je instabil bis ruhend	Blockschuttfluren, Murenbahnen, Solifluktionsflächen, Sanderflächen
Trockene Steinbruchsohlen mit Felsblöcken, Schutthaufen, Steinhaufen etc.	Auen der Alpen und des Alpenvorlandes, Felsfluren, Sanderflächen, Tonpfannen
Erdaushubhalden, Erdrutsche	Erdrutsche
Ausdauernde Gewässer mit Flach- und Tiefwasserzonen	Natürliche Seen, Altwasserarme von Flüssen, Karseen
Ephemere Gewässer in Senken, Rinnen, Fahrspuren etc.	Bruchwälder, Standorte mit hohem wechselnden Grundwasser, Auentümpel
Schleifschlammbecken, Waschwasserbecken	Schlickflächen, Schwemmland
Sonderformen, wie Fahrwege, Förderbänder, Eisenbahntrassen, Gondelsysteme	Naturtierpfade

Abb. 269: Seit 1973 aufgelassener Jurakalksteinbruch: erodierende Steilwand mit Schuttkegel.

Durch die vielfältigen Biotoptypen und Standortsbedingungen sind die Artenzahlen von Steinbrüchen allgemein hoch, besonders im Vergleich zur umgebenden Landschaft, die meist ein Vielfaches an Fläche aufweist als die Abbaustätte selbst.

4 Sukzession und Vegetationsdynamik in Kalksteinbrüchen

Nur in seltenen Fällen können über Langzeituntersuchungen tatsächliche Sukzessionsabfolgen in einer Abbaustätte ermittelt werden. Normalerweise sind die Sukzessionsfolgen und -serien deduktiv aus dem räumlichen Nebeneinander verschiedener Vegetationsstadien abgeleitet, was nicht zu unterschätzende methodische Unsicherheiten mit sich bringt. Die zu bevorzugende induktive Methode beruht auf der langjährigen Beobachtung von Dauerflächen, wie sie z. B. BRAUN-BLANQUET (1964), SCHMIDT (1974), PFADENHAUER et al. (1986) oder MUHLE & POSCHLOD (1989) ausgewertet haben. Solche teils Jahrzehnte alten Dauerbeobachtungsflächen liegen in Steinbrüchen nicht vor. Obwohl immer wieder versucht wurde, allgemein gültige Sukzessionsabläufe in Abbaustätten zu ermitteln (TRÄNKLE et al. 1992, KUNDEL et al. 1987, MEYER 1995), hat sich mit zunehmender Untersuchungsdichte gezeigt, dass durch Zufälligkeiten, jahreszeitliche Abhängigkeiten und durch die Wirkung des Umfelds keine gültigen Sukzessionsschemata abgeleitet werden können (s. TRÄNKLE 1997). Die Vegetation des lokalen und regionalen Umfelds hat einen entscheidenden Einfluss auf die Besiedlung der Abbauflächen.

Hinzu kommt, dass in ein und demselben Steinbruch innerhalb eines Teillebensraumes im kleinräumigen Nebeneinander die angetroffenen Pflanzengesellschaften sehr stark differieren, ohne dass hierfür immer Gründe genannt werden könnten. Zahlreiche Arten wachsen höchstwahrscheinlich weit außerhalb ihres physiologischen Optimums. Daher müssen beispielhaft erläuterte Sukzessionsfolgen als Hinweise und nicht als regelhafte Abläufe mit fester Artenzusammensetzung verstanden werden.

Abb. 270: Sukzessionsdynamik in einem betriebenen Steinbruch.

Im Vergleich zu anderen Gesteinen zeigen alle Kalksteinbrüche aber typische Besonderheiten im Sukzessionsgeschehen (Abb. 270). In einer bayernweiten Studie wiesen GILCHER & TRÄNKLE (2005) nach, dass bei Diabas, Granit und Sandstein die Anteile gehölzdominierter Flächen deutlich über dem Durchschnitt lagen, bei Basalt-, Muschelkalk- und insbesondere Jurakalkbrüchen deutlich unter dem Durchschnitt. Die ersteren Gesteinstypen weisen also eine verhältnismäßig hohe Dynamik im Sukzessionsgeschehen aus, während insbesondere die Kalksteinbrüche oft einen hohen „Sukzessionswiderstand", bedingt durch niedrige Verwitterungsgeschwindigkeit, geringem Feinkornanteil und in der Folge davon geringer Wasserkapazität, zeigten. Auf den feinmaterialreichen Schwemmflächen dagegen ist, wie Abb. 271 zeigt, auch in Kalksteinbrüchen eine schnelle Gehölzsukzession zu beobachten. Bei gleicher und ungestörter Entwicklungsdauer sind Diabas-, Granit- oder Sandsteinbrüche demnach signifikant stärker gehölzdominiert als Basalt-, Jura- oder Muschelkalkbrüche. Je tiefgründiger und feinkornreicher Teillebensräume sind (z. B. Abraumhalden), desto schneller geht aufgrund der höheren Wasserkapazität die Gehölzentwicklung voran. Daher sind Sohlenstandorte, insbesondere die harter Kalkgesteine, meist langfristig gehölzarm und tragen artenreiche und naturschutzrelevante Vegetation.

Abb. 271: Links: Vernässung auf der Abbausohle 1987; rechts: gleicher Standort mit großer Gehölzentwicklungsdynamik auf der Schwemmfläche 14 Jahre später.

Die rekultivierten Zonen zeigen innerhalb weniger Jahre stark ruderale, häufig blütenreiche Grünlandinitialen. Je nach Folgenutzung entwickeln sich hieraus innerhalb von 5-15 Jahren zumeist grasdominierte, artenverarmte und dicht geschlossene Bestände aus Glatthafer (*Arrhenatherum elatius*), Wiesen-Knäuelgras (*Dactylis glomerata*) oder Quecke (*Elymus repens*). Flächen mit Gehölzpflanzungen sind nach 10-15 Jahren strauchreiche, waldartige Bestände mit gering deckendem hygro- und nitrophilem Unterwuchs. Die weitere Entwicklung hängt von den gepflanzten Baumarten und der anschließenden Nutzung ab (TRÄNKLE 1997).

5 Naturschutzrelevanz von Kalksteinbrüchen

Kalksteinbrüche besitzen Naturschutzrelevanz. Dies wird durch zahlreiche ehemalige Abbaustellen, die heute landesweit geschützte Biotope, Naturdenkmale, Naturschutzgebiete oder sogar Bestandteile der europaweiten NATURA-2000 Schutzgebietskulisse sind, bestätigt. Im Jurakalk weisen GILCHER & TRÄNKLE (2005) mehr als 30 % Flächenanteil am Gesamtsteinbruch als schützenswerte Biotoptypen (Grundlage Kartieranleitung der Bayerischen Biotopkartierung) nach. Für Muschelkalkbrüche wurden sogar mehr als 50 % Flächenanteile festgestellt. Aufgrund ihrer Entstehungsgeschichte durch Gesteinsabbau wurden sie nicht in der landesweiten Biotopkartierung erfasst, obwohl sie strukturell vollkommen den Ausweisungsvoraussetzungen entsprachen. Der Flächenanteil geschützter Biotope ist entsprechend DEUSCHLE et al. (2003) aber auch abhängig von der Zeitdauer seit der Beendigung des Gesteinsabbaus. Von 0 bis 30 Jahren nach Auflassung steigt z. B. der Anteil geschützter Trockenbiotope früher Sukzessionsstadien von 10 % auf mehr als 40 % Flächenanteil an. In den nächsten 30 Jahren gehen aber genau diese Biotoptypen ebenso schnell wieder auf etwa 10 % Flächenanteil zurück. Gleiches gilt für die Feuchtbiotope, die zwar im Kalksteinabbau selten auftreten, doch können schützenswerte Characeen-Gewässer bereits im aktiven Abbau vorhanden sein (Abb. 272). Der Gewässeranteil sinkt durch Verlandungsprozesse insbesondere in Steinbrüchen, die 40 Jahre und länger aufgelassen sind. Mit der Zunahme von Extensivstrukturen wie Magerrasen und artenreichem Grünland im Umfeld der Abbaustätten erhöht sich entsprechend GILCHER & TRÄNKLE (2005) der durchschnittliche Biotopflächenanteil insbesondere auch in Kalksteinbrüchen.

6 Flora

Ob ein Lebensraum im Rahmen des Arten- und Biotopschutzes eine sinnvolle Rolle übernehmen kann, lässt sich durch mehrere Kriterien bestimmen. Eines dieser Kriterien ist die Anzahl gefährdeter Arten (vgl. PLACH-

TER 1992) und die Diversität des Artenspektrums. Auf den hohen floristischen Wert von Steinbrüchen wies bereits RATCLIFFE (1974) hin. TRÄNKLE et. al. (1992), GILCHER (1995), TRÄNKLE (1997), GILCHER & TRÄNKLE (2005) zeigten in ihren Untersuchungen zahlreicher Steinbrüche, welche große Rolle Abbauflächen für die Biodiversität spielen. Einen guten Überblick über die bestehende Literatur geben GILCHER & TRÄNKLE (2005), VDZ/BDZ (2003), GILCHER & BRUNS (1999) und TRÄNKLE (1997).

Abb. 272: Characeen-Gewässer in einem aktiven Steinbruch.

6.1 Artenzahlen

Die 18 untersuchten aufgelassenen großflächigen Kalksteinbrüche (s. a. KUNDEL 1983, KUNDEL et al. 1987; DICKE 1989, MÜRB 1993, LASCHTOWITZ 1989), die von GILCHER & TRÄNKLE (2005), TRÄNKLE et al. (1992, 1993a, b) und TRÄNKLE (1997) und in BDZ/VDZ (2003) teils erhoben und ausgewertet, teils erneut aufgegriffen und zusammenfassend ausgewertet wurden, haben im Durchschnitt Pflanzenartenzahlen von 260 bei einem Median von rund 241 und liegen zwischen 163 und 410 Arten je Steinbruch. Auch die betriebenen großen Kalksteinbrüche zeigen hohe Artenzahlen, wobei diese auch durch weitläufige Pioniervegetation und die Ruderalarten der Oberbodenschüttungen hervorgerufen werden. Die Ergebnisse veranschaulicht Abb. 273. Die 10 betriebenen Kalkabbaustellen über 10 ha Fläche haben im Durchschnitt 254 Arten bei einem Medianwert von 262 und einer Spanne von 109 bis 380 Pflanzenarten. Abbaustellen sind demnach weit überwiegend artenreich, müssen es aber nicht sein. Besonders betriebene große Kalksteinbrüche profitieren von der Anlage so genannter Wanderbiotope. Wanderbiotope sind während des Abbaus entstehende zeitweise ungenutzte Flächen im Steinbruch, auf denen als Maßnahme zur Förderung der Biodiversität Vegetation sich entwickeln kann und soll. Durch ihre über mehrere Jahre bis Jahrzehnte ungestörte Entwicklung sind sie die Artenressource der Abbaustellen und werden meist aktiv z. B. durch Steinsetzungen vor unnötigen Nutzungen geschützt. Die Lage solcher Flächen wechselt mit dem Abbau- und Rekultivierungsfortschritt. Sie sind oft Grundlage für die Folgenutzungsplanung nach Abbauende, da sie für den entsprechenden Naturraum besonders geeignete Pflanzensippen enthalten (Abb. 274). Die kleineren aufgelassenen Abbaustätten - hier liegen Daten von 31 Kalksteinbrüchen vor - zeigen im Durchschnitt 181 Pflanzenarten bei einem Median von 174 und einer Spanne von 113 bis 289. Geringe Artenzahlen sind dann zu finden, wenn die Gehölze hohe Dominanzen erreichen. Noch in Betrieb befindliche Kalksteinbrüche sind aufgrund ihrer kleinräumigen Struktur und des geringen Gehölzanteils artenreicher als aufgelassene. Hier sind durchschnittlich 210 Arten bei einem Median von 204 nachgewiesen worden. Die Spanne geht von 117 bis 283, ist also vergleichbar den Artenzahlen aufgelassener Steinbrüche. Dagegen liegen bei den acht untersuchten betriebenen Abbaustätten < 10 ha mit 211 Gesamtarten zwar höhere Artenzahlen vor, diese zeigen aber gleichzeitig die geringsten Artenzahlen und Anteile gefährdeter Arten. Dies ist insbesondere durch die intensivere Nutzung der Gesamtfläche erklärbar, die nur wenig Raum für Sukzessionsprozesse bietet und damit nur sehr kleine Vegetationsinseln entstehen lässt.

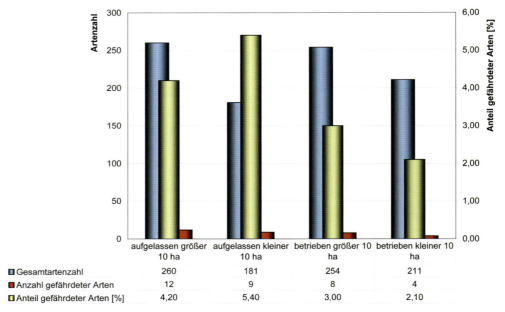

Abb. 273: Gesamtartenzahlen, Anteil und Anzahl gefährdeter Arten der von verschiedenen Autoren untersuchten Kalksteinbrüche.

6.2 Der Einfluss des Umfelds

Betrachtet man die Abbaustellen nicht isoliert, sondern im Kontext mit ihrem Umfeld, wird ihre Bedeutung für die floristische Vielfalt noch klarer. Zwar liegen, durch den hohen Erfassungsaufwand bedingt, nicht so zahlreiche Untersuchungen vor, dennoch lassen sich Tendenzen erkennen. Betrachtet man nur die Florenelemente, so wird der grundsätzliche Einfluss des Umfelds sichtbar. Entsprechend des Nordwest-Südost-Gradienten der Florenelemente in Deutschland sind in den nordwestlichen Kalksteinbrüchen höhere Anteile atlantischer und subatlantischer Arten nachzuweisen als in den südöstlichen Brüchen. Dort ist dagegen der Anteil mediterraner und submediterraner Arten fast doppelt so hoch wie im Norden. Gleichfalls wirken auch die Höhenlagen auf die floristische Zusammensetzung, da der Anteil arktisch-alpiner Arten mit steigender Höhenlage zunimmt (s. a. GILCHER & BRUNS 1999). STERNBERG & BUCHWALD (1999) weisen aber darauf hin, dass der Anteil wärmeliebender faunistischer Artengruppen grundsätzlich in Abbaustätten ebenfalls erhöht ist, solang sie bodenoffen sind. Bedingt durch ihre Kessellage und die starke Aufheizung der Rohböden erwärmen sich die Steinbrüche schnell und bieten so vielen wärmebedürftigen Arten gute Standortsbedingungen.

Abb. 274: Typisches Wanderbiotop: Sukzessionsgeschehen auf Sohlenstandorten: Gewässer auf der Tiefsohle mit beginnendem Röhrichtaufwuchs.

Bei Auswertung der Untersuchungen von TRÄNKLE (1997) und GILCHER & TRÄNKLE (2005) (Abb. 275, 276) erreichen die aufgelassenen Steinbrüche (acht Untersuchungsflächen) mit durchschnittlich 257 Pflanzenarten etwa 40 % der Gesamtartenzahlen ihres Umfelds (643 Arten), wobei das Umfeld zwischen mindestens 1 km² bei zeitgleicher Kartierung der Umgebungsfläche und der maximal 360fachen Größe der Abbaustelle beträgt, wenn die Messtischblattdaten als Umfelddaten herangezogen werden. Die kleine Steinbruchfläche enthält im Mittel 40 % aller im Umfeld vorkommenden Arten. Zusätzlich haben Kalksteinbrüche einen Anteil von rund 7 % Arten, die im Umfeld nicht (mehr) vorkommen, weil sich diese hochspezialisierten Pionier- und Rohbodenarten in der umgebenden statischen Landschaft nicht mehr etablieren können.

6.3 Vorkommen seltener und gefährdeter Arten

In der gegenwärtigen Roten Liste der Farn- und Samenpflanzen Deutschlands sind 26 % der Arten gefährdet in Kategorie 1 bis 3, 4 % verschollen oder ausgestorben, 18 % aufgrund verschiedenster Gründe nicht eindeutig einzuordnen, und nur 51 % aller Pflanzenarten Deutschlands gelten als ungefährdet. Die gefährdeten Arten wachsen auf sehr kleinen Flächen, so dass man über weite Teile unserer Vegetation keinerlei gefährdete Arten findet. Demnach sind also Anzahl und Anteil gefährdeter Arten brauchbare Indices zur Bestimmung der Naturschutzrelevanz von Flächen. Große aufgelassene Kalksteinbrüche zeigen immer gefährdete Pflanzenarten, durchschnittlich sind es 12, was einem Anteil von 4,2 % entspricht. Der Anteil schwankt je

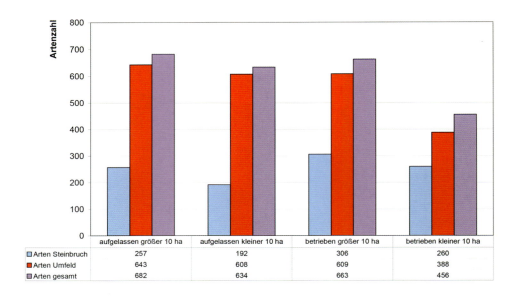

Abb. 275: Artenzahlen der Untersuchungen getrennt von Steinbruch und Umfeld sowie die Gesamtartenzahlen beider Untersuchungsflächen je Abbaustätte verschieden großer, betriebener oder aufgelassener Abbaustätten.

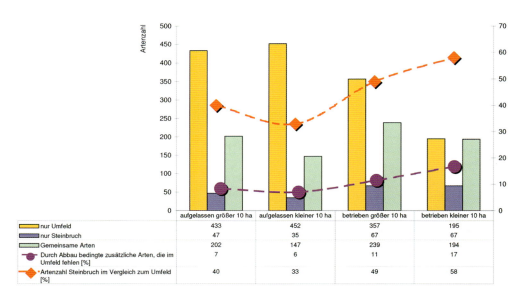

Abb. 276: Artenzahlen gemeinsamer Arten, ausschließlich in Steinbruch oder Umfeld vorkommenden Arten und deren Anteile an der Gesamtartenzahl der Untersuchungsregion verschieden großer, betriebener oder aufgelassener Abbaustätten.

nach Steinbruch zwischen 0,5 % und 14 %. Es folgen die aufgelassenen kleineren Steinbrüche unter 10 ha mit neun gefährdeten Arten. Sie weisen zwar geringere Gesamtartenzahlen auf, der Anteil gefährdeter Arten ist aber mit 5,4 % hoch. Hier erreichen einzelne Steinbrüche sogar mehr als 18 % Anteil. Aber selbst die betriebenen Steinbrüche haben mit 8 Arten (3 %) in den größeren Abbaustellen und 4 Arten (2,1 %) in den kleinen Abbaustellen regelmäßige Vorkommen gefährdeter Arten, wobei der höhere Anteil von Wanderbiotopen in großen Abbaustellen das Vorkommen seltener gefährdeter Pflanzenarten fördert. Hier werden vereinzelt auch Werte über 5 % Anteil gefährdeter Arten an den Gesamtarten erreicht. Insbesondere auf den trockenen, flachgründigen Böden herrschen die Arten der Kalkmagerrasen und Felsköpfe vor. Es sind oft sehr unauffällige Arten, wie die Spatzenzunge (*Thymelaea passerina*), eine Verwandte des Seidelbasts, die in kalkmergelreichen Brüchen Populationen aus tausenden Individuen bildet und dennoch deutschlandweit zu den stark gefährdeten Arten zählt. Doch gerade in den Kalkgebieten Deutschlands und nicht zuletzt auch aufgrund des Kalksteinabbaus ist der Bestand dieser Art gesichert. Die Spatzenzunge siedelt in bodenoffenen Bereichen, teils in sehr lückigen Kalkmagerrasen, teils zusammen mit der Pionierart Platthalm-Rispengras (*Poa compressa*) auf kaum bewachsenen Rohböden der Steinbruchsohle.

Typisch, aber nicht häufig ist auch der Kleine Vogelfuß (*Ornithopus perpusillus*), auch Mäusewicke genannt, der alle nährstoffarmen Flächen wie Binnendünen, Silikatmagerrasen, nährstoffarme kurzlebige Unkrautfluren besiedelt und nicht auf kalkhaltige Standorte angewiesen ist. Schmalblättriger oder auch Zarter Lein (*Linum tenuifolium*) ist in Deutschland in den Kalkgebieten und kalkreichen Lössgebieten zu finden (Abb. 277). In Steinbrüchen werden besonders die offenen steinigen Rohböden und die lockeren Kalktrockenrasen besiedelt. Die Art gilt deutschlandweit als gefährdet.

Abb. 277: Schmalblättriger oder auch Zarter Lein (*Linum tenuifolium*).

Aber auch die flachgründigen Gewässer der Abbausohle bieten floristische Besonderheiten. Es entwickeln sich oligo- und mesotrophe Characeen-Gewässer, ein geschützter FFH-Lebensraumtyp. Charakteristisch sind verschiedene Armleuchteralgenarten und andere, auf nährstoffarme Gewässer spezialisierte Arten wie etwa der Verkannte Wasserschlauch (*Utricularia australis*). Gleichzeitig bieten solche Gewässer ausgezeichnete Bedingungen für große Amphibienpopulationen, etwa von Wechselkröte und Kreuzkröte, und für die wärmeliebenden, teils mediterran verbreiteten Insekten, etwa die Libellenart Südlicher Blaupfeil (*Orthetrum brunneum*). In späteren Sukzessionsstadien, also z. B. alten aufgelassenen Kalksteinbrüchen, aber auch in den älteren Bereichen insbesondere noch im Abbau befindlicher Steinbrüche der Zementindustrie treten typischerweise Orchideen auf. Durch die komplexe Keim- und Etablierungsphase dieser Pflanzenfamilie - die Samen können nur parasitierend auf Pilzhyphen keimen und wachsen - dauert es meist mindestens mehrere Jahre, bis durch Ansammlung organischen Materials im Boden überhaupt eine Keimung möglich ist. In aufgelassenen wie noch betriebenen Kalksteinbrüchen treten viele Orchideen der Kalkmager- und Kalktrockenrasen auf. Zu finden sind Orchideen, so Hummelragwurz (*Ophrys holoserica*), Bienenragwurz (*Ophrys apifera*), Fliegenragwurz (*Ophrys insectifera*) oder das Helmknabenkraut (*Orchis militaris*). Im Wald und im Übergang zu Gehölzen treten Weißes und Rotes Waldvöglein (*Cephalanthera damasonium, C. rubra*) und Purpur-Knabenkraut (*Orchis purpurea*) hinzu. In Gebieten mit indigenen Frauenschuhvorkommen (*Cypripedium calceolus*) wandern diese auch in standortsgerechte lichte Buchen-Mischwaldstadien ein.

Neben den Magerrasenarten kommen auch alte Kulturfolger in Kalksteinbrüchen vor. Kornrade (*Agrostemma githago*), Bilsenkraut (*Hyoscyamus niger*), Ackerrittersporn (*Consolida regalis*) oder Acker-Hahnenfuß (*Ranunculus arvensis*) seien hier stellvertretend genannt.

Das Vorkommen solcher gefährdeter Arten ist abhängig vom Umfeld. Es lassen sich signifikante Abhängigkeiten zwischen dem Anteil gefährdeter Arten in den Kalksteinbrüchen und dem des Umfelds feststellen. Ist das Umfeld reicher an gefährdeten Arten, so ist es auch die Abbaustelle. Besteht der Abbau schon lange, so kann der Steinbruch ein Refugium für Arten sein, die zu heutiger Zeit nicht mehr im Umfeld vorhanden sind, aber früher einmal in der umgebenden Landschaft vorhanden waren (s. TRÄNKLE 1997). Zudem findet ein Artenaustausch zwischen den Steinbrüchen einer Region statt, der durch Transportfahrzeuge bedingt sein kann (Anheften von Samen am Fahrzeug). Wie TRÄNKLE (1997) treffend schreibt, wird immer wieder aus dem Fehlen seltener Arten im Steinbruch, insbesondere auf extremen Standorten wie Felsköpfe [z. B. Felsen- oder Hungerblümchen (*Draba aizoides*), Berglauch (*Allium montanum*)], ein geringerer Naturschutzwert des Steinbruchs bzw. seine mangelnde Funktion als Refugium für diese Arten abgeleitet (z. B. WOLMAN 1991; MEYER 1995). Dabei wird aber außer Acht gelassen, dass die Steinbruchstandorte im Vergleich zu den natürlichen Wuchsorten dieser Arten sehr jung sind. So ist z. B. den als primär waldfrei und natürlich anzusehenden Felsköpfen im Blautal ein Alter von mehreren Jahrzehntausenden zuzuschreiben. Die Besiedlung konnte nach dem letzten Glazial mindestens während der letzten 5000 bis 8000 Jahre erfolgen. Ein Vergleich mit Steinbruchstandorten ist also nicht zulässig. Zudem müsste nachgewiesen werden, dass auch alle natürlichen Standorte diese Arten aufweisen. Da dies aber bekanntermaßen nicht so ist (vgl. z. B. WINTERHOFF 1965; BUSCHBOM 1984), hieße das als Umkehrschluss, dass auch die natürlichen Standorte nicht alle als Lebensraum in Frage kommen.

7 Vegetation und Sukzession

Bereits 1992 werteten TRÄNKLE et al. in einer Literaturstudie umfangreiches vegetationskundliches Material aus, darunter rund 50 Arbeiten über Kalksteinbrüche. Seitdem sind nochmals viele Arbeiten hinzugekommen, so dass wir über eine recht genaue Kenntnis der großen Bandbreite der Vegetation in Kalksteinbrüchen verfügen. Grundsätzlich gilt: Je trockener, ob klimatisch oder edaphisch bedingt, ein Standort ist, desto langsamer kommt es zum Vegetationsschluss und zur Ansiedlung von Gehölzen.

7.1 Vorkommen seltener und gefährdeter Biotoptypen

Vorbehaltlich der wissenschaftlichen Problematik von Gefährdungslisten von Vegetations- oder Biotoptypen seien hier nur einige Beispiele gefährdeter Biotoptypen der Bundesrepublik Deutschland (RIECKEN et al. 2006) genannt, die regelmäßig in betriebenen Steinbrüchen vorgefunden werden:

- Oligotrophe, sich selbst überlassene Abbaugewässer (Code 24.02.03)
- Mesotrophe, sich selbst überlassene Abbaugewässer (Code 24.03.04)
- Eutrophe, sich selbst überlassene naturnahe Abbaugewässer (Code 24.04.04)
- Vegetationsarme Kies- und Schotterflächen (Code 32.08)
- Schilfröhrichte im Verbund mit Gewässern (Code 38.02.01)
- Sonstige Röhrichte (Code 38.07)

In aufgelassenen Steinbrüchen gilt dies ebenfalls, nur sind die Gefährdungsgrade zum Teil höher (z. B. oligo- bis mesotrophe, kalkreiche Niedermoore: Gefährdungsgrad 1) und ein Großteil der Steinbruchfläche bzw. die Gesamtfläche der gefährdeten Biotope ist größer. Naturnah entwickelte Steinbrüche sind daher auch als gefährdet eingestuft (RL 2-3).

Abb. 278: Verlandungsbereiche eines Kalksteinbruchgewässers.

7.2 Typische Sukzessionsabläufe

Mit zunehmender Untersuchungstiefe und wachsender Zahl untersuchter Kalksteinbrüche - ob aufgelassen oder noch im Abbau befindlich - zeigte sich, dass gerade die gewünschten Sukzessionsabläufe auf pflanzensoziologischer Gesellschaftsebene in einem hochdynamischen Lebensraum Steinbruch nicht festzulegen sind. Nach einer oft ähnlichen Erstbesiedlungsphase kommt es in den Folgejahren zu Dominanzvorkommen verschiedenster Arten (Abb. 278 im Hintergrund). Es scheint hier die Besiedlung unter dem Motto „wer zuerst kommt, mahlt zuerst" abzulaufen. Darüber hinaus bestehen Abhängigkeiten von Witterung, Auflassungsjahreszeit oder auch Einzelereignissen wie Starkregen (Samenverfrachtung in Schichtfluten) oder Sturm (Samenverfrachtung über weite Strecken durch Wind). Die bekannten Sukzessionsfolgen verschiedenster Untersuchungen sind unter Beachtung maßgeblicher Standortsfaktoren in Tabelle 101 (Faltblatt am Ende des Buches) abgebildet. Grundlage für diese Tabelle bilden sowohl die Grundlagenuntersuchungen aus den 1970er und 1980er Jahren als auch die umfangreichen Studien von TRÄNKLE (1997), BdZ/VdZ (2003) und GILCHER & TRÄNKLE (2005).

7.3 Bedeutung des Umfelds

Schon Jahrzehnte ist bekannt, dass die Herkunftsgebiete der Arten, die in alten Steinbrüchen festzustellen sind und die auch deren hohen Naturschutzwert begründen, überwiegend in Halbtrockenrasen, Felsrasen und Schuttstandorten liegen bzw. es sich generell um Arten mit südlichem Verbreitungsgebiet handelt (vgl. auch DAVIS 1976; 1977; 1979). Diese in der Kulturlandschaft häufig stark bedrohten Arten bzw. deren Pflanzengesellschaften sind aufgrund ihrer Standortsansprüche prädestiniert, Steinbrüche zu besiedeln. In den aktiven Steinbrüchen sind in den Umfeldaufnahmen noch geringe Anteile gemeinsamer Arten festzustellen. Je älter ein Steinbruch wird, desto höher wird dieser Anteil gemeinsamer Arten, d. h. desto ähnlicher wird ein Steinbruch seinem Umfeld. Sonderbildungen, wie z. B. der Kalkquellsumpf im NSG Blauer Steinbruch bei Ehingen a. d. Donau (vgl. KLEPSER & WÜNSCH 1979, MÜNCH 1995), senken diese Ähnlichkeiten jedoch erheblich und zeigen die Sonderstellung von Steinbrüchen auf. Große und junge Verfüllungszonen mit ruderaler Flora in artenarmem Umfeld mit vorwiegend ackerbaulicher Nutzung erhöhen dagegen die Ähnlichkeiten junger Steinbrüche mit ihrem Umfeld beträchtlich.

Die in Kalkgebieten typischen verschiedenen Umfelder lassen sich aufgrund der Biotop- und Vegetationskartierungen und der historischen Entwicklung in drei Umfeldtypen untergliedern, deren Übergänge allerdings fließend sind:

1. Halbtrockenrasen und andere thermophile Bioptypen waren oder sind während des Abbaubetriebes und zur Zeit der Betriebsaufgabe des Steinbruches im unmittelbaren Umfeld (< 30 m Abstand zur Abbaukante) vorhanden oder die Abbauflächen wurden direkt in die vor 100 Jahren noch erheblich häufigeren Halbtrockenrasen angelegt.

2. Der Steinbruch ist von Halbtrockenrasen oder anderen thermophilen Bioptypen bis 200 m entfernt und zusätzlich durch Wald isoliert. Zwei Untertypen sind zu differenzieren:

   a) Das Umfeld ist strukturarm, Halbtrocken-, Felsrasen und Magerwiesen nehmen geringe Flächenanteile ein.

   b) Das Umfeld ist strukturreich, Halbtrocken-, Felsrasen und Magerwiesen nehmen große Flächenanteile ein.

3. Der Steinbruch liegt großflächig isoliert inmitten ackerbaulicher Nutzfläche. Thermophile Bioptypen sind praktisch nicht vorhanden. Das heißt, in den Umfeldern der Abbaustätten herrscht eine extreme Strukturarmut.

Die Steinbrüche in strukturarmer Umgebung (Umfeldtyp 2a und 3) sind nur in Ausnahmefällen den wenigen Halbtrockenrasen in ihren Umfeldern ähnlich. Dies gilt selbst für 20-40jährige Stadien. Stattdessen sind hohe Ähnlichkeiten mit Ackerrandstreifen, Feldwegen und ruderalen Grasfluren festzustellen. Insbesondere Straßenbegleitflächen wirken als ökologische Inseln, von denen aus eine Besiedlung der Steinbrüche eingeleitet werden kann (vgl. JEFFERSON & USHER 1994). Bei vollständiger Isolierung und völligem Fehlen thermophiler Strukturen können auch nach 30-40 Jahren Halbtrocken- oder Felsrasenarten vollständig fehlen (WOLMAN 1991, GINDELE 1996, TRÄNKLE 1997).

Eine Isolierung der Steinbruchfläche von artenreichen Magerstandorten der Umgebung wird z. B. durch 100-200 m Wald und wahrscheinlich auch andere Isolationsstrukturen (Wasserflächen, Intensivgrünländer, Bebauung) nicht erreicht. Halbtrockenrasenarten im weiteren Sinne wandern entsprechend ihrer Ausbreitungsart dennoch in die Abbaustätten ein, wenn auch manchmal verzögert oder und unter Ausklammerung bestimmter Arten (vgl. USHER 1979, TRÄNKLE 1997). Großflächige ackerbauliche Nutzung, intensive Grünlandnutzung, forstwirtschaftliche Nutzung, große Siedlungsflächen, große Wasserflächen bis in mindestens 500 m Umkreis, in denen thermophile Strukturen vollständig fehlen oder auf Restflächen unter 1 % zurückgedrängt sind, wirken jedoch deutlich isolierend für die Besiedlung der Abbauflächen mit Magerrasenarten aus dem Umfeld.

In einem Steinbruch bei Stuttgart war die Bildung von Halbtrockenraseninitialen auf 15 Jahren alten Standorten zu verfolgen, obwohl ähnliche Vegetationsvorkommen durch 100 m Wald vom Steinbruch getrennt sind und der gesamte Steinbruch vollständig von Wald umgeben ist. Dabei konnten sowohl, wie zu erwarten war, windverbreitete Arten (z. B. Gold-Klee, *Trifolium aureum*) nachgewiesen werden, aber auch ausbreitungsschwache Arten wie der Knollige Hahnenfuß (*Ranunculus bulbosus*) waren eingewandert. Dies lässt sich mit herkömmlichen Vorstellungen eines gleichmäßigen und linearen, streng vom Verbreitungstyp abhängigen Ausbreitungsgeschehen nicht mehr erklären, sondern ist nur als seltener, sprunghafter Ausbreitungsvorgang zu fassen. Ein Eintrag durch die zahlreichen Lastkraftwagen war aufgrund der Weglänge und Wegeführung unwahrscheinlich. In einem großflächigen Zementmergelsteinbruch nahe Ulm sind mehrere gut ausgebildete Halbtrockenrasenstadien beobachtbar, deren Auftreten nur in einem Fall auf unmittelbar angrenzende Lieferbiotope zurückgeht. Die anderen Standorte liegen weit entfernt von den potenziellen Magerrasen und sind zusätzlich durch Wälder isoliert. Je höher der Anteil thermophiler Strukturen im Umfeld ist (Umfeldtyp 2b), umso weniger scheint eine Isolation bzw. die Entfernung vom Lieferbiotop die Entwicklung im Steinbruch zu verzögern. So gleichen die vergleichsweise jungen, 20-30jährigen Stadien trotz isolierender Wälder bereits Steppenheiden oder Halbtrockenrasen des Umfelds (TRÄNKLE 1997, KIRMER 1993, BEIßWENGER 1993, SCHRÖDER 1995).

Liegt ein Steinbruch im Umfeldtyp 1, so erfolgt nicht nur innerhalb kürzester Zeit die Einwanderung von Halbtrockenrasenarten (vgl. DAVIS et al. 1985), sondern mit zunehmendem Alter sind die Magerrasen im Kalksteinbruch vegetationskundlich nicht von den umgebenden, meist sehr viel älteren Standorten zu unterscheiden. Dies wird z. B. durch an der verwitternden Abbaukante abbrechende Sodenstücke erreicht, in deren Folge im näheren Umkreis (ca. 50 m) nach 10-20 Jahren Halbtrockenrasenstadien oder -initialen in großer Zahl vorhanden sein können. Dadurch werden nicht nur ganze Pflanzen, sondern auch Teile der Diasporenbank mit Humus transportiert. Auf diese Weise können selbst ganze Bäume um mehrere Meter versetzt werden, ohne zwangsläufig abzusterben. Umstürzende große Bäume erhöhen so die Ausbreitungsweite ihrer Diasporen um mindestens ihre eigene Höhe. Ein unmittelbarer Umfeldeinfluss ist nur in wenigen Abbaustätten direkt nachweisbar. In einem Muschelkalksteinbruch haben sich innerhalb weniger Jahre aus einem direkt angrenzenden Halbtrockenrasen Arten wie Echter Wiesenhafer (*Helictotrichon pratense*) oder Aufrechte Trespe (*Bromus erectus*) ansiedeln können, obwohl ihre Ausbreitungsweite mit wenigen Metern im Jahr extrem gering ist. 30 m entfernte 40 Jahre alte Standorte wurden von diesen Arten schon nicht mehr besiedelt. Weitere Arten dringen auch 50-100 m weit in den Steinbruch ein. Noch weiter entfernt sind die Arten aber nicht mehr feststellbar. Sehr hoch zu bewerten ist die Bedeutung zufälliger Ansiedlungen, denen von USHER (1979) und JEFFERSON & USHER (1986, 1994) eine sehr große Rolle zugeschrieben wird. Dies kann aufgrund der Ergebnisse des Diasporenregens bestätigt werden.

Generell ist aus 40 Jahren Kalksteinbruchforschung folgendes für die Besiedlung vegetationsfreier Abbauflächen ableitbar.

1. Bei unmittelbar angrenzenden thermophilen Strukturen, insbesondere Halbtrockenrasen, Steppenheiden, thermophilen Säumen, erfolgt eine sofortige Einwanderung fast aller Arten in den Steinbruch und die Bildung von

Halbtrockenrasenstadien innerhalb von 10-20 Jahren. Einmal im Steinbruch angelangt, erfolgt eine zügige Weiterausbreitung durch erhöhte Ausbreitungsweiten.

2. Sind im näheren und weiteren Umfeld Reststrukturen thermophiler Vegetationstypen (ökologische Inseln) vorhanden, erfolgt auf jeden Fall eine Einwanderung der Arten, aber um ca. 20-40 Jahre verzögert. Isolierende Strukturen wie Wälder etc. verhindern diese Einwanderung offensichtlich nicht. Diese ökologischen Inseln bilden das Reservoir an Arten, von denen die primäre Sukzession ausgeht (JEFFERSON & USHER 1994), wie auch von TAYLOR (1957) an jungen Vulkanen gezeigt wurde.

3. Befinden sich auch im weiteren Umfeld keine Reststrukturen (z. B. Straßenbegleitflächen), wird die Einwanderung zumindest um ca. 40-60 Jahre verzögert. Eine Selektion der Arten ist anzunehmen aufgrund Bautyp und Ausbreitungsart, Diasporenbanktyp bzw. der spezifischen Dormanz. Auf Dauer unterbunden wird die Einwanderung wahrscheinlich nicht (JEFFERSON & USHER 1994, TRÄNKLE 1997).

8 Die Rolle von Isolation und Ausbreitungsvermögen

Ob Steinbrüche bzw. andere kleinflächige, standortsspezielle Lebensräume tatsächlich als isoliert gelten müssen, ist sehr differenziert zu betrachten. Die Ergebnisse hier lassen den Schluss zu, dass die Isolation bzw. Besiedlung im Wesentlichen als eine Funktion der Zeit betrachtet werden muss und erst in zweiter Linie von der Entfernung vom besiedlungsfähigen Artenpool und der Größe dieser Populationen abhängt. Das heißt, mit zunehmender Zeitdauer kann die Isolation auf jeden Fall durchbrochen werden, und zwar entweder durch schrittweise Wanderung der Populationen mit zwischenzeitlicher Etablierung auf den Steinbruch zu (Verringerung der Entfernung) oder durch Ausbreitungssprünge. Diese Ausbreitungssprünge sind als zufällige Ereignisse zu bewerten, somit nicht kausal zu erklären und quantitativ schwer zu fassen. Ausbreitungssprünge konnten in den Kalksteinbrüchen z. B. von der ausbreitungsschwachen Erdsegge (*Carex humilis*, vgl. STEPHAN & STEPHAN 1970) über mindestens 200 m, von der Rotbuche (*Fagus sylvatica*) über 70 m, von Gold-Klee, Schönem Pippau (*Crepis pulchra*), Hänge-Birke (*Betula pendula*) über mindestens 500 m sowie von der Reifweide (*Salix daphnoides*) über mindestens 5 Kilometer hinweg nachgewiesen werden. MÜLLER-SCHNEIDER (1983) gibt Ausbreitungsweiten für die Hänge-Birke von 1600 m und für die Wald-Kiefer (*Pinus sylvestris*) von 2000 m an. Die mittleren Ausbreitungsweiten werden nur bei 350 m gesehen, die kritische Distanz für anemochore Baumarten gibt HARD (1975) mit nur 50-100 m an. Dies ist für Abbauflächen eindeutig als zu gering anzusehen. Auf jungen Steinbruchflächen sind nur selten vogelverbreitete Arten zu finden, obwohl diese Artengruppe als Ausbreitungsvektor mühelos hunderte von Metern in kurzer Zeit zurücklegen kann. Davon abgesehen, dass die Transportweiten solcher endozoochoren Verbreitungen durch Vögel erstaunlich kurz sind, fehlen in den jungen Flächen Ansitze für solche beerenfressenden Vögel, so dass die von ihnen verbreiteten Pflanzenarten erst nach aufkommenden Pionier-Gehölzen oder hochwüchsigen Stauden erscheinen. Die durchschnittlichen Ausbreitungsweiten von Kräutern und Gräsern ohne spezielle Anpassungsmechanismen wie Windverbreitung sind in allen Literaturstellen noch wesentlich geringer. Diese Arten scheinen zum Großteil nicht einmal in der Lage zu sein, aus dem äußeren Bereich des unmittelbaren Umfelds einzuwandern. Dies steht im Gegensatz zu TRÄNKLE (1997), der je nach untersuchter Kalksteinabbaustätte 20 % - 30 % Steinbrucharten selbst im weiteren Umfeld bis 500 m Abstand zur Abbaukante nicht nachweisen konnte. Auch Arten mit geringen nachgewiesenen oder angenommenen Ausbreitungsweiten führen rein zufällige Ausbreitungssprünge durch. Typisches Beispiel ist die Besiedlung von isoliert erscheinenden Felsköpfen z. B. durch das Immergrüne Felsenblümchen (*Draba aizoides*), das Stengelumfassende Hellerkraut (*Thlaspi perfoliatum*) oder die Erdsegge, alles semachore Arten mit Ausbreitungsweiten von wenigen Zentimetern bis

Metern im Jahr, die in Steinbrüchen regelmäßig vorkommen, auch wenn das nächste Spenderbiotop hunderte von Metern entfernt ist. Für die Besiedlung eines Kalksteinbruchs aus dem näheren oder weiteren Umfeld spielen also nicht die durchschnittlichen Ausbreitungsweiten eine Rolle, sondern die maximal möglichen. Diese werden nur noch von wenigen Diasporen erreicht, da nach HARD (1975) die Dichte des Diasporentransportes im Quadrat der Entfernung zum Herkunftsort sinkt. Solche Vorgänge sind nicht mehr kausal zu erklären, sondern weisen einen rein zufälligen Charakter auf. Die Besiedlung aus dem unmittelbaren Umfeld erfolgt in erster Linie durch Samen oder Bruchstücke. Auch der Transport ganzer Pflanzenmatten durch Hangrutschung ist möglich. Ausläufer sind durch die Steilwände am Steinbruchrand weitestgehend blockiert. Die Besiedlung aus dem näheren und weiteren Umfeld wird mit zunehmender Entfernung zum Artenpool mehr und mehr durch zufällige Besiedlungen dominiert. Die Abschätzung der Bedeutung des Zufalles ist sehr schwierig. Der Vorgang ist eigentlich als Kontinuum, als eine asymptotische, sich 100 % Zufall nähernde Kurve aufzufassen. Folgende Prinzipien wirken bei der Kalksteinbruchbesiedlung mit.

- Die Besiedlung aus dem unmittelbaren Umfeld unterliegt nur geringen Zufälligkeiten. Sind besiedlungsfähige Arten im unmittelbaren Umfeld vorhanden, wird der Steinbruch schnell besiedelt und dadurch die Ansiedlung weiterer Arten durch Konkurrenz der sich bereits etablierten Arten erschwert (vgl. HARD 1972).
- Auf Basis der nur im Steinbruch, aber nicht im Umfeld vorkommenden Arten bzw. deren Anteile kann der Anteil zufälliger Ansiedlung aus dem näheren Umfeld auf ca. 20 % - 30 % geschätzt werden.
- Die Ansiedlung von Arten, die nur im weiteren Umfeld vorkommen, geht zu 90 % - 100 % auf zufällige Ereignisse zurück. Je mehr die Forschung in diesem Bereich vertieft wird, desto mehr wächst auch das Wissen über extrem ausbreitungsfähige Arten (vgl. ASH 1980, GRAY 1982, JEFFERSON & USHER 1994, TRÄNKLE 1997).
- Die Größe des Steinbruches spielt eine wichtige Rolle. Je größer der Steinbruch, desto länger sind vegetationsoffene Flächen vorhanden, die besiedelt werden können. Je größer der Steinbruch, desto höher wird auch die Wahrscheinlichkeit, dass das Zielgebiet Steinbruch getroffen wird (Abb. 279).
- Der Pool der Arten, die für eine Ansiedlung in Frage kommen, ist abhängig von der Nutzungsintensität im Umfeld und der Ausbreitungsfähigkeit der weiter entfernten Arten, die aufgrund ihrer Ökologie überhaupt in der Lage sind, den Steinbruch zu besiedeln.

Umgekehrt kann eine echte Isolation des Steinbruches nur bezüglich folgender Artengruppen angenommen werden:

1. Arten, die den Steinbruch aufgrund fehlender Vorkommen auch außerhalb des weiteren Umfelds und/oder mangelnder Ausbreitungsfähigkeit nicht erreichen können.

2. Arten, deren ökologische Ansprüche (fehlende Mykorrhiza, fehlende Standortsqualitäten etc.) eine Etablierung verhindern, deren Diasporen den Steinbruch aber erreichen. Hierbei sind besonders Arten zu nennen, die in der Lage sind, eine dauerhafte Diasporenbank aufzubauen und somit zumindest potenziell vorhanden sind.

Mit zunehmendem Alter kann die Isolation gegenüber der zweiten Artengruppe durch Veränderung der Standortsbedingungen (Klimamilderung durch Verbuschung, Humusansammlung etc.) aufgehoben werden.

Soweit zu den bisher bekannten wichtigsten Ergebnissen.

Über Kalksteinbrüche - ob betrieben oder schon seit Jahrzehnten aufgelassen - wird seit mehr als 70 Jahren geforscht, Wissen zusammengetragen, klassifiziert und neu bewertet. Wie so oft sind manche scheinbaren Gesetzmäßigkeiten nicht haltbar oder manche scheinbar nicht verständlichen Vorgänge durch Ausnahmen, maximal Mögliches oder die wichtige Rolle des Zufalls in der Natur erklärbar. Die geschilderten Erkenntnisse sind aber nicht nur bloßes Forschungswissen, sondern werden in den verschiedensten Strukturen von Abbauindustrie, Naturschutzbestreben und in Genehmigungsverfahren verwendet. Einen kurzen Überblick gibt der folgende und letzte Abschnitt.

Abb. 279: Steinbruch in Nordbayern: Im hinteren Teil durch Steinsetzungen geschützte Sukzessionsflächen, vorn die frische Steinbruchsohle.

9 Auswirkungen über die Forschung hinaus

Die Forschungsergebnisse werden auf drei Ebenen verwertet: in den Planungs- und Genehmigungsverfahren, in der Neubewertung von betriebenen Abbaustellen und in der Folgenutzungsplanung. Direkte Auswirkungen der Forschung auf die Planungs- und Genehmigungsebenen in Deutschland finden sich mehr oder weniger umgesetzt in Leitfäden zu Abbauvorhaben. Insbesondere Baden-Württemberg hat bereits 1998 als Reaktion auf die Forschung einen Leitfaden herausgegeben, in dem die wichtige Funktion der Wanderbiotope ausreichend berücksichtigt wurde (s. LFUBW 1998). 2003 folgte eine richtungweisende Veröffentlichung des Bundesamtes für Naturschutz, die Empfehlungen für die Genehmigungsplanung bei Abbauvorhaben im Hinblick auf die naturschutzrechtliche Eingriffregelung enthält (s. MÜLLER-PFANNENSTIEL et al. 2003). Dass auch betriebene Abbaustellen naturschutzfachlich hochwertige Bereiche enthalten, ist eine erst in den 1990er Jahren aufkommende Erkenntnis (s. TRÄNKLE et al. 1992, 1993a, b, TRÄNKLE 1997). Die Abbauindustrie griff insbesondere den „Wanderbiotopgedanken" auf, setzte in vielen Kalksteinbrüchen den temporären Flächenschutz im Abbaubetrieb um und beteiligte sich an weiteren Forschungsvorhaben, z. B. zur Entwicklung und Implementierung von Biodiversitätsindikatoren in der Abbauindustrie [u. a. TRÄNKLE & BEIßWENGER 1999, BdZ/VdZ 2001, 2002, 2003, RADEMACHER & TRÄNKLE 2006, HEIDELBERGCEMENT 2008b (inkl. Überblick über bestehende und entwickelte Indikatorensysteme)]. Die Folgenutzungsplanung hat sich ebenfalls teilweise gewandelt, greift vorhandene ökologisch wertvolle Bereiche auf und berücksichtigt diese in Rekultivierungsplänen, ggf. werden Änderungen der Rekultivierungen aufgrund vorhandener spontaner Sukzessionsflächen beantragt und genehmigt. Die

Nutzung bestehender Biodiversität und die Förderung von Biodiversität in betriebenen Abbaustätten führen zu zeitlich kürzeren, naturschutzfachlich bedeutenderen Entwicklungen in Kalkstein-Abbaustätten. Dies wurde von verschiedenen Abbaukonzernen erkannt und in konzerneigenen Richtlinien (s. HEIDELBERGCEMENT 2008a) oder langjährigen Projekten (s. z. B. LAFARGE 2009, insb. S. 26) umgesetzt.

10 Folgenutzungskonzepte im Kalksteinabbau

Jeder Genehmigungsprozess einer neuen oder zu erweiternden Abbaustätte muss Konzepte zur Folgenutzung entwickeln, bevor auch nur ein Gesteinsbrocken abgebaut wird. Die im Abbau entstandenen Grobformen (Trichter, Kastenloch, Berghänge oder aufgeweitete Täler) mit ihren typischen Standorten (Wasser beeinflusste Ebenen, steile Felswände, flachere Halden oder stufige Abbausohlenreste) werden nach Abbauende wieder in die Landschaft eingefügt und in einen nutzbaren Zustand überführt oder auch der natürlichen Wiederbesiedlung überlassen. Dies kann z. B. im Sinne einer Wiederherstellung des vorherigen Zustands geschehen, der auf Basis einer gezielten und umfassenden Landschaftsanalyse planbar ist. Die Abbaustätte wird der umgebenden Natur und Landschaft nachgebildet, um sie ganz in diese einzufügen. Oft wird verfüllt oder teilverfüllt. Hinzu kommen Wünsche aus der Bevölkerung, den Kommunen, der Forst- und Landwirtschaft. Als übergeordnetes Leitbild im Sinne einer grundsätzlichen Förderung von Natur und Biodiversität, wie sie heutzutage erwünscht ist und naturschutzpolitisch angestrebt wird, ist die Schaffung naturnaher oder naturschutzrelevanter sowie abbautypischer Biotoptypen. Sofern sinnvoll und insbesondere durch die Eingriffsregelung notwendig, ist die Anlage land- und forstwirtschaftlicher Flächen oder Siedlungsareale einzubeziehen.

10.1 Renaturierung contra Rekultivierung?

Zwei vermeintliche Gegensätze, zum Problemfeld aufgebaut, sind die Rekultivierung als eine für den Menschen nützliche, auch wirtschaftliche bedeutende Form der Wiedernutzbarmachung alter Abbauflächen auf der einen Seite mit dem Gegenpart Renaturierung auf der anderen Seite als eine für den Menschen unnütze und nicht nutzbare Flächenherstellung, die ausschließlich naturschutzrelevante Biotoptypen ausbildet. Was in der naturschutzpolitischen Diskussion häufig zu hitzigem Streit führt, muss in der Planungsphase nicht unweigerlich unlösbar sein. Beiden Ansprüchen kann in einer Abbaustätte durchaus Genüge getan werden. Die vom Menschen genutzten Flächen entstehen hierbei vornehmlich auf den flacheren, leicht zugänglichen Bereichen, naturnahe Biotope auf für die menschliche Nutzung nicht oder wenig geeigneten Flächen wie Steilhängen oder Schuttfluren. Je nach Abbaustätte und ihrer spezifischen Umgebung überwiegen die Rekultivierungs- oder die Renaturierungsflächen. Im Falle kleinerer Kalksteinbrüche, wie etwa im Muschelkalk, wird auch durch die Nähe zu Ballungsräumen häufig eine annähernde Vollverfüllung bei Rekultivierung landwirtschaftlicher Nutzflächen angestrebt, während die großen Zementbrüche viel Raum für beide Folgenutzungsformen bieten.

Die Abb. 280 zeigt Ausschnitte von Rekultivierungsplänen, die teils bereits in der Umsetzung sind. Sie gehen von der vollständigen Wiederherstellung der vorherigen Ackernutzung aus, allerdings mit ausgedehnten Heckenzügen am Rand, bis zum Nebeneinander von strukturreichen, Fels und Schuttfluren und forstwirtschaftlich genutzten artenreichen Laubwäldern im Naturraum Schwäbische Alb. In seltenen Fällen können sogar ausgedehnte Seen durch Kalksteinabbau in grundwasserabgesenkten Flächen mit naturschutzrelevanten Zonen und Erholungsnutzungen entstehen.

Gips-, Anhydrit-, Kalk-, Kreideabbau

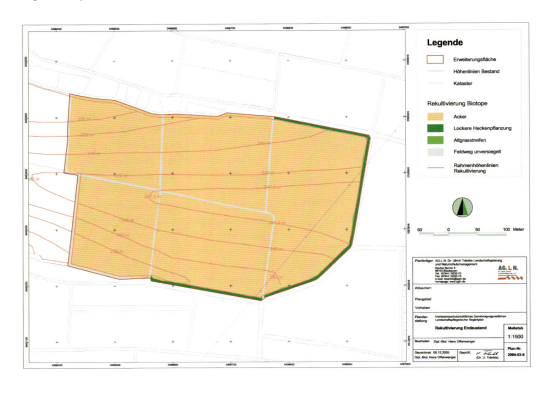

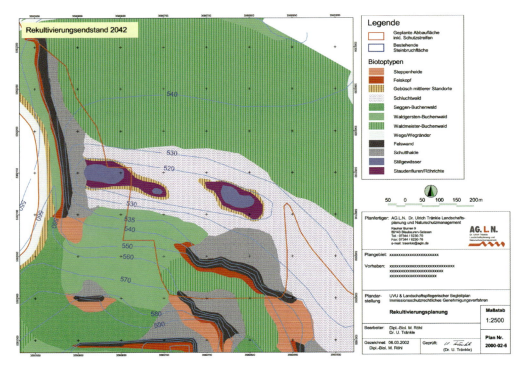

Abb. 280: Beispiele für Rekultivierungen von Kalksteinbrüchen.

10.2 Renaturierungsverfahren

Über die Rekultivierung landwirtschaftlicher und forstwirtschaftlicher Nutzflächen gibt es genaueste Vorstellungen, teils auch Vorschriften, die, angepasst an die örtlichen Bodenverhältnisse, wenig Spielraum in der ökologischen Standortsgestaltung lassen. Naturschutzrelevante Renaturierung ist dagegen vergleichsweise frei in den Anlageparametern, setzt aber umfassendes ökologisches Wissen voraus. Sie geht von völliger Neuanlage bis hin zu Artanreicherungen bestehender Pflanzengesellschaften durch Ansaat oder Pflanzung heimischer Arten. Dennoch gibt es einige Verfahren, die grundsätzlich in der Renaturierung Anwendung finden und für viele naturschutzrelevante Zielbiotope geeignet sind. Für alle unten genannten Methoden gilt zudem, dass naturschutzrelevante Flächenplanung und -gestaltung mittel- und langfristig Biodiversität fördert.

Bodenvorbereitung und Geländemodellierung

Die meisten der mitteleuropäischen naturschutzrelevanten Biotoptypen sind in irgendeiner Form extrem zu nennen. Meist ist ein Standortsfaktor im Minimum oder im Überfluss vorhanden. Wichtige Faktoren sind die Wasser- und Nährstoffverfügbarkeit sowie Bodenbildung. Außer in den verfüllten Bereichen, die meist tiefgründige, nährstoffreiche und gut mit Wasser versorgte Böden aufweisen, herrschen, wie in den vorangehenden Abschnitten beschrieben, flachgründige, nährstoffarme trockene Standortsverhältnisse vor. Auf den Sohlen kann es jedoch zu Dauervernässungen kommen. Gerade solche Flächen sind in der umgebenden Landschaft äußerst selten, wodurch sich die hohe Zahl seltener Arten im Steinbruch erklärt. Für die Bodenvorbereitung sollte daher überwiegend steinbrucheigenes Material z. B. aus Abraumhalden und Siebschutt verwendet werden. Je nach Zielvegetation sollte auf diese Flächen möglichst wenig Oberboden aufgetragen werden (5-10 cm) oder ganz darauf verzichtet werden. So erhält man eine langsame Vegetationsentwicklung und hält die Gehölzausbreitung meist länger zurück. Sollen Gehölze gepflanzt werden, so ist es von Vorteil, nur die minimal erforderlichen durchwurzelbaren Bodenschichten herzustellen (Abb. 281). Alle anderen Flächen können mit den nachfolgend kurz erläuterten Methoden begrünt werden.

Abb. 281: Forstliche Rekultivierung: Bodenvorbereitung und Geländemodellierung.

Abb. 282: Forstliche Rekultivierung Vohenbronnen (Angesäter Hangwald und Neufläche 2001).

Aussaat von krautigen Wildarten/Gehölzen

Innerhalb der Abbaustätte kann Wildsaatmaterial aus Wanderbiotopen gesammelt oder autochthones Saatgut gekauft werden. Es können Mischungen oder Heudrusch angesät werden oder auch kleinflächig Einzelarten. Sollen gezielt naturschutzrelevante Pflanzenarten in die Abbaustätte eingebracht werden, dann ist dies ein empfehlenswertes Verfahren. Denn die sich etablierenden Sämlinge sind umfassend an die Standortsfaktoren auf den Renaturierungsflächen angepasst und werden sich voraussichtlich auch gut in der Abbaustätte vermehren. So können neben herkömmlichen forstlichen Rekultivierungen durch Pflanzung auf tiefgründigen Böden auch Vorwälder auf flachgründigen Halden angesät werden (Abb. 282). Diese naturschutzrelevanten Vorwälder wachsen zwar langsam, die Selektionsprozesse führen aber zu gut an die speziellen Standortsbedingungen angepassten Beständen (s. hierzu RADEMACHER & TRÄNKLE 2007).

Mähgutausbringung

Eine Variante der Ansaat ist die Ausbringung frischen Mähguts reifer Zielvegetationsflächen auf Rohböden mit geringer Oberbodenauflage. Die Spenderflächen werden in der Hauptreifezeit der Krautigen gemäht, sofort möglichst maschinell aufgeladen und in direktem Anschluss ohne Wartezeit auf die vorbereiteten Flächen aufgetragen (Abb. 283). Steillagen benötigen hier einige Handarbeit (Abb. 284). Durch die Verwendung frischen Mähgutes werden zahlreiche Diasporen aus der Vegetation, aber auch aus der Streuschicht der Spenderflächen eingebracht. Gleichzeitig bildet das Schnittgut eine leicht verfilzende, Schatten und Nährstoffe spendende Schutzschicht, die junge Keimlinge vor Austrocknung schützt, Wind und Wassererosion entgegenwirkt, ein Verschwemmen der Samen weitgehend verhindert und durch Verrottung während des Bodenbildungsprozesses sukzessiv Nährstoffe freisetzt. Von dieser Art Ansaat profitiert nicht nur der renaturierte Steinbruchbereich, sondern auch die Spenderfläche, die auf diese Weise über

Gips-. Anhydrit-, Kalk-, Kreideabbau

Abb. 283: Steilhangbegrünung auf Siebschutt im Stadium der Anlage 2001 (oben) und nach 9 Jahren Entwicklungszeit 2010 (unten).

Abb. 284: Verteilung des Mähguts per Hand.

Abb. 285: Mähgutanlage mit Steinsetzungen im Ulmer Weiß 2010.

Jahre gepflegt wird. Sind die Spenderflächen der Umgebung zu artenarm, kann vor der Mähgutausbringung eine lockere Ansaat mit autochthonen Zielvegetationsarten erfolgen, damit die Flächen sich von Anfang an artenreich entwickeln. Die Methode ist ausführlich beschrieben in TRÄNKLE (1997) und wird in verschiedenen Abbaustätten, z. B. auch im Braunkohletagebau, angewendet [s. a. TRÄNKLE & POSCHLOD (1994)].

Pflanzung von Wildarten

Die gewünschten Wildpflanzen können, falls vorhanden, innerhalb der Abbaustätte in Wanderbiotopen ausgegraben und versetzt werden. Eine weitere Möglichkeit bietet die Saatgutsammlung in der Abbaustätte oder der Kauf autochthonen Saatguts. Das Saatgut wird z. B. in Gärtnereien ausgesät, herangezogen und in den Renaturierungsflächen wieder ausgepflanzt. Zahlreiche Gehölzarten und auch viele Gräser und Krautige sind als gebietsheimische Arten im Handel erhältlich. Die Pflanzung kann auch in bereits bestehenden Biotoptypen erfolgen und dient dann der Artanreicherung mit in der Abbaufläche nicht vorhandenen naturschutzrelevanten Zielarten in die passende Umgebung.

Versetzung bestehender Biotoptypen: Sodenverpflanzung und Sodenschüttung

Diese Übertragungen sind für viele kraut- und grasreiche Vegetationstypen, aber nicht für Gehölzflächen geeignet. Bei der Sodenverpflanzung werden ganze Teilstücke bestehender Pflanzengesellschaften mit dem zugehörigen Wurzelraum versetzt und an anderer Stelle neu zusammengesetzt. Häufig synonym gebrauchte Begriffe für diese Vorgehensweise sind Sodentransplantation und Biotopumsiedlung. Die Sodenschüttung arbeitet mit mehr oder weniger zerkleinerten Vegetationsbruchstücken und Oberbodenklumpen, wie sie z. B. beim normalen Abschieben mit Raupenfahrzeugen entstehen. Das zerkleinerte Material wird dünn auf die neuen Flächen aufgetragen und danach nicht mehr befahren. Beide Verfahren übertragen nicht nur Einzelpflanzen, sondern vor allem die Diasporenbank der betreffenden Flächen. Zudem werden auch andere Organismen wie Bodentiere, Pilze oder Bakterien mit übertragen.

Erhalt von Vegetationsfragmenten

Streng genommen kann der Erhalt randlicher Vegetationsfragmente nicht zu den Renaturierungsverfahren gezählt werden. Aber wie in den Abschnitten F2 5 u. 6 erläutert, besiedeln sich gerade Kalkabbauflächen mit den typischen Arten der Magerrasen und Felsköpfe dann, wenn zwischen Abbaufläche und Spenderfläche ein direkter Kontakt besteht. Dadurch entwickeln sich schon Wanderbiotope während des Abbaus artenreicher. Die entstehenden Mager- und Halbtrockenrasen können als Spenderfläche für Saatgut, Verpflanzungen oder Sodenschüttungen dienen, so dass mit den örtlichen genetischen Sippen gearbeitet werden kann. Teilweise können sie auch bei geeigneter Lage in die Rekultivierungsplanung einbezogen werden.

11 Literatur

ASH, H. J. (1980): The Natural Colonisation of derelict industrial land and its development for amenity use. Diss. (Ph. D. thesis), University of Liverpool.

BDZ/VDZ (2001): Naturschutz und Zementindustrie. Projektteil 1: Auswertung einer Umfrage. Bundesverband der Deutschen Zementindustrie/Verein Deutscher Zementwerke (Hrsg.). Bearb. v. TRÄNKLE, U., RÖHL, M., Düsseldorf.

BDZ/VDZ (2002): Naturschutz und Zementindustrie. Projektteil 3: Management-Empfehlungen. Bundesverband der Deutschen Zementindustrie/Verein Deutscher Zementwerke (Hrsg.). Bearb. v. BEIßWENGER, T., TRÄNKLE, U., HEHMANN, M., Düsseldorf.

BDZ/VDZ (2003): Naturschutz und Zementindustrie. Projektteil 2: Literaturstudie. Bundesverband der Deutschen Zementindustrie/Verein Deutscher Zementwerke (Hrsg.). Bearb. v. TRÄNKLE, U., OFFENWANGER, H., RÖHL, M., HÜBNER, F., POSCHLOD, P., Düsseldorf.

BEIßWENGER, T. (1993): Vegetationskundliche und floristische Untersuchungen zur Sukzession von Kalksteinbrüchen des Blau- und Schammentals unter besonderer Berücksichtigung der Umgebung und der historischen Vegetation. Dipl.-Arb., Institut für Landschafts- und Pflanzenökologie, Universität Hohenheim,

BRAUN-BLANQUET, J. (1964): Pflanzensoziologie. 3. Aufl., Berlin.

BUSCHBOM, U. (1984): Bemerkenswerte Vorkommen der Hornkraut-Gesellschaft (Cerastietum pumili) im Maintal bei Würzburg. Tuexenia **4**: 217-225.

DAVIS, B. N. K. (1976): Wildlife, Urbanisation and Industry. Biol. Cons. **10**: 249-291.

- (1977): The Hieracium flora of chalk and limestone quarries in England. Watsonia **11**: 345-351.

- (1979): Chalk and Limestone Quarries as Wildlife Habitats. Minerals and the Environment **1**: 48-56.

-, LAKHANI, K. H., BROWN, M. C., PARK, D. G. (1985): Early seral communities in a limestone quarry: an experimental study of treatment effects on cover and richness of vegetation. J. Appl. Ecol. **22**: 473-490.

DEUSCHLE, J., GILCHER, S., MESSLINGER, U., OFFENWANGER, H., TRÄNKLE, U. (2003): Die Bedeutung von Steinbrüchen für den Arten- und Biotopschutz am Beispiel Bayerns. Veröff. Akad. Geowiss. Hannover **23**: 78-88.

DICKE, A. (1989): Renaturierungsplanung für Kalksteinbrüche im nördlichen Sauerland - dargestellt am Beispiel verschiedener Abbauflächen bei Warstein, Kreis Soest. Dipl.-Arb., Fachbereich 7, Studiengang Landespflege, Universität-Gesamthochschule Paderborn, Abteilung Höxter.

DIEKJOBST, H. (1965): Die Initialstadien der Kalkrohbodenbesiedlung in den Steinbrüchen des Kernmünsterlandes. Natur u. Heimat **25**: 11-15.

-, ANT, H. (1972): Der Vegetationskomplex des Neuengeseker Steinbruchs im Lohnerklei bei Soest (Westf.). Natur u. Heimat **3**: 65-74.

GILCHER, S. (1995): Lebensraumtyp Steinbrüche. Landschaftspflegekonzept II (17): 176 S., Hrsg. Bayer. StMLU (München) & ANL (Laufen).

-, BRUNS, D. (1999): Renaturierung von Abbaustellen. Stuttgart (Hohenheim).

-, TRÄNKLE, U. (2005): Steinbrüche und Gruben Bayerns und ihre Bedeutung für den Arten- und Biotopschutz. Bayerischer Industrieverband Steine und Erden & Bayerisches Landesamt für Umwelt (Hrsg.), München, Augsburg.

GINDELE, H. (1996): Vegetation und Vegetationsentwicklung in zwei aktiven Steinbrüchen des Keupers (Trias) im Kreis Tübingen. Dipl.-Arb., Fakultät Biologie, Universität Tübingen,

GRAY, H. (1982): Plant dispersal and colonisation. In: DAVIS, B. N. K. (Ed.): Ecology of quarries. The importance of natural vegetation. ITE (Institute of Terrestrial Ecology) Symposium **11**: 27-31, Huntingdon (GB).

HARD, G. (1972): Wald gegen Driesch. Das Vorrücken des Waldes auf Flächen junger "Sozialbrache". Ber. dt. Landesk. **46**: 49-80.

- (1975): Vegetationsdynamik und Verwaldungsprozesse auf den Brachflächen Mitteleuropas. Die Erde **106**: 243-276.

HEIDELBERGCEMENT (2008a): Förderung der biologischen Vielfalt in den Abbaustätten von HeidelbergCement. Bearb. v. RADEMACHER, M., TRÄNKLE, U., HÜBNER, F., OFFENWANGER, H., KAUFMANN, S.

- (2008b): Nachhaltigkeitsindikatoren für ein integriertes Rohstoff- und Naturschutzmanagement Pilotprojekt im Zementwerk Schelklingen. Ein Projekt der HTC, BDZ, SPADZ, AG.L.N. Rohstoff- und Naturschutzmanagement Projekt-Gesellschaft bR mit Unterstützung des Bundesministerium für Bildung und Forschung (Förderkennzeichen: 01 LM 0401).

HEPBURN, I. (1942): The vegetation of the Barnack Stone Quarries. A study of the vegetation of the Northhamptonshire jurassic limestone. J. Ecol. **30**: 57-64.

HOPE-SIMPSON, J. F. (1940): Studies of the vegetation of the English chalk. VI. Late stages in succession leading to chalk grassland. J. Ecol. **28**: 386-402.

JEFFERSON, R. G., USHER, M. B. (1986): Ecological succession and the evaluation of nonclimax communities. In: USHER, M. B. (Ed.): Wildlife Conservation Evaluation: 70-91. London.

JEFFERSON, R. G., USHER, M. B. (1994): Ökologische Sukzession und die Untersuchung und Bewertung von Nicht-Klimax-Gesellschaften. In: USHER, M. B., ERZ, W. (Hrsg.): Erfassen und Bewerten im Naturschutz. Probleme - Methoden - Beispiele: 66-82, Stuttgart.

KIRMER, A. (1993): Initiierte Vegetationsentwicklung als Ersatz herkömmlicher Rekultivierungsmaßnahmen im Steinbruch Altental bei Gerhausen (Alb-Donau-Kreis, Bad.-Württ.). Dipl.-Arb., Institut für Landschafts- und Pflanzenökologie, Universität Hohenheim.

KLEPSER, H.-H., WÜNSCH, W. (1979): Das Naturschutzgebiet „Blauer Steinbruch" bei Ehingen. Ein schutzwürdiges Biotop aus zweiter Hand. Veröff. Naturschutz u. Landschaftspflege Baden-Württ. **49/50**: 31-50.

KUNDEL, W. (1983): Die Bedeutung der Vegetationsentwicklung offengelassener Kalksteinbrüche im Teutoburger Wald für eine neue Konzeption landschaftspflegerischer Einbindung. Dipl.-Arb., Institut für Geografie, Westfälische Wilhelms-Universität Münster.

- , SCHREIBER, K.-F., VOGEL, A. (1987): Spontane Vegetation in Kalksteinbrüchen des Teutoburger Waldes. Empfehlungen zur Renaturierung und Landschaftspflege. Münst. Geogr. Arb. **26**: 131-146.
LAFARGE (2009): Sustainability report 2009.
LASCHTOWITZ, R. (1989): Ökologische Untersuchungen in einem offengelassenen Kalksteinbruch im Teutoburger Wald bei Lengerich (Westf.) als Grundlage für ein naturschutzorientiertes Entwicklungskonzept. Dipl.-Arb., Gesamthochschule Essen.
LfU (1998): Leitfaden für die Eingriffs- und Ausgleichsbewertung bei Abbauvorhaben. Hrsg. Landesanstalt für Umweltschutz Baden-Württemberg (LfU), Fachdienst Naturschutz Eingriffsregelung 1.
MEYER, B. (1995): Sukzessionsbetrachtung von Steinbruchstrukturen an ausgewählten Steinbrüchen im Landkreis Nürnberger Land. Eine Untersuchung zur Entwicklung von Folgenutzungskonzepten Naturschutz in der Abbauplanung. Dipl.-Arb., Fachbereich Landespflege, Fachhochschule Weihenstephan.
MUHLE, H., POSCHLOD, P. (1989): Konzept eines Dauerbeobachtungsprogramms für Kryptogamengesellschaften. Ber. ANL **13**: 59-76.
MÜLLER-PFANNENSTIEL, K., TRÄNKLE, U., BEIßWENGER, T., MÜLLER, W. (2003): Empfehlungen zur naturschutzrechtlichen Eingriffsregelung bei Rohstoffabbauvorhaben. Ergebnisse aus dem F+E-Vorhaben 801 82 140 des Bundesamtes für Naturschutz. Bundesamt für Naturschutz (Hrsg.), Bonn-Bad Godesberg.
MÜLLER-SCHNEIDER, P. (1977): Verbreitungsbiologie (Diasporologie) der Blütenpflanzen. Veröff. Geobot. Inst. ETH, Stiftung Rübel **61**: 226 S.
MÜNCH, R. (1995): Tendenzen der Vegetationsentwicklung im Naturschutzgebiet Blauer Steinbruch bei Ehingen unter Berücksichtigung des aktuellen und historischen Umfeldes. Staatsex.-Arb., Institut für Landschafts- und Pflanzenökologie, Universität Hohenheim.
MÜRB, R. (1993): Umweltverträglichkeitsstudie für den Abbau der Lagerstätten der Karsdorfer Zement GmbH. Unveröff. Studie.
OBERDORFER, E. (1983): Süddeutsche Pflanzengesellschaften, Teil I-III. 2. Aufl., Stuttgart.
PFADENHAUER, J., POSCHLOD, P., BUCHWALD, R. (1986): Überlegungen zu einem Konzept geobotanischer Dauerbeobachtungsflächen für Bayern. Teil I. Ber. ANL **10**: 41-60.
PLACHTER, H. (1992): Ökologische Langzeitforschung und Naturschutz. Sukzessionsforschung. 1. Symposium 23. März 1992, Schloß Ettlingen. Veröff. Projekt „Angewandte Ökologie" **1**: 59-96.
RADEMACHER, M., TRÄNKLE, U. (2006): Optimising the balance between quarrying and nature conservation. Mining Environm. Management October 2006: 16-18.
RADEMACHER, M., TRÄNKLE, U. (2007): Sowing trials for establishing woodland stands on untreated soils. Cement International **4/2007** (5): 73-85.
RATCLIFFE, D. A. (1974): Ecological effects of mineral exploitation in the United Kingdom and their significance to nature conservation. Proc. R. Soc. Lond. A. **339**: 355-372.
RIECKEN, U., FINCK, P., RATHS, U., SCHRÖDER, E., SSYMANK, A. (2006): Rote Liste der gefährdeten Biotoptypen Deutschlands. Zweite fortgeschriebene Fassung 2006. BfN Schriftenr. Naturschutz u. Biol. Vielfalt **34**: 318 S.
SCHMIDT, W. (1974): Bericht über die Arbeitsgruppe für Sukzessionsforschung auf Dauerflächen der Internationalen Vereinigung für Vegetationskunde. Vegetatio **29**: 69-73.
SCHRÖDER, K. (1995): Vegetation und Flora eines Gipskeupersteinbruches und seiner Umgebung unterhalb des Spitzberges bei Tübingen. Dipl.-Arb., Institut für Landschafts- und Pflanzenökologie, Universität Hohenheim.
STEPHAN, B., STEPHAN, S. (1970): Vegetationsentwicklung im NSG Stolzenburg. Decheniana **123**: 294-304.
STERNBERG, K., BUCHWALD, R. (1999): Die Libellen Baden-Württembergs 1: Allgemeiner Teil: Kleinlibellen (Zygoptera). Stuttgart (Hohenheim).
TAYLOR, B. W. (1957): Plant succession on recent volcanoes in Papua. J. Ecol. **45**: 233-242.
TRÄNKLE, U. (1997): Vergleichende Untersuchungen zur Sukzession von Steinbrüchen und neue Ansätze für eine standorts- und naturschutzgerechte Renaturierung. In: POSCHLOD, P., TRÄNKLE, U., BÖHMER, J., RAHMANN, H. (Hrsg.): Steinbrüche und Naturschutz, Sukzession und Renaturierung. Umweltforschung in Baden-Württemberg. Landsberg.
- (2000): Steinbrüche. Handbuch Naturschutz und Landschaftspflege. Teil XIII-7.25. W. KONOLD, R. BÖCKER, U. HAMPICKE. Landsberg, ecomed Verlag: 16 S.
- , BEIßWENGER, T. (1999): Naturschutz in Steinbrüchen. Naturschutz, Sukzession, Renaturierung. Schr. R. Umweltberatung ISTE Baden-Württemberg **1**: 83 S.

- , POSCHLOD, P. (1994): Vegetationskundliche Untersuchungen zur Sukzession von Steinbrüchen unter besonderer Berücksichtigung des Naturschutzes - Erste Ergebnisse zum Einfluß der Umgebungsvegetation auf die Vegetationsentwicklung und zur gelenkten Sukzession mit Hilfe von Mähgut. Veröff. Projekt „Angewandte Ökologie" **8**: 353-367.
- , POSCHLOD, P., KOHLER, A. (1992): Steinbrüche und Naturschutz: Vegetationskundliche Grundlagen zur Schaffung von Entwicklungskonzepten in Materialentnahmestellen am Beispiel von Steinbrüchen. Veröff. Projekt „Angewandte Ökologie" **4**: 133 S.
- , POSCHLOD, P., KOHLER, A. (1993a): Untersuchungen zur Folgenutzung Naturschutz in anthropogen geschaffenen Strukturen am Beispiel der Kalksteinbrüche im Blautal. I. Grundlagen und vegetationskundlicher Teil. Hohenheimer Umwelttagung **25**: 161-166.
- , POSCHLOD, P., KOHLER, A. (1993b): Vegetationskundlich-landschaftsökologische Untersuchungen zur Sukzession in Steinbrüchen. - Beeinflussende Faktoren und mögliche Entwicklungskonzepte für die Folgenutzung Naturschutz. Veröff. Projekt „Angewandte Ökologie" **7**: 133-142.
- USHER, M. B. (1979): Natural communities of plants and animals in disused quarries. J. Env. Management **8**: 223-236.
- WARTNER, H. (1983): Steinbrüche, vom Menschen geschaffene Lebensräume. Landschaftsökologie (Weihenstephan) **4**: 67 S.
- WINTERHOFF, W. (1965): Die Vegetation der Muschelkalkfelshänge im hessischen Werrabergland. Veröff. Landesstelle Naturschutz u. Landschaftspflege Bad.-Württ. **33**: 146-197.
- WOLMAN, T. (1991): Floristische Ausstattung und Vegetationsentwicklung in Plattenkalksteinbrüchen der Schwäbischen und Fränkischen Alb in Abhängigkeit von der Umgebung. Dipl.-Arb., Inst. für Landeskultur und Pflanzenökologie, Universität Hohenheim, Stuttgart-Hohenheim.

F3 Kreideabbau

MANFRED KUTSCHER

1 Definition

Da der Begriff „Kreide" in unterschiedlichem Zusammenhang und teilweise sogar irreführend verwendet wird, ist es notwendig, diesem Kapitel eine Definition zum zweifelsfreien Verständnis voranzustellen. Die „Tafel"- oder „Schul"kreide hat mit Kreide nichts zu tun. Sie besteht aus Gips ($CaSO_4$). „Kreide" im geologischen Sinn wird als Kurzform für die Kreidezeit und für die Weiße Schreibkreide gleichermaßen verwendet. Nachfolgend bezeichnet das Wort Kreide immer nur das biogene Sediment „Weiße Schreibkreide". Da bei der Gewinnung der Kreide die „Verunreinigung" Feuerstein durch einfaches Sieben entfernt werden kann, dürfte diese Tatsache für die Entstehung des Wortes „Kreide" verantwortlich sein, denn das lateinische „terra creta" bedeutet „gesiebte Erde" (ROHLEDER 2001).

2 Kreideabbaugebiete in Deutschland

Bezugnehmend auf die obige Definition werden nachfolgend nur diejenigen Abbaugebiete berücksichtigt, in denen Kalke abgebaut wurden und/oder werden, die der Bezeichnung „Weiße Schreibkreide" gerecht werden.

2.1 Außerhalb Rügens

Nennenswerte Kreidevorkommen sind außerhalb der Insel Rügen mit den aufgelassenen Abbaugebieten Hemmoor, Lüneburg und Kronsmoor und den aktiven in Lägerdorf nur in Niedersachsen und Schleswig-Holstein zu finden.

2.2 Insel Rügen

Auf der Insel Rügen konzentrieren sich die ehemaligen, gegenwärtigen und geplanten Abbaugebiete vor allem auf die glazitektonisch besonders beeinflusste Halbinsel Jasmund (Abb. 286).

Gips-. Anhydrit-, Kalk-, Kreideabbau

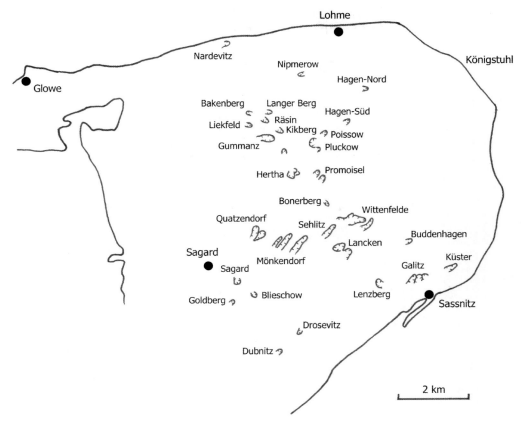

Abb. 286: Historische Kreidebrüche auf der Halbinsel Jasmund/Rügen.

I Historisch

Etwa von 1720 bis 1962 erfolgte der Kreideabbau in kleinflächigen Brüchen, deren Nutzungszeit von nur wenigen Jahren bis zu mehreren Jahrzehnten betrug. So entstanden etwa 40 Kreidebrüche mit unterschiedlichen Auflassungsdaten vorwiegend am westlichen, südlichen und östlichen Rand des in seiner Fläche seit dem 17. Jh. kaum veränderten Buchenwaldgebietes der Stubnitz (seit 1929 Naturschutzgebiet und 1990 Teil des Nationalparks Jasmund, in den auch einige Brüche einbezogen wurden). Die Flächengröße der historischen Brüche lag zwischen 1-2 ha, bei solchen, die noch nach 1945 in Betrieb waren bei 5-10 ha (Abb. 287).

Neben den Jasmunder Kreidebrüchen gab es vereinzelt auch Abbaue auf Süd-Rügen (Dumsevitz, Rosengarten und Klein-Stubben bei Garz) und sogar eine Nassgewinnung aus dem Greifswalder Bodden bei Altkamp. Die Vorkommen waren zumeist isolierte Kreideschollen.

II Aktuell und perspektivisch

Im Jahr 1962 wurde der vollmechanisierte Abbau im ehemaligen Bruch Wittenfelde aufgenommen und nach mehr als 40 Jahren, im Januar 2004, eingestellt. Zu dieser Zeit betrug die bergbaulich beanspruchte Fläche des Tagebaus (einschließlich der Halden) etwa 42 ha. Mit Aufnahme des Betriebes in Wittenfelde wurden auch die letzten verbliebenen Brüche aufgelassen. Der gegenwärtig genutzte Tagebau in Promoisel nimmt einschließlich der Halden derzeit eine Fläche von etwa 70 ha ein und wird im Komplex abgebaut. Das bedeutet, dass vier Kreideschollen einschließlich der eingelagerten pleistozänen Einfaltungen annähernd gleichzeitig dem Abbau unterliegen (Abb. 288).

Gips-, Anhydrit-, Kalk-, Kreideabbau

Abb. 287: Kreidebrüche auf Jasmund. Von links unten nach rechts oben: Pluckow, Wesselin, Gummanz, Kikberg, Räsin (Foto: D. Hoffmann, 2010).

Abb. 288: Aktueller Tagebau Promoisel.

Bei einem in Vorbereitung befindlichen Abbaugebiet (Goldberg bei Sagard/Rügen), einem über die nächsten Jahrzehnte ausreichenden Kreidevorkommen, wird aus verschiedenen Gründen und da es die geologische Beschaffenheit ermöglicht, der schuppenweise Abbau angewendet werden.

3 Kreidegewinnung auf Rügen

Der Abbau der Kreide und ihre Nutzung hat eine lange Tradition. Eigentlich lässt sie sich bis in die Jüngere Steinzeit zurückverfolgen, wo allerdings nicht die Schreibkreide, sondern ihre „Verunreinigung", der Feuerstein, genutzt wurde. Ein Bergbau auf Feuerstein konnte auf Rügen bisher allerdings nicht nachgewiesen werden. Es gab ja auch genügend von dem für den Werkzeug- und Waffenbau besser geeigneten Geschiebe-Feuerstein (KUTSCHER 2007). Mindestens seit dem 11./12. Jh. ist jedoch die Nutzung der Kreide als „Weißmachpulver" bekannt. Gleichlaufend mit dem Einsatz als Pigment z. B. in Anstrichstoffen und Putzen erfolgte die Nutzung als natürlicher Mineraldünger, der auch gegenwärtig wieder angeboten wird. Noch bevor die erste Schlämmerei ihren Betrieb aufnahm, wurde Kreide auf Rügen zu Mauerkalk gebrannt. Etwa seit Ende des 17. Jh. sind Kalkbrennöfen nachweisbar (PETRICK 2010).

3.1 Geologische Voraussetzungen

Bei der Rügener Kreide handelt es sich um ein sehr reines, biogenes Sediment des Untermaastrichtiums (69-67 Mio. Jahre) mit einem $CaCO_3$-Gehalt von etwa 98 % und schichtparallel eingelagerten Feuersteinbändern (REICH & FRENZEL 2002). In der weiteren erdgeschichtlichen Entwicklung spielen insbesondere die Eiszeiten eine wesentliche Rolle. Elster- und Saalevereisung schoben die über dem Maastrichtium liegenden Sedimente ab und hinterließen nach ihrem Rückzug eine Überdeckung aus Mergeln, Sanden und Gesteinen. Die Gletscher der Weichselkaltzeit sorgten für eine glazitektonische Beeinflussung der inzwischen tektonisch herausgehobenen Kreidegebiete mit ihrer pleistozänen Decke. Ergebnis ist eine Falten-Schuppenstruktur, die dafür sorgt, dass die ehemals unter den eiszeitlichen Ablagerungen verborgene Kreide nun dachziegelartig in riesigen, schräg liegenden Schollen neben Mergeln und Sanden kleinflächig an der Oberfläche ansteht und meist nur schwach vom Geschiebematerial des Weichseleises überdeckt ist.

3.2 Technologie der Kreidegewinnung

Im Folgenden beschränken sich die Aussagen ausschließlich auf die Technologie bei der Produktion von Schlämmkreide direkt im Bereich des Abbaus, deren Beginn etwa auf das Jahr 1845 festgesetzt werden kann. Vor diesem Zeitpunkt (ab 1832) waren die Betriebe weit von den Rohstoffvorkommen entfernt (Berlin, Greifswald, Lauterbach) und schlämmten die Kreide z. T. noch in Fässern. Sie sind somit für die weiteren Betrachtungen ohne Bedeutung.

Auf den Abbau der Rohkreide wird, obwohl sie als Endprodukt den größten Anteil an der historischen Produktion ausmachte, nicht weiter eingegangen, da sie einen deutlich geringeren Einfluss auf die Folgelandschaft hat.

Ziel der dem Abbau nachgeschalteten Technologie ist eine von Fremdbestandteilen wie Feuerstein, Sand oder Fossilien gereinigte Kreide. Dafür sind damals wie heute vier technologische Schritte notwendig:

- Abbau der feuersteinhaltigen Rohkreide,
- Beseitigen der Fremdbestandteile durch Schlämmen mit Wasser; Nachreinigung bzw. Klassifizierung,
- Entfernen des Wassers aus der Kreidetrübe durch Entzug und Trocknung,
- Zerkleinern, Verpacken.

I Historische Technologie

Die nachfolgend kurz beschriebene Technologie zur Herstellung des Endproduktes Schlämmkreide wurde in fast unveränderter Form von 1845 bis 1962 angewendet (KUTSCHER 2007). Das Abschlagen der Kreide aus der Wand erfolgte in den nach Süden ausgerichteten Brüchen durch in der Wand hängende Arbeiter mit der Spitzhacke. Zuvor musste die Bodendecke, die sogenannte verunreinigte „Kopfkreide" entfernt werden. Nach 1950 hat man vereinzelt auch Bagger eingesetzt. Die Rohkreide wurde im mit einem Rührwerk ausgestatteten Schlämmbecken durch Wasserzusatz geschlämmt, wobei Fremdbestandteile ausgewaschen zu Boden sanken. Die Rührwerke waren immer im Bruch angeordnet. Die Kreidetrübe mit etwa 20 % Kreideanteil wurde mittels Förderaggregaten über ein außerhalb des Bruches verlaufendes Rinnensystem, in welchem sich Sand und kleine Fossilreste absetzten, zu den Absetzbecken geleitet. Durch Entzug des sich absetzenden Wassers und Lufttrocknung dickte die Kreide ein. Nach etwa 2 Wochen konnte die pastöse Masse in seitlich offene Trockenschuppen verbracht und dort je nach Witterung etwa 6 Wochen luftgetrocknet werden. Danach wurden die Kreidebatzen per Hand (oder später maschinell) zerkleinert und verpackt. Der gesamte Prozess dauerte, da er im Freien stattfand, vom Abbau bis zur Verpackung je nach Wetterlage 8-10 Wochen (Abb. 289). In den Jahren 1852-1866 betrug, neben einem deutlich höheren Anteil Rohkreide, die jährliche Schlämmkreideproduktion der in Betrieb befindlichen 10 Kreidebrüche 5.000-7.000 t. Im Jahr 1928 wurden in etwa 40 Kreidebrüchen neben ca. 500.000 t Rohkreide auch 80.000 t Schlämmkreide hergestellt.

Abb. 289: Kreidebruch Gummanz (um 1910), in der Bildmitte die Absetzbecken und Trockenschuppen.

II Moderne Verfahren

Im Jahr 1962 nahm ein vollmechanisiertes Werk seinen Betrieb auf. Bagger bauten großflächig die Kreide und die zwischen den einzelnen Kreideschuppen liegenden Geschiebemergel und -sande ab. Lorenzüge beförderten die Rohkreide in das 2 km entfernte Werk zur Verarbeitung. So konnten alle Nachfolgeprozesse, wie Schlämmen, Trocknen, Zerkleinern und Verpacken vollmechanisiert und unabhängig von der Witterung durchgeführt werden. Die Produktionszeit betrug noch ca. 80 Minuten. Im Jahr 1989 wurden so 242.000 t Schlämmkreide-Produkte hergestellt. Nach der Privatisierung des Werkes wurde in eine hochmoderne Anlage investiert (Abb. 288). Nun wird die mit Hydraulikbaggern abgebaute Rohkreide über eine Bandanlage ins Werk transportiert und in hochleistungsfähigen Anlagen zum Verkaufsprodukt verarbeitet (KUTSCHER 2007a). Im Jahr 2009 betrug die abgebaute Kreidemenge etwa 500.000 t.

III Bedeutung der Technologien für die Vegetationsentwicklung

Die vorstehend beschriebenen Technologien folgen zwar den gleichen Grundsatzforderungen, haben aber durch ihre abweichende Umsetzung teilweise erheblichen Einfluss auf die Vegetationsentwicklung in ihrem Wirkungsumfeld. Ein Einflussfaktor ist der Verbleib des Abraums, d. h. der Pleistozänbedeckung und der durch diese verfärbte und damit qualitativ geminderten „Kopfkreide", die zumeist in der Umgebung verkippt wurde. Ein weiterer Faktor betrifft die Ausdehnung des Abbaubetriebes innerhalb des Vorkommens. In F3 3.1 wurde darauf hingewiesen, dass die glazitektonische Beeinflussung zu einer senkrecht bis schräg gestellten oder sogar überlagernden Wechsellagerung der Kreide und ihrer eiszeitlichen Bedeckung geführt hat. Bei der historischen, manuellen Abbaumethode wurde nur die nutzbare Kreide kleinflächig und innerhalb der Schuppe abgebaut, so dass Mergel und Sande nicht angeschnitten zu werden brauchten. Anders in der mechanisierten Abbautechnologie. Bei großtechnischem Abbau ist es nahezu unmöglich, die pleistozänen Einfaltungen als von Kreide ummantelte Pfeiler stehen zu lassen. Sie werden ebenso wie die Kreide angeschnitten, aber dann als Abraum verkippt. Ihr Verlauf ist in der Bruchwand danach deutlich wahrnehmbar (Abb. 290).

Abb. 290: Tagebau Wittenfelde (1993), in Bildmitte das dunklere eingefaltete Pleistozän.

Großen Einfluss auf die Florenentwicklung im Umfeld hatten die Trocknungsprozesse in der historischen Technologie. Da es sich beim Eintrocknen der Kreidetrübe in den Absetzbecken und dem Lufttrocknen der pastösen Kreide in den seitlich offenen Trockenschuppen um zeitaufwändige Prozesse handelte, wurde eine relativ große Fläche außerhalb des eigentlichen Bruches für die zahlreichen Absetzbecken und Trockenschuppen genutzt. Der innerbetriebliche Transport zwischen ihnen, die langen Trocknungszeiten und die häufig wehenden Winde sorgten, zusammen mit oft jahrzehntelanger Nutzung des Bereiches, für eine relativ weite Verbreitung der Kreide außerhalb der eigentlichen Bruchfläche (Abb. 289). Über die Auswirkungen dieser Einflüsse liegen keine detaillierten Untersuchungen vor.

Dennoch lassen sich einige Beobachtungen verallgemeinern:

1. Das Artenspektrum der Besiedlung der Abraumhalden ist stark abhängig von der Zusammensetzung und Durchmischung des Materials und seiner Durchfeuchtung. Überwiegt oberflächig die reine Kreide, ist neben Gemeinem Dost (*Origanum vulgare*), Kleinem Wiesenknopf (*Sanguisorba minor*) und Eberwurz (*Carlina vulgaris*) auch mit selteneren Florenelementen wie Fuchs´schem Knabenkraut (*Dactylorhiza fuchsii*), Großem Zweiblatt (*Listera ovata*), Sumpf-Herzblatt (*Parnassia palustris*) oder Echtem Tausendgüldenkraut (*Centaurium erythraea*) zu rechnen. Überwiegen dagegen nährstoffreichere Bestandteile, wird die anthropogene Ablagerung schnell von einer Landreitgras (*Calamagrostis epigejos*) - Ruderalgesellschaft besiedelt, oder diese verdrängt die typischen Arten.

2. Die Vegetationsentwicklung der aufgelassenen Brüche beginnt allgemein auf der Bruchsohle (sofern sie kein Gewässer führt) und erobert erst allmählich die Bruchwände. Das trifft für die historischen Brüche fast uneingeschränkt zu. Selbst in Abbaubereichen, die schon vor 50 und mehr Jahren aufgelassen wurden, finden sich noch größere Rohbodenflächen. Anders verhält sich dagegen die Vegetationsentwicklung in den Tagebauen mit moderner Abbautechnologie. Neben der Vegetationsentwicklung im Sohlbereich breiten sich über die pleistozänen Mergeleinpressungen vorwiegend Vertreter ruderaler Gesellschaften über die Bruchwände aus (Abb. 291) und sorgen dadurch für eine kurzfristigere Florenentwicklung (nicht nur in den Hangbereichen).

Abb. 291: Tagebau Wittenfelde (2007), Pleistozänstreifen mit Vegetation, auf den oberen Hängen Sanddorn-Bepflanzung.

3. Während sich im Umfeld der gegenwärtigen Tagebaue vor allem die unter 1. geschilderten Abläufe auf den anthropogenen, aus kolluvialem Material bestehenden Halden vollziehen, haben sich im Umfeld der historischen Brüche, im Bereich der ehemaligen Trockenschuppen (vielfach sind die Feldsteinfundamente noch nachweisbar) höherwertige Wiesen- und Staudenfluren mit Sumpf-Sitter (*Epipactis palustris*), Fuchs´-

schem Knabenkraut, Sumpf-Herzblatt, Gemeinem Dost, Eberwurz, Großem Klappertopf (*Rhinanthus serotinus*) und Rotem Hartriegel (*Cornus sanguinea*) angesiedelt. Diese Kombination aus Vertretern der Orchideen-Hartriegel- und Wiesenhafer-Zittergras-Assoziationen werden von SPANGENBERG (2004) und DENGLER (2004a) als „gefährdet" und hochgradig schutzwürdig eingestuft (Abb. 294).

4 Böden, Mikroklima und Lebensräume

In diesem und dem folgenden Abschnitt wird versucht, eine Vielzahl von Kreidebrüchen mit unterschiedlichen Auflassungsdaten und Charakteristiken, mit unterschiedlichem Umfeld und menschlichem Einfluss zu einer allgemein gültigen Aussage zusammenzufassen. Erschwerend kommt hinzu, dass eigentlich erst mit der Ausweisung des Nationalparkes Jasmund im Jahr 1990 intensivere Untersuchungen erfolgt sind, da einige Brüche Bestandteil der Pflegezone dieses Schutzgebietes sind. Das bedeutet aber, dass in den ältesten Brüchen die ersten vollständigeren Bestandsaufnahmen erst etwa 80 Jahre nach dem Auflassen erfolgten und im günstigsten Fall auch immerhin etwa 30 Jahre dazwischen liegen (Abb. 292 und 296). Wegen der besonderen Eigenschaften der Schreibkreide und den abweichenden klimatischen Bedingungen des Vorkommensareals können Erkenntnisse aus südlicher gelegenen Kalkabbaugebieten (HÜBNER & TRÄNKLE 2012) nur bedingt übernommen werden.

Abb. 292: Kreidebruch Räsin (2007), seit 1962 aufgelassen.

4.1 Böden

Die Rügener Kreide ist ein Kalkgestein mit einem $CaCO_3$-Gehalt von etwa 98 %. Bei Carbonatgesteinen erfolgt die Bodenbildung über die Lösung und Wegführung der Carbonate. Der nicht carbonatische Anteil bildet den Mineralbestand dieser Böden (BLUME et al. 2010). Dementsprechend verläuft die Bodenbildung der Kreideböden im Normalfall sehr langsam. Durch den hohen Anteil an Teilchen mit einem Durchmesser < 2 mm in der Kreide können erhebliche Mengen Wasser gespeichert werden, so dass sie sich grundsätzlich durch einen hohen Feuchtegehalt auszeichnet.

Das Ausgangsgestein, der Kreide-Rohboden, zeigt noch keine sichtbare Bodenbildung. Lediglich durch starken Temperaturwechsel auf dem kaum bewachsenen Boden wittert dieser C-Horizont leicht an. Nach der ersten Pflanzenbesiedlung, z. B. durch Huflattich (*Tussilago farfara*), reichert sich wenig zersetzte Pflanzensubstanz an. Es bildet sich ein initialer Oberboden. Der als Locker- bzw. Kreidesyrosem bezeichnete Bodentyp beträgt weniger als 2 cm (KASPER 2004). Bei der weiteren Bodenentwicklung entsteht durch erhöhten Pflanzenwuchs die Rendzina, mit humus- und skelettreichem, krümeligen Ah-Horizont über der Kreide. Es folgen verbraunte Rendzinen bei fortschreitender Bodenbildung bzw. eine Braunerde-Rendzina, aus der bei weiterer Bodenentwicklung die Braunerde entsteht. Zusammen mit dem Subtyp Kalkbraunerde weisen die Bodenhorizonte in untersuchten Brüchen neben einem dunklen, humosen Horizont einen mächtigen Verbraunungshorizont auf (COOLS 1994). Weiteres Merkmal der Kreide ist ihre Nährstoffarmut. Es mangelt vor allem an Stickstoff. Durch Abtragung in den Hangbereichen oder Überdeckung der Böden am Hangfuß wird die normale Bodenentwicklung unterbrochen. Bei Mächtigkeiten über 4 dm handelt es sich um ein Kolluvium. Ihm sehr ähnlich können anthropogene Böden aus abgeräumtem Geschiebemergel, Sand und/oder Kreidegrand sein. Nach Aussagen von SCHACHT (1994) siedeln auf ersteren, abhängig vom Alter, Pioniergesellschaften sowie Gebüschstadien, auf letzterem vorwiegend Grünlandgesellschaften, nitrophytische Staudenfluren und verschiedene Gehölzstrukturen.

4.2 Mikroklima

Für den Nationalpark Jasmund und seine direkte Umgebung, in der die meisten Kreidebrüche liegen, wurden für die Jahre 1993-1998 ein mittlerer Jahresniederschlag von 803 mm und eine Jahresmitteltemperatur von 7,5 °C (HIEKE 1999) ermittelt. Abbauflächen besitzen dagegen oft ein von der Umgebung abweichendes Mikroklima. Nach TRÄNKLE et. al. (1992) sind bestimmende Faktoren: Lage im Raum, Geländemorphologie des Bruches, Hangneigung, Bewuchs, Verhältnis Sohlenfläche zur Hanghöhe, Dauer der Sonneneinstrahlung, Farbe des Gesteins und seine Wärmeleitfähigkeit.

In südexponierten Brüchen, wie es bei den meisten Kreidebrüchen aus technologischen Gründen der Fall war, herrschen Temperaturverhältnisse vor, die durch extreme Wärme bei Sonneneinstrahlung und Kälte in der Nacht charakterisiert sind. Bewuchs und Wasserflächen erhöhen die Luftfeuchtigkeit und gleichen Temperaturextreme aus. Bei vielen Brüchen handelt es sich um verhältnismäßig kleine, teils kesselförmig angelegte Abbaustellen, die einen gewissen Windschutz bieten und wärmer als ihre Umgebung sind. Wegen ihrer besonderen Eigenschaften kann die Kreide (siehe F3 4.1) auf Grund ihres Wasserhaltevermögens mikroklimatische Bedingungen entwickeln, die die Ansiedlung von Feuchtezeigern wie Sumpf-Sitter, Sumpf-Herzblatt oder Natternzunge (*Ophioglossum vulgatum*) fördern.

4.3 Lebensräume und ihre Besiedlung

Beim Abbau von Rohstoffen wird das Ausgangsgestein freigelegt und es entsteht häufig ein ausgeprägtes Mosaik von unterschiedlichen Standorten, die wiederum verschiedene Lebensräume darstellen. In den Kreidebrüchen finden sich zumeist Bruchwände unterschiedlicher Höhe und Neigung, Schuttkegel und -hänge, Abbausohlen, Bruchsohlen, Rohbodenstandorte, Gewässer, Abraum- und Feuersteinhalden.

Die Besiedlung der Bruchwände hängt von deren Exposition und Neigung ab. Je steiler die Wände sind, umso stärker wirkt sich die vor allem durch Frostabbrüche bewirkte Erosion aus. Frosterosion ist auch die Hauptursache für das Entstehen von Schuttkegeln und -hängen vor den Wänden. Ihre Besiedelung wird vom Anteil des leicht erodierbaren Materials und dem Wasserhaltevermögen beeinflusst. Bei kleinerem Schuttgut steigen das Wasserbindevermögen und die Chance für eine schnelle Ansiedlung.

Die Bruchsohle aus weitgehend anstehendem Gestein ist genau wie die Bruchwände ein Extremstandort, der nur sehr langsame Bodenbildung aufweist. Eine Besiedelung dieser Abbaufläche erfolgt vorrangig durch Primärsukzession, die allgemein recht zögerlich abläuft (DIERSCHKE 1994), da die Ansiedelung der Pflanzen hauptsächlich durch den Eintrag von Diasporen aus der Umgebung erfolgen muss. Die Etablierung der Arten ist von mehreren Einflussfaktoren abhängig. Dabei hat das Artenspektrum der Umgebung eine mitentscheidende Bedeutung für die Besiedlung (GILCHER & BRUNS 1999). So können sich je nach Sonneneinstrahlung und Wärme vegetationsarme Pionierstadien entwickeln. Bei ungestörter Weiterentwicklung werden aus diesen ungesättigten Pflanzengesellschaften, deren Arten nicht das gesamte Standortpotenzial nutzen können, gewöhnlich floristisch gesättigte, stabile Gemeinschaften wie Magerrasen, Verbuschungs- und Waldstadien. Dieser Entwicklungsprozess der Vegetation und seine Geschwindigkeit hängen auch vom Verlauf der Bodenbildung und den klimatischen Verhältnissen ab (siehe F3 4.1 und 4.2). In Feuchtsenken oder dauerhaften Kleingewässern können sich Röhrichte, Wasser- und Verlandungsgesellschaften ansiedeln (KASPER 2004).

5 Vegetationsentwicklung und Fauna in ausgewählten Kreidebrüchen

Basis der nachfolgenden Betrachtungen sind Bestandsaufnahmen aus den Jahren 2004 und 2010 in ausgewählten Kreidebrüchen im Rahmen der Bewertung der Sukzessionsstadien aller Kreidebrüche außerhalb des Nationalparks Jasmund (KASPER 2004) sowie teilweise im Nationalpark (UMWELTPLAN 2010) zur Erarbeitung von Pflegekonzepten. Da 2004 alle Kreidebrüche auf ihre Strukturtypen untersucht wurden, liegen auch Aussagen zu späten Sukzessionsstadien vor, obwohl sie in den zur Pflege ausgewählten Brüchen noch keine gravierende Bedeutung haben. Zur Erhebung faunistischer Daten wurden die Schnecken (Gastropoda), Heuschrecken (Ensifera, Caelifera), Tagfalter (Lepidoptera) und Lurche (Amphibia) herangezogen (KASPER 2004, Umweltplan 2010). Einige Ergebnisse werden unter Punkt F3 5.2 berücksichtigt.

5.1 Strukturtypen

Im Rahmen der oben erwähnten Bestandsaufnahmen ließen sich insgesamt 11 Strukturtypen (Abb. 293 und 300) unterscheiden (KASPER 2004). Die strukturelle Ausprägung innerhalb der einzelnen Kreidebrüche ist allerdings sehr unterschiedlich. Nur wenige der existierenden Brüche weisen noch gut ausgeprägte Pionier- und Magerrasen auf. Die meisten Kreidebrüche werden dominiert von flächigen Ausbildungen späterer Sukzessionsstadien, wie höherwüchsige Stauden- und Grasfluren bzw. Gehölzstadien und in einigen, lange auflässigen Brüchen überwiegen Vorwaldgesellschaften und waldartige Bestände. Pionier- und Magerrasen fehlen dort vollständig (Abb. 294).

Abb. 293: Strukturtypen der Kreidebrüche (nach KASPER 2004).

I Pflanzengesellschaften der aufgelassenen Kreidebrüche

Die in den unterschiedlichen Strukturtypen anzutreffenden Vegetationsbestände lassen sich folgenden pflanzensoziologischen Klassifizierungen zuordnen (BERG et. al. 2004):

Gips-, Anhydrit-, Kalk-, Kreideabbau

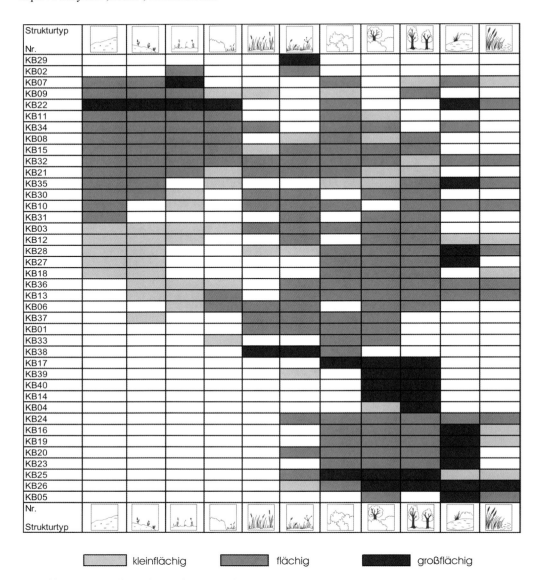

Abb. 294: Verteilung der Strukturtypen in den untersuchten Kreidebrüchen (KASPER 2004).

- Wiesenhafer-Zittergras-Halbtrockenrasen Nordmitteleuropas

(Solidagini virgaureae-Helictotrichetum pratensis WILLEMS et al. 2004):
Diese Assoziation zeigt auf Jasmund mit Orchideen und Sumpf-Herzblatt gewisse Anklänge an süddeutsche Bromion erecti-Gesellschaften. Ihr fehlen aber viele südliche „Allerweltsarten". DENGLER (2004) gibt als Vorkommen die Steilküste und die aufgelassenen Kreidebrüche der Halbinsel Jasmund an. Seine Bemerkung allerdings, dass die Gesellschaft an der Küste keiner akuten Gefährdung unterliegt, trifft nicht mehr zu, da die Küstenerosion eine fast vollständige Vernichtung der Trockenrasenhänge bewirkt hat. Besonders häufig treten in dieser Gesellschaft die Charakterarten Gewöhnlicher Hornklee (*Lotus corniculatus*), Gemeiner Thymian (*Thymus pulegioides*), Taubenskabiose (*Scabiosa columbaria*), Eberwurz, Kleiner Wiesenknopf und Hopfenklee (*Medicago lupulina*) auf. Mit hoher Stetigkeit und Deckung sind Zittergras (*Briza*

media), Kleines Habichtskraut (*Hieracium pilosella*), Purgier-Lein (*Linum catharticum*) und Echtes Labkraut (*Galium verum*) anzutreffen (Abb. 295). Nach DENGLER (2004) gilt die Assoziation als „gefährdet" und hochgradig schutzwürdig. An Orchideen sind Fuchs'sches Knabenkraut, Helm-Knabenkraut, Sumpf-Sitter, Braunrote Sitter (*Epipactis atrorubens*) und Händelwurz (*Gymnadenia conopsea*) vertreten. Die Gesellschaft besiedelt schwerpunktmäßig Magerrasenstandorte, in lückiger Ausprägung aber bereits Pionierrasen. Sie kommt aber auch im Bereich der Staudenfluren vor, hier allerdings vergesellschaftet mit Arten der Saumgemeinschaft wie Gemeiner Dost und Kleiner Odermennig (*Agrimonia eupatoria*), sowie Ruderalarten wie z. B. Kratzbeere (*Rubus caesius*).

- Südbaltische Schwalbenwurz-Staudenflur
(Artemisio campestris-Vincetoxicum hirundinariae DENGLER & al. 2004):
Bei ihr handelt es sich um auf basenreichen oder anthropogenen Standorten vorkommende Dominanzbestände der Schwalbenwurz (*Vincetoxicum hirundinaria*), zu der sich Stauden trockenwarmer Standorte wie Pfirsichblättrige Glockenblume (*Campanula persicifolia*), Weidenblättriger Alant (*Inula salicina*), Wiesen-Flockenblume (*Centaurea jacea*) und Kratzbeere (*Rubus caesius*) gesellen. DENGLER (2004) sieht die Assoziation als „gefährdet" und hochgradig schutzwürdig an.

- Landreitgras-Ruderalflur
Das Landreitgras mit seiner hohen Konkurrenzkraft unterwächst und verdrängt bestehende, schwächere Pflanzengesellschaften, die bei höherem Deckungsanteil des Landreitgrases floristisch verarmen. Die Grasfluren vieler Kreidebrüche werden von dieser Gesellschaft eingenommen. Nur in relativ wenigen Brüchen treten nur kleinflächige Landreitgras-Bestände auf. In den durch die Assoziation gestörten Magerrasen sind noch Kleiner Wiesenknopf, Gemeiner Thymian, Zittergras und Golddistel vertreten. Vielfach ist die Ursache für die Ansiedlung und Ausbreitung der Landreitgras-Flur anthropogenes, kolluviales Material.

Abb. 295: Magerrasen mit Echtem Labkraut, Händelwurz, Sumpf-Sitter und Gemeinem Dost.

Gips-, Anhydrit-, Kalk-, Kreideabbau

Abb. 296: Kreidebruch Wesselin (2010), aufgelassen 1962, Pionierrasen mit ersten Sträuchern und Birken.

Abb. 297: Magerrasen-Stauden-Flur mit Fuchs´schem Knabenkraut.

- Halbruderales Kratzbeeren-Gestrüpp
(Elymo repentis-Rubetum caesii DENGLER 1997)
Als Vergesellschaftung der Ruderalassoziationen, deren dominierende Art die Kratzbeere ist, besiedelt diese Gesellschaft lehmige und basenreiche Böden insbesondere auf anthropogen geschütteten Lockersedimenten und in den Hangbereichen der Kreidebrüche. Typische Begleiter sind Glatthafer (*Arrhenatherum elatius*), Acker-Kratzdistel (*Cirsium arvense*), Wiesen-Knäuelgras (*Dactylis glomerata*) und Ackerwinde (*Convolvulus arvensis*). Vorkommen von Vertretern anderer Gesellschaften deuten auf deren Verdrängung durch das Kratzbeeren-Gestrüpp hin. Diese Assoziation ist vor allem an den Rändern der Brüche und auf den Halden mit hohen Sand-Lehm-Anteilen von > 50 % zu finden. DENGLER & WOLLERT (2004) sehen diese Gesellschaft als typisches Verbuschungsstadium von Trocken- und Magerrasen an und bezeichnen sie als „ungefährdet" und mäßig schutzwürdig.

- Huflattich-Pionierflur
(Poo compressae-Tussilaginetum farfarae TX. 1931)
Diese als typische Pionierflur für Ton-, Mergel- und Kreidebrüche beschriebene Assoziation ist durch den Huflattich gekennzeichnet und wird von DENGLER & WOLLERT (2004) als „ungefährdet" und mäßig schutzwürdig eingestuft. In den Kreidebrüchen ist diese Assoziation Bestandteil der Pionierstadien. Weiterer Vertreter ist der Ackerschachtelhalm (*Equisetum arvense*). Im Übergangsstadium in die Möhren-Bitterkraut-Ruderalflur kann bereits auch das Fuchs'sche Knabenkraut auftreten (Abb. 297).

- Möhren-Bitterkraut-Ruderalflur
(Dauco carotae-Picridetum hieracioides GÖRS 1966)
SCHACHT (1994) und DENGLER & WOLLERT (2004) betrachten diese, durch das Gewöhnliche Bitterkraut (*Picris hieracioides*) charakterisierte Gesellschaft u. a. als Sukzessionsstadium der Kreidebrüche. Sie kommt sowohl auf Kreiderohböden, als auch Sand-Lehm-Gemischen vor und steht häufig in Kontakt mit der Huflattich-Pionierflur und den Arten der basiphilen Halbtrockenrasen. Diagnostische Arten sind Wilde Möhre (*Daucus carota*), Rotschwingel (*Festuca rubra*), Wiesen-Knäuelgras, Platthalm-Rispengras (*Poa compressa*), Echtes Johanniskraut (*Hypericum perforatum*), Hopfenklee (*Medicago lupulina*) und Gemeiner Dost. DENGLER & WOLLERT (2004) sehen diese Gesellschaft im Bereich der Pionier- und Magerrasenstadien als schutzwürdig und gefährdet an.

- Weißdorn-Schlehen-Gebüsch
(Cratego monogyni-Prunetum spinosae HUECK 1931)
Diese auch auf Rügen verbreitete Gesellschaft zählt zu den typischen Auflassungsstadien von Magerrasen. Sie zeichnet sich durch ein geringes Lichtangebot für die Krautschicht und ein verarmtes Artenspektrum aus. Zu den Charakterarten Weißdorn (*Crataegus* sp.) und Schlehe (*Prunus spinosa*) gesellen sich Sanddorn (*Hippophae rhamnoides*), Hundsrose (*Rosa canina*) und Pfaffenhütchen (*Euonymus europaeus*). Die als ungefährdet eingestuften Weißdorn-Schlehen-Gebüsche (LINKE 2004) bilden teilweise flächendeckende Bestände mit großer Ausdehnungstendenz in den Rand- und Hangbereichen, sowie auf den ebenen Flächen oberhalb der Brüche auf zumeist kolluvialem Material. In der Krautschicht dominieren Waldzwenke (*Brachypodium sylvaticum*) und Kratzbeere.
In einigen Brüchen ist an den Hängen, die Extremstandorte darstellen, die Waldrebe (*Clematis vitalba*) derart dominant, dass sie alles überdeckt. Obwohl Rohbodenkeimer, meidet sie dagegen die ebenen, stärker verdichteten Sohlbereiche der Brüche.

- Orchideen-Hartriegel-Gebüsch
(Orchido purpureae-Cornetum sanguinei DOING ex HAVEMAN & al. 1999)
Für Mecklenburg-Vorpommern wird diese Gebüschgesellschaft als typisch für die Hänge am Kreidekliff (wo sie wegen einer aus unterschiedlichen Gründen verstärkten Erosion nur noch in Restbeständen vorkommt) und die auflässigen Kreidegruben angesehen. Dominiert wird die Gesellschaft, die längst nicht mehr nur auf die Hänge beschränkt, sondern als Sukzessionsstadium

der Pionier- und Magerrasen eng mit diesen verzahnt ist, vom Roten Hartriegel. Sie ist im unmittelbaren Abbaubereich auf Standorten mit initialer Bodenbildung oder kolluvialer Überschichtung anzutreffen. Neben der Charakterart Salweide (*Salix caprea*) kommen als diagnostische Gehölze Vogelkirsche (*Prunus avium*), Esche (*Fraxinus excelsior*), Buche (*Fagus sylvatica*) und Birke (*Betula* pendula) vor. In der Krautschicht finden sich z. B. Fuchs´sches Knabenkraut, Händelwurz, Braunrote Sitter und Steinbeere (*Prunus saxatilis*). Durch den Anteil an Arten der Festuco-Brometea, welche ebenfalls zum diagnostischen Artenspektrum gehören, ist die Gesamtartenzahl sehr hoch. SPANGENBERG (2004) ordnet der Gesellschaft die höchste Wertstufe und eine prioritäre Schutzwürdigkeit zu.

-Edellaubholzreiche Mischwälder

Da die Kreidebrüche relativ kleinflächig sind, kann nur von waldartigen Beständen gesprochen werden (KASPER 2004). Weil vielfach typische Kennarten fehlen, ist eine über den Verband „Edellaubholzreiche Mischwälder" hinausgehende Differenzierung nicht gesichert möglich. Oft handelt es sich um Dominanzbestände von Bergahorn (*Acer pseudoplatanus*), Esche und Vogelkirsche mit Beimengungen von Hasel (*Corylus avellana*), Buche, Eberesche (*Sorbus aucuparia*) und Spitz-Ahorn (*Acer platanoides*).

Im Verarbeitungsbereich (Abb. 298) eines an einem Bach gelegenen, und seit etwa 100 Jahren auflässigen Kreidebruchs führt die Krautschicht des lockeren Waldbestandes nennenswerte Bestände von Großem Zweiblatt, Stattlichem Knabenkraut (*Orchis mascula*) und Natternzunge. Neben den üblichen Frühblühern wie Scharbockskraut (*Ranunculus ficaria*), Wald- und Wiesen-Schlüsselblume (*Primula elatior, P. veris*), Waldbingelkraut (*Mercurialis perennis*), Goldstern (*Gagea lutea*), Leberblümchen (*Hepatica nobilis*) und Lungenkraut (*Pulmonaria officinalis*) kommen auch Weiße und Gelbe Anemone (*Anemone nemorosa, A. ranunculoides*), Einbeere (*Paris quadrifolium*), Moschuskraut (*Adoxa moschatellina*), Salomonsiegel (*Polygonatum odoratum*), Gewöhnliches Rispengras (*Poa trivialis*), Knoblauchsrauke (*Alliaria petiolata*) und Lauch (*Allium* sp.) vor. Diese Gesellschaft kommt dem **Ahorn-Eschen-Hangwald** (Adoxo moschatellinae - Aceretum pseudoplatani PASSARGE 1960) am nächsten. SPANGENBERG (2004) sieht diese Gesellschaft als „gefährdet" und hochgradig schutzwürdig an (Abb. 299).

Da in diesem alten Bruchgelände die Bodendecke über der Kreide noch immer sehr dünn ist, kommen die Baumarten meist aus dem Stangenstadium nicht heraus, so dass es zu einem nur lockeren Bestand ohne komplettem Kronenschluss kommt und Licht ausreichend einfallen kann. Nährstoffeintrag aus anliegenden Feldern ist kaum zu erwarten. Das Bruchgebiet liegt in der Pflegezone des Nationalparks Jasmund. In den anderen Brüchen mit waldartigen Beständen stocken sie zumeist auf Böden aus anstehendem kolluvialem Material mit unterschiedlichen, in der Tiefe zunehmenden Kreideanteilen.

-Feuchtbereiche

In einigen auflässigen Kreidebrüchen haben sich, speziell in tieferen Abbaubereichen oder Restlöchern, durch Niederschlag oder Quellen gespeiste Feuchtbereiche oder Gewässer gebildet. KASPER (2004) nennt:

Salix cinerea-Gebüsch mit Grauweide (*Salix cinerea*), Bitterem Schaumkraut (*Cardamine amara*) und Bach-Ehrenpreis (*Veronica beccabunga*);

Großseggenschilfried mit den Fazies Wasserschwaden-Röhricht, Schilf-Röhricht und Breitblattrohrkolben-Röhricht;

Carex remota-Quellflur mit Winkel-Segge (*Carex remota*), Bach-Ehrenpreis, Sumpf-Schachtelhalm (*Equisetum palustre*) und Flatter-Binse (*Juncus effusus*) und

Eriophorum angustifolium-Bestand mit Schmalblättrigem Wollgras (*Eriophorum angustifolium*), Weidenröschen (*Epilobium palustre*), Scheinzyper-Segge (*Carex pseudocyperus*), Sumpf-Schachtelhalm und Sumpf-Sitter als Gesellschaften feuchter bis mäßig feuchter Sonderstandorte in den ausgewählten Kreidebrüchen, die aber nicht als typisch angesehen werden können.

Gips-. Anhydrit-, Kalk-, Kreideabbau

Abb. 298: Absetzbecken in waldartigem Bestand (2011), seit etwa 1910 aufgelassen.

Abb. 299: wie Abb. 298 mit Stattlichem Knabenkraut und Frühblühern.

Gips-, Anhydrit-, Kalk-, Kreideabbau

Pflanzengesellschaften bzw. -bestände \ Struktur	🌱	🌿	🌾	🌾	🌾	🌳	🌳	🌳	🌾
Solidagini virgaureae-Helictotrichetum pratensis	■	■			■				
Artemisio campestris-Vincetoxicetum hirundinariae	■	■							
Rubo caesii-Calamagrostietum epigeji				■					
Elymo repentis-Rubetum caesii									
Poo compressae-Tussilaginetum farfarae	■	■							
Dauco carotae-Picridetum hieracioidis	■	■							
Crataego monogyni-Prunetum spinosae		■				■	■	■	
Clematis vitalba-Gebüsch	■					■	■	■	
Orchido purpureae-Cornetum sanguinei						■	■	■	
Tilio platyphylli-Acerion								■	
Salix cinerea-Gebüsch								■	
Scirpo lacustris-Phragmitetum australis									■
Quellflur mit *Carex remota*									■
Eriophorum angustifolium-Bestand									■

Abb. 300: Vorkommen der Pflanzengesellschaften innerhalb der Strukturtypen ausgewählter Kreidebrüche (nach KASPER 2004).

II Seltene und gefährdete Arten

In den speziell untersuchten Brüchen (KASPER 2004, Umweltplan 2010) wurden 232 Gefäßpflanzenarten nachgewiesen, von denen 32 in den Roten Listen Mecklenburg-Vorpommerns und/oder Deutschlands geführt werden (Abb. 301). Sieben Taxa gehören zu den besonders geschützten Arten der Bundesartenschutzverordnung. Die Familie der Knabenkrautgewächse ist vollständig über die EG-Artenschutzverordnung geschützt. Gefäßpflanzen nach der FFH-Richtlinie wurden in den Brüchen nicht festgestellt.

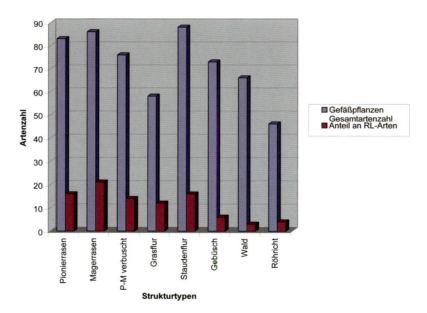

Abb. 301: Anteil der Rote-Liste-Arten in den Strukturtypen (nach KASPER 2004).

Die meisten seltenen und gefährdeten Arten stellen die Strukturtypen Pionier- und Magerrasen sowie Staudenfluren. Die Magerrasen weisen die meisten, die waldartigen Bestände die wenigsten Rote-Listen-Arten auf. Als „vom Aussterben bedroht" werden davon in der RL Mecklenburg-Vorpommerns Helm-Knabenkraut, Händelwurz und Weidenblättriger Alant geführt. Mondraute (Abb. 302), Natternzunge, Sumpf-Herzblatt, Saat-Esparsette (*Onobrychis viciifolia*), Sumpf-Sitter, Fuchs´sches Knabenkraut, Rauhaarige Gänsekresse (*Arabis hirsuta*), Steifer Augentrost (*Euphrasia stricta*), Stengellose Kratzdistel (*Cirsium acaule*), Wiesen-Margerite (*Leucanthemum vulgare*), Gemeines Kreuzblümchen (*Polygala vulgaris*) und Großer Klappertopf (*Rhinanthus serotinus*) gelten als „stark gefährdet".

Abb. 302: Mondraute im Bruch Wesselin (siehe Abb. 296).

Das Land Mecklenburg-Vorpommern hat in seinem Naturschutzausführungsgesetz (NatSchAG M-V) vom 30 Februar 2010 in § 20 (1), Absatz 3 „... Trocken- und Magerrasen sowie aufgelassene Kreidebrüche" in ihrer Gesamtheit unter Schutz gestellt.

5.2 Naturschutzfachliche Bedeutung

Die generelle Unterschutzstellung des Biotopkomplexes „Kreidebrüche" im Naturschutzausführungsgesetz Mecklenburg-Vorpommerns schließt jedoch eine Ausweisung einzelner geschützter Biotope nach § 20 des NatSchAG M-V nicht aus. Zu solchen Biotopen zählen Trocken- und Magerrasen, Röhrichtbestände und Riede, naturnahe Gebüsche trockenwarmer Standorte und stehende Kleingewässer. Nach RIECKEN et al. (2006) gehören innerhalb der Roten Liste der Biotoptypen Deutschlands für das Norddeutsche Tiefland die Submediterranen Halbtrockenrasen zur Kategorie 2 (stark gefährdet) und die anderen genannten zur Kategorie 3 (gefährdet). Die formulierten Anforderungen für diese Bereiche, wie Flächengröße, charakteristische Vegetation und aktuelle Nutzungseinflüsse waren bei den Ausprägungen in den näher untersuchten Kreidebrüchen erfüllt (KASPER 2004).

Besondere Bedeutung hat der Strukturtyp „Magerrasen". Sein Arteninventar erlaubt die Zuordnung zum FFH-Lebensraumtyp „Naturnahe Kalk-Trockenrasen und deren Verbuschungsstadien" (Anhang I, EU-Code 6210). Ein Vergleich der gefährdeten Pflanzenarten zeigt bezogen auf die Strukturtypen, dass mit 20 % - 24 % die meisten in den Offenlandbereichen vorkommen. Diese Werte sind jedoch stark von der Flächengröße des jeweiligen Typs abhängig. In den gehölzdominierten Strukturtypen und den Röhrichten gehen die Anteile der gefährdeten Gefäßpflanzen auf unter 10 % zurück.

Eine ähnliche Aussage ist für die untersuchten Tierarten zutreffend. Bei den gefährdeten Amphibien stellen die Gewässer die wichtigen Strukturen dar, während einzelne landseitige Strukturtypen wegen der großen Raumansprüche der Tiere eine eher untergeordnete Rolle spielen.

Besondere Bedeutung haben hier die FFH-Arten (Anhang II, EU- Code 1188, 1166) Rotbauchunke (*Bombina bombina*) und Kammmolch (*Triturus cristatus*) und/oder die Arten der Roten Listen Deutschlands und Mecklenburg-Vorpommerns wie Springfrosch (*Rana dalmatina*), Laubfrosch *(Hyla arborea*) und Teichfrosch (*Rana esculenta*).

Abb. 303: Wissower Klinken (etwa 1910), vorgelagerte Hänge mit Pionier- und Magerrasen (Reproduktion einer Ansichtskarte, Autor unbekannt).

Abb. 304: Wissower Klinken (1994), die vorgelagerten Hänge fielen der Abrasion zum Opfer.

Der naturschutzfachliche Rang der Strukturtypen in den historischen Kreidebrüchen gewinnt noch unter einem anderen Gesichtspunkt an Bedeutung. Natürliche Lebensräume der artenreichen Pionier- und Rasengemeinschaften waren bis in die 1980er Jahre die weitgehend waldfreien, aus Kreideschutt bestehenden, bis zu 50° geneigten, trockenen Kreidehänge, die wegen ihrer Neigung und der dadurch begünstigten ständigen Erosion eine Bewaldung erschwerten (Abb. 303).

Wie bereits erwähnt, ist dieser Lebensraum infolge einer Verknüpfung unterschiedlicher Gründe (Klimaveränderung, Meeresanstieg, Aufarbeitung der eiszeitlichen Großgeschiebe und damit Beseitigung der natürlichen Wellenbrecher vor etwa 150 Jahren) in den letzten Jahren dramatisch schnell steil aufragenden Kreideufern gewichen. Damit wurde diesen Gesellschaften die Existenzgrundlage weitestgehend entzogen, denn die Frosterosion schafft jährlich neue, senkrechte

Extremstandorte. Eine Umkehr dieses erosiven Prozesses ist in naher Zukunft nicht zu erwarten (Abb. 304).
Somit stellt die Kreidebergbau-Kulturlandschaft eine Rückzugsnische für viele Pflanzen- und Tierarten dar. Aus dieser Tatsache erwächst eine besondere Verantwortung zum Erhalt nicht nur einzelner Arten, sondern ihrer komplexen Lebensräume.

5.3 Natürliche Sukzession

KASPER (2004) hat sich ausführlich mit den wahrscheinlichen Sukzessionsabfolgen der alten Kreidebrüche befasst. Es wurde bereits erwähnt, dass längerfristige Untersuchungen nicht vorliegen, so dass aus dem räumlichen Nebeneinander unterschiedlicher Sukzessionsstadien auf mögliche Abfolgen geschlossen werden muss. Rückschlüsse aus Gebieten mit besser bekannten Entwicklungsreihen sind nur eingeschränkt verwertbar. BASTIAN & SCHREIBER (1999) haben sich mit der jeweiligen Entwicklungsdauer der Pflanzengesellschaften beschäftigt und festgestellt, dass sich kurzlebige Ruderalfluren, Halbtrockenrasen oder Saumgesellschaften in relativ kurzer Zeit ausbilden können, während naturraumtypische Wald- oder waldähnliche Biotope längere Zeiträume benötigen, aber dafür als Klimaxstadien besonders stabil sind. Die Sukzessionsgeschwindigkeit ist vor allem von den Standort- und Bodenverhältnissen sowie den Umgebungseinflüssen abhängig.

I Historische Kreidebrüche

Generell verläuft die Sukzession in den Kreidebrüchen (Primärsukzession) langsamer als die Sekundärsukzession auf Acker- oder Grünlandbrachen ab. Letztere wird durch den mehr oder weniger guten Boden und den oftmals vorhandenen Diasporenvorrat begünstigt. In den Brüchen braucht es längere Zeiträume von der Erstbesiedlung des Rohbodens bis zum waldähnlichen Stadium. So weisen seit mehr als 40 Jahre aufgelassene Brüche noch immer offene Flächen und sogar Rohbodenbereiche auf. Am Beginn der Sukzessionsabfolge sind die Standortfaktoren Mikroklima, Bodenbildung und Randeinflüsse von großer Bedeutung. Beobachtungen zeigen, dass Bereiche mit hohem Sonneneinfluss langsamer besiedelt werden als solche mit höherem Schattenanteil, nordexponierte Hänge schneller Pflanzenwuchs und Bodenbildung aufweisen als nach Süden gerichtete. Befinden sich im Umfeld des Bruches, wie es bei den alten Brüchen der Fall war, bereits besiedelte Pionierbereiche oder Magerrasen, so vergehen gegebenenfalls nur etwa 3 Jahre, bis im Bruch auf Huflattichsubstrat Fuchs´sches Knabenkraut, Großes Zweiblatt, Kleiner Wiesenknopf oder der Gemeine Dost gedeihen. Neben diesen Pionierbesiedlern können Arten der Trocken- und Magerrasen Fuß fassen. Erst mit den Magerrasen bilden sich stabilere Pflanzenbestände aus. Pflanzensoziologisch gewertet kommen in den Pionier- und Magerrasen Bestandteile der Wiesenhafer-Zittergras- und Möhren-Bitterkraut-Assoziationen vor, die die Pionierflächen bereits lückig besiedelt haben und in den Magerrasen größere Bestände bilden. Das Auftreten von Gehölzen zieht Veränderungen nach sich. Die konkurrierenden Gehölze wie Kratzbeere, Weißdorn, Schlehe und Roter Hartriegel verdrängen die krautige Vegetation mittelfristig und ersetzen sie durch einen Unterwuchs der Kratzbeeren-Gestrüpp- und Weißdorn-Schlehen-Gesellschaften. Die Orchideen-Hartriegel-Assoziation wird zwar als hochwertig schutzwürdig angesehen, kommt aber in „reiner" Form selten vor. Zumeist mischen sich Schlehe und Weißdorn schon zeitig darunter und breiten sich vegetativ schnell aus. Die Gehölzausbreitung führt zu stärkerer Bodenbildung und einer Veränderung des Mikroklimas mit der Folge, dass sich vorrangig im Zentrum der nach außen drängenden Gehölzgesellschaft erste Bäume wie Berg-Ahorn, Esche und Eberesche ansiedeln. Ob sich in der weiteren Folge ein Waldstadium mit der typischen Krautschicht entwickelt, hängt von mehreren Faktoren ab. In den meisten Brüchen mit waldartigen Beständen dominieren einzelne Baumarten, spezielle Waldarten in der Krautschicht fehlen. Ein Grund ist wohl die Lage der Brüche innerhalb einer sie umgebenden, genutzten Feldflur, die das Vorkommen eines typischen Artenspektrums erschwert. Lediglich in unmittelbarer Nachbarschaft der Buchenwälder ist eine weitgehend waldcharakteristische Krautschicht nachweisbar (Abb. 305).

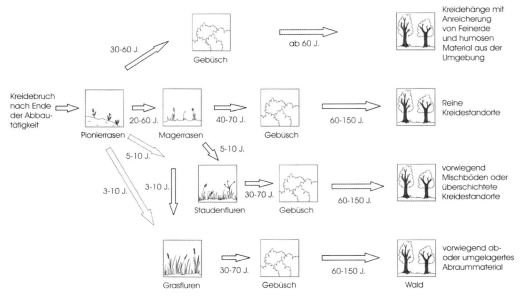

Abb. 305: Mögliche Sukzessionsabläufe in den Kreidebrüchen (KASPER 2004).

Die geschilderte Abfolge stellt einen Idealfall dar. Bereits bei einem höheren Anteil an humosem oder feinerdehaltigem Boden aus der näheren Umgebung kann das Stadium der Magerrasen ausbleiben. Es kommt gleich zur Gehölzentwicklung, vor allem durch den Roten Hartriegel, zu dem sich die Sal-Weide gesellt. Vermutlich wird sich dieses Orchideen-Hartriegel-Gebüsch, eventuell über eine Waldreben-Überwachsung, zum Wald entwickeln. Dem Pionierstadium kann auch, meist ausgehend von um- oder abgelagertem Abraummaterial, das Landreitgras folgen, zu einer großflächigen Vergrasung führen und vorhandene Bestände des Wiesenhafer-Zittergras-Halbtrockenrasens verdrängen oder gar nicht erst aufkommen lassen. BAASCH (2003) stellte fest, dass das sehr konkurrenzstarke Landreitgras eine Gehölzentwicklung nicht immer verzögert. In Kreidebrüchen treten in einer ausgedehnten Landreitgras-Ruderalflur bereits einzelne Bäume auf. Möglicherweise hängt diese Entwicklung vom Arteninventar der Umgebung ab. Dabei müssen nicht zwingend Gebüschstadien vorgeschaltet sein. KASPER (2004) weist eine weitere Sukzessionslinie aus, in der eine Verstaudung von Pionierrasen oder häufiger von Magerrasen vor der Verbuschung erfolgt. Ausgangspunkte sind entweder gestörte Standorte in den Pionierrasen oder gemischte Bodensubstrate oder Feinerde in den Randbereichen der Magerrasen. Je nach Artenzusammensetzung der Umgebung können sich Arten der **Licht- und wärmebedürftigen Saumgesellschaften und Staudenfluren magerer Standorte** (Trifolio-Geranietea sanguinei T. MÜLLER 1967) und des Wirtschaftsgrünlandes ansiedeln. Da diese Stauden jedoch keine so bestandsverdrängenden Eigenschaften wie das Landreitgras besitzen, können sich diagnostische Arten des Wiesenhafer-Zittergras-Halbtrockenrasens darin länger behaupten.

II Aktuelle und aufgelassene Tagebaue

Für aktuelle und aufgelassene Tagebaue lassen sich die in F3 5.3 I geschilderten Abläufe, wenn überhaupt, dann nur bedingt übernehmen. Bereits in F3 3.2 III wurde auf die abbaubedingten Auswirkungen auf die

Vegetationsentwicklung hingewiesen. Große Haldenbereiche aus stark durchmischtem, kolluvialem Material lassen vor allem der Ansiedlung einer Landreitgras-Ruderalgesellschaft, den Gehölzgesellschaften mit Kratzbeere, Schlehe, Sand- und Weißdorn breiten Raum. Lediglich auf stärker kreidigen, extrem trockenen Flächen können sich konkurrenzstärkere Vertreter der Wiesenhafer-Zittergras-, Möhren-Bitterkraut- und Südbaltischen Schwalbenwurz-Gesellschaft etablieren.

Der höchste Anteil an gefährdeten Pflanzen siedelt auf den vom Abraum befreiten und länger aufgelassenen Hangoberseiten, den aus Sicherheitsgründen abgeschrägten Hängen und den oft feuchten Hangfüßen und Sohlbereichen. Hier finden z. B. Fuchs´sches Knabenkraut, Breitblättrige Sitter, Sumpf-Sitter, Sumpf-Herzblatt, Eberwurz und Tausendgüldenkraut einen zumindest kurzzeitigen Lebensraum vor.

Allgemein ist für die Tagebaue ein Verfüllen mit dem anfallenden Abraum vorgesehen. Da das Verhältnis von Kreide zu Abraum etwa 4:1 beträgt, reicht das Abraumaufkommen dafür jedoch nicht aus. Dementsprechend sehen die Pläne eine partielle Verfüllung und langsame Flutung mit Oberflächen- und Quellwasser vor. Somit sind die Sohl- und der größte Teil der Hangbereiche mittelfristig von Wasser bedeckt. Auch Kreideflächen, die nach der Erschließung des Tagebaus längere Zeit offen liegen, haben allgemein nicht die Qualität der Rohbodenflächen der historischen Kreidebrüche. Durch den Einsatz von Großgeräten und den großflächigen Abbau wird aus anderen Tagebaubereichen Kolluvialmaterial „importiert", welches nach der Besiedlung durch Huflattich und mit Unterstützung mitimportierter Diasporen schnell zu kleinflächigen Stauden- und Gebüschgesellschaften mit Elementen der niederen Sukzessionsstufen, aber nicht zu flächigen Pionier- oder Magerrasen führt. Auf den Einfluss der in die Kreide eingefalteten Pleistozänstreifen wurde bereits in F3 3.2 III kurz eingegangen.

5.4 Auswertung von Zeigerwerten

An Hand der Gesamtartenliste aller Kreidebrüche (KASPER 2004) hat BAUMBACH (2011, schriftl. Mitt.) die Lebensformspektren und die gewichteten Zeigerwerte nach ELLENBERG et al. (1991) ermittelt. In 40 historischen Kreidebrüchen wurden 231 Gefäßpflanzen erfasst, von denen 60,8 % zu den Hemikryptophyten, 11 % zu den Geophyten, 8,3 % bzw. 8,1 zu den Therophyten bzw. Nanophanerophyten gehörten. Mit 5,7 % folgen die Phanerophyten. Die restlichen 6,1 % entfallen auf die übrigen Lebensformtypen. Da die einzelnen Brüche jedoch unterschiedliche Sukzessionszustände aufweisen, schien es angebracht, ausgewählte Kreidebrüche mit abweichenden Sukzessionsstadien gegeneinander zu werten.

Die Auswahl fiel dabei einerseits auf Brüche, die teilweise noch Rohbodenbereiche aufweisen (Gruppe 1), und andererseits auf solche mit komplettem Pflanzenwuchs und späteren Sukzessionsstadien (Gruppe 2). In die Auswahl kamen jeweils 4 Brüche. Der Ermittlung lagen die Vegetationsaufnahmen von KASPER (2004) und UMWELTPLAN (2010) zu Grunde und damit 444 Arten für die erste und 311 Arten für die zweite Untersuchungsgruppe. Die höhere Artenzahl gegenüber den oben genannten 231 Arten ergibt sich aus der Summierung der Artenzahlen der jeweiligen Brüche (Tab. 102). Die ermittelten, gewichteten Werte lagen dichter zusammen, als nach dem unterschiedlichen Vegetationshabitus der Brüche zu erwarten war.

Die Gründe liegen hauptsächlich darin, dass wegen fehlenden Pflanzenwuchses auf Rohboden dieser Status keine Berücksichtigung findet. Des weiteren zählt bei der Ermittlung nur die Art, nicht aber ihre Anzahl/Ausdehnung im Beurteilungsgebiet, und zum dritten entsprechen die nahe beieinander liegenden Werte den Aussagen in F3 5.1 I und 5.3 I, dass die einzelnen Pflanzengesellschaften und Sukzessionsstadien nahtlos ineinander greifen. Der größte Unterschied bestand mit einer Differenz von 2,9 % bei den Nanophanerophyten durch deren höhere Artenzahl in den Brüchen mit Gebüsch- und waldähnlichen Strukturen. Die mit über 25 % höhere Artenzahl in der Gruppe 1, den noch mit Rohböden-Bereichen ausgestatteten Brüchen, bestätigt zwar die Aussagen über den Artenreichtum der Pionier- und

Magerrasen sowie der Staudenfluren, spiegelt sich aber nicht in vergleichbaren Lebensform-Werten wider.

Von den erwarteten Zeigerwerten weist die Feuchtezahl von durchschnittlich 5,0 auf das in F3 4.2 erwähnte, mikroklimatisch bedeutsame Wasserhaltevermögen der Kreide hin. So stehen beispielsweise Trockenheitszeiger (Zeigerwert 3) wie Gemeiner Dost und Schwalbenwurz zusammen mit Feuchte- bis Nässezeigern (Zeigerwert 8) wie Sumpf-Sitter und Sumpf-Herzblatt.

Tab. 102: Lebensformen und Zeigerwerte.

Lebensform	Gruppe 1 [%]	Gruppe 2 [%]	Ø alle Brüche [%]	Zeigerwerte	Gruppe 1	Gruppe 2	Ø alle Brüche
Hemikryptophyt	61,9	60,1	60,8	Lichtzahl	6,8	6,7	6,72
Geophyt	10,4	11,9	11,0	Temperaturzahl	5,4	5,3	5,34
Therophyt	7,9	6,8	8,3	Kontinentalitätszahl	3,7	3,6	3,68
Nanophanerophyt	7,4	10,3	8,1	Feuchtezahl	4,9	5,1	4,93
Phanerophyt	5,2	6,1	5,7	Reaktionszahl	6,9	6,8	6,90
Chamephyt, kraut.	3,6	2,6	3,3	Nährstoffzahl	4,5	4,8	4,76
Chamephyt, holz.	1,8	1,0	1,2				
Hydrophyt	0,9	1,0	1,1				
Liane	0,7	0,3	0,5				

6 Renaturierung, natürliche Sukzession, Pflege

Nach dem Berggesetz der vergangenen DDR hätten die Kreidebrüche nach Beendigung des Abbaus zeitnah landwirtschaftlicher Nutzung durch Rekultivierung zugeführt werden müssen. Das erfolgte jedoch nicht. Allerdings wurden im Tagebau Wittenfelde noch während der Abbauphase die obersten Abbaubereiche aus Gründen der Hangsicherung mit Sanddorn bepflanzt (Abb. 291). Eine Rekultivierung im Sinne des Berggesetzes ist somit nie erfolgt. Das Gleiche kann fast von einer gezielten Renaturierung gesagt werden. Lediglich zwei Brüche wurden partiell so behandelt, dass weitgehend geschlossene Waldstadien entstehen können oder um einen wassergefüllten Abbaubereich die natürliche Sukzession ablaufen kann. Sich selbst überlassen, kam es in den Brüchen zur Ausbildung der geschilderten Vegetationsmosaike. KASPER (2004) hat in ihrer Diplomarbeit alle Kreidebrüche mit dem Ziel erfasst, den Sukzessionszustand zu dokumentieren und so die Basis für mögliche Pflegekonzepte zu erarbeiten. Unter Berücksichtigung dieser Ergebnisse und der topographisch bedingten Machbarkeit können lediglich noch zwei Brüche im Nationalpark Jasmund und vier bis fünf außerhalb dieses Gebietes als pflegenswert angesehen werden. Alle unterliegen einer ständig schneller ablaufenden Sukzession. Wurden bzw. werden für die geeigneten Brüche in der Pflegezone des Nationalparks Behandlungsrichtlinien erarbeitet und (hoffentlich) auch umgesetzt, scheint es für die anderen kaum eine vergleichbare Möglichkeit zu geben. Es liegen zwar mit obiger Diplomarbeit entsprechende Pflege-Empfehlungen vor, aber die Umsetzung scheint nahezu aussichtslos. Da hilft es auch nicht, dass die Brüche nach Landesrecht zu geschützten Biotopen erklärt wurden. Somit werden nach dem weitgehenden Verlust des natürlichen Lebensraumes am Kreidekliff auch die historischen Kreidebrüche als Rückzugsnische für seltene und/oder geschützte Pflanzen längerfristig verloren gehen (der Artenschwund ist bereits jetzt deutlich). Hoffnungsträger sind die Kreidebrüche im Nationalpark Jasmund und die Kreidetagebaue, die immer wieder neue Rohbodenaufschlüsse schaffen, die im Ablauf der Sukzessionsabfolge auf den zur Verfügung stehenden Flächen zumindest zeitweilig der bedrohten Vegetation eine Existenznische schaffen. Rekultivierung jedenfalls ist nicht vorgesehen. Pflege wäre notwendig, ist aber kaum umsetzbar.

7 Literatur

BAASCH, A. (2003): Rolle von *Calamagrostis epigejos* (L.) Roth im Sukzessionsablauf auf Folgeflächen des Braunkohlentagebaus in Mitteldeutschen Raum: Standortansprüche, Monitoring und Management. Dipl. Arb., Hochschule Anhalt, Bernburg.

BASTIAN, O., SCHREIBER, K.-H. (Hrsg.) (1999): Analyse und ökologische Bewertung der Landschaft. 2. Aufl., Heidelberg.

BERG, C., DENGLER, J., ABDANK, A., ISERMANN, M. (Hrsg.) (2004): Die Pflanzengesellschaften Mecklenburg-Vorpommerns und ihre Gefährdung - Textband. Jena.

BLUME, H.-P., BRÜMMER, G. W., HORN, R., KANDELER, E., KÖGEL-KNABER, I., KRETZSCHMAR, R., STAHR, K., WILKE, B.-M. (2010): Lehrbuch der Bodenkunde. 16. Aufl., München.

COOLS, N. (1994): Boden- und Vegetationsuntersuchungen in ausgewählten Kreidebrüchen der Halbinsel Jasmund (Rügen) - Erfassung ihres landschaftsökologischen Potentials und Vorschläge zur naturschutzgerechten Pflege. Dipl.-Arb., E.-K.- Universität, Tübingen.

DENGLER, J. (1997): Gedanken zur synsystematischen Arbeitsweise und zur Gliederung der Ruderalgesellschaften (Artemisietea vulgaris s. l.) - Mit der Beschreibung des Elymo-Rubetum caesii ass. nova. Tuexenia 17: 251-282.

- (2004a): Festuco-Brometea - Basiphile Magerrasen und Steppen im Bereich der submeridionalen und temperaten Zone.- In: BERG, C., DENGLER, J., ABDANK, A., ISERMANN, M. (Hrsg.) (2004): Die Pflanzengesellschaften Mecklenburg-Vorpommerns und ihre Gefährdung: 301-326, Jena.

- (2004b): Trifolio-Geranietea sanguinei T. Müller 1962b - Licht- und wärmebedürftige Saumgesellschaften und Staudenfluren magerer Standorte. In: BERG, C., DENGLER, J., ABDANK, A., ISERMANN, M. (Hrsg.): Die Pflanzengesellschaften Mecklenburg-Vorpommerns und ihre Gefährdung: 362-379, Jena.

-, WOLLERT, H. (2004): Artemisietea vulgaris Lohmeyer & al. ex von Rochow 1951 - Ausdauernde Ruderalgesellschaften und Säume frischer bis trockener, stickstoffreicher Standorte. In: BERG, C., DENGLER, J., ABDANK, A., ISERMANN, M. (Hrsg.): Die Pflanzengesellschaften Mecklenburg-Vorpommerns und ihre Gefährdung: 380-410, Jena.

DIERSCHKE, H. (1994): Pflanzensoziologie. Grundlagen und Methoden. Stuttgart.

ELLENBERG, H., WEBER, H.E., DÜLL, R., WIRTH, V., WERNER, W., PAULIßEN, D. (1991): Zeigerwerte von Pflanzen in Mitteleuropa. Scripta Geobotanica 18: 248 S.

GILCHER, S., BRUNS, D. (1999): Renaturierung von Abbaustellen. Stuttgart

HIEKE, P. (1999): Wetterbeobachtungen auf Stubbenkammer.- In: Der Nationalpark Jasmund - Mitt.bl. des Vereins der Freunde und Förderer des Nationalparks Jasmund e.V. 16: 8-11.

HÜBNER, F., TRÄNKLE, U. (2013): Kapitel F2 in diesem Buch (Seite 533 ff.).

KASPER, D. (2004): Erfassung und Bewertung der Sukzessionsstadien von Kreidebrüchen auf Jasmund (Rügen) als Grundlage für die Erarbeitung von Pflegekonzepten. Dipl.-Arb., Hochschule Anhalt; Bernburg.

KUTSCHER, M. (2007): Entwicklung des Kreideabbaus auf Rügen - ein Überblick. In: Eine Insel mit Geschichte - 200 Jahre Landkreis Rügen: 162-173. E.-M.-Arndt- Gesellschaft (Hrsg.), Groß-Schoritz.

- (2007a): Die Insel Rügen - Die Kreide. 3. Aufl., Verein der Freunde und Förderer des Nationalparks Jasmund e.V. (Hrsg.), Putbus.

LINKE, C. (2004): Rhamno-Prunetea Rivas Goday & Borja Carbonell ex TX. 1962c - Kreuzdorn-, Schlehen- und Schwarzholundergebüsche.- In: BERG, C., DENGLER, J., ABDANK, A., ISERMANN, M. (Hrsg.): Die Pflanzengesellschaften Mecklenburg-Vorpommerns und ihre Gefährdung: 449-458, Jena.

PETRICK, F. (2010): Rügens Preussenzeit 1815-1945.- In: Rügens Geschichte von den Anfängen bis zur Gegenwart in fünf Teilen - Teil 4. Putbus.

REICH, M., FRENZEL, P. (2002): Die Fauna und Flora der Rügener Schreibkreide. Arch. Geschiebekd. 3 (2/4): 73-284.

RIECKEN, U., FINCK, P., RATHS, U., SCHRÖDER, E., SSYMANK, A. (2006): Rote Liste der gefährdeten Biotoptypen Deutschlands. Zweite fortgeschriebene Fassung 2006. BfN Schr. R. Naturschutz u. Biol. Vielfalt 34: 318 S.

ROHLEDER, J. (2001): Kulturgeschichte der Kalkgesteine. - In: TEGETHOFF, W. (Hrsg.): Calcium-Carbonat - Von der Kreidezeit ins 21. Jahrhundert: 55-68, Basel.

SCHACHT, T. (1994): Kreidebrüche auf der Halbinsel Jasmund/Rügen. Vegetationskundliche Untersuchungen mit Hinweisen zu Schutz- und Pflegemaßnahmen. Dipl.-Arb., Technische Universität Berlin.

SPANGENBERG, A. (2004): Carpino-Fagetea Passarge & G. Hofmann 1968 - Edellaubholz- und Buchen-Wälder mäßig nährstoffarmer bis nährstoffreicher Standorte. In: BERG, C., DENGLER, J., ABDANK, A., ISERMANN, M. (Hrsg.): Die Pflanzengesellschaften Mecklenburg-Vorpommerns und ihre Gefährdung: 477-491, Jena.

TRÄNKLE, U., POSCHLOD, P. & KOHLER, A. (1992): Steinbrüche und Naturschutz. Vegetationskundliche Grundlagen zur Schaffung von Entwicklungskonzepten in Materialentnahmestellen am Beispiel von Steinbrüchen. Veröff. PAÖ **4**: 133 S.

UMWELTPLAN (2010): Nationalpark Jasmund. Naturschutzfachliche Zielkonzeption für Offenlandflächen im Nationalpark Jasmund. Endbericht. Unveröff., Stralsund/Güstrow.

G Sand-, Kiessand- und Kiesabbau

Frank Effenberger, Andreas Buddenbohm & Thomas Martschei

1 Lagerstätten in der Bundesrepublik

1.1 Bedeutung und Verbreitung

Kiese und Sande sind mit einer derzeitigen Jahresförderung von rund 260 Millionen Tonnen die quantitativ wichtigsten mineralischen Rohstoffe Deutschlands. Nach den Angaben der Bundesanstalt für Geowissenschaften und Rohstoffe „verbraucht" jeder Bundesbürger im Laufe eines 80-jährigen Lebens etwa 245 Tonnen Kies und Sand (Stand 2008). Das entspricht etwa einem Viertel des gesamten Rohstoffbedarfs. Kiese und Sande bilden eine wesentliche Grundlage für die Bauindustrie, die mit aktuell ca. 1,8 Millionen Beschäftigten im Bauhaupt- und -nebengewerbe und weiteren ca. 2 Millionen in zuliefernden Betrieben zu den arbeitsmarktpolitisch und auch hinsichtlich der Wertschöpfung wichtigsten Branchen der deutschen Wirtschaft zählt.

Sand- und Kieslagerstätten sind bundesweit verbreitet (Abb. 2, Seite 20; Massenrohstoffe) und konzentrieren sich in fluviatilen Ablagerungen großer Flusstäler als Schotterterrassen, Terrassenkiese und sandig-kiesige Talfüllungen sowie in glazifluviatilen, eiszeitlichen Sedimenten als Schmelzwasserablagerungen. Auch die Mehrzahl der marinen Sand- und Kieslagerstätten in Nord- und Ostsee sind glazifluviatilen Ursprungs, da der Meeresspiegel während des Eiszeitalters bis zu 130 m unter dem heutigen Niveau lag. Durch marine Prozesse wurden lediglich in ertrunkenen Schorrenbereichen Lagerstätten gebildet. Die hierbei infolge der Wirkung von Wellen und Strömungen entstandenen blockreichen Steingründe (Restsedimente) sind teilweise von Kiessandvorkommen flankiert.

Die bunten, mineralogisch sehr heterogenen quartären Sande und Kiese werden hauptsächlich im Hoch- und Tiefbau sowie im Straßenbau benötigt. Demgegenüber werden die fast ausschließlich aus Quarzkörnern bestehenden und überwiegend aus dem Miozän (Tertiär) stammenden fluviatilen Quarzsande für die Produktion von Glas, Mineralwolle oder Kalksandsteinen genutzt. Lagerstätten dieser Spezialsande existieren unter anderem in Weferlingen (Sachsen-Anhalt), Frechen (Nordrhein-Westfalen), Gambach (Hessen) und Hohenbocka (Brandenburg). Hinsichtlich ihrer Entstehungszeit nehmen die kreidezeitlichen Halterner Sande (Nordrhein-Westfalen) unter den Quarzsanden eine Sonderstellung ein.

1.2 Entstehung und Eigenschaften

In geologischer Hinsicht unterscheiden sich Sande und Kiese deutlich von anderen Baurohstoffen. Aufgrund ihres geologisch jungen Alters und der oberflächennahen Lage sind sie noch nicht verfestigt. Sie unterscheiden sich dadurch als Lockergesteine deutlich von den Festgesteinsrohstoffen und stellen aus geotechnischer Sicht andere Anforderungen an ihre Gewinnung.

Tab. 103: Korngrößen von Lockergesteinen (nach Ad-hoc-Arbeitsgruppe Boden 1996).

Bezeichnung		Korndurchmesser
Ton		< 0,002 mm
Schluff		0,002 - 0,063 mm
Sand	Feinsand	0,063 - 0,2 mm
	Mittelsand	0,2 - 0,63 mm
	Grobsand	0,63 - 2,0 mm
Kies	Feinkies	2,0 - 6,3 mm
	Mittelkies	6,3 - 20,0 mm
	Grobkies	20,0 - 63,0 mm
Steine		63,0 - 200 mm
Blöcke		> 200 mm

Die Unterscheidung von Sanden und Kiesen basiert ausschließlich auf der Korngröße (Tab. 103). Sie werden durch die physikalische, chemische und/oder biologische Verwitterung von Festgestein gebildet und anschließend umgelagert. Während die mineralische Zusammensetzung der Sedimente hauptsächlich vom Ursprungsgestein und der Art der Verwitterung abhängt, werden Form und Korngröße der Ablagerungen maßgeblich von der Art des Transports bestimmt.

Gravitative Umlagerung führt vor allem im Gebirge zur Ausprägung von Schuttfächern aus scharfkantigen Gesteinsbruchstücken. Hangneigung und Durchfeuchtung entscheiden über Länge und Geschwindigkeit des Transports und die Sortierung der Gesteinbruchstücke. Zu den gravitativen Umlagerungen zählt auch das aus Periglazialgebieten bekannte Bodenfließen (Solifluktion).

Von besonderer Bedeutung für die Bildung von Sand- und Kieslagerstätten ist der Transport durch fließendes Wasser. Hauptsächlich ist hierbei zwischen fluviatilen Sedimenten (Ablagerungen in Flüssen) und glazifluviatilen Sedimenten (Schmelzwasserablagerungen der Kaltzeiten) zu unterscheiden. Form und Korngröße der Sedimentbestandteile werden maßgeblich durch Wassermenge und Strömungsgeschwindigkeit bestimmt. Scharfkantige Bruchstücke werden durch den Transport gerundet und sortiert. Im marinen Milieu beginnen Materialumlagerungen im Wesentlichen mit Erosion durch Wellenschlag im Brandungsbereich. Der Sedimenttransport erfolgt dann hauptsächlich durch küstennahe Strömungen.

Windinduzierte Erosion und Umlagerung spielt nur für Korngrößen unterhalb 3 mm eine nennenswerte Rolle, da erst diese Korngrößenfraktionen je nach Windstärke durch die Luft transportiert werden können. Dabei entstehen äolische Sedimente mit einem hohen Sortierungsgrad, dass heißt einer schmal begrenzten Korngrößenzusammensetzung. Rezente Dünenbildung in Küstenbereichen und Wüsten werden diesem Sedimenttyp ebenso zugerechnet wie die während der Kaltzeiten vor dem Eisrand gebildeten Binnendünen und der ebenfalls pleistozäne, schluffdominierte Löss.

2 Terrestrische Lagerstätten in Mecklenburg-Vorpommern

2.1 Lagerstättentypen

Die Sand- und Kiessandlagerstätten in Mecklenburg-Vorpommern entstanden hauptsächlich während des quartären Eiszeitalters durch die Eisvorstöße (Stadien) der Elster-, Saale- und Weichselvereisung. Lagerstättengeologisch von Bedeutung sind vor allem die Sande und Kiese der Saale- und Weichsel-Kaltzeiten, während die Sedimente der Elster-Kaltzeit meist schon aufgrund ihrer großen Tiefenlage kaum Beachtung finden. Von besonderem Interesse sind die in Schmelzwasserrinnen oder als Sander vor den Endmoränen gebildeten Lagerstätten.

Sanderlagerstätten treten im Vorland großer Endmoränen auf und entstanden durch die Ablagerung des vom Inlandeis mit dem Schmelzwasser ins Vorland ausgetragenen Gletscherschutts. Die Korngröße nimmt innerhalb eines Sanders mit der Entfernung vom ehemaligen Eisrand ab, weshalb die hochwertigen Kiessandlagerstätten unmittelbar vor den ehemaligen Gletschertoren liegen und direkt an der Endmoräne ansetzen. In Mecklenburg-Vorpommern ist der Sander vor der Hauptendmoräne des Pommerschen Stadiums der Weichsel-Kaltzeit von besonderer Bedeutung. Diese durchzieht als lückenlose, modellhaft in Loben (Bögen) gegliederte Endmoräne das Land von Südost nach Nordwest und setzt sich nach Dänemark wie auch nach Polen fort. Als Nördlicher Landrücken bildet sie das markanteste morphologische Element Mecklenburg-Vorpommerns und stellt in weiten Teilen ihres Verlaufs die Hauptgrundwasserscheide zwischen Nord- und Ostsee dar.

Zu den **Rinnenlagerstätten** gehören in erster Linie die *Spaltenfüllungen*. Unter diesen sind die in den ehemaligen Radialspalten des Inlandeises transportierten Lockergesteine aufgrund ihrer meist großen Mächtigkeit (mehrere 10 Meter) und ihrer hohen Kiesgehalte von besonderer Bedeutung. Diese Spaltenfüllungen sind tief in den Untergrund eingeschnitten, weshalb die Gewinnung überwiegend aus dem Grundwasser erfolgt. Wegen ihrer Bindung an das Spaltensystem des Eises liegen sie ausschließlich im Bereich der Grundmoränen. Ebenfalls an die Grundmoränen gebunden sind die *Oser (Wallberge)*. Auch diese sind sandig-kiesige Ablagerungen in Spalten des Inlandeises, welche aber hauptsächlich während des Niedertauens entstanden sind. Oser können ebenfalls erosiv in die Grundmoräne eingetieft sein, ragen aber als typisch wallartige Körper bis zu mehreren 10 Metern über diese hinaus. Die Rohstoffgewinnung ist daher im Regelfall auf den Trockenschnitt beschränkt. Seit 1998 stehen Oser in Mecklenburg-Vorpommern als geschützte Geotope unter Naturschutz. Ihre Abgrabung ist daher auf die bereits laufenden Tagebaue beschränkt.

Neben den Rinnenlagerstätten können in der Grundmoräne auch feine **Beckensande** lagerstättenbildend auftreten. Sie sind beim Rückschmelzen des Eises als Ablagerungen in strömungsärmeren Bereichen entstanden. Zu diesen ebenfalls eng an die von Toteiskomplexen bedeckte Niedertaulandschaft gebundenen Bildungen gehören auch sogenannte **Hochflächensande**. Diese wurden im Gegensatz zu den Beckensanden in morphologisch höherer Position auf der Grundmoräne abgelagert. Die überwiegend spätglazialen und holozänen **Talsande** der Talungen großer Abflüsse (Tollense, Peene, Recknitz, etc.) sind aufgrund ihrer feinen Korngröße nicht von wirtschaftlicher Bedeutung.

2.2 Rohstoffgewinnung

Die Nutzung der Sande und Kiese unterliegt in Mecklenburg-Vorpommern, von wenigen Ausnahmen abgesehen, zunächst den Bestimmungen des Bundesberggesetzes, welches sämtliche bergbaulichen Arbeiten reguliert (Erkundung, Gewinnung, Aufbereitung, Wiedernutzbarmachung). Dabei spielen Natur-, Boden-, Grundwasser- und Immissionsschutz in den von der Bergbehörde geleiteten Verfahren eine wichtige Rolle. Wesentliche Zulassungen werden beispielsweise nur im Einvernehmen mit dem Naturschutz oder auf der Grundlage einer naturschutzrechtlichen Genehmigung erteilt.

Die Gewinnung von Sanden und Kiesen erfolgt im Trockenschnitt oder aus dem Grundwasser (Nassschnitt). Im **Trockenschnitt** steht das Gewinnungsgerät (meist Radlader) in der Regel vor der Abbauböschung und gewinnt die Rohstoffe im Hochschnitt. Die Böschungshöhen dürfen die Schnitthöhe des Gewinnungsgerätes nur um maximal einen Meter übersteigen, weshalb bei Böschungshöhen von acht bis zehn Meter Zwischenebenen („Bermen") einzurichten oder die Böschungen abzuschieben sind. Ein oberhalb der Abbauböschung stehendes Gewinnungsgerät (z. B. Tieflöffelbagger) gräbt die Lagerstätte im Tiefschnitt ab. Durch diese Technologie werden insbesondere bindige Abraumsedimente mit einem höheren Lösewiderstand abgetragen. Aus Gründen des Grundwasserschutzes soll die Basis des Trockenschnitts mindestens einen Meter über dem höchsten Niveau des freien Grundwasserspiegels liegen. Grundwasserabsenkungen zur Erhöhung der im Trockenschnitt gewinnbaren Rohstoffmächtigkeiten spielen in Mecklenburg-Vorpommern keine Rolle, werden aber in anderen Bundesländern gelegentlich durchgeführt.

In Rinnen- und Sanderlagerstätten erfolgt die Gewinnung oft aus dem Grundwasser im **Nassschnitt**. Hierbei werden landgestützte oder schwimmende Gewinnungsgeräte eingesetzt (Eimerkettenbagger, Seilzugbagger, Schrapper, Greifer, Saugbagger). Aspekte des Grundwasserschutzes sind beim Nassschnitt mehr noch als beim Trockenschnitt zu beachten, da die meist gut durchströmbaren Kiese und Sande als wichtige Grundwasserleiter oft von großer wasserwirtschaftlicher Bedeutung sind. Der Überwachung der Spiegelhöhen und der Grundwasserbeschaffenheit dienen Monitoringprogramme.

2.3 Standortverhältnisse

Licht, Wärme, Wasser, chemische Verhältnisse (z. B. pH-Wert, Nährstoffe) und mechanische Faktoren wirken unmittelbar auf die Pflanzenwelt. Die Ausprägung dieser Umweltfaktoren ist abhängig von Klima, Relief, Boden und biotischen Einflüssen (SITTE et al. 1991). Das Klima in Mecklenburg-Vorpommern, der Tagebau als anthropogener Eingriff in das Relief sowie die Sande und Kiese als Substrat der Böden haben demzufolge einen spezifischen Einfluss auf die Vegetation der Bergbaufolgelandschaft. Im Folgenden werden die spezifischen Standortverhältnisse kurz dargestellt.

Klima

Durch den von West nach Ost abnehmenden Einfluss des Atlantischen Ozeans und der Nordsee sowie den von Nord nach Süd abnehmenden Einfluss der Ostsee nehmen die Niederschläge in Mecklenburg-Vorpommern von Nordwesten nach Südosten ab, während die Temperaturschwankungen steigen. Zu einer weiteren Differenzierung des Klimas führen z. B. Luv-Lee Effekte entsprechend des Reliefs.

Nach KLIEWE (1951) lässt sich Mecklenburg-Vorpommern in 5 Klimaregionen gliedern (Tab. 104).

Tab. 104: Kennwerte der Klimaregionen im Vergleich (nach KLIEWE 1951).

	Klimaregion	Temperatur			Niederschlag (mm)
		Juli (°C)	Januar (°C)	Schwankung (°K)	
1	Westmecklenburgisches Klima	17,0	-0,2	17,2	628
2	Mecklenburgisches Insel- und Küstenklima	17,0	-0,4	17,4	580
3	Zentralmecklenburgisches Klima	17,1	-0,7	17,8	612
4	Ostmecklenburgisches Klima	17,4	-0,8	18,2	573
5	Klima im Unterodergebiet	17,9	-1,1	19,0	525

1. Das Westmecklenburgische Klima weist die durchschnittlich höchsten Niederschläge und die geringsten Temperaturschwankungen im Jahresverlauf auf (Tab. 104). Erhebliche Windstärken, häufige Bewölkung und erhöhte Luftfeuchtigkeit sind kennzeichnend. Auf feucht-kühle Sommer folgen milde, nebel- und wolkenreiche Herbste, denen sich gemäßigte, regenreiche Winter anschließen. Gebiete mit Westmecklenburgischem Klima sind entsprechend der hydroklimatischen Stufe nach STÜDEMANN (2006) niederschlagsbegünstigt bis niederschlagsreich.

2. Die Temperaturschwankungen sind im Mecklenburgischen Insel- und Küstenklima noch relativ ausgeglichen (Tab. 104). Kennzeichnend sind weiterhin eine hohe Luftfeuchtigkeit und eine lange frostfreie Zeit von durchschnittlich über 200 Tagen. Die Klimaregion wird stark durch das Windgeschehen beeinflusst. Auflandige Winde sind oft stürmisch und in der warmen Jahreszeit beschleunigen sich die ablandigen Winde an der Küstenlinie und führen zu Wolkenauflösung und Regenunterbindung. Durch heftige Seewinde im Frühjahr und Schauer- und Gewitterunterdrückung im Sommer ist es in der Klimaregion somit kühler und niederschlagsärmer als in der Region des Westmecklenburgischen Klimas. Herbst und Winter sind noch relativ mild mit labilen Wetterlagen, Schauertendenz, verstärkter Wolkenbildung und ozeanischem Regen. Bei winterlichen Kaltlufteinbrüchen von See her kommt es zu Schneeschauern. In unmittelbarer Küstennähe liegen niederschlagsbenachteiligte Bereiche der Klimaregion, während landeinwärts niederschlagsnormale bis niederschlagsreiche Verhältnisse anzutreffen sind (STÜDEMANN 2006).

3. Das Zentralmecklenburgische Klima ist durch vergleichsweise kalte Winter und warme Sommer gekennzeichnet, wodurch die Jahrestemperaturschwankung gegenüber den oben beschriebenen Klimaregionen ansteigt. Die Grenze zu den anderen Klimaregionen wird bei KLIEWE (1951) über die jährliche Niederschlagsmenge definiert und verläuft im Westen bei 625 mm sowie im Norden und Osten bei 600 mm. Die Niederschläge in Gebieten mit Zentralmecklenburgischem Klima haben eine leichte Sommerbetonung und sind ansonsten gleichmäßig über das Jahr verteilt. Die entsprechende hydroklimatische Stufe nach STÜDEMANN (2006) ist westlich noch niederschlagsbegünstigt, im Wesentlichen

aber niederschlagsnormal. Die Klimaregion kann zudem noch unterteilt werden in das durch den Ostseeeinfluss etwas niederschlagsreichere nördliche Grundmoränenland und das der binnenländischen Klimaformung unterliegende südliche Endmoränengebiet.

4. Das Ostmecklenburgische Klima zeigt den allmählichen Wandel zum festländischen Charakter, für das tiefe Wintertemperaturen und hohe Sommerwärme sowie geringe Bewölkung und Luftfeuchtigkeit typisch sind. Die Klimaregion ist entsprechend der hydroklimatischen Stufen (nach STÜDEMANN 2006) im Schnitt niederschlagsbenachteiligt, reicht aber von niederschlagsnormalen, zum Teil sogar niederschlagsbegünstigten Bereichen im Luvraum Neustrelitz (Neustrelitzer Höhengebiet) bis zu niederschlagsarmen Bereichen in nordöstlichen winterlichen Leegebieten des Höhenrückens.

5. Das Klima im Unterodergebiet hat den kontinentalsten Charakter mit winterlichen Kälteeinbrüchen und heißer sommerlicher Trockenluft. Der Lee-Effekt bewirkt im Winter geringe Niederschläge, während im Sommer verstärkt Gewitter und Regengüsse auftreten. In der Oderniederung sind Sommerwärme und Temperaturamplitude besonders hoch, wobei Gewitter und Niederschläge hier etwas verstärkt auftreten. Die Grenze zu den benachbarten Klimaregionen wird durch KLIEWE (1951) bei der 550-mm-Isohypse der durchschnittlichen Jahresniederschläge gezogen. Damit liegt die Klimaregion nach STÜDEMANN (2006) im Schnitt im niederschlagsarmen Bereich, geht aber nördlich und westlich zu niederschlagsbenachteiligten Gebieten über. Die frostfreie Zeit beträgt lediglich 186 Tage.

Tab. 105: Porenvolumenanteile unterschiedlicher Substrate (nach AD-HOC-ARBEITSGRUPPE BODEN 1996).

Volumenanteil in %	effektive Lagerungsdichte	Sand	Schluff	Ton
weite Grobporen (> 50 µm): Speicherkapazität für Grund- und Stauwasser	sehr gering - gering	22,5	6,5	-
	mittel	19,5	3	2,5
	hoch - sehr hoch	-	-	1,5
enge Grobporen und Mittelporen (0,2 - 50 µm): nutzbare Feldkapazität	sehr gering - gering	12	28,5	-
	mittel	10,5	26	16
	hoch - sehr hoch	-	-	11
Feinporen (< 0,2 µm): Totwasser	sehr gering - gering	6,5	11	-
	mittel	6	10,5	40
	hoch - sehr hoch	-	-	36,5
max. Wasserkapazität	sehr gering - gering	41	46	-
	mittel	36	39,5	58,5
	hoch - sehr hoch	-	-	49

Boden und Relief

Das Mikroklima in Sand- und Kiesgruben wird in besonderer Weise durch Substrat und Relief beeinflusst. Leichte Sandböden sind in der Vegetationsperiode wärmer als schwere Lehm- und Tonböden. Letztere sind in ihrem Tagestemperaturgang ausgeglichener (POZDENA 1940, BRUNT 1945). Dies lässt sich durch die unterschiedlichen hydrologischen und thermischen Eigenschaften der Substrate erklären. Das Temperaturverhalten von Bodensubstraten ist stark vom Wassergehalt abhängig (PFAUNDLER 1866), wobei das Wasserspeichervermögen wiederum vom Porenvolumenanteil beeinflusst wird. Da der Hohlraumgehalt mit abnehmender Korngröße im Allgemeinen zunimmt (MARCINEK 1997), können Sande und Kiese weniger Wasser speichern als Lehm- und Tonböden (Tab. 105). Aufgrund ihres hohen Grobporenanteils und der deshalb schnellen Wasserversickerung halten sie auch weniger Haftwasser als bindigere Substrate. Dementsprechend sind Sande und Kiese bei tiefliegendem Grund- oder Stauwasser trockener als Lehm- und Tonböden (AD-HOC-ARBEITSGRUPPE BODEN 1996). Je trockener die Böden sind, desto geringer sind auch Wärmeleitfähigkeit und Wärmekapazität (HENDL 1997). Da trockenere Sande und Kiese nur in geringerem Umfang Wärme ableiten und speichern können, weisen sie höhere Temperaturschwankungen und Temperaturmaxima auf.

Das Relief wird durch den Tagebau neu gestaltet und im Ergebnis eines Eingriffes können sehr unterschiedliche Standortbedingungen auf engem Raum entstehen. Typische Teillebensräume sind unter anderem Abbauwände und aus diesen heraus gebrochene Erosionskegel, Lagerhaufen des Oberbodens, des Überkorns sowie Steinhaufen (GILCHER & BRUNS 1999). Bei Grundwasseranschnitt oder bei Stauwassereinfluss können Steilufer, Flachufer, Inseln, Sickerquellaustritte sowie temporäre und ausdauernde Stillgewässer entstehen. Gruben mit ungehinderter Sonneneinstrahlung sind in der Regel wärmer als ihre Umgebung, da in ihnen auch der turbulente Wärmeaustausch herabgesetzt ist. Demgegenüber können tief liegende Gruben kühler sein, da Kaltluft aus der höher liegenden Umgebung zufließt und die Tageslänge durch die Schattenwirkung der Hänge verkürzt ist. Während trockene Abraumhalden hohe Tag-Nacht-Temperaturschwankungen aufweisen, wirken Wasserflächen ausgleichend auf die Temperaturamplitude (GILCHER & BRUNS 1999). Je nach Exposition und Neigung entstehen Licht und Wärme begünstigte Standorte an den Süd- und kühlere Standorte an den Nordhängen.

In Sand- und Kiestagebauen entstehen durch die Abgrabung des Oberbodens überwiegend nährstoffarme, sandige Rohböden mit wenig pflanzenverfügbarem Stickstoff (GILCHER & BRUNS 1999). Nährstoffreiche Standorte entwickeln sich dagegen auf den Bodenkippen, in denen der humusreiche Oberboden abgelagert wird. Das Säure-Basen-Verhalten der Böden ist hauptsächlich von Relief, geologischem Aufbau und Klima abhängig. Natürlicherweise kommen basen- bis kalkreiche Standorte häufig in der stark reliefierten Jungmoränenlandschaft vor, da der entkalkte Oberboden von Kuppen und Oberhängen durch Erosion abgetragen wird. Weiterhin sinkt die Kalkauswaschungstiefe des Bodens mit der Niederschlagsmenge, so dass an Erosionsstandorten in den niederschlagsarmen, südlichen und östlichen Teilen Mecklenburg-Vorpommerns kalkreiche Schichten schneller und großflächiger an die Oberfläche treten (Kap. Klima, MANTHEY 2004). In Sand- und Kiestagebauen können basen- oder kalkreiche Schichten aber auch durch die Abgrabung freigelegt werden.

3 Tagebaufolgelandschaften

Die Beschreibung der Folgelandschaften von Sand- und Kiestagebauen in Mecklenburg-Vorpommern basiert auf Vegetationsaufnahmen des Planungsbüros BIOM aus 15 Tagebauen. Sie stammen aus den zentralen und östlichen Bereichen des Bundeslandes. Die nachgewiesenen Pflanzenarten wurden auf ihre ökologischen und soziologischen Bindungen geprüft. Zur beispielhaften Beschreibung der Vegetationseinheiten wurden schließlich 9 Tagebaue detailliert ausgewertet (Abb. 306). Die Ergebnisse sind in der Beschreibung der Vegetationseinheiten (Kap. G3.1) zusammengefasst. Im Kapitel G3.2 wird der naturschutzfachliche Wert aufgelassener Sand- und Kiestagebaue anhand gefährdeter Arten und geschützter Biotoptypen dargestellt. Die 21 nachgewiesenen gefährdeten Arten werden hier vorgestellt und eine Übersicht zu den geschützten Biotoptypen gegeben, die im Rahmen der Kartierung der geschützten Biotope in Mecklenburg-Vorpommern im Bereich von Kies- und Sandgruben beschrieben wurden (LUNG 1996-2006).

1. Tagebau Hohenbarnekow (BIOM 2005, Abb. 307)
Der Tagebau Hohenbarnekow befindet sich im nördlichen Bereich des zentralmecklen-

Sand-, Kiessand-, Kiesabbau

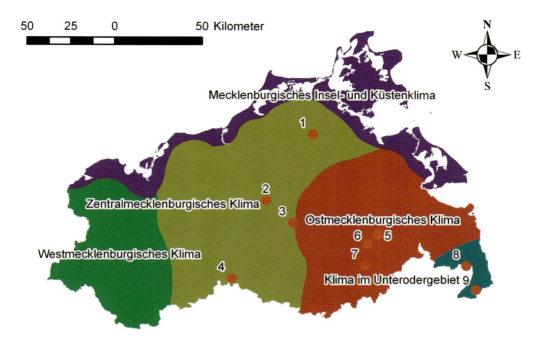

Abb. 306: Lage der Tagebaue und Klimaregionen (nach KLIEWE 1951; Nummerierung siehe Text).

Abb. 307: Alttagebau bei Hohenbarnekow (BIOM 2005).

burgischen Klimas und ist somit niederschlagsbegünstigt (Kap. Klima). Er liegt in der Grundmoräne des Mecklenburger Stadiums (Weichsel-3) des letzten pleistozänen Eisvorstoßes. Nutzgesteine sind Fein- und Mittelsande mit gelegentlich grobsandig-feinkiesigen Anteilen. Sie werden in weiten Teilen der Lagerstätte von einem sandigen Geschiebemergel und lokal darauf lagernden Feinsanden überdeckt, die den Abraum darstellen. An der Oberfläche wechseln sandige und bindige Substrate, auf denen sich Sandrosterden und Braunerden entwickelt haben. In Abhängigkeit von der Morphologie schwankt der Grundwasserflurabstand zwischen 3 und 10 m. Stauwasser beeinflusste Böden treten im tiefer liegenden Rand der Lagerstätte auf. In der Tagebausohle wurde jedoch der Grundwasserspiegel angeschnitten, so dass sich hier ein größeres Abgrabungsgewässer befindet. Die hier beschriebenen Vegetationseinheiten befinden sich in länger aufgelassenen Tagebaubereichen.

Abb. 308: Tagebaubrachen bei Wotrum (BIOM 2000b).

2. Tagebau Wotrum (BIOM 2000b, Abb. 308)

Der Tagebau befindet sich nahe der Ortschaft Wotrum im nördlichen Bereich des zentralmecklenburgischen Klimas und ist somit niederschlagsbenachteiligt bis niederschlagsnormal (s. Abschnitt Klima). Der bahndammartige Rücken ist etwa 2 km lang, an der Basis maximal 250 m breit, 15 bis 20 m hoch und umfasst eine Wechsellagerung gut geschichteter Kiessande und Sande. Die Lagerstätte entstand als typische Osbildung auf der Grundmoräne des Pommerschen Stadiums (Weichsel-2) während des Niedertauens des Eises als Schmelzwasserabsatz in einem Eistunnel, der sich später zu einer Spalte öffnete. Die tief in die Grundmoräne eingeschnittene Spaltenfüllung wird von Geschiebemergel überdeckt, der zu den Flanken des Oskörpers an Mächtigkeit zunimmt. Die Standorte des Oszuges sind grundwasserfern, insbesondere an der Nordflanke begleiten ihn aber feuchte Niederungen und Kleingewässer auf stauenden Sedimenten mehrere Meter oberhalb des Grundwassers. Diese haben keine hydraulische Verbindung zum Oskörper. Der Tagebau Wotrum reicht dagegen mit der tiefsten

Sohle bis nahe an den Grundwasserspiegel heran. Die Abbautätigkeit in dem Tagebau ist nahezu beendet, da der übrig gebliebene Oszug dem Geotopschutz unterliegt. Zur Beschreibung der Tagebaufolgelandschaft wurden Vegetationsaufnahmen einer alten Abgrabung, einer Bodenkippe, der seit längerem aufgelassenen Ränder des aktiven Tagebaus sowie der Hänge und jungen Brachen im aktiven Tagebau genutzt.

3. Tagebau Basedow-Ost (BIOM 2002, Abb. 309)
Die Siedlung Basedow befindet sich in Grenzlage zwischen Zentralmecklenburgischem und Ostmecklenburgischem Klima (nördlicher Bereich) und ist niederschlagsbenachteiligt (s. Abschnitt Klima). Der durch den Tagebau angegrabene, nahe gelegene Oszug liegt auf der Pommerschen Grundmoräne, in die er über 30 m tief eingeschnitten ist. Die aus Sanden und Kiessanden bestehende Spaltenfüllung trägt eine im Topbereich maximal 2 m mächtige Decke aus Geschiebemergel, welche zu den Flanken mehr als 5 m mächtig wird und in die Grundmoräne übergeht. Die Geschiebemergeldecke bildet eine Stauschicht, auf der sich den Oszug begleitende, feuchte Niederungen und Kleingewässer entwickelt haben. Der freie Grundwasserspiegel liegt in der Rinne ca. 30 m unter dem Niveau der angrenzenden Grundmoräne, weshalb im Tagebau einschließlich seiner aufgelassenen Teile nur grundwasserferne Standorte vorkommen. Der beschriebene Tagebau untergliedert sich in den von einem Wall umgebenen, genutzten Teil und einem größeren, aufgelassenen Alttagebau mit Abraumhalde.

Abb. 309: Alttagebau Basedow-Ost (BIOM 2002).

4. Alttagebau Retzow (BIOM 1999c)
Die Lagerstätte liegt im niederschlagsnormalen Bereich des Zentralmecklenburgischen Klimas (s. Abschnitt Klima) zwischen zwei morphologisch nur gering ausgeprägten Endmoränen. Diese werden den Eisrandlagen der ersten weichselzeitlichen Eisvorstöße des Brandenburger Stadiums zugeordnet, deren Randlage über Retzow und Ganzlin verläuft. Das Hinterland des ersten Eisvorstoßes war noch von niedertauendem Toteis bedeckt, als nur wenige Kilometer nördlich bei Karbow-

Vietlübbe auch der zweite Eisvorstoß des Brandenburger Stadiums endete. Da der Schmelzwasserabfluss des zweiten Eisvorstoßes durch das ältere Toteis behindert und kanalisiert wurde, entstanden die Niederungen des Gehlsbaches und des Wangeliner Sees. Während der Aufarbeitung und Umlagerung der älteren Schmelzwasserablagerungen und Geschiebemergel durch das erneute Schmelzwasser entstand auch die Lagerstätte Retzow mit ihren vertikal abwechselnd abgelagerten und horizontal verzahnten, bindigen Sedimenten der Grundmoräne (Geschiebemergel) und sandig-kiesigen Schmelzwasserablagerungen. Die beschriebenen Vegetationseinheiten befinden sich in einer älteren kleinen Abgrabung im Bereich des Tagebauplangebietes.

5. Alttagebau Luisenhof (BIOM 2001)

Der aufgelassene Tagebau Luisenhof liegt im niederschlagsarmen Bereich des Ostmecklenburgischen Klimas (s. Abschnitt Klima) auf einem beidseitig durch nord-süd-streichende Rinnen begrenzten Höhenrücken. Diese Rinnen wurden während des spätglazialen Eisabbaus gebildet und dienen noch heute der Entwässerung der angrenzenden Hochfläche. Östlich von Neubrandenburg entstand so auch das Datzetal als breite Abflussbahn während des Pommerschen Stadiums der Weichselzeitlichen Vereisung (Weichsel-2). Im Westen hat es Anschluss an die große Rinne der Tollense. Da der Talboden des Datzetals heute etwa 50 Meter unter dem Niveau der umgebenden Grundmoräne liegt, sind an den Talhängen oft die unter der Grundmoräne lagernden älteren Sande angeschnitten. Auch im Topbereich der Lagerstätte Luisenhof, einer der vielen Abbaustellen des Datzetals, sind die in tieferen Hanglagen anstehenden, fein- bis mittelkörnigen, und nur selten Kies führenden Sande durch Geschiebemergel überdeckt. Die Beschreibung der Vegetation umfasst Tagebaubrachen und Bodenkippen.

6. Tagebau Sponholz (BIOM 2000a)

Die Lagerstätte Sponholz befindet sich in der gleichen Klimaregion wie Luisenhof, jedoch im niederschlagsbenachteiligten Bereich (s. Abschnitt Klima) am Rand einer Grundmoränenhochfläche oberhalb des Datzetals, einer seit dem Pommerschen Stadium des weichselzeitlichen Eisvorstoßes aktiven Schmelzwasserabflussbahn. Das starke Relief der Grundmoräne östlich von Neubrandenburg wurde bereits während der Saale-Kaltzeit vorgeprägt, als große Komplexe tertiärer Sande aus dem Untergrund gelöst und in die Grundmoräne eingebaut wurden. Die Topbereiche der bei Sponholz bis dicht an die Oberfläche reichenden Quarzsandschollen wurden während der nachfolgenden weichselzeitlichen Eisvorstöße erodiert. Somit besteht die Lagerstätte Sponholz aus aufgearbeiteten tertiären Quarzsanden und den typischen „bunten", von nordischen Gesteinstypen dominierten Schmelzwasserablagerungen der Weichsel-Kaltzeit. Der Anteil der kalkfreien, tertiären Quarzsande nimmt vom Liegenden zum Hangenden ab. Am Rand einer nicht aufgeschlossenen Tertiärscholle im Tagebau Sponholz stehen derzeit kiesarme Sande mit einem relativ hohen Anteil von Quarzsand an. Die beschriebenen Tagebaubereiche umfassen ältere und jüngere Auflassungen sowie Bodenkippen.

7. Tagebau Cammin (BIOM 1999b)

Klimatisch ähnlich gelegen wie die Lagerstätte Sponholz sind die sandig-kiesigen Ablagerungen des Tagebaus bei Cammin. Die Schmelzwassersedimente entstanden durch das Abschmelzen des Eises des ersten Weichselzeitlichen Eisvorstoßes (Brandenburger Stadium, Weichsel-1) und wurden während des Pommerschen Stadiums (Weichsel-2) nochmals vom Eis überfahren sowie mit einer geringmächtigen Grundmoräne überdeckt. Das beim Eiszerfall abfließende Schmelzwasser spülte den Untergrund rinnenartig aus, wodurch die Sande der Lagerstätte Cammin angeschnitten wurden. Das Bodensubstrat wird in Richtung der zu den westlich und östlich angrenzenden Niederungen abfallenden Hänge stärker sandig. Abgebaut werden ausschließlich die Kies führenden Sande über dem Grundwasser, so dass dieses im Tagebau nicht aufgeschlossen ist. Im Topbereich der Lagerstätte bildet Geschiebemergel das Substrat für Braunerdeböden, welche im unverritzten Tagebauvorfeld noch ackerbaulich genutzt werden. Die Beschreibung der Vegetation erfolgt für Auflassungen des aktiven Tagebaus.

8. Tagebau Bergholz (BIOM 1999a, Abb. 310)

Die Ortschaft Bergholz befindet sich im niederschlagsarmen Klima des Unterodergebietes (s. Abschnitt Klima). Die Lagerstätte wird von mächtigen glazifluviatilen Sanden und Kiessanden gebildet, die in mehreren Phasen abgelagert wurden. In den tieferen Zonen sind die Schmelzwassersedimente eher flächenhaft verbreitet, während in den höheren Bereichen eine deutliche Rinnenstruktur erkennbar ist. Die Sande und Kiessande werden von der Grundmoräne des Mecklenburger Stadiums überdeckt (Weichsel-3), einer stark sandigen und blockreichen Geschiebemergeldecke. Die Kiessande reichen in das Grundwasser hinein, welches im Tagebau an mehreren Stellen bereits freigelegt ist. In den nicht abgegrabenen Bereichen liegt der Grundwasserflurabstand zwischen 7 und 10 m. Neben Vegetationseinheiten im aktiven Tagebau wird auch die Vegetation einer kleinen seit längerem aufgelassenen Abgrabung beschrieben.

Abb. 310: Tagebau Bergholz (BIOM 1999a).

9. Tagebau Penkun (BIOM 1998)

Der Tagebau Penkun liegt in derselben Klimaregion wie die vorangegangene Lagerstätte und auf der Grundmoräne des Pommerschen Stadiums des weichselzeitlichen Eisvorstoßes (Weichsel-2). Die Sande und Kiessande lagern hier als Füllung einer annähernd Nord-Süd-verlaufenden, ursprünglich unter dem Eis ausgespülten Rinne. Diese war nach ihrer Entstehung in der Saale-Kaltzeit auch während der folgenden Weichsel-Kaltzeit aktiv, ist 120 bis 250 m breit und erstreckt sich über mindestens 1100 m. Da die bis zu 45 m mächtigen Rohstoffe zum größeren Teil im Grundwasser liegen, wurde dieses an mehreren Stellen aufgeschlossen. Größere Flächen des Tagebaus sind unter Einbeziehung älterer Baggerseen bereits wieder nutzbar gemacht. Beschrieben werden die Auflassungen im aktiven Tagebau.

3.1 Beschreibung der Vegetationseinheiten

Die Vegetationsaufnahmen wurden entsprechend ihrer Kennwerte hauptsächlich nach

BERG et al. (2004a, c), sowie zusätzlich nach SCHUBERT (2001) und SCHUBERT et al. (2001) analysiert. Die Nomenklatur der Pflanzengesellschaften richtet sich weitgehend nach SCHUBERT et al. (2001) und für die nicht von diesem Autorenkollektiv bearbeitete Moos-, Flechten- und Algenvegetation nach BERG et al. (2004a). Die Vegetationseinheiten sind entsprechend der hydrologischen Verhältnisse (aquatisch, amphibisch, terrestrisch) geordnet, sowie bei ausreichend guter Datenlage zusätzlich nach ihrer Stellung in der Sukzessionsabfolge. Abgeleitet wurde letztere aus den ökologischen Primärstrategietypen (vgl. GRIME et al. 1988), den Hemerobiestufen (vgl. SUKOPP 1972) und zusätzlichen Angaben zu den entsprechenden Pflanzengesellschaften (SCHUBERT 2001, SCHUBERT et al. 2001, BERG et al. 2004a). Die Pflanzengesellschaften werden beispielhaft mittels der nachgewiesenen typischen Arten, deren gesellschaftsspezifischen Kennwerten und der Deckung (LAUN 1998) dargestellt (Tab. 106).

Tab. 106: Kennartentyp und Deckungsklassen der Vegetationsbeschreibungen (nach BERG et al. 2004a, c, SCHUBERT 2001, SCHUBERT et al. 2001, LAUN 1998).

Kennartentyp	Code	Kennartentyp	Code
Assoziation	A	hochstete Arten (> 60 %)	H
Verband	V	Diagnostische Artenkombination	D
Unterordnung	UO		
Ordnung	O	**Deckungsklassen**	**Code**
Unterklasse	UK	dominant ($\geq 25\%$)	d
Klasse	K	zahlreich ($\geq 5\%$)	z
Klassendifferentialarten	KD	vereinzelt ($< 5\%$)	v

Nomenklatur und Ökologie der Pflanzenarten wurden der Pflanzendatenbank GermanSL 1.1.3 entnommen (JANSEN & DENGLER 2011). In dieser sind sowohl die Zeigerwerte (ELLENBERG et al. 1992) als auch die ökologischen Primärstrategietypen (GRIME et al. 1988) und die Hemerobiestufen (SUKOPP 1972) entsprechend der Veröffentlichung von FRANK & KLOTZ (1990) verschlüsselt worden. Die Datenbank wurde durch JANSEN & DENGLER (2008) sowie die Bedeutung von Hemerobiestufen und Strategietypen durch KLOTZ & KÜHN (2002a, b) beschrieben.

Aquatische und amphibische Vegetation

Pionier-Tauchflur der Gewöhnlichen Armleuchteralge
In einem kleinen Abgrabungsgewässer bei Wotrum (BIOM 2000b) wurde diese Gesellschaft durch Armleuchteralgen (*Chara* spec.) und den Gewöhnlichen Wasserhahnenfuß (*Ranunculus aquatilis*) repräsentiert. Armleuchteralgenrasen werden von GILCHER & BRUNS (1999) überwiegend als Pionierstadium verschiedener Laichkrautgesellschaften angesehen, und ARENDT et al. (2004) verorten die kurzlebigen und schütteren Pionieralgenrasen in neu angelegten Gewässern mit basenreichen, verdichteten Böden, wie sie auch in diesem Tagebau vorgefunden wurden.

Wasserknöterich-Schwimmlaichkraut-Gesellschaft
Im Tagebau bei Hohenbarnekow wurde als Pionier-Besiedler eines Abgrabungsgewässers der Wasserknöterich (*Persicaria amphibia*) bestandsbildend angetroffen (BIOM 2005). Eine Zuordnung zur Wasserknöterich-Schwimmlaichkraut-Gesellschaft ist schon bei einem Massenvorkommen nur einer der beiden Namen gebenden Arten möglich (vgl. SCHUBERT 2001, BERG et al. 2004b). Der Wasserknöterich tritt häufig in jüngeren Abgrabungsgewässern auf (GILCHER & BRUNS 1999), wie z. B. in Grubenrestseen oder Sandausstichen. Diese flachen Gewässer sind meso- bis schwach eutroph.

Gesellschaft des Gemeinen Wasserhahnenfußes

Im Kiestagebau bei Bergholz befinden sich kleinere und größere Abgrabungsgewässer. Auf und in den Wasserflächen wurden neben fädigen Grünalgen auch die Kleine Wasserlinse (*Lemna minor*), das Kamm-Laichkraut (*Potamogeton pectinatus*) und dichte Bestände des Gewöhnlichen Wasserhahnenfußes nachgewiesen (BIOM 1999a, Abb. 311). Letzterer reichte teilweise bis an den Gewässerrand und hatte hier Kontakt mit wenig entwickelten und daher nicht näher beschriebenen Teichboden- und Zwergbinsen-Gesellschaften. Die Gesellschaft des Gemeinen Wasserhahnenfußes ist typisch für flache, zum Teil trocken fallende, offene und dadurch leicht erwärmbare Gewässer mit lehmig-tonigem Untergrund (SCHUBERT et al. 2001). In diesen herrschen meist basenreiche, eutrophe Verhältnisse. Nach BERG et al. (2004b) kommt diese Vegetation unter anderem in Ausstichen vor.

Abb. 311: Wasserhahnenfuß und Breitblättriger Rohrkolben (BIOM 1999a).

Kleinling-Gesellschaft

In einer kleinen staunassen Senke des Kiestagebaus bei Wotrum (BIOM 2000b) kam die für die Kleinling-Gesellschaft diagnostisch wichtige Ordnungskennart Gewöhnliche Kröten-Binse (*Juncus bufonius*) zahlreich vor. Weiterhin konnten Breit-Wegerich (*Plantago major*), Vogel-Knöterich (*Polygonum aviculare*) und Geruchlose Kamille (*Tripleurospermum perforatum*) als typische Arten nachgewiesen werden. Diese Gesellschaft ist entsprechend BERG & BOLBRINKER (2004) die häufigste und ruderalste Gesellschaft der Zwergbinsenklasse in Mecklenburg-Vorpommern. Sie kommt unter anderem in frischen Ausstichen vor und verträgt höchstens flache Überstauung während der Vegetationsperiode.

Großröhrichte

Im Alttagebau bei Hohenbarnekow waren am Rand eines Abgrabungsgewässers in geringem Umfang mit dem Gemeinen Schilf (*Phragmites australis*), dem Ästigen Igelkolben (*Sparganium erectum*) und dem Breitblättrigen Rohrkolben (*Typha latifolia*) Initialarten verschiedener Röhrichtgesellschaften vertreten (BIOM 2005). Ähnliche

Initialstadien von Großröhrichten traten auch im Alttagebau bei Bergholz auf (BIOM 1999a). Diese artenarmen Bestände können pflanzensoziologisch jeweils dem Schilf-, dem Breitblattrohrkolben- oder dem Igelkolben-Röhricht zugeordnet werden. Die genannten Arten dieser Gesellschaften zählen zu den stresstoleranten Konkurrenzstrategen.

Terrestrische Offenvegetation mit Ruderalstrategen

Die Pionierstadien der Tagebaue sind durch das gehäufte Auftreten von Ruderalstrategen gekennzeichnet, wobei aus der Umgebung eingewanderte Ackerwildkrautfluren und Einjährige Ruderalgesellschaften typisch sind. Die Arten der Gesellschaften lassen auf eu- bis polyhemerobe Standorte schließen. Diese Pionierstadien werden schnell von ausdauernden Pflanzengemeinschaften abgelöst. Auch die nachgewiesene Einjährige Trittpflanzengesellschaft wird dieser Gruppe zugeordnet, obwohl sie unter tagebauunabhängiger Trittbelastung durchaus stabil sein kann.

Sandmohn-Gesellschaft
Diese Gesellschaft besiedelt saure bis schwach alkalische, sandige Lehme oder lehmige Sande mit geringer Wasserversorgung und hat ihren Schwerpunkt in sommerwarmen Gebieten mit subkontinentalem Einfluss (MANTHEY 2004). In den Tagebauen Penkun, Cammin und Sponholz kam sie mit den gemeinsamen Kennarten Acker-Schachtelhalm (*Equisetum arvense*), Geruchlose Kamille und Kriech-Quecke (*Elymus repens*) vor (BIOM 1998, 1999b, 2000a). Im Tagebau bei Penkun war die Sandmohn-Gesellschaft mit der Assoziationskennart Sand-Mohn (*Papaver argemone*) und der Verbandskennart Acker-Spark (*Spergula arvensis*) sowie den Ordnungskennarten Gewöhnlicher Reiherschnabel (*Erodium cicutarium*) und Schmalblättrige Wicke (*Vicia angustifolia*) typisch ausgebildet. Dagegen war eine genaue Trennung zwischen der Sandmohn- und der Hellerkraut-Erdrauch-Gesellschaft im Tagebau bei Cammin mit dem Nachweis des Gewöhnlichen Erdrauchs (*Fumaria officinalis*) unmöglich und im Tagebau bei Sponholz war für die Zuordnung zur Sandmohn-Gesellschaft bei fehlenden Assoziationskennarten lediglich das Vorkommen der Ordnungskennart Dach-Pippau (*Crepis tectorum*) ausschlaggebend. Für schwach alkalische Verhältnisse in allen drei Tagebauen spricht die floristische Ähnlichkeit zu der Gesellschaft der Kleinen Wolfsmilch und des Acker-Leimkrautes sowie der Hellerkraut-Erdrauch-Gesellschaft. Alle Standorte sind mit Rainfarn (*Tanacetum vulgare*) und zum Teil auch Land-Reitgras (*Calamagrostis epigejos*) durchsetzt. Somit zeichnet sich schon der Übergang zu Staudenfluren und Kriechrasen stickstoffreicher Standorte ab.

Ackerfrauenmantel-Kamillen-Gesellschaft
Diese Gesellschaft steht in der Ausprägung mit der Echten Kamille (*Matricaria recutita*) nach SCHUBERT (2001) für niederschlagsreichere, wärmegetönte, kolline Lagen. MANTHEY (2004) weist darauf hin, dass diese in allen Teilen Mecklenburg-Vorpommerns auftretende Ackerwildkrautflur schwer erwärmbare und langzeitig feuchte Böden (z. B. sandige bis schwere Lehmböden) besiedeln kann. Die Ackerfrauenmantel-Kamillen-Gesellschaft wurde mit der diagnostisch wichtigen Echten Kamille, den hochsteten Begleitern Acker-Windhalm (*Apera spicaventi*), Geruchlose Kamille und Einjähriges Rispengras (*Poa annua*) sowie der Klassenkennart Vogel-Knöterich auf der frisch aufgelassenen Sohle im aktiven Tagebau bei Basedow angetroffen (BIOM 2002). Ferner traten auch die Strahlenlose Kamille (*Matricaria discoidea*) und das Weiße Straußgras (*Agrostis stolonifera*) auf. Weniger artenreich hat sich diese Vegetation auch inselhaft auf einem Immissionsschutzwall dieses Tagebaus erhalten, wobei sie hier teilweise in eine fragmentarisch ausgebildete Leinkraut-Dachtrespen-Gesellschaft übergeht.

Hellerkraut-Erdrauch-Gesellschaft
Diese Gesellschaft ist durch das verstärkte Auftreten von Wärmekeimern und Arten mit höheren Ansprüchen an die Basen- und Nährstoffversorgung charakterisiert und trat in typischer Form auf den basenreichen

Böden des Tagebaus Bergholz im schwach kontinentalen, südöstlichen Vorpommern auf (BIOM 1999a). Nachgewiesen wurde als Verbandscharakterart der Gewöhnliche Erdrauch, begleitet von den steten Arten Gewöhnliches Hirtentäschel (*Capsella bursa-pastoris*), Acker-Kratzdistel (*Cirsium arvense*), Acker-Stiefmütterchen (*Viola arvensis*), Sonnenwend-Wolfsmilch (*Euphorbia helioscopia*), Vogel-Knöterich und Acker-Schachtelhalm. Die Hellerkraut-Erdrauch-Gesellschaft wurde im Tagebau bei Sponholz auch mosaikartig verwoben mit der Gesellschaft der Schmalflügligen Wanzensamen und im Tagebau bei Cammin mit dem Heidenelken-Grasnelken-Rasen angetroffen (BIOM 2000a, 1999b). An letzterem Standort konnte die Gesellschaft nicht eindeutig von der Sandmohn-Gesellschaft getrennt werden.

Gesellschaft des Schmalflügligen Wanzensamens

Der Schmalflüglige Wanzensame (*Corispermum leptopterum*) konnte sich als eingewanderter Steppenroller durch Sandtransporte schnell auf Sandschüttungen verbreiten und bildet nun unter anderem eine typische Gesellschaft der Sandgruben (DENGLER & WOLLERT 2004b). Im Tagebau bei Sponholz wurde die Gesellschaft des Schmalflügligen Wanzensamens in typischer Artenzusammensetzung angetroffen (BIOM 2000a, Tab. 107). Die Gesellschaft des Schmalflügligen Wanzensamens entwickelt sich häufig zur Möhren-Steinklee-Flur weiter (DENGLER & WOLLERT 2004b) und zeugt zusammen mit dem Einfluss der umliegenden Ackerwildkrautfluren vom Pioniercharakter der Vegetation im Tagebau bei Sponholz (BIOM 2000a).

Tab. 107: Arten der Gesellschaft des Schmalflügligen Wanzensamens bei Sponholz (BIOM 2000a). Abkürzungen siehe Tab. 106.

Arten		Kennwert	Deckung
Deutscher Name	**Wiss. Name**		
Schmalflügliger Wanzensame	*Corispermum leptopterum*	A	z
Ungarische Rauke	*Sisymbrium altissimum*	A	z
Dach-Trespe	*Bromus tectorum*	O	v
Kanadisches Berufkraut	*Conyza canadensis*	K	z
Taube Trespe	*Bromus sterilis*	K	v
Weißer Gänsefuß	*Chenopodium album*	KD	z
Gewöhnlicher Beifuß	*Artemisia vulgaris*	KD	v
Gewöhnliches Hirtentäschel	*Capsella bursa-pastoris*	KD	v
Gewöhnlicher Natternkopf	*Echium vulgare*	KD	v
Wege-Rauke	*Sisymbrium officinale*	KD	v
Acker-Schöterich	*Erysimum cheiranthoides*	KD	v
Kriech-Quecke	*Elymus repens*	D	v
Kleiner Sauerampfer	*Rumex acetosella*	D	v

Leinkraut-Dachtrespen-Gesellschaft

Um den aktiven Tagebau Basedow-Ost wurde ein Immissionsschutzwall eingerichtet, der durch die konkurrenzstarke Rainfarn-Beifuß-Gesellschaft dominiert wurde, aber auch noch Inseln mit Pionierarten aufwies (BIOM 2002). Neben der Ackerfrauenmantel-Kamillen-Gesellschaft (siehe oben), in die aber auch bereits konkurrenzstarke Arten eindrangen, trat hier auch ein fortgeschrittenes Sukzessionsstadium der Leinkraut-Dachtrespen-Gesellschaft auf. Letzteres ist aufgrund seiner Ausprägung im Tagebau Basedow-Ost zwischen der Rainfarn-Beifuß-Gesellschaft und der Ackerfrauenmantel-Kamillen-Gesellschaft anzusiedeln. Die größte floristische Ähnlichkeit besteht aufgrund der diagnostisch wichtigen Arten Dach-Trespe, Kanadisches Berufkraut (*Conyza canadensis*), Kriech-Quecke und Acker-Windhalm sowie der Verbandskennart Taube Trespe mit der Leinkraut-Dachtrespen-Gesellschaft, welche typisch für Dämme und Sandschüttungen (DENGLER & WOLLERT 2004b) bzw. ruderalisierte Sand- und Kiesgruben ist (SCHUBERT 2001).

Gesellschaft der Strahlenlosen Kamille und des Vogelknöterichs
Die Offenvegetation des aufgelassenen Tagebauteils Basedow-Ost wird von Pfaden durchzogen, auf denen die häufig auftretenden Ruderalstrategen die Trittbelastung anzeigen. Die Zuordnung dieser Vegetation zur Gesellschaft der Strahlenlosen Kamille und des Vogelknöterichs ergibt sich aus der Anwesenheit der diagnostisch wichtigen Arten Breit-Wegerich, Einjähriges Rispengras, Vogel-Knöterich und Ausdauerndes Weidelgras (*Lolium perenne*) sowie der steten Geruchlosen Kamille und der Differenzialart Weiß-Klee (*Trifolium repens*; BIOM 2002). Diese Gesellschaft ist häufig in Mecklenburg-Vorpommern und anspruchslos gegenüber Wärme und Boden (SCHUBERT 2001). Die auftretende Differenzialart Weiß-Klee weist auf eine eher geringe Trittbelastung der Standorte.

Terrestrische Offenvegetation konkurrenzstarker Arten

Diese relativ stabilen Vegetationseinheiten mit vielen Konkurrenzstrategen siedeln sich auf etwas weiter entwickelten Standorten an, auf denen aber (noch) keine Gehölze Fuß fassen können. Hierzu gehören Mager- und Trockenrasen, licht- und wärmebedürftige Saumgesellschaften saurer bis basenreicher Standorte sowie nitrophile Staudenfluren und Kriechrasen.

Strohblumen-Sandknöpfchen-Rasen
Auf einer seit längerem aufgelassenen Tagebaufläche des Tagebaus Basedow-Ost haben sich im Bereich der Abraumhalde an nordost- und südexponierten Flachhängen Fragmente der Strohblumen-Sandknöpfchen-Rasen entwickeln bzw. erhalten können (Abb. 312, BIOM 2002). Während Silbergras (*Corynephorus canescens*) und Berg-Sandknöpfchen (*Jasione montana*) nicht (mehr) nachgewiesen werden konnten, traten mit Kleinem Habichtskraut (*Hieracium pilosella*), Sand-Strohblume (*Helichrysum arenarium*), Feld-Beifuß (*Artemisia campestris*) und Kleinem Sauerampfer (*Rumex acetosella*) einige diagnostisch wichtige Arten dieser Gesellschaft auf. Außerdem wurden vereinzelt die Sandmagerrasenarten Scharfer Mauerpfeffer (*Sedum acre*), Sand-Thymian (*Thymus serpyllum*), Feld-Klee (*Trifolium campestre*), Dach-Trespe und Silber-Fingerkraut (*Potentilla argentea*) angetroffen. Aus dem Schwerpunkt des Konkurrenzfaktors in der ökologischen Primärstrategie der aufgeführten Arten lässt sich ein fortgeschrittenes Sukzessionsstadium der Vegetation ableiten. Zudem kommen bereits typische Arten der Natternkopf-Steinklee-Gesellschaft vor, welche als Folgestadium gelten kann. Andere Arten leiten zur Rainfarn-Beifuß-Gesellschaft in der Umgebung über. Diese Dynamik des Standorts zeigen u. a. die prägenden Arten Land-Reitgras (*Calamagrostis epigejos*) und Wilde Möhre (*Daucus carota*) an.

Abb. 312: Von Sandstrohblumen dominierte Trockenflur bei Basedow (BIOM 2002).

Aufgrund der angetroffenen Ausprägung der Vegetation bleibt deren Zuordnung zu der Gesellschaft teilweise strittig. Der hohe Anteil der Sand-Strohblume wird einerseits als Subassoziation der Frühlingsspark-Silbergras-Gesellschaft auf Bergbauflächen beschrieben (SCHUBERT 2001) und andererseits werden kryptogamenreiche Formen dieser Vegetation als eigenständige Gesellschaft der Sandstrohblumen-Bergsandglöckchen-Sandrasen und Sukzessionsstadium der Silbergras-Pionierrasen gesehen. Die Vegetation ist aber in jedem Fall typisch für aufgelassene Sand- und Kiesgruben (DENGLER 2004a).

Heidenelken-Grasnelken-Rasen
Dieser mesophile Sandtrockenrasen tritt auf basenarmen, mäßig trockenen Sandstandorten auf (DENGLER 2004a) und bildet die Ersatzgesellschaft für azidophile Eichenmischwälder (SCHUBERT et al. 2001). Er entwickelt sich unter anderem auf älteren Ackerbrachen und ist im ganzen Land verbreitet (DENGLER 2004a). Im Tagebau bei Cammin wurde er kleinflächig in aufgelassenen Bereichen vorgefunden. Mit der Sand-Grasnelke (*Armeria maritima* ssp. *elongata*) wurde die namengebende Kennart der Assoziation angetroffen und mit Silber-Fingerkraut, Berg-Sandknöpfchen, Kleinem Sauerampfer, Hasen-Klee (*Trifolium arvense*) und Scharfem Mauerpfeffer wurden auch übergeordnete Kennarten nachgewiesen (BIOM 1999b). Als hochstete Art der Gesellschaft trat das Kanadische Berufkraut auf. Die ökologische Primärstrategie der Arten ist undifferenziert; die Kennarten bevorzugen oligo- bis euhemerobe Standorte.

Adonisröschen-Fiederzwenken-Halbtrockenrasen / Küchenschellen-Steppenlieschgras-Trockenrasen
In Randbereichen einer heute als Deponie genutzten alten Kiesgrube des kontinental geprägten Tagebaus Bergholz (Abb. 310) wurden viele Arten der basiphilen Magerrasen und Steppen nachgewiesen. Typisch sind hier das Kleine Mädesüß (*Filipendula vulgaris*), der Wiesen-Salbei (*Salvia pratensis*) und der Kleine Wiesenknopf (*Sanguisorba minor*). Obwohl floristische Elemente wie die Kartäuser-Nelke (*Dianthus carthusianorum*) bereits auf kontinentale Trockenrasen und osteuropäische Steppen hinweisen, sind diese gestörten Standorte nicht sicher einer bestimmten Pflanzengesellschaft zuzuordnen. So stehen Rötliches Fingerkraut (*Potentilla heptaphylla*), Tauben-Skabiose (*Scabiosa columbaria*) und Berg-Klee (*Trifolium montanum*) noch für basiphile Halbtrockenrasen, aber Weinbergs-Lauch (*Allium vineale*) und Feld-Beifuß vermitteln zu den Sandtrockenrasen, deren typische Vertreter Scharfer Mauerpfeffer und Quendelblättriges Sandkraut (*Arenaria serpyllifolia*) ebenfalls auftreten. Zudem vermitteln Glatthafer (*Arrhenatherum elatius*), Gewöhnlicher Natternkopf (*Echium vulgare*) und Wiesen-Witwenblume (*Knautia arvensis*) bereits zu verschiedenen Staudenfluren.

Reseden-Nickdistel-Gesellschaft
Diese Gesellschaft ist typisch für Störstellen in Trocken- und Halbtrockenrasen (SCHUBERT 2001) und nahm in dem von Ackerflächen umgebenen Alttagebau bei Retzow die Böschungen ein (BIOM 1999c). Kennarten sind die Nickende Distel (*Carduus nutans*), Rainfarn, Weiße Lichtnelke (*Silene latifolia* ssp. *alba*), Kriech-Quecke, Gewöhnlicher Beifuß, Acker-Kratzdistel, Wiesen-Knäuelgras (*Dactylis glomerata*) und Große Brennnessel (*Urtica dioica*), welche an diesem Standort nachgewiesen wurden. In der Reseden-Nickdistel-Gesellschaft sind die Konkurrenzstrategen vorherrschend und die von ihr besiedelten Standorte sind meso- bis euhemerob geprägt. Unter Berücksichtigung der umgebenden Ackerflächen und der Nähe zu Trocken- und Halbtrockenrasen lässt sich auch das Auftreten der Ackerwildkräuter Acker-Windhalm und Geruchlose Kamille sowie der Magerkeitszeiger Rauhblättriger Schaf-Schwingel (*Festuca brevipila*), Silber-Fingerkraut und Acker-Filzkraut (*Filago arvensis*) erklären.

Platthalmrispengras-Färberhundskamillen-Gesellschaft
Die Gesellschaft benötigt sonnige, sandig-kiesige, skelettreiche Böden und ist in Mecklenburg-Vorpommern vor allem in den kontinental getönten Landschaften zu finden. Sie tritt unter anderem am Grunde von Kies-

gruben auf. Im Alttagebau bei Luisenhof wurden mit der Assoziationskennart Färber-Hundskamille (*Anthemis tinctoria*) und der hochsteten Gemeinen Schafgarbe (*Achillea millefolium*) die die Gesellschaft prägenden Arten angetroffen (BIOM 2001). Zur diagnostischen Artenkombination zählen außerdem die nachgewiesenen Arten Ackerwinde (*Convolvulus arvensis*), Wiesen-Knäuelgras, Echtes Johanniskraut (*Hypericum perforatum*), Wilde Möhre, Quendelblättriges Sandkraut (*Arenaria serpyllifolia*) und Kriech-Quecke. Die gleichermaßen vertretenen Ruderal- und Konkurrenzstrategen lassen auf einen euhemeroben Standort schließen.

Huflattich-Gesellschaft
Im Tagebau bei Wotrum wurde auf Rutschungen eines Steilhanges mit der Assoziationscharakterart Huflattich (*Tussilago farfara*), der Verbandscharakterart Weißer Steinklee (*Melilotus albus*) und der hochsteten Art Acker-Kratzdistel die Huflattich-Gesellschaft nachgewiesen (BIOM 2000b). Diese Gesellschaft ist typisch für schwere, lehmig-tonige Böden wechselfeuchter Standorte, insbesondere an Böschungen, Halden und Aufschüttungen (SCHUBERT et al. 2001). Offensichtlich bieten die über- und unterlagernden Mergelschichten des Osers bei Wotrum geeignete Bedingungen für die Gesellschaft. In ihr dominieren Konkurrenzstrategen, die Hemerobiestufe ist meso- bis schwach euhemerob. Übergänge zur Natternkopf-Steinklee-Gesellschaft treten auf.

Natternkopf-Steinklee-Gesellschaft
Diese blütenreiche und wärmeliebende Gesellschaft ist unter anderem typisch für Abbauflächen bzw. aufgelassene Sand- und Kiesgruben (SCHUBERT 2001, DENGLER & WOLLERT 2004a). In unterschiedlichen Ausprägungen wurde sie bei Wotrum auf jüngeren Brachen im aktiven Tagebau und auf älteren Brachen am Tagebaurand angetroffen (BIOM 2000b, Tab. 108). Die jüngeren Brachen weisen gegenüber den älteren geringere Deckungsgrade der Vegetation auf. Obwohl die Anzahl der typischen Kennarten zum Teil bei den älteren Brachen steigt, ist mit den hohen Deckungswerten der Quecke bereits eine Ähnlichkeit zu den Quecken-Rasen erkennbar.

Tab. 108: Arten der Natternkopf-Steinklee-Gesellschaft unterschiedlich alter Brachen bei Wotrum (BIOM 2000b). Abkürzungen siehe Tab. 106

Arten		Kenn-wert	Tagebaubrachen	
Deutscher Name	Wiss. Name		jung	alt
Weißer Steinklee	*Melilotus albus*	A	z	d
Rainfarn	*Tanacetum vulgare*	O	-	v
Gewöhnliche Kratzdistel	*Cirsium vulgare*	K	-	v
Windblumen-Königskerze	*Verbascum phlomoides*	K	-	v
Gemeines Kurzbüchsenmoos	*Brachythecium rutabulum*	KD	-	d
Wilde Möhre	*Daucus carota*	KD	z	d
Gewöhnlicher Steinklee	*Melilotus officinalis*	KD	v	-
Gewöhnlicher Beifuß	*Artemisia vulgaris*	KD	-	v
Gewöhnlicher Natternkopf	*Echium vulgare*	KD	v	-
Hopfenklee	*Medicago lupulina*	H	v	z
Wiesen-Knäuelgras	*Dactylis glomerata*	H	v	v
Gewöhnliche Wiesen-Schafgarbe	*Achillea millefolium*	D	v	z
Kriech-Quecke	*Elymus repens*	D	z	d

Die Natternkopf-Steinklee-Gesellschaft trat auch in weiteren Tagebauen in unterschiedlicher Ausprägung auf. Ein initiales Stadium wurde im Alttagebau bei Basedow innerhalb der Strohblumen-Sandknöpfchen-Rasen nachgewiesen (BIOM 2002, siehe oben). Hier trat auch vereinzelt die Gemeine Nachtkerze (*Oenothera biennis*) auf, welche einen Verbreitungsschwerpunkt in der Natternkopf-Steinklee-Gesellschaft hat (SCHUBERT 2001, BERG et al. 2004c). Innerhalb der dominierenden Rainfarn-Beifuß-Gesellschaft war die Natternkopf-Steinklee-Gesellschaft im Alttagebau Basedow-Ost und auf den aufgelassenen Hängen des Alttagebaus bei Hohenbarnekow eingestreut (BIOM 2002, 2005). Sie wird auf diesen Standorten langsam von den Konkurrenzstrategen der Rainfarn-Beifuß-Gesellschaft verdrängt. Im Alttagebau bei Retzow entwickelte sich die Natternkopf-Steinklee-Gesellschaft zusammen mit Trockenrasenarten und Ackerwildkräutern auf der als Fuhrpark und für Altmetallablagerungen genutzten Tagebausohle in einer lückigen Flur. Hier traten neben der Assoziationscharakterart Natternkopf auch die Magerkeitszeiger Rauhblättriger Schaf-Schwingel, Acker-Filzkraut, Kahles Bruchkraut (*Herniaria glabra*), Silber-Fingerkraut und Hasen-Klee auf (BIOM 1999c).

Abb. 313: Rainfarn-Beifuß-Gesellschaft (BIOM 2005).

Rainfarn-Beifuß-Gesellschaft
Die Rainfarn-Beifuß-Gesellschaft ist typisch für Öd- und Brachland (SCHUBERT 2001) und kommt sehr häufig auf älteren Brachen in Mecklenburg-Vorpommern vor (DENGLER & WOLLERT 2004a, Abb. 313). Im Kiestagebau Basedow-Ost hat sie sich auf einer Abraumhalde innerhalb der aufgelassenen Tagebauflächen mit überwiegend konkurrenzstarken, euhemeroben Pflanzenarten etabliert (BIOM 2002). Aufgrund des Auftretens der diagnostisch wichtigen Arten Rainfarn, Gewöhnlicher Beifuß, Kriech-Quecke, Wiesen-Knäuelgras und Kanadische Goldrute (*Solidago canadensis*) wurde die Vegetation der Rainfarn-Beifuß-Gesellschaft zugeordnet. An den Flachhängen der Abraumkippe sind Übergänge zu Strohblumen-Sandknöpfchen-Rasen (siehe oben) vorhanden. Großflächig, aber in etwas anderer Ausprägung, findet sich die Rainfarn-Beifuß-Gesellschaft auch auf einem Immissionsschutzwall rund um den aktiven

Bereich des Tagebaus. Der Gewöhnliche Beifuß, Wiesen-Knäuelgras und Kanadische Goldrute fehlen zwar, dafür tritt aber die typische Acker-Kratzdistel prägend in Erscheinung. Das häufige Auftreten von Besenginster (*Cytisus scoparius*), allerdings mit geringer Deckung, kann als Beginn der Entwicklung zu Besenginstergebüschen interpretiert werden.

Stark verarmt ist die Rainfarn-Beifuss-Gesellschaft an den Hängen des ehemaligen Kiestagebaues bei Hohenbarnekow. Hier trat neben Landreitgras nur noch Rainfarn auf, andere typische Arten der Gesellschaft wurden aber nicht nachgewiesen. Die Zuordnung zu dieser Gesellschaft basiert deshalb nur auf der Verbands-Charakterart der Möhren-Steinklee-Gesellschaften Weißer Steinklee, welche zu der teilweise auch vorhandenen Natternkopf-Steinklee-Gesellschaft überleitet (BIOM 2005). Übergänge der Rainfarn-Beifuß-Gesellschaft finden sich hier auch zur Gesellschaft des Landreitgrases (siehe unten).

Gesellschaft des Landreitgrases
Diese Gesellschaft ist in Mecklenburg-Vorpommern stark vertreten, hat einen Verbreitungsschwerpunkt in Sandgebieten (DENGLER & WOLLERT 2004a) und findet sich oft auf Bergbaufolgeflächen (SCHUBERT 2001). Sie trat im Alttagebau Basedow-Ost und auf den Hängen des Alttagebaus bei Hohenbarnekow auf (BIOM 2002, 2005). Abgegrenzt wurde sie aufgrund der Dominanz des Landreitgrases und der damit einhergehenden Artenarmut. Die einzigen unregelmäßig nachgewiesenen Arten Gewöhnlicher Beifuß und Rainfarn verdeutlichen die floristische Ähnlichkeit mit der in der Umgebung auftretenden Rainfarn-Beifuß-Gesellschaft (siehe oben). In der angetroffenen Ausprägung der Gesellschaft des Landreitgrases mit reinen Konkurrenzstrategen und mesohemerober Tendenz kann diese als Folgegesellschaft der Rainfarn-Beifuß-Gesellschaft gelten.

Tab. 109: Typische Arten der Gesellschaft des Gefleckten Schierlings bei Sponholz und Luisenhof (BIOM 2000a, 2001). Abkürzungen siehe Tab. 106.

Arten		Kennwert	Deckung	
Deutscher Name	Wiss. Name		Sponholz	Luisenhof
Gefleckter Schierling	*Conium maculatum*	A	z	v
Schwarznessel	*Ballota nigra*	V	v	-
Weiße Taubnessel	*Lamium album*	V	-	v
Krause Distel	*Carduus crispus*	O	z	-
Gewöhnliches Kletten-Labkraut	*Galium aparine*	UK	z	v
Große Brennnessel	*Urtica dioica*	UK	z	z
Weiße Lichtnelke	*Silene latifolia* ssp. *alba*	K	v	v
Rainfarn	*Tanacetum vulgare*	K	z	v
Kriech-Quecke	*Elymus repens*	K	v	v
Gewöhnlicher Beifuß	*Artemisia vulgaris*	KD	z	z
Acker-Kratzdistel	*Cirsium arvense*	D	z	z

Pflanzengemeinschaften der Bodenkippen

Gesellschaft des Gefleckten Schierlings
Auf Ablagerungen organischen Materials in schwach südexponierter Lage findet sich zuweilen die Gesellschaft des Gefleckten Schierlings (DENGLER & WOLLERT 2004a). Typische Arten dieser Gesellschaft wurden bei Sponholz und Luisenhof auf den Bodenkippen nachgewiesen (BIOM 2000a, 2001, Tab. 109). Sie zeigen eine Mischung aus Konkurrenz- und Ruderalstrategen euhemerober Standorte.

Kletten-Gesellschaft

Die Kletten-Gesellschaft kommt zerstreut in ganz Mecklenburg-Vorpommern vor und hat ihren Verbreitungsschwerpunkt in den trocken-kontinental getönten Gebieten (DENGLER & WOLLERT 2004a). Sie wurde in einer älteren, als Bodenkippe genutzten Abgrabung im Alttagebau bei Wotrum nachgewiesen (BIOM 2000b). Durch regelmäßige Ablagerungen organischer Abfälle haben sich Humus und Nährstoffe im Boden akkumuliert und dessen Wasserhaltefähigkeit verbessert. Auf den jetzt eu- bis polytrophen Flächen trat ein Mosaik verschiedener, nitrophiler Staudenfluren auf. Die typischen und an diesem Standort vorgefundenen Arten der Kletten-Gesellschaft sind in Tab. 110 aufgeführt und lassen die Dominanz von Konkurrenzstrategen sowie die meso- bis euhemeroben Standortbedingungen erkennen.

Auch die Taubnessel-Schwarznessel-Gesellschaft der gleichen Ordnung ist durch die auftretende Assoziationskennart Echtes Herzgespann (*Leonurus cardiaca*) der angetroffenen Kletten-Gesellschaft ähnlich, es fehlte jedoch die typische Schwarznessel (*Ballota nigra*). Die Kletten-Gesellschaft geht in artenarme, von Brennnesseln dominierte und pflanzensoziologisch schwer einzuordnende Staudenfluren über.

Tab. 110: Typische Arten der Kletten-Gesellschaft bei Wotrum (BIOM 2000b). Abkürzungen siehe Tab. 106.

Deutscher Artname	Wiss. Artname	Kennwert	Deckung
Filzige Klette	*Arctium tomentosum*	A	z
Wilde Malve	*Malva sylvestris*	V	v
Echtes Herzgespann	*Leonurus cardiaca*	UK	v
Gewöhnliches Kletten-Labkraut	*Galium aparine*	UK	v
Rainfarn	*Tanacetum vulgare*	K	v
Gemeines Kurzbüchsenmoos	*Brachythecium rutabulum*	KD	v
Gewöhnlicher Beifuß	*Artemisia vulgaris*	KD	v
Gewöhnlicher Natternkopf	*Echium vulgare*	KD	v

Saumgesellschaften

Gehölzbegleitend und zwischen Offen- und Gehölzvegetation vermittelnd können Saumgesellschaften als Zwischenstadium dieser Einheiten gelten. In den untersuchten Tagebauen wurde lediglich eine Saumgesellschaft angetroffen.

Odermennig-Gesellschaft

Die Odermennig-Gesellschaft zählt zum Verband der lichtbedürftigen mesophilen Saumgesellschaften (SCHUBERT 2001) und ist in den zentralen Landesteilen allgemein verbreitet (DENGLER 2004b). Im Allgemeinen dominieren Konkurrenzstrategen, und die Standorte sind meso- bis schwach euhemerob. Im aufgelassenen Bereich des Tagebaus bei Wotrum konnte sich die Odermennig-Gesellschaft am Rand eines Weißdorn-Schlehengebüsches und am Rand eines Laubwaldes entwickeln (BIOM 2000b). Zwar traten die diagnostisch wichtigen Arten Kleiner Odermennig (*Agrimonia eupatoria*) nur teilweise und Mittlerer Klee (*Trifolium medium*) lediglich vereinzelt auf, aber der sporadische Gehölzjungwuchs z. B. aus Gewöhnlicher Schlehe (*Prunus spinosa*) und Eingriffligem Weißdorn (*Crataegus monogyna*) sowie das Auftreten vieler steter Arten wie Echtes Johanniskraut, Wiesen-Knäuelgras, Gamander-Ehrenpreis (*Veronica chamaedrys*, Trennart der mesophilen Saumgesellschaften), Glatthafer, Acker-Witwenblume, Rotes Straußgras und Echtes Labkraut (*Galium verum*) ermöglichten die Zuordnung zur Odermennig-Gesellschaft. Dominiert wurde die Vegetation vom Gemeinen Grünstängelmoos (*Scleropodium purum*) und der Trennart des Verbandes Gewöhnliche Wiesen-Schafgarbe.

Sand-, Kiessand-, Kiesabbau

Gehölze

Wälder und Gehölze stehen häufig am Ende einer Sukzessionsfolge, können aber teilweise auch Pionierstandorte besiedeln. Wesentliche Faktoren für letztere Fähigkeit sind flugfähige Samen oder zoochore Verbreitung (ELLENBERG 1996). Für eine weitere Sukzession innerhalb von Gehölzen und Wäldern sind neben der Wuchshöhe vor allem die Fähigkeiten, Schatten zu erzeugen und Schatten zu ertragen, von Bedeutung („Schatten-" und „Lichtholzarten" nach ELLENBERG 1996).

Heidekraut-Besenginstergebüsche
In den Alttagebauflächen bei Basedow haben sich innerhalb der Rainfarn-Beifuß-Gesellschaft (siehe oben) an Hängen und auf Kuppen Besenginstergebüsche etabliert (BIOM 2002, Abb. 314). Diese sind unter anderem typisch für unbewirtschaftete Hänge und stellen die Ersatzgesellschaften für bodensaure Eichen- und Rotbuchenwälder dar (SCHUBERT 2001). Rainfarn und Land-Reitgras der umgebenden Staudenfluren treten in den Besenginstergebüschen noch stetig auf. Daneben sind aber auch die Gewöhnliche Wiesen-Schafgarbe und das Rote Straußgras häufig vertreten. Die Artenzusammensetzung weist auf bodensaure Verhältnisse hin und ermöglicht die Zuordnung der Vegetation zu den Heidekraut-Besenginstergebüschen.

Abb. 314: Besenginstergebüsch (BIOM 2002).

Weißmoos-Kiefernwald (Vorwald-Stadium)
Im Alttagebau bei Basedow (BIOM 2002) wurden zahlreiche niedrigwüchsige Kiefern-Pioniergehölze angetroffen. Neben Land-Reitgras treten Silbergras und Sand-Strohblume häufig in Erscheinung. Da Kiefern (*Pinus sylvestris*) in kurzer Zeit einen Sandtrockenrasen verdrängen können (KIRMER et al. 2013), ist eine soziologische Einordnung dieser einer starken Dynamik unterliegenden Vorwald-Stadien nicht sinnvoll. Infolge des Lichtmangels verarmt die Krautschicht mit

fortschreitender Höhe der Bäume zunächst. Die Kiefer gehört zu den „Lichtholzarten", deren Jungwuchs nur in geringem Maße selbst Schatten ertragen kann (ELLENBERG 1996). Daher nimmt die Dichte der ausgewachsenen Kiefern wieder ab und die Schattenerzeugung der ausgewachsenen Bäume bleibt verhältnismäßig gering. So kann sich nun erneut eine Feldschicht entfalten und sich der Kiefern-Vorwald evtl. zu einem Weißmoos-Kiefernwald weiterentwickeln.

3.2 Naturschutzfachliche Bedeutung

Arten der Roten Liste

Insgesamt wurden 21 gefährdete Arten in den hier besprochenen Tagebauen nachgewiesen (Tab. 111). Die Gefährdungsangaben entstammen der Roten Liste für Deutschland (RL D) (LUDWIG & SCHNITTLER 1996) und für Mecklenburg-Vorpommern (RL M-V) (UM M-V 2005). Angaben zu soziologischen Bindungen, Verbreitung und Häufigkeit basieren auf BERG et al. (2004a, c, Kap. G3.1), GLÖCKLER & JANSEN (2008-2011) und HENKER & BERG (2006).

Tab. 111: In den Tagebauen nachgewiesene gefährdete Arten (x: Artnachweis; 2: stark gefährdet; 3: gefährdet; V: Vorwarnliste).

Art		Luisenhof	Retzow	Cammin	Penkun	Wotrum	Sponholz	Basedow-Ost	Bergholz	RL M-V	RL D
Deutscher Name	Wiss. Name										
Stengellose Kratzdistel	*Cirsium acaule*					x				2	
Berg-Klee	*Trifolium montanum*								x	2	V
Windblumen-Königskerze	*Verbascum phlomoides*					x				2	
Gewöhnliche Grasnelke	*Armeria maritima*			x						3	3
Acker-Rittersporn	*Consolida regalis*				x		x		x	3	3
Echtes Herzgespann	*Leonurus cardiaca*					x				3	3
Gewöhnliches Zittergras	*Briza media*					x				3	V
Echtes Tausendgüldenkraut	*Centaurium erythraea*					x				3	V
Kartäuser-Nelke	*Dianthus carthusianorum*								x	3	V
Kleines Mädesüß	*Filipendula vulgaris*								x	3	V
Steppen-Lieschgras	*Phleum phleoides*								x	3	V
Rötliches Fingerkraut	*Potentilla heptaphylla*								x	3	V
Gewöhnlicher Wasserhahnenfuß	*Ranunculus aquatilis*					x			x	3	V
Wiesen-Salbei	*Salvia pratensis*								x	3	V
Sand-Thymian	*Thymus serpyllum*							x		3	V
Hügel-Klee	*Trifolium alpestre*								x	3	V
Stinkende Hundskamille	*Anthemis cotula*	x					x			3	
Hügel-Erdbeere	*Fragaria viridis*						x			3	
Tauben-Skabiose	*Scabiosa columbaria*								x	3	
Acker-Filzkraut	*Filago arvensis*			x			x			V	3
Sand-Strohblume	*Helichrysum arenarium*								x	V	3

In Mecklenburg-Vorpommern stark gefährdete Arten:

Die **Stengellose Kratzdistel** (*Cirsium acaule*) kommt zerstreut vor allem im Rückland der Seenplatte in basiphilen Halbtrockenrasen und verschiedenen wärmebedürftigen Saumgesellschaften vor. Sie wurde im Tagebau bei Wotrum typischerweise in der Odermennig-Saumgesellschaft nachgewiesen (BIOM 2000b). Dieser Fundort ist bereits seit 1978 bekannt (GLÖCKLER & JANSEN 2008-2011).

In der Mecklenburgischen Seenplatte und in deren Rückland sowie insbesondere im Uecker-Randow-Gebiet tritt der **Berg-Klee** (*Trifolium montanum*) auf, geht aber durch Kiesabbau, Auflassung und intensive Grünlandnutzung stark zurück. Er ist Kennart der Adonisröschen-Fiederzwenken-Halbtrockenrasen und wuchs in dieser Gesellschaft in einem Alttagebau in der Nähe von Bergholz (BIOM 1999a).

Das Vorkommen der **Windblumen-Königskerze** (*Verbascum phlomoides*) ist aktuell in Mecklenburg-Vorpommern vor allem für Südwest-Mecklenburg bekannt, während lokale Nachweise in den untersuchten Tagebauen fehlen. Die Art hat Klassencharakter für die ausdauernden Ruderalgesellschaften und Säume auf frischen bis trockenen, stickstoffreichen Standorten und kommt hier insbesondere in der Eselsdistel-Gesellschaft vor. Die Windblumen-Königskerze wuchs in ungenutzten, randlichen Bereichen des Tagebaus bei Wotrum in der Natternkopf-Steinklee-Gesellschaft (BIOM 2000b).

Landesweit und bundesweit gefährdete Arten:

Die **Gewöhnliche Grasnelke** (*Armeria maritima*) kommt in ganz Mecklenburg Vorpommern in Sandtrockenrasen, basiphilen Magerrasen und Steppen sowie in Trockenheit ertragenden Saumgesellschaften neutraler bis basischer Standorte vor. Sie ist Assoziationskennart der Heidenelken-Grasnelken-Rasen und wurde im Kiestagebau bei Cammin in kleinen Bereichen mit dieser Gesellschaft gefunden (BIOM 1999b).

Acker-Rittersporn (*Consolida regalis*) hat seinen Verbreitungsschwerpunkt in der Mecklenburgischen Seenplatte, deren Rückland und den angrenzenden Küstengebieten. Er wächst auf schwach alkalischen bis kalkreichen Standorten und ist Assoziationskennart der Gesellschaft der Kleinen Wolfsmilch und des Acker-Leimkrautes. Er kommt aber auch in der Sandmohn-Gesellschaft vor. Im Tagebau bei Sponholz (BIOM 2000a) und Penkun (BIOM 1998) wurde der Acker-Rittersporn in der letztgenannten Gesellschaft nachgewiesen, wogegen er im Tagebau Bergholz (BIOM 1999a) in gestörten, basenreichen Magerrasen wuchs (Adonisröschen-Fiederzwenken-Halbtrockenrasen bzw. Küchenschellen-Steppenlieschgras-Trockenrasen). Als Ruderalstratege (JANSEN & DENGLER 2011) dürfte er von den sich langsam durchsetzenden Konkurrenzstrategen verdrängt werden.

Das **Echte Herzgespann** (*Leonurus cardiaca*) ist Kennart der ausdauernden Ruderalgesellschaften sowie der Säume frischer und stickstoffreicher Standorte und selten, wurde aber in den frühen 1990er Jahren in benachbarten Messtischblattquadranten vermerkt (GLÖCKLER & JANSEN 2008-2011). Es wurde im Tagebau bei Wotrum in der Kletten-Gesellschaft nachgewiesen (BIOM 2000b).

Landesweit gefährdete Arten auf der Vorwarnliste für Deutschland:

Verbreitungslücken des **Gewöhnlichen Zittergrases** (*Briza media*) befinden sich lediglich im Vorland der Mecklenburgischen Seenplatte und im Vorpommerschen Flachland. Sonst tritt diese Art verbreitet auf. Sie kann in verschiedensten basen- und kalkreichen Vegetationseinheiten angetroffen werden: in licht- und wärmebedürftigen Saumgesellschaften, Pfeifengras-Wiesen, Halbtrockenrasen oder mäßig nährstoffarmen Seggenrieden der feuchten Standorte. Am Tagebaurand bei Wotrum (BIOM 2000b) wurde das Gewöhnliche Zittergras in der Odermennig-Saumgesellschaft angetroffen.

Das **Echte Tausendgüldenkraut** (*Centaurium erythraea*) kommt zerstreut vor allem im Ostseeküstenland, der Seenplatte und deren Rückland vor (Abb. 315). Die Art ist häufiger in mäßig nährstoffarmen Saumgesellschaften, Halbtrockenrasen und Seggenrieden anzutreffen. Auch sie wurde in den Odermennig-Saumgesellschaften bei Wotrum (BIOM 2000b) nachgewiesen.

Sand-, Kiessand-, Kiesabbau

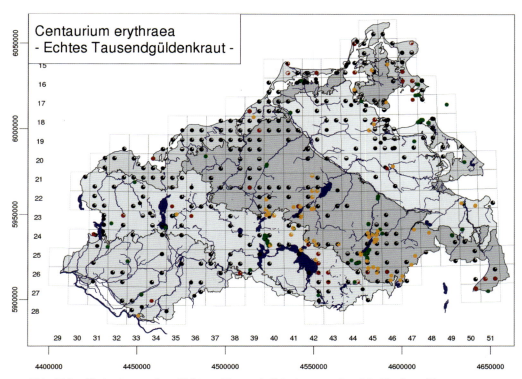

Abb. 315: Verbreitung des Echten Tausendgüldenkrautes in Mecklenburg-Vorpommern (GLÖCKLER & JANSEN 2008-2011; Legende: Abb. 316).

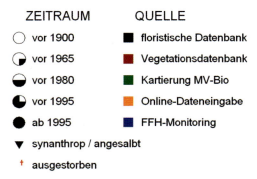

Abb. 316: Legende der Verbreitungskarten (GLÖCKLER & JANSEN 2008-2011).

Die **Kartäuser-Nelke** (*Dianthus carthusianorum*) ist im Südosten von Mecklenburg-Vorpommern häufiger verbreitet. Sie zeigt eine deutliche Bindung an subkontinentale Saumgesellschaften, Halbtrocken- und Trockenrasen sowie an kontinentale Steppenrasen. Die Karthäuser-Nelke wurde dementsprechend auch im südöstlich gelegenen Tagebau bei Bergholz nachgewiesen (BIOM 1999a). Sie wuchs hier in einem basenreichen Magerrasen (Adonisröschen-Fiederzwenken-Halbtrockenrasen bzw. Küchenschellen-Steppenlieschgras-Trockenrasen) eines bereits seit längerer Zeit aufgelassenen Tagebaues.

Das **Kleine Mädesüß** (*Filipendula vulgaris*) tritt zerstreut bis vereinzelt etwas gehäuft im Südosten Mecklenburg-Vorpommerns in subkontinentalen Halbtrockenrasen und halbtrockenen bis Trockenheit ertragenden Saumgesellschaften auf. So konnte die Art im südöstlich gelegenen Alttagebau bei Bergholz (BIOM 1999a) innerhalb eines basenreichen Magerrasens (Adonisröschen-Fiederzwenken-Halbtrockenrasen / Küchenschellen-Steppenlieschgras-Trockenrasen) nachgewiesen werden.

Steppen-Lieschgras (*Phleum phleoides*) ist häufiger in den südöstlichen Teilen Mecklenburg-Vorpommerns verbreitet und eine typische Art der Steppen-, Trocken- und Halbtrockenrasen sowie der trockenheitsertragenden Saumgesellschaften auf basenreichen Sanden und Lehmen. Auch diese Art wurde im Alttagebau bei Bergholz nachgewiesen (BIOM 1999a).

Das **Rötliche Fingerkraut** (*Potentilla heptaphylla*) hat seinen Verbreitungsschwerpunkt im Rückland der Seenplatte. In anderen Teilen Mecklenburg-Vorpommerns tritt es nur zerstreut auf. Die Ordnungskennart der basiphilen Halbtrockenrasen auf Lehmstandorten kommt aber auch im Ohrlöffel-Leimkraut-Raublattschwingel-Rasen und der Berghaarstrang-Hochstaudenflur (nach DENGLER 2004d) auf basenreichen Sanden vor. Die basenreichen Magerrasen (Adonisröschen-Fiederzwenken-Halbtrockenrasen bzw. Küchenschellen-Steppenlieschgras-Trockenrasen) des Alttagebaus bei Bergholz beherbergen diese Art (BIOM 1999a).

Der **Gewöhnliche Wasserhahnenfuß** (*Ranunculus aquatilis*) ist im ganzen Land zerstreut bis verbreitet, wobei er im Südosten und Südwesten sowie im Vorpommerschen Flachland weniger häufig auftritt. Diese Art ist oft in Brackwasser-Tauchfluren der Meersalden-Gesellschaften, in wurzelnden Wasserpflanzen-Gesellschaften des Süßwassers und mitunter in Teichboden-Pionierfluren der Zypergrasseggen-Gesellschaften anzutreffen. Der Gewöhnliche Wasserhahnenfuß wurde in jüngeren Abgrabungsgewässern bei Wotrum und Bergholz angetroffen (BIOM 1999a, 2000b).

Die Vorkommen des **Wiesen-Salbeis** (*Salvia pratensis*, Abb. 317) nehmen in Richtung der südöstlichen Teile Mecklenburg-Vorpommerns zu. Er ist Kennart der basiphilen Magerrasen und kommt insbesondere in kontinentalen Steppenrasen und subkontinentalen basiphilen Halbtrockenrasen vor, kann aber auch in verschiedenen Saumgesellschaften auftreten. Wiesen-Salbei wurde im Alttagebau bei Bergholz in den Adonisröschen-Fiederzwenken-Halbtrockenrasen / Küchenschellen-Steppenlieschgras-Trockenrasen nachgewiesen (BIOM 1999a).

Der **Sand-Thymian** (*Thymus serpyllum*) tritt in Mecklenburg-Vorpommern zerstreut auf, mit Häufungen der Fundorte in der Feldberger Seenlandschaft und auf Rügen. Er ist Kennart der Sandtrockenrasen, kommt jedoch auch in basiphilen Magerrasen sowie in licht und wärmebedürftigen Saumgesellschaften und Staudenfluren magerer Standorte vor. Nachgewiesen wurde diese Art auf Abraumhalden eines seit längerem aufgelassenen Tagebaus bei Basedow in den Strohblumen-Sandknöpfchen-Rasen (BIOM 2002).

Der **Hügel-Klee** (*Trifolium alpestre*) hat seinen Verbreitungsschwerpunkt innerhalb Mecklenburg-Vorpommerns in der Seenplatte und deren Rückland. Er ist Kennart der Blutstorchschnabel-Waldklee-Saumgesellschaft, kann aber auch in basiphilen Halbtrockenrasen und der Adonis-Hirschwurz-Saumgesellschaft auftreten. Im Alttagebau bei Bergholz wurde die Art im Adonisröschen-Fiederzwenken-Halbtrockenrasen / Küchenschellen-Steppenlieschgras-Trockenrasen nachgewiesen (BIOM 1999a).

Abb. 317: Wiesensalbei bei Bergholz (BIOM 1999a).

Landesweit gefährdete Arten:

Die **Stinkende Hundskamille** (*Anthemis cotula*) zeigt Verbreitungslücken insbesondere im Südwesten Mecklenburg-Vorpommerns und ist unter anderem typisch für Siedlungs-, Verkehrs- und Industrieflächen. Die im Land wenig untersuchte Stink-Hundskamillen-Flur ist eigentlich typisch für dörfliche Strukturen (z.B. Geflügelausläufe, bäuerliche Obstgärten). Die namengebende Kennart ist jedoch in ganz Mecklenburg-Vorpommern verbreitet und vermutlich oft in anderen Pflanzengemeinschaften zu finden. So wurde die Stinkende Hundskamille im Alttagebau bei Luisenhof in der Platthalmrispengras-Färberhundskamillen-Gesellschaft nachgewiesen (BIOM 2001) und im Tagebau bei Sponholz in der Gesellschaft der Schmalflügligen Wanzensamen (BIOM 2000a).

In Richtung Südosten nimmt die Nachweishäufigkeit der **Hügel-Erdbeere** (*Fragaria viridis*) innerhalb Mecklenburg-Vorpommerns zu (Abb. 318). Die Art kommt hauptsächlich in licht- und wärmebedürftigen Saumgesellschaften sowie in basiphilen Magerrasen und kontinentalen Steppen vor. Die Hügel-Erdbeere wurde am aufgelassenen Tagebaurand bei Wotrum in der Odermennig-Saumgesellschaft gefunden (BIOM 2000b).

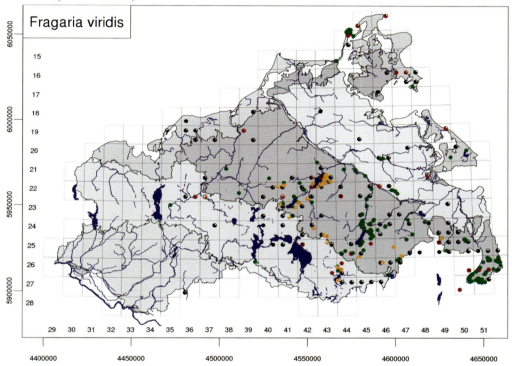

Abb. 318: Verbreitung der Hügel-Erdbeere in Mecklenburg-Vorpommern (GLÖCKLER & JANSEN 2008-2011; Legende: Abb. 316).

Die **Tauben-Skabiose** (*Scabiosa columbaria*) ist vor allem in der Seenplatte und ihrem Rückland und im Ostseeküstenbereich Rügens und Usedoms verbreitet. Darüber hinaus kommt sie lediglich vereinzelt vor. Anzutreffen ist die Art häufig in basiphilen Halbtrockenrasen und ferner auch in licht- und wärmebedürftigen Saumgesellschaften. In einem seit längerem aufgelassenen Tagebau bei Bergholz wuchs sie in Adonisröschen-Fiederzwenken-Halbtrockenrasen bzw. Küchenschellen-Steppenlieschgras-Trockenrasen (BIOM 1999a).

Bundesweit gefährdete Arten:

Typisch für aufgelassene und aufgeforstete Kiestagebaue ist das **Acker-Filzkraut** (*Filago arvensis*). Es kommt auf frischen bis trockenen Standorten vor allem in annuellen Ruderalfluren, annuellenreichen Sandmagerrasen und auch in der Quecken-Pioniergesellschaft vor. Durch die Tagebautätigkeiten wird diese Art gefördert, in Mecklenburg Vorpommern steht sie daher hinsichtlich der Gefährdung nur noch auf der Vorwarnliste. Im Südwesten und Nordosten des Landes ist die Art verbreitet, sonst tritt sie nur zerstreut auf. Das Acker-Filzkraut konnte im Tagebau bei Sponholz in der Gesellschaft der Schmalflügligen Wanzensamen und der Ackerfrauenmantel-Kamillen-Gesellschaft (BIOM 2000a) sowie im aufgelassenen Tagebau bei Retzow in der Reseden-Nickdistel-Gesellschaft und in der Natternkopf-Steinklee-Gesellschaft (BIOM 1999c) nachgewiesen werden.

Die **Sand-Strohblume** (*Helichrysum arenarium*) ist in ganz Mecklenburg-Vorpommern verbreitet, wobei die Schwerpunkte in der Mecklenburgischen Seenplatte, deren Rückland und im Ostseeküstenland liegen. Sie ist Kennart der Sandtrockenrasen, kommt aber auch häufiger in den kontinentalen Steppenrasen und den Trockenheit ertragenden Saumgesellschaften der Ostseeküsten vor (vor allem Rügen und Usedom) sowie teilweise auch in niedrigwüchsigen Ruderalrasen. Im Alttagebau bei Basedow-Ost prägte sie die Strohblumen-Sandknöpfchen-Rasen (BIOM 2002).

Geschützte Biotope

Im Bereich der Abgrabungsstellen können verschiedene nach § 20 NatSchAG M-V geschützte Biotope auftreten. Frühe Stadien der Sukzession können durch Pionierrasen, Sandmagerrasen und basiphile Halbtrockenrasen gekennzeichnet sein. Die Abgrabungen reichen aber zum Teil bis in grundwasserführende Schichten, so dass sich auch semiaquatische und aquatische Biotope entwickeln können. Mit fortschreitender Sukzession oder durch gezielte Anpflanzung können sich auch Feldgehölze, Feuchtgebüsche sowie Bruch-, Moor- und Sumpfwälder etablieren.

Tab. 112: Geschützte Biotope im Bereich von Sand- und Kiesgruben (aus Daten des LUNG 1996-2006).

Biotop	Anzahl der Nachweise in Biotopbögen	Flächen in m^2	durchschnittlicher Flächenanteil an der Gesamtfläche Bögen
Ruderalisierter Sandmagerrasen	70	114.386	29,05 %
Sandmagerrasen	60	107.390	27,28 %
Silbergrasflur	24	92.269	23,44 %
Gebüsch trockenwarmer Standorte	13	7.211	1,83 %
Ruderalisierter Halbtrockenrasen	11	5.225	1,33 %
Basiphiler Halbtrockenrasen	8	15.277	3,88 %
Laubgebüsch bodensaurer Standorte	4	12.593	3,20 %
Trockene Zwergstrauchheide	3	256	0,07 %
Sumpfreitgrasried	3	1.454	0,37 %
Rasiges Großseggenried	2	3.846	0,98 %
Feuchtgebüsch eutropher Moor- und Sumpfstandorte	2	2.367	0,60 %
Blauschillergrasflur	1	2.159	0,55 %
Schilfröhricht	1	3.103	0,79 %
Rohrglanzgrasröhricht	1	575	0,15 %

In Mecklenburg-Vorpommern wurden in der Regel lediglich Biotope der amphibischen und der trockenen bzw. mageren Bereiche, ungenutzte oder extensiv genutzte Küstenabschnitte sowie naturnahe Fließgewässer floristisch erfasst. Eine soziologische Einordnung ist nur zum Teil möglich, da für die Vegetationseinheiten des Biotops lediglich eine Gesamtartenliste erstellt wird. Bei der Kartierung der geschützten Biotope können in der Codierung auch Sand- und Kiesgruben verschlüsselt werden. Bei der Prüfung der Aufnahmebögen konnten 98 Biotopflächen selektiert werden, in denen der entsprechende Code vergeben wurde (Tab. 112). Flächenbedeutsam sind vor allem Sandmagerrasen, Silbergrasfluren und Halbtrockenrasen. Strukturreichtum schaffen darüber hinaus insbesondere Gebüsche trockenwarmer und bodensaurer Standorte.

Geschützte Kleingewässer, Verlandungsvegetation der Gewässer und Feldgehölze wurden bei der Biotoptypenkartierung lediglich durch Luftbildcodierungen beschrieben (LAUN 1998). Ob diese Biotope in ehemaligen Tagebauen liegen, ist aus der Codierung nicht ableitbar. Im Bereich ehemaliger Tagebaue können aber derartige Biotope vorkommen bzw. sich relativ schnell entwickeln.

3.3 Wiedernutzbarmachung

Möglichkeiten, Erfordernisse und Konflikte bei der Renaturierung und Rekultivierung von Sand- und Kiestagebauen wurden unter anderem von BARTHEL et al. (1988), DINGETHAL et al. (1998), WOHLRAB et al. (1998), GILCHER & BRUNS (1999), GRIESAU et al. (2001) und ZERBE & WIEGLEB (2009) beschrieben.

Wiedernutzbarmachung eines Tagebaugebietes ist die ordnungsgemäße Gestaltung der Oberfläche nach dem Ende der bergbaulichen Arbeiten. Diese muss unter Beachtung des öffentlichen Interesses durchgeführt werden und umfasst die Gewährleistung der öffentlichen Sicherheit durch Rückbau aller bergbaulichen Anlagen sowie die standsichere Gestaltung der aufgelassenen Tagebaue (insbesondere der Böschungen) und die Vorbereitung der bergbaulich genutzten Flächen für eine Folgefunktion. Darüber hinaus muss der bergbauliche Eingriff in Natur und Landschaft kompensiert werden. Maßgeblich ist hier § 15 Absatz 2 des Bundesnaturschutzgesetzes, wonach ein Eingriff als ausgeglichen gilt, „...wenn und sobald die beeinträchtigten Funktionen des Naturhaushalts in gleichartiger Weise wiederhergestellt sind und das Landschaftsbild landschaftsgerecht wiederhergestellt oder neu gestaltet ist..." Um die Realisierung der festgelegten Maßnahmen auch im Falle unvorhergesehener Ereignisse (z. B. Betriebsaufgabe) gewährleisten zu können, sind von den Tagebaubetreibern vor dem Beginn der Arbeiten finanzielle Sicherheitsleistungen bei der Zulassungsbehörde zu hinterlegen.

Werden gewerbliche Folgenutzungen angestrebt, ist in aller Regel eine **Rekultivierung** erforderlich. Häufig liegen die Tagebaue in ehemaligen Land- und Forstwirtschaftsflächen und werden oft wieder für derartige Nutzungen zur Verfügung gestellt. Bei der *landwirtschaftlichen Folgenutzung* sind mit dem Aufbau eines kulturfähigen Bodenprofils sogar Ertragssteigerungen im Vergleich zu Ausgangsackerstandorten möglich. Neben den Anbaukulturen sind je nach Nutzungsintensität auch Ackerwildkrautfluren zu erwarten. Alle in Mecklenburg-Vorpommern vorkommenden Ackerwildkrautfluren haben seit 1960 durch die intensive Landwirtschaft über die Hälfte ihrer Vorkommen eingebüßt und sind sehr stark bedroht (MANTHEY 2004). Eine extensivere landwirtschaftliche Nutzung (z. B. mit Herbizidverzicht, Verminderung des Düngemitteleinsatzes und regelmäßig einjähriger Flächenstilllegung) wäre deshalb auch in den Tagebaufolgelandschaften wünschenswert. Zudem könnten die Pflanzung von Hecken und Feldgehölzen sowie die Anlage von Streuobstflächen und Hochrainen den Strukturreichtum der Agrarlandschaft erhöhen und die Biotopvernetzung verbessern. Derartige Maßnahmen können im Rahmen der Eingriffsregelung als Kompensationsmaßnahmen angerechnet werden (LUNG 1999).

Eine *forstliche Folgenutzung* erfolgt auf Verlangen der Forstbehörden aufgrund der gesetzlichen Pflicht zur Erhaltung der Waldflächen (§ 14 Landeswaldgesetz Mecklenburg-Vorpommern, § 9 Bundeswaldgesetz). Die Wiederaufforstung ist oft nur nach Aufbringen bindiger Substrate möglich. Neben artenarmen Forsten ist auch die Entwicklung natürlicher Waldgesellschaften möglich. Die Anlage von Wäldern mit standortheimischen Baumarten und Sukzessionsbereichen lässt sich ebenfalls als Kompensationsmaßnahme anrechnen (LUNG 1999, PLAN AKZENT 2009). Ein aus floristischer Sicht besonders wertvolles Mosaik aus Alters- und Verjüngungsphasen von Wäldern wird z. B. über Großschirm-, Plenter- und Femelschlagbetrieb gefördert (GROSSER et al. 1991, LANDESFORST MECKLENBURG-VORPOMMERN o. J.). Auch die Entwicklung der Waldränder ist von Bedeutung. Strukturreiche Waldsäume aus mittelhohen Baumarten und Gebüschen bieten den nachgelagerten Wäldern Schutz vor Sturm, Aushagerung, Untersonnung, Feuer und lokalen Immissionen. Sie leisten einen Beitrag zur Artenvielfalt, wirken als Biotopverbund, verbessern das Landschaftsbild und erhöhen damit auch den Erholungswert des Waldes (LANDESFORST MECKLENBURG-VORPOMMERN 2000). Wurzelstubbenhaufen können wertvolle Habitate für zahlreiche Tierarten bilden.

In der Vergangenheit dienten aufgelassene Abgrabungen nicht selten der (geordneten oder ungeordneten) *Abfallbeseitigung*. Dies wird heute ausschließlich nach den Maßgaben des Kreislaufwirtschaftsgesetzes und der Deponieverordnung genehmigt. Das aktuelle Bodenschutzrecht begrenzt die Möglichkeiten der Wiederverfüllung von aktiven Tagebauen auf den Einbau unbelasteter Böden im Rahmen der Wiedernutzbarmachung. Deponieflächen beherbergen nur selten gefährdete bzw. wertvolle Pflanzenarten oder -gesellschaften und sind daher aus floristischer Sicht weniger interessant. Je nach Störungsintensität und Ablagerungsmaterial sind vor allem kurzlebige oder ausdauernde Gesellschaften nährstoffreicher Standorte zu erwarten.

Die Anlage parkähnlicher Strukturen mit heimischen Pflanzenarten und extensiver Nutzung kann als Kompensationsmaßnahme bei der Folgenutzung als ***Freizeit-*** und ***Erholungsflächen*** angerechnet werden (LUNG 1999). Auch größere und tiefere Gewässer dienen teilweise dieser Folgefunktion. An Badestellen sind landwärts vor allem Trittrasen zu erwarten. Dagegen kann sich in der Regel amphibische und aquatische Vegetation am Wassereinstieg nicht durchsetzen. Mit der Freizeitnutzung ist immer auch die Gefahr des Nährstoffeintrags (Urinbelastung) gegeben, so dass sich mit der Zeit eutraphente Pflanzengemeinschaften an Land und im Wasser einfinden können. Bade- und Bootsanlegestellen sind daher auf kleine und wenige Stellen zu begrenzen und für hygienische Einrichtungen ist zu sorgen, um den zunächst nährstoffärmeren Ausgangsstatus der Tagebaugewässer möglichst lange zu erhalten (SUCCOW et al. 1991).

Ähnliches gilt für ***fischereiliche Folgenutzungen***. Um den Nährstoffeintrag zu begrenzen, ist insbesondere die Fischfütterung zu unterbinden. Fischintensivbewirtschaftung sollte vermieden und der Angelbetrieb begrenzt werden (SUCCOW et al. 1991). Zudem muss der Besatz mit Fischen entsprechend der Wasserqualität und der Kapazität des Gewässers angepasst erfolgen (WUTZER 1998). Letztlich sollte die Befischung mit Grundnetzen unterbleiben, da sie zur Zerstörung der Vegetation führt (SUCCOW et al. 1991).

Der ***Anbau von Torfmoosen*** als Torfersatz im gewerblichen Gartenbau wird aktuell in Grubengewässern erforscht und kann möglicherweise in sauren Abgrabungsgewässern eine Nutzungsoption werden (BECHSTEIN et al. 2010, GAHLERT et al. 2010).

Maßnahmen der Rekultivierung sind im Rahmen der Vorgaben des Bundesnaturschutzgesetzes problematisch, da sie aufgrund des oft nur geringen ökologischen Wertes der entstehenden Lebensräume keine vollständige Kompensation des bergbaulichen Eingriffs ermöglichen. Unter diesen Umständen sind zusätzliche Ersatzmaßnahmen oder ein zusätzlicher finanzieller Ausgleich erforderlich. Die Wiedernutzbarmachungskonzepte sehen deshalb meist eine Renaturierung und damit eine im Regelfall **naturschutzorientierte Folgenutzung** vor. Dabei werden nach der Herstellung der Sicherheit große Teile der bergbaulich in Anspruch genommenen Flächen einer natürlichen Sukzession überlassen. Zur Entstehung strukturreicher Habitate reicht bei auf den Trockenschnitt beschränkten Tagebauen vielfach eine Profilierung der Sohle aus. Hierbei können sich grundwassernahe, auch temporär vernässende Senken mit grundwasserferneren Standorten abwechseln und bergbauliche Abfälle wie Überkornhaufen, Sandhalden oder Rodungsrückstände (Wurzelstubben) integriert werden. Je nach Exposition können sich dabei auf unterschiedlichen Substraten außerordentlich variable Standorte entwickeln, die sich hinsichtlich des Feuchtegrades und der Temperaturverhältnisse bzw. der Strahlungsintensität unterscheiden. Aufgelassene Nassbaggerungen mit Bereichen unterschiedlicher Wassertiefe stellen innerhalb kurzer Zeit wertvolle Gewässerbiotope dar, die wegen des aufgeschlossenen Grundwassers ihren nährstoffärmeren Status langfristig bewahren können. Pflanzmaßnahmen sollten im Sinne des Prozessschutzes nur im unbedingt erforderlichen Maße vorgenommen werden, da aller Erfahrung nach die natürliche Sukzession zu guten und zu nachhaltigeren Ergebnissen führt. Dagegen können Initialpflanzungen unter anderem bei der Herstellung der Böschungssicherheit oder bei fehlenden Lieferbiotopen notwendig sein und Managementmaßnahmen helfen zum Beispiel für den Zielartenschutz beim Erhalt naturschutzfachlich wertvoller Sukzessionsstadien (TISCHEW et al. 2009).

Die in Kapitel G3 vorgestellten Tagebaufolgelandschaften unterlagen keinen gezielten Maßnahmen. In den aufgelassenen Bereichen entwickelten sich in *freier Sukzession* verschiedenste Vegetationseinheiten, die zum Teil als Kompensationsmaßnahmen gelten können und damit eine naturschutzorientierte Folgenutzung darstellen (LUNG 1999). Während Pioniergesellschaften als kurzzeitige Übergangsstadien für die Naturschutzfolgefunktion von untergeordneter Bedeutung sind, können ältere Stadien als längerfristige Ziele der Renaturierung in Betracht gezogen werden. Das endgültige Ergebnis der Sukzession ist die Entwicklung der potenziell natürlichen Vegetation (LUNG 2005). Im Bereich der vorgestellten Tagebaue wären dies insbesondere mesophile Waldmeister-Buchenwälder der kräftigen Standorte, teilweise auch Waldgersten-Rotbuchenwälder der basen- und nährstoffreichen Standorte und Waldlabkraut-Traubeneichen-Hainbuchenwälder der niederschlagsarmen, kontinental geprägten Standorte (LUNG 2005). Bei abbaubedingter Grund- oder Stauwassernähe könnten sich zum Beispiel Traubenkirschen-Eschenwälder und Langährenseggen-Erlenbruch-Wälder auf nassen sowie Moschuskraut-Bergahorn-Wälder und Sternmieren-Stieleichen-Hainbuchenwälder auf feuchten Standorten entwickeln, wobei Übergänge zu waldfreien, eutrophen Mooren erhalten bleiben können (nach LUNG 2005). Pflanzengemeinschaften ungenutzter (oligohemerober) Standorte, wie natürliche Waldgesellschaften, Röhrichte, Riede und aquatische Vegetation, waren in den vorgestellten Tagebaulandschaften bisher nur in geringem Umfang vorhanden. Die Entwicklung lässt sich mit geeigneten Pflanzmaßnahmen zum Teil unterstützen (WEGENER 1991), sollte aber im Sinne des Prozessschutzes nur im unbedingt erforderlichen Maße in Betracht gezogen werden (TISCHEW et al. 2009).

Unter den vorgefundenen Zwischenstadien sind aber dennoch naturschutzfachlich wertvolle geschützte Biotope und gefährdete Arten vertreten. Hierbei sind im terrestrischen Bereich insbesondere trockene und nährstoffärmere Habitate von Bedeutung (Kap. G3.2). Wenn der offene bis halboffene Charakter langfristig gewahrt bleiben soll, sind hierbei nachhaltige *Pflegemaßnahmen* sinnvoll und notwendig. Über eine extensive Beweidung können Bodenverwundungen geschaffen werden, die das Keimbett für die kurzlebigen Arten der Hutungen bilden. Daneben sind Entbuschungsmaßnahmen im Abstand von 5 bis 7 Jahren zielführend. Ein Wechsel der Beweidungsintensität mit Beweidungspausen ist für das typische Artenspektrum förderlich und über den Biomasseentzug durch Mahd und Mahdgutberäumung können sich nährstoffreichere zu nährstoffärmeren Standorten entwickeln (JESCHKE & REICHHOFF 1991). Die häufig nachgewiesenen nitrophilen Hochstaudenfluren und Kriechrasen würden durch derartige Maßnahmen zugunsten extensiver Wiesen- und Weidestandorte sowie Magerrasen zurückgedrängt werden.

4 Danksagung

Dank geht an die Mitarbeiter des LUNG Jürgen Schubert, Matthias Teppke und Kristin Zscheile für die Unterstützung bei der Verwendung der Daten des LUNG (1996-2006), an Florian Jansen für die Hinweise und Anregungen zur Nutzung der Datenbank GermanSL und an Alexandra Barthelmes sowie Anja Prager für die Durchsicht des Manuskriptes.

5 Literatur

AD-HOC-ARBEITSGRUPPE BODEN (1996): Bodenkundliche Kartieranleitung. Hrsg.: Bundesanstalt für Geowissenschaften und Rohstoffe und Geologische Landesämter in der Bundesrepublik Deutschland. 4. Aufl., Nachdr., Hannover.

ARENDT, K., BERG, C., BOLBRINKER, P., TEPPKE, M. (2004): Charetea - Limnische Armleuchteralgen-Grundrasen. In: BERG, C., DENGLER, J., ABDANK, A., ISERMANN, M. (Hrsg.): Die Pflanzengesellschaften Mecklenburg-Vorpommerns und ihre Gefährdung - Textband: 93-101, Jena.

BARTHEL, P. H., JUNGMANN, W. W., MIOTK, P. (1988): Natur aus zweiter Hand. Neues Leben an Bahndamm und Kiesgrube. Braunschweig.

BECHSTEIN, F., BLIEVERNICHT, A., GRÜNEBERG, H. GORBACHEWSKAYA, O., HÄBLER, J., RICHTER, M. (2010): Verbundprojekt: Torfmooskultivierung auf schwimmfähigen Vegetationsträgern für ein nachhaltiges und umweltfreundliches Torfsubstitut im Erwerbsgartenbau - MOOSFARM. Teilvorh.: Sphagnum farming in der Tagebaufolgelandschaft. Abschlussbericht. Verein zur Förderung agrar- und stadtökologischer Projekte e.V., Berlin.

BERG, C., BOLBRINKER, P. (2004): Isoeto-Nano-Juncetea - Eurasische Zwergbinsen-Pionierfluren. In: BERG, C., DENGLER, J., ABDANK, A., ISERMANN, M. (Hrsg.): Die Pflanzengesellschaften Mecklenburg-Vorpommerns und ihre Gefährdung - Textband: 118-124, Jena.

BERG, C. DENGLER, J., ABDANK, A., ISERMANN, M. (Hrsg.) (2004a): Die Pflanzengesellschaften Mecklenburg-Vorpommerns und ihre Gefährdung - Textband. Jena.

BERG, C., BOLBRINKER, P., ARENDT, K. (2004b): Potamogetonetea - Limnische Laichkrautgesellschaften. In: BERG, C. DENGLER, J., ABDANK, A., ISERMANN, M. (Hrsg.): Die Pflanzengesellschaften Mecklenburg-Vorpommerns und ihre Gefährdung - Textband: 102-113, Jena.

BERG, C., DENGLER, J., ABDANK, A. (Hrsg.) (2004c): Die Pflanzengesellschaften Mecklenburg-Vorpommerns und ihre Gefährdung - Tabellenband. Jena.

BIOM (1998): Untersuchungsbericht zu biologischen Voruntersuchungen im Bereich der Kiessandlagerstätte Penkun 1998. Im Auftrag der Lagerstättengeologie GmbH Neubrandenburg.

- (1999a): Untersuchungsbericht zu biologischen Voruntersuchungen im Bereich der Kiessandlagerstätte Bergholz 1999. Im Auftrag der Lagerstättengeologie GmbH Neubrandenburg.

- (1999b): Untersuchungsbericht zu biologischen Voruntersuchungen im Bereich der Kiessandlagerstätte Cammin 1999. Im Auftrag der Lagerstättengeologie GmbH Neubrandenburg.

- (1999c): Untersuchungsbericht zu biologischen Voruntersuchungen im Bereich der Kiessandlagerstätte Retzow 1999. Im Auftrag der Lagerstättengeologie GmbH Neubrandenburg.

- (2000a): Untersuchungsbericht zu biologischen Voruntersuchungen im Bereich der Kiessandlagerstätte Sponholz 2000. Im Auftrag der Lagerstättengeologie GmbH Neubrandenburg.

- (2000b): Untersuchungsbericht zu biologischen Voruntersuchungen im Bereich der Kiessandlagerstätte Wotrum 2000. Im Auftrag der Lagerstättengeologie GmbH Neubrandenburg.

- (2001): Untersuchungsbericht zu biologischen Voruntersuchungen im Bereich der Kiessandlagerstätte Luisenhof 2001. Im Auftrag der Lagerstättengeologie GmbH Neubrandenburg.

- (2002): Untersuchungsbericht zu biologischen Voruntersuchungen im Bereich der Kiessandlagerstätte Basedow-Ost 2002. Im Auftrag der Lagerstättengeologie GmbH Neubrandenburg.

- (2005): Untersuchungsbericht zu biologischen Voruntersuchungen im Bereich der Kiessandlagerstätte Hohenbarnekow 2005. Im Auftrag der Lagerstättengeologie GmbH Neubrandenburg.

BRUNT, D. (1945): Some factors in micro-climatology. Quarterly Journal of the Royal Meteorological Society (London) 307-308: 1-10.

DENGLER, J. (2004a): Koelerio-Corynephoretea - Sandtrockenrasen und Felsgrasfluren von der submeridionalen bis zur borealen Zone. In: BERG, C., DENGLER, J., ABDANK, A., ISER-

MANN, M. (Hrsg.): Die Pflanzengesellschaften Mecklenburg-Vorpommerns und ihre Gefährdung - Textband: 301-326, Jena.

- (2004b): Trifolio-Geranietea - Licht- und wärmebedürftige Saumgesellschaften und Staudenfluren magerer Standorte. In: BERG, C., DENGLER, J., ABDANK, A., ISERMANN, M. (Hrsg.): Die Pflanzengesellschaften Mecklenburg-Vorpommerns und ihre Gefährdung - Textband: 362-379, Jena.

- (2004c): Festuco-Brometea - Basiphile Magerrasen und Steppen im Bereich der submeridionalen und temperaten Zone. In: BERG, C., DENGLER, J., ABDANK, A., ISERMANN, M. (Hrsg.): Die Pflanzengesellschaften Mecklenburg-Vorpommerns und ihre Gefährdung - Textband: 327-335, Jena.

- (2004d): Trifolio-Geranietea. In: BERG, C., DENGLER, J., ABDANK, A. (Hrsg.): Die Pflanzengesellschaften Mecklenburg-Vorpommerns und ihre Gefährdung - Tabellenband: 159-177, Jena.

- (2004e): Artemisietea vulgaris. In: BERG, C., DENGLER, J., ABDANK, A. (Hrsg.): Die Pflanzengesellschaften Mecklenburg-Vorpommerns und ihre Gefährdung - Tabellenband: 178-210, Jena.

-, WOLLERT, H. (2004a): Artemisietea vulgaris - Ausdauernde Ruderalgesellschaften und Säume frischer bis trockener, stickstoffreicher Standorte. In: BERG, C., DENGLER, J., ABDANK, A., ISERMANN, M. (Hrsg.): Die Pflanzengesellschaften Mecklenburg-Vorpommerns und ihre Gefährdung - Textband: 380-410, Jena.

-, WOLLERT, H. (2004b): Sisymbrietea - Annuellen-Ruderalfluren frischer bis trockener Standorte. In: BERG, C., DENGLER, J., ABDANK, A., ISERMANN, M. (Hrsg.): Die Pflanzengesellschaften Mecklenburg-Vorpommerns und ihre Gefährdung - Textband: 264-272, Jena.

DINGETHAL, F. J., JÜRGING, P., KAULE, G., WEINZIERL, W. (Hrsg.) (1998): Kiesgrube und Landschaft. Handbuch über den Abbau von Sand und Kies, über Gestaltung, Rekultivierung und Renaturierung. Donauwörth.

ELLENBERG, H. (1996): Vegetation Mitteleuropas mit den Alpen in ökologischer, historischer und dynamischer Sicht. 5. Aufl., Stuttgart.

-, WEBER, H. E., DÜLL, R., WIRTH, V., WERNER, W., PAULIßEN, D. (1992): Zeigerwerte von Pflanzen in Mitteleuropa. 2. Aufl. – Scr. Geobot. **18**: 1–248.

FRANK, D., KLOTZ, S. (1990): Biologisch-ökologische Daten zur Flora in der DDR. M.-Luther-Univ., Halle-Wittenberg: 167 S.

GAHLERT, F., GAUDIG, G., PRAGER, A., QUESEDA, A. S., WICHMANN, S., JOOSTEN, H. (2010): InnoNet-Verbundprojekt: Torfmooskultivierung auf schwimmfähigen Vegetationsträgern für ein nachhaltiges und umweltfreundliches Torfsubstitut im Erwerbsgartenbau - MOOSFARM. Teilvorh.: Torfmooskultivierung auf überstauten Hochmoorflächen u. Teilvorh.: Ökonomische Analyse der Torfmooskultivierung. Schlussbericht. EMA Universität Greifswald.

GILCHER, S., BRUNS, D. (1999): Renaturierung von Abbaustellen. Stuttgart.

GLÖCKLER, F., JANSEN, F. (2008-2011): Floristische Datenbanken und Herbarien in Mecklenburg-Vorpommern. Internetabruf unter: http://geobot.botanik.uni-greifswald.de/portal/

GRIESAU, A., DONNER, K.-J., SCHÖNFELD, M. (2001): Lebensraum Kiesgrube Neubrandenburg-Hinterste Mühle. Neubrandenburger Geol. Beitr. **2**: 90-95.

GRIME, J. P., HODGSON, J. G., HUNT, R. (1988): Comparative plant ecology. London.

GROSSER, K. H., QUITT, H., GÖRNER, M. (1991): Wälder und Gehölze. In: WEGENER, U. (Hrsg.): Schutz und Pflege von Lebensräumen - Naturschutzmanagement: 57-89, Stuttgart.

HENDL, M. (1997): Allgemeine Klimageographie. In HENDL, M., LIEDKE, H. (Hrsg.): Lehrbuch der Allgemeinen Physischen Geographie. 3. Aufl., Gotha.

HENKER, H., BERG, C. (Hrsg.) (2006): Flora von Mecklenburg-Vorpommern. Jena: 30-34.

JANSEN, F., DENGLER, J. (2008): GermanSL – Eine universelle taxonomische Referenzliste für Vegetationsdatenbanken in Deutschland. Tuexenia **28**: 239–253.

JANSEN, F., DENGLER, J. (2011): GermanSL 1.1.3. Internetabruf unter http://www.botanik.uni-greifswald.de/GermanSL.html

JESCHKE, L., REICHHOFF, L. (1991): Heiden und Hutungen. In: WEGENER, U. (Hrsg.): Schutz und Pflege von Lebensräumen - Naturschutzmanagement: 188-216. Jena.

KIRMER, A., LORENZ, A., BAASCH, A., TISCHEW, S. (2013): Braunkohlenbergbau in Mitteldeutschland. In: BAUMBACH, H., SÄNGER, H., HEINZE, M., (Hrsg.): Bergbaufolgelandschaften Deutschlands - geobotanische Aspekte und Rekultivierung. Jena.

KLIEWE, H. (1951): Die Klimaregionen Mecklenburgs. Diss., Philosoph. Fak., Universität Greifswald.

KLOTZ, S., KÜHN, I. (2002a): Ökologische Strategietypen. Schr. R. Vegetationskunde **38**: 197-201.

KLOTZ, S., KÜHN, I. (2002b): Indikatoren des anthropogenen Einflusses auf die Vegetation. Schr. R. Vegetationskunde **38**: 241-246.

LANDESFORST MECKLENBURG-VORPOMMERN (2000): Waldrandgestaltung. Schwerin.

- (o. J.): Richtlinien zur Umsetzung von Zielen und Grundsätzen einer naturnahen Forstwirtschaft in Mecklenburg-Vorpommern. Schwerin.

LAUN (LANDESAMT FÜR UMWELT UND NATUR) (1998): Anleitung für Biotopkartierungen im Gelände. Schr. R. Landesamt Umwelt u. Natur **1**. Gülzow.

LUDWIG, G., SCHNITTLER, M. (1996): Rote Liste gefährdeter Pflanzen Deutschlands. Schr. R. Vegetationskunde **28**.

LUNG (LANDESAMT FÜR UMWELT, NATURSCHUTZ UND GEOLOGIE) (Hrsg.) (1996-2006): Bio- und Geotopkartierung - gesetzlich geschützte Biotope, Gesamtdatensatz. Internetabruf zuletzt am 5.5.2011 unter http://www.umweltkarten.mv-regierung.de/script/ (Themenauswahl/ Naturschutz/ Biotope/ Biotope und Geotope/ gesetzlich geschützte Biotope).

- (Hrsg.) (1999): Hinweise zur Eingriffsregelung. Schriftenreihe des Landesamtes für Umwelt, Naturschutz und Geologie Heft 3, Güstrow, 164 S.

- (Hrsg.) (2005): Karte der Heutigen Potenziellen Natürlichen Vegetation Mecklenburg-Vorpommerns. Güstrow.

MANTHEY, M. (2004): Stellarietea mediae – Ackerwildkrautfluren. In: BERG, C. DENGLER, J., ABDANK, A., ISERMANN, M. (Hrsg.): Die Pflanzengesellschaften Mecklenburg-Vorpommerns und ihre Gefährdung - Textband: 273-285, Jena.

MARCINEK, J. (1997): Allgemeine Hydrogeographie. In: HENDEL, M., LIEDTKE, A. (Hrsg.): Lehrbuch der Allgemeinen physischen Geographie: 449-509. 3. Aufl., Gotha.

PFAUNDLER, L. (1866): Ueber die Wärmecapacität verschiedener Bodenarten und deren Einfluss auf die Pflanze, nebst kritischen Bemerkungen über Methoden der Bestimmung derselben. Annalen der Physik **205**, (9): 102-135.

PLAN AKZENT (2009): Ergänzung des LBP-Leitfadens für Straßenbauvorhaben in M-V - Kompensationsmaßnahmen im Wald. Im Auftrag des Ministeriums für Landwirtschaft, Umwelt und Verbraucherschutz M-V, Rostock.

POZDENA, L. (1940): Untersuchungen über den Wärmehaushalt des Bodens. Bodenkunde u. Pflanzenernährung **21-22** (1): 229-267.

SCHUBERT, R. (2001): Prodromus der Pflanzengesellschaften Sachsen-Anhalts. Mitt. florist. Kart. Sachsen-Anhalt, Sonderheft 2.

-, HILBIG, W., KLOTZ, S. (2001): Bestimmungsbuch der Pflanzengesellschaften Deutschlands. Heidelberg.

SITTE, P., ZIEGLER, H., EHRENDORFER, F., BRESINSKY, A. (1991): Lehrbuch der Botanik für Hochschulen. Begründet von E. STRASBURGER. 33. Aufl., Stuttgart.

STÜDEMANN, O. (2006): Klima. In: HENKER, H., BERG, C. (Hrsg.) (2006): Flora von Mecklenburg-Vorpommern: 30-34, Jena.

SUCCOW, M., WEGENER, U., REICHHOFF, L., GÖRNER, M., MÜLLER, J. (1991): Standgewässer. In: WEGENER, U. (Hrsg.): Schutz und Pflege von Lebensräumen - Naturschutzmanagement: 117-160, Jena.

SUKOPP, H. (1972): Wandel von Flora und Vegetation in Mitteleuropa unter dem Einfluß des Menschen. Berichte über Landwirtschaft **50**: 112-139.

TISCHEW, S., WIEGLEB, G., KIRMER, A., LORENZ, A. (2009): Renaturierung von Tagebauflächen. In: ZERBE, S., WIEGLEB, G. (Hrsg.) (2009): Renaturierung von Ökosystemen in Mitteleuropa: 349-388, Heidelberg.

UM M-V (UMWELTMINISTERIUM DES LANDES MECKLENBURG-VORPOMMERN) (Hrsg.) (2005): Rote Liste der gefährdeten Höheren Pflanzen Mecklenburg-Vorpommerns. Schwerin.

WEGENER, U. (Hrsg.) (1991): Schutz und Pflege von Lebensräumen - Naturschutzmanagement. Jena.

WOHLRAB, B., EHLERS, M., GÜNNEWIG, D., SÖHNGEN, H.-H. (1998): Oberflächennahe Rohstoffe - Abbau, Rekultivierung, Folgenutzung. Jena.

WUTZER, R. (1998): Baggerseen - Gewässer für die Fischerei. In: DINGETHAL, F. J., JÜRGING, P., KAULE, G., WEINZIERL, W. (Hrsg.): Kiesgrube und Landschaft. Handbuch über den Abbau von Sand und Kies, über Gestaltung, Rekultivierung und Renaturierung: 110-119, Donauwörth.

ZERBE, S., WIEGLEB, G. (Hrsg.) (2009): Renaturierung von Ökosystemen in Mitteleuropa. Heidelberg.

H Armleuchteralgen in der Bergbaufolgelandschaft

HEIKO KORSCH

1 Einleitung

Wie man den vorangehenden Kapiteln entnehmen kann, entstehen bei fast allen Formen der im Tagebaubetrieb durchgeführten Rohstoffgewinnung Restlöcher. Je nach der Tiefe und der Durchlässigkeit des Untergrundes füllen sich viele davon mit Wasser. Ähnlich wie die im Zuge des Abbaus geschaffenen Landlebensräume unterscheiden sich diese Gewässer durch eine Reihe von Besonderheiten von denen der Umgebung. Der wichtigste Unterschied ist ihr, geologisch gesehen, sehr junges Alter. Vor allem die zumindest in den ersten Jahren zu beobachtende Nährstoffarmut ermöglicht das Vorkommen einer Reihe von sonst fast verschwundenen Arten. Nur in Norddeutschland (am häufigsten in Mecklenburg) und im Alpenvorland sind natürliche Seen mit ähnlichen Bedingungen vorhanden. Die großen Braunkohlen-Abbaugebiete vor allem in Mitteldeutschland stellen inzwischen neben den oben genannten Regionen wichtige Mannigfaltigkeitszentren für die Armleuchteralgen dar (KORSCH et al. 2008, Abb. 319). Ergänzt werden diese durch einige Kiesgrubenkomplexe in den Auen größerer Flüsse. In weiten Gebieten Deutschlands bieten die durch den Bergbau entstandenen Gewässer inzwischen fast die einzigen Siedlungsmöglichkeiten für Armleuchteralgen. Von den rund 40 in Deutschland vorkommenden Characeen-Arten konnten bis jetzt fast ⅔ auch in Bergbaugewässern nachgewiesen werden.

2 Unterschiede der verschiedenen Restgewässer

Von erheblicher Bedeutung für die Artenausstattung der Gewässer ist der Basengehalt des eindringenden Wassers. Den größten Artenreichtum weisen in der Regel die Gebiete mit einem gewissen Kalkgehalt auf. Ganz saure Gewässer werden dagegen von den Armleuchteralgen weitgehend gemieden. Auch wenn in fast allen durch den Bergbau geschaffen Gewässern Characeen vorkommen können, gibt es doch erhebliche Unterschiede im Grad der Besiedlung und im Artenreichtum. Die ungünstigsten Bedingungen finden sich meist in ehemaligen Steinbrüchen. Durch die steilen Wände ohne Feinmaterialauflage steht oft nur eine sehr begrenzte besiedelbare Fläche zur Verfügung. Trotzdem können auch hier gelegentlich seltene Arten vorkommen (z.B. VAN DE WEYER & KRAUTKRÄMER 2009). Bei Ton-, Sand- und Kiesgruben sieht die Situation anders aus. Hier finden sich oft flach auslaufende Ufer. Sandiges Substrat bietet zudem gute Keimungsbedingungen für die Oosporen. Neben häufig auftretenden Dominanzbeständen einzelner Arten können gelegentlich auch artenreiche Vorkommen gefunden werden. In der Oberrheinebene wurden in Kiesgruben bis zu 15 Arten beobachtet. Bestimmte Arten wie z. B. die Zierliche Glanzleuchteralge (*Nitella gracilis*) kommen fast ausschließlich in Kleinstgewässern vor, andere bevorzugen größere Restseen. Problematisch für die Armleuchteralgen ist allerdings die in diesen Gruben oft relativ schnell ablaufende Sukzession. Meist sind günstige Bedingen nur für wenige Jahre vorhanden (PÄTZOLD 2003). Nur bei Anschluss an nährstoffarmes Grund- oder Quellwasser können sich auch langfristige Siedlungsmöglichkeiten ergeben. Besser ist die Situation in manchen Restlöchern des Braunkohlenabbaus. Durch die Großflächigkeit und Tiefe der Restseen ist fast immer ein Anschluss ans Grundwasser gegeben. Außerdem läuft hier die Sukzession wegen der geringeren Nährstoffeinträge aus der Umgebung vergleichsweise langsam. Bei basenhaltigem Ausgangssubstrat können sich artenreiche (bis über 10 Arten) viele ha bedeckende Characeen-Rasen entwickeln (Abb. 320).

Ähnliche Beobachtungen wie bei den Armleuchteralgen wurden bei einigen anderen Wasserpflanzen gemacht. Auch wenn diese die neuen Gewässer oft nicht ganz so schnell besiedeln, konnten sich manche ehemals extrem seltene Arten in letzter Zeit in Sekundärgewässern des Bergbaus ausbreiten. Das markanteste Beispiel ist das Große Nixkraut (*Najas marina*), von dem quer durch Deutschland Neufunde in Kiesgruben und Restseen des Braunkohlentagebaus gelangen.

Armleuchteralgen

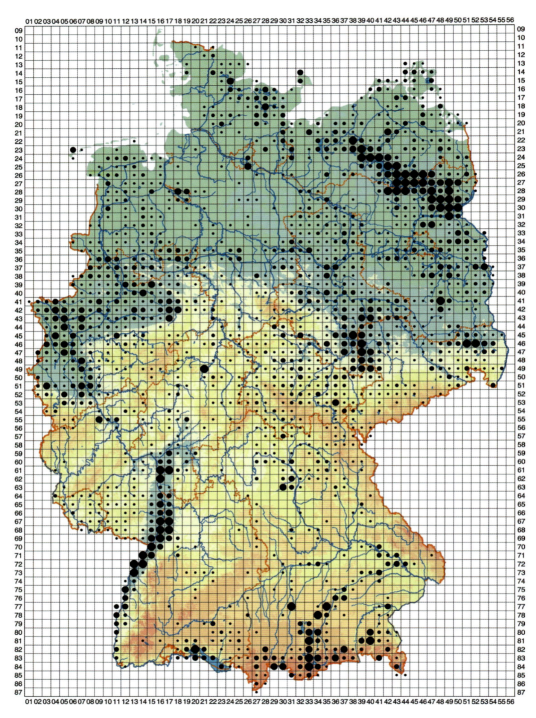

Abb. 319: Anzahl der seit 1990 nachgewiesenen Characeen-Arten in den MTB (TK25) Deutschlands (Stand November 2012, kleinster Punkt 1-2 Arten, größter Punkt > 10 Arten).

Abb. 320: Bestand der Stern-Glanzleuchteralge (*Nitellopsis obtusa*) im Braunkohlen-Tagebaurestloch Prößdorf in Ostthüringen (Juli 2003).

3 Vergesellschaftung der Armleuchteralgen

Wasserpflanzengesellschaften neigen stark zur Instabilität. Von Jahr zu Jahr, aber auch innerhalb einer Vegetationsperiode finden teilweise erhebliche Veränderungen in der Artenzusammensetzung, jedoch vor allem in den Mengenanteilen der einzelnen Arten statt. Armleuchteralgen sind gerade in Sekundärgewässern davon stark betroffen. Besonders markant ist die Ausbildung von Dominanzbeständen einzelner Arten. Vor allem bei größeren Characeen wie der Steifborstigen (*Chara hispida*) und der Hornblättrigen Armleuchteralge (*C. tomentosa*) kann man dies häufiger beobachten. Die klassische Vegetationskunde stößt deshalb hier an ihre Grenzen. Trotzdem ist das gemeinsame Auftreten von Armleuchteralgen keineswegs zufällig, sondern wird von den Umweltbedingungen bestimmt. Relativ oft findet man eine Kombination aus der Gewöhnlichen (*C. vulgaris*), der Gegensätzlichen (*C. contraria*), der Zerbrechlichen (*C. globularis*) und der Steifborstigen Armleuchteralge. Unter für Characeen besonders günstigen Bedingungen treten typischerweise dann noch die Dunkle (*Nitella opaca*) und die Stern-Glanzleuchteralge (*Nitellopsis obtusa*) sowie die Kleine Baumleuchteralge (*Tolypella glomerata*, Abb. 321) hinzu.

4 Naturschutzfachliche Bedeutung

Armleuchteralgen haben hohe Ansprüche an die Wasserqualität. Vor allem bei Eutrophierung (wichtigster Faktor Phosphat-Eintrag) verändern sich die Konkurrenzverhältnisse sehr stark und sie werden durch Grünalgen oder Höhere Pflanzen verdrängt. Außerdem verloren die Characeen durch die Beseitigung von Gewässern im Zuge von Flussbegradigungen und durch Meliorationen in Land- und Forstwirtschaft viele ihrer ehemaligen Standorte. In der derzeit gültigen Roten Liste Deutschlands (KORSCH et al. 2013) werden deshalb über 80 % der Arten als mehr oder weniger stark gefährdet geführt. Die intensivere Untersuchung der durch den Bergbau entstandenen Gewässer in den letzten Jahren hat aber gezeigt, dass einige Arten hier einen Ersatzlebensraum gefunden haben. Die Characeen können als Zeigerpflanzen für naturschutzfachlich wertvolle Gewässer angesehen werden. Dies findet auch seinen Ausdruck in der Aufnahme der „Oligo- bis mesotrophen kalkhaltigen Stillgewässer mit benthischer Armleuchteralgen-Vegetation (Characeae)" in die Liste der prioritären Lebensräume des Anhangs I der Fauna-Flora-Habitat-Richtlinie der EU.

Abb. 321: Kleine Baumleuchteralge (*Tolypella glomerata*) aus einer Kiesgrube bei Schladebach südlich von Halle (Mai 2010).

5 Literatur

KORSCH, H., DOEGE, A., RAABE, U. & VAN DE WEYER, K. (2013): Rote Liste der Armleuchteralgen (Charophyceae) Deutschlands. 3. Fassung, Stand: Dezember 2012. Haussknechtia **Beiheft 17**, 32 S.

KORSCH, H., RAABE, U., VAN DE WEYER, K. (2008): Verbreitungskarten der Characeen Deutschlands. Rostock. Meeresbiol. Beitr. **19**: 57-108.

PÄTZOLD, F. (2003): Ökologische Typisierung von Baggerseen am Oberrhein. Carolinea **60**: 91-102.

VAN DE WEYER, K., KRAUTKRÄMER, V. (2009): *Nitella opaca* (BRUZELIUS) AGARDH im Steinbruch Messinghausen (Sauerland) - mit einer Übersicht der maximalen unteren Makrophyten-Tiefengrenzen in Deutschland. Rostock. Meeresbiol. Beitr. **22**: 57-64.

I Modellierung

I1 Möglichkeiten der Modellierung spontaner Sukzessionen in Bergbaufolgelandschaften

HARTMUT SÄNGER & EIKO HERMANN

1 Hintergrund und Ziele der Programmentwicklung

Bei der Planung von Rekultivierungsmaßnahmen auf Standorten des Altbergbaus und vergleichbaren Extremstandorten stehen neben naturschutzfachlichen und ästhetisch-landschaftsgestalterischen Aspekten vor allem technische Gesichtspunkte im Vordergrund. Dazu zählen beispielsweise der Schutz vor Bodenerosion, die Minimierung der Schadstoffausträge aus Halden und insbesondere die Steuerung des Wasserhaushaltes wegen der an vielen Standorten gegebenen Notwendigkeit einer langfristigen Fassung und Behandlung kontaminierter Grund- und Oberflächenwässer.

Die Vegetation und dabei vor allem ihre räumliche und zeitliche Dynamik besitzt im Gesamtsystem der zu sanierenden Objekte (Standorte) eine zentrale Bedeutung. Welche Phytozönosen sich auf einem Standort entwickeln können, wie und in welchen Zeiträumen sich Sukzessionsvorgänge vollziehen und wie durch Pflege- und Pflanzungsmaßnahmen sowie unterschiedliche Flächennutzungen die Sukzessionsfolgen gelenkt werden, hat einen erheblichen Einfluss auf die Erreichung der technischen Sanierungsziele und die dabei kurz- und langfristig entstehenden Kosten.

Ein weiterer Aspekt bei der Planung von Rekultivierungsmaßnahmen ist die öffentliche Akzeptanz und die Divergenz zwischen sanierungstechnischen und landschaftsökologischen Anforderungen einerseits und Vorstellungen zur zukünftigen Gestaltung der Bergbau- und Industrieflächen von Bürgern, Behörden usw. andererseits. Für die konsensfähige Entscheidung ist deshalb ein Abwägungsprozess zwischen Vorstellungen, sanierungstechnischen, landschaftsökologischen und finanziellen Notwendigkeiten erforderlich. Dieser Prozess kann nur effizient und zeitsparend vorangetrieben werden, wenn allen Beteiligten die zur Beurteilung aller relevanten Aspekte notwendigen Informationen in allgemein verständlicher Form zur Verfügung stehen.

Für die Bewertung von Rekultivierungsmaßnahmen sind dies vor allem Informationen hinsichtlich

- der Eignung der abiotischen Standortbedingungen (z. B. Feuchte, Nährstoffe, Bodenreaktion) für die Entwicklung der zur Diskussion stehenden Vegetationstypen,
- der mittel- und langfristigen Entwicklung des Vegetationsbildes, ausgehend von einer initialen Pflanzung/Aufforstung bzw. vom unbewachsenen Rohboden, unter verschiedenen Pflege-, Bewirtschaftungs- und Nutzungsszenarien,
- der je nach Rekultivierungsstrategie unterschiedlichen wechselseitigen Beeinflussung biotischer und abiotischer Faktoren (z. B. Wasserhaushalt) und der daraus resultierenden Folgen und Kosten.

Die Entscheidungsfindung hinsichtlich der auf einem Standort optimalen Ansaat- bzw. Pflanzungs-, Pflege- und Bewirtschaftungsstrategie wird oft durch erfahrene Ökologen begleitet. Nicht immer sind jedoch Spezialisten bei allen Terminen, Diskussionen mit Trägern öffentlicher Belange, Behörden und Bürgerinitiativen im Rahmen der Planung von Rekultivierungs- und Sanierungsmaßnahmen verfügbar.

In diesen Fällen - und zur Unterstützung der Beratungstätigkeit von Spezialisten - kann ein Werkzeug, welches die umfangreichen fachspezifischen Kenntnisse verwaltet und dem Nutzer in intuitiver, anschaulicher Form verfügbar macht, von großem Nutzen sein. Ein solches Werkzeug, sollte ebenfalls in der Lage sein, die Unsicherheiten und die stochastische Natur der Parameter und der ablaufenden Prozesse zu erfassen, um damit die raumzeitlichen Spannbreiten zukünftiger Vegetationsbilder adäquat darzustellen. Die unmittelbare Anbindung technischer und finanzieller Größen an die Vegetationsdynamik ist in diesem Zusammenhang ebenfalls von Vorteil, da diese Parameter oft entscheidungsrelevant sind.

Von einem Werkzeug, welches diese Anforderungen erfüllt, wird man in der Regel nicht die Verwaltung des gesamten dem Spezialisten verfügbaren Kenntnisstandes verlangen. Details der Planungen müssen ohnehin mit Landschaftsarchitekten und Biologen abgestimmt werden. Es ist jedoch ausreichend, die wesentlichen Zusammenhänge auf konzeptioneller Stufe korrekt abzubilden, um auf dieser Basis schnell und mit ausreichender Sicherheit zu belastbaren Grundsatzentscheidungen zu gelangen. Es ist auch nicht das Ziel eines entscheidungsunterstützenden Werkzeuges, die ablaufenden Prozesse der Sukzession in ihren Ursachen zu modellieren und auf dieser Basis zu beschreiben. Für den gestellten Anspruch ist die Verwaltung von beobachteten und formalisierten "Regeln" (Übergänge zwischen Pflanzengesellschaften unter bestimmten Bedingungen und in bestimmten Zeiträumen) ausreichend.

Ein diesen Anforderungen genügendes Werkzeug ist RecuSim. Es eröffnet den Entscheidungsträgern, welche zwar die übergreifenden Zielstellungen einer Sanierung oder Rekultivierung im Auge haben, nicht jedoch über Detailkenntnisse zur Sukzessionsbiologie, zum Wasserhaushalt auf bewachsenen Abdecksystemen oder zu den wirtschaftlichen Aspekten von Rekultivierungsmaßnahmen verfügen, die Möglichkeit eines schnellen und zuverlässigen Vergleichs verschiedener Strategien und einer risikoarmen, belastbaren Entscheidung für eine bevorzugte Vorgehensweise hinsichtlich der Begrünung von Extremstandorten.

Aus der Zusammenfassung der Tatsachen, dass

- sich die Entwicklung von pflanzlichen Ökosystemen auf Altbergbau- und Extremstandorten gut formalisieren lässt,
- das verfügbare Wissen über natürliche und gelenkte Sukzessionsfolgen auf diesen Standorten aufgrund seines Umfangs einer Systematisierung bedarf,
- zwischen biotischen und abiotischen Faktoren enge und teilweise sehr komplexe Wechselwirkungen und Rückkoppelungen vorliegen,
- die Erreichung technischer Sanierungsziele stark von der Entwicklung des pflanzlichen Bewuchses auf Extremstandorten mit teilweise aufwendigen Abdeckungen abhängt,
- eine tragfähige Entscheidung über langfristig einzuschlagende Strategien eine kurzfristige Festlegung der ersten Schritte mit entsprechenden wirtschaftlichen Konsequenzen erfordert,

entstand die Zielstellung, ein Werkzeug zu entwickeln, mit dem sich die Sukzession unter verschiedenen Strategien der gezielten Pflanzung/Ansaat, Pflegemaßnahmen und Nutzungsszenarien realitätsnah nachbilden lassen und unmittelbar mit technischen und finanziellen Größen der Sanierung wie z. B. der Infiltrationsrate durch eine Abdeckung gekoppelt sind. Die Modellierung von Sukzessionsfolgen unter verschiedenen Nutzungs- und Pflegebedingungen ist ein Spezialfall, der in den letzten Jahren zunehmend an Bedeutung gewinnenden Entscheidungsunterstützung für das Ökosystem-Management.

2 Grundlagen der Programmentwicklung

An Bergbaustandorten kommt es entsprechend der gegebenen Standortbedingungen auch ohne Einfluss des Menschen mehr oder weniger schnell zu einer natürlichen Begrünung von Rohböden und Decksubstraten durch Sukzession. Der Verlauf dieses Prozesses lässt sich in Form von Gras-Kräuter-Folgen und Gehölz-Folgen beschreiben. Unter mitteleuropäischen Verhältnissen ist das Klimaxstadium der Vegetationsentwicklung in jedem Fall eine Waldgesellschaft, die entsprechend der gegebenen Raum-Zeit-Dynamik unterschiedlich schnell erreicht wird. Von den natürlichen Sukzessionsfolgen kann in einem sekundären Schritt auf die mögliche Entwicklung künstlich aufgebrachter Ansaaten bzw. Aufforstungen geschlossen werden.

Die Vegetation steht in enger Wechselwirkung mit den abiotischen Standortfaktoren, speziell dem Wasserhaushalt (Speichervermögen im Wurzelraum, Evapotranspiration, Interzeption) sowie den mittelfristigen Veränderungen von Bodenstruktur und Wasserhaushalt.

Für die Einbindung der natürlich ablaufenden Sukzessionsprozesse in das Simulationsmodell RecuSim (Abb. 322) war es wichtig, die durch die einzelnen Phytozönosen angezeigten abiotischen Standortbedingungen auf der Basis der biologisch-ökologischen Merkmale der einzelnen Arten einzubeziehen. Damit wird auch die Möglichkeit geschaffen, den Verlauf der Sukzession insbesondere bei anthropogen veränderten abiotischen Standortfaktoren anzupassen (z. B. bei Düngung oder Bewässerung).

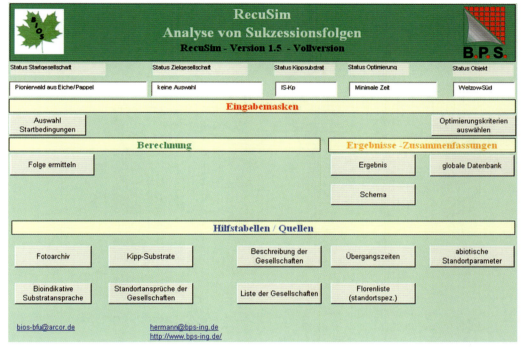

Abb. 322: Benutzeroberfläche des Programms RecuSim für eine Anwendung im Lausitzer Braunkohlenrevier.

Um die Dynamik von Sukzessionsfolgen realitätsnah abbilden zu können, ist es weiterhin notwendig, Übergangszeiten zwischen den einzelnen Phytozönosen zu definieren. Zusätzlich werden den einzelnen Übergängen Wahrscheinlichkeiten zugeordnet.

Neben den Vorgängen der natürlichen Sukzession sind auf Alt- und Extremstandorten auch Bepflanzungen denkbar. Diese Szenarien reichen vom Aufbringen einer Ansaatmischung zum Erosionsschutz auf Abdecksystemen bis hin zur gezielten forstlichen Bewirtschaftung durch die Festlegung von Bestandeszieltypen. Die dadurch ausgelösten und gesteuerten Prozesse unterliegen anderen Gesetzmäßigkeiten als die natürliche Sukzession, lassen sich jedoch in ähnlicher Weise formalisieren und in ein Regelwerk übersetzen.

3 Arbeiten mit RecuSim

Im ersten Schritt werden die in der Sukzessionsfolge möglichen Pflanzengesellschaften in Abhängigkeit der Variabilität der abiotischen Faktoren definiert. Im zweiten Schritt wird eine Übergangsmatrix erstellt, die jeden Übergang zwischen je zwei definierten Pflanzengesellschaften beschreibt. Die tatsächliche Möglichkeit des jeweiligen Übergans zwi-

Modellierung

schen der Gesellschaft X zu Gesellschaft Y wird durch die Übergangswahrscheinlichkeit zwischen 0 und 1 unter Berücksichtigung der Gesamtwahrscheinlichkeit des Übergangs von X auf alle anderen Gesellschaften beschrieben. Diese Übergansmatrizen können zusätzlich eine Funktion der abiotischen Faktoren bzw. von Maßnahmen der gelenkten Sukzession sein. Parallel zu den Übergangsmatrizen werden Zeitmatrizen, die die Dauer der Übergänge beschreiben, erstellt. Momentan existieren zwei Zeitmatrizen die die minimalen und maximalen Zeiträume für die Übergänge beschreiben.

Sind diese Ausgangsdaten erhoben, kann die Modellierung beginnen. Unter Auswahl einer beliebigen Startgesellschaft werden alle möglichen Sukzessionsfolgen in der Art eines umgekehrten Baumes erstellt. Die Wurzel ist die Startgesellschaft, die Äste sind mögliche Folgegesellschaften. Das Programm ist graphisch aufbereitet, so dass mit Mausklick auf den entsprechenden Übergangspfeil die Informationen zum Übergang visualisiert werden (Abb. 323). Beim Klick auf die jeweilige Gesellschaft erscheinen die dazugehörigen Informationen.

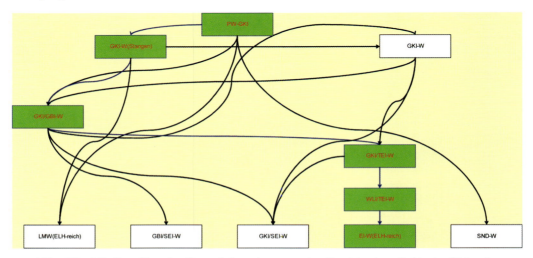

Abb. 323: Mit RecuSim simulierte Sukzessionswege im Bereich einer Rohbodenfläche des Braunkohlenbergbaus.

Im Ergebnis aller Simulationsläufe kann eine Wahrscheinlichkeit für das Auftreten einer Gesellschaft zu einem gegebenen Zeitpunkt in der Zukunft ermittelt werden. Neben der Wahrscheinlichkeit des Auftretens einer Gesellschaft wird auch der Zeitraum durch eine Zeitspanne, charakterisiert durch die beiden Zeitmatrizen Min. und Max, angegeben. Die Wahrscheinlichkeiten des Auftretens aller Gesellschaften zu einem Zeitpunkt summieren sich selbstverständlich zu eins.

Alle Ergebnisse können als EXCEL-Tabelle exportiert werden, so dass eine direkte Nutzung und Weiterverarbeitung möglich ist. Über die Funktion eines Instrumentes der Verwaltung und Verarbeitung des verfügbaren Wissens zur Sukzession und die Abbildung stochastischer Prozesse hinaus eignet sich ein Werkzeug wie RecuSim auch zur Einbindung von realitätsnah visualisierten Darstellungen einzelner typischer und in den Simulationen häufig vorkommender Vegetationsformen, beispielsweise für Zwecke der Öffentlichkeitsarbeit. Die Visualisierung von Waldgesellschaften in ihrem topographischen Umfeld einschließlich einer Auswahl von "Stammdaten" wie mittlerer Ertrag unter Standortbedingungen, alterabhängige Wuchshöhe und Stammdurchmesser sowie ggf. weitere Informationen können effektiv zur Unterstützung von komplexen Entscheidungsprozessen in interdisziplinären Arbeitsgruppen beitragen.

4 Zusammenfassung

Das regelbasierte Simulationswerkzeug RecuSim ermöglicht die Verwaltung umfangreichen und komplexen Wissens zur Sukzessionsdynamik auf Extrem- und Bergbaustandorten. Es bietet dadurch eine Entscheidungsunterstützung in der Phase der konzeptionellen Planung von Rekultivierungs- und Sanierungsvorhaben in Bergbaufolgelandschaften und an Sonderstandorten, wie z. B. Deponien, aber auch für die Durchführung von Begrünungsarbeiten beispielsweise an Trassen und Verkehrswegen. RecuSim wurde für Nutzer entwickelt, die nicht in jedem Fall die Zeit finden, sich in komplexe ökosystemare Zusammenhänge, wie sie bei der Begrünung von Extremstandorten auftreten einzuarbeiten, aber trotzdem kurzfristige und belastbare Entscheidungen zur grundsätzlichen Rekultivierungsstrategie sowie Pflege- und Nutzungsvarianten treffen müssen.

In der gegenwärtigen Entwicklungsstufe werden jeweils Einzelstandorte mit homogenen Bedingungen betrachtet. In einer nächsten Ausbaustufe ist geplant,

- die Einbeziehung mehrere Horizonte in Waldgesellschaften
- die Kopplung mehrerer Teilstandorte

zu ermöglichen. In einem weiteren Schritt kann auch eine Integration des Simulationssystems in ein Geographisches Informationssystem (GIS) erfolgen. Das Interesse an einer solchen Kopplung ist vor dem Hintergrund einer integrierten Landschafts- und Raumplanung außerordentlich groß, wie der Erfolg ähnlicher Schritte in dieser Richtung zeigt.

5 Kontakt

RecuSim wurde in Kooperation der Firmen B.P.S. Engineering GmbH und BIOS-Büro für Umweltgutachten entwickelt.

Internet: www.bps-ing.de
www.bios-bfu.de

Telefon: B.P.S. Engineering GmbH
Ronneburg (49-36602-409290)
BIOS-Büro für Umweltgutachten
Crimmitschau (49-3762-947235)

6 Literatur

HERMANN, E., KUNZE, C., SÄNGER, H., THOß, W. (2001): Problemorientierte Auswertung biologischer Daten mit den Computerprogrammen BioMap, BioDat und RecuSim®. Artenschutzreport (Jena) **11**: 76-80.

KUNZE, C., SÄNGER, H., SCHNEIDER, P. (2002): RecuSim-Ein Werkzeug zur Simulation der zeitlichen Entwicklung von Pflanzengesellschaften auf Extremstandorten. Landnutzung u. Landentwicklung (Berlin) **3**: 120-127.

SÄNGER, H. (1997): Zum Informationsgehalt pflanzensoziologischer und ökologischer Zeigerwerte in bezug auf die natürliche Besiedlung von Bergehalden des Uranbergbaues. Artenschutzreport (Jena) **7**: 59-63.

- (2006): Prozesse der natürlichen Sukzession zur alternativen Begrünung von Rohböden. Wasserwirtschaft **96**: 59-63.

- (2008): Renaturierungskonzepte im Bergbau: Wie effektiv sind sie? - Beispiele aus dem ehemaligen Uranerzbergbaugebiet in Ostthüringen. In: LENNARTZ, G. (Hrsg.): Renaturierung - Programmatik und Effektivitätsmessung: 123-152, Sankt Augustin.

I2 GraS-Modell - Ein Computermodell zur dynamischen Simulation von Landschaftsentwicklungen

GOTTFRIED LENNARTZ & SILVANA SIEHOFF

1 Hintergrund und Ziele der Programmentwicklung

Im Rahmen der Diskussionen über Ziele und Perspektiven für den ehemaligen Truppenübungsplatz Vogelsang (Dreiborner Hochfläche) im Nationalpark Eifel sollte zur besseren Entscheidungsfindung ein Modell entwickelt werden, mit dessen Hilfe verschiedene Landschaftsentwicklungen in Abhängigkeit von unterschiedlichen Management-Konzeptionen kleinräumig aufgelöst abgebildet werden können. Neben den laufenden Pflegemaßnahmen wie Mahd und Schafbeweidung sollte in die Modellierung auch der Einfluss großer Weidetiere sowie die natürliche Sukzession einbezogen werden. Zudem bestand die Anforderung, dass das Computer-Simulationsmodell auf andere Landschaften, so auch auf Bergbaufolgelandschaften, anwendbar sein soll [1].

Um diesen Anforderungen gerecht zu werden, wurde das GraS-Modell nach dem Prinzip des "Zellulären Automaten", einem auf Rasterzellen basierenden Modelltyp aufgebaut. Als Datengrundlage dient eine Karte der Vegetationstypen von der zu modellierenden Landschaft. Im GraS-Modell lassen sich dann auf der Basis des vegetationskundlichen Ist-Zustandes je nach Nutzungskonzept die verschiedenen Vegetationsentwicklungen prognostizieren, die durch ihr räumliches Nebeneinander die Landschaft prägen. Aus den Ergebnissen der Computer-Simulationen ist ein Vergleich der zukünftigen Landschaften systematisch möglich, wodurch ein nachhaltiges Landmanagement unterstützt werden soll.

Am Beispiel des Modellgebietes „Dreiborner Hochfläche" sollen die Funktionsweise des GraS-Modells und die Ergebnisse der Computer-Simulationen vorgestellt werden. Bei dem Modellgebiet handelt es sich um eine ca. 1.500 ha große Offenlandschaft, die früher als Truppenübungsplatz genutzt wurde und heute Teil des Nationalparks Eifel ist.

2 Grundaufbau und Prinzip

Das GraS-Modell berechnet Landschaftsentwicklungen für frei definierbare Zeiträume, von einem bis zu 100 Jahren, in Abhängigkeit von verschiedenen Nutzungen. Die Datengrundlagen des Modells bilden die räumliche Verteilung der Vegetationstypen und deren Artenzusammensetzung im Ausgangszustand. Vorraussetzung für realistische Prognosen ist eine kleinräumige und genaue Aufnahme der Anteile der sukzessionsrelevanten Arten in den einzelnen Vegetationstypen.

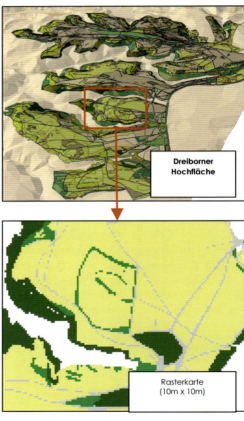

Abb. 324: Umwandlung der Karte der Vegetationstypen in eine Rasterkarte.

---

[1] Gefördert durch das Ministerium für Umwelt, Naturschutz, Landwirtschaft und Verbraucherschutz des Landes Nordrhein-Westfalen (MUNLV NRW).

Modellierung

Erfahrungen aus der Sukzessions-Forschung belegen, dass die Entwicklung eines Vegetationstyps je nach benachbarter Vegetation sehr unterschiedlich ablaufen kann und daher allgemein gültige Prognosen kaum möglich sind. Um dies zu berücksichtigen, ist das GraS-Modell nach dem Prinzip des "Zellulären Automaten" aufgebaut und es wird die zu modellierende Landschaft in gleich große Quadrate (Rasterzellen) eingeteilt. Da aufgrund dieses Prinzips jede Rasterzelle vor allem von ihren Nachbarzellen geprägt wird, wirkt sich das kleinräumige Vegetationsmuster zum Ausgangszeitpunkt erheblich auf die zukünftige Entwicklung aus.

Für die Umwandlung der Karte der Vegetationstypen (Polygonkarte, s. Abb. 324) des Modellgebiets in eine Rasterkarte wurde eine Größe der Rasterzellen von 10 m x 10 m gewählt. Diese „hochauflösende" Rastergröße ist notwendig, um die ablaufenden Prozesse räumlich genau abbilden zu können. So werden bei dieser Rastergröße z. B. die Wege noch dargestellt (s. Abb. 328 graue Rasterzellen) und können somit auch in die Modell-Berechnungen eingehen, was bei größeren Rasterzellen fast nie der Fall wäre. Für das Modellgebiet Dreiborner Hochfläche ergeben sich bei der gewählten Rastergröße mehr als 300.000 Zellen, die jeweils einzeln im GraS-Modell berechnet werden und entsprechende Rechnerkapazitäten erfordern.

Der Inhalt einer Rasterzelle wird durch den Deckungsgrad der in ihr vorkommenden Pflanzen bestimmt. Es werden im Modell die drei Ebenen Gras-Krautschicht, Strauchschicht und Baumschicht berücksichtigt, die über bestimmte Regeln untereinander verknüpft sind. Die Sträucher und Bäume werden einzeln, d. h. individuell modelliert. Alle Pflanzen innerhalb einer Zelle wachsen entsprechend ihrer ökologischen Ansprüche und konkurrieren um den Raum von jeweils 100 Quadratmetern. In jede Rasterzelle können neue Pflanzen einwandern, z. B. aus einer Nachbarzelle oder mittels Samenflug. Auf eine Zelle und damit auf den in ihr vorkommenden Vegetationstyp können je nach Nutzungskonzept verschiedene Faktoren wirken (s. Abb. 325). So kann beispielsweise eine Rasterzelle je nach gewählter Nutzungsform gemäht oder beweidet werden bzw. man überlässt den Raumausschnitt der natürlichen Sukzession (Brache). Darauf beruhend verändert sich die Konkurrenz der Pflanzen untereinander. So wird beispielsweise durch Beweidung das Wachstum trittverträglicher Arten relativ gesehen zu anderen Pflanzenarten gefördert. Konkurrenzstarke Pflanzenarten wie Obergräser oder Hochstauden sind bei Aufgabe von Pflegemaßnahmen bevorteilt und es bilden sich entsprechende Hochstaudenfluren bzw. grasreiche Brachestadien aus.

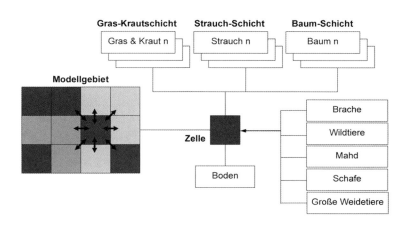

Abb. 325: Schematischer Aufbau des GraS-Modells.

Die Sukzession der Pflanzengesellschaften resultiert somit letztendlich aus dem Wachstum der einzelnen Arten. Demzufolge wird die Entwicklung der Vegetation im GraS-Modell nicht wie bei anderen Modellen statisch vorgegeben, sondern dynamisch über die Konkurrenz der Arten abgebildet. So ist es möglich, auch nicht voreingestellte, „unbekannte" Sukzessionsstadien und -abläufe zu erzeugen.

Die Einstellung der Eigenschaften der einzelnen Pflanzenarten erfolgte an bekannten und vergleichsweise sicher einschätzbaren Vegetationsentwicklungen. Hierbei liefern Analysen des räumlichen Nebeneinanders vorhandener Sukzessionsstadien innerhalb eines Modellgebietes die wichtigsten Kenntnisse über mögliche Vegetationsentwicklungen. Zur Eichung des Modells, beispielsweise zur Simulation der Vegetationsdynamik von Bergbaufolgelandschaften, könnten bekannte Vegetationsabläufe wie in diesem Buch dargelegt oder auch die Sukzessionsfolgen des regelbasierten Modells RecuSim genutzt werden. Es wird von der These ausgegangen, dass bei der Einstellung möglichst vieler bekannter Prozesse auch jene Vegetationsentwicklungen korrekt dargestellt werden, die nicht zur Einstellung des Modells im Vorfeld verwendet wurden. Wesentlich ist, dass im GraS-Modell zwar eine Vielzahl an ablaufenden Prozessen hinterlegt sind, die aber an der jeweilig zu modellierenden Landschaft neu zu justieren sind.

3 Ergebnisse der Computer-Simulationen

Aus den Ergebnissen der Computer-Simulationen lassen sich für das Modellgebiet Dreiborner Hochfläche grundsätzliche Landschaftsentwicklungen in Abhängigkeit vom Offenlandmanagement ableiten. So führt beispielsweise die Aufgabe der Mahd oder Schafbeweidung in Kombination mit einer hohen Rothirschdichte bei Grünland zu grasreichen Brachen, die wiederum eine Ausbildung größerer Waldbestände innerhalb von 100 Jahren verhindern. Dies ist darauf zurückzuführen, dass in verfilzten Grasbeständen die Keimwahrscheinlichkeit von Gehölzsamen nur gering ist. Dichte Grasbrachen können jedoch alleine die Entstehung von Wald über einen längeren Zeitraum hinweg nicht aufhalten, ebenso wenig wie hohe Rothirschdichten bei fehlendem Grasfilz. Nur das gemeinsame Wirken beider Faktoren verhindert somit nach den Simulationsergebnissen die Ausbildung von Waldbeständen wirksam und für recht lange Zeiträume. Da durch eine Beweidung der Grasfilz reduziert wird, ist eine grundsätzliche Förderung der Strauch- und Baumentwicklung in den Beweidungs-Szenarien feststellbar, wobei das Wechselspiel zwischen Tritt und Fraß in Abhängigkeit vom jeweiligen Weidetier unterschiedlich ist.

Die Landschaftsentwicklungen können durch die Erstellung von Rasterkarten mittels der Software ArcGIS9 von ESRI® räumlich hoch aufgelöst dargestellt werden. Die abgebildeten Ergebnisse der Computer-Simulation für einen Teilbereich im Südwesten der Dreiborner Hochfläche sollen den Einfluss sowohl der Rothirsche als auch der Beweidung auf die Vegetationsentwicklung verdeutlichen. Die Abbildungen zeigen für diesen Bereich die Modellergebnisse eines Brache-Szenario mit 22 Rothirschen pro 100 Hektar im Frühjahrsbestand, einer im ehemaligen Truppenübungsplatz in weiten Bereichen gegebenen Bestandsdichte, eines „theoretischen" Brache-Szenario ohne Rothirsche und eines Beweidungsszenario mit Wisenten.

Für die Vegetationsentwicklung des Nationalparks Eifel ist die Dichte von Rothirschen eine entscheidende Größe. So entstehen beim „theoretischen" Brache-Szenario ohne Beweidung und Verbiss der Gehölze durch Rothirsche hauptsächlich großflächige Birken-Vorwälder, aber auch Fichten nehmen deutlich zu, in geringeren Anteilen auch Buche sowie Eiche. Die Waldentwicklung folgt primär den Gebüschstadien, vollzieht sich jedoch auch direkt auf ehemaligen Schafweiden. Wiesenbrachen inmitten der großen Offenlandflächen können sich dagegen aufgrund des dichten Grasfilzes auch nach 100 Jahren noch einer Besiedelung mit Bäumen erwehren.

Das „Brache-Szenario" mit einer Dichte von 22 Rothirschen pro 100 ha zeigt auch nach 100 Jahren nur eine geringe Entwicklung in

Richtung Vorwald- bzw. Waldvegetation. Gebüsche werden kaum durch Wälder ersetzt und nur Him-/Brombeer- bzw. Schlehengebüsche können lokal größere Flächen einnehmen. Der Besenginster kann sich teilweise in den Gebüschen halten, nimmt aber im Laufe der Zeit ab.

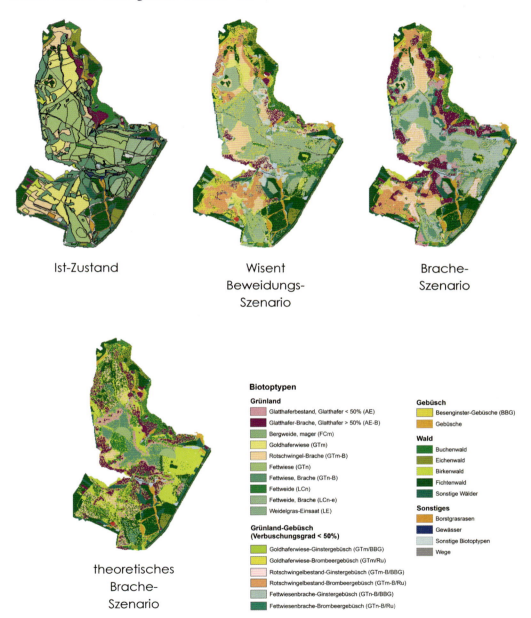

Abb. 326: Modellierte Szenarien des südlichen Teilbereiches des ehemaligen Truppenübungsplatzes (Prozessschutzzone).

Im Wisent-Beweidungs-Szenario werden die Wiesen in Weidegesellschaften umgewandelt, wobei sich aufgrund der sehr geringen Beweidungs-/Trittintensität extensive Weidetypen ausbilden bzw. auf den mageren Standorten eine derartige Beweidung auch zu

Rotschwingel-Brachen führt. Die extensiven Weidegesellschaften bleiben erhalten bzw. auf den ehemaligen intensiv genutzten Weiden stellen sich extensive Weidetypen ein. Bemerkenswert ist der doch deutliche Einfluss der Beweidung auf den extrem beweidungs- und trittempfindlichen Glatthafer, der trotz der geringen Beweidungsintensität im Modell zurückgedrängt wird. Darüber hinaus wird deutlich, dass eine extensive Beweidung die Strauch- und Baumentwicklung fördert (vgl. Wisent-Beweidungs-Szenario)

4 Zusammenfassung und Ausblick

Das GraS-Modell wurde am Beispiel des ehemaligen Truppenübungsplatzes Vogelsang (Dreiborner Hochfläche) im Nationalpark Eifel entwickelt und simuliert Vegetationsentwicklungen in Abhängigkeit von verschiedenen Nutzungen in einer dynamischen, räumlich hochaufgelösten und prozessorientierten Weise. Übergeordnetes Ziel des GraS-Modells ist der Aufbau eines Entscheidungshilfeinstruments zur Unterstützung aller Entscheidungsträger (Experten, Administration) in der Auswahl geeigneter Managementmaßnahmen hinsichtlich einer nachhaltigen Landnutzung. Darüber hinaus ermöglicht das Modell, die Konsequenzen der Entscheidungen zu visualisieren um u. a. eine höhere Akzeptanz in der Öffentlichkeit für die ausgewählten Maßnahmen zu erreichen. Das GraS-Modell wurde bewusst so angelegt, dass es auf die verschiedensten Landschaften anwendbar ist. Hierzu ist es jedoch erforderlich, dass die Landschaft mittels einer Vegetationskarte in das GraS-Modell eingelesen wird und an der jeweiligen Situation neu geeicht wird.

Aufgrund der umfangreichen Erfahrung über Sukzessionsabläufe in Bergbaufolgelandschaften bietet das GraS-Modell gerade auch für diesen Landschaftstyp ein hohes Anwendungspotential.

5 Kontakt

Das GraS-Modell wurde vom Forschungsinstitut für Ökosystemanalyse und -bewertung gaiac (An-Institut der RWTH Aachen) und dem Institut für Umweltforschung der RWTH Aachen entwickelt. Informationen zum GraS-Modell erhalten Sie wie folgt:

Internet: www.gaiac.rwth-aachen.de
info@gaiac.rwth-aachen.de

Telefon: Forschungsinstitut gaiac
(49-241-8027602)

6 Literatur

TSCHIMMEL, U. (broadcast) (2009): Grasland-Simulation: Die Dreiborner Hochfläche im Super-Computer. Bayern 5: Das Computermagazin und Bayern 2: IQ – Wissenschaft und Forschung. Audiodatei zum Thema: http://www.nationalpark-eifel.de/go/eifel/german/Ueber_uns_oder_Forschung/Forschung_und_Entwicklung.html#anker_681

LENNARTZ, G., SIEHOFF, S., ROß-NICKOLL, M., PREUSS, T. G. (2009): Modellierung von Landschaftsentwicklungsszenarien der Offenlandflächen im Nationalpark Eifel unter Berücksichtigung verschiedener Managementvarianten (Grasland Sukzessions-Modell). In: Offenlandmanagement außerhalb landwirtschaftlicher Nutzflächen, Naturschutz und Biologische Vielfalt. BfN-Schriftenreihe **73**.

LENNARTZ, G., FÜRSTE, A., THEIßEN, B., TOSCHKI, A., SIEHOFF, S., ROß-NICKOLL, M., SCHÄFFER, A., PREUSS, T. G. (2008): Das GraS-Modell (Grasland Sukzessions Modell) - eine Entscheidungshilfe bei der Auswahl möglicher Managementvarianten für zukünftige Landschaftsentwicklungen (dargestellt am Beispiel des Nationalparks Eifel). In: LENNARTZ, G. (2008): Naturschutz und Freizeitgesellschaft, Bd. 8 (Renaturierung - Programmatik und Effektivitätsmessung). St. Augustin.

I3 Die Potenzielle Natürliche Vegetation als Grundlage der Initialisierung, Begleitung und Bewertung von Sukzessionswegen - eine methodische Studie am Beispiel der Lausitzer Bergbaufolgelandschaft

GERHARD HOFMANN & MARTIN JENSSEN

1 Theoretisches Konzept der Potenziellen Natürlichen Vegetation

Das Konzept der Konstruktion der Potenziellen Natürlichen Vegetation (PNV) geht davon aus, dass Ausstattungen von Standorten hinsichtlich des vegetationswirksamen Klimas sowie der im Ergebnis geomorphologischer Entwicklungsprozesse entstandenen, schwer veränderlichen Bodeneigenschaften die Ableitung einer Vielzahl dementsprechender Vegetationszustände erlaubt. Die Definition der Potenziellen Natürlichen Vegetation nach TÜXEN (1956) zeichnet unter allen möglichen Vegetationszuständen denjenigen aus, der sich unter den heute vorgefundenen Standortsbedingungen ohne Zutun des Menschen, in ausschließlicher Wechselwirkung zwischen der heimischen Flora und dem Standort herausbilden würde. Damit wird ein Zustand des relativen Gleichgewichts zwischen Standort und Vegetation definiert, dessen gedankliche Konstruktion unter der Annahme einer „schlagartigen" Einstellung eines solchen Gleichgewichts erfolgt. Die Stabilität dieses Gleichgewichtszustandes darf neueren Kenntnissen zufolge nicht auf einen statischen Zustand der Vegetation reduziert werden, sondern stellt sich als eine zyklische Stabilität dar, die an einem Ort über verschiedene sich selbst organisierende Entwicklungsstadien führt und bei konstanten Umweltbedingungen durch eine mehr oder weniger stark ausgeprägte Periodizität ausgezeichnet ist, so dass sich Vegetationszustände in ähnlicher Form reproduzieren (JENSSEN 2002, JENSSEN & HOFMANN 2003, 2005)

Die PNV stellt somit das Ergebnis der Selbstorganisation des Wirkungsgefüges zwischen heimischer Vegetation und ihrer anorganischen Umwelt, dem Standort, dar. Sie ist die Beschreibung des standörtlichen Potenzials zur Selbstorganisation von Ökosystemen. Unter allen an einem Standort realisierbaren Ökosystemzuständen korrespondiert die PNV zu demjenigen mit der höchsten Fähigkeit zur Selbstorganisation.

Selbstorganisationsfähigkeit umfasst dabei insbesondere die Fähigkeit, unter vergleichbaren Umweltbedingungen die spezifischen Ökosystemstrukturen zu reproduzieren (Selbstreproduktion), die Fähigkeit zur Selbstregulation von Strukturen und Prozessen, die Fähigkeit, nach temporären Störungen in den Ausgangszustand zurückzukehren (Elastizität oder Resilienz) und die Fähigkeit zur strukturellen Anpassung an veränderliche Umweltbedingungen ohne längere Sukzessionsfolgen, die wir in Abgrenzung zur Elastizität oder Resilienz auch als Plastizität bezeichnen (JENSSEN et al. 2007, JENSSEN 2008). Aus der ökosystemaren Interpretation der Potenziellen Natürlichen Vegetation ergeben sich die Anwendungsmöglichkeiten für Naturschutz, Forst- und Landschaftsplanung.

2 PNV und Bergbaufolgelandschaft

Die Ableitung der PNV für Bergbaufolgelandschaften wird in neueren Arbeiten differenziert gesehen. In der Karte der natürlichen Vegetation Europas fehlt die Bearbeitung gänzlich (BOHN et al. 2000). Den jüngeren PNV-Monographien Deutschlands liegen unterschiedliche Auffassungen zum Problem zu Grunde. Die vom BfN ausgearbeitete neue Deutschlandkarte der PNV weist lediglich die Umrisse der Bergbaufolgelandschaften aus, ohne den Versuch, Einheiten der PNV auf Typebene zu fassen (BFN 2011). In der Thüringen-Bearbeitung wird davon ausgegangen, dass hohe Dynamik und rezente anthropogene Veränderungen keine abschließenden Aussagen zur PNV gestatten, so dass diese einem späteren Zeitpunkt vorbehalten bleiben müssen (BUSHART et al. 2008). In der Sachsen-Bearbeitung wurde mitgeteilt, dass eine Angabe der PNV für Bergbaugebiete, ähnlich wie für Siedlungskerne, unzweckmäßig bzw. zu unsicher ist (SCHMIDT et al. 2002). Anders dagegen haben die Bearbeiter der PNV von Sachsen-Anhalt das Problem gesehen (REICHHOFF et al. 2000). Sie haben zwei Sukzessionskomplexe, einen armen auf tertiären Kippflächen und einen reichen auf pleistozänen Kippflächen der Tagebaulandschaft ausgewiesen. Diesem Vorgehen wurde auch bei der Brandenburg-Berlin Monographie der PNV gefolgt (HOFMANN & POMMER 2005). Die Ausweisung von Sukzessionskomplexen entspricht jedoch nicht dem theoretischen Konzept der PNV-Herleitung.

3 Material und Methode

Die Schwierigkeit, für künstlich geschaffene Landschaften eine PNV herzuleiten, besteht vor allem und im Unterschied zum Vorgehen in alten Naturräumen im Fehlen von Vorbild-Vegetationsstrukturen, die einen „neuen" Naturzustand repräsentieren oder diesem nahe kommen, sowie im Problem, definierbare Grenzen zwischen Dynamik und Stationarität zu finden. Für die Bergbaufolgelandschaft soll im Folgenden nach einem dieses Defizit überbrückenden Weg zur Konstruktion von PNV-Einheiten gesucht werden. Allgemeine Voraussetzung ist, dass sich die Ableitung von PNV-Einheiten auf eine klar definierte pflanzengeographische bzw. in Deutschland waldgeographische Region beziehen muss. Im Beispiel ist das die klimatisch subkontinental geprägte Lausitzer Bergbauregion mit ihrer armen potenziell natürlichen Kiefern-Eichen-Mischwald-Naturausstattung, in der natürlicher Buchenwald nahezu fehlt (HOFMANN & POMMER 2005). Das vegetationswirksame Klima erlaubt aber (wie für Mitteleuropa typisch) nahezu flächendeckend das Vorhandensein von geschlossenen Waldstrukturen.

Eine weitere Voraussetzung ist, dass in klimatisch potenziellen Waldlandschaften die Standorte, besonders hinsichtlich des Humuskörpers mit seinen ernährungswirksamen und wasserhaltenden Humusstoffen, hinreichend für Aufbau und Kontinuität eines natürlichen selbstorganisierenden Waldvegetationspotenzials entwickelt sind. Im natürlichen Umfeld der Lausitzer Bergbaufolgelandschaft haben Waldböden einen Vorrat von 80 bis 100 t Trockensubstanz an von der Vegetation akkumulierter organischer Substanz. Im FIB-Projekt konnte an einem Beispiel gezeigt werden, dass Kiefernerstaufforstungen nach 70 Jahren einen den gewachsenen Waldstandorten vergleichbaren Humusentwicklungszustand aufwiesen (BÖCKER et al. 2000).

Für PNV-Ableitungen für die Lausitzer Bergbaufolgelandschaft ist von zwei unterschiedlich zu beurteilenden Geländebereichen auszugehen.

1. Bereich der Rohböden, auf denen initiale Strukturdynamik in Boden und Vegetation labile Vegetationspotenziale erzeugt, an denen Zeithorizont und Entwicklungsrichtung nicht deutlich genug zu erkennen ist. Hierher zählen Kippböden, die unter natürlicher Sukzession vor Erreichen geschlossener Waldstrukturen stehen, sowie Kippenstandorte mit lückenhaften, schlechtwüchsigen Baumbewuchs, sowie unter 30jährige Erstaufforstungen. In diesem Bereich fehlt selbstorganisierendes Waldbildungspotenzial, sie entziehen sich somit einer PNV-Typisierung.

2. Bereich der älteren Kippböden, auf denen notwendige Kohlenstoff- und Stickstoffkreisläufe für einen geschlossenen Waldaufbau unumkehrbar Fuß gefasst haben. Das ist zum gegenwärtigen Zeitpunkt fast ausschließlich nur in länger wirkenden Aufforstungen (insbesondere mit Kiefer) erreicht worden. Natürliche Sukzessionen, die das Waldstadium erreicht haben, sind, wenn überhaupt gegeben, nach KATZUR & BÖCKER (2010) bisher nur selten anzutreffen.

Nach neueren Untersuchungen von BÖCKER et al. (2000) werden selbstorganisierende Waldpotenziale der Kippsubstrate in der Lausitz im günstigsten Fall und in Abhängigkeit vom Säure-Basen-Status des Kippsubstrates nach 30-40jähriger Entwicklungsdauer von erstaufgeforsteten Kiefernbeständen erreicht. Erkennbar wird das am Niveau der jährlichen Dendromasseproduktion der Waldbestände, die nach anfänglicher Depression ab diesem Alter vergleichbaren leistungsfähigen Kiefernbeständen auf altem Waldboden nicht mehr nachstehen, teilweise übertreffen sie diese noch in ihrer jährlichen Wuchsleistung. Diese neue, das Waldpotenzial begründende und erhaltende Standortsqualität wird bedingt

- durch nachweisbar günstige Wirkungen des gepflanzten Baumbestandes auf die Humusakkumulation in und auf dem Boden und durch einen sich ständig erhöhenden Durchwurzlungsgrad des Bodens. Besonders der Kiefernbestand erzeugt hohe Streumengen, die nicht durch Wind verblasen werden.
- durch die Wirkung von Fremdstoffeinträgen, die zum Teil erhebliches und langanhaltendes Ausmaß hatten, insbesondere durch ihre Wirkung auf die Humusauflage über Depositionen von Stickstoffverbindungen und basischen Flugaschen, die im Stoffkreislauf von Boden und Vegetation zirkulieren oder akkumuliert wurden und werden.
- durch die zunehmende Wirkungsentfaltung der bergbaulichen Grundmelioration.

Für das Beispielsgebiet ist zudem der Befund wichtig, dass das Lausitzer Kippbodensubstrat in seinem trophischen Potenzial offensichtlich bisher unterschätzt wurde (BÖCKER et al. 2000). Es werden in den tertiären Kippsubstraten zumindest vorübergehend größere Nährstoffmengen verfügbar gemacht, als das in lithofaziell vergleichbaren altpleistozänen Waldböden der Fall ist. Durch kohlige Beimischungen werden zudem die entstandenen Kippenstandorte in ihren Nährstoff- und Wasserspeicherungsvermögen verbessert sowie durch zusätzliche freigesetzte Stickstoffmengen bereichert (BÖCKER et al. 2000).

Zur Konstruktion von Einheiten der PNV ist die Bestimmung ihrer ökologischen Koordinaten im dreidimensionalen Ökogramm von Standortsfeuchte/Standortsnährkraft/Standortswärme erforderlich ebenso wie die Aufdeckung der gesetzmäßigen Beziehungen zwischen den Standortsverhältnissen und dem gebietsheimischen Genpool der Pflanzenwelt. Besonders die Ableitung des vegetationsbestimmenden Oberbodenzustandes bereitet in der neu geschaffenen Bergbaufolgelandschaft Schwierigkeiten, die bisher auch mit dazu beitrugen, eine PNV-Ausweisung zu vertagen oder völlig zu negieren.

Es ist besonders das ökologische Wirkungsgefüge zwischen Bodenazidität, Humusqualität und Fremdstoffeintrag, welches als Schlüsselfaktor die Position im Ökogramm markiert. Eine der wichtigsten Kenngrößen hierfür ist das Verhältnis von Kohlenstoff und Stickstoff in der oberflächennahen, natürlich gewachsenen Humusschicht. Der Indikatorwert des C/N-Verhältnisses hat aber in der Lausitzer Region seine ökologische Aussagekraft verloren, weil eingetragener fossiler organischer Kohlenstoff, der nicht Bestandteil des biologisch wirksamen Humus wird, das Verhältnis zum Teil beträchtlich und in nicht quantifizierbarem Ausmaß aufweitet. Durch Interpretation vegetationskundlicher Untersuchungsergebnisse der Forschungsgruppe des FIB-Finsterwalde (BÖCKER et al. 2000) über die Zusammensetzung der Bodenvegetation älterer (30 bis 70jähriger) Kippen-Kiefernforsten gelingt es jedoch, über den standörtlichen Weiserwert von in diesem Zusammenhang ermittelten speziellen Bodenvegetationstypen der Kiefern-, Birken- und Eichenforsten eine aussagefähige Ersatzinformation zu erlangen, mit der es gelingt, jene ökologischen Koordinaten im Ökogramm festzulegen, die für die Kennzeichnung von Vegetationspotenzialen im Sinne des PNV-Konzeptes unerlässlich sind. Diese Information wird durch Ergebnisse neuartiger Weiserwertmodelle von Pflanzenarten für C/N, pH und V% (JENSSEN 2009c, 2010) sowie die sprunghafte Zunahme des Anteils waldnaher Pflanzen und Ruderalelemente (BÖCKER et al. 2000) in den älteren Erstaufforstungen gestützt. Eine vergleichende Auswertung der genannten Kippen-Bodenvegetationstypen mit vegetationskundlichen und oberbodenökologischen Befunden von benachbarten Kiefernforsten und Kiefernwäldern auf alten Waldböden der Lausitz nach HOFMANN (1964) bestätigt die Aussagefähigkeit des oben genannten Weiserwertes. Auf die wichtige Rolle von Kippen-Standortsvegetationstypen zur Bewertung von Entwicklungspotenzialen in der Bergbaufolgelandschaft wurde bereits in einer Offenlandstudie von PIETSCH & SCHÖTZ (1999) hingewiesen.

4 Ergebnisse der PNV-Ableitung

Aus dem aktuellen Wirkungsgefüge waldgeografischer und klimatischer Faktoren in Verbindung mit dem Säure-Basenstatus des Bodens, den Eintragsverhältnissen und den natürlich entstandenen Bodenvegetationstypen auf solchen Kippenstandorten, welche unter Vorwaldaufforstung Potenziale zur Ausbildung selbstorganisierender zyklisch stationärer Waldstrukturen entwickelt haben, lassen sich folgende drei regionale Typen der PNV ableiten. Auf der Grundlage dieser PNV-Einheiten, die vor Ort über die aktuellen Bodenvegetationstypen der Kippenforsten erkannt und kartiert werden können, sind Informationen für waldbauliche Planungen und die Durchführung praktischer Maßnahmen der Kippenwaldbewirtschaftung hinsichtlich ihrer ökologisch-ökonomischen Wirkung ableitbar.

Diese liefern, mit Ausnahme der noch nicht charakterisierbaren Flächen, ein Bild einer neuen Natürlichkeit auf den künstlich geschaffenen Standorten in der Lausitzer Bergbaufolgelandschaft.

Aus der Faktenlage ergibt sich zunächst die Ausgangsfeststellung, dass die PNV im Bezugsgebiet in erster Linie ein Laubwaldpotenzial ist. Für die in der Lausitz von Natur aus ebenfalls vorkommenden bodensauren Sand-Kiefernwälder sind die Standortsverhältnisse auf den Kippen, auch im Zusammenhang mit dem Wirkungsanteil von Fremdstoffeinträgen über die Luft, für ein selbstorganisierendes Gedeihen aktuell wie potenziell als zu nährstoffreich einzuschätzen.

4.1 PNV-Typ Kiefern-Eichen-Kippenwald

In seinem Areal sind Kippenforsten vom Drahtschmielen- und Blaubeer-Drahtschmielen-Typ ausgebildet. Als natürliches Vegetationspotenzial ist hier ein zyklisch-stationärer Kiefern-Eichenwald auszuweisen. Zu dessen potenziellen natürlichen Standortsbaumarten zählen Wald-Kiefer (*Pinus sylvestris*), Hänge-Birke (*Betula pendula*), Stiel-Eiche (*Quercus robur*), Trauben-Eiche (*Quercus petraea*), die selbstorganisierend in Wechselwirkung mit dem neuen Standort eine stete Lichtwaldstruktur bilden, in der sich vorherrschende Kiefern- und Eichen-Anteile die Wage halten dürften. Ginster-Arten (*Genista* spec., *Cytisus scoparius*) kommen als Sträucher vor. In der Bodenvegetation gehören zum potenziellen natürlichen Grundstock Schafschwingel (*Festuca* spec.), Draht-Schmiele (*Deschampsia flexuosa*), Rotes Straußgras (*Agrostis capillaris*), Habichtskräuter (*Hieracium* spec.), Feld-Hainsimse (*Luzula campestris*) sowie die Zwergsträucher Blaubeere (*Vaccinium myrtillus*), Preiselbeere (*Vaccinium vitis-idaea*) und Astmoose (*Pleurozium schreberi, Scleropodium purum*). Eine Untergliederung in einen grasreichen und einen zwergstrauchreichen Flügel ist zu erwarten. Die genannten Arten sind bereits zu erheblichen Anteilen in der aktuellen Forstvegetation vertreten. Die potenzielle natürliche Humusform auf dem sehr bis ziemlich basenarmen Bodensubstrat ist der rohhumusartige Moder, die Nährkraft ist als ziemlich arm einzuschätzen.

4.2 PNV-Typ Eichen-Kippenwald

In dessen potenziellen Bereich wird in den aktuellen Kippenforsten die Bodenvegetation vom Himbeer-Brombeer-Drahtschmielen-Typ, vom Brombeer-Drahtschmielen-Typ sowie vom Pfeifengras-Kräuter-Blaubeer-Typ gebildet. Das entspricht, immer im Zusammenhang mit dem herrschenden Klima gesehen, dem Vegetationspotenzial eines zyklisch stationären bodensauren winterkahlen Eichenmischwaldes mit sommergrüner Lichtwaldstruktur, in dem Stiel-Eiche, Trauben-Eiche, Hänge-Birke, Espe (*Populus tremula*) und Eberesche (*Sorbus aucuparia*) zu den potenziellen natürlichen Standortsbaumarten zählen, die eine langlebige Eichen-dominierte Baumschicht bilden. Das potenzielle An- und Vorkommen einzelner Kiefern-Gruppen gehört zu diesem Waldbild. In der Bodenvegetation sind grasreiche Aspekte vorherrschend. Rotes Straußgras, Weiches Honiggras (*Holcus mollis*), Behaarte Hainsimse (*Luzula pilosa*), Wald-Reitgras (*Calamagrostis arundinacea*), Draht-Schmiele, Pillen-Segge (*Carex pilulifera*), Land-Reitgras (*Calamagrostis epigejos*) sind Arten des potenziellen natürlichen Artengrundstocks. Auch Sippen der Brombeere (*Rubus fruticosus* agg.) sind zu erwarten. Von den Neophyten ist in etwas bodenfrischeren Ausbildungen ein selbstlaufendes Eindringen der Späten Trauben-Kirsche (*Prunus serotina*) möglich, während in trocken-wärmeren Bereichen auch die Robinie (*Robinia pseudoacacia*) ein stetes Glied dieses Vegetationstyps werden kann. Mehrere der genannten Arten sind bereits in der aktuellen Forstvegetation vertreten. Als potenzielle natürliche Humusform auf den mäßig basenhaltigen Kippsubstraten ist der Moder zu nennen, die Nährkraft des Bodens ist als mittelmäßig einzuschätzen.

4.3 PNV-Typ Winterlinden-Hainbuchen-Kippenwald

In den Kippenforsten dieses Waldpotenzials sind Waldzwenken- und Walderdbeer-Bodenvegetationstypen vorherrschend. Daraus ergibt sich als natürliches Vegetationspotenzial ein zyklisch stationärer relativ artenreicher winterkahler Laubmischwald mit sommergrüner Halbschattwaldstruktur. Gewöhnliche Hainbuche (*Carpinus betulus*), Winter-Linde (*Tilia cordata*) und Wildobst-Arten (*Prunus, Malus, Pyrus, Crataegus* spp.) sind die potenziellen natürlichen Bestandesbildner, die sich im Selbstorganisationsprozess zu wechselnden Anteilen auch noch mit Stiel-Eiche und Trauben-Eiche zu einer relativ dichtgeschlossenen Baumschicht komponieren. In der Bodenvegetation mit einem ausgeprägten Kleinkraut-Gras-Aspekt sind potenzielle natürliche Vertreter Hain-Rispengras (*Poa nemoralis*), Wald-Zwenke (*Brachypodium sylvaticum*), Knäuelgras (*Dactylis* spec.), Riesen-Schwingel (*Festuca gigantea*), sowie Mauerlattich (*Mycelis muralis*), Wald-Erdbeere (*Fragaria vesca*), Dreinervige Nabelmiere (*Moeringia trinervia*), Löwenzahn (*Taraxacum* spec.), Große Brennnessel (*Urtica dioica*), Gewöhnliche Nelkenwurz (*Geum urbanum*), Stink-Storchschnabel (*Geranium robertianum*). Sträucher wie Himbeere (*Rubus idaeus*), Brombeere, Stachelbeere (*Ribes uva-crispa*), Weißdorn (*Crataegus* spec.), Gewöhnliches Pfaffenhütchen (*Euonymus europaea*) und Gewöhnliche Hasel (*Corylus avellana*) erreichen das Potenzial zur Bildung einer lockeren Strauchschicht. Moose wie Katharinenmoos (*Atrichum undulatum*) und Blattmoos (*Mnium* spec.) sind ebenfalls der standortstypischen Artengarnitur zuzurechnen. Die meisten der genannten Arten sind bereits Elemente der aktuellen Vegetation. Die potenzielle natürliche Humusform auf den basenreichen Kippsubstraten bildet der mullartige Moder, der Boden ist kräftig mit Nährstoffen versorgt.

5 Praktische Auswertung der Ergebnisse

In der Lausitzer Bergbaufolgelandschaft ist bei Bewaldungsvorhaben der Kiefer eine Schlüsselrolle zuzuordnen. Das resultiert zum einen aus der waldgeographischen Situation der Region, in der natürlicher Kiefernwald und natürliche Kiefernbeimischungen in Laubwäldern aktuell wie potenziell zum Waldbild gehören. Bei Kulturmaßnahmen auf Kippenstandorten (KATZUR & BÖCKER 2010) ist die Bedeutung der Kiefer in zweifacher Hinsicht zu sehen. Erstens ist sie im Bestand wie kaum eine andere Baumart in der Lage, auf den Kipprohböden ohne besonders aufwändige Standortsmelioration in einem Zeitraum von drei bis fünf Jahrzehnten einen Humuskörper in den Schüttsubstraten zu generieren, der waldbildende und -erhaltende Stoffkreisläufe garantiert (BÖCKER et al. 2000). In dieser Zeit kommt es unter dem sich lichtenden Kronendach der Bestände zur Ausbildung von natürlich entstehenden Typen der Bodenvegetationszusammensetzung, auf deren Grundlage es möglich ist, die Heterogenität in der Nährkraft der Kulturböden hinreichend zu erkennen. Auf dieser Basis kann dann die Bestimmung des natürlichen Waldpotenzials erfolgen. Zweitens ist der Kiefernbestand auf nährstoffschwächeren Kippböden mit entwickeltem Bodenhumuskörper ein leistungs- und zukunftsfähiger Bestandesbildner, der ökonomische und ökologische Vorteile in sich vereint. Das gilt in besonderem Maße bei der Klärung der wichtigen Frage der Waldbewirtschaftung im nordostdeutschen Raum, durch Waldumbau gleichaltriger Kiefernreinbestände stabilere naturnahe Laubmischwälder in dieser Region zu etablieren. Waldbaulich sind die ausgewiesenen PNV-Typen gemäß ihrer vegetationsökologischen Reihenfolge unterschiedlich zu beurteilen.

Auf dem natürlichen Potenzial des Kiefern-Eichen-Kippenwaldes ist und bleibt bestandesweise Begründung und Bewirtschaftung der Kiefer eine nachhaltige und zukunftssichere forstliche Maßnahme ohne zu erwartende gravierende ökologische Nachteile. Hier ist die geringe Abweichung in der Naturnähe als ökologisch-ökonomischer Kompromiss zu tolerieren.

Das gilt mit gewissen Einschränkungen auch für das potenzielle Areal des Eichen-Kippenwaldes. Die aufgeforsteten Kiefernbestände, die nicht mit der Fähigkeit zur Selbstorganisation ausgestattet sind, können ökonomisch im Vergleich mit einer potenziellen Eichenwaldstruktur noch als nahezu gleichwertig angesehen werden. Schwerwiegende ökologische Nachteile aus einer längeren Standzeit sind hier, (ausgenommen Ackersterbeerscheinungen) für den Kiefernbestand selbst, den Standort und die Umwelt kaum zu erwarten. Der potenziell höheren Waldbrandgefährdung von Kiefernbeständen gegenüber Laubwäldern ist hier allerdings mit intensiven Schutzmaßnahmen zu begegnen. Eine Auflockerung zusammenhängender Kiefernbestände ist ökologisch sinn- und wirkungsvoll durch einen Voranbau der Trauben-Eiche (NOACK 2011) sowie durch die Anlage von Eichengruppen und -horsten im Stil der „Mortzfeldschen Löcher" zu erreichen. Schutzmaßnahmen gegen Wildverbiss sind dabei unumgänglich.

Im potenziellen Areal des Winterlinden-Hainbuchen-Kippenwaldes allerdings ist ein Umbau der dort stockenden Erstaufforstungs-Kiefernbestände angezeigt, nachdem sie die ökologisch positiv zu bewertende Etablierung eines Waldstoffkreislaufes auf den Kipprohböden bewältigt haben. Die Kiefer ist hier mit der Zeit höheren Stabilitätsrisiken ausgesetzt. In der Holzmassen- und Wertleistung sowie den landeskulturellen Leistungen und im naturschutzfachlichen Wirkungsgrad sind Kiefernreinbestände in diesem Bereich den genannten Laubmischwaldstrukturen unterlegen. Auf dem Wege des Voranbaus können unter Kiefernschirm die Laubbaumarten der potenziellen natürlichen Vegetation nach dem Begründungsmuster des Klimaplastischen Waldes (JENSSEN et al. 2007, JENSSEN 2009a, b) gruppenweise eingebracht werden.

Mit der Ausweisung der potenziellen natürlichen Standortsbaumarten im Rahmen der neuen natürlichen Vegetationspotenziale auf den neu geschaffenen Kippenstandorten sind auch die Elemente benannt, mit denen in der Bewaldung der Region eine Naturannäherung zu erreichen ist.

6 Literatur

BOHN, U., GOLLUB, G., HETTWER, C. (2000): Karte der natürlichen Vegetation Europas, Maßstab 1:2,5 Mio. Karten und Legenden-Bände. Bundesamt für Naturschutz, Bonn-Bad Godesberg.

BÖCKER, L., STÄHR, F., LANDECK, I., THOMASIUS, H., WÜNSCHE, M., HÜTTL, R. F., HEINSDORF, D. (2000): Zustand, Entwicklung und Behandlung von Waldökosystemen auf Kippenstandorten des Lausitzer Braunkohlereviers als Beitrag zur Gestaltung ökologisch stabiler, multifunktional nutzbarer Bergbaufolgelandschaften. DBU-Projekt am Forschungsinstitut für Bergbaufolgelandschaften e.V. Finsterwalde.

BUNDESAMT FÜR NATURSCHUTZ (2011): Karte der potenziellen natürlichen Vegetation von Deutschland. Bonn-Bad Godesberg.

BUSHART, M., SUCK, R., BOHN, U., HOFMANN, G., SCHLÜTER, H., SCHRÖDER, L., TÜRK, W., WESTHUS, W. (2008): Potenzielle Natürliche Vegetation Thüringens. Schriftenreihe der Thüringer Landesanstalt für Umwelt und Geologie Jena, Band **78**.

HOFMANN, G. (1964): Kiefernforstgesellschaften und natürliche Kiefernwälder im östlichen Brandenburg. Archiv f. Forstwes. **13**: 641-664 (Teil I) u. 717-732 (Teil II).

-, POMMER, U. (2005): Die Potentielle Natürliche Vegetation von Brandenburg und Berlin mit Karte M 1:200 000. Eberswalder Forstliche Schriftenreihe Bd. **XXIV**.

JENSSEN, M. (2002): Im Gebiet verbreitete Typen von Wald- und Forstökosystemen als ökologische Elementareinheiten des Waldes mit Grundlageninformationen für Waldbewirtschaftung und Waldstabilität. In: ANDERS, S., BECK, W., BOLTE, A., HOFMANN, G., JENSSEN, M., KRAKAU, U., MÜLLER, J. (Hrsg.): Ökologie und Vegetation der Wälder Nordostdeutschlands: 157-177, Oberwinter.

- (2008): Potenziale der Artenvielfalt und Selbstorganisation. Der „gute ökologische Zustand" langlebiger terrestrischer Ökosysteme aus

Sicht der systemökologischen Waldforschung. UBA-Texte **29/08**: 110-126.
http://www.umweltbundesamt.de/uba-info-medien/dateien/3508.htm.

- (2009a): Der klimaplastische Wald - ökologische Grundlagen einer forstlichen Anpassungsstrategie. Forst u. Holz **64** (10): 14-17.
- (2009b): Forstpraktische Umsetzung des Leitbildes klimaplastischer Wälder im nordostdeutschen Tiefland. Forst u. Holz **64** (10): 18-21.
- (2009c): Assessment of the effects of top-soil changes on plant species diversity in forests, due to nitrogen deposition. In: HETTELINGH, J. P., POSCH, M., SLOOTWEG, J. (Hrsg.): Progress in the modelling of critical thresholds, impacts to plant species diversity and ecosystem services in Europe: CCE Status Report 2009: 83-100. Coordination Centre for Effects, www.pbl.nl/cce (www.rivm.nl/cce in the course of 2010).
- (2010): Modellierung und Kartierung räumlich differenzierter Wirkungen von Stickstoffeinträgen in Ökosysteme im Rahmen der UNECE-Luftreinhaltekonvention. Teilbericht III: Modellierung der Wirkung der Stickstoff-Deposition auf die biologische Vielfalt der Pflanzengesellschaften von Wäldern der gemäßigten Breiten. UBA-Texte 09/2010, http://www.umweltdaten.de/publikationen/fpdf-l/3910.pdf.
-, HOFMANN, G. (2003): Die Quantifizierung ökologischer Potentiale der Phytodiversität und Selbstorganisation der Wälder. Beitr. Forstwirtsch. u. Landsch.ökol. **37** (1): 18-27.
-, HOFMANN, G. (2005): Zur Quantifizierung von Naturnähe und Phytodiversität in Waldungen auf der Grundlage der potentiellen natürlichen Vegetation. In: BOHN, U.; HETTWER, C., GOLLUB, G. [Hrsg.]: Anwendung und Auswertung der Karte der natürlichen Vegetation Europas. BfN-Skripten **156**: 297-314.
-, HOFMANN, G., POMMER, U. (2007): Die natürlichen Vegetationspotentiale Brandenburgs als Grundlage klimaplastischer Zukunftswälder. In: Beiträge zur Gehölzkunde: 17-29. Hrsg: Gesellschaft Deutsches Aboretum e.V., Hemmingen.

KATZUR, J., BÖCKER, L. (2010): Chronik der Rekultivierungsforschung und Landschaftsgestaltung im Lausitzer Braunkohlenrevier bis 1999. Berlin.

NOACK, M. (2011): Überführung nicht standortsgemäßer Kiefernreinbestände in naturnahe Kiefern-Traubeneichen-Mischbestände im nordostdeutschen Tiefland. Arch. f. Forstwesen u. Landsch.ökol. **45** (1): 1-17.

PIETSCH, W., SCHÖTZ, A. (1999): Vegetationsentwicklung auf Kipprohböden der Offenlandschaft - Rolle für die Bioindikation. In: HÜTTL, R. F., KLEM, D., WEBER, E. (Hrsg.): Rekultivierung von Bergbaufolgelandschaften: 101-117, Berlin.

REICHHOFF, L., BÖHNERT, W., FEDERSCHMIDT, A., KÖCK, V., REFIOR, K., STÖCKER, G., WARTHEMANN, G. (2000): Karte der Potentiellen Natürlichen Vegetation von Sachsen-Anhalt. Erläuterungen zur Naturschutz-Fachkarte M 1:200 000. Berichte des Landesamtes für Umweltschutz Sachsen-Anhalt. Sonderheft 1.

SCHMIDT, P. A., HEMPEL, W., DENNER, M., DÖRING, N., GNÜCHTEL, A., WALTER, B., WENDEL, D. (2002): Potentielle Natürliche Vegetation Sachsens mit Karte 1:200 000. In: Sächsisches Landesamt für Umwelt und Geologie (Hrsg.). Materialien zu Naturschutz und Landschaftspflege. Dresden.

TÜXEN, R. (1956): Die heutige potentielle natürliche Vegetation als Gegenstand der Vegetationskartierung. Angew. Pflanzensoziol. **13**: 5-42.

I4 Modellgestützte ökologische Wirkungsprognose bei bergbaubedingten Veränderungen der Bodenfeuchte

MICHAEL KELSCHEBACH & STEFAN NICKEL

Ökologische Wirkungsprognosen und Geoinformationssysteme bilden heute einen festen Bestandteil in der Methodik der Umweltplanung. GIS-integrierte ökologische Modelle stellen jedoch insbesondere im biotischen Bereich immer noch die Ausnahme dar. Meistens werden Wirkungsprognosen auf der Grundlage von Karten und Plänen in Verbindung mit menschlichem Wirkungswissen durchgeführt. Dieses Vorgehen ist jedoch bei größeren Datenmengen oder periodisch wiederkehrenden Untersuchungen sehr zeitaufwendig und kaum reproduzierbar. Im Rahmen eines Forschungs- und Entwicklungsvorhabens der Deutschen Steinkohle AG wurde zur ökologischen Wirkungsprognose ein GIS-integriertes Modell entwickelt, das nach Koppelung mit einem Grundwassersimulationsmodell eine Vorhersage von ökologischen Standortverhältnissen und Biotoptypen ermöglicht und so naturschutzfachliche Planungsabläufe wirksam unterstützen kann. Der hier beschriebene Ansatz beruht neben einschlägigen pflanzenökologischen Vorarbeiten vor allem auf der Expertensystemtechnik sowie auf Methoden der Geoinformatik.

1 Anforderungen und Zielsetzung

Der untertägige Steinkohlenabbau wird in Nordrhein-Westfalen von einem Monitoring zur Beobachtung, Kontrolle und Steuerung der Umweltauswirkungen begleitet. Das Monitoring umfasst das gesamte Wirkungsgefüge von den bergbaulichen Einwirkungen über das Grundwasser und die Oberflächengewässer auf Boden, Altlasten, terrestrische Biotope, Fauna, Forst- und Landwirtschaft, Freizeit und Erholung (STAEGE 2006). Aufgrund der für den Steinkohlenbergbau charakteristischen Dynamik und Langfristigkeit des Abbaugeschehens sind bei Planungshorizonten von etwa 20-25 Jahren die Wirkungsprognosen zur Umwelt- und FFH-Verträglichkeitsprüfung bzw. Eingriffsregelung auf der Ebene der Rahmenbetriebsplanzulassung noch mit erheblichen Unsicherheiten behaftet. Im Rahmen eines naturschutzfachlichen Biomonitorings werden daher in einem 2jährigen Turnus die senkungs- bzw. grundwasserbedingten Auswirkungen auf die Schutzgüter Pflanzen und Tiere abbaubegleitend analysiert und prognostiziert (ILS 2003). Dabei werden im Gelände die tatsächlichen Umweltbeeinträchtigungen als Grundlage für die Festlegung von naturschutzrechtlichen Ausgleichs- und Ersatzmaßnahmen ermittelt (BEZIRKSREGIERUNG ARNSBERG 2002). Auch kurzfristige Prognosen, die anhand von konkreteren Abbauplanungen erstellt werden, liefern Hinweise zum frühzeitigen Erkennen möglicher Abweichungen von erwarteten Langfristentwicklungen und zur Planung von gegensteuernden Maßnahmen.

Die Komplexität des Wirkungsgefüges und die anfallenden Datenmengen in Untersuchungsgebieten von bis zu 150 km² erfordern einen vielschichtigen EDV-Einsatz (KELSCHEBACH & NESSELHAUF 2000). Zur Verkürzung der Bearbeitungszeiten sowie zur Steigerung von Transparenz und Reproduzierbarkeit wurde für die ökologische Wirkungsprognose ein fuzzy-regelbasiertes Modell entwickelt und in eine GIS-Umgebung eingebunden. Die Dynamik des Abbaugeschehens erforderte zudem die Dimension Zeit in das GIS zu integrieren.

Als Modellierungsgrundlage diente umfangreiches boden- und vegetationskundliches Fach- und Expertenwissen, das hauptsächlich im Dialog zwischen den naturschutzfachlichen Gutachtern und Modellierern erhoben wurde. Das überwiegend qualitative Wirkungswissen wurde mit Methoden wissensbasierter Systeme (BEIERLE & KERN-ISBERNER 2006, BORSCH et al. 2007) in einem regelbasierten Modell abgebildet. Da ökologische Wirkungsprognosen zudem hauptsächlich auf unscharfem Wissen beruhen, wurde der regelbasierte Ansatz mit Hilfe der Fuzzy-Logik (STRIEZEL 1996, KIENDL 1997, LIPPE 2006) erweitert. Die Konzepte der Fuzzy-Set-Theorie sollten realitätsnahe Modelle sowie geeignete Repräsentationsformen für unscharfes Wissen liefern. Das so entstandene Modell wurde schließlich in ein raum-zeitliches GIS integriert.

Modellierung

Abb. 327: Senkungssee in einem bergbaubedingten Vernässungsbereich.

2 Ökologische Wirkungsprognose

Der untertägige Abbau von Steinkohle verursacht Hohlräume, die sich unter dem auflastenden Gebirgsdruck schließen. Die Fortsetzung dieser Bewegungen bis zur Tagesoberfläche kann über verschiedene Mechanismen zu weitreichenden Modifizierungen des mit der belebten Bodenschicht in Verbindung stehenden Grundwasserspiegels führen (KRATZSCH 2004). Als planungsrelevante Wirkungen ergeben sich hieraus Veränderungen der ökologischen Standortverhältnisse sowie der land- und forstwirtschaftlichen Nutzungen (Abb. 328). Diese Veränderungen sowie das floristische Artenpotenzial stellen wesentliche Einflussgrößen auf die Entwicklungsprozesse der Vegetation dar. Das Wirkungsgefüge weist sowohl deterministische als auch stochastische Elemente (v. a. Nutzungsänderung, spontane Sukzession) auf.
Die Wirkungsprognosen im Biomonitoring orientieren sich hauptsächlich an dem Verfahren der „integrativen Sukzessionsprognose zu dynamischen Landschaftsveränderungen" (KELSCHEBACH & NESSELHAUF 1995, 1997), das als primär verbal-argumentatives Verfahren eine Vorhersage künftig möglicher Standortverhältnisse und Biotoptypen erlaubt. Anders als bei vielen anderen Methoden zur Wirkungsprognose erfolgt hier die Ermittlung und Beschreibung der Umweltauswirkungen auf der Basis von Situationsprognosen und Alternativszenarien (multiple Zukunftsbilder). Das Verfahren wurde mit Hilfe der Expertensystemtechnik und Methoden der Geoinformatik erweitert.

3 Monitoring im Bereich „Kirchheller Heide / Hünxer Wald"

Im Rahmen des laufenden Monitoringverfahrens zur „Erfassung der bergbaulichen Einwirkungen im Bereich der Kirchheller Heide/Hünxer Wald" (BEZIRKSREGIERUNG ARNSBERG 2002) wird das GIS-integrierte Modell seit 2006 fortlaufend angewendet. Das unmittelbar an das nördliche Ruhrgebiet angrenzende, ca. 60 km² große Monitoringgebiet wird durch den untertägigen Abbau des Bergwerkes Prosper-Haniel der Deutschen Steinkohle AG beeinflusst. Es entspricht dem Untersuchungsgebiet der Umweltverträglichkeitsprüfung zum Rahmenbetriebsplan unter Ausschluss einiger Bereiche außerhalb des bergbaulichen Einwirkungsbereiches.

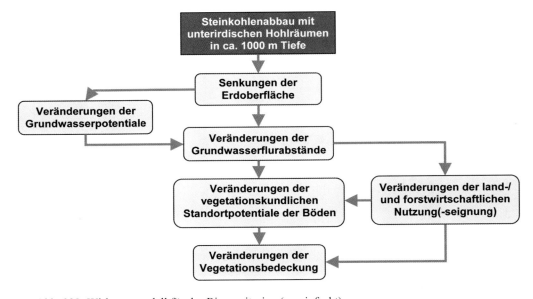

Abb. 328: Wirkungsmodell für das Biomonitoring (vereinfacht).

In der 2-jährlich wiederkehrenden Analysephase erfolgt im gesamten Untersuchungsgebiet eine Bestandskartierung der Biotoptypen gemäß dem Kartierschlüssel der Deutschen Steinkohle AG (RBAG 1996). Die Erfassung und Beschreibung der pflanzenökologischen Standortpotenziale beruht auf der Methode der Ökoschlüssel (DAHMEN et al. 1976, DAHMEN & SIMON 1997), die eine mehrfaktorielle Standortansprache über Vegetations- und Bodenmerkmale erlaubt. Im sog. integrierten Ökoschlüssel sind die primären edaphischen Standortfaktoren Bodenfeuchte, Säure-/Basenversorgung, Sauerstoffversorgung und Nährstoffversorgung in bodenkundlicher und pflanzenökologischer Hinsicht zusammengefasst. Im Untersuchungsgebiet wurde ein Netz von ca. 100 Dauerbeobachtungsflächen eingerichtet, das das gesamte Spektrum der von prognostizierten Auswirkungen betroffenen Standorteinheiten repräsentiert. Die Standorteigenschaften der punkthaften Monitoringstellen werden mit Hilfe der Biotoptypenkartierung, der Bodenkarte 1 : 5.000 und der flächendeckenden Simulation der Grundwasserflurabstände durch Extrapolation auf die flächenhaft betroffenen Standorteinheiten übertragen.

Allgemeine Klimadaten des Klimabereiches, dem das Monitoringgebiet angehört und Messdaten einer örtlichen Klimastation vervollständigen die fortwährend aktualisierte Bestandsaufnahme, die die Ausgangsbasis für die ökologische Auswirkungsprognose liefert.

Über das GIS wurden die Klassifizierung der Grundwasserflurabstände, die Ermittlung der Flurabstandsänderungen, die Bildung annähernd homogener, ökologischer Raumeinheiten mit Merkmalen der o. g. Wirkfaktoren und die Bestandsaufnahme bereitgestellt und vorprozessiert.

Die Wirkfaktoren, d. h. die Ursachen für Umweltveränderungen, ergeben sich aus einem komplexen Zusammenwirken von untertägigem Abbau, Senkungen der Erdoberfläche und dadurch hervorgerufenen Grundwasserpotenzialänderungen. Die Ermittlung des Wirkfaktors „Veränderungen der Grundwasserflurabstände" beruht somit selbst bereits auf verschiedenen Prognosen. Die Vorausberechnung der künftigen Geländeoberfläche stützt sich auf photogrammetrisch erzeugte digitale Höhenmodelle und markscheiderische Berechnungen der Senkungen mit Hilfe des Systems CadBERG (WIELAND 2001). Die Prognose der künftigen Grundwasserpotenziale erfolgt durch Simulation mit einem dreidimensionalen stationären Grundwasserströmungsmodell (RÜBER 1997).

Auf der Grundlage annähernd homogener Raumeinheiten mit Merkmalen der Bestandsaufnahme und Wirkfaktoren erfolgt zunächst die modellgestützte Prognose der Standortverhältnisse, d. h. eine Abschätzung der künftigen Bodenfeuchte und der Wechselwirkungen mit den übrigen Standortfaktoren des Ökoschlüssels. Die Bodenfeuchte wird aus bodenkundlichen, hydrologischen und klimatischen Größen abgeleitet. Hierzu wurde das Niedersächsische Bodeninformationssystem (BENZLER et al. 1987, MÜLLER 2004) herangezogen und mit Hilfe der Konzepte der Fuzzy-Set-Theorie erweitert.

Mit Hilfe der Eignung der prognostizierten Standorte für die Ausgangsbiotoptypen werden deren Betroffenheit und die künftige land- und forstwirtschaftliche Nutzungseignung ermittelt. Diese wird durch das System der Betroffenheitsgrade (ILS 1999) beschrieben (siehe Abschnitt I4.4).

Schließlich integriert die Biotoptypenprognose Landnutzungsszenarien (Bandbreiten künftiger Entwicklungsmöglichkeiten), ökologisches Wissen über Entwicklungszeiten von Biotoptypen und das floristische Artenpotenzial der näheren und weiteren Umgebung. Die meisten Landnutzungsszenarien ließen sich aus der aktuellen Nutzung sowie den Betroffenheitsgraden als Ausdruck der Veränderung der land- und forstwirtschaftlichen Nutzungspotenziale herleiten. Da Vorhersagen über das Anpassungsverhalten der Flächennutzer an die veränderten Rahmenbedingungen jedoch kaum zweifelsfrei möglich sind, mussten zudem grundlegende Modellannahmen getroffen werden (z. B. „Bei Waldflächen und Waldlichtungsfluren, die trotz bergbaubedingter Standortveränderungen waldfähig bleiben, findet keine Umwidmung statt.").

Zur Berücksichtigung der pflanzenökologischen Standorteignung bildet das Modell charakteristische Standortbereiche von Biotoptypen ab. Aufgrund unterschiedlicher Standortansprüche der für einen Biotoptyp charakteristischen Pflanzenarten und allgemein hoher Variabilität ökologischer Systeme sind die Grenzen der Standortbereiche unscharf. Für die Darstellung dieser Unschärfen wurde ein fuzzy-basierter Modellierungsansatz in Anlehnung an ASSHOFF (1999) gewählt und auf die pflanzenökologische Ansprache angewendet. Ferner wurden unscharfe zeitliche Mindestansprüche der Biotoptypenentwicklung bei unterschiedlichen Ausgangszuständen (FROELICH & SPORBECK 1995) mit Hilfe von Fuzzy-Sets modelliert und das floristische Artenpotenzial der näheren und weiteren Umgebung durch eine Häufigkeitsstatistik der Lieferbiotope im Untersuchungsgebiet berücksichtigt. Für die Prognosen der Standorte und Biotoptypen wurden zwei ESRI ArcMap-Erweiterungen entwickelt (siehe Abschnitt I4.5). Die Standortprognose in Bereichen mit signifikanten Flurabstandsänderungen beruht auf der Ermittlung der mittleren Flurabstände pro Raumeinheit durch zonale Statistik (auf der Beispielfläche in Abb. 329: „2,4 dm u. GOK"), einem fuzzy-regelbasierten Modell zur Prognose der Bodenfeuchte (Abb. 329: „Stufe 6 = nass bis sehr nass") bzw. Bodenfeuchteveränderung (hier: „Stufe 2 = viel feuchter") sowie einem regelbasierten Modell zur Abschätzung der Wechselwirkungen mit den übrigen Standortfaktoren. Die Biotoptypenprognose in Bereichen mit signifikanten Bodenfeuchteveränderungen stützt sich auf eine Prognose der zu erwartenden Biotop- und Nutzungsbetroffenheiten (Abb. 329: „Betroffenheitsgrad F2"), auf eine regelbasierte Ableitung hypothetischer Landnutzungen (hier: „Waldlichtungen, Moore, Heiden, Staudenfluren") und - im Falle eines Biotoptypenwechsels - auf eine fuzzy-regelbasierte Vorhersage eindeutiger oder multipler Zukunftsbilder der Biotoptypenentwicklung für vorgegebene Planungshorizonte

(Abb. 329: „ER31 = Pionierflur, nass"). Das Gesamtmodell wurde als integriertes System, bestehend aus mehreren (fuzzy-)regelbasierten Teilmodellen und interoperablen GIS-Komponenten, realisiert („wissenbasiertes GIS").

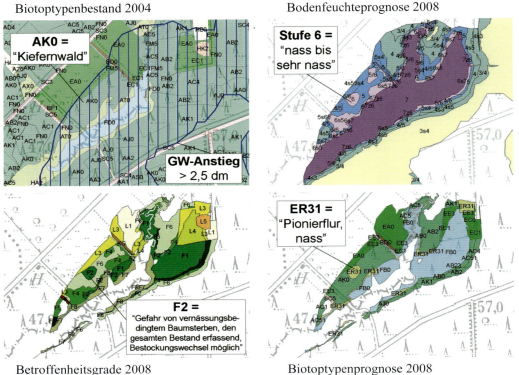

Abb. 329: Modellanwendung im Bereich der „Kirchheller Heide / Hünxer Wald".

4 Fuzzy-regelbasierte Modellierung

Wissensbasierte Systeme (Expertensysteme) sind Programme, die auf der Grundlage von Wissen in einer begrenzten Problemdomäne Schlussfolgerungen ziehen können und so dem Benutzer helfen, ein Problem zu lösen oder eine Entscheidung zu treffen (GÖRZ et al. 2003). Die Verknüpfung von regelbasierten Konzepten mit der Fuzzy-Logik führt zur fuzzy-regelbasierten Modellierung (BARDOSSY & DUCKSTEIN 1995, LIPPE 2006). Die Fuzzy-Set-Theorie stellt eine Verallgemeinerung der klassischen, zwei-wertigen Mengenlehre dar, bei der die Zugehörigkeiten von Elementen zu einer Menge nicht wie bei der klassischen Mengenlehre durch eine diskrete, sondern durch eine kontinuierliche Zugehörigkeitsfunktion beschrieben werden, so dass die Zugehörigkeitsgrade auch jeweils zwischen 1 und 0 liegen können (STRIETZEL 1996, KIENDL 1997). Dies eröffnet den Zugang zur Modellierung von Phänomenen der Unschärfe (z. B. fließende Grenzen) der Repräsentationssprache (z. B. linguistische Regeln).

Für die Entwicklung eines fuzzy-regelbasierten Systems spielen der Aufbau und die Wartung einer formalisierten Wissensbasis eine zentrale Rolle. Als Entwicklungswerkzeug für das hier beschriebene Prognosemodell wurde *fuzzy*TECH 5.55d Professional (INFORM GMBH 2001) verwendet. Der Prozess des Wissenserwerbs beruhte auf folgenden Ansätzen der fuzzy-regelbasierten Modellierung.

Die Methode zur Ermittlung der Bodenfeuchte (MÜLLER 2004) repräsentiert als diskretes kombinatorisches Regelwerk einen relativ häufigen Typus von Auswertemethoden in der Umweltplanung. Differenzierende Kriterien sind hier v. a. der Bodentyp, die Bodenart, die klimatische Wasserbilanz des Sommerhalbjahres sowie der mittlere jährliche Grundwasserflurabstand. Bei kontinuierlichen Eingabegrößen wie dem Flurabstand treten vor allem an den Klassengrenzen Sprünge auf, die den kontinuierlichen Charakter physikalisch basierter Größen nicht realistisch abbilden (FISCHER et al. 2004). Fuzzy-Sets schaffen hier eine Brücke zwischen der wert-diskreten Skala der Feuchtestufen und der wert-kontinuierlichen Skala der Grundwasserflurabstände und ermöglichen so eine bessere Annäherung des Modells an die Realität. Die Feuchtestufen sind unscharfe Begriffe, die mit Zugehörigkeitsfunktionen über dem Definitionsbereich des mittleren Grundwasserflurabstandes als Fuzzy-Mengen beschrieben werden.

In der Fuzzifizierung wird jedem Wert der kontinuierlichen Eingangsgrößen Grundwasserflurabstand, Ton- und Schluffgehalt, mit Hilfe der Zugehörigkeitsfunktionen eine bestimmte Menge unscharfer Begriffe zugeordnet, die in einer diskreten kombinatorischen Regelbasis weiterverarbeitet werden (Abb. 330).

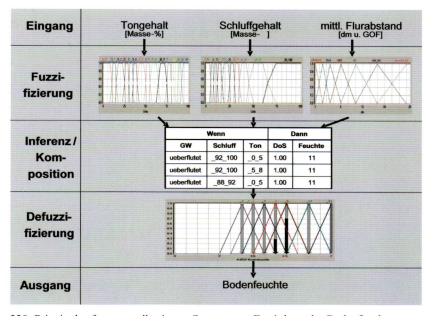

Abb. 330: Prinzip des fuzzy-regelbasierten Systems zur Ermittlung der Bodenfeuchte.

Durch Inferenz werden der Wahrheitsgehalt jeder Regel und die Ausgabe-Fuzzy-Mengen berechnet. Dies sind die Bodenfeuchtestufen als unscharfe Mengen.

In der Defuzzifizierung werden diese unscharfen Mengen in eindeutige Feuchtestufen übersetzt. Gleichzeitig erfolgt der Transfer der Bodenfeuchtestufen aus der Klassifizierung nach MÜLLER in diejenige nach DAHMEN. Durch Veränderung der Zugehörigkeitsfunktionen über der Grundmenge der Feuchtegrade kann das Modell mit Hilfe empirischer Daten kalibriert werden.

Für den zweiten Anwendungsbereich der Fuzzy-Logik, den Vorhersagen von Biotopbetroffenheiten durch Standortveränderungen und Prognosen der Vegetationsentwicklung, ist umfangreiches Wissen über die Standortansprüche von Pflanzenarten Voraussetzung. Da im Monitoring Biotoptypen als Indikatoren für die Leistungsfähigkeit des Naturhaushalts herangezogen werden, wurde untersucht, inwieweit eine Transformation von artspezifischem Wissen auf die Ebene von Biotoptypen möglich ist.

Dazu bildet das Modell Standortbereiche von Biotoptypen. Den Biotoptypen wurden jeweils mehrere Pflanzenarten zugeordnet, die Charakter und Standortansprüche der Biotoptypen im Untersuchungsgebiet annähernd

Modellierung

repräsentieren. Für jede Art wurden Standortbereiche hinsichtlich der vier Standortfaktoren des Ökoschlüssels mit Hilfe der Datenbank des Wildpflanzen-Informationssystems TERRA BOTANICA (DAHMEN & DAHMEN 1994) ermittelt. Anders als bei den meisten Ansätzen zur Beschreibung pflanzenökologischer Standortansprüche werden bei der Methode nach DAHMEN nicht Optima sondern Toleranzspannen angegeben, die als Orientierung für die Definition der typischen Standortbereiche der Biotoptypen verwendet wurden (Tab. 113).

Die Grenzen der Standortbereiche sind wegen der unterschiedlichen Standortansprüche der charakteristischen Pflanzenarten und der hohen Variabilität ökologischer Systeme unscharf. Hinzu kommt, dass die Identität eines Biotoptyps bei allmählichen Standortveränderungen erst nach und nach durch Ausfall oder Neuerscheinung der einen oder anderen Art verändert wird.

Tab. 113: Charakterisierung des Standortbereichs des Eichen-Buchenwaldes nach DAHMEN & DAHMEN (1994).

Biotoptyp	Bezeichnung	Typische Pflanzenarten	Bodenfeuchte	Säurestufe	O_2-Versorgung	Nährstoffversorgung
AA1	Eichen-Buchenwald	*Dryopteris carthusiana*	3-6 (z. 7)	1-3	2-3	1-3
		Fagus sylvatica	2-3	2-6	3-4	3-4
		Ilex aquifolium	2-4	2-4	3-4	2-3
		Luzula sylvatica	3-4	1-3	3-4	1-3
		Maianthemum bifolium	2-3	2-4	3-4	2
		Milium effusum	2-3	3-5	3-4	3-4
		Oxalis acetosella	3-4	2-3	3-4	2-3
		Pteridium aquilinum	2-3	1-3	2-3	2-3
		Quercus petraea	1-4	2-6	4-5	2-4
		Quercus robur	1-5	1-6	2-4	1-4
		Amplitude	2-3	2-5	3-4	3-4

Daher bietet sich die Beschreibung der Standortbereiche für jeweils einen Standortfaktor durch Fuzzy-Sets an. Dabei repräsentiert die Steilheit der Trapezfunktionen über den einzelnen Standortfaktoren die Unschärfe an den Rändern der Standortbereiche. Die so modellierten Fuzzy-Standorttoleranzen wurden mit Hilfe empirischer Kenntnisse aus seit Mitte der 1990er Jahre erfolgenden Dauerbeobachtungen an die Bedingungen im Untersuchungsgebiet angepasst. Die Verknüpfung der einfaktoriellen Standortbereiche führt zum mehrfaktoriellen Standortbereich. Dabei ist jeder einzelne Standortfaktor Minimumfaktor (MIN-Operator) für das Pflanzenwachstum. Für vorgegebene oder sich ändernde Standorteigenschaften kann eine ein- oder mehrfaktorielle Standorteignung für einen Biotoptyp ermittelt werden. In der Terminologie der Fuzzy-Logic ist die Standorteignung der Zugehörigkeitsgrad eines Standortes zur Menge der von einem Biotoptyp tolerierten Standorte. Mit Hilfe der Eignung der prognostizierten Standorte für die Ausgangsbiotoptypen wird deren Betroffenheit und die künftige land- und forstwirtschaftliche Nutzungseignung ermittelt. Diese wird durch das System der Betroffenheitsgrade beschrieben. Formal gesehen ist die Prognose der Betroffenheitsgrade ein mehrstufiger Klassifikationsprozess, der aus Wirkfaktoren (z. B. Grundwasseranstieg) und Wirkungen (z. B. Biotop toleriert den Standort nicht mehr) eine Zuordnung zu einem der Betroffenheitsgrade liefert. Dieser Prozess wurde als nutzerdefinierter Klassifikationsbaum in das wissensbasierte GIS integriert (Abb. 331). Die Bestimmung der Betroffenheitsgrade ermöglicht als letzten Schritt des Modells die Prognose der Biotoptypen. So bedeutet beispielsweise der Betroffenheitsgrad F2 („Gefahr von vernässungsbedingtem Baumsterben, den gesamten Bestand erfassend, Bestockungswechsel möglich") einen Wechsel zu einem neuen (Sekundär-) Biotoptypen. Die Wahl dieses Biotyps ist abhängig von den prognostizierten Standorteigenschaften, der bis zum betrachteten Zeitschnitt zur Verfügung stehenden Entwicklungszeit und dem verbreitungsökologisch relevanten Artenpotenzial. Demgegenüber determiniert der Betroffenheitsgrad F3 („Gefahr von vernässungsbedingtem Baumsterben, einzelne Baumarten erfassend") die Wahl des künftigen Biotyps. Wird beispielsweise der Standort eines Buchen-Eichenwaldes für die Buchen zu feucht, während die Eichen ihn weiterhin tolerieren, ist ein Eichenwald zu prognostizieren, dem bei längeren Prognosezeiträumen natürlich weitere, hinreichend feuchtetolerante Baumarten hinzugefügt werden können. Wird Vitalitätsrückgang prognostiziert (Betroffenheitsgrade F4, F5), so resultiert (zumindest bei Kurzzeitprognosen über wenige Jahre) die Beibehaltung des betroffenen Ausgangsbiotoptyps.

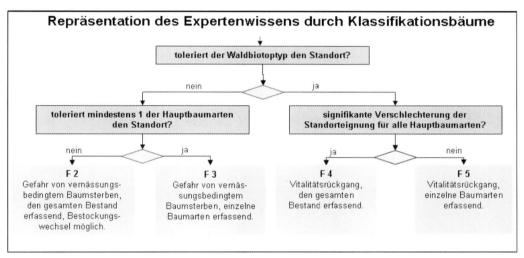

Abb. 331: Bestimmung der Betroffenheitsgrade von Biotoptypen (ILS, 1999).

5 Aufbau des wissensbasierten Geoinformationssystems

Das wissensbasierte GIS wurde auf der Grundlage von ArcGIS der Firma ESRI in Verbindung mit einer Oracle Datenbank realisiert. Entsprechend der beiden wesentlichen Arbeitsschritte Standortprognose und Biotoptypenprognose wurden zwei Tools als ArcMap-Erweiterung mit Hilfe des Microsoft .NET Framework und ArcObjects entwickelt. Die Architektur des wissensbasierten Geoinformationssystems integriert typische Komponenten wissensbasierter Systeme (Wissensverarbeitungskomponente, Wissensbasis, Erklärungskomponente). Die Funktionalitäten werden über eine einheitliche Oberfläche zur Verfügung gestellt und sind vollständig in das GIS integriert (Abb. 332):

- Die Datenhaltung arbeitet auf einem Versionskonzept zur Speicherung unterschiedlicher Zustände in nutzerdefinierten „Snapshots" auf der Basis des ESRI-proprietären Multiuser Geodatabase Object Model. Die Versionsverwaltung der Geodatabase ermöglicht in Verbindung mit temporalen Metadaten, die Dimension Zeit in die Geodatenbank zu integrieren und die Genese von Geodaten zu dokumentieren (MATEJKA et al. 2005).

Modellierung

- Die GIS-Komponente stellt v. a. Funktionalitäten für die Analyse und Visualisierung der Planungsgrundlagen und Prognoseergebnisse bereit (Nachbarschaftsanalysen, zonale Statistiken der Flurabstände u. ä.).
- In der Wissensbasis ist das Fach- und Expertenwissen explizit in unterschiedlichen Repräsentationsformen (v. a. Fuzzy-Sets, Wenn-Dann-Regeln) gespeichert. Da eine klare Schnittstelle zwischen der Wissensbasis und der Komponente für die Wissensverarbeitung existiert, ist es prinzipiell möglich, die Wissensbasis nachträglich und unabhängig vom Programmcode zu erweitern oder wiederzuverwenden.
- Durch die Wissensverarbeitungskomponente wird das gespeicherte Wissen mit geeigneten Methoden verarbeitet. Dabei werden sowohl verschiedene Fuzzy-Logic-Systeme berechnet als auch „einfache" Regeln aus der Datenbank ausgewertet.
- Die Erklärungskomponente hat die Aufgabe, das Verhalten des Systems für den Nutzer transparent zu machen. Kennzeichnend sind die Bereitstellung von Analysedetails, das Aufzeigen von Fehlerquellen bzw. Modellunsicherheiten, Vollständigkeitsprüfungen sowie eine regelbasierte Plausibilitätskontrolle. Die Analysedetails und Qualitätsmerkmale werden objektbezogen als Metainformationen in der Datenbank abgelegt und können so der fachlichen Interpretation zugänglich gemacht werden.

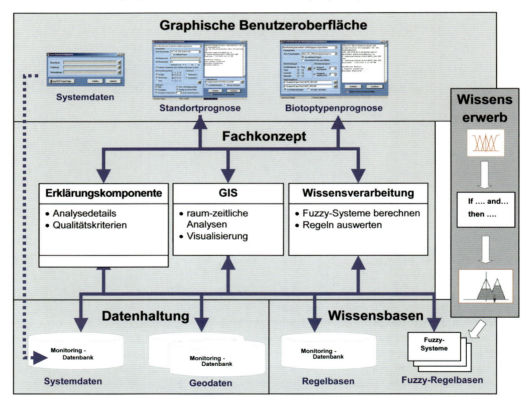

Abb. 332: Systemarchitektur des wissensbasierten GIS.

6 Fazit

Die Modellierung des vorhandenen Expertenwissens führte zur Erhöhung der Effizienz und Reproduzierbarkeit der ökologischen Auswirkungsprognose. Die Anwendung von

Fuzzy-Logic ermöglichte eine realitätsnahe Berücksichtigung der Unschärfen und Varianten im Wirkungsgefüge. Das Modell wurde in das ArcGIS-basierte Umweltmonitoring-Informationssystem der DSK (DSK-UMIS) integriert und wird seit 2006 im Monitoring Prosper-Haniel erfolgreich angewendet. Die Modellergebnisse müssen fachlich interpretiert und in Einzelfällen korrigiert werden. Dies erfolgt in der Regel aufgrund detaillierter Ortskenntnisse und Monitoringbefunde sowie Kenntnisse über Parameter, die nicht modelliert sind, wie beispielsweise das Verhalten anderer Raumnutzer (unplanmäßige Räumung von Entwässerungsgräben o. ä.). Eine Übertragung des Modells auf andere Untersuchungsgebiete oder Fragestellungen ist durchaus möglich, erfordert allerdings Anpassungen. So gelten z. B. die durch typische Pflanzenarten charakterisierten Standortbereiche der Biotoptypen bisher nur für das Monitoringgebiet Prosper-Haniel. In anderen Untersuchungsräumen können andere pflanzensoziologische Einheiten die Ausprägung der Biotoptypen bestimmen, so dass dort andere Pflanzenarten „typisch" sind und die Standortbereiche der Biotoptypen an die örtlichen Gegebenheiten entsprechend anzupassen sind.

7 Literatur

ASSHOFF, M. (1999): Die Erschließung und Modellierung ökologischen Wissens für das Management von Feuchtwiesenvegetation - ein Beispiel für die Aufbereitung ökologischen Wissens und den Transfer mit einem Expertensystem. EcoSys, Suppl. Bd. 27, Diss. Math.-Nat.-Fak., Universität Kiel.

BARDOSSY, A., DUCKSTEIN, L. (1995): Fuzzy Rule-Based Modeling with Applications to Geophysikal, Biological and Engineering Systems. - CRC Press, Boca Raton, Florida, USA.

BEIERLE, CHR., KERN-ISBERNER, G. (2006): Methoden wissensbasierter Systeme. Grundlagen, Algorithmen, Anwendungen. 3. Aufl., Wiesbaden.

BENZLER, J.-H., ECKELMANN, W., OELKERS, K.-H. (1987): Ein Rahmenschema zur Kennzeichnung der bodenkundlichen Feuchtesituation. Mitt. Dt. Bodenkundl. Ges. **53**: 95-101.

BEZIRKSREGIERUNG ARNSBERG (2002): Monitoringkonzept zur Erfassung der bergbaulichen Einwirkungen im Bereich Kirchheller Heide/ Hünxer Wald für den Zeitraum bis 2019. Bezirksregierung Arnsberg, Abteilung Bergbau und Energie (Stand: 21. Juni 2002).

BORSCH, I., HEINSOHN, J., SOCHER-AMBROSIUS, R. (2007): Wissensverarbeitung - Eine Einführung in die künstliche Intelligenz für Informatiker und Ingenieure. 2. Aufl., München.

DAHMEN, F. W., DAHMEN, H.-CH. (1994): Terra Botanica - Wildpflanzen-Datenbank und Informationssystem. Blankenheim.

DAHMEN, F. W., DAHMEN, G., HEISS, W. (1976): Neue Wege der graphischen und kartographischen Veranschaulichung von Vielfaktorenkomplexen. Decheniana **129**: 145-178.

DAHMEN, W., SIMON, I. (1997): Beschreibung pflanzenökologischer Standortpotentiale mit Hilfe der Vegetation und primärer Standortfaktoren. UVP-Report **4+5**: 251-255.

FISCHER, C., HIRSEMANN, A., MATEJKA, H., KÖRBER, C., ZEMKE, C. (2004): Konzeptuelle Entwicklung und Einsatz regelbasierter Entwicklungswerkzeuge in geotechnologischen Anwendungen. In: WITTMANN, J., WIELAND, R. (Hrsg.): Simulation in Umwelt- und Geowissenschaften: 234-251, Aachen.

FROELICH, O. & SPORBECK, N. (1995): Gutachten zur Ausgleichsabgabe in Thüringen. Erstellt durch Froelich & Sporbeck in Zusammenarbeit mit Dipl. Volkswirt B. SCHWEPPE-KRAFT

GÖRZ, G., ROLLINGER, C. R., SCHNEEBERGER, J. (Hrsg.) (2003): Einführung in die Künstliche Intelligenz. 4. Aufl., München.

INFORM GMBH 2001: *fuzzy*TECH® 5.5 Benutzerhandbuch. http://www.fuzzyTECH.com

ILS (INSTITUT FÜR LANDSCHAFTSENTWICKLUNG UND STADTPLANUNG) (1999): Umweltverträglichkeitsstudie zum Steinkohlenabbau-Vorhaben Kirchheller Heide / Hünxer Wald. Im Auftrag der Deutschen Steinkohle AG, Herne.

- 2003: Musteranforderungsprofil Monitoring in Einwirkungsbereichen des Steinkohlenbergbaus. Im Auftrag der Deutschen Steinkohle AG, Herne.

KELSCHEBACH, M., NESSELHAUF, G. (1995): Konzept zur Entwicklung von Sukzessionsprognosen. LÖBF-Mitt. **3**: 47-52.

KELSCHEBACH, M., NESSELHAUF, G. (1997): Integrative Sukzessionsprognose zu dynamischen Landschaftsveränderungen. UVP-Report **2**: 108-112.

KELSCHEBACH, M., NESSELHAUF, G. (2000): GIS-gesteuerte interdisziplinäre Zusammenarbeit bei der Bestandserfassung und Auswirkungsprognose zu dynamischen Potentialveränderungen im Landschaftshaushalt. In: GLAWION, R., ZEPP, H. (Hrsg.): Probleme und Strategien ökologischer Landschaftsanalyse und -bewertung. Forschungen zur Deutschen Landeskunde 264: 83-106. Deutsche Akademie für Landeskunde, Flensburg.

KIENDL, H. (1997): Fuzzy Control methodenorientiert. München.

KRATZSCH, H. (2004): Bergschadenkunde. 4. Aufl., Dt. Markscheiderverein.

LIPPE, W.-M. (2006): Soft-Computing mit Neuronalen Netzen, Fuzzy-Logic und Evolutionären Algorithmen. Berlin.

MATEJKA, H., BUSCH, W., GORCZYK, J., MAUERSBERGER, F., NICKEL, S., VOSEN, P. (2005): Metadatenkonzepte zur Unterstützung der GIS-Bearbeitung im Monitoring bergbaulicher Umweltauswirkungen. In: SEYFERT, E. (Hrsg.): 25. Wissenschaftlich-Technische Jahrestagung der DGPF, Rostock, 21.-23. September 2005: 65-74.

MÜLLER, U. (2004): Auswertungsmethoden im Bodenschutz. Dokumentation zur Methodenbank des Niedersächsischen Bodeninformationssystems. Technische Berichte zum NIBIS, 7. Aufl., Niedersächsisches Landesamt für Bodenforschung (Hrsg.), Hannover.

RBAG (RUHRKOHLE BERGBAU AG) (1996): Biotoptypen-Kartierschlüssel für den Landschaftsraum und Nutzungen-/Biotoptypenschlüssel für den besiedelten Raum und dessen Randzonen für UVS der RBAG. EDV-Konzept II - DEEP-Datenbank.

RÜBER, O. (1997): Dreidimensionale Grundwasserströmungsmodellierung zur Beurteilung von bergsenkungsbedingten Veränderungen der Grundwassersituation im Bereich der Kirchheller Heide. In: COLDEWEY, W. G., LÖHNERT, E. P. (Hrsg.): Grundwasser im Ruhrgebiet: 243-248, Köln.

STAEGE, V. (2006): Die Rahmenbetriebspläne mit Umweltverträglichkeitsprüfung für die Gewinnung von Steinkohle im Ruhrrevier - eine Zwischenbilanz. Markscheidewesen 113 (2).

STRIETZEL, R. (1996): Fuzzy-Regelung. München.

VOSEN, P., SPRECKELS, V., BUSCH, W., FISCHER, CHR., MATEJKA, H. (2006): Einsatz von Photogrammetrie, Fernerkundung und GIS im Umweltmonitoring der Deutschen Steinkohle AG. Markscheidewesen 113 (3): 95-113.

WIELAND, R. (2001): CadBERG - Eine kurze Einführung über das Verfahren zur Vorausberechnung von Gebirgs- und Bodenbewegungen. User manual: CadBERG.

Der vorstehende Beitrag beruht auf:

KELSCHEBACH, M., NICKEL, S., BUSCH, W., STAEGE, V., VOSEN, P. (2008): GIS-integriertes fuzzy-regelbasiertes Modell zur ökologischen Auswirkungsprognose bergbaulicher Umwelteinwirkungen. In: GNAUCK, A. (Hrsg.): Modellierung und Simulation von Ökosystemen - Workshop Kölpinsee 2007: 111-122. Berichte aus der Umweltinformatik, Aachen.

NICKEL, S., KELSCHEBACH, M., BUSCH, W & VOSEN, P. (2008): Modellgestützte ökologische Wirkungsprognose grundwasserbeeinflusster Sukzessionsprozesse. Naturschutz u. Landschaftsplanung 40 (2): 55-62.

NICKEL, S. (2009): Modellgestützte ökologische Wirkungsprognose grundwasserbeeinflusster Sukzessionsprozesse - Integrierte Nutzung von klassischen Methoden, Geoinformationssystemen und Methoden wissensbasierter Systeme am Beispiel eines naturschutzfachlichen Monitoring im Steinkohlenbergbau. Dissertation zur Erlangung des akademischen Grads eines Doktor-Ingenieurs (Dr.-Ing.). Wissenschaftliche Schriftenreihe Geotechnik und Markscheidewesen 17, TU Clausthal.

J Die Arbeitsgemeinschaft Bergbaufolgelandschaften - ein interdisziplinäres Netzwerk

HENRYK BAUMBACH & HARTMUT SÄNGER

Die Ziele und Arbeitsgebiete der AG

Die meisten Autoren, die an diesem Buch mitgewirkt haben, sind aktive Mitglieder der Arbeitsgemeinschaft Bergbaufolgelandschaften e. V. Dieser gemeinnützige Verein mit Sitz im sächsischen Crimmitschau ist eine Vereinigung von Privatpersonen sowie Vertretern von Firmen und Behörden, die sich mit der Renaturierung, Rekultivierung, Sanierung sowie dem Schutz und der Historie von Bergbaufolgelandschaften beschäftigen. Ziel des Vereins ist insbesondere die Förderung von interdisziplinärer Grundlagen- und angewandter Forschung in Bergbaufolgelandschaften sowie der Zusammenarbeit in Deutschland und im europäischen Raum.

Das zu vielen Bergbaugebieten zwar umfangreich, aber zum großen Teil sehr zerstreut vorliegende und oft nicht adäquat publizierte Fachwissen soll gebündelt und durch Austausch einer besseren praktischen Nutzung zugänglich gemacht werden. Durch den fachlichen Austausch und die Weitergabe von Erfahrungen können so wiederholte Grundlagenforschungen und Fehlinvestitionen vermieden werden, was deutliche Einspareffekte bewirken kann. Besonders wichtig ist dies im Hinblick auf Länder und Regionen, in denen nur geringe finanzielle Mittel zur Rekultivierung oder Beseitigung immenser bergbaulicher Altlasten zur Verfügung stehen. Darüber hinaus soll die Zusammenarbeit in der AG durch den Aufbau eines interdisziplinären Netzwerkes auch dabei helfen, Kooperationspartner aus Wissenschaft und Forschung, Wirtschaft sowie Ämtern und Behörden, und somit Theoretiker und Praktiker, zusammenzuführen.

Die Arbeitsschwerpunkte der Mitglieder der AG sind unter anderem

- die biologische Inventarisierung in Bergbaugebieten sowie das biologische Monitoring von Renaturierungsprozessen,
- die Sukzession im Bereich von Bergbaufolgeflächen,
- die Bodenbiologie und der Wasserhaushalt in Rohböden,
- Umweltgefahren (radiologische Belastung, Austrag von Schadstoffen auf dem Wasser- und Luftpfad),
- die Nutzung nachwachsender Rohstoffe (auch im Hinblick auf erneuerbare Energien),
- die Nutzung von Produkten der Humus- und Erdenwirtschaft im Rahmen der Rekultivierung,
- die forstliche, landwirtschaftliche, naturschutzfachliche und touristische Nachnutzung von Bergbaufolgelandschaften,
- montanhistorische und denkmalschützerische Aspekte, sowie
- der Strukturwandel in Bergbaufolgelandschaften.

Von Interesse sind alle aktiven und eingestellten Bergbauzweige, deren Tätigkeit entweder mit einer großflächigen Landschaftsveränderung einher ging oder auch kleinflächig zu einer besonders gravierenden Belastung von Schutzgütern führte. Hierzu gehören insbesondere der ehemalige Uranerzbergbau, der ehemalige Kupferschieferbergbau, der Abbau von Braunkohle, Steinkohle, Kalisalzen, Torf, Dachschiefer sowie von Steinen und Erden im weitesten Sinn. Diese Aufzählung der Arbeitsgebiete und Bergbauzweige ist offen und kann durch neu hinzukommende Mitglieder jederzeit durch weitere fachbezogene Themen ergänzt werden.

Das wissenschaftliche Programm der AG

Die AG führt seit ihrer Gründung zweimal jährlich eine Fachtagung durch (Tab. 114). Entsprechend der Philosophie der AG finden die Tagungen jedes Mal in einer anderen Bergbaufolgelandschaft statt und werden von lokalen Akteuren mit hervorragender Kenntnis der Materie vorbereitet. Theorie und Praxis sind dabei gleichermaßen wichtig. Deshalb bestehen die Tagungen immer aus einem oder mehreren Vortragsblöcken und Exkursionen mit Befahrung der Bergbaufolgelandschaft, Besichtigung von Rekultivierungsstandorten und gegebenenfalls Einfahrt in den aktiven Bergbau.

Die Kurz- und Langfassungen der auf den Tagungen gehaltenen Vorträge werden regelmäßig in Form einer CD-Rom als „Veröffentlichungen der AG Bergbaufolgelandschaften" publiziert, die über die Geschäftsstelle des Vereins zum Selbstkostenpreis erhältlich ist. Bisher erschienen sind vier CD-ROM mit den Beiträgen der

1. bis 4. (2005), der 5. bis 8. (2007), der 9. bis 12. (2009) und der 13. bis 16. Tagung (2011).

Die Homepage der AG (www.bbfl.de), die zu Beginn des Jahres 2011 völlig neu gestaltet wurde, hält umfangreiche Informationen zum e. V. sowie zum wissenschaftlichen Programm zur Verfügung. Dort finden sich ebenfalls Links auf die Internetseiten der Mitglieder, aktuelle Hinweise zu neu erschienener Literatur sowie zu thematisch ähnlichen Veranstaltungen anderer Anbieter und das Archiv der AG mit allen zwischen 2003 und 2010 erschienenen Rundbriefen, den Tagungsprogrammen und einem Resümee der bisherigen Fachtagungen.

Die Geschichte der AG

Die Arbeitsgemeinschaft wurde im Juni 2003 in Ranis (Thüringen) zunächst als lose Interessenvereinigung gegründet. An dieser Gründungsveranstaltung nahmen 28 Personen teil, die in kurzen Vorträgen und Diskussionsrunden ihre Arbeits- und Interessensgebiete vorstellten. Bereits im Dezember des gleichen Jahres wurde die zweite Fachtagung der jungen Arbeitsgemeinschaft in Oelsnitz (Erzgebirge) durchgeführt, auf der die Zukunft diskutiert wurde. Im Ergebnis dieser Diskussion waren sich die Teilnehmer einig, dass die AG in die Rechtsform eines eingetragenen, gemeinnützigen Vereins überführt werden sollte. Dies geschah nach entsprechender Vorbereitung auf der Gründungsversammlung am 14. Mai 2004 im Rahmen der dritten Fachtagung in Lutherstadt Eisleben. Seitdem trägt der Verein den Namen „Arbeitsgemeinschaft Bergbaufolgelandschaften e. V." Die Mitgliederzahl des Vereins ist von 23 Gründungsmitgliedern auf inzwischen 72 Mitglieder (Mai 2012) angewachsen, davon 18 Firmen mit 24 Mitgliedern und 48 Privatpersonen.

Die Zukunft der AG

In regelmäßigen Abständen werden durch den Vorstand der Arbeitsgemeinschaft Mitgliederbefragungen durchgeführt, in der die bisherige Vereinsarbeit kritisch hinterfragt und um Anregungen für die zukünftige gebeten wird. Die Mehrzahl der Mitglieder ist sich einig, dass das wissenschaftliche Programm der AG auch weiterhin in der bisherigen Form, das heißt mit einer engen Verflechtung von Theorie und Praxis, fortgeführt werden soll. Potenzielle Tagungsorte gibt es allein in Deutschland noch eine Reihe, allerdings ist vorstellbar, dass zukünftige Fachtagungen auch im Ausland stattfinden könnten. Die Tagungssprache wird auch in Zukunft Deutsch sein, einzelne englische Beiträge sind aber - wie schon in der Vergangenheit - jederzeit willkommen. Derzeit wird eine englische Version des Internetauftritts der AG erarbeitet, um den internationalen Zugriff auf die Inhalte zu erleichtern. Weiterhin ist vorgesehen, die bestehenden internationalen Kontakte zu intensivieren und mit neuen Kooperationspartnern auszubauen. Interessenten sind herzlich willkommen, als neue Mitglieder die Arbeitsgemeinschaft Bergbaufolgelandschaften mit Ideen zu bereichern sowie ihren Fokus zu erweitern.

Kontakt

Arbeitsgemeinschaft Bergbaufolgelandschaften e. V.
Berggasse 6
08451 Crimmitschau

Tel.: 03762-947235   Fax.: 03762-947236
e-mail: info@bbfl.de   Internet: www.bbfl.de

Literatur

ARBEITSGEMEINSCHAFT BERGBAUFOLGELANDSCHAFTEN E.V. (2005): Veröffentlichungen der AG Bergbaufolgelandschaften I. CD-ROM, Crimmitschau.

- (2007): Veröffentlichungen der AG Bergbaufolgelandschaften II. CD-ROM, Crimmitschau.

- (2009): Veröffentlichungen der AG Bergbaufolgelandschaften III. CD-ROM, Crimmitschau.

- (2010): Veröffentlichungen der AG Bergbaufolgelandschaften IV. CD-ROM, Crimmitschau.

BAUMBACH, H., SÄNGER, H. (2008): 5 Jahre Arbeitsgemeinschaft Bergbaufolgelandschaften - Rückblick und Ausblick. Glückauf **144**: 648-650.

SÄNGER, H. (2003): Arbeitsgemeinschaft „Bergbaufolgelandschaften" gegründet. Landschaftspflege und Naturschutz in Thüringen: **40** (3): 107.

- (2006): Die Arbeitsgemeinschaft Bergbaufolgelandschaften e.V. - Ein fachübergreifendes Netzwerk. In: BERG, C. et al. (2006): Ein Netzwerk für den botanischen Naturschutz. BfN-Skripten **178**: 175-176.

Tab. 114: Die Fachtagungen der Arbeitsgemeinschaft Bergbaufolgelandschaften 2003-2012.

	Zeitraum	Rahmenthema	Ort	Anzahl Fachvorträge	Anzahl Exkursionen
1	20.-22.6.2003	Gründungsveranstaltung	Ranis	8	1
2	5.-7.12.2003	Steinkohlenbergbau im Lugau-Oelsnitzer Revier (Erzgebirge)	Oelsnitz	7	1
3	14.-16.5.2004	Kupferschieferbergbau im Mansfelder und Sangerhäuser Revier	Lutherstadt Eisleben	6	3
4	8.-10.10. 2004	Braunkohlenbergbau und Rekultivierung im Lausitzer Revier	Tauer	6	2
5	22.-24.4. 2005	Steinkohlenbergbau und Rekultivierung im Saarland	Eppelborn	5	2
6	7.-9.10.2005	Erzbergbau im Westerzgebirge	Schlema	8	3
7	12.-14.5.2006	Kalibergbau	Bad Salzungen	7	2
8	27.-29.10.2006	Braun- und Steinkohlenbergbau im Raum Aachen	Alsdorf	7	3
9	9.-11.3.2007	Naturschutz, Nachnutzung und Umweltbewertung in Bergbaufolgelandschaften	Stolberg (Harz)	10	2
10	14.-16.9.2007	Uranbergbau-Bundesgartenschau 2007 - Naturschutz in Bergbaufolgelandschaften	Gera	15	3
11	23.-25.5.2008	Kreidebergbau	Saßnitz	5	3
12	10.-12.10.2008	Braunkohlenbergbau der MIBRAG	Markkleeberg	6	3
13	15.-17.5.2009	Schieferabbau in Thüringen	Lehesten	7	3
14	16.-18.10.2009	Offene Tagung - Beiträge aus den Tätigkeitsbereichen unserer Mitglieder	Groß-Umstadt	10	1
15	7.-9.5.2010	Kalkabbau am Standort Rüdersdorf	Schöneiche	5	2
16	29.-31.10.2010	Der Warndt nach dem Steinkohlenbergbau	Großrosseln	5	3
17	20.-22.5.2011	Ökologie, Natur- und Artenschutz in der Bergbaufolgelandschaft des Uranerzbergbaus der WISMUT	Großebersdorf	17	1
18	18.-20.11.2011	Eisenerzbergbau im Saalfeld-Kamsdorf-Könitzer Bergrevier	Unterwellenborn	6	1
19	7.-9.9.2012	Braunkohlenbergbau im Helmstedter Revier	Bad Helmstedt	5	1

Glossar

Abbau:
a) planmäßige Gewinnung mineralischer Rohstoffe aus Lagerstätten
b) Grubenbau (Abbauraum), der bei der Gewinnung entsteht bzw. entstanden ist

Abdichtung:
Maßnahme zur Verhinderung des Eindringens bzw. Austretens von flüssigen und/oder gasförmigen Medien in bzw. aus dem Grubengebäude

Ackersterbe:
ist die Bezeichnung für das nesterförmige Absterben von Nadelbäumen in Erstaufforstungen auf ehemaligen Ackerböden und meliorierten Kippenstandorten. Sie tritt besonders im Stangenholzalter der Bestände auf und wird durch wurzelschädigende Pilze verursacht, die durch wenig saures Bodenmilieu und karbonatkalkhaltiges Bodensubstrat begünstigt werden.

anthropogen:
durch die Tätigkeit des Menschen entstanden

Armerz:
Erz mit niedrigen Gehalten an nutzbaren Mineralien

Assoziation:
Die Grundeinheit des pflanzensoziologischen Systems. Es handelt sich um einen Vegetationstyp bestimmter floristischer Zusammensetzung (definiert durch Charakterarten und Differentialarten) mit relativ einheitlicher Physiognomie und annähernd gleichen Standortbedingungen. Die Namen werden von Gattungsnamen (oder der Kombination von zweien) abgeleitet unter Anhängung der Endung -etum (WAGENITZ 2003).

Aufbereitung:
im Uranerzbergbau die Gesamtheit aller Prozessstufen zur Herstellung von Urankonzentrat (in Form von Yellow cake) aus Uranerz

Aufbereitungsrückstände:
Abgänge nicht nutzbarer Komponenten der Aufbereitung, die einer Einlagerung zugeführt werden

Auffahrung:
Herstellen eines Grubenbaus bzw. der Grubenbau selbst

Aufstandsfläche:
Grundfläche z.B. einer Halde auf dem Gelände

Ausschläge:
Kupferschiefer, der aufgrund zu geringer Metallgehalte (Armerz) nicht verhüttet wurde und auf Halde gelangte

azonale Vegetation:
Artenkombinationen, die in mehreren Vegetationszonen mit verschiedenem Allgemeinklima in ungefähr gleicher Form auftreten, weil sie von den gleichen extremen Bodenfaktoren geprägt werden. Hierher gehören neben der Naturvegetation der Gewässer, Teichböden, Dünen, Felsen auch die Sonderstandorte der Bergbaufolgelandschaften.

basipetal:
Entwicklungsrichtung von der Spitze zur Basis

Bergemasse:
die bei der Gewinnung und Aufbereitung nutzbarer mineralischer Rohstoffe anfallenden nicht ökonomisch nutzbaren Gesteinsmassen

Berme:
künstlicher horizontaler Absatz einer Böschung

Bewetterung:
Maßnahmen zur kontrollierten Versorgung des Grubenbaus mit Frischluft

Blähschiefer:
durch Hitzeeinwirkung aus Schiefer hergestelltes leichtes und poröses Gestein

Chlorose:
mangelhafte Ausbildung des Chlorophylls, die zu einer blassgrünen bis weißlichen Farbe der Blätter führt (WAGENITZ 2003)

Dauergesellschaften:
Endstadien, die sich mit ihrer Umwelt in einem mehr oder weniger stabilen Gleichgewicht befinden, wobei extreme Wirkungen einzelner, gewöhnlich edaphischer Faktoren (z. B. Nährstoffarmut, Salzgehalt, Trockenheit, Nässe) die Entwicklung einer klimatisch denkbaren Schlussgesellschaft verhindern. Dauergesellschaften sind demnach Schlussglieder von Teilserien. Hierzu gehören die Dauer-Pioniergesellschaften (→) aber auch solche mittlerer Entwicklungsstufe wie Trockenrasen, Wasser- und Moorvegetation, Salzmarschen, Schwermetallvegetation u. a. (DIERSCHKE 1994).

Ersatzgesellschaft:
natürlich oder menschlich-tierisch (anthropo-zoogen) bedingte Pflanzengesellschaften, die anstelle der natürlichen Schlussgesellschaften (Dauer- oder Klimaxgesellschaften) treten und kürzere oder längere Zeit bestehen bleiben. Hierzu gehören sowohl Verlichtungsgesellschaften oder Pioniergesellschaften nach natürlichen Wind- oder Brandkatastrophen als auch Heiden, Wiesen, Weiden, Wiesen, Acker- und Ruderalfluren (DIERSCHKE 1994).

FFH-Richtlinie:
Fauna-Flora-Habitat-Richtlinie: Richtlinie 92/43/EWG des Rates vom 21. Mai 1992 zur Erhaltung der natürlichen Lebensräume sowie der wildlebenden Tiere und Pflanzen. Eines ihrer wesentlichen Instrumente ist die Schaffung eines Netzes europäischer Schutzgebiete aus allen (von den Mitgliedsstaaten gemeldeten und von der EU-Kommission bestätigten) FFH-Gebieten unter dem Namen „Natura 2000", das die europaweit typischen bzw. wertvollen Lebensräume wildlebender Tier- und Pflanzenarten erhält. Die Umsetzung in Deutschland ist im BNatSchG durch die §§ 31-36 geregelt.

Folgegesellschaften:
sind die Pioniergesellschaften ablösende Vegetationstypen mit stärker gefestigter Artenverbindung und oft längerer Dauer (DIERSCHKE 1994).

Genese:
Entstehung, Entwicklung

Gewinnung:
Herauslösen anstehender Gesteine aus dem natürlichen Gebirgsverband.

Grubenbaue:
zum Zwecke einer bergbaulichen Nutzung hergestellte unterirdische Hohlräume

Grubenfeld:
der zu einer Schachtanlage gehörende bergmännisch erschlossene Teil einer Lagerstätte

Grubengebäude:
Gesamtheit aller Grubenbaue

Halde:
im Gelände morphologisch sichtbare Aufschüttung von bergbaulichen Lockermassen, die zum Zeitpunkt ihres Anfallens nicht verwertet werden (z. B. aufgrund zu geringer Metallgehalte, fehlender Aufbereitungskapazität), oder Rückständen der Erzverarbeitung (z. B. Hochofenschlacke)

hydrothermal:
lagerstättenkundlicher Begriff: Entstehung von Mineralvorkommen über Abscheidung aus temperierten wässrigen Lösungen

Industrielle Absetzanlage (IAA):
Bauwerk zum Einspülen und Sedimentieren von Aufbereitungsrückständen

in situ:
an Ort und Stelle

Insolation:
Besonnung (von lat. sol = Sonne)

Kläuben:
manuelles Auslesen schmelzwürdiger Erzstücke

Klimax:
In der Vegetationskunde eine Gesellschaft (Klimaxgesellschaft), die sich unter bestimmten klimatischen und edaphischen Bedingungen als Endpunkt einer Sukzession entwickelt und weitgehend stabil ist (WAGENITZ 2003).

Klimaxgesellschaften (Schlussgesellschaften i. e. S.):
Endstadien, die mit dem Makroklima im Gleichgewicht stehen; in Mitteleuropa durchweg Waldgesellschaften. Klimaxgesellschaften mittlerer Standorte (tiefgründige, grundwasserfreie Böden in ebener Lage bei mittlerer Wasser- und Nährstoffversorgung) bilden die **Zonale Vegetation**, d. h. die charakteristische Vegetation einer makroklimatisch bedingten Vegetationszone (Klimax i. e. S.) (DIERSCHKE 1994).

Konturgraben:
künstlich angelegter Graben zur Aufnahme von Sickerwässern

Kreidegrand:
durch Dichteunterschied aus der geschlämmten Kreide abgeschiedenes Material aus mikroskopischen Fossilresten und Sand (noch stark kreidehaltig)

Lagerstätte:
Rohstoffvorkommen, das zum derzeitigen Zeitpunkt mit ökonomischem Nutzen gewonnen werden kann

Laugung:
Herauslösen der zu gewinnenden Metalle aus dem Erz durch chemische Prozesse.

Lederschiefer:
Schiefergestein aus dem Ordovizium, das durch Verwitterung eine lederbraune Färbung erhält

Lichtloch:
ein zur Verbesserung der Bewetterung sowie zum Abtransport von Abraum bei Auffahrung und Betrieb von Stollen dienender Schacht. Lichtlochschächte mussten in regelmäßigen Abständen auf der gesamten Strecke des Stollens angelegt werden.

Mesogeochore: durch Gemeinsamkeiten bestimmter Merkmale wie Klima, Bauform (z. B. Berg- oder Hügelland, Platten, Plateaus, Auen und Niederungen,) oder bestimmte zusammengehörige eiszeitliche Formenkomplexe (z. B. Moränen, Sandebenen, Heiden) ausgezeichneter Teil von naturräumlichen Großeinheiten (Makrogeochoren bzw. Großlandschaften).

Mortzfeldsche Löcher:
bezeichnen kreisförmige horstweise Anpflanzungen von Eichen innerhalb von Kiefern- und teil-

weise auch Buchenbeständen. Diese „Eichennester" wurden vom preußischen Oberforstmeister J. MORTZFELD Ende des 19. Jh. als Vorverjüngungsbetrieb versuchsweise eingeführt. Da der Kreis bei gegebenem Flächeninhalt diejenige geometrische Figur mit dem geringsten Umfang ist, werden die interspezifischen Konkurrenzwirkungen zwischen den unterschiedlichen Baumarten minimiert.

Nebengesteine:
nicht mit ökonomischem Nutzen verwertbare Gesteine einer Lagerstätte, die bei der Gewinnung von Rohstoffen anfallen

Paläozoikum:
Erdaltertum, umfasst mit Ordovizium, Silur, Devon und Karbon eine Zeitspanne in der Entwicklungsgeschichte der Erde vor ca. 540-250 Mio. Jahren.

Phytozönose (Pflanzengemeinschaft):
an einem Standort gemeinsam vorkommende Pflanzen. Als abstrakter Begriff gekennzeichnet durch eine charakteristische Kombination von Arten mit ähnlichen ökologischen Ansprüchen. Eine nach bestimmten Regeln der Pflanzensoziologie abgegrenzte und beschriebene Phytozönose ist eine Assoziation (WAGENITZ 2003).

Pinge:
meist trichterförmige Vertiefung, die durch Grabung nach oberflächennah anstehendem Erz oder durch den Einsturz alter Schächte mit geringer Teufe aus der Anfangszeit des Bergbaus entstanden ist

Pioniergesellschaften:
Anfangsglieder einer Serie, oft mit wenig regelhafter (teilweise zufälliger) Artenkombination, starker Schwankung der Artenzahl und kurzer Lebensdauer. Ein spezieller Fall sind Dauer-Pioniergesellschaften, wenn besonders extreme Standortbedingungen die Weiterentwicklung verhindern (DIERSCHKE 1994).

Polycormon-Sukzession:
Es handelt sich um Sukzessionsabläufe auf der Grundlage vegetativer Ausbreitung. Viele Pflanzenarten können mit Hilfe ober- oder unterirdischer Ausläufer mit Tochtersprossen wesentlich rascher und dichter Raum gewinnen als durch Samen (DIERSCHKE 1994). Die Polycormon-Sukzession ist eine echte endogene Vegetationsentwicklung.

Pseudo-Zeitreihen:
Bei einer Zeitreihe wird ein und derselbe Untersuchungsgegenstand zu verschiedenen Zeitpunkten untersucht. Dies ist oftmals bei freilandökologischen Untersuchungen nicht möglich. Daher beschreibt man ähnliche Standorte mit unterschiedlichem Alter und ordnet die Ergebnisse dann in einer Pseudo-Zeitreihe an.

Schlussgesellschaften:
Endstadien einer Serie, die sich mit ihrer Umwelt in einem relativ stabilen biologischen Gleichgewicht befinden. Zu unterscheiden ist nach DIERSCHKE (1994) zwischen Klimaxgesellschaften (→) und Dauergesellschaften (→).

Sedimente:
Gesteine, die durch Ablagerung von Material entstehen

Sohle:
Grubenbaue eines Bergwerkes auf etwa gleichem Höhenniveau, auch untere Begrenzung von Grubenbauen

Spitzkegelhalde:
durch Schüttung mit Schrägaufzügen, sogenannten Terrakoniks, entstandene charakteristische Halden in Form eines Schüttkegels

Stratigraphie:
als Teil der historischen Geologie betrachtet die Stratigraphie die Abfolge von Gesteinsschichten

Streb:
Abbaustrecke im Flözbergbau

Sukzession:
die (meist längerfristig) gerichtete Veränderung der Vegetationsstruktur an einem Ort (DIERSCHKE 1994).

endogene Sukzession (phytogene, autogene Sukzession):
unmittelbar vegetationsbedingte Veränderungen durch Einwanderung und Ausbreitung von Arten und / oder Standortsveränderungen (z. B. Humusbildung, Bodenfestigung, Mikroklima). Endogene Sukzessionen sind vorwiegend aufbauend-progressiv (DIERSCHKE 1994).

exogene Sukzession (ökogene, allogene Sukzession):
standortbedingte Veränderungen, einschließlich menschlicher Einflüsse (eventuell Unterscheidung von natürlicher und anthropogener exogener Sukzession). Exogene Sukzessionen können progressiv oder regressiv sein (DIERSCHKE 1994).

Primärsukzession (primäre progressive Sukzession):
kontinuierlich fortschreitende Erstbesiedlung (mit gleichzeitig natürlicher, meist langsamer Weiterentwicklung eines Rohbodens oder Gewässers) bis zur Schlussgesellschaft mit reifem Boden und ausgeprägtem (eigenbürtigem) Bestandesklima (DIERSCHKE 1994).

langsame natürliche Primärsukzessionen:
benötigen vom Pionierstadium bis zur Schlussgesellschaft oft mehrere hundert Jahre (DIERSCHKE 1994). Sie finden sich überall dort, wo stärkere Erosions- oder Akkumulationsprozesse von Substraten ablaufen (Meeresküsten, auf Dünen, Schuttkegeln, jungen Moränen, auf neuen Inseln oder auf vulkanischen Ablagerungen).

anthropogene Primärsukzession
(Primärsukzession auf anthropogenem Substrat): Entwicklungen auf Substraten, die entweder vom Menschen freigelegt oder neu geschaffen wurden (DIERSCHKE 1994). Hierher gehören Sandabgrabungen, Steinbrüche, Kippen und Abraumhalden von Bergbaufolgelandschaften. Auch im Wasser gibt es anthropogene Primärsukzessionen in den Bergbaurestgewässern und Tagebauseen.

Sekundärsukzession (Sekundäre progressive Sukzession):
meist rascher verlaufende Neuentwicklung der Vegetation, besonders nach plötzlichen Rückschlägen (Brand, Erosion, Rodungen) auf mehr oder weniger entwickeltem Boden mit oft vorhandenem Diasporenvorrat (nach DIERSCHKE 1994).

Sukzessionsserien:
Eine langfristige Abfolge verschiedener Vegetationseinheiten und Vegetationstypen an demselben Ort wird als Serie oder Entwicklungsreihe bezeichnet, z. B. Therophyten-, Rasen-, Strauch- und Waldserien; auch Flechten- und Moosserien. Trotz allmählicher Entwicklungen innerhalb einer Serie gibt es oft deutlichere Entwicklungssprünge nach allgemein strukturellen und floristischen Merkmalen. Danach lassen sich Teile von Sukzessionsserien definieren (nach DIERSCHKE 1994).

Sukzessionsstadium:
floristisch (und physiognomisch) deutlich abgrenzbarer Abschnitt von gewisser Dauer, oft im syntaxonomischen Rang einer Assoziation (Subassoziation). Im Entwicklungsverlauf lassen sich ein Initial- (Pionier-)stadium, ein bis mehrere Übergangs- oder Zwischenstadien sowie ein End- oder Terminalstadium unterscheiden (DIERSCHKE 1994).

Sukzessionsphase:
geringere Artenverschiebungen innerhalb eines Stadiums, oft von kürzerer Dauer. Unterschieden werden Initial-, Optimal- und Degenerationsphasen, beim Endstadium auch eine Schlussphase. Stadien und Phasen einer Serie bilden eine gleitende Reihe von mehr oder weniger deutlichen Artenverbindungen (DIERSCHKE 1994). Die Degenerationsphase eines Stadiums bildet oft gleichzeitig die Initialphase des nächsten. Besonders deutlich ausgeprägt sind die verschiedenen Entwicklungsschritte bei Primärsukzessionen.

Tafelberghalde:
Halde mit charakteristischer Tafelbergform, d. h. großer Grundfläche und vergleichsweise geringer Höhe

Tagebaurestloch:
nach Beendigung der bergbaulichen Nutzung verbliebener offener Hohlraum eines Tagebaues, der meist verfüllt oder geflutet wird

Tailings:
in Absetzbecken eingelagerte, feinkörnige Rückstände aus dem Aufbereitungsprozess

Tektonik:
Lehre vom Bau der Erdkruste in ihrer Struktur und großräumigen Bewegung

Teufe:
a) lotrechter Abstand eines Punktes unter Tage von der Tagesoberfläche
b) Länge eines vertikalen Schachtes
c) Niederbringen eines Schachtes heißt Teufen

Varisziden:
Gebirge, die während einer Gebirgsbildungsphase im mittleren Paläozoikum durch die Kollision von Kontinentalplatten entstanden sind

Verhüttung:
metallurgische Verarbeitung des Erzes

Verwahrung:
dauerhaft wirksame Maßnahmen zur Sicherung stillgelegter bergbaulicher Anlagen (Schächte, Stollen, Halden)

Vorkommen:
natürliche Konzentrationen von Mineralen und Gesteinen

Wanderbiotope:
Durch einen alternierenden Abbau in wechselnden Bereichen können Entwicklungsbereiche für Flora und Fauna unterschiedlichen Alters im räumlichen und zeitlichen Kontext entstehen (Sukzessionszonen). Werden dann einzelne Bereiche wieder abgebaut, ist an anderer Stelle bereits Ersatz entstanden. Die vom Abbau betroffenen Biotope bzw. deren Tiere und Pflanzen „wandern" so in der Abbaustätte hin und her. Diese ständig neu entstehenden Sukzessionszonen werden als „Wanderbiotope" bezeichnet.

Yellow cake:
„Gelber Kuchen" (engl.), Natururankonzentrat als Endprodukt der Uranerzaufbereitung

xerotherm:
von dem eigentlichen Durchschnittsklima stark abweichende trocken-warme Wasser- und Temperaturverhältnisse in Biotopen innerhalb eines Naturraumes

Literatur

DIERSCHKE, H. (1994): Pflanzensoziologie - Grundlagen und Methoden. Stuttgart

WAGENITZ, G. (2003): Wörterbuch der Botanik. 2., erw. Aufl., Heidelberg

Die Autoren

Dr. **Annett Baasch** studierte an der Hochschule Anhalt und ist dort seit 2003 als wissenschaftliche Mitarbeiterin in verschiedenen Forschungsprojekten tätig. Im Jahr 2010 promovierte sie an der Martin-Luther-Universität Halle über räumliche und zeitliche Vegetationsmuster im Sukzessionsverlauf in der Bergbaufolgelandschaft. Ihre Forschungsinteressen liegen im Bereich der Renaturierungsökologie und Ökosystemrenaturierung. Seit April 2012 ist sie Vertretungsprofessorin für Landschaftspflege und Gehölzkunde an der Hochschule Anhalt.
Kontakt: a.baasch@loel.hs-anhalt.de

Dipl.-Geol. **Mario Baum** war nach dem Studium an der TU Bergakademie Freiberg seit 1994 15 Jahre in den Thüringer Schiefergruben als Geologe angestellt. In dieser Zeit lernte er die unterschiedlichsten Biotoptypen in Tagebauen, auf Halden und Stollen kennen. Seine aktive Auseinandersetzung mit Konflikten zwischen dem aktiven Bergbau und den Belangen des Naturschutzes ermöglichte zahlreiche Erkenntnisse zur konstruktiven Umsetzung der Forderungen von Naturschutz und Bergbau. Die intensive persönliche Beteiligung bei der Natur- und Landschaftspflege führte zu neuen Sichtweisen auf die aktuelle Naturschutzpolitik in Deutschland.
Kontakt: vier.baum@t-online.de.

Dr. **Henryk Baumbach** beschäftigt sich seit 1991 mit der Flora, Vegetation und Geschichte der Bergbaufolgelandschaft des Kupferschieferbergbaus im südwestlichen Sachsen-Anhalt und war zwischen 1994 und 2001 freier Mitarbeiter des Sanierungsverbundes e. V. Mansfeld. Er studierte in Jena Biologie und promovierte im Jahr 2005 über genetische Differenzierungsprozesse bei mitteleuropäischen Schwermetall-Pflanzensippen. Forschungsinteressen sind neben der Schwermetallflora und -vegetation Sukzessionsprozesse auf anthropogenen Standorten sowie die genetische Analyse seltener und gefährdeter Pflanzenarten.
Kontakt: henryk.baumbach@steppenrasen.thueringen.de

Dipl.-Geol. **Andreas Buddenbohm** beschäftigt sich vor allem mit der Suche und Erkundung von Steine- und Erdenlagerstätten in Mecklenburg-Vorpommern und Brandenburg, der Planung und Begleitung bergbaulicher Vorhaben sowie mit Fragen der Rohstoffsicherung. Er ist Geschäftsführer der Lagerstättengeologie GmbH Neubrandenburg, Mitglied des Arbeitskreises „Oberflächennahe Rohstoffe" in Mecklenburg-Vorpommern und Vorsitzender des Geowissenschaftlichen Vereins Neubrandenburg e.V.
Kontakt: a.buddenbohm@lg-nb.de

Dr. **Gerald Dehne** studierte in Hannover Mineralogie. Nach einigen Jahren beim Niedersächsischen Landesamt für Bodenforschung (Abteilung Steine-Erden) wechselte er in die Spezialgipsindustrie nach Walkenried im Südharz, wo er als Lagerstättengeologe tätig war. 1996 gründete er die GEOTEKT GbR, ein geologisches Planungsbüro, welches sich mit dem Abbau von Industriemineralen und Steine-Erden-Rohstoffen befasst. Seit 2004 ist er parallel hierzu Gesellschafter und Geschäftsführer von zwei Firmen, die im Auftrag der Industrie mehrere Abbaustätten im Landkreis Osterode für Gips- und Dolomitstein betreiben.
Kontakt: dehne.geotekt@t-online.de

Dipl.-Biol. **Ulf Dworschak** studierte Biologie an der TU München. Seit 1990 arbeitet er in der Rekultivierungsabteilung der RWE Power AG und leitet die Forschungsstelle Rekultivierung, eine Kooperation zwischen RWE Power und dem Kölner Büro für Faunistik als unabhängigem Gutachter. Schwerpunkte der Tätigkeit sind Fragen der natürlichen Wiederbesiedlung der rekultivierten Landschaft und wie diese durch naturgemäßes Management unterstützt werden kann.
Kontakt: ulf.dworschak@rwe.com

Dipl.-Biol. **Frank Effenberger** arbeitet vorrangig an floristischen Erfassungen und Bewertungen im Rahmen der ökologischen Vorhabensbegleitung und ist spezialisiert auf Biotop- und Artenschutz in Mecklenburg-Vorpommern sowie Brandenburg. Seit 2003 ist Frank Effenberger im Büro für

biologische Erfassungen und ökologische Studien Martschei (BIOM) tätig.
Kontakt: effenberger@biomartschei.de

Dipl.-Biol. **Andrea Geithner** studierte an der Martin-Luther-Universität Halle/Wittenberg Biologie in der Fachrichtung Ökologie und schloss ihr Studium 1984 mit dem Diplom ab. Nach ihrer Tätigkeit im Naturkundemuseum Gera wirkte sie in Naturschutz- und Umweltbildungseinrichtungen in Thüringen. Besonderen Wert legt sie auf die Vermittlung naturwissenschaftlicher Zusammenhänge an Kinder und Jugendliche. Insbesondere beschäftigt sie sich mit Botanik, Vegetationskunde und Flechten. Gegenwärtig ist sie freiberuflich als Biologin tätig.
Kontakt: andrea.geithner@web.de

Dipl.-Biol. **Malte Gemeinhardt** arbeitete nach dem Studium in verschiedenen Planungsbüros, wo unter anderem die Erstellung von Abbauanträgen für Rohstofflagerstätten und die gutachterliche Begleitung der Genehmigungsverfahren zu seinen Tätigkeiten gehörten. Neben der Flora und Vegetation bildete dabei auch die faunistische Untersuchung von Abbaustätten einen Arbeitsschwerpunkt. Seit 2009 betreibt er in Erfurt ein eigenes Planungsbüro.
Kontakt: m.gemeinhardt@gp-umweltplanung.de

Dipl.-Forsting. **Andreas Golde** studierte an der TU Dresden. Arbeitsschwerpunkte seit 1996 sind die Mitarbeit an verschiedenen überregionalen Kartierungsvorhaben, die Bearbeitung floristisch-vegetationskundlicher Fragestellungen sowie Konzeptionen für das Management von Schutzgebieten und die Entwicklung von Bergbaufolgelandschaften in der Lausitz. Nach längerem Auslandsaufenthalt lehrt er gegenwärtig am Fachschulzentrum Freiberg-Zug schwerpunktmäßig Grundlagen der Ökologie und Landschaftspflege.
Kontakt: a.golde@gmx.net

Prof. Dr. rer. silv. habil. **Martin Heinze** studierte, promovierte und habilitierte sich an der Technischen Universität Dresden. Während seiner Tätigkeit beim VEB Geologische Forschung und Erkundung Jena (1974-86) befasste er sich als Gutachter mit der Folgelandschaft des Uran-, Kali- und Gipsbergbaus. Auch während seiner Dozentur für forstliche Pflanzenernährung und Düngung an der TU Dresden (1986-92), seinem Rektorat an der FH für Forstwirtschaft Schwarzburg (1992-2007) und seiner Professur für Standortslehre und Vegetationskunde an der FH Erfurt (2007-08) waren Bergbaufolgelandschaften eines seiner Arbeitsgebiete.
Kontakt: HeinzeMart@aol.com

Dipl.-Phys. **Eiko Hermann** hat an der FSU Jena studiert und beschäftigt sich seit 1985 mit der Modellierung von technisch-chemischen Prozessen. In Zusammenarbeit mit Dr. Sänger arbeitete er seit 1998 im Rahmen von vorhandenen Sanierungsaufgaben im Bergbau (WISMUT, Laubag, BUGA Ronneburg usw.) an dieser komplexen Aufgabenstellung. Seit 1993 ist er Geschäftsführer der B.P.S. Engineering GmbH und beschäftigt sich mit der Sanierung von Bergbaugebieten und der Problematik des Strahlenschutzes bezüglich natürlicher Radionuklide.
Kontakt: hermann@bps-ing.de

Prof. Dr. habil. **Gerhard Hofmann** begründete den Forschungsbereich Ökologie am Institut für Forstwissenschaften Eberswalde, den er bis zur Auflösung des Instituts zum Ende des Jahres 1991 leitete. Er war Mitautor der Karten der Potentiellen Natürlichen Vegetation der DDR 1964 und 1975, die nach den gemeinsam mit Alexis Scamoni und Harro Passarge in den sechziger Jahren entwickelten Prinzipien der „Eberswalder Schule" der Vegetationskunde erarbeitet wurden. Er hat konzeptionell und inhaltlich einen wesentlichen Anteil an der im Jahre 2000 erschienenen Karte der Natürlichen Vegetation Europas. 2005 wurden Bearbeitung und Kartierung der Potentiellen Natürlichen Vegetation von Brandenburg und Berlin mit Ulf Pommer als Koautor veröffentlicht. Hofmann begründete 1994 das Waldkunde-Institut Eberswalde und koordinierte von hier aus unter anderem die Deutschlandkarte der Potentiellen Natürlichen Vegetation, die im Jahr 2011 erschien.
Kontakt: hofmann@waldkunde-eberswalde.de

Dr. **Friederike Hübner** promovierte an der Universität Karlsruhe im Institut für Geoökologie.

Sie arbeitet seit mehr als 15 Jahren im Büro AG.L.N. in Forschungsprojekten und in der Landschaftsplanung. Neben Umweltfolgenabschätzung und vielfältiger Maßnahmenplanung beschäftigt sie sich mit dem Themenkreis Rohstoffabbau. Hierzu zählen u. a. die Renaturierung von Abbaustätten, die praktische Umsetzung naturschutzfachlich angepasster Renaturierungsverfahren im Abbaugeschehen, die Biodiversität von Abbaustätten und die Öffentlichkeitsarbeit zum Thema.
Kontakt: huebner@agln.de

Dr. **Martin Jenssen** arbeitet seit 1989 in der Eberswalder Ökosystemforschung und leitet seit 2003 das Waldkunde-Institut Eberswalde. Sein Forschungsschwerpunkt ist die Angewandte Systemökologie. Aktuelle Forschungsthemen sind der Aufbau klimaplastischer Wälder, der Wandel der Vegetationsvielfalt in Wäldern und Forsten und die Erforschung natürlicher Vegetationspotenziale. Er unterrichtet „Wald- und Forstökosysteme" im Studiengang Landschaftsnutzung und Naturschutz an der Hochschule für Nachhaltige Entwicklung Eberswalde.
Kontakt: jenssen@waldkunde-eberswalde.de

Dr. **Peter Keil** ist seit 2003 der wissenschaftliche Leiter und Geschäftsführer der Biologischen Station Westliches Ruhrgebiet mit Sitz im Haus Ripshorst in Oberhausen und einer Dependance im Landschaftspark Duisburg-Nord. Seine Forschungsinteressen liegen im Bereich des Naturschutzes im Ballungsraum, in der Erfassung und Bewertung von Neobiota, der Ruderalvegetation und Adventivflora sowie in der Flora und Vegetation von Industrie-, Bergbau- und Bahnbrachen im Ruhrgebiet.
Kontakt: peter.keil@bswr.de

Dipl.-Biol. **Michael Kelschebach** arbeitet seit 1993 in dem privaten Planungs- und Gutachterbüro Institut für Landschaftsentwicklung und Stadtplanung (ILS) in Essen. Seine Tätigkeitsschwerpunkte sind die Projektleitung zu FFH-Verträglichkeitsstudien, biologisch-fachlichen Arbeiten in Umweltverträglichkeitsstudien, Landschaftspflegerischen Begleitplänen und Biotopmanagementplänen sowie von Biomonitoring und Kartierungen. Dazu gehören fachwissenschaftliche / methodische Ausarbeitungen, Beratung, Begutachtung, und Projektsteuerung.
Kontakt: h334@ils-essen.de

Dr. **Anita Kirmer** promovierte am Institut für Geobotanik an der Martin-Luther-Universität Halle-Wittenberg und arbeitet seit 1999 in verschiedenen Forschungsprojekten an der Hochschule Anhalt. Ihre wissenschaftliche Arbeit konzentriert sich auf Untersuchungen zu spontanen und initiierten Besiedlungsprozessen bei der Renaturierung artenreicher Halbtrockenrasen und Wiesen sowie auf der Entwicklung von nachhaltigen Renaturierungsstrategien in Abbaugebieten und Agrarlandschaften. Seit 2009 unterrichtet sie an der Hochschule Anhalt das Modul „Renaturierung" im Studiengang Naturschutz und Landschaftsplanung.
Kontakt: a.kirmer@loel.hs-anhalt.de

Dr. **Heiko Korsch** ist seit 2008 wissenschaftlicher Mitarbeiter an der Friedrich-Schiller-Universität Jena. Er beschäftigt sich seit den 1990er Jahren vor allem mit der Verbreitung von Pflanzen und deren Veränderung. Seit 2001 stehen auch die Armleuchteralgen im Fokus seiner Aufmerksamkeit.
Kontakt: heiko.korsch@uni-jena.de

Rudolf Krumm absolvierte eine Lehre als Baumschulgärtner und studierte anschließend an der Fachhochschule Osnabrück Landespflege. Nach Abschluss des Studiums war er als Bauleiter im Ruhrgebiet tätig. 1989 wechselte er zu den Saarbergwerken, wo er landschaftsgestalterische Projekte vor allem im Zusammenhang mit Halden und Absinkweihern bearbeitete. Nach der Verschmelzung der Saarbergwerke auf die RAG AG übernahm er verschiedene Aufgaben im Unternehmen und arbeitet heute beim Konzernunternehmen RAG Montan Immobilien an verantwortlicher Stelle mit an Fragen der Rekultivierung und Entwicklung der Flächen des Saarbergbaues.
Kontakt: rudolf.krumm@rag-montan-immobilien.de

Chem.-Ing. **Manfred Kutscher** arbeitete nach dem Studium als Ingenieur im Kreidewerk Rügen, 25 Jahre als Forschungsingenieur im Fischfang Sassnitz und von 1990 bis 2008 als Aufbauleiter und in verantwortlicher Position in der Verwaltung des Nationalparks Jasmund. Im Rahmen dieser Tätigkeit vergab und betreute er mehrere Diplomarbeiten zum Themenkomplex Flora, Fauna und Sukzessionabläufe in Kreidebrüchen und führte Beobachtungen zur Entwicklung der Orchideenbestände durch. Er bearbeitet u. a. die Schreibkreide aus paläontologischer Sicht und ist Gründer und fachlicher Betreuer des Kreidemuseums Gummanz.
Kontakt: kutscher@kreidemuseum.de

Dr. **Gottfried Lennartz**, wissenschaftlicher Angestellter am Forschungsinstitut für Ökosystemanalyse und -bewertung e. V. (gaiac). Projektleiter für den Bereich der terrestrischen Ökologie. Forschungsschwerpunkte sind Vegetationskunde, Biozönologie, Entwicklung landschaftsökologischer Simulationsmodelle, ökologische Risikobewertungen und Flächenmanagement.
Kontakt: lennartz@gaiac.rwth-aachen.de.

Dipl.-Ing. **Heike Liebmann** war nach dem Studium der Verfahrenstechnik an der Hochschule Merseburg wiss. Mitarbeiterin in der Kaliforschung Sondershausen (1966-90) und danach Abteilungsleiterin Umwelt in der K-UTEC Sondershausen (1990-2005). Sie war für die Renaturierung der Hinterlassenschaften der Kaliindustrie zuständig und bearbeitete zahlreiche weitere Umweltprojekte des Bergbaus und der Industrie. Sie leitete das Pilotprojekt Bleicherode - Entwicklung eines Verfahrens zur Rekultivierung von Kalialthalden, das von der Deutschen Bundesstiftung Umwelt gefördert wurde.
Kontakt: liebmann-sdh@t-online.de

Dipl.-Ing. (FH) **Antje Lorenz** arbeitet seit dem Jahr 2000 in verschiedenen Forschungsprojekten an der Hochschule Anhalt. Zu ihren Forschungsschwerpunkten zählen die Untersuchung der spontanen Waldentwicklung in der ostdeutschen Bergbaufolgelandschaft, naturnahe Verfahren der Waldentwicklung sowie die Konzeption und Umsetzung von naturschutzfachlichen Erfolgskontrollen zur Evaluierung von Renaturierungs- und Managementmaßnahmen in Heide- und Magerrasenökosystemen auf ehemaligen Truppenübungsplätzen.
Kontakt: an.lorenz@loel.hs-anhalt.de

Dipl.-Biol. **Thomas Martschei** gründete im Zuge beauftragter Planungen für Kiessandtagebaue im Jahr 1998 das Büro BIOM. Hauptschwerpunkt seiner Arbeit liegt in zoologischen und ökologischen Untersuchungen im Rahmen der Erstellung von Umwelt- und FFH-Verträglichkeitsprüfungen sowie von artenschutzrechtlichen Gutachten. Daneben ist er an verschiedenen Forschungsprojekten beteiligt.
Kontakt: martschei@biomartschei.de

Dr.-Ing. **Stefan Nickel** arbeitet seit dem Jahr 1990 als Landschaftsplaner und GIS-Entwickler und war u. a. im Thüringer Umweltministerium, Abteilung Naturschutz sowie am Institut für Geotechnik und Markscheidewesen der Technischen Universität Clausthal tätig, wo er 2009 zum Thema „Modellgestützte ökologische Wirkungsprognose grundwasserbeeinflusster Sukzessionsprozesse" promovierte. Seit 2009 arbeitet er in dem privaten Büro für ökologische Fachplanungen PlanWerk (Nidda, Hessen).
Kontakt: post@planwerk-nidda.de

Prof. Dr. rer. nat. habil. **Werner Pietsch**, Univ.-Professor, hatte die Professur „Spezielle Rekultivierung" am Lehrstuhl Bodenschutz und Rekultivierung an der BTU Cottbus inne. Habilitation 1970 an der Technischen Universität Dresden zum Thema: Hydrochemische und ökophysiologische Untersuchungen an Tagebauseen des Lausitzer Braunkohlenreviers. Schwerpunkt der wissenschaftlichen Forschung sind Arbeiten zur Ökologie und Entwicklung der Vegetation in terrestrischen und aquatischen Ökosystemen im Zusammenhang mit der Schaffung neuer Lebensräume, der Klassifizierung und Zeigerwertanalyse europäischer Makrophytengesellschaften sowie der Einrichtung von Constructed Wetlands zur Aufbereitung saurer Grubenwässer.
Kontakt: w.pietsch@gmx.de

Autoren

Dr. **Karl Preußner** hat Forstwirtschaft an der TU Dresden in Tharandt studiert und 1974 in Forstlicher Ertragskunde promoviert. Nach Tätigkeiten im Forstbetrieb Hoyerswerda, der Abteilung Forstwirtschaft in Cottbus und im Amt für Forstwirtschaft in Peitz war er zuletzt für die Forstliche Rekultivierung von Braunkohlentagebauen bei der Vattenfall Europe Mining AG in Cottbus verantwortlich, bis er 2006 in den Ruhestand ging.
Kontakt: karlpreussner@t-online.de

PD Dr. **Hartmut Sänger** beschäftigt sich seit 1982 unter ökologischen Fragestellungen mit dem Uranerzbergbau in Thüringen und Sachsen. Zu diesem Themenkreis hat er 1993 an der Universität-Gesamthochschule Kassel promoviert („Die Flora und Vegetation im Uranbergbaurevier Ronneburg - Pflanzensoziologische Untersuchungen an Extremstandorten") und 2002 habilitiert („Raum-Zeit-Dynamik von Flora und Vegetation auf Halden des Uranbergbaus"). Seit 2000 ist er Inhaber eines eigenen Planungsbüros (BIOS-Büro für Umweltgutachten, Crimmitschau).
Kontakt: bios-bfu@arcor.de

Dr. **Johannes A. Schmitt** studierte und promovierte an der Universität Saarbrücken Chemie (Diplom, Promotion) und Biologie und war anschließend als Akademischer Oberrat in der Fachrichtung Biochemie in Lehre und Forschung tätig. Schwerpunkte seiner Forschungen waren und sind alle Aspekte der Mykologie und Ökologie, Naturschutz sowie die Evaluierung von Probe- und Untersuchungsflächen mit neu entwickelten Verfahren. Nach Abschluss seines Berufslebens bearbeitet er weiter federführend die Kartierung der Pilze im Saarland bzw. Projekte des Landesamtes für Umwelt und Arbeitsschutz des Saarlandes und ist Mitarbeiter in bundesweiten mykologischen Projekten. Er war Landesbeauftragter für Naturschutz im Saarland, Erster Vorsitzender der Naturforschenden Gesellschaft des Saarlandes, DELATTINIA, und ist nun deren Ehrenvorsitzender im Vorstand.
Kontakt: johannes.a.schmitt@t-online.de

Dr. **Silvana Siehoff**, wissenschaftliche Angestellte am Forschungsinstitut für Ökosystemanalyse und -bewertung e. V. an der RWTH Aachen (gaiac) in den Bereichen terrestrische Ökologie und ökologische Modellierung. Forschungsschwerpunkt ist die Entwicklung von prozess-basierten, landschaftsökologischen Sukzessionsmodellen.
Kontakt: silvana.siehoff@gaiac.rwth-aachen.de.

Prof. Dr. habil. **Sabine Tischew** ist seit 1996 Professorin für Vegetationskunde und Landschaftsökologie an der Hochschule Anhalt. Sie lehrt in den Bachelor- und Masterstudiengängen Naturschutz und Landschaftsplanung. Schwerpunkt ihrer wissenschaftlichen Arbeit ist die Renaturierung von Ökosystemen. In ihren Forschungsprojekten legt sie Wert auf eine Verbindung von grundlagenorientierten Analysen und praxisrelevanten Konzepten zur Anwendung der Ergebnisse.
Kontakt: s.tischew@loel.hs-anhalt.de

Dr. **Ulrich Tränkle** promovierte an der Universität Hohenheim über Vegetationsentwicklung in Abbaustätten und effektive Renaturierungsverfahren. Seit mehr als 15 Jahren leitet er das biologische Planungsbüro AG.L.N. und führt neben Landschaftsplanung und Naturschutzmanagement auch nationale und internationale Forschungsprojekte zum Thema „Rohstoffabbau" durch. Insbesondere sind hier die Entwicklung von Biodiversitätsindikatoren, Empfehlungen zur Eingriffsregelung und die Umsetzung wissenschaftlicher Forschung in der Abbau-Praxis (Biodiversity Management Plan, Contemporary Renaturation Techniques) zu nennen.
Kontakt: traenkle@agln.de

Dipl.-Päd. **Dietrich Tuttas** ist seit über 50 Jahren auf dem Gebiet des Arten- und Biotopschutzes in Ostthüringen tätig. Mit Beginn des landschaftsgestalterischen und -erhaltenden Aufgabenfeldes im Landschaftspflegeverband „Ostthüringer Schiefergebirge / Obere Saale" e. V. im Jahre 1997 rückten auch die besonders schützenswerten Landschaftselemente im Grünen Band um Lehesten und Bad Lobenstein mit ihren Schieferbergbau-Folgelandschaften in den Fokus seiner Aktivitäten.
Kontakt: aho.sok.tuttas@web.de

Stichwortverzeichnis

Ablaugung 155, 274, 279, 292, 300

Abraum 21, 24, 75, 78, 79, 114, 116, 118, 120, 148, 151, 152, 153, 161, 179, 190, 200, 201, 203, 208, 219, 249, 319, 325, 392, 394, 406, 423, 424, 446, 447, 470, 471, 472, 476, 478, 479, 490, 495, 496, 508, 512, 523, 524, 530, 531, 532, 534, 535, 537, 538, 539, 555, 567, 568, 570, 582, 583, 589, 592, 594, 595, 602, 605, 612, 657, 659

Absetzbecken 464, 566, 567, 577, 659

Absinkweiher .. 181, 182, 187, 188, 190, 194, 197, 199, 201, 204, 205, 207, 209, 215, 218, 219, 220, 221, 222, 224, 225, 226, 233, 235, 236, 244, 247, 248, 249, 250, 251, 253, 662

Acarosporetum sinopicae 446, 448, 449, 457, 459, 484, 494

Anhydrit .. 269, 270, 271, 272, 275, 276, 285, 287, 288, 289, 292, 294, 325, 512, 513, 515, 517, 518, 522, 523, 524, 528, 530, 531, 532

Arbeitsgemeinschaft Bergbaufolgelandschaften ... 15, 18, 653, 654, 655

Armerietum halleri 333, 334, 338, 346

Armerz 325, 393, 656

Armleuchteralgen .. 16, 49, 50, 51, 64, 65, 66, 224, 236, 417, 418, 546, 598, 621, 623, 624, 662

Aufbereitung ... 188, 189, 190, 191, 194, 199, 205, 255, 270, 271, 272, 273, 278, 321, 375, 378, 379, 380, 381, 391, 394, 406, 423, 425, 444, 445, 447, 448, 449, 452, 463, 523, 589, 656, 657, 664

Aufbereitungsrückstände 272, 273, 381, 445, 447, 448, 463, 656, 657

Ausschläge 325, 326, 327, 328, 345, 346, 352, 353, 354, 356, 359, 360, 366, 656

Baumleuchteralge 623, 624

Beckensande 589

Bergbauteich 440, 453, 454, 460, 461, 462, 466

Bergehalde 148, 159, 160, 161, 163, 168, 169, 170, 171, 178, 181, 190, 191, 192, 193, 194, 197, 198, 200, 201, 204, 206, 208, 209, 214, 215, 219, 220, 221, 223, 224, 226, 228, 232, 233, 236, 238, 242, 244, 247, 248, 249, 250, 267, 346, 349, 359, 363, 364, 419, 437, 442, 443, 446, 447, 448, 456, 457, 458, 461

Bergsenkung 159, 167, 168

Biotopmosaike 86, 87, 100, 101

Biotoptypenprognose 645, 646, 649

Bioverfügbarkeit von Metallen 308, 326

Bitterfeld-Delitzscher Revier ... 76, 77, 83, 84, 88, 89, 91, 92, 93,

Blähschiefer 468, 509, 656

Bodenfeuchteprognose 646

Bodenverbesserung 151, 165, 192, 197, 203, 204, 205, 242, 343, 359

Brandhalde 392, 393, 394, 400

Braunkohlenbergbau 21ff., 628, 655

Characeae 624

Chlorosen 330, 656

Culmschiefer 495

Dachschiefer ... 468, 469, 471, 495, 496, 507, 509, 511

Deutschlandschachthalde 256, 257, 258, 259, 260, 261, 262, 265

Diasporenangebot .. 17, 33, 95, 148, 155, 169, 172, 257, 264, 267, 278, 280, 286, 304

Diasporenbank 549, 550, 551, 559

Direktbegrünung 276, 289

Döhlener Becken 254, 374, 378

Domsdorfer Verfahren 29

Düngungsversuche 152

Durchwurzelung 123, 153, 167, 206, 208, 298, 352

Eisenflechten 485, 492, 494

Elbtalgraben 374

Ellricher Klippen 516, 517, 522, 523, 524, 525, 526, 527, 528, 530

Emscher Landschaftspark 166, 167, 178

Erzgebirgisches Becken 374

FASTROSA Verfahren .... 203f.

Felsflur 499, 504, 537, 538

Feuerstein 562, 565, 570

Flugasche 97, 191, 198, 255, 256, 262, 637

665

Stichwortverzeichnis

Folgenutzung (-fischereiliche, -forstliche, -landwirtschaftliche etc.) .. 17, 100, 190, 219, 249, 250, 253, 516, 524, 530, 540, 541, 552, 553, 615, 616, 617

Forstkies 120, 123, 124, 125, 127, 128, 136, 137, 140

Freiberger Bergbaugebiet .... 437ff.

Fuzzy-Set-Theorie .... 642, 645, 646ff.

Geiseltaler Revier 76, 77

Geländemodellierung 555

Geschiebemergel 27, 37, 42, 46, 78, 79, 91, 566, 570, 594, 595, 596, 597

Gips 196, 207, 250, 270, 271, 272, 276, 286, 288, 294, 512ff., 535, 562, 660, 661

Gipsabbau .... 513ff.

Grundmelioration 33, 637

Haldenbrände 155, 160, 257, 260, 330, 400

Haldenlaugung 381, 393

Haldensickerwässer 218, 391, 394

Haldentypen 155, 159, 193, 194, 219, 248, 271, 274, 323, 340, 341, 345, 353

Halophyten 16, 163, 177, 224, 276, 279, 280, 285, 303, 304, 409, 411

Harz-Hornburger Sattel 312, 313, 316, 374

Hessisches Braunkohlenrevier .... 148ff.

Hochflächensande 589

Hüttenschlacke 327, 447, 448, 450

Humussulfatboden 513

Industrielle Absetzanlage 380, 381, 382, 406, 407, 408, 409, 410, 411, 412, 413, 417, 421, 423, 425, 426, 657

Kaliabbauverfahren .... 270ff.

Kaliaufbereitungsverfahren .... 270ff.

Kalibergbau .... 269ff.

Kaliminerale 269, 270, 271, 272, 288, 289, 290, 291, 292

Kaliregiere 269, 270, 272, 276, 277, 278, 285, 286, 290, 300, 303

Kalirückstand (frisch -, abgelaugt) 270, 271, 272, 273, 274, 275, 276, 277, 279, 280, 285, 286, 287, 288, 290, 292, 293, 294, 297, 298, 300, 304

Kalirückstandshalde .... 271, 272, 273ff.

Kalkabbau .... 533ff.

Kalksteinbruch 533, 535, 536, 538, 539, 540, 541, 542, 543, 546, 547, 549, 550, 551, 552, 553, 554

Karsterscheinungen 357, 514, 517, 529, 530, 531

Kegelhalde 159, 160, 193, 198, 255, 319, 320, 325, 350, 353, 362, 389, 394, 396, 397, 658

Kiesabbau 587ff, 610

Kiessandabbau .... 587ff.

Kopfkreide 565, 567

Kreideabbau .... 562ff.

Kreidebrüche .. 563, 564, 566, 569, 570, 571, 572, 573, 574, 575, 576, 578, 579, 580, 581, 582, 583, 584, 663

Kreidegewinnung 565

Kunstgraben 440, 452, 455, 456, 562, 463

Kupferschiefer 155, 311ff, 374, 459, 656

Kupferschieferbergbau ... 17, 309, 311ff., 653, 655, 660

Kurhessisches Kupferschieferrevier 311, 367

Landschaftsbauwerk 116, 117, 161, 203, 423

Laugung 321, 379, 381, 393, 394, 657

Laugungshalde 393, 395

Lausitzer Braunkohlenrevier .... 22ff.

Lößnitzer Schiefer 511

Lysimeteruntersuchungen 274, 292, 293, 294, 295, 296, 297, 298, 299, 300

Mähgutübertragung 138, 139

Mansfelder Kupferschieferrevier .... 312ff.

Metallerzbergbau .... 308ff.

Mitteldeutsches Braunkohlenrevier .... 75ff.

Moselschiefer 507

Mulde-Lösshügelland 440, 441, 458

Muldenhütten 441, 447, 448, 449, 450, 451, 452, 459, 460, 463, 464, 465

Muskauer Faltenbogen 25, 50

Nährstoffausträge 297

Nährstoffeinträge 58, 93, 443, 501, 576, 616, 621

Nationalpark Jasmund 562, 563, 564, 569, 570, 571, 572, 576, 584, 663

Natürliche Gipstrockenrasen 288

Stichwortverzeichnis

Niederlausitzer Landrücken 25
Niedermoorinitiale 92, 93, 94
Niederrheinische Bucht 110, 112, 140, 143
Norddeutsche Senke 374
Oberharzer Devon-Sattel 511
Osterzgebirge 374, 378, 440, 441, 459
Ostsauerländer Sattel 509
Pingenbergbau 156, 185, 248, 314, 316, 317
Pionierbaumarten 34, 61, 445, 525, 531, 532
Pionierfluren 38, 39, 41, 53, 56, 57, 60, 61, 62, 63, 87, 88, 89, 460, 490, 575, 612, 646
Pionierstadium 38, 39, 41, 43, 86, 88, 178, 201, 333, 334, 352, 521, 522, 571, 575, 582, 598, 600, 659
Pionierwälder 60, 62, 63, 66, 86, 93, 95, 96, 97 100, 174, 200, 237, 258, 351, 401, 413, 442, 488, 500, 520, 525, 526
Rekultivierungsrichtlinie 120, 122, 124, 136
Restsee 27, 153, 417, 598, 621
Revierwasserlaufanstalt .. 452, 453, 454, 455, 460
Rheinisches Braunkohlenrevier .... 109ff.
Rheinisches Schiefergebirge 110, 308, 468, 472, 507, 509
Ronneburger Revier 375, 379, 398
Rösche 452
Rügener Kreide 565, 569
Ruhrgebiet 109, 156, 157, 159, 160, 161, 163, 165, 166, 167, 168, 169, 170, 171, 173, 174, 175, 177, 178, 643, 662
Ruhrrevier .... 156ff.
Saarrevier .... 181ff.
Sächsische Steinkohlenreviere .... 254ff.
Sandabbau .... 587ff.
Sanderlagerstätten 588, 589
Sanderze 366, 367
Sandtrockenrasen 39, 40, 52, 55, 56, 58, 61, 64, 65, 86, 89, 92, 169, 603, 608, 610, 612, 614
Säure-Basen-Bilanz 29
SCHIECHTEL-Verfahren 203, 204, 218
Schieferabbau 468, 470, 476, 492, 494, 495, 504, 507, 655

Schieferbergbau .... 468ff.
Schieferlager 469, 470, 471, 472, 507
Schlackehalde 321, 322, 323, 324, 328, 329, 332, 340, 341, 353, 354, 355, 356, 357, 358, 363, 364, 365, 366, 442, 447, 459
Schmelzhütte 447
Schrägpflanzung 289
Schutzpflanzendecke 32, 33
Schwarzatal 469, 478, 491, 494, 495, 496, 498, 499, 500, 502, 503, 504
Schwarzburger Sattel 374, 478, 494, 495
Schwermetallflechtengesellschaft 465
Schwermetallheide 451, 452
Schwermetallrasen 16, 316, 333, 337, 338, 342, 346, 351, 353, 354, 356, 357, 359, 366, 367, 457, 459
Schwermetallstandorte (-primäre, -sekundäre, -tertiäre) 333, 357, 448, 450, 452, 456, 458, 460
Schwermetallvegetation .. 308, 309, 333, 339, 357 446, 656
Sodenschüttung 559
Solifluktion 419, 537, 538, 588
Spitzkegelhalde 159, 160, 255, 320, 389, 396, 397, 658
Spontanbesiedlung 181, 200, 201, 208, 219
Spülversatz 118, 119, 272
Standortprognose 645, 649
Steinbruchsohle 538, 545, 552
Steinkohlenbergbau .... 155ff.
Steppenheide 549
Stollenbergbau 156, 507
Stollenhalde 325
Strategietypen 331, 332, 333, 343, 344, 353, 398, 412, 420, 598
Südharzer Zechsteingürtel 514, 523, 528
Südraum Leipzig 60, 76, 79, 80, 92, 93
Tafelberg 116, 160, 182, 193,194, 204, 317, 318, 319, 325, 353, 359, 361, 365, 659
Tafelhalde 255, 391, 396
Talsande 589
Tailings 381, 406, 407, 408, 409, 410, 411, 413, 421, 425, 659

667

Stichwortverzeichnis

Terrane 469

Unterweißbacher Schiefer-
abbaugebiet 495, 496, 500, 501, 503, 504

Uranerzbergbau .... 372ff.

Uranhaltige Kohle 255

Verhüttung 192, 197, 308, 313, 321, 322,
323, 334, 358, 363, 366, 447, 659

Versauerung 21, 100, 155, 165, 195,
207, 214, 443, 444, 513

Versickerungsraten 276, 293, 297, 298

Vorschnitt-Absetzer-Betrieb 24

Waldbodenverbringung 140, 141

Wanderbiotop 524, 541, 543, 545, 552, 556, 559, 659

Wasserbilanz 293, 647

Wettiner Steinkohlenrevier 155, 267

Wirkungsprognose 642, 643, 644, 650, 663

Zechstein 21, 269, 270, 275, 278, 311, 325, 327
358, 361, 379, 495, 512, 513, 514, 517, 523, 528

Zechsteinkalk 311, 325, 326, 327, 346, 347,
348, 349, 366

Zeigerarten 97

Zeitz-Weißenfels-
Hohenmölsener Revier 76, 78, 83, 92